AF140603

H.-J. Möller
F. Müller-Spahn
G. Kurtz (Hrsg.)

Aktuelle Perspektiven
der Biologischen Psychiatrie

Springer-Verlag Wien GmbH

Prof. Dr. H.-J. Möller
Psychiatrische Klinik, Ludwig-Maximilians-Universität München,
Nußbaumstraße 7, D-80336 München, Bundesrepublik Deutschland

Prof. Dr. F. Müller-Spahn
Psychiatrische Klinik, Universität Basel,
Wilhelm-Klein-Straße 27, CH-4025 Basel, Schweiz

Dr. G. Kurtz
Bezirkskrankenhaus Augsburg,
Dr. Mack Straße 1, D-86156 Augsburg,
Bundesrepublik Deutschland

© 1996 Springer-Verlag Wien

Ursprünglich erschienen bei Springer-Verlag/Wien 1996
Softcover reprint of the hardcover 1st edition 1996

Satz: Bernhard Computertext KG, A-1030 Wien
Druck: Manz, A-1050 Wien
Graphisches Konzept: Ecke Bonk

Gedruckt auf säurefreiem, chlorfrei gebleichtem Papier – TCF

Mit 149 Abbildungen

ISBN 978-3-7091-7425-8   ISBN 978-3-7091-6889-9 (eBook)
DOI 10.1007/978-3-7091-6889-9

Vorwort

Dieser Band stellt aktuelle Perspektiven der Biologischen Psychiatrie, wie sie beim Kongreß der Deutschen Gesellschaft für Biologische Psychiatrie im Oktober 1994 in München vorgetragen wurden, dar. Neben dem Hauptthema, der Neurodegeneration und dementiellen Erkrankungen, geht es unter anderem um die Neurobiologie von affektiven Erkrankungen, schizophrenen Erkrankungen, Angststörungen und Schlafstörungen. Außerdem werden neuere Entwicklungen der Genetik, der Neurophysiologie und der bildgebenden Verfahren sowie einiger anderer Spezialgebiete dargestellt.

Insgesamt bietet der Band einen sehr guten Querschnitt über aktuelle Fragestellungen und Befunde in der Biologischen Psychiatrie. Er ist repräsentativ für die diesbezüglichen Forschungsaktivitäten in Deutschland bzw. in der deutschsprachigen Psychiatrie.

Die Herausgeber danken allen Autoren, die bei diesem Band mitgewirkt haben, sowie Frau B. Brühl für ihre engagierte Mitarbeit bei der Herstellung des Manuskripts.

München, im Sommer 1996

H.-J. Möller
F. Müller-Spahn
G. Kurtz

Unser besonderer Dank gilt folgenden Firmen für die großzügige Unterstützung dieser Tagung:

Astra Chemicals
Bayer AG
Bristol-Myers Squibb GmbH
Ciba-Geigy GmbH, Division Pharma
Duphar Pharma GmbH
Hoechst AG
Hoffmann-La Roche AG
Janssen GmbH
Klinge Pharma GmbH
Knoll AG
Lilly Deutschland GmbH
E. Merck
MES
Organon GmbH
Pfizer GmbH
Rhone-Poulenc Rorer GmbH
Schering AG
SmithKline Beecham Pharma GmbH
Synthelabo Arzneimittel GmbH
Upjohn GmbH
Wander Pharma GmbH

Inhaltsverzeichnis

Neurobiologie schizophrener Erkrankungen

Neuere Entwicklungen der klinischen Genetik und Molekulargenetik

Biologische Wirkmechanismen der Psychotherapie

Neurobiologie des Arbeitsgedächtnisses

D. Yves von Cramon

Max-Planck-Institut für neuropsychologische Forschung, Leipzig,
Bundesrepublik Deutschland

Short-term memory – where do we stand? überschrieb der bekannte Gedächtnisforscher Robert Crowder (1993) seinen Beitrag in der Zeitschrift „Memory and Cognition" und zog das eher ernüchternde Fazit, daß man trotz einiger Fortschritte in den letzten drei Dekaden eigentlich noch immer nach einem Weg suche, das Konzept Kurzzeitgedächtnis zu verstehen. Kurzzeitgedächtnis, der Mittler zwischen dem, was wir wissen und dem, was wir wahrnehmen oder tun (Cowan 1993), wird vielfach durch drei, weder orthogonale noch synonyme Aspekte charakterisiert: (1) die temporäre Aktivierung neuronaler (und gliöser?) Strukturen, (2) bestimmte Kontrollprozesse und (3) eine begrenzte Kapazität. Einigkeit besteht immerhin darüber, daß unser Gehirn die Fähigkeit besitzt, Informationen über kurze Zeitintervalle hinweg „in aktivierter Form" zu halten; womit nicht gesagt ist, ob es für diese temporäre interne Repräsentation von Informationen eines eigenständigen kognitiven Subsystems bedarf. Crowder (1993) hat dieses Problem mit der Formulierung auf den Punkt gebracht „we should be vigilant in distinguishing between (1) cases requiring memory over short intervals of time and (2) cases requiring a dedicated subsystem of short-term storage". Mit anderen Worten, Kurzzeitgedächtnis könnte eine den verschiedenen zerebralen Verarbeitungsprozessen *immanente Eigenschaft* sein oder eben ein von diesen Prozessen losgelöstes, anatomisch abgrenzbares kognitives Subsystem. Die Wahrheit liegt vermutlich in der Mitte, insofern als bestimmte Aspekte des Kurzzeitgedächtnisses Systemeigenschaften affektiver, perzeptuell-kognitiver oder senso-motorischer Verarbeitungsprozesse sind, während andere Operationen des Kurzzeitgedächtnisses einer eigenen „machinery" bedürfen.

In den letzten Jahren wurde der Begriff Kurzzeitgedächtnis in geradezu inflationärer Weise von dem Begriff Arbeitsgedächtnis („working memory") verdrängt, hinter dem sich, zumal im Vergleich der Forschungsergebnisse bei Tier und Mensch ziemlich unscharfe und höchst wahrscheinlich nicht deckungsgleiche Konzepte verbergen.

In der neuropsychologischen Literatur korrespondiert „working memory" oder, wie Moscovitch (1992) in beziehungsreicher Abwandlung formuliert, *working with memory* mit dem aktiven, dem dynamischen Aspekt des Kurzzeitgedächtnisses, mit einem zerebralen Medium also, das Informationen im Sekunden- und Subsekundenbereich nicht nur halten, sondern zur gleichen Zeit auch manipulieren kann. Eine soeben gelesene oder gehörte Telefonnummer solange im Kopf behalten, bis man sie gewählt hat, Kopfrechnen mit Zwischensummen ausführen, Schachzüge planen, mentale Rotationen vornehmen, werden dafür gerne als Beispiele angeführt.

Baddeley und Hitch (1974) haben die Vorstellung eines monolithischen Kurzzeitgedächtnisses, wie es im „modal model" (Atkinson und Shiffrin 1968) formuliert war, durch die Differenzierung von Subkomponenten erweitert. Eine Reihe experimenteller Befunde scheinen auf die Existenz einer *phonologischen Schleife* („phonological loop") und eines *visuell-räumlichen Notizblocks* („visuo-spatial scratch-pad", auch „blackboard of the mind" genannt) hinzudeuten. Wahrscheinlich gibt es jedoch sehr viel mehr und für die menschliche Kognition bedeutsamere Sklavensysteme („slave systems"), wie Baddeley sie genannt hat, als die beiden erwähnten (Martin 1993, Potter 1993). Auf dem Wege von der visuellen Wahrnehmung zu konzeptuellen und sprachlichen Funktionen wurden von kognitiven Psychologen und Psycholinguisten mannigfaltige „buffer" nach Art der Sklavensysteme postuliert.

In Baddeley's Modell des Arbeitsgedächtnisses (z. B. Baddeley 1992 a,b) werden die Sklavensysteme durch eine *hierarchische* Instanz, die sogenannte *zentrale Exekutive* („central executive") koordiniert. Diese derzeit unzureichend operationalisierte Instanz wird als eine Art Kontrollmechanismus vorgestellt mit der Funktion, Ressourcen zuzuweisen, *konkurrierende Aktivitäten der Sklavensysteme auszubalancieren* und den Austausch von Informationen zwischen Kurz- und Langzeitgedächtnis zu vermitteln. Die Vorstellung *einer* zentralen Exekutive erscheint allerdings wiederum zu „monolithisch". Vermutlich haben wir es doch mit mehreren, prinzipiell gleichberechtigten, parallel arbeitenden und prozeßspezifischen Exekutivfunktionen zu tun, die sehr gut ohne hierarchisch übergeordnete Instanz auskommen.

Diesen noch unfertigen kognitionspsychologischen Konzepten zu Aufbau und Funktionsweise des Kurzzeit- bzw. des Arbeitsgedächtnisses stehen auch auf neurobiologischer Seite fragmentarische, nicht hinreichend integrierbare Vorstellungen gegenüber.

Läsions- und elektrophysiologische Studien an Primaten und Menschen unterstreichen die *Rolle der dorsolateralen präfrontalen Rinde (BA 46, 9, 10) für die „Orchestrierung" mentaler Aktivitäten* (Fuster 1989). Präfrontaler Cortex soll für die Reihenfolge und zeitliche Spezifizierung von Verhaltensakten nötig und an der *Vermittlung zeitübergreifender Kontingenzen* beteiligt sein (Fuster 1990). Von seiner Mitwirkung scheint die Integration von Verhalten in dem Sinne abzuhängen, daß sensorische Informationen und Handlungen über kurze Zeitspannen hinweg eine Kontingenz bewahren zwischen dem, was einer Zeitlücke vorausgeht und dem, was ihr nachfolgt. Zeitlücken sind janusköpfig, mit einem retrospektiven Aspekt, insofern als sensorische Informationen über einen gewissen Zeitraum aktiv erhalten werden müssen und einem prospektiven Aspekt, der auf die reizkontingente Verhaltensantwort zielt.

Lange schon ist bekannt, daß Primaten und andere Spezies mit bilateralen frontalen Läsionen bei sogenannten „delayed-response"-Aufgaben schwer beeinträchtigt sind (Blum 1952, Gross und Weiskrantz 1964, Mishkin und Manning 1978, Freedman und Oscar-Berman 1986, Verin et al. 1994). Wie der Name sagt, verlangen diese Aufgaben eine Zeitverzögerung, im folgenden einfachheitshalber Pause genannt, zwischen der Enkodierung des Stimulus und der Ausführung einer Reaktion auf diesen Stimulus. Das einfache Hilfsmittel, eine Pause zwischen Stimulus und Response einzuführen, zwingt das betreffende Tier beispielsweise, eine interne Repräsentation für den Ort aufzubauen, an dem es nach Beendigung der Pause eine Belohnung finden wird.

Vor allem die Arbeitsgruppe um Patricia Goldman-Rakic hat in den letzten Jahren viel Mühe darauf verwandt, die neuronalen Vorgänge während solcher Pausen aufzuhellen. Dazu verwandten sie u. a. das „oculomotor delayed-response" (ODR) Paradigma. Die Aufgabe wird auf einem Fernseh-Monitor dargeboten. Der Affe fixiert einen zentralen Lichtpunkt und behält diese Fixation während der Reizexposition und auch noch während der Pause bei, solange bis der Fixationspunkt verschwindet, worauf er eine sakkadische Reaktion zum Ort des erinnerten Zielreizes (z. B. zum größten Rechteck unter mehreren kreisförmig angeordneten Rechtecken) ausführen soll. Die Fixation während des Pauseintervalls hindert den Affen, in der Pause antizipatorische Sakkaden zur Reizposition zu machen. Bei dieser Anordnung ist zu vermuten, daß die Aufgabe nur durch ein Erinnern der Reizlokalisation über die von 1 bis 6 Sekunden variable Pause hinweg zu lösen ist.

Einzelableitungen aus individuellen präfrontalen Neuronen um den Sulcus principalis während die Affen eine delayed-response Aufgabe ausführten, ergaben, daß während der Enkodierung („cue period"), während der Pause („delay period") und schließlich während der Verhaltensreaktion („response period") unterschiedliche Neuronenpopulationen selektiv aktiv sind. Die präfrontalen Neurone feuerten während solcher Pausen bilateral, kontinuierlich und mit hoher Entladungsrate. Seltener sind Neurone in dieser Region, die während der Pausen kontinuierlich inhibiert werden (Fuster 1990).

Neurone mit tonischen Pausenaktivitäten sind keineswegs die Regel in der präfrontalen Rinde. Pellegrino und Wise (1991) fanden, daß nur 11% der Zellen im inferioren (ventral des Sulcus principalis gelegenen) präfrontalen Cortex tonische Reaktionen von mehr als 500 ms aufwiesen, während dies etwa 70% der abgeleiteten prämotorischen Neurone taten. Funahashi et al. (1989) hatten demgegenüber für 39–51% der präfrontalen Zelen um den Sulcus principalis tonische Reaktionen beobachtet. Für diese Diskrepanz mögen zum einen die genannten lokalisatorischen Unterschiede, zum anderen aber auch unterschiedliche Pausendauern relevant sein, die in den Experimenten von Pellegrino und Wise (1991) weniger als 1,5 Sekunden betrugen.

Tonische Pausenaktivitäten, wie sie derzeit nur für Neurone aus einem relativ kleinen Gebiet um den Sulcus principalis nachgewiesen sind, könnten das Korrelat einer *aktiven internen Repräsentation* multimodaler Informationen während des Zeitintervalls sein, in dem kein Reiz mehr vorhanden ist. Damit erhebt sich allerdings sogleich die Frage nach der *Spezifität* dieser Pausenaktivitäten. Studien mit dem ODR-Paradigma haben nun gezeigt, daß präfrontale Neurone im angegebenen Gebiet jede mögliche *Reizlokalisation im Gesichtsfeld* zu kodieren vermögen, wobei ein bestimmtes Neuron stets den gleichen Reizort kodiert. Falls präfrontale Neurone Gedächtnisfunktion im Sinn einer temporären internen Repräsentation haben, sollte ihre Aktivität auf *Änderungen der Pausenlängen* reagieren und in der Tat korreliert die Pausenaktivität sehr hoch mit der Pausendauer. Ein weiteres Argument für die Gedächtnisspezifität präfrontaler Neurone ergibt sich aus einer sogenannten *Antisakkaden-Aufgabe,* die prinzipiell identisch ist mit dem ODR-Paradigma, lediglich mit dem Unterschied, daß am Ende der Pause der Blick auf den dem zuvor präsentierten Reizort gegenüberliegenden Ort gerichtet werden soll. Reizort und Reaktionsrichtung werden also experimentell getrennt. Zwei Drittel der präfrontalen Neurone behalten ihr reizortabhängiges Entladungsmuster bei, auch wenn die Reizantwort zur gegenüberliegenden Seite erfolgt (Funahashi und Goldman-Rakic 1990). Die Pausenaktivitäten dieser Neurone scheinen demnach nicht mit der Vorbereitung motorischer Reaktionen befaßt, sondern kodieren offenbar die über eine Zeitlücke hinweg zu erhaltenden sensorischen Informationen. Falls die Pausenaktivitäten einen unspezifischen Vorbereitungs- oder Erwartungszustand widerspiegeln (Fuster 1990), sollten sie in gleicher Weise vor richtigen und vor falschen Reizantworten zu beobachten sein. Dies ist jedoch augenscheinlich nicht der Fall. Sie zeigen nämlich eine geringe oder gar keine Pausenaktivität, wenn die okulomotorische Reaktion danach fehlerhaft ist, d. h. in die falsche Richtung geht (Goldman-Rakic et al. 1990).

Tonische und phasische Pausenaktivitäten hat man inzwischen, wenngleich in deutlich geringerer Anzahl, auch in anderen Hirnstrukturen nachgewiesen und zwar in der posterioren parietalen Rinde, im inferotemporalen Cortex, im Hippokampus, im mediodorsalen Thalamuskern und im Schweifkern. Im Hippokampus feuern sie offenbar nicht während der gesamten Pause (Watanabe und Niki 1985), wodurch sie sich für eine kontinuierliche Repräsentation von Informationen vermutlich weniger eignen. Neurone mit Pausenaktivitäten haben offenbar gemeinsam, daß sie direkt mit der dorsolateralen präfrontalen Rinde verknüpft sind. Möglicherweise determiniert sie diese Eigenschaft als Konstituenten *eines neuralen Ensembles,* das mit der Funktion der dorsolateralen präfrontalen Rinde um den Sulcus principalis eng verknüpft ist. Es soll aber nicht behauptet werden, die Komponenten dieses an Kurzzeitgedächtnisprozessen beteiligten neuralen Ensembles seien funktionell identisch. Einzeitig ausgeführte, bilaterale präfrontale und parietale Läsionen verstärken zumindest bei Ratten den ungünstigen Effekt auf „delayed alternation"-Aufgaben *nicht* gegenüber selektiven präfrontalen Läsionen.

An Affen wurde mit der C14-2-Deoxyglukosemethode eine *Koaktivierung des präfrontalen Cortex und des unteren parietalen Cortex* bei verschiedenen zeitverzögerten räumlichen Aufgaben zum Arbeitsgedächtnis (z. B. „delayed spatial alternation", „delayed object alternation") gemessen (Friedman und Goldman-Rakic 1994). Die lokale Glukoseutilisation stieg im Bereich des Sulcus principalis um 19% und im unteren Scheitellappen (Areae 7A, 7B, 7IP und 7M) um 11–20 % an. Die Stoffwechselaktivität hatte ihr Maximum jeweils in der dritten Rindenschicht, in der vor allem callosale und Assoziationsneurone lokalisiert sind. Korrelationale Analysen legten die Schlußfolgerung nahe, daß die Zunahme der lokalen zerebralen Glukoseutilisation im Sulcus principalis primär von der Gedächtniskomponente der Aufgaben abhängig ist, während die Aktivitätsänderung im unteren Scheitellappen deren instrumentelle (z. B. sensomotorische) Anforderungen reflektiert.

Gerade beim Menschen dürfte die präfrontale Rinde ein für das Arbeitsgedächtnis wichtiger Hirnort sein, wofür u. a. die $H_2^{15}O$ PET-Aktivationsstudie von Petrides und Kollegen (Petrides et al. 1993) Anhaltspunkte liefert. Untersucht wurden 10 rechtshändige, männliche Versuchspersonen unter 3 experimentellen Bedingungen für jeweils 60 Sekunden; währenddessen wurde die Aktivierung des Blutflußes gemessen. (1) In der *Kontrollbedingung* sollten die Probanden etwa im Sekundenabstand laut von 1 bis 10 zählen; (2) In der *selbstgesteuerten („self-ordered")* Bedingung sollten sie die Zahlen 1 bis 10 laut und im Sekundenabstand in einer randomisierten Reihenfolge aufsagen und dabei darauf achten, daß sie keine Zahl wiederholten. Dabei wurden sie gebeten, stets mit der Zahl 1 zu beginnen, um dem Versuchsleiter jeweils einen neuen Durchgang anzuzeigen; (3) In der *außengesteuerten („externally ordered")* Bedingung sollten die Probanden dem Versuchsleiter zuhören, während dieser die Zahlen 1 bis 10 in randomisierter Reihenfolge, wiederum im Sekundenabstand, vorlas, wobei er jeweils 1 Zahl ausließ. Nach Beendigung der Zahlenreihe sollten sie angeben, welche Zahl gefehlt hatte. Im Mittel schafften die Probanden 5,6 Durchgänge und machten durchschnittlich nur 0,2 Fehler pro trial. Die erwünschte „Asymmetrie" der Bedingungen besteht darin, daß die Generierung randomisierter Zahlenfolgen höhere Anforderungen an die zentrale Exekutive stellt als lautes Zählen.

In den meisten PET-Aktivationsstudien und auch in der Studie von Petrides werden Hirnregionen, die in bestimmte kognitive Funktionen involviert sind, auf folgende Weise kartiert: man erzeugt dazu Differenzbilder der PET-Aufnahmen und bildet zudem einen Mittelwert aus mehreren. Im Prinzip wird dazu das PET-Durchblutungsmuster eines Kontrollzustands von dem eines Aufgabenzustands subtrahiert („kognitives Subtraktionsparadigma"). Die Differenz zeigt, wo sich die Aktivität gegenüber dem Kontrollzustand erhöht hat. Schließlich werden in aller Regel die derart gewonnenen Daten verschiedener Versuchspersonen oder die von mehreren

Versuchsdurchgängen mit einem Individuum gemittelt, um statistische Schwankungen auszugleichen.

Subtrahierte man nun die selbstgesteuerte und die außengesteuerte Bedingung jeweils von der Kontrollbedingung, ergaben sich Aktivationsfoci im *„mittleren dorsolateralen frontalen Cortex"* beidseits und zwar in den Brodmann-Arealen (BA) 46 und 9, in Rindenarealen also, die der Region um den Sulcus principalis bei Affen entsprechen. Ein Signalanstieg in dieser Region ergab sich allerdings auch bei der außengesteuerten Bedingung, in der kein offenes Verhalten von den Probanden gefordert war (siehe oben).

Letzterer Befund ist von besonderem Interesse, da Frith et al. (1991) die Hauptfunktion des dorsolateralen präfrontalen Cortex in der *Verhaltensgenerierung* sehen, insofern als in ihrer PET-Studie die Generierung von Wörtern und von randomisierten Fingerbewegungen jeweils von einer präfrontalen Aktivierung begleitet wurden. Petrides' Daten legen eine alternative oder zumindest ergänzende Interpretation nahe, daß nämlich diese Rindenregion im Dienst der *Verhaltenskontrolle* und insbesondere der *Kontrolle kognitiver Prozesse* steht, also möglicherweise ein neurales Korrelat der sogenannten zentralen Exekutivfunktion(en) darstellt. Sehr wahrscheinlich bleibt es nicht auf die BA 46 beschränkt, sondern bezieht angrenzende Bereiche der präfrontalen Rinde ein.

An der Verhaltenskontrolle im Sinn der auf Stimulusmerkmale fokussierten Aufmerksamkeit („focal awareness") ist wohl auch die *vordere cinguläre Rinde* (BA 24) beteiligt (Pardo et al. 1990), die ihrerseits Faserprojektionen von der dorsolateralen präfrontalen Rinde erhält (Pandya und Yeterian 1990). Probanden zeigen vor allem dann eine erhöhte Aktivität im anterioren cingulären Cortex, wenn der „attentional focus" auf mehrere Eigenschaften eines Stimulus, z. B. auf Form, Farbe und Geschwindigkeit eines Objektes zugleich gerichtet werden soll. Die vordere cinguläre Rinde könnte demnach Teil eines Response-Selektionssystems (Corbetta et al. 1991) sein, das immer dann benötigt wird, wenn der aktuelle Informationsverarbeitungsprozeß aufgrund seiner Komplexität bewußt kontrolliert und nicht automatisiert ablaufen muß.

Eine Betrachtung zur Neurobiologie des Arbeitsgedächtnisses sollte über neuroanatomische und neurophysiologische Befunde hinaus auch *neurochemische und pharmakologische Aspekte* beachten.

Was die präfrontale Rinde von Primaten angeht, so ist bemerkenswert, daß die *dopaminerge Innervation* dieser Rindenregion am höchsten unter allen Cortexarealen ist (Lewis 1992, Berger al. 1988, Brown et al. 1979). Allerdings fand sich bei Altweltaffen im Fundus der BA 46 die geringste Tyrosinhydroxylase-Immunoreaktivität, während sie um den Sulcus principalis und vor allem in den angrenzenden Arealen 9 und 12 sehr intensiv ist (Lewis 1992). Dopaminerge Fasern kontaktieren präfrontale Pyramidenzellen der BA 46 in den oberen und tiefen Rindenschichten unter weitgehender Aussparung der mittleren Schichten. Diese bilaminäre Anordnung findet sich sehr deutlich in den schwach dopaminerg innervierten Cortexarealen, wie der Area 46, in den dichter innervierten sind die dopaminergen Fasern dagegen über den gesamten Rindenquerschnitt verteilt. Dopaminerge Fasern enden zum Teil an *symmetrischen Dornsynapsen,* deren Haupteffekt es zu sein scheint, spontane Erregungen in den nachgeschalteten präfrontalen Pyramidenzellen zu hemmen. Andererseits scheinen sie einen dämpfenden Einfluß auch über intrakortikale Interneurone nehmen zu können, die ihrerseits mit Pyramidenzellen verbunden sind (Penit-Soria et al. 1987). Für den Menschen wurde im präfrontalen Cortex insgesamt eine hohe D1- und eine sehr geringe D2-Rezeptordichte nachgewiesen (Cortes et al. 1989, Camps et al. 1989). Nervenzellen und Fortsätze mit D1-Rezeptoren sind vorwiegend in den tiefen Rindenschichten konzentriert, wo Neurone lokalisiert sind, die vorzugsweise zum Thalamus, zum dorsolateralen Neostriatum und zu den oberen Vierhügeln projizieren.

Die lokale Injektion *selektiver D1-Antagonisten* (z. B. SCH39166 und SCH23390) in die BA 46 von Rhesusaffen erhöht offenbar die Antwortlatenzen und reduziert die Responsegenauigkeit bei der zuvor erläuterten ODR-Aufgabe. Der *selektive D2-Antagonist Racloprid* zeigt diesen Effekt dagegen nicht (Sawaguchi und Goldman-Rakic 1994). Wie spezifisch ist aber der ungünstige Effekt von D1-Antagonisten auf zeitverzögerte Aufgaben? Diamond und Goldman-Rakic (1989) zufolge scheint er nicht einzutreten, wenn Neurotoxine intracortical appliziert werden, die eine Entleerung des Noradrenalin- oder des Serotonin-Pools im präfrontalen Cortex bewirken. Angeblich sollen Affen mit einer 85%-igen Zerstörung noradrenerger Neurone in der Region des Sulcus principalis in delayed-response Aufgaben ebenso gut abschneiden wie Kontrolltiere, denen nur Kochsalzlösung und Ascorbinsäure intrakortikal appliziert wurde (Goldman-Rakic 1992). Dem steht entgegen, daß die lokale Injektion von *Yohimbin, einem Alpha-2-Antagonisten,* in den dorsolateralen präfrontalen Cortex offenbar doch das räumliche Kurzzeitgedächtnis erwachsener Makaken beeinträchtigt (Li und Mei 1994). Für den Augenblick muß wohl offen bleiben, ob tatsächlich das Dopamindefizit alleine oder eine Kombination von Dopamin- und Noradrenalinmangel für die beschriebenen Verhaltenswirkungen relevant sind.

Auch klinische Befunde legen die Vermutung nahe, daß die präfrontale Rinde gegenüber *Dopaminmangel,* wie beim Parkinson-Syndrom, aber auch gegenüber *Dopaminüberschuß* wie bei Streß oder in der Amphetaminpsychose, besonders vulnerabel ist. Der Dopaminumsatz im präfrontalen Cortex scheint schon auf milde *Stressoren* (z. B. Umsetzung von Ratten in einen neuen Käfig) beträchtlich anzusteigen, ein Effekt der durch Läsion des zentralen Amygdalakerns abgeschwächt wird (Davis et al. 1994). Unbehandelte *Parkinsonkranke* sollen eine selektive Beeinträchtigung der zentralen Exekutive aufweisen, während die Sklavensysteme (phonologische Schleife und visuell-räumlicher Notizblock) vom Dopaminmangel offenbar nicht tangiert werden (Dalrymple-Alford et al. 1994, Stam et al. 1993, Cooper et al. 1991). Dieses Defizit soll sich mit *L-Dopa,* nicht aber, wie zu erwarten, mit Anticholinergica beheben lassen (Cooper et al. 1992). Neuropsychologische Untersuchungen (z. B. Litman et al. 1991) und verschiedene bildgebende Verfahren (z. B. Weinberger et al. 1986) haben Anhaltspunkte für eine *Dysfunktion der präfrontalen Rinde bei Schizophrenen*

geliefert, an der ein gestörter Dopaminstoffwechsel gleichfalls nicht un-
schuldig sein dürfte. Was nun speziell das Arbeitsgedächtnis angeht, so
weisen schizophrene Patienten in eben den räumlichen delayed-response
Aufgaben reduzierte Leistungen auf, die zur Funktionsprüfung der dorsolateralen präfrontalen Rinde bei Rhesusaffen herangezogen wurden (Park
und Holzman 1992, Spitzer 1993). Diese Beeinträchtigung wird der schizophrenen Grundstörung zugeschrieben. Eine Mitwirkung dopaminanta-
gonistischer, anticholinerger und Benzodiazepin-Medikationen kann vermutlich nicht gänzlich ausgeschlossen werden, auch wenn in der Studie
von Park und Holzman (1992) eine kleine Gruppe bipolarer Patienten mit
vergleichbarer Medikation diese Störung nicht aufweist.

Trotz der im Vergleich zu Dl-Rezeptoren 10-fach geringeren Zahl an
D2-Rezeptoren könnte letzteren dennoch eine Rolle zumindest für bestimmte Aspekte des Arbeitsgedächtnisses zukommen. An Affen und
menschlichen Probanden wurde eine positive Wirkung von *Bromocriptin* auf
eine visuell-räumliche delayed-response Aufgabe berichtet (Luciana et al.
1992). Man könnte eine direkte Wirkung dieses selektiven D2-Agonisten
vor allem auf Rindenschicht V des präfrontalen Cortex vermuten, in der
die D2-Rezeptordichte am größten ist. Alternativ läßt sich allerdings auch
über einen indirekten D1-Effekt spekulieren, der sich aus der *synergistischen
Interaktion D1- und D2-Rezeptor-regulierter Hirnprozesse* ergibt. Hier wäre das
Verhältnis von D1- und D2-Rezeptorstimulation die für die Verhaltenswirkungen ausschlaggebende Variable.

Welches sind nun die cholinergen Effekte auf das Kurzzeitgedächtnis?
Auch der *cholinerge Blocker Scopolamin* soll selektiv die zentrale Exekutive beeinträchtigen (Rusted 1988, Rusted und Warburton 1988). Normale Leistungen für Zahlenspannen und mentale Rotationen nach oral applizier-
tem Scopolamin werden als Beweis dafür präsentiert, daß die beiden Sklavensysteme von dem muskarinisch cholinergen Blocker nicht tangiert werden. Dosisabhängige Defizite bei einer Brown-Petersen-Distraktor-Aufgabe
und beim freien Abruf von Wortlisten im Supraspannenbereich werden andererseits als Hinweise auf eine pharmakologisch blockierte zentrale Exekutive interpretiert. Der Wirkmechanismus des Scopolamin dürfte ziemlich komplex sein. Er scheint nicht nur in der Inhibition postsynaptischer
M1-Rezeptoren zu bestehen, sondern über eine Blockierung auch des präsynaptischen M2-Autorezeptors die Freisetzung von Acetylcholin zu erhöhen, in dem es die Feedbackhemmung ausschaltet. Somit dürfte die sco-
polamin-induzierte Gedächtnisstörung letzlich auf einem Acetylcholin-
exzess beruhen (Goto et al. 1990).

Möglicherweise ähneln die Wirkungen von *Benzodiazepinagonisten* (z. B.
Lorazepam und Diazepam) auf das Arbeitsgedächtnis phänomenologisch
der des Scopolamin, insofern als auch für sie eine selektive Beeinträchtigung der zentralen Exekutive bei unveränderten Sklavensystemen behauptet wurden (Rusted et al. 1991).

Die cholinerge Hypothese von Lernen und Gedächtnis beruht, zumindest überwiegend, auf der Untersuchung muskarinisch cholinerger Mechanismen. Inzwischen zeigt sich jedoch, daß auch *nikotinisch cholinerge Rezepto-*

ren für die Vermittlung kognitiver Prozesse bedeutsam sind. Welchen Einfluß Nikotin auf das Arbeitsgedächtnis nimmt, ist allerdings noch nicht hinreichend geklärt. Bei Affen (Elrod et al. 1988), aber auch beim Menschen (Newhouse et al. 1992) bewirkt der leicht *hirngängige Nikotinantagonist Mecamylamin* ein deutliches Leistungsdefizit in Zeitverzögerungsaufgaben. Der ungünstige Mecamylamin-Effekt wird bemerkenswerterweise durch D2-, nicht aber durch D1-Blocker potenziert (Levin und Eisner 1994).

Es hat ganz den Anschein, als ob Dopamin sich zum nikotinisch cholinergen System eher agonistisch und zum muskarinisch cholinergen System eher antagonistisch verhält. Jedenfalls dürfte die Funktionsfähigkeit des Arbeitsgedächtnisses in besonderer Weise von einer komplexen Interaktion dopaminerger und cholinerger Wirkungen abhängen. In diesem Zusammenhang sei noch erwähnt, daß die pharmakologische Stimulation von D1-Rezeptoren (z. B. mit dem selektiven D1-Agonisten A-77636) zu einer vermehrten Freisetzung von Acetylcholin im Neocortex und im Hippokampus führt (Acquas et al. 1994).

Diese Auswahl pharmakologischer Befunden zum Arbeitsgedächtnis deutet den Facettenreichtum von Fragestellungen an, denen sich die *Verhaltenspharmakologie als Werkzeug zur Analyse kognitiver Funktionen* gegenübersieht. Erkenntniszuwachs ist zu erwarten, wenn experimentell geschickt separierte kognitive Teilprozesse unter dem Einfluß einer zunehmend breiteren Palette „selektiver" Pharmaka untersucht werden können.

Wie der Beitrag zu zeigen versuchte, ist die Neurobiologie kognitiver Subfunktionen ein äußerst innovatives, multidisziplinäres Forschungsfeld, auf dem sich aus der Sicht der Humanforschung *kognitive Psychologie, Neurologie und biologische Psychiatrie* begegnen können.

Literatur

Acquas E, Day Jc, Fibiger HC (1994) The potent and selective dopamine D-1 receptor agonist A-77636 increases cortical and hippocampal acetylcholine release in the rat. Eur J Pharmacol 260: 85–87

Atkinson RC, Shiffrin RM (1968) Human memory: a proposed system and its control processes. In: Spence KW (ed) The psychology of learning and motivation: advances in research and theory, vol 2. Academic Press, New York, pp 89–195

Backer Cave C, Squire LR (1992) Intact verbal and nonverbarshort-term memory following damage to the human hippocampus. Hippocampus 2: 151–164

Baddeley A (1992a) Is working memory working? The fifteenth Bartlett lecture. Quart J Exp Psychol 44: 1–31

Baddeley A (1992b) Working memory: the interface between memory and cognition. J Cogn Neurosci 4: 281–288

Baddeley AD, Hitch G (1974) Working memory. In: Bower GA (ed) Recent advances in learning and motivation, vol 8. Academic Press, New York, pp 47–89

Berger B, Trotter A, Verney C, Gasper P, Alvarez C (1988) Regional and laminar distribution of the dopamine and serotonin innervation in the macaque cerebral cortex: a autoradiographic study. J Comp Neurol 273: 99–119

Blum RA (1952) Effects of subtotal lesions of frontal granular cortex on delayed reaction in monkeys. AMA Arch Neurol Psychiatr 67: 375–386

Brown RM, Crane AM, Goldman PS (1979)Regional distribution of monoamines in the cerebral cortex and subcortical structures of rhesus monkey: concentrations and in vivo synthesis. Brain Res 168: 133–150

Camps M, Cortés R, Gueye B, Probs A, Palacios JM (1989) Dopamine receptors in human brain: autoradiographic distribution of D2 sites. Neuroscience 28: 275–290

Cooper JA, Sagar HJ, Harvey NS, Jordan N, Sullivan EV (1991) Cognitive impairment in early, untreated Parkinson's disease and its relationship to motor disability. Brain 114: 2095–2122

Cooper JA, Sagar Hj, Doherty M, Jordan N, Tidswell P, Sullivan EV (1992) Different effects of dopaminergic and anticholinergic therapies on cognitive and motor function in Parkinson's disease. Brain 15: 1701–1725

Corbetta M, Miezin FM, Dobmeyer S, Shulman GL, Petersen SE (1991) Selective and divided attention during visual discrimination of shape, color, and speed: functional anatomy by positron emission tomography. J Neurosci 11: 2383–2402

Cortés R, Gueye B, Pazos A, Probs A, Palacios JM (1989) Dopamine receptors in human brain: autoradiographic distribution of D1 sites. Neuroscience 28: 263–273

Cowan N (1993) Activation, attention, and short-term memory. Memory Cogn 21: 162–167

Crowder RG (1993) Short-term memory: where do we stand? Memory Cogn 21: 142–145

Dalrymple-Alford JC, Kalders AS, Jones RD, Watson RW (1994) A central executive deficit in patients with Parkinson's disease. J Neurol Neurosurg Psychiatry 57: 360–367

Davis M, Hitchcock JM, Bowers MB, Berridge CW, Melia KR, Roth RH (1994) Stress-induced activation of prefrontal cortex dopamine turnover: blockade by lesions of amygdala. Brain Res 664: 207–210

Diamond A, Goldman-Rakic PS (1989) Comparison of human infants and rhesus monkeys on Piaget's AB task: evidence for dependence on dorsolateral prefrontal cortex. Exp Brain Res 74: 24–40

Elrod K, Buccafusco JJ, Jackson WJ (1988) Nicotine enhances delayed matching-to-sample performance by primates. Life Sci 43: 277–287

Freedman M, Oscar-Berman M (1986) Bilateral frontal lobe disease and selective deleayed response deficits in humans. Behav Neurosci 100: 337–342

Friedman HR, Goldman-Rakic PS (1994) Coactivation of prefrontal cortex and inferior parietal cortex in working memory tasks revealed by 2DG functional mapping in the rhesus monkey. Neurosci 14: 2775–2788

Frith CD, Friston KJ, Liddle PF, Frackowiak RSJ (1991) Willed action and the prefrontal cortex in man: a study with PET. Proc Roy Soc Lond (B9) 244: 241–246

Funahashi S, Goldman-Rakic PS (1990) Delay-period activity of prefrontal neurons in delayed saccade and antisaccade tasks. Soc Neurosci Abstr 16: 1223

Funahashi S, Bruce CJ, Goldman-Rakic PS (1989) Mnemonic coding of visual space in the monkey's dorsolateral prefrontal cortex. J Neurophysiol 61: 331–349

Fuster JM (1989) The prefrontal cortex, 2nd ed. Raven Press, New York

Fuster JM (1990) Behavioral electrophysiology of the prefrontal cortex of the primate. In: Uylings HBM, Van Eden CG, De Bruin JPC, Corner MA, Feenstra MGP (eds) Progress in brain research, vol 85. Elsevier Science Publishers BV, North Holland, pp 313–323

Goldman-Rakic PS (1991) Prefrontal cortical dysfunction in schizophrenia: the relevance of working memory. In: Carroll BJ, Barrett JE (eds) Psychopathology and the brain, vol 1. Raven Press, New York, pp 1–23

Goldman-Rakic PS (1992) Dopamine-mediated mechanisms of the prefrontal cortex. Semin Neurosci 4: 149–159

Goldman-Rakic PS, Funahashi S, Bruce CJ (1990) Neocortical memory circuits, vol LV. Cold Spring Harbor Laboratory Press, Cold Spring Harbor, pp 1025–1038

Goto T, Kuzuya F, Endo H, Tajima T, Ikari H (1990) Some effects of CNS cholinergic neurons on memory. J Neural Transm [Suppl 30]: 1–11

Gross CG, Weiskrantz L (1964) Some changes in behavior produced by lateral frontal lesions in the macaque. In: Warren JM, Akert K (eds) The frontal granular cortex and behavior. McGraw Hill, New York, pp 74–101

Levin ED, Eisner B (1994) Nicotine interactions with dopamine agonist: effects on working memory function. Drug Dev Res 31: 32–37

Lewis DA (1992) The catecholaminergic innervation of primate prefrontal cortex. J Neural Transm [Suppl] 36: 179–200

Li BM, Mei ZT (1994) Delayed-response defcit induced by local injection of the alpha(2)-adrenergic antagonist yohimbine into the dorsolateral prefrontal cortex in young adult monkeys. Behav Neural Biol 62:134–139

Litman RE, Hommer DW, Clem T, Ornsteen ML, Ollo C, Pickar D (1991) Correlation of Wisconsin card sorting test performance with eye tracking in schizophrenia. Am J Psychiatry 148: 1580–1582

Luciana M, Depue RA, Arbisi P, Leon A (1992) Facilitation of working memory in humans by a D2 dopamine receptor agonist. J Cogn Neurosci 4: 257–267

Martin RC (1993) Short-term memory and sentence processing: evidence from neuropsychology. Memory Cogn 21: 176–183

Mishkin M, Manning FJ (1978) Nonspatial memory after selective prefrontal lesions in monkey. Brain Res 143: 313–323

Moscovitch M (1992) Memory and working-with-memory: a component process model based on modules and central systems. J Cogn Neurosci 4: 257–267

Newhouse PA, Potter A, Corwin J, Lenox R (1992) Acute nicotinic blockade produces cognitive impairment in normal humans. Psychopharmacology 108: 480–484

Pandya DN, Yeterian EH (1990) Prefrontal cortex in relation to other cortical areas in rhesus monkey: architecture and connections. In: Uylings HBM, Van Eden CG, De Bruin JPC, Corner MA, Feenstr MPG (eds) Progress in brain research, vol 85, ch 4. Elsevier Science Publishers BV, North Holland, pp 63–94

Pardo JV, Pardo PJ, Janer KW, Raichle ME (1990) The anterior cingulate cortex mediates processing selction in the Stroop attentional conflict pardigm. Neurobiology 87: 256–259

Park S, Holzman PS (1992) Schizophrenics show spatial working memory deficits. Arch Gen Psychiatry 49: 975–982

Penit-Soria J, Audinat E, Crepel F (1987) Excitation of rat prefrontal cortical neurons by dopamine: an in vitro electrophysiological study. Brain Res 425: 263–274

Petrides M (1993) Functional activation of the human frontal cortex during the performance of verbal working memory tasks. Proc Natl Acad Sci USA 90: 878–882

Potter MC (1993) Very short-term conceptual memory. Memory Cogn 21: 156–161

Rusted JM (1988) Dissociative effects of scopolamine on working memory in healthy volunteers. Psychopharmacology 96: 487–492

Rusted JM, Warburton DM (1988) Effects of scopolamine on working memory in healthy volunteers. Psychopharmacology 96: 145–152.

Rusted JM, Eaton-Williams P, Warburton DM (1991) A comparison of the effects of scopolamine and diazepam on working memory. Psychopharmacology 105: 442–445

Sawaguchi T, Goldman-Rakic PS (1994) The role of D1-dopamine receptor in working memory: local injections of dopamine antagonists into prefrontal cortex of rhesus monkeys performing an oculomotor delayed-response task. J Neurophysiol 71: 515–528

Spitzer M (1993) The psychopathology, neuropsychology, and neurobiology of associative and working memory in schizophrenia. Eur Arch Psychiatry Clin Neurosci 243: 57–70

Stam CJ, Visser SL, Op de Coul AAW, De Sonneville LMJ, Schellens RLLA, Brunia CHM, de Smet JS, Gielen G (1993) Disturbed frontal regulation of attention in Parkinson's disease. Brain 116: 1139–1158

Verin M, Partiot A, Pillon B, Malapani C, Agid Y, Dubois B (1994) Delayed response tasks and prefrontal lesions in man – evidence for self generated patterns of behaviour with poor environmental modulation. Neuropsychologia 31: 1379–1396

Watanabe T, Niki H (1985) Hipocampal unit activity and delayed response in the monkey. Brain Res 325: 241

Weinberger DR, Berman KF, Zec RF (1986) Physiological dysfunction of dorsolateral prefrontal cortex in schizophrenia. 1. Regional cerebral blood flow (rCBF) evidence. Arch Gen Psychiatry 43: 114–125

Korrespondenz: Prof. Dr. D. Yves von Cramon, Max-Planck-Institut für neuropsychologische Forschung, Inselstraße 22–26, D-04103 Leipzig, Bundesrepublik Deutschland

Kognitive Funktionen der Basalganglien

K. W. Lange

Forschungsschwerpunkt Neuropsychologie/Neurolinguistik,
Psychologisches Institut, Universität Freiburg, Bundesrepublik Deutschland

Zu den subkortikal gelegenen Basalganglien zählen das Corpus striatum und der Globus pallidus sowie die Substantia nigra und der Nucleus subthalamicus. Diese Hirngebiete wurden früher unter der Bezeichnung extrapyramidales System von der kortikospinalen Pyramidenbahn abgegrenzt. Die Bedeutung der Basalganglien für Bewegungsstörungen ist seit langem bekannt (Wilson 1925). In den letzten Jahren hat es vermehrt experimentelle Befunde gegeben, die die Hypothese unterstützen, daß das Striatum eine Schaltstation verschiedener parallel verlaufender Schleifensysteme ist, die vermutlich an unterschiedlichen Funktionen beteiligt sind (Alexander et al. 1986). Eine sogenannte motorische Schleife verläuft vom motorischen Kortex über das Putamen, die Substantia nigra pars reticulata, den Globus pallidus und den ventrolateralen Thalamus zum prämotorischen Kortex. Kognitive Funktionen werden mit einer „komplexen" Schleife in Verbindung gebracht, die zunächst vom präfrontalen Kortex zum Nucleus caudatus projiziert und von dort parallel zur motorischen Schleife über Substantia nigra, Globus pallidus und anteroventrale Thalamuskerne zurück zum präfrontalen Kortex verläuft. Aus der Hypothese dieser Schleifensysteme kann die Schlußfolgerung gezogen werden, daß Läsionen an unterschiedlichen Stellen innerhalb einer Schleife dieselben Verhaltensänderungen hervorrufen sollte. Tierexperimentelle Studien zeigten tatsächlich, daß durch Läsionen im Bereich des präfrontalen Kortex dieselben Verhaltensdefizite erzeugt werden können wie durch Läsionen in den Arealen des Nucleus caudatus, zu denen neuronale Bahnen vom präfrontalen Kortex projizieren (Divac et al. 1967, Divac 1972, Öberg und Divac 1975). Diese Befunde legen es nahe, präfrontalen Kortex und Nucleus caudatus als funktionelles System zu betrachten.

Fronto-striatale Defizite bei neurodegenerativen Krankheiten

Hinweise für eine Beteiligung von Basalganglienstrukturen an kognitiven Funktionen lieferten vor allem neuropsychologische Untersuchungen an neurodegenerativen Krankheiten mit pathologischen Veränderungen im Striatum. Zu diesen Erkrankungen gehören die Chorea Huntington und das idiopathische Parkinsonsyndrom. Wesentliches neuropathologisches Merkmal der Chorea Huntington ist eine Atrophie im Bereich des Caput nuclei caudati und in geringerem Maße im Putamen (Dom et al. 1976, Vonsattel et al. 1985). Bei Choreatikern in den frühen Krankheitsstadien können positronenemissionstomographisch physiologische Störungen des Nucleus caudatus nachgewiesen werden, bevor andere neuroradiologische Verfahren eine Atrophie dieser Hirnregion anzeigen (Kuhl et al. 1982, Hayden et al. 1986). Als Korrelat dieser neurobiologischen Veränderungen ist als kognitives Frühsymptom der Chorea Huntington eine Beeinträchtigung im visuellen Diskriminationslernen („attentional set-shifting"), einem für Frontallappendysfunktion sensitiven Test (Owen et al. 1991), zu beobachten (Lange et al. 1992b, 1993).

Auch Parkinsonkranke weisen eine Reihe von kognitiven Defiziten auf, von denen viele den Verhaltensauffälligkeiten nach Frontallappenschädigung ähnlich sind. Zum Beispiel ist die Leistung von Parkinsonpatienten Wisconsin-Karten-Sortiertest (Lees und Smith 1983) und anderen Formen des „Attentional set-shifting" vermindert (Cools et al. 1984, Flowers und Robertson 1985, Downes et al. 1989).

Dopamin und fronto-striatale Defizite

Beim idiopathischen Parkinsonsyndrom ist Verminderung des Dopamingehalts im Striatum die Folge der Degeneration der Neurone in der Substantia nigra. Es ist dankbar, daß eine Störung der komplexen Schleife durch die striatale Dopaminreduktion die Grundlage für die bei Parkinsonkranken zu beobachtenden Frontallappendefizite ist. Dabei ist auf Grund von positronenemissions-tomographischen Untersuchungen bislang unklar, wie stark die dopaminerge Neurotransmision im Nucleus caudatus bis zum Auftreten kognitiver Funktionseinbußen sinken muß. Ein Test des Dopaminmodells besteht darin, Parkinsonpatienten mit und ohne dopaminerge Medikation zu untersuchen. Es zeichnet sich ab, daß nach Entzug der L-Dopa-Therapie selektiv eine Verschlechterung der Patienten bei neuropsychologischen Tests auftritt, die für veränderte Frontallappenfunktion empfindlich sind (siehe Tabelle 1 und Abb. 1), während andere Testleistungen im Bereich Lernen und Gedächtnis unbeeinträchtigt bleiben (Bowen et al. 1975, Lange et al. 1992a, 1995).

Auf Grund der pharmakologischen Untersuchungen mit L-Dopa läßt sich allerdings nicht eindeutig belegen, daß tatsächlich unterschiedliche striatale Dopaminspiegel die beobachteten kognitiven Veränderungen verursachen. Der präfrontale Kortex wird direkt von der Area ventralis tegmenti aus dopaminerg innerviert (Björklund und Lindvall 1984), und diese Projektion degeneriertriert beim idiopathischen Parkinsonsyndrom (Javoy-Agid und Agid 1980). Da Dopaminreduktion im frontalen Kortex zumindest beim Affen zu kognitiven Defiziten führt, die durch die Gabe von L-Dopa rückgängig gemacht werden können (Brozoski et al. 1979), ist

Tabelle 1. Leistung von Parkinsonpatienten unter L-Dopa und nach Entzug der Medikation für mindestens 13 Stunden in verschiedenen Tests des Planens, der Aufmerksamkeit und des visuellen Gedächtnisses (Lange et al. 1992a)

Test	Testleistung
Für Frontallappendysfunktion sensitive Tests	
Turm von London	Mit L-Dopa besser als ohne L-Dopa
Räumliches Arbeitsgedächtnis	MitL-Dopa besser als ohne L-Dopa
„Attentionsl set-shifting"	Mit L-Dopa besser als ohne L-Dopa
Tests für visuell-räumliches Lernen und Gedächtnis	
Wiedererkennen	Mit L-Dopa gleich ohne L-Dopa
Erkennen von Übereinstimmung	Mit L-Dopa gleich ohne L-Dopa
Assoziatives Lernen	Mit L-Dopa gleich ohne L-Dopa

auch beim Parkinsonsyndrom eine unmittelbare Wirkung von L-Dopa im präfrontalen Kortex denkbar. Zukünftige Untersuchungen müssen klären, ob dem Striatum spezifische kognitive Funktionen zugeschrieben werden können oder ob die bei Parkinson- und Huntingtonpatienten auftretenden Frontallappendefizite durch die Unterbrechung der komplexen Schleife im fronto-striatalen Bereich zustandekommen. Erste Hinweise dafür, daß striatale kognitive Dysfunktion dissoziierbar ist, liefern vergleichende Untersuchungen an Parkinsonkranken und Patienten nach Frontallappenläsionen. Obwohl Parkinsonpatienten in einer Studie im Vergleich zu Kontrollprobanden in allen verwendeten Frontallappentests verminderte Lei-

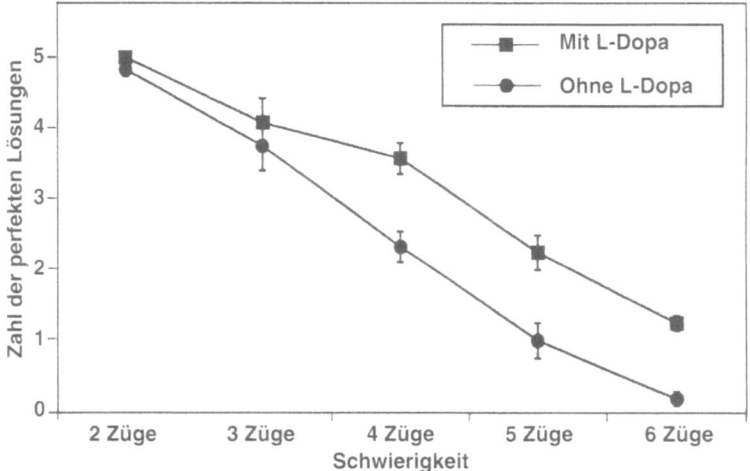

Abb. 1. Leistung von Parkinsonpatinten unter L-Dopa und nach Entzug der Medikation für mindestens 14 Stunden im Test zum Planen „Turm von London" (Lange et al. 1995). Für die verschiedenen Schwierigkeitsstufen ist die Zahl der Aufgaben dargestellt, die mit der geringstmöglichen Zahl von Zügen gelöst wurden (Mittelwerte ± SEM)

stungen aufwiesen, ergab die genaue Analyse ihrer Defizite deutliche Unterschiede zu Frontallappenpatienten (Owen et al. 1990, 1992). Während Patienten mit Parkinsonsyndrom zum Beispiel bei der Planungsaufgabe zum „Turm von London" länger über die Lösung der Probleme nachdachten, ohne dabei auch weniger perfekte Lösungen vorzulegen, waren die Patienten nach Frontallappenläsionen beim Nachdenken zwar nicht verlangsamt, aber weniger akkurat beim Problemlösen.

Literatur

Alexander GE, DeLong MR, Strick PL (1986) Parallel organisation of functionally segregated circuits linking basal ganglia and cortex. Annu Rev Neurosci 9: 357–381

Björklund A, Lindvall O (1984) Dopamine containing systems in the CNS. In: Björklund A, Hökfelt T (eds) Handbook of chemical neuroanatomy, vol 2. Classical transmitters in the CNS, part 1. Elsevier, London, pp 55–122

Bowen FP, Kamienny MA, Burns MM, Yahr M (1975) Parkinsonism: effects of levodopa treatment on concept formation. Neurology 25: 701–704

Brozoski TJ, Brown RM, Rosvold HE, Goldman PS (1979) Cognitive deficit caused by regional depletion of dopamine in prefrontal cortex of rhesus monkey. Science 205: 929–932

Cools AR, van den Bercken JHL, Horstink MWI, van Spaendonck KPM, Berger HJC (1984) Cognitive and motor shifting aptitude disorder in Parkinson's disease. J Neurol Neurosurg Psychiatry 47: 443–453

Divac I (1971) Frontal lobe system and spatial reversal in the rat. Neuropsychologia 9: 175–183

Divac I (1972) Delayed alternation in cats with lesions of the prefrontal cortex and the caudate nucleus. Physiol Behav 8: 519–522

Divac I, Rosvold HE, Schwarczbart MK (1967) Behavioral effects of selective ablation of the caudate nucleus. J Comp Physiol Psychol 63: 184–190

Dom R, Malfroid M, Maro F (1976) Neuropathology of Huntington's chorea: studies of the ventrobasal complex of the thalamus. Neurology 26: 64–68

Downes JJ, Roberts AC, Sahakian BJ, Evenden JL, Morris RG, Robbins TW (1989) Impaired extra-dimensional shift performance in medicated and unmedicated Parkinson's disease: evidence for a specific attentional dysfunction. Neuropsychologia 27: 1329–1343

Flowers KA, Robertson C (1985) The effect of Parkinson's disease on the ability to maintain a mental set. J Neurol Neurosurg Psychiatry 48: 517–529

Hayden MR, Martin WRW, Stoessl AJ, et al (1986) Positron emission tomography in the early diagnosis of Huntington's disease. Neurology 36: 888–894

Javoy-Agid F, Agid Y (1980) Is the mesocortical dopaminergic system involved in Parkinson's disease? Neurology 30: 1326–1330

Kuhl DE, Phelps ME, Markham CH, Metter EJ, Riege WH, Winter J (1982) Cerebral metabolism and atrophy in Huntington's disease determined by 18FDG and computed tomography. Ann Neurol 12: 425–434

Lange KW, Paul GM (1993) Kognitive Defizite bei Chorea Huntington. In: Baumann P (Hrsg) Biologische Psychiatrie der Gegenwart. Springer, Wien New York, S 468–470

Lange KW, Robbins TW, Marsden CD, James M, Owen AM, Paul GM (1992a) L-Dopa withdrawal in Parkinson's disease selectively impairs cognitive performance in tests sensitive to frontal lobe dysfunction. Pychopharmacology 107: 394–404

Lange KW, Paul GM, Quinn NP, Robbins TW, Marsden CD (1992b) Planning and visuospatial memory at varying stages of Huntington's disease. Mov Disord 7: 300–301

Lange KW, Paul GM, Naumann M, Gsell W (1995) Dopaminergic effects on cognitive performance in Parkinson's disease. J Neural Transm [Suppl] 46: 423–432

Lees AJ, Smith E (1983) Cognitive deficits in the early stages of Parkinson's disease. Brain 106: 257–270

Öberg RGE, Divac I (1975) Dissociative effects of selective lesions in the caudate nucleus of cats and rats. Acta Neurobiol Exp 35: 675–689

Owen AM, Downes JJ, Sahakian BJ, Polkey CE, Robbins TW (1990) Planning and spatial working memory following frontal lobe lesions in man. Neuropsychologia 28: 1021–1034

Owen AM, Roberts AC, Polkey CE, Sahakian BJ, Robbins TW (1991) Extradimensional versus intradimensional set shifting performance following frontal lobe excisions, temporal lobe excisions or amygdalohippocampectomy in man. Neuropsychologia 29: 993–1006

Owen AM, James M, Leigh PN, Summers BA, Marsden CD, Quinn NP, Lange KW, Robbins TW (1992) Fronto-striatal cognitive deficits at different stages of Parkinson's disease. Brain 115: 1727–1751

Vonsattel JP, Myers RH, Stevens TJ, Ferrante RJ, Bird ED, Richardson EP Jr (1985) Neuropathological classification of Huntington's disease. J Neuropathol Exp Neurol 44: 559–577

Wilson SAK (1925) The Croonian lectures on some disorders of motility and muscle tone with special reference to the corpus striatum. Lancet 2: 1–10, 53–62, 169–178, 215–219, 268–276

Korrespondenz: Prof. Dr. K. W. Lange, Psychologisches Institut, Universität Freiburg, D-79085 Freiburg, Bundesrepublik Deutschland

Regulation der APP Prozessierung durch Neurotransmitterrezeptoren: Implikationen für die Entwicklung neuer Therapien der Alzheimer-Demenz

R. M. Nitsch

Zentrum für Molekulare Neurobiologie, Universität Hamburg,
Bundesrepublik Deutschland

Amyloidbildung aus Prozessierungsprodukten des Amyloidvorläuferproteins APP

Die Amyloidablagerungen in Gehirnen von Alzheimerpatienten stehen als pathognomonisches histopathologisches Merkmal seit langem im Zentrum der wissenschaftlichen Erforschung der Pathogenese der Erkrankung (Alzheimer 1907). Die Bildung von Amyloid im Gehirn kann Jahre bis Jahrzehnte vor dem Einsetzen der ersten klinischen Symptome beginnen und schreitet unaufhaltbar bis zu einer etwa 20%-igen Ausfüllung des corticalen Hirnvolumens in Spätstadien der Erkrankung fort. Diese hohen Mengen an Amyloid stellen ein spezifisches diagnostisches Merkmal der Alzheimer-Demenz (AD) dar, sie werden neben der AD nur in Spätstadien des Down Syndroms beobachtet, das neuropathologisch durch alzheimerspezifische Veränderungen charakterisiert ist. Amyloidplaques bestehen aus unlöslichen Aggregaten des Amyloid β-Proteins (Aβ), einem 39–43 Aminosäurenreste langen Peptid, das durch proteolytischen Abbau des größeren Amyloidvorläuferproteins APP generiert werden kann (Kang et al. 1987). Aβ Moleküle haben eine starke Tendenz zur Autoaggregation und können bei hohen Konzentrationen *in vitro* auch in Abwesenheit aggregationsfördernder Faktoren zu unlöslichen Fibrillen aggregieren (Jarrett und Lansbury 1993). Im Gehirn können jedoch noch zusätzliche amyloidotrophe Faktoren (z. B. freie Sauerstoffradikale) vorliegen, die den Aggregationsprozeß von Aβ in Amyloid auch bei niedrigen Konzentrationen fördern könnten.

APP ist ein ubiquitär exprimiertes sekretorisches Glykoprotein (Weidemann et al. 1989), dessen sezernierte Prozessierungsprodukte in meßbaren Konzentrationen im humanen Liquor vorliegen (Nitsch et al. 1995). In einigen genetischen Formen der AD nimmt APP eine kausale Rolle in der

Pathogenese der Erkrankung ein. In diesen Fällen finden sich Punktmutationen innerhalb bzw. in unmittelbarer Nähe der Ab-kodierenden Domäne
des APP Gens (Chartier-Harlin et al. 1991, Goate et al. 1991, Murrell et al.
1991). Diese Mutationen nehmen Einfluß auf die APP Prozessierung: So
führt die „schwedische" Doppelmutation des APP Gens (Mullan et al. 1992)
beispielsweise zu erhöhten Konzentrationen sezernierter Ab-Peptide in
Zellkultur (Cai et al. 1993, Citron et al. 1994), und APP 717-Mutationen verursachen die Entstehung abnormal langer Ab-Peptide in kultivierten Fibroblasten von Mutationsträgern (Suzuki et al. 1994). Beide Veränderungen können möglicherweise zu einer beschleunigten Amyloidbildung beitragen. Transgene Mäuse, die humanes APP mit der APP 717F-Mutation im
Gehirn überexprimieren, entwickeln kongophile Amyloidplaques, die jenen im Gehirn von Alzheimerpatienten entsprechen (Games et al. 1995).
Diese experimentellen Beobachtungen unterstreichen, daß APP unter bestimmten Bedingungen die Bildung von Amyloid im Gehirn verursachen
kann.

APP wird durch proteolytische Prozessierung entweder in nicht amyloi-
dogenes APPs prozessiert, oder alternativ, in amyloidogene Aβ Peptide. Beide APP Derivate werden sezerniert und sind im menschlichen Liqur nachweisbar. Neben ihrem unterschiedlichen Verhalten hinsichtlich der Amyloidbildung scheinen sie grundlegend unterschiedliche biologische Aktivitäten zu haben: APPs nimmt neurotrophe und neuroprotektive Funktionen war (Barger et al. 1995, Milward et al. 1992), während Amyloid neurotoxisch ist (Yankner et al. 1990). Aβ Aggregate können über die Bildung
freier Sauerstoffradikale zur Degeneration neuronaler Zellen beitragen
(Behl et al. 1994). Da die alternativen APP Prozessierungswege durch Signaltransduktion reguliert werden, ist denkbar daß der zellulären Regulation der APP-Prozessierung durch Signaltransduktion eine erhebliche Bedeutung für die Steuerung der biologischen Funktionen von APP zukommt.

Neurotransmitter regulieren die APP Prozessierung

Die proteolytische Prozessierung von APP kann durch mehrere Neurotransmitter und second messenger reguliert werden. Durch Expression von
humanen muskarinergen Acetylcholinrezeptorsubtypen in 293-Zellinien,
gelang es uns erstmalig, einen Zusammenhang zwischen Neurotransmitter-
rezeptoraktivität und APP Prozessierung nachzuweisen (Nitsch et al. 1992).
Diese Experimente zeigten, daß die Aktivierung von m1 und m3 Acetylcholinrezeptoren mit dem Agonist Carbachol die Sekretion von N-terminalen
APP Derivaten (APPs) innerhalb weniger Minuten auf bis zu 12-fache Werte steigert. Diese Stimulation der sekretorischen Prozessierung ist durch
vermehrte α-Sekretaseaktivität bedingt, die die proteolytische Spaltung innerhalb der β-Domäne (zwischen Aminosäureresten Lgs 16 und Leu 17 der
Aβ-Domäne) vermittelt. Durch Zugabe von Proteinsyntheseblockern wie
Cycloheximid konnten wir zeigen, daß die rezeptorvermittelte Steigerung
der APPs Sekretion durch beschleunigte Prozessierung prä-existenten APP-

Proteins, und nicht etwa auf einer Steigerung der APP Syntheseraten beruhte. In nachfolgenden Experimenten konnten wir nachweisen, daß auch
weitere G-proteingekoppelte Neurotransmitterrezeptoren, wie die serotoninergen 5HT2aR und 5HT2cR Rezeptorsubtypen (Nitsch et al. 1996) sowie metabotrope Glutamatrezeptoren (Lee et al. 1995) und die Rezeptoren
für Vasopressin und Bradikinin die Sekretion von APPs in ähnlicher Weise
stimulieren können.

Parallel zur gesteigerten Sekretion von APPs können muskarinäre Neurotransmitterrezeptoren die Produktion amyloidogener Aβ Peptide hemmen: In Zellen, die mit humanem APP und mit Acetylcholinrezeptoren co-
transfiziert waren, konnten wir nachweisen, daß Rezeptorstimulation mit
Carbachol zu einer 50%igen Reduktion der Aβ Sekretion führt (Hung et al.
1993). Gleichzeitig war die Bildung des α-Sekretaseproduktes p3 in beiden
Fällen durch Carbachol erhöht. Diese Daten zeigen, daß muskarinäre
Acetylcholinrezeptoren die Sekretion von sowohl APPs als auch p3 steigern
und gleichzeitig die Bildung von Aβ blockieren können.

Die Doppelmutation des APP Gens, die die schwedische Variante der familiären AD verursacht, führt in Zellkultur zu einer 5- bis 8-fach gesteigerten Sekretion von Aβ (Cai et al. 1993, Citron et al. 1992). Stimulation von
m1 Acetylcholinrezeptoren nach Co-Transfektion mit der „schwedischen"
APP-Doppelmutante führte ebenfalls zu einer Blockierung der Aβ-Sekreti-
on (Hung et al. 1993). Diese Daten legen nahe, daß sowohl die physiologische Sekretion von Aβ, als auch die mutationsbedingte, abnormal hohe Aβ-
Sekretion durch die Aktivität von Neurotransmitterrezeptoren reguliert
werden kann.

Zusammengefaßt zeigen unsere Experimente, daß die amyloidogene
Prozessierung von APP durch Rezeptoraktivierung gehemmt wird, während
gleichzeitig die nicht-amyloidogene Prozessierung von APP beschleunigt
wird. Weiterhin lassen diese Beobachtungen vermuten, daß die Regulation
der APP Prozessierung pharmakologisch modulierbar ist und somit ein biochemisches „Target" für die Entwicklung neuer anti-amyloidogener Therapien darstellen könnte. Diese Möglichkeit führt zu einer neuartigen Strategie für Prävention und Therapie der AD mit rezeptorsubtypselektiven Agonisten, nicht nur in sporadischen Fällen mit „Wild-Typ" APP Sequenz, sondern auch in genetischen Formen der AD, die mit abnormal hohen Raten
der Produktion von Aβ Peptiden einhergehen (Nitsch und Growdon 1994).

Signaltransduktion der regulierten APPs Sekretion

Die von uns bislang untersuchten Neurotransmitterrezeptoren gehören al-
le der großen Familie der 7-Transmembrandomänenrezeptoren an, die an
G-Proteine gekoppelt sind und ihre Aktivität durch Stimulation von Phos-
pholipasen (PLC, PLA2, PLD) in das Zellinnere vermitteln. Second-mes-
senger, wie Diaceglycerol und Calcium führen zu einer Translokation und
Aktivierung von Proteinkinase C (Nishizuka 1992), die ihrerseits über eine
Kaskade von Phosphorylierungsschritten zur gesteigerten Bildung von
APPs führt (Slack et al. 1993). Durch Downregulationsexperimente konn-

ten wir zeigen, daß die Aktivierung von PKC zur Stimulation der APPs-Sekretion zwar hinreichend, aber keinesfalls notwendig ist. Ein zweiter, redundanter Signaltransduktionsweg beinhaltet die Kopplung an Phospholipase A2, deren Aktivierung ebenfalls zu einer gesteigerten APPs Sekretion führen kann (Nitsch et al. 1996). Somit ist vorstellbar, daß unterschiedliche Zelltypen mit unterschiedlicher Ausstattung an Zelloberflächenrezeptoren und Signaltransduktionsmechanismen die proteolytische Prozessierung von APP regulieren können.

Regulation der APP Prozessierung durch neuronale Aktivität

Um die Regulation der APP Prozessierung im Säugergehirn untersuchen zu können, entwickelten wir ein elektrisches Stimulationssystem, mit dem Neurone in frisch präparierten Hirnschnitten aus verschiedenen Regionen des Rattenhirns depolarisiert werden können (Nitsch et al. 1993). Dieses System erlaubt das gezielte An- und Abschalten der Freisetzung endogener Neurotransmitter wie Acetylcholin, Serotonin und Glutamat durch Depolarisation mit elektrischen Impulsen im physiologischen Frequenzbereich hippocampaler und corticaler Pyramidalzellen (ca. 5–25 Hz). Sekretorische Proteine wurden aus dem Superfusat aufgereinigt und immunchemisch quantifiziert. In diesem System führte die elektrische Stimulation zu einer etwa 2-fachen Steigerung der APPs Sekretion, die in ihrer Höhe mit den verwendeten Stimulationfrequenzen korrelierte. Die stimulationsinduzierte APPs Sekretion wurde durch Tetrodotoxin – einem Natriumkanalblocker, der die Entstehung von Aktionspotentialen verhindert – gehemmt. Daraus schließen wir, daß neuronale Zellen die Sekretion von APPs im Gefolge der Aktivierung durch Aktionspotentiale steigern können. Somit könnte die Regulation der APP Prozessierung im Säugergehirn eine bislang noch unbekannte Funktion neuronaler Aktivität darstellen. Eine wichtige Aufgabe der weiteren Forschung besteht darin, systematisch zu analysieren, welche Neurotransmittersysteme im Gehirn die Prozessierung von APP regulieren können, und ob die krankheitsbedingte Degeneration corticaler und subcorticaler Projektionssysteme an der Dysregulation der APP Prozessierung in Gehirnen von Alzheimerpatienten beteiligt sein kann.

Mögliche Relevanz der APP Prozessierung für die Amyloidbildung im Gehirn von Alzheimerpatienten

Zu den elementaren zellulären Läsionen der AD gehört der massive Verlust an Synapsen sowie die Schrumpfung, Dysfunktion und Degeneration von Neuronen. Im Gefolge dieser Degenerationsvorgänge vermindern sich die Gewebekonzentrationen vieler Neurotransmitter, wie z. B. Acetylcholin, Serotonin, Glutamat, Somatostatin und Noradrenalin. Durch die Degeneration cholinerger Projektionsneurone des basalen Vorderhirnes wird eine Deafferenzierung hippocampaler und corticaler Neurone verursacht, und durch die Degeneration intrinsischer corticaler Neurone werden nachgeschaltete Zellen deafferenziert. Daneben kann die zelluläre Signaltransduktion – wie beispielsweise G Proteinkopplung und PKC-Aktivitäten – in postsynaptischen Zellen beeinträchtigt sein. Diese Veränderungen werfen die Fragen auf, ob die Beeinträchtigungen der Neurotransmission im AD Gehirn zu Dysregulationen der APP Prozessierung führen kann, ob so die Amyloidbildung gefördert, und die normalen biologischen Funktionen von APP beeinträchtigt werden können. Versuche, diese Fragen zu beantworten, müssen folgende Überlegungen berücksichtigen: Erstens sind Neurotransmitterkonzentrationen auch in einigen anderen Hirnerkrankungen (z. B. Parkinson'sche Erkrankung, Huntington'sche Erkrankung, Systematrophien) erniedrigt, diese Erkrankungen sind jedoch nicht von einer gesteigerten Amyloidbildung im Gehirn betroffen. Gesteigerte Amyloidbildung im Gehirn kommt ausschließlich bei der AD und dem Down's Syndrom vor. Zweitens sind Amyloidablagerungen in Gehirnen von Alzheimerpatienten über das gesamte Neuropil verteilt, und finden sich, in nicht-aggregierter Form, auch in Hirnregionen, die normalerweise relativ wenig von neuronaler Schädigung betroffen sind (z. B. Cerebellum). Drittens zeigen die genetischen Formen der AD, daß APP Mutationen Veränderungen der APP Prozessierung verursachen, und gleichzeitig den klinikopathologischen Phänotyp der AD auslösen können. Aus diesen Betrachtungen läßt sich schließen, daß Abnormalitäten der Neurotransmission nicht in allen Fällen mit einer gesteigerten Amyloidbildung einhergehen, und daß die Bildung von Amyloid auch durch andere pathogenetische Mechanismen ausgelöst werden kann. Dadurch wird allerdings keineswegs ausgeschlossen, daß degenerationsbedingte Beeinträchtigungen der Neurotransmission sekundär zur Dysregulation der APP Prozessierung beitragen können.

Reduktion der Amyloidbildung als neuer Therapieansatz der Alzheimer-Demenz

Die heute verfolgten therapeutischen Ansätze mit dem Ziel der Reduktion der Amyloidbildung im Gehirn können in 3 Untergruppen eingeteilt werden: 1. Aktivierung der nicht-amyloidogenen Prozessierung von APP, 2. Inhibition der amyloidogenen APP Prozessierung, und 3. Blockade der Aβ Aggregation. Subtypselektive m1-Acetylcholinrezeptoragonisten werden derzeit in klinischen Studien getestet und deren Effekte auf die Prozessierung von APP über Stimulation der α-Sekretaseaktivität durch biochemische Analysen von APP-Derivaten im Liquor gemessen. Sollte sich die in Zellkultur und *in vitro* Experimenten gezeigte Stimulation der nicht-amyloidogenen Prozessierung auch im Menschen nachweisen lassen, könnten diese Substanzen durchaus potentielle Kandidaten zur Prävention und Verlangsamung der Amyloidbildung im Gehirn darstellen. Die Inhibition der amyloidogenen APP Prozessierung durch β- und γ-Sekretaseprozessierungen steht vor der Schwierigkeit, daß durch Enzyminhibitoren auch andere möglicherweise überlebensnotwendige Proteaseaktivitäten gehemmt werden können. Substanzen, die diese Prozessierungswege blockieren, wie auch aggregationshemmende Substanzen, werden zur Zeit in präklinischen Studien untersucht. Klinische Studien werden zeigen müssen, ob die

subtypselektive Aktivierung von Neurotransmitterrezeptoren zu einer veränderten APP Prozessierung im Menschen führen kann, und ob sich durch
diesen Ansatz der Krankheitsprozeß der AD aufhalten oder sogar rückgängig machen läßt.

Literatur

Alzheimer A (1907) Über eine eigenartige Erkrankung der Hirnrinde. Allg Z Psych Psych
    Ger Med 64: 146–148
Barger SW, Fiscus RR, Ruth P, Hofmann F, Mattson MP (1995) The role of cyclic GMP in
    the regulation of neuronal calcium and survival by secreted forms of β-amyloid pre-
    cursor. J Neurochem 64: 2087–2096
Behl C, Davis JB, Lesley R, Schubert D (1994) Hydrogen peroxide mediates amyloid β-
    protein toxicity. Cell 77: 817–827
Cai X-D, Golde TE, Younkin SG (1993) Release of excess amyloid β-protein from a mu-
    tant amyloid β-protein precursor. Science 259: 514–516
Chartier-Harlin M-C, Crawford F, Houlden H (1991) Early-onset Alzheimer's disease
    caused by mutations at codon 717 of the β-amyloid precursor protein gene. Nature
    353: 844–846
Citron M, Oltersdorf T, Haass C, McConlogue L, Hung AY, Seubert P, Vigo-Pelfrey C, Lie-
    berburg I, Selkoe DJ (1992) Mutation of the β-amyloid precursor protein in familial
    Alzheimer's disease increases β-protein production. Nature 360: 672–674
Citron M, Vigo-Pelfrey C, Teplow DB, Miller C, Schenk D, Johnston J, Winblad B,
    Venizelos N, Lannfelt L, Selkoe DJ (1994) Excessive production of amyloid β-protein
    by peripheral cells of symptomatic and presymptomatic patients carrying the Swedish
    familial Alzheimer's disease mutation. Proc Natl Acad Sci USA 91: 11993–11997
Games D, Adams D, Alessandrini R, Barbour R, Berthelette P, Blackwell C, Carr T, Cle-
    mens J, Donaldson T, Gillespie F, Guido T, Hagopian S, Johnson-Wood K, Khan K,
    Lee M, Leibowitz P, Lieberburg I, Little S, Masliah E, McConlogue L, Montoya-Zavala
    M, Mucke L, Paganini L, Penniman E, Power M, Schenk D, Seubert P, Snyder B,
    Soriano F, Tan H, Vitale J, Wadsworth S, Wolozin B, Zhao J (1995) Alzheimer-type
    neuropathology in transgenic mice overexpressing V717F β-amyloid precursor pro-
    tein. Nature 373: 523–527
Goate A, Chartier-Harlin M-C, Mullan M, Broen J, Crawford F, Fidani L, Giuffra L, Hayes
    A, Irving N, James L, Mant R, Newton P, Rooke K, Roques P, Talbot C, Pericak-Vance
    M, roses A, Williamson R, Rossor M, Owen M, Hardy J (1991) Segregation of a mis-
    sense mutation in the amyloid precursor gene with familial Alzheimer's disease.
    Nature 349: 704–706
Hung AY, Haass C, Nitsch RM, Qiao Qiu W, Citron M, Wurtman RJ, Growdon JH, Selkoe
    DJ (1993) Activation of protein kinase C inhibits cellular production of the amyloid
    β-protein. J Biol Chem 268: 22959–22962
Jarrett JT, Lansbury PT Jr (1993) Seeding „one-dimensional crystallization" of amyloid: a
    pathogenic mechanism in Alzheimer's disease and Scrapie? Cell 73: 1055–1058
Kang J, Lemaire H-G, Unterbeck A, Salbaum JM, Masters CL, Grzeschik KH, Multhaup G,
    Beyreuther K, Müller-Hill B (1987) The precursor of Alzheimer's disease amyloid A4
    protein resembles a cell-surface receptor. Nature 325: 733–736
Lee RKK, Wurtman RJ, Slack BE, Cox AJ, Nitsch RM (1995) Amyloid precursor protein
    processing is stimulated by metabotropic glutamate receptors. Proc Natl Acad Sci
    USA 92: 8083–8087
Milward EA, Papadopoulos R, Fuller SJ, Moir RD, Small D, Beyreuther K, Masters CL
    (1992) The amyloid protein precursor of Alzheimer's disease is a mediator of the
    effects of nerve growth factor on neurite outgrowth. Neuron 9: 129–137
Mullan M, Crawford F, Axelman K, Houlden H, Lilius L, Winblad b, Lannfelt L (1992) A
    pathogenic mutation for probable Alzheimer's disease in the APP gene at the N-ter-
    minus of beta-amyloid. Nature Genet 1: 345–347
Murrell J, Farlow M, Ghetti B, Benson MD (1991) A mutation in the amyloid precursor
    protein associated with heredirary Alzheimer's disease. Science 254: 97–99

Nishizuka Y (1992) Intracellular signaling by hydrolysis of phospholipids and activation of protein kinase C. Science 258: 607–614

Nitsch RM, Growdon JH (1994) Role of neurotransmission in the regulation of amyloid β-protein precursor processing. Biochem Pharmacol 47: 1275–1284

Nitsch RM, Slack BE, Wurtman RJ, Growdon JH (1992) Release of Alzheimer amyloid precursor derivatives stimulated by activation of muscarinic acetylcholine receptors. Science 258: 304–307

Nitsch RM, Farber Sa, Growdon JH, Wurtman RJ (1993) Release of amyloid β-protein precursor derivatives from hippocampal slices by electrical depolarization. Proc Natl Acad Sci USA 90: 5191–5193

Nitsch RM, Rebeck GW, Deng M, Richardson UI, Tennis M, Schenk DB, Vigo-Pelfrey C, Lieberburg I, Wurtman RJ, Hyman BT, Growdon JH (1995) Cerebrospinal fluid levels of amyloid β-protein in Alzheimer's disease: inverse correlation with severity of dementia and effect of apolipoprotein genotype. Ann Neurol 37: 512–518

Nitsch RM, Deng M, Growdon JH, Wurtman RJ (1996) Serotonin 5-HT2a and 5-HT2c receptors stimulate APPs secretion. J Biol Chem (in press)

Slack BE, Nitsch RM, Livneh E, Kunz GM Jr, Breu J, Eldar H, Wurtman RJ (1993) Regulation by phorbol esters of amyloid precursor protein release from Swiss 3T3 fibroblasts overexpressing protein kinase Ca. J Biol Chem 268: 21097–21101

Suzuki N, Cheung TT, Cai X-D, Odaka A, Otvos L Jr, Echman C, Golde TE, Younkin SG (1994) An increased percantage of long amyloid β-protein secreted by familial amyloid β-protein precursor (βAPP717) mutants. Science 264: 1336–1340

Weidemann A, König G, Bunke D, Fischer P, Salbaum JM, Masters CL, Beyreuther K (1989) Identification, biogenesis, and localization of precursors of Alzheimer's disease A4 amyloid protein. Cell 57: 115–126

Yankner B, Duffy L, DA K (1990) Neurotrophic and neurotoxic effects of amyloid β-protein: reversal by tachikinin neuropeptides. Science 250: 279–282

Korrespondenz: Priv.-Doz. Dr. R. M. Nitsch, Zentrum für Molekulare Neurobiologie, Martinistraße 52, D-20246 Hamburg, Bundesrepublik Deutschland

„Nicht-Amyloid"-Hypothesen zur Ätiopathogenese der Demenz vom Alzheimer Typ (DAT)

W. Gsell[1], **D. Blum-Degen**[1], **Y. Taneli**[1], **L. Frölich**[1], **S. Hoyer**[2], **M. E. Götz**[1], **G. Münch**[1], **R. Voch**[3], **K. W. Lange**[1], **H. Beckmann**[1] und **P. Riederer**[1]

[1]Klinische Neurochemie, Universitäts-Nervenklinik, Universität Würzburg,
[2]Institut für Pathochemie, Universität Heidelberg und
[3]Institut für Rechtsmedizin, Universität Leipzig, Bundesrepublik Deutschland

Demographische Betrachtungen. Der Altersaufbau der Bevölkerung Deutschlands hat sich im letzten Jahrhundert stark verändert. Nach koordinierten Vorausberechnungen hält dieser Trend an und es werden im Jahr 2030 die am stärksten besetzten Altersjahrgänge im siebten Lebensjahrzehnt zu finden sein (Bundesrat 1984, Sommer 1992). 1989 waren etwa drei Fünftel der Bevölkerung der Bundesrepublik Deutschland zwischen 20 und 60 Jahren alt. Der Anteil der Jüngeren und der Älteren betrug jeweils etwa ein Fünftel. Im Jahre 2030 soll ein Drittel der Bevölkerung 60 Jahre oder älter sein. Die Entwicklung der Altersstruktur zur immer älter werdenden Bevölkerung bedingt weitreichende Konsequenzen für viele Lebensbereiche. Mit Blick auf die Gesundheitsfürsorge ist zu beachten, daß alterskorrelierte chronische Erkrankungen überproportional zunehmen werden. Eine besondere Herausforderung stellen Hirnabbauerkrankungen im Alter dar, die besonders pflegeintensiv sind. Bisher stehen für die Therapie noch keine Strategien und Konzepte zur Verfügung, die als überzeugend gelten können, da ausreichende Erkenntnisse zu Ursachen, Entstehungsbedingungen und verlaufsbestimmenden Faktoren noch nicht vorhanden sind.

Prävalenz und Inzidenz von Demenzerkrankungen. Obwohl vom methodischen Ansatz her nicht alle Arbeiten vergleichbar waren, fand sich bei allen epidemiologischen Untersuchungen eine große Übereinstimmung der Resultate. In der Altersgruppe der über 65jährigen fand sich bei mittelschweren und schweren Fällen von Demenz, Verwirrtheitszuständen und vergleichbaren exogenen Psychosen eine Gesamtprävalenz zwischen 5 und 8 Prozent (N. Y. State Dept. Mental Hygiene 1961, Nielsen 1962, Kay et al. 1970, Häfner und Weyerer 1986, Jorm et al. 1987, Cooper und Sosna 1983). Für leichte Demenzen variieren die Prävalenzraten in der Bevölkerung über 65 Jahren zwischen 5 und 20 Prozent. Nach Katzman (1976) beträgt die Prävalenz milder Demenzen in der Altenbevölkerung etwa 11 Prozent. Mit wachsendem Lebensalter steigt die Prävalenzrate jedoch steil an. Beträgt der Anteil bis zu einem Lebensalter von 74 Jahren weniger als 5 Prozent, so steigt er bei den über 85jährigen auf 20 bis 30 Prozent an (Jorm et al. 1987). Aufgrund des oben zitierten Anstiegs sehr alter Menschen gewinnt dieser Umstand auch immer mehr quantitative Bedeutung.

Die Erfassung von Inzidenzraten ist durch größere methodische Probleme begleitet. Die Behandlungsinzidenz der Demenz schwankte zwischen 1,9 und 3,5 pro 1000 Einwohner über 65 Jahren, wobei ein Anstieg von etwa 1 pro 1000 Einwohner bei 60 bis 69jährigen auf etwa 10 pro 1000 bei über 80jährigen im Jahr beobachtet wurde (Adelstein et al. 1968, Helgason 1977).

Neuropathologische und neurochemische Veränderungen in Gehirnen von Demenzkranken. Zu den charakteristischen Eigenheiten in der zellulären Pathologie der Demenz vom Alzheimer Typ (DAT) zählen Veränderungen im neuronalen Zytoskelett. Neurofibrilläre Fäden (neurofibrillary tangles, NFT) repräsentieren filamentöse Einschlüsse in neuronalen Zellkörpern und proximalen Dendriten, wohingegen abnormale Dendriten und Neuropilveränderungen auf die Akkumulation dieser Filamente in neuronalen Prozessen hinweisen (Bondareff et al. 1994). Die ultrastrukturellen Komponenten dieser Läsionen sind unlösliche gepaarte helikale Filamente (paired helical filaments, PHF), die im Prinzip aus abnormal phosphorylierten Isoformen des Tau-Proteins zusammengesetzt sind (Kosik et al. 1988, Bondareff et al. 1990, Lee et al. 1991). Die abnormale Phosphorylierung des Tau-Proteins verändert vermutlich die Stabilität der Mikrotubuli mit Folgeeffekten auf den intrazellulären Transport, die zelluläre Gestalt und die neuronale Lebensfähigkeit.

Der bedeutendste histologische Marker der DAT sind senile Plaques (Alzheimer 1906) aus Amyloid-Ablagerungen. Die Präsenz von Amyloid wurde jedoch auch in Gehirnen von gealterten Primaten (Abraham et al. 1989, Koo et al. 1990, Martin et al. 1991), älteren Patienten mit Down-Syndrom (Mann und Esiri 1989) und in Fällen von vererblicher zerebraler Hämorrhagie mit Amyloidose (HCHWA-Dutch type) (Van Broeckhoven et al. 1990) nachgewiesen. Bei der DAT erscheint das β-Amyloid-Protein als diffuse parenchymale Ablagerung in den Kerngebieten der Plaques und um Blutgefäße herum (Masters et al. 1985). Die Anzahl der NFT korreliert gut mit dem Schweregrad der Demenz, die Anzahl der Plaques jedoch nicht (Bancher et al. 1993, Bierer et al. 1995). Das wichtigste morphologische Merkmal, das mit der klinischen Symptomatik, dem Schweregrad der Demenz vor dem Tod des Patienten, am engsten korreliert, ist der Verlust an Synapsen (Terry et al. 1991, Bancher et al. 1993, Lassmann et al. 1993).

Daneben sind bestimmte subkortikale Kerngebiete ganz besonders von Nervenzellverlusten betroffen. Im Neokortex scheint es dagegen keinen globalen Nervenzellverlust zu geben (Regeur et al. 1994). Im cholinergen System fallen Neurone im Nucleus basalis Meynert und dem medialen Septenkern, die den gesamten Kortex innervieren, ebenso aus, wie Neurone

im Kern des diagonalen Bandes von Broca, die in den Hippocampus proje-
zieren (Arendt et al. 1983, Mann et al. 1984). Etwas geringer betroffen ist
der Locus coeruleus, dessen aufsteigende noradrenerge Bahnen neben
dem Neokortex auch zum Hippocampus und zu den Septenkernen ziehen
(Bondareff et al. 1982, Cross et al. 1983, Mann 1983) und der dorsale Ra-
phekern, der serotonerg den Hippocampus und den Neokortex innerviert
(Curzio und Kemper 1984).

Auf der neurochemischen Ebene werden eine Abnahme der Neurotransmitterkonzentrationen und Veränderungen im Neurotransmitter-Me-
tabolismus beobachtet, wobei das cholinerge System vor den serotonergen
und noradrenergen Systemen am stärksten betroffen ist. Die geringsten
Verluste zeigen sich, soweit keine Extrapyramidalsymptomatik vorliegt, im
dopaminergen System. Es liegt somit eine selektive Vulnerabilität der unterschiedlichen Neurotransmittersysteme vor (zur Übersicht siehe Gsell et
al. 1993). Daneben finden sich auch Reduktionen in Neuropeptid-Neuro-
modulationssystemen, wie z. B. dem Somatostatin-System (Davies und Terry
1981, Beal et al. 1986) und Veränderungen bei neurotrophen Faktoren,
auch wenn z. B. für den Nerve growth factor (NGF), der für die Funktion
und das Überleben der cholinergen basalen Vorderhirnneurone wichtig ist
(Levi-Montalcini 1987, Koliatsos et al. 1991, Hellweg 1992), die Befunde
nicht ganz einheitlich sind und statt einer Reduktion der Konzentration
eher auf einen Rezeptordefekt hindeuten (Hefti und Weiner 1986, Goedert et al. 1986, 1989, Higgins und Mufson 1989), gleichwohl aber bereits
zu ersten Behandlungsversuchen geführt haben (Hefti und Schneider
1991). Ebenso wurden Schädigungen in der Signaltransduktionskette
nachgewiesen, die auch die Informationsübertragung und damit die Hirnfunktionen stören können. Neben Schäden beim Inositolphosphat-System,
der cAMP-Produktion (Ohm et al. 1991, Cowburn et al. 1992 a, b, Huang
und Gibson 1993), durch Funktionsbeinträchtigung des $G_5\alpha$-Proteins
(Harrison et al. 1991, McLaughlin et al. 1991, O'Neill et al. 1994, Ozawa et
al. 1995) fanden sich Veränderungen in der Protein-Kinase C (Cole et al.
1988) und der Tyrosin-Kinase Aktivität (Shapiro et al. 1991).

Ätiologische Hypothesen der DAT

Heute werden als Ursache der DAT sowohl genetisch bedingte als auch erworbene Störungen des Zellstoffwechsels vermutet (Henderson und Henderson 1988, Terry et al. 1994). Genetisch lassen sich Beziehungen der DAT
zu drei Genorten herstellen. Auf Chromosom 21 ist der Genort für das
Amyloid-Vorläufer-Protein (amyloid precursor protein, APP) lokalisiert (St
George-Hyslop et al. 1987), das Chromosom 19 ist mit dem Polymorphismus des Apolipoproteins E assoziiert (zur Übersicht siehe Reischies et al.
1994), ferner wird noch das Chromosom 14 diskutiert (Schellenberg et al.
1992), auch wenn das Gen dort noch nicht identifiziert ist und c-fos und
hsp-70 mögliche Kandidaten für diesen familiären Alzheimer-Locus darstellen. So erscheint bereits auf genetischer Ebene die Erkrankung sehr heterogen.

Zu den Hypothesen der erworbenen Störungen des Stoffwechsels zählen sowohl Hypothesen des geänderten Energiestoffwechsels (Hoyer et al. 1988), als auch die Hypothese des „oxidativen Stresses" (Halliwell und Gutteridge 1985), der Hypothesen zu Exotoxinen, wie z. B. Aluminium (Delamarche 1989, Ebrahim et al. 1989, Gautrin und Gauthier 1989), zur Seite gestellt werden können.

Die Amyloid-Kaskaden-Hypothese. Auf diese Hypothese soll in diesem Beitrag nicht näher eingegangen werden. Sie wird ausführlich in diesem Buch von Konrad Beyreuther dargestellt. Auf die geringe Korrelation zwischen Amyloidplaques und Schweregrad der Demenz sei hier aber nochmals hingewiesen (Bancher et al. 1993).

Die Apolipoprotein E-Hypothese. In den letzten Jahren wurde ein Zusammenhang zwischen der DAT und der Häufigkeit des Auftretens des E4-Allels des Apolipoproteins E (ApoE4), einem wichtigen Regulator der Cholesterinaufnahme gefunden (Anwar et al. 1993, Noguchi et al. 1993, Poirier et al. 1993, Saunders et al. 1993 a, b, Strittmatter et al. 1993, Ueki et al. 1993, Czech et al. 1994). ApoE4-Träger weisen erhöhte Serum-Cholesterinwerte auf und zeigen ein erhöhtes Atherosklerose- und Herzinfarkt-Risiko (Davignon et al. 1988). Zur Bedeutung des ApoE4 für die Pathogenese der Demenz gibt es bisher nur spekulative Ansätze. So soll die Plaquebildung dadurch verstärkt werden, daß das ApoE4 die höchste Affinität aller Allele zum βA4-Amyloid aufweist (Schmechel et al. 1993). Auch die Interaktion mit Mikrotubuli und Tau-Proteinen ist bekannt (Strittmatter et al. 1994), sodaß möglicherweise auf die Neurofibrillenbildung Einfluß genommen wird. Über die Bedeutung des ApoE für den Lipidstoffwechsel, damit den Cholin-Stoffwechsel und damit für die Azetylcholinsynthese und das cholinerge System wird derzeit spekuliert (Wurtman 1992).

Die Energiestoffwechsel-Hypothese. Das Gehirn ist mehr als jedes andere Organ zur Aufrechterhaltung seiner Funktion auf Glukose angewiesen. Im Anfangsstadium der DAT beträgt die Abnahme der zerebralen Glukose-Utilisation 45 %, während zerebraler Blutfluß und zerebrale metabolische Rate des Sauerstoffs wesentlich weniger reduziert sind (Hoyer et al. 1991). Auch neuere PET-Befunde bestätigen dies (Fukuyama et al. 1994). Diese drastische Reduktion der Glukose-Utilisation könnte vermutlich ein Zeichen einer Abnahme der Aktivitäten glykolytischer Enzyme und der Pyruvat-Dehydrogenase sein (Sorbi et al. 1983, Frölich et al. 1990), aber ebenso Ausdruck einer mitochondrialen Schädigung vorallem des Komplexes IV, Cytochrom Oxidase (Reichmann et al. 1993, Mutisya et al. 1994, Simonian und Hyman 1994), oder von Störungen in der Insulin-Insulin-Rezeptor Interaktion mit erhöhten Bindungsdichten der Insulin-Rezeptoren (siehe Beitrag von Blum-Degen et al. in diesem Buch, De Keyser et al. 1994).

Die Hypothese des „Oxidativen Stresses". Radikalische Schäden an Membranlipiden, Proteinen und DNA können auftreten, wenn entweder die Biosynthese von Radikalen oder die Aufnahme von Toxinen, die Radikale produzieren, erhöht ist. Ebenso könnte eine Abnahme der protektiven Mechanismen, entweder über Antioxidantien wie Glutathion und die Vitamine C und E, oder über enzymatische Mechanismen, wie Superoxiddismuta-

se, Katalase und die beiden Glutathionenzyme Glutathion-Peroxidase und
-Reduktase, für radikalische Schäden verantwortlich sein. Denkbar ist auch,
daß Reparaturmechanismen, die radikalische Schäden reparieren können,
in ihrer Aktivität reduziert sind. Auch eine Kombination aus allen Möglichkeiten ist vorstellbar (Gsell et al. 1995). Radikalschäden an Lipidmembra-
nen wurden bei der DAT im Gehirn von Subbarao et al. (1990) und Götz et
al. (1992) und peripher von van Rensburg et al. (1994) nachgewiesen.
Nachweise von Radikalschäden an DNA und Proteinen dagegen sind noch
spärlich (Volicer et al. 1989). Aluminium erhöht die Eisentoxizität als radi-
kal-produzierendes Fenton-Reagenz (Gutteridge et al. 1985), und da Aluminium vorallem in Plaques gefunden wird (Ebrahim et al. 1989) und Ei-
senkonzentrationen regional erhöht sind (Connor et al. 1992), mag dies
ein weiterer Hinweis auf erhöhte Radikalproduktion bei der DAT sein. Die
Schutzmechanismen gegenüber radikalischem Streß scheinen bei der DAT
verändert zu sein, wenn auch die Befunde zum Teil widersprüchlich sind.
So findet man eine erhöhte Superoxiddismutase-Aktivität, die jedoch nicht
bei allen Autoren Signifikanz erreicht (Marklund et al. 1985, Zemlan et al.
1989, Gsell et al. 1995). Die Katalase-Aktivität ist bei der DAT vermindert
(Gsell et al. 1995).

Weitere Hypothesen zur Ätiopathogenese der DAT. Marginale Bedeutung in
der bisherigen Beforschung, wenngleich nicht weniger wichtig als die oben
vorgestellten Hypothesen, haben Hypothesen zu Exzitotoxinen, wie Glutamat und Stickoxid (Ellison et al. 1986, Hardy et al. 1987), oder Kalzium-ver-
mittelte Neurodegeneration bei der DAT (Arispe et al. 1993). Eine weitere
Hypothese zur Ätiopathognese der DAT befaßt sich mit dem programmier-
ten apoptotischen Nervenzelltod, da in Nervenzellen des Gehirns von DAT-
Patienten, die sich in der Nähe von Amyloidablagerungen befinden oder
von neurofibrillärer Degeneration betroffen sind, ein höheres Risiko für
DNA Fragmentationen nachweisen läßt (Lassmann et al. 1995). Aufgrund
der vielfältigen hier vorgestellten Hypothesen erscheint es fraglich, ob eine
einzige und damit einheitliche Ätiologie und Pathogenese der DAT angenommen werden kann. Blass (1993) spricht von einem „Alzheimer Syndrom" auf pathophysiologischer Ebene. Es ist wahrscheinlicher, daß die
vielfältigen Befunde ineinandergreifen und die Hypothesen durch ein
multifaktorielles Modell der Pathogenese der DAT ersetzt werden müssen.
Hier werden Kaskaden mit gemeinsamen Endstrecken unterschiedlicher
Hypothesen deutlicher. Erste Ansätze, die Übergänge zwischen den verschiedenen Hypothesen aufzuzeigen und die Lücken zu schließen, sind bereits zu erkennen. So gibt es Ansätze, Störungen im Energiestoffwechsel
mit der Amyloid-Hypothese ebenso zu verbinden (Gabuzda et al. 1994) wie
die Hypothese zu den „advanced glycation end products" (AGE), deren Bildung durch das kognitions-fördernde Medikament „Tenilsetam" (CAS997)
verhindert werden kann (Münch et al. 1995), Energiestoffwechsel und Ra-
dikalmechanismen verbinden kann. Auch werden bereits AGEs mit dem
Amyloid verknüpft (Vitek et al. 1994).

Literatur

Abraham CR, Selkoe DJ, Potter H, Price DL, Cork LC (1989) α_1-antichymotrypsin is present together with the β-protein in monkey brain amyloid deposits. Neurosci 32: 715–720

Adelstein AM, Downham DY, Stein Z, Susser M (1968) The epidemiology of mental illness in an English city. Soc Psychiat 3: 47–59

Alzheimer A (1906) Über einen eigenartigen, schweren Erkrankungsprozess der Hirnrinde. Neurol Zentralbl 25: 1134

Anwar N, Lovestone S, Cheetham ME, Levy R, Powell JF, Amouyel P, Brousseau T, Fruchart J, Dallongeville J, Lucotte G, David F, Visvikis S, Leininger-Müller B, Siest G, Babron MC, Couderc RC, Monning U, Tienari PJ, et al (1993) Apolipoprotein E-epsilon 4 allele and Alzheimer's disease. Lancet 342: 1308–1310

Arendt T, Bigl V, Arendt A, Tennstedt A (1983) Loss of neurons in the nucleus basalis of Meynert in Alzheimer's disease, paralysis agitans and Korsakoff's disease. Acta Neuropathol 61: 101–108

Arispe N, Rojas E, Pollard HB (1993) Alzheimer disease amyloid β-protein forms calcium channels in bilayer membranes: blockade by tromethamine and aluminium. Proc Natl Acad Sci USA 90: 567–571

Bancher C, Braak H, Fischer P, Jellinger KA (1993) Neuropathological stageing of Alzheimer lesions and intellectual status in Alzheimer's and Parkinson's diseases patients. Neurosci Lett 162: 179–182

Beal MF, Uhl G, Mazurek MF, Kowall N, Martin GB (1986) Somatostatin: alterations in the central nervous system in neurological disorders. In: Martin GB, Barchas JD (eds) Neuropeptides in neurological and psychiatric disease. Raven Press, New York, pp 215–257

Bierer LM, Hof PR, Purohit DP, Carlin L, Schmeidler J, Davis KL, Perl DP (1995) Neocortical neurofibrillary tangles correlate with dementia severity in Alzheimer's disease. Arch Neurol 52: 81–88

Blass JP (1993) Pathophysiology of the Alzheimer's syndrome. Neurology 43: 25–38

Bondareff W, Mountjoy CQ, Roth M (1982) Loss of neurons of origin of the adrenergic projection of the cerebral cortex (nucleus locus coeruleus) in senile dementia. Neurology 32: 164–168

Bondareff W, Wischik CM, Novak M, Amos WB, Klug A, Roth M (1990) Molecular analysis of neurofibrillary degeneration in Alzheimer's disease: an immunohistochemical study. Am J Pathol 37: 711–723

Bondareff W, Harrington C, Wischik CM, Hauser DL, Roth M (1994) Immunohistochemical staging of neurofibrillary degeneration in Alzheimer's disease. J Neuropathol Exp Neurol 53: 158–164

Bundesrat (1984) Bericht über die Bevölkerungsentwicklung in der Bundesrepublik Deutschland. Unterrichtung durch die Bundesregierung. Drucksache 3

Cole G, Dobkins KR, Hansen LA, Terry RD, Saitoh T (1988) Decreased levels of protein kinase C in Alzheimer brain. Brain Res 452: 165–174

Connor JR, Menzies SL, Martin S, Mufson EJ (1992) A histochemical study of iron, transferrin, and ferritin in Alzheimer's diseased brains. J Neurosci Res 31: 75–83

Cooper B, Sosna U (1983) Psychische Erkrankungen in der Altenbevölkerung. Eine epidemiologische Feldstudie in Mannheim. Nervenarzt 54: 239–249

Cowburn RF, O'Neill C, Ravid R, Alafuzoff I, Winlad B, Fowler CJ (1992 a) Adenylyl cyclase activity in postmortem human brain: evidence of altered G protein mediation in Alzheimer's disease. J Neurochem 58: 1409–1419

Cowburn RF, O'Neill C, Ravid R, Winblad B, Fowler CJ (1992b) Preservation of G(i)-protein inhibited adenylyl cyclase activity in the brains of patients with Alzheimer's disease. Neurosci Lett 141: 16–20

Cross AJ, Crow TJ, Johnson JA, Perry EK, Perry RH, Blessed G, Tomlinson B (1983) Monoamine metabolism in senile dementia of Alzheimer type. J Neurol Sci 60: 383–392

Curzio CA, Kemper T (1984) Nucleus raphe dorsalis in dementia of the Alzheimer type: neurofibrillary changes and neuronal packing density. J Neuropathol Exp Neurol 48: 359–368

Czech C, Förstl H, Hentschel F, Monning U, Besthorn C, Geiger-Kabisch C, Sattel H, Masters C, Beyreuther K (1994) Apolipoprotein E-4 gene dosage in clinically diagnosed Alzheimer's disease: prevalence, plasma cholesterol levels and cerebrovascular change. Eur Arch Psychiat Clin Neurosci 243: 291–292

Davies P, Terry RD (1981) Cortical somatostatin-like immunoreactivity in cases of Alzheimer's disease and senile dementia of the Alzheimer type. Neurobiol Aging 2: 9–14

Davignon J, Gregg RE, Sing CF (1988) Apolipoprotein E polymorphism and atherosclerosis. Arteriosclerosis 8: 1–21

De Keyser J, Wilczak N, Goossens A (1994) Insulin-like growth factor-I receptor densities in human frontal cortex and white matter during aging, in Alzheimer's disease, and in Huntington's disease. Neurosci Lett 172: 93–96

Delamarche C (1989) A homologous domain between the amyloid protein of Alzheimer's disease and the neurofilament subunits. Biochimie 71: 853–856

Ebrahim S, Schupf S, Silverman W, Zigman WB, Moretz RC, Wisniewski HM, Taylor E, Devakumar M, Lindegard B, Lindesay J, Grant DJ, McMurdo MET, Corrigan FM, Reynolds GP, Ward NI, Farrar G, Blair JA, Curran S, Hindmarch I, Steer C (1989) Aluminium and Alzheimer's disease. Lancet ii: 267–269

Ellison DW, Beal MF, Mazurek MF, Bird ED, Martin BJ (1986) A postmortem study of amino acid neurotransmitters in Alzheimer's disease. Ann Neurol 20: 616–621

Frölich L, Strauss M, Kornhuber J, Hoyer S, Sorbi S, Riederer P, Amaducci L (1990) Changes in pyruvate dehydrogenase complex (PDHc) activity and [^{3}H]-QNB binding in rat brain subsequent to intracerebroventricular injection of bromopyruvate. J Neural Transm [P-D Sect] 2: 169–178

Fukuyama H, Ogawa M, Yamaguchi H, Yamaguchi S, Kimura J, Yonekura Y, Konishi J (1994) Altered cerebral energy metabolism in Alzheimer's disease: a PET study. J Nucl Med 35: 1–6

Gabuzda D, Busciglio J, Bo Chen L, Matsudaira P, Yanker BA (1994) Inhibition of energy metabolism alters the processing of amyloid precursor protein and induces a potentially amyloidogenic derivative. J Biol Chem 269: 13623–13628

Gautrin D, Gauthier S (1989) Alzheimer's disease: environmental factors and etiologic hypothesis. Can J Neurol Sci 16: 375–387

Goedert M, Fine A, Hunt SP, Ullrich A (1986) Nerve growth factor mRNA in peripheral and central rat tissues and in the human central nervous system: lesion effects in the rat brain and levels in Alzheimer's disease. Brain Res 387: 85–92

Goedert M, Fine A, Dawbarn D, Wilcock GK, Chao MV (1989) Nerve growth factor receptor mRNA in human brain: normal levels in basal forebrain in Alzheimer's disease. Mol Brain Res 5: 1–7

Götz M, Freyberger A, Hauer E, Burger R, Sofic E, Gsell W, Heckers S, Jellinger K, Hebenstreit G, Frölich L, Beckmann H, Riederer P (1992) Susceptibility of brains from patients with Alzheimer's disease to oxygen-stimulated lipid peroxidation and different scanning calorimetry. Dementia 3: 213–222

Gsell W, Moll G, Sofic E, Riederer P (1993) Cholinergic and monoaminergic neurotransmitter systems in patients with Alzheimer's disease and senile dementia of Alzheimer type: a critical evaluation. In: Maurer K (ed) Dementias: neurochemistry, neuropathology, neuroimaging, neuropsychology and genetics. Vieweg, Braunschweig, pp 25–51

Gsell W, Conrad R, Hickethier M, Sofic E, Frölich L, Wichart I, Jellinger K, Moll G, Ransmayr G, Beckmann H, Riederer P (1995) Decreased catalase activity but unchanged superoxide dismutase activity in brains of patients with dementia of Alzheimer type. J Neurochem 64: 1216–1223

Gutteridge JM, Quinlan GJ, Clark I, Halliwell B (1985) Aluminium salts accelerate peroxidation of membrane lipids stimulated by iron salts. Biochim Biophys Acta 835: 441–447

Häfner H, Weyerer S (1986) Psychische Gesundheit im Alter. Wien Klin Wochenschr 98: 635–642

Halliwell B, Gutteridge JMC (1985) Oxygen radicals and the nervous system. TINS 1/85: 22–26

Hardy J, Cowburn R, Barton A, Reynolds G, Lofdahl E, O'Carroll A-M, Wester P, Winblad B (1987) Region-specific loss of glutamate innervation in Alzheimer's disease. Neurosci Lett 73: 77–80

Harrison PJ, Barton AJL, McDonald B, Pearson RCA (1991) Alzheimer's disease: specific increases in a G protein subunit ($G_5\alpha$) mRNA in hippocampal and cortical neurons. Mol Brain Res 10: 71–81

Hefti F, Weiner WJ (1986) Nerve growth factor and Alzheimer's disease. Ann Neurol 20: 275–281

Hefti F, Schneider LS (1991) Rationale for the planned clinical trials with nerve growth factor in Alzheimer's disease. Psychiat Dev 7: 297–315

Helgason L (1977) Psychiatric services and mental illness in Iceland. Acta Psychiatr Scand [Suppl 268]

Hellweg R (1992) „Nerve growth factor" (NGF): pathophysiologische Bedeutung und mögliche therapeutische Konsequenzen. Nervenarzt 63: 52–56

Henderson AS, Henderson JH (1988) Etiology of dementia of Alzheimer's type. Dahlem Konferenzen. Wiley, Chichester

Higgins GA, Mufson EJ (1989) NGF receptor gene expression is decreased in the nucleus basalis in Alzheimer's disease. Exp Neurol 106: 222–236

Hoyer S, Österreich K, Wagner O (1988) Glucose metabolism as the site of the primary abnormality in early-onset dementia of Alzheimer's type. J Neurol 235: 143–148

Hoyer S, Nitsch R, Österreich K (1991) Predominant abnormality in cerebral glucose utilization in late-onset dementia of the Alzheimer type: a cross-sectional comparison against advanced late-onset and incipient early-onset cases. J Neural Transm [P-D Sect] 3: 1–14

Huang H, Gibson GE (1993) Altered beta-adrenergic receptor-stimulated cAMP formation in cultured skin fibroblasts from Alzheimer donors. J Biol Chem 268: 14616–14621

Jorm AF, Korten AE, Henderson AS (1987) The prevalence of dementia: a quantitative integration of the literature. Acta Psychiatr Scand 76: 465–479

Katzman R (1976) The prevalence and malignancy of Alzheimer's disease. Arch Neurol 33: 217–218

Kay DWK, Bergmann K, Foster EM, McKenchie AG, Roth M (1970) Mental illness and hospital usage in the elderly: a random sample follow-up. Compr Psychiat 2: 26–35

Koliatsos VE, Clatterbuck RE, Nauta HJW, Knüsel B, Burton LE, Hefti F, Mobley WC, Price DL (1991) Human nerve growth factor prevents degeneration of basal forebrain cholinergic neurons in primates. Ann Neurol 30: 831–840

Koo EH, Sisodia SS, Cork LC, Unterbeck A, Bayney RM, Price DL (1990) Differential expression of amyloid precursor protein mRNAs in cases of Alzheimer's disease and in aged nonhuman primates. Neuron 2: 97–104

Kosik KS, Orecchio LD, Binder L, Trojanowski JQ, Lee VM-Y, Lee G (1988) Epitopes that span the tau molecule are shared with paired helical filaments. Neuron 1: 817–825

Lassmann H, Fischer P, Jellinger K (1993) Synaptic pathology of Alzheimer's disease. Ann NY Acad Sci 695: 59–64

Lassmann H, Bancher C, Breitschopf H, Wegiel J, Bobinski M, Jellinger K, Wisniewski HM (1995) Cell death in Alzheimer's disease evaluated by DNA fragmentation in situ. Acta Neuropathol 89: 35–41

Lee VM-Y, Balin BJ, Otvos L jr, Trojanowski JQ (1991) A 68: a major subunit of paired helical filaments and derivatized forms of normal tau. Science 251: 675–678

Levi-Montalcini R (1987) The nerve growth factor 35 years later. Science 237: 1154–1162

Mann DMA (1983) The locus coeruleus and its possible role in aging and degenerative disease of the human central nervous system. Mech Ageing Dev 23: 73–94

Mann DMA, Esiri MM (1989) The pattern of aquisition of plaques and tangles in the brains of patients under 50 years of age with Down's syndrome. J Neurol Sci 89: 169–179

Mann DMA, Yates PO, Marcyniuk B (1984) Alzheimer's presenile dementia, senile dementia of Alzheimer's type and Down's syndrome in middle age form an age related continuum of age related changes. Neuropathol Appl Neurobiol 10: 185–207

Marklund SL, Adolfsson R, Gottfries CG, Winblad B (1985) Superoxide isoenzymes in normal brains and in brains from patients with dementia of Alzheimer type. J Neurol Sci 67: 319–325

Martin LJ, Sisodia SS, Koo EH, Cork LC, Dellovade TL, Weidemann A, Beyreuther K, Masters CL, Price DL (1991) Amyloid precursor protein in aged nonhuman primates. Proc Natl Acad Sci USA 88: 1461–1465

Masters CL, Multhaup G, Simms G, Pottgieser J, Martins RN, Beyreuther K (1985) Neuronal origin of a cerebral amyloid: neurofibrillary tangles of Alzheimer's disease contain the same protein as the amyloid of plaque cores and blood vessels. EMBO J 4: 2757–2763

McLaughlin M, Ross BM, Milligan G, McCulloch J, Knowler JT (1991) Robustness of G proteins in Alzheimer's disease: an immunoblot study. J Neurochem 57: 9–14

Münch G, Taneli Y, Schraven E, Schindler U, Schinzel R, Palm D, Riederer P (1995) The cognition-enhancing drug tenilsetam is an inhibitor of protein crosslinking by advanced glycosylation. J Neural Transm [P-D Sect] 8: 193–208

Mutisya EM, Bowling AC, Beal MF (1994) Cortical cytochrome oxidase is reduced in Alzheimer's disease. J Neurochem 63: 2179–2184

New York State Department of Mental Hygiene (1961) A mental health survey of older people. State Hospital Press, Utica, New York

Nielsen JA (1962) Gerontopsychiatric period-prevalence investigation in a geographically delimited population. Acta Psychiatr Scand 38: 307–330

Noguchi S, Murakami K, Yamada N, Payami H, Kaye J, Heston LL, Bird TD, Schellenberg GD (1993) Apolipoprotein E genotype and Alzheimer's disease. Lancet 342: 737–738

Ohm TG, Bohl J, Lemmer B (1991) Reduced basal and stimulated (isoprenaline, Gpp(NH)p, forskolin) adenylate cyclase activity in Alzheimer's disease correlated with histopathological changes. Brain Res 540: 229–236

O'Neill C, Wiehager B, Fowler CJ, Ravid R, Winblad B, Cowburn RF (1994) Regionally selective alterations in G protein subunit levels in the Alzheimer's disease brain. Brain Res 636: 193–201

Ozawa H, Saito T, Frölich L, Hashimoto E, Hatta S, Ohshika H, Rasenick MM, Takahata N, Riederer P (1995) Quantity and quality changes of G proteins in dementia of Alzheimer type. In: Hanin I, Yoshida M, Fisher A (eds) Alzheimer's and Parkinson's disease. Recent developments. Raven Press, New York (in press)

Poirier J, Davignon J, Bouthillier D, Kogan S, Bertrand P, Gauthier S (1993) Apolipoprotein polymorphism and Alzheimer's disease. Lancet 342: 697–699

Regeur L, Badsberg Jensen G, Pakkenberg H, Evans SM, Pakkenberg B (1994) No global neocortical nerve cell loss in brains from patients with senile dementia of Alzheimer's type. Neurobiol Aging 15: 347–352

Reichmann H, Lestienne P, Jellinger K, Riederer P (1993) Parkinson's disease and the electron transport chain in postmortem brain. Adv Neurol 60: 297–299

Reischies FM, Gessner R, Kage A (1994) Apolipoprotein E-Typologie und Demenz. Nervenarzt 65: 492–495

Saunders AM, Schmader K, Breitner JCS, Benson MD, Brown WT, Goldfarb L, Goldgaber D, Manwaring MG, Szymanski MH, McCown N, Dole KC, Schmechel DE, Strittmatter WJ, Pericak-Vance MA, Roses AD (1993a) Apolipoprotein E epsilon 4 allele distributions in late-onset Alzheimer's disease and in other amyloid-forming diseases. Lancet 342: 710–711

Saunders AM, Strittmatter WJ, Schmechel D, St George-Hyslop PH, Pericak-Vance MA, Joo SH, Rosi BL, Gusella JF, Crapper MacLachlan DR, Alberts MJ, Hulette C, Crain B, Goldgaber D, Roses AD (1993b) Association of apolipoprotein E allele epsilon 4 with late-onset familial and sporadic Alzheimer's disease. Neurology 43: 1467–1472

Schellenberg GD, Bird TD, Wijsman EM, Orr HT, Anderson L, Nemens E, White JA, Bonnycastle L, Weber JL, Alonso ME, Potter H, Heston LL, Martin GM (1992) Genetic linkage evidence for a familial Alzheimer's disease locus on chromosome 14. Science 258: 668–671

Schmechel DE, Saunders AM, Strittmatter WJ, Crain BJ, Hulette CM, Joo SH, Pericak-Vance MA, Goldgaber D, Roses AD (1993) Increased amyloid beta-peptide deposition in cerebral cortex as a consequence of apolipoprotein E genotype in late-onset Alzheimer disease. Proc Natl Acad Sci USA 90: 9649–9653

Shapiro IP, Masliah E, Saitoh T (1991) Altered protein tyrosine phosphorylation in Alzheimer's disease. J Neurochem 56: 1154–1162

Simonian NA, Hyman BT (1994) Functional alterations in Alzheimer's disease: selective loss of mitochondrial-encoded cytochrome oxidase mRNA in the hippocampal formation. J Neuropathol Exp Neurol 53: 508–512

Sommer B (1992) Entwicklung der Bevölkerung bis 2030. Ergebnisse der siebten koordi-
nierten Bevölkerungsvorausberechnung. Wirtschaft und Statistik 4: 217–222
Sorbi S, Bird ED, Blass JP (1983) Decreased pyruvate dehydrogenase complex activity in
Huntington and Alzheimer brain. Ann Neurol 13: 72–8
St George-Hyslop PH, Tanzi RE, Polinsky RJ, Haines JL, Nee L, Watkins, PC, Myers RH, et
al (1987) The genetic defect causing familial Alzheimer's disease maps on chromo-
some 21. Science 235: 885–890
Strittmatter WJ, Saunders AM, Schmechel D, Pericak-Vance MA, Enghild J, Salvesen GS,
Roses AD (1993) Apolipoprotein E: high-avidity binding to beta-amyloid and in-
creased frequency of type 4 allele in late-onset familial Alzheimer disease. Proc Natl
Acad Sci USA 90: 1977–1981
Strittmatter WJ, Weisgraber KH, Goedert M, Saunders AM, Huang D, Corder EH, Dong
L, Jakes R, Alberts MJ, Gilbert JR, Han S, Hulette C, Einstein G, Schmechel DE,
Pericak-Vance MA, Roses AD (1994) Hypothesis: microtubule instability and paired
helical filament formation in the Alzheimer disease brain are related to apolipo-
protein E genotype. Exp Neurol 125: 163–171
Subbarao KV, Richardson JS, Ang LC (1990) Autopsy samples of Alzheimer's cortex
shows increased lipid peroxidation in vitro. J Neurochem 55: 342–345
Terry RD, Masliah E, Salmon DP, Butters N, De Teresa R, Hill R, Hansen LA, Katzman R
(1991) Physical basis of cognitive alterations in Alzheimer's disease: synapse loss is the
major correlate of cognitive impairment. Ann Neurol 30: 572–580
Terry RD, Katzman R, Bick KL (1994) Alzheimer's disease. Raven Press, New York
Ueki A, Kawano M, Namba Y, Kawa Kami M, Ikeda K (1993) A high frequency of apolipoprotein E4 isoprotein in Japanese patients with late-onset nonfamilial Alzheimer's
disease. Neurosci Lett 163: 166–168
Van Broeckhoven C, Haan J, Bakker E, Hardy JA, Van Hul W, Wehnert A, Vegter-Van der
Vlis M, Roos RAC (1990) Amyloid β protein precursor gene and hereditary cerebral
hemorrhage with amyloidosis (Dutch). Science 248: 1120–1126
van Rensburg SJ, Daniels WMU, van Zyl J, Potocnik FCV, van der Walt BJ, Taljaard JJF
(1994) Lipid peroxidation and platelet membrane fluidity – implications for Alzheimer's disease? NeuroReport 5: 2221–2224
Vitek MP, Bhattacharya K, Glendening JM, Stopa E, Vlassara H, Bucala R, Manogue K,
Cerami A (1994) Advanced glycation end products contribute to amyloidosis in Alzheimer disease. Proc Natl Acad Sci USA 91: 4766–4770
Volicer L, Chen JC, Crino PB, Vogt BA, Fishman J, Rubins J, Schenepper PW, Wolfe N
(1989) Neurotoxic properties of a serotonin oxidation product: possible role in Alzheimer's disease. Prog Clin Biol Res 317: 453–465
Wurtman RJ (1992) Choline metabolism as a basis for the selective vulnerability of cholinergic neurons. TINS 15: 117–122
Zemlan FP, Thienhaus OJ, Bosmann HB (1989) Superoxide dismutase activity in Alzheimer's disease: possible mechanism for paired helical filament formation. Brain
Res 476: 160–162

Korrespondenz: Prof. Dr. Dipl.-Ing. P. Riederer, Universitäts-Nervenklinik, Universität
Würzburg, Klinische Neurochemie, Füchsleinstraße 15, D-97080 Würzburg, Bundesrepublik Deutschland

Cholinerge Hirnsysteme bei Demenzerkrankungen

K. W. Lange[1] und **W. Gsell**[2]

[1]Forschungsschwerpunkt Neuropsychologie/Neurolinguistik, Psychologisches Institut,
Universität Freiburg und [2]Psychiatrische Klinik, Universität Würzburg,
Bundesrepublik Deutschland

Einleitung

Sowohl tierexperimentelle Untersuchungen (Dunnet 1985, Ridley et al.
1985) als auch pharmakologische Studien beim Menschen (Drachman
1977) belegen die Bedeutung zentraler cholinerger Funktion für Gedächt-
nisprozesse. Auch bei neurodegenerativen Erkrankungen, die mit De-
menzsyndromen einhergehen, wurden Veränderungen cholinerger Systeme im Gehirn beschrieben. Dazu gehören die Demenz vom Alzheimertyp,
die Chorea Huntington und das idiopathische Parkinsonsyndrom. Bei der
Alzheimerkrankheit und beim Parkinsonsyndrom korreliert das Ausmaß
der kognitiven Störungen und Demenz mit der Aktivitätsminderung der
Cholinazetyltransferase (CAT) im Neokortex (Perry et al. 1985). Bei beiden Erkrankungen degenerieren die cholinergen Projektionen von der
Substantia innominata zum Kortex sowie vom Septum zum Hippokampus
(Candy et al. 1983). Für die Chorea Huntington wurde eine verminderte
CAT-Aktivität in den Septumkernen beschrieben (Spokes 1980). Die vorliegende Studie untersuchte post mortem an Hirngewebe Veränderungen
von CAT-Aktivität und muskarinergen Azetylcholinrezeptoren bei Alzhei-
merdemenz, Parkinsonsyndrom und Chorea Huntington (Lange et al.
1989, 1992, 1993).

Methoden und Material

Hirngewebe von 10 Alzheimer-, 10 Parkinson- und 12 Huntingtonpatienten, deren klinische Diagnosen neuropathologisch verifiziert worden waren, sowie von nach Alter und
Lagerungszeiten post mortem parallelisierten Kontrollpersonen ohne neuropsychiatrische Erkrankungen wurde untersucht. Die Patienten mit Morbus Alzheimer und Chorea
Huntington sowie fünf der Parkinsonpatienten waren entsprechend DSM-III-Kriterien
dement gewesen. Die Kontrollpersonen und Alzheimerkranken hatten vor dem Tode
keine Medikamente erhalten, die das zentrale Nervensystem beeinflussen; die Hunting-

tonpatienten waren mit Neuroleptika und die Parkinsonkranken mit L-Dopa, jedoch nicht mit Anticholinergika, behandelt worden.

Homogenisiertes und gewaschenes Hirngewebe aus dem temporalen Kortex (Brodmann-Area 38) und Hippokampus wurde neurochemisch untersucht. Für Rezeptorbindungsstudien (Lange et al. 1993) wurden die Liganden $[^3H]$Quinuklidinylbenzilat (Gesamtzahl der Muskarinrezeptoren), $[^3H]$-Pirenzepin (M_1-Rezeptoren) und $[^3H]$-Oxotremorin-M (M_2-Rezeptoren) verwendet. Die CAT-Aktivität wurde radioenzymatisch bestimmt (Fonnum 1975).

Ergebnisse

Die Veränderungen der CAT-Aktivität und maximalen Bindungskapazität für die Muskarinrezeptoren bei den drei untersuchten Krankheiten sind in den Abb. 1 und 2 dargestellt. Im Vergleich mit Kontrollpersonen war die CAT-Aktivität im Hippokampus bei allen Erkrankungen vermindert, im temporalen Kortex nur bei Morbus Alzheimer und Parkinsonsyndrom. Die Gesamtzahl der Muskarinrezeptoren war im Kortex von Alzheimerpatienten vermindert, bei Parkinsonkranken erhöht und bei Huntingtonpatienten unverändert; im Hippokampus war sie bei Alzheimer- und Huntingtonpatienten vermindert. Die kortikalen M_1-Rezeptoren waren bei Morbus Alzheimer reduziert, beim Parkinsonsyndrom erhöht und bei der Chorea nicht verändert. Die M_2-Rezeptoren waren vermindert im Kortex und Hippokampus der Alzheimerpatienten, im Kortex der Parkinsonkranken sowie im Hippokampus der Choreatiker. Veränderungen der Bindungsaffinität für die verwendeten Liganden waren bei keiner Erkrankung zu beobachten.

Besprechung der Ergebnisse

Die vorliegenden Ergebnisse von Rezeptorbindungsstudien unterstützen morphologische Befunde, die auf eine Degeneration innominato-kortikaler und septo-hippokampaler cholinerger Projektionen bei Morbus Alzheimer und Parkinsonsyndrom hinweisen (Candy et al. 1983). Die unveränderte CAT-Aktivität und Dichte der vermutlich präsynaptisch lokalisierten M_2-Rezeptoren im Kortex von Patienten mit Chorea Huntington läßt darauf schließen, daß die cholinerge innominato-kortikale Projektion bei dieser Krankheit nicht geschädigt ist. Das entspricht auch neuropathologischen Befunden (Mann 1989). Damit scheint dieses cholinerge Systeme für die bei Choreatikern auftretende Demenz nicht bedeutsam zu sein. Die kognitiven Defizite bei Huntingtonpatienten hängen vielleicht eher mit Veränderungen im Hippokampus und in den Basalganglien zusammen.

Die schon bei Parkinsonpatienten ohne Demenz zu beobachtende CAT-Erniedrigung entspricht weist darauf hin, daß zunächst – wie auch beim Dopaminverlust im nigrostriatalen System – ein Schwellenwert überschritten werden muß, bis die klinische Symptomatik auftritt. Möglicherweise ist die beim Parkinsonsyndrom zu beobachtende und als Denervierungs-Supersensitivität zu deutende Zunahme der wahrscheinlich postsynaptisch lokalisierten M_1-Rezeptoren zunächst noch in der Lage, die verminderte cholinerge Transmission im Kortex zeitweilig zu kompensieren.

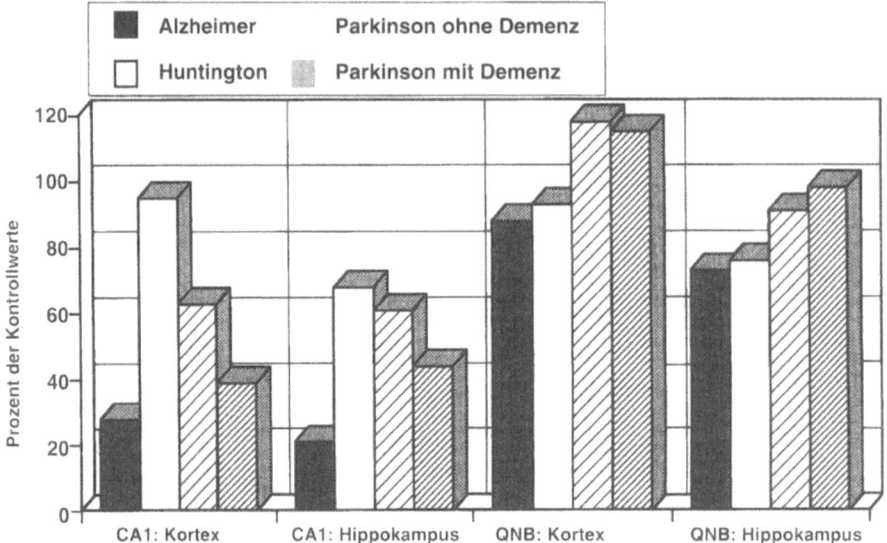

Abb. 1. Mittlere Cholinazetyltransferase-Aktivität und maximale Rezeptorbindungskapazität der mit [³H]-Quinuklidinylbenzilat (QNB) bestimmten Gesamtzahl an Muskarinrezeptoren im temporalen Kortex und Hippokampus von Alzheimer-, Huntington- und Parkinsonpatienten als Prozentsätze der mittleren Werte der Kontrollgruppe (100 %)

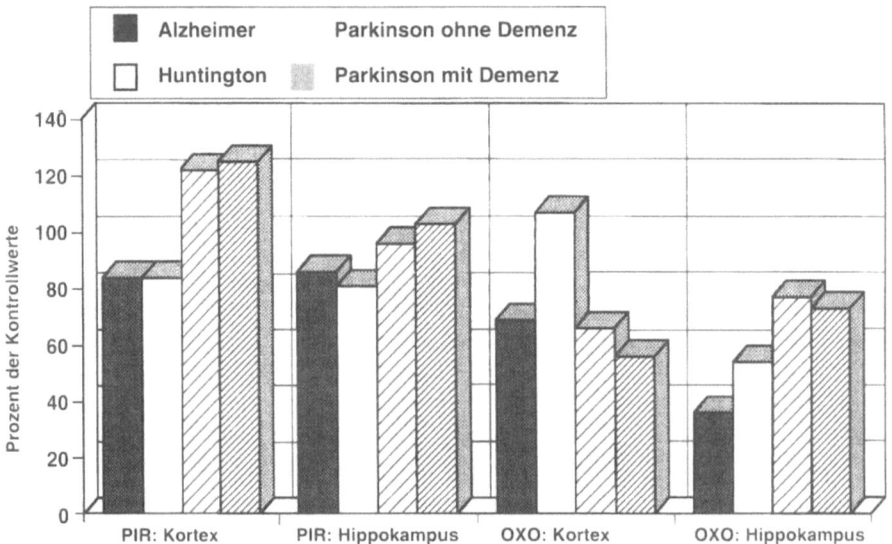

Abb. 2. Mittlere maximale Rezeptorbindungskapazität der mit [³H]-Pirenzepin (PIR) bestimmten Zahl der M_1-Rezeptoren und der mit [³H]-Oxotremorin-M (OXO) bestimmten Zahl der M_2-Rezeptoren im temporalen Kortex und Hippokampus von Alzheimer-, Huntington- und Parkinsonpatienten als Prozentsätze der mittleren Werte der Kontrollgruppe (100%)

Der Befund, daß bei Reduktion präsynaptischer Marker cholinerger Innervation beim Parkinsonsyndrom eine postsynaptische Rezeptorsupersensitivität auftritt und beim Morbus Alzheimer nicht, könnte ein Hinweis dafür sein, daß die Lokalisation der primären Schädigung innerhalb der innominato-kortikalen Bahn bei den beiden Erkrankungen unterschiedlich ist.

Literatur

Candy JM, Perry RH, Perry EK, Irving D, Blessed G, Fairbairn AF, Tomlinson BE (1983) Pathological changes in the nucleus of Meynert in Alzheimer's and Parkinson's disease. J Neurol Sci 54: 277–289

Drachman D (1977) Memory and cognitive function in man: does the cholinergic system have a specific role? Neurology 27: 783–790

Dunnett SB (1985) Comparative effects of cholinergic drugs and lesions of nucleus basalis or fimbria-fornix on delayed matching in rats. Psychopharmacology 87: 357–363

Fonnum F (1975) A rapid radiochemical method for the determination of choline acetyltransferase. J Neurochem 24: 407–409

Lange KW, Wells FR, Rossor MN, Jenner P, Marsden CD (1989) Brain muscarinic receptors in Alzheimer's and Parkinson's diseases. Lancet 334: 1279

Lange KW, Javoy-Agid F, Agid Y, Jenner P, Marsden CD (1992) Brain muscarinic cholinergic receptors in Huntington's disease. J Neurol 239: 103–104

Lange KW, Wells FR, Jenner P, Marsden CD (1993) Altered muscarinic and nicotinic receptor densities in cortical and subcortical brain regions in Parkinson's disease. J Neurochem 60: 197–203

Mann DMA (1989) Subcortical afferent projection systems in Huntington's chorea. Acta Neuropathol (Berl) 78: 551–554

Perry EK, Curtis M, Dick DJ, Candy JM, Atack JR, Bloxham CA, Blessed G, Fairbairn A, Tomlinson BE, Perry EH (1985) Cholinergic correlates of cognitive impairment in Parkinson's disease: comparison with Alzheimer's disease. J Neurol Neurosurg Psychiatry 48: 413–421

Ridley RM, Baker HF, Drewett BS, Johnson JA (1985) Effects of ibotenic acid lesions of the basal forebrain on serial reversal learning in the marmoset. Psychopharmacology 86: 438–449

Spokes EGS (1980) Neurochemical alterations in Huntington's chorea: a study of postmortem brain tissue. Brain 103: 179–210

Korrespondenz: Prof. Dr. K. W. Lange, Psychologisches Institut, Universität Freiburg, D-79085 Freiburg, Bundesrepublik Deutschland

Acetylcholinmangelhypothese der Demenz und ihre klinisch-therapeutische Überprüfung

H.-J. Möller

Psychiatrische Universitätsklinik, München, Bundesrepublik Deutschland

Einleitung

Die Acetylcholinmangelhypothese der Alzheimer'schen Erkrankung steht derzeit im Zentrum der biochemischen Erklärungsansätze der senilen Demenz vom Alzheimertyp (SDAT). Nachfolgend sollen zunächst die anatomische Verteilung und Funktion cholinerger Neurone dargestellt werden, dann auf verschiedene Belege für die Acetylcholinmangelhypothese der SDAT eingegangen werden und schließlich im Zentrum der Arbeit die klinische Überprüfung der Acetylcholinmangelhypothese mit Hilfe anticholinerger Substanzen bei Patienten mit seniler Demenz vom Alzheimertyp erörtert werden.

1. Topographie und Funktion cholinerger Neurone

Cholinerge Neurone sind an mehreren Stellen zu finden (Fibiger 1982, Kelly und Rogawski 1985). Die Alpha- und Gamma-Motoneurone der III., IV., V., VI., VII., IX., X., XI. und XII. Hirnnerven und der Spinalnerven sind cholinerg. Ihre Neuriten bilden die gemeinsame Endstrecke der motorischen Systeme. Die präganglionären Neurone des vegetativen Systems sind ebenfalls cholinerg. Weitere cholinerge Nervenzellen befinden sich im medialen Septumkern (Zellgruppe Ch1, im vertikalen Schenkel des diagonalen Bandes nach Broca (Zellgruppe Ch2) und im horizontalen Schenkel des diagonalen Bandes nach Broca (Zellgruppe Ch3). Diese drei Zellgruppen projizieren absteigend in den medialen Nucl. habenulae und in den Nucl. interpeduncularis. Die Zellgruppe Ch1 ist aufsteigend über dem Fornix mit dem Hippocampus verbunden. Die Zellgruppe Ch3 ist synaptisch mit dem Bulbus olfactorius verbunden.

Die Zellgruppe Ch4 ist im menschlichen Gehirn relativ groß und entspricht dem Nucl. basalis Meynert. Sie liegt inferior vom Globus palidus in der Substantia innominata. 90% der Zellen des Nucl. basalis Meynert sind cholinerg. Der Nucl. basalis Meynert erhält den afferenten Input aus sub-kortikalen dienzephalen-telenzephalen Regionen und aus der limbisch-paralimbischen Großhirnrinde. Die vorderen Zellen des Nucl. basalis Mey-nert projizieren ihre efferenten Signale in den frontalen und parietalen Neocortex und die hinteren Zellen in den okzipitalen und temporalen Neocortex. Der Nucl. basalis Meynert ist also eine Relaisstation zwischen limbisch-paralimbischen Gebieten und dem Neocortex. Zwei kleine choli-nerge Zellgruppen Ch5 und Ch6 liegen im Pons und werden als Teil des aufsteigenden retikulären Systems betrachtet. Eine weitere kleine choliner-ge Zellgruppe (Nucl. periolivaris) befindet sich am Rande des Corpus tra-pezoideum im unteren Ponsabschnitt. Ihre efferenten Fasern ziehen zu den Rezeptoren des auditorischen Systems und sind an der auditorischen Signalübertragung beteiligt.

2. Die Acetylcholinmangelhypothese der SDAT

In der 2. Hälfte der 70er sowie Anfang der 80er Jahre wurde übereinstim-mend von verschiedenen Forschergruppen auf eine Reihe von Befunden hingewiesen, welche ein zentrales cholinerges Defizit als biochemisches Korrelat der SDAT nahelegen (Abb. 1).
1. An post-mortem Gehirnen von SDAT-Patienten zeigte sich im Vergleich zu altersgleichen Kontrollen eine reduzierte Konzentration der Cholin-acetyltransferase (CAT). Im Neocortex sind die CAT-Konzentrationen bis zu 90% gesenkt (Davies 1979, Gottfries und Winblad 1979, Perry et al. 1977, White et al. 1977)
2. Das cholinerge Defizit findet sich in Hirnregionen, welche besonders stark von der SDAT befallen sind: Amygdala, Hippocampus, temporaler Neokortex, parietale und präfrontale Hirnregionen (Ball et al. 1985). Diese neokortikalen Bereiche sind Projektionsbereiche cholinerger Bahnen, welche vom Nucl. basalis Meynert im Basalganglienbereich ihren Ausgang nehmen (Whitehouse et al. 1985, Siegfried 1992)
3. Die genannten Hirnregionen scheinen das neuroanatomische Korrelat der kognitiven und psychomotorischen Funktionen zu sein, die beson-ders durch die SDAT beeinträchtigt werden (Beaumont 1983):
   – Hippocampus/temporaler Kortex: Konsolidierung von Gedächtnis-spuren, Speicherung und Abruf von Informationen aus dem Ge-dächtnis;
   – Parietalbereich: räumliche Orientierung, psychomotorische Koor-dinationsleistungen, Sprachverständnis
   – Präfrontaler Bereich: geistige Flexibilität, Planung, Programmierung und Indikation von Handlungssequenzen, selektive Aufmerksamkeit.
4. Die reduzierte CAT-Konzentration korreliert mit der Anzahl seniler Pla-ques sowie neurofibrillärer Veränderungen (White et al. 1977)
5. Die reduzierte CAT-Konzentration korreliert mit den Punktwerten, die die Patienten vor ihrem Tod in der Blessed Dementia Scale aufwiesen (Perry et al. 1978)

	Kortex	Hippocampus	Hypothalamus	CSF
A Ch E	↓	↓		↓
CAT	↓	↓		
M rec	↑	→		
N rec	↓			
DA		↓	↓	
HVA	↑			↓
TH	→			
NA	↓	↓	↓	
HMPG				↑
DA-β-OH	↓	↓		
5-HT	↓	↓	↓	
5-HIAA	↓	↓	↓	↓
MAO-B	↑	↑		
Imipraminbindung	↓			
GABA	→			
GABA rec	→			
Glutamat rec	↓			
Aspartat rec	↓			
Somatostatin	↓	↓	↑	↓
CRF	↓		→	↓
AVP			↑	

Abb. 1. Veränderungen der Neurotransmittersysteme und der Aktivität der am Neurotransmitterstoffwechsel beteiligten Enzyme in den Gehirnen von Patienten mit Demenz vom Alzheimer-Typ. Die Pfeile weisen auf signifikante Veränderungen im Vergleich zu altersmäßig vergleichbaren Kontrollen hin. *CSF* Liquor, *AChE* Acetylcholinesterase, *CAT* Cholinacetyltransferase, *M rec* muscarinische Rezeptoren, *N rec* nicotinische Rezeptoren, *DA* Dopamin, *HVA* Homovanillinsäure, *TH* Tyrosinhydroxylase, *NA* Noradrenalin, *HMPG* 3-Methoxy-4-Hydroxy-phenylglycol, *DA-β-OH* Dopamin-β-Hydroxylase, *5-HT* 5-Hydroxy-tryptamin, *5-HIAA* 5-Hydroxyindolessigsäure, *MAO-B* Monoaminooxidase B, *GABA* γ-Aminobuttersäure, *CRF* „corticotropin-releasing factor", *AVP* Argipressin, rec Rezeptoren
(aus Gottfries 1992)

6. Zentrale cholinerge Anticholinergika (Atropin, Scopolamin u. a.) erzeugen kognitive Störungen (Drachman und Leavitt 1974): Beeinträchtigung der Vigilanz, der selektiven Aufmerksamkeit, des Kurzzeitgedächtnisses (d. h. des unmittelbaren Behaltens) und des Frischgedächtnisses (Konsolidierung und Speicherung neuerer Informationsgehalte). Im Tierversuch verursacht cholinerge Denervation Gedächtnisstörungen, Reinnervation vermindert diese Effekte
7. Cholinerge Substanzen (Physostigmin, Arecolin u. a.) verbessern kognitive Funktionen (Kurzzeitgedächtnis, Frischgedächtnis, Aufmerksamkeit) von gesunden Probanden mit Scopolamin-induzierten kogni-

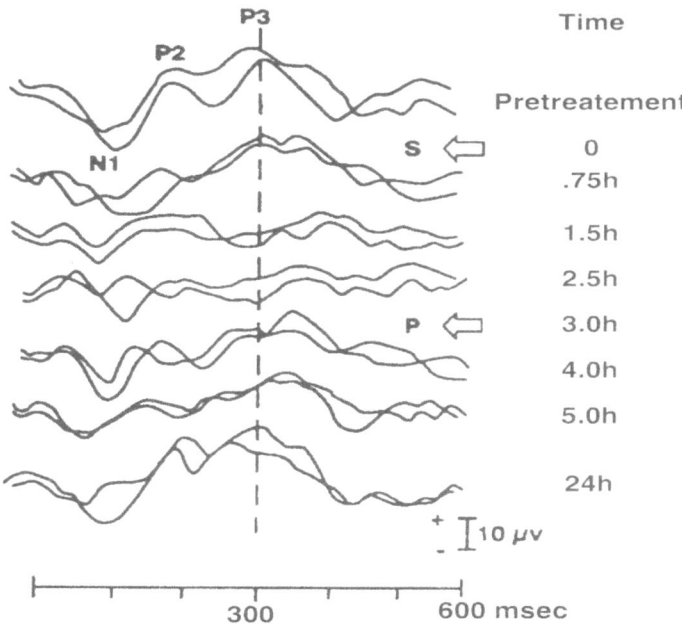

Abb. 2. Effekt von Scopolamin und Physostigmin auf die akustisch evozierte P300. 1,5 bis 2,5 Stunden nach Scopolamin Injektion (angezeigt durch S), ist die P300 Welle deutlich verändert. Nach Physostigmin (angezeigt durch P) kommt es zur Normalisierung (Hammond et al. 1987)

tiven Störungen bzw. von Patienten mit SDAT (Christie et al. 1981, Davis et al. 1981, Wesnes et al. 1990)

8. Die P300, die bei der SDAT verringert ist, wird durch anticholinerge Substanzen, z. B. Scopolamin, reduziert. Diese Reduktion wird durch cholinerge Substanzen, z. B. Physostigmin, aufgehoben (Hammond et al. 1987) (Abb. 2)

3. Cholinerge Behandlung der SDAT

Ausgehend von der Acetylcholinmangelhypothese der SDAT bietet sich theoretisch analog zum Vorgehen beim Morbus Parkinson eine cholinerge Substitutionstherapie an. Eine solche Substitutionstherapie setzt allerdings voraus, daß überhaupt noch ein ausreichender Prozentsatz funktionsfähiger cholinerger Neurone vorhanden ist. Für eine solche Substitutionstherapie gibt es theoretisch verschiedene Möglichkeiten (Tabelle 1), die bereits alle versucht wurden. Wie aus der diesbezüglichen Übersichtsarbeit von Kurz et al. (1986) zu ersehen ist, haben die meisten dieser Ansätze, insbesondere der Versuch mit Präkursoren des Acetylcholins, keine eindeutigen Effekte auf die senile Demenz vom Alzheimertyp gezeigt. Aus der Gesamtbewertung der diesbezüglichen Literatur ergibt sich, daß der Einsatz mit Acetylcholinesterasehemmern bisher am erfolgreichsten war. Die Substanz Tacrine konnte bisher als einzige ihre therapeutische Effizienz soweit unter Beweis stellen, daß selbst die bekanntermaßen kritische FDA diesen Acetylcholinesterasehemmer als „antidementia Drug" in den USA zuließ.

Tabelle 1. Behandlung von Hirnleistungsstörungen mit cholinergwirksamen Substanzen

Cholinerge Präkursoren
Cholin
Lecithin

Acetylcholinesterasehemmer
Physostigmin
Tacrin (THA)
Galanthamin
Velnacrin

Cholinerge Rezeptoragonisten
Pilocarpin
RS-86
SR 46559 A
Arecholin
Oxotremorin
Bethanechol

Neurotrope Substanzen
NGF

Vermehrte Acetylcholinsynthese – und Freisetzung
L-Acethylcarnitin
DUP-996

Auch in Deutschland und in anderen europäischen Ländern wurde die Substanz inzwischen zugelassen. Im folgenden wird der Frage nachgegangen, ob die mit dieser Substanz erzielten klinischen Befunde ausreichende klinisch-therapeutische Hinweise für eine Bestätigung der Acetylcholinmangelhypothese der SDAT liefern.

Neben verschiedenen Pilotstudien und methodisch eindrucksvollen aber schwer zu generalisierenden kontrollierten Studien nach dem sogenannten „enrichment"-Design sind insbesondere zwei große Kontrollgruppenstudien wegen der hohen Fallzahl und im Falle der 2. Studie auch wegen der langen Therapiedauer von zentraler Bedeutung für den Wirksamkeitsnachweis, die 12-Wochen-Studie (Farlow et al. 1992) und die 30-Wochen-Studie (Knapp et al. 1994). Hauptzielgröße war in beiden Studien der kognitive Subscore der ADAS. Auf die Methodik dieser Studien kann hier aus Platzgründen nicht eingegangen werden. Es handelt sich um Kontrollgruppenstudien an Patienten mit gut operationalisierter Diagnose einer senilen Demenz vom Alzheimertyp mit einem leichten bis mittleren Ausprägungsgrad. In beiden Studien wurden verschiedene Dosierungen im Kontrollgruppendesign gegen Placebo erprobt. Die angewandte Forschungsmethodik entspricht in jeder Beziehung den modernen diesbezüglichen Standards, wie sie in verschiedenen Verlautbarungen entsprechender Expertengruppen formuliert wurden. In beiden Untersuchungen konnte die Wirksamkeit von Tacrine im Vergleich zu Placebo signifikant statistisch belegt werden, wobei sich eine gewisse Dosiswirksamkeitsbeziehung nachweisen ließ. Ein großes Problem beider Studien ist, daß wegen der größtenteils durch Transaminasenerhöhung bedingten hohen Dropout-Quote nur eine relativ stark geschrumpfte Stichprobe für die „efficacy-Analyse" verbleibt, was die Daten schwer interpretierbar bzw. gene-

Acetylcholinmangelhypothese der Demenz und ihre Überprüfung 43

Tabelle 2. Ergebnisse der Efficacy-Analyse der Studie von Farlow et al. (1992)

Results of Pairwise Comparisons for Primary Efficacy Parameters at Weeks 6 and 12 Means (Standard Errors)

Outcome Measure	Week 6			Week 12			
	Placebo (n = 124)	Tacrine, 20 mg/d (n = 110)	Tacrine, 40 mg/d (n = 113)	Placebo (n = 56)	Tacrine, 20 mg/d (n = 98)	Tacrine, 40 mg/d (n = 82)	Tacrine, 80 mg/d (n = 37)
Alzheimer's Disease Assessment Scale, cognitive (range, 0–70)							
Screening	27.5 (1.1)	27.7 (1.0)	28.1 (1.2)	28.3 (1.6)	26.1 (1.1)	27.5 (1.3)	27.6 (2.2)
End point	27.8 (1.2)	26.5 (1.1)	26.7 (1.2)	29.3 (1.9)	26.2 (1.3)	27.1 (1.4)	24.9 (2.1)
Change from screening	0.3	–1.2	–1.4	1.0	0.1	–0.4	–2.8
P vs placebo	...	.32*	.044+	...	.56*	.36*	.015*+
Favors	...	Tacrine	Tacrine	...	Tacrine	Tacrine	Tacrine
Clinician-rated Clinical Global Impression of Change (range, 1–7)							
End point	3.9 (0.06)	3.8 (0.07)	3.7 (0.07)	3.9 (0.11)	3.9 (0.08)	3.8 (0.09)	3.4 (0.10)
P vs placebo	...	.54‡	.19‡	...	.78‡	.70‡	.015+‡
Favors	...	Tacrine	Tacrine	...	Placebo	Tacrine	Tacrine

*Friedman test (nonparametric), + Statistically significant at p < .05, ‡ Cochran-Mantel-Haenszel test

Tabelle 3. Ergebnisse der Wirksamkeits-Analyse der Studie von Knapp et al. (1994)

Characteristics	Treatment Group*				
	1 (n = 116)	2 (n = 28)	3 (n = 55)	4 (n = 64)	All (n = 263)
Sex, No. (%)					
M	56 (48)	15 (54)	31 (56)	43 (67)	145 (55)
F	60 (52)	13 (46)	24 (44)	21 (33)	118 (45)
Age, y					
Mean (± SD)	72.1 (8.5)	71.3 (7.7)	72.6 (7.6)	71.2 (8.4)	71.9 (8.2)
Range	51–89	58–85	54–87	52–88	51–89
Mini-Mental State Examination score					
Mean (± SD)	18.5 (4.8)	16.8 (4.6)	19.6 (4.4)	19.1 (4.4)	18.7 (4.6)
Range	10–26	10–26	10–26	10–26	10–26
Alzheimer's Disease Assessment Scale-Cognitive subscale score					
Mean (± SD)	28.4 (11.7)	30.6 (14.1)	26.5 (9.6)	26.6 (11.7)	27.8 (11.6)
Range	7–61	8–55	12–52	10–50	7–61
Alzheimer's disease duration, y					
Mean (± SD)	1.5 (2.1)	1.3 (1.1)	1.7 (1.9)	1.2 (1.1)	1.5 (1.8)
Range	0.0–17.6	0.0–4.0	0.1–8.0	0.0–5.2	0.0–17.6

*Gruppe 1 bekam Placebo; Gruppe 2 bekam 40 mg/d Tacrine während 6 Wochen und 80 mg/d während 24 Wochen; Gruppe 3 bekam 40 mg/d während 6 Wochen, 80 mg/d während 6 Wochen und 120 mg/d während 18 Wochen; Guppe4 bekam 40 mg/d während 6 Wochen, 80 mg/d während 6 Wochen, 120 mg/d während 6 Wochen und 120 mg/d während 12 Wochen

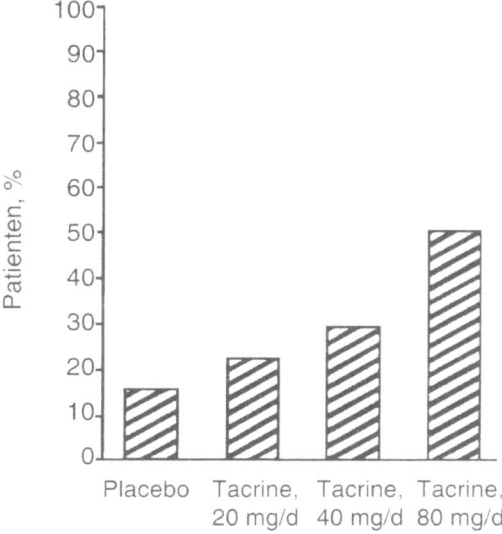

Abb. 3. Prozentsatz der Patienten mit einer Besserung von 4 Punkten im kognitiven Subscore der ADAS-Efficacy-Analyse (Farlow et al. 1992)

ralisierbar macht. Immerhin konnte auch bei der intent-to-treat-Analyse in beiden Studien ein statistisch signifikanter Effekt von Tacrine gegenüber Placebo gezeigt werden. In die Studie von Farlow et al. (1992) wurden insgesamt 468 Patienten eingeschlossen, in die efficacy-Analyse gingen 273 Patienten ein. In die Untersuchung von Knapp et al. (1994) wurden 663 eingeschlossen, in die efficacy-Analyse gingen 263 Patienten ein (Tabelle 2, 3). Nach einem arbiträren Kriterium, das aber im Prinzip sinnvoll ist (entsprechend den jährlichen Progressionsraten der SDAT), nämlich 4 Punkte Verbesserung im

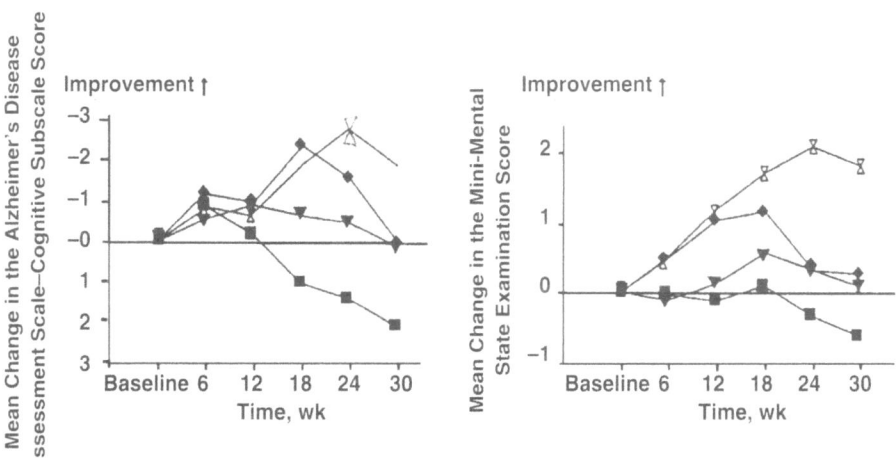

Abb. 4. Mittlere Veränderung vom Ausgangswert im kognitiven Subscore der ADAS-Efficacy-Analyse und der MMSE nach 30wöchiger Behandlung (Knapp et al. 1994). ■ Placebo, ◆ Tacrin 80 mg/Tag, ▼ Tacrin 120 mg/Tag, ⩍ Tacrin 160 mg/Tag

kognitiven Subscore der ADAS, ergeben sich in der efficacy-Analyse der Far-
low-Studie die in Abb. 3 dargestellten Responderquoten, die die Überlegenheit der Verum-Behandlung deutlich machen und gleichzeitig auf eine lineare Dosis-Wirksamkeits-Beziehung hinweisen. Noch interessanter sind die
Mittelwertsverläufe des kognitiven Subscores der ADAS, da sie die zeitliche
Dimension des Therapieeffekts darstellen. Diese wurden im Rahmen der „efficacy"-Analyse für die 30-Wochen-Studie von Knapp et al. (1994) errechnet
und sind in Abb. 4 dargestellt. Es wird deutlich, daß sich in allen in dieser Studie verwendeten Dosierungen Vorteile für Tacrine im Vergleich zur Placebo-
Gruppe zeigen. Im Zeitverlauf wird die Verschlechterung unter Placebo
deutlich, während es in allen Behandlungsgruppen mit Tacrine, insbesondere in den Gruppen mit höherer Dosierung, zu einer mehr oder weniger geringen Verschlechterung, z. T. sogar zu einer echten Verbesserung kommt,
die allerdings im weiteren Verlauf nicht aufrecht erhalten werden kann. Immerhin bleibt aber eine günstige Verschiebung der Verum-Verlaufskurven
gegenüber der Placebo-Kurve bestehen.

Interessant ist eine weitere Analyse der 30-Wochen-Studie, die die Häufigkeiten von bestimmten Besserungswerten des kognitiven Subscores der
ADAS darstellt (Abb. 5). Dabei wird deutlich, daß die diesbezügliche Kurve
für die Tacrine-Patienten immer günstiger abschneidet als die Placebo-Kurve, allerdings schrumpft der Vorteil bei der intent-to-treat-Analyse deutlich
gegenüber der efficacy-Analyse zusammen. Wenn man einen 7-Punkte-Un-
terschied gegenüber Placebo als Responsekriterium formuliert – zugegebe-
nermaßen eine sehr extreme Formulierung -, dann wird sogar bei der intent-to-treat-Analyse der Daten der Vorteil gegenüber Placebo nicht mehr
statistisch signifikant

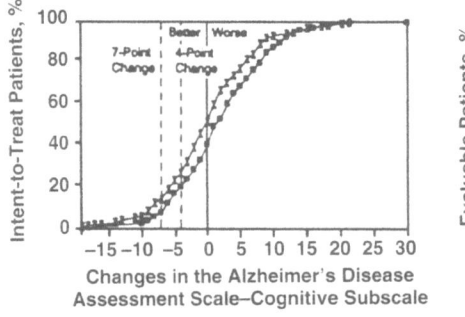 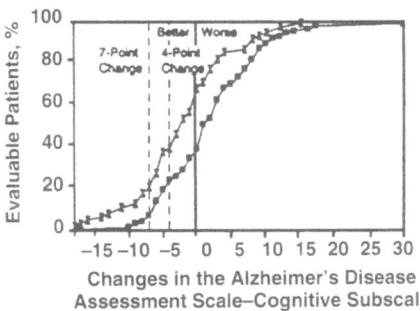

Abb. 5. Prozentsatz von Patienten mit bestimmten Veränderungswerten des kognitiven
Subscores der ADAS. Links: intent to treat Analyse; rechts: efficacy-Analyse (Knapp et al.
1994). ■ Plazebo, ✗ Tacrin 160 mg/Tag

4. Zusammenfassende Bewertung

Insgesamt machen die aus diesen beiden großen Studien vorgelegten Daten deutlich, daß der Cholinesterasehemmer Tacrine dem Placebo in den
geprüften Dosierungen statistisch signifikant überlegen ist, so daß unter

diesem Aspekt die Hypothese bestätigt wurde, daß ein medikamentöser Eingriff in das cholinerge System im Sinne einer Erhöhung von Acetylcholin zu einer Verbesserung der kognitiven Leistungsfähigkeit bei Patienten mit SDAT führt. Andererseits scheinen die Effekte nicht so groß zu sein, wie zumindest anfangs aufgrund einiger kasuistischer Beobachtungen mit geradezu verblüffenden Erfolgen im Einzelfall erwartet wurde. Die beobachteten Effekte scheinen eher in der Größenordnung zu liegen, wie man sie auch von einigen anderen als wirksam erwiesenen Nootropika kennt (Möller 1993). Da allerdings bisher direkte Vergleichsstudien von Tacrine mit solchen anderen Nootropika fehlen, läßt sich diese Schlußfolgerung momentan nicht weiter erhärten. Es wäre wünschenswert, daß direkte Vergleichsstudien, z. B. gegenüber Nimodipin oder gegenüber Codergocrinmesylat durchgeführt werden, um eindeutigere Aussagen bezüglich der differenzierten Wirksamkeit zu machen.

Die Frage, warum Tacrine nach den Ergebnissen der Kontrollgruppenstudien nicht so spektakuläre Erfolge zeigt wie aufgrund einiger kasuistischer Berichte erwartet wurde, ist schwer zu beantworten. Es läßt darüber spekulieren, daß die Acetylcholinmangelhypothese der SDAT doch eine zu stark simplifizierende Hypothese ist und daß sie im Sinne einer Multitransmitterstörung (Abb. 1, Gottfries 1992) erweitert werden muß. Es ist bekannt, daß es bei der SDAT neben den Veränderungen im cholinergen System u. a. auch zu Veränderungen im noradrenergen und serotonergen System kommt (Adolfsson et al. 1979, Palmer et al. 1987). In histologischen Untersuchungen des noradrenergen Systems zeigt sich eine Atrophie und ein Zellverlust des locus coeruleus (Mann et al. 1984). Auch findet sich eine deutliche Reduktion der Dopamin-Beta-Hydroxylase-Aktivität (Cross et al. 1981). In verschiedenen kortikalen Bereichen liegt eine reduzierte Konzentration von Serotonin und Hydroxyindol-Essigsäure vor, außerdem ein Zellverlust in der Raphe Nuclei. Insgesamt scheinen die Veränderungen im serotonergen System allerdings weniger schwer als im cholinergen und noradrenergen System zu sein (Mann et al. 1984). Auch Veränderungen im glutaminergen System finden zunehmend Beachtung. Das dopaminerge System scheint bei Patienten mit SDAT nur wenig betroffen zu sein.

Es ist zu fragen, ob eine Erweiterung des therapeutischen Ansatzes im Sinne einer solchen Multitransmitterbeeinflussung, die z. B. neben der cholinergen Transmission auch Transmissionen in anderen Bereichen beeinflußt zu besseren Therapieresultaten führen könnte.

Literatur

Adolffson R, Gottfries CG, Ross BE (1979) Changes in the brain catecholamines in patients with dementia of Alzheimer type. Br J Psychiatry 135: 216–223

Ball MJ, Fisman M, Hachinski V, Blume W, Fox A, Kral VA, Kirshen AJ, Fox H, Mershey H (1985) A new definition of Alzheimer's disease: a hippocampal dementia. Lancet i: 14–16

Beaumont JG (1983) Introduction to neuropsychology. Blackwell, Oxford

Christie JE, Phil M, Shering A, Ferfuson J, Glen AM (1981) Physostigmine and arecoline: effects of intravenous infusions in Alzheimer presenile dementia. Br J Psychiatry 138: 46–50

Cross AJ, Crow TJ, Perry EK (1981) Reduced dopamine beta-hydroxylase activity in Alzheimer's disease. Br Med J 282: 93–94

Davies P (1979) Neurotransmitter-related enzymes in senile dementia of the Alzheimer type. Brain Res 171: 319–327

Davis KL, Mohs R, Davis B, Levy M, Rosenberg G, Horvath T, DeNigris Y, Ross A, Decker P, Rothpearl A (1981) Cholinomimetic agents and human memory: clinical studies in Alzheimer's disease and scopolamine dementia. In: Crook Th, Gershon S (eds) Strategies for the development of an effective treatment for senile dementia. Mark Powley, New Canaan, Connecticut

Drachman DA, Leavitt J (1974) Human memory and the cholinergic system: a relationship to aging? Arch Neurol 30: 113–121

Farlow M, Gracon St, Hershey L, Lewis K, Sadowsky CH, Dolan-Ureno J (1992) A controlled trial of tacrine in Alzheimer's disease. JAMA 268, 18: 2523–2529

Fibiger HC (1982) The organization of some projections of cholinergic neurons of the mammalian forebrain. Brain Res Rev 4: 327–388

Gottfries CG (1992) Störungen der monoaminergen Neurotransmittersysteme bei Demenz vom Alzheimer-Typ. In: Lungershausen E (Hrsg) Demenz. Herausforderung für Forschung, Medizin und Gesellschaft. Springer, Berlin Heidelberg New York Tokyo, S 67–75

Gottfries CG, Windblad B (1979) Neurotransmitter and related enzymes in normal aging and dementia of Alzheimer type (DAT). Symposion „Methodological Considerations Determing the Effects of Aging on the Central Nervous System", Berlin, July 5–7, 1979

Hammond EJ, Komford J, Ronald-Aung-Din, Wilder BJ (1987) Cholinergic modulation of human P3 event-related potentials. Neurology 37: 346-350

Kelly JS, Roganowski MA (1985) Acetylcholine. In: Roganowski MA, Barker JL (eds) Neurotransmitter actions in the vertebrate nervous system. Plenum Press, New York, pp 143–197

Knapp MJ, Knopman DS, Solomon PR, Pendlebury WW, Davis C, Gracon SI (1994) A 30-week randomized controlled trial of high-dose tacrine in patients with Alzheimer's disease. JAMA 271, 13: 985-991

Kurz A, Rüster P, Romero B, Zimmer R (1986) Cholinerge Behandlungsstrategien bei der Alzheimerschen Krankheit. Nervenarzt 67: 558–569

Mann DMA, Yates PO, Marcynink B (1984) Alzheimer's presenile dementia, senile dementia of Alzheimer type and Down's syndrome in middle age form: an age-related continuum of pathological changes. Neuropathol Appl Neurobiol 10: 185–207

Möller HJ (1993) Klinische Wirksamkeit und sinnvoller Einsatz von Nootropika. In: Möller HJ, Rohde A (Hrsg) Psychische Krankheiten im Alter. Springer, Berlin Heidelberg New York Tokyo

Palmer AM, Wilcock GK, Esiri MM, Francis PT, Bowen DM (1987) Monoaminergic innervation of the frontal and temporal lobes in Alzheimer's disease. Brain Res 401: 231–238

Perry EK, Gibson PH, Blessed G, Perry RH, Tomlinson BE (1977) Neurotransmitter enzyme abnormalities in senile dementia. Choline acetyltransferase and glutamic and decarboxylase activities in necropsy brain tissue. J Neurosci 34: 247–265

Perry EK, Gibson PH, Blessed G, Bergmann K, Gibson PH, Perry RH (1978) Correlation of cholinergic abnormalities with senile plaques and mental test scores in senile dementia. Br Med J 11: 1457–1459

Siegfried KR (1992) Der heuristische Wert der Hypothese eines zentralen cholinergen Defizits beim Morbus Alzheimer als Ausgangspunkt einer pharmakologischen Behandlungsstrategie. In: Oldigs-Kerber J, Leonard P (Hrsg) Pharmakopsychologie. Experimentelle und klinische Aspekte. Fischer, Jena Stuttgart, S 459–470

Wesnes KA, Simpson P Christmas L, Siegfried K (1990) Effects of HPO29 in a scopolamine model of aging and dementia. Abstract 17th Congress of Collegium International Neuro-Psychopharmacologium, Kyoto, September10–14, 1990

White P, Hiley C, Goodhardt (1977) Neocortical cholinergic neurons in elderly people. Lancet i: 668–670

Whitehouse PJ, Struble RG, Hedreen JC, Clark AW, Price DL (1985) Alzheimer's disease and related dementias: selective involvement of specific neuronal systems. CRC Crit Rev Clin Neurobiol 1: 319–339

Korrespondenz: Prof. Dr. H.-J. Möller, Psychiatrische Universitätsklinik, Nußbaumstraße 7, D-80336 München, Bundesrepublik Deutschland

Biologische Befunde zur Differentialdiagnose von Demenz und Depression

F. Müller-Spahn[1], U. Hock[2], M. Hofmann[1], S. Golombowski[1],
H. Hampel[2] und C. Hock[1]

[1]Psychiatrische Universitätsklinik, Basel, Schweiz
[2]Psychiatrische Klinik, Universität München, Bundesrepublik Deutschland

Depression und Demenz im höheren Lebensalter: Epidemiologische Daten

Aufgrund der derzeitigen demographischen Veränderungen mit einem zunehmenden Anteil älterer Menschen an der Gesamtbevölkerung zeigen altersassoziierte Erkrankungen, wie z. B. kardiovaskuläre Erkrankungen und Neoplasien, aber auch psychiatrische Erkrankungen wie Demenzen und Depressionen, dramatisch steigende Prävalenzraten. Im Jahre 1990 gehörten 85.1% der Bevölkerung zu der Gruppe der 0 bis 65-jährigen, 11.1% zu den 65 bis 80-jährigen und 3.8% zu den >80-jährigen. Im Jahre 2030 wird sich laut bevölkerungsstatistischen Vorausberechnungen eine beachtliche Verlagerung auf Anteile von 73.4%, 20.3% und 6.3% vollziehen (Beske et al. 1994) und somit zu einer weiteren Erhöhung des prozentualen Anteils der älteren Menschen in der Bevölkerung führen und damit auch zu einer weiteren Erhöhung der Häufigkeit der genannten Erkrankungen. Mittlerweile liegt ausreichendes Datenmaterial zu den Häufigkeiten von psychiatrischen Erkrankungen im höheren Lebensalter vor. Eine longitudinale Studie, die in englischen Gemeinden durchgeführt wurde, zeigte altersstandardisierte Prävalenzraten für organische Störungen mit 4.7%, depressive Störungen mit 10.0% und Neurosen mit 2.5% (Saunders et al. 1993). Obwohl die amerikanische „Epidemiologic Catchment Area Study" einen Abfall der Prävalenzraten für Major Depression im höheren Lebensalter belegte (Regier et al. 1988), gibt es einige Hinweise dafür, daß leichtere Depressionen (Minor Depression), larvierte Depressionen, reaktive Depressionen im Zusammenhang mit somatischen Erkrankungen sowie organische Depressionen höhere Prävalenzraten bei älteren im Vergleich zu jüngeren Bevölkerungsgruppen aufweisen (Angst und Ernst 1993). Ein sehr

Tabelle 1. Depression und Demenz im höheren Lebensalter
Biologische Ansätze der Differentialdiagnose

Strukturelles Neuroimaging	CT
	MR und MR-Volumetrie
Funktionelles Neuroimaging	EEG (-Mapping)
	Schlafpolygraphie
	EP
	SPECT
	PET
	NIRS
Biochemie	CSF-Tau
	ß-Amyloid Peptid
	MAO-Aktivität in Thrombozyten
	Membranfluidität
	Dex-/CRH-Test
Molekularbiologie	ApoE-Genotyping

konsistenter Befund ist der exponentielle Anstieg der Prävalenzraten der Alzheimer Demenz (AD) als eine Funktion des Alters von 1% in der Gruppe der 65 bis 69-jährigen bis zu 30% in der Gruppe der >90-jährigen (Saunders et al. 1993a). Die jährlichen Inzidenzraten der häufigsten 7 spezifischen Kategorien mentaler Störungen aus dem NIMH Epidemiologic Catchment Area-Programm sind in der Gruppe der >65-Jährigen: Major Depression 1.25, Panikstörung 0.04, Phobische Störung 4.29, Zwangsstörung 0.64, Mißbrauch/Abhängigkeit psychotroper Substanzen 0.00, Alkoholmißbrauch/-abhängigkeit 0.63 und schließlich, kognitive Störungen 4.65 (Regier et al. 1988).

Differentialdiagnose – Biologische Ansätze

Emery und Oxman (1992) prüften kritisch die Dichotomie zwischen der funktionellen und reversiblen depressiven Pseudomenz auf der einen Seite sowie der organischen und irreversiblen degenerativen Demenz auf der anderen Seite. Ihre Literatursichtung führte zu dem Vorschlag, Depression, kognitive Störungen und Demenz als ein Kontinuum zu betrachten, in dem 5 Prototypen eine wesentliche Rolle spielen: 1) Major Depression ohne klinisch relevante kognitive Störungen 2) Depressive Pseudodemenz 3) Degenerative Demenz ohne Depression 4) Depression bei degenerativer Demenz sowie 5) unabhängige Komorbidität von degenerativer Demenz und Depression. In der klinischen Praxis ist dieses Modell von grosser Relevanz, denn wenn das klinische Bild eines Patienten mit einer Depression durch kognitive Störungen oder das eines Patienten mit einer beginnenden Demenz wesentlich durch eine depressive Symptomatik mitgeprägt wird, dann kann die Differentialdiagnose eine äusserst schwierige und möglicherweise kurz- und mittelfristig kaum lösbare Aufgabe werden. Aus der Literatur und unseren eigenen Untersuchungen erscheint es jedoch denkbar, dass einige biologische Untersuchungsverfahren aus dem Bereich des nichtinvasiven Neuroimaging und aus dem Bereich der molekularen Neurobiologie nicht nur zur Etablierung eines typischen biologischen Patterns, das eine rasche Klassifikation der Syndrome ermöglicht, beitragen, sondern auch zur multidimensionalen Evaluation des Krankheitsverlaufs und zur Validierung der Effizienz therapeutischer Massnahmen. Durch die Analyse zunächst der beiden Pole des „dementia spectrum of depression", die degenerative Demenz ohne Depression und die Major Depression ohne wesentliche kognitive Defizite, haben unsere und andere Arbeitsgruppen versucht biologische Parameter oder „Marker" zu definieren, die zur Unterscheidung der beiden Gruppen (neben der gründlichen klinischen Charakterisierung) beitragen könnten:

1) Strukturelles Neuroimaging, inkl. Cerebrale Computer Tomographie (CCT) und Magnet Resonanz Imaging (MRI), ergänzt durch die MR-Volumetrie

2) Funktionelles Neuroimaging, inkl. Elektroenzephalographie (EEG), ergänzt durch Mapping-Analyse und Schlafpolygraphie, evozierte Potentiale (EP), Single Photon Emission Computed Tomography (SPECT), Positron Emission Tomography (PET) und Nahinfrarot-Spectroskopie (near infrared spectroscopy, NIRS)

3) Biochemische Parameter, die mit den spezifischen neuropathologischen Ablagerungen bei der AD assoziiert sind, wie Amyloid Precursor Protein (APP), ß-Amyloid Peptid und Tau-Protein

4) Andere biochemische/molekularbiologische Parameter: Neurotransmitter-Metaboliten und Enzyme, Membran Fluidität und kombinierter Dexamethason-CRH-Test 5) ApoE-Genotyp-Analyse.

Strukturelles Neuroimaging: CT und MR-Volumetrie

Zahlreiche Studien, meistens basierend auf der Analyse von CCT-Daten, untersuchten den Grad der Hirnatrophie während des normalen Alterns. Diese Studien zeigten meist eine Verringerung der Gewebedichte und eine Vergrösserung der Liquorräume, wobei in der Altersgruppe zwischen 20 und 59 Jahren zunächst eher geringe und deutlichere Veränderungen erst nach dem 60. Lebensjahr auftraten (Yamamura et al. 1980, Takeda und Matsuzawa 1984). Bei dementiellen Erkrankungen konnte ein grösserer Grad an Hirnatrophie nachgewiesen werden, wobei jedoch betont werden muss, dass es eine beträchtliche Überlappung mit dem noch altersentsprechenden Normbereich gibt. Durch die Verbesserung der MR-Technik mit der Möglichkeit volumetrischer Messungen der temporalen Strukturen, v.a. im Hippokampus-Bereich, konnte eine beachtliche Genauigkeit von bis zu 85% in der diagnostischen Abgrenzung von Alzheimer Patienten im Vergleich zu gesunden altersgleichen Kontrollen erreicht werden (Jack et al. 1992). Bei der Depression im höheren Lebensalter bleibt das Gesamtbild noch etwas unklar, denn die Spezifität und die Validität der berichteten Befunde von erhöhten Signalintensitäten in der weissen Substanz sowie reduzierten Basalganglienvolumina bei älteren Patienten mit bipolaren affektiven Störungen bleiben derzeit noch Gegenstand intensiver Diskussion (Aylward et al. 1994).

Funktionelles Neuroimaging: EEG, SPECT, PET und NIRS

Durch mittlerweile zahlreiche Studien ist belegt, daß die Veränderungen des Frequenz- und Power-Spektrum im Ruhe-EEG mit einer Zunahme der langsamen Delta- und Theta-Wellen und einer Abnahme des Alpha-Bandes sowie die Veränderungen von Latenz und Topographie der P300 signifikant zur Differentialdiagnose von Demenz und Depression beitragen können (zur Übersicht siehe Have et al. 1991). Neue Aspekte ergeben sich zudem aus Schlaf-EEG-Untersuchungen. Die quantitative Spektralanalyse des tonischen REM-EEG's zeigte eine Verminderung der Power im Bereich von 13–30 Hz und eine Vermehrung im Bereich von 1–10 Hz bei Patienten mit einer noch leichtgradigen AD im Vergleich zu depressiven oder gesunden Kontrollgruppen. Diese Untersuchung erbrachte eine diagnostische Genauigkeit von beinahe 90% (Moe et al. 1992). In einer sorgfältigen Studie zeigten Reynolds et al. (1985), daß der Schlaf von depressiven Patienten durch eine verringerte REM-Schlaf-Latenz, erhöhte prozentuale REM-Anteile und erhöhte Dichte der ersten REM-Periode sowie durch eine veränderte zeitliche Verteilung des REM-Schlafes charakterisiert ist. Im Gegensatz dazu zeigten demente Patienten verringerte prozentuale REM-Anteile, jedoch eine normale zeitliche REM-Verteilung sowie eine Verminderung an Schlafspindeln und K-Komplexen. SPECT (zur Übersicht siehe: Kumar1993) und PET (zur Übersicht siehe: Heiss et al. 1992) zeigten eine bilaterale kortikale Verminderung des Glucose-Metabolismus und des regionalen cerebralen Blutflusses vorwiegend im parieto-temporalen Bereich. Die primären sensorischen Areale und die subkortikalen Strukturen bleiben weitgehend von diesen Verminderungen ausgespart. Die Major Depression bei älteren Patienten ist häufig mit einer generellen Reduktion des zerebralen Glucose-Metabolismus assoziiert und erreicht zum Teil ein mit den dementen Patienten vergleichbares Ausmass. In der räumlichen Verteilung weisen einige Studien eher auf eine Betonung frontaler Strukturen hin. Das Auftreten eines frontalen Hypometabolismus scheint sich zunehmend als gemeinsame Endstrecke für die meisten primären und sekundären Depressionen unabhängig von der nosologischen Eindordnung zu etablieren. (George et al. 1993). Zusätzlich zu der etablierten PET und MR-Technik besteht ein wachsendes Interesse an optischen Methoden, die in der Lage sind, mit neuronaler Aktivität verbundene Signale zu messen. Die sogenannte Nahinfrarot-Spectroskopie (near infrared spectroscopy, NIRS) basiert auf der relativen Transparenz von Gewebe für Licht im nahen Infrarotbereich (700–900 nm). Dieses „optische Fenster" (near IR „optical window") ermöglicht die nicht-invasive Messung endogener Chromophore, wie z. B. Hämoglobin oder Cytochrom aa3, und wurde klinisch erstmals zum Monitoring von Frühgeborenen eingesetzt (Wyatt et al. 1986). Kürzlich konnten unsere und andere Arbeitsgruppen zeigen, daß die NIRS, angewandt in einer Reflektionstechnik, sensitiv genug ist, um Veränderungen der cerebralen Hämoglobin-Oxygenierung während cerebraler Aktivierung durch verschiedene Paradigmen zu erfassen (Chance et al. 1993, Hoshi et al. 1993, Kato et al. 1993, Villringer et al. 1993). Dies war der Ausgangspunkt, um den Einfluß von Alterungsvorgängen und Neurodegeneration auf die cerebrale Hämoglobinoxygenierung während kognitiver Aktivierung zu untersuchen. Unsere Untersuchungen zeigte, dass die aktivierungsbedingten Anstiege von [HbT] und [HbO_2] mit zunehmendem Alter abnehmen (Hock et al. 1995a). Bei der AD wurde ausserdem erstmals mit Hilfe der NIRS ein Abfall der cerebralen Hämoglobinoxygenierung und des Gesamthämoglobins während kognitiver Aktivierung im parietalen Cortex gezeigt (Hock et al. 1996). Diese Veränderungen der NIRS-Variablen während der Aktivierung des Gehirns durch kognitive Aufgaben könnte zum einen durch die Aktivierung anderer Hirnregionen im Alter im Rahmen einer Veränderung der funktionellen Hirnorganisation bedingt sein, zum anderen durch eine Verminderung der Kopplung zwischen neuronaler Aktivität und cerebralem Blutfluß. Zur weiteren Klärung der pathophysiologischen Grundlagen der beschriebenen Veränderungen der cerebralen Hämoglobinoxygenierung beim Altern und bei der AD erscheint es zunächst sinnvoll, die NIRS mit anderen funktionellen Methoden zur Erfassung der Hirnfunktion zu kombinieren, zum einen mit elektrophysiologischen Techniken (MEG, EEG-Brain mapping) sowie mit Blutfluß-assoziierten Techniken, wie PET und funktionelles MR.

Biochemische Parameter

Zahlreiche Studien weisen darauf hin, daß die progrediente cerebrale Ablagerung des unlöslichen 40–43 Amiosäuren umfassenden Amyloid β-Peptids (Aβ) in Form seniler Plaques eine der Schlüsselereignisse in der Pathogenese der Erkrankung ist (zur Übersicht siehe: Beyreuther et al. 1993). Aβ ist ein Fragment eines längeren transmembranen Vorläuferproteins das Amyloid Precursor Protein (APP) genannt wird und in mehreren Isoformen vorliegt. Neben der Aβ-Ablagerung scheinen sich ebenfalls über viele Jahre neurofibrilläre Bündel (elektronenmikroskopisch: Paired Helical Filaments, PHFs) abzulagern, deren Hauptkomponente eine hyperphosphorylierte Form des mit den Mikrotubuli assoziierten Tau-Proteins ist (Braak und Braak 1991, Mandelkow und Mandelkow 1993). Während abnorme proteolytische Prozesse die Hauptrolle in der Ablagerung von Aβ zu spielen scheinen, wird bei der Formation neurofibrillärer Bündel ein Ungleichgewicht in der Aktivität von spezifischen Protein-Kinasen und -Phosphatasen vermutet. Wir untersuchten, ob sich AD Patienten und altersgleiche Kontrollen in den Liquor-Konzentrationen von APPs (sekretierte Form des APP), Tau-Protein und Amyloid β-Peptid unterscheiden.

Unsere Ergebnisse zeigten, daß die Tau-Konzentrationen im Liquor von AD Patienten im Vergleich zu altersgleichen Kontrollen deutlich erhöht sind und mit dem klinischen Schweregrad der Erkrankung korrelieren (Hock et al. 1995b). Damit weisen die Ergebnisse darauf hin, daß die CSF Tau-Level mit Progression des neurodegenerativen Prozesses anstei-

gen. Tau im CSF könnte deshalb ein mit dem Schweregrad der Demenz verbundener biologischer Marker sein. Es bleibt zu untersuchen, ob CSF-Tau
auch bereits in präklinischen Stadien bei einer Subpopulation von Risikopatienten für die AD (z. B. Probanden mit familiärer Belastung für AD) erhöht ist. Im Gegensatz zu einigen früheren Berichten aus der Literatur waren die Konzentrationen an APPs in unserer Untersuchungsgruppe bei
den AD Patienten nicht verändert im Vergleich zu altersgleichen Kontrollen (Hock et al. 1993). Somit kann das APPs vorerst nicht als diagnostischer
Marker in Betracht gezogen werden. Die Messung der Aβ-Level bei AD Patienten zeigte in unseren Untersuchungen leicht erhöhte Konzentrationen
im Vergleich zu altersentsprechenden depressiven Kontrollen (Hock et al.
in preparation). Ergebnisse von Schenk et al. (1995) zeigten allerdings keinen Unterschied in der Aβ-Konzentration im Liquor bei AD Patienten im
Vergleich zu gesunden Kontrollen. Die Beurteilung der Wertigkeit dieser
Assays für die Differentialdiagnose Demenz und Depression ist derzeit
noch nicht abschliessend beurteilbar.

   Zusätzlich zu den mit der Neuropathologie der Alzheimer-Demenz verbundenen Proteine und Peptide, wurden bislang eine Reihe von anderen
Laborparametern vorgeschlagen, die zu einer Differentialdiagnose der Demenz und Depression beitragen könnten. Während im Liquor von dementen Patienten erniedrigte Konzentrationen der Acetylcholinesterase
(AChE), Homovanillinmandelsäure (HVA) and 5-Hydroxy-Indolessigsäure
(5-HIAA) gefunden wurden (Gottfries et al. 1992), zeigten Patienten mit einer Depression erniedrigte Werte für Noradrenalin und Serotonin (Meltzer et al. 1981) im Vergleich zu gesunden Kontrollgruppen. Alexopoulos
(1987) berichtete über erhöhte Monoaminooxidase (MAO)-Aktivität in
Thrombozyten von dementen Patienten mit und ohne depressive Symptomatik sowie depressive Patienten mit einem reversiblen dementiellen Syndrom im Vergleich zu depressiven Patienten ohne kognitive Störungen.
Die Erhöhung der MAO-Aktivität in Thrombozyten könnte somit die Prädisposition zur Demenz anzeigen. Aufgrund gemeinsamer Vorstufen in der
ontogenetischen Entwicklung wurde angenommen, dass Thrombozyten
Gemeinsamkeiten mit neuronalen Zellen auweisen könnten. Zubenko und
Mitarbeiter zeigten in einigen Studien eine Erhöhung der Membranfluidität von Thrombozyten bei einer Subgruppe von Alzheimer-Patienten, die
durch einen frühen Beginn, einen schnelleren Verlauf und eine größere familiäre Häufung charakterisiert war (zur Übersicht siehe: Zubenko 1992).
Der kombinierte Dexamethason (Dex)-/corticotropin-Releasing-Hormone
(CRH)-Test wurde in einer grossen Stichgruppe von psychiatrischen Patienten angewandt und war bei allen psychiatrischen Patienten im Vergleich
zu gesunden Kontrollen verändert. Diese Befunde unterstützen die Ann-
hame, dass es sich um einen generellen Marker psychiatrischer Störungen
handelt (Heuser et al. 1994). Hatzinger und Mitarbeiter (1995) berichteten von den Befunden nach einem sehr elaborierten neuroendokrinen Sti-
mulationsverfahren. Alzheimer Patienten zeigten demnach eine erhöhte
basale Korticol-Konzentration nach Vorbehandlung mit Dexamethason
und eine Verminderung der ACTH- und Cortisol-Freisetzung nach zusätzli-

cher CRH-Stimulation im Vergleich zu gesunden Kontrollen. Auch hier müssen Spezifität und Sensitivität noch gezeigt werden. Schliesslich konnte die Arbeitsgruppe von Roses eine Assoziation der familären AD mit spätem Beginn und der sporadischen AD mit dem Apolipoprotein E4 Allel belegen, womit erstmals ein genetischer Modulationsfaktor für das Risiko der sporadischen AD vorgelegt wurde (Saunders et al. 1993b).

Schlußfolgerungen

Aus den jüngsten Ergebnissen der neurobiologisch orienterten psychiatrischen Forschung ergeben sich Hoffnungen auf eine Reihe von biologischen Parametern, die zu einer raschen und verlässlichen Differentialdiagnose von Demenz und Depression im höheren Lebensalter beitragen könnten. Der vielversprechendste Ansatz könnte in einer Kombination von strukturellen (MR-Volumetrie) und funktionellen Neuroimaging-Methoden (PET und NIRS), mit biochemische Markern, die mit der Neuropathologie dementieller Erkrankungen assoziert sind (Aβ, Tau) sowie anderen biochemischen und molekularbiologische Parametern (Neurotransmitter, Membranfluidität, Dex-CRH-Test, ApoE-Genotyping) liegen. Zukünftige Forschungsstrategien sollten deshalb in einem mehrdimensionalen und prospektiven Ansatz über einen Zeitraum von 5–10 Jahren dazu beitragen, Sensitivität, Spezifität, Valididät und Reliabilität der vorgeschlagenen biologischen Marker für die Differentialdiagnose Demenz und Depression zu klären.

Literatur

Alexopoulos GS, Young RC, Lieberman KW, Shamoian CA (1987) Platelet MAO activity in geriatric patients with depression and dementia. Am J Psychiatry 144 (11): 1480–1483

Angst J, Ernst C (1993) Prevalence of affective disorder among the elderly. Proceedings, Lundbeck Symposium, Berlin, September 7, 1993 within the 6th Congress of the International Psychogeriatric Association, pp 5–6

Aylward EH, Roberts-Twillie JV, Barta PE, et al (1994) Basal ganglia volumes and white matter hyperintensities in patients with bipolar disorder. Am J Psychiatry 151 (5): 687–693

Beyreuther K, Pollwein P, Multhaup G, Mönning U, König G, Dyrks T, Schubert W, Master CL (1993) Regulation and expression of the Alzheimer's β/A4 amyloid protein precursor in health, disease and Down's sydrome. Ann NY Acad Sci 695: 91–102

Braak H, Braak E (1991) Neuropathological stageing of Alzheimer-related changes. Acta Neuropathol 82 (4): 239–59

Beske F (1994) Arbeitskreis Gesundheit im Alter: Kosten-Nutzen-Analysen. Vortrag VI Bonner Symposium, 6/6/94

Briley MS, Langer SZ, Raisman R, Sechter D, Zarifian E (1980) Trtiated imipramine binding sites are decreased in platelets of untreated depressed patients. Science 209: 303–305

Chance B, Zhuang Z, Unah C, Alter C, Lipton L (1993) Cognition-activated low frequency modulation of light absorption in human brain. Proc Natl Acad Sci USA 90 (8): 3770–4

Cummings JL (1993) The neuroanatomy of depression. J Clin Psychiatry 54 [Suppl 11]: 14–20

Emery OV, Oxman TE (1992) Update on the dementia spectrum of depression. Am J Psychiatry 149 (3): 305–317

George SM, Ketter RA, Post RM (1993) SPECT and PET imaging in mood disorders. J Clin Psychiatry 54 [Suppl 11]: 6–13

Ghanbari HA, Miller BE, Chong JK, Haigler H, Whetsell WO (1991) Alzheimer's disease associated protein(s) in human brain tissue: detection, measurement, specificity and distribution. In: Iqbal K, McLachlan DRC, Winblad B, Wisniewski HM (eds) Alzheimer's disease: basic mechanisms, diagnosis and treatment. Wiley, New York, pp 568–576

Hatzinger M, Brun A, Hemmeter U, Seifritz E, Baumann F, Holsboer-Trachsler E, Heuser IJ (1995) Hypothalamic-pituitary-adrenal system function in patients with Alzheimer's disease. Neurobiol Aging 16 (2): 205–209

Have G, Kolbeinsson H, Petursson H (1991) Dementia and depression in old age: psychophysiological aspects. Acta Psychiatr Scand 83: 329–333

Heiss WD, Pawlik G, Holthoff V, Kessler J, Szelies B (1992) PET correlates of normal and impaired memory functions. Cerebrovasc Brain Metab Rev 4: 1–27

Heuser I, Yassouridis A, Holsboer F (1994) The combined dexamethasone-/CRH-test: a refined laboratory test for psychiatric disorders. J Psychiat Res 28 (4): 341–356

Hock C, Müller-Spahn F, Klages U, Modell S, Bartke I, Naujoks K, Naser W (1993) Quantifizierung des Amyloid-Vorläuferproteins im Liquor von Patienten mit einer Demenz vom Alzheimer Typ. In: Baumann P (Hrsg) Biologische Psychiatrie der Gegenwart. Springer, Wien New York, S 410–416

Hock C, Müller-Spahn F, Schuh-Hofer S, Ghidau A, Hofmann M, Dirnagl U, Villringer A (1995a) Age-dependency of changes in cerebral hemoglobin oxygenation during brain activation: a near infrared spectroscopy study. J Cereb Blood Flow Metab 15: 1103–1108

Hock C, Golombowksi S, Naser W, Müller-Spahn F (1995b) Increased levels of tau-protein in cerebrospinal fluid of patients with Alzheimer's disease – correlation with degree of cognitive impairment. Ann Neurol 37 (3): 414–415

Hock C, Villringer K, Müller-Spahn F, Hofmann M, Schuh-Hofer S, Heekeren H, Wenzel R, Dirnagl U, Villringer A (1996) Near infrared spectroscopy in the diagnosis of Alzheimer's disease. Ann NY Acad Sci 777: 22–30

Hoshi Y, Tamura M (1993) Detection of dynamic changes in cerebral oxygenation coupled to neuronal function during mental work in man. Neurosci Lett 150: 5–8

Iqbal K, Wang GP, Grundke-Iqbal I, Wisniewski HM (1989) Laboratory diagnostic test for Alzheimer's disease. Prog Clin Biol Res 371: 679–687

Jack CR, Petersen RC, O'Brien PC, Tangalos EG (1992) MR-based hippocampal volumetry in the diagnosis of Alzheimer's disease. Neurology 42: 183–188

Kato T, Kamei A, Takshima S, Ozaki T (1993) Human visual cortical functionduring photic stimulation monitoring by means of near-infrared spectroscopy. J Cereb Blood Flow Metab 13: 516–520

Krishnan, KRR (1993) Neuroanatomic substrates of depression in the elderly. J Geriatr Psychiatry Neurol 6: 39–58

Kumar A (1993) Functional brain imaging in late-life depression and dementia. J Clin Psychiatry 54 [Suppl 11]: 21–25

Mandelkow EM, Mandelkow E (1993) Tau as marker for Alzheimer's disease. Trends Biol Sci 18: 480–483

McKhann G, Drachman D, Folstein M, Katzman R, Price D, Stadlan EM (1984) Clinical diagnosis of Alzheimer's disease: report of the NINCDS-ADRDA Work Group under the auspices of Department of Health and Human Services Task Force on Alzheimer's Disease. Neurology 34 (7): 939–944

Meller I, Fichter M, Schröppel H, Beck-Eichinger M (1993) Mental and somatic health andneed für care in Octo- and nonagenerians. Eur Arch Psychiatry Clin Neurosci 242: 286–292

Meltzer H, Arora R, Baber R, Tricou BJ (1981) Serotonin uptake in blood platelets of psychiatric patients. Arch Gen Psychiatry 38: 1322–1326

Moe KE, Larsen LH, Prinz PN, Vitiello (1993) Major unipolar depression and mild Alzheimer's disease: differentiation by quantitative tonic REM EEG. EEG Clin Neurophysiol 86: 238–246

Regier DA, Boyd JH, Burke JD, et al (1988) One-month prevalence of mental disorders in the United States: based on five Epidemiologic Catchment Area sites. Arch Gen Psychiatry 45: 977–986

Reynolds CF, Kupfer DJ, Houck PR, Hoch CC, Stack JA, Berman SR, Zimmer B (1988) Reliable discrimination of elderly depressed and demented patients by electroencephalographic sleep data. Arch Gen Psychiatry 45: 258–264

Reynolds, CF, Lebowitz BD, Schneider LS (1993) Diagnosis and treatment of depression in late life. Psychopharmacol Bull 29 (1): 83–85

Reynolds CF, Kupfer DJ, Taska LS, Hock CC, Spiker DG, Sewitch DE, Zimmer B, Marin RS, Nelson JP, Martin D, Morycz R (1995) EEG sleep in elderly depressed, demented, and healthy subjects. Biol Psychiatry 20: 431–442

Roth M, Tomlinson B, Blessed G (1967) The relationship between quantitative measures of dementia and of degenerative changes in the cerebral grey matter of elderly subjects. Proc R Soc Med 60: 14–20

Saunders PA, Copeland JRM, Dewey ME, Gilmore D, Larkin BA, Phaterpekar H, Scott A (1993a) The prevalence of dementia, depression and neurosis in later life: the Liverpool MRC-ALPHA study. Int J Epidemiol 22 (5): 838–847

Saunders AM, Strittmatter WJ, Schmechel D, et al (1993b) Association of apolipoprotein E allele e4 with late-onset familial and sporadic Alzheimer's disease. Neurology 43: 1467–1472

Schenk DB (1995) Therapeutic approaches related to amyloid formation and toxicity.In: Growdon JH, Nitsch RM, Corkin S, Wurtman J (eds) The neurobiology of Alzheimer's disease. Proceedings, 8th Meeting of the International Study Group on the Pharmacology of Memory Disorders associated with Aging, February 17–19, Zurich, Switzerland, pp 211–214

Selkoe DJ (1990) Deciphering Alzheimer's disease: the amyloid precursor protein yields new clues. Science 248:1058–1060

Takeda S, Matsuzawa T (1984) Brain atrophy during aging. J Am Geriatr Soc 32: 520–524

Van Nostrand WE, et al (1992) Decreased levels of suluble amyloid ß-protein precursor in cerebrospinal fluid of live Alzheimer disease patients. Proc Natl Acad Sci USA 89: 2551–2555

Vandermeeren M, Mercken M, Vanmechelen E, Six J, Van de Voorde A, Martin JJ, Cras P (1993) Detection of Tau proteins in normal and Alzheimer's disease cerebrospinal fluid with a sensitive sandwich enzyme-linked immunosorbent assay. J Neurochem 61 (5): 1828–1834

Villringer A, Planck J, Hock C, Schleinkofer L, Dirnagl U (1993) Near infrared spectroscopy (NIRS): a new tool to study hemodynamic changes during activation of brain function in human adults. Neurosci Lett 154 (1–2): 101–4

Wragg RE, Jeste DV (1989) Overview of depression and psychosis in Alzheimer's disease. Am J Psychiatry 146 (5): 577–587

Wyatt JS, Cope M, Delpy DT, Wray S, Reynolds EO (1986) Quantification of cerebral oxygenation and haemodynamics in sick newborn infants by near infrared spectrophotometry. Lancet 2 (8515): 1063–1066

Yamamura, et al (1980) Brain atrophy during aging: a quantitative study with computed tomography. J Gerontol 35: 492–498

Zubenko GS (1992) Biological correlates of clinical heterogeneity in primary dementia. Neuropsychopharmacol 6 (2): 77–93

Korrespondenz: Prof. Dr. F. Müller-Spahn, Psychiatrische Klinik, Universität Basel, Wilhelm Klein-Straße 27, CH-4025 Basel, Schweiz

ELISA-Quantifizierung von Amyloid Precursor Protein, β-Amyloid und Tau-Protein – potentielle Liquor-Marker bei Patienten mit einer Alzheimer Demenz

C. Hock[1], S. Golombowski[1], W. Naser[2], M. Hofmann[1], H. Hampel[1], G. Kurtz[1] und F. Müller-Spahn[3]

[1]Psychiatrische Klinik, Universität München und [2]Boehringer Mannheim, Forschungslabor Tutzing, Bundesrepublik Deutschland
[3]Psychiatrische Universitätsklinik, Basel, Schweiz

Einleitung

Aufgrund der Zunahme des Anteils älterer Menschen an der Gesamtbevölkerung steigt, wie bei anderen alters-assoziierten Erkankungen auch, die Prävalenzrate der Alzheimer-Demenz (AD) exponentiell an. Aufgrund der vielfachen Hinweise dafür, daß eine 15–30 Jahre dauernde Phase kontinuierlicher Ablagerung von senilen Plaques und neurofibrillären Bündeln (Rumble et al. 1989) der klinischen Manifestation vorausgeht, die wiederum durch eine Durchschnittsdauer von ca. 7 Jahren gekennzeichnet ist (Growdon et al. 1985), muß angenommen werden, daß lediglich präventive Therapieansätze deutliche Erfolge erbringen können. Die Umsetzung von präventiven Therapiestrategien setzt die Verfügbarkeit von validen diagnostischen biologischen Markern oder Verlaufsparametern bei Patienten mit einer sporadischen AD voraus. Auf die meisten der bisher vorgeschlagenen Proteine schloß man aus der Zusammensetzung der spezifischen Ablagerungen bei der AD, den senilen Plaques und neurofibrillären Bündeln oder dem mit der Neurodegeneration verbundenen Verlust an Synapsen. Zahlreiche Studien weisen darauf hin, daß die progrediente cerebrale Ablagerung des unlöslichen 40–43 Amisosäuren umfassenden Amyloid β-Peptids (Aβ) in Form seniler Plaques eine der Schlüsselereignisse in der Pathogenese der Erkrankung ist (Beyreuther et al. 1995). Aβ ist ein Fragment eines längeren transmembranen Vorläuferproteins (Kang et al. 1987), das Amyloid Precursor Protein (APP) genannt wird und in mehreren Isoformen vorliegt. Neben der Aβ-Ablagerung scheinen sich ebenfalls über viele Jahre neurofibrilläre Bündel (elektronenmikroskopisch: Paired Helical Filaments, PHFs) abzulagern, deren Hauptkomponente eine hyperphosphorylierte Form des mit den Mikrotubuli assoziierten Tau-Proteins ist (Braak und Braak 1991, Mandelkow und Mandelkow 1993, Mandelkow et al. 1996). Während abnorme proteolytische Prozesse die Hauptrolle in der Ablagerung von Aβ zu spielen scheinen, wird bei der Formation neurofibrillärer Bündel ein Ungleichgewicht in der Aktivität von spezifischen Protein-Kinasen und -Phosphatasen vermutet (Goedert 1993). Wir untersuchten, ob sich AD Patienten und altersgleiche Kontrollen in den Liquor-Konzentrationen von APPs, Tau-Protein und Amyloid β-Peptid unterscheiden.

Methoden

Wir untersuchten Patienten mit einer wahrscheinlichen AD mittleren Schweregrads nach den international üblichen NINCDS-ADRDA-Kriterien (McKhann et al. 1984). Alle Patienten wurden vor der Untersuchung aufgeklärt und das Einverständnis in schriftlicher Form niedergelegt. Bei den Patienten mit AD wurde die Aufklärung in Gegenwart der engsten Bezugsperson durchgeführt. Voraussetzung für die Aufnahme in die Studie war das informiertes Einverständnis des Patienten entsprechend den „Richtlinien zur Aufklärung der Krankenhauspatienten über vorgesehene Maßnahmen" (vom 1.12.86) und der revidierten Fassung der Helsinki Deklaration von Hongkong 1989. Patienten, die unter Betreuung standen oder bei denen der Schweregrad der Erkrankung die Einrichtung einer Betreuung erforderte, wurden nicht in die Studie eingeschlossen. Wir verglichen die AD Patienten mit älteren Patienten mit Major Depression, entsprechend DSM-IIIR (296.20-22, 296.30-32) und ICD10 (F32.0x/1x, F33.0x/1x). Die im Rahmen von medizinisch indizierten diagnostischen Liquorentnahmen mit Einverständnis der Patienten zusätzlich entnommenen CSF-Proben wurden sofort bei (–30° C) in 0.5 ml Aliquots eingefroren. Die CSF-Aliquots wurden jeweils kurz vor der Verarbeitung in Enzyme-linked Immunosorbent Assays (ELISAs) aufgetaut und 50 µl CSF-Volumes wurden in Du-, Tri- und Quadruplikaten gemessen. CSF Tau-Protein wurde mit dem monoklonalen Antikörper AT120 (Innogenetics, Belgium) quantifiziert (Vandermeeren et al. 1993, Hock et al. 1995). Der APPs-ELISA wurde mit dem monoklonalen Antikörper 22C11 (Boehringer Mannheim) durchgeführt (Hock et al. 1993). Amyloid β-Peptid wurde mit einem Antikörper gegen ein Aβ-Epitop nahe der Schnittstelle der alpha-Sekretase (Boehringer Mannheim) gemessen (Golombowski et al. in Vorbereitung). Alle Proteine wurden parallel zum ELISA im Western Blot untersucht.

Ergebnisse

Tau: Die Tau-Protein-Konzentration im Liquor in der AD-Gruppe (n = 19, 7 Männer, 12 Frauen, Alter 70 ± 8 Jahre) war 70 ± 8 pg/ml (mean ± SEM) im Vergleich zu 27 ± 4 bei den Kontrollen (n = 18, 3 Männer, 15 Frauen, Alter 62 ± 12 Jahre) (t-Test: $p < 0.001$). Die lineare Regressionsanalyse der Tau-Protein-Konzentrationen im Liquor und der Mini Mental State Scores, einem Maß für den kognitiven Status, zeigte eine inverse Korrelation (r = –0.663, $p < 0.002$, Pearson Korrelation).

APPs: Die APPs-Konzentrationen lagen in einem Konzentrationsbereich von 1 µg/ml. Im Gegensatz zu den Ergebnissen von Nostrand et al. (1992) und in Übereinstimmung mit Kitaguchi et al. (1990) und Henriksson et al. (1991) fanden wir keinen signifikanten Unterschied der Liquor-Konzentrationen von APPs bei AD Patienten im Vergleich zu Kontrollen (Hock et al. 1993, Müller-Spahn et al. 1993).

Aβ: Die CSF Ab Level lagen in einem Bereich zwischen 5 und 45 ng/ml. Preliminäre Ergebnisse zeigen, daß die Aβ-Werte bei AD Patienten mit frühem Beginn der Erkrankung (early onset AD) erhöhte Konzentrationen im Liquor aufweisen (Hock et al., in preparation) und daß diese Werte mit erhöhten Tau-Konzentrationen korrelieren.

Diskussion

Unsere Ergebnisse zeigen, daß die Tau-Konzentrationen im Liquor von AD Patienten im Vergleich zu altersgleichen Kontrollen erhöht sind und mit dem klinischen Schweregrad der Erkrankung korrelieren. Damit weisen die Ergebnisse darauf hin, daß die CSF Tau-Level mit Progression des neurodegenerativen Prozesses ansteigen. Tau im CSF könnte deshalb ein mit dem Schweregrad der Demenz verbundener biologischer Marker sein. Es bleibt zu untersuchen, ob CSF-Tau auch bereits in präklinischen Stadien bei einer Subpopulation von Risikopatienten für die AD (z. B. Probanden mit familiärer Belastung für AD) erhöht ist. Einer der Gründe für die widersprüchlichen Ergebnisse der APPs-Befunde im CSF könnte die Kreuzreaktion der verwendeten Antikörper mit kürzlich entdeckten APP-ähnlichen Proteinen (APLP1, APLP2), die ebenfalls im Liquor in beträchtlichen Konzentrationen vorhanden sind (Sisodia, persönliche Mitteilung), sein.

Die Isolierung von löslichem Aβ aus biologischen Flüssigkeiten gelang erst kürzlich (Seubert et al. 1993). Die bislang gemessenen Konzentrationen hängen stark von den verwendeten Assays und Antikörpern ab. Unsere Methode ergab erhöhte Aβ-Level bei early onset AD Patienten. Ergebnisse von Schenk et al. (1995) zeigten keinen Unterschied in der Gesamt-Aβ-Konzentration im CSF bei AD Patienten im Vergleich zu Kontrollen. Die Erfassung des Aβ1-42 Fragments ergab dagegen erniedrigte Werte bei der AD-Gruppe. Eine derzeit laufende gemeinsame Untersuchung in Zusammenarbeit mit R. Nitsch, MIT, Boston und ZMNBH, Hamburg, J. H. Growdon, MGH, Boston, D. B. Schenk, Athena Neurosciences, San Francisco und W. Naser, Boehringer Mannheim, soll zur Klärung der widersprüchlichen Ergebnisse beitragen.

Literatur

Beyreuther K, Pollwein P, Multhaup G, Mönning U, König G, Dyrks T, Schubert W, Master CL (1993) Regulation and expression of the Alzheimer's β/A4 amyloid protein precursor in health, disease and Down's sydrome. Ann NY Acad Sci 695: 91–102

Braak H, Braak E (1991) Neuropathological stageing of Alzheimer-related changes. Acta Neuropathol 82(4): 239–59

Goedert M (1993) Tau protein and the neurofibrillary pathology of Alzheimer's disease. Trends Neurosci 16(11): 460–466

Golombowski S, Naser W, Müller-Spahn F, Hock C (1996) Approaches to ELISA quantitation of Alzheimer's β-peptide in body fluids (in preparation)

Growdon JH (1985) Clinical profiles of Alzheimer's disease. In: Gottfries CG (ed) Normal aging, Alzheimer's disease and senile dementia – aspects on etiology, pathogenesis, diagnosis and treatment. Editions de l'Université de Bruxelles, Bruxelles (Belgium), pp 213–218

Henriksson T, Barbour RM, Braa-S, et al (1991) Analysis and quantitation of the beta-amyloid precursor protein in the cerebrospinal fluid of Alzheimer's disease patients with a monoclonal antibody-based immunoassay. J Neurochem 56(3): 1037–42

Hock C, Müller-Spahn F, Klages U, Modell S, Bartke I, Naujoks K, Naser W (1993) Quantifizierung des Amyloid-Vorläuferproteins im Liquor von Patienten mit einer Demenz vom Alzheimer Typ. In: Baumann P (Hrsg) Biologische Psychiatrie der Gegenwart. Springer, Wien New York, S 410–416

Hock C, Golombowksi S, Naser W, Müller-Spahn F (1995) Increased levels of Tau-protein in cerebrospinal fluid of patients with Alzheimer's disease – correlation with degree of cognitive impairment. Ann Neurol 37 (3): 414–415

Hock C, Golombowksi S, Naser W, Müller-Spahn F (1996) ELISA-quantitation of amyloid β-peptide in cerebrospinal fluid of patients with Alzheimer's disease (in preparation)

Kang J, Lemaire HG, Unterbeck A, Salbaum JM, Master SC, Grzeschik KH, Multhaup G, Beyreuther K, Müller-Hill B (1987) The precursor of Alzheimer's disease amyloid A4 protein resembles a cell surface receptor. Nature 325: 733–736

Kitaguchi N, Tokushima Y, Oishi K, Takahashi Y, Shiojiri S, Nakamura S, Tanaka S, Kodaira R, Ito-H (1990) Determination of amyloid beta protein precursors harboring active form of proteinase inhibitor domains in cerebrospinal fluid of Alzheimer's disease patients by trypsin-antibody sandwich ELISA. Biochem Biophys Res Commun 166(3): 1453–9

Mandelkow EM, Mandelkow E (1993) Tau as marker for Alzheimer's disease. Trends Biol Sci 18: 480–483

Mandelkow EM, Schweers O, Drewes G, Biernat J, Gustke N, Trinczek B, Mandelkow E (1996) Structure, microtubule interaction, and phosphorylation of Tau protein. Ann NY Acad Sci 777: 96–106

McKhann G, Drachman D, Folstein M, et al (1984) Clinical diagnosis of Alzheimer's disease: report of the NINCDS-ADRDA Work Group under the auspices of Department of Health and Human Services Task Force on Alzheimer's Disease. Neurology 34 (7): 939–944

Mercken M, Vandermeeren M, Lübke U, et al (1992) Affinity purification of human t proteins and the construction of a sensitive sandwich enzyme-linked immunosorbent assay for human t detection. J Neurochem 58: 548–553

Nostrand WE van, Wagner SL, Shankle RW, Farrow JS, Dick M, Rozemuller JM, Kuiper MA, Wolters EC, Zimmerman J, Cotman CW, Cunningham DD (1992) Decreased levels of soluble amyloid β-protein precursor in cerebrospinal fluid of live Alzheimer's disease patients. Proc Natl Acad Sci USA 89: 2551–2555

Palmert MR, Usiak M, Mayeux R, Raskind M, Tourtellotte WW, Younkin SG (1990) Soluble derivates of the β amyloid protein precursor in cerebrospinal fluid: alterations in normal aging and Alzheimer's disease. Neurology 40: 1028–1034

Prior R, Mönning U, Schreiter-Gasser U, Weidemann A, Blennow K, Gottfries CG, Masters CL, Beyreuther K (1991) Quantitative changes in the amyloid βA4 precursor protein in Alzheimer cerebrospinal fluid. Neurosci Lett 124: 69–73

Rumble B, Retallack R, Hilbich M, et al (1989) Amyloid A4 protein and its precursor in Down's syndrome and Alzheimer's disease. N Engl J Med 320(22): 1446–1452

Schenk DB, Schlossmacher MG, Selkoe DJ, Seubert P, Vigo-Pelfrey C (1993) Methods and compositions for the detection of soluble β-amyloid peptide. US patent application, No. WO 94/10569

Schenk D (1995) Therapeutic approaches related to amyloid formation and toxicity. In: Growdon JH, Nitsch RM, Corkin S, Wurtman J (eds) The neurobiology of Alzheimer's disease. Proceedings, 8th Meeting of the International Study Group on the Pharmacology of Memory Disorders Associated with Aging, Zurich, Switzerland, February 17–19, pp 211–214

Seubert P, Vigo-Pelfrey C, Esch F, Lee M, Dovey H, Davis D, Sinha S, Schlossmacher M, Whaley J, Swindlehurst C, McCormack R, Wolfert R, Selkoe D, Lieberburg I, Schenk D (1992) Isolation and quantification of soluble Alzheimer's β-peptide from biological fluids. Nature 359: 325–327

Vandermeeren M, Mercken M, Vanmechelen E, et al (1993) Detection of tau proteins in normal and Alzheimer's disease cerebrospinal fluid with a sensitive sandwich enzyme-linked immunosorbent assay. J Neurochem 61(5): 1828–1834

Korrespondenz: Dr. C. Hock, Psychiatrische Klinik, Universität Basel, Wilhelm Klein-Straße 27, CH-4025 Basel, Schweiz

Insulinrezeptoren im menschlichen post-mortalen Hirnkortex bei normaler Alterung und bei Demenz vom Alzheimer-Typ

D. Blum-Degen[1], **L. Frölich**[2], **S. Hoyer**[3] und **P. Riederer**[1]

[1]Klinische Neurochemie, Psychiatrische Klinik und Poliklinik, Universität Würzburg, [2]Psychiatrische Klinik I, Universität Frankfurt am Main und [3]Institut für Pathochemie und Allgemeine Neurochemie, Universität Heidelberg, Bundesrepublik Deutschland

Einleitung

Trotz vieler neuer Erkenntnisse ist die Pathogenese der DAT noch immer weitgehend ungeklärt. Wahrscheinlich ist, daß es sich bei der phänomenologisch relativ homogenen DAT pathophysiologisch um eine heterogene Erkrankung handelt, bei der verschiedene neurodegenerative Prozesse und kompensatorische „plastische" Vorgänge interagieren. Neben genetischen Faktoren werden u. a. auch erworbene Störungen des Zellstoffwechsels als Grundlage der Erkrankung diskutiert (St George-Hyslop et al. 1990, Hardy 1992, Kosik 1992, Blass 1993). Verminderungen in der regionalen zerebralen Glukoseutilisation bei der DAT gehören zu den am besten dokumentierten Untersuchungen und wurden bereits 1978 von Hoyer erstmalig beschrieben (Hoyer 1978). Gleichzeitig konnte gezeigt werden, daß die bidirektionelle Kapazität des Glukosetransportes über die Blut-Hirn-Schranke nicht beeinträchtigt ist (Friedland et al. 1989), obwohl in biochemischen Untersuchungen eine Reduktion von Glukosetransportern sowohl in der Blut-Hirn-Schranke (Kalaria und Harik 1989) als auch im Gehirngewebe (Simpson et al. 1994) bei DAT bewiesen wurde. Mittels Positronen-Emissionstomographie (PET) ließen sich unter Verwendung von [18Fluor]-markierter Desoxyglukose regelmäßig Reduktionen der Utilisation nachweisen und zwar im parieto-temporalen Übergangskortex (de Leon et al. 1983, Ferris et al. 1983, Haxby et al. 1986, Friedland et al. 1989). Biochemische Untersuchungen lieferten ebenfalls Hinweise auf einen gestörten Glukosemetabolismus. In zahlreichen Untersuchungen konnte gezeigt werden, daß die bei der Glykolyse involvierten Enzyme z. T. drastisch reduziert sind (Bowen et al. 1979, Iwangoff et al. 1980, Perry et al. 1980,

Sims et al. 1987, Liguri et al. 1990). Auch die wesentlichen Regulationsenzyme für den oxidativen Abbau von Glukose, der sog. Pyruvatdehydrogenase-Komplex und der Ketoglutaratdehydrogenase-Komplex, sind reduziert (Sorbi et al. 1983, Gibson et al. 1988). Aus der Summe dieser Befunde postulierte Hoyer die Hypothese einer gestörten Insulin-Insulinrezeptor-Interaktion, welche der Pathogenese zugrunde liegen soll (Hoyer 1988).

Heute ist bekannt, daß Insulin auch im Gehirn das zentrale regulative Peptid bei der Glukosehomöostase darstellt (Baskin et al. 1988, Potau et al. 1991, Wozniak et al. 1993). Neben seiner regulativen Funktion in der Aufrechterhaltung des Glukosemetabolismus im Gehirn werden dem Insulin auch Funktionen als trophischer Faktor und als Regulator der Essensaufnahme zugesprochen (Wozniak et al. 1993). Ob Veränderungen auf der Ebene des zentralnervösen Insulinrezeptors bei der DAT vorliegen, wurde bislang nur hypothetisch postuliert, aber noch nicht experimentell untersucht. Wir haben an menschlichem post-mortem Hirnmaterial überprüft, ob sich die Dichte von zerebralem Insulinrezeptor mit zunehmendem Alter verändert und ob bei DAT im Vergleich zu Kontrollen Veränderungen in der zerebralen Insulinrezeptor-Verteilung bzw. Funktionalität vorliegen. Hierzu wurden im Gruppenvergleich sowohl quantitative Bestimmungen der Bindungsdichten des Insulinrezeptors mittels Rezeptorbindungsstudien und Western Blotting, als auch qualitative Untersuchungen anhand von Affinitäts-Crosslinking und den bereits erwähnten Bindungsexperimenten durchgeführt.

Material und Methoden

Untersuchungsgut

Die in dieser Studie untersuchten Gehirne wurden vom Referenzzentrum in Würzburg zur Verfügung gestellt. Die autoptische Entnahme und Kryopräservierung der Gehirne, sowie das Gewinnen der spezifischen Gehirnareale erfolgte nach einem standartisierten Protokoll (Gsell et al. 1993). Die Kriterien für die Diagnosestellung einer DAT schlossen folgende Parameter ein: Klinische Befunde (Verlauf der Erkrankung, EEG, bildgebende Verfahren und psychometrische Beurteilung) sowie histopathologische Befunde (Zellverluste, Anzahl der neuritischen Plaques und Neurofibrillenveränderungen). Im Vergleich zur DAT-Gruppe wurde eine Kontrollgruppe untersucht, für welche keine neurologischen Erkrankungen oder neuropathologischen Abnormalitäten diagnostiziert wurden. Insgesamt wurden 21 Kontrollgehirne (10 männlich, 11 weiblich) im Alter zwischen 21 und 93 Jahren (64.5 ± 5.1 SEM) und 17 DAT-Gehirne (6 männlich, 11 weiblich) im Alter von 67–91 Jahren (79.8 ± 2.0 SEM) untersucht. Die post-mortem Zeiten lagen bei den Kontrollen zwischen 4.5 und 53 Stunden (30.0 ± 3.0 SEM) und bei der DAT-Gruppe zwischen 4.5 und 50 Stunden (25.0 ± 4.0 SEM), während die Lagerdauer der Gerhirne 6–57 Monate (38 ± 5 SEM) bzw. 6–78 Monate (31 ± 5 SEM) betrug.

Probenaufbereitung

Die gefrorenen Gehirnareale (frontaler, temporaler, parietaler und okzipitaler Kortex, Nucleus basalis Meynert, Regio entorhinalis, Amygdala, Hippocampus sowie Substantia nigra) wurden, soweit erforderlich, von den Hirnhäuten und Blutgefäßen befreit und anschließend in 9 Vol. Puffer (10 mM MOPS, 1 mM EDTA, 1 mM Benzamidin, 0.1 mM Benzathoniumchlorid, 0.23 M Saccharose, 2.8 mg/ml Aprotinin) homogenisiert. Das Homogenat wurde für 10 Min. bei 600 g zentrifugiert. Der Überstand wurde 20 Min. bei

20.000 g zentrifugiert, das Pellet einmal mit Puffer gewaschen und schließlich in Einfriermedium (20% Glyzerin, 0.1% Aprotinin in PBS) resuspendiert, aliquotiert und als Membranfraktion bei –70° C eingefroren. Die Bestimmung der Proteinkonzentration erfolgte nach der Methode von Bradford (1976).

Rezeptorbindungsstudien

Die pharmakologische Charkterisierung des Insulinrezeptors erfolgte mittels Rezeptorbindungsanalysen in vier kortikalen Gehirnregionen (frontal, temporal, parietal und okzipital). Wir verwendeten einen sog. „kalten" Verdrängungsassay, bei dem die Bindung einer definierten Konzentration von radioaktiv markiertem humanem [^{125}J]-Insulin (0.1 nM) an die aus Gehirngewebe gewonnene Membranfraktion (ca. 150 µg) durch steigende Mengen an unmarkiertem Insulin (0.1 nM bis 0.1 µM) verdrängt wird (modifiziert nach Havrankova und Roth 1978). Die Inkubation fand über Nacht bei 4° C statt. Die Trennung des gebundenen vom freien Liganden erfolgte durch Zentrifugation. Die im Pellet gebundene Menge an Radioaktivität wurde im Gamma-Counter bestimmt. Die erhaltenen Zählwerte wurden anhand von Scatchard-Plot-Analysen mit dem EBDA/LIGAND Programm ausgewertet, wobei ein 2-Bindungsstellen-Modell ohne Kooperativität zur Berechnung der Bmax und KD-Werte verwendet wurde.

Affinitäts-Crosslinking

0.5 mg Membranprotein wurden mit 5 nM [^{125}J]-Insulin über Nacht bei 4° C inkubiert. In einem Parallelansatz wurde zusätzlich unmarkiertes Insulin in einer Verdrängerkonzentration von 1 µM zugesetzt (modifiziert nach Massague et al. 1981). Die Ligand-Rezeptor-Bindung wird durch 20-minütige Behandlung mit 25 µM Disuccinylsuberat irreversibel gemacht. Die Proteinproben wurden anschließend in einem 8–16%igen SDS-Gradientengel aufgetrennt. Die Detektion der radioaktiv markierten Proteinbanden im getrockneten Gel erfolgte nach ca. 3 Wochen mittels Autoradiografie.

Western Blotting des Insulinrezeptors

Für den immunchemischen Nachweis des Insulinrezeptors im menschlichen *post mortem* Gehirngewebe wurden jeweils 50 µg Membranprotein in einem 6%igen SDS-Polyacrylamidgel (Laemmli 1970) aufgetrennt und auf Nitrozellulose transferiert. Nach Inkubation in einer Blockierungslösung (5% BSA, 0.1% Tween-20 in PBS) wurde der Blot mit einem primären Antikörper (monoklonaler anti-alpha-Kette des menschlichen Insulinrezeptors, Amersham, Braunschweig, FRG) behandelt (2mg IgG/ml in Blockierungslösung). Anschließend wurde der Blot gewaschen (0.1% BSA, 0.1% Triton-X 100 in PBS) und mit einem sekundären Antikörper (Amersham, Braunschweig, FRG), welcher mit Meerrettichperoxidase konjugiert ist, inkubiert. Die Detektion des Antigen-Antikörper Komplexes erfolgte mit dem ECL-System („enhanced chemiluminescence", Amersham, Braunschweig, FRG).

Ergebnisse

Optimierungsversuche zur Charakterisierung der Insulinrezeptor-Bindungsstudien im humanen *post-mortem* Gehirngewebe ergaben ein Bindungsoptimum im leicht alkalischen pH-Bereich (pH 8.0), bei einer Inkubationsdauer von 18–20 Stunden bei 4° C. Die Scatchard-Analysen zeigten eine doppelt sigmoide Verdrängungskurve (ohne Abbildung). Die Bindungsdichten lagen in der Kontrollgruppe zwischen 30 und 150 fmol Insulinrezeptor/mg Membranprotein, während sie in der DAT-Gruppe im Vergleich zur altersgleichen Kontrollgruppe um 10 bis 25% erhöht waren. Es fanden sich signifikante Unterschiede zwischen den Bindungsdichten der verschiedenen Altersgruppen im Kontrollkollektiv, wobei der Gehalt an Insulinrezeptoren mit dem Alter abnahm. Effekte weiterer post-mortaler Einflußfaktoren (post mortem Zeit, Lagerdauer der Gehirne) waren nicht nachweisbar (Daten nicht gezeigt). Die Dissoziationskonstanten des Insulinrezeptors zeigten keine auffälligen Veränderungen im Gruppenvergleich.

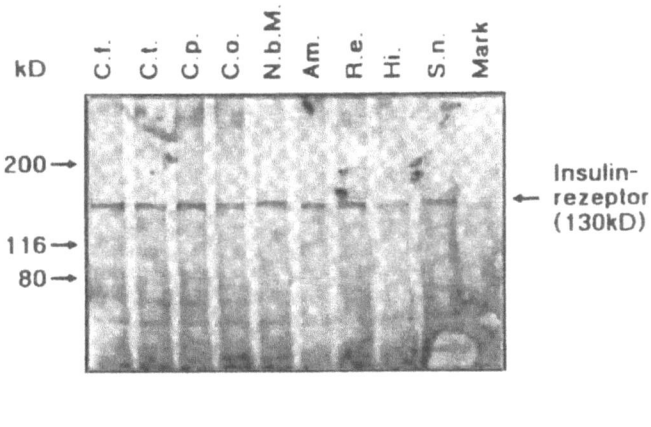

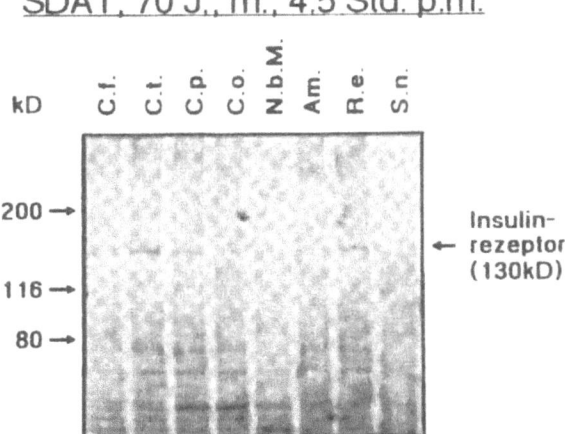

Abb. 1. Nachweis der α-Kette des menschlichen Insulinrezeptors im Vergleich zwischen einer Kontrollperson und einem DAT-Patienten. Jeweils 50 µg der Membranfraktion wurden über ein 6%iges SDS-Polyacrylamidgel aufgetrennt, auf Nitrozellulose transferiert und mit einem monoklonalen Antikörper gegen die α-Untereinheit des Insulinrezeptors inkubiert. Die Detektion des mit Meerrettichperoxidase-markierten Antigen-Antikörper-Komplexes erfolgte mittels ECL auf einem Röntgenfilm. Ein kommerzieller Molgewichtsmarker wurde zur Bestimmung der Molekulargewichte (kD) der Proteinbanden herangezogen. Abkürzungen: *J* Jahre, *w* weiblich, *m* männlich, *STD* Stunden, *p.m.* post mortem, *C* Kortex, *f* frontal, *t* temporal, *p* parietal, *o* okzipital, *N.b.M.* Nucleus basalis Meynert, *Am* Amygdala, *R.e.* Regio entorhinalis, *Hi* Hippokampus, *S.n.* Substantia nigra, *SDAT* senile Demenz vom Alzheimer-Typ

Die Affinitäts-Crosslinkingexperimente mit [^{125}J]-Insulin belegten, daß im humanen Gehirnkortex eine spezifische und verdrängbare Bindung an ein Molekül mit einem Molekulargewicht von ca. 130 kD, dem Molekulargewicht der α-Untereinheit des Insulinrezeptors erfolgte (Daten nicht gezeigt). Die in Abb. 1 dargestellte Western Blotting Analyse des Insulinrezeptors im post mortem Hirngewebe zeigt einen Vergleich zwischen einem Kontrollgehirn und den Gehirnproben aus einem DAT-Patienten. Der Nachweis der ca. 130kD schweren α-Kette des menschlichen Insulinrezeptors erfolgte in 9 verschiedenen Gehirnregionen (4 kortikale und 5 allo- bzw. subkortikale Areale). Zur Negativkontrolle wurde eine Spur mit einer Probe aus der weißen Hirnsubstanz, dem sog. Mark, mitgeführt, da aus der Literatur bekannt ist, daß im Mark keine Insulinrezeptoren exprimiert werden (Hill et al. 1986). Im Kontrollgehirn ließ sich der Insulinrezeptor in allen 9 untersuchten Gehirnregionen in ungefähr gleichen Mengen nachweisen. Lediglich der Hippokampus wies sich durch eine geringere Rezeptordichte aus (um ca. 50% reduziert). Im DAT-Gehirn dagegen war die Menge an Insulinrezeptor in allen untersuchten Arealen um ca. 45% erniedrigt, wobei der Nucleus basalis Meynert und die Substantia nigra die stärksten Reduktionen (83% bzw. 98%) aufwiesen.

Diskussion

Wir konnten erstmals zeigen, daß die Insulinrezeptordichte im Gehirn mit dem Lebensalter abnimmt. Eine Abnahme war bisher nur für die frühe Ontogenese beschrieben worden (Potau et al. 1991). Post-mortale Veränderungen des Rezeptors waren nicht nachweisbar. Aus dem doppeltsigmoiden Verlauf der Insulin-Scatchardkurven läßt sich eine hochaffine Bindungsstelle für den Insulinrezeptor und eine niederaffine Bindungstelle ableiten, die den IGF-1 Rezeptor repräsentiert, der Insulin mit einer ca. 100fach niedrigeren Affinität bindet (Massague und Czech 1982). Parallel zu den Rezeptorbindungsstudien durchgeführte Western Blotting und Affinitäts-Crosslinkingexperimente mit denselben Gehirngewebeproben zeigten, daß es sich bei unseren Untersuchungen tatsächlich um den ZNS-spezifischen Rezeptor für Insulin handelt, der spezifisch Insulin bindet.
Unsere Ergebnisse der Bindungsstudien zum Insulinrezeptor im menschlichen Gehirnkortex belegten für die DAT-Gruppe eine diskrete Erhöhung der Bindungsdichten in den vier untersuchten kortikalen Arealen im Vergleich zur altersangepaßten Kontrollgruppe, die im okzipitalen Kortex Signifikanzniveau erreichte. Dies spricht dafür, daß es bei der DAT in den untersuchten kortikalen Arealen nicht zu einer pathogenetisch ursächlichen Minderung der Rezeptorzahl kommt, sondern eher zu einer möglicherweise kompensatorischen Erhöhung der Insulinrezeptordichte. Im Gegensatz dazu fanden wir mit der Western Blotting Methode in einigen DAT-Gehirnen eine z. T. drastische Erniedrigung der Insulinrezeptordichte (siehe Abb. 1), die in den subkortikalen Gehirnregionen besonders ausgeprägt war. Allerdings muß man hier einschränkend erwähnen, daß

nicht alle untersuchten DAT-Gehirne solche starken Reduktionen in der Menge an Insulinrezeptor aufweisen und daß noch geklärt werden muß, in welchem Ausmaß diese Reduktionen mit den neuropathologischen Befunden (Neuronenverlust) korrelieren. Diese Ergebnisse deuten allerdings darauf hin, daß es in solchen Gehirnregionen, die besonders stark von der Neurodegeneration betroffen sind, zu Reduktionen der Insulinrezeptordichte kommt, die entweder dem Krankheitsprozeß zugrunde liegen oder eine Folgereaktion darstellen. Wir vermuten deshalb, daß die z. T. konträren Ergebnisse nicht im Widerspruch zueinander stehen, sondern daß sie wichtige Hinweise darauf liefern, daß man eventuell eine Subgruppierung der DAT-Fälle vornehmen muß.

Literatur

Baskin DG, Wilcox BJ, Figlewicz DP, Dorsa DM (1988) Insulin and insulin-like growth factors in the CNS. TINS 11: 107–111

Blass JP (1993) Pathophysiology of the Alzheimer's syndrome. Neurology 43: 25–38

Bowen DM, White P, Spillane JA, Goodhardt MJ, Curzon G, Iwangoff P, Meier-Ruge W, Davison AN (1979) Accelerated ageing or selective neuronal loss as an important cause of dementia? Lancet i: 11–14

Bradford MM (1976) A rapid and sensitive method for the quantitation of microgram quantities of protein utilizing the principle of protein-dye binding. Anal Biochem 72: 248–254

de Leon MJ, Ferris SH, George AE, Christman DR, Fowler JS, Gentes C, Reisberg B, Gee B, Emmerich M, Yonekura Y, Brodie J, Kricheff II, Wolf AP (1983) Positron emission tomographic studies of aging and Alzheimer disease. Am J Neuroradiol 4(3): 568–571

Ferris SH, de Leon MJ, Wolf AP, George AE, Reisberg B, Christman DR, Yonekura Y, Fowler JS (1983) Positron emission tomography in dementia. Adv Neurol 38: 123–129

Friedland RP, Jagust WJ, Huesman RH, Koss E, Knittel B, Matthis CA, Ober BA, Mazoyer BM, Budinger TF (1989) Regional cerebral glucose transport and utilization in Alzheimer's disease. Neurology 39: 1427–1434

Gibson GE, Sheu KFR, Blass JP, Baker A, Carlson KC, Harding B, Perrino P (1988) Reduced activities of thiamine-dependent enzymes in the brains and peripheral blood and cerebrospinal fluid of patients with dementia of Alzheimer type. Biol Psychiatry 30: 1219–1228

Gsell W, Lange KW, Pfeuffer R, Heckers S, Heinsen H, Senitz D, Jellinger K, Ransmayr G, Wichart I, Vock R, Beckmann H, Riederer P (1993) How to run a brain bank. A report from the Austro-German brain bank. J Neural Transm [Suppl] 39: 31–70

Hardy J (1992) An „anatomical cascade hypothesis" for Alzheimer's disease. TINS 15: 200–201

Havrankova J, Roth J (1978) Insulin receptors are widely distributed in the central nervous system of the rat. Nature 272: 827-829

Haxby JV, Grady CL, Duara R, Schlageter N, Berg G, Rapoport SI (1986) Neocortical metabolic abnormalities precede nonmemory cognitive defects in early Alzheimer's type dementia. Arch Neurol 43: 882–885

Hill JM, Lesniak MA, Pert CB, Roth J (1986) Autoradiographic localization of insulin receptors in rat brain: prominence in olfactory and limbic areas. Neuroscience 17:1127–1138

Hoyer S (1978) Blood flow and oxidative metabolism of the brain in different phases of dementia. In: Katzman R, Terry RD, Bick KL (eds) Alzheimer's disease: senile dementia and related disorders. Raven, New York, pp 219–226

Hoyer S (1988) Glucose and related brain metabolism in dementia of Alzheimer type and its morphological significance. Age 11: 158–166

Iwangoff P, Armbruster R, Enz A, Meier-Ruge W, Sandoz P (1980) Glycolytic enzymes from human autoptic brain cortex: normally aged and demented cases. In: Roberts PJ (ed) Biochemistry of dementia. Wiley, Chichester, pp 258-262

Kalaria RN, Harik SI (1989) Reduced glucose transporter at the blood-brain barrier and in cerebral cortex in Alzheimer's disease. J Neurochem 53: 1083–1088

Kosik KS, 1992. Alzheimer's disease: a cell biological perspective. Science 256: 780–783

Laemmli EK (1970) Cleavage of structural proteins during the assembly of the head of bacteriophage T4. Nature 227: 680–685

Liguri G, Taddei N, Nassi P, Latorraca S, Nediani C, Sorbi S (1990) Changes in Na^+, K^+-ATPase, Ca_2^+-ATPase and some soluble enzymes related to energy metabolism in brains of patients with Alzheimer's disease. Neurosci Lett 112: 338–342

Massague J, Czech MP (1982) The subunit structure of two distinct receptors for insulin-like growth factor I and II and their relationship to the insulin receptor. J Biol Chem 257: 5038–5045

Massague J, Pilch PF, Czech MP (1981) A unique proteolytic cleavage site on the β-subunit of the insulin receptor. J Biol Chem 256 (7): 3182-3190

Perry EK, Perry RH, Tomlinson BE, Blessed G, Gibson PH (1980) Coenzyme A acetylating enzymes in Alzheimer's disease: possible cholinergic „compartment" of pyruvate dehydrogenase. Neurosci Lett 18: 105-110

Potau N, Escofet MA, Martinez MC (1991) Ontogenesis of insulin receptors in human cerebral cortex. J Endocrinol Invest 14: 53–58

Simpson IA, Chundu KR, Davies-Hill T, Honer WG, Davies P (1994) Decreased concentrations of GLUT 1 and GLUT 3 glucose transporters in the brains of patients with Alzheimer's disease. Ann Neurol 35: 546–551

Sims NS, Blass JP, Murphy C, Bowen DM, Neary D (1987) Phosphofructokinase activity in the brain in Alzheimer's disease. Ann Neurol 21: 509–510

Sorbi S, Bird ED, Blass JP (1983) Decreased pyruvate dehydrogenase complex activity in Huntington and Alzheimer brain. Ann Neurol 13: 72–78

St George-Hyslop PH, Haines JL, Farrer LA, et al (1990) Genetic linkage studies suggest that Alzheimer's disease is not a single homogenous disorder. Nature 347: 194–197

White MF, Kahn CR (1994) The insulin signalling system. J Biol Chem 269: 1–4

Wozniak M, Rydzewski B, Baker SP, Raizada MK (1993) The cellular and physiological actions of insulin in the central nervous system. Neurochem Int 22: 1–10

Korrespondenz: Dr. D. Blum-Degen, Psychiatrische Klinik und Poliklinik, Klinische Neurochemie, Universität Würzburg, Füchsleinstraße 15, D-97080 Würzburg, Bundesrepublik Deutschland

Erniedrigte Phospholipase A$_2$-Aktivität im Gehirn und in Thrombozyten bei Patienten mit einer Alzheimer Demenz

W. F. Gattaz[1], **R. Levy**[2], **N. J. Cairns**[2], **H. Förstl**[1], **D. F. Braus**[1] und **A. Maras**[1]

[1]Arbeitsgruppe Neurobiologie, Zentralinstitut für Seelische Gesundheit, Mannheim,
Bundesrepublik Deutschland
[2]MRC Alzheimer's Disease Brain Bank, Institute of Psychiatry, London,
United Kingdom

Einleitung

Die pathogenetischen Mechanismen der Alzheimer Demenz (AD) lassen sich nicht allein durch genetische Faktoren klären. Allgemein wird angenommen, daß eine Störung des Metabolismus des Amyloid Vorläufer Proteins (APP) und die daraus folgende Ablagerung vom β-Amyloid Peptid (Aβ) im Gehirn von zentraler Bedeutung für die Ätiologie und Pathogenese sämtlicher AD-Formen ist. Liegt eine APP-Mutation vor, so kann diese direkt zu einer Störung des APP-Metabolismus führen. Aber auch eine Reihe enzymatischer Prozesse kann zu einer Dysregulation des APP-Metabolismus führen (Übersicht in Harrison 1993). Somit kann die Untersuchung aller Proteine, die in einem engen Zusammenhang mit dem APP-Metabolismus stehen, zur Aufklärung der Pathogenese der AD beitragen. Ziel vorliegender Studie war die Untersuchung der Hypothese, daß das Enzym Phospholipase A$_2$ als eines dieser Proteine in diesem Sinne pathogenetisch relevant ist.

Die Phospholipasen A$_2$ (PLA$_2$) bilden eine heterogene Gruppe von Enzymen, die die Katalyse sn-2 gebundener Fettsäuren von Membranphospholipiden steuern. Die zytoplasmatische PLA$_2$ wurde beim Menschen in allen bisher untersuchten Zellen nachgewiesen. Das Enzym kontrolliert die physiko-chemischen Eigenschaften neuronaler Membranen und übernimmt eine zentrale Rolle in der Steuerung von Gehirnfunktion und -plastizität. Die PLA$_2$ ist über G-Proteine an verschiedene Rezeptoren gekoppelt (z.B. Muscarin-, Dopamin-, NMDA- und AMPA-Rezeptor) und beeinflußt die Signaltransduktion und die Freisetzung von Neurotransmittern (Übersicht in Mayer und Marshall 1993). In cholinergen Neuronen steuert die PLA$_2$ über den Abbau von Phosphatidylcholin die Synthese des Neurotransmitters Acetylcholin (Übersicht in Farooqui et al. 1992). Somit moduliert die PLA$_2$ eine Reihe von neuronalen Prozessen, die zu funktionellen oder degenerativen Veränderungen bei verschiedenen neuropsychiatrischen Erkrankungen führen könnten. Im Hinblick auf die AD wird im folgenden die Bedeutung der PLA$_2$ für das APP-Processing und für den neuronalen Phospholipidstoffwechsel diskutiert. Die Ergebnisse unserer bisherigen Untersuchungen werden dargestellt. Wir fanden eine erniedrigte PLA$_2$-Aktivität im Gehirn und in Thrombozyten von Patienten mit einer AD.

Einfluß der PLA$_2$ auf das APP Processing

Die Abspaltung einer Gruppe von Aminosäuren (APP 597-639) aus der Sequenz des APP führt zur Entstehung des β-Amyloid Peptids (Aβ). Aβ bildet die Hauptkomponente der Amyloid-Plaques, denen eine wichtige Funktion in der Pathogenese der Alzheimer-Erkrankung zugeschrieben wird. Das membrangebundene APP wird bevorzugt in der Mitte der β-Amyloid Region proteolytisch gespalten und sezerniert. Dadurch wird die Bildung des Aβ unterbunden. Ein Teil des APP wird auch in intrazelluläre Kompartimente eingeschlossen, in deren saurem Milieu durch Proteolyse Aβ erzeugt und von den Zellen sezerniert wird. Amyloid Plaques können entstehen, wenn das Processing des APPs gestört ist (Übersicht in Haass und Selkoe 1993).

Die PLA$_2$ beeinflußt entscheidend das Processing und die Sekretion des APP. Eine Hemmung der PLA$_2$ reduziert die carbachol-induzierte Sekretion von membrangebundenem APP, während umgekehrt eine Aktivierung der PLA$_2$ die Freisetzung von APP erhöht (Emmerling et al. 1993). Da eine vermehrte Sekretion von APP die Bildung von Aβ verringert (Caporaso et al. 1992, Fukushima et al. 1993), ist es denkbar, daß eine geringere PLA$_2$-Aktivität zu einer reduzierten Freisetzung von APP führt und damit zu einer vermehrten Produktion des Aβ beiträgt.

Membranphospholipide bei der Alzheimer Demenz

In der Literatur wird vielfach über eine Störung des Phospholipidstoffwechsels in den Gehirnen von AD-Patienten berichtet. Es fanden sich Veränderungen in den Konzentrationen der Membranphospholipide und deren Metaboliten (Barany et al. 1985, Kanfer et al. 1986, Ellison et al. 1987, Nitsch et al. 1992). Brown et al. (1989) bestimmten mittels ^{31}P-NMR-Spektroskopie die Resonanzen der Phosphomonoester (PME) und Phosphodiester (PDE) in den Gehirnen von AD-Patienten. Die PME stellen das Membransubstrat (Phospholipide) dar, die PDE die Abbauprodukte der Membranphospholipide. In den temporoparietalen Regionen zeigten AD-Patienten erhöhte Werte für die PME und erhöhte PME/PDE-Quotienten, was auf einen reduzierten Abbau von Membranphospholipiden hindeutet. Dieser Befund ist auch für das postulierte cholinerge Defizit der AD relevant, da der Abbau von Membranphospholipiden (z.B. durch PLA$_2$) der Neusynthese von Acetylcholin dient.

Studie I: PLA$_2$-Aktivität am Gehirngewebe von AD-Patienten

Wir untersuchten als erste Arbeitsgruppe (Gattaz et al. 1995) die Aktivität der intrazellulären PLA_2 im Gehirn (frontaler und parietaler Kortex) von AD-Patienten im Vergleich zu nicht dementen, älteren Kontrollpersonen (Tabelle 1). AD-Patienten zeigten im parietalen Kortex eine signifikant erniedrigte PLA$_2$-Aktivität (p-PLA$_2$) im Vergleich zu den Kontrollpersonen ($p < 0.001$). Auch im frontalen Kortex fanden wir eine erniedrigte Enzymaktivität (f-PLA$_2$), wenn auch der Unterschied zur Kontrollgruppe weniger ausgeprägt war ($p < 0.05$; Abb. 1 und Tabelle 1).

Tabelle 1. Demographische und neurochemische Daten von AD-Patienten und nichtdementen Kontrollen (Mittelwerte ± SD). PLA$_2$-Aktivität in pMol/mg/45 min Arachidonsäure

	AD-Patienten (n = 23)	Kontrollen (n = 20)
Alter	81.0 ± 7.5	75.6 ± 9.8
Geschlecht	7 M; 16 F	10 M; 10 F
Postmortem Zeit (hs)	30.7 ± 14.5	38.1 ± 11.1
PLA$_2$ parietal	27.4 ± 20.2	43.4 ± 23.8
PLA$_2$ frontal	26.9 ± 16.4	37.9 ± 19.8

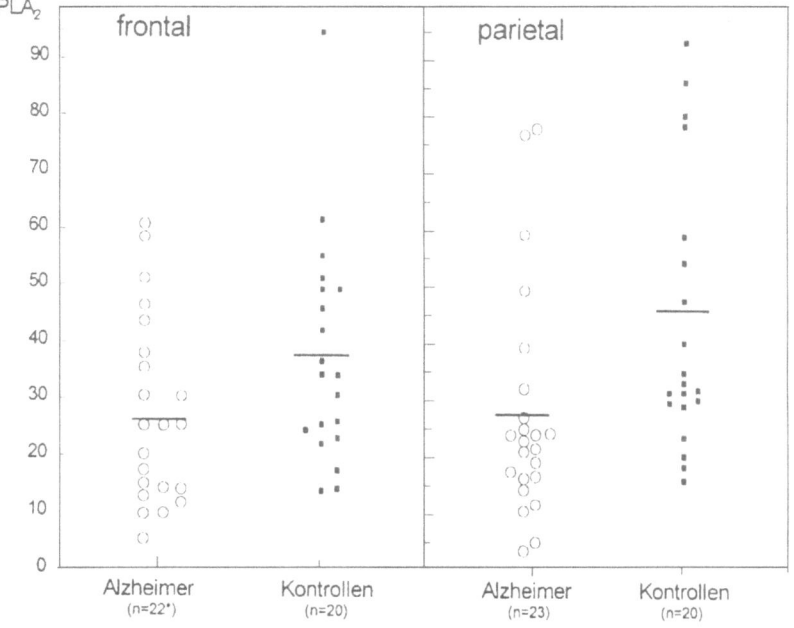

Abb. 1. PLA$_2$-Aktivität (pMol/mg/45 min Arachidonsäure) im frontalen und parietalen Kortex von AD-Patienten und nicht-dementen Kontrollen

Bei AD-Patienten korrelierten die Werte der p-PLA_2 und f-PLA_2 positiv mit dem Sterbealter (rs = .37, p < 0.05 bzw. rs = .25, ns.). Die Enzymaktivitäten der Kontrollproben korrelierten nicht mit dem Sterbealter. Die Enzymaktivitäten beider Areale korrelierten signifikant mit dem Alter bei Beginn der Erkrankung (p-PLA_2: rs = 0.60, p < 0.005 und f-PLA_2: rs = 0.58, p < 0.005). Die f-PLA_2-Aktivität korrelierte negativ mit der Anzahl neurofibrillärer Tangles (rs = −.56, p < 0.01) und seniler Plaques (rs = −.47, p < 0.05). Die PLA_2-Aktivität korrelierte weder mit der Dauer der Erkrankung noch mit dem post-mortem Intervall.

Zusammenfassend: die PLA_2-Aktivität war im parietalen und frontalen Kortex von AD-Patienten im Vergleich zu den nicht-dementen Kontrollen erniedrigt. Eine geringere Enzymaktivität korrelierte signifikant mit einem früheren Beginn der Erkrankung, einer größeren Anzahl neurofibrillärer Tangles und seniler Plaques sowie einem jüngeren Sterbealter. Es scheint somit ein Zusammenhang zwischen der erniedrigten PLA_2-Aktivität und dem Schweregrad der Erkrankung zu bestehen.

Studie II: PLA_2-Aktivität in Thrombozyten von AD-Patienten

Die Aktivität der PLA_2 wird genetisch determiniert (Seilhammer et al. 1986, Huebner et al. 1988, Johnson et al. 1990, Sharp et al. 1991). Es ist daher denkbar, daß sich eine erniedrigte PLA_2-Aktivität im Gehirn von AD-Patienten auch in Blutzellen nachweisen läßt. Zur Klärung dieser Frage untersuchten wir die Aktivität der membrangebundenen PLA_2 in Thrombozyten. Thrombozyten sind als periphere Modelle in der Alzheimer-Forschung von Interesse, da sie APP enthalten und sezernieren (Smith et al. 1990, van Nostrand et al. 1990).

Wir untersuchten die PLA_2-Aktivität in Thrombozyten von 16 Patienten mit einer „wahrscheinlichen" AD (NINCDS-ADRDA-Kriterien) im Vergleich zu 13 gesunden und 14 psychiatrischen Kontrollen (Tabelle 2). Bei AD-Patienten wurde der neuropsychologische Status mittels CAMCOG und MMSE erhoben und computertomographisch die Ventricle-to-Brain Ratio (VBR) ermittelt.

Wir fanden eine signifikante Erniedrigung der PLA_2-Aktivität in Thrombozyten von AD-Patienten im Vergleich zu gesunden (p < 0.03) und psychiatrischen Kontrollen (p < 0.002) (Tabelle 2). Die Erniedrigung der

Tabelle 2. Alter, Geschlechtsverteilung und PLA_2-Aktivität (in pMol/mg Protein/min Arachidonsäure) bei AD-Patienten, gesunden und psychiatrischen Kontrollen (Mittelwerte ± SD)

	AD-Patienten (n = 16)	Gesunde Kontrollen (n = 13)	Psychiatrische Kontrollen (n = 14)
Alter	70.2 ± 11.3	62.6 ± 9.7	62.3 ± 12.2
Geschlecht	4 M; 8 F	9 M; 4 F	6 M; 8 F
PLA_2-Aktivität	14.3 ± 4.6	19.4 ± 6.4	21.3 ± 6.0

PLA$_2$-Aktivität korrelierte mit einem früheren Erkrankungsbeginn (rs = .43, p < 0.10) und mit dem Ausmaß der kognitiven Störung (CAMCOG Score: rs = .55, p < 0.05). AD-Patienten mit einem MMSE-Score kleiner als 10 (Median) zeigten eine signifikant niedrigere PLA$_2$-Aktivität (11,8 ± 3,1) als weniger beeinträchtigte AD-Patienten mit einem MMSE größer als 10 (16,2 ± 4,6, p < 0.05). Die PLA$_2$-Aktivität der AD-Patienten korrelierte negativ mit dem Ausmaß der Hirnatrophie gemessen anhand der VBR (rs = −.61, p < 0.01); nach Alterskorrektur der VBR blieb die Korrelation mit der PLA$_2$ negativ, jedoch erreichte sie kein Signifikanzniveau (rs = − 35, p > 0.10).

Diskussion

Nach den vorliegenden Ergebnissen weist eine erniedrigte PLA$_2$-Aktivität im Gehirn von AD-Patienten auf einen reduzierten Membranphospholipidstoffwechsel hin. Diese Annahme wird durch die Befunde von *in vivo* Untersuchungen mittels ^{31}P-NMR-Spektroskopie gestützt, die erhöhte Werte für die Phosphomonoester und erhöhte PME/PDE-Quotienten im Gehirn von AD-Patienten nachwiesen (Brown et al. 1989). Eine erniedrigte PLA$_2$-Aktivität könnte zu diesem Anstieg von Phosphomonoestern führen.

In Anbetracht der Funktion der PLA$_2$ für das Processing des APPs erlangen unsere Befunde eine besondere Relevanz für die Erforschung der Alzheimer Demenz. Eine erniedrigte PLA$_2$-Aktivität führt zu einer reduzierten Freisetzung von APP und kann damit zu einer vermehrten Produktion des Aβ beitragen (Caporaso et al. 1992, Emmerling et al. 1993, Fukushima et al. 1993). Die von uns gezeigte Korrelation zwischen einer erniedrigten PLA$_2$-Aktivität und der Anzahl seniler Plaques unterstützt diese Annahme. Ferner deuten unsere Daten auf einen Zusammenhang zwischen einer erniedrigten PLA$_2$-Aktivität und dem klinischen Schweregrad der Erkrankung hin, da die Reduktion der Enzymaktivität mit einem früheren Beginn der Erkrankung und einem jüngeren Sterbealter korrelierte.

Eine erniedrigte PLA$_2$-Aktivität fanden wir auch in Thrombozyten von AD-Patienten im Vergleich zu gesunden und psychiatrischen Kontrollen. Eine Reduktion der PLA$_2$-Aktivität korrelierte mit einem früheren Erkrankungsbeginn, mit dem Ausmaß der kognitiven Störung und nicht-signifikant mit der Erweiterung der Seitenventrikel (VBR). Weitere Studien sollten klären, ob der Befund in Thrombozyten das periphere Korrelat einer erniedrigten PLA$_2$-Aktivität im Gehirn darstellt. In *in vitro* Experimenten reduzierte eine gehemmte PLA$_2$-Aktivität die Sekretion von membrangebundenem APP (Emmerling et al. 1993). Es ist zu klären, ob Thrombozyten von AD-Patienten aufgrund einer erniedrigten PLA$_2$-Aktivität eine verminderte Freisetzung des APPs aufweisen.

Bei unseren Befunden der PLA$_2$-Aktivität im Gehirn und in Thrombozyten zeigte sich, trotz statistisch signifikanter Unterschiede, eine Überlappung zwischen den Werten der AD-Patienten und Kontrollpersonen. Es ist denkbar, daß eine erniedrigte Enzymaktivität nur bei einer Subgruppe von AD-Patienten vorhanden ist. Die Korrelationen zwischen PLA$_2$-Aktivität und Alter bei Erkrankungsbeginn lassen vermuten, daß die Enzymaktivität vorwiegend bei einer Subgruppe mit „early onset" AD reduziert ist. Diese Annahme bedarf einer experimentellen Überprüfung bei einer größeren Stichprobe.

Literatur

Bárány M, Chang YC, Arús C, Rustan T, Frey WH (1985) Increased glycerol-3-phosphorylcholine in post-mortem Alzheimer's brain. Lancet 1: 517

Brown GG, Levine SR, Gorell JM, Pettegrew JW, Gdowski JW, Bueri JA, Helpern JA, Welch KMA (1989) In vivo 31P NMR profiles of Alzheimer's disease and multiple subcortical infarct dementia. Neurology 39: 1423–1427

Caporaso GL, Gandy SE, Buxbaum JD, Ramabhadran TV, Greengard P (1992) Protein phosphorylation regulates secretion of Alzheimer βA4 amyloid precursor protein. Proc Natl Acad Sci USA 89: 3055–3059

Ellison DW, Beal MF, Martin JB (1987) Phosphoethanolamine and ethanolamine are decreased in Alzheimer's disease and Huntington's disease. Brain Res 417: 389–392

Emmerling MR, Moore CJ, Doyle PD, Carroll RT, Davis RE (1993) Phospholipase A2 activation influences the processing and secretion of the amyloid precursor protein. Biochem Biophys Res Commun 197: 292–297

Farooqui AA, Hirashima Y, Horrocks LA (1992) Brain phospholipases and their role in signal transduction. In: Bazan NG, Toffano G, Murphy M (eds) Neurobiology of essential fatty acids. Plenum Press, New York, pp 11–25

Fukushima D, Konishi M, Maruyama K, Miyamoto T, Ishiura S, Suzuki K (1993) Activation of the secretory pathway leads to a decrease in the intracellular amyloidogenic fragments generated from the amyloid protein precursor. Biochem Biophys Res Commun 194: 202–207

Gattaz WF, Maras A, Cairns NJ, Levy R, Förstl H (1995) Decreased phospholipase A2 activity in Alzheimer brains. Biol Psychiatry 37: 13–17

Haass C, Selkoe DJ (1993) Cellular processing of β-amyloid precursor protein and the genesis of amyloid β-peptide. Cell 75: 1039–1042

Harrison P (1993) Alzheimer's disease and chromosome 14: different gene, same process? Br J Psychiatry 163: 2–5

Huebner K, Cannizzaro LA, Frey AZ, Hecht BK, Hecht F, Croce CM, Wallner BP (1988) Chromosomal localization of the human genes for lipocortin I and lipocortin II. Oncogene Res 2: 299–310

Johnson LK, Frank S, Vades P, Pruzanski W, Lusis AJ, Seilhammer JJ (1990) Localization and evolution of two human phospholipases A2 genes and two related genetic elements. Adv Exp Med Biol 275: 17–34

Kanfer JN, Hattori H, Orihel D (1986) Reduced phospholipase D activity in brain tissue samples from Alzheimer's disease patients. Ann Neurol 20: 265–267

Mayer RJ, Marshall LA (1993) New insights on mammalian phospholipase A2(s); comparison of arachidonyl-selective and -nonselective enzymes. FASEB J 7: 339–348

Nitsch RM, Blusztajn JK, Pittas AG, Slack BE, Growdon JH, Wurtman RJ (1992) Evidence for a membrane defect in Alzheimer disease brain. Proc Natl Acad Sci USA 89: 1671–1675

Seilhammer JJ, Randall TL, Yamanaka M, Johnson LK (1986) Pancreatic phospholipase A2: isolation of the human gene and cDNA from porcine pancreas and human lung. DNA 5: 519–527

Sharp JD, White DL, Chiou XG, Goodson T, Gamboa GC, McClure D, Burgett S, Hoskins J, Skatrud PL, Sportsman JR, Becker GW, Kang LH, Roberts E, Kramer RM (1991) Molecular cloning and expression of human Ca^{++}-sensitive cytosolic PLA_2. J Biol Chem 266: 14850–14853

Korrespondenz: Prof. Dr. W. F. Gattaz, Leiter der Arbeitsgruppe Neurobiologie, Zentralinstitut für Seelische Gesundheit, Postfach 12 21 20, D-68072 Mannheim, Bundesrepublik Deutschland

Nerve growth factor und Cholinazetyltransferase im alternden Gehirn der Ratte und nach Läsion des basalen Vorderhirns

R. Hellweg[1], **C. Gericke**[2], **K. Vahar-Matiar**[3], **T. Steckler**[4] und **T. Arendt**[5]

[1]Psychiatrische Klinik, Freie Universität Berlin, [2]Neurologische Klinik der Charité, Berlin und [3]Psychiatrische Klinik, Universität Leipzig, Bundesrepublik Deutschland
[4]MRC Neurochemical Pathology Unit, Newcastle General Hospital, United Kingdom
[5]Abteilung für Neurochemie, Paul-Flechsig-Institut, Leipzig, Bundesrepublik Deutschland

Nerve growth factor (NGF) ist der Prototyp einer Genfamilie der sogenannten Neurotrophine (Übersicht bei Thoenen 1991). Unter physiologischen Bedingungen wird NGF in limitierenden, extrem niedrigen Konzentrationen in Zielregionen synthetisiert, die von NGF-abhängigen Neuronen innerviert werden; nach Ausschleusung in den synaptischen Spalt wird NGF über spezifische NGF-Rezeptoren (NGFR) von diesen Neuronen internalisiert und über axonalen, retrograden Transport in Form von NGF-NGFR-Komplexen zu deren Perikaryen transportiert, wo NGF seine neurotrophen Wirkungen entfaltet (Übersichten bei Thoenen und Barde 1980, Korsching 1993). Teilweise wird vermutet, daß (altersassoziierte) neurodegenerative Erkrankungen u. a. durch Neurotrophinmangel oder Störungen des retrograden Transportes von Neurotrophinen gekennzeichnet sind (Übersichten bei Vantini 1992, Hellweg 1992, Hellweg und Jockers-Scherübl 1994).

NGF wird im zentralen Nervensystem (ZNS) in cholinerg innervierten Zielregionen (Cortex, Hippocampus, Bulbus olfactorius) synthetisiert und über NGFR retrograd zu den im basalen Vorderhirn liegenden cholinergen Perikaryen (Ncl. basalis Meynert, medialis septi, Band von Broca) transportiert, wo NGF seine neurotrophen Wirkungen entfaltet, z. B. die Stimulation von dem cholinergen Schlüsselenzym Cholinazetyltransferase (ChAT) (Übersicht bei Thoenen et al. 1987). Diese Neuronengruppen, denen eine zentrale Rolle für Lern- und Gedächtnisfunktionen zukommt, unterliegen einer altersabhängigen Degeneration (Übersichten bei Decker 1987, Fibiger 1991, Dunnett 1994). NGF-Messungen in Gehirnen alter, lernbeein-

trächtigter Ratten sprechen für eine Beeinträchtigung zentraler cholinerger Neurone, NGF zu binden und retrograd zu transportieren, während
der NGF-Gehalt im alternden ZNS eher vermehrt (bis zu 30%) ist als erniedrigt (Hellweg et al. 1990). Die aufrechterhaltene NGF-Produktion
scheint nicht auszureichen, die altersbedingte cholinerge Zellatrophie zu
verhindern, spielt aber möglicherweise eine kompensatorische Rolle für
die verbleibenden, (noch) intakten cholinergen Neurone des basalen
Vorderhirns (Hellweg et al. 1992). Dies könnte erklären, warum ChAT-Ak-
tivitätslevel im alternden ZNS kaum verändert vorgefunden wurden (Hellweg et al. 1990), obwohl in einer Parallelstudie immunhistochemisch und
morphometrisch deutliche Atrophiezeichen im cholinergen basalen Vorderhirn gefunden wurden, die sich sehr gut mit dem Schweregrad der kognitiven Beeinträchtigungen in den untersuchten Ratten korrelieren
ließen (Fischer et al. 1989). Zu therapeutischen Hoffnungen gibt darüber
hinaus Anlaß, daß in einer vergleichbaren, altersbeeinträchtigten Ratten-
population die intraventrikuläre Gabe von NGF in pharmakologischen Dosen geeignet war, diese cholinerge Zellatrophie teilweise zu kompensieren
und das Lernverhalten zu verbessern im Vergleich zu gleichermaßen
altersbeeinträchtigten Kontrolltieren (Fischer et al. 1987). Inwieweit endogene, NGF-vermittelte Kompensationsmechanismen bei pathologischen
Alterungsprozessen eine Rolle spielen, ist hingegen weitgehend unbekannt.

Hierzu untersuchten wir zunächst, ob es nach akuter excitotoxischer
Schädigung des Ncl. basalis magnocellularis mittels stereotaktischer Injektion von Quisqualat zu einer unterschiedlichen regionalen NGF- und
ChAT-Regulation im ZNS junger (12 Monate alter) und seneszenter (30
Monate alter) Ratten kommt. Zwei Wochen nach der Läsion beobachteten
wir in den Projektionsregionen des cholinergen Systems im basalen Vorderhirn eine signifikante Reduktion der ChAT-Aktivität (maximal –38%) und
des NGF-Gehalts (maximal –44%). Nach 3 Monaten hatte sich der NGF-Gehalt wieder normalisiert bzw. war – nur bei den jungen lädierten Tieren –
im posterioren Cortex um 44% signifikant erhöht, während die ChAT-Aktivitäten im anterioren und posterioren Cortex weiterhin im Vergleich zu
scheinlädierten Tieren signifikant erniedrigt blieben, allerdings nur noch
um maximal –19%. Diese Veränderungen waren sämtlich bei den jungen
Ratten ausgeprägter als bei den seneszenten Tieren, bei denen die Veränderungen zum Teil nicht das Signifikanzniveau erreichten. Insgesamt sprechen unsere Ergebnisse für eine erhaltene Fähigkeit auch des seneszenten
Gehirns, auf die Schädigung des cholinergen Systems zu reagieren, die jedoch sowohl bei den jungen als auch seneszenten Tieren nur unzureichend kompensiert werden konnte (Gericke et al., Manuskript in Vorbereitung).

Der neurodegenerative Prozeß (z. B. der Alzheimer'schen Erkrankung)
läßt sich mit einem chronischen Läsionsmodell zentraler cholinerger Neurone möglicherweise besser nachahmen als mit der beschriebenen, akuten
Läsion des cholinergen Systems im basalen Vorderhirn. Wir untersuchten
daher die endogene NGF- und ChAT-Expression im Rattengehirn nach 6

und 9 Monaten systemischer Alkoholintoxikation, wobei besagte biochemische Parameter jeweils nach einer vierwöchigen Detoxikationszeit untersucht wurden (siehe Arendt et al. 1995a, b). Nach sechsmonatiger Alkoholintoxikation fanden wir im Vergleich mit entsprechenden Kontrolltieren einen bis zu 8,5-fachen Anstieg der NGF-Konzentrationen in den Ursprungsregionen des basalo-cortikalen und septo-hippocampalen cholinergen Systems. Auch in den entsprechenden Projektionsregionen waren die NGF-Konzentrationen auf bis zu 485% der Kontrollen erhöht, während sich im Cerebellum kein Unterschied im NGF-Gehalt zwischen Kontrollen und alkoholbehandelten Tieren fand (Hellweg et al., Manuskript in Vorbereitung). In-situ-Hybridisierung in Verbindung mit Immunhistochemie erbrachte, daß für die de-novo-Synthese von NGF vornehmlich Gliazellen verantwortlich sind (Arendt et al. 1995a). Trotz dieser enorm gesteigerten de-novo-Synthese von NGF wurden bei den alkoholbehandelten Tieren morphologisch erhebliche Schädigungen im cholinergen System festgestellt, die von einer erheblichen Reduktion der ChAT-Expression begleitet waren (Arendt et al. 1995b). Nach neunmonatiger Alkoholintoxikation unterschieden sich hingegen die endogenen NGF-Konzentrationen in fast allen untersuchten Hirnregionen nicht mehr von denen der Kontrollen, lediglich im frontalen Cortex fanden wir einen jetzt um 16% signifikant erniedrigten NGF-Gehalt (Hellweg et al., Manuskript in Vorbereitung), während die cholinergen Defizite mit der Dauer der Alkoholintoxikation eher noch zunahmen (Arendt et al. 1995b).

In einem dritten Experiment untersuchten wir, inwieweit es im ZNS gesunder, aber seneszenter Ratten (Alter 30 bis 36 Monate) zu Änderungen endogener ChAT- und NGF-Konzentration im Vergleich zu ein Jahr alten Tieren kommt. Im cholinergen System des basalen Vorderhirns fanden wir durchgehend „normale", d. h. unveränderte NGF-Konzentrationen; lediglich im Hirnstamm und Cerebellum fanden wir einen signifikanten, etwa 20%igen Anstieg von NGF bei den seneszenten Tieren (Hellweg et al., Manuskript in Vorbereitung), in Hirnregionen also, für die die physiologische Rolle von NGF bisher wenig etabliert ist (Übersicht bei Thoenen et al. 1987). Auch die ChAT-Aktivitäten im ZNS der seneszenten Ratten unterschieden sich nur wenig von denen junger Tiere; es zeigten sich lediglich bis zu 20%ige Abfälle im frontalen Cortex und Striatum bzw. Anstiege in der Septalregion und dem Cerebellum (Hellweg et al., Manuskript in Vorbereitung).

Insgesamt sprechen unsere Ergebnisse dafür, daß die endogenen NGF-Konzentrationen im ZNS einem Zeitgang folgen, der offenbar vom Stadium des Alterungsprozesses, einer akuten oder chronischen Schädigung des cholinergen Systems des basalen Vorderhirns abhängt und typischerweise eine temporäre NGF-Konzentrationserhöhung mit nachfolgendem Abfall zeigt, die als „Normalisierung" der zuvor noch erhöhten NGF-Konzentrationen imponiert (vgl. Lindner et al. 1994). Wir würden dies als Versuch einer Kompensation der Schädigung auffassen, die jedoch bei fortgeschrittener Schädigung erschöpft ist und schließlich versagt. Interessanterweise konnten wir im normal alternden ZNS sowie nach akuter Schädigung tatsächlich eine, wenn auch unvollständige Kompensation der cholinergen Defizite beobachten, während dies bei unserem chronischen Läsionsmodell, das möglicherweise eher einen progredienten, neurodegenerativen Prozeß abbildet, nicht der Fall zu sein scheint; hier reichen die endogenen Kompensationsmöglichkeiten offensichtlich nicht (mehr?) aus.

Literatur

Arendt T, Brückner MK, Krell T, Pagliusi S, Kruska L, Heumann R (1995a) Neuroscience 65: 647–659

Arendt T, Brückner MK, Krell T, Pagliusi S, Krell T (1995b) Neuroscience 65: 633–645

Decker MW (1987) Brain Res Rev 12: 423–438

Dunnett SB (1994) In: Burns A, Levy R (eds) Dementia. Chapman and Hall, London, pp 239–265

Fibiger HC (1991) Trends Neurosci 14: 220–223

Fischer W, Wictorin K, Björklund A, Williams LR, Varon S, Gage FH (1987) Nature 329: 65–68

Fischer W, Gage FH, Björklund A (1989) Eur J Neurosci 1: 34–45

Hellweg R (1992) Nervenarzt 63: 52–56

Hellweg R, Fischer W, Hock C, Gage FH, Björklund A, Thoenen H (1990) Brain Res 537: 123–130

Hellweg R, Hock C, Hartung HD (1992) In: Emrich HM, Wiegand M (eds) Integrative biological psychiatry. Springer, Berlin Heidelberg New York Tokyo, pp 105–122

Hellweg R, Jockers-Scherübl M (1994) Life Sci 55: 2165–2169

Korsching S (1993) J Neurosci 13: 2739–2748

Lindner ND, Dworetzky SI, Sampson C, Loy R (1994) J Neurosci 14: 2282–2289

Thoenen H, Barde YA (1980) Physiol Rev 60: 1284–1335

Thoenen H, Bandtlow C, Heumann R (1987) Rev Physiol Biochem Pharmacol 109: 149–178

Thoenen H (1991) Trends Neurosci 14: 165–170

Vantini G (1992) Psychoneuroendocrinol 17: 401–410

Korrespondenz: Dr. med. R. Hellweg, Psychiatrische Klinik und Poliklinik, Freie Universität Berlin, Eschenallee 3, D-14050 Berlin, Bundesrepublik Deutschland

Blut-Hirn-Schrankenstörung und Liquorimmunglobulinspiegel bei Patienten mit Demenz vom Alzheimer Typ, Vaskulärer Demenz und Depression

H. Hampel[3], C. Berger[1], A. Haberl[1], M. Ackenheil[1], G. Kurtz[1],
F. Müller-Spahn[2] und C. Hock[2]

[1]Psychiatrische Klinik, Universität München, Bundesrepublik Deutschland
[2]Psychiatrische Klinik, Universität Basel, Schweiz
[3]National Institutes of Health, National Institute on Aging, Bethesda, USA

Einleitung

Die Demenz vom Alzheimer Typ (AD) ist eine der häufigsten Ursachen kognitiver Veränderungen im Alter. Die Ätiologie dieser Erkrankung ist trotz ausgedehnter Nachforschungen bisher unbekannt. Unter den verschiedenen Theorien über die Pathogenese der AD wird u. a. ein primärer Defekt der Blut-Hirn-Schranke als Ursache für klinische und pathologische Veränderungen angenommen (Glenner 1985). Indirekte Zeichen eines solchen Befundes ergeben sich daraus, daß bei Patienten mit AD zerebrale Amyloidangiopathien bzw. zerebrovaskuläre Amyloidosen im Bereich von Hirngefäßen gefunden wurden (Selkoe et al. 1993). Ausgedehnte Amyloidablagerungen konnten auch in der Groß- und Kleinhirnrinde ermittelt werden. (Mann et al. 1990). Es wurde hypothetisiert, daß der Eintritt von Proteinvorstufen aus dem Serum in das Gehirn bei der AD zu Amyloidablagerungen im Gehirn führen könnte (Joachim et al. 1989). Studien, bei denen mit Hilfe von Serum- und Liquorproteinen die Blut-Hirn-Schranke beurteilt werden sollte, liefern widersprüchliche Ergebnisse. In der aktuellen Untersuchung wurde versucht, die Blut-Hirn-Schranke und eine mögliche intrathekale IgG-Synthese durch die Albumin und IgG Konzentrationen und Quotienten in Serum und Liquor von Patienten mit AD, Vaskulärer Demenz (VD) und Depression (DEP) zu ermitteln.

Patienten und Methoden

Ausgewählt wurden 78 Patienten [AD: 44, EO: 18, LO 26, VD: 10, DEP: 24]. Im Rahmen einer Mehrebenendiagnostik mit den bildgebenden Verfahren MRT und CCT zeigten die depressiven Patienten keine Abweichungen von der Altersnorm. Bei den meisten Alzheimerpatienten wurde eine Single-Photonen-Emissions-Computer-Tomographie (HMPAO-SPECT) durchgeführt und ergab keinerlei Zeichen von multifokalen Flußdefiziten, wohl aber verminderte Anreicherungen meist in parieto-temporalen Bereichen. In der Liquorzytologie ließen sich keine Hinweise auf chronisch entzündliche Prozesse feststellen. Der Umfang der kognitiven Beeinträchtigung wurde durch den Mini-Mental-State (MMS) charakterisiert. Da Albumin ausschließlich außerhalb des ZNS synthetisiert wird und die Blut-Hirn-Schranke passieren muß um in das ZNS zu gelangen, wurde die relative Blut-Hirn-Schrankenpermeabilität für hochmolekulare Proteine durch die Liquor/Serum Ratio für Albumin und zusätzlich durch die Liquor/Serum Ratio für IgG festgelegt. Der IgG-Index wurde zur Bestimmung einer intrathekalen Immunglobulinsynthese verwendet (Primär abhängige Variablen). Alle Werte verstehen sich als ± Standardabweichung. Mit Hilfe des non-parametrischen Mann-Whitney U Tests und parametrischer Verfahren konnten signifikante Gruppenunterschiede beurteilt werden. Korrelationskoeffizienten wurden nach Spearman und Pearson errechnet. Das Signifikanzniveau wurde bei $P \leq 0,05$ angelegt.

Ergebnisse

Sowohl die absoluten Konzentrationen von Liquor Albumin, Liquor IgG und Serum IgG, als auch die abhängigen Parameter (Albumin-Ratio, IgG-Ratio und IgG-Index) zeigten keine signifikanten Ergebnisse. Unter den Liquorwerten zeigte sich in allen Gruppen eine positive Korrelation zwischen Albumin und IgG: EO ($r = 0,87$; $P = 0,00$), LO ($r = 0,89$; $P = 0,00$), VD ($r = 0,74$; $P = 0,00$) und DEP ($r = 0,92$; $P = 0,00$). Es fand sich eine stark positive Korrelation zwischen der Albumin-Ratio und der IgG-Ratio in allen Gruppen ($r = 0,98$; $P = 0,00$). 7 AD (16%) (3 EO, 4 LO), 3 VD (30%) und 7 depressive Patienten (29%) zeigten eine Albumin Ratio, die mehr als 2 Standardabweichungen vom jeweiligen Mittelwert entfernt lag. Dies galt bei der IgG-Ratio für 7 AD (16%) (2 EO, 4 LO), keine VD und 5 DEP (21%) Patienten (Abb. 1). 2 AD (4,5%) (0 EO, 2 LO) und 1 depressiver Patient (4,2%), aber kein VD Patient zeigten signifikant erhöhte IgG-Indices. Der

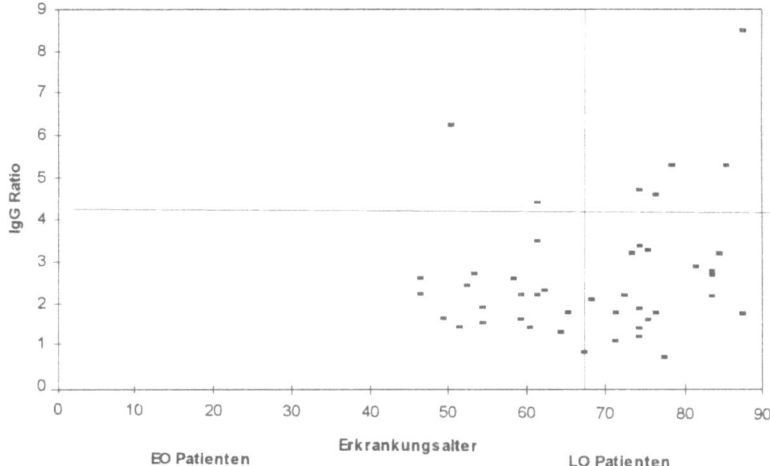

Abb. 1. Darstellung der Individualwerte für die IgG Ratio (EO, LO) in Beziehung zum Erkrankungsalter

MMS korrelierte weder mit der Albumin-Ratio (P > 0,2), noch mit der IgG-Ratio (P > 0,3) oder den absoluten Liquorwerten von Albumin (P > 0,2), bzw. IgG (P > 0,3) in der EO, LO und VD Gruppe.

Diskussion

Verschiedene Studien zeigten erhöhte intrathekale IgG Spiegel bei Patienten mit AD (Alafuzoff et al. 1983). Wir fanden eine Tendenz zu erhöhtem absolutem Liquor- und/oder Serum-IgG und Albumin Konzentrationen bei Patienten mit AD und MD. Insgesamt stellten sich jedoch unsere Ergebnisse als nicht signifikant und somit pathognomonisch für die untersuchten Gesamtkrankheitsgruppen dar. Dennoch zeigte eine Subgruppe von 16% AD-, 29% MD- und 30% VD-Patienten mit erhöhter Liquor/Serum Albumin-Ratio Anzeichen einer Blut-Hirn-Schrankenstörung für hochmolekulare Proteine. Gleichzeitig erhöhte IgG-Ratios bei einer Subgruppe von 16% der AD und 21% der DEP Patienten weisen auf eine erhöhte Permeabilität für IgG hin, lassen jedoch einen intrathekalen inflammatorischen Pozeß nicht ausschließen. Als möglicher Fakt muß auch die Möglichkeit eines erhöhten Albumin und IgG Verbrauchs in den perivaskulären Arealen des ZNS erwogen werden (Alafuzoff et al. 1983). Kürzlich konnte im menschlichen Serum und Liquor eine Substanz identifiziert werden, die ein IgG zu sein scheint und mit der Peptidvorstufe von Amyloid immunologisch reagiert (Pardridge et al. 1987). Die Möglichkeit der verstärkten Transudation hochmolekularer Proteine durch die Blut-Hirn-Schranke wird durch den Liquor-Nachweis der Haptoglobin α-1 Kette mit beträchtlichem Vorkommen bei AD Patienten bekräftigt (Mattila et al. 1994). Frühere Studien, die Neuron-bindende Antikörper bei AD Patienten zeigten (Franceschi et al. 1989) stimmen mit unserem Ergebnis überein. Zusätzlich zu den vielfältigen Antikörpernachweisen in verschiedenen AD ZNS-Geweben und Arealen, bleibt die spezifische Rolle dieser Bindungen noch offen. In Betracht zu ziehen ist dabei z. B. die Induktion einer lokalen Entzündung, die Präsenz von Plasmazellen und die Gewebezerstörung. Eine erhöhte Antikörperbindung könnte dabei bei der AD und DEP ein pathophysiologisches Sekundärphänomen sein. Systematische Untersuchungen von postmortalem AD ZNS Gewebe erbrachten in diesem Zusammenhang deutliche Hinweise für ein entzündliches Geschehen mit aktivierter Mikroglia. Dies beinhaltet auch die Befunde über erhöhte IgG-Rezeptorspiegel, Komplementrezeptoren, MHC-Glykoproteine auf Gliazellen, erhöhte Zytokinproduktion, gewebeinfiltrierende T-Lymphozyten an Plaques, Neurofibrillen und dystrophe Neuriten fixierte Komplementproteine und Komplementinhibitoren auf geschädigten Neuronen (Bauer et al. 1993). Bei alterskorrelierten Kontrollen sind diese Proteine entweder nicht nachweisbar oder nur in sehr geringem Maße exprimiert. In Übereinstimmung mit Mattila et al. (1994) unterstützen unsere Befunde die Hypothese einer beeinträchtigten Blut-Hirn-Schranke für hochmolekulare Proteine mit daraus resultierendem Durchtritt von Serum Proteinen in einer Subgruppe von AD-Patienten. Dies konnte zudem bei Patienten mit VD und Depression im Alter gezeigt werden, und zwar in größerem Ausmaß als bei alterskorrelierten Gesunden.

Literatur

Alafuzoff I, Adolfsson R, Grundke-Iqbal I, Winblad B (1987) Blood-brain barrier in Alzheimer dementia and non-demented elderly. Acta Neuropathol 73: 160–166

Bauer J, Berger M (1993) Neuropathologische, immunologische und psychobiologische Aspekte der Alzheimer Demenz. Fortschr Neurol Psychiat 61: 225–240

Franceschi M, Comola M, Nunni R (1989) Neuron-binding antibodies in Alzheimer's disease and Down's syndrome. J Gerontol 44: 128–130

Glenner GG (1985) On causative theories in Alzheimer's disease. Hum Pathol 16: 433–435

Joachim CL, Mori H, Selkoe DJ (1989) Amyloid beta-protein deposition in tissues other than brain in Alzheimer's disease. Nature 341: 226–230

Mann DMA, Jones D, Prinja D, Purkiss MS (1990) The prevalence of amyloid (A4) protein deposits within the cerebral and cerebellar cortex in Down's syndrome and Alzheimer's disease. Acta Neuropathol 80: 318-327

Mattila KM, Pirrtila I, Blennow K, Wallin A, Viitanen M, Frey H (1994) Altered blood-brain-barrier function in Alzheimer's disease? Acta Neurol Scand 89(3): 192–198

Pardridge WM, Vinters HV, Miller BL, Tourtellotte WW, Eisenberg JB, Yang J (1987) High molecular weight Alzheimer's disease amyloid peptide immunoreactivity in human serum and CSF is an immunoglobulin G. Biochem Biophys Res Commun 145: 241–248

Selkoe DJ (1993) Physiological production of the b-amyloid protein and the mechanism of Alzheimer's disease. TINS 16: 403-408

Korrespondenz: Dr. H. Hampel, Psychiatrische Universitätsklinik, Nußbaumstraße 7, D-80336 München, Bundesrepublik Deutschland

Heterogenität der (^{3}H)Kainat-Bindungsstellen beim Menschen

F. Krause, G. Künig, J. Hartmann, J. Deckert, H. Heinsen, G. Ransmayr, H. Beckmann und **P. Riederer**

Klinische Neurochemie, Psychiatrische Universitätsklinik, Würzburg, Bundesrepublik Deutschland

Einführung

Bei Untersuchungen an Nagetieren wurden verschiedene Subtypen von Glutamatrezeptoren beschrieben. Man unterschied dabei zwischen NMDA, AMPA/Kainat und metabotropen Glutamatrezeptoren. Durch Untersuchungen auf molekularbiologischer Ebene gelang es weitere Subtypen, insbesondere auch der Kainatrezeptoren zu definieren (Lomeli et al. 1992, Henley 1994).

Über eine Interaktion mit diesen Kainatrezeptoren soll die neurotoxische Wirkung von Exzitotoxinen wie Domoat und L-BOAA vermittelt werden (Meldrum 1993). Wir untersuchten daher die Potenz dieser Neurotoxine die (^{3}H)Kainat-Bindung im menschlichen Hippocampus zu hemmen.

Material und Methoden

Autopsieproben wurden von 4 Patienten ohne neuropsychiatrische Erkrankungen (Alter $73,5 \pm 7,7$ Jahre) $35,8 \pm 14,2$ Stunden post mortem entnommen, sofort in Isopentan bei $-50°C$ tiefgefroren und bei $-70°C$ aufbewahrt. Es wurden dann 16 µM dicke Hirnschnitte bei $-16°C$ in einem Reichert-Jung E 2800 Kryostat hergestellt, auf mit Gelatine beschichtete Objektträger aufgezogen und bei $4°C$ maximal 72 Stunden gelagert.

Die Schnitte wurden 30 Minuten bei $4°C$ in 150 mM Tris-HCl pH 7.4 vorinkubiert. Die eigentliche Inkubation erfolgte dann für 1 Stunde im gleichen Puffer bei $4°C$ mit 8 Konzentrationen zwischen 0.8–110 (^{3}H)Kainat (58Ci/mmol) in den Sättigungsexperimenten und 25 nM (^{3}H)Kainat in den Verdrängungsexperimenten (Monaghan und Cotman 1982). In den Verdrängungsexperimenten wurden darüberhinaus je 7 Konzentrationen Domoat (0,066 nM bis 33,3 µM), Kainat, L-BOAA und L-Glutamat (0,66nM bis 333 µM) hinzugefügt. Die unspezifische Bindung wurde in Gegenwart von 1 mM bzw. 333 µM L-Glutamat definiert.

Nach der Inkubation wurden die Schnitte gewaschen, getrocknet und zusammen mit (^{3}H)Mikroskalen in Kassetten mit Hyperfilm für 6–18 Wochen bei $4°C$ eingelegt. Nach Entwicklung und Fixierung der Filme erfolgte die Quantifizierung mittels NIH-Image

1.45. Die Quenchkorrektur wurde nach Zilles et al. (1990) durchgeführt. Zur anatomischen Identifizierung wurden anliegende Schnitte mit Gallozyanin gefärbt.

Ergebnisse

1. Es fand sich im wesentlichen eine Verteilung und Bindungsparameter der (^{3}H)Kainat-Bindung wie früher beschrieben (Tabelle 1).
2. Die unspezifische (L-Glutamat-insensitive) (^{3}H)Kainat-Bindung zeigte eine hohe Variabilität zwischen den einzelnen Regionen und schwankte von 25% (CA2/3) bis zu 60% (CA1).
3. Domoat einerseits und L-BOAA andererseits zeigten eine regional unterschiedliche Potenz, die Bindung von (^{3}H)Kainat zu hemmen. So war Domoat vergleichsweise potent in der CA2/3 Region und L-BOAA in der CA1 Region (Tabelle 2).

Diskussion

Die unterschiedliche Sensitivität gegenüber L-Glutamat und insbesondere die regional unterschiedliche Potenz von Domoat und L-BOAA weisen auf eine Heterogenität der (3H)Kainat-Bindungsstellen beim Menschen hin. Dies entspricht molekularbiologischen Befunden beim Nagetier (Lomeli et al. 1992, Henley 1994) und Untersuchungen in menschlichen Membranhomogenaten (Lange et al. 1993).

Tabelle 1. Kinetische Parameter der hochaffinen (^{3}H)Kainat-Bindung im menschlichen Gehirn

Struktur	Kd (nM)	Bmax (fmol/mg TG)
CA1	50,6 ± 25	715,2 ± 61
CA2/3	34,6 ± 14,4	1371,6 ± 329
CA4	31,9 ± 10,4	965,1 ± 313
M	24,7 ± 5,4	717,4 ± 250

Die Werte repräsentieren die Mittelwerte ± Standardabweichung (n = 3–4). *CA1–CA2/3–CA4* Pyramidalzellschicht von CA1–CA2/3–CA4. *M* Molekularschicht des Gyrus dentatus

Tabelle 2. Hemmung der (3H)Kainat-Bindung durch verschiedenen exzitatorische Aminosäuren

Struktur	Domoat Ki (nM)	Kainat Ki (nM)	L-BOAA Ki (µM)	L-Glutamat Ki (µM)
CA1	200,9 ± 247,8	81,5 ± 35,9	4,6 ± 3,4	0,6 ± 0,1
CA2/3	27,6 ± 37,5	48,8 ± 53,7	51,0 ± 41,9	0,6 ± 0,6
CA4	27,0 ± 29,8	61,3 ± 67,3	42,0 ± 39,8	1,1 ± 0,6
M	78,4 ± 78,7	83,0 ± 54,2	21,4 ± 13,6	1,1 ± 0,2

Die Werte repräsentieren wieder die Mittelwerte ± Standardabweichung (n = 3–4). Abkürzungen siehe Tabelle 1

Wir schlagen daher eine Unterscheidung vor in:

1. Relativ Glutamat-sensitive, hochaffine (^{3}H)Kainat-Bindungsstellen mit hoher Affinität für Domoat (z. B. CA2/3)

und

2. Relativ Glutamat-insensitive, niedrigaffine (^{3}H)Kainat-Bindungsstellen mit hoher Affinität für L-BOAA (z. B. CA1).

Literatur

Henley JM (1994) Kainate-binding proteins: phylogeny, structures and possible functions. TIPS 15 (6): 182–190

Lange KW, Oestreicher E, Fischer U, Gsell W, Kornhuber J, Sofic E, Beckmann H, Riederer P (1993) Verteilung von Kainatrezeptoren im menschlichen Gehirn. In: Baumann P (Hrsg) Biologische Psychiatrie 1992. Springer, Wien New York, S 774–777

Lomeli H, Wisden W, Köhler M, Keinänen K, Sommer B, Seeburg PH (1992) High affinity kainate and domoate receptors in rat brain. FEBS Lett 307: 139–143

Meldrum B (1993) Amino acids as dietary excitotoxins: a contribution to understanding neurodegenerative disortders. Brain Res Rev 18: 293–314

Monaghan DT, Cotman CW (1982) The distribution of (3H)kainic acid binding sites in rat CNS as determined by autoradiography. Brain Res 252: 91–100

Zilles K, Zur Nieden K, Schleicher A, Traber J (1990) A new method for quenching correction leads to revision of data in receptor autoradiography. Histochem 94: 569–574

Korrespondenz: Dr. F. Krause, Klinische Neurochemie, Psychiatrische Universitätsklinik, Füchsleinstraße 15, D-97080 Würzburg, Bundesrepublik Deutschland

Kognitive Funktionen bei Adrenoleukodystrophie

I. Maurer[1], **S. Zierz**[2], **I. Hasse-Sander**[1] und **H.-J. Möller**[1]

[1]Psychiatrische und [2]Neurologische Universitätsklinik, Bonn,
Bundesrepublik Deutschland

Die Adrenoleukodystrophie (ALD) ist eine progressive X-chromosomale Erkrankung, die auf einem Defekt des Abbaus überlangkettiger Fettsäuren (> C24) in den Peroxisomen beruht. Die gesättigten überlangkettigen Fettsäuren lagern sich vorwiegend in der Nebennierenrinde und in der weißen Substanz des ZNS ab. Das klinische Bild und der Verlauf der Erkrankung sind heterogen und es werden verschiedene Formen unterschieden. Die infantile Form der ALD betrifft vorwiegend das Gehirn und führt innerhalb weniger Jahre zum dementiellen Abbau. Die adulte Form, die auch als Adrenomyeloneuropathie (AMN) bezeichnet wird, verläuft hingegen nur langsam progredient und betrifft vorwiegend das Rückenmark und die peripheren Nerven, wenngleich auch die Hemisphären betroffen sein können. Klinisch liegt meist eine Paraspastik vor. Weibliche Konduktorinnen können ebenfalls eine leichte Paraspastik zeigen. Die ALD kann anfänglich als psychiatrische Erkrankung erscheinen. So fand sich in einer Übersicht von 109 Patienten mit ALD bei etwa 40% der Patienten zum Zeitpunkt der Diagnosestellung eine psychiatrische Symptomatik, in 17% bestanden sogar ausschließlich psychiatrische Symptome [1].

Wir untersuchten 9 Patienten mit unterschiedlichen klinischen Phänotypen der ALD: 3 Patienten mit AMN, die eine progressive spastische Paraplegie, eine periphere sensorische Neuropathie der Beine sowie eine Nebenniereninsuffizienz, die mit Cortison substituiert werden mußte, aufwiesen. Fünf symptomatische weibliche Heterozygote mit einer leichten spastischen Paraplegie und einer Beeinträchtigung des Vibrationsempfindens im Bereich der Beine sowie einen Patienten mit einer Zwischenform zwischen ALD und AMN, bei dem sowohl eine cerebrale und spinale Beteiligung als auch eine Beteiligung der peripheren Nerven vorlagen. Aufgrund von komplex partiellen, einfach partiellen und generalisierten Anfällen erhielt dieser Patient seit 7 Jahren eine antikonvulsive Medikation, zum Zeitpunkt der Untersuchungen Phenobarbital und Carbamazepin. Keiner der anderen Patienten wurde medikamentös behandelt.

Die neuropsychologischen Untersuchungen umfaßten den Hamburg Wechsler Intelligenztest (HAWIE-R), den Verbalen Lern-und Merkfähigkeitstest (VLMT), den Complex Figure Test (Taylor), einen Zahlenverbindungstest, den Visuellen Merkfähigkeitstest (Benton), einen Wortflüssigkeitstest, einen Steckbrett-Test (Purdue Pegboard Test) sowie Untersuchungen nach verschiedenen Stimuli am Wiener Entscheidungs-Reaktionsgerät. Die Patienten mit AMN sowie alle weiblichen Heterozygoten zeigten eingeschränkte Leistungen im Purdue Steckbrett-Test, der ein Maß der psychomotorischen Fähigkeiten darstellt und auch Hinweise auf die Lateralisation einer Läsion geben kann. Die weiblichen Heterozygoten zeigten darüber hinaus lange Reaktionszeiten am Wiener Entscheidungs-Reaktionsgerät, Defizite im Zahlenverbindungstest und eine leichte, aber nicht signifikante Beeinträchtigung im Zahlensymboltest des HAWIE-R. Neben den psychomotorischen Fähigkeiten sind in diesem Test auch eine dauerhafte Aufmerksamkeit und visuo-motorische Koordination erforderlich. Die Beeinträchtigungen der kognitiven Funktionen waren am ausgeprägtesten bei dem Patienten mit ALD/AMN und betrafen in Übereinstimmung mit dem Befund multipler Läsionen im CT unterschiedliche kognitive Bereiche. Einzelne Untertests konnten jedoch zufriedenstellend beendet werden, nachdem die Zeitbegrenzung überschritten war.

Die vorliegenden Ergebnisse stehen im wesentlichen in Übereinstimmung mit einer Untersuchung der kognitiven Funktionen von Patienten mit ALD, die lediglich milde diffuse kognitive Einbußen bei etwa der Hälfte der Patienten ergaben, ohne Nachweis einer Apraxie oder Aphasie [2]. Einschränkungen der frontalen exekutiven Funktionen und insbesondere des visuellen Gedächtnisses standen im Vordergrund. Das vorliegende Muster der neuropsychologischen Befunde impliziert, daß sowohl bei den Patienten mit AMN als auch bei den weiblichen Heterozygoten vorwiegend komplexe motorische Funktionen beeinträchtigt sind. Darüber hinaus läßt sich eine Beteiligung der oberen Extremitäten vermuten, die sich klinisch bislang nicht manifestiert hatte. Hierbei trägt wahrscheinlich eine verminderte Schnelligkeit zu den Testergebnissen bei, kann diese allein aber nicht in ausreichendem Maße erklären. Bei dem Patienten mit der Intermediärform zwischen ALD und AMN waren – in Übereinstimmung mit dem Nachweis multipler Läsionen im Computertomogramm – mehrere Bereiche der kognitiven Funktionen beeinträchtigt. Diese beinhalteten exekutive, verbale und Gedächtnisfunktionen.

Literatur

1. Kitchin W, Cohen-Cole SA, Mickel SF (1987) Adrenoleukodystrophy: frequency of presentation as a psychiatric disorder. Biol Psychiatry 22: 1375–1387
2. Edwin D, Speedie L, Naidu S, Moser H (1990) Cognitive impairment in adult-onset adrenoleukodystrophy. Mol Chem Neuropathol 12: 167–176

Korrespondenz: Dr. I. Maurer, Psychiatrische Universitätsklinik, Sigmund-Freud-Straße 25, D-53105 Bonn, Bundesrepublik Deutschland

Neuropsychologische Defizite und psychische Störungen nach hypoxischer Hirnschädigung

R.-M Frieboes[1], U. Müller[2] und **D. Y. von Cramon[2]**

[1]Max-Planck-Institut für Psychiatrie, Klinisches Institut, München und
[2]Max-Planck-Institut für neuropsychologische Forschung, Leipzig,
Bundesrepublik Deutschland

Im Zuge neuer intensivmedizinischer Erkenntnisse überlebt eine große Zahl von Patienten mit hypoxiebedingter Schädigung des Organismus das ursächliche Ereignis. In der retrospektiven Auswertung wird ein Profil neuropsychologischer Defizite einer Patientengruppe mit mittelschwerer hypoxämischer Hirnschädigung unterschiedlicher Genese beschrieben.

Patienten und Methoden

Die Studie erfaßt insgesamt 37 Patienten (27 männlich, 10 weiblich, Altersmedian 42 J., Spanne 19–64 J.), die 5,5 Monate (= Median, Spanne 1–50 Mon.) nach der akuten Hypoxie in der Abteilung für Neuropsychologie des Städtischen Krankenhauses München-Bogenhausen behandelt wurden. In der vorliegenden Stichprobe waren die ischämischen Hypoxien, z. B. nach Herzstillstand mit konsekutiver kardiopulmonaler Reanimation (n = 26) häufiger als hypoxämische (Ateminsuffizienz, Pneumothorax, n = 8) oder anoxische (CO-Vergiftung, n = 3) Schädigungen. Patienten mit cerebralen Gefäßschädigungen oder traumatischen Hirnläsionen wurden nicht berücksichtigt. Zusätzlich zu den kernspintomographischen (NMR) Befunden (n = 36) wurden bei 16 Patienten szintigraphische Untersuchungen mit der Technetium-99-HMPAO-Methode (SPECT) durchgeführt. Die Erfassung neuropsychologischer Defizite erfolgte durch standardisierte Testverfahren und im Expertenurteil (von Cramon et al. 1994).
Die Auswertung der Daten erfolgte wegen geringer Ausprägungen der a priori festgelegten Kategorien deskriptiv.

Ergebnisse

Bildgebende Verfahren ergaben keine regelmäßigen Charakteristika hypoxischer Hirnschädigung und erwiesen sich als nicht geeignet, Patientengruppen mit spezifischen Störungsmustern zu identifizieren. Bei 13 Patienten wurden Liquorraumerweiterungen beschrieben, bei 18 fanden sich telencephale Gewebsläsionen (Marklagerläsionen n = 15, Stammganglien-/Pallidumläsionen n = 8), die sich abgesehen von Pallidumnekrosen nach

CO-Intoxikation nicht ursächlichen Mechanismen zuordnen ließen. SPECT und EEG erbrachten keine zusätzlichen Hinweise auf hypoxiespezifische Veränderungen.

In den Verfahren zur Prüfung der visuellen Wahrnehmung waren bei 37 Patienten folgende Leistungen deutlich reduziert: Farbsehen (n = 8), visuelle Exploration (n = 10), Kontrastsehen (n = 11), Lesen (n = 11), visuell-räumliche Leistungen (n = 17), räumlich-konstruktive Leistungen (n = 21).

Im Bereich kognitiver Diagnostik ergaben sich pathologische Befunde reduzierter Leistungen: Intelligenz (n = 15), Tag-zu-Tag-Gedächtnis (n = 20), selektive Aufmerksamkeit (n = 22), Altgedächtnis (n = 22), Ablenkbarkeit (n = 23), Teilung der Aufmerksamkeit (n = 24), problemlösendes Denken (n = 28), Dauerbelastbarkeit (n = 29), Informationsverarbeitungsgeschwindigkeit (n = 29), Lernleistungen (n = 32).

Reduzierte Leistungen sprachlicher Kompetenz fanden sich wie folgt: Lesen (n = 9), Schreiben (n = 15), Metaphernverständnis (n = 16), Textproduktion (n = 17), Rechnen (n = 18), Textverständnis (n = 20).

Im Alltag wirkten sich die neuropsychologischen Defizite unterschiedlich relevant aus (Frieboes et al. 1994). Insbesondere fand sich ein unregelmäßiges Verteilungsmuster kombinierter Störungen, das keine Clusterbildung zuließ (siehe Abb. 1). Zusätzliche Beeinträchtigungen der Motorik waren bei insgesamt 16 Patienten vorhanden: Gangataxie (n = 9), gliedkinetische Apraxie (n = S), posthypoxischer Aktionsmyoklonus (n = l) (Lance und Adams 1963), hypertone Tonusregulationsstörung (n = 1).

Bei 15 von 37 Patienten wurden depressive und/oder ängstliche Anpassungsstörungen (Prosiegel 1988) beobachtet, bei zwei Patienten gefolgt von einem Suicidversuch. Schwerwiegende Depressionen im Sinne organisch bedingter affektiver Syndrome lagen bei zwei Patienten vor, einer beging einen Selbstmordversuch, der andere verübte nach Entlassung Suicid. Ein Patient entwickelte eine paranoide Psychose, die als Kortisonentzugspsychose gewertet wurde. Darüber hinaus wurde bei 5 Patienten eine er-

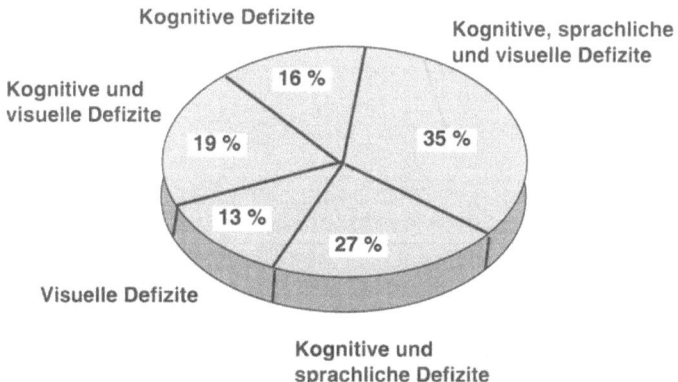

Abb. 1. Verteilungsmuster neuropsychologischer Defizite bei 37 Patienten

höhte Reizbarkeit beschrieben, die mit dysphorischer Stimmung und/oder sozialem Rückzugsverhalten einhergehen konnte. Rückzugsverhalten wurde in einigen Fällen als Ausdruck einer mißtrauischen Grundhaltung bei amnestischem Syndrom beobachtet. Ein Patient litt an emotionaler Instabilität (Müller 1995). Aufgrund neuropsychologischer Defizite erfüllten 6 Patienten die DSM-III-R Kriterien einer Demenz.

Diskussion

Bei Patienten mit einer mittelschweren hypoxischen Hirnschädigung kann sich ein heterogenes Verteilungsmuster visueller Wahrnehmungsdefizite, kognitiver Leistungseinbußen und sprachlicher Auffälligkeiten zeigen. Neben den neuropsychologischen Störungen sollten den bei fast allen Patienten beobachtbaren Symptomen depressiver Verstimmung oder Merkmalen pathologischer Ängstlichkeit besondere Aufmerksamkeit geschenkt werden.

Literatur

von Cramon D, Mai N, Ziegler W (Hrsg) (1994) Neuropsychologische Diagnostik. VCH, Weinheim
Frieboes R-M, Jürgensmeyer S, v Cramon D (1994) Neuropsychologische Defizite hypoxämisch hirngeschädigter Patienten. Nervenheilkunde 13: 362–5
Lance JW, Adams AD (1963) The syndrome of intention of action myoclonus as a sequela to hypoxic encephalopathy. Brain 86: 111–36
Müller U, v Cramon D (1995) Stellenwert von Neuro-Psychopharmaka in der Neurorehabilitation. Nervenheilkunde 14: 327–332
Prosiegel M (1988) Psychopathologische Symptome und Syndrome bei erworbenen Hirnschädigungen. In: v Cramon D, Zihl J (Hrsg) Springer, Berlin Heidelberg New York Tokyo

Korrespondenz: Dr. med. R.-M. Frieboes, Max-Planck-Institut für Psychiatrie, Klinisches Institut, Kraepelinstraße 10, D-80804 München, Bundesrepublik Deutschland

Interleukin-6 in Amyloid-Plaques: Beteiligung des Immunsystems bei der Pathogenese der Alzheimer-Demenz

M. Hüll[1], **S. Strauß**[2], **M. Berger**[1], **B. Volk**[2] und **J. Bauer**[1]

[1]Psychiatrische Klinik und [2]Abteilung für Neuropathologie, Universität Freiburg, Bundesrepublik Deutschland

Seit der Erstbeschreibung der Plaques und der neurofibrillären Degeneration durch A. Alzheimer als morphologisches Korrelate der Alzheimerschen Demenz (AD) zu Anfang des Jahrhunderts versuchten verschiedene retrospektive und prospektive Studien den Zusammenhang zwischen Pathomorphologie und Demenz zu klären [3, 6–8]. Untersuchungen, die den Nachweis des β-Amyloid-Proteins als Hauptbestandteil der Plaques zum Gegenstand hatten, konnten keine gute Korrelation zwischen der Beladung des Parenchyms mit Amyloid und der Demenz nachweisen. Amyloidablagerungen fanden sich in zum Teil massivem Ausmaß auch bei nichtdementen älteren Personen. Erste Hinweise auf ein entzündliches Geschehen in den Plaques von dementen Personen ergaben sich aus dem Nachweis des Akut-Phase-Proteins a1-Antichymotrypsin und aktivierter Mikrogliazellen [1, 11]. Wir konnten erstmalig das Cytokin Interleukin-6 (IL-6) immunhistochemisch in Plaques in Gehirnen von Alzheimer Patienten nachweisen [4, 14]. Dieser Nachweis konnte mittlerweile durch biochemische Methoden bestätigt werden [16].

Für uns stellte sich nun die Frage, welche Bedeutung IL-6 für die Plaqueentstehung und für die Entwicklung einer Demenz haben könnte. Man unterscheidet diffuse, primitive, klassische und kompakte Plaques, wobei eine Entwicklung von diffusen hin zu klassischen Plaques angenommen wird. Primitive und klassische Plaques werden auch als neuritische Plaques den diffusen Plaques gegenübergestellt, die keine Degeneration von Neuriten zeigen [15]. Kompakte Plaques spielen mit einem unter einem Prozent liegenden Anteil eine untergeordnete Rolle. Wir führten nun Untersuchungen zu folgenden Fragestellungen durch:

Ist die Verteilung der verschiedenen Plaquetypen zwischen dementen und nichtdementen Personen unterschiedlich? Ist auch in den Plaques nichtdementer Personen IL-6 nachweisbar? Ist IL-6 in einem Plaquetyp besonders häufig nachweisbar?

Wir untersuchten 10 Gehirne dementer und 10 Gehirne nichtdementer Personen. Serienschnitte von paraffineingebettetem Autopsiegewebe wurden mit Antikörper gegen IL-6, Amyloid-Precursor-Protein oder der Bielschowski Silberfärbung gefärbt. Die Morphologie der Plaques, d. h. der Plaquetyp, wurde anhand der Silberfärbung bestimmt und anhand des Folgeschnittes auf das Vorhandensein von IL-6 überprüft.

Zunächst fanden wir, wie zuvor schon andere Gruppen, daß auch die Gehirne nichtdementer Personen in einem hohen Grade Amyloidablagerungen aufwiesen, zum überwiegenden Teil jedoch in Form von diffusen Plaques (76% aller Plaques). IL-6 ließ sich in den Gehirnen nichtdementer Personen nicht nachweisen. In den Gehirnen dementer Personen überwogen die neuritischen Plaques (55%), d. h. daß innerhalb der meisten Amyloidablagerungen neuritische Veränderungen nachweisbar waren. In den Gehirnen dementer Personen ließ sich in einem Teil der Plaques IL-6 nachweisen. Von diesen IL-6 positiven Plaques zeigten die meisten Plaques (71%) eine diffuse Morphologie, obwohl nur weniger als 45% aller Plaques zu diesem Plaquestadium gehörten. IL-6 fand sich damit 1,7 mal häufiger in diffusen Plaques, als bei einem zufälligen Auftreten von IL-6 in allen Plaquestadien zu erwarten gewesen wäre. Dies bedeutet, daß IL-6 in den Hirnen dementer Personen bereits in einem frühen Stadium der Plaqueentwicklung, nämlich in den diffusen Plaques, auftritt.

Diffuse Plaques, die sich in großen Mengen auch bei nicht dementen Personen finden, wandeln sich im normalen Altersprozeß nicht automatisch in neuritische Plaques um [9]. Die diffusen Plaques nichtdementer Personen weisen kein IL-6 und auch zugleich keine Anzeichen einer neuritischen Umwandlung auf. Unserere Befunde legen nahe, daß IL-6 bei dementen Personen in diffusen Plaques vor deren Umwandlung in neuritische Plaques auftritt. IL-6 ist auch noch teilweise in neuritischen Plaques (29% der IL-6 positiven Plaques) nachweisbar. Wir vermuten daher, daß IL-6 ein pathogenetisches Zusatzelement ist, welches in den diffusen Plaques dementiell erkrankter Personen auftritt und dort an der Verursachung neuritischer Veränderungen beteiligt ist.

Neben IL-6 und dem Akut-Phase-Protein α1-Antichymotrypsin wurden auch Komplementkomponenten in Plaques bei dementen Personen nachgewiesen [10, 13]. Die Synthese von Komplementproteinen und Akut-Phase-Proteine ist Teil eines unspezifischen Abwehrmechanismus zur Erhaltung der Homeostase. Komplementproteine können Zellmembranen schädigen und neuritische Degenerationen herbeiführen. IL-6 ist der stärkste Induktor von Akut-Phase-Proteinen. Da es keinerlei Anzeichen einer erregerinduzierten Aktivierung von IL-6 bei der Alzheimerschen Demenz gibt, muß angenommen werden, daß derzeit noch unbekannte Prozesse, evtl. Verschiebungen des Neurotransmitterspektrums, zur Induktion von IL-6 beitragen. Verschiedene Untersuchungen zeigen auch, daß mentaler Streß zu einer Erhöhung der IL-6 Produktion beitragen kann.In einem transgenen Tiermodel konnte nachgewiesen werden, daß die cerebrale Überexpression von IL-6 zur Neurodegeneration führt [5]. Unsere Ergebnisse legen eine IL-6 vermittelte Beteiligung des unspezifischen Abwehrsystems bei der Entwicklung der Alzheimerschen Demenz nahe. Obwohl eine kleinere Therapiestudien eine Wirksamkeit von antiinflammatorischen Medikamenten gegenüber der Progression der Alzheimerschen Demenz zeigen konnte, ist zunächst noch ein besseres Verständis des Ablauf der Immunkaskade notwendig, um neue Therapiestrategien gezielt planen zu können [2, 12].

Literatur

 1. Abraham CR, Selkoe DJ, Potter H (1988) Immunochemical identification of the serine protease inhibitor alpha 1-antichymotrypsin in the brain amyloid deposits of Alzheimer's disease. Cell 52: 487–501
 2. Aisen PS, Davis KL (1994) Inflammatory mechanisms in Alzheimer's disease: implications for therapy. Am J Psychiatry 151: 1105–1113
 3. Bancher C, Braak H, Fischer P, Jellinger KA (1993) Neuropathological staging of Alzheimer lesions and intellectual status in Alzheimer's and Parkinson's disease patients. Neurosci Lett 162: 179–182
 4. Bauer J, Strauss S, Schreiter-Gasser U, Ganter U, Schlegel P, Witt I, Volk B, Berger M (1991) Interleukin-6 and a2-macroglobulin indicate an acute phase state in Alzheimer's disease cortices. FEBS Lett 285: 111–114
 5. Campbell IL, Abraham CR, Masliah E, Kemper P, Inglis JD, Oldstone MBA, Mucke L (1993) Neurologic disease induced in transgenic mice by cerebral overexpression of interleukin 6. Proc Natl Acad Sci USA 90: 10061–10065
 6. Delaere P, Duyckaerts C, He Y, Piette F, Hauw JJ (1991) Subtypes and differential laminar distributions of beta A4 deposits in Alzheimer's disease: relationship with the intellectual status of 26 cases. Acta Neuropathol Berl 81: 328–335
 7. Fischer P, Lassmann H, Jellinger K, Simanyi M, Bancher C, Travniczek Marterer A, Gatterer G, Danielczyk W (1991) Alzheimer dementia. A clinical long-term study with quantitative neuropathology. Wien Med Wochenschr 141: 455–462
 8. Jellinger K, Bancher C, Fischer P, Lassmann H (1992) Quantitative histopathologic validation of senile dementia of the Alzheimer type. Eur J Gerontol 3: 146–156
 9. Mackenzie IRA (1994) Senile plaques do not progressively accumulate with normal aging. Acta Neuropathol Berl 87: 520–525
10. McGeer PL, Akiyama H, Itagaki S, McGeer EG (1989) Activation of the classical complement pathway in brain tissue of Alzheimer patients, Neurosci Lett 107: 341–346
11. McGeer PL, Kawamata T, Walker DG, Akiyama H, Tooyama I, McGeer EG (1993) Microglia in degenerative neurological disease. Glia 7: 84–92
12. Rogers J, Kirby LC, Hempelman SR, Berry DL, McGeer PL, Kaszniak AW, Zalinski J, Cofield M, Mansukhani L, Willson P, et al (1993) Clinical trial of indomethacin in Alzheimer's disease. Neurology 43: 1609–1611
13. Rozemuller JM, Stam FC, Eikelenboom P (1990) Acute phase proteins are present in amorphous plaques in the cerebral but not in the cerebellar cortex of patients with Alzheimer's disease. Neurosci Lett 119: 75–78
14. Strauss S, Bauer J, Ganter U, Jonas U, Berger M, Volk B (1992) Detection of interleukin 6 and alpha-2-macroglobulin immunoreactivity in cortex and hippocampus of Alzheimer's disease patients. Lab Invest 66: 223–230
15. Wisniewski HM, Terry RD (1973) Reexamination of the pathogenesis of the senile plaque. Prog Neuropathol 2: 1–26
16. Wood JA, Wood PL, Ryan R, Graff-Radford NR, Pilapil C, Robitaille Y, Quirion R (1993) Cytokine indices in Alzheimer's temporal cortex: no changes in mature IL-1 beta or IL-1 RA but increases in the associated acute phase proteins IL-6, alpha-2-macroglobulin and C-reactive protein. Brain Res 629: 245–252

Korrespondenz: Dr. M. Hüll, Psychiatrische Universitätsklinik, Hauptstraße 5, D-79104 Freiburg, Bundesrepublik Deutschland

Cytochrom C Oxidase Mangel bei Alzheimer'scher Erkrankung

I. Maurer[1], **S. Zierz**[2] und **H.-J. Möller**[1]

[1]Psychiatrische und [2]Neurologische Universitätsklinik, Bonn,
Bundesrepublik Deutschland

Die Energiebereitstellung der Nervenzellen erfolgt im wesentlichen durch die oxidative Phosphorylierung in der mitochondrialen Atmungskette. Der überwiegende Teil der Enzymkomplexe der Atmungskette wird durch die mitochondriale DNA codiert. Bei der Alzheimerschen Erkrankung (AD) gibt es Hinweise, daß Defekte der oxidativen Phosphorylierung vorliegen. In Thrombocyten von Patienten mit AD wurde eine Erniedrigung des Komplexes IV der Atmungskette, der auch als Cytochrom c Oxidase (COX) bezeichnet wird, nachgewiesen. Hierbei unterschieden sich die Aktivitäten der anderen Enzymkomplexe nicht von Kontrollen [1]. In Gehirngewebe von Patienten mit AD fand sich eine erniedrigte COX Aktivität in frontalem, temporalem und parietalem Cortex, während der occipitale Cortex, Putamen und Hippocampus keine Veränderungen aufwiesen [2]. Weitere Enzymaktivitäten wurden jedoch nicht bestimmt, so daß nicht entschieden werden kann, ob die Verminderung der COX einfach durch eine Verminderung der Mitochondrienzahl begründet ist oder, ob ein selektiver Defekt der COX vorliegt. Vor kurzer Zeit berichteten zwei Untersuchungen über einen Defekt der COX in Thrombocyten [3] und Mitochondrien aus Gehirngewebe von Patienten mit AD [4]. Die Mitochondrien wurden jedoch aus einer gesamten Gehirnhälfte isoliert, so daß mögliche regionale Unterschiede der Enzymaktivität nicht dargestellt werden konnten.

Wir untersuchten biochemisch die Aktivitäten der mitochondrialen Atmungskettenenzymkomplexe Komplexe I+III, Komplexe II+III und COX (Komplex IV) sowie der Succinatdehydrogenase und Citratsynthase in ausgewählten Gehirnarealen von 3 Kontrollen (Alter $62 \pm 24{,}6$ J; Postmortem Zeit 24,2 h [9,5 bis 44 h]) und 5 Patienten mit AD (Alter $68{,}8 \pm 10{,}6$ J; 22,6 h [6 bis 44 h]) ($p = 0{,}60$ und $p = 0{,}89$). Die Messungen wurden in frontalem und temporalem Cortex, Hippocampus und Cerebellum durchgeführt. Alle Patienten mit AD zeigten einen deutlichen COX-Mangel im

Hippocampus (21,1 ± 7 nmol/min/mg nonkollagenes Protein vs. 52,6 ± 10 nmol/ min/mg nonkollagenes Protein; p = 0,0015) . Die Aktivitäten der anderen mitochondrialen Enzymkomplexe waren nur leicht erniedrigt und unterschieden sich nicht signifikant zwischen AD und Kontrollen. In temporalem Cortex war bei Patienten mit AD die Aktivität der COX um 54% und die der Komplexe II+III um 39% erniedrigt, wobei die Unterschiede jedoch statistisch nicht signifikant waren (p < 0.07 und p < 0.08). Die Enzymaktivitäten in frontalem Cortex und Cerebellum zeigten insgesamt keine signifikanten Unterschiede zwischen Patienten mit AD und Kontrollen. Um mögliche Unterschiede in der Mitochondrienmasse auszugleichen, wurden die Enzymaktivitäten für die Aktivität der Citratsynthase, einem Markerenzym der mitochondrialen Matrix, normalisiert. Die für die Aktivität der Citratsynthase korrigierte Aktivität der COX war weiterhin im Hippocampus bei Patienten mit AD signifikant erniedrigt (p < 0.002). Darüber hinaus erreichten nach Normalisierung durch die Aktivität der Citratsynthase in temporalem Cortex die Unterschiede in der Aktivität der COX und der Komplexe II+III das Signifikanzniveau (p < 0,01 und p < 0,03). In frontalem Cortex und im Cerebellum bestanden weiterhin keine Unterschiede zwischen AD und Kontrollen. Die Ergebnisse sind zusammenfassend in Tabelle 1 dargestellt.

Die vorliegenden Ergebnisse belegen einen selektiven Defekt der COX im Hippocampus und temporalem Cortex bei Patienten mit AD. Diese zwei Strukturen sind sowohl morphologisch als auch funktionell in besonderem Maße bei AD betroffen. Die Untersuchungen in Thrombocyten [1, 3], die eine deutliche Erniedrigung der COX bei AD zeigten, weisen jedoch auf einen generalisierten, genetisch begründeten Defekt der COX bei AD hin. Diese Annahme wird unterstützt durch den Nachweis von Punktmutationen der mitochondrialen DNA im Gehirn von Patienten mit AD [5] die den Komplex I der Atmungskette betreffen. Darüber hinaus wurden Vari-

Tabelle 1. Aktivitäten der Atmungskettenenzymkomplexe in verschiedenen Gehirnregionen von Patienten mit Alzheimerscher Erkrankung (AD) und Kontrollen (CON). Die Enzymaktivitäten sind normalisiert für die Aktivität des mitochondrialen Markerenzyms Citratsynthase (CS). Die Werte sind ± SD dargestellt

	Frontaler Cortex	Temporaler Cortex	Hippo- campus	Cere- bellum
Komplex I+III/CS				
AD	0.10 ± 0.02	0.08 ± 0.04	0.14 ± 0.08	0.06 ± 0.01
CON	0.32 ± 0.24	0.14 ± 0.02	0.14 ± 0.05	0.06 ± 0.03
Komplex II+III/CS				
AD	0.33 ± 0.12	0.29 ± 0.14	0.38 ± 0.04	0.22 ± 0.14
CON	0.46 ± 0.24	0.57 ± 0.09	0.53 ± 0.18	0.26 ± 0.02
Komplex IV/CS (COX)				
AD	1.56 ± 0.23	1.14 ± 0.61	0.54 ± 0.04	0.92 ± 0.52
CON	2.39 ±1.05	3.06 ± 1.01	1.54 ± 0.44	0.89 ± 0.08

anten der mitochondrialen DNA in Gehirngewebe von Patienten mit AD nachgewiesen [6], die eine Beeinträchtigung der Proteinsynthese und eine Erniedrigung der Aktivitäten der Komplexe I und der COX erwarten lassen. Die anhand unserer Untersuchungen nachgewiesenen regionalen Unterschiede in der Aktivität der COX in Gehirngewebe von Patienten mit AD könnten hierbei durch einen variablen Anteil an mutierter und ursprünglicher (wild-type) mitochondrialer DNA in unterschiedlichen Geweben und Gehirnarealen erklärt werden. Möglicherweise existieren auch in den verschiedenen Gehirnarealen unterschiedliche Schwellen für die biochemische Manifestation, wie sie auch bei anderen mitochondrialen Erkrankungen postuliert werden. Da Untereinheiten der Enzymkomplexe auch nucleär codiert werden, könnte ebenfalls eine nucleäre Mutation der gewebespezifischen Isoformen von Untereinheiten der COX vorliegen. Es ist aber auch möglich, daß Thrombocyten und bestimmte Gehirnregionen besonders vulnerabel gegenüber Faktoren sind, die die mitochondriale DNA schädigen und auf diese Weise die COX Aktivität beeinträchtigen.

Literatur

1. Parker WD, Filley CM, Parks JK (1990) Cytochrome c oxidase deficiency in Alzheimer's disease. Neurology 40: 1302–1303
2. Kish SJ, Bergeron C, Rajput A, et al (1992) Brain cytochrome oxidase in Alzheimer's disease. J Neurochem 59: 776–779
3. Parker WD, Mahr NJ, Filley CM, et al (1994) Reduced platelet cytochrome c oxidase activity in Alzheimer's disease. Neurology 44: 1086–1090
4. Parker WD, Parks J, Filley CM, Kleinschmidt-DeMasters BK (1994) Electron transport chain defects in Alzheimer's disease brain. Neurology 44: 1090–1096
5. Lin F-H, Lin R, Wisniewski HM, et al (1992) Detection of point mutations in codon 331 of mitochondrial NADH dehydrogenase subunit 2 in Alzheimer's brains. Biochem Biophys Res Commun 182: 238–246
6. Shoffner M, Brown MD, Torroni A, et al (1993) Mitochondrial DNA variants observed in Alzheimer disease and Parkinson disease patients. Genomics 17: 171–184

Korrespondenz: Dr. I. Maurer, Psychiatrische Universitätsklinik, Sigmund-Freud-Straße 25, D-53105 Bonn, Bundesrepublik Deuschland

Glukose- und Insulinspiegel im Serum nach oralem Glukose-Toleranz-Test (OGTT) bei Patienten mit Demenz vom Alzheimer-Typ (DAT)

J. Thome[1], Y. Taneli[1], L. Frölich[2], G. A. Wiesbeck[1] , M. Rösler[1] und
P. Riederer[1]

[1]Psychiatrische Klinik und Poliklinik, Universität Würzburg und
[2]Zentrum der Psychiatrie, Universität Frankfurt/M., Bundesrepublik Deutschland

Zur Untersuchung möglicher peripherer Veränderungen des Energie-Metabolismus bei DAT wurden 15 Patienten und 13 Kontrollpersonen einem OGTT unterzogen. Bis auf einen in der Index-Gruppe signifikant ($p < 0,05$) erniedrigten Glukose-Spiegel im Nüchternblut fanden sich keine signifikanten Differenzen in der Reaktion auf den Zuckerbelastungstest. Allerdings zeigte sich bei den DAT-Patienten ein Trend zu diskret erhöhten Insulinspiegeln. Gleichzeitig waren die HbA1c-Werte in diesem Kollektiv tendentiell niedriger. Die in der Literatur beschriebenen Befunde einer „Hypoglykämie" und „Hyperinsulinämie" konnten nicht in vollem Umfang repliziert werden. Dennoch sind Störungen des Glukose-Metabolismus als möglicher Pathomechanismus bei DAT denkbar. Untersuchungen auf der Ebene des mitochondrialen Energie-Stoffwechsels sowie von Glukose-Transportern und Insulin-Rezeptoren könnten erfolgversprechende Forschungsstrategien für die Zukunft darstellen.

Einleitung

Die bekannten klinischen und neuropathologischen Veränderungen bei Patienten mit DAT gehen mit spezifischen Alterationen der Glukose-Utilisation im ZNS einher. Mit Hilfe der Positronen-Emissions-Tomographie (PET) können diese Störungen des Energiemetabolismus auch *in vivo* nachgewiesen werden (Jagust et al. 1991, Rapoport et al. 1991, Mielke et al. 1992, Smith et al. 1992, Schapiro et al. 1993). Es bleibt jedoch umstritten, ob es sich bei diesen Befunden um Folgeerscheinungen des neurodegenerativen Prozesses oder um einen der dementiellen Symptomatik vorausgehenden Vorgang handelt, dem pathogenetische Bedeutung zukommt und der möglicherweise auch in die bei DAT gefundenen Alterationen von Neurotransmittersystemen involviert ist (Hoyer und Nitsch 1989, Hoyer 1991). Aufgrund der besonderen Sensibilität des ZNS könnte sich eine generalisierte Störung des Energiestoffwechsels primär hier in Form von DAT-typischen Veränderungen manifestieren. In diesem Falle müßten sich dann aber auch peripher zumindest diskrete Unterschiede in der Glukoseverwertung zwischen Patienten mit DAT und nicht-dementen Kontrollpersonen finden. Tatsächlich wird in letzter Zeit die Möglichkeit systemischer, auch außerhalb des ZNS nachweisbarer Veränderungen des Zuckerstoffwechsles bei DAT diskutiert (Bucht et al. 1983, Fujisawa et al. 1991, Craft et al. 1992, Kilander et al. 1993, Meneilly und Hill 1993). Der OGTT stellt ein seit langem etabliertes Verfahren zur Detektion solcher Veränderungen im peripheren Blut dar.

Methodik

Zur Untersuchung der Frage, ob sich Demenz-Patienten in ihrer Reaktion auf Glukosebelastung signifikant von nicht-dementen Kontrollpersonen unterscheiden, wurde bei 15 Patienten mit DAT und 13 Kontrollpersonen ein OGTT durchgeführt. Die Patienten erfüllten alle die Diagnosekriterien nach NINCDS-ADRDA und ICD10. Es erfolgte eine ausgiebige klinische Diagnostik, die auch CCT, HMPAO-SPECT und psychometrische Tests einschloß. Das Kontrollkollektiv bestand zum größten Teil aus Angehörigen der Patienten mit ähnlichen Verhaltensgewohnheiten hinsichtlich Ernährung und körperlicher Aktivität. Es bestanden keine Unterschiede in der Alters- und Geschlechterverteilung. Die Broca-Indices beider Gruppen wichen nicht signifikant voneinander ab. Nach nächtlichem Fasten wurden die Probanden dem OGTT unterzogen. Vor sowie 30, 60, 90, 120, 180 und 240 Minuten nach oraler Verabreichung von 100 g Glukose (Dextro O.GT., Boehringer) erfolgten Blutentnahmen aus einer Cubitalvene. Hieraus wurden die Zucker- und Insulinwerte im Blutserum bestimmt. Zusätzlich wurde aus dem Nüchternblut auch der prozentuale Anteil des HbA1c am Gesamthämoglobin ermittelt. Bei der statistischen Auswertung kam der U-Test zur Anwendung.

Ergebnisse

DAT-Patienten wiesen im Vergleich zum Kontrollkollektiv einen Trend zu erniedrigten Blutzuckerwerten auf. Zum Meßzeitpunkt t = 0' war dieser Unterschied signifikant (p < 0,05). Der Insulin-Spiegel war zu den meisten Meßzeitpunkten tendentiell erhöht, der HbA1c-Wert diskret erniedrigt. Das Signifikanzniveau wurde allerdings nicht erreicht. Zusammenfassend fanden sich bei DAT-Patienten Veränderungen des Engergiemetabolismus im Sinne einer „Hypoglykämie" im Nüchternblut bei gleichzeitig bestehendem Trend zu leicht erhöhten Insulinwerten. Der bei DAT-Patienten etwas niedrigere HbA1c-Anteil deutete auf eine längerfristige Veränderung des Energiestoffwechsels in diese Richtung hin. Allerdings waren die festgestellten Unterschiede im Vergleich zu nicht-dementen Kontrollpersonen so diskret ausgeprägt, daß sich überwiegend keine statistische Signifikanz ergab.

Diskussion

Störungen des Zuckerstoffwechsels können mit deutlichen Funktionseinbußen des Gedächtnisses einhergehen. Durch Glukose kann die Gedächtnisleistung von DAT-Patienten verbessert werden (Craft et al. 1992, Manning et al. 1993). Ob in der Pathogenese der DAT eine Störung der Glukoseverwertung von primärer Bedeutung ist, bleibt bislang ungeklärt. Die Ergebnisse vorliegender Studie ergeben nur diskrete Hinweise auf im peripheren Blut nachweisbare Veränderungen des Energiemetabolismus bei DAT. Die eindeutigen aber nicht unwidersprochen gebliebenen (Kilander et al. 1993) Ergebnisse früherer Studien (Bucht et al. 1983, Fujisawa et al. 1991), wonach eine „Hypoglykämie" bei gleichzeitiger „Hyperinsulinämie" vorliegen soll, konnten nicht in vollem Umfang reproduziert werden. Veränderungen des Glukose-Metabolismus könnten zumindest teilweise auch auf eine reduzierte physische Aktivität bei DAT-Patienten zurückzuführen sein (Meneilly und Hill 1993). Verschiedenen Subtypen der DAT, denen evtl. unterschiedliche Pathomechanismen zugrunde liegen, sollte künftig verstärkt Aufmerksamkeit geschenkt werden (Hoyer et al. 1988, Mielke et al. 1992). Weitere Untersuchungen, die beispielsweise auch Stoffwechselprozesse auf mitochondrialer Ebene, mögliche Funktionsstörungen des Insulinrezeptors und des Gucosetransporters (Kalaria und Harik 1989, Simpson et al. 1994) sowie die Rolle des insulin-like growth factors (IGF) (Crews et al. 1991, Tham et al. 1993) berücksichtigen, könnten dazu beitragen, die bei DAT auftretenden Veränderungen des Energiemetabolismus besser zu verstehen und die Spezifität dieses Phänomens aufzuklären.

Literatur

Bucht GR, Adolfsson R, Lithner F, Winblad B (1983) Changes in blood glucose and insulin secretion in patients with senile dementia of Alzheimer type. Acta Med Scand 213: 387–392

Craft S, Zallen G, Baker LD (1992) Glucose and memory in mild senile dementia of the Alzheimer type. J Clin Exp Neuropsychol 14: 253–267

Crews FT, McElhaney R, Freund G, Ballinger WE, Walker DW, Hunter BE, Raizada MK (1991) Binding of [125I]-insulin-like growth factor-1 (IGF-I) in brains of Alzheimer's and alcoholic patients. Adv Exp Med Biol 293: 483–492

Fujisawa Y, Sasaki K, Akiyama K (1991) Increased insulin levels after OGTT load in peripheral blood and cerebrospinal fluid of patients with dementia of Alzheimer type. Biol Psychiatry 30: 1219–1228

Hoyer S, Oesterreich K, Wagner O (1988) Glucose metabolism as the site of the primary abnormality in early-onset dementia of Alzheimer type? J Neurol 235: 143–148

Hoyer S, Nitsch R (1989) Cerebral excess release of neurotransmitter amino acids subsequent to reduced cerebral glucose metabolism in early-onset dementia of Alzheimer type. J Neural Transm 75: 227–232

Hoyer S (1991) Abnormalities of glucose metabolism in Alzheimer's disease. Ann NY Acad Sci 640: 53–58

Jagust WJ, Seab JP, Huesman RH, Valk PE, Mathis CA, Reed BR, Coxson PG, Bludinger TF (1991) Diminished glucose transport in Alzheimer's disease: dynamic PET studies. J Cereb Blood Flow Metab 11: 323–330

Kalaria RN, Harik SI (1989) Abnormalities of the glucose transporter at the blood-brain barrier and in brain in Alzheimer's disease. Prog Clin Biol Res 317: 415–421

Kilander L, Boberg M, Lithell H (1993) Peripheral glucose metabolism and insulin sensitivity in Alzheimer's disease. Acta Neurol Scand 87: 294–298

Manning CA, Ragozzino ME, Gold PE (1993) Glucose enhancement of memory in patients with probable senile dementia of the Alzheimer's type. Neurobiol Aging 14: 523–528

Meneilly GS, Hill A (1993) Alterations in glucose metabolism in patients with Alzheimer's disease. J Am Geriatr Soc 41: 710–714

Mielke R, Herholz K, Grond M, Kessler J, Heiss WD (1992) Differences of regional cerebral glucose metabolism between presenile and senile dementia of Alzheimer type. Neurobiol Aging 13: 93–98

Rapoport SI, Horwitz B, Grady CL, Haxby JV, DeCarli C, Schapiro MB (1991) Abnormal brain glucose metabolism in Alzheimer's disease, as measured by positron emission tomography. Adv Exp Med Biol 291: 231–248

Schapiro MB, Pietrini P, Grady CL, Ball MJ, DeCarly C, Kumar A, Kaye JA, Haxby JV (1993) Reductions in parietal and temporal cerebral metabolic rates for glucose are not specific for Alzheimer's disease. J Neurol Neurosurg Psychiatry 56: 859–864

Simpson IA, Chundu KR, Davies-Hill T, Honer WG, Davies P (1994) Decreased concentrations of GLUT1 and GLUT3 glucose transporters in the brains of patients with Alzheimer's disease. Ann Neurol 35: 546–551

Smith GS, deLeon MJ, George AE, Kluger A, Volkow ND, McRae T, Golomb J, Ferris SH, Reisberg B, Ciaravino J (1992) Topography of cross-sectional and longitudinal glucose metabolic deficits in Alzheimer's disease. Pathophysiologic implications. Arch Neurol 40: 1142–1150

Tham A, Nordberg A, Grissom FE, Carlsson-Skwirut C, Viitanen M, Sara VR (1993) Insulinlike growth factors and insulin like growth factor binding proteins in cerebrospinal fluid and serum of patients with dementia of the Alzheimer type. J Neural Transm [PD Sect] 5: 165–176

Korrespondenz: Dr. J. Thome, Psychiatrische Universitätsklinik, Füchsleinstraße 15, D-97080 Würzburg, Bundesrepublik Deutschland

Therapeutische Implikationen der Beteiligung exzitatorischer Aminosäuren an der Pathogenese dementieller Erkrankungen

G. Quack, C. G. Parsons und **W. Danysz**

Merz + Co. GmbH & Co., Frankfurt, Bundesrepublik Deutschland

Die Glutamat-Hypothese primärer Demenzen

Primäre dementielle Syndrome können auf der Basis eines ischämischen Insults (vaskuläre Demenz) oder durch neurodegenerative Veränderungen (Demenz vom Alzheimer Typ) entstehen. In jedem Fall wird eine Beteiligung exzitatorischer Aminosäuren (wichtigster Vertreter ist die Aminosäure Glutamat) an der Pathogenese diskutiert.

Glutamat ist der schnelle exzitatorische Neurotransmitter des Gehirns. In der Tat benutzen 70% aller ZNS-Synapsen Glutamat als Transmitter.

Glutamat aktiviert 3 große Klassen von Rezeptoren

- AMPA-sensitive ionotrope glutamaterge Rezeptoren: wahrscheinlich an fast allen Formen schneller exzitatorischer synaptischer Neurotransmission beteiligt und an einen Na^+/K^+, manchmal auch Ca^{2+}-permeablen Kanal gekoppelt (Abb. 1 A).

- NMDA-sensitive ionotrope Rezeptoren, die erst nach erfolgter Depolarisation der postsynaptischen Membran aktiviert werden. Die Rezeptoren werden positiv moduliert durch Polyamine und Glycin und der assoziierte Ca^{2+}-permeable Kanal wird physiologisch durch Mg^{2+} in einer spannungs- und nutzungsabhängigen Weise blockiert. Die biophysikalischen Eigenschaften und die hohe Co^{2+}-Permeabilität machen den NMDA-Rezeptor unvergleichlich geeignet zur Vermittlung synaptischer Plastizität, die Lernprozessen und der Entwicklung von Toleranz- und Sensibilisierungsphänomenen zugrunde liegt (Abb. 1 B).

- Metabotrope Rezeptoren sind via G-Protein an Phospholipase C oder Adenylatcyclase gekoppelt. Wegen des damit verbundenen Anstiegs intrazellulärem Ca^{2+} wird eine Beteiligung metabotroper Rezeptoren an der synaptischen Plastizität diskutiert.

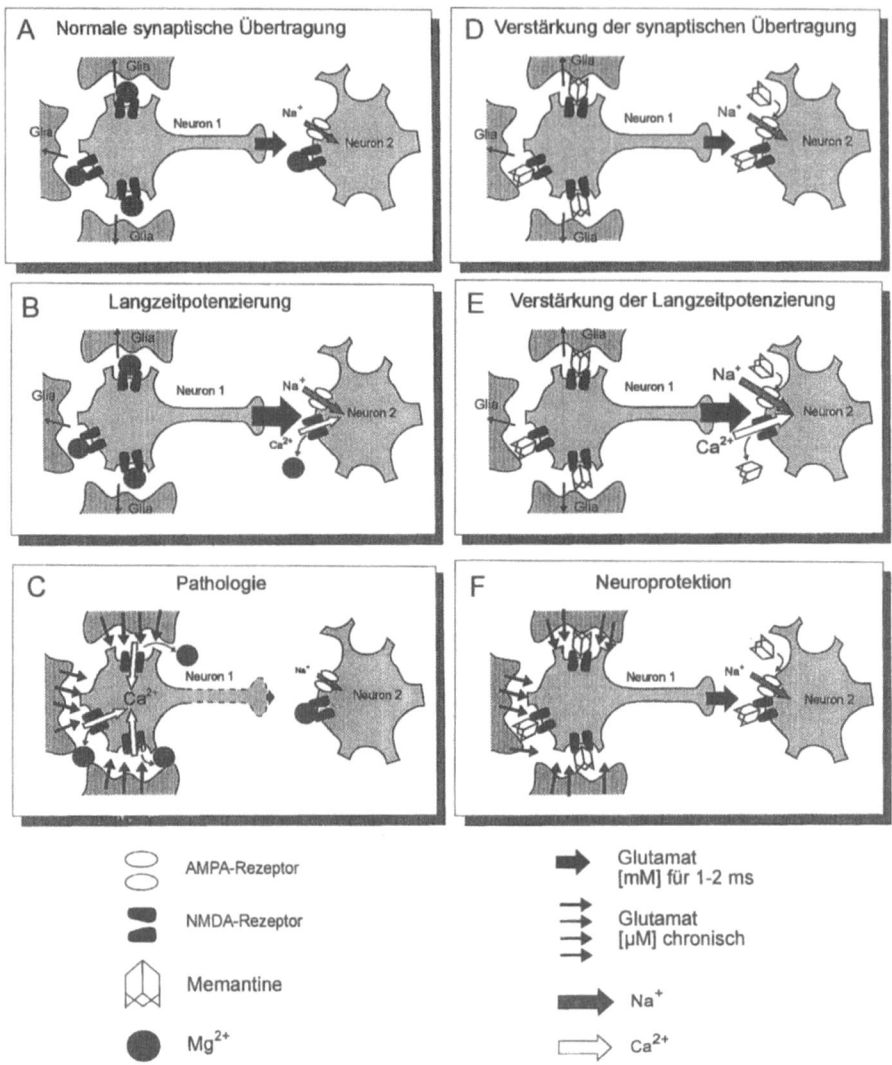

Abb. 1. Schematische Präsentation der angenommenen Wirkung von Memantine bei der Demenz (vergl. Text für nähere Erläuterungen)

Es gibt viele Hinweise, daß eine Störung der glutamatergen Neurotransmission der Symptomatik primärer Demenzen zugrunde liegt. So zeigen postmortale Untersuchungen von Alzheimer Gehirnen einen deutlichen Verlust glutamaterger Rezeptoren im fortgeschrittenen Stadium (z. B. Greenamyre et al. 1987, Armstrong et al. 1994).

Zieht man alleine diese Befunde in Betracht, könnte ein therapeutischer Ansatz die Supplementierung mit Glutamat oder hirnverfügbarer Glutamatanaloga sein, solange zumindest, wie noch eine ausreichende Rezeptordichte vorliegt.

Zwischenzeitlich wurden jedoch Hinweise erbracht, daß der massive Verlust glutamaterger Synapsen, wie er im späten Stadium des Morbus Alzheimer gesehen wird, eine sekundäre Folge der exzitotoxischen Wirkung von Glutamat auf Neurone ist (Abb. 1 C).

Dies führt zu der Erkenntnis, daß die Behandlung mit Agonisten kurzfristige symptomatologische Effekte zeigen könnte, jedoch die Progression der Erkrankung eher beschleunigt werden sollte. Ein eher rationaler Ansatz ist daher die positive Modulation von Glutamatrezeptoren (Greenamyre et al. 1988).

Ziele einer therapeutischen Intervention sind daher:
– Schutz von Neuronen gegen glutamaterge Überaktivierung
– Beibehaltung normaler physiologischer Neurotransmission zur Aufrechterhaltung synaptischer Prozesse
– Aktivierung suboptimaler glutamaterger Übertragung zur Linderung der Demenzsymptomatik.

Eine Substanz, die klinisch verifiziert, über die gewünschten Eigenschaften verfügt, ist der Glutamatmodulator Memantine (Akatinol MemantineR). Im folgenden wird dargestellt, anhand welcher präklinischer und klinischer Daten bisher der entsprechende Nachweis erbracht werden konnte.

Der nicht-kompetitive NMDA-Antagonist Memantine kann aufgrund einer ausgeprägten Spannungsabhängigkeit und schneller Kanalblockade-Kinetik selektiv eine pathologische Aktivierung von NMDA-Rezeptoren vermindern

Memantine bindet an der MK-801-Bindungsstelle im NMDA-Kanal (Kornhuber et al. 1991, 1994). Dabei ähnelt die Kinetik der Kanalblockade und die Spannungsabhängigkeit derjenigen des Mg^{2+}, wodurch selbst hohe Konzentrationen von Memantine die synaptische Plastizität (z. B. gemessen als LTP) nicht negativ beeinflussen (Chen et al. 1992, Parsons et al. 1993, 1994, Fawkiewicz et al. 1996, Abb. 2 und 3). Während aber schnelle glutamaterge synaptische Übertragungen nicht blockiert werden (Glutamat ist im synaptischen Spalt für einige Millisekunden in einer Konzentration im Bereich von mM präsent), reduziert Memantine, anders als Mg^{2+}, die neurotoxischen Effekte von Glutamat unter pathologischen Umständen (Glutamat aktiviert z. B. bei Hypoxie und Ischämie langandauernd im Bereich von mikromolaren Konzentrationen, Abb. 1 (D–F).

Die neuroprotektiven Effekte von Memantine wurden sowohl in vitro (Erdö und Schäfer 1991, Chen et al. 1992, Osborne und Quack 1992, Weller et al. 1993) als auch in vivo (Seif el Nasr et al. 1990, Backhauss 1992, Chen et al. 1992, Keilhoff und Wolf 1992, Wenk et al. 1994, 1995) untersucht.

Besonders hervorzuheben sind jüngere Untersuchungen von Danysz et al. (1994) mit dem klinisch relevanten Modell einer subchronischen Exzitotoxizität (Abb. 4 a). Hier wurde mittels Minipumpen der NMDA-Agonist Quinolinsäure über 14 Tage in das Ventrikelsystem appliziert und gleich-

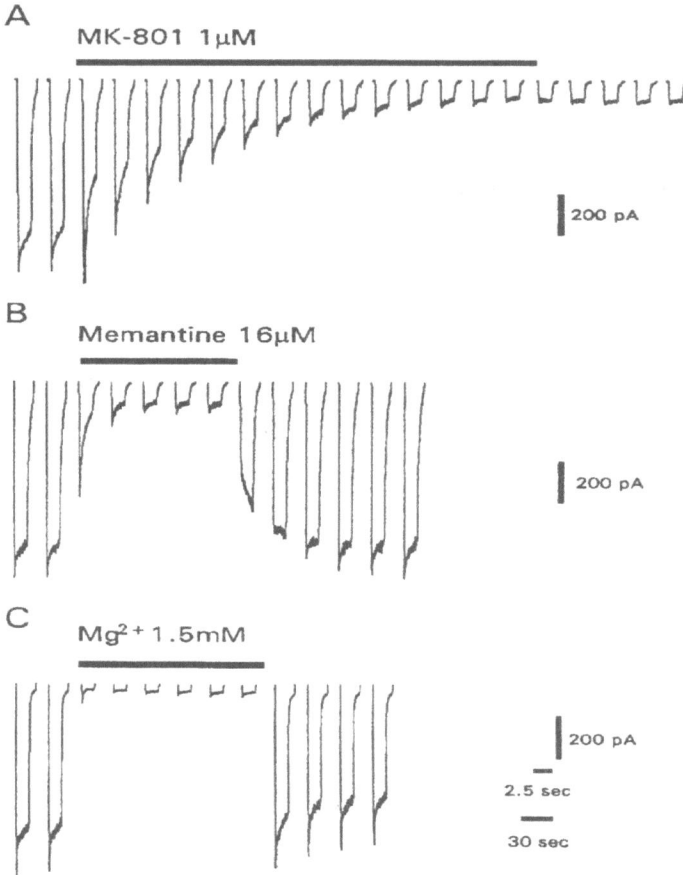

Abb. 2. Vergleich der Nutzungsabhängigkeit von (+)-MK-801 (Dizocilpine), Memantine und Mg^{2+}. Einwärtsströme wurden von kultivierten Superior colliculus Neuronen im „whole cell"-Modus der „patch clamp" Methode abgeleitet (Haltepotential −70 mV). 200 µM NMDA wurden in Gegenwart von 1 µM Glyzin alle 30 Sekunden für jeweils 2,5 Sekunden appliziert. **A** 1 µM Dizocilpine war für insgesamt 7 Minuten anwesend. In Abwesenheit von Dizocilpine waren selbst 10 NMDA-Applikationen nicht in der Lage, die Kontrollantwort wieder herzustellen. **B** 16 µM Memantine war für insgesamt 2,5 Minuten anwesend. Memantine zeigt eine rasche Blockade-/Deblockade-Kinetik. **C** 1,5 mM Mg^{2+} war für insgesamt 3 Minuten anwesend. Mg^{2+} weist eine noch schnellere Kinetik der Blockade und Deblockade auf (modifiziert nach Parsons et al. 1993)

zeitig über eine zweite Minipumpe systemisch Memantine verabreicht. Unter diesen Bedingungen wurde ohne Intervention ein progressiver Verlust synaptischer Plastizität („T-Labyrinth-Test") und ein cholinerges Defizit beobachtet, die jedoch durch Memantine in der (humantherapeutisch relevanten) Gleichgewichtskonzentration von ca. 1 µM verhindert werden konnte.

Hinweise auf ein progressionsmindernde Wirkung von Akatinol Memantine[R] konnten auch in einer klinischen Studie erhalten werden (Görtelmeyer et al. 1993).

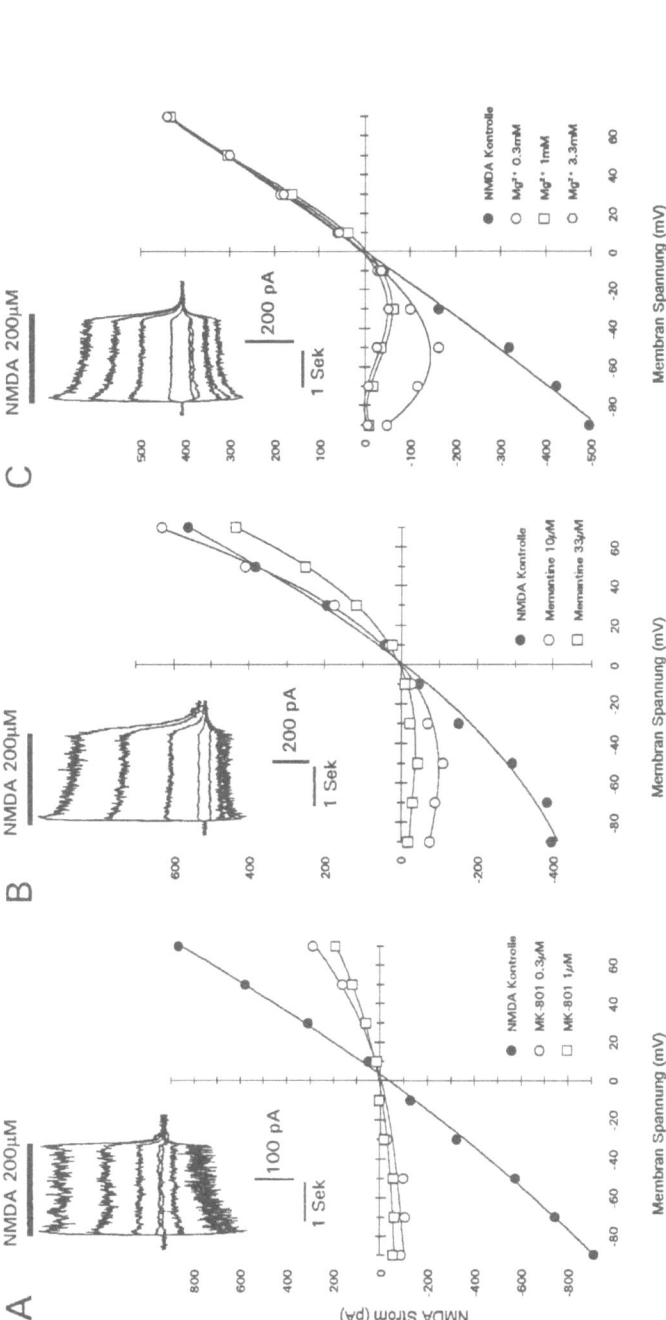

Abb. 3. Spannungsabhängigkeit der Blockade von NMDA-Antworten durch (+)-MK801 (Dizocilpine), Memantine und Mg²⁺. NMDA wurde in Gegenwart von 1 µM Glyzin und bei verschiedenen Haltepotentialen für 2,5 Sekunden appliziert (Zwischenapplikationsintervall 30 Sekunden). Ableitungen wurden im „perforated patch"-Modus der „patch clamp"-Technik mit Nystatin-gefüllten Elektroden durchgeführt. In der Abbildung wurden die Plateauionenströme gegen das Membranpotential aufgetragen. A NMDA-Antworten wurden in An- und Abwesenheit von Dizocilpine (0,3 und 1,0 µM) abgeleitet. Die eingefügte kleine Abbildung zeigt Originalableitungen für 0,3 µM. Dizocilpine blockiert alle NMDA-Antworten unabhängig vom Membranpotential. B NMDA-Antworten wurden in An- und Abwesenheit von Memantine (10,0 und 33,0 µM) abgeleitet. Die eingefügte kleine Abbildung zeigt Originaldaten für 10,0 µM. Memantine blockiert NMDA-Antworten fast ausschließlich bei negativem Membranpotential. C NMDA-Antworten in An- und Abwesenheit von Mg²⁺ (0,3; 1,0 und 3,3 mM). Die kleine Abbildung zeigt die Original-Strom-/Spannungskurve in der Gegenwart von 0,3 mM Mg²⁺ (modifiziert nach Parsons et al. 1993)

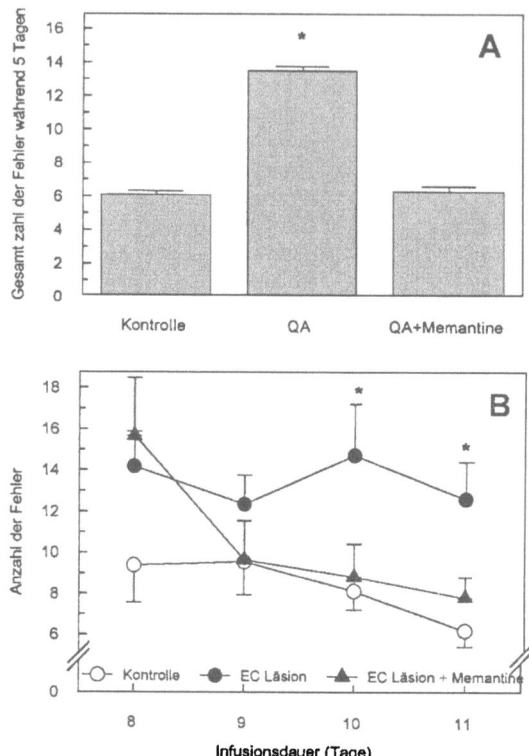

Abb. 4. A Neuroprotektive Wirkung von Memantine. Ratten erhielten eine i. c. v.-lnfusion von Quinolinsäure (QA) mit Hilfe von Alzet Osmose-Pumpen über 2 Wochen. Nach Abschluß der Infusion zeigten die Tiere im „T-Labyrinth" ein Lerndefizit. Parallele Infusion von Memantine s. c. (20 mg/kg x d, Alzet Osmose-Pumpen) konnte dieses Defizit völlig aufheben. Die Dosis von Memantine führt zu human-therapeutisch relevanten Plasmaspiegeln in Höhe von 1 µM. Resultate wurden mit ANOVA und anschließendem Newman-Keuls-Test ausgewertet und als Mittelwerte ± SEM (n = 8–10) abgebildet. *p < 0,05 (modifiziert nach Danysz et al. 1994). **B** Symptomatische Wirkung von Memantine. Der entorhinale Cortex (EC) von Ratten wurde zunächst akut mit QA läsioniert. Danach wurde Memantine über 10 Tage infundiert (20 mg/kg x d, s. c., Alzet Osmose-Pumpen). Das durch die Läsion des EC verursachte Lerndefizit konnte durch Memantine weitgehend abgeschwächt werden. Resultate wurden mit ANOVA und anschließendem Dunnett-Test ausgewertet und als Mittelwerte ± SEM (n = 8–10) abgebildet. *p < 0,05 (modifiziert nach Danysz et al. 1994)

Memantine zeigt positive Effekte auf synaptische Plastizität und verminderte Lern- und Gedächtnisleistungen

Klinisch mehrfach verifiziert ist die symptomatische Wirkung von Akatinol Memantine[R] bei Demenzerkrankungen unterschiedlicher Genese (Ditzler 1991, Görtelmeyer und Erbler 1992, Pantev et al. 1993).

Im Tiermodell konnten Danysz et al. (1994) nun auch die symptomatische Wirkung von Memantine nach exzitotoxischer Läsionierung des entorhinalen Cortex der Ratte nachweisen (Abb. 4 b). In geeignetem zeitlichen Abstand wurde nach Läsionierung Memantine bzw. Placebo wie bereits erwähnt systemisch via Minipumpen appliziert. Beide Behandlungskollektive wiesen zu Beginn ein Lerndefizit auf, 9 Tage nach der Läsion begannen jedoch die Memantine-behandelten Tiere besser zu lernen als die Placebo-behandelten. Diese Lernverbesserung war nur in Tieren mit einem Lerndefizit sichtbar.

Diese Daten werden gestützt durch Befunde von Dimpfel (1995), der in vitro eine Verstärkung glutamaterger synaptischer Transmission im CA1-Gebiet des Hippocampus beobachtete und Barnes et al. (im Druck), die unter chronischer Behandlung mit Memantine über das Futter eine Verlängerung der Dauer der Langzeitpotenzierung im Gyrus dentatus des Hippocampus feststellten.

Wie Memantine diese (nootropen) Effekte bewirkt, ist noch Gegenstand laufender Untersuchungen. In Anlehnung an Dimpfel (1995) kann eine Reduktion GABA-erger inhibitorischer postsynaptischer Potentiale durch selektive NMDARezeptor-Blockade angenommen werden. Dafür sprechen Befunde, wonach der NMDA-Antagonismus von Memantine in verschiedenen Hirnregionen variiert und vom Rezeptor-Subtyp abhängt (Prado de Carvlho et al. 1993, Porter und Greenamyre 1995, Bresink et al. 1995, Parsons et al. 1996).

Zusammenfassung und Schlußfolgerungen

In Gegenwart therapeutisch relevanter Konzentrationen von Memantine werden sowohl die normale synaptische Transmission als auch die Langzeitpotenzierung (Abb. 1 E) nicht inhibiert. Memantine blockiert den NMDA-Kanal nur während der normalen synaptischen Transmission, verläßt ihn aber, wie Mg^{2+}, nach starker Depolarisation der Membran infolge kurzfristig hoher Glutamatkonzentrationen und ermöglicht so synaptische Plastizität (Abb. 1 D, E).

Andererseits blockiert Memantine bei pathologischer Aktivierung den NMDA-Kanal. Unter diesen Bedingungen liegen lediglich moderat erhöhte Glutamatkonzentrationen vor, die die eigentlich spannungsabhängige Blockade nicht aufzuheben vermögen (Abb. 1 F).

Memantine wirkt zusätzlich auf glutamaterge Erregungen bahnend (via AMPA-Transmission oder NMDA-vermittelter GABA-erger Desinhibition). Memantine ist daher zur symptomatischen und progressionsvermindernden Therapie primärer dementieller Erkrankungen geeignet.

Literatur

Armstrong DM, Ikonomovic MD, Sheffield R, Wenthold RJ (1994) AMPA-selective glutamate receptor subtype immunoreactivity in the entorhinal cortex of non-demented elderly and patients with Alzheimer's disease. Brain Res 639: 207–216
Backhauss C, Karkoutly C, Welsch M, Krieglstein J (1992) A mouse model of focal cerebral ischemia for screening neuroprotective drug effects. Pharmacol Toxicol Method 27: 27–32

Barnes CA, Danysz W, Parsons CG (1996) Effects of the uncompetitive N-methyl-D-aspartate (NMDA) receptor antagonist memantine (1-amino-3, 5-dimethyl-adamantane) on hippocampal long-term potentiation (LTP), short-term exploratory modulation (STEM) and spatial memory in awake, freely moving rats. Eur J Neurosci (in press)

Bresink I, Danysz W, Parsons CG, Mutschler E (1995) Different binding affinities of NMDA receptor channel blockers in various brain regions-indication of NMDA receptor heterogeneity. Neuropharmacology 34: 533–540

Chen, HSV, Pellegrini JW, Aggarwal SK, Lei SZ, Warach S, Jensen FE, Lipton SA (1992) Open-channel block of N-methyl-D-aspartate (NMDA) responses by memantine – therapeutic advantage against NMDA-receptor-mediated neurotoxicity. J Neurosci 12: 4427–4436

Danysz W, Misztal M, Filipkowski RK, Kacmarek L, Skangiel-Kramska J (1994) Learning impairment induced by chronic infusion of quinolinic acid – protection by memantine. Soc Neurosci Abstr 20: 1722

Ditzler K (1991) Efficacy and tolerability of memantine in patients with dementia syndrome. Arzeimittelforschung/Drug Res 8: 773–780

Erdö SJ, Schäfer M (1991) Memantine is highly potent in protecting cortical cultures against excitotoxic cell death evoked by glutamate and N-methyl-D-aspartate. Eur J Pharmacol 198: 215–217

Frankiewicz T, Potier B, Bashir ZI, Collingridge GL, Parsons CG (1996) Comparison of the effects of memantine and MK-801 on NMDA-induced current responses in cultured neurones and on synaptic transmission and LTP in area CA1 of the rat hippocampus in vitro. Br J Pharmacol 117: 689–697

Görtelmeyer R, Erbler H (1992) Memantine in the treatment of mild to moderate dementia syndrome – a double-blind placebo-controlled study. Arzneimittelforschung/Drug Res 42: 904–913

Görtelmeyer R, Pantev M, Parsons CG, Quack G (1993) The treatment of dementia syndrome with Akatinol Memantine, a modulator of the glutamatergic system. In: von Wild K (Hrsg) Spektrum der Neurohabilitation. Zuckschwerdt, München

Greenamyre JT, Penney JB, D'Amato CH, Young Ab (1987) Dementia of the Alzheimer's type: changes in hippocampal [³H]-glutamate binding. J Neurochem 48: 543–551

Greenamyre JT, Maragos EF, Albin RL, Penney JB, Young AB (1988) Glutamate transmission and toxicity in Alzheimer's disease. Prog Neuropsychopharmacol Biol Psychiatry 12: 421–430

Keilhoff G, Wolf G (1992) Memantine prevents quinolinic acid-induced hippocampal damage. Eur J Pharmacol 219: 451–454

Kornhuber J, Bormann J, Hubers M, Rusche K, Riederer P (1991) Effects of the 1-amino-adamantanes at the MK-801-binding site of the NMDA-receptor-gated ion channel – a human postmortem brain study. Eur J Pharmacol 206: 297–300

Kornhuber J, Weller M, Schoppenmeyer K, Riederer P (1994) Amantadine and memantine are NMDA receptor antagonists. J Neural Transm 43 [Suppl]: 91–104

Osborne NN, Quack G (1992) Memantine stimulates inositol phosphates production in neurones and nullifies N-methyl-D-aspartate-induced destruction of retinal neurones. Neurochem Int 21: 329–336

Pantev M, Ritter R, Görtelmeyer R (1993) Clinical and behavioral evaluation in long-term care patients with mild to moderate dementia under memantine treatment. Gerontol Psychiat 6: 103–117

Parsons CG, Gruner R, Rozental J, Millar J, Lodge D (1993) Patch clamp studies on the kinetics and selectivity of N-methyl-D-aspartate receptor antagonism by memantine (1-amino-3,5-dimethyladamantane). Neuropharmacology 32: 1337–1350

Parsons CG, Krishtal OA, Misgeld U (1994) Comparative studies on NMDA receptor antagonism by amantadine (1-aminoadamantane) and memantine (1-amino-3,5-dimetyhladamantane). Soc Neurosci Abstr 20: 1144

Parsons CG, Pachenko VA, Pinchenko VO, Tsyndrenko AY, Krishtal OA (1996) Comparative patch clamp studies with freshly dissociated rat hippicampal and striatal neurones on the NMDA receptor antagonistic effects of amantadine and memantine. Eur J Neurosci 8: 446–454

Porter RHP, Greenamyre JT (1955) Regional variations in the pharmacology of NMDA receptor channel blockers: implications for therapeutic potential. J Neurochem 64: 614–623

Prado de Carvalho L, Bochet P, Rossier J (1993) NMDA receptors expressed in oocytes: effects of ligands related to HIV infection. Soc Neurosci Abstr 19: 1781

Seif el Nasr M, Peruche B, Rossberg C, Krieglstein J (1990) Neuroprotective effect of memantine demonstrated in vivo und in vitro. Eur J Pharmacol 1985: 19–24

Wenk GL, Danysz W, Mobley SL (1994) Investigations of neurotoxicity and neuroprotection within the nucleus basalis of the rat. Brain Res 655: 7–11

Wenk GL, Danysz W, Mobley SL (1995) MK-801, memantine and amantadine show potent neuroprotective activity against NMDA toxicity in the nucleus basalis – a dose response study. Eur J Pharmacol 293: 267–270

Korrespondenz: Dr. G. Quack, Merz + Co. GmbH & Co., Eckenheimer Landstraße 100–104, D-60318 Frankfurt, Bundesrepublik Deutschland

Behandlung von Chorea Huntington mit Tiaprid und Sulpirid

W. Wittgens[1], **F. J. Schuier**[2] und **U. Trenckmann**[1]

[1]Hans-Prinzhorn-Klinik Hemer, Westfälisches Fachkrankenhaus für Psychiatrie, Hemer und [2]Neurologische Abteilung, Rheinische Landes- und Hochschulklinik, Düsseldorf, Bundesrepublik Deutschland

Einleitung

Die Behandlung der klinisch-neurologischen und psychiatrischen Symptome, die im Verlauf der Manifestation einer Huntington'schen Chorea beobachtet werden können, erfordert einen multiprofessionellen Ansatz. Neben sozialpsychiatrischen, ergo- und physiotherapeutischen Maßnahmen bedingen insbesondere die typischen choreatischen Hyperkinesen, aber auch die im Rahmen des Demenzprozesses oftmals auftretenden Affekt- und Antriebsstörungen der Patienten einen differenzierten Einsatz von Psychopharmaka. Insbesondere seitens der neurologischen Manifestationen der Huntington'schen Chorea haben sich eine Reihe von Medikamenten aus dem Bereich der Neuroleptika gut bewährt (Scholz 1993). Die psychiatrische Symptomatologie erfordert gleichfalls oft eine neuroleptische Basismedikation, wobei eine Kombination mit Benzodiazepinen mitunter durchaus sinnvoll erscheint. Ziel unserer klinisch kasuistischen Studie war es, zu untersuchen, ob es möglich erscheint, eine pharmakologische Basistherapie der neuropsychiatrischen Störungen der Erkrankung empfehlen zu können.

Patienten und Methodik

Während eines Zeitraum von drei Jahren wurden 42 Patienten mit Huntington'scher Chorea aufgrund von Bewegungs- oder aber erheblichen Affekt- und Antriebsstörungen in unseren Kliniken stationär aufgenommen. Alle Patienten zeigten schon seit mindestens sechs Jahren Bewegungsstörungen. Überwiegend wurde versucht, die medikamentöse Behandlung auf Tiaprid und Sulpirid zu begrenzen. Adjuvant wurde bei affektiven Schwankungen Lorazepam oder Fluphenazin, selten Benperidol oder Haloperidol gegeben. Bei Bestehen außergewöhnlich ausgeprägter choreatischer Hyperkinesen wurde zunächst Tiaprid auf 600–800 und Sulpirid auf 800–1.200 mg/die erhöht, bevor Perphenazin (bis zu 16 mg) als Tagesdosis verordnet wurde. Alle Patienten erhielten zudem eine multiprofessionell ausgerichtete psychiatrische Basistherapie.

Ergebnisse

Ca. 50% der Patienten respondierten auf eine Kombination aus Tiaprid und Sulpirid. In drei Fällen war eine Monotherapie mit Tiaprid möglich. In 42% der Patienten war es darüber hinaus erforderlich, bei bestehender Basistherapie mit Sulpirid und Tiaprid zusätzlich weitere Neuroleptika bzw. Benzodiazepine zu verabreichen.

Diskussion

Als Schlußfolgerung erscheint es uns möglich, sicherlich abhängig vom Einzelfall, als Grundlage der Behandlung neuropsychiatrischer Störungen bei der Huntinton'schen Chorea eine psychopharmakologische Basistherapie mit Tiaprid und Sulpirid einzuleiten und, wenn trotz entsprechender Dosiserhöhung kein ausreichender Erfolg zu erzielen ist, diese entsprechende Standardmedikation durch zusätzliche Gabe weiterer Neuroleptika wie beispielsweise Perphenazin oder aber auch von Benzodiazepinen zu ergänzen. Abschließend bleibt noch zu erwähnen, daß inbesondere Sulpirid wie auch anderenorts bereits dargestellt (Knowling und Wrench 1991) sowohl auf die neurologischen wie auch psychiatrischen Störungen der Chorea-Patienten eine gute Wirksamkeit aufweist.

Inwieweit sich der Einsatz von Carbamazepin (Roulet und Deonna 1989) auch zukünftig als zusätzlicher Therapieansatz bewähren wird, bleibt weiterer Beobachtung vorbehalten.

Literatur

Knowling MR, Wrench W (1991) Treatment of Huntington's chorea with sulpiride. S Afr Med J 79 (3): 169
Roulet E, Deonna T (1989) Successful treatment of hereditary dominant chorea with carbamazepine. Pediatrics 83 (6): 1077
Scholz E (1993) Chorea Huntington und Chorea Sydenham. In: Brandt T, et al (Hrsg) Therapie und Verlauf neurologischer Erkrankungen, 2. überarb erw Aufl. Kohlhammer, Stuttgart Berlin Köln

Korrespondenz: Dr. med. W. Wittgens, Hans-Prinzhorn-Klinik, Westfälisches Fachkrankenhaus für Psychiatrie, Frönsberger Straße 71, D-58675 Hemer, Bundesrepublik Deutschland

Diagnose und Therapie emotionaler Instabilität nach Hirninfarkt

U. Müller[1, 2], **R. Frieboes**[1, 3] und **D. Y. von Cramon**[1, 2]

[1]Abteilung für Neuropsychologie, Städtisches Krankenhaus München-Bogenhausen,
[2]Arbeitsbereich Neurologie, Max-Planck-Institut für neuropsychologische Forschung,
Leipzig und [3]Klinisches Institut, Max-Planck-Institut für Psychiatrie, München,
Bundesrepublik Deutschland

Bei der Exploration von Patienten mit Hirninfarkten kommt es häufig zu einem der Situation unangemessenen Weinen. Diese „special tendency to induce weeping" wurde bereits 1872 von Charles Darwin in seiner Monographie über *The Expression of Emotions in Man and Animal* erwähnt. Das klinische Phänomen hat im Laufe der Jahre viele Namen erhalten, die entweder auf bestimmten Vorstellungen zur Pathoätiologie beruhen, wie pseudobulbärer Affekt, Zwangsweinen, Affektinkontinenz, oder eher deskriptiv sind, wie die von Poeck vorgeschlagene Unterscheidung von Affektlabilität und pathologischem Weinen [12]. In Übereinstimmung mit den terminologischen Überlegungen von Allman [1] bevorzugen wir die Bezeichnung emotionalism, was wir als „emotionale Instabilität" übersetzt haben.

Zustände unkontrollierbaren Weinens finden sich bei einer Reihe neurologischer Krankheiten: Cerebrovaskuläre Erkrankungen, Multiple Sklerose, Motorneuron-Erkrankungen, Hirntumoren, Schädel-Hirn-Traumata und degenerative Hirnerkrankungen [15]. Diese Vielfalt von Ätiologien spricht für eine geringe Spezifität. Es gibt allerdings nur wenig epidemiologische Daten. So wird die Prävalenz von *emotionalism* nach Hirninfarkt in einer Studie von House et al. mit 11–21%, abhängig vom Untersuchungszeitpunkt, angegeben [6] und liegt damit unter der Prävalenz der sogenannten *post-stroke depression*. Hervorzuheben ist eine vom Schweregrad der neurologischen Schädigung abhängige Tendenz zu Spontanremissionen [2].

Diagnose emotionaler Instabilität

Unsere verhaltensneurologischen Analysen, die in einzelnen Fällen durch die Videoaufzeichnung von klinischen Interviews ergänzt wurden, ergaben,

daß paroxysmale Zustände unkontrollierbaren Weinens, seltener auch Lachens, bei den betroffenen Patienten in emotional belastenden, sozialen
Interaktionen mehr oder weniger leicht ausgelöst werden können. Ein völlig spontanes Auftreten der Symptomatik, wie es von Poeck für die Diagnose von pathologischem Weinen oder Lachen gefordert wird [12], konnten
wir in keinem Fall beobachten. Wir fanden auch keine Auslösung durch
unspezifische Stimuli; bereits das Herantreten des Arztes hat für den Patienten sicher eine emotionale Bedeutung.

Eine Weinepisode dauert in der Regel 20–120 Sekunden. Hervorzuheben ist, daß emotionale Instabilität oft unabhängig von affektiven Störungen auftritt [2, 6]. Befragt man die Patienten kurz nach dem Weinen, ist oft
keine Traurigkeit oder Depressivität zu erkennen. Die Chronifizierung
emotionaler Instabilität verursacht bei den betroffenen Patienten einen erheblichen Leidensdruck und kann ihrerseits Ursache für Sekundärsymptome wie Ärger, Wut, Verzweiflung, Traurigkeit und schließlich soziales Vermeidungsverhalten sein, was sich auf den gesamten Rehabilitationsverlauf
ungünstig auswirkt.

Von vielen Betroffenen und deren Angehörigen, aber auch von manchen Therapeuten wird das inadäquate emotionale Ausdrucksverhalten
nicht als neuro-psychiatrische Störung erkannt und oft psychodynamisch
fehlgedeutet. Erschwert werden Diagnose und Therapie in einzelnen Fällen auch durch eine *unawareness* für die Symptomatik, wenn nur die Angehörigen und Therapeuten die Störung wahrnehmen, nicht aber der Patient selbst.

Differentialdiagnostisch muß die typische emotionale Instabilität
zunächst unterschieden werden von emotionaler Bewegtheit bei „normaler" Trauer und Freude. Schwierig ist oft die Abgrenzung von Stimmungsschwankungen bei bipolaren affektiven Störungen und vom weiteren Spektrum depressiver Störungen. Selten sind Lach- oder Weinanfälle (*gelastic seizures* oder *fits of weeping*) auch das Korrelat eines epileptischen Geschehens
[8, 15]. Dabei empfehlen sich Antikonvulsiva nicht nur als Therapie der
Wahl, sondern auch zur *ex juvantibus* Diagnostik.

Pharmakotherapie emotionaler Instabilität

Die Erkennung von depressiven Störungen und emotionaler Instabilität
nach Hirninfarkten hat in den letzten Jahren an Bedeutung gewonnen, da
die ungünstigen Auswirkungen auf den Rehabilitationsverlauf erkannt wurden und effektive Behandlungsmöglichkeiten zur Verfügung stehen. Bereits 1969 wurde eine erste Studie zur erfolgreichen Therapie von *organic
emotionalism* mit trizyklischen Antidepressiva vorgelegt [7]. Diese Substanzgruppe ist allerdings wegen häufiger, bei hirngeschädigten Patienten besonders gefürchteter anticholinerger Nebenwirkungen und Komplikationen (anticholinerges Delir) in Verruf geraten [11, 13]. Richtungsweisend
sind hingegen positive Erfahrungen mit Fluoxetin [14] sowie die kontrollierte Therapiestudie von Andersen et al. zu Citalopram [3]. Diese selektiven Serotonin-Wiederaufnahmehemmer (SSRI) haben den Vorteil eines

günstigeren Nebenwirkungsspektrums bei überzeugender therapeutischer Wirksamkeit [9,10]. Ob strategischen Läsionen serotonerger Projektionen aus den Raphekernen eine pathoätiologische Bedeutung zukommt [4], muß allerdings aufgrund widersprüchlicher Befunde bezweifelt werden. Die therapeutische Wirksamkeit von SSRI bei emotionaler Instabilität mach Hirninfarkt dürfte eher durch deren allgemein stimmungsstabilisierende Wirkung zu erklären sein.

Eine verhaltenstherapeutische Beeinflußbarkeit der Kontrolle über das inadäquate Weinen konnte, mit Ausnahme eines einzigen Fallberichts [5], bislang nicht gezeigt werden. In der klinischen Praxis ist die behutsame Aufklärung von Patienten und Angehörigen über die komplizierten neuropsychiatrischen Zusammenhänge der Störung von besonderer Bedeutung.

Eigene Patienten

Unsere Überlegungen stützen sich auf die Auswertung der Forschungsliteratur und Beobachtungen an einem kleinem Kollektiv eigener Patienten, die im Zeitraum 1993/94 in der Abteilung für Neuropsychologie in Bogenhausen zur Aufnahme kamen (Tabelle 1). Unter insgesamt 137 Patienten nach Hirninfarkt wurde bei 13 eine emotionale Instabilität beobachtet. Das klinische Interview enthielt einen graduierten Provokationsversuch zur Einschätzung des Schweregrades der Störung. Bei schweren Formen konnte die Symptomatik bereits durch die Begrüßung des Patienten ausgelöst werden. Als maximale emotionale Belastung war bei leichten Formen die Thematisierung der emotionalen Instabilität erforderlich.

Die klinischen Daten zeigen ein vergleichsweise junges Patientenkollektiv, was sich aus den rehabilitativen Zielen der Abteilung erklärt. Wie in der Literatur, so fand sich auch bei unseren Patienten keine Geschlechtspräferenz. Bezüglich der Lokalisation der Infarkte fanden wir, wie Allman et al. [2], überwiegend rechtshirnige Mediainfarkte. Dies steht im Widerspruch zu der Studie von House et al. [6], die ein Überwiegen links-fronta-

Tabelle 1. Emotionale Instabilität nach Hirninfarkt [eigene Patienten (n = 13)]

Alter	51,6 [36–63] Jahre
Geschlecht	7 ♀ : 6 ♂
Zeit seit Hirninfarkt	5,6 [1–15] Monate
Seite der Hirnschädigung	10 R : 1 L : 2 B
Art des Infarktes nach MRT	
Mediainfarkt	8
– Anteriorinfarkt	1
– vorderer Grenzzoneninfarkt	2
– Basalganglien-lnfarkt	3
– Thalamusinfarkt	2
– Hirnstamminfarkt	1
FlM-Index (max. 126)	106,8 [49–124]
Depression (HAMD > 10)	6

ler Läsionen ergab. Diese Unstimmigkeiten erinnern an die kontroversen Lokalisationsbefunde bei Depressionen nach Hirninfarkt.

Die breite Streuung des FIM-Index zeigt, daß sowohl schwer motorisch behinderte als auch „nur" kognitiv beeinträchtige Patienten (die in diesem Index relativ hohe Werte erreichen) betroffen sein können. Ob das Ausmaß der Hirnschädigung für die Entstehung einer emotionalen Instabilität von Bedeutung ist, kann somit bezweifelt werden. Möglicherweise gibt es strategische Stellen im Gehirn, wo auch kleine Läsionen die Regulation des emotionalen Ausdrucksverhaltens erheblich stören können [4]. Zur besseren neurobiologischen Charaterisierung der Störung sind funktionelle bildgebende Verfahren und pharmakologische Stimulationstests erforderlich.

Wir begannen nach informiertem Einverständis bei 9 von 13 Patienten eine Pharmakotherapie mit Paroxetin 10–20 mg/d [11]. Wie in der Literatur berichtet, kam es bereits nach wenigen Tagen zu einer deutlichen Besserung der emotionalen Instabilität, insbesondere dann, wenn keine zusätzliche depressive Störung mitbehandelt werden mußte.

Zusammenfassung

Inadäquates Weinen, selten auch Lachen, ist eine neuropsychiatrische Störung, die nach Hirninfarkten typischerweise in emotional belastenden Situationen auftritt. Wegen ihrer prognostischen und therapeutischen Relevanz sollte die Störung erkannt werden und nicht in der undifferenzierten Diagnose eines „hirnorganischen Psychosyndroms" untergehen.

Die Indikation zur Psychopharmakotherapie stellt sich abhängig von der psychosozialen Beeinträchtigung der betroffenen Patienten nach individueller Nutzen-Risiko-Analyse und Abwägung der therapeutischen Alternativen. Nach Aufklärung von Patienten und Angehörigen empfiehlt sich ein Therapieversuch mit SSRI wie Citalopram oder Paroxetin 10–20 mg/d. Aufgrund der Tendenz zu Spontanremissionen sollte nach 2–8 Wochen ein kontrollierter Absetzversuch erfolgen.

Literatur

1. Allman P (1989) Crying and laughing after brain damage: a confused nomenclature. J Neurol Neurosurg Psychiatry 52: 1439–1440
2. Allman P, Hope T, Fairburn CG (1992) Crying following stroke: a report on 30 cases. Gen Hosp Psychiatry 14: 315–321
3. Andersen G, Vestergaard K, Riis JO (1993) Citalopram for post-stroke pathological crying. Lancet 342: 837–839
4. Andersen G, Ingeman-Nielsen M, Vestergaard K, Riis JO (1994) Pathoanatomical correlation between poststroke pathological crying and damage to brain areas involved in serotonergic neurotransmission. Stroke 25: 1050–1052
5. Brookshire RH (1970) Control of „involuntary" crying behavior omitted by a multiple sclerosis patient. J Commun Disord 3: 171–176
6. House A, Dennis M, Molyneux A, Warlow C, Hawton K (1989) Emotionalism after stroke. Br Med J 298: 991–994
7. Lawson IR, MacLeod RDM (1969) The use of imipramine („tofranil") and other psychotropic drugs in organic emotionalism. Br J Psychiatry 115: 281–285
8. Marchini C, Romito D, Lucci B, Del Zotto E (1994) Fits of weeping as an unusual manifestation of reflex epilepsy induced by speaking: case report. Acta Neurol Scand 90: 218–221

9. Möller HJ (1994) Das neue Antidepressivum Paroxetin. Wirksamkeit und Verträglichkeit eines selektiven Serotonin-Wiederaufnahmehemmers. Münch Med Wochenschr 136: 337–342

10. Müller U, von Cramon DY (1994) Therapie mit Psychopharmaka bei erworbener Hirnschädigung. Münch Med Wochenschr 136: 51–55

11. Müller U, von Cramon DY (1995) Stellenwert von Neuro-Psychopharmaka in der Neurorehabilitation. Nervenheilkunde 14: 327–332

12. Poeck K (1989) Störungen von Antrieb und Affektivität. In: Poeck K (Hrsg) Klinische Neuropsychologie, 2. Aufl. Thieme, Stuttgart, S 323–329

13. Robinson RG, Parikh RM, Lipsey JR, Starkstein SE, Price TR (1993) Pathologic laughing and crying following stroke: validation of a measurement scale and a double-blind treatment study. Am J Psychiatry 150: 286–293

14. Seliger GM, Hornstein A, Flax J, Herbert J, Schroeder K (1992) Fluoxetine improves emotional incontinence . Brain Inj 6: 267–270

15. Shaibani AT, Sabbagh MN, Doody R (1994) Laughter and crying in neurologic disorder. Neuropsychiatry Neuropsychol Behav Neurol 7: 243–250

Korrespondenz: Dr. U. Müller, Max-Planck-Institut für neuropsychologische Forschung, Inselstraße 22–26, D-04103 Leipzig, Bundesrepublik Deutschland

Therapie der Poststroke-Depression mit Fluoxetin: Ein Pilotprojekt

M. Stamenkovic, S. Schindler und **S. Kasper**

Klinische Abteilung für Allgemeine Psychiatrie, Universitätsklinik für Psychiatrie, Wien, Österreich

Einleitung

Depressive Veränderungen nach zerebrovaskulären Insulten werden häufig beobachtet. Diese Form der Depression wird im angloamerikanischen Raum als Poststroke-Depresssion bezeichnet, und als eine durch die Läsion verursachte Störung einer höheren Hirnfunktion angesehen [11, 12]. Die Poststroke-Depression ist somit eine häufige aber auch eine oft verkannte Komplikation nach Schlaganfällen für die es derzeit noch keine klaren Behandlungsrichtlinien gibt [6]. Obwohl sich trizyclische Antidepressiva (TCA's) in doppelblind kontrollierten Studien als wirksam erwiesen haben [3, 6, 8, 10], sprechen die Nebenwirkungen der TCA's, wie orthostatische Hypotension, Herzrythmusstörungen und andere gegen ihre breite Anwendung. Aufgrund der folgenden Beobachtungen ergibt sich die Notwendigkeit klare Behandlungsrichtlinien zu schaffen: (1) Die Poststroke-Depression ist häufig, d. h. sie tritt in 30–60% der Fälle nach zerebrovaskulären Insulten in der subakuten Phase auf [12]. (2) TCA sind bei den meist alten und multimorbiden Patienten oft kontraindiziert. (3) Die selektiven Serotoninwiederaufnahmehemmer (SSRIs) weisen ein geringeres zentralnervöses Nebenwirkungsspektrum und eine geringere Toxizität auf [7] und könnten somit bei der Behandlung dieser Patientengruppe eine günstigere Alternative darstellen. Wir haben aus diesem Grund, ein offenes Pilotprojekt an zehn Patienten, die eine Poststroke-Depression aufwiesen, mit dem SSRI Fluoxetin (20 mg/d) durchgeführt. Dabei wurde sowohl die Depressivität, als auch der Rehabilitationserfolg dokumentiert.

Methode

In die Pilotstudie wurden Patienten, die an einer neurologischen Abteilung ein bis drei Monate nach einem zerebrovaskulären Insult zur weiteren Rehabilitation aufgenommen waren und zusätzlich eine Major Depression nach DSM-III-R aufwiesen, eingeschlossen. Anamnestisch wurde bei allen Patienten eine psychiatrische Vorerkrankung ausgeschlossen.

Patienten

In diesem Pilotprojekt wurden 10 schwer depressive Patienten mit einem (Hamilton Rating Scale for Depression) [5] (HAM-D) Summenscore zwischen 27 und 35 und einer Poststroke-Depression) eingeschlossen. Von den 10 Patienten schieden vier wegen akuter Verschlechterung ihres Gesundheitszustandes (n = 4) und einer aufgrund einer organisatorischen Problematik (Verlegung in ein Pflegeheim) von der Studie aus.

Resultate

Die im folgenden dargestellten Ergebnisse stützen sich auf die fünf in der Studie verbliebenen Patienten. Der Schweregrad der Erkrankung Clinical Global Impressions [4] (CGI) verbesserte sich von durchschnittlich 6,4 (± 0,55) am Tag 0 auf 3,2 (± 1,79) nach 8 Wochen, wobei eine signifikante (p < 0,05) Besserung erstmals am Tag 14 festzustellen war, die sich kontinuierlich weiter fortsetzte. Der HAM-D Score zeigte am Tag 0 einen Mittelwert von 30,4 (± 3,4). Der Mittelwert sank bis zum Ende der Untersuchung (Tag 49) auf einen Wert von 11,4 (± 7,8). Eine signifikante Besserung (p < 0,05) zeigte sich ab dem 14. Tag. Im Beck'schen Depressionsinventar [2] sank der anfängliche Mittelwert von 46,6; (± 5,9) auf ein Mittelwert von 11,2 (± 13,7) nach 49 Tagen Fluoxetintherapie. Eine signifikante Besserung zeigte sich erstmals ab dem 14. Tag (p < 0,05) . Der Ausgangswert des Barthel Index'es [11] war im Durchschnitt 34 (± 29,45). Ab dem 14. Tag erfolgte eine signifikante Besserung (p < 0,05). Nach 49 Tagen Fluoxetintherapie lag der durchschnittliche Score bei 75; (± 36,4). Als Nebenwirkungen, für die ein Zusammenhang mit dem Prüfmedikament vermutet wurde, traten bei drei Patienten Übelkeit auf, vier Patienten klagten über Herzklopfen und eine Patientin über Nervosität und Unruhe. Der Schweregrad dieser Nebenwirkungen wurde in allen Fällen mit gering angegeben, sodaß es zu keinem medikationsbedingten Abbruch kam.

Diskussion

In unserem Pilotprojekt konnte gezeigt werden, daß die Patienten, die die gesamte acht-wöchige Studie durchliefen, eine deutliche Besserung der depressiven Symptomatik aufwiesen. Diese Besserung der klinischen Symptomatik (HAM-D, Beck und CGI) erreichte ab dem 14. Tag Signifikanz (p < 0,05), genauso wie die Besserung im Barthel Index, der ebenfalls ab dem 14. Tag signifikant höher war. Bei der Erfassung von Nebenwirkungen machte es die Multimorbidität der Patienten schwierig, den Zusammenhang mit der Prüfmedikation einzuschätzen. Hier wäre es wichtig, sich auf typische vegetative und anticholinerge Nebenwirkungen zu konzentrieren, um eventuell Vorteile der SSRI's über TCA's zu demonstrieren. Insgesamt zeigten alle Patienten, die die Studie beendeten, eine deutliche Besserung der depressiven Symptomatik. Ob Fluoxetin im therapeutischen Einsatz zur Behandlung der Poststroke Depression tatsächlich eine über den spontanen Verlauf hinausgehende Wirkung aufweist, soll in doppelblinden, plazebokontrollierten Studien geklärt werden.

Literatur

1. American Psychiatric Association, DSM-III-R, Wittchen HA, Saß H, Zaudig M, Köhler K, Beltz (1987) Diagnostic and statistical manual of mental disorders. APA, Washington DC (deutsche Übersetzung: Beltz, Weinheim, 1989)
2. Beck AT, Ward CH, Mendelson M, Mock J, Erbaugh J (1977) An inventory for measuring depression. Biometric Res
3. Fedoroff JP, Robinson RG (1989) Tricyclic antidepressants in the treatment of poststroke depression. J Clin Psychiatry 50 (7): 18–23
4. Guy W, Bonato RR (eds) (1970) CGI, Clinical Global Impressions. In: Chase C (ed) Manual for the ECDEU assessment battery
5. Hamilton MA (1960) A rating scale for depression. J Neurol Neurosurg Psychiatry 23: 56–62
6. Hermann M (1992) Depressive Veränderungen nach cerebrovaskulären Insulten. Z Neuropsychol 1: 25–43
7. Kasper S, Höflich G, Scholl HP, Möller HJ (1993) Sicherheit und antidepressive Wirksamkeit von spezifischen Serotonin-Wiederaufnahmehemmern (SSRIs). In: Lungerhausen E, Joraschky P, Barocka A (Hrsg) Depression: Neue Perspektiven der Diagnostik und Therapie. Springer, Berlin Heidelberg New York Tokyo, S 163–182
8. Lipsey JR, Robinson RG, Pearlson GB, Rao K, Price TR (1984) Nortriptyline treatment of post-stroke depression: a double blind study. Lancet: 297–300
9. Mahoney F, Barthel DW (1965) Functional evaluation: the Barthel index. Maryland State Med J 14: 61–65
10. Reding JM, Orto LA, Winter SW, Fortuna IM, diPonte P, McDowell FN (1986) Antidepressant therapy after stroke, a double blind trial. Arch Neurol 43: 763–765
11. Robinson RG, Kubos KL, Starr LB, Rao K, Price TR (1984) Mood disorders in stroke patients; importance of location of lesion. Brain 107: 81–93
12. Starkstein Se, Robinson RG, Honig MA, Parikh RM, Joselyn J, Price TR (1989) Mood changes after right hemisphere lesions. BJP 155: 79–85

Korrespondenz: Dr. med. M. Stamenkovic, Klinische Abteilung für Allgemeine Psychiatrie, Psychiatrische Universitätsklinik, Allgemeines Krankenhaus Wien, Währinger Gürtel 18–20, A-1090 Wien, Österreich

Individualisiertes, computergestütztes Gedächtnistraining bei Alzheimer-Patienten

M. Hofmann[1], **F. Müller-Spahn**[2], **A. Kühler**[1] und **C. Hock**[1]

[1]Psychiatrische Klinik, Klinikum Innenstadt, Universität München,
Bundesrepublik Deutschland
[2]Psychiatrische Klinik, Universität Basel, Schweiz

Einleitung

Ein häufiger Kritikpunkt an konventionellen kognitiven Trainingsprogrammen für Patienten mit Hirnleistungsstörungen ist deren fehlende Alltagsrelevanz. Wir berichten deshalb über erste kasuistische Erfahrungen mit einem neu entwickelten, individualisierten, computergestützten Gedächtnistraining bei vier Patienten mit wahrscheinlicher Alzheimer'scher Demenz. Durch die Integration von Fotos aus der persönlichen Umgebung oder der Biographie des Patienten wurde eine individuell auf den Betreffenden abgestimmte alltags- und persönlichkeitsrelevante Aufgabenstellung an einem berührungsempfindlichen Bildschirm simuliert und trainiert. Ziel war ein auf den jeweiligen Schweregrad der kognitiven Beeinträchtigungen abgestimmtes interaktives Training a) der sozialen Kompetenz, b) der räumlichen Orientierung und ein Ansprechen c) emotionaler Bereiche z. B. durch die Verwendung biographischen Materials.

Methodik

Vier Patienten mit einer wahrscheinlichen Alzheimer'schen Demenz gemäß den DSM-III-R- [1] und den NINCDS-ADRDA-Kriterien [8], mit leichten bis mittelgradigen dementiellen Syndromen (Clinical Dementia Rating [7] Grad 1, 2,2 und 3; Mini Mental State [6] 23, 19, 18 und 12 Punkte) wurden trainiert. 50 bis 100 Fotographien, die Einzelschritte einer definierten Aufgabe (z. B. Einkaufen, das Abgehen eines bestimmten Weges, oder Stationen der Biographie) illustrierten, wurden in ein modifiziertes Präsentations-Software-Programm integriert, das eine interaktive Bedienung der Programme ermöglicht. Quantifiziert wurden die benötigte Zeit, die Fehler (Antippen falscher Bildschirmflächen) und die Anzahl benötigter Hilfestellungen. Die Trainingsfrequenz betrug drei bis vier Sitzungen pro Woche. Zwei vierwöchige Trainingsphasen wurden von einem vierwöchigen trainingsfreien Intervall unterbrochen um einen intraindividuellen Vergleich zu ermöglichen und längerfristige Effekte zu erfassen. Eine umfangreiche psychopathometrische Begleittestung inklusive Skalen zur Erfassung des kognitiven Niveaus

(SIDAM [13], MMS [6], SKT [4]), der Affektivität (MADRS [9]) und der Alltagskompetenz (IDDD [12]) wurde zu insges. vier Zeitpunkten, jeweils vor und nach den Trainingsphasen durchgeführt. Auf einer selbstentwickelten Analog-Skala (−3 = „überhaupt nicht" bis +3 = „sehr viel") bewerteten Patienten und Angehörige subjektiv a.) Veränderungen der kognitive Leistungsfähigkeit b.) die Möglichkeit des Transfers des Geübten in die Realität und c.) die „Freude am Training".

Ergebnisse

Bezüglich der drei erfaßten Parameter erzielten alle Patienten während der Trainingsphasen eine deutliche Verbesserung um z. T. über 50% bis 75% gegenüber ihrem individuellen Ausgangsniveau. 3 Patienten waren zu Beginn der zweiten Trainingsphase merklich besser als zu Beginn der Ersten (einer unverändert). In der psychopathometrischen Begleittestung ließen sich keine signifikanten Veränderungen objektivieren. Die Fragen des Erhebungsbogens [Maximum (positive Bewertung) = „+9"; Minimum (negative Bewertung) = „−9"] wurden von den Patienten (Angehörigen) beantwortet mit: +7 (−1), +8 (+5), +6 (+2) und +3 (+1).

Diskussion

Unsere Ergebnisse weisen, wie die von Cameron und Stephens [3] darauf hin, daß die Leistungsfähigkeit von Alzheimer-Patienten in bestimmten Bereichen durch gezieltes Training verbessert werden kann. Die z. T. deutlichen (und bei 3 Patienten über 4 Wochen persistierenden) Verbesserungen in trainingsimmanenten Parametern könnten unseres Erachtens unter anderem auf implicite (procedurale) Lernvorgänge, induziert durch das motorisch-automatisierte Antippen des Bildschirmes, zurückzuführen sein. Derzeit wird vermutet (z. B. [5], Übersicht bei [2]), daß motorisches, implicites (procedurales) Lernen und Merken bei Alzheimer-Patienten gegenüber expliziten (deklarativen) Lernen relativ lange erhalten bleiben kann. Wie andere Autoren [2, 3, 11] fanden wir keine Hinweise für eine Generalisierung der Lerneffekte oder eine Verbesserung expliciter Gedächtnisleistungen. Neben anekdotischen Berichten von Verwandten über einen Transfer des Trainierten in die Realität, erlebten die Patienten die Beschäftigung mit vertrauten und für sie persönlich relevanten Inhalten als motivierend und emotional bedeutsam, was z. T. Niederschlag in der positiven Einschätzung subjektiver Effekte im Bewertungsbogen fand.

Als Ausblick hoffen wir über die Vermittlung von Erfolgserlebnissen am PC das Selbstwertgefühl und das Selbstbild der Patienten verbessern zu können.

Danksagung

Wir danken Herrn M. Fischer für seine Unterstützung in allen Fragen der Computer-Hard- und Software und seine Hilfe beim Programmieren.

Literatur

1. American Psychiatric Association (1987) Diagnostic and statistical manual of mental disorders, 3rd rev edn. American Psychiatric Association, Washington DC

2. Bäckmann L (1992) Memory training and memory improvement in Alzheimer's disease: rules and exceptions. Acta Neurol Scand 139 [Suppl]: 84–89
3. Cameron JC, Stevens AB (1990) Spaced-retrieval: a memory intervetion for dementia of the Alzheimer's type. Clin Gerontol 10(1): 58-61
4. Erzigkeit H (1986) Der SKT zur Beurteilung theraprutischer Effekte nootroper Substanzen. Proceedings of the 3rd Symposium on Nootropics 3–5. Dresden, March 1986
5. Eslinger PJ, Damasio AR (1986) Preserved motor learning in Alzheimer's disease: implications for anatomy and behavior. J Neurosci 6: 3006-3009
6. Folstein MF, Folstein SE, McHugh PR (1975) Mini-mental State. A practical method for grading the cognitive state of patients for the clinician. J Psych Res 12: 189–198
7. Huges CP, Berg L, Danzinger WL, Coben LA, Martin RL (1982) A new clinical scale for the staging of dementia. Br J Psychiatry 140: 566–572
8. McKhann G, et al (1984) Clinical diagnosis of Alzheimer's disease: report of the NINCDS-ADRDA work group under auspices of the Department of Health and Human Service Task Force in Alzheimer's Disease. Neurology 34: 939–944
9. Montgomery SA, Asberg M (1979) A new depression scale designed to be sensitive to change. Br J Psychiatry 134: 382–9
10. Ober BA, Shenaut GK (1988) Lexical decision and priming in Alzheimer's disease Neuropsychologica 26: 273–286
11. Powell-Procter L, Miller E (1982) Reality orientation. A critical appraisal. Br J Psychiatry 140: 457–463
12. Teunisse S, Derix MM (1991) Measurement of activities of daily living in patients with dementia living at home: development of a questionnaire. Tijdschr Gerontol Geriatr 22 (2): 53–9
13. Zaudig M, Mitterhammer J, Hiller W (1989) Structured interview for the diagnosis of dementia of the Alzheimer type, multi-infarct dementia and dementias of other etiology according to ICD-10 and DSM-R-III – SIDAM. Logomed, Munich

Korrespondenz: Dr. M. Hofmann, Psychiatrische Klinik, Universität Basel, Wilhelm Klein-Straße 27, CH-4025 Basel, Schweiz

Erfolgreiche Therapie einer HIV1-assoziierten Demenz mit Zidovudin (AZT)

T. Sobanski, H.-J. Assion, H.-P. Scholl, G. Höflich und **G. Laux**

Psychiatrische Universitätsklinik, Bonn, Bundesrepublik Deutschland

Vorgestellt wird ein 33jähriger HIV_1-positiver Patient, bei dem sich neun Jahre nach Serokonversion eine dementielle Symptomatik als Erstmanifestation von AIDS entwickelte. Die hirnorganische Leistungsschwäche schritt rasch zu einem schweren dementiellen Syndrom fort, im Rahmen dessen der Patient nicht mehr orientiert war und nur noch kurze Satzfragmente artikulieren konnte. Daneben traten paranoides Erleben, akustische Halluzinationen und eine ausgeprägte Affektlabilität auf, und der Patient entwickelte eine zunehmende Koordinationsstörung. Etwa vier Wochen nach Beginn einer hochdosierten Therapie mit Zidovudin (AZT 1500 mg) zeigte sich eine fortschreitende Besserung aller Symptome, bei einer testpsychologischen Untersuchung nach drei Monaten erreichte der nunmehr psychopathologisch weitgehend unauffällige Patient einen durchschnittlichen IQ.

Einleitung

Zidovudin (AZT = Azidothymidin) ist ein Nukleosid-Analogon, das seine virostatische Wirkung über eine Hemmung des Enzyms reverse Transkriptase entfaltet. Bereits seit einigen Jahren hat sich die Substanz in der Therapie HIV_1-Infizierter bewährt, indem durch ihre Anwendung der Ausbruch des Immunschwächesyndroms verzögert oder die Überlebenszeit beim Vollbild von AIDS verlängert werden kann (Volberding et al. 1990, Hamilton et al. 1992). Zuverlässige Daten bezüglich der geeignetsten Dosierung und des günstigsten Zeitpunktes zum Therapiebeginn fehlen allerdings bislang weitgehend. Bezüglich der Anwendung bei HIV_1-assoziierter Demenz finden sich in der Literatur zum Teil Hinweise auf Therapieerfolge; Berichte über ein weitgehendes oder vollständiges Abklingen dementieller Symptomatik unter Zidovudin liegen unseres Wissens bislang nicht vor.

Eine Schattenseite der Zidovudin-Therapie ist das häufige Auftreten gravierender UAW, die die Anwendbarkeit der Substanz in Dosis und Dauer deutlich limitieren. Auch im vorgestellten Fall eines 33jährigen Patienten mit HIV$_1$-assoziierter Demenz mußte das Präparat nach erreichter klinischer Besserung wegen seines hämatotoxischen Effektes abgesetzt werden.

Fallbericht

Der 33jährige Gärtner begab sich nach Auftreten von Beklemmungsgefühlen, Akrophobie und kognitiven Einbußen im April 1994 in unsere stationäre Behandlung. Psychopathologisch stand bei dem bewußtseinsklaren und voll orientierten Patienten zunächst ein leichtes dementielles Syndrom mit Wortfindungsstörungen und mnestischen Defiziten im Vordergrund. Bei flach euphorischem Affekt und leichtgradig eingeschränkter Konzentrationsfähigkeit imponierte der Patient im Gedankengang umständlich und weitschweifig. Psychomotorisch bestand eine mäßiggradige Agitiertheit, und die feinmotorische Bewegungsabstimmung war beeinträchtigt. Zeitweise fand sich ein feinschlägiger distaler Ruhetremor der oberen Extremitäten.

Der Vater des homosexuellen Patienten litt seit einigen Jahren an einer rezidivierenden depressiven Störung und suizidierte sich im April 1994.

Somatische Anamnese: Perinatale Hypoxie; frühkindliche Entwicklung im weiteren unauffällig. 1985 ätiologisch unklare Meningoenzephalitis mit ausgeprägter retrograder Amnesie, die mehrere Monate anhielt. HIV$_1$-Infektion seit 1985 bekannt. 1987 Lues-Infektion (satis curata). 1994 Herpes zoster (Spontanheilung).

Zusatzuntersuchungen: EEG: Grenzbefund zur leichten Allgemeinveränderung. CCT: deutliche Erweiterung der inneren und äußeren Liquorräume. Im MRT darüber hinaus vereinzelte fokale Signalhyperintensitäten in den Protonen- und T2-gewichteten Bildern (rechts okzipital; rechts temporal; links parieto-okzipital); Deutung am ehesten im Sinne von Glianarben bei Z.n. Meningoenzephalitis. Extrakranielle hirnversorgende Gefäße dopplersonographisch unauffällig. Labor: Lymphopleozytose (ca. 60%). T4-Zellzahl 204/µl, T4/T8-Index 0,10. HIV$_1$-AK und FTA-ABS (IgG) positiv (Lues-Serumnarbe). Serum und Liquor bzgl. zahlreicher anderer Erreger einschließlich Toxoplasma gondii und CytomegalieVirus unauffällig. Im Liquor lymphomonozytäre Reaktion (56 Zellen/mm^3) bei Hinweis auf autochthone IgG-Produktion.

Die dementielle Symptomatik verschlechterte sich foudroyant: die Wortfindungsstörungen nahmen zu, Personenverkennungen traten auf, bald konnte sich der Patient nur noch in kurzen Satzfragmenten artikulieren. Nach etwa acht Wochen scheiterte eine zweite testpsychologische Untersuchung, da der Patient auch einfachste Test-Instruktionen nicht mehr vershnd. Wiederholt äußerte er paranoide Gedanken, z. B. seine Mutter sei verstorben, und auch er sei tot. Eine Therapie mit Haloperidol (8 mg/d) erbrachte keine Besserung. Der initial flach euphorische Affekt wich einer adynamen Symptomatik mit reduziertem Ausdruck und teilweise mutistischem Verhalten. Der Verlust feinmotorischer Fähigkeiten war progredient, und der Patient wurde in zunehmendem Maße harninkontinent. Etwa ab der vierten Woche nach Begion einer Therapie mit Zidovudin (1500 mg/d, Dosis später reduziert auf 1000 mg/d) zeigte sich eine fortschreitende Besserung aller Symptome. Nach drei Monaten erreichte der nunmehr psychopathologisch weitgehend unauffällige Patient im WIP einen höheren Gesamt-IQ (91) als zum Aufnahmezeitpunkt (85): Allgemeines Wissen: 103 (90); Gemeinsamkeiten finden: 98 (106); Bilder ergänzen 103 (98); Mosaiktest 85 (72). Wie bei der Ersttestung erbrachte der Benton-Test Hinweise auf eine hirnorganisch bedingte Leistungsminderung. Das Auftreten einer Anämie mit kontinuierlich absinkendem Hämoglobin (bis auf 3,1 g/dl) machte nach drei Monaten die Gabe von Bluttransfusionen sowie das Absetzen von Zidovudin erforderlich.

Diskussion

Es handelt sich bei der Erkrankung des vorgestellten Patienten um den seltenen Fall eines dementiellen Syndromes als Erstmanifestation von AIDS. Neben einer bekannten HIV$_1$-Infektion konnte in einer umfangreichen organischen Diagnostik kein pathogenetisch bedeutsames Agens ermittelt werden, insbesondere ergaben sich keine Hinweise für das Vorliegen opportunistischer Infektionen, eines Neoplasmas oder einer Systemerkrankung. Eine Sucht oder eine primäre (affektiv-) psychotische Erkrankung ließen sich anamnestisch bzw. im klinischen Querschnittsbild ebenfalls nicht belegen; paranoide Ideen traten erst bei fortgeschrittener dementieller Entwicklung auf, eine depressive Symptomatik fand sich nicht. Inwieweit die anamnestische Meningoenzephalitis ebenfalls HIV1-bedingt ist, läßt sich nicht sicher entscheiden. Das Auftreten akuter, reversibler Meningitiden und Meningoenzephalitiden wurde kasuistisch belegt (Fischer und Enzensberger 1987, Pfister 1993). Die immunhistochemischen Befunde boten Auffälligkeiten (T4-Zellen grenzwertig, B-Lymphozyten erhöht, T4/T8Index erniedrigt), und im Liquor cerebrospinalis zeigte sich eine lympho-monozytäre Reaktion. Klinisch jedoch wurde die AIDS-Erkrankung nur auf der psychopathologischen Ebene manifest (s. Navia und Price 1987, McArthur et al. 1994).

Die drastische Besserung der dementiellen Symptomatik beim vorgestellten Patienten unter antiviraler Therapie mit zunächst höherer (1500 mg/d), dann mittlerer Dosis (1000 mg/d) von Zidovudin kontrastiert mit den allerdings noch spärlichen Berichten in der Literatur. Zwar wurden Besserungen der neuropsychologischen Funktionen (Fischl et al. 1987), insbesondere im Bereich der psychomotorischen Geschwindigkeit (Schmitt und Bigley 1988) beschrieben, und Sidtis et al. (1993) fanden in der bislang einzigen placebo-kontrollierten Zidovudin-Studie bei HIV₁-assoziierten Demenzen unter Anwendung sehr hoher Dosen (etwa 2000 mg/d) ebenfalls Besserungen. Andererseits konnten Day und Grant (1991) und Graham et al. (1991) keinen „neuroprotektiven" Effekt nachweisen, applizierten jedoch deutlich geringere Dosen.

Eine mögliche Erklärung für den ungewöhnlichen Therapieerfolg beim vorgestellten Patienten könnte in der Atypie des behandelten Krankheitsbildes zu finden sein, bei dem sich das Immunschwächesyndrom ohne weitergehende somatische Beteiligung als Demenz manifestierte.

Literatur

Day JJ, Grant I (1992) Incidence of AIDS dementia in a two-year follow-up of AIDS and ARC patients on an initial Phase II AZT placebo-controlled study: San Diego cohort. J Neuropsychiatr 4: 15–20

Fischl MA, Richman DD, et al (1987) The efficacy of azidothymidine (AZT) in the treatment of patients with AIDS and AIDS-related complex. N Engl J Med 317: 185–91

Fischer PA, Enzensberger W (1987) Neurological complications in AIDS. J Neurol 234: 269–279

Graham NM, Zeger SL, Park LP, Vermund SH, et al (1992) The effects of early treatment of human immunodeficiency virus infection. N Engl J Med 326: 1037–42

Hamilton JD, Hartigan PM, Simberkoff, et al (1992) A controlled trial of early versus late treatment with zidovudine in symptomatic human immunodeficlency virus infection: results of the Veterans Affairs Cooperative Study. N Engl J Med 326: 437–43

McArthur JC, et al (1994) HIV dementia. In: Price RW, Perry SW (eds) HIV, AIDS and the brain. Raven Press, New York, pp 251 ff

Navia Ba, Price RW (1987) The acquired immunodeficiency syndrome dementia complex as the presenting or sole manifestation of human immunodeficiency virus infection. Arch Neurol 44: 65–69

Pfister HW (1993) Acquired immunodeficiency syndrome (AIDS). In: Brandt T, Dich-
    gans J, Diener HC (Hrsg) Diagnostik und Therapie neurologischer Erkrankungen.
    Kohlhammer, Stuttgart, S 566 f
Schmitt FA, Bigley JW (1988) Neuropsychological outcome of zidovudine (AZT) treat-
    ment of patients with AIDS and AIDS-related complex. N Engl J Med 319: 1573–78
Sidtis JJ, Gatsonis C, Price RW, et al (1993) Zidovudine treatment of the AIDS dementia
    complex: results of a placebo-controlled trial. Ann Neurol 33: 343–349
Volberding PA, Lagakos SW, et al (1990) Zidovudine in asymptomatic human immun-
    odeficiency virus infection. A controlled trial in persons with fewer than 500 CD4-po-
    sitive cells per cubic millimeter. N Engl J Med 322: 941–49

Korrespondenz: Dr. G. Höflich, Psychiatrische Universitätsklinik, Sigmund-Freud-Stra-
    ße 25, D-53127 Bonn, Bundesrepublik Deutschland

Interaktionen von Antikonvulsiva mit [³H]-AMPA-Bindungsstellen im humanen Hippocampus

B. Niedermeyer, G. Künig, J. Hartmann, J. Deckert, G. Ransmayr, H. Heinsen, H. Beckmann und **P. Riederer**

Klinische Neurochemie, Psychiatrische Universitätsklinik, Würzburg, Bundesrepublik Deutschland

Einleitung

Die exzitatorische Aminosäure Glutamat bindet im ZNS von Säugetieren an verschiedene Rezeptorsubtypen, die nach ihrem jeweiligen stärksten Agonisten benannt werden (Meldrum 1993).

Die Substanz AMPA (α-amino-3-hydroxy-5-methyl-4-isoxazole-propionic acid) zeigt mit dem AMPA-Rezeptor als einem dieser Glutamatrezeptorsubtypen die stärkste Wechselwirkung. Diese ist charakterisiert durch die Öffnung eines Na+/K+-Kanals in der Zellmembran (Cha et al. 1992).

Im menschlichen Hippocampus findet sich eine besonders große Anzahl an AMPA-Rezeptoren in den Regionen CAl und im Stratum moleculare des Gyrus dentatus (Young et al. l991).

Als Wirkungsweise diverser Antiepileptika, wie Phenytoin, Valproat und Carbamazepin wird die Blockade von Na+-Kanälen diskutiert, wobei diese bis jetzt nicht näher definiert werden konnten (MacDonald und Kelly 1993).

Es sollte deshalb mittels quantitativer Autoradiographie überprüft werden, ob die Antikonvulsiva Phenytoin, Valproat und Carbamazepin im therapeutischen Dosisbereich die Bindung von tritiummarkiertem AMPA (Honore et al. 1982) an seinen Na+/K+-Kanal im Hippocampus beeinflussen.

Material und Methode

Autopsieproben wurden von 4 Patienten (Alter 80,3 ± 9,4 Jahre; Mittelwert ± Standardabweichung) ohne bekannte neurologische oder psychiatrische Erkrankungen mit einem post-mortem-Intervall von 29 ± 13 Stunden (Mittelwert ± Standardabweichung) entnommen, sofort in Isopentan bei –50° C tiefgefroren und zur weiteren Verarbeitung bei –70° C aufbewahrt. Mit einem Kryostat (Frigocut E 2800) wurden bei –16° C korona-

re Serienschnitte durch den kaudalen Hippocampus von 16 µm Dicke angefertigt und
auf Gelatine-beschichtete Objektträger aufgebracht.
Jeder dritte Schnitte erhielt nach Formalinfixierung eine histologische Färbung mit Gal-
locyanin. Die restlichen Schnitte wurden innerhalb von 72 Stunden unter folgenden Bedingungen weiterverarbeitet (Geddes et al. 1992, Jansen et al. 1990):
30 min Präinkubation bei 4° C in 150 mM Tris-HCl-Puffer (pH 7,4) mit Zusatz von
100 mM KSCN. Anschließend wurden die Schnitte für 120 min in dem gleichen Puffer
mit 40 nM tritiummarkiertem AMPA (60 Ci/mmol) inkubiert. 7 Konzentrationen, zwischen 1 nM und 500 µM, der Antikonvulsiva Phenytoin, Valproat und Carbamazepin sowie des natürlichen Rezeptorliganden Glutamat wurden hinzugegeben; alle 4 Substanzen
wurden nur in Aqua bidest. gelöst. Die Experimente wurden zweifach ausgeführt. Nach
2 Stunden erfolgte ein Spülen der Schnitte für 2 x 5 sec in 150 mM Tris-HCl-Puffer
(pH 7,4), und zweimaliges kurzes Eintauchen in Aqua bidest.
Die mit Kaltluft getrockneten Schnitte wurden zusammen mit Amersham-[3H]-Stan-
dardstreifen auf tritiumsensitiven Hyperfilm in lichtdichte Röntgenkassetten für 6 Wochen gegeben.
Die so exponierten Filme wurden mit Kodak-Dl9 (1 min) entwickelt und mit Kodak Uni-
fix (2 min) fixiert.
Mit einem VIDAS Image Analyse System wurden die optischen Dichten der einzelnen
Hippocampussubregionen auf den Filmen gemessen (Zilles et al. 1986, 1990). Die erhal-
tenen Werte wurden mit dem Tabellenkalkulationsprogramm EXCEL in fmol/mg
Trockengewicht umgerechnet.

Ergebnisse

Die [3H]-AMPA-Bindung zeigt im humanen Hippocampus eine unterschiedlich starke Ausprägung: Hohe Rezeptordichten fanden sich in der
Pyramidalzellschicht von CA1 und der Molekularzellschicht des Gyrus dentatus, niedrigere Dichten in den Pyramidalzellschichten von Subiculum,
CA2/3 und CA4 .

Diese [3H]-AMPA-Bindung erfährt durch den natürlichen Rezeptorliganden L-Glutamat eine effektive Verdrängung im niedrig-mikromolaren
Bereich: Die unspezifische Bindung in Gegenwart von 500 µM L-Glutamat
betrug weniger als 10% der totalen Bindung (Abb. 1).

Die verwendeten Antikonvulsiva beeinflussten dagegen die Bindung
erst im hoch-mikromolaren Bereich: Hier erfolgte sowohl durch Valproat,
als auch durch Phenytoin jeweils in Konzentrationen ≥ 100 µM eine Verdrängung der spezifischen AMPA-Bindung von max. 40% des Ausgangswertes (Abb. 1). Bei Verwendung von Carbamazepin in Konzentrationen
≥ 100 µM zeigte sich sogar ein deutlicher Anstieg der AMPA-Bindung bis
auf 150% des Ausgangswertes (Abb. 1).

Diskussion

Das im humanen Hippocampus am Rezeptor gebundene tritiummarkierte
AMPA (α-amino-3-hydroxy-5-methyl-4-isoxazole-propionic acid) erfährt
durch Glutamat, den natürlichen Rezeptorliganden eine wirkungsvolle und
effektive Verdrängung in dessen physiologischem Konzentrationsbereich.

Die Antikonvulsiva Phenytoin und Carbamazepin modifizieren die Bindung von tritiummarkiertem AMPA erst in einem Konzentrationsbereich
(≥ 100 µM), der deutlich höher als der jeweilige therapeutische Dosisbereich liegt: Carbamazepin 15–50 µmol/l und Phenytoin 20–80 µmol/l (Jur-

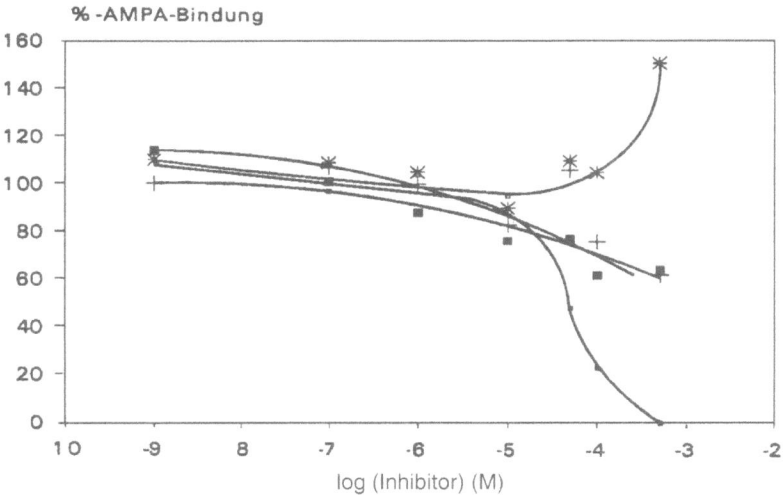

Abb. 1. Beeinflussung der Bindung von 40 nM [³H]-AMPA in der Region CA1 des menschlichen Hippocampus durch L-Glutamat (□), Phenytoin (+), Valproat (■) und Carbamazepin (*). Die gezeigten Werte sind die Mittelwerte aus 4 unabhängigen Bestimmungen

na 1990). Die Konzentration von Valproat (500 µM), die ungefähr die Hälfte der Bindung von tritiummarkiertem AMPA verdrängt, liegt innerhalb des therapeutischen Bereiches (180–700 µmol/l, Jurna 1990).

Die durch die Antikonvulsiva Phenytoin und Carbamazepin gehemmten Na+-Kanäle sind somit vermutlich nicht mit dem Na+/K+-Kanal des AMPA-Rezeptors identisch.

Valproat hingegen entfaltet seine therapeutische Wirksamkeit möglicherweise über eine Hemmung des Na+-Einstroms durch den Na+/K+-Kanal des AMPA-Rezeptors.

Literatur

Cha J, Makowiec R, Penney J, Young A (1992) Multiple states of rat brain (RS)-alpha-amino-3-hydroxymethylisoxazole-4-propionic acid receptors as revealed by quantitative autoradiography. Mol Pharmacol 41: 832–838

Geddes J, Ulas J, Brunner L, Cotman C (1992) Hippocampal excitatory amino acid receptors in elderly, normal individuals and those with Alzheimer's disease: non-NMDA receptors. Neuroscience 50: 23–24

Honore T, Lauridsen J, Krogsgaard-Larsen P (1982) The binding of [3H]-AMPA, a structural analogue of glutamic acid, to rat brain membranes. J Neurochem 38 (1): 173–178

Jansen KLR, Faull RLM, Dragunow M, Synek BL (1990) Alzheimer's disease: change in hippocampal NMDA, quisqualate, neurotensin, adenosine, benzodiazepine, serotonin and opioid receptors – an autoradiographic study. Neuroscience 39 (3): 613–627

Jurna I (1990) Antiepileptika. In: Forth W, Henschler D, Rummel W (Hrsg) Pharmakologie und Toxikologie. Wissenschaftsverlag, Mannheim, S 507–513

MacDonald RL, Kelly KM (1993) Antiepileptic drug mechanisms of action. Epilepsia 34 [Suppl 5]: 1–8

Meldrum BS (1993) Amino acids as dietary excitotoxins: a contribution to understanding neurodegenerative disorders. Brain Res Rev 18: 293–314

Young A, Sakurai S, Albin R, Makowiec R, Penney J (1991) Excitatory amino acid recep-
    tor distribution: quantitative autoradiographic studies. In: Wheal H, Thomson A
    (eds) Excitatory amino acids and synaptic transmission. Academic Press, London, pp
    19–29
Zilles K, Schleicher A, Rath M, Glaser T, Traber J (1986) Quantitative autoradiography of
    transmitter binding sites with an image analyzer. J Neurosci Methods 18: 207–220
Zilles K, Zur Nieden K, Schleicher A, Traber J (1990) A new method for quenching cor-
    retion leads to revisions of data in receptor autoradiography. Histochemistry 94:
    569–578

Korrespondenz: Dr. B. Niedermeyer, Klinische Neurochemie, Psychiatrische Univer-
    sitätsklinik, Füchsleinstraße 15, D-97080 Würzburg, Bundesrepublik Deutschland

Serotonin-Wiederaufnahmemechanismus: Von der Genstruktur zur Therapie affektiver Erkrankungen

K. P. Lesch

Psychiatrische Klinik, Universität Würzburg, Bundesrepublik Deutschland

Der Serotonin- (5-HT-) Transporter nimmt durch Natrium-abhängige Wiederaufnahme von 5-HT in das präsynaptische Neuron eine zentrale Rolle in der Terminierung der serotonergen Signalübertragung ein und wird als initialer Wirkort für tri- bzw. heterozyklische Antidepressiva sowie psychostimulatorisch und potentiell neurotoxisch wirkende Substanzen wie Amphetamine und Kokain angesehen (Lesch und Bengel 1995). Autoradiographische Untersuchungen zeigen eine spezifische Expression des 5-HT-Transporters in serotonergen Neuronen mit hoher Dichte in den Raphe-Kernen des Mittelhirns sowie kortikalen Arealen einschließlich des entorhinalen Kortex, Hippocampus, Substantia nigra, Basalganglien und Hypothalamus. Obwohl die 5-HT-Aufnahme auf Neurone der Raphe beschränkt erscheint, ist nicht auszuschließen, daß auch Glia an der 5-HT-Clearance beteiligt ist. Die Bindung trizyklischer Antidepressiva Imipramin, Clomipramin und Amitriptylin sowie selektiver 5HT-Wiederaufnahme-Inhibitoren (SSRI) wie Fluvoxamin, Fluoxetin, Paroxetin, Citalopram und Sertralin an den 5-HT-Transporter überschneidet sich mindestens teilweise mit der Substrat-Bindungstelle. Diese Substanzen nehmen einen breiten Rahmen in der Behandlung affektiver Störungen, Zwangs- und Panik-Erkrankung, Störungen des Eßverhaltens und der Impulskontrolle sowie bei Suchterkrankungen einschließlich Alkoholismus ein. Potentiell neurotoxisch wirkende Analoga von Amphetamin (MDMA, „ecstasy") und MPTP (z. B. NH_2-MPTP) werden durch den 5-HT-Transporter in den serotonergen Nervenendigungen angereichert. Aufgrund der klinischen Relevanz konzentriert sich die Forschung auf die Struktur und Funktion des 5-HT-Transporters beim Menschen. Die strukturelle Charakterisierung des Transporter ergab ein Protein mit zwölf transmembranen Segmenten und definierte verschiedene Domänen für die Translokation von 5-HT und Ionen sowie die Bindung tri- und heterozyklischen Inhibitoren. Weiterhin ist anzunehmen, daß der 5-HT-Transporter zu Di- und Tetrameren assoziiert, die Leitfähigkeit der Zellmembran moduliert und in Abhängigkeit von der neuronalen Stimulation 5-HT in den synaptischen Spalt freisetzen kann.

Die Analogie, mit der Thrombozyten 5-HT und Dopamin speichern, freisetzen und metabolisieren, hat sie als Modell für das Studium zentraler serotonerger und dopaminerger Neurone etabliert. Bis zum gegenwärtigen Zeitpunkt wurden mehrere Komponente der zentralen serotonergen und dopaminergen Neurotransmission in Thrombozyten identifiziert. Sie besitzen einen aktiven 5-HT- und Dopamin-Transport sowie eine Regulationsstelle, die jeweils allosterisch an den 5-HT- und Dopamin-Transporter gekoppelt ist. Die Sequenzanalyse des im menschlichen Thrombozyten exprimierten 5-HT- und Dopamin-Aufnahmemechanismus ergab deren Identität mit dem jeweiligen zentralen Transporter. Die Identität des zentralen und thrombozytären 5-HT-Transporter läßt vermuten, daß beide durch ein singuläres Gen kodiert sind. Die Identität der Transporter in Gehirn und Peripherie bestätigen den Thrombozyten als valides Modell für die molekularpharmakologische und neurobiologische Untersuchung von Transportmechanismen.

Untersuchungen zur Expression des 5-HT-Transporters und ihrer Regulation zeigten, daß neben dem Raphe-Komplex des Mittelhirns als primärem Ort der 5-HT-Transporter-Gentranskription 5-HT-Transporter-mRNA auch in mehreren, mit aszendierenden serotonergen Projektionen assoziierten Hirnarealen nachzuweisen ist. Arbeiten zu der grundlegenden Frage – wie mRNA zum Ort der Translation gelangt, deuten auf eine Sequenzselektive Mikrofilament-abhängige Sortierung und Transport von mRNA an bestimmte subzelluläre Kompartimente wie axonale Fasern und Synaptosomen. Die Verteilung spezifischer mRNA in den synaptosomalen Komplexen geht mit der Präsenz von Polyribosomen einher. Der Nachweis von 5-HT-Transporter-mRNA in terminalen Regionen der serotonergen Projektionen ist daher mit der Existenz eines spezifischen Transports zu diesen Stellen zur Aufrechterhaltung der lokalen Transporter-Proteinsynthese vereinbar. Es bleibt jedoch noch zu untersuchen, ob eine lokale Regulation der 5-HT-Transporter-mRNA-Translation für die Modulation der synaptischen Funktion relevant ist.

Zahlreiche kinetische Untersuchungen des 5-HT-Transportes sowie Bindungsassays mit verschiedenen Reuptake-Inhibitoren zeigten, daß chronische, jedoch nicht akute Behandlung mit antidepressiv wirksamen Substanzen und psychomotorischen Stimulantien einen zeitabhängigen regulatorischen Effekt auf Monoamin-Transportsysteme ausüben. Beide Methoden weisen technische Schwierigkeiten und mangelnde Selektivität für den 5-HT-Transporter auf, was zu einer bemerkenswerten Kontroverse beigetragen hat. Um die Hypothese der Antidepressivainduzierten Modulation des 5-HT-Wiederaufnahme-Mechanismus direkt zu testen und um zu untersuchen, ob pharmakologische Manipulation den 5-HT-Transporter auf der Ebene der Genexpression reguliert, wurde die 5-HT-Transporter-mRNA im dorsalen Raphe-Kern bestimmt. Die Ergebnisse zeigen, daß 5-HT-Transporter-mRNA-Transkription und/oder -stabilität durch chronische Applikation von selektiven und nichtselektiven Reuptake-Inhibitoren reguliert wird.

Mindestens zwei Mechanismen könnten für die Verminderung der 5-HT-Transporter-mRNA verantwortlich sein. Eine Möglichkeit bezieht sich auf die akute Erhöhung von 5-HT im synaptischen Spalt durch Reuptake-lnhibitoren und die resultierenden multiplen neuroadaptiven Veränderungen einschließlich der Rezeptoren, der regulatorischen Proteine der Signaltransduktionswege sowie der Transportersysteme. In Analogie zur klassischen Agonist-induzierten Rezeptor-Downregulation durch „second messenger"-induzierte Modulation der Transkriptionsrate und damit der Konzentration der Rezeptor-mRNA als Form einer „feedback"-Regulation auf der Ebene der Rezeptor-Genexpression ist es wahrscheinlich, daß erhöhtes 5-HT seine präsynaptische Wiederaufnahme durch homologe Regulation seines Transporterproteins auf der Ebene der Transkription und posttranslationalen Modifikation reguliert. Das Fehlen einer Wirkung von 5-HT-Rezeptoragonisten läßt es unwahrscheinlich erscheinen, daß der regulatorische Effekt von 5-HT auf seinen Transporter indirekt durch 5-HT-Rezeptoren vermittelt wird. Ungeachtet des Mechanismus scheint mRNA-Transkription, -Modifikation, -Transport und -Translation eine zentrale Rolle in der Regulation der 5-HT-Transporter-Funktion und ihrer Modulation während langfristiger Applikation von Substanzen mit therapeutischem Potential bei verschiedenen affektiven Erkrankungen zu spielen.

Das menschliche 5-HT-Transporter-Gen ist auf dem Chromosom 17p11.2 lokalisiert und setzt sich aus 14 Exons zusammen, die über einen Bereich von ~35 kb verteilt sind. Von diesem Locus wurden ~11 kb sequenziert, einschließlich aller Exons und flankierenden intronischen Sequenzen. Das erste Intron ist vor dem ATG-Startcodon lokalisiert und 12 Introns unterbrechen das 5-HT-Transporter-Gen in der Protein-Kodierungsregion. Während sich bei Nagern eine singuläre mRNA-Species findet, sind beim Menschen gewebe-abhängig multiple mRNAs, die aus einer differentiellen Nutzung von alternativen Polyadenylierungsstellen resultieren, nachzuweisen. In der Promotorregion fanden sich mehrere potentielle Bindungsstellen für Transkriptionsfaktoren einschließlich einer TATA-ähnlichen Sequenz, AP1- und AP2-Bindungsstellen, eines cAMP-responsiven Elements (CRE) sowie eine polymorphe Silencer-Region. Die Rolle dieser Transkriptionsfaktor-Bindungstellen sowie des Silencers in der Regulation der 5-HT-Transporter-Genexpression wurden durch Transfektionsstudien mit 5'-flankierenden Sequenzen und Reportergen-Fusionskonstrukten bestätigt. Da der Promoter für das 5-HT-Transporter-Gen hochspezifisch für serotonerge Neurone ist, könnte er nach Fusion an ein anderes, z. B. defizient exprimiertes Gen, eine wichtige Stellung in der Entwicklung neuartiger therapeutischer Strategien einnehmen.

Einer der reproduzierbarsten Befunde in der Psychobiologie affektiver Erkrankungen ist die Verminderung der Dichte (B_{max}) der Imipramin- oder Paroxetin-Bindung im postmortem Hirngewebe von Patienten mit Depression und Suizidopfern sowie an Thrombozyten von unbehandelten depressiven Patienten. Die Befunde deuten auf einen strukturellen Defekt und/oder eine Dysregulation der Expression des 5-HT-Transporters hin und definieren diesen zum Kandidatengen für molekulargenetische Untersuchungen. Nach Charakterisierung des 5-HT-Transporter-Gens und Identifizierung seiner chromosomalen Zuordnung konnten einerseits die Faktoren analysiert werden, die an der Regulation der Genexpression beteiligt sind, andererseits rückte die Untersuchung der Beteiligung des 5-HT-Transporters an der genetischen Vulnerabilität für affektive Erkrankungen und Suchtleiden im Bereich des Möglichen. Mit molekularbiologischen Screeningtechniken (PCR, SSCP, DGGE, direkte DNA-Sequenzierung) fanden sich mehrere kodierende und nichtkodierende Mutationen sowie „tandem repeat"-Polymorphismen mit möglicher Relevanz für die Struktur und Expression des 5-HT-Transporters bei affektiven Erkrankungen.

Literatur

Lesch KP, Bengel D (1995) Neurotransmitter reuptake mechanisms: targets for drugs to study and treat psychiatric, neurological and neurodegenerative disorders. CNS Drugs 4: 302–322

Korrespondenz: Dr. K. P. Lesch, Psychiatrische Universitätsklinik, Füchsleinstraße 15, D-97080 Würzburg, Bundesreplik Deutschland

Neurotransmitter-Wiederaufnahmemechanismen (Neurotransporter) und affektive Erkrankungen: Primärstruktur und genomische Organisation

U. Balling, J. Groß, E. Franzek, P. Riederer und **K. P. Lesch**

Psychiatrische Universitätsklinik, Würzburg, Bundesrepublik Deutschland

In der Entwicklung neuro- und psychobiologischer Forschung konzentrierte sich das Interesse zunächst auf die an der Synapse freigesetzten Neurotransmitter sowie auf ihre Rezeptoren. Aber auch dem zugehörigen Abbau oder der Wiederaufnahme in das Neuron durch Neurotransmitter-Wiederaufnahmemechanismen (Neurotransporter) kommt eine entscheidende Rolle bei der Regulation des Neurotransmittergleichgewichts an der Synapse zu. Dieses Zusammenspiel stellt sich dabei als Kreislauf dar: Nach Synthese des Neurotransmitters und Speicherung in den synaptischen Vesikeln des präsynaptischen Neurons erfolgt auf die Depolarisation als auslösenden Reiz die Entleerung in den synaptischen Spalt. Dort bindet der Transmitter an entprechende post- und präsynaptischen Rezeptoren. Die präzise Beendigung der Wirkung wird über Abbauenzyme, z. B. beim Azetylcholin, sowie über Rücktransport in die präsynaptische Nervenendigung oder benachbarte Glia, z. B. bei den biogenen Aminen Serotonin (5-HT), Noradrenalin (NA) und Dopamin (DA) geregelt (Abb. 1). Daran wiederum können sich Abbauvorgänge im präsynaptischen Neuron, z. B. mittels der Monoaminoxidase (MAO), oder eine erneute Aufnahme in die Speichervesikel über den Reserpin-sensitiven vesikulären Monoamin-Transporter (VMT) anschließen. Somit stehen die Neurotransmitter für die erneute Freisetzung bereit. Der aktive Rücktransport von Neurotransmittern wird dabei über Ionengradienten getrieben, im Falle des Transports der biogenen Amine in das präsynaptische Neuron über einen Symport mit Natrium-Ionen, dessen elektrochemischer Gradient über die Natrium-/Kalium-ATPase aufrecht erhalten wird, oft aber auch in Abhängigkeit von Kalium- oder Chlorid-Ionen (Abb. 2). Der vesikuläre Monoamin-Transporter hingegen funktioniert hauptsächlich über einen Antiport mit Wasserstoff-Ionen und ist somit pH-abhängig.

In diesen komplexen Mechanismus greifen verschiedene psychotrope Substanzen an unterschiedlichen Stellen ein und verändern so durch Hem-

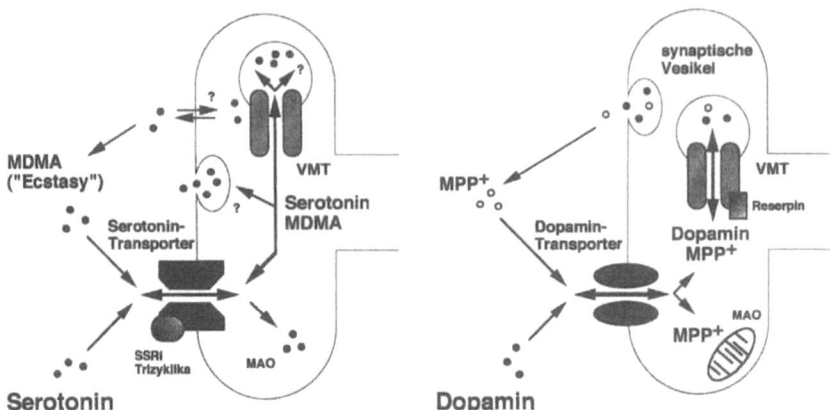

Abb. 1. Serotonin- und Dopamin-Wiederaufnahmemechanismus (Serotonin- und Dopamin-Transporter) und vesikulärer Monoamin-Transporter (VMT): Hypothetische Mechanismen der Neurotoxizität von MPP$^+$ und Amphetaminderivaten (z. B. MDMA [„ecstasy"])

mung und Verstärkung der einzelnen Neurotransmitter die Signalübertragung an der Synapse. Dabei folgen auf diese unmittelbare Wirkung komplexe neuroadaptive Veränderungen, die zu einer nachhaltigen oder dauerhaften Modifizierung und sogar bis zur irreversiblen Schädigung und Neuronendegeneration führen können. Während MAO-lnhibitoren über Blockierung dieses Abbauweges die Transmitterkonzentration am synaptischen Spalt erhöhen, geschieht dies bei den trizyklischen Antidepressiva über Blockierung der Neurotransporter für 5-HT, NA und DA mit unterschiedlicher Affinität. Auch Kokain und seine Derivate blockieren den Transport für biogene Amine, doch scheint besonders durch die Hemmung des DA-Transporters die verhaltensverstärkende und psychomotorisch stimulierende Wirkung und dadurch das Suchtpotential dieser Substanzen bedingt zu sein. Im Gegensatz zu dieser reinen Blockade haben die Amphethamine und diverse andere Neurotoxine zwar auch ihren Angriffspunkt an Neurotransportern, werden aber in die Nervenendigung trans-

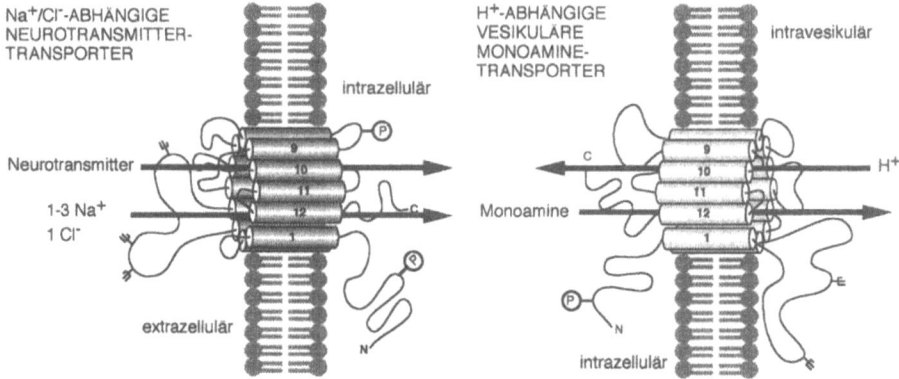

Abb. 2. Strukturelle Vielfalt und Ionenabhängigkeit der Neurotransporter

portiert und führen durch längerdauernde intrazelluläre Speicherung zu Schädigung und schließlich zum Untergang der Neurone. Ein potentes Neurotoxin ist so z. B. das MPP$^+$-Ion (1-Methyl-4-phenyl-pyridiniumion) für den Dopamin- und den Noradrenalin-Transporter sowie auch für den vesikulären Monoamin-Transporter, während das als „ecstasy" bekannte Neurotoxin MDMA (3,4-Methylendioxy-methamphetamin) über den 5-HT-Transporter in den entsprechenden Neuronen konzentriert wird (Abb. 1). Die Spezifität der Neurotoxine muß dabei im Zusammenhang mit der anatomischen Verteilung der Neurotransporter, ihrer verschiedenen Affinität zu den Transportern und der sich daraus ergebenden Verteilung von Schäden und Nervenzelluntergängen gesehen werden. Inzwischen ist für den DA- und 5-HT-Transporter bekannt, daß polare Aminosäuren in bestimmten Positionen der Aminosäuresequenz die Empfindlichkeit des Transporters für die toxischen Substrate differentiell beeinflussen, d. h. daß durch Austausch gegen andere Aminosäuren eine verschieden starke Reduktion der Bindung von Substraten und Inhibitoren möglich ist.

Es ist anzunehmen, daß die antidepressive Wirksamkeit der Trizyklika und der selektiven 5-HT-Wiederaufnahmehemmer (SSRI) wie Fluoxetin, Paroxetin oder Citalopram auf die Beteiligung der Monoamine und besonders des 5-HT bei den affektiven Erkrankungen hinweist (Lesch et al. 1993a). Dementsprechend, unterstützt durch das Modell der monoaminvermindernden Wirkung des Reserpins, entstanden im Lauf der letzten 35 Jahre verschiedene Hypothesen über Entstehung v.a. der Depression, alle ausgehend von einem Mangel eines Transmitters (z. B. 5-HT, NA oder DA) oder einer (daraus resultierenden) Imbalance anderer Neurotransmittersysteme. Gerade die Neurotransporter könnten auf Grund ihrer zentralen Stellung in den Abläufen an der Synapse – im Unterschied zu der Vielzahl an Rezeptoren und Rezeptorsubtypen existieren nur jeweils ein Transporter für jeden dieser Transmitter sowie der relativ unspezifische vesikuläre Monoamin-Transporter – eine wichtige Rolle in der Ätiopathogenese affektiver Erkrankungen spielen, sei es durch strukturelle Defekte als Folge posttranslationalen Modifikationen oder Genmutationen, aber auch Störungen der Regulation der Genexpression. Obwohl die 5-HT- und anderen MonoaminTransporter als initialer Angriffspunkt für die tri- und heterozyklischen Antidepressiva seit langem bekannt sind, ist damit der tatsächliche Wirkmechanismus dieser Substanzen noch nicht geklärt. Gerade die typische Latenz von mehreren Wochen bis zum Eintritt einer beobachtbaren Besserung der klinischen Symptomatik läßt sich nicht als Effekt einer akuten Blockierung bestimmter Transporterproteine durch diese Substanzen deuten, sondern weist darauf, daß vielmehr die an die primäre Transporterhemmung anschließenden neuroadaptiven Vorgänge entscheidend für die therapeutische Wirksamkeit sind. Im Mittelpunkt des Interesses steht der 5-HT-Transporter also nicht nur durch seine Stellung in der Vermittlung der pharmakologischen Wirkung psychotroper Substanzen, sondern auch durch Befunde, die zu den wenigen relativ konsistenten Ergebnissen in der psychobiologischen Forschung zählen und auf solche längerfristigen Anpassungsvorgänge zurückgehen könnten. So ist die ma-

ximale Bindungskapazität (Bmax) für Imipramin oder Paroxetin, d. h. die
Dichte des 5-HT-Transporters, bei affektiven Erkrankungen sowie bei Suizidopfern herabgesetzt. Die untersuchten Erkrankungen umfaßten dabei
sowohl unipolare Depression, bipolare Erkrankung, auch Panik- und
Zwangserkrankung sowie Alkoholismus und Anorexia nervosa. Bei diesen
Krankheiten ist die maximale 5-HT-Transporter-Bindungskapazität sowohl
in Thrombozyten als auch in post mortem Hirngewebe vermindert; dies
wird auch durch eine Verminderung des 5-HT-Transport in die Thrombozyten reflektiert. Unbekannt bleibt, ob diese Befunde den pathogenetischen Vorgängen zugrunde liegen oder adaptive Veränderungen in Folge
des Krankheitsprozesses darstellen. Diese Reduktion scheint sich dagegen
in Abhängigkeit von der Therapie zu verändern, d. h. nach klinischer Remission normalisieren sich diese Werte zumindest teilweise. Langzeitunter-
suchungen, die Hinweise auf den 5-HT-Transporter als Vulnerabilitätsfak-
tor geben könnten, fehlen jedoch gänzlich. Dies erschwerte zusätzlich zu
der relativ geringen Spezifität der Veränderungen der Neurotransmittersysteme das Streben nach Verwendung derartiger Befunde als einfache und
aussagekräftige „Marker" für Erkrankungen des affektiven Spektrums oder
auch als diagnostische Hilfsmittel bei der Differenzierung von psychischen
Erkrankungen. Dennoch definieren die verminderte 5-HT-Aufnahme und
Inhibitorbindung den 5-HT-Transporter als Kandidatengen bei affektiven
Erkrankungen, zumal auch die genetische Abhängigkeit des 5-HT Transporters in Zwillingsstudien ebenso nachgewiesen wurde wie die genetische
Prädisposition für einzelne affektive Erkrankungen mit unterschiedlicher
Ätiologie.
Die direkte Untersuchung von Primärstruktur und Genorganisation, vor allem mittels Methoden, die von der Polymerase-Kettenreaktion (PCR) abgeleitet sind, kombiniert mit Assoziationsanalysen bietet den Vorteil, daß
relevante Veränderungen auch bei komplexem Erbgang oder nicht-ein-
heitlichen Patientengruppen gezielt gesucht und bei den untersuchten
Personen einzeln aufgedeckt werden können, so daß nur eindeutig betroffene Individuen rigoros definierter diagnostischen Entitäten in die Untersuchung eingehen, was gerade bei den auf der Basis von Konsensus abge-
grenzten affektiven Erkrankungen von Vorteil ist.
    Demgegenüber sind Linkage-Analysen durch den komplexen Erbgang
bei affektiven Erkrankungen erheblich erschwert, wenn nicht unmöglich
gemacht. Bei diesen Krankheiten kommen als Möglichkeiten der Erklärung für die unklare erbliche Belastung sowohl inkomplette Penetranz,
genetische Heterogenität und polygene Vererbung als auch verzögertes
Manifestationsalter, Phänokopien etc. in Frage. Es wurden daher die
Primärstruktur des 5-HT-, NA- und VM-Transporters bei uni- und bipolaren
affektiven Psychosen analysiert sowie die Genorganisation des 5-HT-Trans-
porters untersucht. Auf Grund von Homologien in der Familie der Natrium-abhängigen Neurotransporter konnte die cDNA von Antidepressiva-
sensitivem 5-HT-Transporter der Ratte isoliert werden. Das serotonerge System ist zytoarchitektonisch auffällig kongruent mit den Raphe-Kernen,
stimmt aber nicht vollständig überein. Deswegen wird das äußerst stark ver-

zweigte Netzwerk in verschiedene Zellgruppen unterteilt, von denen innerhalb des Nucleus raphe dorsalis eine ausgedehnte mesencephale Zellgruppe lokalisiert ist. Daher erfolgte mittels spezies-übergreifender PCR die Isolierung von cDNA des menschlichen 5-HT-Transporter aus dem Nucleus raphe dorsalis des Mittelhirns. Es fand sich hierbei analog zur Ratte eine Aminosäuresequenz von 630 Aminosäuren mit einem geschätzten Molekulargewicht von ca. 70 kDa (Lesch et al. 1993b). Bemerkenswert ist die hohe Homologie zwischen dem 5-HT-Transporter von Ratte und Mensch, deren Sequenzen lediglich 8% voneinander abweichen, dies vor allem im N-terminalen zytoplasmatischen Bereich. Wie bei den anderen Natrium-abhängigen Neurotransportern ergab sich eine putative Struktur mit zwölf transmembranen Segmenten, einer auffälligen großen extrazellulären Schleife zwischen dem dritten und vierten Transmembransegment und einigen Glykosylierungs- und Phosphorylierungsstellen.

Die NA- und DA-Transporter gehören ebenso wie der 5-HT-Transporter in die Familie der Natrium/Chlorid-abhängigen Neurotransporter, die alle diesen, beim 5-HT-Transporter beschriebenen Typ von Primärstruktur aufweisen: Zwölf stark hydrophobe Bereiche in der Aminosäuresequenz, die wahrscheinlich die Plasmamembran durchziehen, zwischen den transmembranen Segmenten III und IV eine ausgedehnte extrazelluläre Schleife sowie typische Erkennungssequenzen für mögliche posttranslationale Modifikation durch Proteinkinasen in Form von Glykosylierungen und Phosphorylierungen. Die Aktivität der Proteinkinasen wie z.B. der Proteinkinase A, der Calmodulin-abhängigen Proteinkinase II, Proteinkinase C u. a. wird in Abhängigkeit von Rezeptorstimulation über sekundäre Botenstoffe wie das zyklische AMP intrazellulär („second messenger") reguliert. Die Sequenzhomologie innerhalb dieser Familie liegt bemerkenswert hoch, vor allem in den putativen transmembranen Domänen. Die extra- und intrazellulären Schleifen sind weniger einheitlich erhalten, doch insgesamt liegt die Homologie zwischen 43% und 67%, wobei ca. 30% aller Aminosäuren bei allen vier Hauptvertretern der Familie (GABA-, 5-HT-, NA-, DA-Transporter) konserviert geblieben sind. Durch Vergleich der Aminosäuresequenz der verschiedenen Transporter erhält man auch Erkenntnisse über die Bindungsstellen für die Monoamine, die zumindest partiell von denen für die tri- und heterozyklischen Wiederaufnahmeinhibitoren überlappt wird: Die Substratbindungsstelle muß zwar zwischen 5-HT-, Noradrenalin- und Dopamintransporter konserviert sein, nicht aber beim GABA-Transporter, der dadurch auch nicht durch Antidepressiva beeinflußt wird. Diese Bedingungen sind vor allem im Bereich der Transmembransegmente I und V bis VII erfüllt, die analog zu anderen Transportmechanismen eine intramembrane Tasche als möglichen Bindungsort für Substrate und Antagonisten bei den Monoamin-Transportern bilden könnten.

Der VM-Transporter hingegen ist an der Membran der intrazellulären Speichervesikel der präsynaptischen Neurone lokalisiert und relativ unspezifisch für die verschiedenen biogenen Amine; auch transportiert er das neurotoxische MPP⁺-Ion und Histamin. Auf der Funktionsebene repräsentiert der VM-Transporter einen Antiport von Substrat und H+-Ionen, d. h. er ist pH-abhängig. Strukturell gesehen besteht er aus 514 Aminosäuren mit einem Molekulargewicht von ca. 55 kDa. Auch er besitzt zwölf Transmembransegmente, allerdings statt der Schleife zwischen den transmembranen Segmenten III und IV eine große luminale Schleife zwischen I und II. Besonders wichtig war der Nachweis, daß Thrombozyten ein peripheres Modell für den zellulären 5-HT-Transport darstellen, da kein Unterschied zwischen den cDNAs von aus Gehirn oder aus Thrombozyten isoliertem 5-HT-Transporter besteht. Dies gilt auch für den DA-Transporter und den VM-Transporter, welche Thrombozyten ebenso wie die Monoaminoxidase enthalten, so daß mit diesen wichtigen Elementen die Thrombozyten als leicht verfügbares Modell für Nervenzellen gerade bei der Untersuchung affektiver Erkrankungen bestätigt wurden (Lesch et al. 1993b).

Das Thrombozytenmodell ermöglicht daher eine Untersuchung der Primärstruktur des 5-HT-Transporters bei affektiven Erkrankungen. 17 Patienten, die die Kriterien des DSM-IIIR für unipolaren Depression oder manische-depressiven Krankheit erfüllten, sowie vier gesunde Kontrollpersonen wurden in einer vorläufigen Studie untersucht (Lesch et al. 1995). Auffällig war das deutlich höhere Durchschnittsalter der Patienten mit unipolarer Depression (62,6 ± 7,8 Jahre im Vergleich zu 39,7 ± 11,4 Jahren bei den Patienten mit bipolarer Psychose). Auch das Ersterkrankungsalter der Patienten mit unipolarer Depression lag signifikant höher (50,1 ± 15,6 vs. 29,1 ± 12,1 Jahre), während Anzahl der Episoden und Krankheitsdauer nur geringfügig größer war. Demgegenüber jedoch war bei acht der zehn Patienten mit bipolarer Krankheit eine positive Familienanamnese für manisch-depressive Erkrankungen zu finden. Unter Anwendung der Reverse-Transkriptase-PCR aus Thrombozyten isolierte mRNA in verschiedene überlappende cDNA-Fragmente übersetzt und anschließend durch direktes Sequenzieren auf Mutationen, die Primärstruktur und dadurch Funktion des 5-HT-Transporters beeinflussen könnten, untersucht. Auch wurde die 5-HT-Transporter-cDNA insgesamt amplifiziert und die Länge der PCR-Produkte auf einem Agarose-Gel verglichen, um größere Deletionen oder Insertionen auszuschließen. Nach Untersuchung von über 40000 Basenpaare fand sich bei einer Patientin mit bipolarer Psychose auf einem Allel eine Transition im Kodon 308 (T→C). Da diese Variante jedoch an der dritten Stelle des entsprechenden Kodons für die Aminosäure Glyzin liegt, verändert sich dadurch die Aminosäuresequenz des Transporters nicht, so daß dies wohl als seltener Polymorphismus zu sehen ist. Nach dem selben Prinzip wurden auch die cDNA von NA-Transporter und VM-Transporter bei den Patienten mit unipolarer Depression und bipolarer Psychose auf Mutationen untersucht (insgesamt ca. 12000 bzw. 36000 Basenpaare), wobei sich jedoch keine Änderungen fanden, so daß man davon ausgehen kann, daß Veränderungen in der Primärstruktur von 5-HT-, NA- und VM-Transporter nicht generell an der Pathophysiologie von affektiven Erkrankungen beteiligt sind. Um noch auszuschließen, daß die gefundene Basensubstitution eine Spleißstelle verändern und dadurch weitere Bedeutung erlangen könnte, und um die Ursache des reduzierten 5-HT-Transports bei affektiven Erkrankungen weiter aufzuklären, wurde die genomische Organisation des 5-HT-Transporters untersucht. Hierdurch ergeben sich neue Gesichtspunkte und Möglichkeiten für die Erforschung der Regulation des 5-HT-Transports, z. B. durch Kenntnisse über die Promotor/Enhancer-Regionen und der Steuerung der Genexpression. Schon die Identität des 5-HT-Transporters im Gehirn mit dem thrombozytären 5-HT-Aufnahmemechanismus zeigt an, daß beide von einem einzelnen Gen kodiert werden. Außerdem wurde von verschiedenen Arbeitsgruppen und aus anderen menschlichen Zellinien wie z. B. plazentaren Trophoblasten-Zellen dieselbe 5-HT-Transporter-cDNA isoliert. Das Gen des 5-HT-Transporter wurde auf dem menschlichen Chromosom 17 in der Nähe des Zentromers lokalisiert. Es besteht, ähnlich wie für den GABA-Transporter der Maus beschrieben, aus einer durchbrochener Exon-Intron-Struktur mit 14 Exons, die sich auf über 35 Kilobasen verteilen (Lesch et al. 1994) (Abb. 3). Die Kodierungssequenz beginnt erst innerhalb des zweiten Exons. Bis auf das vierte Intron sind auch die Lokalisation und Verteilung der Introns gegenüber dem GABA-Transporter der Maus beim 5-HT-Transporter konserviert, was einen gemeinsamen Ursprung in der Entwicklungsgeschichte für die Familie der oben beschriebenen Transporter von biogenen Aminen, Aminosäuren u. a. bei den Säugern nahelegt und somit auch eine ähnliche Genstruktur für die weiteren Mitglieder dieser Transporterfamilie erwarten läßt. Alle Exons, die angrenzenden Intron-Übergänge sowie die Promotorregion, insgesamt ca. 11 kb, wurden sequenziert. In Zusammenarbeit mit der Arbeitsgruppe um Catalano und Di Bella an der Universität Mailand wurden die einzelnen Exons getrennt bei einer größeren Gruppe von Patienten (n > 120) mit Erkrankungen des affektiven Spektrums mittels der Denaturierungsgradienten-Gelelektrophorese (DGGE) auf Mutationen un-

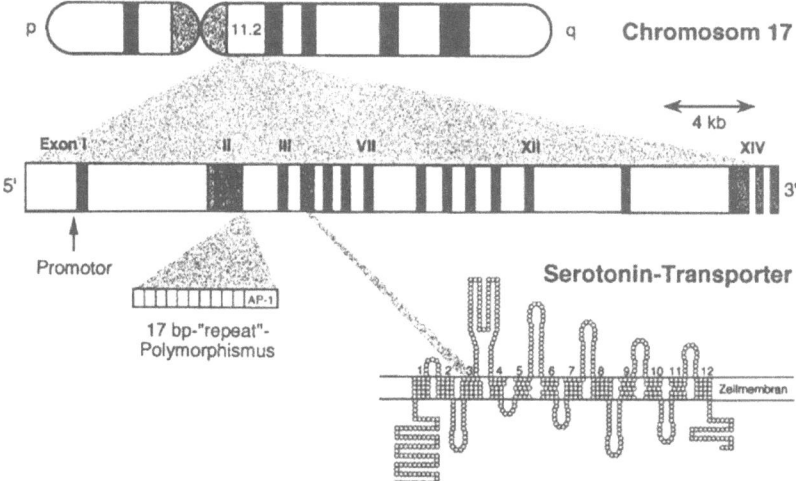

Abb. 3. Genomische Organisation des menschlichen Serotonin-Transporters auf dem Chromosom 17 (17q11.2). Positionen der Exons I–IX sind durch helle (nicht kodierend) und dunkle Kästchen (kodierend) angezeigt

tersucht. Bei dieser Methode werden Mutationen durch Verminderung der Wanderungsgeschwindigkeit und durch Änderung von Konformationen von PCR-amplifizierter DNA in der Elektrophorese mit einem Gradienten-Gel sichtbar und müssen anschließend durch direktes Sequenzieren verifiziert werden. Neben einer Mutation in einem Exon-lntron-Übergang fand sich bei einem Patienten mit wahnhaft unterlegter Depression eine Transversion im Kodon 255 (C→A), die zu einem Austausch von Leuzin mit Methionin führt. Da beide Aminosäuren unpolar sind und etwa die gleiche Größe besitzen, handelt es sich um eine konservative Substitution, die wahrscheinlich keinen Einfluß auf die Proteinkonformation und damit Transporterfunktion hat. Über die funktionelle Relevanz dieser Strukturvariante werden Untersuchungen mit Transfektion der mutierten 5-HT-Transporter-cDNA endgültigen Aufschluß geben.

Innerhalb des zweiten Introns fand sich ein polymorphes repetitives Element, dessen Einheiten aus 17 Basenpaaren zusammengesetzt sind. Da es möglicherweise Bindungsstellen für Transkriptionsfaktoren beeinflussen und somit eine Rolle in der Regulation der Genexpression des 5-HT-Transporters spielen könnte, wurde die Anzahl von Kopien dieses Elements bei verschiedenen Entitäten untersucht. Die Anzahl der Einheiten lag zwischen 9 und 12 mit einem Maximum bei 11. Zwar ergaben sich zwischen den Gruppen kleine Abweichungen, jedoch keine signifikanten Unterschiede in der Verteilung der Allelhäufigkeiten zwischen gesunden Kontrollpersonen, Patienten mit affektiven Erkrankungen sowie Patienten mit katatoner Schizophrenie.

Zusammengefaßt fanden sich also im Bezug auf Strukturveränderungen des 5-HT-Transporters in den vorliegenden Untersuchungen keine Abweichungen von der Norm, die eine Erklärung für die Veränderungen im serotonergen System bei affektiven Erkrankungen erlauben. Somit wäre als ein nächster Schritt eine Untersuchung der Regulation von Funktion und Genexpression von großem Interesse, da der 5-HT-Transporter nach wie vor mit im Zentrum sowohl therapeutischer Bemühungen als auch diagnostischer Möglichkeiten steht und zur Aufklärung von Entstehung, Vererbung und Verlauf affektiver Erkrankungen beitragen könnte.

Literatur

Lesch KP, Aulakh CS, Wolozin BL, Tolliver TJ, Hill JL, Murphy DL (1993a) Regional brain expression of serotonin transporter mRNA and its regulation by reuptake inhibiting antidepressants. Mol Brain Res 17: 31–35
Lesch KP, Wolozin BL, Murphy DL, Riederer P (1993b) Primary structure of the human platelet serotonin (5-HT) uptake site: identity with the brain 5-HT transporter. J Neurochem 60: 2319–2322
Lesch KP, Balling U, Gross J, Strauss K, Wolozin BL, Murphy DL, Riederer P (1994) Organization of human serotonin transporter gene. J Neural Transm 95: 157–164
Lesch KP, Franzek E, Gross J, Wolozin BL, Riederer P, Murphy DL (1995) Primary structure of the serotonin transporter in unipolar depression and bipolar disorder. Biol Psychiatry 37: 215–223

Korrespondenz: Dr. K. P. Lesch, Psychiatrische Universitätsklinik, Füchsleinstraße 15, D-97080 Würzburg, Bundesrepublik Deutschland

In-vivo Darstellung der 5HT-Wiederaufnahmeblockade

R. Gössler[1], W. Pirker[2], S. Kasper[1], S. Asenbaum[2], H. Walter[1],
P. Angelberger[3], I. Podreka[2] und T. Brücke[2]

[1]Klinische Abteilung für Allgemeine Psychiatrie, Universitätsklinik für Psychiatrie,
[2]Universitätsklinik für Neurologie, Wien und [3]Forschungszentrum Seibersdorf,
Österreich

Einleitung

Selektive Serotonin Wiederaufnahmehemmer (SSRI) werden als moderne
Antidepressiva erfolgreich eingesetzt. Die antidepressive Wirkung entspricht jener der herkömmlichen tri- und tetracyclischen Antidepressiva
(Kasper et al. 1992). Nebenwirkungen und Toxizität sind jedoch in einem
viel geringeren Ausmaß gegeben (Boyer et al. 1991). Die Hemmung der
Serotonin Wiederaufnahme bei Menschen wurde bis jetzt nur auf indirek-
tem Weg gezeigt: die Serotonin Wiederaufnahme in Blutplättchen, erniedrigte Serotoninspiegel im Blut, Plasma und Blutplättchen unter Therapie mit SSRI, konnten gemessen werden (Wood et al. 1983, Kremer et al.
1990).

Vor kurzem wurde eine neue, vielversprechende Markierungssubstanz
für die Single Photon Emissionscomputertomographie (SPECT) entwickelt: das Kokain Analogon 2-β-carbomethoxy-3-β(4-iodophenyl)-tropan
(β-CIT). Mit 123-J radioaktiv markiert können damit Dopamin- und Serotonintransporter sichtbar gemacht werden. Dies wurde bei Nagetieren
(Scheffel et al. 1992), bei Affen (Innis et al. 1991) und bei Menschen (Kuikka et al. 1993, Innis et al. 1993, Brücke et al. 1993) gezeigt. Es stellte sich
heraus, daß die β-CIT-Bindung im Striatum vor allem Dopamintransporter,
die Bindung im Bereich von Hypothalamus und Mittelhirn vor allem Serotonintransporter repräsentiert. Aufgrund der unterschiedlichen anatomischen Lokalisationen von Serotonin- und Dopamintransportern ist es möglich diese mit 123-J-CIT getrennt darzustellen.

Ziel dieser Studie, durchgeführt von Pirker et al., war es, die Serotonin-
transporter bei depressiven Patienten unter Therapie mit dem SSRI Citalopram bzw. bei gesunden, medikationsfreien Probanden mit Hilfe des 123-
J-β-CIT-SPECTs darzustellen und zu quantifizieren. Patienten und Probandengruppe sollten miteinander verglichen werden.

Patienten

Es wurden dreizehn depressive Patienten, zehn Frauen und drei Männer, untersucht. Das Altersmittel betrug 44 Jahr. Diagnostiziert wurde anhand des DSM-III-R. Neun Patienten litten an einer rezidivierenden major Depression (DSM-III-R: 296.3), zwei an einer erstmalig aufgetreten major Depression (DSM-III-R: 296.2), ein Patient an einer depressiven Phase im Rahmen einer MDK (DSM-III-R: 296.6), einer an einem Konversionssyndrom (DSM-II-R: 300.11). Der durchschnittliche Wert auf der Hamilton-Depressionsskala betrug 23.2 Punkte. Zwölf Patienten erhielten Citalopram in täglichen Dosierungen von 20 mg (5 Patienten), 40 mg (6 Patienten) und 60 mg (1 Patient) Ein Patient blieb medikationsfrei.

Die Kontrollgruppe bestand aus sieben gesunden Probanden und vier Personen mit peripheren neurologischen Erkrankungen. Es handelte sich um zwei Frauen und neun Männer. Das Altersmittel betrug 42,3 Jahre.

Methode

Die SPECT-Untersuchungen wurden jeweils 2, 4, 16, 20 und 24 Stunden nach Injektion des radioaktiven Tracers mit einer rotierenden Dreikopfkamera (Siemens Multispect 3) durchgeführt.

Die durchschnittlich verabreichte Aktivität von 123-J-β-CIT betrug 141 MBq. ROIs (regions of interest) wurden in anatomischen Arealen entsprechend dem Striatum, Cerebellum und der Hypothalamus- Mittelhirnregion (Pons, Mittelhirn, Hypothalamus, mesialer Thalamus) festgelegt. Die durchschnittliche Aktivität in jeder Region wurde berechnet. Das Cerebellum stellte die Referenzregione dar. Spezifische Aktivität und somit Bindung an den Dopamin- bzw. Serotonintransporter war Aktivität der jeweilige Regionen minus der cerebellären Aktivität. Die entsprechenden Aktivitäten beider Gruppen wurden miteinander verglichen.

Ergebnisse

Hypothalamus-Mittelhirnregion: Depressive Patienten unter Therapie mit Citalopram zeigten in dieser Region eine statistisch signifikante Reduktion der β-CIT-Bindung verglichen mit der Kontrollgruppe (44,1 ± 14,4 vs. 82.3 ± 18,6 cpm/mCi x kg Körpergewicht, 4 Stunden p. inj., p = 0,0001; Abb. 1). Die Reduktion war unabhängig von der verabreichten Medikamentendosis.

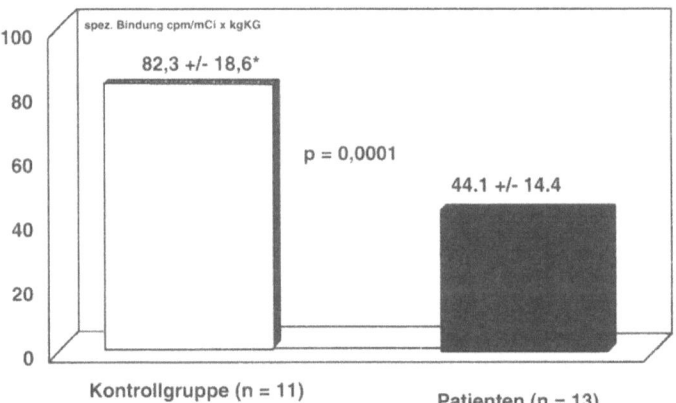

Abb. 1. Ergebnis: In der Hypothalamus-Mittelhirnregion zeigte sich eine statistisch signifikante Reduktion der 123-J-β-CIT-Bindung bei den Patienten unter Citalopramtherapie. n = 24, p = 0,0001, students t-Test

Der medikationsfreie depressive Patient unterschied sich im Bindungsverhalten nicht von der Kontrollgruppe. Die spezifische Bindung erreichte 4
Stunden post injektionem ein Maximum. Striatum: Die spezifische Bindung war zwischen Patienten- und Kontrollgruppe nicht signifikant unterschiedlich (261 ± 64 vs. 287 ± 61 cpm/mCi x kg Körpergewicht, 20 Stunden
p.inj.). Sie erreichte 16–20 Stunden post injektionem ein Maximum.

Diskussion

Nach unserem Wissen konnte mit der vorliegenden Studie die direkte
Blockade von Serotonin-Transporter durch einen SSRI erstmals gezeigt
werden. In der Hypothalamus- Mittelhirnregion der antidepressiv behandelten Patienlen, kam es zu einer hochsignifikanten, dosisunabhängigen
Reduktion der Bindung von 123-J-β-CIT. Daraus kann gefolgert werden,
daß bereits mit einer Dosis von 20 mg Citalopram Serotonintransporter
weitgehend blockiert sein müßten. Dies würde mit einer klinischen Untersuchung übereinstimmen, die keinen Unterschied in der antidepressiven
Wirkung zwischen 25 und 50 mg Citalopram gefunden hat (Bjerkenstedt et
al. 1985). Da aber eine nur etwa 50% Reduktion der β-CIT-Bindung feststellbar ist, scheint β-CIT noch an andere Strukturen im Hirnstamm zu binden. Eine Abnahme der Serotonin-Aufnahmestellen bei unbehandelten
depressiven Patienten wie sie wiederholt beschrieben wurde, konnte durch
den einen medikationsfreien Patient in unserer Studie nicht bestätigt werden. Dies bedarf aber einer Überprüfung an einer größeren Anzahl unbehandelter Patienten.

Literatur

Bjerkenstedt L, Edman G, Flyckt L, Hagenfeld L, Sedvall G, Wiesel F A (1985) Clinical
    and biochemical effects of citalopram a selective 5-HT reuptake inhibitor- a dose- re-
    sponse study in depressed patients. Psychopharmacology 87: 253–259
Boyer W F, Feighner J P (1991) The efficacy of selective re-uptake inhibitors in depressi-
    on. In: Feighner J P, Boyer W F (eds) Perspectives in psychiatry. Selective serotonin
    re-uptake inhibitors. John Wiley & Sons, Chichester, pp 89–108
Brücke T, Kornhuber J, Angelberger P, Asenbaum S, Frassine H, Podreka (1993) SPECT
    imaging of dopamine and serotonin transporters with l23-J-β-CIT. Binding kinetics in
    the human brain. J Neural Transm [GenSect] 94: 137–146
Innis R, Baldwin R, Sybirska E, Zea Y, Laruelle M, Al-Tikriti M, Charney D, Zoghbi S,
    Smith E, Wiesniewski G (1991) Single photon emission computed tomography ima-
    ging of monoamine reuptake sites in primate brain with 123-J-CIT. Eur J Pharmacol
    299: 369–370
Innis RB, Seibyl JP, Scanley BE, Laruelle M, Abi-Dargham A, Wallace E, Baldwin R, Zea-
    Ponce, Zoghbi S, Wang S (1993) Single photon emission computed tomographic
    imaging demonstrates loss of striatal dopamine transporters in Parkinson disease.
    Proc Natl Acad Sci USA 90: 11965–11969
Kasper S, Fugher J, Möller H J (1992) Comperative efficacy of antidepressants. Drugs 43
    [Suppl]: 11–23
Kremer H P H, Goekoop J G, van Kempen (1990) Clinical use of the determination of
    serotonin in whole blood. J Clin Psychopharmacol 10: 83–87
Scheffel U, Dannals R F, Cline E J, Ricaurte G A, Carrol F I, Abraham P, Lewin A H,
    Kuharh M J (1992) (123/125J)RTI-55, an in vivo label for the serotonin transporter.
    Synapse 11: 134–139

Kuikka J T, Bergström K A, Vanninen E, Laulumaa V, Hartikainen P, Länsimies (1993) Initial experience with single photon emission tomography using iodine-123-labelled 2β-carbomethoxy-3β-(4-iodophenyl)tropane in human brain. Eur J Nucl Med 20: 783–786

Wood K, Swade C, Abou-Saleh M (1983) Drug plasma levels and platelet 5-HT uptake inhibition during long-term treatment with fluvoxamlne or lithium in patients with affective disorders. Br J Clin Pharmacol 15 (S3): 365S–368S

Korrespondenz: Dr. R. Gössler, Universitätsklinik für Neuropsychiatrie des Kindes- und Jugendalters, Währinger Gürtel 18–20, A-1090 Wien, Österreich

Tryptophanverfügbarkeit und thrombozytäre 5HT-Konzentration bei Patienten mit affektiven Störungen

L. Franke[1], **H.-J. Schewe**[1], **J. Schley**[2], **W. Kitzrow**[1], **B. Müller**[1], **R. Uebelhack**[1], **K. Thies-Flechtner**[2] und **B. Müller-Oerlinghausen**[2]

[1]Universitätsklinik und Poliklinik für Psychiatrie, Universitätsklinik Charité und Medizinische Falkultät, Humboldt-Universität zu Berlin und [2]Psychiatrische Klinik und Poliklinik, Freie Universität Berlin, Bundesrepublik Deutschland

Es wird allgemein angenommen, daß die Tryptophan (TRP)-Verfügbarkeit im ZNS eine wichtige Größe für die Serotonin (5HT)-Synthese sei. Neuere Überlegungen deuten darauf, daß die Stärke des TRP-Einstroms in eine neuronale Zelle in erster Linie von der Geschwindigkeit der TRP-Hydroxylierung und dann erst vom aktiven Transport über die Blut-Hirn-Schranke in Konkurrenz mit großen neutralen Aminosäuren (NAS) abhängt [1]. So kann der Metabolitfluß TRP – 5HTP – 5HT wahrscheinlich nur teilweise über die Nahrung und Verschiebungen im Verhältnis der Aminosäuren zueinander beeinflußt werden.

Eine schlechte TRP-Verfügbarkeit im ZNS wird als eine mögliche Ursache der serotonergen Hypoaktivität bei Depressionen vermutet. Studien, in denen ein Defizit von TRP oder Abweichungen im Verhältnis des TRP zu NAS im Plasma depressiver Patienten gefunden wurde, stützen diese Vermutung [2].

In der vorliegenden Untersuchung an relativ großen Stichproben sollte geprüft werden, wie stark die thrombozytäre 5HT-Konzentration depressiver Patienten von einer gesunden Kontrollgruppe abweicht und inwieweit diese von der 5HT-Aufnahme und vom TRP-Spiegel und seinem Verhältnis zu NAS (Leucin, Isoleucin und Valin) im Plasma beeinflußt wird.

Material und Methoden

Es wurden 52 gesunde Probanden und 67 Patienten mit depressiven Syndromen (klassifiziert nach ICD-9 und ICD-10) untersucht. Die Patienten waren vorwiegend über längere Zeit unbehandelt. Bei den vorbehandelten (ca. 30%) wurde vor der biochemischen Untersuchung eine Auswaschphase von 10–14 Tagen eingehalten.
Eine ausführliche Beschreibung der Stichproben und der Methodik wird an anderer Stelle gegeben [3].

Ergebnisse

1. Die mittlere thrombozytäre 5HT-Konzentration depressiver Patienten ist im Vergleich zur gesunden Kontrollgruppe nur geringfügig erniedrigt (577,8 ± 286,3 vs. 624,3 ± 177,2 ng 5HT/10^9 Thr.). Die Streuung des Mittelwertes bei Patienten ist deutlich höher. Nach Festlegung eines Normbereiches ($\bar{x}$ ± s der gesunden Kontrollgruppe) wurden die Patienten in drei Gruppen mit erhöhten, normalen und erniedrigten 5HT-Konzentration unterteilt (Abb.1).
   Monopolare (n = 26) und bipolare (n = 13) Depressionen verteilen sich gleichmäßig auf alle drei Untergruppen.
2. Die mittlere 5HT-Aufnahme-Aktivität ist nur in der Patientengruppe mit niedrigen 5HT-Konzentrationen im Vergleich zu Gesunden signifikant verringert (Tabelle 1).
3. Die mittlere TRP-Konzentration im Plasma ist sowohl in der Gesamtgruppe der Patienten als auch in den drei Untergruppen signifikant niedriger als bei Gesunden (Tabelle 1).
4. Das mittlere Verhältnis TRP/NAS ist in Untergruppen mit erniedrigten und normalen 5HT-Konzentrationen signifikant kleiner als bei Gesunden (Tabelle 1). Patienten mit erhöhten 5HT-Konzentrationen zeigen gegenüber den Gesunden keinen signifikanten Unterschied im TRP-Quotienten (Tabelle 1).
5. In der gesunden Kontrollgruppe gibt es zwischen der TRP-Konzentration und der Summe der NAS (LEU+ILE+VAL) eine deutliche Korre-

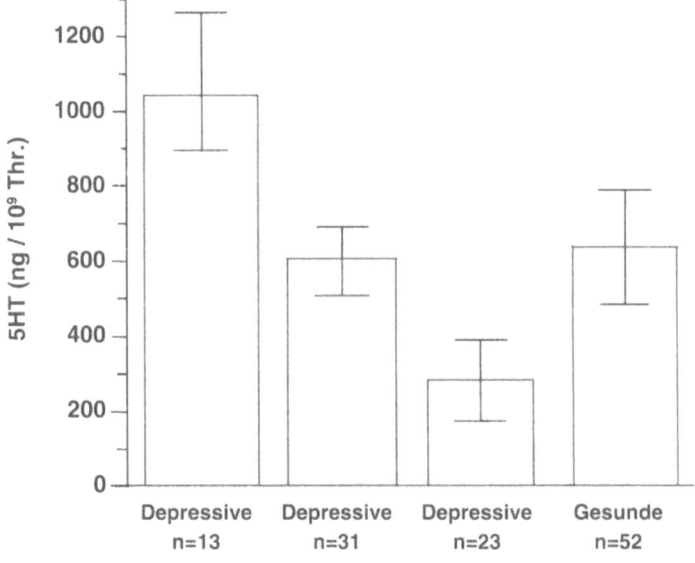

Abb. 1. Mittlere thrombozytäre 5HT-Konzentration in drei Untergruppen depressiver Patienten im Vergleich zur gesunden Kontrollgruppe

Tabelle 1. Mittelwerte der 5HT-Aufnahme, TRP-Konzentration und TRP/NAS-Quotienten in drei Untergruppen depressiver Patienten

	5HT-Aufnahme	TRP-Konzent.	TRP/NAS
Gesunde Probanden	29,5 ± 8,5	10,1 ± 1,2	146,1 ± 18,8
depressive Patienten			
5HT-Konz. niedrig ($\bar{x}$ = 296)	25,7 ± 14,9*	8,1 ± 1,6***	121,4 ± 28,1**
5HT-Konz. normal ($\bar{x}$ = 608)	28,6 ± 2,6	8,1 ± 1,9***	125,1 ± 31,1*
5HT-Konz. hoch ($\bar{x}$ = 1044)	31,8 ± 9,0	9,3 ± 1,3*	131,1 ± 23,0

5HT-Konzentration: ng 5HT/10^9 Thr.; 5HT-Aufnahme: pMol 3HT-5HT/10^9 Thr. x 5 min 37° C; TRP-Konzentration: µg Tryptophan/ml Plasma; TRP/NAS-Quotient x 10^{-3}: TRP/LEU+ILE+VAL. Signifikanz im Vergleich zu Gesunden (U-Test nach Mann-Whitney): *$p < 0,05$; **$p < 0,01$; ***$p < 0,001$

lation (Spearman, $r = -0,5206$ $p < 0.05$). Auch bei Patienten ist so eine Beziehung nachweisbar, jedoch mit einer sehr schwachen Tendenz ($r = -0,2480$ $p = 0,093$).

Diskussion

Da in der vorliegenden Untersuchung eine relativ große Stichprobe depressiver Patienten erfaßt wurde, konnten wir die Patienten nach rein biochemischen Kriterien differenzieren. Ihre diagnostische Zuordnung wurde hierbei zunächst nicht beachtet. Nur 1/3 der Patienten zeigte wesentlich geringere thrombozytäre 5HT-Konzentrationen als die gesunden Probanden. Gleichzeitig haben wir auch eine kleine Patientengruppe mit sehr hohen 5HT-Konzentrationen abtrennen können (Abb. 1).

Eine Häufung von monopolaren oder bipolaren Krankheitsformen in der einen oder der anderen Untergruppe war nicht zu beobachten. Dieses Ergebnis deutet darauf hin, daß bei depressiven Syndromen eher ein heterogenes Bild von Störungen im 5HT-System zu erwarten ist und daß der postulierte 5HT-Mangel bei Depression nur teilweise zutreffend ist.

Inwieweit die thrombozytäre 5HT-Konzentration von der 5HT-Aufnahme und von der TRP-Konzentration bzw. dem TRP-Quotienten im Plasma abhängig ist, kann nicht allgemeingültig für alle depressiven Patienten beantwortet werden.

Niedrige 5HT-Konzentrationen in Thrombozyten stehen möglicherweise im Zusammenhang mit einer reduzierten 5HT-Aufnahmeaktivität (Tabelle 1). Wir gehen jedoch davon aus, daß die 5HT-Menge in den Thrombozyten nicht ausschließlich von der Aktivität der 5HT-Aufnahme bestimmt wird. Daneben können auch die Aktivitäten der Tryptophanhydroxylase, der abbauenden Enzyme und der Speicherung in den Vesikeln Bedeutung haben.

Unsere Ergebnisse belegen, daß über die alleinige Bestimmung von TRP im Plasma keine Rückschlüsse auf die TRP-Verfügbarkeit und die Geschwindigkeit der 5HT-Synthese gezogen werden können. Patientengruppen mit niedrigen, normalen oder hohen 5HT-Konzentrationen in den Thrombozyten hatten alle signifikant niedrigere Mittelwerte für das TRP im Plasma (Tabelle 1). Trotz der niedrigen TRP-Konzentration wurde in der Patientengruppe mit hohen 5HT-Werten ein relativ normaler mittlerer TRP/NAS-Quotient beobachtet. Da diese Patienten keine wesentliche Erhöhung der 5HT-Aufnahmeaktivität hatten, nehmen wir an, daß hier einerseits ein ungestörter TRP-Eintritt in die Zellen möglich ist und andererseits eine erhöhte Aktivität der Tryptophanhydroxylase vorliegen könnte.

Daß bei depressiven Patienten häufig eine Reduktion der TRP-Konzentration im Plasma gefunden wird, liegt wahrscheinlich nicht nur am gestörtem Appetit und verändertem Eßverhalten. Ein erhöhter Verbrauch des TRP durch die Tryptophanpyrrolase der Leber ist wahrscheinlich. Dieses Enzym hat eine kurze Halbwertszeit, ist aber durch Cortisol induzierbar.

Auch Abweichungen im Abbau neutraler Aminosäuren können bei einigen Patienten angenommen werden (Leucin, Isoleucin und Valin werden nicht in der Leber, sondern im Muskel abgebaut). Die schlechte Korrelation zwischen TRP und NAS bei Patienten im Vergleich zu Gesunden deutet darauf hin.

Literatur

1. Hommes FA, Lee JS (1990) The control of 5-hydroxytryptamine and dopamine syhthesis in the brain: a theoretical approach. J Inherit Metab Dis 13: 37–57
2. Maes M, Vandewoudde EM, Schotte C, et al (1990) The decreased availabillity of L-tryptophan in depressed femals: clinical and biological correlates. Prog Neuropsychopharmacol Biol Psychiatry 1: 903–919
3. Franke L, Kitzrow W, Schewe HJ, Uebelhack R, Müller B, Thies-Flechner K, Müller-Oerlinghausen B (1995) Efficiency of 5HT uptake and 5HT concentration in blood platelets of depressed patients and healthy subjects (in Vorbereitung)

Korrespondenz: Dr. L. Franke, Universitätsklinik für Psychiatrie, Charité, Humboldt-Universität Berlin, Schumannstraße 20–21, D-10117 Berlin, Bundesrepublik Deutschland

Hydroxylierung von Tryptophan in menschlichen Thrombozyten und im Plasma

L. Franke, R. Uebelhack, H.-J. Schewe und **W. Kitzrow**

Universitätsklinik und Poliklinik für Psychiatrie, Universitätsklinikum Charité,
Medizinische Fakultät, Humboldt-Universität zu Berlin, Berlin,
Bundesrepublik Deutschland

1968 hat Lovenberg über eine Tryptophanhydroxylase (TRYH) in Thrombozyten von Menschen und Ratten berichtet [1]. Dieser Befund blieb in der biologisch orientierten Psychiatrieforschung unbeachtet.

Fast 10 Jahre später wurde unter veränderten Bestimmungsbedingungen gezeigt, daß die Thrombozyten keine TRYH enthalten [2]. Die Hydroxylierung von Tryptophan in den Thrombozyten war im Vergleich zum neuronalen Gewebe äußest gering. Dieses Ergebnis festigte die Meinung, daß die Thrombozyten nicht in der Lage seien, selbst Serotonin zu synthetisieren. Es wurden keine weiteren Untersuchungen durchgeführt, obwohl große Fortschritte auf dem Gebiet der Analytik empfindliche Nachweistechniken geliefert haben.

Da die Thrombozyten die Enzyme Phenylalanin- und Tyrosinhydroxylase enthalten [3, 4], ist es sehr wahrscheinlich, daß sie auch mit einer Tryptophanhyddoxylase ausgestattet sind.

In unseren Versuchen zum Nachweis der TRYH in Thrombozyten haben wir auch das Plasma getestet.

Im Vordergrund der Untersuchung stand der methodische Aspekt mit der Fragestellung, unter welchen Bedingungen die Hydroxylierung von Tryptophan am besten nachweisbar ist.

Material und Methoden

Die Blutabnahmen erfolgten nüchtern um 8 Uhr in EDTA-Monovetten (1.3 mg EDTA/ml Blut).

Für die Bestimmung der TRYH-Aktivität wurden 5mM TRIS-HCI-Puffer pH 7.4 und 0.15M K/Na-Phosphatpuffer pH 7.4 verwendet. 40 µl einer Thrombozytensuspension in physiologischer NaCl-Lösung bzw. 40 µl Plasma wurden in einem Volumen von 420 µI mit Tryptophan (3.8 mM), 6,7-Dimethyl-5,6,7,8-tetrahydropteridin (0.5 mM) und Ammoniumeisen(II)sulfat (0.4 mM) 5 min bei 37° C inkubiert. Die Reaktion wurde durch Zugabe von 2M $HClO_4$ gestoppt.

Für Bestimmungen kinetischer Parameter wurde die Tryptophankonzentration zwischen 0.95 und 9.5 mM variiert.
Der Nachweis von 5HTP erfolgte an einem HPLC-Gerät mit einem UV/VIS Detektor.

Ergebnisse

Eine nichtenzymatische Bildung von 5HTP aus L- und D-Tryptophan unter den gewählten Inkubationsbedingungen wird durch Zugabe von Fe^{-2+}-Ionen verstärkt. Sie ist pH-Wert abhängig (Abb. 1). In Abwesenheit von Fe^{2+} ist beim pH von 7.4 keine 5HTP-Bildung nachweisbar. Diese Beobachtung hat für die Art der Leerwertbestimmungen Bedeutung.

Die Hydroxylierung von Tryptophan in Thrombozyten hängt vom Puffersystem ab und ist durch Fe^{2+} stimulierbar.

Beim pH-Wert 7.4 und in Anwesenheit von Fe^{2+}-Ionen ist sie im TRIS-HCI-Puffer deutlich schwächer als im Phosphatpuffer (6.3 ± 4.5 vs. 41.4 ± 25.5 nMol $5HTP/10^9$ Thromb.x 5 min 37° C, n = 9). Das Puffersystem hat auch Einfluß auf die kinetischen Parameter Vmax und Km (Tabelle 1).

Auch im Plasma findet möglicherweise eine Hydroxylierung von Tryptophan statt. Weitere Untersuchungen sind notwendig um auszuschließen, daß die beobachtete 5HTP-Bildung nicht ausschließlich auf die nichtenzymatische Reaktion zurückzuführen ist.

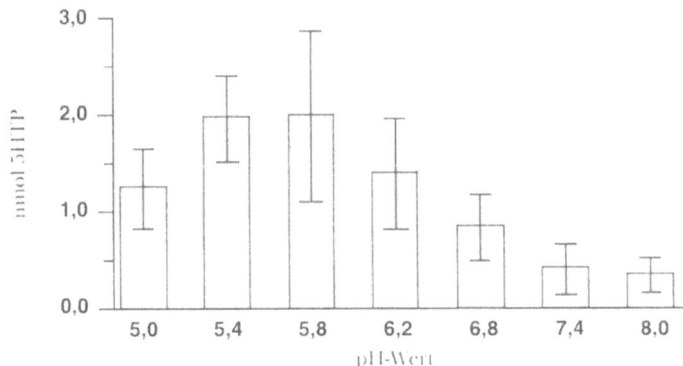

Abb. 1. Abhängigkeit der nichtenzymatischen 5HTP-Bildung vom pH-Wert in Anwesenheit von Fe-II-Ionen (Phosphatpuffer)

Tabelle 1. Kinetische Parameter Km und Vmax für Tryptophan der thrombozytären TRYH (n = 5) im TRIS- und Phosphatpuffer bei verschiedenen pH-Werten

	TRIS-HCI-Puffer pH 7.4	Phosphat-Puffer pH 7.4	pH 5.0
Km	3.7 ± 3.3	1.7 ± 0.9	1.1 ± 1.0
Vmax	24.6 ± 4.6	49.1 ± 25.3	42.4 ± 30.6

Km: mM;　　Vmax: nM $5HTP/10^9$ Thr.x 5min 37° C

Tabelle 2. Aktivität der Tryptophanhydroxylase in Thrombozyten bei gesunden Probanden und Patienten mit depressiven Syndromen und Schizophrenien

		$\bar{x} \pm s$	min	max
Gesunde	n = 18	26,8 ± 11,4	11,5	52,8
Depressionen	n = 26	29,5 ± 26,6	1,3	92,4
Schizophrenien	n = 17	40,5 ± 49,4	6,7	220,0

Phosphatpuffer pH = 7.4 Aktivität in nM 5HTP/10^9 Thr. x 5min 37° C

In den Thrombozyten von Patienten mit depressiven Syndromen oder Schizophrenien lassen sich im Vergleich zur gesunden Kontrollgruppe sowohl erniedrigte als auch erhöhte und normale Aktivitäten der TRYH nachweisen. Die Mittelwerte weisen sehr hohe Streuungen auf (Tabelle 2).

Diskussion

Die TRYH wird als ein wenig stabiles Enzym beschrieben. Die schnellen Aktivitätsverluste in vitro kommen wahrscheinlich durch seine Empfindlichkeit gegenüber Sauerstoff zustande. Die Aktivität kann wieder hergestellt werden durch Zugabe von Fe^{2+}-Ionen und Dithiothreitol.

In unseren in vitro-Versuchen mit gewaschenen Thrombozyten konnten wir in Anwesenheit von Fe^{2+} eine erheblich höhere 5HTP-Bildung messen. Auf Versuche mit Dithiothreitol haben wir verzichtet.

Die Zugabe von Fe^{2+} bewirkt aber auch eine verstärkte nichtenzymatische Bildung von 5HTP, die beim pH = 7.4 ohne Eisen-Ionen nicht stattfindet. Diese nichtenzymatische 5HTP-Bildung kann die Meßwerte beim Arbeiten mit biologischen Material verfälschen und muß als Leerwert erfaßt werden. Hierbei ist die Art, wie die Leerwerte hergestellt werden, von besonderer Bedeutung. Deshalb ist es nicht ohne weiteres zu entscheiden, ob die von uns beobachtete 5HTP-Bildung im Plasma auch wirklich auf die Existenz einer Hydroxylase zurückzuführen ist. Es muß geklärt werden, ob die üblichen Antikoagulantien (EDTA und Citrat) die nichtenzymatische 5HTP-Bildung stimulieren können.

Die Aktivität der TRYH hängt im hohen Maße von den Inkubationsbedingungen ab. Ein Vergleich unserer Ergebnisse mit anderen Untersuchungen der TRYH vor allem im neuronalen Gewebe ist kaum möglich, da zu unterschiedliche Bestimmungsbedingungen und -methoden verwendet werden.

Die ersten TRYH-Bestimmungen an Thrombozyten von Patienten mit endogenen Psychosen zeigen, daß bei einigen Patienten die TRYH-Aktivität vom Referenzbereich der gesunden Kontrollgruppe abweicht (Tabelle 2). Weitere Untersuchungen an größeren Fallzahlen sind notwendig.

Literatur

1. Lovenberg W, Jequier E, Sjoerdma A (1968) Thryptophan hydroxylation in mamalian systems. Adv Pharmacol 6: 21–36

2. Morrissey JJ, Walker MN, Lovenberg W (1977) The absence of tryptophan hydroxy-lase activity in blood platelets. Proc Soc Exp Biol Med 154: 496–499
3. Uebelhack R, Franke L, Kutter D, Thoma J, Seidel K (1987) Reduced platelet phenylalanine hydroxylation activity in a subgroup of untreated schizophrenics. Bio-chem Med Biol 37: 357–359
4. Drosdov AZ, Anochina IP (1990) Activity of tyrosine hydroxylase and monoamine oxidase in human platelets during alcoholism. Vop Med Chim 36: 54–57

Korrespondenz: Dr. L. Franke, Universitätsklinik für Psychiatrie, Charité, Humboldt-Universität Berlin, Schumannstraße 20–21, D-10117 Berlin, Bundesrepublik Deutschland

Erniedrigter Serotonin-Turnover ist bei suizidalen depressiven und schizophrenen Patienten von einer kompensatorischen Up-Regulation des Serotonin$_2$-Rezeptors begleitet

M. L. Rao, A. Papassotiropoulos, B. Hawellek, A. Deister, G. Laux und
H.-J. Möller

Psychiatrische Klinik, Universität Bonn, Bundesrepublik Deutschland

Bei suizidalen Patienten ist der Serotonin-(5HT)-Turnover erniedrigt und manifestiert sich als verringerte Konzentration der 5-Hydroxyindol-Essigsäure im Liquor (Åsberg et al. 1976). Bei Suizidopfern wird weiterhin präsynaptisch die Reduktion der maximalen Bindung (Bmax) des 5HT-Transporters sowie postsynaptisch eine Erhöhung der Bmax des 5HT$_2$-Rezeptors im frontalen Cortex beobachtet (Mann et al. 1986). Diese Erniedrigung des 5HT-Turnovers wird nicht nur zentral, sondern auch peripher als erniedrigte Blut-5HT-Konzentration registriert (Mann et al. 1992, Bräunig et al. 1989, Rao et al. 1994). Bei gesunden Probanden reguliert die endogene 5HT-Konzentration im Blut bzw. Thrombozyten kompensatorisch die Affinität des thrombozytären 5HT-Transporters und die Bmax des 5HT$_2$-Rezeptors (Meyer-Lindenberg und Rao 1993, Andres et al. 1993). Anhand der vorliegenden Studie sollte die Frage beantwortet werden, ob die bei suizidalen Patienten beobachtete Erniedrigung des Blut-5HTs zu einer kompensatorischen Up-Regulation des 5HT$_2$-Rezeptors auf Thrombozyten führt.

Methodik

Dreiunddreißig Patienten, im Alter zwischen 18 und 60 Jahren, wurden zur Krisenintervention in unsere Klinik aufgenommen und nach ICD 10-Kriterien in die Kategorien F2 (Schizophrenie, schizotype und wahnhafte Störungen, n = 7), F3 (affektive Störungen, n = 13), und F43 (Reaktionen auf schwere Belastungen und Anpasssungsstörungen, n = 13) unterteilt. Bei der Diagnosestellung nach ICD10 wurde in den Fällen, bei denen dem Suizidversuch unmittelbar ein belastendes Ereignis vorausgegangen war, die Diagnose einer Belastungsreaktion gestellt. Alters- und geschlechtsgleich wurden 20 gesunde Probanden untersucht. Bei allen Patienten lag nach psychiatrischen Kriterien eine akute Suizidalität vor, wobei diese mit der Beckschen Scala für Selbstmordgedanken und der Hamilton Depression Rating Scale (Item 3) erfaßt wurde. 5HT im Blut wurde mittels

HPLC analysiert (Rao und Fels 1987) und die Aktivitätsbestimmung des $5HT_2$-Rezeptors erfolgte mit 3H-LSD als Ligand und Ketanserin als Antagonist. Die statistische Analyse der Ergebnisse wurde mit nicht-parametrischen Tests durchgeführt. Die Varianzanalyse nach Kruskall und Wallis wurde mit dem Chi^2-Ansatz für multiple Vergleiche erstellt (Signifikanzniveau $p < 0,05$).

Ergebnisse

Die *Blut-5HT-Konzentration* unterschied sich nicht zwischen suizidalen depressiven ($0,67 \pm 0,06$ µmol/L) und suizidalen schizophrenen Patienten ($0,64 \pm 0,12$ µmol/L); sie war jedoch niedriger als die gesunder Probanden ($0,91 \pm 0,04$ µmol/L, $p = 0,02$). Dies galt nicht für die suizidalen Patienten mit akuten Belastungsreaktionen ($0,94 \pm 0,13$ µmol/L). Die Bmax des $5HT_2$-Rezeptors lag bei depressiven (118 ± 12 fmol/mg Protein) und schizophrenen Patienten (131 ± 11 fmol/mg Protein) höher als die der gesunden Probanden (85 ± 12 fmol/mg Protein, $p = 0,08$, bzw. $p = 0,01$). Die Bmax der Patienten mit akuten Belastungsreaktionen (93 ± 8 fmol/mg Protein) lag im Bereich der von Gesunden.

Diskussion

Wir beobachteten in der vorliegenden Studie bei suizidalen schizophrenen und depressiven Patienten eine Erniedrigung der Blut-5HT-Konzentration und der Thrombozyten-Serotonin-Konzentration, die auf erniedrigten 5HT-Turnover hindeutet. Dies war kompensatorisch von einer Aktivitätserhöhung des $5HT_2$-Rezeptors begleitet. Eine solche Änderung serotonerger Aktivität wurde bei Patienten mit akuten Belastungsstörungen nicht beobachtet. Die Suizidalität dieser Patienten unterschied sich nicht von der der Patienten mit affektiven und schizophrenen Störungen, wobei der Depressivitäts-Score (HAMD) der ersteren jedoch niedriger war. Wir hypothetisieren, daß die erniedrigte serotonerge Aktivität bei suizidalen schizophrenen und depressiven Patienten Ausdruck der „Endogenität" dieser Erkrankungen ist. „Endogenität" wird hier verstanden als ein länger andauernder vorwiegend biologisch determinierter Prozeß, im Gegensatz zu Störungen, die eine enge zeitliche Bindung zu belastenden äußeren Faktoren aufweisen („reaktive Störungen, Belastungsreaktion"). Das Merkmal Suizidalität besitzt in Abhängigkeit von der Grunderkrankung unterschiedliche pathophysiologische Korrelate. Unsere Beobachtungen bieten daher eine Erklärung für die in der Literatur vorliegenden kontroversen Ergebnisse zur Bedeutung des 5HTs bei Suizidalität.

Danksagung

Diese Studie wird durch die Braun-Stiftung unterstützt. Die Autoren danken Frau C. Frahnert für ihre exzellente Kooperation.

Literatur

Andres AH, Rao ML, Ostrowitzki S, Entzian W (1993) Human brain cortex and platelet serotonin$_2$ receptor binding properties and their regulation by endogenous serotonin. Life Sci 52: 313–321

Åsberg M, Träskman L, Thoren P (1976) 5-HIAA in the cerebrospinal fluid: a biochemical suicide predictor? Arch Gen Psychiatry 33:1193–1197
Bräunig P, Rao ML, Fimmers R (1989) Blood serotonin levels in suicidal schizophrenic patients. Acta Psychiatr Scand 79: 186–189
Mann JJ, Stanley M, McBride PA, McEwen BS (1986) Increased serotonin$_2$ and β-adrenergic receptor binding in the frontal cortices of suicide victims. Arch Gen Psychiatry 43: 954–959
Mann JJ, McBride PA, Anderson GM, Mieczkowski TA (1992) Platelet and whole blood serotonin content in depressed inpatients: correlations with acute and life-time psychopathology. Biol Psychiatry 32: 243–257
Meyer-Lindenberg A, Rao ML (1993) Interrelationship between blood serotonin levels and affinity of platelet imipramine binding sites in healthy subjects. Pharmacopsychiat 26: 15–19
Rao ML, Fels K (1987) Beeinflussen Tryptophan und Serotonin beim Menschen die Melatonin-Ausschüttung und damit die Funktion des „Regulators der Regulatoren" (Zirbeldrüse). In: Stille G, Wagner W, Herrmann M (Hrsg) Fortschritte in der Pharmakotherapie. Karger, Basel, S 87–99
Rao ML, Bräunig P, Papassotiropoulos A (1994) Autoaggressive behavior is closely related to serotonin availability in schizoaffective disorder. Pharmacopsychiat 27: 202–206

Korrespondenz: Prof. Dr. M. L. Rao, Psychiatrische Universitätsklinik, Sigmund-Freud-Straße 25, D-53105 Bonn, Bundesrepublik Deutschland

Herunter-Regulation des postsynaptischen „second-messenger"-Systems im Rattencortex nach subchronischer Vorbehandlung mit serotoninergen Substanzen

A. Erfurth

Psychiatrische Klinik der Universität, München, Bundesrepublik Deutschland

Allen Antidepressiva gemeinsam ist ihre Eigenschaft initial die intrasynaptische Konzentration biogener Amine im Gehirn zu erhöhen. Dem Neurotransmitter Serotonin (5-HT) gilt in diesem Zusammenhang großes Interesse, weil spezifische 5-HT-Wiederaufnahmehemmer in der Behandlung der Depression ebenso klinisch wirksam sind wie Substanzen mit gemischtem Wirkungsprofil und weil in der Pharmakotherapie der Zwangskrankheit nur serotoninerge Substanzen erfolgreich sind.

Die Anhebung der intrasynaptischen corticalen Serotonin-Konzentration ist im Tierversuch mittels Mikrodialyse innerhalb einiger Minuten nach Applikation von 5-HT-Wiederaufnahme-Inhibitoren festzustellen. Im Gegensatz hierzu ist die klinische Wirkung dieser Substanzen sowohl in der Behandlung der Depression als auch der Zwangskrankheit verzögert. Ein Wirkungseintritt zeigt sich in der Regel nicht vor dem fünften Behandlungstag.

Gegenstand der Forschung ist die Frage welche Konsequenzen eine subchronische Behandlung mit serotoninerg wirksamen Substanzen auf den „second messenger" Mechanismus hat, an den postsynaptische 5-HT-Rezeptoren im Cortex gekoppelt sind. Die Frage nach dem Transmembran-Transduktion-Mechanismus gibt präziseren Aufschluß über die Konsequenzen einer Substanzgabe für das Zielneuron als die Messung von Ab- oder Zunahme der Anzahl von Bindungsstellen.

Postsynaptisch finden sich im Rattencortex Serotonin-Rezeptoren vom 5-HT$_2$- und wohl auch 5-HT$_3$-Subtyp. Beide Subtypen sind als „second messenger" an die Phosphoinositid-Hydrolyse gekoppelt.

Arbeitshypothese ist, daß im Tierversuch nach mehrfacher Gabe einer Substanz, die wiederholt die 5-HT-Konzentration im synaptischen Spalt er-

Tabelle 1

Name der Substanz	Initiale Wirkung	5-HT$_2$-Bindung im Kortex	5-HT-stimulierte Phospho-inositid-Hydrolyse	Zitat
Imipramin	nicht-selektive Wieder-aufnahme-Hemmung	↓	↓	Kendall und Nahorski
			± 0	Butler et al.
Desipramin	vor allem Noradrenalin-Wiederaufnahme-Hemmung		↓	Godfrey et al.
Amitriptylin	nicht-selektive Wieder-aufnahme-Hemmung	↓	↓	Sanders-Bush et al.
Zimelidin	5-HT-Wiederaufnahme-Hemmung		± 0	Godfrey et al.
Sertralin	5-HT-Wiederaufnahme-Hemmung	± 0	↓	Sanders-Bush et al.
Mianserin	5-HT$_2$-Antagonismus	↓	↓	Smith et al.
Ritanserin	5-HT$_2$-Antagonismus	↓	↑	Twist et al.
Clorgylin	MAO-A-Inhibition	↓	± 0	Twist et al.
d-Fenfluramin	5-HT-Ausschüttung		↓	Erfurth et al.
p-Chloro-amphetamin	5-HT-Ausschüttung, Degeneration serotoninerger Neurone		↓	Erfurth et al.

höht, eine Herunter-Regulation des postsynaptischen „second-messengers" zu beobachten ist.

Tabelle 1 gibt eine Übersicht über die Wirkung verschiedener Vorbehandlungen mit mehr oder weniger selektiv serotoninergen Substanzen auf die Phosphoinositid-Hydrolyse im Cortex.

Die teilweise widersprüchlichen Ergebnisse der in Tabelle 1 aufgeführten Untersuchungen mögen zum Teil dadurch erklärt werden, daß die verwendeten Substanzen nicht spezifisch genug für den Neurotransmitter 5-HT sind.

In einer eigenen Studie wurde der hoch-selektive 5-HT-Ausschütter d-Fenfluramin untersucht (Erfurth et al. 1994). Eine subchronische Behandlung über 4 Tage führte zu einer signifikanten Herunter-Regulation der 5-HT-stimulierten Phosphoinositid-Hydrolyse. Die Hypothese, daß die Erhöhung intrasynaptischen Serotonins zu einer gegenläufigen Adaptation des postsynaptischen „second messenger" führt, konnte somit weiter gestützt und bestätigt werden.

Im Anschluß wurde eine weitere serotoninerge Substanz untersucht: p-Chloroamphetamin. Initial kommt es auch hier zu einer 5-HT-Ausschüttung und Erhöhung des intrasynaptischen Serotonins. Im weiteren Wirkungsverlauf kommt es zur Degeneration serotoninerger Zellkörper (Harvey et al. 1975) und axonaler Endknöpfchen. Eine subchronische Vorbehandlung mit p-Chloroamphetamin hat ebenfalls eine signifikante Herunter-Regulation der 5-HT-stimulierten Phosphoinositid-Hydrolyse zur Folge (Erfurth et al. 1994); interessant ist, daß eine einmalige Gabe der Substanz keine Veränderung des „second messenger" bewirkt (trotz einer gleichzeitigen Reduktion corticalen Serotonins um 85%), erst die subchronische Behandlung über 4 Tage (die zu einer – mit 90% – signifikant höheren Reduktion corticalen Serotonins führt) übersteigt die Schwelle zur Herunter-Regulation des „second messenger".

In diesem Befund mag sich eine Parallele finden zur Wirkungslatenz von Antidepresiva: trotz sofortiger Erhöhung des intrasynaptischen Transmitter-Gehalts (ob durch Wiederaufnahme-Hemmung oder MAO-Inhibition) ist eine therapeutische Wirkung erst nach subchronischer Gabe zu beobachten. Die Latenz der klinischen Wirkung könnte somit jenem Zeit-Intervall entsprechen, das notwendig ist um die Schwelle zur Herunter-Regulation des „second messenger" zu überwinden.

Literatur

Butler PD, Edwards E, Barkai AI (1989) Eur J Pharmacol 160: 93–100
Erfurth A, Gardier AM, Ribeiro E, Wurtman RJ (1994) Brain Res 665: 107–114
Godfrey PP, Mc Clue SJ, Young MM, Heal DJ (1988) J Neurochem 50: 730–738
Harvey JA, McMaster SE, Yunger LM (1975) Science 187: 841–843
Kendall DA, Nahorski SR (1985) J Pharmacol Exp Ther 233: 473–479
Sanders-Bush E, Breeding M, Knoth K, Tsutsumi M (1989) Psychopharmacol 99: 64–69
Smith RL, Barrett RJ, Sanders-Bush E (1990) J Pharmacol Exp Ther 254: 484–488
Twist EC, Brammer MJ, Stephenson JD, Corn TH, Campbell IC (1990) Biochem Pharmacol 40: 211–2116

Korrespondenz: Dr. A. Erfurth, Psychiatrische Klinik der Universität, Nußbaumer Straße 7, D-80336 München, Bundesrepublik Deutschland

Direktes Serotonin (5-HT) im Liquor psychiatrischer Patienten

U. Becker[1], G. Laakmann[1], T. Baghai[1], B. Pfeifer[2] und **G. Kauert[2]**

[1]Psychiatrische Klinik und [2]Institut für Rechtsmedizin, Universität München, Bundesrepublik Deutschland

Einleitung

Der Neurotransmitter Serotonin (5-Hydroxytryptamin, 5-HT) spielt bei psychiatrischen Erkrankungen, insbesondere bei affektiven Störungen, eine bedeutende Rolle. Bisher wurde hauptsächlich in vivo im Liquor der Metabolit von Serotonin, die 5-Hydroxyindolessigsäure (5-HIAA), bestimmt. Die meisten Untersuchungen konnten eine *erniedrigte* 5-HIAA Liquorkonzentration bei *depressiven* Patienten im Vergleich zu Kontrollen zeigen. Ebenso ergaben sich Hinweise über eine Korrelation von niedrigen 5-HIAA Liquorkonzentrationen und Suicidalität bzw. aggressivem und autoaggressivem Verhalten (v. Praag 1983). Postmortal wurden bei Suicidopfern erniedrigte (v. Praag 1988), aber auch z. T. erhöhte 5-HT Spiegel im Liquor gefunden (Kauert 1988).

Methodik

Durch die von Kauert. 1988 entwickelte High Performance Liquid Chromatography (HPLC) ist es möglich, Serotonin (5-HT) direkt im Liquor cerebrospinalis zu messen. Wir untersuchten mit dieser Methode in vivo Liquores von 207 stationär psychiatrischen Patienten der Psychiatrischen Universitätsklinik München, die aus klinisch-diagnostischen Gründen einer Liquorpunktion unterzogen wurden. Nach Ausschluß pathologischer Liquorbefunde (entzündliches Liquorsyndrom, Schrankenstörung) verblieben 156 Liquorproben .

Ergebnisse

Das Durchschnittsalter der eingeschlossenen 156 Patienten betrug 37±15 Jahre (17–81 J.). Die mittlere 5-HT Liquorkonzentration unserer Stichprobe lag bei: **79.3 pg/ml** ± 7.9 (× ± 1 SE), Range 0–460 pg/ml, Median 50.0 pg/ml (untere Nachweisgrenze bei 5 pg/ml). Männer (n = 64) zeigten einen 5-HT Mittelwert von 71.54 ± 10.7, Frauen (n = 92): 84.77 ± 9.7. Es ergab

sich kein signifikanter Effekt durch Alter oder Geschlecht auf die Serotonin Liquorkonzentrationen.

Bei der Aufsplitterung in die verschiedenen *Diagnosegruppen* zeigte sich
ein signifikanter Effekt (MANOVA p < .01): Auffällig war,daß organische
und exogene Psychosen die niedrigsten 5-HT Konzentrationen aufwiesen,
die endogenen Psychosen (schizophrene und affektive) im mittleren Bereich lagen und die neurotischen Störungen die höchsten Serotonin-Li-
quorkonzentrationen unseres Kollektivs zeigten (Abb. 1) Bei der Analyse
der depressiven Störungen zeigte sich keine signifikante Erniedrigung des
5-HT Spiegels bei endogen Depressiven (ICD 9 296.1 und 296.3) im Vergleich zum Gesamtkollektiv; lediglich die neurotischen depressiven Störungen (ICD 300.4 und 309.1) zeigten eine eher hohe Serotoninkonzentration. Auch die depressiven Syndrome insgesamt (endogen plus reaktiv plus
neurotische Depressionen) lagen mit 81.3 pg/ml nicht unter dem Durchschnitt der Gesamtstichprobe.

Bezüglich der *Suicidalität* ergab sich eine signifikante negative Korrelation zwischen 5-HT Liquorkonzentration und dem Grad der Suicidalität
am Tag der Punktion (r = –.2, p < .01): Nicht suicidale Patienten (n = 95)
zeigten höhere 5-HT Werte: 90,5 ± 9,7 pg/ml als latent suicidale (n = 35):
75 ± 15,6. Akut suicidale Patienten (n = 23) zeigten die niedrigsten Seroto-
nin-Konzentrationen mit 40.9 pg/ml ± 8,9 (p = .050 ANOVA) (s. Abb. 2).

Der Vergleich von nicht suicidalen vs laten/akut suicidalen Patienten
zum Zeitpunkt der Liquorpunktion zeigte einen signifikanten Unterschied
(p = .037 T-Test); nicht suicidal vs akut suicidal p = .000 (Abb. 2).

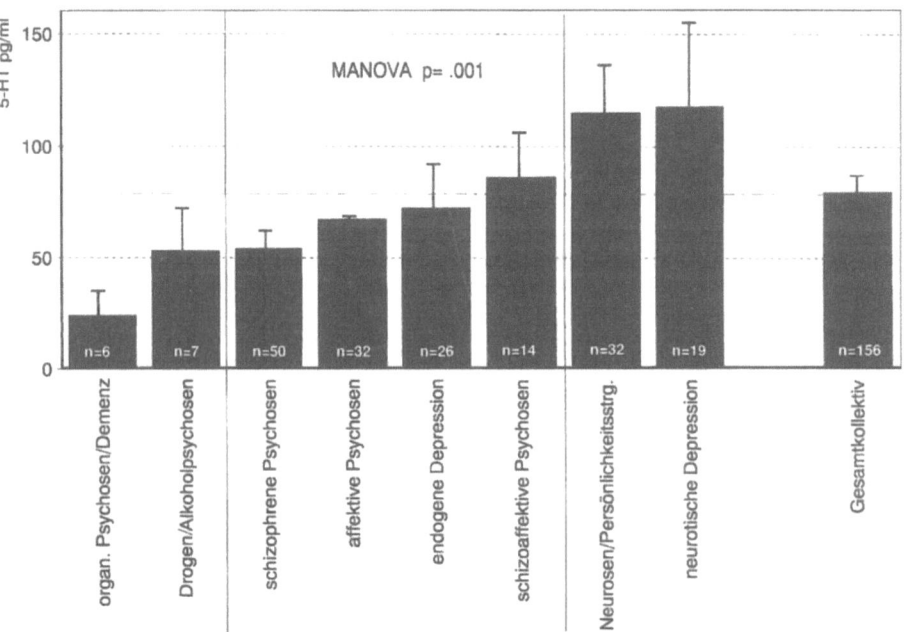

Abb. 1. 5-HT-Liquirkonzentrationen und Diagnosegruppen

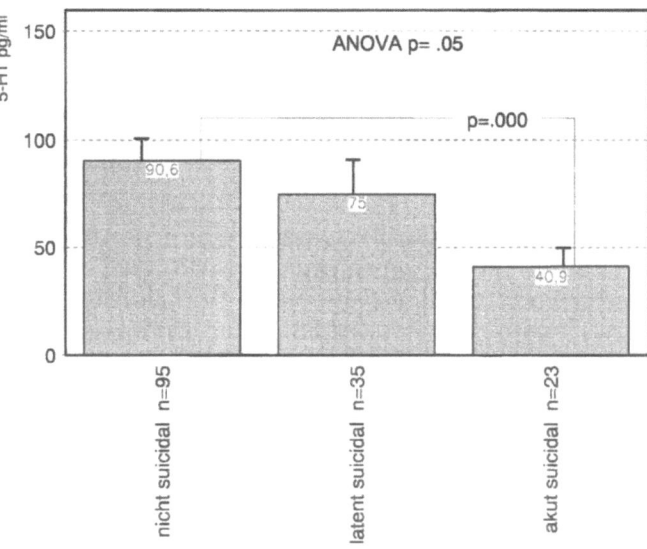

Abb. 2. 5-HT-Liquorkonzentrationen und Einschätzung der Suicidalität am Tag der Punktion

Zusammenfassung der Ergebnisse

1   In unserer Stichprobe zeigen Patienten mit depressiven Syndromen *keine* erniedrigten 5-HT Liquorspiegel
2.   Erhöhte *aktuelle* Suicidalität der Patienten am Tag der Liquorpunktion korreliert eng und signifikant mit *niedrigen* 5-HT Spiegeln

Diskussion

1. Diagnosegruppen

In der Literatur fanden sich bisher deutliche Hinweise auf *erniedrigte* 5-HT bzw. 5-HIAA Liquorspiegel bei affektiven Erkrankungen, insbesondere bei depressiven Störungen (Kostic 1987), welche als Ausdruck eines insgesamt verminderten 5-HT Stoffwechsels im Gehirn bei Depressionen angesehen werden. Van Praag (1992) geht sogar soweit, diejenigen Depressionen mit erniedrigtem Serotonin-Umsatz als eine eigenständige Unterform anzusehen, bei der erhöhte Angst und Aggression im Vordergrund stehen. In unserem Sample ergab sich jedoch kein eindeutiger Hinweis auf einen erniedrigten Serotoninspiegel im Liquor: Die depressiven Syndrome insgesamt waren vergleichbar mit dem 5-HT Mittelwert der Gesamtstichprobe. Es zeigte sich jedoch ein Trend von niedrigen Spiegeln bei organischen Erkrankungen zu hohen 5-HT Spiegeln bei psychogenen Störungen.

2. Suicidalität

Wie in unserer Studie ergaben sich auch in der Literatur mannigfache Hinweise auf e*rniedrigte* 5-HT bzw. 5-HIAA Liquorkonzentrationen bei suicidalen Patienten: Schon früh ermittelten Asberg und Träskmann (1976) niedrige 5-HIAA Spiegel bei psychiatrischen Patienten mit suicidalem Verhalten. Van Praag et al.(1986) wies wiederholt auf den erniedrigten Serotonin Spiegel als wichtigste biologische Abnormität bei suicidalem Verhalten hin.

In unserer Studie zeigte sich eine deutliche *Erniedrigung* der 5-HT-Spiegel bei *aktuell* suicidalen Patienten im Vergleich zu nicht-suicidalen. Nordström et al. (1994) kamen in einer Längsschnittstudie zu der Ansicht, daß geringe 5-HT / 5-HIAA Liquorkonzentrationen ein erhöhtes Risiko eines späteren Suicidtodes und erneuter Suicidversuche und damit auch autoaggressivem Verhaltens darstellen (Virkkunen 1993, Nordstrom 1994). Träskman et al. (1981) fanden in vivo bei Patienten nach Suicidversuch signinikant erniedrigte 5-HIAA Spiegel. Bei unseren Patienten mit Suicidversuch innerhalb eines Monats vor der Untersuchung konnten wir keine niedrigen 5-HT Konzentrationen nachweisen.

Auch konnten wir keinen relevanten Unterschied in der Liquor 5-HT Konzentration von Patienten mit suicidalem Verhalten in der Anamnese und Patienten ohne vorhergehenden Suicidversuch finden. Auch bei der Aufsplitterung in „weiche" und „harte" Selbstmordversuche zeigte sich kein signifikanter Unterschied; eine Hypothese war, daß Patienten mit sog. harten Suicidversuchen ein deutlich größeres autoaggressives Pontential besitzen und evt. niedrigere 5-HT Konzentrationen aufweisen würden.

Bei postmortem Untersuchungen von Suicidanden fanden sich bisher widersprüchliche Daten: Korpy (1986) und Stanley (1990) ermittelten eindeutig erniedrigte 5-HT und 5-HIAA Spiegel in Gehirnen von Suicidopfern, wogegen Kauert (1984, 1988) und Arato (1986) erhöhte Konzentrationen im lumbalen und cranialen Liquor fanden.

In unserer Studie zeigten *aktuell* micidale Patienten eindeutig *erniedrigte* 5-HT Spiegel, wogegen Patienten mit anamnestisch micidalem Verhalten keine Auffälligkeiten zeigten. Dieser Befund spricht für erniedrigtes zentrales 5-HT als *state* marker für aktuelle Suicidalität und weniger als trait marker.

Literatur

Arato M, et al (1986) Postmortem CSF measurement as a new research tool. Clin Neuropharmacol 4: 578–580

Kauert G, et al (1984) Postmortem biogenic amines in CSF of suicides and controls. In: Book of Abstracts, 14th Congress of the CINP, Florence, p 393

Kauert G, et al (1988) Measurements of biogenic amines an metabolites in the CSF of suicide victims and nonsuicides. In: Möller H-J (ed) Current issues of suicidology. Springer, Berlin Heidelberg New York Tokyo

Korpi, et al (1986) Serotonin and 5-HIAA in brains of suicid victims. Arch Gen Psychiatry 43: 594–600

Nordstrom P, Asberg M (1992) Suicide risk and serotonin. Int Clin Psychopharmacol 6: 12–21

Nordstrom P, et al (1994) CSF 5-HIAA predicts suicide risk after attempted suicide. Suicide Life Threat Behav 24: 1–9

van Praag H M (1983) CSF 5-HIAA and suicide in nondepressed schizophrenics. Lancet 2: 977–978

van Praag H M (1986) Auoaggression and CSF-5-HIAA in depression and schizophrenia. Pharmacol Bull 22: 669–673

van Praag H M, et al (1986) The serotonin hypothesis of (auto-) aggression. Ann NY Acad Sci 487: 150–167
van Praag H M (1992) About the centrality of mood lowering in mood disorders. Eur Neuropharmacol 2: 393–404
Stanley M, Stanley B (1990) Postmortem evidence for serotonin's role in suicide. J Clin Psychiatry 51: 22–28
Träskman L, et al (1981) Monoamine metabolites in CSF and suicidal behavior. Arch Gen Psychiatry 38: 631–636
Virkkunen M, Linnoila M (1993) Brain serotonin, type II alcoholism and impulsive violence. J Stud Alcohol [Suppl] 11: 163–169

Korrespondenz: U. Becker, Psychiatrische Universitätsklinik, Nußbaumstraße 7, D-80336 München, Bundesrepublik Deutschland

Lymphozytäre Guanylatzyklase-Aktivität bei affektiven Psychosen unter Rezidivprophylaxe mit Lithium und Carbamazepin

J. Schenkel[1], **T. Messer**[2], **B. Bondy**[2], **N. Müller**[2] und **W. E. Müller**[1]

[1]Zentralinstitut für seelische Gesundheit, Abteilung Psychopharmakologie, Mannheim und [2]Psychiatrische Klinik, Universität München, Bundesrepublik Deutschland

Ein wichtiges und bisher ungelöstes Problem beim Einsatz von Lithium (Li) und Carbamazepin (Cbm) in der Rezidivprophylaxe affektiver Psychosen ist darin zu sehen, daß die Responderquote für beide Substanzen nur etwa 60–70% (Post 1987) beträgt. Eindeutige Kriterien, die eine Prädiktion erlauben würden, welcher Patient auf welches der beiden Medikamente mit größerer Wahrscheinlichkeit anspricht, existieren bisher nicht.

Der Wirkungsmechanismus für beide Substanzen ist nicht eindeutig geklärt. Die Untersuchungen von Schubert et al. (1991) haben jedoch gezeigt, daß therapeutische Konzentrationen von Li und von Cbm in vitro die durch Nitroprussid-Natrium induzierte cGMP-Akkumulation in Lymphozyten gesunder Probanden hemmen. Das prozentuale Ausmaß dieser Hemmbarkeit durch beide Substanzen stellte sich als ein zeitlich relativ stabiler und individueller Faktor dar.

Von diesen Befunden ausgehend untersuchten wir in einer klinischen Studie, ob bei Patienten unter einer Rezidivprophylaxe mit Li oder mit Cbm die in vitro Hemmung der lymphozytären Guanylatzyklase-Aktivität durch diese Pharmaka mit der klinischen Response auf die jeweilige Rezidivprophylaxe korreliert. Hierzu wurden 48 Patienten der Lithium-Ambulanz in München mit bipolar oder unipolar affektiven oder schizoaffektiven Erkrankungen rekrutiert. Alle Patienten wurden seit mindestens 2 Jahren zur Rezidivprophylaxe mit Li oder Cbm oder mit einer Kombination aus beiden Präparaten behandelt.

Im Rahmen einer Routinebestimmung des Li- bzw. Cbm-Spiegels wurden den Patienten zusätzlich 30 ml venöses Blut entnommen. Die Lymphozyten wurden anschließend durch Dichte-Gradienten-Zentrifugation isoliert und für 3 Stunden mit Li (1 mM) oder Cbm (10 mg/l) bei 37° C inkubiert. Anschließend wurde die Guanylatzyklase mit Nitroprussid-Natrium (Endkonzentration 1 mmol/l) stimuliert. Diese Reaktion wurde nach 20 Sekunden mit Trichloressigsäure gestoppt. Das gebildete cGMP wurde mit einem Radioimmunoassay gemessen. Die Wirkung von Li und Cbm auf die Guanylatzyklase-Aktivität errechnet sich durch die prozentuale Differenz aus der cGMP-Akkumulation bei Abwesenheit (entspricht 100%) und bei Anwesenheit des Rezidivprophylaktikums. Die Patienten wurden anhand ihres bisherigen klinischen Verlaufs in Responder (= kein stationärer Aufenthalt aufgrund einer Destabilisierung innerhalb der letzten beiden Jahre) und Nonresponder auf die jeweilige Rezidivprophylaxe unterteilt.

Ergebnisse

1. Im Gegensatz zu den initialen Voruntersuchungen zu dieser Patientenstudie zeigten Li und Cbm nicht nur hemmende Effekte auf die lymphozytäre Guanylatzyklase der Patienten, sondern bei ca. 70% der untersuchten Patienten auch stimulierende Effekte. Bei 31 der 48 untersuchten Patienten stimulierte Cbm die Guanylatzyklase, bei 14 Patienten hatte auch Li einen stimulierenden Effekt. Das prozentuale Ausmaß der Stimulationen übertraf insbesondere bei Cbm häufig das prozentuale Ausmaß der beobachteten Hemmungen (Abb. 1). Bei der Nachuntersuchung mehrerer Patienten konnten die Stimulationen in der überwiegenden Zahl der Fälle reproduziert werden, vereinzelt schlugen jedoch schwache Stimulationen bei der Erstuntersuchung in schwache Hemmungen bei der Nachuntersuchung um. Die Nachuntersuchungen zeigten auch, daß das prozentuale Ausmaß der Effekte von Li und Cbm auf die Guanylatzyklase-Aktivität im Zeitraum von 6 Monaten stärker als zuvor bei Probanden beobachtet vari-

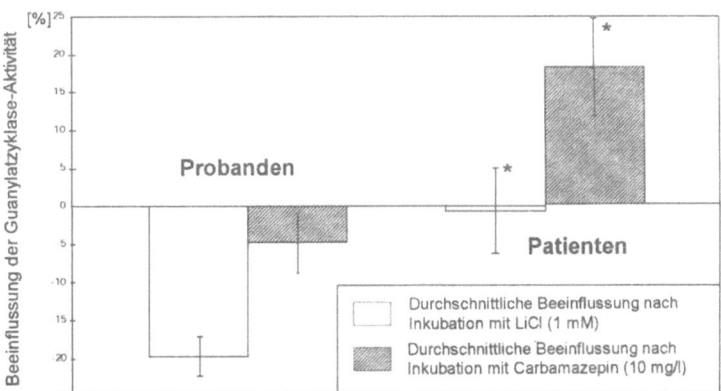

Abb. 1. Veränderte Empfindlichkeit der lymphozytären Guanylatzyklase bei Patienten unter Rezidivprophylaxe mit Lithium oder Carbamazepin. Bei 14 Probanden und 48 Patienten wurde die Beeinflußbarkeit der lymphozytären Guanylatzyklase-Aktivität nach Inkubation mit Li bzw. Cbm untersucht. Hemmungen der Guanylatzyklase sind als negative Prozentzahlen aufgetragen, Stimulationen als positive. SEM; * $p < 0.05$ nach Mann-Whithney Rangsummentest

ierte. Auch die individuellen Unterschiede zwischen dem in vitro Ansprechen auf Li und Cbm änderten sich.

2. Der Vergleich zwischen der klinischen Response und den biochemische
Effekten von Li und Cbm weist keine signifikanten Zusammenhänge auf.
Die Aussicht auf eine Prädiktion hat sich somit nicht bestätigt.

3. Bei der Untersuchungen von 14 gesunden Probanden zeigte Li ausschließlich hemmende Effekte auf die lymphozytäre Guanylatzyklase. Bei drei
Probanden zeigte Cbm schwach stimulierende Effekte, die jedoch weniger
ausgeprägt waren als die bei den Patienten beobachteten Stimulationen
(Abb. 1).

In der Literatur wird überwiegend von hemmenden Effekten von Li
und Cbm auf die Guanylatzyklase berichtet. Die von uns beobachtete Stimulation findet jedoch eine Parallele in der Literatur: Harvey et al. (1990)
beobachte im Kortex von Ratten, die über einen Zeitraum von 3 Wochen
mit Li behandelt wurden, einen signifikanten Anstieg der cGMP-Produktion.

Trotz der nicht auf diesen Effekt ausgelegten Versuchsbedingungen unser Studie legen die vorliegenden Befunde jedoch nahe, daß Li und Cbm
in der chronischen Anwendung eine Empfindlichkeitsveränderung der
Guanylatzyklase bewirken könnten.

Literatur

Harvey B, Carstens M, Taljaard J (1990) Lithium modulation of cortical nucleotides: evidence for the Yin-Yang hypothesis. Eur J Pharmacol 175: 129–136
Post RM (1987) Mechanism of action of carbamazepine and related anticonvulsants in affective illness. In: Meltzer HY (ed) Psychopharmacology. The third generation of progress. Raven Press, New York, pp 567–576
Schubert T, Stoll L, Müller WE (1991) Therapeutic concentrations of lithium and carbamazepine inhibit cGMP accumulation in human lymphocytes. Psychopharmacology 104: 45–50

Korrespondenz: Dr. J. Schenkel, Zentralinstitut für seelische Gesundheit, Abteilung Psychopharmakologie, D-68159 Mannheim, Bundesrepublik Deutschland

5-HT$_2$-Rezeptorbindung an gesunden Versuchspersonen und depressiven Patienten

B. Müller-Oerlinghausen, J. Schley, K. Thies-Flechtner, R. Uebelhack, E. Franke und **B. Müller**

Psychiatrische Klinik und Poliklinik, Freie Universität Berlin, Psychiatrische Klinik Charité, Humboldt Universität, Berlin, Bundesrepublik Deutschland

Vor 10 Jahren haben Geanay et al. (1984), 5-HT$_2$-Bindungsstellen an menschlichen Thrombozyten mittels LSD als Liganden nachgewiesen und ebenso wie später Elliott und Kent (1989) eine enge Korrelation der thrombozytären enzymkinetischen Parameter mit solchen von frontalem Cortex-Gewebe des Meschen wahrscheinlich gemacht. Vier verschiedene Arbeitsgruppen haben 1987 bis 1989 die 5-HT$_2$-Rezeptorbindung an Thrombozyten depressiver Patienten im Vergleich zu gesunden Kontrollen untersucht. In 3 dieser Studien war Bmax erhöht, Kd unverändert. Entsprechende Veränderungen wurden bei Schizophrenen oder Zwangskranken zunächst nicht gefunden. (vgl. dagegen allerdings Panday et al. 1993). Besonderes Interesse haben anfänglich die Befunde von Biegon et al. (1987) hervorgerufen, weil sie unter einer antidepressiven Behandlung eine Normalisierung der anfangs erhöhten Bmax-Werte bei Depressiven beschrieben hatten. Eine kritische Überprüfung der von ihnen angewandten Bestimmungsmethodik mit Ketanserin als radioaktivem Liganden hat uns allerdings an ihren Ergebnissen grundsätzlich zweifeln lassen (Steckler et al. 1993). Unter den verschiedensten Versuchsbedingungen hat sich immer wieder gezeigt, daß die unspezifische Bindung mit ^{3}H-Ketanserin viel zu hoch ist um valide Daten zu erhalten. Die Art des eingesetzten kalten Verdrängers spielt dabei keine Polle. Im Vergleich dazu erhält man bei Einsatz von ^{3}H-LSD als Ligand und Spiperon als Verdränger sowohl für frische wie gefrorene Thrombozytenmembranen eine befriedigende spezifische Aktivität. Wir haben uns im Rahmen eines größeren Verbundprojektes (vergl. Uebelhack et al., dieser Kongreßband) zum Ziel gesetzt serotonerge Parameter bei affektiven Psychosen in einer eher synoptischen Weise zu untersuchen, weil uns dies im Hinblick auf die Heterogenität der depressiven Krankheitsbilder erfolgversprechender erscheint als die Festlegung auf einen isolierten Parameter.

Bmax-Monatsmittelwerte

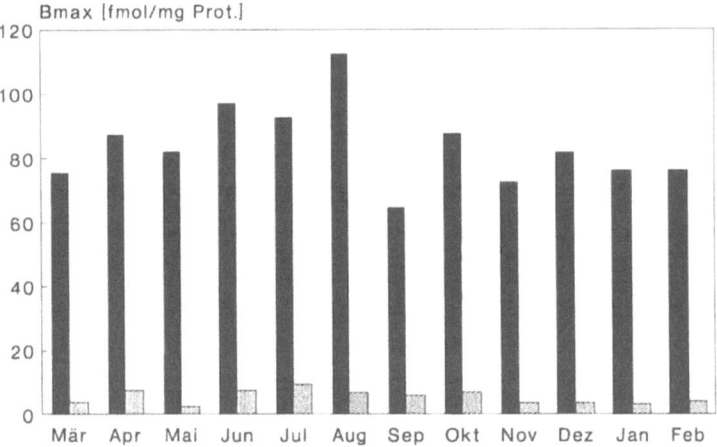

Abb. 1. Bmax-Monatsmittelwerte

Im folgenden sollen einige erste Ergebnisse zur 5-HT$_2$-Rezeptorbindung an Thrombozyten vorgestellt werden. Es erschien im Hinblick auf die bekannte saisonale Abhängigkeit anderer serotonerger Parameter zunächst wichtig, an gesunden Versuchspersonen zu untersuchen, ob sich jahreszeitliche Schwankungen von Bmax bzw. Kd nachweisen lassen. Die ersten Ergebnisse an 20 Personen legen nahe, daß es möglicherweise ein Minimum der Kd-Werte und ein Maximum der Bmax-Werte im Sommer gibt. Der Bmax-Wert von 50 depressiven Patienten war mit 123,6 ± 41,9 [fmol/mg Protein nicht

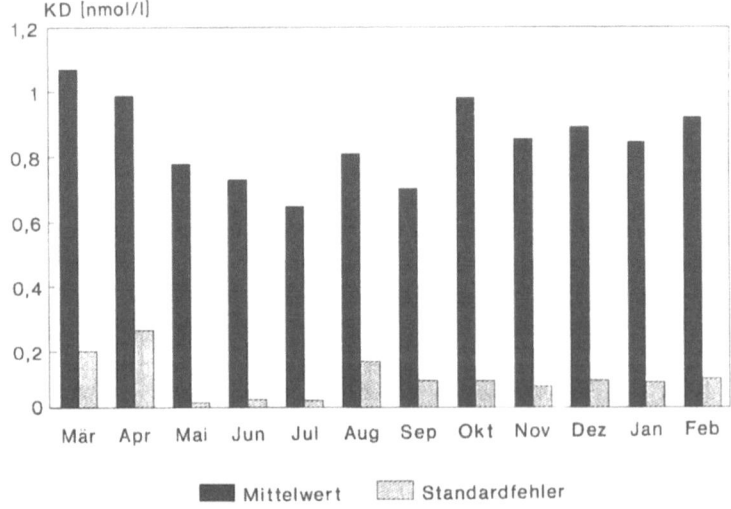

Abb. 2. Kd-Monatsmittelwerte

nur signifikant höher, sondern zeigte auch eine deutlich größere Varianz als der entsprechende Wert von 20 gesunden Versuchspersonen 82,8 ± 9,8 fmol/mg Protein]. Die Kd-Werte unterschieden sich dagegen nicht (0,73 ± 0,39 vs. 0,80 ± 0,21 nM), Hinweise auf einen Einfluß des Geschlechtes ergaben sich nicht.

Es zeigte sich keine signifikante Korrelation der 5-HT$_2$-Rezeptorbindung (Bmax) mit der thrombozytären 5-HT-Konzentration oder der 5-HT-Aufnahme (Vmax) an nativen oder gewaschenen Thrombozyten. Somit können wir bislang die Ergebnisse der Arbeitsgruppe von Rao aus Bonn nicht bestätigen. Im Gegensatz zu den Befunden von Biegon beobachteten wir nach 3-wöchiger antidepressiver Medikation einen hochsignifikanten weiteren Anstieg der Bmax-Werte (182,6 ± 70,5 vs. 129,1 ± 48,1 fmol/mg Protein; N = 34) bei unverändertem Kd-Wert (0,71 ± 0,44 vs 0,89 ± 0,76). Somit liegen nach mehr als 10 Jahren intensiver Forschungsarbeit eindeutige Ergebnisse hinsichtlich der serotonergen Störungen an Thrombozyten depressiver Patienten nicht vor; jedoch besteht sicher die Rechtfertigung, weitere Hypothesen-geleitete Studien auf diesem Gebiet zu unternehmen.

Literatur

Biegon A, Weizman A, Karp L, Ram A, Tiano S, Wolff M (1987) Serotonin J 5-HT$_2$-receptor binding on blood platelets-a peripheral marker for depression?

Elliott JM, Kent A (1989) Comparison of [^{125}I]iodo-lysergic acid diethylamide binding in human frontal cortex and platelet tissue. J Neurochem 53: 191–196

Geanay DP, Schächter M, Elliott JM, Grahame-Smith DG (1984) Characterization of [^{3}H] lysergic acid diethylamide binding to a 5-hydroxytryptamine receptor on human platelet membranes. Eur J Pharmacol 97: 87–93

Pandey SC, Sharma RP, Janicak PG, Marks PC, Davis JM, Pandey GN (1993) Platelet serotonin-2 receptor in schizophrenia: effects of illness and neuroleptic treatment. Psychiatry Res 48: 57–68

Steckler T, Rüggeberg-Schmidt K, Müller-Oerlinghausen B (1993) Human platelet 5-HT$_2$-receptor binding sites re-evaluated: a criticism of current techniques. J Neural Transm [Gen Sect] 92: 11–24

Korrespondenz: Prof. Dr. B. Müller-Oerlinghausen, Psychiatrische Klinik und Poliklinik, Eschenallee 3, D-14050 Berlin, Bundesrepublik Deutschland

Einfluß von Antidepressiva und Phasenprophylaktika auf Expression und Lokalisation von G-Protein-Untereinheiten in SK-N-SH-Zellen[*]

H.-J. Degen, M. Geis, G. Wandt, P. Riederer und **K.-P. Lesch**

Psychiatrische Universitätsklinik, Würzburg, Bundesrepublik Deutschland

Einleitung

Trotz bekannter therapeutischer Wirkung konnte bisher der exakte molekulare Mechanismus der Wirkung von Antidepressiva und phasenprophylaktisch wirksamen Substanzen nicht vollständig geklärt werden. Als attraktiver Angriffspunkt, um die Wirkung dieser Substanzgruppen zu erklären, bieten sich Signaltransduktionswege an, da sie die funktionelle Balance zwischen verschiedenen Neurotransmittersystemen beeinflussen. Die trimeren G-Proteine vermitteln die Signalübertragung zwischen Hormon- bzw. Neurotransmitter-Rezeptoren und Effektormolekülen wie Adenylatzyklase, Phospholipase C und Ionenkanälen [1–3]. Sie bilden die Basis der Signaltransduktion im Gehirn, indem sie ein komplexes Netzwerk der Informationsverarbeitung aufbauen, da einzelne Rezeptoren mit verschiedenen G-Proteinisotypen interagieren können und ein G-Protein-Isotyp an verschiedene Effektoren gekoppelt sein kann. Zusätzlich kommt es zu vielfältigen wechselseitigen Beeinflussungen von Rezeptoren, G-Proteinen und Effektoren. G-Proteine versorgen damit Neuronen mit einem hohen Grad funktioneller Diversität. Aufgrund ihrer essentiellen Rolle bei der Regulation neuronaler Funktionen liegt es nahe, daß G-Proteine einerseits an der Pathophysiologie psychiatrischer Erkrankungen beteiligt sind und andererseits psychotrope Substanzen hier ihre Wirkung entfalten [4]. So konnte in bestimmten Hirnregionen der Ratte ein Einfluß von trizyklischen Antidepressiva und einem MAO-A-Inhibitor auf die Expression der G-Protein-Untereinheiten $G\alpha_s$, $G\alpha_i$ und $G\alpha_o$ nachgewiesen werden [5, 6]. Als weiterer Ef-

---

[*] Gefördert durch die Deutsche Forschungsgemeinschaft und Desitin Arzneimittel GmbH

fekt von Antidepressiva wurde eine verstärkte Kopplung von Gs und der Adenylatzyklase beschrieben [7, 8].

Zur weiteren Klärung dieser Frage wurde deshalb der Einfluß langfristiger Pharmakotherapie auf die Expression verschiedener G-Protein-Untereinheiten (Gα_s, Gα_i, Gα_o, Gα_q und Gβ) in der humanen Neuroblastom-Zellinie SK-N-SH bestimmt. SK-N-SH-Zellen exprimieren Rezeptoren für verschiedene Neurotransmitter und besitzen Vertreter aller wichtigen G-Protein Isotypen-Klassen [9, 10]. Außerdem wurde der Einfluß psychotroper Substanzen auf die subzelluläre Lokalisation von G-Protein-Untereinheiten untersucht.

Methodik

SK-N-SH Zellen wurdenfür 10 Tage mit 10 µM Imipramin, Desipramin, Maprotilin, Clorgylin, Valproat und Carbamazepin bzw. mit 1 mM Lithium behandelt. Nach Beendigung des Inkubationsintervalls wurden die cytoplasmatischen bzw. Membranproteine extrahiert. Zum Nachweis der G-Protein-Untereinheiten wurden gleiche Proteinmengen auf einem 12.5% SDS-Polyacrylamidgel elektrophoretisch aufgetrennt. Nach Übertragung der Proteine auf Nitrocellulosemembranen wurde eine Western-Blot-Analyse mit verschiedenen, gegen die G-Protein-Untereinheiten gerichteten Antikörpern durchgeführt. Die Detektion der spezifischen Proteinbanden erfolgt mittels Chemilumineszens. Die Quantifizierung der auf Röntgenfilm sichtbar gemachten Proteinbanden erfolgte densitometrisch mit einem Bildauswertungsprogramm. Bei der Quantifizierung wurden sowohl der Grauwert der einzelnen Banden, als auch deren Fläche berücksichtigt. Der Meßwert, der für die jeweilige Proteinbande in Kontrollzellen erhalten wurde, wurde als 100% gesetzt und die Werte für die Zellen, die mit psychotropen Substanzen behandelt wurden, dazu in Relation gesetzt.

Ergebnisse und Diskussion

Die trizyklischen Antidepressiva Imipramin und Desipramin zeigen eine Übereinstimmung in ihrer Wirkung, indem beide Substanzen in Vergleich zu Kontrollzellen die Konzentration von Gα_i, Gα_o und Gβ in der Membran erhöhen, während sie keinen Einfluß auf Gα_s und Gα_9 ausüben. Dabei zeigt Desipramin jeweils einen stärkeren Effekt als Imipramin. Im Gegensatz zu Desipramin erniedrigt Imipramin die cytoplasmatische Konzentration von Gα_o und Gβ. Wie die Trizyklika erhöht das tetrazyklische Antidepressivum Maprotilin die Konzentration von Gα_i und Gβ in der Membran, während die Menge von Gα_s in Membran und Cytoplasma durch Maprotilin und den MAO-A-Hemmer Clorgylin erniedrigt wird. Maprotilin reduziert außerdem die cytoplasmatische Konzentration von Gα_q und Gα_o. Wie die Trizyklika erhöhen die beiden Phasenprophylaktika Lithium und Valproinsäure die Menge von Gα_0 und Gβ in der Membran. Von allen untersuchten Substanzen zeigt Carbamazepin die schwächsten Effekte. Es wurde nur eine leichte Erhöhung von Gα_s im Cytoplasma und Gβ in der Membran beobachtet. Insgesamt zeigen, die Ergebnisse allerdings keine gemeinsame Wirkung von Antidepressiva auf der einen und phasenprophylaktisch wirksamen Substanzen auf der anderen Seite.

Obwohl die Mechanismen, durch die Antidepressiva und Phasenprophylaktika die Konzentration verschiedener G-Protein-Untereinheiten ver-

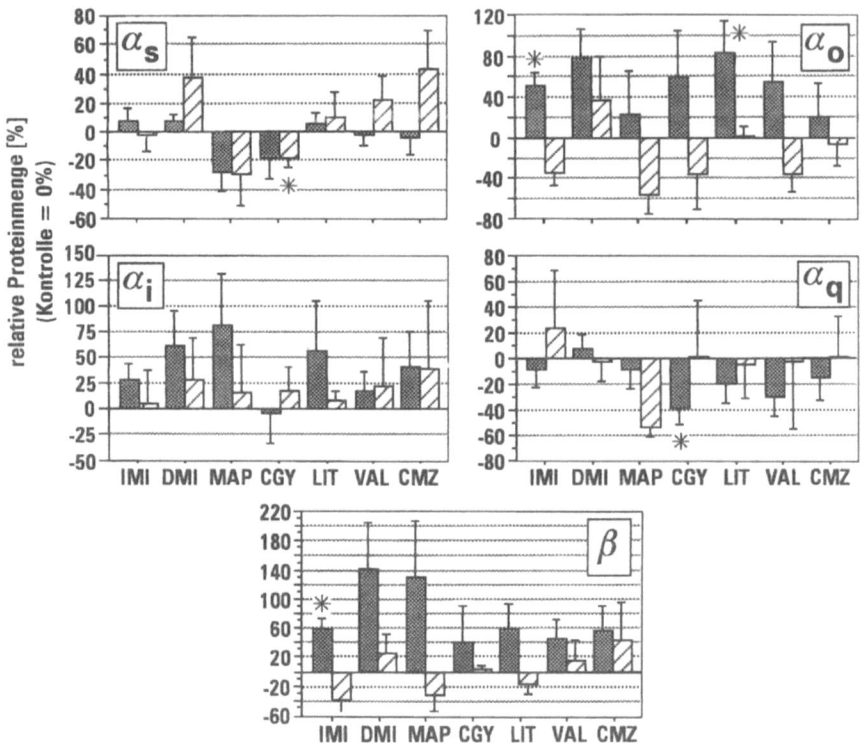

Abb. 1. Einfluß 10tägiger Inkubation von SK-N-SH-Zellen mit psychotropen Substanzen (IMI Imipramin, DMI Desipramin, MAP Maprotilin, CGY Clorgylin, LIT Lithium, VAL Valprot, CMZ Cabamazepin) auf Expression und subzelluläre Lokalisation verschiedener G-Protein-Untereinheiten in Vergleich zu unbehandelten Kontrollzellen ▓ Membran ▱ Cytoplasma. * p < 0.05, U-Test

ändern, unbekannt sind, zeigen die vorliegenden Ergebnisse, daß Veränderungen der G-Protein-Expression ein integraler Bestandteil der Therapie-induzierten Neuroplastizität darstellen, indem dadurch die Rezeptorabhängige Signaltransduktion modifiziert werden kann. Die lange Zeitdauer, nach der die therapeutischen Effekte einsetzen, läßt Änderungen auf der Ebene der Genexpression und/oder posttranslationaler Modifikationen, wie z. B. reversible Palmitoylierung [11], die möglicherweise die Proteinlokalisation oder -stabilität modulieren, vermuten. Interessant ist, daß die untersuchten Substanzen in unterschiedlichem Maße sowohl die Konzentration der G-Proteine in der Membran als auch im Cytoplasma beeinflussen können. Veränderungen in der cytoplasmatischen Konzentration können zum einen durch Ablösung von G-Protein-Untereinheiten von der Membran resultieren, zum anderen können sie aber auch Zeichen einer veränderten Synthese sein, da auch membranständige Proteine wie die G-Proteine über das Cytoplasma zu ihrem Wirkort transportiert werden. Die gleichen Ursachen treffen natürlich auch auf die Veränderungen in der Membrankonzentration zu. Ein Ablösen von G-Protein-Untereinheiten von der Membran wurde bei chronischer Behandlung mit Neurotransmitter-Agonisten beobachtet [12]. Die Ergebnisse zeigen erneut, daß G-Proteine aufgrund ihrer Schlüsselstellung bei der Signalübertragung wichtige Angriffspunkte neuropharmakologischer Substanzen sein können, und lassen vermuten, daß G-Proteine auch eine Rolle bei der Ätiologie psychiatrischer Erkrankungen spielen, wofür es bereits Anhaltspunkte gibt [13–15].

Literatur

1. Birnbaumer L (1990) Ann Rev Pharm Tox 30: 675–705
2. Taylor CW (1990) Biochem J 272: 1–13
3. Hille B (1992) Neuron 9: 187–195
4. Manji HK (1992) Am J Psychiatry 149: 746–760
5. Lesch KP, Manji HK (1992) Biol Psych 32: 549–579
6. Duman RS, Morinobu S (1994) Neuropsychopharmacol 10: 779 S
7. Ozawa H, Rasenick MM (1989) Mol Pharmacol 36: 803–808
8. Rasenick MM (1994) Neuropsychopharmacol 10: 580 S
9. Klinz FJ, Yu VC, Sadee W, Costa T (1987) FEBS Lett 224: 43–48
10. Baron BM, Siegel BW (1989) J Neurochem 53: 602–609
11. Wedegaertner PB, Bourne HR (1994) Cell 77: 1063–1070
12. Milligan G (1993) Trends Pharmacol Sci 14: 413–418
13. Young LT, Li PP, Kish SJ, Siu KP, Warsh JJ (1991) Brain Res 553: 323–326
14. Ozawa H, Gsell W, Frölich L, Zöchling R, Pantucek F, Beckmann H, Riederer P (1993) J Neural Transm 94: 63–69
15. Young LT, Li PP, Kamble A, Siu KP, Warsh JJ (1994) Am J Psychiatry 151: 594–596

Korrespondenz: Dr. H.-J. Degen, Psychiatrische Universitätsklinik, Füchsleinstraße 15, D-97080 Würzburg, Bundesrepublik Deutschland

Psychosozialer Streß, Sensibilisierung und neuronale Plastizität

K. P. Lesch

Psychiatrische Universitätsklinik, Universität Würzburg, Bundesrepublik Deutschland

Affektive Psychosen wie die phasische Depression oder die manisch-depressive Erkrankung sind durch ausgeprägte und anhaltende depressive oder maniforme Stimmungsauslenkungen gekennzeichnet, die sich scharf von dem vorbestehenden Stimmungsniveau abheben. In den vergangenen 40 Jahren sind zahlreiche psychobiologische Modellvorstellungen zur Ätiopathogenese und Pathophysiologie affektiver Psychosen entwickelt worden. Von diesen sollen hier nur einige wichtige erläutert werden. Eine zentrale Stellung nimmt die sog. Sensibilisierungs- oder „kindling"-Hypothese nach Post ein. Andere Modelle wir die Neurotransmitter-Hypothesen sowie die entwicklungsbiologischen und genetischen Hypothese stehen dabei in einer engen Wechselbeziehung mit der Sensibilisierungshypothese. Bereits zu Beginn dieses Jahrhunderts beobachtete Kraepelin, daß unipolare und besonders bipolare affektive Psychosen nicht nur rekurrent sondern auch progredient verlaufen, d. h. daß aufeinanderfolgende Phasen nach immer kürzeren Remissionsintervallen auftreten bzw. daß sich das Alternieren der Zyklen beschleunigt. Weiterhin fiel Kraepelin auf, daß die initialen Phasen häufig nach psychosozialem Streß oder einem schwerwiegendem Lebensereignis, z. B. Erkrankung oder Tod eines engen Verwandten, auftreten. Die Sensibilisierungs-Hypothese geht nun davon aus, daß diese präzipitierenden Faktoren zu dysphorischen, depressiven oder maniformen Phasen führen. Die Sensibilisierung erfolgt dabei auf dem Boden einer genetischen oder entwicklungsbiologischen Vulnerabilität. Nachdem die Sensibilisierung manifest geworden ist, treten Auslösefaktoren zunehmend in den Hintergrund. Manische oder depressive Phasen, die ursprünglich von exogenen Faktoren ausgelöst wurden, beginnen schließlich spontan aufzutreten. Patienten mit einer hohen genetischen oder entwicklungsbiologischen Vulnerabilität erkranken meist ohne exogene Stressoren, das Auftreten weiterer Phasen wird auch hier durch Sensibilisierung erleichtert.

Die Sensibilisierungs-Hypothese weist bemerkenswerte Ähnlichkeiten mit einem nichthomologen Tiermodell, dem sog. elektrophysiologischen „kindling" auf. „kindling" bedeutet dabei eine wiederholte intermittierende Applikation eines subkonvulsiven elektrischen Stimulus. Subkonvulsive elektrische Reizung limbischer Strukturen (z. B. der Amygdala) führt im Tiermodell zu einer zunehmenden Sensibilisierung für Anfallsäquivalente. Nachdem die Sensibilisierung manifest geworden ist, können Anfallsäquivalente in der Folge auch ohne Reizung spontan auftreten. Psychosozialer Streß und seine biologischen Begleitfaktoren, wie z. B. erhöhte Aktivität monoaminerger Neurotransmittersysteme und des Hypothalamus-Hypophysen-Nebennierensystems, führen besonders in der initialen Phase unipolar und bipolar affektiver Erkrankungen in Abhängigkeit von der genetischen und neurobiologischen Vulnerabilität zu der klinisch beobachtbaren Sensibilisierung für das Auftreten erneuter Krankheitsphasen und gelegentlich zur Ausbildung eines Residuums. Der Hypercortisolismus ist zwar nur während der Krankheitsphase nachweisbar, auf neuronaler Ebene werden jedoch adaptive Kompensationsvorgänge (z. B. auf der Ebene von Rezeptoren und deren Signaltransduktion) induziert, die über die Krankheitsphase hinaus nachzuweisen sind und zur Progression neigen. Diese Progression kann sich schließlich auf struktureller Ebene manifestieren, indem es zu Veränderungen synaptischen Verknüpfung und der Zytoarchitektur kommt.

Neurobiologische Untersuchungen deuten darauf, daß die Phasensensibilisierung nicht nur zu akuten Veränderungen der neuronalen Aktivität führen, sondern auch eine Sequenz von Vorgängen induzieren, die langfristige Konsequenzen für die neuronale Signalübertragung haben. Die Dysregulation monoaminerger Neurotransmittersysteme führt über die intrazellulär fortgesetzte Signaltransduktion innerhalb von Sekunden bis Minuten zu einer Veränderung der neuronalen Aktivität durch Modifikation von z. B. Rezeptoren, Ionenkanälen und Transporter. Zusätzlich kommt es im Verlauf von Stunden und Tagen zu Veränderungen auf der Ebene der Genexpression. Auf dieser Ebene wirken auch Glucocorticoide, die in der Krankheitsphase erhöht sind, modulatorisch. Der initiale Schritt in der Regulation der Genexpression ist eine Aktivierung von Transkriptionsfaktoren. Diese Transkriptionsfaktoren modulieren dann die Expression regulatorischer und struktureller Biomoleküle sowie schließlich neuronale Wachstumsfaktoren.

Die Produktion von Wachstumsfaktoren kann innerhalb von Tagen, Monaten und Jahren zu einer Modifikation der Morphologie der Nervenzelle sowie zu einer veränderten Vernetzung synaptischer Strukturen führen. Die Aktivierung der Genexpression löst also eine Kaskade von neurobiologischen Vorgängen aus, die einerseits die molekulare Grundlage für die Sensibilisierung darstellen, andererseits gegenläufige kompensatorische Mechanismen repräsentieren.

Die Komplexität der krankheitsspezifischen neuroadaptiven Veränderungen einzelner Neurotransmittersysteme spiegelt sich in einer Vielfalt von Hypothesen wieder, von denen die Serotonin-Hypothese hier exemplarisch angeführt werden soll. Das zentrale sertonerge System ist außerordentlich komplex (Lesch et al. 1993). Serotonerge Neurone, die ihren Ursprung in den Raphe-Kernen des Hirnstamm nehmen, projizieren in alle wichtigen Kerngebiete und in den Cortex, einschließlich Hypothalamus, Basalganglien und limbisches System mit Hippocampus und Amygdala. Serotonin spielt dabei eine wichtige Rolle in der Regulation von Stimmung, kognitiven Funktionen und motorischer Aktivität sowie zirkadiane und neuroendokrine Rhythmen wie Appetit, Schlaf und Sexualverhalten. Alle diese Funktionen sind bei affektiven Psychosen gestört. Die Komplexität des zentralen serotonergen Systems setzt sich auf neuronaler Ebene fort. Multiple Serotonin-Rezeptorsubtypen mit prä- oder postsynaptischer Lokalisation sind an der Signalübermittlung beteiligt. In der Pathophysiologie affektive Psychosen finden sich auf der Ebene der Serotonin-Synthese und des -Metabolismus sowie auf -Rezeptorebene vielfältige Veränderungen, deren funktionelle Relevanz bisher nur unvollkommen verstanden wird. Weil selektive Liganden für die meisten Rezeptoren noch fehlen, beschränken sich Untersuchungen der Rezeptorfunktion gegenwärtig auf den Serotonin$_{1A}$-Rezeptor. Der Serotonin$_{1A}$-Rezeptor ist postsynaptisch und präsynaptisch als somatodendritischer Autorezeptor lokalsiert und übt damit eine unterschiedliche Funktion aus: der präsynaptische Rezeptor inhibiert und der postsynaptische Rezeptor fazilitiert die serotonerge Signalübertragung. Erleichtert wurde das Studium des Serotonin$_{1A}$-Rezeptor, nachdem es gelungen war, funktionelle Korrelate für die Stimulation für den prä- und postsynaptischen Rezeptor zu definieren, wie z. B. Hypothermie und ACTH/Cortisol. Diese funktionellen Korrelate können für einen selektiven pharmakologischen Stimulationstest zur in vivo-Untersuchung der Rezeptorresponsivität herangezogen werden. Die bisher vorliegenden Befunde deuten auf eine verminderte Responsivität des Serotonin$_{1A}$–Rezeptor bei Depression hin (Lesch et al. 1990). Die gleichsinnige Verminderung der Responsivität des prä- und postsynaptischen Serotonin$_{1A}$-Rezeptor bei ansich unterschiedlicher Lokalisation und Funktion deutet auf ein übergeordnetes Prinzip. Unser initiales Erklärungsmodell einer modulatorischen Wirkung der Glucorticoide im Rahmen des Hypercortisolismus konnte durch zahlreiche Befunde am Tiermodell bestätigt werden.

Kompensatorische neuroadaptive Veränderungen bei affektiven Psychosen bleiben jedoch nicht auf den Rezeptor beschränkt, sondern involvieren auch postrezeptorische Ebenen der Signaltransduktion (Lesch und Manji 1992). In der postrezeptorischen Signalübertragung spielen G Proteine eine zentrale Rolle in der Kommunikation zwischen Rezeptor und Effektorenzym. In einer Untersuchung am postmortem Gehirn von Patienten mit bipolar affektiven fand sich im Vergleich zu Kontrollen eine Erhöhung der G Protein-Subtypen G_S im Cortex und Raphe-Kernen sowie G_q im Cortex und Hippocampus. Die physiolog. Relevanz dieser neuroadaptiven Veränderung wird gegenwärtig intensiv untersucht.

Sensibilisierung auf neuronaler und molekularer Ebene kann besonders vor dem Hintergrund einer entwicklungsbiologischen Vulnerabilität stattfinden. Morphologische Veränderungen entstehen über einen längeren Zeitraum, neigen zur Persistenz und gegebenenfalls zur Progression. Die histologische Untersuchung der entorhinalen Region des Cortex von Beckmann und Mitarbeitern (Beckmann und Jakob 1991) zeigt eine auffällige Störung der Zytoarchitektur. Es fand sich eine Auflockerung der region-typischen Schichtung mit charakteristischen Malformationen von Nervenzellen bei Patienten mit manisch-depressiver Erkrankung im Vergleich zu Kontrollen. Diese Malformationen werden vermutlich durch eine pränatale Störung der Nervenzell-Migration verursacht. Diese strukturelle Veränderungen sind in einer Hirnregion lokalisiert, in der Perzeption, Kognition und Emotion integriert werden. Die entorhinale Region integriert und leitet innerhalb des limbischen Systems sensorische Informationen an den Hippocampus und an die Amygdala weiter, die ihrerseits eine wichtige Rolle in der Sensibilisierung und ihren neurobiologischen Begleitwirkungen spielen. Es erscheint plausibel, daß die beschriebenen Malformationen die Vulnerabilität gegenüber der bereits diskutierten Phasensensibilisierung erhöht.

Schließlich wird das Ausmaß einer Phasensensibilierung auch durch genetische Faktoren beeinflußt: In den vergangenen Jahren hat die Genetik einen breiten Raum in der psychobiologischen Erforschung affektiver Psychosen eingenommen. So zeigt die manisch-depressive Erkrankung eine hohe familäre Dichte; das Morbiditätsrisiko bei Verwandten 1. Grades ist 15–20%. Bei monozygoten Zwillingen fanden sich Konkordanzraten bis zu 85%. Zwar wird ein autosomal-dominanter oder ein polygener Vererbungsmodus diskutiert, Kopplungsanalysen mit Markern für die Chromosome 6, 9, 11, 18 sowie dem X-Chromosom erbrachten bisher jedoch keine konsistenten Ergebnisse. Dies hängt überwiegend mit der Komplexität des Vererbungsmodus affektiver Psychosen zusammen. Beispiele hierfür sind der späte Erkrankungsbeginn, die inkomplette Penetranz, mögliche genetische Heterogenität sowie eine Vererbung durch multiple Gene. In den letzten Jahren wird Assoziationsstudien für ausgewählte Kandidaten-Gene wie z. B. Enzyme und Rezeptoren der Vorzug gegeben. Aufgrund der Erfolge der Molekularbiologie ist es nun möglich eine direkte Sequenzanalyse von KandidatenGenen durchzuführen. Diese Strategie besitzt eine Reihe von Vorteilen: So läßt sich ein Kandidaten-Gen direkt aus der psychobiologische Forschung ableiten, es werden nur Patienten untersucht die von der Erkrankung eindeutig betroffen sind, und Defekte sind auch dann nachweisbar, wenn multiple genetische Veränderungen für die phänotypische Expression notwendig sind. Ein Kandidaten-Gen das gegenwärtig intensiv untersucht wird, ist der Serotonin-Wiederaufnahmemechanismus. Dieser sog. Serotonin-Transporter terminiert durch Wiederaufnahme des Serotonins in das präsynaptische Neuron die Wirkung des Neurotransmitters am postsynaptischen Rezeptor und nimmt daher eine zentrale Stellung in der Feinabstimmung der synaptischen Signalübertragung ein. Darüberhinaus ist der Serotonin-Transporter der initiale Wirkort zahlreicher antidepressiv wirksamer Substanzen, wie z. B. Imipramin oder Paroxetin. Die Serotonin-Aufnahme und die Bindung von Imipramin oder Paroxetin wurde in den vergangenen 10 Jahren intensiv untersucht. So zeigte sich sowohl in peripheren Thrombozyten als auch im postmortem Gehirn eine konsistente Verminderung der Serotonin-Aufnahme und der Bindung von Imipramin oder Paroxetin bei uni- und bipolar affektiven Psychosen. Dieser Befund deutet auf einen Defekt in der Struktur oder eine Störung in der Expression des Serotonin-Transporters hin. In jüngster Zeit ist es gelungen die molekulare Struktur des Serotonin-Transporters aufzuklären. Es fanden sich mehrere kodierende und nichtkodierende Mutation, die gegenwärtig auf ihre pathophysiologische Relevanz überprüft werden. Darüberhinaus wird untersucht ob eine Assoziation eines „tandem repeat"-Polymorphismus mit affektiven Psychosen besteht und ob bei affektiven Erkrankung eine Dysfunktion des Promotors vorliegt.

In Analogie zu den neurobiologischen Mechanismen wird von akuten und mehr noch von prophylaktischen Behandlungsmaßnahmen angenommen, daß diese die pathophysiologisch relevanten Veränderungen rückgängig machen, indem sie endogene Kompensationsvorgänge unterstützen oder selbst einen kompensatorischen Effekt ausüben. Psychotherapie im frühen Stadium der Erkrankung, Trizyklika und EKT bei Depression, sowie Neuroleptika bei Manie üben diese Kompensationseffekte aus. Eine besondere Rolle im weiteren Verlauf der Erkrankung nehmen phasenprophylaktisch wirksame Substanzen wie z. B. Lithium ein. Lithium besitzt ein einzigartiges Wirkspektrum mit Effektivität in der akuten und prophylaktischen Behandlung manischer und depressiver Phasen. Neuere Befunde deuten darauf, daß auch Antikonvulsiva wie Carbamazepin und Valproat dieses bimodale Spektrum der Wirksamkeit teilen. Das bimodale Wirkspektrum läßt besonders das Konzept der Manie und Depression als überaktive exzitatorische und inhibitorische neurale Systeme plausibel erscheinen. Entsprechend der Sensibilisierung durch Stressoren ist anzunehmen, daß die verschiedenen Therapiestrategien ebenfalls eine Kaskade von neurobiologischen Anpassungsvorgängen in Gang setzen, die sich in Veränderungen auf der Ebene der Genexpression manifestieren. Diese Veränderungen haben die bereits erläuterten langfristigen Konsequenzen für die neuronale Signalübertragung in definierten Hirnregionen, wie z. B. dem limbischen System.

Zusammengefaßt manifestieren sich Sensibilisierung durch Stressoren und kompensatorische Neuroadaption auf molekularer, intraneuraler und struktureller Ebene der Neuroplastizität und spielen zusammen mit genetischen und entwicklungsbiologischen Faktoren eine zentrale Rolle in der Ätiopathogenese und Pathophysiologie affektiver Psychosen. Daraus lassen sich neurobiologische fundierte Forderungen an konventionelle, insbesondere aber an innovative therapeutische Strategien zu stellen: Therapiemaßnahmen im weitesten Sinne sollten endogene Kompensationsvorgänge unterstützen, selbst Kompensationseffekte ausüben und eine überschießende kompensatorische Neuroadaption verhindern.

Literatur

Beckmann H, Jakob H (1991) Prenatal disturbances of nerve cell migration in the entorhinal cortex: a common vulnerability factor in functional psychoses? J Neural Transm 84: 155–164

Lesch KP, Manji HK (1992) Signal-transducing G proteins and antidepressant drugs: evidence for modulation of a subunit gene expression in rat brain. Biol Psychiatry 32: 549–579

Lesch KP, Mayer S, Disselkamp-Tietze J, Hoh A, Wiesmann M, Osterheider M, Schulte HM (1990) 5-HT1A receptor function in unipolar depression: ACTH and cortisol responses following isapirone in patients and controls. Biol Psychiatry 28: 620–628

Lesch KP, Aulakh C, Murphy DL (1993) Serotonin receptor heterogeneity and subsystem complexity: implications for clinical neuropsychopharmacology. Neurol Psychiatr Brain Res 1: 163–172

Korrespondenz: Dr. K. P. Lesch, Psychiatrische Universitätsklinik, Füchsleinstraße 15, D-97080 Würzburg, Bundesrepublik Deutschland

Circadiane Veränderungen der Stimmung bei Depressiven und Gesunden während einer „Constant-Routine"-Untersuchung

H.-J. Haug, A. Wirz-Justice, K. Kräuchi, P. Graw, C. Hetsch, G. Leonhardt
und **D. P. Brunner**

Psychiatrische Universitätsklinik, Basel, Schweiz

Einleitung

Tagesschwankungen der Stimmung sind als Symptom depressiver Patienten und hier besonders endogen Depressiver, bekannt (Tölle 1991). Große Studien zeigen, daß circadiane Schwankungen der Stimmung aber auch bei Gesunden vorkommen, allerdings meist in weniger rigidem Muster (Abe 1985). Im normalen Leben spielen bei circadian organisierten Merkmalen Masking-Effekte eine Rolle. Gerade die Stimmung soll sich ja nicht nach einem strengen Rhythmus, sondern vielmehr reagibel angepaßt an äußere affektive Ereignisse ändern. Diese Reagibilität geht als eines der führenden Symptome bei Depressiven verloren, oder ist zumindest eingeschränkt. So wird zum Beispiel im ICD-10 als „typisches Merkmal des somatischen Syndroms" eine „Mangelnde Fähigkeit, auf eine freundliche Umgebung oder freudige Ereignisse emotional zu reagieren" genannt (WHO 1993). Daß unter den Umständen einer mangelnden Reagibilität der Stimmung Tagesschwankungen (also ein circadianes Muster) deutlicher werden, deutet auf einen Wegfall von Masking bei circadianer Organisation hin. Auch bei Gesunden sollten unter zeitgeberfreien Umständen Tagesschwankungen gehäuft auftreten (Haug und Wirz-Justice 1993). Zur Klärung der Frage, ob die Stimmung circadiane Organisation zeigt und wie sich diese unter verschiedenen Umständen (depressiv/krank, Winter/Sommer, vor Lichttherapie/danach) ändert, wurden Depressive mit Saisonal Abhängiger Depressionsform (SAD) (Rosenthal et al. 1984) und gesunde Kontrollen unter den zeitgeberfreien Bedingungen einer Constante Routine (Czeisler 1985) untersucht.

Methodik

Während eines „constant routine" Untersuchungsplans wurden 8 Frauen mit SAD und 6 gesunde Frauen jeweils im Winter und Sommer und jeweils vor und nach 5-tägiger intensiver Lichttherapie (4 Stunden 6.000 lux/die) untersucht. Das Protokoll beinhaltet 40 Stunden Wachheit, also eine Nacht totalen Schlafentzugs. Die Untersuchung absolvieren die Personen in gleichbleibender sitzender Stellung in einem Raum ohne externe Zeitinformationen und in dem Beleuchtung und Temperatur konstant gehalten werden. Die Untersuchungspersonen gaben halbstündlich auf einer Visuellen Analogskala an, wie sie sich im Augenblick fühlen. Diese Methode ist weniger geeignet zur Messung des absoluten Stimmungsniveaus (Depressionsmaß), aber sehr gut zur Erfassung intraindividueller Veränderungen (Veränderungsmaß) (Baumann et al. 1990). Alle Stimmungsverläufe wurden zeitreihenanalytisch ausgewertet. Zu jeder Zeitreihe wurde mit Cosinor-Fit geprüft, ob eine 24Stunden-Komponente (Maß für die circadiane Organisation), eine lineare Komponente (Maß für den Schlafentzugseffekt) und/oder eine 12-Stunden-Komponente (Maß für die ultradiane Organisation der Stimmung) signifikant ausgeprägt waren.

Ergebnisse

Abbildung 1 zeigt den Verlauf der Stimmung während der Constant-Routine Untersuchung bei einer Patientin mit SAD. Dieses Beispiel entspricht ganz der oben geschilderten und früher publizierten Hypothese (Haug und Wirz-Justice 1991). Im Winter vor Lichttherapie, also mit ausgeprägt depressiver Stimmung, ist die Stimmmung deutlich circadian organisiert mit einem Stimmungshoch etwa gegen 21.00 Uhr und einem Stimmungstief etwa gegen 7.00 Uhr. In der zweiten Untersuchung im Winter nach einer Lichtbehandlung ist die circadiane Komponente noch deutlich vorhanden, die Amplitude aber geringer. Im Sommer, also bei psychischem Wohlbefinden, ist sowohl in der Untersuchung vor wie auch nach Lichttherapie die circadiane Rhythmik nicht mehr nachzuweisen. Die grafische Darstellung fällt aber für verschiedene Patienten und auch die Kontrollen verschieden aus. Die Tabelle 1 zeigt für jede Untersuchungsperson zu je-

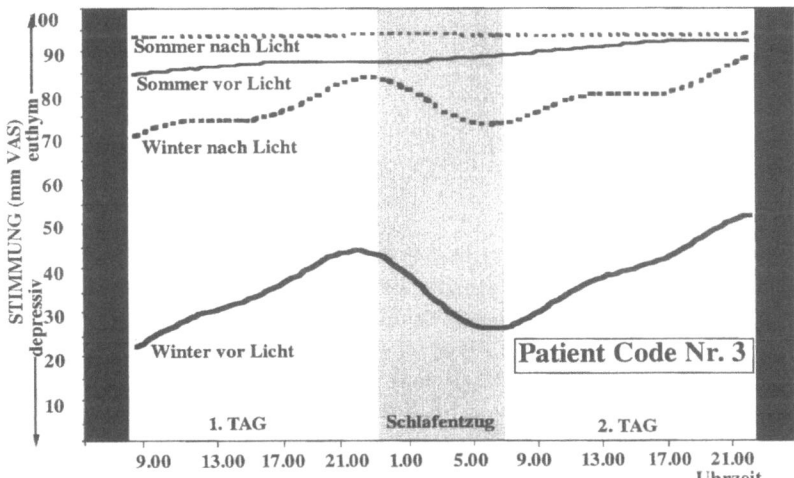

Abb. 1. Verlauf der Stimmung einer Patientin während der Constant-Routine Untersuchungen im Winter und Sommer jeweils vor und nach Lichtbehandlung

Tabelle 1. Verzeichnis der signifikanten 24-Stunden Komponente und der linearen Komponente (Schlafentzugseffekt) bei gesunden Kontrollen und depressiven Patienten. [* = signifikante 24-Stunden Komponente, „auf" = signifikante, aufwärtsgerichtete lineare Komponente (Besserung), „ab" = signifikante, abwärtsgerichtete Komponente (Verschlechterung)]

Kontrollen

Kontr. Nr.	24-Stunden Komponente				Lineare Komponente (Schlafentzug)			
	Winter		Sommer		Winter		Sommer	
	vor Licht	nach Licht	vor Licht	nach Licht	vor Licht	nach Licht	vor Licht	nach Licht
1			*	*	auf		ab	
2	*		*	*	ab		auf	ab
3	*	*	*	*	ab	ab	ab	ab
4			*					
5			*	*	auf	auf		
6	*	*	*	*	ab	ab	ab	ab

Patienten

Patient Nr.	24-Stunden Komponente				Lineare Komponente (Schlafentzug)			
	Winter		Sommer		Winter		Sommer	
	vor Licht	nach Licht	vor Licht	nach Licht	vor Licht	nach Licht	vor Licht	nach Licht
1	*	*	*		auf		auf	
2	*	*			auf	ab		
3	*	*			auf	auf	auf	
4	*	*	*	*				auf
5	*	*			auf			ab
6	*		*	*				
7	*	*	*	*	ab			
8	*	*	*	*		auf	auf	

weils jeder der vier Untersuchungen, inwieweit die 24-Stunden- und/oder die lineare Komponente signifikant sind. Aus der Übersicht ist zu sehen, daß alle Patienten im depressiven Zustand (Winter vor Licht) eine signifikante 24-Stunden-Komponente (circadiane Organisation, Tagesschwankung) zeigen, im Sommer verlieren einige dieses rhythmische Stimmungs-Muster. Aber auch bei Gesunden findet sich, wenn auch etwas seltener und eher im Sommer, die 24-Stunden-Komponente. Die lineare Komponente ist bei Patienten häufiger (10:3) nach oben gerichtet (positiver Schlafentzugseffekt), bei Gesunden häufiger nach unten (4:11). Dieser Unterschied ist statistisch signifikant (Chi2 = 5.17, df = 1, p < .003). Auch die ultradiane

12-Stunden-Komponente ist häufiger bei Patienten als bei Gesunden nachzuweisen (nicht in der Tabelle).

Diskussion

Die Zeitreihenanalyse zeigt, daß die Stimmung unter weitgehend zeitgeberfreien Bedingungen bei vielen Untersuchten circadian organisiert ist. Das circadiane Muster ist bei Depressiven stärker ausgeprägt, aber auch bei Gesunden vorhanden. In der Depression findet eine Einschränkung der Reagibilität auf äußere Reize statt (Cowdry et al. 1991). Dieses Symptom könnte additiv zum „unmasking" der Constante Routine wirken und die Tagesschwankungen bei Depressiven deutlicher machen (Haug und Wirz-Justice 1993). Die Tabelle zeigt, daß das Vorhandensein der circadianen Organisation der Stimmung und die Veränderung dieses Rhythmus unter den verschiedenen Umständen (Jahreszeit, Behandlung, Krankheitsstatus) individuell sehr unterschiedlich ist und nicht regelhaft dem Verlauf entspricht, der bei der Beispielpatientin in Abb. 1 vorlag. Andererseits findet sich doch die 24Stunden-Komponente bei Depressiven häufiger als bei Gesunden und wiederum in der unbehandelten depressiven Phase häufiger als nach Lichttherapie. Bei allen Untersuchten mischen sich die circadianen- mit den Schlafentzugseffekten. Hierbei ist auch bei dieser Untersuchung unter sehr kontrollierten Bedingungen der in der Literatur mehrfach beschriebene Befund repliziert worden, daß Schlafentzug bei Depressiven gut antidepressiv wirksam ist, die Stimmung von Gesunden sich aber in der Regel nach Schlafentzug verschlechtert (Kuhs und Tölle 1989). Ultradiane Stimmungsschwankungen wurden besonders bei Depressiven beschrieben, ihre Bedeutung ist bisher unklar (Hall 1991). Immerhin zeigt die Untersuchung unter Constant Routine Bedingungen, daß ein 12-Stunden-Rhythmus nicht selten ist und häufiger bei Depressiven als bei Gesunden auftritt. Der rhythmische Verlauf der Stimmung zeigt sich damit komplexer als häufig angenommen (Wirz-Justice 1994).

Zusammenfassend konnte in der Studie nachgewiesen werden,
– daß die Stimmung unter zeitgeberfreien Bedingungen circadian organisiert ist,
– daß die circadiane Komponente bei Depressiven stärker ausgeprägt ist als bei Gesunden,
– daß es deutliche interindividuelle Unterschiede bezüglich des Stimmungsverlaufes bei Patienten und Gesunden gibt,
– daß Patienten auch unter „constant routine"-Bedingungen häufiger einen positiven Schlafentzugs-Effekt (Stimmungsverbesserung), Gesunde eher einen negativen Schlafentzugs-Effekt (Stimmungsverschlechterung) haben,
– daß ultradiane Rhythmen (hier 12-Stunden -Rhythmen) bei Depressiven und Gesunden vorkommen und bei Depressiven häufiger sind.

Danksagung

Unterstützt durch SNF # 32-28741.90, SNF # 32-32300.91.

Literatur

Abe K, Suzuki T (1985) Age trends of early awakening and feeling worse in the morning than in the evening in apparently normal people. J Nerv Ment Dis 173 8: 495–498

Baumann U, Fändrich E, Stieglitz R-D, Woggon B (Hrsg) (1990) Veränderungsmessung in Psychiatrie und Klinischer Psychologie. Profil-Verlag, München

Cowdry R, Gardner D, O'Leary K, Leibenluft E, Rubinow D (1991) Mood variablility: a study of four groups. Am J Psychiatry 148: 1505–1511

Czeisler CA, Brown EN, Ronda JM, Kronauer RE, Richardson GS, Freitag WO (1985) A clinical method to assess the endogenous circadian phase (ECP) of the deep circadian oscillator in man. Sleep Res 14: 295

Hall D, Sing H, Romanoski A (1991) Identification and characterization of greater mood variance in depression. Am J Psychiatry 148: 134–1345

Haug H, Wirz-Justice A (1993) Diurnal variation of mood in depression: important or irrelevant? Biol Psychiatry 34: 201–203

Kuhs H, Tölle R (1986) Schlafentzug (Wachtherapie) als Antidepressivum. Fortschr Neurol Psychiatr 54: 341–355

Rosenthal N, Sack D, Gillin J, Lewy A, Goodwin F, Davenport Y, Müller P, Newsome D, Wehr T (1984) Seasonal affective disorder. Arch Gen Psychiatry 41: 72–80

Tölle R (1991) Zur Tagesschwankung der Depressionssymptomatik. Fortschr Neurol Psychiat 59: 103–116

WHO (1993) Internationale Klassifikation psychischer Störungen, ICD-10, 2. Aufl. Huber, Bern Göttingen Toronto Seattle, S 140

Wirz-Justice A (1994) Biological rhythms in mood disorders. In: Bloom FE, Kupfer, DJ (eds) Psychopharmacology – the fourth generation of progress. Raven Press, New York, pp 999–1017

Korrespondenz: Dr. H. J. Haug, Psychiatrische Universitätsklinik, Wilhelm-Klein-Straße 27, CH-4025 Basel, Schweiz

Kognitive Störungen bei älteren Depressiven

B. Romero, G. Eder, I. Goetz, A. Holly und **H. Lauter**

Psychiatrische Klinik rechts der Isar, Technische Universität, München,
Bundesrepublik Deutschland

Depressive Erkrankungen sind durch Affektveränderungen, Antriebsstörungen, vegetative Beschwerden und depressive Denkinhalte gekennzeichnet. Darüberhinaus wurden bei einem Teil der Kranken kognitive Defizite, insbesondere Gedächtnis- und Aufmerksamkeitsstörungen festgestellt (Weingartner et al. 1981, Golinkoff und Sweeney 1989, Reischies 1993
u. a.). In der Literatur liegen kontroverse Befunde zu einem Zusammenhang zwischen Schwere der affektiven Symptomatik und dem Ausmaß ko-
gnitver Störungen vor (Kopelman 1986, Austin et al. 1992). Es wird vielfach
angenommen, daß die kognitiven Störungen bei Depression nur in der
akuten Phase vorhanden sind und nach der Behandlung zurückgebildet
sind. Hinweise dafür fanden eine Reihe von Autoren (u. a. Pearlson et al.
1989, Burgess 1991). Es gibt jedoch auch gegenteilige Befunde (Abas et al.
1990, Bulbena und Berrios 1993). Alexopoulos und Mitarbeiter (1993) vermuten bei Patienten, die im Rahmen einer Depression deutliche kognitive
Störungen entwickeln einen zugrundeliegenden organischen dementiellen Prozeß.

Fragestellung

Im vorliegenden Beitrag wird über Ergebnisse einer Studie berichtet, die in
den Jahren 1992–1993 in der Psychiatrischen Klinik der Technischen Universität München durchgeführt wurde. Folgende Fragen wurden untersucht: (1) Hängen Aufmerksamkeits- und Gedächtnisleistungen mit der
Schwere der Depression zusammen? (2) Bessern sich Aufmerksamkeit und
Gedächtnisleistungen nach der Remission der affektiven Symptomatik?

Patientenstichprobe

Untersucht wurden 25 stationär aufgenommene Patienten im Alter zwischen 50 und 76
Jahren (M: 61.0) mit den Diagnosen: Major Depression (81%) und Depressive Phase ei-

ner bipolaren Störung (19%). Die Rekrutierung erfolgte konsekutiv. Kranke mit psychiatrischen und neurologischen Zusatzdiagnosen wurden ausgeschlossen. Die Leistungen
der Patienten wurden mit denen einer gesunden Kontrollgruppe (n = 26; Alter: 50–79
Jahre; Altersmittel: 62 Jahre) verglichen. Eine Reihe der untersuchten Depressiven klag-
te über Gedächtnis- und Konzentrationsstörungen, wobei jedoch keiner zu der Gruppe
gehörte, die man heute als Demenzsyndrom bei Depression (McHugh) oder Pseudodemenz (Maden) bezeichnet. Alle Patienten wurden in der Klinik medikamentös und mit
psychosozialen Maßnahmen behandelt. Die Medikation wurde von uns dokumentiert, jedoch nicht beeinflußt.

Methode

Es wurden folgende Maße der Aufmerksamkeit und des Gedächtnisses erfaßt: (1) Einfache Reaktionszeit auf visuelle Stimuli[1] als Maß der tonischen Aufmerksamkeit (2) Wahlreaktionszeit, untersucht nach dem Sternberg – Paradigma[2]. Die Methode läßt die Zeit
für mentales Durchmustern, so gennantes memory scanning, von anderen Anteilen der
Reaktionszeit getrennt erfassen, (3) Mittelfristiges Behalten einer zuvor gelernten Wort-
liste, untersucht mit dem Münchner Gedächtnistest[3]. Der Schweregrad der Depression
wurde mit der Hamiliton-Fremdbeurteilungsskala gemessen. Die depressiven Patienten
wurden im Akutstadium der Erkrankung unmittelbar nach der Aufnahme in die Klinik
untersucht und erneut nach der Behandlung, also kurz vor der Entlassung.

Ergebnisse

Bei der Aufnahme waren die meisten Kranken im Sinne der Hamilton-Depressionsskala (21-Item-Form) mittelgradig bis schwer depressiv (M: 21.0;
SD: 7.60). Zum Zeitpunkt der Entlassung hat sich die affektive Symptomatik beinahe zurückgebildet (M: 4.7; SD: 4.3).

Die kognitiven Beeinträchtigungen überdauerten dagegen die Remission der affektiven Beschwerden. Die Patientengruppe unterschied sich in
der einfachen Reaktionsgeschwindigkeit von den Gesunden signifikant, sowohl bei der Aufnahme als auch bei der Entlassung. Die Untersuchung der
Wahlreaktionszeit ergab dasselbe Ergebnismuster: Die Kranken haben die
Sternberg-Aufgae signifikant langsamer als Gesunde bearbeitet. Die Besserung, die nach der Behandlung festzustellen war, war nicht vollständig. Mit
dem Sternberg-Paradigma, ließ sich darüberhinaus feststellen, daß die Verlangsamung kognitive Anteile der untersuchten Reaktionen betraf, nämlich das memory scanning. Die motorischen Anteile der Reaktionen waren,
soweit es sich mit dem Sternberg-Paradigma erfassen läßt, nicht verlängert.
Die Ergebnisse der Lern- und Gedächtnisprüfung zeigen eine signifikant
niedrigere Leistung der Depressiven im Akutstadium, die sich nicht wesentlich nach der Behandlung besserte. Insgesamt ließen sich in allen untersuchten Bereichen Störungen feststellen, die auch nach der Besserung
der affektiven Symptomatik nicht abgeklungen waren, sich allenfalls besserten. Die Symptombreite individueller Leistungen reichte vom unauffäl-

---

[1] Wir bedanken uns bei Herrn Zimmermann und Herrn Fimm (Universität Freiburg)
    für die Überlassung der Testbatterie zur Erfassung von Aufmerksamkeitsstörungen
[2] Wir bedanken uns bei Herrn Wist, Herrn Hömberg und Mitarbeitern (Universität Düs-
    seldorf) für die Überlassung der Computer-Version der Sternberg-Versuchsanordnung
[3] Wir bedanken uns bei Herrn J. Ilmberger (Universität München) für die Überlassung
    des Münchner-Gedächtnistests

ligen bis zu einem extrem auffälligen Niveau. Die Ergebnisse der gesamten Gruppe Depressiver waren bei allen drei Aufgaben normalverteilt. Die kognitiven Leistungen korrelierten nicht mit der Ausprägung der Depressivität.

Diskussion

Was sagen diese Befunde zur Entstehung kognitiver Defizite bei Depression aus? Die Ergebnisse zeigen, daß kognitive Defizite als Folge der affektiven Symptomatik nicht ausreichend geklärt werden können. Eine alternative Erklärung geht von Subgruppen der Depressiven, die entweder unter einer „organischen" Form der Deppression oder unter einer progradienten Demenzerkrankung leiden, aus. Die normale Verteilung der Leistungsmaße in unserer Untersuchung untestützt die Subgruppen-Hypothese nicht. Weitere Untersuchungen mit wesentlich größeren Stichproben und unter Einbeziehung bildgebender Verfahren sind zur weiteren Klärung dieser Hypothese notwendig. Diskutiert wird weiterhin eine erhöhte Vulnerabilität für die Enstehung kognitiver Störungen durch eine antidepressive Medikation. Den Einfluß von medikamentöser Behandlung konnten wir in unserer Studie nicht kontrollieren. Bellini und Mitautoren (1988) und Reischies (1993) fanden allerdings keine Unterschiede in den kognitiven Leistungen zwischen Patienten mit und ohne antidepressive Medikation. Die Autoren weisen jedoch auf nur beschränkte Generalisierbarkeit dieser Ergebnisse hin, so daß insgesamt der mögliche Einfluß der Medikamente auf kognitive Beeinträchtigung sicher nicht völlig auszuschließen ist und weiter diskutiert werden muß. Am besten lassen sich die Ergebnisse unserer Studie mit dem folgendem Modell in Einklang bringen. Depressive Erkrankungen führen neben den bekannten affektiven Symptomen auch zu kognitiven Defiziten. Beide Symptomgruppen sind voneinander relativ unabhängig. Daher können die kognitiven Störungen die affektive Symptomatik überdauern. Es resultiert ein kognitives Residualsyndrom, ähnlich wie bei Schizophrenie. Ob es reversibel ist und genauso häufig bei Jüngeren vorkommt, muß in weiterer Forschung geklärt werden.

Literatur

Abas MA, Sahakian BJ, Levy R (1990) Neuropsychological deficits and CT scan changes in elderly depressives. Psychol Med 20: 507–520

Alexopoulos GS, Meyers BS, Young RC, Mattis S, Kakuna T (1993) The course of geriatric depression with „reversible dementia": a controlled study. Psychiatry 150: 1693–1698

Austin MP, Ross M, Murray C, O'Carroll RE, et al (1992) Cognitive function in major depression. Affect Disord 25 (1): 21–29

Bellini L, Gambini O, Palladino F, Scarone S (1988) Neuropsychological assessment of functional central nervous system disorders I. Acta Psychiatr Scand 78: 242–246

Bulbena A, Berrios GE (1993) Cognitive functions in the affective disorders: a prospective study. Psychopathology 26 (6): 6–12

Burgess JW (1991) Neurocognition in acute and chronic depression: personality disorder, major depression and schizophrenia. Biol Psychiatry 30: 305–309

Golinkoff M, Sweeney J (1989) Cognitive impairment in depression. J Affect Disord 17: 105–112

Kopelman MD (1986) Clinical tests of memory. Br J Psychiatry 148: 517–525

Pearlson GB, Rabins PV, Kim WS, Speedie LJ, Moberg PJ, Burns A, Bascom MJ (1989) Structural brain CT changes and cognitive deficits in elderly depressives with and without reversible dememtia („pseudodementia"). Psychol Med 19: 573–584
Reischies FM (1993) Neuropsychologische Diagnostik der depressiven Pseudodemenz. In: Möller H-J, Rohde A (Hrsg) Psychische Krankheiten im Alter. Springer, Berlin Heidelberg New York Tokyo
Weingartner H, Cohen RM, Murphy DL, Martello J, Gerdt C (1981) Cognitive processes in depression. Arch Gen Psychiatry 38: 42–47

Korrespondenz: Dr. B. Romero, Klinikum rechts der Isar, Psychiatrische Klinik und Poliklinik, TU München, Ismaninger Straße 22, D-81675 München, Bundesrepublik Deutschland

Schlafentzug in der Diagnostik der Depression

D. Schläfke, K. Bollow, R. Mau und **W. Nitzsche**

Psychiatrische Abteilung, Nervenklinik, Medizinische Fakultät, Universität Rostock,
Bundesrepublik Deutschland

Der Schlafentzug (SE) wird in der Nervenheilkunde in verschiedener Art und Weise eingesetzt und durchgeführt.

Seit Jahren ist das nächtliche Wachbleiben eine akzeptierte Provokationsmethode in der EEG-Diagnostik der Epilepsien.

Außerdem wird die antidepressive Wirkung des Schlafentzuges genutzt. Es liegen ausreichende Erfahrungen in der praktischen Umsetzung dieser Therapieform vor [4]. Modifikationen des Verfahrens betreffen insbesondere die Zeitdauer des nächtlichen Nicht-Schlafens. Es werden antidepressive Effekte nicht nur für den totalen Schlafentzug sondern auch für partielle Wachphasen, das heißt Wachbleiben für eine Nachthälfte, beschrieben.

Häufig wird SE bei Therapienonrespondern eingesetzt und eine Basistherapie mit Antidepressiva belassen bzw. umgekehrt SE bei nur unvollständiger Besserung unter einer Antidepressivatherapie als Zusatztherapie verordnet.

Schlafentzug wird darüber hinaus als diagnostisches Instrument angesehen.

Die subjektive Befindlichkeit des Patienten nach einer durchwachten Nacht gilt als Prädiktor für eine antidepressive Psychopharmakatherapie. Die theoretische Erwartung lautet, daß ein positives Befinden des Patienten am Folgetag nach SE (sog. positiver SE-Effekt) eher für eine serotonerge Grundstörung der Depression sprechen soll, eine positive Befindlichkeit am zweiten Folgetag bzw. ein schlechtes Befinden im unmittelbaren Anschluß an den SE (sog. negativer SE-Effekt) dagegen für eine noradrenerge Depressionsstörung [1, 2, 3].

Antidepressiva können entsprechend ihrer Wirkung auf Neurotransmittersysteme somit prädiktiv zugeordnet werden.

Weiterhin betrachten wir die Wirkung von Schlafentzug als Streßfaktor auf körperliche Funktionen. Der Effekt, den SE zentral und peripher auslöst, erscheint immerhin so stark, daß auch bei therapierefraktären und chronisch verlaufenden Depressionen (ähnlich wie bei der Elektrokrampf-therapie) eine antidepressive Wirkung resultiert. Diese Veränderungen auf der biologischen Ebene müßten neue theoretische Erkenntnisse zur Verursachung der Depression ergeben.

Methodik

Anhand einer kontrollierten Studie über depressive Störungen sollten depressive Patienten in die Untersuchung eingeschlossen werden, deren Depressivitätsgrad so hoch war, daß eine stationäre Aufnahme erforderlich wurde. Dies gelang bei 50 Depressionen zwischen 21 und 60 Jahren (ø = 44,7 Jahre) und 13 gesunden, freiwilligen Probanden (ø = 32,2 Jahre), die die dreitägige Diagnostikphase auf einer psychiatrischen Station absolvierten.

Während der ersten 3–7 Tage wurde ein Medikamenten-wash-out durchgeführt und eine diagnostische Klassifikation anhand der ICD-9 und des DSM-III vorgenommen, die folgende Klientelaufteilung ergab:

- 34 endogene unipolare Depressionen,
    11 Ersterkrankungen,
    21 Rezidive,
    2 psychotische Depressionen,
- 3 endogene bipolare Depressionen,
- 10 neurotische Depressionen,
- 3 andere depressive Störungen.

Der Studiengang umfaßt eine **Basisuntersuchung** mit der Bestimmung von Cortisol und DST (Stimulation mit 1 mg Dexamethason), MHPG im Urin, Phenyläthylamin [PEA] im Urin, Phenylessigsäure [PAA] im Urin, vegetativer Parameter (akrale Wiedererwärmung, Pupillendurchmesser, Blutdruck und Pulsfrequenz im Stehen und Liegen als modifizierter Schellong-Test), freie Fettsäuren und EEG-Alpha-Hintergrundaktivität, sowie einer folgenden **zweiten Untersuchung nach Schlafentzug** der gesamten Nacht, wobei der DST nicht wiederholt wurde.

Die psychopathologische Beurteilung erfolgte anhand der 21-Item-HAMILTON Depression Rating Scale, BECK Depression Inventory und Visuelle Analog Skalen für Depressivität und Angst.

Die **subjektive Befindlichkeit** nach durchwachter Nacht wurde in einer 4-stufigen Skala erfaßt. Darin ging eine Befragung des Patienten am folgenden Morgen zur Zustandseinschätzung und die Eigenbeurteilung auf der Visuellen Analog-Skala für Depressivität [VASD] ein.

(1) negativer SE	deutlich schlechtere Befindlichkeit nach SE	
(2) SE ø	Patienten fühlen sich weder besser noch schlechter (= unverändert)	
(3) schwach positiver SE	geringfügige Besserung nach SE, VASD aber nur auf um 50 Punkte abgefallen	
(4) positiver SE	deutlich positive SE-Reaktion und VASD-Abfall unter 50 Punkte	

Ergebnisse und Diskussion

Bezogen auf die subjektive Befindlichkeit zeigte sich retrospektiv, daß Patienten, die später auf Amitriptylin und Clomipramin respondierten, überwiegend einen positiven Schlafentzugseffekt (SE-Effekt positiv und schwach positiv), dagegen Imipramin-Responder eher einen negativen aufwiesen. Dies entspricht der theoretischen Erwartung.

Unter Schlafentzug veränderten sich bei unseren Probanden einige biologische Variablen. Bei Betrachtung von späteren Respondern und Nonrespondern, bezogen auf eine Antidepressivatherapie, zeigen Responder nach durchwachter Nacht eine Alpha-Aktivierung der Hintergrundfrequenz im EEG, die Nonresponder in diesem Maße nicht erkennen lassen (s. Abb. 1). Allerdings ergeben sich in unserer Untersuchung keine solchen Unterschiede wie sie die Arbeitsgruppe um ULRICH fand [5].

Eine weitere Differenz zwischen Respondern und Nonrespondern beobachteten wir für die Reaktion der Palmitinsäure. Diese gehört zu den freien, langkettigen, ge- und ungesättigten essentiellen Fettsäuren. Sie sind aufgrund ihres Anteiles an Phospholipiden und damit ihrer Bedeutung beim Aufbau und der Funktion der Zellmembran interessant. Zwischen späteren Respondern und Nonrespondern besteht eine Ausgangsdifferenz, die unter Schlafentzug ausgeglichen wird. Responder reagieren mit einer Aktivitätssteigerung, die Konzentration nach durchwachter Nacht steigt im Gegensatz zu gesunden Probanden auf das Niveau der Nonresponder, die keine Veränderung erkennen lassen.

Weiterhin zeigt sich, daß Depressive allgemein unter SE mit einem diskreten Serum-Basal-Cortisolabfall reagieren, den gesunde Referenzen (die ebenfalls 3 Tage stationär aufgenommen waren) nicht bieten.

Wenn die Responsegruppen auf einzelne Antidepressiva berechnet werden, ergeben sich nur noch tendenzielle Unterschiede. Dabei dominieren Abweichungen in der Erfassung vegetativer Parameter. Spätere Imipramin-Responder reagieren mit dem höchsten Pulsfrequenzanstieg, Amitriptylin-Responder haben dagegen für alle vegetativen Parameter niedrige Ausgangswerte und zeigen nach SE keinen Aktivitätsanstieg.

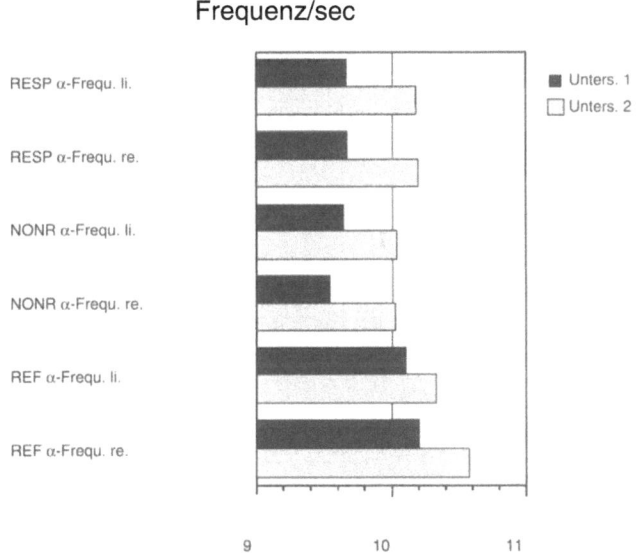

Abb. 1. Alpha-Hintergrundfrequenz im EEG, getrennt nach linker und rechter Hemisphäre (Alpha-Frequenz li. vs. Alpha-Frequenz re.) für die Gruppen Responder [RESP], Nonresponder [NONR] und gesunde Kontrollen [REF] zu den Untersuchungszeitpunkten 1 (Unters. 1, entspricht der Basisuntersuchung) und 2 (Unters. 2, nach Schlafentzug)

In einer Studie konnten Wu et al. [6] 1992 über Veränderungen in der Positronen-Emissions-Tomographie in limbischen Strukturen des Frontalhirns (Gyrus cinguli) berichten. Responder hatten vor dem Schlafentzug deutlich höhere Metabolismusraten als Nonresponder, die sich danach normalisieren und in Beziehung zur bereits früher von ihnen beschriebenen Hyperfrontalisation unipolar Depressiver gesetzt werden.

Obwohl unsere Befunde noch nicht alle statistisch absicherbar sind, bestätigen sie, daß die diagnostische Wertigkeit des Schlafentzuges zu wenig beachtet bzw. unterschätzt wird, und es lohnend erscheint, SE in Praxis und Forschung weiter intensiv einzusetzen und zu untersuchen.

Literatur

1. Bouhuys AL, Beersma DGM, Hoofdacker RH van den (1989) Observed behavior as a predictor of the response to sleep deprivation in depressed patients. Psychiatry Res 28: 47–61
2. Fähndrich E (1983) Clinical and biological parameters as predictors for antidepressant drug responses in depressed patients. Pharmacopsychiatry 16: 179–184
3. Kasper S, Voll G, Vieira A, Kick H (1990) Response to total sleep deprivation before and during treatment with fluvoxamine or maprotiline in patients with major depression results of a double-blind study. Pharmacopsychiatry 23: 135–142
4. Möller H-J (Hrsg) (1993) Therapie psychiatrischer Erkrankungen. Enke, Stuttgart (Klinische Psychologie und Psychopathologie, Bd 58)
5. Ulrich G, Haug H-J, Stieglitz R-D, Fähndrich E (1988) Are there distinct biochemical subtypes of depression? EEG characteristics of clinically defined on-drug responders and non-responders. J Affect Disord 15: 181–185
6. Wu J, Gillin JC, Buchsbaum MS, Hershey T, Johnson JC, Bunney Jr WE (1992) Effect of sleep deprivation on brain metabolism of depressed patients. Am J Psychiatry 149: 538–543

Korrespondenz: Dr. med. D. Schläfke, Universität Rostock, Medizinische Fakultät, Psychiatrische Abteilung der Nervenklinik, PF 10 08 88, D-18055 Rostock, Bundesrepublik Deutschland

Psychopathologische Auffälligkeiten nach Operation am offenen Herzen – biologisch begründbar?

R. Holzbach und **D. Naber**

Psychiatrische Klinik, Universität München, Bundesrepublik Deutschland

Einleitung

Seit Beginn der modernen Herzchirurgie, insbesondere der Einführung der Herz-Lungen-Maschine, häuften sich Berichte über psychopathologische Auffälligkeiten von Herzpatienten im unmittelbaren postoperativen Verlauf (Blachy und Starr 1964, Götze 1981, Naber und Bullinger 1984). Die Ätiologie-Forschung umfaßt unterschiedliche theoretische Ansätze - psychoanalytische und psycho-soziale Modelle, an die Persönlichkeit gebundene und pathophysiologisch-somatische Untersuchungen. In der Literatur der letzten Jahre wurde zumeist eine multifaktorielle Genese postuliert bzw. die Hypothese, daß die postoperative Psychopathologie Folge der massiven somatischen Belastung sei, in der Ausprägung modifiziert durch psychosoziale Faktoren (Lacoboni et al. 1991). Diese Faktoren bzw. ihre Bedeutung wurden aber bisher nicht näher eingegrenzt.

Methodik

Diese Arbeit ist eine prospektive Studie an einem Kollektiv von 140 Patienten (58 ±11 Jahre, Männer/Frauen 65/35%, Klappen/Bypass-Operation 49/51%) .
Die Patienten wurden am Tag vor der Operation, am 4., 7. und 10. postoperativen Tag durch Fremd- und Selbstbeurteilung im Hinblick auf den psychopathologischen Befund bzw. auf ihr psychisches Befinden untersucht. Neben freien und halbstandardisierten Interviews zur Erhebung der Psychopathologie mittels des AMDP-Systems wurden die folgenden Skalen eingesetzt: POMS (Selbstrating zur Befindlichkeit), PGWI (Selbstrating zur psychischen Verfassung), STAI X1 und X2 (Angst), FPI-R (Persönlichkeit), FEKB (Coping/Krankheitsbewältigung), HLOC (Kontrollüberzeugung), außerdem wurden die perioperativen somatischen Daten erhoben.

Ergebnisse

Bereits präoperativ waren nach AMDP-Kriterien (Gebhardt et al. 1983) rund 20% der Patienten leicht auffällig, außerdem 6% deutlich auffällig.

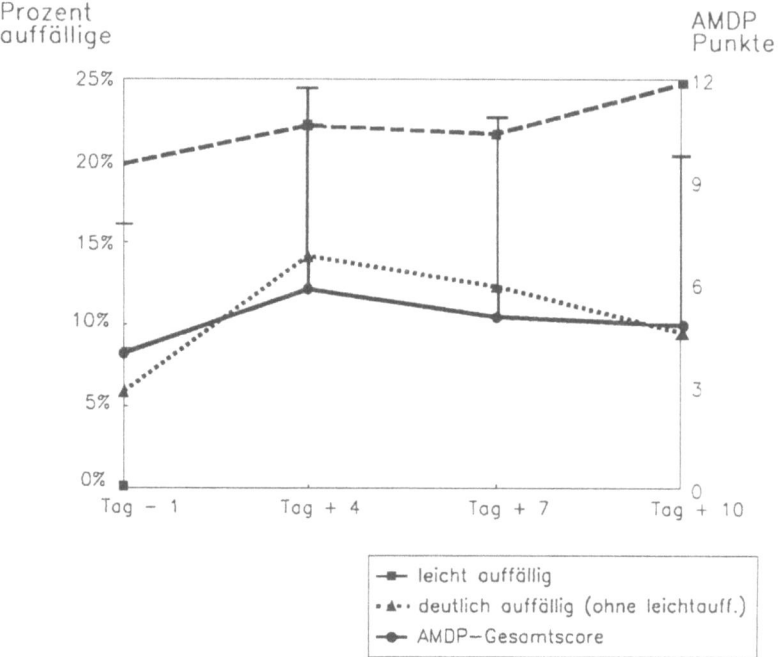

Abb. 1. AMDP-Gesamtscore und die Zahl der leicht (zw. 5 und 12 Punkten) bzw. deutlich
auffälligen (> 12 Punkten) Patienten (n = 140)

Im postoperativen Verlauf der ersten zehn Tage ergaben sich bei insgesamt
33% leichtere Auffälligkeiten und bei weiteren 23% deutliche psychopathologische Befunde (s. Abb. 1). Zwei große psychopathologische Syndrome waren voneinander abgrenzbar. In den ersten Tagen nach der Operation trat das produktiv-psychotische Syndrom mit einer psycho-organischen
(12%) bzw. mit einer paranoid-halluzinatorischen Syndromatik (7%) bei
14% der Operierten auf. 12% zeigten ein ausgeprägtes depressives Syndrom mit einem Maximum nach einer Woche.

Als Prädiktoren für das postoperative depressive Syndrom waren die
präoperative Psychopathologie und auch die präoperativen körperlichen
Beschwerden sowie Persönlichkeit, Krankheitsbewältigung und die Erwar-
tungshaltung von Bedeutung. Insgesamt konnte mit diesen Variablen 25%
der Varianz erklärt werden.

Für das produktiv-psychotische Syndrom konnten vor allem somatische
Daten als Prädiktoren isoliert werden. Das paranoid-halluzinatorische Syndrom korreliert mit dem höchsten postoperativen Kreatinwert (p < 0,001)
und dem niedrigsten intraoperativen Druck der Herz-Lungen-Maschine
(HLM) (p < 0,01).

Für das psycho-organische Syndrom ergab sich eine Korrelation mit
dem maximalen Kreatinin-Wert und für die Extremgruppen in der Varianzanalyse der OP-Dauer F = 5,0670 (Scheffe-Test < 0,05). Weitere Korrelationen ergaben sich mit den präoperativen körperlichen Beschwerden
(p < 0,01) und der Befindlichkeit im POMS (p < 0, 01) .

Die insgesamt erklärte Varianz des produktiv-psychotischen Syndromes aber war mit rund zwölf Prozent niedrig.

Diskussion

Bei den in dieser Studie erhobenen Ergebnissen zeigte sich, daß es nach Operationen am offenen Herzen nicht nur unterschiedliche psychopathologische Syndrome gab, sondern diese vermutlich auch eine unterschiedliche Genese hatten. Das depressive Syndrom zeigte statistische Zusammenhänge mit der Lebenssituation, der Persönlichkeit und der allgemeinen Affektlage des Patienten.

Das Ausmaß des produktiv-psychotischen Syndroms mit den psychoorganischen und dem paranoid-halluzinatorischen Elementen war korreliert mit somatischen Variablen. Dabei war aber weder die Grunderkrankung noch die EKZ als die am meisten diskutierten Faktoren in der Lage eine befriedigende Erklärung für die postoperative Psychopathologie zu liefern.

Unter Berücksichtigung der geschilderten Befunde wäre ein neuer theoretischer Ansatz zur Erklärung des produktiv-psychotischen Syndroms zu postulieren: Nicht die Begleitumstände oder Folgezustände der Herzoperation wie z. B. Mikroembolien sind ursächlich für das Auftreten der postoperativen Psychopathologie, sondern das Trauma des Herzmuskels. Seit der Entdeckung des Atrial natriuretic peptide (ANP) Mitte der 80iger Jahre ist bekannt, daß das Herz auch endokrine Funktionen hat. Ikeda et al. (1989) hatte in tierexperimentellen Untersuchungen die Beeinflussung der Beta-Endorphin-Sekretion im Hypothalamus durch ANP gezeigt. Es kann hier nur spekuliert werden, inwieweit ANP oder andere kardiale Peptide durch das Operationstrauma vermehrt bzw. im Verlauf vermindert freigesetzt werden und direkt oder indirekt psychotrop wirken. In weiteren Untersuchungen wäre diese These anhand von ANP-Messungen zu überprüfen.

Literatur

Blachy PH, Starr A (1964) Post-cardiotomy delirium. Am J Psychiatry 121: 371–375

Gebhardt R, Pietzcker A, Strauss A (1983) Skalenbildung im AMDP-System. Arch Psychiat Nervenkr 233: 223–245

Götze P (1981) Der herzoperierte Patient aus psychiatrischer und neurologischer Sicht. Fortschr Med 99/43: 1799–1806

Ikeda Y, Tanaka I, Oki Y, Yoshimi T (1989) Effect of atrial natriuretic peptide on the release of beta-endorphin from rat hypothalamo-neurohypophysial complex. Endocrinol Jpn 36: 647–53

Lacoboni M, Di Piero V, Auteri A, Lenzi GL (1991) Brain protection in heart surgery. Rec Prog Med 82: 573–576

Naber D, Bullinger M (1985) Neuroendocrine und psychological variables relating to post-operative psychosis after open-heart surgery. Psychneuroendocrinol 10/3: 315–324

Pieringer W, Reisner H (1970) Psychopathologische Syndrome nach Herzoperationen. Wien Z Nervenheilk 28: 246–254

Korrespondenz: Dr. R. Holzbach, Psychiatrische Klinik, Universität Hamburg, Martinistraße 52, D-20246 Hamburg, Bundesrepublik Deutschland

Veränderung von Schilddrüsenparametern unter Fluoxetin und Lichttherapie

S. Ruhrmann[1], **S. Kasper**[1], **B. Hawellek**[1], **H.-J. Biersack**[2] und **H.-J. Möller**[1]

[1]Psychiatrische Universitätsklinik, Bonn und
[2]Nuklearmedizinische Klinik, Universität Bonn, Bundesrepublik Deutschland

Einleitung

Depressive Episoden im Rahmen saisonaler affektiver Störungen treten überwiegend im Herbst und Winter auf. Als zentrale Behandlungsmethode konnte in einer Reihe von Studien die Lichttherapie etabliert werden. Kürzlich konnten wir in einer Vergleichsstudie zeigen, daß auch der SSRI Fluoxetin eine wirksame Therapiemöglichkeit für diese Depressionsform darstellt [8]. Dabei untersuchten wir zugleich, welche Effekte die beiden Behandlungsansätze auf die peripher meßbaren Parameter der Hypophysen-Schilddrüsenachse haben.

Material und Methoden

40 ambulante Patienten, die die DSM-III-R Kriterien einer saisonal auftretenden Depression erfüllten und einen Hamilton-Depressionsscore ≥16 aufwiesen, durchliefen zunächst eine einwöchige Plazebophase, in der eine Kombination aus einer Plazebokapsel und einem lichttherapeutischen Plazebo in Form eines gedämpften weißen Lichts (100 Lux) eingesetzt wurde. Anschließend wurden jeweils zwanzig Patienten im einem randomisierten Paralleldesign über fünf Wochen entweder mit Fluoxetin (FLX, 20 mg/d) und gedämpftem Licht (100 Lux, 2 h/d) oder mit hellem weißen Licht (HWL, 3000 Lux, 2 h/d) und einer Plazebokapsel therapiert. Die antidepressiven Effekte wurden wöchentlich von einem über Design und Behandlung nicht informierten Rater (B.H.) beurteilt, gleichermaßen „blind" wurden auch die Laborbestimmungen durchgeführt. Neben der Hamilton-Depressionsskala (HAM-D) wurde u. a. eine die besonderen Symptome der Winterdepression erfassende Supplement-Skala (SUPP) eingesetzt. Als endokrine Parameter wurden Gesamt-Thyroxin (TT4), freies Thyroxin (fT4), Gesamt-Trijodthyronin (TT3) und Thyreotropin (TSH) zu Beginn und nach Abschluß der Studie gemessen.

Ergebnisse

30 Patienten konnten in die endgültige Auswertung einbezogen werden, 17 aus der Fluoxetingruppe (12 w, 5 m; Alter 40.3 ± 9.9 Jahre, MW ± SA) und 13 aus der Lichtgruppe (12 w, 1 m, Alter 39.8 ± 13.3 Jahre).

In beiden Behandlungsgruppen wurde eine signifikante Besserung der Depressionsscores erzielt (HAMD: Zeit $F(1,28) = 208.7$, $p < 0.001$, Gruppe × Zeit – Interaktion n.s.; SUPP: Zeit $F(1,28) = 72.6$, $p < 0.001$, G×Z-Interaktion n.s.).

TT4 und TSH zeigten weder eine signifikante Veränderung unter Therapie noch einen signifikanten Gruppenunterschied. Die TT3-Spiegel fielen hingegen in beiden Gruppen deutlich ab (Abb. 1), zwischen den Gruppen ergab sich dabei keine signifikante Differenz (FLX: vorher 158.6 ± 46.7 ng/dl, nachher 134.8 ± 22.9 ng/dl; HWL: vorher 159.8 ± 27.9 ng/dl, nachher 141.0 ± 22.8 ng/dl; $F(1,28) = 10.26$, $p < 0.005$, G×Z-Interaktion n.s.). Auch die FT4-Spiegel zeigten in der MANOVA einen signifikanten Zeiteffekt (Abb. 2), jedoch keine signifikante Interaktion. Eine aufgrund der relativ kleinen Stichprobengröße vorgenommene zusätzliche Analyse mit dem t-Test ergab aber nur in der Lichtgruppe eine signifikante Veränderung i. S. einer Spiegelreduktion (FLX: vorher 1.49 ng/dl, nachher 1.41 ng/dl, n.s.; HWL: vorher 1.67 ng/dl, nachher 1.46 ng/dl, $t = 2.88$, $p < 0.01$), ein Unterschied zwischen den Gruppen wurde gleichfalls zu beiden Zeitpunkten nicht beobachtet.

Diskussion

Das Fehlen einer Veränderung der TT4-, TSH-, und fT4-Werte in der Fluoxetingruppe stimmt mit Beobachtungen von Shelton et al. [10] überein, ohne das dort der Saisonalitätsaspekt berücksichtigt worden zu sein scheint. Im Unterschied zu den hier vorgestellten Resultaten zeigte sich in der Untersuchung dieser Autoren zudem auch keine Veränderung der mittleren TT3-Spiegel, allerdings ergab sich ein signifikanter Zusammenhang zwischen TT3-Reduktion md klinischer Besserung. Verminderte TT3-Spiegel wurden auch nach Behandlung mit Clomipramin [9] und Carba-

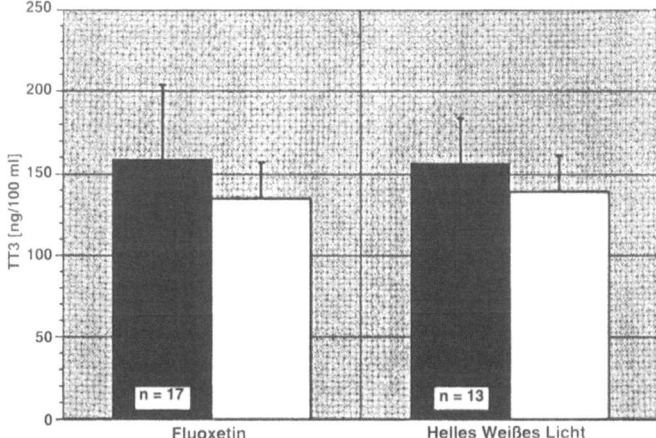

Abb. 1. Veränderungen von TT3 unter Therapie mit Fluoxetin oder Lichttherapie. Schwarze Balken: TT3-Spiegel vor Therapie; weiße Balken: TT3-Spiegel nach 6 Wochen

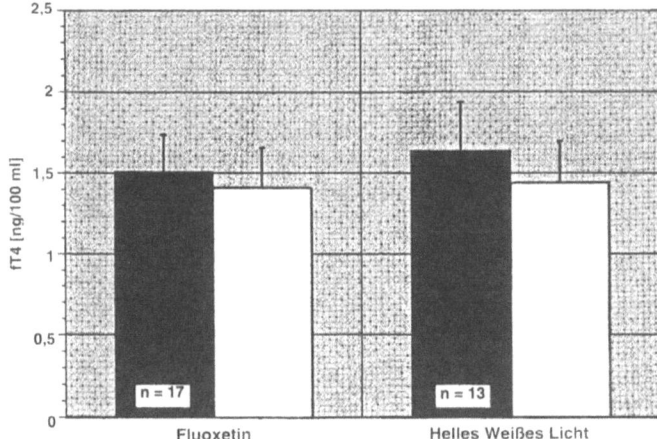

Abb. 2. Veränderungen von fT4 unter Therapie mit Fluoxetin oder Lichttherapie. Schwarze Balken: fT4-Spiegel vor Therapie; weiße Balken: fT4-Spiegel nach 6 Wochen

mazepin [7] gemessen, hingegen nicht nach Gabe von Desipramin [1, 3, 10], Nortriptylin [6] oder Phenelzin [2] oder nach EKT [4, 5]. Eine Verminderung der fT4-Spiegel bzw. des fT4-1ndex wurde in zwei Studien nach Desipramin beobachtet [1, 3], in einer dritten Arbeit zeigte sich hingegen keine Veränderung [10]. EKT sowie die Behandlung mit Carbamazepin gingen ebenfalls mit einer fT4-Reduktion einher [4, 5, 7]. Die für TT4 bei Desipraminbehandlung berichteten Ergebnisse ergeben kein konsistentes Muster [1, 3, 9], bei Gabe von Carbamazepin und nach EKT wurde wieder jeweils eine Verminderung der Spiegel gesunden [4, 5], unter Behandlung mit Nortriptylin hingegen keine Veränderung [6]. Die TSH-Spiegel blieben in der überwiegenden Zahl der Studien unverändert [2–6, 9, 10], nur eine Arbeit berichtet einen Abfall der Werte unter Desipramin [1], eine weitere Untersuchung einen Anstieg unter Carbamazepin [7]. Die mangelnde Konsistenz einzelner Ergebnisse ist sicherlich durch die eher geringen Stichprobengrößen mitbedingt. Neben dem statistischen Aspekt eines möglichen β-Fehlers könnten auch die Hormonspiegel beeinflussende biochemische Störgrößen hierdurch stärker zum Tragen gekommen sein. Trotzdem scheint es aber berechtigt, aus den Daten zu schließen, daß es unter antidepressiver Behandlung zu einer Verminderung der Schilddrüsenhormonspiegel kommt. Abgesehen von den eben angesprochenen Einflußfaktoren gibt es auch Hinweise darauf, daß die differenten biochemischen Profile der verschiedenen Antidepressiva die Unterschiede zwischen den Ergebnissen mittragen könnten. So scheinen die eher serotonergen Antidepressiva einen Abfall der TT3-Spiegel bewirken, das eher noradrenerge Desipramin hingegen nicht. Die unter der Lichttherapie beobachteten Veränderung könnten hierzu ebenfalls passen, da auch für diese Behandlung die Beteiligung serotonerger Mechanismen diskutiert wird (s. Ruhrmann et al. dieser Band). Die differenten Befundmuster bei unterschiedlichen Behandlungsansätzen könnten darauf hindeuten, daß es sich hier tatsächlich um Interventionseffekte und nicht nur um davon unabhängige Erscheinungen im Krankheitsverlauf – wie etwa die unspezifische Folge einer allgemeinen Streßreduktion – handelt.

Literatur

1. Brady KT, Anton KT (1989) The thyroid axis and desipramine treatment in depression. Biol Psychiatry 25: 703–709
2. Joffe RT, Singer WJ (1987) Effect of phenelzine on thyroid function in depressed patients. Biol Psychiatry 22: 1033–1035
3. Joffe RT, Singer W (1990) The effect of tricyclic antidepressants on basal thyroid hormone levels in depressed patients. Pharmacopsychiatry 23: 67–69
4. Kirkegaard C, Faber J (1986) Influene of free thyroid hormone levels on the TSH response to TRH in endogenous depression. Psychoneuroendocrionology 11: 491–497
5. Kirkegaard C, Norlem N, Birk-Lauridsen U, Bjorum N, Christiansen C (1975) Protirelin stimulation test and thyroid function during treatment of depression. Arch Gen Psychiatry 32: 1115–1118
6. Nordgren LV, von Scheele C (1981) Nortriptyline and pituitary-thyroid function in affective disorder. Pharmacopsychiatry 4: 61–65
7. Roy-Byrne PP, Joffe RT, Uhde TW, Post RMV (1984) Carbamazepine and thyroid function in affectively ill patients. Clinical and theoretical implications. Arch Gen Psychiatry 41: 1150–1153
8. Ruhrmann S, Kasper S, Hawellek B, Martinez B, Höflich G, Nickelsen T, Möller HJ (1993) Fluoxetine vs light therapy in the treatment of SAD. Biol Psychiatry 33: 83A
9. Schlienger JL, Kapfer MT, Signer L, Shephan F (1984) The action of clomopramine on thyroid function. Horm Metab Res 12: 481–482
10. Shelton RC, Winn S, Ekhatore N, Loosen PT (1993) The effects of antidepressants on the thyroid axis in depression. Biol Psychiatry 33: 120–126

Korrespondenz: Dr. med. S. Ruhrmann, Psychiatrische Universitätsklinik, Siegmund-Freud-Straße 25, D-53105 Bonn, Bundesrepublik Deutschland

Beziehungen zwischen serotonergen Parametern und Lichttherapie bei saisonal-abhängiger Depression

S. Ruhrmann, S. Kasper, M.-L. Rao, B. Hawellek und **H.-J. Möller**

Psychiatrische Universitätsklinik, Bonn, Bundesrepublik Deutschland

Einleitung

Die bedeutsamste Verlaufsform der saisonalen affektiven Störungen (SAD) geht mit depressiven Episoden im Herbst/Winter und Wohlbefinden oder maniformen Syndromen im Frühjahr/Sommer einher. Das klinische Bild der depressiven Phasen wird durch einige typische, jedoch nicht obligatorische vegetative Symptome geprägt, zu denen eine oft mit einem Kohlenhydratheißhunger einhergehende Steigerung der Nahrungsaufnahme sowie eine deutlich verlängerte Schlafdauer gehören. Die therapeutische Besonderheit dieser Störung besteht in ihrem guten Ansprechen auf die Behandlung mit hellem weißem Licht. Bei der Erforschung der Pathogenese der SAD gilt aufgrund verschiedener Beobachtungen dem Serotonin besondere Aufmerksamkeit. So werden die oben erwähnten vegetativen Symptome mit zentralen serotonergen Steuerungsmechanismen in Verbindung gebracht. Weiterhin provozierte M-Chlorophenylpiperazin, ein postsynaptischer Serotoninagonist, bei depressiven SAD-Patienten deutliche andere Effekte als bei gesunden Probanden, nach einer erfolgreichen Lichttherapie waren diese Unterschiede nicht mehr nachvollziehbar [1]. Verschiedene serontonerge Parameter, wie der periphere Serotoninspiegel, die Imipraminbindungskapazität der Thrombozyten und die thrombozytäre Serotoninaufnahme zeigen auch bei gesunden Probanden eine saisonale Schwankung [2].

Material und Methoden

Wir untersuchten in einer Vergleichsstudie die Effekte von Lichttherapie und Fluoxetin bei SAD-Patienten. Einzelheiten des Basisdesigns werden an anderer Stelle in diesem Band (Ruhrmann et al.) beschrieben. Zur Erforschung einer möglichen Assozation zwischen Serotonin (5-HT) und Therapieeffekt analysierten wir zu Beginn (T_0), nach einer einwöchigen Placeboauswaschphase (T_1), nach zwei (T_3) und nach fünf Behandlungswochen (T_4) die peripheren Serotonininspiegel (plättchenreiches Plasma), sowie die maximale Bindungskapazität (Bmax) und Affinität (Kd) der mit dem Serotonintransporter assoziierten thrombozytären Imipraminbindungsstelle. Der psychopathologische Verlauf wurde unter anderem mit der Hamilton-Depressionsskala (HAM-D, 3) und mit einer die speziellen Symptome der SAD erfassenden Supplementskala (SUPP, 4) beurteilt. Im folgenden beschreiben wir die Ergebnisse in der mit Licht (3000 Lux, 2 h/d) behandelten Gruppe.

Ergebnisse

Sowohl die Ham-D-Scores (Pillais T = 0.93, $F(3,14)$ = 58.9, $p < 0.001$) als auch die SUPP-Scores (Pillais T = 0.80, $F(3,14)$ = 18.2, $p < 0.001$) verbesserten sich unter der Therapie signifikant. Bmax, Kd und Serotoninspiegel zeigten hingegen keine signifikante Veränderung. Es bestanden jedoch signifikante, negative Korrelationen zwischen den SUPP-Scores nach Behandlungsende und den S-HT-Spiegeln aller vier Erhebungszeitpunkte (T_0: r = -0.74, p = 0.001; T_1: r = -0.55, $p < 0.05$; T_2: r = -0.70, $p < 0.005$; T_4: r = -0.66, $p < 0.005$). Eine graphische Analyse der individuellen Veränderungen der 5-HT-Spiegel (T_0 vs. T_4) zeigte, daß die in den Korrelationsergebnissen zum Ausdruck kommende Assoziation zwischen höheren 5-HT-Spiegeln (T_0, T_4) und besseren SUPP-Scores nach Behandlungsende (T_4) zu beiden Beobachtungszeitpunkten (T_0, T_4) relativ stabil an dieselben Probanden gebunden war. Aufgrund der Koinzidenz einer fehlenden signifikanten Veränderung der Serotoninwerte einerseits und der genannten Korrelationen mit einem sich deutlich verändernden psychopathometrischen Score andererseits schlossen wir, daß die gegebenen Serotoninspiegel als relvanter Faktor für das therapeutische Ansprechen der Patienten zu betrachten war. Dies wurde auch durch die Ergebnisse der Regressionsanalysen unterstützt, die auf eine prädiktorische Bedeutung der 5-HT-Werte für den therapeutischen Erfolg hinwiesen (T_0: R^2 = 0 54, $p < 0.005$; T_1: R^2 = 0.30, $p < 0.05$; T_2: R^2 = 0.50, $p < 0.01$; T_4: R^2 = 0 43, $p < 0.05$). Wir unternahmen daraufhin den Versuch, anhand der 5-HT-Werte vor Therapiebeginn Subgruppen zu identifizieren, die sich durch ihr klinisches Ansprechen unterschieden. In Übereinstimmung mit der Literatur [5] und unserer eigenen klinischen Erfahrung definierten wir einen SUPP-Score ≥ 5 als psychopathologisch bedeutsam, niedrigere Scores bewerteten wir als nicht behandlungsbedürftig bzw. ausreichend gebessert. Der initiale S-HT-Wert (d. h. zum Zeitpunkt T0) des diesem psychopathometrischen Grenzwert nach Behandlungsende am nächsten liegenden Patienten wurde als biochemischer Grenzwert definiert, er betrug 1.79 nM/l. Ein Vergleich der 5-HT-Werte der auf diese Weise erzeugten Subgruppen ergab eine signifikanten Unterschied (2.53 ± 0.85 nM/l vs. 1.28 ± 0.52 nM/l, Mann-Whitney-U-Test: $p < 0.005$, Abb. 1). Wie der Vierfeldertafel (Abb. 2) zu entnehmen ist, wiesen nur 2 von 9 Patienten (22%) mit einem 5-HT-Spiegel unterhalb des Grenzwertes nach Therapieende einen SUPP-Score < 5 auf, während keiner der Patienten mit einem oberhalb dieser Grenze liegenden 5-HT-Wert einen SUPP-Score ≥ 5 zeigte. Somit konnten also auf Basis der Serotoninspiegel vor Therapie 87,5% der Patienten hinsichtlich ihres psychopathologischen Zustandes nach Behandlungsende richtig zugeordnet werden.

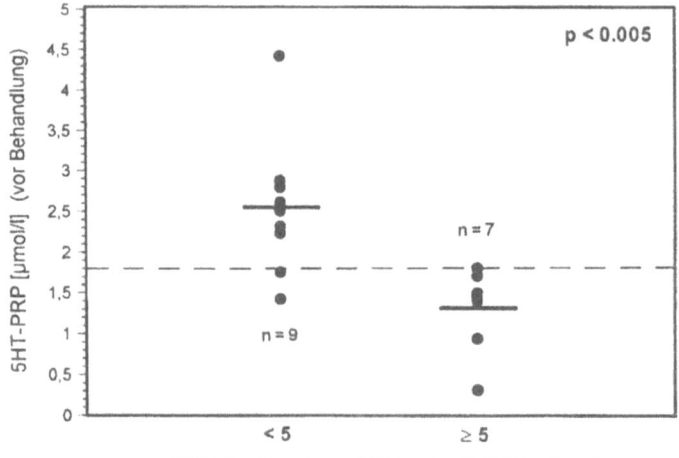

Abb. 1. Vergleich der Serotoninwerte vor Behandlung nach Bildung zweier Subgruppen
auf Basis der Supplement-Scores nach Behandlung

	≤ 1.79	> 1.79
< 5	2	7
≥ 5	7	0

5-HT [μmol/l] vor Behandlung

HAM-D - Supplement nach Behandlung

Abb.2. Assoziation zwischen Serotoninwerten vor und Supplement-Scores nach Behandlung. Fishers Exakter Test: $p < 0.005$ (zweiseitige Testung), Phi = 0.78, $p < 0.005$

Diskussion

In unserer ersten, einwöchigen Studie zum Effekt der Lichttherapie auf
serotonerge Parameter bei SAD [6] beobachteten wir eine Abnahme der
Bmax und – wie jetzt auch – keine signifikante Veränderung der Affinität
oder der Serotoninspiegel. Szadoczky et al. [7] untersuchten die Veränderungen von Bmax und Kd in einem dieser ersten Studie ähnlichen Design,
wobei sie ebenfalls keine Veränderung der Kd, aber einen signifikanten Anstieg der Bmax berichteten. Beide Studien sind mit unserer hier vorgestellten Untersuchung nicht direkt vergleichbar, da der Beobachtungszeitraum
nur eine Woche betrug. Möglicherweise deutet das Fehlen einer signifikanten Veränderung der serotonergen Parameter in unserer jetzigen Studie darauf hin, daß die nach einer Behandlungswoche aufgetretenen Veränderungen nur temporären Charakter hatten. Die mangelnde Wirkung
der Lichttherapie auf die peripheren serotonergen Parameter scheint die
Hypothese einer Assoziation zwischen den klinischen Effekten dieser Be-

handlung und dem Serotoninsystem zunächst in Frage zu stellen, wobei natürlich immer zu bedenken ist, daß es sich bei den hier untersuchten Größen um periphere Parameter handelt. Um so interessanter erscheinen die Korrelationen zwischen höheren Serotoninspiegeln bereits vor Therapiebeginn und niedrigeren SUPP-Scores nach Therapieende. Dies ist vor allem von Bedeutung, da die von dieser Skala erfaßten Symptome zum einen als SAD-typisch und zum anderen als durch serotonerge Mechanismen gesteuert gelten. Die Beobachtung, daß signifikante Korrelationen zwischen 5-HT-Spiegeln und SUPP-Scores nur für den letzten SUPP-Score gefunden wurden, kann als Effekt einer durch die Lichttherapie bewirkten Reduktion der Varianz der Supplement-Scores interpretiert werden. Die in dieser Studie beobachtete starke Assoziation zwischen basalen Serotoninspiegeln und klinischem Therapieeffekt scheint darauf hinzudeuten, daß ein bestimmter „Grundtonus" der Serotoninproduktion gegeben sein muß, damit es – zumindest bezogen auf den hier analysierten Beobachtungszeitraum – zu einer Besserung der SAD-spezifischen Syrnptome kommen kann. Diese Hypothese muß nunmehr in einer prospektiven Studie bestätigt werden.

Literatur

1. Jacobsen FM, Murphy DL, Rosenthal NE (1989) The role of serotonin in seasonal affective disorder and the antidepressant response to phototherapy. In: Rosenthal NE, Blehar MC (eds) Seasonal affective disorder and phototherapy. Guilford, New York, pp 333–341
2. Lacoste V, Wirz-Justice AY (1989) Seasonal variation in normal subjects: an update of variables current in depression research. In: Rosenthal NE, Blehar MC (eds) Seasonal affective disorder and phototherapy. Guilford, New York, pp 167–229
3. Collegium Internationale Psychiatriae Scalarum (1986) Internationale Skalen für Psychiatrie. Beltz, Weinheim
4. Rosenthal NE, Heffeman MM (1986) Bulimia, carbohydrate craving, and depression: a central connection? In: Wurtman RJ, Wurtman JJ (eds) Nutrition and the brain. Raven Press, New York, pp 139–166.43
5. Terman M, Terman JS, Rafferty B (1990) Experimental design and measures of success in the treatment of winter depression by bright light. Psychopharmacol Bull (1991) 26: 505–510
6. Ruhrmann S, Kasper S, Rao ML, Möller H-J (1991) 3H-imipramine binding and light therapx in seasonal affective disorder (SAD). Biol Psychiatry 29: 204 S
7. Szádóczky E, Falus A, Arato M, Németh A, Teszéri G, Moussong-Kovács E (1989) Phototherapy increases platelet 3H-imipramine binding in patients with winter depression. J Affect Disord 16: 121–125

Korrespondenz: Dr. med. S. Ruhrmann, Psychiatrische Universität, Sigmund-Freud-Straße 25, D-53105 Bonn, Bundesrepublik Deutschland

Plasmakonzentration von Amitriptylin und Therapieerfolg

H.-J. Kuss und **J. Möndel**

Psychiatrische Universitätsklinik, München, Bundesrepublik Deutschland

Die Trizyklischen Antidepressiva zeigen ein komplexes und interindividuell sehr variables metabolisches Verhalten. Die ausgeprägt lipophilen Medikamente können nach oraler Einnahme im ersten Durchgang durch die Leber („first pass") im Bereich von etwa 20 bis etwa 80% entfernt werden (vgl. Kuss 1986). Bei gleicher oraler Dosis von 150 mg am Tag wird ein Patient beispielsweise mit einer Amitriptylin-Menge behandelt, die einer Infusion von 120 mg entspricht, ein anderer Patient aber nur mit einer Menge, die einer Infusion mit 30 mg entspricht.

Bis heute ist trotz einiger prospektiver Studien nicht eindeutig geklärt, in welcher Weise die Plasmakonzentration Trizyklischer Antidepressiva oder ihrer Desmethylmetabolite und die therapeutische Wirksamkeit miteinander zusammenhängen.

Ein Manko prospektiver Studien ist die relativ geringe Zahl untersuchter Patienten. In der vorliegenden Arbeit wurde deshalb versucht, mit retrospektiv erhobenen Daten, aber erheblich höherer Patientenzahl zu o.g. Frage Stellung zu nehmen. Naturalistisch erhobene Daten haben den Vorteil, reale Behandlungsstrategien wiederzuspiegeln, sind aber von der Aussagekraft begrenzt.

Im Jahr 1985 wurden insgesamt 289 Patienten an der Psychiatrischen Universitätsklinik München stationär mit Amitriptylin behandelt, meist in Kombination mit anderen Medikamenten. Bei jedem dieser Patienten wurde einmal wöchentlich Blut abgenommen. Es wurden bei diesen Patienten 1190 Konzentrationsbestimmungen von Amitriptylin und dem Desmethylmetaboliten Nortriptylin mit Hochdruckflüssigkeitschromatographie durchgeführt. Die niedrigste gemessene Konzentration bei einer Dosis von 150 mg am Tag war 8 ng/ml, die höchste Konzentration war 313 ng/ml.

Retrospektiv wurde aus den Krankenakten ein Besserungsscore mit folgender Skala ermittelt: −3 = wesentliche Verschlechterung, −2 = deutliche Verschlechterung, −1 = leichte Verschlechterung, 0 = keine Veränderung,

1 = leichte Verbesserung, 2 = deutliche Verbesserung, 3 = Verbesserung, die zur Entlassung führt. Alle Veränderungen des Besserungssores beziehen sich auf den ersten Tag der Amitriptylin-Behandlung. In diesem aus dem subjektiven Eindruck des behandelnden Arztes resultierenden Score sind Therapieeffekt und Nebenwirkungen integriert. Weiterhin wurde die Nebenmedikation überprüft und der Beginn der Amitriptylinbehandlung erfaßt. Daraus ergibt sich die Behandlungsdauer. Durch die Gruppierung in Behandlungswochen war jeder Patient nur einmal in einer Gruppe vertreten.

Für jede Gruppe wurde die lineare und verschiedene andere eindimensionale Regresssionen zwischen dem Besserungsscore und den Konzentrationen von Amitriptylin, Nortriptylin und der Summe aus beiden berechnet. Als bester Zusammenhang, d. h. mit dem höchsten Korrelationkoeffizienten ergab sich ein hyperbolischer Verlauf. Dabei korrelierte der Besserungscore generell am höchsten mit der Amitriptylinkonzentration, dann mit der summarischen Konzentration und am geringsten mit der Nortriptylinkonzentration.

Der Zusammenhang war in der vierten Behandlungswoche am ausgeprägtesten und wurde in der Reihenfolge „Alle Patienten", „Depressive Patienten" und „Endogen Depressive Patienten" immer stärker. Die Abb. 1 zeigt die 67 endogen depressiven Patienten in der 4. Behandlungswoche mit einer erklärten Varianz von 19% (R^2). Die Hyperbel-Funktion zeigt in allen Fällen einen steilen Anstieg des Besserungsscores bis etwa 50 ng/ml Amitriptylin. Über 50 ng/ml verläuft die Kurve praktisch parallel zur Konzentrationsachse, d. h. statistisch nimmt die Besserungswahrscheinlichkeit über 50 ng/ml Amitriptylin nur noch unwesentlich zu.

Der hyperbolische Verlauf zwischen Besserungsscore und der Amitriptylin-Konzentration ist mit dem rechten Teil der in der Pharmakologie

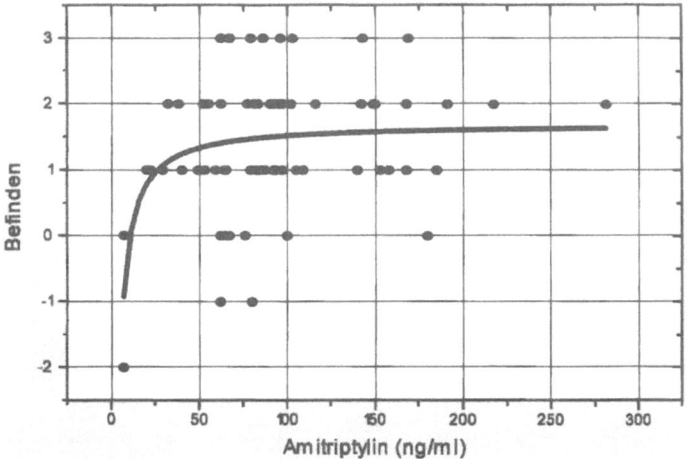

Abb. 1. 67 endogen depressive Patienten nach 4 Wochen Behandlung

geläufigen S-Kurven identisch. Der für Nortriptylin postulierte kurvilineare Verlauf wird i.a. mit einer Zunahme der Nebenwirkungen bei höheren Plasmakonzentrationen erklärt. Da der globale Besserungsscore sowohl die therapeutische Wirkung als auch die Nebenwirkungen beinhaltet, scheinen bei der Amitriptylinbehandlung die Nebenwirkungen keinen dominierenden Einfluß zu haben.

Die vorliegenden Ergebnisse weisen darauf hin, daß die primäre Wirksubstanz das Amitriptylin selbst ist. Die wegen der unterschiedlichen Wirkung pharmakologisch sinnlose Addition der Amitriptylin- und Nortriptylin-Konzentration, die bisher häufig zur Interpretation von Plasmakozentrationen herangezogen wird (Breyer-Pfaff 1989) ergibt eine geringere Korrelation. Da die Bedeutung der Plasmakonzentration Trizyklischer Antidepressiva immer noch Gegenstand der Forschung ist, ist eine summarische Messung von Substanz und Metaboliten mit immunologischen Tests (z. B. Abbott TDX) inadäquat.

Um 50 ng/ml Amitriptylin im Plasma zu erreichen, ist häufig nur eine tägliche Dosis von 75 mg notwendig. Nur in Ausnahmefällen wird man über 150 mg/Tag hinausgehen müssen.

Literatur

Breyer-Pfaff U, Giedke H, Gärtner HJ, Nill K (1989) Validation of a therapeutic plasma level range in amitriptyline treatment of depression. J Clin Psychopharmacol 9: 116–121

Kuss H-J, Jungkunz G (1986) Nonlinear pharmacokinetics of clomipramine after infusion and oral administration in patients. Prog Neuropsychopharmacol Biol Psychiatry 10: 739–748

Korrespondenz: Dr. H.-J. Kuss, Psychiatrische Universitätsklinik, Nußbaumstraße 7, D-80336 München, Bundesrepublik Deutschland

Die Diagnose der rezidivierenden kurzdauernden Depression bei einem ambulanten Patientengut

K. Meszaros, V. Pfersmann, E. Resinger, M. Stamenkovic, U. Willinger, H. N. Aschauer und **S. Kasper**

Klinische Abteilung für Allgemeine Psychiatrie,
Universitätsklinik für Psychiatrie, Wien, Österreich

Einleitung

Das Konzept der rezidivierenden kurzdauernden Depression (RKD) wurde von Angst [1] etabliert. Die 1-Jahres Prävalenzrate dafür liegt in der Gesamtbevölkerung zwischen 5–10%, die Lifetime-Prävalenzrate bei 16%.

Die RKD entspricht den Diagnosekriterien der Major Depression mit Ausnahme der Dauer, die bei der RKD unter 2 Wochen liegt (meist 13 Tage). Patienten mit RKD berichten über mindestens 1–2 depressive Episoden/Monat über den Zeitraum eines Jahres. Neben der depressiv-dysphorischen Stimmungslage, beschreiben die Patienten eine Antriebs-, und Interesselosigkeit, Biorhythmusstörungen und eine subjektive Einschränkung bei beruflichen Aktivitäten. Das Suizidrisiko ist bei der RKD signifikant erhöht; besonders gefährdet sind Patienten mit zusätzlichen Episoden einer Major Depression [2]. Ein Teil der Patienten mit RKD zeigt auch eine saisonale Bindung [3].

Methodik

Alle Patienten, die zwischen Jänner und März 1994 erstmalig die Ambulanz der Klinischen Abteilung für Allgemeine Psychiatrie der Universitätsklinik für Psychiatrie in Wien kontaktierten, wurden von zwei erfahrenen Psychiatern unabhängig voneinander nach den Kriterien von ICD-10 [4] diagnostiziert. Neben soziodemographischen Daten wie Alter, Geschlecht, Familienstand und Beruf wurden das Alter bei Erkrankungsbeginn, die Dauer der depressiven Episoden, der Schweregrad der Depression zum Zeitpunkt der Untersuchung mittels Hamilton Depressions-Skala, die Anzahl der Suizidversuche und mögliche chronobiologische Faktoren mittels Seasonal Pattern Assessment Questionnaire erhoben.
Im folgenden stellen wir 1) die Diagnosen aller erstmalig die Ambulanz kontaktierenden Patienten und 2) die Häufigkeit von RKD bei diesem ambulanten Patientengut dar.

Ergebnisse

Patienten

Zwischen Jänner und März 1994 suchten 704 Patienten erstmalig die Ambulanz der Klinischen Abteilung für Allgemeine Psychiatrie der Universitätsklinik für Psychiatrie in Wien auf (57% Männer, 43% Frauen; Altersdurchschnitt: 39 Jahre). 49% der Patienten waren unverheiratet, 26% verheiratet, die übrigen waren entweder geschieden oder verwitwet. 44% der Patienten waren zum Zeitpunkt der Untersuchung berufstätig, 56% der Patienten waren entweder arbeitslos oder pensioniert.

Diagnosen

Die nach ICD-10 erhobenen Diagnosen werden in Tabelle 1 dargestellt.

In dem von uns untersuchten Patientengut fanden sich 9% schizophrene und 13% affektive Erkrankungen. Patienten mit der Diagnose F1 fan-

Tabelle 1. Hauptdiagnose nach ICD-10 (N = 704)

ICD-10 Diagnose	%		
	Männer	:	Frauen
F1 Psychische u. Verhaltensstörung durch psychotrope Substanzen	35	:	19
F2 Schizophrene, schizotype und wahnhafte Störungen	5	:	4
F3 Affektive Störungen	6	:	7
F4 Neurotische-, Belastungs- und somatoforme Störungen	1	:	5
F5 Verhaltensauffälligkeiten mit körperlichen Störungen und Faktoren	3	:	2
F6 Persönlichkeits- und Verhaltensstörungen	5	:	4
xx Andere Diagnosen	2	:	2

Tabelle 2. Häufigkeit affektiver Erkrankungen (N = 99)

ICD-10 Diagnose	%		
	Männer	:	Frauen
F30 Manische Episode	1	:	0
F31 Bipolare affektive Störung	9	:	9
F32 Depressive Episode	19	:	20
F33 Rezidivierende depressive Störung	13	:	16
F34 Anhaltende affektive Störung	0	:	3
F38 Sonstige affektive Störung			
F38. 10 Rezidivierende kurze depressive Störung	4	:	6

den sich zu 54%; diese werden im Rahmen von in der Klinischen Abteilung etablierten Spezialambulanzen betreut.

Die diagnostischen Subgruppen affektiver Erkrankungen werden in Tabelle 2 dargestellt.

In der Subgruppe der affektiven Erkrankungen fand sich die Diagnose RKD bei 12.5% der Patienten. RKD war annähernd gleichverteilt bei Männern (11%) und Frauen (14%).

Diskussion

In der von uns zwischen Jänner und März 1994 untersuchten Population fand sich die Diagnose RKD zu 1.4%. In der Subgruppe der affektiven Erkrankungen berichteten 12.5% der Patienten von rezidivierenden kurzdauernden Depressionen. Diese Ergebnisse zeigen, daß es sich bei der Diagnose RKD um eine valide Subkategorie depressiver Erkrankungen handelt.

Literatur

1. Angst J, et al (1985) The Zurich Study. V. A prospective epidemiological study of depressive, neurotic and psychosomatic syndromes. Recurrent and nonrecurrent brief depression. Eur Arch Psychiatry Clin Neurosci 234: 408–416
2. Montgomery SA, et al (1989) Intermittent 3-day depressions and suicidal behaviour. Neuropsychobiology 22: 128–134
3. Kasper S, et al (1992) Recurrent brief depression and its relationship to seasonal affective disorder. Eur Arch Psychiatry Clin Neurosci 242/1: 20–26
4. Dilling H, et al (1993) Internationale Klassifikation psychischer Störungen. Huber, Bern

Korrespondenz: Dr. K. Meszaros, Klinische Abteilung für Allgemeine Psychiatrie, Universitätsklinik für Psychiatrie, Währinger Gürtel 18–20, A-1090 Wien, Österreich

Untersuchungen mit der transkraniellen Dopplersonografie bei Elektrokrampfbehandlung

W. Mess, A. Klimke und **E. Klieser**

Rheinische Landes- und Hochschulklinik, Düsseldorf, Bundesrepublik Deutschland

Einleitung

Die transkranielle Dopplersonografie (TCD) ist mittlerweile eine klinisch und wissenschaftlich etablierte Untersuchungsmethode vorwiegend in der Neurologie geworden, wobei sich die neueren Entwicklungen v.a. auf ein Monitoring der intrakraniellen Flußsignale konzentrieren. Die Anwendung im Bereich der Elektrokrampfbehandlung (EKB) ermöglicht, nicht invasiv Informationen über die (Patho-)physiologie der intrakraniellen Blutflußgeschwindigkeiten während eines elektrisch induzierten Krampfanfalles zu erhalten.

Methodik

Wir haben in einer ersten Pilotphase versucht, die Blutflußgeschwindigkeit in der linken A.cerebri media vor, während und bis ca. 10 min nach EKB zu monitoren (Spectradop der Firma DWL). Es wurden die maximale systolische Flußgeschwindigkeit (V max), die enddiastolische, also niedrigste Flußgeschwindigkeit (V min) und die mittlere Flußgeschwindigkeit (V mean) bestimmt. Hierdurch ist es möglich, den sogenannten Pulsatilitätsindex (P.I.) zu errechnen. Dieser ist ein Maß für die Schwankungsbreite der Flußgeschwindigkeit während einer Herzaktion und errechnet sich als Differenz von systolischer und diastolischer Flußgeschwindigkeit dividiert durch die mittlere Flußgeschwindigkeit. Aufgrund der nur geringen Anzahl untersuchter Patienten (n = 5) wird hier auf tabellarische Vergleiche von Daten und statistische Analysen von hämodynamischen Parametern in Bezug auf das klinische Ergebnis verzichtet. Es sollen vielmehr exemplarisch 2 unterschiedliche Reaktionsmuster der zerebralen Blutflußgeschwindigkeit auf die EKB demonstriert und im Anschluß die Möglichkeiten der TCD diskutiert werden.

Darstellung eigener Ergebnisse

Im ersten Beispiel (Abb. 1 a–f; Erläuterung siehe dort) findet sich nach einem deutlichen Abfall der Flußgeschwindigkeiten durch die i.V. Anästhesie mit Propofol im Anschluß an den elektrischen Reiz ein sofortiger und mas-

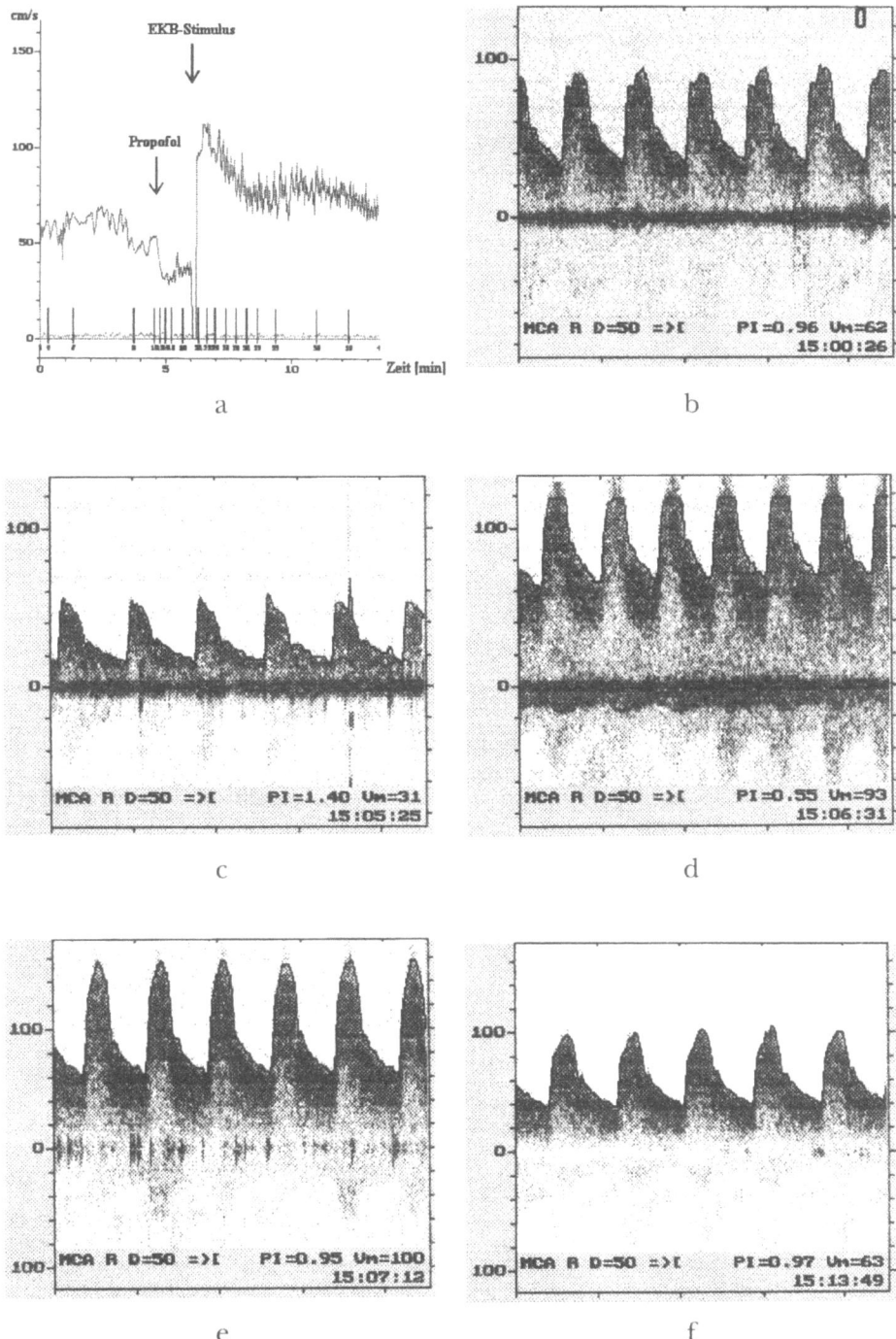

Abb. 1. a Kontinuierlich gemessener, mittlerer Blutfluß in der A.cerebri media **b–f** wichtige Frequenzspektren, die die Beurteilung von Vmax und P.I. erlauben (**b** vor Propofol **c** nach Propofol **d** sofort nach EkB **e** etwa 1 min später **f** etwa 5 min nach EKB)

siver Anstieg des zerebralen Blutflusses. Die Modulation zwischen systoli-
schen Flußmaxima und diastolischen Flußminima ist hierbei sehr gering,
der P.I. also klein. Bereits nach etwa 90 Sekunden ist der systolische Maxi-
malfluß weiterhin im Vergleich zum Ausgangsbefund erheblich erhöht, der
Pulsatilitätsindex ist jedoch deutlich angestiegen, d. h., der Unterschied
zwischen maximalen und minimalen Strömungsgeschwindigkeiten ist wieder größer geworden. Erst nach ca. 10 min liegt in der Spektralanalyse wieder ein dem Ausgangsbefund vergleichbares Bild vor.

Die Abb. 2 a zeigt eine grafische Umsetzung. Beachte, daß der P.I. ca.
1–2 min nach dem Reiz wieder auf dem Ausgangsniveau ist, die maximale
systolische Geschwindigkeit hingegen auch am Ende dieses immer noch
nicht voll erreicht hat.

Die Ableitung eines anderen Patienten (Abb. 2 b) zeigt im Gegensatz
zum obigen Beispiel nur einen sehr verzögerten, jedoch gleichfalls deutlichen und längerfristigen Anstieg der Flußgeschwindigkeit mit jedoch
ebenfalls deutlich schnellerer Rückkehr des P.I. auf den Ausgangswert.

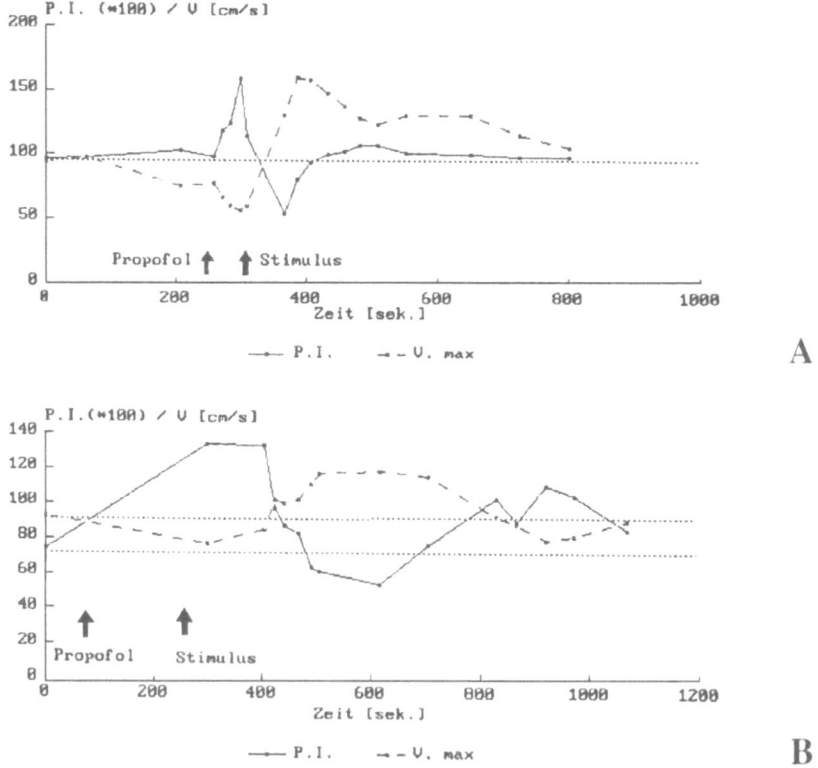

Abb. 2. Verlauf von maximaler Flußgeschwindigkeit (Vmax) und P.I von dem ersten Patienten (**A**) und zweiten Patienten (**B**) sind mit den Zeitpunkten der Propofolgabe und
den EKB-Stimulus angegeben. Beachte die jeweils deutlicher frühere Rückkehr des P.I.
auf die Ausgangswerte sowie den unterschiedlichen Verlauf der hämodynamischen Parameter

Diskussion

Die Untersuchungen zum zerebralen Blutflußverhalten bei der EKB werden bislang von den bildgebenden Methoden beherrscht, v. a. SPECT-Untersuchungen zeigen einen deutlichen Anstieg des zerebralen Blutflusses (CBF) unter dem Anfall, ab etwa 1 1/2 Stunden danach jedoch eine Abnahme. Alle Gruppen, die bisher das zerebrale Blutflußverhalten mit der TCD untersuchten, fanden gleichfalls eine Zunahme der maximalen Geschwindigkeiten unter der EKB, eine Normalisierung nach etwa 5–10 Minuten.

Hierbei liegen nach unseren Befunden wahrscheinlich verschiedene Mechanismen ursächlich vor: Obwohl wir eine erhebliche Heterogenität der Verläufe beobachten konnten, zeigte sich meist, daß der P.I. deutlich früher als die maximale Flußgeschwindigkeit auf seinen Ausgangswert zurückkehrte. Dieses ist durch die raschen Veränderungen des diastolischen Flusses zu erklären. Es wäre also denkbar, daß über einen sicher vermehrten Metabolismus hinaus ein initialer Zusammenbruch der Autoregulation vorliegt, ein sogenannter „passive pressure state“.

Unsere Ergebnisse zeigen deutliche Unterschiede in Bezug auf die Latenz zwischen Stromreiz und maximalen hämodynamischen Veränderungen, ohne daß dieses von verschiedenen Anfallsverläufen begleitet gewesen wäre. Die Korrelation zwischen epileptischem Geschehen und Blutflußveränderungen ist daher sicherlich gleichfalls komplexer Natur. Dies wird unterstrichen dadurch, daß bei EEG-Ableitungen epilepsiekranker Kinder mit simultaner TCD im Anfall erwartungsgemäß erhebliche Anstiege der Flußgeschwindigkeiten auftraten, welche jedoch überraschenderweise innerhalb von Sekunden nach dem Anfall wieder auf ihr Ausgangsniveau zurückkehrten.

Die weitere klinische und wissenschaftliche Bedeutung der transkraniellen Dopplersonografie ergibt sich zum einen durch die Möglichkeiten der Gefäßdiagnostik per se. Von den sechs Patienten, die während des Untersuchungszeitraumes der EKB zugeführt wurden, hatten immerhin zwei relevante vaskuläre Befunde, die eine weiterführende Diagnostik nach sich zogen.

Zum anderen eröffnet die Methode – insbesondere im Hinblick auf die Computer-gestützte Analyse – neue Möglichkeiten des Patientenmonitorings während der EKB, da simultan bis zu zehn analoge Signale (wie EKG, pCO_2, EEG, EMG, Blutdruck und andere) on line aufgezeichnet werden können. Da dieses digital geschieht, können auch im nachhinein die Daten in z. B. unterschiedlicher zeitlicher Auflösung analysiert werden. Darüber hinaus wären zukünftig parallele Untersuchungen mit dem Spect denkbar, um Parameter der Makro- und Mikrozirkulation miteinander zu vergleichen; methodische Studien bei Kindern konnten hier bereits eine gute Übereinstimmung der Ergebnisse beider Methoden in einem anderen Kontext zeigen. Bei entsprechend großen Patientenzahlen könnte dann auch ggf. untersucht werden, ob die TCD über physiologische Fragestellungen und als klinische Monitoringzentrale hinaus eine Bedeutung für die Vorhersage des klinischen Ergebnissen der EKB haben kann.

Literatur

Bode H (1992) Intracranial blood flow velocities during seizures and generalized epileptic discharges. Eur J Pediatr 151: 706–9

Horn R, Ries F, Höflich G, Kasper S, Scholl KH, Möller HJ (1992) Intrakranielle hämodynamische Veränderungen während Elektro Krampf Therapie. In: Baumann A, et al (Hrsg) Biologische Psychiatrie der Gegenwart. Springer, Wien New York, S 213–6

Rosza A, Lipcsey A (1992) Az electroconvulsiv kezeles transcranialis Doppler sonographias modszerrel megfigyelt hatasa az arteria cerebri media keringesere. Orv Hetil 133: 2679–82

Silfverskiöld P, Rosén I, Risberg J (1987) Effects of electroconvulsive therapy on EEG and cerebral blood flow in depression. Eur Arch Psychiatr Neurol Sci 236: 202–8

Korrespondenz: Dr. W. Mess, Liebfrauenstraße 11, D-40591 Düsseldorf, Bundesrepublik Deutschland

Manische Symptome unter Antidepressiver Therapie mit selektiven Serotoninwiederaufnahme-Hemmern

C. Vesely, R. Gössler, P. Fischer und **S. Kasper**

Klinische Abteilung für Allgemeine Psychiatrie, Universitätsklinik für Psychiatrie, Wien, Österreich

Einleitung

Während antidepressiver Therapie mit klassischen polyzyklischen Antidepressiva (Bunney 1978, Lensgraf 1990, Wehr 1979), sowie unter Lichttherapie (Fleischhacker 1991) und Schlafdeprivation (Kasper 1992) steigt die Wahrscheinlichkeit des Auftretens manischer Symptome bei Patienten mit bipolarer affektiver Störung. Diese Antidepressiva-induzierten Reaktionen können Hinweise auf eine bipolare Erkrankung bei Patienten geben, die zuvor als unipolar affektiv diagnostiziert wurden. In der Literatur werden Fälle von Antidepressivainduzierten manischen Symptomen unter Therapie mit dem selektiven Serotoninwiederaufnahmehemmer (SSRI) Fluoxetin beschrieben (Chouinard 1989, Dunner 1976, Feder 1990, Hadley 1989, Hon 1989, Lebegue 1987, Settle 1984). Wir präsentieren 4 Fälle von SSRI-induzierten manischen Symptomen unter antidepressiver Therapie mit Citalopram bzw. Paroxetin. Nur ein Patient war zuvor als bipolare affektive Störung diagnostiziert.

Ergebnisse

Die beschriebenen Fälle weisen darauf hin, daß manische Symptome nicht nur von Fluoxetin, sondern auch von den neueren selektiven Serotoninwiederaufnahmehemmern, Citalopram und Paroxetin, induziert werden können. Einige Punkte sollten dabei herausgestrichen werden:
1. Es handelte sich in allen 4 Fällen um schwere depressive Episoden, die alle mit SSRIs gut und ohne wesentliche andere Nebenwirkungen behandelbar waren.
2. Die manischen Symptome traten 2–4 Wochen nach Steigerung der antidepressiven Therapie mit SSRI auf.

Tabelle 1. Übersicht über 4 Patienten, die im Verlauf der antidepressiven Monotherapie mit selektiven Serotoninwiederaufnahmehemmern manische Symptome entwickelten

	Fall 1	Fall 2	Fall 3	Fall 4
Patientendaten				
Alter (in Jahren)	63	54	53	49
Geschlecht	m	m	w	w
Diagnose der derzeitigen Episode (ICD 10)				
Depessive Episode mit somatischen Symptomen	+	+	+	+
Schwere Depression	+	+	+	+
Stupor	+	–	–	+
Psychotische Symptome	+	–	+	–
Dauer der derzeitigen Episode (in Monaten)	3	18	13	1
Bisherige Dingnose unter Berücksichtigmlg früherer Episoden (ICD 10)				
Unipolare depressive Störung	–	+	–	+
Erstmanifestation einer depressiven Episode	–	–	+	–
Bipolare affektive Störung	+	–	–	–
Prophylaxe mit seit (Monate)	Lithium 55	Lithium 3	– –	– –
Medikation				
Antidepressivum	Paroxetin	Citalopram	Citalopram	Citalopram
Dauer (Tage)	23	56	35	17
Dosis (mg)	60	100	40	40
Letzte Dosiserhöhung vor Auttreten der manischen Symptome (Tage)	16	21	27	15
Kippen in	Hypomanie	Manie	Hypomanie	Manie
Dosisreduktion der SSRI notwendig	+	+	–	+
Therapie der Manie mit Neuroleptika	–	–	–	+
Rückfall in die Depression nach Reduktion der SSRI	+	+	–	+

In allen Fällen waren die Ergebnisse von neurologischer und internistischer Durchuntersuchung EEG und Routineblutuntersuchung unauffällig

3. Bei laufender Lithiumprophylaxe wurden die SSRI relativ hoch dosiert (60 mg Paroxetin, bzw. 100 mg Citalopram), bevor es zum Kippen in die Manie kam; wohingegen in den beiden nicht phasenprophylaktisch behandelten Fällen niedere SSRI-Dosen zur Induktion der Manie ausreichten.

4. Die Verursachung einer manischen Episode durch SSRI-Therapie ist schwer beweisbar. Unzweifelhaft könnte das Zusammentreffen zufällig sein. Auch in unseren beiden Fällen einer ursprünglich monopolaren Störung und im Fall der depressiven Erstmanifestation wäre eine natürliche Entwicklung einer (ersten) manischen Episode zu diesem Zeitpunkt nicht sicher auszuschließen.

5. In 3 von 4 Fällen reichte eine Dosisreduktion der SSRI zur Behandlung der Manie aus, in einem Fall mußten zusätzlich niedrigdosierte Neuroleptika verabreicht werden.

6. Alle 3 Patienten, bei denen die SSRI reduziert wurden, wurden danach wiederum depressiv.

Diskussion

Therapie und Prophylaxe der SSRI-induzierten Manie benötigen kontrollierte Studien, in denen untersucht werden sollte, ob es sich, wie unsere Fälle vermuten lassen, bei dem SSRI-induzierten Kippen in die Manie um ein dosisabhängiges Phänomen handelt, bei dem darüberhinaus phasenprophylaktische Begleitmedikation schützend wirkt, oder ob dieses Phänomen nur gewisse Patienten betrifft, wofür wir zur Zeit wenige Anhaltspunkte haben. Die SSRI-induzierten manischen Symptome sollten von postremissiven hypomanen Zuständen, die unbehandelt abklingen (Fall 3) abgegrenzt werden. Wir empfehlen auf Grund bisheriger Erfahrungen die SSRI nur vorsichtig, wenn überhaupt, zu reduzieren.

Literatur

Bunney WE, Murphy DL, Goodwin FK, et al (1972) The „switch process" in manic-depressive illness (I, II, III). Arch Gen Psychiatry 27: 295–302, 304–309, 312–317

Chouinard G, Steiner W (1989) A case of mania induced by high-dose fluoxetine treatment. Am J Psychiatry 143: 5

Dunner DL, et al (1976) The course of development of mania in patients with recurrent depression. Am J Psychiatry 133: 8

Feder R (1990) Fluoxetine-induced mania. J Clin Psychiatry 51:12

Feighner JP (1981) Clinical efficiency of the newer antidepressants. J Clin Psychopharmacol 1: 235–265

Fleischhacker WW, Kasper S (1991) Response to the editor: timing of phototherapy and occurence of mania. Biol Psychiatry 29: 1156–1157

Hadley A, Cason MP (1989) Mania resulting from lithium fluoxetine combination. Am J Psychiatry 146: 12

Hon D, Preskorn SH (1989) Mania during fluoxetine treatment for recurrent depression. Am J Psychiatry 146: 12

Kasper S, Wehr TA (1992) The role of sleep and wakefulness in the genesis of depression and mania. L'Encéphale XVIII: 45–50

Kasper S, et al (1992) Comparative efficacy of antidepressants. Drugs 43 [Suppl 2]: 11–23

Kasper S, et al (1992) Hypomania after therapeutic sleep deprivation in major depression. Biol Psychiatry 31: 61A-252A

Lebegue B (1987) Mania precipitated by fluoxetine. Am J Psychiatry 144: 12
Lensgraf SJ, Favazza AR (1990) Antidepressant-induced mania. Am J Psychiatry 147: 11
Lewis JL, Winokur G (1982) The induction of mania: a natural history study with controls. Arch Gen Psychiatry 39: 303–306
Settle EC, Puzzuoli Settle G (1984) A case of mania associated with fluoxetine. Am Psychiatry 141: 2
Wehr TA, Goodwin FK (1979) Rapid cycling of manic depressives induced by tricyclic antidepressants. Arch Gen Psychiatry 36: 555–559

Korrespondenz: Dr. C. Vesely, Klinische Abteilung für Allgemeine Psychiatrie, Universitätsklinik für Psychiatrie, Währinger Gürtel 18–20, A-1090 Wien, Österreich

Antiepileptika in der Behandlung und Vorbeugung affektiver Störungen

J. Walden, B. Heßlinger und **M. Berger**

Psychiatrische Universitätsklinik, Freiburg, Bundesrepublik Deutschland

Die Anwendung des Antiepileptikums Carbamazepin in der Psychiatrie stammt aus den 70er Jahren. Hier gab es einerseits alte Berichte über positive psychoptrope Effekte dieses Medikamentes bei Epilepsiepatienten und andererseits wurde nach Alternativen für Lithium gesucht, da die klassische vorbeugende Behandlung von Patienten mit bipolarer affektiver Störung mit Lithium nur bei 40 bis 50% der Patienten wirksam ist (vgl. Post et al. 1993). Heute spielen die klassischen Antiepileptika Carbamazepin und Valproat in der Anwendung bei psychischen Erkrankungen eine zunehmend große Rolle. Darüberhinaus sind einige Antiepileptika gerade zugelassen worden oder stehen kurz vor der Zulassung, so daß möglicherweise in Zukunft noch andere Medikamente zur Behandlung von Patienten mit psychischen Erkrankungen zur Verfügung stehen.

Die ersten Berichte über die Wirksamkeit von Lithium beim manischen Syndrom wurden 1949 publiziert, und die Ergebnisse gut kontrollierter Studien stammen aus den 50er Jahren. Später wurde die vorbeugende Wirkung bei bipolaren affektiven Störungen etabliert (Prien et al. 1984, Schou 1980). Erst in neuerer Zeit wurde offensichtlich, daß jedoch 20 bis 40% der Patienten mit manischen Syndromen nicht adäquat auf eine Lithiumtherapie (alleine oder auch in Kombination mit Neuroleptika) ansprechen, und daß bei der Prophylaxe bipolarer affektiver Erkrankungen eine Rückfallquote bis zu 80% auftreten kann. Darüberhinaus ist zu berücksichtigen, daß Subgruppen von Patienten nicht gut auf eine Lithiumtherapie ansprechen. Hierbei sind Patienten mit rapid cycling bipolaren Psychosen, schizoaffektiven Störungen, dysphorischer Manie, ältere Patienten sowie Patienten mit organisch bedingter Manie zu nennen. Eine weitere Studie zeigte, daß Patienten mit einem frühen Beginn manischer Symptome schlecht auf eine Lithiumtherapie ansprechen (vgl. Walden und Heßlinger 1995).

Eine Auswertung von 10 Studien bei denen Patienten eine Lithiumtherapie erhielten, zeigte, daß nur 25 bis 50% der Patienten compliant waren.

Der Hauptgrund für die mangelnde Compliance ist dabei die gravierende Anzahl von Nebenwirkungen, wobei Gedächtnisprobleme, Gewichtszunahme, eine abgeschwächte Koordination sowie Tremor die am häufigsten auftretenden Nebenwirkungen sind. Eine weitere Schwierigkeit mit einer Lithiumtherapie besteht darin, daß eine erneute Therapie mit Lithium nach einem Absetzversuch in vielen Fällen zu einem Wirkverlust des Lithiums führt. Der Mechanismus dieses diskontinuitätsbedingten Wirkverlustes ist bisher noch nicht bekannt (Post et al. 1993). Aus diesen Gründen sind Alternativen für eine Lithiumtherapie notwendig.

Anfang der siebziger Jahre wurde in offenen Studien japanischer Gruppen über eine positive Wirkung des Carbamazepins bei manischen Syndromen berichtet. Studien existieren bezüglich einer Carbamazepin-Behandlung beim manischen Syndrom, beim depressiven Syndrom und in der Prophylaxe bipolarer affektiver Störungen. In einer Metaanalyse offener und kontrollierter Studien zeigte sich, daß etwa 60% der Patienten mit akuter Manie gut auf Carbamazepin ansprechen. In Tabelle 1 sind die wichtigsten bisher publizierten kontrollierten Studien mit Carbamazepin in der Prophylaxe bipolarer affektiver Störungen zusammengefaßt. Aus diesen Studien geht hervor, daß Carbamazepin etwa gleich gut wirksam ist wie eine Lithiumprophylaxe. Eine akute antidepressive Wirkung ist bisher nicht gesichert. Studien von Ballenger und Post (1980) weisen aber durchaus auf einen Effekt des Carbamazepins auch bei einem akuten depressiven Syndrom hin.

Seit der ersten Berichte von Lambert et al. (1966) über die Wirksamkeit von Valproat in der Behandlung manisch-depressiver Erkrankungen gibt es eine Reihe von unkontrollierten und kontrollierten Studien über die Wirksamkeit von Valproat bei affektiven Störungen (vgl. van Calker und Walden 1994). Die meisten Arbeiten dazu existieren über das akute manische Syndrom. Bezüglich der Behandlung des manischen Syndroms mit Valproat gibt es eine Reihe von unkontrollierten Studien. In einer Metaanalyse dieser Studien zeigte sich, daß 419 (63%) von 633 akut manisch erkrankten Patienten mit bipolarer oder schizoaffektiver Störung gut auf die Valproat-Therapie ansprachen (vgl. McElroy et al. 1992).

Bisher gibt es keine kontrollierten Studien über die phasenprophylaktische Wirkung von Valproat bei bipolaren affektiven Störungen. Einige offene Studien belegen jedoch, daß Valproat die Frequenz und die Intensität depressiver und manischer Phasen abzuschwächen vermag.

Tabelle 1. Kontrollierte Studien mit Carbamazepin in der Prophylaxe bipolarer affektiver Störungen

Autor	Design	Dosierung	Ergebnis
Okuma et al. (1981)	doppelblind, placebokontr.	400–600 mg/Tag	6/10
Placidi et al. (1986)	blind vs. Lithium	800–1600 mg/Tag	11/15
Watkins et al. (1987)	blind vs. Lithium	800–1600 mg/Tag	16/19
Lusznat et al. (1987)	blind vs. Lithium	600–1800 mg/Tag	9/16

Zur Behandlung des manischen Syndroms kann Valproat anfangs in einer Dosis von 500 bis 1000 mg/Tag verabreicht werden. Stark agitierte Patienten können jedoch zu Anfang direkt mit 1500 mg/Tag behandelt werden. Unter 2 bis 4-tägiger Serumspiegelkontrolle kann dann weiter aufdosiert werden bis eine klinische Verbesserung eintritt oder Nebenwirkungen vorhanden sind (vgl. McElroy et al. 1992). Zusammenfassend ergibt sich, daß wegen der unterschiedlichen Prüfdesigns und der verschiedenen Patientenpopulation ein einfacher Vergleich der Behandlungsmöglichkeiten mit Lithium, Carbamazepin oder Valproat sicher noch nicht möglich ist. In der Praxis mag ein Patient auf alle der drei genannten Möglichkeiten ansprechen. Dabei zeigt sich, daß die fehlende Wirksamkeit eines der drei Medikamente nicht unbedingt die Nicht-Wirksamkeit eines der anderen vorhersagt. Umfangreiche Untersuchungen der letzten Jahre weisen darauf hin, daß dem Calciumantagonismus der Antiepileptika eine Bedeutung sowohl in der Behandlung der Epilepsien als auch in der Therapie der affektiven Störungen zukommt (vgl. Walden et al. 1992, 1993, 1995, Walden und Heßlinger 1995).

Literatur

Ballenger JC, Post RM (1980) Carbamazepine (Tegretol) in manic-depressive illness: a new treatment. Am J Psychiatry 137: 782–790

Lambert PA, Carraz G, Borselli S, Carrel MS (1966) Action neuropsychotrope d'un nouvel antiepileptique: le Depamide. Ann Med Psychol 1: 707–710

McElroy SL, Keck PE, Pope HG, Hudson JI (1992) Valproate in the treatment of bipolar disorders: literature review and clinical guidelines. J Clin Psychopharmacol 12: 42S–52S

Post RM, Ketter TA, Pazzaglia PJ, George MS, Marangell L, Denicoff K (1993) New developments in the use of anticonvulsants as mood stabilizers. Neuropsychobiology 27: 132–137

Prien RF, Kupfer DJ, Mansky PA, Small JG, Tuson VB, Voss CB, Johnson WE (1984) Drug therapy in the prevention of recurrences in unipolar and bipolar affective disorders: report of the NIMH collaborative study group comparing lithium carbonate, imipramine and a lithium carbonate imipramine combination. Arch Gen Psychiatry 41: 1096–1104

Schou M (1980) Lithium treatment of manic-depressive illness: a practical guide. Karger, Basel

van Calker D, Walden J (Hrsg) (1994) Valproat in der Psychiatrie. Zuckschwerdt, München

Walden J, Grunze H, Bingmann D, Liu Z, Düsing R (1992) Calciumantagonistic effects of carbamazepine as a mechanism of action in neuropsychiatric disorders. Studies in calcium dependent model epilepsies. Eur Neuropsychopharmacol 2: 455–462

Walden J, Grunze H, Mayer A, Düsing R, Schirrmacher K, Liu Z, Bingmann D (1993) Calcium-antagonistic effects of carbamazepine in epilepsies and affective psychoses. Neuropsychobiol 27: 171–175

Walden J, Heßlinger B (1995) Bedeutung alter und neuer Antiepileptika in der Behandlung psychischer Erkrankungen. Fortschr Neurol Psychiatr 63: 320–335

Walden J, Fritze J, van Calker D, Berger M, Grunze H (1995) A calciumantagonist for the treatment of depressive episodes: single case reports. J Psychiatry Res 23: 71–76

Korrespondenz: Prof. Dr. J. Walden, Psychiatrische Universitätsklinik, Hauptstraße 5, D-79104 Freiburg, Bundesrepublik Deutschland

Erschwerte orale Antikoagulation durch mögliche Arzneimittelinteraktion zwischen Amitriptylin und Phenprocoumon

H. Hampel[1], C. Berger[1], B. D. Keiler[1], C. Hock[2], G. Kurtz[1] und
F. Müller-Spahn[2]

[1]Psychiatrische Klinik, Universität München, Bundesrepublik Deutschland
[2]Psychiatrische Klinik, Universität Basel, Schweiz

Einleitung

Langfristige, wenn nicht lebenslange Antikoagulation ist für eine Reihe von Erkrankungen indiziert. Gerade bei gerontopsychiatrischen Patienten kann unter Umständen eine gleichzeitige Behandlung mit trizyklischen Antidepressiva wie z. B. Amitriptylin notwendig sein. Orale Antikoagulantien gehen mit einer Vielzahl von Medikamenten (u. a. bestimmte Psychopharmaka) Wechselwirkungen ein. Interaktionen zwischen Trizyklika und Cumarinen wurden bislang nur von wenigen, hauptsächlich aus den siebziger Jahren stammenden Publikationen beschrieben (Fenech et al. 1979, Held 1980, Kopera et al. 1978, Pond et al. 1975, Preiss 1979, Vesell et al. 1970). Unter Trizyklikabehandlung zeigte sich eine inadäquate Kontrolle der antikoagulativen Therapie mit Quickwertschwankungen, deren Ursache kontrovers diskutiert wird. Kontrollierte, auf größeren Patientenzahlen basierende Studien waren in diesem Zusammenhang nicht ermittelbar.

Methode

In einer retrospektiven Erhebung konnten Daten von 4 marcumarisierten und antidepressiv behandelten Patienten (3 Frauen, 1 Mann; Durchschnittsalter 66) gesammelt und ausgewertet werden. Dabei war eine Antikoagulation wegen rezidivierender Thrombosen bzw. wegen eines Mitralklappenersatzes notwendig, Amitriptylin wurde wegen verschiedener depressiver Zustände gegeben. Die Dosis der verabreichten Medikamente (Amitriptylin Ø 50–105 mg/die; Phenprocoumon: Ø 9–20 mg/Woche) wurde über unterschiedliche Zeiträume (15–31 Wochen) registriert. Eine kombinierte Gabe fand über 10–24 Wochen statt. Quickwertbestimmungen erfolgten in unregelmäßigen Abständen. Der geforderte therapeutische Quickbereich lag durchwegs zwischen 25–35%. Veränderungen der Phenprocoumonkonzentration wegen hepatischer oder renaler Erkrankun-

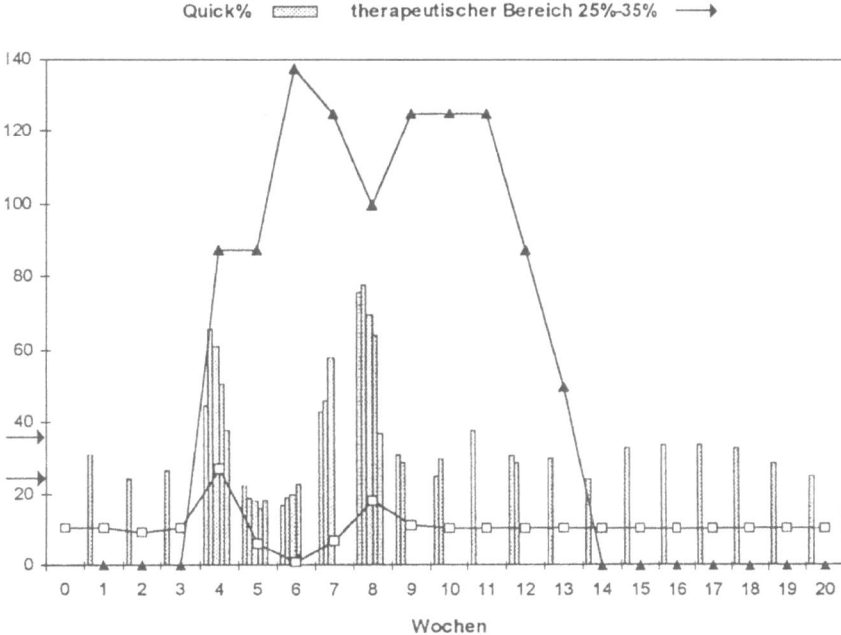

Abb. 1. Quickwertverlauf vor, während und nach gleichzeitiger Amitriptylin- und Phenprocoumongabe

gen konnten ebenso ausgeschlossen werden wie veränderte Metabolisierungsgeschwindigkeiten von Amitriptylin (Plasmaspiegel im Referenzbereich).

Ergebnisse

Die graphische Darstellung der gewonnenen Daten ermöglichte einen intra- und interindividuellen Vergleich des Quickwertverlaufs während und außerhalb antidepressiver Behandlung (Abb. 1). Alle 4 Fälle zeigten ähnliche Kurvenverläufe. Wie in Abb. 1 exemplarisch veranschaulicht, war unter Trizyklikagabe eine dauerhaft stabile Quickwerteinstellung mit konstanter Phenprocoumongabe nicht möglich. Teils massive Auslenkungen auf beiden Seiten des therapeutischen Bereichs bestimmten im Sinne erhöhter oder verringerter Quickwerte (Schwankungen zwischen 11–80%) den Therapieverlauf und ließen sich trotz kontinuierlicher Dosisanpassung von Marcumar erst nach Absetzten der antidepressiven Medikation beseitigen.

Diskussion

Ein Grund für die Veränderung der prothrombinämischen Wirkung besteht in der laut Preiss (1979) klinisch gesicherten Erhöhung der gastrointestinalen Resorption und damit verbesserten Bioverfügbarkeit der Cumarine durch den Amitriptylinmetabolit Nortriptylin. Dieser Effekt könnte in der anticholinergen Wirkung der Trizyklika und der hieraus resultierenden

sind, wäre eine Verstärkung der gerinnungshemmenden Wirkung mit erniedrigten Quickwerten auch durch die Konkurrenz um die gleiche Bindungsstelle am Proteinmolekül (kompetitive Hemmung) mit nachfolgender Verdrängung der Cumarine zu erklären (Reuter und Linker 1978). Dieser Effekt wäre durch das Einstellen eines neuen Fließgewichtes zwischen Resorption und Elimination allerdings nur vorübergehender Natur (Preiss 1979). Der Hauptgrund für die potenzierte Phenprocoumonwirkung liegt in der möglichen Hemmung seines Metabolismus. Die Umsetzung der Cumarine in Metabolite wird in der Leber durch Hydroxilierung katalysiert. Bereits 1970 gingen Vesell et al. von einer Verlangsamung der Biotransformation durch Nortriptylin mit nachfolgend erhöhter Plasmakonzentration und verlängerter Halbwertszeit der Cumarine aus. Neben diesen pharmakokinetischen Interaktionen beschreiben Reuter und Linker (1978) eine pharmakodynamisch begründete Ursache verstärkter gerinnungshemmender Aktivität. Diese basiert auf einem hemmenden Einfluß von Amitriptylin auf die Plättchenfunktion. Das Patientenalter, in dem Arzneimittelwechselwirkungen auftreten, spielt in diesem Zusammenhang eine weitere wichtige Rolle. Sehrt und Weber (1986) weisen auf eine physiologisch eingeschränkte Nierenfunktion bei älteren Patienten hin, die zu einer Akkumulation von Nortriptylin und damit zu einer zusätzlichen Verstärkung der genannten Effekte führen kann. Da Cumarine in nicht oder nur schwach wirksame Metaboliten abgebaut werden (Preiss 1979), ist ein kumulativ verstärkter Phenprocoumoneffekt hingegen unwahrscheinlich.

Ausblick

Inwieweit die beschriebene erschwerte orale Antikoagulation tatsächlich auf der Basis einer Arzneimittelinteraktion zwischen Amitriptylin und Phenprocoumon gesehen werden kann, ist auf Grund der geringen Anzahl von Patienten und der Komplexität der Interaktionsmuster nicht abschließend zu beurteilen. Sollte sich eine entsprechende Wechselwirkung bestätigen, so erscheint es notwendig, vor allem Kliniker und niedergelassene Kollegen auf die Gefahr einer möglichen, in ihrem individuellen Ausmaß nicht vorhersehbaren Modulation des Quickwertes und einem damit verbundenen Blutungs- bzw. Rethrombosierungsrisiko hinzuweisen. Außerdem soll die Durchführung weitergehender Interaktionsstudien angeregt werden.

Literatur

Fenech A, Winter JH, Douglas AS (1979) Individualisation of oral anticoagulant therapy. Curr Ther 20: 169–171, 175–181
Held H (1980) Arzneimittelwechselwirkungen mit oralen Antikoagulantien vom Cumarintyp. Med Mo Pharm 3: 33–38
Kopera H, Schenk H, Stulemeijer S (1978) Phenprocoumon requirement, whole blood coagulation time, bleeding time and plasma γ-GT in patients receiving mianserin. Eur J Clin Pharmacol 13: 351–356
Pond SM, Graham GG, Birkett DJ, Wade DN (1975) Effects of tricyclic antidepressants on drug metabolism. Clin Pharmacol Ther 18: 191–199

Preiss R (1979) Arzneimittelinteraktionen mit oralen Antikoagulantien. Das deutsche Gesundheitswesen 34: 673–689

Reuter H, Linker H (1978) Pathogenese und Chemotherapie arterieller und venöser Thrombosen. Med Mo Pharm 6: 167–174

Sehrt U, Weber E (1986) Besonderheiten der Pharmakotherapie im Senium. Münch Med Wochenschr 35: 595–598

Vesell ES, Passananti T, Greene FE (1970) Impairment of drug metabolism in man by allopurinol and nortriptyline. N Engl J Med 283: 1484–1488

Korrespondenz: Dr. H. Hampel, Psychiatrische Klinik, LM-Universität München, Nußbaumstraße 7, D-80336 München, Bundesrepublik Deutschland

Manisch-Depressive Zustandsbilder im Anschluß an Hirnläsionen: 2 Fallbeschreibungen

N. Rieder[1], S. Schindler[1], A. Neumeister[1], C. Stuppäck[2], T. Benke[3],
M. Stamenkovic[1], C. Barnas[1] und S. Kasper[1]

[1]Klinische Abteilung für Allgemeine Psychiatrie, Universitätsklinik für Psychiatrie, Wien
und [2]Universitätsklinik für Psychiatrie und [3]Neurologie, Innsbruck, Österreich

Einleitung

Im Umfeld von Erkrankungen, die mit umschriebenen cerebralen Läsionen einhergehen finden sich immer wieder manische oder depressive Syndrome. Diese affektiven Störungen verlaufen in manchen Fällen phasenhaft und sind im klinischen Bild oft nur schwer von endogen affektiven Psychosen zu unterscheiden. Auch bipolare Verläufe wurden beschrieben (Robinson et al. 1983, Starkstein et al. 1988, Folstein 1990, Jorge et al. 1993). Das besonders häufige Vorkommen unipolarer wie auch, seltener, bipolarer affektiver Erkrankungen bei Basalganglienerkrankungen wie Chorea Huntington, Morbus Parkinson oder der familiären idiopathischen Stammganglienkalzifikation führte zur Hypothese einer „Striatalen affektiven Störung" (Folstein 1990).

Besonders intensiv wurden auch Verbindungen zwischen Major depressive disorder und Schlaganfall beforscht, wobei die Läsionslokalisationen systematisch evaluiert wurden. Robinson und Mitarbeiter (1983) berichteten erstmals über eine starke Assoziation zwischen Insulten im Stromgebiet der linken Arteria cerebri anterior und Post stroke Depressionen. Manische Zustandsbilder entwickelten sich vor allem nach rechtshirnigen und bilateralen Läsionen (Cohen et al. 1980, Starkstein et al. 1988, Robinson et al. 1988). Allerdings ist die Läsionslokalisation bei posttraumatischen manischen Zustandsbildern eine viel heterogenere. Bei Thalamusläsionen, die wesentlich seltener sind, scheint es nur gelegentlich zum Auftreten von depressiven Verstimmungen zu kommen. Hier dürften auch keine interhemisphärischen Unterschiede im Hinblick auf deren Auftretenshäufigkeit bestehen (Starkstein et al. 1988). Die Literaturhinweise über Verstimmungen nach Thalamusläsionen sind äußerst spärlich (Cummings et al. 1984) und der allgemeine Eindruck ist dahingehend, daß diese Hirnregion kaum mit einer affektiven, geschweige denn mit einer bipolaren, Symptomatik assoziiert ist.

Zusammenfassend kann festgestellt werden, daß phasenhafte depressive Syndrome in der überwiegenden Zahl entweder durch Läsionen des anterioren Nucleus caudatus oder dessen kortikalen limbischen Input, des anterioren Gyrus cinguli, hervorgerufen werden. Allerdings treten phasenhafte affektive Störungen auch nach Läsionen in anderen Hirnarealen auf. Beispiele dafür sind die beiden von uns dargestellten Fallberichte, bei denen es sich um Läsionen im Mittelhirn beziehungsweise im linken Thalamus handelt.

Fallbeschreibung 1: Spontane Thalamusblutung links

A. A., weiblich, mit negativer psychiatrischer Familienanamnese, wurde mit 16 Jahren wegen plötzlich einsetzender Kopfschmerzen, Erbrechen im Schwall und Somnolenz zur stationären Aufnahme an die Neurologie gebracht. Bei der Erstuntersuchung fanden sich meningeale Zeichen. die Sprache war verlangsamt, dysarthrisch, mit häufigen Wortfindungsstörungen und Paraphasien. Weiters zeigte sich eine Hemianopsie rechts, ein Sensibilitätsverlust der rechten Körperhälfte sowie eine Schwäche in der rechten oberen und unteren Extremität. Computertomographisch konnte ein spontanes intrazerebrales Hämatom im linken Thalamus mit Einbruch in den Seitenventrikel festgestellt werden. Bei der anschließenden Arteriographie wie auch bei einer Nachuntersuchung nach erfolgter Resorption der Blutung fand sich kein Hinweis auf Vorliegen einer arteriovenösen Malformation, sodaß die Blutungsursache letztlich im unklaren blieb. Innerhalb von zwei Wochen kam es, abgesehen von einer persistierenden leichten Hemihypästhesie rechts, zu einer vollständigen Rückbildung der neurologischen Symptomatik. Anläßlich einer Kontrolluntersuchung nach 4 Jahren fand sich als neurologische Restsymptomatik lediglich eine diskrete Hypästhesie des rechten Armes. Im psychologischen Test war lediglich die Aufmerksamkeits- und Konzentrationsleistung über 30 min unter dem Streubereich der Norm gelegen, Hinweise auf Organizität fehlten.
Etwa 3 1/2 Monate nach dem Blutungsereignis kam es bei der Patientin zum Auftreten einer ersten depressiven Phase verbunden mit Anhedonie und Antriebslosigkcit. einem deutlichen morgendlichen Pessimum sowie mäßigen Ein- und Durchschlafstörungen. Unter einer ambulanten Therapie mit Doxepin 150 mg/d durch 6 Wochen geriet die Pat. in eine manische Verfassung, die eine ersten stationäre Aufnahme an der Psychiatrie zur Folge hatte. Nach 3 symptomfreien Jahren trat eine manische Phase auf, die eine neuerliche stationäre Aufnahme an der Psychiatrie notwendig machte. Im Rahmen dieses Aufenthaltes wurde eine phasenprophylaktische Therapie mit Lithium und Carbamazepin begonnen. 2 1/2 Jahre später mußte die Patientin wegen einer schweren depressiven Phase neuerlich stationär behandelt werden. Zwischen den Aufnahmen war die Patientin symptomfrei.

Fallbeschreibung 2: Mittelhirnblutung links (Crus cerebri und mittlerer Ponsbereich)

AA., männlich, mit negativer psychiatrischer Familienanamnese, gelangt im Alter von 50 Jahren wegen einer Hirnstammblutung mit konsekutiver Hemiplegie rechts zur stationären Aufnahme an die Neurologie. Im CCT zeigte sich im Bereich der Basis Pontis links ein 12 mm großes frisches Hämatom, welches nach cranial bis knapp in das linke Crus cerebri reichte.
Neun Monate nach dem Blutungsereignis, die Hemiplegie war mittlerweile dank intensiver physikotherapeutischer Maßnahmen weitgehend remittiert, entwickelte der Patient eine gehemmt-depressive Verstimmung mit deutlicher psychomotorischer Verlangsamung, negativ getönter Befindlichkeit, Anhedonie sowie Ein- und Durchschlafstörun-

gen. Unter einer stationären Therapie mit 50 mg Clomipramin sowie 50 mg Maprotilin klang die depressive Phase nach 3 1/2 Monaten wieder ab. Nach 4 Monaten gelangte der Patient wegen einer neuerlichen depressiven Phase zur stationären Aufnahme an die Psychiatrie. Wieder zeigte er gutes Ansprechen auf eine antidepressive Kombinationstherapie mit Clomipramin/Maprotilin. 3 Monate später geriet der Pat unter der gleichen antidepressiven Medikation in eine zornmanische Verfassung, die eine neuerliche stationäre Aufnahme zur Folge hatte. Auf eine medikamentöse Therapie mit Thioridazin 150 mg/die kam es innerhalb von 7 Wochen zu einem weitgehenden Abklingen der manischen Symptomatik. Weiters wurde er phasenprophylaktisch auf Carbamazepin eingestellt. Gegenwärtig ist der Patient seit einem Jahr symptomfrei.

Diskussion

Während des letzten Jahrzehnts haben sich einige Studien mit dem Umstand befaßt, daß depressive Syndrome als Komplikation nach Schlaganfällen von Klinikern oft übersehen oder als rein reaktiv betrachtet werden. Gegen die „psychoreaktive" Natur dieser Verstimmungen sprechen folgende Tatsachen, die in zahlreichen Untersuchungen repliziert werden konnten:

Erstens stand der Schweregrad dieser affektiven Störungen nicht in Zusammenhang mit dem Ausmaß der körperlichen Behinderung oder einer etwaigen Aphasie (Sinyor et al. 1986, Starkstein et al. 1987, Jorge et al. 1994). Zweitens verlaufen diese Verstimmungen phasenhaft, mitunter auch bipolar, und weisen die gleiche mittlere Phasendauer wie auch eine gleich gute Ansprechbarkeit auf Antidepressiva und Neuroleptika auf wie eine Major Depression beziehungsweise eine bipolare affektive Störung nach DSM-IV. Drittens fand sich starke Assoziation der depressiven Verstimmungen mit Läsionen im linksanterioren Cortex und Subcortex (Starkstein et al. 1987). Poststroke Depressionen sind bei linksanteriorer Läsionslokalisation also signifikant häufiger und stärker ausgeprägt als bei rechtsseitigen Basalganglienläsionen oder rechten wie linken Thalamusläsionen (Starkstein et al. 1988). Auch die bei Stammganglienerkrankungen, insbesondere jenen mit Beteiligung des ventromedialen und dorsomedialen Nucleus caudatus, häufig vorauslaufenden bzw begleitenden phasenhaften Verstimmungen können hier als Modell für die besondere Bedeutung dieser Läsionslokalisation dienen (Folstein et al. 1990). Die in der Literatur berichteten Fälle deuten somit darauf hin, daß einer Unterbrechung noradrenerger Bahnen und/oder einer Läsion limbischer Projektionsbahnen vom frontalen Cortex zum ventromedialen Nucleus caudatus eine bedeutende Rolle im Hinblick auf affektive Modulationen zukommt. Wie die von uns dargestellten im Lichte der zitierten Literatur atypisch erscheinenden Fallbeispiele zeigen, gibt es jedoch im Gegensatz zu Syndromen mit motorischen Beeinträchtigungen keine eindeutig lokalisierbare Neuropathologie für affektive Störungen.

Literatur

Cohen MR, Niska RW (1980) Localized right cerebral hemisphere dysfunction and recurrent mania. Am J Psychiatry 137: 847–848
Cummings JL, Mendez MF (1984) Secondary mania with focal cerebrovascular lesions. Am J Psychiatry 141: 1084–1087

Folstein SE (1990) Diseases of the caudate: a model for manic depressive disorder. In: Function and dysfunction in the basal ganglia. Manchester University Press

Jorge RE, Robinson RG, Starkstein SE, Arndt SV, Forrester AW, Geisler FH (1993) Secondary mania following traumatic brain injury. Am J Psychiatry 150: 916–921

Robinson RG, Kubos KL, Starr LB, Rao K, Price TR (1983) Mood changes in stroke patients: relationship to lesion location. Compr Psychiatry 24: 555–566

Robinson RG, Boston JD, Starkstein SE, Price TR (1988) Comparison of mania and depression after brain injury: causal factors. Am J Psychiatry 145: 172–178

Sinyor P, Jaques P, Kaloupek DG (1988b) Poststroke depression and lesion location: an attempted replication. Brain 109: 537–546

Starkstein SE, Robinson RG, Berthier ML, Parikh RM, Price TR (1988a) Differential mood changes following basal ganglia vs thalamic lesions. Arch Neurol 45: 725–7301

Starkstein SE, Boston J, Robinson RG (1988b) Mechanisms of mania following brain injury: twelve case reports and review of the literature. J Nerv Ment Dis 176: 87–100

Korrespondenz: Dr. N. Rieder, Universitätsklinik für Psychiatrie, Klinische Abteilung für Allgemeine Psychiatrie, Währinger Gürtel 18–20, A-1090 Wien, Österreich

Nebenwirkungen der Lichttherapie bei der Behandlung psychischer Erkrankungen

S. Schindler, T. Kapitany, C. Barnas und **S. Kasper**

Universitätsklinik für Psychiatrie, Klinische Abteilung für Allgemeine Psychiatrie, Wien, Österreich

Einleitung

Die Wirkung von hellem Licht auf den Verlauf depressiver Erkrankungen ist seit 1982 (Lewy et al. 1982) bekannt. In den folgenden Jahren wurden vielfache Berichte über den Einsatz von hellem Licht für die saisonal abhängige Depression (und deren subsyndromale Form), für die nicht saisonale Depression, aber auch zur Behandlung des praemenstruellen Syndroms, des Jet-Lags, des Schichtarbeiter Syndroms, der Suchterkrankungen und anderer Indikationen veröffentlicht. Lichttherapie wird also nicht nur in der Therapie saisonaler Depressionen sondern in zunehmenden Maß auch zur unterstützenden Behandlung der Major Depression und in anderen Indikationen verwendet. Gerade die geringe Nebenwirkungsrate dieser Therapieform begünstigt ihre zunehmende Anwendung. Im laufe der letzten 12 Jahre wurden in der Literatur jedoch auch Nebenwirkungen diskutiert.

Psychische Nebenwirkungen

Die häufigste psychische Nebenwirkung der Lichtherapie ist die Schlaflosigkeit die in 10–30 % der Fälle auftritt (Levitt et al. 1993). Bei der Schlaflosigkeit ist anzumerken, daß sie bei einer abendlichen Anwendung häufiger ist. Schlaflosigkeit ist zudem ein Symptom der Depression, was seine Zuordnung als Nebenwirkung erschwert. Mit einer Auftretenswahrscheinlichkeit von 12 bis 29% ist ein „ feeling wired" ebenfalls häufig. Gereiztheit wird in ca. 10% der Lichtherapieanwendungen beschrieben. In 6,7 bis 10% der Fälle kommt es zu Müdigkeit, diese könnte aber auch durch einen zu frühen Therapiezeitpunkt der Lichttherapie verursacht worden sein. Hypomanische Zustände treten in 1–4% der Behandlungen auf. Manische Episoden werden nur als Fallberichte erwähnt und haben eine Häufigkeit von sicher unter 1%. Hypomanische Episoden dürften leicht durch Absetzten der Lichttherapie zu behandeln sein. Die beschriebenen Fälle von Manie konnten mittels Neuroleptika und Tranquilizertherapie und Absetzten der Lichttherapie erfolgreich behandelt werden. Zusammenfassend dürfte für das Auftreten von Manischen Zuständen sowohl der Behandlungszeitpunkt, als auch das vorliegen preaexistenter bipolarer Störungen wesentlich sein (Levitt et al. 1993, Lingjaerde et al. 1993, Fleischhacker und Kasper 1991, Kasper et al. 1988, Labbate et al. 1994, Schwitzer et al. 1990)

Neurologische Nebenwirkungen

Kopfschmerzen sind zusammen mit Augenschmerzen und Schlaflosigkeit und innerlicher Unruhe die häufigsten Nebenwirkungen die mit der Lichttherapie in Zusammenhang gebracht werden In manchen Fällen werden die Kopfschmerzen so unerträglich, daß sie einen Grund für die Beendigung der Therapie darstellen Dazu ist jedoch anzumerken, daß in der Studie von Lewitt et al. (1993) ein „Light Visor" eine Art Lichthelm verwendet wurde, der durch sein Gewicht und durch seinen Druck möglicherweise zu Spannungskopfschmerz geführt haben könnte. Die Angaben über die Häufigkeit von Kopfschmerzen bei Lichttherapie schwanken zwischen 13 und 45% (Levitt et al. 1993, Lingjaerde et al. 1993, Labbate et al. 1994). Schindler et al. (1995) beschreiben in einem Fallbericht, das Auftreten einer Trigeminusneuralgie bei einer Patientin die wahrscheinlich durch die Anwendung von Lichttherapie ausgelöst wurde. Die Patientin, die an einer therapieresistenten rezidivierenden Major Depression litt und die eine Anamnese von Trigeminusneuralgien hatte, wurde zusätzlich mit einer 10.000 Lux-Lichttherapie behandelt.

Nebenwirkungen auf das Auge

Die erste Untersuchung zu den Nebenwirkungen auf das Auge wurde von Rosenthal et al. (1984) durchgeführt, die bei allen Patienten Spaltlampenuntersuchungen, Fundusaufnahmen und eine genaue ophtalmologische Untersuchung durchführten. Sie konnten bei keinem ihrer Patienten ophtalmologische Veränderungen feststellen. Augenschmerzen oder auch ein Druckgefühl im Auge sind häufige Nebenwirkungen der Lichttherapie und treten in 17–26% der Fälle auf (Kasper et al. 1988, Levitt et al. 1993, Labbate et al. 1994, Rosenthal et al. 1989) . Diese Beschwerden klangen jedoch alle im Lauf der Therapie ab, oder konnten durch Reduzierung der Lichttherapiedauer und nachfolgender Steigerung umgangen werden (Kasper et al. 1988). UV Licht, UV-A, besonders aber UV-B Licht, sind mit dem Auftreten von Katarakt assoziiert. Generell sollten keine Lichtquellen benüzt werden die UV-hältiges Licht emitieren. Wichtig zu bemerken ist jedoch, daß auch bei asymptomatischen Patienten, Retinopathien bestehen können und, daß in diesen Fällen Lichttherapie möglicherweise zu einer Exazerbation führen könnte. Ophtalmologische Untersuchungen sind anzuraten, auch um zu verhindern, daß vorher unentdeckte Retinaschäden

Tabelle 1. Nebenwirkungen der Lichttherapie

Nebenwirkung	Prozentbereich
Psychische Nebenwirkungen	
Schlaflosigkeit	10–30%
Gereiztheit	10%
„Feeling Wired"	12–29%
Müdigkeit	6,7–10%
Hypomanische Zustandsbilder	1-4%
Manische Episoden	< 1%
Neurologische Nebenwirkungen	
Kopfschmerzen	13–45%
Nebenwirkungen auf das Auge	
Augenschmerzen oder Druckgefühl im Auge	17–26%
Auftreten von Katarakt	noch nicht beschrieben
Netzhautschäden (Retinopathien)	noch nicht beschneben
Gastrointestinale Nebenwirkungen	
Übelkeit	28–33%
Bauchschmerzen	ca 24%
Obstipation	6–15%
Diarrhoe	ca 15%
Nebenwirkungen auf die Haut	
Schwitzen	6,7%
Auftreten von Rashes	ca. 3%
Andere Nebenwirkungen	
Muskelschmerzen	ca. 25%
Tachykardie	ca. 10%

zu unrecht der Lichtherapie angelastet werden (Taylor et al. 1988, Termann et al. 1990, Waxler et al. 1992).

Gastrointestinale Nebenwirkungen

Gastrointestinale Beschwerden sind bei Depressiven Patienten häufiger als in der Normalbevölkerung. Dies hat zur Folge, daß auch unter Lichtherapie gastrointestinale Beschwerden häufig beobachtet werden. Die Untersuchung von Lingjaerde et al. (1993) zeigt jedoch, daß kaum Unterschiede zwischen dem Zeitpunkt vor Behandlungsbeginn und während der Therapie festzustellen waren. Zusammenfassend kann gesagt werden, daß gastrointestinale Beschwerden häufig sind, daß sie jedoch nur selten als Nebenwirkungen der Lichttherapie eingestuft werden können. Am häufigsten treten während der Lichtherapie Übelkeit (zwischen 28% und 33%), Bauchschmerzen (ca. 24%), Obstipation (6% bis 15%) und Diarrhoe (ca. 15%) auf (Levitt et al.1993, Lingjaerde et al. 1993).

Nebenwirkungen auf die Haut

Bezüglich dermatologischer Nebenwirkungen gibt es kaum Literatur, meistens kommt es sogar zu einer Abnahme von Symptomen wie Schwitzen. Bei 6,7% der Patienten tritt Schwitzen währen der Lichttherapie auf, bei ca 3% kam es zum Auftreten von Rashes. Das Auftreten von anderen Hauterscheinungen wurde bisher in keiner Untersuchung erwähnt (Levitt et al. 1993, Lingjaerde et al. 1993, Labbate et al. 1994).

Andere Nebenwirkungen

Muskelschmerzen treten in 25% der Fälle unter Lichttherapie neu auf oder werden schlechter, sie verbessern sich allerdings auch in 32% der untersuchten Patienten (Levitt et al. 1993). Lingjaerde et al. (1993) beobachtete einen Fall von neuaufgetretener Tachykardie bei seinen 31 Patienten, allerdings waren 5 Patienten zu Anfang der Untersuchung schon tachykard, während der Untersuchung waren es nur noch drei Patienten. Tachykardie scheint somit selten aufzutreten und sich im Verlauf der Lichttherapie eher zu verbessern.

Zusammenfassung

Bei den psychischen Nebenwirkungen sind Schlaflosigkeit (10–30%), besonders bei abendlicher Administration und Gereiztheit (10%) relativ häufig. Hypomanische Zustände (1–4%) können gelegentlich auftreten und in seltenen Fällen kommt es auch zu Manischen Episoden (< 1%). An Neurologischen Nebenwirkungen sind im besonderen Kopfschmerzen zu nennen, die in ca. 13–45% auftreten oder sich verschlechtern. Nebenwirkungen am Auge sind bisher auf ein Druckgefühl im Auge und Augenschmerzen, die in 17–26% der Fälle auftreten beschränkt. Doch sollten trotzdem vor Beginn einer Lichttherapie um Retinopathien auszuschließen Augenuntersuchungen durchgeführt werde. Wegen der Möglichkeit einer Kataraktentstehung durch UV Licht sollte zur Lichttherapie UV gefiltertes Licht angewandt werden. Gastrointestinale Beschwerden sind häufig, doch ein Zusammenhang mit der Lichttherapie ist derzeit nicht gesichert. Bei den anderen Nebenwirkungen, wie Schwitzen, Tachykardie oder den Nebenwirkungen auf die Haut sind ebenfalls kaum kausale Beziehungen zur Lichttherapie anzunehmen. Insgesamt treten Nebenwirkungen bei Lichttherapie selten auf, sodaß diese Therapieform als sehr sicher angesehen werden kann.

Diskussion

Licht ist ein biologisches Therapieverfahren. Es hat im Vergleich zur Pharmakotherapie eine hohe Akzeptanz in der Bevölkerung. Dennoch sollte die Applikation von Licht besser standardisiert werden, um die Ergebnisse der einzelnen Studien besser vergleichen zu können. Außerdem sollte die Nebenwirkungsfeststellung exakt, ähnlich der bei Arzeneimitteln, erfolgen. Dabei sollte 1.) immer eine Untersuchung vor Behandlungsbeginn erfolgen, 2.) eine Vergleichsgruppe mit einer Plazebomedikation und einer anderen Gruppe mit gedämpften Licht [dieses zeigt in einer Studie von Volz et al. (1991) ebensoviele Nebenwirkungen wie helles Licht] herangezogen werden und 3.) ein standardisiertes Design angewendet werden. Die auftretenden Nebenwirkungen der Lichttherapie sind im allgemeinen ungefährlich und gut tolerabel, und stellen selten einen Grund für einen Therapieabbruch dar. Lichttherapie ist somit ein erprobtes und nebenwirkungsarmes Therapieverfahren.

Literatur

Fleischhacker WW, Kasper S (1991) Response to: timing of phototherapy and occurence of mania. Biol Psychiatry 29: 1156–1157

Joffe RT, Moul DE, Lam RW, et al (1993) Light visor treatment for seasonal affective disorder: a multicenter study. Psychiatry Res 46: 29–39

Kasper S, Wehr TA, Rosenthal NE (1988) Saisonal Abhängige Depressionsformen (SAD), II. Beeinflussung durch Phototherapie und biologische Ergebnisse. Der Nervenarzt 59: 200–214

Labbate LA, Lafer BF, Thibault A, Sachs GS (1994) Side effects induced by bright light treatment for seasonal affective disorder. J Clin Psychiatry 55: 189–191

Lewy AJ, Kern HA, Rosenthal NE, et al (1982) Bright artificial light treatment of a manic-depressive patient with a seasonal mood cycle. Am J Psychiatry 139: 1496–1498

Levitt AJ, Joffe RT, Moul DE, et al (1993) Side effects of light therapy in seasonal affective disorder. Am J Psychiatry 150: 650–652

Lingjaerde I, Reichborn-Kjennerud T, Haggag A, et al (1993) Treatment of winter depression in Norway, I. Short term and long term effects of 1500-lux white light for 6 days. Acta Psychiatr Scand 88: 292–299

Rosenthal NE, Sack DA, Gillin C, et al (1984) Seasonal affective disorder, a description of the syndrome and preliminary findings with light therapy. Arch Gen Psychiatry 41: 72–80

Schindler SD, Barnas C, Leitner H, et al (1995) Trifacial neuralgic syndrome following bright light therapy. Am J Psychiatry 152 (8): 1237

Schwitzer J, Neudorfer C, Blecha HG, Fleischhacker WW (1990) Mania as a side effect of phototheray. Biol Psychiatry 28: 532–534

Taylor HR, West SK, Rosenthal FS, et al (1988) Effects of ultraviolet radiation on cataract formation. N Engl J Med 319: 101–120

Terman M, Reme CE, Rafferty B, et al (1990) Bright light therapy for winter depression: potential ocular effects and theoretical implications. Photochem Photobiol 51: 781–792

Vanselow W, Dennerstein L, Armstrong S, Lockie P (1991) Retinopathy and bright light therapy. Am J Psychiatry 148: 1266–1267

Waxler M, James RH, Brainard GC, Moul DE, Oren DA, Rosenthal NE (1992) Retinopathy and bright light therapy. Am J Psychiatry 149: 1610–1611

Korrespondenz: Dr. S. Schindler, Universitätsklinik für Psychiatrie, Klinische Abteilung für Allgemeine Psychiatrie, Währinger Gürtel 18–20, A-1090 Wien, Österreich

Antidepressive und antipanische Effekte von Roxindol

M. Kellner, F. Holsboer und **K. Wiedemann**

Max-Planck-Institut für Psychiatrie, Klinisches Institut, München,
Bundesrepublik Deutschland

Einleitung

Der putative Dopaminautorezeptor-Agonist Roxindol (5-hydroxy-3-(4-phenyl-1,2,3,6-tetrahydropyridil-(1)-butyl)-Indol) zeigte bei in-vitro-Studien sowohl eine Hemmung der Serotonin-Wiederaufnahme als auch eine agonistische Wirkung an Serotonin 5-HT1A-Rezeptoren. Bei der pharmakoendokrinologischen Charakterisierung am Menschen wurde durch Roxindol eine verminderte Prolaktin- und eine gesteigerte Wachstumshormonsekretion gezeigt, aber keine Wirkung auf die ACTH- und Cortisolfreisetzung, wodurch agonistische Wirkungen auch am postsynaptischen Dopaminrezeptor und eher vernachlässigbare 5-HT1A-Rezeptor-agonistische Wirkungen belegt sind [1]. Sowohl das mögliche antidepressive als auch antipanische Wirkprofil der Substanz wurde in offenen Pilotstudien untersucht.

Methode

10 Patienten mit der Episode einer Major Depression (DSM-III-R) und 10 Patienten mit einer Panikstörung mit oder ohne Agoraphobie (DSM-III-R) wurden in einer offenen Pilot-Studie mit durchschnittlich 7,5 mg Roxindol/Tag 4 bzw. 6 Wochen ohne Zusatzmedikation behandelt. Die Wirkung von Roxindol wurde bei den depressiven Patienten mit der HAMD (Hamilton Depression Scale) beurteilt, bei den Panikpatienten mit der HAMA (Hamilton Anxiety Rating Scale) und einem Tagebuch über die Frequenz der Panikattacken.

Ergebnisse

7 der depressiven Patienten zeigten eine Verminderung des HAMD-Scores von mindestens 40% (Abb. 1), bei 2 Patienten blieb die Symptomatik unverändert und bei einem Patienten wurde wegen psychomotorischer Erregung die Gabe von Roxindol am 4. Tag beendet. 5 der Panikpatienten zeigten eine Verminderung des HAMA-Scores und der Attackenhäufigkeit von

mindestens 50 %, bei 3 Patienten änderte sich die Symptomatik nicht, bei
2 Patienten wurde wegen erhöhter psychomotorischer Erregung und Angst
während der ersten Behandlungswoche die Gabe eingestellt (Abb. 2).
Außer dem Auftreten eines Exanthems bei einem Patienten waren keine
sonstigen unerwünschten Arzneimittel-Nebenwirkungen festzustellen.

Diskussion

Die in dieser explorativen Studie festgestellten günstigen therapeutischen Wirkungen bei guter Verträglichkeit von Roxindol sowohl bei Pati-

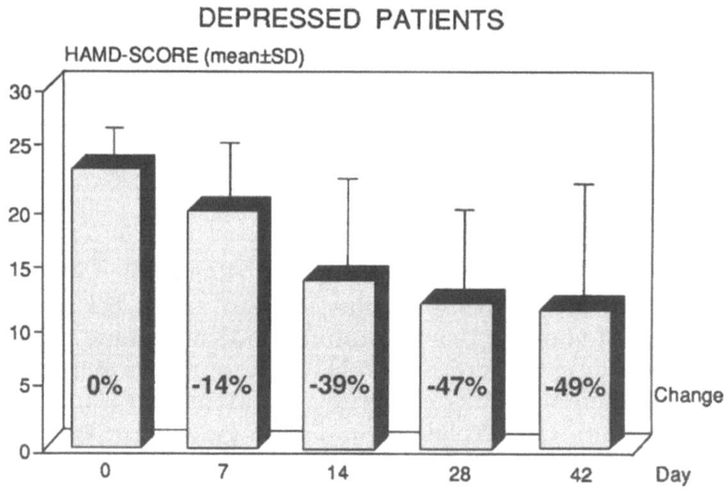

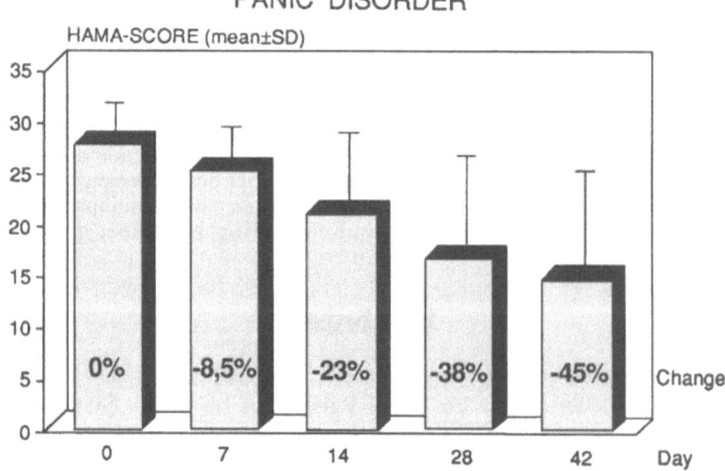

Abb. 1. Verlauf der HAMD-Scores bei depressiven Patienten

Abb. 2. Verlauf der HAMA-Scores bei Panikpatienten

enten mit einer Major Depression als auch einer Panikstörung lassen kontrollierte Studien mit dieser neuen Substanz vielversprechend erscheinen. Interessant erscheint, daß die dopaminrezeptoragonistische Substanz eine relativ rasche antidepressive Wirkung zeigte und möglicherweise die durch die Serotonin-Wiederaufnahmehemmung induzierten antidepressiven Effekte potenzierte. Bei den Patienten mit Panikstörung war bei 5 von 10 behandelten Patienten eine Wirkung auch auf die Attackenhäufigkeit zu sehen, lediglich 2 Patienten klagten über eine Vermehrung der Angstanfälle. Ob sich dieses auf den Dopaminrezeptoragonismus der Substanz zurückführen läßt, muß offen bleiben.

Literatur

1. Wiedemann K, Kellner M (1994) Endocrine characterization of the new dopamine autoreceptor agonist roxindole. Exp Clin Endocrinol 102: 284–288

Korrespondenz: Dr. M. Kellner, Max-Planck-Institut für Psychiatrie, Klinisches Institut, Kraepelinstaße 2–10, D-80804 München, Bundesrepublik Deutschland

Monotherapie der wahnhaften Depression mit Zotepin

M. Wolfersdorf, F. König, T. Barg und **R. Straub**

Bereich Akutpsychiatrie II / Depression, Abteilung Psychiatrie I, Universität Ulm,
Psychiatrisches Landeskrankenhaus Weißenau, Ravensburg-Weißenau,
Bundesrepublik Deutschland

Einleitung und Fragestellung

Die Kombination eines Antidepressivums mit einem Neuroleptikum gilt als Standard der Pharmakotherapie bei wahnhafter Depression (ICD-9: 296.1/.3 affektive Psychose mit Schuld-, Verarmungs-, Untergangs- oder Körperwahn; ICD-10: schwere depressive Störung mit psychotischen Merkmalen) (Übers.[3, 5]).

Eigene Untersuchungen wurden mit der Kombination Amitriptylin bzw. Maprotilin und Haloperidol sowie Zotepin vorgestellt [4, 6]. Bei Zotepin wird neben der antipsychotischen auch eine antidepressiv-anxiolytische Wirkung aufgrund des Rezeptorprofils [2] erwartet. Dies würde eine Monotherapie der wahnhaften Depression mit Zotepin ermöglichen.

Untersuchungsgruppe und -methode

Elf wahnhaft depressive Patienten, die konsekutiv zur stationären Aufnahme kamen, wurden monotherapeutisch von Tag 1–14 mit 200 (150–400) mg Zotepin pro die behandelt (Komedikation bei Bedarf Lorazepam, Zopiclon, Biperiden). Ab 3. Woche wurde Paroxetin 20 mg/die, bei einer Patientin Mianserin 60 mg/die als Antidepressivum hinzugeben. Zur Verlaufsbeobachtung wurde die Hamilton-Depressionsskala mit 24 Items (1) verwendet, da sie zusätzlich kognitive Items für die Berechnung eines „Wahn-Subscores" (HAMD-Items 2, 17 19, 20, 23, 24) enthält [6]. Die Monotherapiegruppe wurde mit einer alters- und geschlechtsparallelisierten Kontrollgruppe „Kombination Zotepin + Antidepressivum" (Amitriptylin bzw. Maprotilin 150 mg/die) verglichen (Tabelle 1).

Ergebnisse

Ein Patient schied am BT 4 wegen eines Delirs unter 300 mg Zotepin aus. Der Gruppenvergleich ist in Abb. 1 gezeigt, der Verlauf der Wahnitems in Abb. 2. Beide Gruppen, die Monotherapiegruppe mit 200 mg Zotepin BT 1–14, sowie die nach Alter und Geschlecht parallelisierte Kontrollgruppe mit Zotepin plus Antidepressivum ab BT1, zeigen eine hochsignifikante

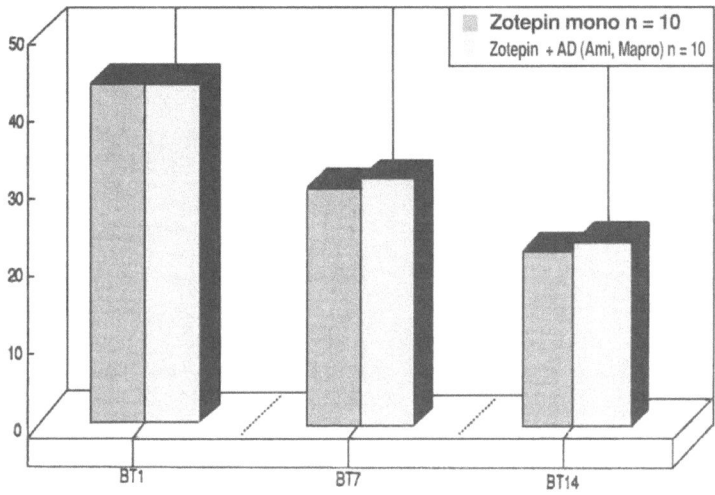

Summary of all Effects; design:
1-Gruppe, 2-HAMD-Gesamt (24-Itemversion)

Effect	df Effect	MS Effect	df Error	MS Error	F	p-level
1	1	7.4	18	128.6	.05	.814
*2	2	2109.8	36	44.5	47.43	.000
12	2	3.2	36	44.5	.07	.932

Abb 1. Verlauf des HAMD-Summenscores (24-Itemversion) in der Anwendungsbeobachtung Mono- versus Kombinationstherapie (Zotepin versus Zotepin/Antidepressivum) bei wahnhaft Depressiven: Eine zweifaktorielle Varianzanalyse ergibt einen signifikanten Effekt für den Verlauf

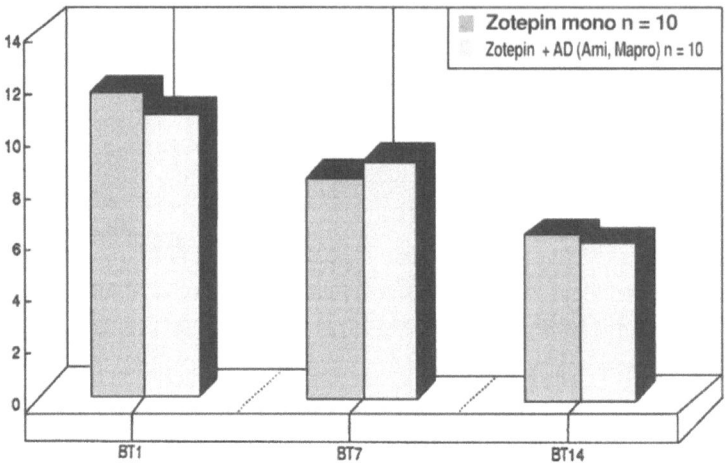

Summary of all Effects; design:
l-Gruppe, 2-Wahn-Items (Subscore aus 2, 17, 19, 20, 23, 24)

Effect	df Effect	MS Effect	df Error	MS Error	F	p-level
1	1	.27	18	22.7	.01	.915
*2	2	127.55	36	5.5	23.38	.000
12	2	2.92	36	5.5	.53	.590

Abb. 2. Verlauf der HAMD-Wahnitems in der Anwendungsbeobachtung Mono- versus Kombinationstherapie (Zotepin versus Zotepin/Antidepressivum) bei wahnhaft Depressiven: Eine zweifaktorielle Varianzanalyse ergibt einen signifikanten Effekt für den Verlauf

Tabelle 1. Wahnhafte Depression: Monotherapie versus Kombination Neuroleptikum + Antidepressivum

Mono Zotepin BT 1–14, dann Kombination + AD					Zotepin + AD (Ami bzw. Mapro)[1] BT 1–28					
Lfd. Nr.	Sex/ Alter	HAMD: BT 1	7	14	28	Pat. Nr.	Sex/ Alter	HAMD: BT 1	7	14	28
1	w/27	45	38	30	17	14	w/27	45	23	18	13
3	w/35	49	18	18	14	2	w/36	47	24	17	15
4	w/55	55	41	13	20	13	w/47	35	33	18	14
5	m/46	49	43	23	19	8	m/51	48	35	35	26
6	m/67	41	31	37	27	5	m/59	47	37	26	16
7	m/50	36	11	8	4	4	m/59	55	45	43	32
8	m/45	37	29	19	15	21	m/32	36	24	18	12
9	m/23	34	32	24	16	7	m/19	37	32	19	8
10	w/52	44	33	25	22	3	w/51	38	30	20	*
11	w/56	36	37	28	17	16	w/64	49	54	27	27
n = 10		43	31	23	17	n = 10		44	32	24	18

* Dropout BT 15. [1]Vergleichsgruppe aus Wolfersdorf et al. (1994). Nur Pat. mit BT1–14 Zotepin + AD ohne anderes NL oder Drop out parallelisiert nach Alter und Geschlecht. Kombination Zotepin 150–200 mg/die + Amitriptylin 150 mg/die oder Maprotilin 150 mg/die, Monotherapie Zotepin im Mittel 200 mg/die (150–300 mg/die). HAMD 24-Itemversion

Abnahme der HAMD-Summenscores sowie eines Subscores aus wahnbezogenen Items.

Literatur

1. Gay W (1976) ECDEN assessment manual. NIMH, Rockville, MD
2. Müller WE (1994) Rezeptorbindungsprofil von Zotepin. Vortrag beim Zotepin-Expertengespräch, München, 7. Mai 1994. Beilage Nervenarzt 65, 7: 3–4
3. Nelson D, Bowers MB (1978) Delusional uniopolar depression. Arch Gen Psychiatry 35: 1321–1328
4. Wolfersdorf M, König F, Straub R (1993) Zotepin und Antidepressiva in der medikamentösen Behandlung der wahnhaften Depression. Psychiat Prax 20 (Sonderheft): 55–58
5. Wolfersdorf M, König F (1994) Wahnhaft depressive Patienten – Zur Diagnostik und Pharmakotherapie bei einer depressiven Problemgruppe. Schweiz Rundschau Med (Praxis) 15: 438–443
6. Wolfersdorf M, König F, Straub R (1994) Pharmacotherapy of delusional depression: experience with combinations of antidepressants with the neuroleptics zotepine and haloperidol. Neuropsychobiology 29: 189–193

Korrespondenz: Dr. M. Wolkersdorf, Abteilung Psychiatrie I, Universität Ulm, Psychiatrisches Landeskrankenhaus Weißenau, D-88214 Ravensburg-Weißenau, Bundesrepublik Deutschland

Fallbericht: Paradoxe Hirnembolie als Komplikation der Elektrokrampfbehandlung

W. Mess, A. Klimke, N. Saimeh und **E. Klieser**

Rheinische Landes- und Hochschulklinik, Düsseldorf, Bundesrepublik Deutschland

Bei einem 61-jährigen Patienten bestand seit über einem Jahr eine endogene Depression, die sich für eine medikamentöse Therapie resistent gezeigt hatte. Dieses führte zur Indikation der Elektrokrampfbehandlung (EKB). Darüber hinaus lagen bei erheblichem Nikotinabusus eine schwere chronisch-obstruktive Emphysembronchitis, ein venöses Beinleiden und ein behandlungsbedürftiger Hypertonus vor. Laborchemisch fand sich desweiteren eine erhöhte Blutviskosität.

Methodik

Während der EKB-Vorbereitung und im Anschluß an den elektrischen Stimulus führten wir ein Monitoring der zerebralen Blutflußgeschwindigkeit in der A.cerebri media links mit Hilfe der transcraniellen Dopplersonografie (TCD) durch.

Befund des TCD

Über einen Zeitraum von ca. 1/2 Stunde vor der EKB fanden sich unauffällige Signale, etwa 20 Sekunden nach dem Ende des elektrisch induzierten, tonisch-klonischen Krampfanfalles traten eindeutige Emboliesignale in dem beschallten hirnversorgenden Gefäß auf. Die Abb. 1 zeigt vor dem Hintergrund eines normalen, stark in der Intensität geminderten Flußsignales deutlich dunkler (d. h. mit höherer Intensität) ein solches Emboliesignal, das während der Untersuchung von einem charakteristischen Laut begleitet wird.

Klinischer Verlauf

Nach der EKB bestanden bei dem Patienten keine neurologischen Herdsymptome, neuropsychologisch fielen aber eine leichte hirnorganische Beeinträchtigung mit Schwerbesinnlichkeit und kurzfristiger Desorientiertheit auf, sowie über mehrere Tage bestehende Beeinträchtigungen des Kurzzeitgedächtnisses.

Diskussion

Aufgrund der oben beschriebenen multiplen Gefäß- und Thromboserisikofaktoren ist bei diesem Patienten nach Ausschluß sonstiger Embolieur-

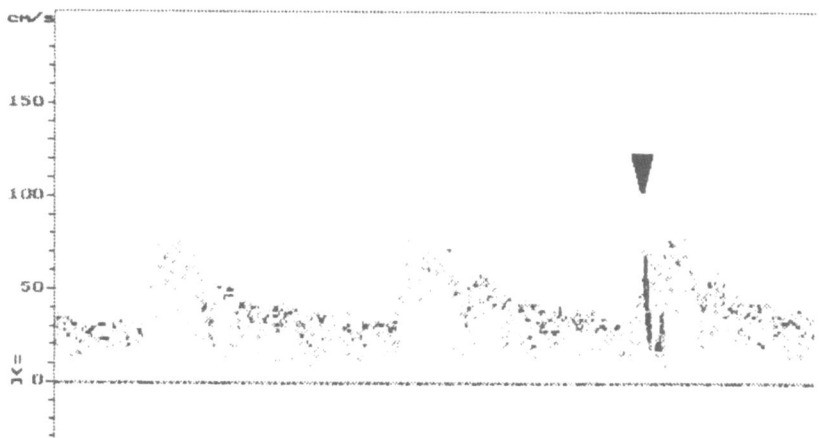

Abb. 1. Im Flußsignal der A. cerebri media links ist ein Emboliesignal zu sehen

sachen (kardial, Halsgefäße) ein paradoxer Emboliemechanismus denkbar, den die Abb. 2 skizziert. In diesem Fall sind u. E. bei Vorliegen der o. g. Lungenerkrankung intra-pulmonale Shunts ursächlich denkbar, welche zumindest kleinere Thromben passieren lassen. Auch wenn die klinische Symptomatik mit dem Emboliegeschehen nicht eindeutig kausal in Verbindung zu bringen ist, so ist doch insbesondere bei Patienten mit o. g. (Gefäß-)Risikokonstellation eine prophylaktische Low-dose-Heparinisierung zur Vermeidung thrombembolischer Komplikationen bei der EKB zu erwägen.

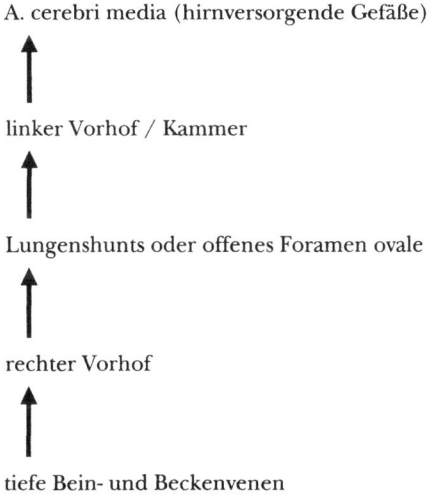

Abb. 2. Mechanismus der paradoxen Hirnembolie

Literatur

Maclay WS (1953) Death due to treatment. Proc R Soc Med 46: 13–20
Mensah GA, Schoen RE, Devereux RB (1990) Intracardiac thrombi in patients undergoing electroconvulsive therapy. Am Heart J 119: 684–5
Weber DL, Ruvolo C, Cashin P (1973) Sudden death following electroconvulsive therapy. NY State J Med 73: 1000–1

Korrespondenz: Dr. W. Mess, Liebfrauenstraße 11, D-40591 Düsseldorf, Bundesrepublik Deutschland

Zur Langzeiteinnahme von Benzodiazepinen – Ergebnisse einer prospektiven Studie bei stationär behandelten psychiatrischen Patienten

W. König[1], **G. Laux**[2], **V. Zumbühl**[1] und **B. Hülsewede**[1]

[1]Psychiatrisches Landeskrankenhaus, Weinsberg und
[2]Psychiatrische Universitätsklinik, Bonn, Bundesrepublik Deutschland

Das Problem des Benzodiazepin-Abusus und der Abhängigkeitsentwicklung rückte in den letzten Jahren zunehmend in das Bewußtsein der Ärzte. Nachdem Mitte der 80er Jahre im deutschsprachigen Raum mehrere Studien publiziert wurden, die über eine hohe Zahl langfristiger Benzodiazepin-Verordnungen bei psychiatrischen Patienten berichteten (Übersicht: [1, 2, 3]), wurde vermehrt auf Gefahren und Risiken der Benzodiazepine hingewiesen und vor Langzeitverordnungen gewarnt [5]; mittlerweile ist der Umsatz von Benzodiazepin-Tranquilizern kontinuierlich und deutlich zurückgegangen [6].

In 1984 hatten wir während eines Quartals am Psychiatrischen Landeskrankenhaus Weinsberg eine prospektive Studie über die Häufigkeit der Benzodiazepin-Langzeiteinnahme (> 3 Monate) durchgeführt; von 504 interviewten Patienten konnten damals 93 als Langzeiteinnehmer klassifiziert werden [4]. In Anbetracht der veränderten Verordnungshäufigkeit führten wir nunmehr 10 Jahre später zur Überprüfung evtl. eingetretener Veränderungen und Entwicklungen im Bereich des Langzeitkonsums erneut eine entsprechende Untersuchung durch.

Methodik

Im Frühjahr 1994 erhoben wir eine Quartalsstichprobe, in die alle Patienten, die länger als 3 Monate Benzodiazepine eingenommen hatten, aufgenommen wurden. Befragt wurden die Patienten von 4 offenen psychiatrischen Akutstationen, der Suchtstation und der Psychotherapeutischen Abteilung mit insgesamt 138 Betten. Neben soziodemographischen Daten wurden Einnahmegründe, Einnahmemodus, Anzahl der verwendeten Präparate sowie klinische Daten wie Entzugserscheinungen und Abhängigkeitssymptome erfaßt.

Ergebnisse

Von den interviewten 472 Patienten erfüllten 76 (16,1%) das Kriterium einer Benzodiazepin-Langzeiteinnahme. Die Verteilung insgesamt sowie nach einzelnen Diagnose-Gruppen ist in Tabelle 1 dargestellt.

Das durchschnittliche Alter der Patienten lag bei 40,5 Jahren, in der Geschlechtsverteilung überwogen Frauen mit 67,1%. 39,4% der Patienten waren verheiratet, 31,5% alleinlebend.

Bei den von den Patienten angegebenen Einnahmegründen überwog mit 67% das Symptom Schlafstörung; Angstgefühle standen mit 50% an zweiter und Streß mit 13% an dritter Stelle der Nennungen.

Die Einnahmedauer ist in Tabelle 2 wiedergegeben; daraus ist ersichtlich, daß 26,3% der Patienten länger als 5 Jahre regelmäßig Benzodiazepine eingenommen haben. 64% der Patienten blieben während des gesamten Einnahmezeitraums immer innerhalb des therapeutischen Bereichs; lediglich 9,2% nahmen ständig untherapeutisch hohe Dosen.

Die Analyse der von den Patienten meistverwendeten Präparate ergab eine Präferenz für Lorazepam und Diazepam bei den Tranquilizern und für Flunitrazepam bei den Hypnotika. Entzugserscheinungen traten bei insgesamt 46 der 76 Patienten auf; an erster Stelle stand mit 54,3% die Schlafstörung, danach folgten Schwitzen, Angst, Tremor, Schwindel und Tachykardie.

Tabelle 1. Häufigkeit der Benzodiazepin-Langzeiteinnahme (> 3 Monate)

	Patienten gesamt	Benzodiazepin n	%
Stichtagsprävalenz (01.05.94)	134	28	20,9
Quartalsinzidenz (II/94)	472	76	16,1
Diagnosen			
Neurosen	46	7	15,2
affektive Psychosen	91	27	29,7
Schizophrenien	147	22	15,0
Abhängigkeiten	136	17	12,5

Tabelle 2. Dauer der Benzodiazepin-Einnahme (n = 76)

Einnahmedauer	Patienten n	%
< 6 Monate	15	19,7
< 1 Jahr	11	14,5
< 2 Jahre	11	14,5
< 5 Jahre	15	19,7
< 10 Jahre	9	11,8
> 10 Jahre	11	14,5
unklar	4	5,3

Diskussion

10 Jahre nach Durchführung einer ersten Studie zur Benzodiazepin-Langzeiteinnahme führten wir am Psychiatrischen Landeskrankenhaus Weinsberg erneut eine Erhebung durch.

Der Vergleich der neuen mit den alten Daten zeigt, daß weiterhin ein hoher Prozentsatz von Langzeiteinnehmern unter den Patienten einer großen Nervenklinik zu finden ist (1994: 16,1%; 1984: 18,5%). Eine auffallende Veränderung zeigt sich im Spektrum der Diagnosen (mehr endogene Psychosen, weniger Neurosen), was jedoch lediglich die insgesamt veränderte Patientenpopulation widerspiegelt. Sowohl bei den Einnahmegründen als auch bei den Entzugserscheinungen finden sich praktisch die gleichen Nennungen in beiden Untersuchungen. Weiterhin überwiegt die Zahl der Niedrig-Dosis-Einnehmer bei nur geringer Zahl von Hoch-Dosis-Abhängigen. Bei der Einnahmedauer zeigt sich dagegen eine deutliche Abnahme der Ultra-Langzeit-Einnehmer (länger als 5 Jahre), waren es 1984 noch 49%, so fanden sich 1994 nur noch 26%.

Insgesamt zeigen die Ergebnisse, daß die Langzeiteinnahme von Benzodiazepinen weiterhin ein nicht zu unterschätzendes Problem der Psychopharmakotherapie darstellt; klare Indikationsstellungen, zeitlich befristete Verordnungen und Absetzversuche könnten dazu beitragen, den Kreis von Benzodiazepin-Langzeit-Patienten weiter zu reduzieren.

Literatur

1. Ferber LV, Krappweis J, Feiertag H (1990) Allgemeinärzte und Internisten verschreiben Psychopharmaka. Soz Praeventivmed 35: 152–1 58
2. Geiselmann B, Linden M (1991) Prescription and intake patterns in long-term and ultra-long-term benzodiazepine treatment in primary care practice. Pharmacopsychiat 24: 55–61
3. Kremser M, Bolstorff W, Dilling H (1990) Gebrauch, Mißbrauch und Abhängigkeit von Benzodiazepinen unter den Aufnahmen einer psychiatrischen Universitätsklinik. Suchtgefahren 36: 69–78
4. Laux G, König W (1985) Benzodiazepine: Langzeiteinnahme oder Abusus? Ergebnisse einer epidemiologischen Studie. Dtsch Med Wochenschr 110: 1290–1293
5. Müller-Oerlinghausen B (1989) Nutzen-Risiko-Beurteilung von Benzodiazepinen. Dtsch Ärztebl 86: 493–494
6. Schwabe K, Paffrath D (1992) Arzneiverordnungs-Report '92. Fischer, Stuttgart

Korrespondenz: Dr. W. König, Psychiatrisches Landeskrankenhaus, D-74184 Weinsberg, Bundesrepublik Deutschland

Zur Veränderung der Exzeßmortalität und des Suizidrisikos unter Lithiumbehandlung

B. Ahrens, B. Müller-Oerlinghausen, T. Wolf und **M. Schou**

Psychiatrische Klinik, Freie Universität Berlin, Bundesrepublik Deutschland

Die Sterblichkeit ist bei Patienten mit affektiven Erkrankungen um das 2–3-fache im Vergleich zur Allgemeinbevölkerung erhöht. Das Suizidrisiko für Patienten mit affektiven Erkrankungen ist im Vergleich zur Allgemeinbevölkerung etwa 30- bis 40-fach erhöht. So beträgt zum Beispiel nach einer amerikanischen Studie von Pokorny aus dem Jahre 1983 die Suizidrate bei affektiven Erkrankungen 695 Suizide auf 100.000 Patienten pro Jahr.

In Studien von Coppen et al. (1991) und von IGSLi (The International Group for the Study of Lithium treated Patients) Müller-Oerlinghausen et al. (1992), Ahrens et al. (1995) wurde gefunden, daß eine Lithiumlangzeitbehandlung zu einer Normalisierung der erhöhten Sterblichkeit führt.

Das Problem bei der Interpretation dieser Befunde liegt darin, abzuschätzen, wie hoch das Mortalitätsrisiko dieser Patienten ohne Lithiumbehandlung gewesen wäre. Das ideale Design zur Beantwortung dieser Frage wäre eine doppelblinde Placebo-kontrollierte Behandlung von Patienten mit affektiven Psychosen über Jahre. Wegen der nachgewiesenen phasenprophylaktischen Wirkung von Lithium ist ein solches Design ethisch nicht vertretbar.

Da eine solche Untersuchung also nicht möglich ist, müssen andere Wege gefunden werden, um den vorhandenen mortalitätssenkenden Effekt von Lithium, das wegen seiner serotoninagonistischen und seiner antiaggressiven und antisuizidalen Wirkungen derzeit besonders interessant ist, genauer zu fassen.

Eine wichtige Frage ist, ob Patienten, die eine Langzeitbehandlung akzeptieren von vornherein wegen einer besseren Compliance eine bessere Prognose haben. In diesem Falle wäre diese Selektion eher als die Psychopharmakotherapie für die Normalisierung der Mortalität verantwortlich. Auf der anderen Seite besteht die Überlegung, daß gerade solche Patienten die üblicherweise auf Lithium eingestellt werden, ein höheres Suizidrisiko, z. B. auf Grund der hohen Anzahl der Episoden haben. Da die Be-

Tabelle 1. Mortalität im ersten Behandlungsjahr bei Patienten mit affektiven Psychosen unter Lithiumbehandlung

Erstes Behandlungs- jahr		Beobachtete Todesfälle	Erwartete Todesfälle	beob./ erw.	χ^2	p
(n = 471)	Gesamt- Mortalität	67	2.77	2.17	2.466	n.s.
Patientenjahre:	Suizide	2	0.12	16.67	4.560	p < .05
374	Kardiovask. Todesfälle	2	1.00	2.00	0.686	n.s.

handlung der untersuchten Patienten sowohl in der Studie von Coppen et al. als auch der Internationalen Lithium-Forschergruppe IGSLi in speziellen Lithiumkliniken durchgeführt wurde, ist zudem zu überlegen, ob Patienten, die in einer Spezialambulanz behandelt werden, komplianter sind als Patienten bei niedergelassenen Nervenärzten. Dagegen spricht, daß gerade in Spezialambulanzen therapieresistente Patienten mit einer insgesamt schlechten Prognose behandelt werden, die ein erhöhtes Mortalitätsrisiko haben.

Wegen der äußerst wichtigen Frage, ob Lithium per se einen suizidpräventiven Effekt hat, wurde eine Untersuchung durchgeführt, um das initiale Mortalitätsrisiko unter Lithium im ersten Behandlungsjahr abzuschätzen und mit dem Mortalitätsrisiko im Behandlungszeitraum von mehr als einem Jahr zu vergleichen. Dazu wurden insgesamt 471 Patienten aus zwei Lithiumkatamnesen untersucht; 130 aus Aarhus, Dänemark, und 341 aus Berlin [zur Methodik siehe Müller-Oerlinghausen et al. (1994)].

Während des ersten Behandlungsjahres war die Gesamtmortalität um das 2-fache und die suizidbedingte Mortalität um das 17-fache im Vergleich zur Allgemeinbevölkerung erhöht (siehe Tabelle 1).

Bei Langzeitbehandlung bestand eine normalisierte Mortalität. Der standardisierte Mortalitätsquotient aus erwarteten und beobachteten Todesfällen war nicht signifikant von 1 – der Sterblichkeit der Allgemeinbevölkerung – verschieden (Tabelle 2).

Tabelle 2. Mortalität in der Zeit nach dem ersten Behandlungsjahr bei Patienten mit affektiven Psychosen unter Lithiumbehandlung

Weitere Behandlungs- jahre		Beobachtete Todesfälle	Erwartete Todesfälle	beob./ erw.	χ^2	p
(n = 327)	Gesamt- Mortalität	20	15.57	1.28	1.108	n.s.
Patientenjahre:	Suizide	2	0.22	3.64	1.806	n.s.
374	Kardiovask. Todesfälle	4	6.00	0.67	0.808	n.s.

Die Ergebnisse unterstreichen die Hypothese, daß es sich bei Patienten mit bestehender Indikation für eine Phasenprophylaxe um Risikopatienten handelt, deren Exzessmortalität sich während der Behandlung normalisiert, möglicherweise als Folge einer suizidpräventiven Wirkung von Lithium.

Aus der Untersuchung läßt sich weiterhin schlußfolgern, daß es sich, betrachtet man nur einmal die Zeit, in der die Patienten eingestellt werden, also das gesamte erste Jahr der Behandlung, nicht um eine positive Selektion handelt.

Die suizidpräventive Wirkung von Lithium muß daher nicht nur unter theoretischen Gesichtspunkten, sondern auch wegen der klinischen Bedeutsamkeit weiter untersucht werden.

Literatur

Ahrens B, Müller-Oerlinghausen B, Schou M, Wolf T, Alda M, Grof E, Grof P, Lenz G, Simhandl C, Thau K, Wolf R, Möller HJ (1995) Excess cardiovascular and suicide mortality of affective disorders may be reduced by lithium-prophylaxis. J Affect Disord 33: 67–75

Coppen A, Standish-Barry H, Bailey J, Houston G, Silcocks P, Hermon C (1991) Does lithium reduce the mortality of recurrent mood disorders? J Affect Disord 23: 1–7

Müller-Oerlinghausen B, Ahrens B, Grof E, Grof P, Lenz G, Schou M, Simhandl C, Thau K, Volk J, Wolf R, Wolf T (1992) The effect of long-term lithium treatment on the mortality of patients with manic-depressive and schizo-affective illness. Acta Psychiatr Scand 86: 218–222

Müller-Oerlinghausen B, Wolf T, Ahrens B, Schou M, Grof E, Grof P, Lenz G, Simhandl C, Thau K, Wolf R (1994) Mortality during initial and during later lithium treatment. Acta Psychiatr Scand 90: 295–296

Pokorny AD (1983) Prediction of suicide in psychiatric patients. Arch Gen Psychiatry 40: 249–257

Korrespondenz: Dr. B. Ahrens, Psychiatrische Klinik und Poliklinik der Freien Universität Berlin, Eschenallee 3, D-14050 Berlin, Bundesrepublik Deutschland

Clonazepam zur Prophylaxe affektiver Erkrankungen

C. Barnas, R. Wolf, S. Schindler, N. Rieder, M. Dietzel und **S. Kasper**

Klinische Abteilung für Allgemeine Psychiatrie, Universitätsklinik für Psychiatrie, Wien, Österreich

Die Literatur über Clonazepam zur Langzeitprophylaxe affektiver Erkrankungen ist äußerst spärlich und läßt aufgrund sehr kontroverser Ergebnisse bislang keine endgültige Aussage über den Stellenwert dieser Substanz zu. Chouinard gelangt, von Einzelbeobachtungen ausgehend, zu dem Schluß, daß Clonazepam bei etwa zwei Drittel der nicht ausreichend auf Lithium ansprechenden Patienten zu einer Verminderung der Phasenzahl führt und postuliert eine direkte „synergistische" Wirkung dieser beiden Substanzen (Chouinard 1985).

Auch Sachs empfielt die Kombination von Lithium und Clonazepam bei bipolaren Patienten und zieht diese Kombination der Kombination von Lithium mit einem Neuroleptikum vor. Es komme zu einer geringeren Auftretenswahrscheinlichkeit depressiver Phasen und zu einem verringerten Risiko für Spätdyskinesien (Sachs 1990).

Von guter Wirkung wurde auch bei 6 bipolaren Lithium-Nonrespondern berichtet, die mit Clonazepam alleine oder in Kombination mit Neuroleptika oder Antidepressiva behandelt wurden. Im Beobachtungszeitraum von 13 bis 34 Monaten traten keinerlei Rückfälle auf (Mauri et al. 1990).

Günstiges Ansprechen beschreibt auch Kishimoto, der 24 bipolare Patienten retrospektiv untersuchte, die über 2 Jahre oder länger mit Clonazepam behandelt worden waren, 13 davon in Kombination mit Lithium: Sowohl manische wie auch depressive Phasen nahmen signifikant ab (Kishimoto 1991).

Auch bei Patienten mit rasch wechselnden Krankheitsphasen wurde Clonazepam eingesetzt: so werden 3 lithiumrefraktäre Rapid cycler-Langzeitverläufe beschrieben, die durch eine Kombination mit Clonazepam stabilisiert werden konnten (Baba et al. 1991).

Der einzige Versuch einer prospektiven Untersuchung (Aronson 1989) an lithiumrefraktären bipolaren Patienten wurde aus ethischen Gründen abgebrochen, nachdem es bei allen 5 bis zum Abbruchzeitpunkt inkludierten Patienten nach maximal 15 Behandlungswochen zum Rückfall gekommen war. Bei allen Patienten wurde allerdings eine zuvor durchgeführte Neuroleptika-Langzeittherapie bei Studienbeginn abrupt abgesetzt.

Daten über den Einsatz von Clonazepam als Phasenprophylaktikum bei monopolar Depressiven liegen bislang noch nicht vor.

Im Folgenden werden die Ergebnisse einer retrospektiven Auswertung der Ambulanzunterlagen von Patienten vorgestellt, die in den letzten 5 Jahren im Rahmen ihrer Betreuung an der Ambulanz für Phasenprophylaxe der Wiener Universitätsklinik für Psychiatrie mit Clonazepam behandelt wurden. Insgesamt wurden 34 Patienten gefunden, die Clonazepam länger als 6 Monate erhalten hatten (Tabelle 1). Es handelte sich dabei zum Teil um Patienten, die auf eine andere Form der Phasenprophylaxe nicht adequat angesprochen hatten, zum Teil um solche, die Lithium wegen Nebenwirkungen nicht toleriert hatten. Es wurde in jeder diagnostischen Gruppe die Zahl der Erkrankungsphasen vor Clonazepamgabe mit der Anzahl der Phasen unter Clonazepamgabe (jeweils bezogen auf 1 Jahr) verglichen. Auf die Phasendauer und den Schweregrad der einzelnen Erkrankungsphasen wurde dabei keine Rücksicht genommen. Die Ergebnisse sind in den Tabellen 2–4 zusammengefaßt.

Es zeigte sich, daß es bei unseren monopolar depressiven Patienten zu einer signifikanten Reduktion der Phasenzahl unter Clonazepam kam,

Tabelle 1

| *34 Patienten:* | 19 Frauen (56%) |
| | 15 Männer (44%) |

Durchschnittsalter 48 (± 17) Jahre

Diagnosen nach DSM III-R:

Major Depression	n = 15
Bipolare Störung	n = 15
Schizoaffektive Störung	n = 4

Tabelle 2

Major Depression (n = 15)

6 Männer (40%), 9 Frauen (60%)
Alter 43.5 (± 17) Jahre
Erkrankungsdauer 11.5 (± 1.5) Jahre

Clonazepam Monotherapie	n = 6
Clonazepam + AD	n = 4
Clonazepam + Li	n = 3
Clonazepam + AD + Li	n = 2

Einnahmedauer 1.25 (± 0.6) Jahre

Anzahl depressiver Phasen pro Jahr	
vor Clonazepam	1.5 (± 2.95)
unter Clonazepam	0.3 (± 0.54)
	p < 0.05 (Wilcoxon Matched pairs)

Tabelle 3

Bipolare Störung (n = 15)

7 Männer (47%), 8 Frauen (54%)
Alter 56.3 (± 16.5) Jahre
Erkrankungsdauer 17.5 (± 10.5) Jahre

Clonazepam Monotherapie	n = 1
Clonazepam + Li	n = 7
Clonazepam + AD	n = 4
Clonazepam + Li + AD	n = 1
Clonazepam + Li + NL + AD	n = 2

Einnahmedauer 1.6 (± 2.7) Jahre

Anzahl depressiver Phasen pro Jahr
vor Clonazepam   0.29 (± 0.22)
unter Clonazepam   0.59 (± 0.72)
n. s. (Wilcoxon Matched pairs)

Anzahl manischer Phasen/Jahr
vor Clonazepam   0.4 (± 0.6)
unter Clonazepam   0.4 (± 0.6)
n. s. (Wilcoxon Matched pairs)

Tabelle 4

Schizoaffektive Störung (n = 4)

2 Männer (50%), 2 Frauen (50%)
Alter 41.8 (± 8.5) Jahre
Erkrankungsdauer 12.8 (± 9.5) Jahre

Clonazepam Monotherapie	n = 2
Clonazepam + Li	n = 1
Clonazepam + Li + NL	n = 1

Einnahmedauer 1.9 (± 1.9) Jahre

Anzahl depressiver Phasen pro Jahr
vor Clonazepam   0.7 (± 0.4)
unter Clonazepam   0.1 (± 0.2)

auch bei jenen Patienten, die Clonazepam als einziges Prophylaktikum einnehmen. Bei den bipolaren Patienten konnte keine signifikante Phasenreduktion unter Clonazepam gezeigt werden, allerdings fand sich in unseres Patientenruppe auch kein einziger rapid cycler, bei denen in der Literatur immer wieder von gutem Therapieansprechen berichtet wird. Alle 4 Patienten mit schizoaffektiver Psychose konnten von Clonazepam profitieren, auf eine prüfstatistische Aussage wurde wegen der kleinen Fallzahl verzichtet.

Zusammenfassend kann festgestellt werden, daß die von uns vorgestellten Daten alle methodischen Mängel einer retrospektiven Untersuchung aufweisen, angesichts der wenigen in der Literatur beschriebenen Fälle jedoch sicherlich trotzdem interessant sind. Vor allem das gute Ansprechen monopolar depressiver Patienten, das bisher in der Literatur noch nicht beschrieben wurde, spricht für die Notwendigkeit sauberer prospektiver Vergleichsstudien.

Ein bemerkenswerter Nebenbefund ist sicherlich die Tatsache, daß keiner der untersuchten Patienten Zeichen einer Benzodiazepinabhängigkeit zeigte, obwohl bei täglicher Einnahme die durchschnittliche Einnahmedauer mehr als eineinhalb Jahre betrug.

Literatur

Aronson TA, Shukla S, Hirschowitz J (1989) Clonazepam treatment of five lithium-refractory patients with bipolar disorder. Am J Psychiatry 146: 77–80

Baba S, Sasano T, Shinkado H, Watanabe S (1991) Clonazepam in the maintenance treatment of rapid cycling affective disorder. In: Racagni G, et al (eds) Biological psychiatry 1991. Elsevier, New York

Chouinard G (1986) Use of clonazepam in the maintenance treatment of manic-depressive illness. In: Shagass C, Josiesser C, Bridger WH, et al (eds) Biological psychiatry 1985. Elsevier, New York

Kishimoto A (1991) Antiepileptics and lithium in the treatment of mood disorders. In: Racagni G, et al (eds) Biological psychiatry 1991. Elsevier, New York

Mauri MC, Percudani M, Regazzetti MG, Altamura AC (1990) Alternative prophylactic treatments to lithium in bipolar disorders. Clin Neuropharmacol 13 [Suppl 1]: 90–96

Sachs GS (1990) Use of clonazepam for bipolar affective disorder. J Clin Psychiatry 51 [Suppl] 5: 31–34

Korrespondenz: Dr. C. Barnas, Universitätsklinik für Psychiatrie, Währinger Gürtel 18–20, A-1090 Wien, Österreich

Einfluß von Schlafentzug (SE) auf das circadiane Stimmungsmuster depressiver Patienten

H. -J. Haug

Psychiatrische Universitätsklinik, Basel, Schweiz

Einleitung

Tagesschwankungen der Stimmung sind schon früh als Symptom depressiver Störungen beobachtet worden. Auch in den neuen DiagnoseKlassifikationssystemen ICD-10 und DSM-IV spielen sie eine Rolle bei der Diagnose depressiver Störungen und hier besonders als Merkmal des somatischen Syndroms (WHO 1993, Seite 140), bzw. der „melancholic features" (APA 1994, Seite 384). Verschiedene Untersuchungen zeigen, daß die diagnostische Aussagekraft aber eher zu hoch eingeschätzt wird und auch ein früher postulierter differentialdiagnostischer Wert des Symptoms zur Trennung von endogener und neurotischer Depression nicht gegeben ist. Parallell dazu gibt es aber in den letzten Jahren Studien, die belegen, daß dem Symptom Tagesschwankung der Stimmung eine Bedeutung für die Vorhersage des Erfolges verschiedener Therapieformen zukommt. Am besten untersucht ist hierbei die Schlafentzugstherapie (SE) und der Befund der Prädiktion des SE-Erfolges durch Tagesschwankungen der Stimmung konnte mehrfach von verschiedenen Gruppen repliziert werden (Rudolf und Tölle 1978, Schilgen und Tölle 1980, Elsenga und van den Hoofdakker 1987, Reinink et al. l990, Riemann et al. l991, Haug 1992). Auch die Prädiktion der antidepressiven Pharmakotherapie wurde nachgewiesen (Fähndrich 1987, Carpenter et al. 1986, Haug und Stieglitz 1990) und eine Arbeitsgruppe fand, daß Patienten mit Tagesschwankungen seltener nach Lichttherapie einen Rückfall erleiden (Graw et al. 1990). Es kann vermutet werden, daß das Symptom Tagesschwankung eine Bereitschaft des circadianen Systems zur Response auf Therapien verschiedener Art zeigt. Sollte tatsächlich eine Interaktion von SE-Behandlung und circadianer Stimmungsorganisation, repräsentiert durch das Symptom Tagesschwankungen, stattfinden, so wäre zu erwarten, daß ein SE seinerseits das Muster der Stimmungsveränderungen an den nächsten Tagen verändert. Dies könnte weitere Einblicke in den Zusammenhang von SE-Wirkung und circadianer Organisation der Stimmung bieten.

Methodik

Bei 136 stationär behandelten Depressiven wurde eine Nacht totaler SE durchgeführt. Die Diagnosen wurden nach ICD-9 gestellt (WHO 1980), es handelte sich um Patienten mit endogener Depression monopolar, bipolar, neurotischer Depression und längerdauernder depressiver Reaktion. Die Schwere des depressiven Syndroms machte in jedem Fall eine stationäre psychiatrische Behandlung nötig, so daß davon auszugehen ist, daß die untersuchte Gruppe überwiegend den heutigen Kategorien depressive Episode und Depression bei bipolarer affektiver Störung entsprechen. Alle Patienten waren mindestens am Tag vor SE, während der SE-Nacht und am Tag nach SE medikamentenfrei. Der Verlauf der Stimmung wurde durch zweimalige Messungen am Tag – um 8.00 Uhr und um 20.00 Uhr – mit einer Visuellen Analogskala nach Aitken (Aitken 1969, Fähndrich und Linden 1982) erfaßt. Die Untersuchung erfolgte am Tag vor und an drei Tagen nach SE. Der Verlauf der Stimmung wurde sowohl für die Gesamtgruppe, als auch für die Subgruppen von Patienten mit geringsten bzw. maximalen Tagesschwankungen der Stimmung am Tag vor SE durchgeführt.

Ergebnisse

Von den untersuchten Patienten waren 93 Frauen und 43 Männer, der Altersmittelwert lag bei 52 ± 14 Jahren. Der Mittelwert der Hamilton-Depressions Skala (Hamilton 1960) lag am Morgen vor SE in der Gesamtgruppe bei 26 ± 7. Die Abb. 1 zeigt den Stimmungsverlauf der Gesamtgruppe an den vier Untersuchungstagen. Die in der Gesamtgruppe nachweisbare Tagesschwankung der Stimmung am Tag vor SE wird an den beiden darauffolgenden Tagen aufgehoben und setzt erst am dritten Tag wieder ein. Werden die Patienten eingeteilt in diejenigen mit minimalen bzw. maximalen Tagesschwankungen vor SE, so ergibt sich ein differenzierteres Bild des

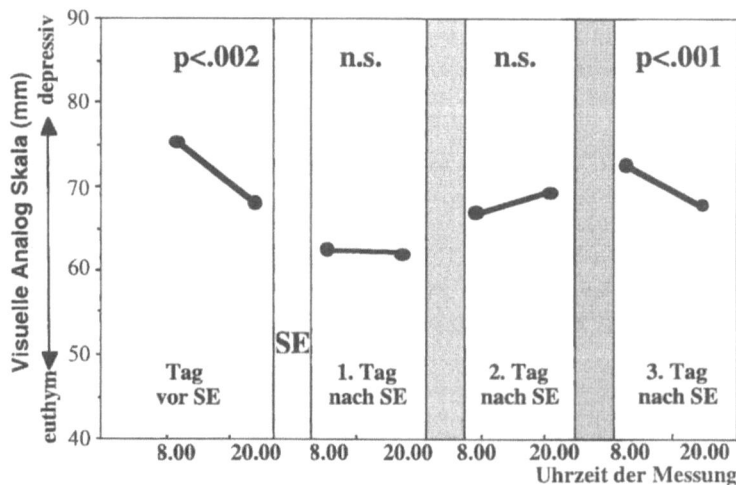

Abb. 1. Verlauf der Stimmung am Tag vor und drei Tage nach Schlafentzug für die Gesamtgruppe depressiver Patienten

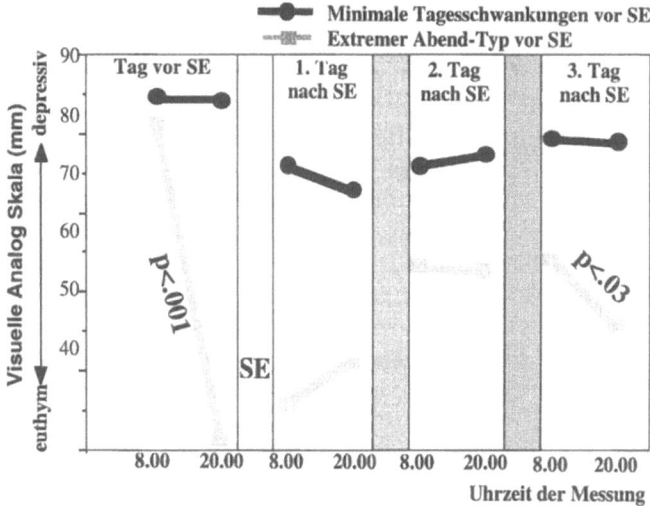

Abb. 2. Verlauf der Stimmung am Tag vor und drei Tage nach Schlafentzug für die depressiven Patienten mit extremen versus minimalen Tagesschwankungen vor SE

Stimmungsverlaufes nach SE (Abb. 2). Es besteht für die Patienten ohne Tagesschwankungen vor SE ein Trend am Tag nach Schlafentzug Tagesschwankungen vom Abendtyp zu entwickeln (Provokation von Tagesschwankungen). An den darauffolgenden Tagen ist dieser Effekt wieder aufgehoben. Bei den Patienten mit extremen Tagesschwankungen vom Abendtyp findet eine Inversion der Tagesschwankungen am Tag nach SE statt. Am zweiten Tag nach SE ist dieser Effekt aufgehoben und erst am dritten Tag ist wieder die signifikante Tagesschwankung mit abendlicher Besserung der Stimmung vorhanden.

Diskussion

Verschiedene Phänomene sind als Wirkung des SE auf Tagesschwankungen beschrieben worden. Diese widersprechen sich zum Teil und die hier durchgeführte Untersuchung kann einige dieser Widersprüche erklären. Tölle beschreibt einen Tagesschwankungs-provozierenden Effekt durch SE und empfiehlt, diese Wirkung auch deshalb auszunützen, weil das Vorliegen von Tagesschwankungen offensichtlich eine günstigere Ausgangslage für antidepressive Therapien signalisiert (siehe Einleitung). Andererseits gibt es auch Berichte über eine Inhibition der Tagesschwankungen an den Tagen nach SE. Abbildung 2 zeigt, daß es von der Ausgangslage abhängt, ob Inhibition oder Provokation von Tagesschwankungen nach SE auftritt. Bei depressiven Patienten wird offensichtlich eine Regulierung des Tagesschwankungsausmaßes auf ein mittleres Niveau angestrebt. Durch diese Überlegung wäre auch zu erklären, warum das Wiederauftauchen von Tagesschwankungen bei schwerer Depression (also eine Verstärkung der Tagesschwankungen) einerseits, das Verschwinden von Tagesschwankungen als Symptom der Depression (also eine Verminderung der Tagesschwankungen) andererseits, als Zeichen klinischer Besserung des depressiven Zustandes auftreten können. Tagesschwankungen der Stimmung können in diesem Sinnne als Unterphänomen der circadianen Organisation der Stimmung gesehen werden. Ein „unmasking" des endogenen Schrittmachers im nucleus suprachiasmaticus bei stärker werdender Depression böte die Erklärung für eine Zunahme der Tagesschwankungen bei Depressiven. Die Suppression des Schrittmachers durch stärkste Depression würde die Verminderung der Tagesschwankungen bei stärker werdender Depression erklären (Haug und Wirz-Justice 1993). Beiden Effekten würde ein antidepressiver SE im Sinne der gezeigten Daten entgegenwirken.

Zusammenfassend konnte gezeigt werden
- daß es von der Ausgangslage abhängt, ob Tagesschwankungen nach Schlafentzug verstärkt oder vermindert (aufgehoben) werden.
- daß die Schlafentzugswirkung mit einer Regulierung der Tagesschwankungen auf ein mittleres Niveau einhergeht.

Literatur

Aitken R (1969) Measurement of feelings using visual analogue scales. Proc R Soc Med 62: 989–993

APA (1994) Diagnostic and statistical manual of mental disorders, DSM-IV, 4th ed. American Psychiatric Association, Washington DC, p 384

Carpenter L, Kupfer D, Frank E (1986) Is diurnal variation a meaningful symptom in unipolar depression? J Affect Disord 11: 255–264

Elsenga S, van den Hoofdakker R (1987) Response to total sleep deprivation and clomipramine in endogenous depression. J Psychiatr Res 21: 151–161

Fähndrich E, Linden M (1982) Zur Reliabilität und Validität der Stimmungsmessung mit der Visuellen Analog-Skala (VAS). Pharmacopsychiat 15: 90–94

Fähndrich E (1987) Biological predictors of success of antidepressant drug therapy. Psychiatr Dev 5: 151–171

Graw P, Kräuchi K, Wirz-Justice A, Pöldinger W (1990) Diurnal variation of symptoms in seasonal affective disorder. Psychiatry Res 37: 105–111

Hamilton M (1960) A rating scale for depression. J Neurol Neurosurg Psychiatry 23: 56–62

Haug H-J, Stieglitz R-D (1990) The amount of diurnal variation of mood (DV) as a marker in endogenous depressed patients. In: Stefanis C (ed) Psychiatry: a world perspective. Elsevier, Amsterdam, pp 500–505

Haug H-J (1992) Prediction of sleep deprivation outcome by diurnal variation of mood. Biol Psychiatry 31: 271–278

Haug H, Wirz-Justice A (1993) Diurnal variation of mood in depression: important or irrelevant? Biol Psychiatry 34: 201–203

Kuhs H, Tölle R (1986) Schlafentzug (Wachtherapie) als Antidepressivum. Fortschr Neurol Psychiatr 54: 341–355

Reinink E, Bouhuys, Wirz-Justice A, van den Hoofdakker R (1990) Prediction of the antidepressant response to total sleep deprivation by diurnal variation of mood. Psychiatry Res 32: 113–123

Riemann D, Wiegand M, Berger M (1991) Are there predictors for sleep deprivation response in depressed patients? Biol Psychiatry 29: 707–710

Rudolf G, Tölle R (1978) Sleep deprivation and circadian rhythm in depression. Psychiatr Clin 11: 198–212

Schilgen B, Tölle R (1980) Partial sleep deprivation as therapy for depression. Arch Gen Psychiatry 37: 267–271

Tölle R (1991) Zur Tagesschwankung der Depressionssymptomatik. Fortschr Neurol Psychiat 59: 103–116

WHO (1980) Diagnosenschlüssel und Glossar psychiatrischer Krankheiten. Springer, Berlin Heidelberg New York
WHO (1993) Internationale Klassifikation psychischer Störungen, ICD-10, 2. Aufl. Huber, Bern Göttingen Toronto Seattle, S 140

Korrespondenz: PD Dr. H.-J. Haug, Psychiatrische Universitätsklinik, Wilhelm-Klein-Straße 27, CH-4025 Basel, Schweiz

Das Corpus callosum bei Schizophrenen und Kontrollpersonen. Eine MRT-Studie

P. Falkai[1], A. Kleinschmidt[2], T. Schneider[1], U. Pfeiffer und **H. Steinmetz[2]**

[1]Rheinische Landes- und Hochschulklinik und [2]Neurologische Klinik,
Heinrich-Heine-Universität, Düsseldorf, Bundesrepublik Deutschland

Einleitung

Das Corpus callosum stellt die größte Faserverbindung zwischen rechter und linker Hirnhälfte dar, wobei einzelne Teilsegmente umschriebene Hirnregionen verbinden. Die vorliegende Arbeit untersucht, inwieweit sich die Gesamtfläche bzw. die Fläche einzelner Teilsegmente des Corpus callosum im Kernspintomogramm bei schizophrenen Patienten im Vergleich zu gesunden Kontrollpersonen signifikant unterscheiden.

Patienten und Kontrollpersonen

In die Studie aufgenommen werden konnten 26 schizophrene Patienten (13 Männer, 13 Frauen, mittleres Alter 29,7 Jahre, mittlere Krankheitsdauer 24,5 Monate), die erstmalig mit einer akuten psychotischen Symptomatik in die Psychiatrische Klinik der Heinrich-Heine-Universität Düsseldorf stationär aufgenommen wurden und 26 geschlechts-, alters- und händigkeitsangepaßte gesunde Kontrollpersonen.

Methodik der MRT-Messungen

Die midsagittale MRT-Schicht wurde für die Digitalisierung des Corpus callosum an einer „off-line workstation" ausgewählt. Die Gesamtfläche des Corpus callosum (A0) wurde in sieben Teilareale (A1 bis A7) nach definierten Kriterien unterteilt (siehe nachstehende Abb. 1 aus Steinmetz et al. 1992). Neben den Flächen der Teilsegmente und der daraus additiv ermittelten Gesamtfläche wurden die Größen der 7 Segmente in Relation zur Gesamtfläche untersucht.

Ergebnisse

Die Daten wurden mit univariaten zweifaktoriellen Varianzanalysen (Diagnose x Geschlecht) ausgewertet. Dabei ergab sich eine mittlere Flächenvergrößerung des Corpus callosum bei Schizophrenen im Vergleich zu den

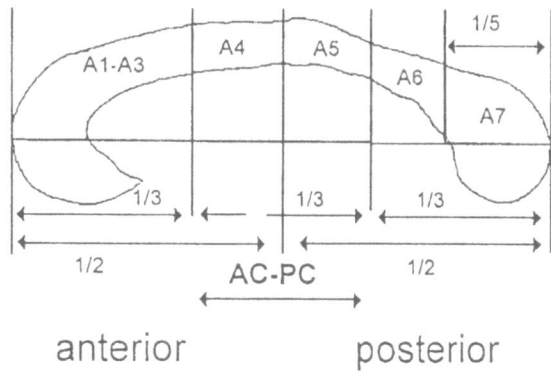

Abb. 1

Kontrollpersonen um 7%–13% in allen 7 Segmenten und damit auch für die Gesamtfläche. Diese Unterschiede fielen in Segment 4 (p = .017), Segment 5 (p = .043); und für die Gesamtfläche (p = .039) signifikant aus (Tabelle 1). Die mittleren relativen Flächen unterschieden sich aber zwischen Schizophrenen und Kontrollpersonen um maximal 3%, woraus in keinem der Segmente signifikante Unterschiede resultierten (Tabelle 2).

Diskussion und Zusammenfassung

Die absolute Flächenzunahme des Corpus callosum um 2–27 % bei Schizophrenen (signifikante Differenz für die Segmente 4, 5 und Gesamtfläche) stimmt überein mit der Hypothese einer gestörten Hirnentwicklung, im Sinne einer verminderten Elimination überflüssiger callosaler Fasern (= axonal pruning). Inwieweit dieser Befund sich nach einer Korrektur mit dem individuellen Ganzhirnvolumen hält wird zur Zeit geprüft, wobei die bereits durchgeführte Umrechnung auf relative Werte eher pessimistisch stimmt.

Tabelle 1. Absolute Gesamtfläche des Corpus callosum

| | Kontrollen | | | | | | Schizophrene | | | | | | Differenz in % (Kontrollen = 100 %) | | p-Wert Faktor Diagnose |
| | Männer | | | Frauen | | | Männer | | | Frauen | | | | | |
	n	mw	(sd)	n	mw	(sd)	n	mw	(sd)	n	mw	(sd)	männl.	weibl.	
Ebene 1	13	293	(125)	13	336	(131)	13	325	(99)	13	350	(124)	+11%	+4%	.490
Ebene 2	13	1299	(339)	13	1214	(218)	13	1532	(354)	13	1282	(269)	+18%	+6%	.076
Ebene 3	13	938	(201)	13	1001	(151)	13	1126	(199)	13	948	(196)	+20%	−5%	.200
Ebene 4	13	765	(145)	13	786	(86)	13	923	(140)	13	800	(123)	+21%	+2%	.017*
Ebene 5	13	661	(152)	13	662	(79)	13	769	(144)	13	690	(80)	+16%	+4%	.043*
Ebene 6	13	572	(162)	13	596	(121)	13	724	(164)	13	591	(121)	+27%	−1%	.072
Ebene 7	13	1619	(344)	13	1665	(369)	13	1833	(319)	13	1696	(244)	+13%	+2%	.018
total	13	6144	(1282)	13	6257	(922)	13	7230	(989)	13	6355	(767)	+18%	+2%	.039*

Tabelle 2. Relative Fläche des Corpus callosum (in % der Gesamtfläche)

| | Kontrollen | | | | | | Schizophrene | | | | | | Differenz in % (Kontrollen = 100 %) | | p-Werte Faktor Diagnose |
| | Männer | | | Frauen | | | Männer | | | Frauen | | | | | |
	n	mw	(sd)	n	mw	(sd)	n	mw	(sd)	n	mw	(sd)	männl.	weibl.	
Ebene 1	13	4.6	(1.4)	13	5.3	(1.7)	13	4.6	(1.4)	13	5.5	(1.9)	±0%	+4%	.89
Ebene 2	13	21.1	(2.7)	13	19.5	(2.7)	13	21.2	(4.1)	13	20.1	(3.2)	±0%	+3%	.69
Ebene 3	13	15.3	(1.9)	13	16.0	(1.3)	13	15.6	(2.1)	13	15.0	(2.7)	+2%	−6%	.48
Ebene 4	13	12.5	(0.9)	13	12.6	(0.8)	13	12.8	(1.3)	13	12.6	(1.5)	+2%	±0%	.69
Ebene 5	13	10.8	(1.4)	13	10.7	(0.7)	13	10.6	(1.1)	13	10.9	(1.0)	−2%	+2%	.88
Ebene 6	13	9.3	(1.3)	13	9.5	(1.3)	13	10.0	(1.7)	13	9.3	(1.2)	+8%	−2%	.54
Ebene 7	13	26.5	(2.3)	13	26.4	(3.2)	13	25.3	(2.2)	13	26.7	(1.9)	−5%	+1%	.50

Literatur

Steinmetz H, Jäncke L, Kleinschmidt A, Schlaug G, Volkmann J, Huang Y (1992) Sex but not hand difference in the isthmus of the corpus collosum. Neurology 42: 749–752

Korrespondenz: Dr. P. Falkai, Psychiatrische Klinik, Rheinische Landes- und Hochschulklinik, PF 120510, D-40605 Düsseldorf, Bundesrepublik Deutschland

Dopaminerges System und Verhalten:
Zur psychopathologischen Relevanz
cortico-striato-thalamo-corticaler ‚Circuits'

A. Klimke

Rheinische Landes- und Hochschulklinik Düsseldorf, Psychiatrische Klinik der
Heinrich-Heine-Universität, Düsseldorf, Bundesrepublik Deutschland

Morphologische und funktionelle Untersuchungen erbringen bei schizophrenen Psychosen eine Reihe von Auffälligkeiten, die unterschiedlichste
Strukturen im ZNS betreffen. Diskutiert werden etwa eine Dysfunktion des
präfrontalen Cortex [32], eine (u. U. genetisch bedingte bzw. peri- oder
pränatal erworbene) Dysfunktion des Hippokampus [4,17,31], Zellverluste
im mediodorsalen Thalamus [24] bzw. Frontalcortex und Gyrus cinguli
[3], Störungen im Bereich des Temporalcortex [27], Störungen der Augenfolgebewegungen mit vermuteter Involvierung frontalcorticalen Areale
[20] sowie eine gestörte Hirnentwicklung z. B. im Sinne einer gestörten Lateralisierung [10,12,5]. Eine ähnliche Heterogenität der Befunde findet
sich auch in Untersuchungen mit neuen bildgebenden Verfahren (PET,
SPECT). Liddle [21] unterscheidet im Rahmen seines Drei-Syndrom-Kon-
zepts das Syndrom der formalen Denkstörung (orbitofrontaler Cortex),
das Antriebsmangelsyndrom (dorsolateral präfrontal) und das Syndrom
der Realitätsverzerrung, d. h. insbesondere Halluzinationen und Wahn
(Temporallappen).

Demgegenüber sprechen pharmakologische und elektrophysiologische Befunde für eine wesentliche Rolle einer dopaminergen Dysregulation bei der Entstehung (akuter) psychotischer Symptome im Sinne der „Dopaminhypothese der Schizophrenie" [22], zumindest aber für die Vermittlung der antipsychotischen Wirkung der Neuroleptika [23]. Auch ein Dopaminmangel als Ursache schizophrener Negativsymptome wird diskutiert
[9].

Hirnmorphologische Befunde und pharmakologische Hypothesen las-
sen sich allerdings nur schwer in Beziehung setzen. So hypothetisieren
Kim und Kornhuber [19] aufgrund von Liquor-Befunden eine primäre
Dysfunktion des glutamatergen Systems („Glutamathypothese"), und Gra-

ce [15] hypothetisiert, daß die tonische Reduktion der Glutamat-Freiset-
zung zunächst zu einer gleichsinnigen Reduktion des dopaminergen To-
nus führt, die über eine kompensatorische Hochregulation bzw. Vermehrung postsynaptischer Dopamin-Rezeptoren dann zur Entstehung psychotischer Symptome führt, wobei offen bleibt, welche Hirnstrukturen hieran
beteiligt sein könnten. Fuster [13] postuliert, daß vor allem die dopaminerge Innervation des präfrontalen Kortex eine besondere Rolle für das
Zustandekommen schizophrener Symptome spielen könnte. Hier finden
sich jedoch bevorzugt D1-Rezeptoren, die für die antipsychotische Wirksamkeit der Neuroleptika wahrscheinlich keine Rolle spielen [18],
während insbesondere die Basalganglien die für die Neurolepsie bedeutsamen D2 [D3-, D4-] Rezeptoren exprimieren [26].

In diesem Zusammenhang ist der zunächst an Primaten erhobene Befund einer spezifischen Verschaltung der Basalganglien mit einer Reihe
der genannten Hirnstrukturen von besonderem Interesse [1, 2, 16]. Danach lassen sich Verschaltungsmuster des motorischen Systems in analoger
Weise auch für „höhere" Hirnfunktionen nachweisen, wobei jeweils unterschiedliche Anteile von Frontalcortex, Basalganglien, Pallidum und Thalamus in einer spezifischen Weise in Form sog. „cortico-striato-pallido-thala-
mocorticaler" Rückkopplungsschleifen zusammenwirken. Alexander et al.
[1] unterscheiden fünf solcher „Circuits" (motorisch, okulomotorisch, dorsolateral präfrontal, medial orbitofrontal bzw. limbisch). Zusammengefaßt
führt die fokale Aktivierung GABAerger Neurone des Striatums über den
„direkten" Weg (Hemmung des Pallidum internum) zu einer fokalen Enthemmung thalamischer bzw. thalamocorticaler Neurone, während die Stimulation des „indirekten" Wegs in einer fokalen Hemmung thalamischer
Neurone und reduzierten Erregbarkeit der zugehörigen thalamocortico-
thalamischen Neurone resultiert.

Im motorischen System (dorsales Striatum bzw. Putamen) können
durch striatale Stimulation komplexe Erregungs-/Hemmungsmuster in
Thalamus und zugehörigem Cortex aufgebaut werden, die wahrscheinlich
der Vorbereitung komplexer motorischer Aktionsmuster dienen. Diese
Verschaltungsmuster beruhen höchstwahrscheinlich auf früheren Lernvorgängen; isolierte fokale Schädigungen des (motorischen) Striatums können beispielsweise zu einem passageren Verlust erlernter manueller Explo-
rationsmuster führen [33]. Schädigungen auf unterschiedlichsten Ebenen
innerhalb eines Circuits können klinisch zudem sehr ähnliche Auswirkungen haben [11].

Angesichts der massiven dopaminergen Innervation der Basalganglien
ist das Konzept der corticostriatopallidothalamischen „Circuits" deshalb besonders interessant, weil angenommen werden muß, daß der dopaminergen Modulation eine zentrale strategische Bedeutung zukommt, die über
die tonische bzw. phasische Aktivität striataler Output-Neurone vermittelt
wird. Darüber hinaus spielt das Dopamin auch für das Zustandekommen
von (striatalen?) Lernvorgängen (Reward) eine bedeutsame Rolle. Die
funktionelle Wirkung des Dopamins innerhalb der Circuits läßt sich aufgrund tierexperimenteller Befunde zumindest teilweise charakterisieren:

Dopamin hemmt über D2-Rezeptoren den indirekten Weg und aktiviert über D1-Rezeptoren den direkten Weg [14]. Außerdem hemmt Dopamin über D2-Rezeptoren die Effektivität der corticostriatalen Erregungsübertragung (Hemmung der Glutamat-Release). Insgesamt resultiert aus einer globalen Steigerung der Dopaminfreisetzung eine globale Erregbarkeitssteigerung corticothalamocorticaler Funktionseinheiten, die positiv miteinander gekoppelt sind bei gleichzeitigem reduziertem Zugriff auf corticostriatal vermittelte Erregungsmuster (Abb. 1b).

Nimmt man an, daß auch im (limbischen) ventralen Striatum bzw. im Nucleus caudatus eine ähnliche Modulation höherer corticaler Funktionen (via dopaminerger Neurone der Area tegmentalis ventralis) wie im motorischen System durch die Substantia nigra erfolgen kann, so lassen sich in Analogie eine Reihe zunächst unzusammenhängender klinischer Störungsmuster ableiten, deren gemeinsame Ursache in einer dopaminergen Dysfunktion liegen könnte. Diese kann durch unterschiedlichste Veränderungen auf der Ebene der phasischen bzw. tonischen Freisetzung des Dopamins selber oder auf der Ebene prä- und postsynaptischer Rezeptor-Subtypen bzw. der nachgeschalteten Second-messenger-Systeme angesiedelt sein. Legt man das von Grace [15] vorgeschlagene Modell zugrunde, so würde eine Unterfunktion des glutamatergen Systems (z. B. reduzierter

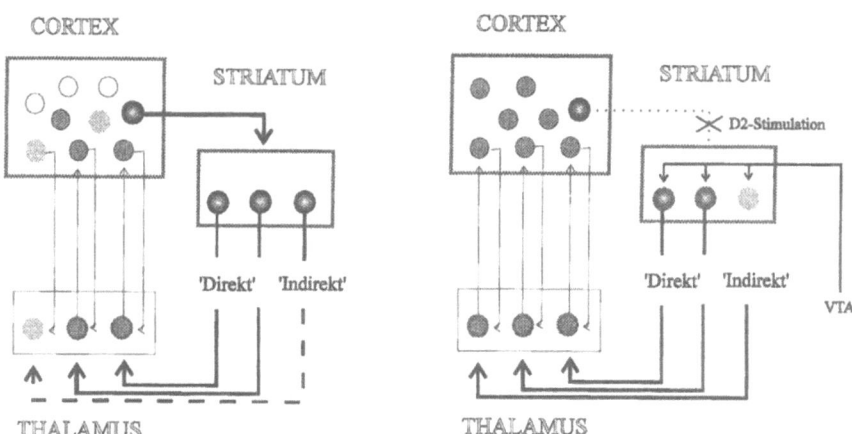

Abb. 1. **a** Fokale Aktivierung corticostriataler Projektionen führt über den direkten Weg (via Pallidum internum) zu einer Enthemmung des mediodorsalen Thalamuskerns oder über den indirekten Weg (via Pallidum externum, Nucleus subthalamicus und Pallidum internum) zu einer thalamischen Hemmung. Hieraus resultiert ein charakteristisches Muster der Erregbarkeit corticothalamischer Zellsäulen, das möglicherweise als Grundlage für weitere motorische Handlungssequenzen bzw. für höhere kognitive Verarbeitungsstrategien dient. **b** Eine exzessive Steigerung der Dopaminfreisetzung im Striatum (z. B. nach Amphetamingabe) führt zum einen zu einer Hemmung der corticostriatalen Glutamatfreisetzung (via D2-Rezeptor) mit einem zeitweiligen Verlust des Zugriffs auf erlernte Handlungsmuster. Gleichzeitig aktiviert Dopamin unspezifisch den direkten und hemmt den indirekten Weg mit der Folge einer globalen Erregbarkeitssteigerung corticaler Zellverbände (gesteigerte Reagibilität, Antriebssteigerung, Gedankendrängen) unter zeitweiligem Verlust striatal vermittelter inhibitorischer Mechanismen (indirekter Weg)

Input von Präfrontalcortex oder Hippokampus) in das ventrale Striatum (N. accumbens, Caudatum, Tuberculum olfactorium) zunächst zu einer reduzierten tonischen Dopaminfreisetzung, danach zu einer phasischen Überreagibilität postsynaptischer Dopaminrezeptoren führen.

Tabelle 1 deutet den möglichen heuristischen Nutzen des skizzierten Konzepts, das aufgrund der notwendigen räumlichen Beschränkung hier nicht weiter belegt werden kann, für die Erklärung und weitere Erforschung schizophrener Psychopathologie an.

Die vorstehenden Überlegungen liefern ein Erklärungsmodell für eine Reihe von Symptomen, die im Verlauf schizophrener Psychosen sowohl im Prodromalstadium, in akuten Krankheitsphasen und im Langzeitverlauf auftreten können. Zwei wichtige Aspekte können aus dem Modell nicht direkt abgeleitet werden, nämlich die Frage nach dem Einfluß einer gestörten Lateralisierung [5,6], sowie der Symptomenkomplexe „akustische Halluzinationen" bzw. „Wahn".

Akustische Halluzinationen (Hören von Stimmen) sind höchstwahrscheinlich mit einer fokalen Überaktivität des Temporallappens assoziiert [27], der allerdings in enger reziproker Verbindung mit den genannten frontalcorticalen Strukturen steht [21]. Es könnte deshalb spekuliert werden, daß bestimmte Störungen des Frontalcortex (z. B. Hyperreagibilität auf phasische Stimulation) konsekutiv zu einer Dysfunktion des Temporallappens (und umgekehrt) führen.

Auch für die Wahnentstehung liefert das Konzept einer Funktionsstörung corticostriatothalamischer Circuits zunächst keine offensichtliche Erklärung. Spitzer [29] hypothetisiert, daß das Auftreten akuter Wahnvorstellungen mit einem psychischen Zustandsbild assoziiert sind, das durch Angst und Mißtrauen, gesteigertes Arousal, Mangel an selbstkritischem Urteilsvermögen und der Tendenz, unwichtigen Dingen besondere Bedeutung zu geben, gekennzeichnet sei. Dies sei möglicherweise das Resultat ei-

Tabelle 1. Schizophrene Psychopathologie als möglicher Ausdruck einer dopaminergen Dysfunktion innerhalb cortico-striatothalamischer Circuits

Circuit	tonische Reduktion der Dopaminfreisetzung	phasische (D2-Rezeptor)-Hyperreagibilität
motor oculomotor	motor. Verlangsamung, Rigor reduziertes Explorations-verhalten	späte Hyperkinesen Sakkaden, SPEM-Dysfunktion
dorsolateral präfrontal	Antriebsmangel/Anergie	katatone Symptome, Stereotypien, Manirismen
medial orbitofrontal	Denkverlangsamung, -einengung, -hemmung	Inkohärenz, Gedanken-abreißen, Gedankenentzug, Zwangssymptome
anterior cingulär/limbisch	Affektstarre, Affekt-verflachung, Anhedonie	Parathymie, Affektinkontinenz

ner gesteigerten dopaminergen/noradrenergen Aktivität, die u.a. über ein gesteigertes Signal/Noise-Verhältnis unwichtige Wahrnehmungen als signifikant erscheinen ließe. Chronische Wahnvorstellungen entstünden hingegen als Folge länger bestehender akuter psychotischer Symptome, wobei es – in Analogie zur Entstehung einer corticalen Repräsentation von Phantomschmerzen [28] zu einer Reorganisation corticaler Assoziationsfelder komme. Die Analyse der Interaktion zwischen Dopamin und den corticostriatothalamischen Circuits zeigt, daß die für die Reorganisation im sensorischen Cortex herausgearbeiteten Voraussetzungen, nämlich ein hoher Level unspezifischer Aktivierung („Noise") sowie ein reduzierter Input an spezifischer Information (z. B. im Fall von Phantomschmerzen) auch im Fall des von Grace [15] postulierten hypodopaminergen Zustandes mit konsekutiver postsynaptischer D2-Rezeptor-Hochregulation vorliegen. Hier kommt es nämlich als Folge der reduzierten glutamatergen und dopaminergen Aktivität zu einer tonischen Aktivitätssteigerung des gabaergen Globus pallidus internus, und damit zu einer tonischen Hemmung des mediodorsalen Thalamuskerns sowie des nachgeschalteten präfrontalen Cortex („Hypofrontalität", Prodromalsyndrom bzw. Negativsymptomatik). Streßabhängige phasische Aktivierung des dopaminergen Systems führt dann zu einer phasischen thalamokortikalen Aktivierung inadäquater bzw. irrelevanter Assoziationen (Wahneinfall, Gedankeneingebung, Inkohärenz). Hält dieser Zustand länger an, käme es im Rahmen eines Lernvorgangs zur Ausbildung falscher Assoziationsnetzwerke (Wahn). In Phasen gesteigerter Dopaminfreisetzung (Streß, psychotische Exazerbation nach Amphetamingabe) würde die Aktivierung dieser corticalen Assoziationen zum einen durch eine unspezifische tonische Aktivierung thalamocorticaler Neurone, zum anderen durch eine dopaminerge Hemmung des Zugriffs auf corticostriatal vermittelte „gewohnte" Denk- und Handlungsstrategien weiter begünstigt (Abb. 1b).

Zusammenfassung und Schlußfolgerungen

Die Bedeutung corticostriatothalamischer Circuits für die Entstehung psychotischer Symptome wurde bereits verschiedentlich diskutiert [30, 8, 7, 25]. Das hier vorgeschlagene Modell hebt den möglichen Einfluß einer dopaminergen Dysregulation auf das Striatum hervor, die – via pallidothalamocorticaler Projektionen – eine relevante Modulation bzw. Dysfunktion unterschiedlichster corticaler Areale induzieren kann. Darüber hinaus wird hypothetisiert, daß im ventralen Striatum – in Analogie zum motorischen System – erlernte Verhaltens-, Denk- und Verarbeitungsstragien repräsentiert sind. Weitere Studien mit neuen bildgebenden Verfahren (PET-Aktivierungsstudien bzw. Dopamin-Rezeptor-Mapping) sowie die Entwicklung spezifischer neuropsychologischer Paradigmen mit tierexperimentell nachgewiesener Dopaminabhängigkeit (z. B. Prepulse Inhibition, Latent Inhibition) in Korrelation zum klinischen Syndrom sind notwendig, um die klinische Relevanz des dargestellten Konzepts nachzuweisen.

Literatur

1. Alexander GE, DeLong MR, Strick PL (1986) Parallel organization of functionally segregated circuits linking basal ganglia and cortex. Ann Rev Neurosci 9: 357–381
2. Alexander GE, Crutcher MD (1990) Functional architecture of basal ganglia circuits: neural substrate of parallel processing. TINS 13(7): 266–271
3. Benes FM, Davidson B, Bird ED (1986) Quantitative cytoarchitectural studies of the cerebral cortex of schizophrenics. Arch Gen Psychiatry 43: 31–35
4. Bogerts B, Meertz E, Schönfeldt-Bausch R (1985) Basal ganglia and limbic system pathology in schizophrenia. Arch Gen Psychiatry 42: 784–791
5. Bracha HS (1987) Asymmetrical rotational (circling) behavior, a dopamine-related asymmetry: preliminary findings in unmedicated and never-medicated schizophrenic patients. Biol Psychiatry 22: 995–1003
6. Breier A, Buchanan RW, Elkashef A, et al (1992) Brain morphology and schizophrenia. A magnetic resonance imaging study of limbic, prefrontal cortex and caudate structures. Arch Gen Psychiatry 49: 921–926
7. Carlsson A (1988) The current status of the dopamine hypothesis of schizophrenia. Neuropsychopharmacology 1(3): 179–186
8. Czernansky JG, Murphy GM, Faustman WO (1991) Limbic/mesolimbic connections and the pathogenesis of schizophrenia. Biol Psychiatry 30: 383–400
9. Crow TJ (1980) Molecular pathology of schizophrenia: more than one disease process? Br Med J 280: 1–9
10. Crow TJ, Ball J, Bloom SR, et al (1989) Schizophrenia as an anomaly of development of cerebral asymmetry. Arch Gen Psychiatry 46: 1145–1150
11. Cummings JL (1993) Frontal-subcortical circuits and human behavior. Arch Neurol 50: 873–880
12. Falkai P, Bogerts B, Greve B, et al (1992) Loss of sylvian fissure asymmetry in schizophrenia. A quantitative post-mortem study. Schizophr Res 7: 23–32
13. Fuster JM (1990) The prefrontal cortex. Anatomy, physiology and neuropsychology of the frontal lobe, 2nd ed. Raven Press, New York
14. Gerfen CR (1992) The neostriatal mosaic: multiple levels of compartmental organization. J Neural Transm [Suppl] 36: 43–59
15. Grace AA (1991) Phasic versus tonic dopamine release and the modulation of dopamine system responsivity: a hypothesis for the etiology of schizophrenia. Neuroscience 41: 1–24
16. Groenewegen HJ, Berendse HW, Wolters JG, Lohmann AHM (199) The anatomical relationship of the prefrontal cortex with the striatopallidal system, the thalamus and the amygdala: evidence for a parallel organization. In: Uylings HBM, Van Eden CG, De Bruin MA, et al (eds) Prog Brain Res 85: 95–118
17. Jakob H, Beckmann H (1986) Prenatal developmental disturbances in the limbic allocortex of schizophrenics. J Neural Transm 65: 303–326
18. Karlsson P, Smith L, Farde L, et al (1994) Failure to demonstrate antipsychotic effect of the dopamine D1-receptor antagonist SCH 39166 in schizophrenic patients [abstract]. Eur Psychiatry 9 [Suppl 1]: 54s–55s
19. Kim JS, Kornhuber HH, Schmidt-Burgk W, Holzmüller B (1980) Low cerebrospinal fluid glutamate in schizophrenic patients and a new hypothesis on schizophrenia. Neurosci Lett 20: 379–382
20. Levin S, Jones A, Stark L, et al (1982) Identification of abnormal patterns in eye movements of schizophrenic patients. Arch Gen Psychiatry 39: 1125–1130
21. Liddle PF (1992) Mentale Kontrollfunktion bei Schizophrenie: PET-Studien und Implikationen für die pharmakologische und psychosoziale Therapie. In: Rifkin A, Osterheider M (Hrsg) Schizophrenie – aktuelle Trends und Behandlungsstrategien. Springer, Berlin Heidelberg New York Tokyo, S 173–186
22. Mathysse S (1973) Antipsychotic drug actions: a clue to the neuropathology of schizophrenia? Fed Proc 32: 200–205
23. Müller WE (1989) Pharmakologische Aspekte der Neuroleptika-Wirkung. In: Heinrich K (Hrsg) Leitlinien neuroleptischer Therapie. Springer, Berlin Heidelberg New York Tokyo, S 3–24
24. Pakkenberg B (1992) The volume of the mediodorsal thalamic nucleus in treated and untreated schizophrenics. Schizophr Res 7: 95–100

25. Robbins TW (1990) The case for frontostriatal dysfunction in schizophrenia. Schizo-
    phr Bull 16: 391–402
26. Seeman P (1987) Dopamine receptors and the dopamine hypothesis of schizophre-
    nia. Synapse 1: 133–152
27. Shenton M, Kikinis R, Jolesz FA, et al (1992) Abnormalities of the left temporal lobe
    and thought disorder in schizophrenia: a quantitative magnetic resonance imaging
    study. N Engl J Med 327: 604–612
28. Spitzer M, Böhler P, Weisbrod M, Kischka U (1995a) A neural network model of
    phantom limbs. Biol Cybernetics 72 (3): 197–206
29. Spitzer M (1995b) A neurocomputational approach to delusions. Compr Psychiatry
    36 (2): 83–105
30. Swerdlow NR, Koob GF (1987) Dopamine, schizophrenia, mania and depression: to-
    ward an unified hypothesis of cortico-striato-pallido-thalamic function. Behav Brain
    Sci 10: 197–245
31. Tamminga CA, Thaker GK, Buchanan R, et al (1992) Limbic system abnormalities
    identified in schizophrenia using positron emission tomography with fluorodeoxy-
    glucose and neocortical alterations with deficit syndrome. Arch Gen Psychiatry 49:
    522–530
32. Weinberger (1986) Physiologic dysfunction of dorsolateral prefrontal cortex in schi-
    zophrenia. Arch Gen Psychiatry 43: 114–124
33. Weder B, Knorr U, Herzog H, et al (1994) Tactile exploration of shape after subcor-
    tical ischaemic infarction studied with PET. Brain 117: 593–605

Korrespondenz: Dr. A. Klimke, Psychiatrische Universitätsklinik, Rheinische Landes- und
    Hochschulklinik, Bergische Landstraße 2, D-40605 Düsseldorf, Bundesrepublik
    Deutschland

Post-mortem und In-vivo Befunde am dopaminergen System

R. Gebhard und **P. Falkai**

Rheinische Landes- und Hochschulklinik, Psychiatrische Klinik der
Heinrich-Heine-Universität, Düsseldorf, Bundesrepublik Deutschland

Vorliegender Beitrag soll die wesentlichsten post-mortem und In-vivo Arbeiten zusammenfassen, die sich mit dem dopaminergen System im Gehirn bei schizophrenen Psychosen befassen. Trotz der Bedeutung der Dopamin-Hypothese für die psychiatrische Forschung und einer Vielzahl neuropathologischer Befunde am Hirn Schizophrener, finden sich erstaunlich wenige morphologische Arbeiten zum Hirnstamm, der Ursprungsregion wichtiger neurotransmitter-spezifischer Projektionssysteme. Unter den wenigen Arbeiten, die sich mit der Neuropathologie des Hirnstammes bei Schizophrenen beschäftigen, findet sich nur eine einzige, die die Neurone des mesenzephalen Dopaminsystems Schizophrener mit zwei Kontrollgruppen morphometrisch untersucht und vergleicht (Bogerts et al. 1983). Dabei fanden die Autoren eine signifikante Volumenreduktion der lateralen Substantia nigra (nigro-striatale Projektion) von 21% bei unveränderter Neuronendichte. Das Volumen der Perikarya der Neurone war im medialen Bereich (mesolimbische Projektion) um 16% signifikant reduziert.

Die Vielzahl von Untersuchungen über Dopamin-Rezeptoren bzw. dopamine-uptake-sites wurde von Seeman und Niznik (1990) gesichtet und zusammengefaßt. Im wesentlichen ergaben sich folgende Ergebnisse: 1. die Dichte der dopamine-uptake sites ist unverändert; 2. die D1-Rezeptordichte ist unverändert; 3. die D2-Rezeptorendichte ist signifikant erhöht: 4. diese Zunahme der D2-Rezeptorendichte ist zumindest in der Hälfte der untersuchten Gehirne kein Effekt der neuroleptischen Medikation. Es muß jedoch darauf hingewiesen werden, daß alle Ergebnisse an Corpora striata gewonnen wurden, wobei unklar ist, inwieweit die Basalganglien für die neurochemische Pathologie schizophrener Gehirne aussagekräftig und repräsentativ sind. Quantitative Befunde an anderen Hirnregionen, z. B. am cerebralen Kortex fehlen.

Eine weitere post-mortem Arbeit der jüngsten Zeit (Seeman et al. 1993) fand experimentelle Belege für eine oft postulierte Bedeutung der D4-Rezeptoren. Sie fanden in den Corpora striata Schizophrener eine sechsfach höhere Konzentration von D4-Rezeptoren im Vergleich zu Gesunden, während D2- und D3-Rezeptoren nur wenig verändert waren. Da für D4-Rezeptoren derzeit kein selektiver Ligand existiert, beruhen die Befunde auf der Differenz der Markierung mit [^{3}H]Emonapride, das an D2, D3 und D4-Rezeptoren bindet und der Markierung mit [^{3}H]Raclopride, das an D2 und D3-Rezeptoren bindet. Dieses Ergebnis scheint insbesondere im Hinblick auf die Therapie mit dem atypischen Neuroleptikum Clozapin und dessen Affinität zu D4-Rezeptoren von Bedeutung.

Positronenemissionstomographische (= PET) Messungen der Dopaminrezeptoren in den Basalganglien erbrachten zunächst inkonsistente Ergebnisse. Mit [^{11}C]Methylspiperone als Ligand wurden erhöhte Rezeptorkonzentrationen bei Schizophrenen im Vergleich zu Gesunden gefunden (Wong et al. 1986). Bei Verwendung des Liganden [^{11}C]Raclopride fand sich jedoch kein Unterschied zwischen beiden Gruppen (Farde et al. 1987). Diese Differenz war längere Zeit aufgrund einer mangelnden Kenntnis bezüglich des Rezeptorbindungsprofiles der verwendeten Liganden nicht erklärbar. Aus der heutigen Kenntnis des Rezeptorbindungsprofiles wird deutlich, daß in der Studie von Wong auch D4-Rezeptoren markiert wurden und sich deshalb höhere Werte ergaben als in der Studie von Farde.

Trotz ihrer Schwächen hat die Dopaminhypothese der Schizophrenie weiter ihren Platz in der biologisch-ptychiatrischen Forschung. Zunehmend werden dabei jedoch die Verbindungen zu und die Balancierung mit anderen neurochemischen Systemen im Vordergrund stehen. Dabei erscheint die Überprüfung der weitgehend an Basalganglien gewonnenen Erkenntnisse an anderen, funktionell für schizophrene Psychosen bedeutsameren Hirnregionen erforderlich.

Literatur

Bogerts B, Häntsch H, Herzer M (1983) A morphometric study of the dopamine-containing cell groups in the mesencephalon of normals, Parkinson patients and schizophrenics. Biol Psychiatry 18: 951–971

Farde L, Wiesel FA, Hall H, Halldin C, Stone-Elander S, Sedvall G (1987) No D2-receptor increase in PET study of schizophrenia. Arch Gen Psychiatry 44: 671–672

Seeman P, Niznik HB (1990) Dopamine receptors and transporters in Parkinson's disease and schizophrenia. FASEB J 4: 2737–2744

Seeman P, Guan H-C, Van Tol HM (1993) Dopamine D4 receptors elevated in schizophrenia. Nature 365: 441–445

Wong DF, Wagner HN, Tune LE, Dannals RF, Pearlson GD, Links JM, Tamminga CA, Brousolle EP, Ravert HT, Wilson AA, Toung JKT, Malat J, Williams JA, O'Tuama LA, Snyder SH, Kuhar MJ, Gjedde A (1986) Positron emission tomography reveals elevated dopamine D2 receptors in drug naive schizophrenics. Science 234: 1558–1562

Korrespondenz: Dr. R. Gebhard, Psychiatrische Universitätsklinik, Bergische Landstraße 2, D-40629 Düsseldorf, Bundesrepublik Deutschland

In-vivo-Charakterisierung des zentralen dopaminergen Systems bei Schizophrenie mit Hilfe der Positronen-Emissionstomographie (PET)

C. Boy[1], A. Klimke[2], W. Gaebel[2] und H. W. Müller-Gärtner[1]

[1]Forschungszentrum Jülich und [2]Psychiatrische Klinik, Rheinische Landes- und Hochschulklinik, Düsseldorf, Bundesrepublik Deutschland

Dopaminhypothese der Schizophrenie

Die Dopaminhypothese der Schizophrenie besagt, daß eine funktionelle Überaktivität, eine Vermehrung oder Hypersensitivität postsynaptischer Dopaminrezeptoren der Entstehung akuter schizophrener Symptome zugrunde liegt. Möglicherweise spielt diese funktionelle Überaktivität des dopaminergen Systems eine wesentliche Rolle bei Entstehung und Verlauf der Schizophrenie selbst (Mathysse 1973, Snyder 1976). Die Dopaminhypothese wird bis heute durch eine Reihe pharmakologischer Beobachtungen gestützt (van Kammen et al. 1991, 1992, Davidson et al. 1987, Mathysse 1973, Snyder 1976, Davis et al. 1991, Lieberman et al. 1984): (1) Die antipsychotische Wirkung klassischer Neuroleptika wird über die Blockade von Dopamin $(D)_2$-Rezeptoren vermittelt. Eine gewisse Ausnahme bildet das atypische Neuroleptikum Clozapin, welches nur relativ schwach an D_2-Rezeptoren und relativ selektiv an den D_4-Subtyp bindet. (2) Dopaminagonisten können psychotische Symptome induzieren. Bei in Remission befindlichen schizophrenen Patienten können Dopaminagonisten zu einer akuten Symptom-Exacerbation führen. (3) Eine Langzeitbehandlung mit Neuroleptika vermindert das Risiko eines Rückfalles. (4) Das Absetzen der Neuroleptika erhöht das Rückfallrisiko, wobei dem Rückfall häufig ein Anstieg von Dopaminmetaboliten im Plasma vorausgeht.

Ursprünglich ging die Dopaminhypothese von einer eher generalisierten dopaminergen Überaktivität aus. Weinberger (1987) hat eine anatomisch differenzierende Betrachtungsweise eingeführt. Eine wesentliche Aussage seines neuroanatomischen Modells der Schizophrenie besteht in der Unterscheidung zweier pathophysiologischer Mechanismen auf der

Basis einer primären Läsion mesocortikaler dopaminerger Projektionen. Einerseits wird für den mesolimbischen Anteil des dopaminergen Systems eine Erhöhung der neuronalen Aktivität postuliert. Diese wäre als ursächlich für „positive" Symptome wie z. B. Halluzinationen anzusehen. Im mesolimbischen Anteil wird der Hauptangriffspunkt der klassischen Neuroleptika vermutet. Andererseits vermutet Weinberger zusätzlich eine Erniedrigung der dopaminergen Transmission im präfrontalen Cortex. Die erniedrigte präfrontale dopaminerge Neurotransmission könnte demnach als Ursache der pharmakologisch nur unzureichend beeinflußbaren „negativen" Symptome wie z. B. Affektverflachung und Antriebsstörung angesehen werden. Eine inhibitorische Modulation des mesolimbischen Schenkels des Dopaminsystems durch den präfrontalen Cortex wäre darüber hinaus aufgehoben.

Eigenschaften dopaminerger Rezeptoren

Die Rezeptoren der D_1-Rezeptorfamilie (D_1 und D_5) unterscheiden sich gegenüber Rezeptoren der D_2-Rezeptorfamilie (D_2, D_3 und D_4) durch die Art ihrer Kopplung an G-Proteine und die zugehörigen zellulären Effektormechanismen (Seeman 1993a, 1995, Gingrich et al. 1994). Rezeptoren der D_1-Familie bewirken eine Stimulation der Adenylatzyklase. Die Stimulation von Rezeptoren der D_2-Familie führt dagegen zu einer Hemmung der Adenylatzyklase, einer Aktivierung von Kaliumkanälen sowie zu einer Hemmung spannungsregulierter Calciumkanäle. Dopaminrezeptoren können im nativen Hirngewebe im Zustand hoher oder im Zustand niedriger Affinität für Dopaminagonisten vorliegen (Seeman et al. 1989a, 1995). Um Rezeptorbindungsstellen konkurrierendes Dopamin kann somit einen direkten Einfluß auf das Bindungsverhalten von Dopaminagonisten ausüben. Eine direkte Interaktion zwischen neuronal häufig koexprimierten D_1- und D_2-Rezeptoren ist möglich (Seeman et al. 1989a). Heterorezeptoren, d. h. Rezeptoren anderer Transmittersysteme wie z. B. GABA, Serotonin oder Acetylcholin, können über ihre Second-messenger-Systeme einen direkten Einfluß auf dopaminerge Rezeptoren nehmen (Hudson et al. 1993). Für die der D_2-Familie zugerechneten D_4-Rezeptoren sind im menschlichen Gehirn die Lokalisation und das Bindungsverhalten in-vivo noch nicht untersucht.

Dopaminrezeptoren bei Schizophrenie

In-vitro Befunde

Autoradiographisch konnte in den Corpora striata verstorbener schizophrener Patienten gegenüber Normalpersonen eine Erhöhung der Bindungsstellen für ³H-Spiperon (Antagonist für D_2-, D_3- und D_4-Rezeptoren) um 56% von 12,9 pmol/g auf 20.2 pmol/g gefunden werden (Seeman 1995). Eine Erhöhung der D_1-Rezeptordichte wurde bislang nicht beschrieben (Kahn et al. 1995). In einer aktuellen Untersuchung wurde in

Gehirnen schizophrener Patienten post-mortem eine lokale Erhöhung der
D$_4$-Rezeptordichte auf etwa das Sechsfache der Norm von 2,1 pmol/g auf
11,8 pmol/g nachgewiesen (Seeman et al. 1993b). Diese Erhöhung striataler D$_4$-Rezeptoren war offenbar nicht allein auf eine Neuroleptika-Vorbe-
handlung zurückzuführen und wurde auch bei zuvor unbehandelten Patienten angetroffen (Seeman 1993). Es ist aufgrund dieser Befunde denkbar,
daß dem in frontalem Cortex, Amygdala, Mittelhirn und Basalganglien vorkommenden D$_4$-Rezeptor eine Bedeutung für die Pathophysiologie und
Behandlung der Schizophrenie zukommt.

In-vivo Befunde, Positronen-Emissionstomographie (PET)

Die Bestimmung der zerebralen D$_2$-Rezeptordichte mittels PET erfolgte bei
schizophrenen Patienten im wesentlichen mit zwei unterschiedlichen
Radioliganden. Unter Verwendung von ^{11}C-Methylspiperon (Antagonist
für D$_2$-, D$_3$-, D$_4$-Rezeptoren) konnten Wong und Mitarbeiter (1986) eine signifikante Erhöhung der striatalen Rezeptordichte um 150% bei 10 bis dahin nicht mit Neuroleptika behandelten, schizophrenen Patienten von
16,6 pmol/g auf 41,7 pmol/g zeigen. Unter Verwendung von ^{11}C-Racloprid
(Antagonist für D$_2$- und D$_3$-Rezeptoren) konnten dagegen Farde und Mitarbeiter bei 15 (1987) bzw. 18 (1990) ebenfalls bisher unbehandelten schizophrenen Patienten keine Änderung der striatalen Rezeptordichte nachweisen. Lediglich im linken Putamen konnte Farde eine leichte, jedoch gegenüber dem rechten Putamen signifikante, Erhöhung der ^{11}C-Racloprid-
Bindungsstellen als Zeichen einer Asymmetrie darstellen (Farde et al.
1990). Hietala (1991) beschrieb bei 4 von 11 bis dahin unbehandelten schizophrenen Patienten unter Verwendung von ^{11}C-Racloprid eine erhöhte
Rezeptordichte, bei gleichzeitig nicht signifikant voneinander verschiedenen Gruppenmittelwerten (Kontrolle vs. Schizophrenie: 38.7 pmol/g vs.
34.6 pmol/g). Die unterschiedlichen Ergebnisse der Arbeitsgruppen um
Wong (Johns Hopkins Medical Institutions, Baltimore) und Farde (Karo-
linska Institute, Stockholm) lassen sich zumindest teilweise aus den unterschiedlichen Bindungseigenschaften und Affinitäten der verwendeten Liganden gegenüber D$_2$-Rezeptoren ableiten. ^{11}C-Racloprid ist im Gegensatz
zu ^{11}C-Methylspiperon durch endogenes Dopamin aus seiner Bindung ver-
drängbar. Eine erhöhte Dichte striataler D$_2$-Rezeptoren bei Schizophrenie
ist mittels ^{11}C-Racloprid somit nur dann nachweisbar, wenn die Dopaminkonzentration im synaptischen Spalt die Ligand-Rezeptor-Bindung zuläßt.
[11]C-Racloprid bindet im Gegensatz zu ^{11}C-Methylspiperon nicht an D$_4$-Re-
zeptoren. Die Ligand-Rezeptor-Bindung ist bei ^{11}C-Racloprid reversibler
Art, während ^{11}C-Methylspiperon wesentliche Merkmale einer irreversiblen
Bindung zeigt. Letztlich erfolgt die Berechnung der Rezeptordichte für
[11]C-Racloprid (Farde et al. 1990) und ^{11}C-Metylspiperon (Wong et al. 1986)
über unterschiedliche mathematische Modelle der Kinetik des Liganden in
Blut und Hirngewebe.
    Eine weitere klinische Anwendung Positronen emittierender Dopamin-
rezeptorliganden bei Schizophrenie ist die Messung des freien bzw. des ge-

bundenen Anteils der Dopaminrezeptoren unter einer vorgegebenen neuroleptischen Medikation (Farde et al. 1992). Auf diese Weise lassen sich Therapieeffekte (Wirkung und Nebenwirkung) objektivieren. Ein Vergleich verschiedener Neuroleptika wird zudem ermöglicht. Positronenemissionstomographisch zeigte Lundberg bei drei bisher nicht mit Neuroleptika behandelten schizophrenen Patienten eine erhöhte Affinität von ^{11}C-Clozapin für eine frontale Rezeptorpopulation, die überwiegend nicht dem D$_2$-Rezeptor entsprach (Lundberg et al. 1989).

Ausblick

Zusammengefaßt gibt es nach wie vor Hinweise, daß Dopamin in der Pathogenese akuter psychotischer Symptome eine wichtige Rolle spielt. Positronen-emissionstomographische Untersuchungen der Dichte und Affinität dopaminerger Rezeptoren können bei schizophrenen Patienten zur Klärung des Funktionszustandes des Dopaminsystems in einzelnen Hirnregionen beitragen. Die Bedeutung der D$_4$-Rezeptoren und des präsynaptischen Dopamintransporters für die Schizophrenie ist in-vivo noch nicht hinreichend geklärt (Kahn et al. 1995, Bannon et al. 1995). Zukünftige PET-Studien des dopaminergen Systems bei Schizophrenie sollten in der Lage sein, die Wechselwirkungen mit anderen Neurotransmittersystemen zu berücksichtigen. Zumindest bei einem Teil der Patienten sind wesentliche zusätzliche Faktoren für Entstehung und Verlauf schizophrener Psychosen anzunehmen, etwa im Sinne der Glutamathypothese (Kim et al. 1980) bzw. der Serotoninhypothese der Schizophrenie (Bleich 1988). Grace (1991) hat die Hypothese aufgestellt, daß eine tonische glutamaterge Unterfunktion des präfrontalen Cortex zunächst zu einem Dopaminmangel, und dann zu einer konsekutiven Hochregulation der Sensitivität postsynaptischer Dopaminrezeptoren führt, die nunmehr eine erhöhte Reagibilität auf eine kurzfristige (phasische) Dopaminfreisetzung (Streß, Umweltreize) aufweisen. Diese Neurotransmitterstörung könnte sich klinisch in Form von Prodromalsymptomen (Antriebs- und Interessenverlust, Anhedonie) und bei chronischen Verläufen in Form „negativer" Symptome darstellen. Die akuten, „positiven", Symptome wären entsprechend Ausdruck einer erhöhten Aktivierung postsynaptischer Dopaminrezeptoren (Klimke 1996). Die mittels PET im dopaminergen System darstellbaren Befunde sollten nach heutigem Wissen nur im Kontext morphologischer und funktioneller, dopaminerger und nicht-dopaminerger Konzepte der Schizophrenie bewertet werden.

Literatur

Bannon MJ, Granneman JG, Kapato G (1995) The dopamine transporter. Potential involvement in neuropsychiatric disorders. In: Bloom FE, Kupfer DJ (eds) Psychopharmacology: the fourth generation of progress. Raven Press, New York, pp 179–188

Bleich A, Brown SL, Kahn R, van Praag HM (1988) The role of serotonin in schizophrenia. Schizophr Bull 14: 297–315

Davidson M, Keefe RSE, Mohs RC, et al (1987) L-Dopa challenge and relapse in schizophrenia. Am J Psychiatry 144: 934–938

Davis KL, Kahn RS, Ko G, Davidson M (1991) Dopamine in schizophrenia: a review and reconceptualization. Am J Psychiatry 148: 1474–1486

Farde L, Haldin C, Stone-Elander S, Sedvall G (1987) PET analysis of human dopamine receptors using 11C-SCH23390 and 11C-Raclopride. Psychopharmacology 92: 278–284

Farde L, Wiesel FA, Stone-Elander S, Haldin C, Nordström AL, Hall H, Sedvalll G (1990) D2 dopamine receptors in neuroleptic-naive patients: a positron emission tomography study with [11C]raclopride. Arch Gen Psychiatry 47: 212–219

Farde L, Nordström AL, Wiesel FA, Pauli S, Halldin C, Sedvall G (1992) Positron emission tomographic analysis of central D1 and D2 dopamine receptor occupancy in patients treated with classical neuroleptics and clozapine. Relation to extrapyramidal side effects. Arch Gen Psychiatry 49: 538–544

Gingrich JA, Caron MC (1993) Recent advances in the molecular biology of dopamine receptors. Ann Rev Neurosci 16: 299–321

Grace AA (1991) Phasic versus tonic dopamine release and the modulation of dopamine system responsivity: a hypothesis for the etiology of schizophrenia. Neuroscience 41: 1–24

Hietala J, Syvälahti E, Vuorio K, Nagren K, Lehikoinen P, Ruotsalainen U, Räkköläinen V, Lehtinen V, Wegelius U (1994) Striatal D2 receptor characteristics in neuroleptic naive schizophrenic patients studied with positron emission tomography. Arch Gen Psychiatry 51: 116–123

Hudson CJ, Young T, Li PP, Warsch JJ (1993) CNS signal transduction in the pathophysiology and pharmacotherapy of affective disorders and schizophrenia. Synapse 13: 278–293

Kahn RS, Davis KL (1995) New developments in dopamine and schizophrenia. In: Bloom FE, Kupfer DJ (eds) Psychopharmacology: the fourth generation of progress. Raven Press, New York, pp 1193–1203

Kim JS, Kornhuber HH, Schmid-Burgk, Holzmuller B (1980) Low cerebrospinal fluid glutamate in schizophrenic patients and a new hypothesis of schizophrenia. Neurosci Lett 24: 93–96

Klimke A (1996) Dopaminerges System und Verhalten: Zur psychopathologischen Relevanz cortico-striato-thalamocorticaler „circuits" (dieses Buch)

Lieberman JA, Kane JM, Gadaleta D, Brenner R, Lesser MS, Kinon B (1984) Methylphenidate challenge as a predictor of relapse in schizophrenia. Am J Psychiatry 141: 633–638

Lundberg T, Lindström LH, Hartvig P, Eckernas SA, Ekblom B, Lundquist H, Fasth KJ, Gullberg P, Langstöm B (1989) Striatal and frontal cortex binding of 11-C-labelled clozapine visualized by positron emission tomography (PET) in drug-free schizophrenics and healthy volunteers. Psychopharmacology 99: 8–12

Mathysse S (1973) Antipsychotic drug actions: a clue to the neuropathology of schizophrenia? Fed Proc 32: 200–205

Seeman P (1993a) Schizophrenia as a brain disease. The dopamine receptor story. Arch Neurol 50: 1093–1095

Seeman P, Guan HC, VanTol HHM (1993b) Dopamine D4 receptors elevated in schizophrenia. Nature 365: 441–445

Seeman P, Sunahara RK, Nitznik HB (1994) Receptor-receptor link in membranes revealed by ligand competition: example for dopamine D1 and D2 receptors. Synapse 17: 62–64

Seeman P (1995) Dopamine receptors. Clinical correlates. In: Bloom FE, Kupfer DJ (eds) Psychopharmacology: the fourth generation of progress. Raven Press, New York, pp 295–302

Snyder SH (1976) The dopamine hypothesis of schizophrenia: focus on the dopamine receptor. Am J Psychiatry 133: 197–202

VanKammen DP, Docherty JP, Bunney WE (1982) Prediction of early relapse after pimozide discontinuation by response to d-amphetamine during pimozide therapy. Biol Psychiatry 17: 223–242

VanKammen DP, Kelley M (1991) Dopamine and norepinephrine activity in schizophrenia: an integrative perspective. Schizophr Res 4: 173–191

Weinberger DR (1987) Implications of normal brain development for the pathogenesis of schizophrenia. Arch Gen Psychiatry 44: 660–669

Wong DF, Wagner HN, Tune LE, Dannals RF, Pearlson GD, Links JM, Tamminga CA, Broussolle EP, Ravert HT, Wilson AA, Toung JKT, Malat J, Williams JA, O'Tuama LA, Snyder SH, Kuhar MJ, Gjedde A (1986) Positron emission tomography reveals elevated D2 receptors in drug-naive schizophrenics. Science 234:1558–1563

Korrespondenz: Dr. C. Boy, Institut für Medizin, Forschungszentrum Jülich, D-52407 Jülich, Bundesrepublik Deutschland

Biochemische Korrelate dopaminerger Funktionen in der Response- und Rückfallprädiktion. Die Bedeutung peripherer Catecholamin-Metabolite

W. E. Müller, H. U. Müller und **R. Olbrich**

Abteilung Psychopharmakologie und Psychiatrische Klinik, Zentralinstitut für Seelische Gesundheit, Mannheim, Bundesrepublik Deutschland

Einleitung

Es ist schon seit den ersten Untersuchungen von Carlsson und Lindquist (1963) bekannt, daß Neuroleptika initial zu einem Anstieg des Dopamin-Metaboliten Homovanillinsäure (HVA) im Gehirn bzw. Liquor führen. Dies wurde sehr ausführlich in der vergleichenden Untersuchung von Härnryd et al. (1984) für Sulpirid und Chlorpromazin beschrieben, wo ca. 1–2 Wochen nach Einleitung der Therapie die Anstiege von HVA im Liquor maximal waren. Der kompensatorische Anstieg von HVA nach Gabe von einer Neuroleptika wird durch eine vermehrte Dopaminfreisetzung aufgrund einer Blockade präsynaptischer D2-Rezeptoren erklärt, aber auch über Rückkopplungseffekte, die über andere neuronale Bahnen verlaufen (Bannon et al. 1987, Müller 1991, 1992). Der Anstieg der HVA-Konzentration nähert sich bei mehrwöchiger Behandlung langsam wieder dem Ausgangswert zu. Diese Abnahme der HVA-Konzentration unter längerfristiger Neuroleptika-Therapie wird mit einer Reduktion der Feuerungsrate dopaminerger Neuronen erklärt, die dann letztlich in dem für den Wirkungsmechanismus wichtigen Depolarisationsblock mündet (Müller 1991).

Die Bestimmung von peripherem HVA kann daher wichtige Aspekte der pharmakologischen Wirkung von Neuroleptika am Patienten wiederspiegeln. Die Toleranzentwicklung dopaminerger Neurone auf die initiale Tonussteigerung nach neuroleptischer Behandlung läßt sich nicht nur über die HVA-Konzentration im Liquor, sondern auch über die HVA-Konzentration im Plasma nachweisen (Davila et al. 1988, Pickar et al. 1987, Davidson et al. 1987). In verschiedenen Arbeiten wurde darüber hinaus vorgeschlagen, diesen Parameter auch als Prädiktor für ein gutes Ansprechen der Patienten auf eine neuroleptische Therapie zu benutzen (Baker et al.

1991, Bowers et al. 1986, Duncan et al. 1993). Da sich Plasma-HVA und urinäre HVA in ihrer relativen Zuordnung zu zentralem bzw. peripherem Ursprung nicht unterscheiden (Filser et al. 1986), sollte in der vorliegenden Untersuchung überprüft werden, inwieweit sich unter einer neuroleptischen Therapie entsprechende Veränderungen von urinärem HVA aber auch anderer Catecholamin-Metabolite nachweisen lassen und ob die urinären Konzentrationen im Zusammenhang mit der klinischen Symptomatik stehen.

Methodik

Die Versuche wurden mit 15 stationär behandelten Patienten mit der RDC-Diagnose einer Schizophrenie (6 weiblich, 9 männlich; Alter: 35 ± 9 Jahre) durchgeführt. Zum Einschluß in die Untersuchung mußten die Patienten zum Zeitpunkt T_1 eine produktiv psychotische Symptomatik aufweisen. Zur Kontrolle wurde eine alters- und geschlechtsparallelisierte Gruppe gesunder medikationsfreier Probanden untersucht. Da von schizophrenen Patienten nur sehr schwer komplette 24-Stunden Urinsammlungen zu erhalten sind, wurden bei Patienten und Kontrollpersonen zwei Stunden Urinsammlungen am Morgen (9 bis 11 Uhr) an zwei hintereinanderliegenden Tagen durchgeführt. Die Catecholamin-Metabolitenausscheidungen an beiden Tagen (bezogen auf mg Creatinin) wurden gemittelt. Die Validität der Aussagekraft der gewählten Kurzsammelperiode im Hinblick auf die 24-Stunden Ausscheidung der Catecholamin-Metaboliten wurde in einer anderen Untersuchung validiert (Müller 1992). Die Untersuchungen selbst fanden zu drei Zeitpunkten statt. Zum Zeitpunkt T1, der akut psychotischen Phase nach einem mindestens 7tägigen medikationsfreien Intervall; zum Zeitpunkt T2, der Medikationsphase nach 3 Wochen Behandlung mit Bromperidol (10–40 mg); sowie zum Zeitpunkt T3, der Remissionsphase, wo gefordert war, daß die Patienten über 7 Tage ohne Medikation stabil remittiert waren. Positive bzw. negative Symptomatik wurde zu allen 3 Zeitpunkten mit der PSE (Wing et al. 1972) bzw. SANS (Andreasen 1981) erhoben. Mit Hilfe von HPLC und elektrochemischer Detektion (Filser et al. 1989, Müller et al. 1993) wurden die Noradrenalin-Metaboliten MHPG und Vanillinmandelsäure (VMA) und der Dopamin-Metabolit HVA bestimmt.

Ergebnisse

Die urinären Ausscheidungsraten der Catecholamin-Metabolite bei den schizophrenen Patienten zu den Zeitpunkten T1, T2 und T3 bzw. bei den gesunden Kontrollpersonen sind in Tabelle 1 zusammengefaßt. Wie den Daten entnommen werden kann, wurden zu keinem Zeitpunkt der Untersuchung unterschiedliche Ausscheidungsraten innerhalb der schizophrenen Patienten gesehen. Darüber hinaus waren die urinären Ausscheidungsraten der Catecholamin-Metaboliten bei den schizophrenen Patienten nicht unterschiedlich zu den Ausscheidungsraten gesunder, nicht psychotischer und nicht medikamentös behandelter Probanden. Die Kreatininausscheidungen (als Kontrollwert) waren ebenfalls zwischen Probanden und Patienten und auch innerhalb der 3 Phasen in der Patientengruppe nicht unterschieden.

Da sich erhöhte Werte des Dopaminumsatzes unter chronischer Behandlung mit Neuroleptika normalisieren können (Pickar et al. 1987), wurden die Patienten entsprechend dem Median der HVA-Ausscheidung zum Zeitpunkt T1 als „cut-off-Wert" in niedrige und hohe HVA-Ausscheider unterteilt (Abb. 1). Dabei wurde ein signifikanter Unterschied ($p < 0{,}05$,

Tabelle 1. Vergleich der VMS, HVS und MHPG Ausscheidungsraten (µg/mg Creatinin) bei zweistündigen Urinsammlungen zwischen schizophrenen Patienten [t_1 (akut-psychotische Phase), t_2 (Bromperidol Medikationsphase), t_3 (Remissionsphase)] und Kontrollpersonen. Angegeben sind Mittelwerte der Metaboliten (± SEM) in Klammern: Range a) Testgröße = 1,73; p = 0,42 nicht signifikant (Friedman-Test, t1 vs t2 vs t3)

Metaboliten	Kontrollpersonen (n = 15)	Patienten (n = 15)		
		t1	t2	t3
VMS	2,68 ± 0,19 (1,66 – 4,93)	2,54 ± 0,24 (1,10 – 4,26)	2,25 ± 0,23 (0,99 – 4,62)	2,28 ± 0,18 a (1,18 – 3,66)
HVS	3,78 ± 0,37 (1,88 – 6,38)	4,43 ± 0,61 (1,51 – 9,85)	4,08 ± 0,47 (1,92 – 7,61)	3,77 ± 0,41 a (1,43 – 7,39)
MHPG	1,45 ± 0,12 (0,78 – 2,41)	1,73 ± 0,22 (0,20 – 3,39)	1,78 ± 0,33 (0,75 – 4,81)	1,60 ± 0,24 a (0,79 – 4,51)

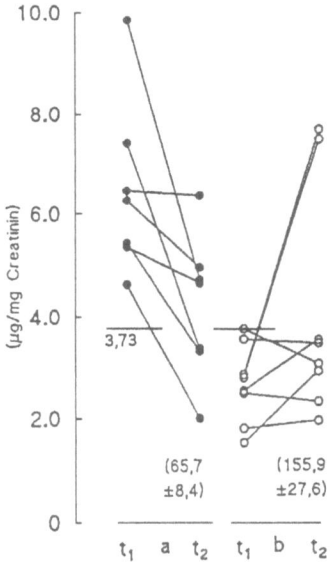

Abb. 1. Individuelle Ausscheidungsrate µ/mg Creatinin) der HVS bei zweistündigen Urinsammlungen von 15 schizophrenen Patienten zu den Untersuchungszeitpunkten t_1 (akut - psychotische Phase) und t_2 (nach 3 Wochen Bromperidol Medikation). Median der HVS Werte (t_1) = 3,73 µg/mg Creatinin (= cut-off Punkt); „niedrige = b" ≤ cut-off < „hohe = a" HVS Ausscheidung in der akut psychotischen Phase (t_1). In Klammern: mittlere Prozentwerte (± SEM) der HVS Ausscheidungsraten (t_2) im Vergleich zu den individuellen Ausgangswerten (t_1) der akut psychotischen Phase

Test nach Fisher und Yates) gefunden, dahingehend, daß nach 3 Wochen Bromperidolgabe bis zum Zeitpunkt T2 bei allen 7 hohen HVA-Ausscheidern eine Abnahme, bei 5 der 8 Patienten mit niedrigen HVA-Werten jedoch eine Zunahme zu beobachten war. Die mittleren prozentualen Ver-

änderungen (HVA-Ausscheidungsrate zum Zeitpunkt T2 in % der individuellen HVA-Ausgangswerte zum Zeitpunkt T1) nach 3wöchiger Brompe-
ridolmedikation waren bei den 7 hohen HVA-Ausscheidern 66 ± 8% und
bei den 8 niedrigen HVA-Ausscheidern 156 ± 28 %. Die Befunde zeigen,
daß höhere HVA-Ausscheidungswerte der schizophrenen Patienten mit einer Reduktion der HVA-Ausscheidung als ein möglicher Neuroleptikaef-
fekt assoziiert waren.

Um zu überprüfen, ob die Catecholaminausscheidungsraten mit dem
Schweregrad der schizophrenen Symptomatik korrelierten, wurden Korrelationen mit der positiven Symptomatik (Syndromwerte PSE) bzw. der negativen Symptomatik (erste drei Subskalen der SANS) zu allen drei Untersuchungszeitpunkten gerechnet. Signifikante und positive Korrelationen
wurden hier nur mit der negativen Symptomatik und der Ausscheidungsrate des peripheren Noradrenalin-Metaboliten (Müller et al. 1993) VMA
zum Zeitpunkt T1 gefunden. Zu keinem Zeitpunkt der Untersuchung wurden signifikante Korrelationen zwischen der urinären Ausscheidung des
DopaminMetaboliten HVA und der positiven bzw. negativen Symptomatik
gesehen (Tabelle 2).

Diskussion

Die geplante Untersuchung konnte den in der Literatur beschriebenen
dualen Verlauf der HVA-Ausscheidungskurve mit einem Anstieg der Ausscheidung in den ersten Wochen gefolgt von einer Abnahme der HVA-Ausscheidung nach längerfristiger Neuroleptika-Therapie nicht bestätigen.
Darüber hinaus konnte zu keinem Zeitpunkt der Untersuchung eine unterschiedliche Ausscheidungsrate der untersuchten Catecholamin-Metabolite
im Vergleich zu gesunden, nicht psychotischen Probanden gesehen werden.
Auf der anderen Seite konnte die Untersuchung zeigen, daß unter den gewählten Bedingungen Patienten mit initial niedriger HVA-Ausscheidung

Tabelle 2. Spearman Rangkorrelationskoeffizienten (*p ≤0,05; t1: akut-psychotische
Phase, t2: Bromperidol Medikationsphase, t3: Remissionsphase) zwischen Metaboliten
Ausscheidungsraten (µg/mg Creatinin) und (1) Positiven Symptomen [PSE Syndrom-
werte] bzw. (2) Negativen Symptomen [SANS Skalenwerte] bei 15 schizophrenen
Patienten

Zeitpunkt	VMS	HVS	MHPG
t1			
(1)	−0,3578	−0,1753	−0,2683
(2)	0,5702*	0,3342	0,3843
t2			
(1)	−0,3536	−0,2435	−0,2744
(2)	0,2469	0,2075	0,2165
t3			
(1)	−0,1141	0,3904	−0,0180
(2)	0,3265	0,4538	0,3785

mit einer signifikanten Zunahme reagierten, während Patienten mit schon initial hoher HVAAusscheidung unter Therapie eher mit einer Abnahme der HVA-Ausscheidung reagierten. Die Erklärung muß wohl darin gesehen werden, daß trotz standardisiertem Protokoll die Patienten nicht zu absolut gleichen Zeitpunkten der Neuroleptikatherapie in die Studie eingeschlossen werden konnten. Die Untersuchung von Pickar et al. (1987) hat zeigen können, daß unter neuroleptischer Therapie die Ausscheidungsrate von HVA langsam über 1 bis 3 Wochen ansteigt, um dann auch nach Absetzen der Neuroleptika sich über viele Wochen wieder zu normalisieren. Unsere Patienten konnten maximal eine Woche medikamentenfrei gehalten werden. Wir gehen daher davon aus, daß bei der Untergruppe mit der relativ hohen HVA-Ausscheidung schon eine Hochregulation der HVA-Ausscheidung durch vorangegangene Neuroleptikatherapie stattgefunden hatte, die sich in der maximal 7 Tage langen wash-out Phase nicht voll normalisierte. Damit fand unter Bromperidolgabe während der vorliegenden Untersuchungen eine Reduktion der HVA-Ausscheidung statt. Bei den Patienten mit initial niedriger HVA-Ausscheidung war wohl kein vorangegangener Effekt auf die Dopaminfreisetzung mehr vorhanden, so daß diese Patienten erwartungsgemäß mit einer Zunahme der HVA-Ausscheidung reagieren konnten. Damit wären die vorliegenden Befunde zwar konform mit unserer Ausgangshypothese, lassen aber erhebliche Zweifel an der Praktikabilität des Vorgehens für die klinische Routine aufkommen. Eine Auswaschphase von einer Woche bei akut psychotischen Patienten ist mit Sicherheit der oberste Bereich dessen, der sich auch bei höchster Motivation durchsetzen läßt und auch den Patienten gegenüber vertretbar ist. Da auf der anderen Seite vorangegangene Effekte einer Neuroleptikatherapie über Wochen die HVA-Ausscheidung noch beeinflussen können, erscheint uns der Ansatz, über akute Veränderungen der HVA-Ausscheidung den Therapieerfolg einer neuroleptischen Therapie vorhersagen zu können, zwar theoretisch interessant, aber von der praktischen Seite her nicht relevant.

Insgesamt wurden in der vorliegenden Arbeit nur sehr geringe Korrelationen zwischen Ausscheidungsrate von Catecholamin-Metaboliten und dem Schweregrad positiver bzw. negativer schizophrener Symptome gesehen. Die einzige hier gefundene signifikante Korrelation zwischen der Höhe der Ausscheidungsrate des peripheren Noradrenalin-Metaboliten VMA und der Negativsymptomatik deckt sich mit Untersuchung von Pickar et al. (1990) und Joseph et al. (1979) und paßt in das Konzept, daß klinische Besserung besonders auch der Negativsymptomatik /mit einer Reduktion der noradrenergen Aktivität verbunden sein könnte (Joseph et al. 1979).

Danksagung

Die Untersuchungen wurden durch Sachbeihilfen der Deutschen Forschungsgemeinschaft unterstützt (SFB 258, Projekte A1 und S2).

Literatur

Andreasen NC (1981) Scale for the assessment of negative symptoms (SANS). Department of Psychiatry, University of Iowa College of Medicine, Iowa City

Baker NJ, Kirch DG, Waldo M, Bell J, Adler LE, Hattox S, Murphy R, Freedman R (1991) Plasma homovanillic acid and prognosis in schizophrenia. Biol Psychiatry 29: 192–196

Bannon MJ, Freeman AS, Chiodo LA, Bunney BS, Roth RH (1987) The electrophysiological and biochemical pharmacology of the mesolimbic and mesocortical dopamine neurons. In: Iversen LL, Iversen SD (eds) Hand of psychopharmacology, vol 19. Plenum Press, New York, pp 329–374

Bowers MB Jr, Swigar ME, Jatlow Pl, Hoffmann F, Giocoechea N (1986) Early neuroleptic response in psychotic men and women: correlation with plasma HVA and MHPG. Compr Psychiatry 27: 181–185

Carlsson A, Lindquist M (1963) Effect of chlorpromazin and haloperidol on formation of 3-methoxytyramine and normetanephrine in mouse brain. Acta Pharmacol Toxicol 20: 140–144

Davidson M, Losoncy MF, Mohs RC, et al (1987) Effects of debrisoquin and haloperidol on plasma homovanillic acid concentration in schizophrenic patients. Neuropsychopharmacol 1: 17–23

Davila R, Manero E, Zumarraga M, et al (1988) Plasma homovanillic acid as a predictor of response to neuroleptics. Arch Gen Psychiatry 45: 564-567

Duncan E, Wolkin A, Angrist B, Sanfilipo M, Wieland S, Cooper TB, Rotrosen J (1993) Plasma homovanillic acid in neuroleptic responsive and nonresponsive schizophrenics. Biol Psychiatry 34: 523–528

Filser JG, Müller WE, Beckmann H (1986) Should plasma or urinary MHPG be measured in psychiatric research? A critical comment. Br J Psychiatry 148: 95–97

Filser JG, Koch S, Fischer M, Müller WE (1989) Determination of urinary 3-methoxy4-hydroxyphenylethylene glycol and its conjugates by high-performance liquid chromatography with electrochemical and ultraviolet absorbance detection. J Chromatogr 493: 275–286

Härnryd C, Bjerkenstedt L, Gullberg B, Oxenstierna G, Sedvall G, Wiesel AF (1984) Time course for the effects of sulpiride and chlorpromazine on monoamine metabolite and prolactin levels in cerebrospinal fluid from schizophrenic patients. Acta Psychiatr Scand 69 [Suppl 311]: 75–92

Joseph MH, Baker HF, Johnstone EC, Crow TJ (1976) Determination of 3-methoxy-4-hydroxyphenylglycol conjugates in urine. Application to the study of central noradrenaline metabolism in unmedicated chronic schizophrenic patients. Psychopharmacology 51: 47–51

Müller HU (1992) Untersuchungen über die urinäre Ausscheidung von Catecholamin-Metaboliten bei psychiatrischen Patienten. Dissertation, Universität Heidelberg

Müller HU, Riemann D, Berger M, Müller WE (1993) The influence of total sleep deprivation on urinary excretion of catecholamine metabolites in major depression. Acta Psychiatr Scand 88: 16–20

Müller WE (1991) Biochemische Befunde bei langzeitig mit Neuroleptika behandelten Patienten. Das ärztliche Gespräch 45: 120–138

Müller WE (1992) Pharmakologie der Neuroleptika unter besonderer Berücksichtigung des Remoxiprids. Krankenhauspsychiatrie 3: 14–22

Pickar D, Wolkowitz OM, Labarca R, Doran AR, Breier A, Paul SM (1987) Biochemical alterations produced by neuroleptics in man: studies of plasma homovanillic acid in schizophrenic patients. In: Dahl SG, Gram LF, Paul SM, Potter WZ (eds) Clinical pharmacology in psychiatry. Springer, Berlin Heidelberg New York Tokyo, pp 248–254 (Psychopharmacology Series 3)

Pickar D, Breier A, Hsiao JK, Doran AR, Wolkowitz OM, Pato CN, Konicki PE, Potter WZ (1990) Cerebrospinal fluid and plasma monoamine metabolites and their relation to psychosis. Arch Gen Psychiatry 47: 641–648

Wing JK, Cooper JE, Sartorius N (1973) Present state examination (PSE). Cambridge University Press, Cambridge [German version by Cranach M (1978) Beltz, Weinheim]

Korrespondenz: Prof. Dr. W. E. Müller, Abteilung Psychopharmakologie, Zentralinstitut für Seelische Gesundheit, Postfach 122120, D-68072 Mannheim, Bundesrepublik Deutschland

Wirklatenz von Neuroleptika und Antidepressiva durch langsame Aufnahme in das Hirngewebe

J. Kornhuber[1] und **P. Riederer**[2]

[1]Psychiatrische Klinik und Poliklinik, Universität Göttingen und [2]Psychiatrische Klinik und Poliklinik, Universität Würzburg, Bundesrepublik Deutschland

Einleitung

Die Latenz zwischen Beginn einer neuroleptischen oder antidepressiven Therapie und dem einsetzenden Effekt liegt zwischen Tagen und Wochen und ist damit deutlich länger als die schnelle Bindung der Medikamente an primäre Wirkorte wie Dopaminrezeptoren oder Serotonintransporter. Die therapeutische Latenz wird durch langsame adaptive Veränderungen auf der Ebene der Membranerregbarkeit, der Signaltransduktion, der Genregulation oder durch langsame Veränderungen in komplexen neuronalen oder humoralen Regelkreisen erklärt (Vetulani und Sulser 1975, Grace 1992, Barden et al. 1995). Pharmakokinetische Mechanismen wurden in der Hypothesenbildung zur Wirklatenz bislang nicht berücksichtigt. Bei der detaillierten Untersuchung der Akkumulation des NMDA-Rezeptorantagonisten Amantadin im menschlichen Gehirn fanden wir eine sehr langsame Konzentrationszunahme mit der Behandlungsdauer (Kornhuber et al. 1995a). Eine langsame Aufnahme in das Hirngewebe ist auch für andere lysosomotrope Substanzen wahrscheinlich und könnte an der Wirklatenz von Neuroleptika und Antidepressiva beteiligt sein.

Lysosomotrope Substanzen

Schwache Basen neigen zur Akkumulation in sauren intrazellulären Kompartimenten wie den Lysosomen. Während die Plasma- und Lysosomenmembranen für die neutralen Formen durchlässig sind, passieren die geladenen, protonierten Formen schwacher Basen die Membranen nicht und kumulieren in den Lysosomen. Parallel dazu kommt es zu einem intralysosomalen pH-Anstieg. Wenn die Konzentration der Base in den Lysosomen auf isotone Werte ansteigt, schwellen die Lysosomen durch osmotischen Einstrom von Wasser zu großen Vakuolen an. Die Enzyme innerhalb der Lysosomen können direkt von den akkumulierten Substanzen oder indirekt über den Anstieg des pH-Wertes inaktiviert werden (de Duve et al. 1974).

Amantadin ist eine schwache Base (pKa-Wert 10,1) und amphiphile Substanz mit direkt nachgewiesenen lysosomotropen Eigenschaften (siehe Kornhuber et al. 1995a). Viele psychotrope Substanzen, darunter Neuroleptika und Antidepressiva, haben ebenfalls lysosomotrope Eigenschaften (z. B. Honegger et al. 1983, Kornhuber et al. 1995b).

Amantadinkonzentration im postmortem Hirngewebe des Menschen

Die Amantadinkonzentration wurde in Homogenaten verschiedener postmortem Hirnregionen gemessen (Kornhuber et al. 1995a). Die Patienten waren über einen unterschiedlichen Zeitraum mit Amantadinsulphat behandelt worden. Amantadin war homogen über alle untersuchten Hirnregionen verteilt. Die Amantadinkonzentration sank mit zunehmender medikamentenfreier Zeit schnell ab. Mit zunehmender Behandlungsdauer nahm die Amantadinkonzentration langsam zu, um schließlich ein Plateau zu erreichen. Unter Annahme einer Sättigungscharakteristik wurden die Daten mit der nichtlinearen Regressionsanalyse an eine Hyperbel angepaßt. Bei Einschluß aller Patienten (n = 20) ergab sich eine maximale Amantadinkonzentration von 257μM und eine halbmaximale Konzentration nach 57 Tagen. Ein realistischeres Bild ergab sich, wenn nur diejenigen Patienten mit einer medikamentenfreien Zeit von 3 oder weniger Tagen analysiert wurden (n = 12). Bei diesen Patienten lag die maximale Amantadinkonzentration bei 217 μM und eine halbmaximale Konzentration wurde nach etwa 8 Tagen erreicht (Abb. 1).

Für die langsame Akkumulation von Amantadin sind zumindest zwei Gründe verantwortlich. Zum einen akkumulieren Substanzen mit einem hohen pKa-Wert wie Amantadin sehr langsam in Lysosomen (de Duve et al. 1974). Andererseits ist die übliche tägliche Amantadindosis unter Berücksichtigung der Aufnahme von Amantadin auch in Organen außerhalb des Gehirns und einer mehr als 85%igen Ausscheidung nach oraler Applikation klein im Vergleich zur Speicherkapazität des Hirngewebes. Das hat zur Folge, daß Plateauwerte erst nach vielfach wiederholter Einnahme erreicht werden können. Neben der Speicherung in sauren intrazellulären Kompartimenten muß auch eine Speicherung in lipophilen Strukturen erwartet werden.

Lysosomotropie, Lipophilie und therapeutische Latenz

Obwohl lysosomotrope Eigenschaften bislang nur für einige Neuroleptika und Antidepressiva direkt nachgewiesen worden sind, können entsprechende Eigenschaften indirekt für viele dieser Substanzen aus basischen pKa-Werten, einer amphiphilen Struktur und einem hohen Verteilungsvolumen erschlossen werden (Kornhuber et al. 1995b). Die für Amantadin gezeigte langsame Aufnahme in das Hirngewebe gilt daher wahrscheinlich auch für viele typische und atypische Neuroleptika sowie Antidepressiva.

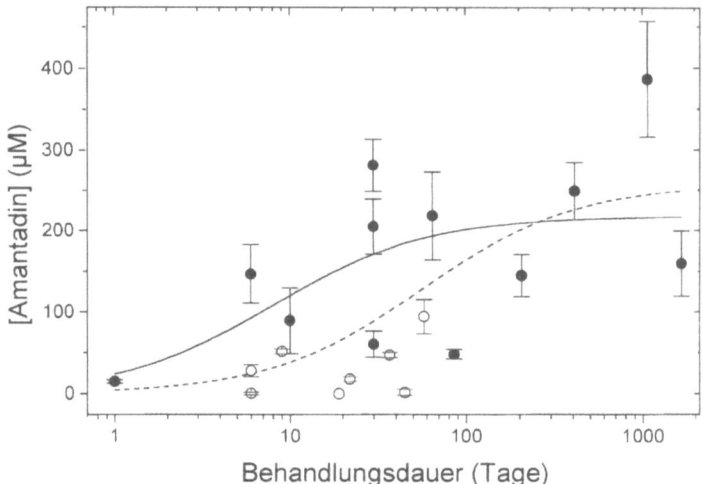

Abb. 1. In Homogenaten verschiedener postmortem Hirnregionen wurde die Amanta-dinkonzentration (bezogen auf freie Base) gemessen. Die Patienten waren über einen unterschiedlichen Zeitraum mit Amatadinsulphat behandelt worden. Jeder Punkt stellt den Mittelwert ± Standardabweichung von 2–27 verschiedenen Hirnregionen für einen einzelnen Patienten dar. Leere Symbole repräsentieren solche Patienten mit einer medi-kamentenfreien Zeit von mehr als 3 Tagen. Unter Annahme einer Sättigungskinetik wur-den die Daten mit einer nichtlinearen Regressionsanalyse an eine Hyperbel angepaßt. Wenn alle Patienten in die Analyse eingeschlossen werden resultiert die gestrichelte Kurve; die durchgezogene Linie ergibt sich unter Ausschluß von Patienten mit einer me-dikamentenfreien Zeit von mehr als 3 Tagen

Die intralysosomale Akkumulation schwacher Basen mit einem Anstieg des intralysosomalen pH-Wertes verändert unterschiedliche biochemische Pro-zesse mit Relevanz für psychiatrische Erkrankungen, beispielsweise die Phospholipidzusammensetzung der Plasmamembran oder den Rezeptor-turnover (de Duve et al. 1974, Dean et al. 1984, Swaiman und Machen 1984, 1986, Moor et al. 1988, Dash und Moore 1993). Eine langsame Aufnahme in das Hirngewebe könnte deshalb an der therapeutischen Latenz von Neu-roleptika und Antidepressiva beteiligt sein. Diese neue Hypothese zur Wirk-latenz zeigt die mögliche Bedeutung von „drug monitoring" im Zentral-nervensystem.

Literatur

Barden N, Reul JMHM, Holsboer F (1995) Do antidepressants stabilize mood through ac-tions on the hypothalamic-pituitary-adrenocortical system? Trends Neurosci 18: 6–11
Dash PK, Moore AN (1993) Inhibitors of endocytosis, endosome fusion, and lysosomal processing inhibit the intracellular proteolysis of the amyloid precursor protein. Neu-rosci Lett 164: 183–186
de Duve C, de Barsy T, Poole B, Trouet A, Tulkens P, van Hoof F (1974) Lysosomotropic agents. Biochem Pharmacol 23: 2495–2531
Dean RT, Jessup W, Roberts CR (1984) Effects of exogenous amines on mammalian cells, with particular reference to membrane flow. Biochem J 217: 27–40
Grace AA (1992) The depolarization block hypothesis of neuroleptic action: implications for the etiology and treatment of schizophrenia. J Neural Transm [Suppl] 36: 91–131

Honegger UE, Roscher A, Wiesmann UN (1983) Evidence for lysosomotropic action of desipramine in cultured human fibroblasts. J Pharmacol Exp Ther 225: 436–441

Kornhuber J, Quack G, Danysz W, Jellinger K, Danielczyk W, Gsell W, Riederer P (1995a) Therapeutic brain concentration of the NMDA receptor antagonist amantadine 34: 713–721

Kornhuber J, Retz W, Riederer P (1995b) Slow accumulation of psychotropic substances in the human brain. Relationship to therapeutic latency of neuroleptic and antidepressant drugs? J Neural Transm [Suppl] 46: 311–319

Moor M, Honegger UE, Wiesmann UN (1988) Organspecific qualitative changes in the phospholipid composition of rats after chronic administration of the antidepressant drug desipramine. Biochem Pharmacol 37: 2035–2039

Swaiman KF, Machen VL (1984) Iron uptake by mammalian cortical neurons. Ann Neurol 16: 66–70

Swaiman KF, Machen VL (1986) Chloroquine reduces neuronal and glial iron uptake. J Neurochem 46: 652–654

Vetulani J, Sulser F (1975) Action of various antidepressant treatments reduces reactivity of noradrenergic cyclic AMP-generating system in limbic forebrain. Nature 257: 495–496

Korrespondenz: Prof. Dr. J. Kornhuber, Psychiatrische Klinik, von-Siebold-Straße 5, D-37075 Göttingen, Bundesrepublik Deutschland

Phospholipase A_2 hemmt die dopaminerge Neurotransmission bei Ratten in vivo

J. Brunner und **W. F. Gattaz**

Arbeitsgruppe Neurobiologie, Zentralinstitut für Seelische Gesundheit, Mannheim, Bundesrepublik Deutschland

Einleitung

Phospholipase A_2 (PLA_2) moduliert die dopaminerge Neurotransmission durch Beeinflussung der Sensitivität von Dopamin-Rezeptoren und der Dopamin-Freisetzung. Bei Schizophrenen wurde eine erhöhte Aktivität der membrangebundenen PLA_2 in Thrombozyten nachgewiesen (Gattaz et al. 1994). Wir untersuchten die Auswirkungen intrazerebraler PLA_2-Applikationen auf die dopaminerge Neurotransmission bei Ratten anhand des Rotationsmodells von Ungerstedt. Nach unilateraler stereotaktischer PLA_2-Injektion in die Substantia nigra pars compacta (SNC) wurde das durch Dopamin-Agonisten induzierte Rotationsverhalten automatisch quantitativ registriert.

Methoden

Experiment 1: niedrige PLA_2-Dosis

PLA_2 wurde bei Ratten in 3 Dosierungen (n = 6) stereotaktisch unilateral in die SNC injiziert: 1, 3 und 5 µg. Die Kontrollgruppe (n = 6) erhielt eine unilaterale intranigrale Injektion von 4 µl 0,9% NaCl. 7 Tage post-OP wurde das durch 0,5 mg/kg Apomorphin (APO) s.c. induzierte Rotationsverhalten 60 min registriert.

Experiment 2: hohe PLA_2-Dosis

PLA_2 wurde in 2 Dosierungen unilateral in die SNC injiziert: 20 µg (n = 11) und 100 µg (n = 12). Die Kontrollgruppe (n = 11) erhielt eine unilaterale intranigrale Injektion von 4 µl 0,9% NaCl. 21 Tage post-OP wurde das durch 0,5 mg/kg APO s.c. induzierte Rotationsverhalten 60 min registriert.
Eine detaillierte Beschreibung der stereotaktischen Operationen, der Registrierung des Rotationsverhaltens und der Statistik findet sich in Gattaz et al. (1994).

Ergebnisse

Experiment 1

Nach niedrigdosierter intranigraler PLA$_2$-Injektion, nicht jedoch bei der Kontrollgruppe, induzierte APO eine ipsilaterale Rotationsasymmetrie. Da sich die 3 PLA$_2$-Dosisgruppen nicht signifikant voneinander unterschieden, wurden die Daten gepoolt (Abb. 1).

Experiment 2

Wie in Experiment 1 induzierte APO auch nach hochdosierter intranigraler PLA$_2$-Injektion im Unterschied zur Kontrollgruppe eine ipsilaterale Rotationsasymmetrie. Auch hier wurden die Daten der 2 PLA$_2$-Dosisgruppen gepoolt, da sie sich nicht signifikant voneinander unterschieden (Abb. 2). Die Zahl der ipsilateralen Drehungen war nach hochdosierter PLA$_2$-Applikation in Experiment 2 jedoch signifikant höher als nach niedrigdosierter PLA$_2$-Applikation in Experiment 1 (p < 0,005).

Diskussion

Im Rotationsmodell von Ungerstedt ist die Rotationsrichtung ipsilateral zu der Hemisphäre mit der relativ niedrigeren nigro-striatalen dopaminergen Aktivität. Das durch APO nach unilateraler intranigraler PLA$_2$-Applikation induzierte ipsilaterale Rotationsverhalten weist auf eine Hemmung der dopaminergen Aktivität durch PLA$_2$ in vivo hin. Diese Annahme wird durch die Befunde von Cadet et al. (1989) unterstützt, die ein durch APO indu-

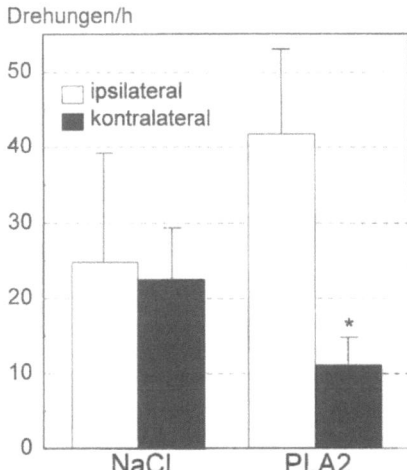

Abb. 1. Durch 0,5 mg/kg Apomorphin s.c. induziertes Rotationsverhalten 7 Tage nach niedrigdosierter unilateraler intranigraler Injektion von PLA$_2$ (gepoolte Daten: 1, 3 und 5 μg) und NaCl (Kontrollgruppe). Mittelwerte ± SEM. * p < 0,05 gegenüber ipsilateral (Vorzeichen-Rang-Test nach Wilcoxon)

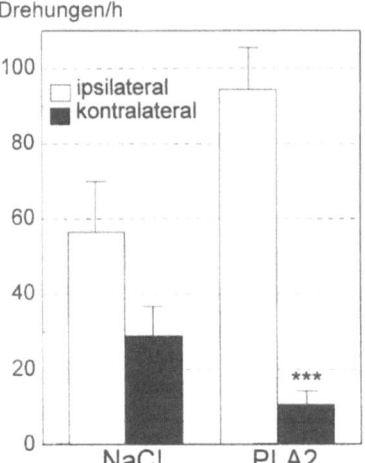

Abb. 2. Durch 0,5 mg/kg Apomorphin s.c. induziertes Rotationsverhalten 21 Tage nach hochdosierter unilateraler intranigraler Injektion von PLA_2 (gepoolte Daten: 20 und 100 μg) und NaCl (Kontrollgruppe). Mittelwerte ± SEM. *** $p < 0,001$ gegenüber ipsilateral (Vorzeichen-Rang-Test nach Wilcoxon)

ziertes ipsilaterales Rotationsverhalten sowie eine Reduktion von DA, DO-PAC und HVA im ipsilateralen Striatum nach unilateraler stereotaktischer PLA_2-Injektion in die SNC beschrieben.

Die Hypofrontalitätshypothese der Schizophrenie postuliert eine hypodopaminerge Aktivität im frontalen Cortex. Mittels ^{31}P-NMR-Spektroskopie wurde bei Schizophrenen ein beschleunigter Abbau von Membran-Phospholipiden im frontalen Cortex nachgewiesen (Deicken et al. 1995). Da PLA_2 sowohl den Abbau von Membran-Phospholipiden akzeleriert als auch die dopaminerge Neurotransmission in vivo hemmt, könnte eine erhöhte PLA_2-Aktivität im frontalen Cortex zur Hypofrontalität bei der Schizophrenie beitragen.

Literatur

Cadet JL, Hu M, Jackson-Lewis V (1989) Behavioral and biochemical effects of intranigral injection of phospholipase-A_2. Biol Psychiatry 26: 106–110

Deicken RF, Merrin EL, Floyd TC, Weiner MW (1995) Correlation between left frontal phospholipids and Wisconsin Card Sort Test performance in schizophrenia. Schizophr Res 14: 177–181

Gattaz WF, Brunner J, Schmitt A, Maras A (1994) Beschleunigter Abbau von Membranphospholipiden bei der Schizophrenie – Implikationen für die Hypofrontalitätshypothese. Fortschr Neurol Psychiat 62: 489–496

Korrespondenz: Prof. Dr. med. W. F. Gattaz, Leiter der Arbeitsgruppe Neurobiologie, Zentralinstitut für Seelische Gesundheit, Postfach 12 21 20, D-68072 Mannheim, Bundesrepublik Deutschland

Granulozytäre Omega-3-Rezeptoren bei Erkrankungen aus dem schizophrenen Formenkreis: Zusammenhänge mit klinischer Symptomkonstellation

N. Wodarz[1], **C. Rothenhöfer**[1], **R. Fischer**[1], **G. Stöber**[1], **E. Franzek**[1], **B. Kiehl**[2], **G. Jungkunz**[2], **P. Riederer**[1] und **H. Beckmann**[1]

[1]Psychiatrische Klinik und Poliklinik, Universität Würzburg und
[2]Bezirkskrankenhaus, Lohr, Bundesrepublik Deutschland

Einleitung

In den letzten Jahren gewannen die sogenannten Omega-3-Rezeptoren (früher: Benzodiazepinrezeptoren vom „peripheren" Typ), die insbesondere an der äußeren Mitochondrienmembran verschiedener Gewebe (z. B. Gliazellen, periphere Blutzellen etc.) lokalisiert und nicht mit GABA-rezeptoren vergesellschaftet sind zunehmend an Bedeutung (Langer und Arbilla 1988). Dies umso mehr, da eine Vielzahl der klinisch eingesetzten Benzodiazepine mit vergleichbarer Affinität an Omega-1- und Omega-3-rezeptoren bindet. In vorläufigen Untersuchungen wurde ein Zusammenhang dieser Bindungsstellen u. a. mit Streß, Angst, sowie den Effekten antikonvulsiver bzw. neuroleptischer Medikation postuliert (Karp et al. 1989, Rocca et al. 1991, Gavish et al. 1986, 1988, Larkin et al. 1993).

Zur Untersuchung der Bindungsparameter des Omega-3-rezeptors benutzten wir das Isoquinolincarboxamide PK 11195, einen selektiven Omega-3-rezeptorantagonisten.

Methoden

Patienten: Wir untersuchten 55 stationär behandelte Patienten mit der Diagnose einer Schizophrenie nach DSM-III-R bzw. ICD-10 im Vergleich zu 13 gesunden Probanden.
Demographische und klinische Daten (s. Tabelle 1): Periphere mononukleare Blutzellen wurden aus 40 ml EDTA-Blut über eine modifizierte Dichtegradientenzentrifugation gewonnen (Wodarz et al. 1992). Über eine anschließende Dextran-sedimentation wurden die Granulozyten abgetrennt. Die Reinheit der Granulozytensuspension lag bei über 90%. Zur Bestimmung der charakteristischen Bindungsparameter (Bmax, Kd) wurden 60 μg Granulozyten mit 7 verschiedenen Konzentrationen von ^{3}H-PK 11195 (0.1–25 nM) über 90 min bei 25° C inkubiert. Zur Berechnung der spezifischen Bindung wurden Parallel-

ansätze mit 1 µM unmarkiertem PK 11195 versetzt. Durch eine rasche Filtration über Whatman GF/C Filter ließ sich freier von gebundenem Liganden trennen. Die gebundene Radioaktivität wurde über eine standardisierte Szinitillationszählung in einem Beta-counter gemessen. Alle Ansätze erfolgten als Dreifachansatz (Wodarz et al. 1992).
Kd- und Bmax-Werte wurden mit Hilfe einer iterativen non-linearen Regressionsanalyse errechnet (Munson und Rodbard 1980). Die statistische Auswertung erfolgte anhand Pearson's product-moment correlation und eines zweiseitigen t-test für unabhängige Variablen ($p < 0.05$, falls nicht anders angegeben).

Ergebnisse

Tabelle 1. Diagnost. Subgruppen nach ICD-10 (s. Text)

	N	Alter [Jahre]	Bmax [pM/mg protein]	Kd [nM]
		MW ± SD	MW ± SD	MW ± SD
Kontrollen	13	35.3 ± 9.4	4.45 ± 0.58	8.97 ± 0.89
paranoid (F20.0)	12	52.1 ± 13.3	5.12 ± 0.53	6.12 ± 0.67
kataton (F20.2)	10	48.2 ± 9.4	4.54 ± 0.59	7.51 ± 1.02
residual (F20.5)	8	50.0 ± 13.1	2.51 ± 0.52	6.58 ± 2.11

Diskussion

In 2 post-mortem Untersuchungen bei Patienten mit schizophrenen Psychosen wurde die Bindungskinetik des Flunitrazepam an hippokampalen Strukturen untersucht. Während eine Gruppe erhöhte Bindungsdichten beschrieb (Kiuchi et al. 1989) fand sich in der anderen Untersuchung kein Unterschied zwischen „Schizophrenen" und Kontrollsamples (Reynolds et al. 1993). Neben anderen methodischen Schwächen (s. u.) ist das größte Manko beider Studien die Verwendung des völlig unselektiv an Omega-1-, -2- und -3-Rezeptoren bindenden Flunitrazepams, sodaß keinerlei valide Rückschlüsse auf Veränderungen einer der drei Rezeptorsysteme möglich sind.

Im peripheren Modell des Thrombozyten beschrieben Gavish et al. (1986) eine durchschnittlich 30%ige Reduktion der Omega-3-Bindungsstellen bei seit mind. 2 Jahren mit Neuroleptika behandelten im Vergleich zu unbehandelten Schizophrenen und gesunden Kontrollen. Bei Patienten mit einer tardiven Dyskinesie zeigten sich diese Bindungsstellen noch deutlicher vermindert (Weizman et al. 1986).

Wesentliches Manko dieser Untersuchungen sind u. a. die ausgeprägten inter-individuellen Schwankungen der Bindungsparameter, darüberhinaus die aufgrund der geringen Fallzahl nicht mögliche weitere Differenzierung der untersuchten Patienten im Rahmen der eingesetzten DSM-III-klassifikation oder bezüglich anderer psychopathologischer Besonderheiten. Eventuell bedeutsame Veränderungen könnten hierin untergegangen sein.

Wir entschlossen uns daher, die Bindungsparameter des Omega-3-rezeptors an einer größeren Gruppe von Patienten mit einer Psychose aus dem schizophrenen Formenkreis anhand des peripheren Modells des Granulozyten noch einmal nachzuuntersuchen.

Hierbei imponierte eine signifikant um ca. 50% verminderte Bindungsdichte Bmax des Omega-3-rezeptors bei Patienten mit einer sogenannten residualen Form einer Schizophrenie (F 20.5) nach ICD 10 sowohl im Vergleich zu gesunden Verg!eichsprobanden, als auch zu anderen Unterformen schizophrener Psychosen (s. Tabelle 1, $p < 0{,}05$). Diese Ergebnisse sind aber als vorläufig zu bewerten, da die Datenauswertung zum jetzigen Zeitpunkt noch nicht abgeschlossen ist.

Darüberhinaus scheinen auch in unserem Patientenkollektiv bei genauerer diagnostischer Differenzierung Effekte neuroleptischer Medikation auf die charakteristischen Bindungsparameter des Omega-3-rezeptors nachweisbar zu sein (Daten hier nicht gezeigt). Andere Medikamente (niedrigpotente Neuroleptika, Benzodiazepine (!), Antidepressiva, Biperiden) lassen hier bislang keinen Einfluß erkennen. Auch fand sich keine Abhängigkeit der Bindungsparameter vom Geschlecht, vom Alter oder vom Nikotingebrauch.

Anhand eines größeren Kollektivs wird derzeit versucht, die o.a. Befunde zu erhärten, den Einfluß und die Bedeutung hochpotenter Neuroleptika genauer zu charakterisieren und darüberhinaus der Frage nachzugehen, ob es sich um pathogenetisch bedeutsame Veränderungen handelt.

Insgesamt bleibt festzustellen, daß die potentielle Bedeutung der regulatorischen Funktion des Omega-3-rezeptors auf den intrazellulären Hormonhaushalt zur Pathogenese und/oder Therapie von Erkrankungen aus dem schizophrenen Formenkreis weiterer Erforschung bedarf.

Literatur

Gavish M, Weizman A, Karp L, Tyano S, Tanne Z (1986) Decreased peripheral benzodiazepine binding sites in platelets of neuroleptic-treated schizophrenics. Eur J Pharmacol 121: 275–273

Gavish M, Weizman R, Becker D, Tanne Z (1988) Effect of chronic haloperidol treatment on peripheral benzodiazepine binding sites in cerebral cortex of rats. J Neural Transm 74: 109–116

Gavish M, Katz Y, Bar-Ami S, Weizman R (1992) Biochemical, physiological, and pathological aspects of the peripheral benzodiazepine receptor. J Neurochem 58: 1589–1601

Karp L, Weizman A, Tyano S, Gavish M (1989) Examination stress, platelet peripheral benzodiazepine binding sites, and plasma hormone levels. Life Sci 44: 1077–1082

Kiuchi Y, Kobayashi T, Takeuchi J, Shimizu H, Ogata H, Toru M (1989) Benzodiazepine receptors increase in post-mortem brain of chronic schizophrenics. Eur Arch Psychiatry Neurol Sci 239: 71–78

Langer SZ, Arbilla S (1988) Limitations of the benzodiazepine receptor nomenclature: a proposal for a pharmacological classification as omega receptor subtypes. Fundam Clin Pharmacol 2: 159-170

Larkin JG, McKee PJ, Thompson GG, Brodie MJ (1993) Peripheral benzodiazepine receptors in platelets of epileptic patients. Br J Clin Pharmacol 36: 71–74

Munson PJ, Rodbard D (1980) Ligand: a versatile computerized approach for characterization of ligand-binding systems. Anal Biochem 107: 220–239

Reynolds GP, Stroud D (1993) Hippocampal benzodiazepine receptors in schizophrenia. J Neural Transm [Gen Sect] 93: 151–155

Rocca P, Ferrero P, Gualerzi A, Zanalda E, Maina G, Bergamasco B, Ravizza L (1991) Peripheral-type benzodiazepine receptors in anxiety disorders. Acta Psychiatr Scand 84: 537–544

Weizman A, Tanne Z, Karp L, Martfeld Y, Tyano 5, Gavish M (1987) Carbamazepine up-regulates the binding of [3H]PK 11195 to platelets of epileptic patients. Eur J Pharmacol 141: 471-474
Weizman R, Tanne Z, Karp L, Tyano S, Gavish M (1986) Peripheral-type benzodiazepine-binding sites in platelets of schizophrenics with and without tardive dyskinesia. Life Sci 39: 549-555
Wodarz N, Fritze J, Kornhuber J, Riederer P (1992) 3H-spiroperidol binding to human peripheral mononuclear cells: methodological aspects. Biol Psychiatry 31: 291–303

Korrespondenz: Dr. N. Wodarz, Psychiatrische Universitätsklinik, Füchsleinstraße 15, D-97080 Würzburg, Bundesrepublik Deutschland

Neuroendokrine und biochemische Prädiktoren der Unterbrechungstherapie bei akut schizophrenen Patienten

H. Folkerts und **H. Kuhs**

Klinik für Psychiatrie, Westfälische-Wilhelms-Universität, Münster,
Bundesrepublik Deutschland

Zwar bestehen hinsichtlich der generellen Wirksamkeit der Neuroleptika in der Akuttherapie schizophrener Erkrankungen keine Zweifel, dennoch kommt es nicht selten während einer neuroleptischen Standardbehandlung nur zu einer unbefriedigenden antipsychotischen Wirkung. Aus klinischer Sicht ergeben sich mehrere mögliche Therapiestrategien: neben der weiteren Dosiserhöhung des Neuroleptikums bietet sich insbesondere der unverzügliche Wechsel zu einem anderen Neuroleptikum an. Eine weitere Möglichkeit stellt jedoch das abrupte Absetzen der Neuroleptika dar. Das Absetzen der Neuroleptika ist aber noch nicht ausreichend als Therapiemaßnahme in dieser klinischen Situation bekannt, obwohl es oft zu einer raschen Besserung des psychopathologischen Befundes kommt. So werden Depressivität und Antriebsmangel anhaltend günstig beeinflußt und selbst die noch bestehende paranoid-halluzinatorische Symptomatik erfährt bei einem Großteil der Patienten eine weitere Rückbildung. Ziel unserer Studie sollte nun sein, mögliche Beziehungen zwischen dem therapeutischen Absetzeffekt und etwaigen neuroendokrinen bzw. biochemischen Veränderungen zu untersuchen.

Patienten und Methodik

Insgesamt wurden 22 schizophrene Patienten (nach ICD 10- bzw. DSM III-R Kriterien) mit einer akuten psychotischen Symptomatik in diese Untersuchung einbezogen, bei denen nach klinischen Gesichtspunkten die Indikation zum Absetzen der Neuroleptika gestellt wurde. Die neuroleptische Behandlung vor Absetzen erfolgte ausschließlich mit Haloperidol (im Mittel über 21,6 ± 9,8 Tage), die mittlere Haloperidoldosierung lag bei 31,27 ± 13,15 mg/Tag. Das mittlere Alter der Patienten lag bei 25,1 ± 6,0 Jahren. Vor Beginn der neuroleptischen Behandlung wurde der BPRS-Score mit 63.5 ± 7.4 , unmittelbar vor der Absetzperiode mit 48.3 ± 10.3 (p < 0.001,Wilcoxon-test) bestimmt. Der Verlauf der Absetzphase bzw. Unterbrechungstherapie wurde nach klinischen Gesichtspunkten in 3 Gruppen eingeteilt (Kuhs und Eikelmann 1988):

– **Gruppe 1** (n = 8) fehlender Absetzeffekt   Die Unterbrechungstherapie bewirkt keine oder nur eine kurzfristige Besserung, Neuroleptika sind nach einem kurzen medikamentenfreien Intervall wieder erforderlich

– **Gruppe 2** (n = 7) partieller Absetzeffekt   trotz deutlicher Besserung ist die Gabe von Neuroleptika aus therapeutischen Gründen wieder erforderlich

– **Gruppe 3** (n = 7) günstiger Absetzeffekt   Neuroleptika wurden in der folgenden Zeit nicht aus therapeutischen, sondern nur aus rezidiv-prophylaktischen Gründen angesetzt

Neuroendokrine und biochemische Untersuchungen

Zur Bestimmung der Haloperidolspiegel und des Prolactins wurden morgens um 7.00 Uhr unter Ruhebedingungen Blutproben gewonnen. Die Aliquots wurden bei –30° tiefgefroren und nach Abschluß der Untersuchung zu einem Zeitpunkt analysiert. Die Haloperidolspiegel wurden vom Hersteller (Fa. Janssen, Neuss, Abtl. für Bioanalytik) mittels RIA analysiert. Die Prolactinwerte wurden mit MAIA Clone Prolactin Kit bestimmt. Die Cortisolwerte wurden im 24-h Sammelurin bestimmt, die Analyse erfolgte mittels Radioimmunoassay. Die Bestimmung der Katecholamine Noradrenalin, Adrenalin und freies Dopamin als auch der 5-Hydroxyindolessigsäure [5-HIAA], Homovanillinsäure [HVA] und Vanillinmandelsäure [VMA]) im 24-h-Urin erfolgte nach der Hochdruckflüssigkeitschromatografie (HPLC)-Methode. Die Proben wurden am Tag vor dem Absetzen (Tag - 1), am Tag des Absetzens (Tag 0) sowie am 1., 2., 3., 7., 14. und 21. Tag nach dem Absetzen gewonnen.

Tabelle 1. Ausscheidung im 24-h Sammelurin von Adrenalin (E), Noradrenalin (NE), Vanillylmandelsäure (VMA), Cortisol (COR), Dopamin (DOP), Homovanillinsäure (HVA), 5-Hydroxyindolessigsäure (5-HIAA) bzw. Prolactin- (PRL) und Haloperidol-Blutspiegel vor Unterbrechungstherapie (Mittelwerte von Tag 1 und Tag 0 der Absetzphase)

		Grp. 1 (kein Effekt) n = 8	Grp. 2 (partieller Effekt) n = 7	Grp. 3 (günstiger Effekt) n = 7	Unterschiede Gruppen 1–3	zwischen den (U-test)
E	[N: < 9ug/24h	23.61 ± 14.57	10.80 ± 4.88	6.34 ± 1.75	3 < 1	0,002
					3,2 < 1	0,03
					3 < 1,2	0,007
NE	[N: < 52ug/24h]	50.10 ± 48.75	42.39 ± 36.64	21.74 ± 6.11	3 < 1,2	(0,058 ns)
VMS	[N: < 3,42ug/24h)	5.43 ± 2.03	3.88 ± 1.31	2.70 ± 1.35	3 < 1	0,02
					2,3 < 1	0,015
					3 < 1,2	0,03
COR	[N: < 150ug/24h]	387.83 ± 143.91	208.25 ± 132.45	147.00 ± 142.67	3 < 1	0,05
DOP	[N: 65–640ug/24h]	397.07 ± 298.28	270.10 ± 114.60	332.08 ± 126.39		ns
HVA	[N: < 6,5 ug/24 h]	2.88 ± 0.93	3.14 ± 1.18	2.38 ± 0.11		ns
5-HIAA	[N: < 10 ug/24 h]	6.42 ± 2.53	6.82 ± 3.62	5.42 ± 1.91		ns
PRL (Plasma) [N 2.0–14.5 ng/ml m] [N 2.7–26.0 ng/ml f]		55.17 ± 24.89	66.73 ± 39.80	37.10 ± 13.83		ns
Haloperidol-Blutspiegel (ng/ml)		19.0 ± 10.40	29.00 ± 26.8	18.60 ± 8.60		ns

Ergebnisse

Nach dem Absetzen von Haloperidol kam es bei den Patienten der Gruppen 2 und 3 zu einem geringerem Abfall der Katecholamine als in der Gruppe 1 (fehlender Absetzeffekt). Am 7.Tag der Unterbrechungstherapie hatten sich die Katecholamine (bei Vergleich der Absetzgruppen) weitgehend einander angenähert. Die Adrenalin- und VMA-Ausscheidung vor Absetzen der Neuroleptika lag um so höher, je ungünstiger der Effekt der nachfolgenden Unterbrechungstherapie war und umgekehrt. Zwischen den 3 oben beschriebenen Absetzgruppen bestanden in dieser Hinsicht statistisch signifikante Unterschiede. Auch die Noradrenalinausscheidung vor Absetzen der Medikation war um so niedriger, je günstiger die Wirkung der Unterbrechungstherapie ausfiel, wenngleich die Unterschiede zwischen den einzelnen Gruppen hier das Signifikanzniveau nicht ganz erreichten. Wenn auch die Vorhersage des Absetzeffektes anhand der biochemischen Parameter nur gruppenstatistisch und nicht in jedem Einzelfall möglich war, so ließen sich doch folgende Aussagen treffen: die Adrenalinausgangswerte vor Absetzen der Neuroleptika lagen bei den Patienten mit günstigem Absetzeffekt (Grp. 3) ausnahmslos innerhalb des Normbereiches (< 9 ug/24 h) bzw. unterhalb des Medians (9,24 ug/24 h), allerdings fand sich bei 2 weiteren Patienten mit normwertiger Adrenalinausscheidung ein partieller Absetzeffekt, bei einem Patienten ein fehlender Absetzeffekt. Bei Adrenalinwerten > 20 ug/24 h stellten wir stets einen fehlenden Effekt der Unterbrechungstherapie fest (bei 3 Patienten der Gruppe 1 betrug die Adrenalinausscheidung allerdings < 20 ug/24 h). Die Ausscheidung von Vanillinmandelsäure zum Zeitpunkt des Absetzens lag bei Patienten mit günstigem Verlauf der Unterbrechungstherapie (Grp. 3) bis auf eine Ausnahme jeweils innerhalb des Normbereiches (< 3,40 ug/24 h). Die Noradrenalin-Ausscheidung betrug in der Gruppe mit günstigem Effekt stets weniger als 30 ug/24 h (obere Normgrenze 52 ug/24 h). Die Befunde (auch der übrigen Laborparameter) sind in der Tabelle 1 zusammengefaßt.

Schlußfolgerungen

Die biochemischen und neuroendokrinen Wirkungen der haloperidolinduzierten Dopaminbloackade – soweit sie Prolactinserumwerte und Dopamin- bzw. HVA-Ausscheidung betreffen – sowie deren Veränderungen nach Absetzen der Medikamente stehen bei akut schizophrenen Patienten in keinem erkennbaren Zusammenhang mit der klinischen Wirkung der Unterbrechungstherapie. Demgegenüber zeichnet sich eine Beziehung zwischen sympathoadrenalen Funktionen und dem Nutzen der Unterbrechungstherapie ab: Je stärker eine über das periphere sympathokoadrenale System vermittelte unspezifische Streßsituation bei unseren unter neuroleptischer Behandlung unzureichend remittierten Patienten nachzuweisen war, desto weniger günstig wirkte die nachfolgende Unterbrechungstherapie. Ein erhöhtes sympathoadrenales Aktivitätsniveau scheint somit sowohl mit einem ungünstigen neuroleptischen Behandlungsergebnis als auch

nach erfolgloser Neuroleptikagabe mit einem ungünstigen Effekt eines Ab-
setzversuches einherzugehen. Bei den Patienten mit günstigem Ergebnis
der Unterbrechungstherapie treten nur geringfügige Veränderungen der
Katecholamin- und Cortisolwerte nach Absetzen der Neuroleptika auf; d. h.
sympathoadrenale Funktionsänderungen sind bei diesen Patienten weder
als Begleiterscheinungen oder Folgen des Absetzens festzustellen, noch
können sie ursächlich zum Verständnis des Wirkungsmechanismus der Unterbrechungstherapie herangezogen werden.

Literatur

Kuhs H, Eikelmann B (1988) Suspension of neuroleptie therapy in acute schizophrenia.
    Pharmacopsychiat 21: 197–202

Korrespondenz: Dr. H. Folkerts, Psychiatrische Universitätsklinik, Albert-Schweitzer-
    Straße 11, D-48149 Münster, Bundesrepublik Deutschland

Neuroleptikainduzierte D2-Rezeptorblockade bei Patienten mit akut paranoidhalluzinatorischen Psychosen – Eine Pilotuntersuchung mit der J123-IBZM-SPECT

S. Volk[1], **F. D. Maul**[2], **G. Hör**[2], **A. Hertel**[2], **M. Schreiner**[2], **M. Weppner**[2] und **B. Pflug**[1]

[1]Abteilung Klinische Psychiatrie II und [2]Abteilung Nuklearmedizin, Johann Wolfgang Goethe-Universität, Frankfurt am Main, Bundesrepublik Deutschland

In der vorliegenden Pilotuntersuchung wurde die striatale D2-Rezeptorblockade mit der [123]J-IBZM-SPECT bei erstmals an einer akuten paranoid-halluzinatorischen Psychosen erkrankten Patienten untersucht. [123]J-IBZM ist ein hochspezifischer D2-Rezeptorenligand, der seine maximale Anreicherung im Striatum aufweist (Kung et al. 1989). Die semiquantitative Auswertung der SPECT-Befunde wird in der Regel mit Hilfe der Regions-of-interest-Methode (ROI) durchgeführt. Hierzu werden Quotienten der radioaktiven Aktivität zwischen den Basalganglien und dem frontalen Kortex (BG/FC-Ratio), in welchem nur wenig bzw. eine nicht spezifische Bindung von IBZM stattfindet, berechnet. Ziel der Untersuchung war die Beantwortung der Frage, ob zwischen der durch Neuroleptika induzierten D2-Rezeptorblockade und dem Ansprechen auf medikamentöse Behandlung ein Zusammenhang hergestellt werden kann.

Es wurden 8 psychotische Patienten (5 Frauen, 3 Männer, mittleres Alter: 28 Jahre, Range: 21–47 Jahre) mit der SPECT in die Untersuchung eingeschlossen. Keiner der Patienten hatte innerhalb der ersten 3 Wochen nach Beginn der neuroleptischen Therapie eine entscheidende Besserung des psychopathologischen Befundes, welcher mit der BPRS und der CGI objektiviert wurde, gezeigt. Am Tag der SPECT-Untersuchung wurde der aktuelle psychopathologischer Befund anhand dieser Fragebögen zusammen mit einer Untersuchung auf extrapyramidale Nebenwirkungen (Webster-Rating-Scale) durchgeführt. Die Beurteilungen wurden zum Entlassungszeitpunkt sowie anläßlich einer nachstationären Untersuchung drei Monate nach der Entlassung wiederholt.

Alle Patienten wurden zum Untersuchungszeitpunkt mit klassischen Neuroleptika behandelt. Da es sich um unterschiedliche Substanzen handelte, wurden für einen besseren Vergleich der Dosierungen die entsprechenden Chlorpromazin-Äquivalenzdosen berechnet.

Alle Patienten erhielten 185 mBq ^{123}J-IBZM i.v. Die SPECT-Aufnahmen erfolgten mit Hilfe einer rotierenden Einkopf-Kamera 2 Stunden nach der Injektion. Schichten von 14 mm Dicke wurden nach einer gefilterten Rückprojektion mit einem Buttervorth 6/16 Filter rekonstruiert und parallel zur orbitomeatalen Linie orientiert. ROIs wurden manuell in das Striatum und in den frontalen Kortex gelegt und die BG/FC-Ratios bestimmt.

Diejenigen Patienten wurden als Responder auf die Behandlung angesehen, wenn die BPRS-Werte mindestens um 30% bis zum Entlassungszeitpunkt abnahmen und darüber hinaus eine deutliche Verbesserung im CGI-Score zu konstatieren war. Von einer vollständigen Remission wurde dann ausgegangen, wenn in der Nachuntersuchung nach 3 Monaten keinerlei Symptome der Psychose mehr festgestellt werden konnten.

5 Patienten respondierten auf die Behandlung und zeigten eine vollständige Remission nach 3 Monaten. Die Chlorpromazin-Äquivalenzdosen korrelierten signifikant mit dem BPRS-Subscore „Denkstörungen" (r = 0.88, p = 0.01). Spätere Responder unterschieden sich zum Zeitpunkt der SPECT-Untersuchung nicht in der Krankheitsschwere oder hinsichtlich der BPRS-Summen- und -Subscores von Non-Respondern.

Spätere Responder wiesen einen signifikant niedrigeren mittleren BG/FC-Quotienten (1.10 ± 0.03) als Non-Responder (0.96 ± 0.03, U-Test: p = 0.008) auf (Tabelle 1).

Keine Unterschiede bestanden zwischen dem BG/FC-Quotienten von Patienten, bei denen extrapyramidale Nebenwirkungen bestanden (n = 4) und solchen Patienten, die keine extrapyramidalen Nebenwirkungen aufwiesen (n = 4).

Unsere vorläufigen Befunde einer signifikant niedrigeren D2-Rezeptorblockade bei akut psychotischen Patienten, die sich zunächst nicht innerhalb eines dreiwöchigen Behandlungszeitraums psychopathologisch besserten, aber im weiteren Behandlungsverlauf respondierten und nach 3 Monaten vollständig remittierten, stimmen mit den Ergebnissen von Farde et al. (1992) überein.

Tabelle 1. IBZM-SPECT bei akut paranoid-halluzinatorischen Psychosen

Patient	Alter	Geschlecht	Response/Remission	Medikation (CP-Ä.)	BG/FC-ratio
1	33	w.	ja/ja	Haloperidol (400 mg)	1.10
2	24	w.	ja/ja	Fluphenazin (500 mg)	1.12
3	21	m.	nein/partiell	Benperidol (3200 mg)	0.93
4	21	m.	nein/partiell	Benperidol (2000 mg)	0.99
5	37	w.	nein/partiell	Perazin (800 mg)	0.95
6	26	w.	ja/ja	Benperidol (800 mg)	1.08
7	39	w.	ja/ja	Haolperidol (500 mg)	1.05
8	30	m.	ja/ja	Haloperidol (2000 mg)	1.13

Zusammenfassend weisen die Ergebnisse dieser Pilotuntersuchung darauf hin, daß die Unterschiede in der striatalen D2-Rezeptorblockade zwischen erstmals an einer Psychose erkrankten Patienten mit günstigen bzw. weniger günstigem kürzerfristigen Verlauf möglicherweise einen Beitrag zur neurobiologischen Prädiktion. Zur Unterstützung dieser Annahme ist es jedoch notwendig, eine größere Patientengruppe mit der SPECT zu untersuchen.

Literatur

Farde L, Nordström A-L, Wiesel F-A, Pauli S, Halldin C, Sedvall G (1992) Positron emission tomographic analysis of central D1 and D2 dopamine receptor occupancy in patients with classical neuroleptics and clozapine. Arch Gen Psychiatry 49: 538–544

Kung HF, Pan S, Kung MP, Billings J, Kasliwal R, Reilley J, Alavi A (1989) In vitro and in vivio evaluation of 123 I IBZM: a potential CNS D2 dopamine receptor imaging agent. J Nucl Med 30: 88–92

Korrespondenz: PD Dr. S. Volk, Abteilung für Klinische Psychiatrie II, Zentrum für Psychiatrie, Klinikum der Universität, D-60528 Frankfurt/M., Bundesrepublik Deutschland

Somnopolygraphische Befunde bei pharmakologisch noch nie behandelten Patienten mit einer paranoid-halluzinatorischen Schizophrenie

C. J. Lauer, W. Schreiber, T. Pollmächer und **J.-C. Krieg**

Max-Planck-Institut für Psychiatrie, Klinisches Institut, Abteilung für Psychiatrie, München, Bundesrepublik Deutschland

Das Interesse am Schlaf schizophrener Patienten wurde nicht erst durch die Möglichkeiten der modernen Schlafforschung geweckt, sondern reicht bereits über hundert Jahre zurück, als man auf die phänomenologische Vergleichbarkeit von Halluzination und Traum aufmerksam wurde. Jedoch erst durch die Entdeckung des Rapid Eye Movement (REM)-Schlafes und seiner zeitlich engen Assoziation mit Träumen fand die Verknüpfung von Schlaf und Psychose zunehmend Beachtung. Aufgrund zahlreicher somnopolygraphischer Studien geht man heute davon aus, daß der Schlaf schizophrener Patienten durch einen reduzierten Tiefschlaf-Anteil (insbesondere im ersten Schlafzyklus) und eine verkürzte REM-Latenz gekennzeichnet ist (Übersicht bei [1]). Vor kurzem wurde schließlich über eine erhöhte Dichte der schnellen Augenbewegungen im REM-Schlaf (REM-Dichte-Index) berichtet [2]. Diese in der Literatur beschriebenen Veränderungen im Schlafmuster schizophrener Patienten erinnern unmittelbar an jene, die als typisch für die Depression dokumentiert sind [3]. Aus diesem Grunde werden sie häufig als Argument für die Annahme herangezogen, daß Schizophrenie und affektive Erkrankung bedeutsame ätiopathogenetische, bzw., pathophysiologische Merkmale teilen.

Praktisch alle bislang bei schizophrenen Patienten durchgeführten somnopolygraphischen Studien weisen jedoch die gravierende Einschränkung auf, daß die Patienten zum Zeitpunkt der Untersuchung entweder chronisch neuroleptisch behandelt oder lediglich seit etwa 2 Wochen frei von solcher Medikation waren. Nicht nur aufgrund systematischer Studien über die Effekte eines abrupten Absetzens neuroleptischer Medikation auf das Schlaf-EEG [4], sondern auch wegen der im Tierversuch demonstrierten, lang anhaltenden zentralen Wirksamkeit von Neuroleptika (ca. 50 Wochen; [5]), muß davon ausgegangen werden, daß die genannten Veränderungen im Schlaf schizophrener Patienten in erheblichen Ausmaß durch pharmakologische Einflüsse verfälscht sind.

In der vorliegenden Studie wurde überprüft, welche Schlafveränderungen bei schizophrenen Patienten der dieser Erkrankung vermutlich zugrundeliegenden Pathophysiologie zugeschrieben werden können. Hierzu untersuchten wir 22 pharmakologisch noch nie behandelte Patienten mit einer paranoid-halluzinatorischen Schizophrenie (nach DSM-III-R; Alter: 33 ± 9 Jahre). Zwanzig Patienten mit einer Depression (nach DSM-III-R; Alter: 34 ± 9 Jahre) und 20 gesunde Probanden (Alter: 31 ± 7 Jahre) dienten als Referenzgruppen. Die depressiven Patienten waren zum Zeitpunkt der nach Standardkriterien [6] durchgeführten und ausgewerteten Somnopolygraphie seit mindestens 3 Jahren nicht neuroleptisch behandelt worden und waren seit mindestens 2 Wochen frei von jeglicher Medikation.

Die Ergebnisse sind in Tabelle 1 zusammengefaßt. Im Vergleich zu den gesunden Probanden zeigten die schizophrenen Patienten eine deutliche Beeinträchtigung der Schlafkontinuität (verlängerte Einschlaf-Latenz, verkürzte Dauer der Schlafperiode, vermehrte nächtliche Wachzeit). Mit Ausnahme eines verminderten Anteils von Schlafstadium 2 fanden sich für die Kennwerte der Schlaf-Architektur (z. B. Tiefschlaf) und des REM-Schlafes (z. B. REM-Latenz, REM-Dichte-Indizes) jedoch keine systematischen Unterschiede zwischen diesen beiden Gruppen. Gegenüber den Depressiven zeigten die schizophrenen Patienten ebenfalls eine deutlich gestörtere Schlafkontinuität, jedoch eine kürzere Tiefschlaf-Latenz, niedrigere REM-Dichte-Indizes sowie eine kürzere Dauer der ersten REM-Periode. Die depressiven Patienten wiesen im Vergleich zu den gesunden Probanden die aufgrund der Literatur [3] erwarteten Schlafveränderungen auf (z. B. vermehrte nächtliche Wachzeit, verkürzte REM-Latenz, erhöhte REM-Dichte-Indizes sowie im ersten Schlafzklus eine verlängerte Tiefschlaf-Latenz und einen erheblich reduzierten Anteil von Tiefschlaf).

In Übereinstimmung mit der Literatur zeigen diese Befunde, daß bei schizophrenen Patienten die Schlafinitiierung und -aufrechterhaltung erheblich beeinträchtigt sind. In der vorliegenden Studie konnte jedoch das für die Schizophrenie häufig beschriebene Tiefschlaf-Defizit ebenso wie eine verkürzte REM-Latenz oder erhöhte REM-Dichte-Indizes nicht beobachtet werden. Zur Erklärung dieser offensichtlichen Diskrepanz mit der Literatur lassen sich zwei Argumente anführen. Bislang wurden Patienten-Stichproben untersucht, die in mehreren Hinsichten sehr heterogen waren (z. B. diagnostischer Subtyp, Verlauf der Erkrankung); die vorliegende Stichprobe hingegen setzte sich aus Patienten zusammen, die ausschließlich an einer paranoid-halluzinatorischen Schizophrenie litten und während einer akuten Exazerbation der Erkrankung untersucht wurden. Von größere Bedeutung ist jedoch, daß an der vorliegenden Studie – im Gegensatz zur Literatur – ausnahmslos pharmakologisch noch nie behandelte Patienten teilnahmen. Aufgrund mehrerer Berichte muß davon ausgegangen werden, daß eine chronische neuroleptische Behandlung, die oftmals eine adjuvante anticholinerge Medikation notwendig macht, eine

Tabelle 1. Schlaf-Kennwerte von Patienten mit Schizophrenie, Patienten mit Major Depression und gesunden Kontroll-Probanden sowie die Ergebnisse der MANOVA und der MLSD-Tests

	Patienten mit Schizophrenie (n = 22)	Patienten mit Depression (n = 20)	Kontroll-Probanden (n = 20)	MANOVA F (2,59)	MLSD Test SP vs DP	SP vs KP	DP vs KP
Schlafperiode (min)	$397,3 \pm 66,7$	$430,8 \pm 28,9$	$442,8 \pm 26,4$	5,67**	↕	↕	n.s.
Schlaf-Effizenz-Index (%)	$77,8 \pm 12,2$	$84,2 \pm 12,0$	$93,8 \pm 3,6$	13,04***	↕	↕	↕
Einschlaf-Latenz (min)	$57,6 \pm 53,1$	$19,8 \pm 11,4$	$20,2 \pm 11,0$	9,30***	↕	↕	n.s.
Tiefschlaf-Latenz (min)	$19,8 \pm 11,9$	$31,2 \pm 24,0$	$16,6 \pm 7,5$	4,43*	↕	n.s.	↕
Intermitt. Wachzeit (%SPT)	$8,3 \pm 7,6$	$10,0 \pm 10,2$	$2,7 \pm 2,4$	5,34**	n.s.	↕	↕
Schlaf-Stadium 2 (%SPT)	$50,6 \pm 9,2$	$50,1 \pm 8,5$	$57,0 \pm 7,4$	4,25*	n.s.	↕	↕
Tiefschlafschlaf (%SPT)	$12,5 \pm 10,6$	$10,4 \pm 6,9$	$13,4 \pm 5,8$	0,71			
REM-Schlaf (%SPT)	$19,4 \pm 6,4$	$21,9 \pm 6,3$	$19,4 \pm 4,5$	1,28			
REM-Latenz (min)	$66,5 \pm 40,2$	$49,8 \pm 33,0$	$73,7 \pm 20,8$	3,23*	n.s.	n.s.	↕
Mittlerer REM-Dichte-Index	$1,82 \pm 0,56$	$3,90 \pm 1,26$	$2,10 \pm 1,07$	27,27***	↕	n.s.	↕
1. Schlaf-Zyklus REM-Periodce (min)	$13,9 \pm 8,4$	$30,6 \pm 22,5$	$15,4 \pm 10,9$	7,68***	↕	n.s.	↕
Wach (%NREMP)	$6,7 \pm 9,4$	$16,1 \pm 43,7$	$2,5 \pm 1,6$	1,47			
Tiefschlaf (%NREMP)	$28,9 \pm 26,8$	$20,5 \pm 27,5$	$38,5 \pm 16,3$	3,27*	n.s.	n.s.	↕
REM-Dichte-Index	$1,31 \pm 0,87$	$3,58 \pm 1,68$	$1,33 \pm 0,84$	24,83***	↕	n.s.	↕

SP Patienten mit Schizophrenie; *DP* Patienten mit Major Depression *KP* Kontroll-Probanden. *MANOVA* *p < 0,05; **p < 0,01; ***p < 0,001. *MLSD-Test: n.s.* nicht signifikant; ↕ signifikante Gruppen-Unterschiede

erhöhte Sensitivität der dopaminergen und muskarinischen Rezeptorsysteme induziert, welche nicht nur während, sondern insbesondere nach akuter Beendigung der Behandlung den Schlaf nachhaltig beeinflußen [1, 4, 5, 7–9]. Es ist somit davon auszugehen, daß die üblicherweise bei sogenannten „unbehandelten" (da für etwa zwei Wochen von Neurolpetika freien) schizophrenen Patienten beschriebenen Schlafveränderungen (Tiefschlaf-Defizit, verkürzte REM-Latenz) lediglich Auswasch- oder „carryover"-Effekte von vorausgegangener neuroleptischer Medikation reflektieren und daher nur wenig zum Verständnis der Pathophysiologie dieser Erkrankung beitragen können.

Die vorliegenden Ergebnisse berührt auch die nach wie vor kontrovers diskutierte Frage, ob Schizophrenie und affektive Erkrankung nosologisch unabhängige Entitäten darstellen [10, 11] oder ein Kontinuum repräsentieren, auf dem sie die jeweiligen Endpunkte markieren [12, 13]. Die bislang berichteten Veränderungen im Schlaf schizophrener Patienten wurden hierbei als Argument für das Kontinuum-Modell angesehen, da sie dem depressions-typischen Schlafmuster durchaus vergleichbar scheinen. Die vorliegenden Beobachtungen demonstrieren jedoch, daß die einzige Gemeinsamkeit im Schlaf schizophrener und depressiver Patienten eine Störung der Schlafaufrechterhaltung ist, ein Merkmal, das als unspezifisch eingestuft werden muß, da es auch bei anderen psychiatrischen Erkrankungen und primären Schlafstörungen zu beobachten ist. Unsere Resultate belegen somit eher die Sichtweise Emil Kraepelin's, daß Schizophrenie und affektive Erkrankung eigenständige Entitäten darstellen.

Schließlich fand sich bei den in der vorliegenden Studie untersuchten schizophrenen Patienten eine erhebliche interindividuellen Varianz in den Schlafkennwerten, obwohl diese Patienten ausschließlich die diagnostischen Kriterien einer paranoid-halluzinatorischen Schizophrenie erfüllten. Hieraus muß geschlossen werden, daß die angewandten „phänomenologisch" orientierten diagnostischen Prozeduren zwar klinisch einheitliche Subtypen definieren, jedoch ohne Berücksichtigung weiterer, pathophysiologisch bedeutsamer Einflußgrößen kaum in der Lage sind, Untergruppen zu beschreiben, die sich auch in ihren neurobiologischen Veränderungen hinreichend homogen darstellen.

Literatur

1. Tandon R, Shipley JE, Taylor S, Greden JF, Eiser A, DeQuardo J, Goodson J (1992) Electroencephalographic sleep abnormalities in schizophrenia: relationship to positive/negative symptoms and prior neuroleptic treatment. Arch Gen Psychiatry 49: 185–194
2. Benson KL, Zarcone VP (1993) Rapid eye movement sleep eye movements in schizophrenia and depression. Arch Gen Psychiatry 50: 474–482
3. Lauer CJ, Riemann D, Wiegand M, Berger M (1991) From early to late adulthood: changes in EEG sleep of depressed patients and healthy volunteers. Biol Psychiatry 29: 979–993
4. Nofzinger EA, van Kammen DP, Gilbertson MW, Gurklis JA, Peters JL (1993) Electroencephalographic sleep in clinically stable schizophrenic patients: two-week versus six-week neuroleptic-free. Biol Psychiatry (1985) 33: 829–835
5. Campbell A, Baldessarini RJ (1985) Prolonged pharmacologic activity of neuroleptics. Arch Gen Psychiatry 42: 637
6. Rechtschaffen A, Kales A (1968) A manual of standardized terminology, techniques, and scoring system for sleep stages of human subjects. National Institute of Health Publications, Washington DC
7. Thaker GK, Wagman AM, Kirkpatrick B, Tamminga CA (1989) Alterations in sleep polygraphy after neuroleptic withdrawal: a putative supersensitive dopaminergic mechanism. Biol Psychiatry 25: 75–86
8. Taylor SF, Tandon R, Shipley JE, Eiser AS (1991) Effects of neuroleptic treatment on polysomnographic measures in schizophrenia. Biol Psychiatry 30: 904–912
9. Wetter T, Lauer CJ, Gillich G, Pollmächer T (1994) Effects of clozapine and classical neuroleptics on sleep in schizophrenic patients. J Sleep Res 3 [Suppl 1]: 277
10. Kraepelin E (1921) Manic-depressive insanity and paranoia. Livingston, Edinburgh
11. Kendler KS (1988) The genetics of schizophrenia and related disorders: a review. In Dunner DL, Gershon ES, Barrett JE (eds) Relatives at risk for mental disorder. Raven Press, New York

12. Gershon ES, DeLisi LE, Hamovit M, Nurnberger JI, Maxwell ME, Schreiber J, Dau-
    phinais D, Dingman CW, Guroff JJ (1988) A controlled family study of chronic psy-
    choses, schizophrenia and schizoaffective disorder. Arch Gen Psychiatry 45: 328–336
13. Crow TJ (1990) The continuum of psychosis and its genetic origins. Br J Psychiatry
    156: 788–797

Korrespondenz: Dr. C. J. Lauer, Max-Planck-Institut für Psychiatrie, Klinisches Institut,
    Abteilung für Psychiatrie, Kraepelinstraße 10, D-80804 München, Bundesrepublik
    Deutschland

Neuropsychologische Defizite bei ersterkrankten Patienten aus dem schizophrenen Formenkreis

N. Sobizack, M. Albus, W. Hubmann, C. Ehrenberg, U. Forcht, C. Wahlheim, P. Weber und **R. Pötsch**

Bezirkskrankenhaus Haar, Bundesrepublik Deutschland

Einleitung

In Untersuchungen zu neuropsychologischen Defiziten bei schizophrenen Patienten, wie Störungen der Aufmerksamkeit, des Gedächtnisses und Lernens, der Sprache, der Abstraktionsfähigkeit und des problemlösenden Denkens weisen die Ergebnisse einerseits auf ein überwiegend generalisiertes Defizitmuster hin (z. B. Braff et al. 1991, Blanchard und Neale 1994), andererseits zeigen Studien mit breiteren neuropsychologischen Testbatterien darüberhinaus spezifische, sogenannte differentielle Defizite Schizophrener im Vergleich zu gesunden Kontrollpersonen (Saykin et al. 1991, 1994). Diese differentiellen Defizite sind im Bereich der Sprache, des verbalen Lernens, des semantischen und des visuellen Gedächtnisses gefunden worden, unabhängig von Aufmerksamkeitsstörungen. Saykin wertet Gedächtnisdefizite unmedizierter schizophrener Patienten als Hinweis auf temporal-limbische Funktionsstörungen. Andere Autoren betonen die Rolle präfrontaler Strukturen als spezifischen Faktor für die Defizite Schizophrener (z. B. Buchanan 1994).

Darüberhinaus liegen unterschiedliche Befunde zum Ausmaß der Abhängigkeit neuropsychologischer (NP-) Leistungen vom Alter, der Schulbildung und dem Stadium der Erkrankung vor. So berichten Hoff et al. (1992) von NP-Defiziten bei ersterkrankten Schizophrenen, Saykin et al. (1994) hingegen betonen vor allem eine fortschreitende Verschlechterung der NP-Leistungen im Verlauf der Erkrankung.

In dieser prospektiven Studie wollen wir der Frage nach der Spezifität kognitiver Störungen zu Beginn der Erkrankung und den Fragen nach quantitativen und auch qualitativen Veränderungen der Beeinträchtigung im Krankheitsverlauf nachgehen.

Methoden

Wir haben bisher 43 erstmals stationär aufgenommene Patienten mit Diagnosen aus dem schizophrenen Formenkreis (31 schizophrene Patienten, 12 mit schizophreniformer Störung) zum Zeitpunkt ihrer besten Remission untersucht und mit einer Gruppe von 41 chronisch Schizophrenen verglichen. Die diagnostische Zuordnung der Patienten haben wir mit dem SKID nach DSM III-R vorgenommen. Ausschlußkriterien sind neurologische Störungen, aktueller Substanzabusus und eine neuroleptische Vorbehandlung, die länger als 12 Wochen dauerte. Eine gesunde Kontrollgruppe (z. Z. n = 40) wird hinsichtlich der Kriterien Geschlecht, Alter u. soziale Schicht der Herkunftsfamilie ausbalanciert.

Alle Probanden werden detailliert zu ihrer Vorgeschichte befragt (IRAOS) und zum Zeitpunkt der bestmöglichen Remission in Hinblick auf ihre Psychopathologie (BPRS, SANS, PANSS, HAMD) sowie auf lokalisatorisch unspezifische neurologische Auffälligkeiten (Soft Signs) untersucht. Die Medikation und unerwünschte Begleitwirkungen werden mit dem Verlauf der stationären Behandlung dokumentiert.

Die **neuropsychologische Testung** umfaßt 10 funktionelle Bereiche mit jeweils 2 Untertests. Die Auswahl der Tests ist nicht zuletzt im Interesse der Vergleichbarkeit an die Arbeiten von Saykin et al. (1991, 94) und Hoff et al. (1992) angelehnt.

Testübersicht:
– **Verbale Intelligenz:** HAWIE-R: Allgemeines Wissen, Gemeinsamkeiten Finden
– **Räumliche Orientierung (handlungsbezogene Intelligenz):** HAWIE-R: Bilderergänzen, Mosaiktest
– **Exekutive Funktionen (Abstraktionsfähigkeit/Flexibilität):** WCST (Nelson); Interferenztest (Stroop)
– **Semantisches Gedächtnis:** Wechsler-Memory-Scale-R (WMS-R): Logisches Gedächtnis: a) unmittelbare, b) verzögerte freie Reproduktion
– **Visuelles Gedächtnis:** WMS-R: Visuelle Reproduktion: a) unmittelbar, b) verzögert
– **Verbales Lernen:** WMS-R: Verbale Paarassoziationen, Münchner Verbaler Lern- und Gedächtnistest (Ilmberger)
– **Sprache:** Leistungs-Prüf-System (Horn): Wortflüssigkeit; Supermarkt-Test
– **Konzentration/Geschwindigkeit (visomotor. Prozesse):** Trail-Making-Test A, B; HAWIE-R: Zahlen-Symbol-Test
– **Aufmerksamkeit:** Continuous-Performance-Test; Span of Apprehension-Test
– **Arbeitsgedächtnis (Spannmaße):** HAWIE-R: Zahlennachsprechen, vorwärts und rückwärts; Satzspanne.

Resultate

Die Z-transformierten Werte der Testergebnisse sind in Abb. 1 nach den 10 Funktionsbereichen zusammengefaßt. Definitionsgemäß wird die Gruppe der gesunden Kontrollpersonen durch den 0-Wert repräsentiert, mit einer Standardabweichung von 1. Im Vergleich (MANOVA) zu diesen Kontrollleistungen zeigt sich für beide klinischen Gruppen eine signifikante allgemeine Leistungsbeeinträchtigung: Die chronisch schizophrenen Patienten ($F_{(1,79)} = 77.47$, $p < .0001$) liegen mit ihrem durchschnittlichen Profilwert −1.4 Standardabweichungen unter der Leistung der Kontrollgruppe und damit deutlich schlechter als die Erstaufnahme-Patienten ($F_{(1,75)} = 36.3$, $p < .0001$), deren Profilmittelwert bei −.8 liegt. Darüberhinaus weist die Diagnose × Funktions − Interaktion auf die unterschiedliche Profilverteilung zwischen Erstaufnahmen und der Kontrollgruppe ($F_{(9,67)} = 2.58$, $p < .01$) und zwischen den chronischen Patienten und den Kontrollen ($F_{(9,71)} = 10.35$, $p < .0001$) hin.

Signifikante differentielle Defizite, also die relativ zum Profilmittelwert schlechteren Leistungen, zeigen sich bei den Erstaufnahme-Patienten in den Funktionen verbales Lernen ($F_{(1,36)} = 11.57$, $p < .001$) und in den

Aufgaben zur Konzentration/Geschwindigkeit (F (1,36) = 10.95, p < .002). Bessere Leistungen als im Profilmittelwert sind in den Aufgaben zur verbalen Intelligenz zu finden (F (1,36) = 11.28, p < .001). Die Einzelleistungen der restlichen Funktionen unterscheiden sich nicht signifikant vom Profilmittelwert. Hinsichtlich der verbalen Intelligenz und des visuellen Gedächtnisses unterscheiden sich die erstaufgenommenen schizophrenen Patienten nicht signifikant von den gesunden Probanden. Bei den chronischen Patienten sind die differentiellen Defizite in den exekutiven Funktionen (F (1,40) = 31.66, p < .0001) und im Bereich Konzentration/Geschwindigkeit (F (1,40) = 113.53, p < .0001) zu finden. Signifikant besser als der Profilmittelwert sind die Leistungen in den Funktionen Aufmerksamkeit (F (1,40) = 16.64, p < .0002) und im Arbeitsgedächtnis (F (1, 40) = 23.86, p < .0001).

Diskussion

Unter dem Vorbehalt der lokalisatorischen Spezifität der verwendeten Tests lassen die Ergebnisse folgende Hinweise auf den Verlauf der Erkrankung zu: Bereits bei Erkrankungsbeginn liegen die Leistungen – bis auf die zur verbalen Intelligenz und zum visuellen Gedächtnis – signifikant unterhalb der Leistungen gesunder Probanden. Damit kann bestätigt werden, daß bei ersterkrankten Schizophrenen bereits ein generelles neuropsychologisches Defizit vorliegt. Darüberhinaus zeigen sich in den Bereichen Konzentration/Geschwindigkeit und verbales Lernen signifikante, differentiel-

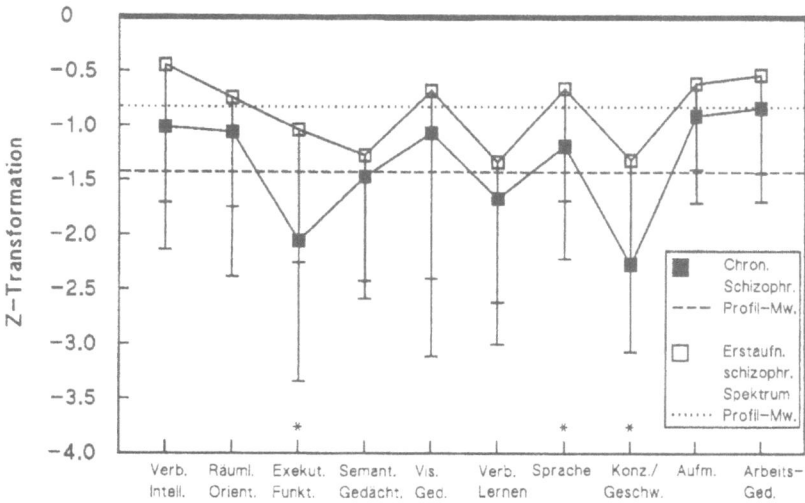

Abb. 1. Die Z-transformierten Testergebnisse (+ SD) der klinischen Gruppen über die neuropsychologischen Funktionsbereiche im Vergleich zu der Leistung (0 ± 1) einer gesunden Kontrollgruppe

le Defizite. Damit können die Befunde von Saykin et al. (1991, 1994) bestätigt werden. Möglicherweise liegen diesen Defiziten überwiegend frontale und temporal-limbische Funktionsstörungen zugrunde.

Vergleicht man die Daten der chronischen Patienten mit denen der erstaufgenommenen, so ist bei relativ guten Aufmerksamkeitsleistungen eine signifikante Verschlechterung des durchschnittlichen Profilwertes der chronischen Patienten im Vergleich zu den Erstaufnahmen zu erkennen. Vergleicht man zudem die einzelnen Funktionen, so weist die signifikante Verschlechterung der chronisch Schizophrenen in den exekutiven Funktionen darauf hin, daß sich die frontalen Dysfunktionen möglicherweise im weiteren Verlauf der Erkrankung verschlechtern. Darüberhinaus erbringen die chronischen Patienten in den Bereichen Sprache und Konzentration/Geschwindigkeit ebenfalls signifikant schlechtere Leistungen als die erstaufgenommenen schizophrenen Patienten (s. Abb. 1). Mehr Aufschluß über den Verlauf der Erkrankung erwarten wir aus den weiteren Ergebnissen dieser prospektiven Studie.

Literatur

Braff DL, Heaton R, Kuck J, et al (1991) The generalized pattern of neuropsychological deficits in outpatients with chronic schizophrenia with heterogeneous Wisconsin Card Sorting Test results. Arch Gen Psychiatry 48: 891–898

Blanchard JJ, Neale JM (1994) The neuropsychological signature of schizophrenia: generalized or differential defizit? Am J Psychiatry 151: 40–48

Buchanan RW, Strauss ME, Kirkpatrick B, et al (1994) Neuropsychologial impairments in deficit vs nondeficit forms of schizophrenia. Arch Gen Psychiatry 51: 804–811

Hoff AL, Riordan H, O'Donnell DW, et al (1992) Neuropsychological functioning in first episode schizophreniform patients. Am J Psychiatry 149: 898–903

Nuechterlein KH (1991) Vigilance in schizophrenia and related disorders. In: Steinhauer SR, Gruzelier JH, Zubin J (eds) Handbook of schizophrenia, vol 5. Neuropsychology, psychophysiology and information processing. Elsevier Science, New York, pp 397–433

Saykin AJ, Gur RC, Gur RE, et al (1991) Neuropsychological function in schizophrenia: selective impairment in memory and leaming. Arch Gen Psychiatry 48: 618–624

Saykin AJ, Shtasel MD, Gur RE, et al (1994) Neuropsychological deficits in neuroleptic naive patients with first-episode schizophrenia. Arch Gen Psychiatry 51: 124–131

Korrespondenz: N. Sobizack, Bezirkskrankenhaus Haar, Postfach 111, D-85529 Haar, Bundesrepublik Deutschland

Erkennen emotionalen Gesichtsausdrucks und explorative Augenbewegungen im Verlauf schizophrener Erkrankungen

M. Streit, W. Wölwer und **W. Gaebel**

Psychiatrische Klinik, Heinrich-Heine-Universität,
Rheinische Landes- und Hochschulklinik, Düsseldorf, Bundesrepublik Deutschland

Defizite schizophrener Patienten bei der Erkennung emotionalen Gesichtsausdrucks wurden im Laufe der letzten Jahre wiederholt berichtet (z. B. Heimberg et al. 1992, Überblick bei Morrison et al. 1988). Allerdings ist die Verlaufsstabilität dieser Störungen bislang nur unzureichend untersucht. Während Ergebnisse aus Querschnittsuntersuchungen eher auf an Akutstadien der Erkrankung gebundene Defizite hinweisen (z. B. Gessler et al. 1989), sprechen Ergebnisse der eigenen Arbeitsgruppe (Gaebel und Wölwer 1992) eher für verlaufsstabile Effekte.

Daneben liegen auch Untersuchungsergebnisse vor, die auf Störungen von Augenbewegungsmustern schizophrener Patienten bei der visuellen Exploration sowohl von Gesichtern (Gordon et al. 1992) als auch von komplexen non-fazialen Stimuli hinweisen (Gaebel et al. 1987, Kojima et al. 1990). Die Frage nach potentiellen Zusammenhängen zwischen den genannten funktionalen Störungen schizophrener Patienten ist bislang weitgehend unbeantwortet. Im Rahmen der vorliegenden Longitudinalstudie wurden Erkennung emotionalen Gesichtsausdrucks und Augenbewegungsmuster simultan untersucht.

Methodik

16 stationäre schizophrene Patienten (35.3 ± 9.7 Jahre) wurden nach RDC-Kriterien ausgewählt und nach einer Einverständniserklärung mit 18 gesunden Kontrollprobanden (31.4 ± 7.5 Jahre) verglichen. Die Untersuchung fand bei Patienten in der Akutphase der Erkrankung innerhalb der ersten 3 Tage nach stationärer Aufnahme (T0) und ein zweites Mal nach 4-wöchiger Behandlung statt (T1). Der psychopathologische Verlauf wurde mittels der BPRS und der SANS dokumentiert.
Die Erkennensleistung emotionalen Gesichtsausdrucks wurde unter Verwendung von 6 × 2 Videostandbildern der von Ekman und Friesen (1976) entwickelten Standardserie „pictures of facial affect" mit mimischen Darstellungen der sechs sog. Basisemotionen Angst,

Freude, Trauer, Überraschung, Abscheu und Zorn durch je eine männliche und eine
weibliche Person erfaßt. Nach einer Präsentationszeit von 8 Sekunden pro Bild sollte die
zutreffende Emotion während der folgenden 10 sec aus einer Liste der sechs verwendeten Emotionen plus einer Neutralantwortmöglichkeit ausgewählt werden.
Während der Dekodierungsphase wurden die Blickbewegungen mit Hilfe der Pupillen-
mittelpunkt-/Cornealreflex-Methode (System DEBIC 84) aufgezeichnet. Neben basalen
Augenbewegungsparametern wie mittlere Fixationsdauer (MFD) und mittlerer räumlicher Fixationsabstand (MFA) wurden zur Analyse des visuellen Explorationsmusters insbesondere topographische Fixationsmerkmale wie die Anzahl von Fixationen auf merk-
malsrelevanten Gesichtsarealen (Augen, Mund, Nase; vgl. entsprechende Auswerteareale
in Abb. 1) bestimmt.
Die statistische Auswertung der Daten erfolgte mittels 2×2-MANOVA Gruppe $\times$ Zeit (G $\times$ Z)
sowie Berechnungen von Pearsons-Korrelationskoeffizienten.

Ergebnisse

Psychopathologisch reduzierte sich die Ausprägung sog. Positivsymptomatik
bei den Patienten im Verlauf der Untersuchung signifikant (Summenwert
der schizophrenietypischen BPRS-Subskalen: BPRS-S zu T0: x = 31.0 ± 4.2;
zu T1: x = 15.4 ± 4.8; T0 vs T1: p < 001), während die Ausprägung von sog.
Negativsymptomatik relativ stabil blieb (SANS-Summe Globalurteile zu T0:
x = 9.9 ± 4.3; zu T1: x = 7.9 ± 4.8; T0 vs T1: p = .10).

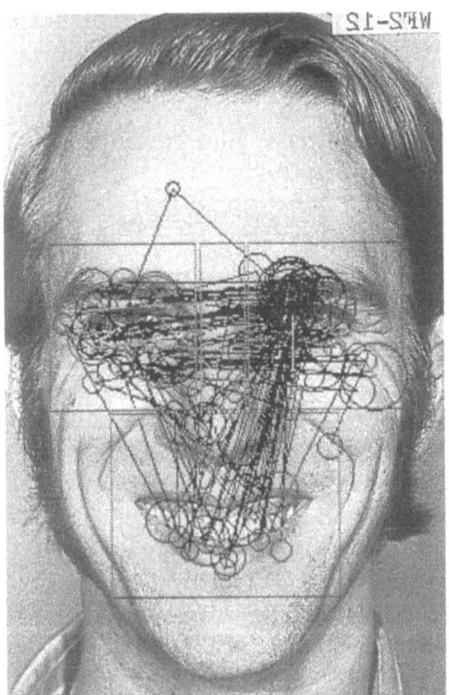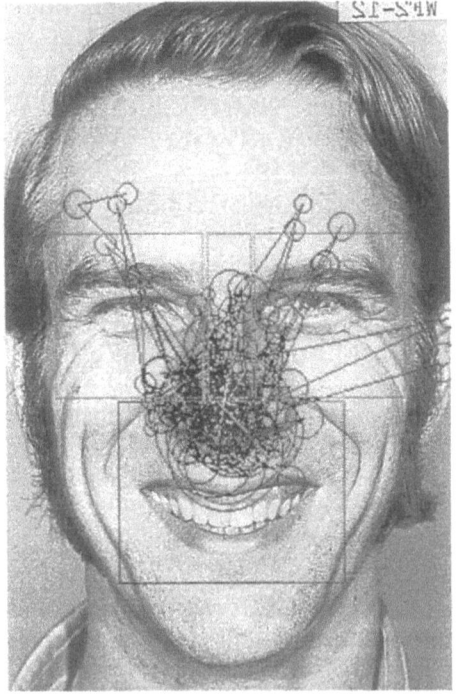

Abb. 1. Typische Blickexplorationsmuster **a** eines schizophrenen Patienten mit gering
ausgeprägter Affektverflachung (SANS-AF: 3) und **b** eines schizophrenen Patienten mit
deutlich ausgeprägter Affektverflachung (SANS-AF: 19). Dargestellt sind die über alle 12
Bilder kumulierten Fixationspfade, wobei der Ort jeder einzelnen Fixation durch den
Kreismittelpunkt, die Fixationsdauer durch den Kreisumfang abgebildet wird

Bei der *Erkennung emotionalen Gesichtsausdrucks* wiesen schizophrene Patienten gegenüber gesunden Kontrollpersonen übereinstimmend mit eigenen Vorbefunden ein signifikantes, zeitstabiles Defizit auf (G: F = 16.2, p = .001, G × Z: F < 1).

Hinsichtlich der *Blickbewegungen* zeigten schizophrene Patienten gegenüber gesunden Kontrollen jeweils zeitstabil einen signifikant kürzeren MFA (G: F = 7.66, p = .01; G × Z: F < 1) und tendenziell längere MFD (G: F = 2.96, p = .10; G × Z: F < 1). Patienten fixierten zudem signifikant häufiger den Bereich zwischen den Augen (G: F = 7.0, p = .02, G × Z: F = 2.2, p = .20) und zum Zeitpunkt T0 insgesamt häufiger affektiv irrelevante Gesichtsregionen (F = 4.4, p = .04).

Eine signifikante *Korrelation* zwischen Blickbewegungsparametern und Affekterkennungsleistung ließ sich weder bei den Patienten (MFD: r = .15, MFA: r = .19) noch bei den Kontrollpersonen beobachten (MFD: r = .15, MFA: r = .14). Die Dosis der neuroleptischen Medikation (Chlorpromazinäquivalente) zeigte weder einen signifikanten Zusammenhang mit der Affekterkennungsleistung (r = −.08) noch mit Blickbewegungsparametern (MFD: r = .11, MFA: r = .23). Ebenso ergaben sich keine statistisch bedeutsamen Korrelationen von Blickexplorationsparametern (MFD: r = −.06, MFA: r = .45) sowie der Affekterkennungsleistung (r = .04) zur Ausprägung von sog. Positivsymptomatik (BPRS-S). Das Ausmaß an Affektverflachung (Summenwert SANS-„affective flattening": SANS-AF) korrelierte zwar ebenfalls nicht mit der Affekterkennungsleistung (r = .18), jedoch ließen sich signifikante Korrelationen mit Blickbewegungsparametern beobachten: so ging eine deutlicher ausgeprägte Affektverflachung mit kürzeren MFA (r = −.63, p = .012) sowie selteneren Fixationen auf die Augen (rechtes Auge: r = −.50, p = .056; linkes Auge: r = −.59, p = .022) bei zugleich jedoch häufigeren Fixationen auf den Bereich zwischen den Augen (r = .54, p = .038) einher. Abbildung 1 zeigt typische Beispiele für das Blickexplorationsverhalten von Patienten ohne (a) bzw. mit (b) ausgeprägter Affektverflachung.

Diskussion

Zusammenfassend bestätigen unsere Untersuchungsergebnisse, daß schizophrene Erkrankungen sowohl mit einem veränderten blickmotorischen Verhalten als auch mit einem Erkennungsdefizit emotionalen Gesichtsausdrucks einhergehen. Dabei konnten eigene Vorergebnisse, die bereits auf eine Verlaufsstabilität dieser funktionalen Störungen hinwiesen (Gaebel und Wölwer 1992), an einer neuen Stichprobe repliziert werden. Entsprechend läßt sich schließen, daß es sich wahrscheinlich um trait-artige Merkmale der Erkrankung handelt.

Die fehlende Korrelation zwischen Emotionserkennungsdefizit und verändertem Blickexplorationsverhalten weist allerdings darauf hin, daß wahrscheinlich Störungen verschiedener unabhängiger zerebraler Funktionssysteme zugrundeliegen.

Goldman-Rakic (1988) konnte nachweisen, daß der dorsolaterale präfrontale Kortex und der posteriore parietale Kortex zentrale Knotenpunkte in einem funktionalen neuronalen Netzwerk darstellen, das durch visuelle Explorationsprozesse aktiviert wird. Liddle et al. (1992) betonten aufgrund von PET-Studien gleichzeitig die Rolle des dorsolateralen präfrontalen Kortex für das „psychomotor poverty syndrome" (Affektverflachung, psychomotorische und Sprachverarmung). Diese funktional-neuroanatomische Überlappung im dorsolateralen präfrontalen Kortex mag damit die Basis für die Korrelation zwischen Affektverflachung und Blickexplorationsparametern in unserer Studie sein.

Demgegenüber ist davon auszugehen, daß das neuronale Netzwerk, das bei der Analyse emotionalen Gesichtsausdrucks aktiviert wird, zahlreiche im Gehirn weitverteilte Netzwerke für verschiedene funktionale Subkomponenten beinhaltet (z. B. Gesichtererkennung: primär inferiorer temporaler Kortex; Affektdekodierung: primär orbitofrontaler Kortex und limbisches System). Möglichelweise sind zumindest einzelne Komponenten dieses Netzwerkes bei der Schizophrenie syndromunspezifisch dysfunktional, so daß ein Zusammenhang zwischen dem Erkennungsdefizit emotionalen Gesichtsausdrucks und einem speziellen psychopathologischen Syndrom nicht nachweisbar ist.

Literatur

Ekman P, Friesen WV (1976) Pictures of facial affect. Consulting Psychologists Press, Palo Alto CA

Gaebel W, Ulrich G (1987) Visuomotor performance of schizophrenic patients and normal controls in a picture viewing task. Biol Psychiatry 22: 1227–1237

Gaebel W, Wölwer W (1992) Facial expression and emotional face recognition in schizophrenia and depression. Eur Arch Psychiatry Clin Neurosci 242: 46–52

Gessler S, Cutting J, Frith CD, Weinman J (1989) Schizophrenic inability to judge facial emotion: a controlled study. Br J Clin Psychol 28: 16–29

Goldman-Rakic PS (1988) Topography of cognition. Ann Rev Neurosci 11: 137–156

Gordon E, Coyle S, Anderson J, Healey P, Cordaro J, Latimer C, Meares R (1992) Eye movement response to a facial stimulus in schizophrenia. Biol Psychiatry 31: 626–629

Heimberg C, Gur Re, Erwin RJ, Shtasel DL, Gur RC (1992) Facial emotion discrimination. III. Behavioral findings in schizophrenia. Psychiatry Res 42: 253–265

Kojima T, Matsushima E, Nakajima K, Shiraishi H, Ando K, Ando H, Shimazono Y (1990) Eye movements in acute, chronic, and remitted schizophrenics. Biol Psychiatry 27: 975–989

Liddle PF (1992) PET scanning and schizophrenia, what progress? Psychol Med 22: 557–560

Morrison RL, Bellack AS, Mueser KT (1988) Deficits in facial-affect recognition and schizophrenia. Schizophr Bull 14: 67–83

Korrespondenz: Dr. M. Streit, Psychiatrische Klinik, Heinrich-Heine-Universität, Rheinische Landes- und Hochschulklinik, Bergische Landstraße 2, D-40629 Düsseldorf, Bundesrepublik Deutschland

Hypofrontalität bei unbehandelten Schizophrenen vor Willkürbewegungen

K. P. Westphal, B. Grözinger, B. I. Kotchoubey, V. Diekmann, H. Schreiber und H. H. Kornhuber

Abteilung Neurologie, Universität Ulm, Bundesrepublik Deutschland

Einleitung

Störungen von Willkürbewegungen bei schizophrenen Patienten sind bekannt (Manschreck 1986, Rogers 1992). Willkürbewegungen voran geht das Bereitschaftspotential. Es ist ein Oberflächen-negatives Hirnpotential, das insbesondere auch den willentlichen Prozeß vor Ausübung einer Willkürbewegung reflektiert (Kornhuber und Deecke 1965, Kornhuber 1984). Es wurde nun erwartet, daß Störungen der Willkürmotorik sich elektrophysiologisch in einer Veränderung des Bereitschaftspotentials darstellen sollten. Studien an behandelten Patienten hatten bisher uneinheitliche Ergebnisse erbracht (Grözinger et al. 1986). Bei chronisch kranken Schizophrenen war ein niedrigeres Bereitschaftspotential gefunden worden (Singh et al. 1992).

Patienten

13 unbehandelte schizophrene Patienten mit einer durchschnittlichen Krankheitsdauer von 6.2 Jahren wurden untersucht. Vier der Patienten waren mindestens 6 Monate ohne neuroleptische Medikation und andere Medikamente. Die restlichen 9 Patienten waren nie behandelt worden. Sechs dieser 9 behandelten Patienten hatten mehr als ein Jahr vor Einweisung ins Krankenhaus floride psychotische Symptome. Die ausführliche Beschreibung des Patientenkollektivs ist gegeben (Westphal et al. 1992).
13 in Alter, Geschlecht und Bildungsniveau angepaßte Gesunde dienten als Kontrollpersonen.

Methodik

Es wurde ein typisches Bereitschaftspotential-Paradigma durchgeführt. Dabei lagen die Versuchspersonen auf einem EEG-Bett in einem abgeschirmten Raum bei geschlossenen Augen. Mit der rechten Hand wurden in frei gewählten Zeitabständen willkürliche, ab-

rupte, schnelle Faustschlüsse durchgeführt. Der Mindestabstand der einzelnen Willkürbewegung lag bei 8 s. Ein Experiment enthielt typischerweise 80–120 Einzelbewegungen.
Während dieser Bewegungen wurde das EEG von 9 Oberflächenelektroden abgeleitet.
Diese waren nach dem 10-20-System positioniert. Lediglich die lateralen zentralen Elektroden wurden jeweils 1 cm nach anterior positioniert, damit sie direkt über dem
primären motorischen Cortex zu liegen kamen. Zusätzlich wurden die lateralen frontalen und die lateralen parietalen sowie die Elektroden der Mittellinie (Fz, Pz und Cz) abgeleitet. Der Beginn der Willkürbewegung wurde von einem Oberflächen-EMG registriert, das über den Flexoren am Unterarm der rechten oberen Extremität genommen
wurde. Artefaktkontrolte für Elektrookulogramm und für den galvanischen Hautreflex
wurde durchgeführt. Die EEG-Aufzeichnungen wurden auf einen Tintenschreiber registriert und gleichzeitig wurden die Daten digitalisiert. Filter 0.13–30 Hz. Digitalisierungs-
rate 8 ms. Computer PDP 11–34. Registriert wurden vom Computer bewegungsbezogene
Perioden von 4 s. 3 s vor Bewegungsbeginn und 1 s nach Beginn der Bewegung wurden
aufgezeichnet.
Zur Kontrolle von Artefakten wurden unabhängig von zwei in EEG-Untersuchungen erfahrenen Physiologen nur solche Bewegungen zur Analyse herangezogen, in denen die
4-s-Abschnitte ohne Artefakte waren. Zusätzlich war wichtig, daß der Beginn der Willkürbewegung abrupt und eindeutig zu bestimmen war.
Dann wurde das Bereitschaftspotential aus etwa 50–100 artefaktfreien bewegungsbezoge-
nen EEG-Perioden für jede einzelne Person gemittelt. Die ersten 500 ms der digitalisier-
ten Periode dienten als Null-Linie. Amplituden wurden 2000, 1600, 1200, 800, 400, 200
sowie 100 ms vor Bewegungsbeginn als auch zum Bewegungsbeginn selber gemessen.
Statistisch wurden die erhaltenen Amplituden und der Beginn des Bereitschaftspotentials mit ANOVA berechnet. Die verschiedenen Werte der unterschiedlichen Elektrodenpositionen wurden topographisch verglichen mit Hilfe des Wilcoxon-Wilcox-Tests.

Ergebnisse

Die Schizophrenen hatten eine signifikant niedrigere Amplitude des BPs
zu den verschiedenen Zeitpunkten vor Beginn der Willkürbewegung. 2000
ms und 1200 ms vor Bewegungsbeginn waren die Amplituden noch gleich.

Bei den Normalpersonen zeigte sich eine physiologische Verteilung des
Bereitschaftspotentials vor simplen Willkürbewegungen (Faustschluß der
rechten Hand) mit der höchsten Amplitude über Cz (Vertex) gefolgt von
der mitt-frontalen Elektrodenposition (Fz) und schließlich von der Position über dem aktivierten Motorcortex contralateral zur Bewegung (C3,
links zentral). Hier ergaben sich auch die aus anderen Studien bekannten
typischen signifikanten Unterschiede.

Die Schizophrenen zeigten ein ähnliches Muster, es wurden allerdings
zwischen den verschiedenen Elektrodenpositionen keine signifikanten Unterschiede errechnet.

Diskussion

Diese kleine Gruppe von nie behandelten bzw. unbehandelten schizophrenen Patienten zeigt ein signifikant niedrigeres Bereitschaftspotential als die
angepaßten Kontrollpersonen. Im Detail scheint dies dadurch hervorgerufen zu sein, daß einzelne schizophrene Patienten kein typisches Oberflächen-negatives, sondern ein positives Bereitschaftspotential über typischer Lokalisation entwickeln. Dies lag bei Kontrolle der Daten nicht daran, daß sie eine andere Faustbewegung durchgeführt haben oder die Bewegung schlechter durchführen konnten. Auch zeigten Dipolanalysen, daß

die positiven Verläufe im Gegensatz zu den normalerweise Oberflächen-negativen Bereitschaftspotentialen nicht an Einflüssen lagen, die durch die als Referenz dienenden Ohrelektroden aufgenommen wurden.

Insgesamt zeigen die Ergebnisse also, daß auch bei meist floriden Patienten, die nicht vorbehandelt waren, das Bereitschaftspotential als physiologischer Ausdruck des Willensprozeßes vor einer Willkürbewegung gestört ist. Dabei fand sich insbesondere über der frontalen und der zentralen Mittellinie eine niedrigere Amplitude. Dies paßt zur sognannten Hypofrontalitätshypothese. Die Ergebnisse bestätigen die Ergebnisse von chronisch erkrankten Patienten (Singh et al. 1992) sowie Ergebnisse unserer Arbeitsgruppe, die zunächst als vorläufige Ergebnisse bei einer anderen Patientengruppe veröffentlicht waren (Westphal et al. 1984).

Literatur

Grözinger B, Westphal KP, Diekmann V, Frech MM, Nitsch J, Andersen C, Scherb W, Neher KD, Kornhuber HH (1986) Schizophrene Patienten und Gesunde: EEG-Unterschiede bei Willkürbewegungen. In: Keup W (Hrsg) Biologische Psychiatrie. Springer, Berlin Heidelberg New York, S 181–186

Kornhuber HH (1984) Attention, readiness for action, and stages of voluntary decision – some eletrophysiological correlates in man. In: Creutzfeldt O, Schmidt RF, Willis WD (eds) Sensory-motor integration in the nervous system. Springer, Berlin Heidelberg New York Tokyo, pp 420–429

Kornhuber HH, Deecke L (1965) Hirnpotentialänderungen bei Willkürbewegungen und passiven Bewegungen des Menschen: Bereitschaftspotential und reafferente Potentiale. Pflügers Arch 284: 1–17

Manschreck TC (1986) Motor abnormalities in schizophrenia. In: Nasrallah HA, Weinberger DR (eds) Handbook of schizophrenia 1. Elsevier, Amsterdam, pp 65-96

Rogers D (1992) Motor disorder in psychiatry: towards a neurological psychiatry. Wiley, Chichester

Singh J, Knight RT, Rosenlicht N, Kotun JM, Beckley DJ, Woods DL (1992) Abnormal premovement brain potentials in schizophrenia. Schizophr Res 8: 31–41

Westphal KP, Neher KD, Grözinger B, Diekmann V, Kornhuber HH (1984) Movement correlated diflerences in EEG of schizophrenics and normals. Electroencephalogr Clin Neurophysiol 58: 98

Westphal KP, Grözinger B, Becker W, Diekmann V, Scherb W, Rees J, Leiging U, Kornhuber HH (1992) Spectral analysis of EEG during self-paced movements: differences between untreated schizophrenics and normal controls. Biol Psychiatry 31: 1020–1037

Korrespondenz: PD Dr. K. P. Westphal, Rosengasse 19, D-89073 Ulm, Bundesrepublik Deutschland

Clozapin in der Schwangerschaft: Medikamentenkonzentrationen in mütterlichem und fötalem Plasma, Fruchtwasser und Muttermilch

C. Barnas[1], **A. Bergant**[2], **M. Hummer**[3], **A. B. Withworth**[3], **C. H. Stuppäck**[3], **A. Saria**[3] und **W. W. Fleischhacker**[3]

[1]Klinische Abteilung für Allgemeine Psychiatrie, Universitätsklinik für Psychiatrie, Wien,
[2]Universitätsklinik für Gynäkologie und Geburtsheilkunde und
[3]Universitätsklinik für Psychiatrie, Innsbruck, Österreich

Es wird über die Schwangerschaft einer 31 jährigen Patientin, die seit ihrem 24 Lebensjahr an Schizophrenie erkrankt ist, berichtet. Die Patientin steht unter Clozapin-Dauermedikation, herkömmliche Neuroleptika wurden nicht toleriert. Mit einer Tagesdosis von 100mg war die Patientin die letzten 5 Jahre vor ihrer Schwangerschaft symptomfrei. Wegen Kinderwunsch versuchte die Patientin Clozapin vor einer geplanten Schwangerschaft abzusetzen, das Wiederauftreten von Halluzinationen zwang jedoch zur Beibehaltung der Medikation. Nach eingehender medizinischer Beratung entschloß sich die Patientin zur Schwangerschaft unter Clozapin-Medikation.

Unter regelmäßiger psychiatrischer und gynäkologischer Kontrolle verlief die Schwangerschaft der Patientin komplikationslos. Normales fötales Wachstum wurde durch regelmäßige Ultraschalluntersuchungen bestätigt. In den letzten 9 Wochen der Schwangerschaft wurde Clozapin auf 50mg/d reduziert. In der 41. Schwangerschaftswoche brachte die Patientin ein gesundes Mädchen (3600g) mit Apgar Scores von 5 nach 1 min und von 8 nach 5 min zur Welt. Nach der Geburt wurde die Clozapin-Tagesdosis wieder auf 100mg erhöht.

Die Clozapinspiegel wurden mittels Hochdruckflüssigkeitschromatographie (HPLC) bestimmt (Haring et al. 1988). Die Zeitpunkte der Spiegelbestimmungen und die jeweiligen Clozapinkonzentrationen sind der Tabelle zu entnehmen. Zusammenfassend kann festgestellt werden:

- Die gemessenen Clozapinspiegel im mütterlichem Plasma verhielten sich dosisabhängig.
- Die Spiegelbestimmungen im mütterlichen Plasma und im Fruchtwasser zeigten vergleichbare Werte.

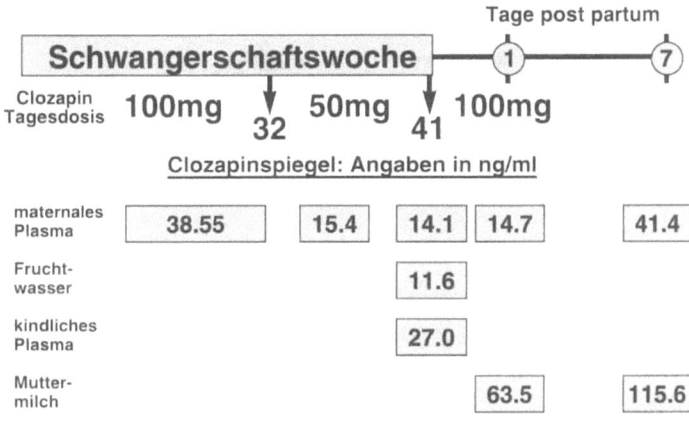

Abb. 1

– Im fötalen Plasma fand sich eine etwa doppelt so hohe Clozapinkonzentration wie im mütterlichen Plasma.
– Die höchsten Konzentrationen fanden sich in der Muttermilch (3–4mal höher als im mütterlichen Plasma).

Diskussion

Bei vergleichbaren Clozapinkonzentrationen in mütterlichem Plasma und im Fruchtwasser fanden sich deutlich höhere Spiegel im kindlichen Plasma und noch höhere in der Muttermilch.

Die höheren Spiegel im fötalen Plasma könnten einerseits durch den höheren Albumingehalt von fötalem Blut und die dadurch bedingte höhere Bindung saurer Pharmaka wie Clozapin, andererseits auch durch das Phänomen des .ion trapping. im kindlichen Kompartiment erklärt werden, was zu einem ph-Gradienten in das fötale Kompartiment führt. Wegen der Akkumulation im kindlichen Plasma empfehlen wir die Clozapindosis besonders in den Tagen vor der Geburt so niedrig wie möglich zu halten um eine Sedation des Kindes bei der Geburt (.floppy infant syndrome.) zu vermeiden.

Die naheliegendste Erklärung für die hohen Spiegel in der Muttermilch scheint die höhere Lipidkonzentration im Vergleich zum Plasma in Kombination mit den lipophilen Eigenschaften des Clozapins zu sein. Wir empfahlen deshalb der Patientin ihr Kind nicht zu stillen, auch wenn die vom Kind dabei aufgenommene Clozapindosis gering gewesen wäre.

Literatur

Haring C, Humpel C, Auer B, Saria A, Barnas C, Fleischhacker WW, Hinterhuber H (1988) Clozapine plasma levels determined by HPLC with UV-dedection. J Chromatogr Biomed Appl 428:160–166

Korrespondenz: Dr. C. Barnas, Universitätsklinik für Psychiatrie, Währinger Gürtel 18–20, A-1090 Wien, Österreich

Saisonale Geburtenhäufigkeit bei Schizophrenen und schizoaffektiven Psychosen

E. Miller-Reiter, E. Lenzinger, E. Resinger, Th. Stompe, U. Willinger, A. M. Heiden, V. Pfersmann, H. Beran, K. Meszaros und **H. N. Aschauer**

Klinische Abteilung für Allgemeine Psychiatrie, Universitätsklinik für Psychiatrie, Wien, Österreich

Einleitung

Bereits seit 1929 wurde beobachtet, daß Schizophrene im Vergleich zur Gesamtbevölkerung häufiger im Winter und zu Frühjahrsanfang geboren werden [1, 2]. Als Ursache wurde zumeist ein saisonaler Faktor vermutet (wie z. B. virale Infektionen während der Schwangerschaft), der durch eine frühe Gehirnschädigung zur späteren Entwicklung einer Psychose pradisponieren könnte. Früheren Studien wurden von Kritikern wie Lewis und Griffin [3] oder Hare [4] immer wieder statistische Artefakte vorgeworfen. Der von Hare [4] definierte „age incidence effect" bezieht sich auf die Inzidenzzunahme der Erkrankung mit dem Alter: die im Jänner geborene Gruppe weist demnach immer eine hohere Inzidenzrate auf als die 11 Monate jüngeren Dezembergeborenen. Der „age prevalence effect" beschreibt ein ähnliches Phänomen: Personen, die im Dezember geboren und somit 11 Monate junger als die Jännergeborenen des gleichen Jahrgangs sind, haben ein geringeres Risiko in diesem Jahr stationär aufgenommen zu werden. Das Lebenszeitrisiko stationär aufgenommen zu werden, ist immer für die Jännergeborenen eines Jahres höher, da ihr Lebensalter höher ist.

In der vorliegenden Studie untersuchten wir das Phänomen der saisonalen Geburtenhäufigkeit an 2450 schizophrenen und 682 schizoaffektiven Patienten der Psychiatrischen Universitätsklinik Wien.

Methoden

Wir erhoben aus der Patientendokumentation der Wiener Psychiatrischen Universitätsklinik von 1971–1992 die Daten von allen schizophrenen (n = 2450) und allen schizoaffektiven Patienten (n = 682), die bei ihrer Entlassung nach ICD 80der ICD g diagnostiziert worden waren. Da während der gesamten Periode die Klinik durchgehend von Prof. Dr. Berner geleitet wurde wurden die Diagnosen nach gleichbleibenden Kriterien erstellt.

Der Geburtszeitraum der 3132 Patienten lag zwischen 1921 und 1975. Als Kontrolldaten dienten alle Geburtsdaten der Einwohner Wiens zum Zeitpunkt der Volkszählung 1991, die zwischen 1921 und 1975 geboren wurden Die erwartete Verteilung der Geburtsmonate wurde fur jedes Jahr von 1921 bis 1975 aus den Zensuszahlen hochgerechnet. Jedes Jahr wurde in Quartale geteilt (Jänner–März, April–Juni, Juli–September, Oktober–Dezember) und die tatsächliche Anzahl der Patientengeburten mit den hochgerechneten Einwohnerdaten aus der Volkszählung verglichen (unter Verwendung der „age inciclence Korrektur" nach Lewis und Griffin [3]). Außerdem wurden die Berechnungen mit einem fiktiven Jahresanfang im Juli (1. Quartal Juli–September,…) kontrolliert. Die Signifikanzberechnungen wurden mittels chi2 durchgeführt.

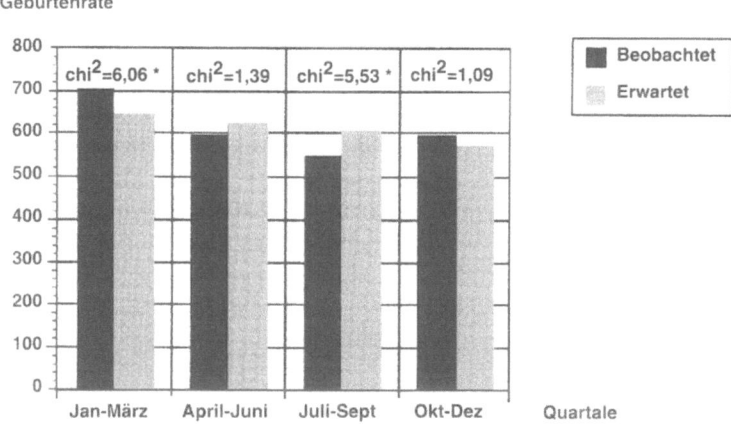

Abb. 1. Beobachtete (dunkle Säulen) und erwartete (helle Säulen) Geburtenraten aller schizophrener Patienten 1971–1992 (n = 2450). *p < 0,05

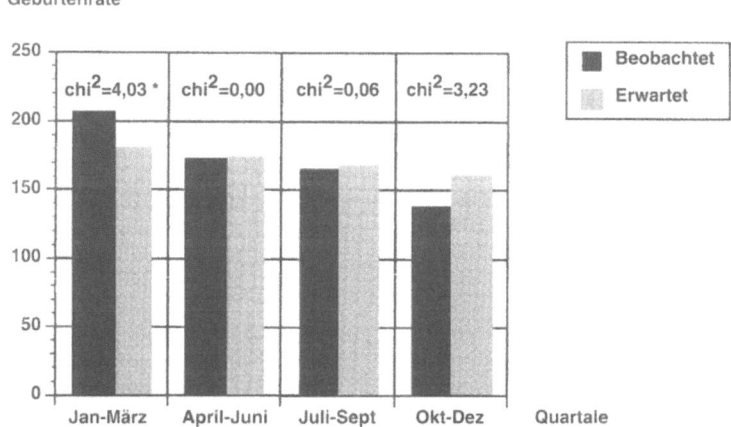

Abb. 2. Beobachtete (dunkle Säulen) und erwartete (helle Säulen) Geburtenraten aller schizoaffektiver Patienten 1971–1992, *p < 0,05

Ergebnisse

Schizophrene weisen eine signifikante Geburtenhäufung im 1. Quartal und ein Defizit im 3. Quartal auf (Abb. 1).

Bei schizoaffektiven Patienten findet sich eine signifikante Geburtenhäufung im 1. Quartal (Abb. 2).

Diskussion und Zusammenfassung

Somit konnte auch in Österreich zum ersten Mal an einer umfangreichen Stichprobe die Existenz eines Winterüberschusses bei Geburten künftig schizophrener Patienten und ein Defizit im Herbst festgestellt werden. Zusätzlich konnte eine ebenfalls jahreszeitlich auffällige Verteilung der Geburtenraten schizoaffektiver Patienten, nämlich ein signifikanter Winterüberschuß ohne Defizit im Herbst gefunden werden.

Dieses Ergebnis unterstützt die Hypothese unterschiedlicher pathogenetischer Faktoren von schizophrenen und schizoaffektiven Psychosen.

Außerdem stellen die Ergebnisse der Studie einen weiteren Hinweis auf die Richtigkeit der Theorie dar, wonach saisonabhängige intrauterine und/oder perinatale Einflüsse eine Rolle in der Genese der Schizophrenie spielen.

Danksagung

Diese Studie wurde zum Teil von Fonds zur Förderung der wissenschaftlichen Forschung (FWF) (Grant 7639) und dem European Science Foundation Programme on Molecular Neurobiology of Mental Illness unterstützt.
Wir danken der Psychiatrischen Universitätsklinik Wien und Prof. Katschnig für die Patientendaten und dem Statistischen Zentralamt für die Kontrolldaten.

Literatur

1. Tramer M (1929) Über die Bedeutung des Geburtenmonates insbesondere für die Psychosenerkrankung. Schweiz Arch Neurol Psychiatr 24: 17–24
2. Torrey EF, Torrey BB, Peterson MR (1977) Seasonality of schizophrenic birth in the United States. Arch Gen Psychiatry 34: 1065–1070
3. Lewis MS, Griffin PA (1981) An explanation for the season of birth effect in schizophrenia and certain other diseases. Psychol Bull 89: 589–596
4. Hare EH (1975) Season of birth in schizophrenia and neurosis. Am J Psychiatry 132: 1168–1171

Korrespondenz: Dr. E. Miller-Reiter, Psychiatrische Universitätsklinik, Währinger Gürtel 18–20, A-1090 Wien, Österreich

Die primäre Negativsymptomatik bei verschiedenen psychiatrischen Krankheitsbildern

H. Gerbaldo und **N. Helbing**

Klinik für Psychiatrie und Psychotherapie I, Funktionsbereich Sozialpsychiatrie, Johann Wolfgang Goethe-Universität, Frankfurt am Main, Bundesrepublik Deutschland

Psychiatrische Störungen können zu vielfältigen Einbußen und defizitären Erscheinungen führen. Nach wie vor ist die Definition und Erfassung dieser Defizite mit methodologischen Problemen verbunden. Bereits in der Literatur des letzten Jahrhunderts wurden „Schwächezustände" bei psychischen Erkrankungen beschrieben, welche von verschiedenen Autoren (oder sogar von demselben Autor zu unterschiedlichen Zeitpunkten) abweichend definiert wurden (Öbecke 1886). Auch über den Begriff der „Heilung" konnte keine generelle Einigung erreicht werden (Kraepelin 1913).
In den achtziger Jahren unseres Jahrhunderts war die Erforschung von Defiziten vorwiegend mit dem Begriff der Negativsymptomatik verbunden. Andreasen (1995) bezeichnete als solche eine Konstellation von „Funktionsverlusten" („loss of function") und entwickelte ihre „Scale for Assessment of Negative Symptoms" (SANS), welche bald internationale Anerkennung fand[1]. In derselben Dekade postulierte Crow (1985) das Zweisyndromkonzept, wobei er eine Typ I-(Positiv-) von einer Typ II-(Negativ-)Schizophrenie abgrenzte. 1988 formulierten Carpenter et al. Kriterien zur Beschreibung eines kategorialen und longitudinalen Modells negativer Symptomatologie. Dadurch wurde die operationalisierte Erfassung überdauernder und primärer Subtypen der Negativsymptomatik ermöglicht. Die Reliabilität und Validität der „Schedule for the Deficit Syndrome" (SDS) kann sowohl für die eng-

---

[1] Interessanterweise entsprechen die ursprünglichen 5 Bereiche der SANS – Affektverflachung, Alogie, Abulie Anhedonie und Aufmerksamkeitsstörungen – weitgehend den von K. Kleist bereits Anfang unseres Jahrhunderts in seiner „Gehirnpathologie" (Kleist 1934) beschriebenen „affektiven Ausfallserscheinungen" i. S. von „Störungen am Gefühls-Ich", „alogischen Gedankenstörungen", „Antriebsmangel", „Störung am Gemeinschafts-Ich" und „Störungen der Aufmerksamkeit"

lischen (Buchanan et al. 1994, Fenton et al. 1994) als auch für die deutschen (Gerbaldo et al. 1996, im Druck) Versionen als gesichert gelten[2].

Das Konzept der (primären überdauernden) Negativsymptomatik hat sich in der psychiatrischen Forschung als wertvolles heuristisches Modell erwiesen (Andreasen 1995, Carpenter 1988). Im klinischen Alltag stellt die therapeutische Beeinflußbarkeit ein schwieriges Problem dar (Carpenter 1985), unabhängig von der nosologischen Zuordnung der betroffenen Patienten. So haben wir unter der Fragestellung der diagnostischen Spezifilität solcher Symptomkonstellationen mehrere diagnosenübergreifende Untersuchungen durchgeführt.

Die erste Untersuchung dieser Reihe zeigte bei 100 Patienten kurz vor der Entlassung aus stationärer Behandlung nur partielle Überlappungen zwischen der Gruppe der „Prozeßpsychosen" (definiert nach den Frankfurter Kriterien) und den Gruppen der DSM-III- oder ICD-9-Schizophrenien. Wir konnten auch bei den schizophreniformen, schizoaffektiven oder atypischen Psychosen prozeßhafte Symptome aufzeigen (Gerbaldo et al. 1989).

Eine weitere Untersuchung führten wir bei 126 Patienten katamnestisch 5 Jahre nach ihrer Entlassung durch. Unter einer Modifikation der Originalkriterien der SDS – ein Defizitsyndrom durfte nur dann diagnostiziert werden, wenn der Patient mindestens 12 Monate lang kein Neuroleptikum eingenommen hatte, seit mindestens 1 Monat nicht hospitalisiert war und unter keiner aktuell psychotischen und/oder affektiven Symptomatik litt – unterschied sich die Häufigkeit der primären überdauernden Negativsymptomatik sowohl nach den Kriterien der SDS als auch der SANS nicht signifikant bei Patienten mit Positivsymptomatik in der Krankheitsanamnese (Schizophrenien, schizophrenieforme und schizoaffektive Störungen) und affektiv erkrankten Patienten (8 bis 11% vs. 12 bis 13%, n.s., Gerbaldo et al. 1995). Die Negativsymptomatik einschließlich ihres überdauernden Subtyps bei schizophrenen, schizophrenieformen und schizoaffektiven Störungen trat häufiger als bei affektiven Störungen auf (65 bis 88% vs. 29 bis 32%, p < .01).

In einer Folgeuntersuchung mit einer Stichprobe von 187 Patienten konnten auch unter Anwendung der Originalkriterien der SDS von Carpenter bei Patienten mit schizophrenen bzw. schizophrenieformen Störungen häufiger Defizitsyndrome nachgewiesen werden als bei Patienten mit anderen psychiatrischen Diagnosen (44 bis 61% vs. 17 bis 19%, p < .001, Gerbaldo 1995).

Zusammenfassnd ist festzustellen, daß die (primäre überdauernde) Negativsymptomatik diagnosenübergreifend bei psychiatrischen Patienten auftreten kann und für die Diagnose einer Schizophrenie nicht als spezifisch gelten kann. Die relative Unspezifität der Negativsymptomatik reduziert keinesfalls ihren hohen methodologischen Wert (Tandon 1995), sondern erweitert unseren Blick sowohl diagnostisch als auch therapeutisch auf Patientengrup-

---

[2] In einer kürzlich erschienenem Arbeit (Barnett et al. 1996) wurde auf eine neue Definition und Operationalisierung der primären und sekundären Negativsymptomatik verwiesen, so daß im Sinne Öbeckes (1886) eine „neue Polydiagnostik" entsteht: aufgrund abweichender klinischer Konzepte werden unterschiedliche Konstrukte der „primären" Negativsymptomatik mit unterschiedlichen Meßinstrumenten erfaßt

pen, welche die formal-diagnostischen Voraussetzungen einer schizophrenen Störung nicht erfüllen, wie z. B. Menschen mit rein affektiven Störungen, Angsterkrankungen oder Persönlichkeitsstörungen. In diesem Sinne erweisen sich unsere Ergebnisse mit der SDS als aktuellem Meßinstrument kongruent zu früheren Beschreibungen in der psychiatrischen Literatur, beispielsweise den „Schwächezuständen" bei „manisch-depressivem Irresein"
(Kraepelin 1913) oder dem „uncharakteristischen reinen Residuum" (Huber et al. 1979).
Neben der beschriebenen Negativsymptomatik sind bei psychischen Erkrankungen andere defizitäre Phänomene zu beobachten, die nicht mit den konventionellen Meßinstrumenten wie der PANSS, der SANS, der SDS, der Manchester Skala etc. erfassbar sind. Weder die sog. Kernnegativsymptomatik –
u. a. die „grobkernige" Affektqualität (Gerbaldo et al. 1995, Janzarik 1959),
der Verlust der Abstraktionsfähigkeit (Ausnahme: mit PANSS meßbar) –
noch die Strukturverformung der Persönlichkeit, der Verlust automatisierter
Fertigkeiten oder sensorische Defizite mit konsekutiven abweichenden Ver-
haltensmustern – z. B. die „Photophilie" (Gerbaldo und Philipp 1995) – können über die erwähnten Meßinstrumente systematisch erforscht werden. In
der Folge werden leider diese lebensqualitätsvermindernden Symptome seltener als Forschungs- oder Therapieziel wahrgenommen.
Unsere Ergebnisse legen folgende Schlußfolgerungen nahe:
1. Die Negativsymptomatik sollte bei psychiatrischen Patienten diagnosen-
    übergreifend untersucht werden.
2. Mit den gegenwärtig vorhandenen Meßinstrumenten werden wesentliche
    klinische Aspekte, welche der Residualsymptomatik eine ‚spezifisch-eigen-
    artige Färbung' geben, nicht abgebildet, woraus folgt
3. Neue Meßinstrumente zur Erfassung selektiver Komplexe defizitärer Phä-
    nomene bei psychiatrischen Störungen sind nach wie vor zu entwickeln.

Danksagung

Die Arbeit wurde z. T. gefördert von der Deutschen Forschungsgemeinschaft (Förderkennzeichen Ge 775/1-1).

Literatur

Andreasen NC, Arndt S, Alliger R, Miller D, Flaum M (1995) Symtpoms of schizophrenia.
    Arch Gen Psychiatry 52: 341–351
Barnett W, Mundt Ch, Richter P (1996) Primäre und sekundäre Negativsymptome: eine
    sinnvolle Differenzierung? Nervenarzt 67: 558–563
Buchanan RW, Carpenter W (1994) Domains of psychopathology: an approach to
    reduction of heterogeneity in schizophrenia. J Nerv Ment Dis 182: 193–204
Carpenter WT (1985) Treatment of negative symptoms. Schizophr Bull 11: 440–452
Carpenter WT, Heinrichs DW, Wagman AM (1988) Deficit and non-deficit forms of schi-
    zophrenia: the concept. Am J Psychiatry 145: 578–583
Crow TJ (1985) The two-syndrome concept: origins and current status. Schizophr Bull 11:
    471–486
Fenton WS, McGlashan T (1994) Antecedents, symptom progression, and long-term out-
    come of the deficit syndrome in schizophrenia. Am J Psychiatry 151: 351–356

Gerbaldo H (1995) New conceptual aspects of negative symptoms. Psychopathology 28: 5–6

Gerbaldo H, Philipp M (1995) The deficit syndrome in schizophrenic and nonschizophrenic patients: preliminary studies. Psychopathology 28: 55–63

Gerbaldo H, Demisch L, Bochnik HJ (1989) Phasic and process psychosis: a polydiagnostic comparison among the Frankfurt classification system, DSM-III, RDC, Feighner criteria and ICD-9. Psychopatholgy 22: 14–27

Gerbaldo H, Fichinger M, Wetzel H, Helisch A, Philipp M, Benkert O (1995) Primary enduring negative symtpoms in schizophrenia and major depression. J Psychiatr Res 29: 297–302

Gerbaldo H, Georgi K, Maurer K (1996) Die deutsche Version der Carpenter-Kriterien für das Defizitsyndrom, ihre Validität und Reliabilität. 4. Drei-Länder-Symposium für Biologische Psychiatrie, Würzburg. Fortschr Neurol Psychiat (im Druck)

Huber G, Gross G, Schüttler R (1979) Schizophrenie. Eine Verlaufs- und sozialpsychiatrische Langzeitstudie. Springer, Berlin Heidelberg New York

Janzarik W (1959) Dynamische Grundkonstellationen in endogenen Psychosen. Springer, Berlin Heidelberg

Kleist K (1934) Gehirnpathologie. Barth, Leipzig

Kraeplein E (1913) Psychiatrie. Barth, Leipzig

Oebecke A (1886) Vergleichende Übersicht der Classifikationen der Psychosen. Heitz und Mündel, Strassburg

Korrespondenz: O.A. Dr. H. Gerbaldo, Funktionsbereich Sozialpsychiatrie, Klinik für Psychiatrie und Psychotherapie I, Johann Wolfgang Goethe-Universität, Heinrich-Hoffmann-Straße 10, D-60 528 Frankfurt am Main, Bundesrepublik Deutschland

Primäre Negativsymptomatik und Verlauf psychiatrischer Störungen

H. Gerbaldo[1], A. Helisch[2] und M. Philipp[3]

[1]Abteilung für klinische Psychiatrie I, Universität Frankfurt,
[2]Psychiatrische Klinik, Universität Mainz und
[3]Bezirkskrankenhaus, Landshut, Bundesrepublik Deutschland

Schon vor der Ära der Negativsymptomatik war die Vorhersage von defizitären Symptomen bei psychotischen Patienten im Einzelfall nicht möglich. Eine Zusammenfassung wichtiger Verlaufstudien findet man bei Harding (1988). Die Negativsymptomatik ist ein relativ neues Gebiet zur Erforschung von schizophrenen Defiziten und erweckte durch Operationalisierung und Quantifizierbarkeit neue Hoffnung auf diesem Gebiet. Die Zusammenhänge zwischen Positiv- und Negativsympotmatik haben zunehmend an Aufmerksamkeit gewonnen und bleiben ein umstrittenes Gebiet (Fenton et al. 1991). Längsschnittuntersuchungen konzentrierten sich bislang vorwiegend auf den Beginn der Symptomatik (Pfohl et al. 1982), ihre Verlaufsart (Gerbaldo et al. 1995), ihre Prävalenz (McCreadi et al. 1989) oder ihre Stabilität (Marneros et al. 1995) während der letzten 10 Tage (Harvey et al. 1984) 7, 2 oder 5 Jahre. Die Minussymptomatik ist als fluktuierend (Wing und Brown 1970), zunehmend (Biehl et al. 1989), oder abnehmend (Pogue-Geile et al. 1985) beschrieben worden. Andere Studien berichten über keine Assoziation zwischen positiver und Defizitsymptomatik (Fenton et al. 1994), Dauer der Störung, Hostitalisierungsdauer oder Episodendauer (Kay 1989). Trotzdem wurde der Gesamtdauer der psychotischen Symptomatik bislang wenig Aufmerksamkeit gewidmet. Die potentielle Rolle solcher Studien wurde bereits betont (Carpenter et al. 1988). Der Zusammenhang zwischen der Dauer der psychotischen Symptomatik, der Episodenzahl, und des Defizitsyndroms wurde von uns fünf Jahre nach Entlassung untersucht.

Methode

56 Patienten (26 M, 30 F; Alter: 24–65 J) mit einer DSM-III-R Schizophrenie konnten 5 Jahre nach Entlassung nachuntersucht werden. Eine Verlaufsuntersuchung der DSM-III-R psychotischen Symptome wurde durchgeführt (Symptome wie sie im Punkt A3 der

Einschlußkriterien definiert werden: Wahn, Halluzinationen, Inkohärenz, katatone Symptomatik, inadäquater Affekt, bizarrer Wahn). Zusätzliche Informationen über Episodenzahl, durchnittliche Dauer der Episoden, Dauer der Indexepisode, und Gesamtdauer der psychotischen Symptomatik während der letzten 5 Jahren wurde aus Krankengeschichten und Akten anderer Kliniken rekrutiert. Die Patienten wurden insgesamt vier Mal in 5 Jahren nachuntersucht. Der Anweisung der „Schedule for Deficit Syndrome" (SDS, Kirkpatrick et al. 1989) folgend haben wir die Informationen durch Gespräche mit Angehörigen, Ärzten und Freunden der Patienten bestätigt. Die Reliabilität (Buchanan et al. 1994) und Validität (Philipp et al. 1986, Carpenter et al. 1988, Fenton et al. 1994) dieser Instrumente wurden bereits gesichert. Die Diagnose einer negativen Schizophrenie wurde mit Hilfe der SANS und der nach Andreasen und Olsen (1982) definierten Kriterien gestellt. Das Defizitsyndrom wurde mit Hilfe der SDS festgestellt.

Ergebnisse

17 von 56 schizophrenen Patienten zeigten ein *Defizitsyndrom* 39 dagegen keines. Weder die Dauer der Positivsymptomatik noch die durchnittliche Dauer der Episoden oder der Indexepisode noch die Episodenzahl zeigten eine signifikante Korrelation mit dem Defizitsyndrom. 35 von 56 Schizophrenen zeigten eine *negative Schizophrenie*. Patienten mit einer längeren Gesamtdauer der psychotischen Symptomatik und einer längeren Dauer der Episoden stellten eine Risikogruppe für die Entwicklung einer negativen Schizophrenie dar (Tabelle 1).

Tabelle 1. Unterschiedlicher Verlauf der psychotischen Symptomatik zwischen Patienten mit und ohne Negativsymptomatik (b) (n = 56)

Verlauf der Positivsymptomatik	Negative Schizophrenie		
	Mit (n = 35)	Ohne (n = 21)	p (a)
Episodenzahl	2.9 ± 2.4	2.8 ± 4.6	.20
Episodendauer (Wochen)	30.1 ± 41.6	15.8 ± 31.2	.03
Gesamtdauer der Positivsymptomatik (Wochen)	70.7 ± 80.1	40.0 ± 64.7	.04
Dauer der ersten Episode			
Perakut (< 2 Wochen)	15/35 (42.9%)	13/21 (61.9%)	.16
Akut (2–3 Monate)	7/35 (20%)	3/21 (14.3%)	.72
Subakut (3–6 Monate)	5/35 (14.3%)	3/21 (14.3%)	1.00
Chronisch (≥ 6 Monate)	8/35 (22.9%)	2/21 (9.5%)	.29

(a) p-Werte, X2 oder Mann Whitney U tests. (b) Negative Schizophrenia (Andreasen and Olsen 1982)

Diskussion

Die Ergebnisse stehen im Einklang sowohl mit dem Modell von Andreasen, als „bipolare" Dimension der positiv-negativ Schizophrenie, als auch mit Carpenter's Überlegungen über zwei semi-unabhängige Prozesse (Fenton et al. l991). Ebenso sind unsere Ergebnisse mit denen von Fenton et al. (1994) vereinbar, der keinen Zusammenhang zwischen der Episodenzahl und dem Defizitsyndrom feststellen konnte. Weitere Studien haben ähnliche Ergebnisse gezeigt, sind aber aus methodologischen Gründen mit unserer nicht vergleichbar. Zum Beispiel fand Biehl (1989), daß die Dauer der psychotischen Symptomatik mit der „Disability Scala" korreliert. Eine Korrelation mit dem Defizitsyndrom wurde in dieser Arbeit nicht untersucht. Andreasen (1982) fand, daß die negative Schizophrenie mit der Dauer der Hospitalisierung korreliert. Eine Korrelation mit der Dauer der psychotischen Symptomatik wurde nicht untersucht. Die Dauer der ersten Episode wurde von Ciompi als ein starker Prädiktor beschrieben, allerdings bezüglich des globalen Ausgangs und nicht des psychopathologischen Defizits. SDS/und SANS messen komplementäre Aspekte der Negativsymptomatik (Gur et al. 1994). Interessanterweise fand Gur, daß die VBR bei Patienten mit negativer Schizophrenie erhöht war, jedoch nicht bei Patienten mit Defizitsyndrom. Weiterhin, scheinen manche Areale, wie z. B. das rechte Kaudatum eher für das Defizitsyndrom (Buchanan et al. 1994) von Bedeutung zu sein, während andere, wie der linke „mesial frontal Cortex" eher mit der negativen Schizophrenie (Andreasen et al. 1992) korrelieren.

Zusammenfassend, deuten unsere Ergebnisse trotz der kleineren Stichprobe daraufhin, daß die Gesamtdauer der psychotischen Symptomatik eher den Schweregrad der Negativsymptomatik als ihre Persistenz vorhersagt. Solange wir nicht mehr über die Biologie der Defizite kennen, sollten verschiedene Definitionen oder Konzepte der Minussymptomatik angewandt werden; einerseits um verschiedene Hypothesen zu prüfen (Fenton et al. 1992) andererseits um Defizit von anderen Typen der Negativsymptomatik diskriminieren zu können.

Danksagung

Die Arbeit wurde zum Teil von der Deutschen Forschungsgemeinschaft gefördert, Förderkennzeichen Ge 775/1-1.

Literatur

Andreasen NC, Olsen S (1982) Negative v positive schizophrenia. Arch Gen Psychiatry 39: 789–79

Andreasen NC, Rezai K, Alliger R, et al (1992) Hypofrontality in neuroleptic-naive patients and in patients with chronic schizophrenia. Arch Gen Psychiatry 49: 943–958

Biehl H, Maurer K, Jung E, et al (1989) The WHO psychological impairments rating schedule (WHO/PIRS) II. Impairments in schizophrenics in croww-sectional and longitudinal perspective. Br J Psychiatry 155: 71–7

Buchanan RW, Carpenter WT (1994) Domains of psychopathology: an approach to the reduction of heterogeneity in schizophrenia. J Nerv Ment Dis 182: 193–204

Carpenter WT, Kirkpatrick B (1988) The heterogeneity of the long-term course of schizophrenia. Schizophr Bull 14: 645–651

Fenton WS, McGlashan TH (1991) Natural history of schizophrenia subtypes. II. Positive and negative symptoms and long-term course. Arch Gen Psychiatry 48: 978–986

Fenton WS, McGlashan TH (1992) Testing systems for assessment of negatiye symptoms in schizophrenia. Arch Gen Psychiatry 49: 179–184

Fenton WS, McGlashan TH (1994) Antecedents, symptoms progression, and long-term outcome of the leficit syndrome in schizophrenia. Am J Psychiatry 151: 351–356

Gerbaldo H, Cassady S, et al (1995) Negative symptoms and the course of positive symptoms in deficit schizophrenia. Psychopathology 28: 26–126

Gur RE, Mozley PD, Shtasel DL, et al (1994) Clinical subtypes of schizophrenia: differences in brain and CSF volume. Am J Psychiatry 151: 343–350

Harding CM (1988) Course types in schizophrenia: an analysis of european and american studies. Schizo Bull 4: 633–643

Harvey PD, Earle-Boyer EA, Wielgus MS (1984) The consistency of thought disorder in mania and schizophrenia: an assessment in acute psychotics. J Nerv Ment Dis 172: 458–463

Kay SR, Singh MM (1989) The positive negative distinction in drug free schizophrenia patients. Arch Gen Psychiatry 46: 711–718

Kirkpatrick B, Buchanan RW, et al (1989) The schedule for deficit syndrome: an instrument for research in schizophenia. Psychiatry Res 30: 119–123

Marneros A, Rhode A, Deister A (1995) In: Gerbaldo H, Mundt Ch (eds) New conceptual aspects of negative symptoms. Psychopathology. Karger, Basel

McCreadie RG, Wiles D, Grant S, et al (1989) The scottish first episode schizophrenia study. VII. Two-year follow-up. Acta Psychiatr Scand 80: 597–602

Pfohl W, Winokur G (1982) The ecolution of symptoms in institutionalised hebephrenic/catatonic schizophrenics. Br J Psychiatry 141: 567–572

Philipp M, Maier W (1986) The polydiagnostic interview: a structured interview for polydiagnostic classification of psychiatric patients. Psychopathology 19: 175–185

Pogue-Geile MF, Harrow M (1985) Negative symptoms in schizophrenia: their longitudinal course and prognostic importance. Schizophr Bull 11: 427–439

Wing JK, Bwon GW (1970) Institutionalisation and schizophrenia. Cambridge University Press, London

Korrespondenz: O.A. Dr. H. Gerbaldo, Abteilung für klinische Psychiatrie I, Universität Frankfurt, Heinrich-Hoffmann Straße 10, D-60528 Frankfurt am Main, Bundesrepublik Deutschland

Hallermann-Streiff Syndrom und Paranoide Psychose. Eine Einzelfallbeschreibung einer ungewöhnlichen Koinzidenz

B. Blank[1], P. Falkai[1], J. Claßen[2] und H. Steinmetz[2]

[1]Rheinische Landes- und Hochschulklinik, Psychiatrische Klinik und
[2]Neurologische Klinik, Heinrich-Heine-Universität, Düsseldorf,
Bundesrepublik Deutschland

Einleitung

Das Hallermann-Streiff Syndrom (= HSS) ist eine sehr seltene, sporadisch auftretende Erkrankung unklarer Ätiologie, die hauptsächlich durch multiple Mißbildungen an Kopf und Gesicht charakterisiert ist (siehe Tabelle 1). Bisher sind circa 150 Fälle in der Literatur beschrieben. Psychopathologische Auffälligkeiten sind bis jetzt nur selten mit objektiven psychometrischen Untersuchungen dargestellt worden [1]; über das Auftreten psychotischer Erkrankungen finden sich keine Angaben. Wir berichten hier über eine Patientin mit HSS und einer paranoid-halluzinatorischen Psychose.

Aufnahmemodalitäten

Die Patientin, geboren 1966, kam erstmals 1991 und zum zweiten Mal 1994 in Begleitung von Verwandten zur Aufnahme in die Rheinische Landes- und Hochschulklinik Düsseldorf, Psychiatrische Klinik der Heinrich-Hei-

Tabelle 1. Hauptsymtome (n = 50) [nach Barrucand D, et al (1978) Rev Oto Neuro Ophthal 50: 305 und Carles-Mermet B, et al (1979) Thesis, Lyon]

Mißbildung	%
Dyszephalie	98–99
Katarakt	81–90
Mikrophthalmie	78–83
Zahnanomalien	80–85
Hypotrichose	80–82
Proportionierter Minderwuchs	45–68

ne-Universität. Die Patientin berichtete, daß fremde Leute sich in ihrer Wohnung befänden. (Sie wohnt alleine.) Sie höre Schritte, Stimmen, Geräusche, als ob jemand mit einer Axt schlüge. Hinter allem würden die Amerikaner, die Russen oder ein Schauspieler stecken, den sie 1989 kennengelernt habe. Außerdem gehe ständig ein Mädchen neben ihr her und in ihrer Wohnung stinke es nach verbrannten Leichen und Zwiebeln. Sie habe Angst. Sie denke manchmal dann auch, sie müsse sich umbringen. Aufgrund der akuten Suizidalität wurde die Patientin umgehend stationär aufgenommen.

Aufnahmebefunde

Psychopathologisch: Bei der Exploration zeigte sich eine bewußtseinsklare, allseits orientierte, in Aufmerksamkeit und Gedächtnisleistung durch psychotisches Erleben allerdings eingeschränkte Patientin. Der formale Gedankengang war weitgehend ungestört. Auffällig waren das deutliche Mißtrauen der Patientin, die Wahnstimmung und ein Verfolgungswahn mit Übergang zu systematisiertem Wahn. Sie berichtete über akustische, optische und olfaktorische Halluzinationen sowie über Derealisations- und Depersonalisationserleben. Gleichzeitig war sie sehr deprimiert, ängstlich, etwas agitiert, affektarm und motorisch unruhig. Es bestand latente Suizidalität. Weiterhin lag ein sozialer Rückzug vor.

Körperlich-neurologisch: Es fand sich eine minderwüchsige, mit 30 kg Körpergewicht bei 146 cm Körpergröße deutlich untergewichtige Patientin mit mehreren breitflächigen Effloreszenzen am Rumpf (Verdacht auf Mykose). Die vom Typ her weibliche Behaarung war spärlich mit flächenformigen haarlosen Arealen. Am Schädel waren parietal mehrere Impressionen tastbar (persistierende Fontanelle und/oder Ossifikationsstörung). Die rechte Gesichtshälfte war kleiner als die linke, der Hirnschädel mikro- und brachizephal. Rechts fand sich außerdem ein Mikrophthalmus und die rechte Pupille war nur 1 mm groß. Die Nase war schmal und hakenförmig gebogen. Es bestand eine Mikrogenie mit Retrogenie. Die Patientin trug ein künstliches Gebiß in Ober- und Unterkiefer. Thorax, Cor und Pulmo waren ohne pathologische Befunde. Die Finger waren auffallend lang und schmal und der rechte Zeigefinger zeigte eine Klinodaktylie nach ulnar. Die Füße waren seitwärts gestellt, das rechte Bein im Hüftgelenk außenrotiert und um 1,5 cm kürzer. Neurologisch zeigten sich ein ungerichteter Spontannystagmus beidseits, eine Ptosis rechts bei Mikrophthalmus rechts, eine Miosis der rechten Pupille und im Seitenvergleich ein Tiefstand des rechten Auges. Die rechte Pupille war zum Teil nicht sichtbar. Die linke Pupille war lichtreagibel bei Zustand nach Katarakt-Operation. Alle übrigen neurologischen Befunde waren, soweit testbar, unauffällig.

Zusatzbefunde

Routinelabor und EEG waren unauffällig. Die Lumbalpunktion ergab eine geringgradige Schrankenstörung. Das kraniale MRT zeigte eine Asymmetrie des Ventrikelsystems (links größer rechts) und hypoplastische Hippo-kampi. Bei einem humangenetischen Konsil wurde die Diagnose eines HSS gestellt.

Therapie und Verlauf

Unter der Gabe von Haldol (2×5 mg) und Valium (2×5 mg) kam es zu ei-ner raschen Remission der psychotischen Symptomatik. Die Patientin wur-de auf ein Depotneuroleptikum (Fluanxol D) eingestellt und nach Siche-rung der weiteren Versorgung (z. B. Erweiterung der bestehenden Betreu-ung) in die eigene Wohnung entlassen.

Diskussion und Zusammenfassung

Mentale Retardierung wurde bei circa 15–31% [2, 3] der Patienten mit HSS beschrieben. An neurologischen Auffälligkeiten können Hyperakti-vität, Choreoathetose und generalisierte tonisch-klonische Anfalle auftre-ten [4]. Psychopathologische Auffälligkeiten sind bis jetzt nur selten mit objektiven psychometrischen Untersuchungen dargestellt worden, wobei über psychotische Erkrankungen keine Berichte vorliegen. Inwieweit der hier dargestellte Fall eine zufällige Koinzidenz zwischen HSS und dem Auf-treten einer paranoiden Psychose darstellt, ist unklar und soll bei weiterer ektodermalen Entwicklungsstörungen morphologisch und humangene-tisch untersucht werden.

Literatur

1. Crevits L, et al (1977) Oculomandibular dyscephaly (Hallermann-Streiff-Francois syndrome) associated with epilepsy. J Neurol 215: 225–230
2. Suzuki Y, et al (1970) Hallermann-Streiff syndrome. Dev Med Child Neurol 12: 496–506
3. Barrucand D, et al (1978) Syndrome de Francois. A propos de deux cas. Rev Oto Neu-ro Ophthal 50: 305
4. Palls HF, Schull WJ (1900) Hallermann-Streiff syndrome: a dyscephalie with conge-nital cataracts and hypotrichosis. Arch Ophthalmol 63: 409–420

Korrespondenz: Dr. B. Blank, Psychiatrische Universitätsklinik, Bergische Landstraße 2, D-40629 Düsseldorf, Bundesrepublik Deutschland

Symptomprovokation unter Antidepressiva: Ein Vergleich zwischen schizophrenen Patienten mit und ohne Entwicklung psychotischer Symptome. Eine CT-Studie

P. Falkai[1], **T. Schneider**[1], **U. Pfeiffer**[1], **E. Klieser**[1] und **B. Bogerts**[2]

[1]Rheinische Landes- und Hochschulklinik, Psychiatrische Klinik, Heinrich-Heine-Universität, Düsseldorf und [2]Psychiatrische Klinik, Otto-von-Guericke-Universität Magdeburg, Bundesrepublik Deutschland

Einleitung

Circa 50% der schizophrenen Patienten entwickeln unter der Gabe von Antidepressiva psychotische Symptome (= Symptomprovokation positiv), wohingegen die andere Hälfte das nicht tut (= Symptomprovokation negativ). Die vorliegende Studie untersucht, inwiefern sich diese beiden Untergruppen in 12 verschiedenen computertomographischen Parametern signifikant voneinander unterscheiden.

Methodik

Patientenkollektiv

150 Patienten, die mit einer akuten psychotischen Symptomatik in die Rheinische Landes- und Hochschulklinik Düsseldorf aufgenommen wurden und die diagnostischen Kriterien einer Schizophrenie nach ICD-9 erfüllten, erhielten randomisiert Neuroleptika bzw. Antidepressiva. Von diesen erhielten 31 ein Antidepressivum und aus diagnostischen Gründen ein Computertomogram des Schädels. Bei 13 der 31 Patienten verstärkten sich die psychotischen Symptome, während bei 18 die psychotische Symptomatologie weitgehend unverändert blieb.

CT-Parameter

Die VBR, zentrale und periphere Liquorräume, der Abstand zwischen Caudatum und Corpus callosum und die Breite des Frontal- bzw. Okzipitallappens wurden in jedem Computertomogram bestimmt.

Tabelle 1. Zentrale und kortikale Liquorräume

		Schizophrene mit Symptomprovokation				Schizophrene ohne Symptomprovokation				Differenz in % (oS = 100%)		p-Werte ohne S. vs. mit S.
		Männer (n = 5)		Frauen (n = 8)		Männer (n = 1)		Frauen (n = 17)				
		MW	SD	MW	SD	MW	SD	MW	SD	M	F	
VBR		7.90	(3.2)	9.40	(2.1)	6.00	(0.0)	7.60	(3.2)	+32	+24	0.32
Max. Fläche III. Ventrikel		12.30	(8.6)	13.60	(2.6)	6.20	(0.0)	13.00	(7.0)	+38	+ 5	0.33
frontal	l	0.27	(0.5)	0.92	(2.1)	0.00	(0.0)	0.31	(1.2)	–	+197	0.61
	r	0.48	(0.9)	0.63	(1.2)	0.10	(0.0)	0.51	(1.8)	+380	+ 24	0.78
parieto-okzipilal	l	0.44	(0.9)	0.53	(1.1)	0.00	(0.0)	0.20	(0.8)	–	+165	0.49
	r	0.22	(0.4)	0.03	(0.1)	0.00	(0.0)	0.13	(0.5)	–	– 77	0.82
parasaggital		1.45	(1.2)	1.13	(2.1)	0.50	(0.0)	0.31	(0.9)	+190	+265	0.30

Tabelle 2. Temporale Liquorräume

		Schizophrene mit Symptomprovokation				Schizophrene ohne Symptomprovokation				Differenz in % (oS = 100%)		p-Werte ohne S. vs. mit S.
		Männer (n = 5)		Frauen (n = 8)		Männer (n = 1)		Frauen (n = 17)				
		MW	SD	MW	SD	MW	SD	MW	SD	M	F	
Ebene T1	l	0.32	(0.4)	0.42	(0.3)	0.00	(0.0)	0.55	(0.5)	–	–24	0.71
	r	0.21	(0.3)	0.29	(0.2)	0.00	(0.0)	0.53	(0.5)	–	–45	0.95
Ebene T2	l	0.52	(0.8)	0.87	(1.0)	0.00	(0.0)	0.89	(0.6)	–	–2	0.58
	r	0.27	(0.4)	0.58	(0.7)	0.00	(0.0)	0.72	(0.6)	–	–19	0.85
Ebene T3	l	0.61	(0.5)	0.77	(0.7)	0.00	(0.0)	1.09	(0.8)	–	–29	0.76
	r	0.56	(0.3)	0.79	(0.7)	0.40	(0.0)	0.83	(0.6)	+40	–5	0.87
Ebene T4	l	0.11	(0.2)	0.14	(0.3)	0.00	(0.0)	0.13	(0.3)	–	+8	0.75
	r	0.03	(0.1)	0.10	(0.2)	0.00	(0.0)	0.11	(0.3)	–	–9	0.93

MW Mittelwert; *SD* Standardabweichung; *n* Anzahl der Fälle; *oS* ohne Symptomprovokation; (ANOVA: Geschlecht x Diagnose)

Ergebnisse

Schizophrene Patienten, deren psychotische Symptomatik unter Antidepressiva unverändert blieb, wiesen eine signifikant gestörte zerebrale Asymmetrie ($p < .05$) auf. Alle anderen Variablen trennten die beiden Gruppen nicht signifikant. Die Ergebnisse sind in den Tabellen 1–3 zusammengefaßt.

Tabelle 3. Caudatum – Corpus callosum Abstand (in cm), Asymmetriequotienten

	Schizophrene mit Symptomprovokation				Schizophrene ohne Symptomprovokation				Differenz in % (oS = 100%)		p-Werte ohne S. vs. mit S.
	Männer (n = 5)		Frauen (n = 8)		Männer (n = 1)		Frauen (n = 17)				
	MW	SD	MW	SD	MW	SD	MW	SD	M	F	
CC links	1.50	(0.40)	1.70	(0.70)	0.90	(0.0)	1.50	(0.5)	+67	+13	0.22
CC rechts	0.70	(0.20)	0.90	(0.40)	1.10	(0.0)	1.20	(0.4)	−36	−25	0.18
CC li / CC re	2.10	(0.20)	1.90	(0.10)	0.80	(0.0)	1.30	(0.4)	+163	+46	0.0003**
li fr / re fr	0.90	(0.03)	0.90	(0.05)	1.00	(0.0)	1.00	(0.1)	−10	−10	0.13
re ok / li ok	0.90	(0.04)	0.90	(0.04)	1.00	(0.0)	1.00	(0.1)	−10	−10	0.05*
asymw	0.90	(0.03)	0.90	(0.03)	1.00	(0.0)	1.00	(0.1)	−10	−10	0.05*

MW Mittelwert; *SD* Standardabweichung; *n* Anzahl der Fälle; *oS* ohne Symptomprovokation; *p < .05 / **p < .01; (ANOVA: Geschlecht x Diagnose)

Diskussion und Zusammenfassung

In der vorliegenden Studie zeigen akut psychotische schizophrene Patienen, die unter Antidepressiva keine Verschlechterung der Symptome zeigen, eine signifikant gestörte Asymmetrie im Vergleich zu Patienten, bei denen sich die Symptomatik verschlechtert. Aufgrund der Vielzahl der untersuchten Variablen kann ein Zufallsbefund nicht ausgeschlossen werden. Trotzdem erscheint der Befund einer gestörten Asymmetrie – möglicherweise – als Ausdruck einer neuronalen Fehlverschaltung bei einer Untergruppe Schizophrener diskussionswürdig.

Korrespondenz: Dr. P. Falkai, Psychiatrische Klinik, Rheinische Landes- und Hochschulklinik, PF 120510, D-40605 Düsseldorf, Bundesrepublik Deutschland

Clozapin in der Rezidivprophylaxe schizophrener Psychosen

A. Klimke, W. Lemmer und **E. Klieser**

Rheinische Landes- und Hochschulklinik, Psychiatrische Klinik der
Heinrich-Heine-Universität, Düsseldorf, Bundesrepublik Deutschland

Trotz der guten rezidivprophylaktischen Wirksamkeit der klassischen Neuroleptika kommt es etwa bei der Hälfte der vormals akut schizophren erkrankten Patienten innerhalb eines Jahres zu einem Rezidiv mit erneuter Hospitalisierung (Kissling l991). Ursächlich hierfür ist u. a. eine hohe Non-Compliance-Rate von bis zu 75%, für die wesentlich die Therapiemotivation des Patienten sowie extrapyramidal-motorische bzw. kognitive Begleitwirkungen verantwortlich gemacht werden.

Systematische Untersuchungen zu den Rezidivquoten unter einer Langzeitprophylaxe mit Clozapin fehlen bisher, wenngleich klinische Erfahrungsberichte (Povlsen 1985, Kuha 1986) – etwa im Sinne einer erfolgreichen sozialen und beruflichen Integration (Lindström 1988) – eine rezidivprophylaktische Wirkung von Clozapin nahelegen. Auch aus der Wirksamkeit des Clozapins bei der Behandlung akuter schizophrener Psychosen (Kane et al. 1988) könnte in Analogie zu den klassischen Neuroleptika eine potentiell rückfallverhindernde Wirkung abgeleitet werden. Allerdings blockiert Clozapin im Gegensatz zu klassischen Neuroleptika nur einen kleineren Teil (30–40%) der Dopamin-D2-Rezeptoren (Farde und Nordström 1992) und steigert zudem im Tierexperiment die Dopaminfreisetzung im präfrontalen Cortex (Markstein 1993). Dieses atypische pharmakologische Profil könnte für die Wirksamkeit der Rezidivprophylaxe mit Clozapin bedeutsam sein.

Methodik

Im Rahmen einer Querschnittsuntersuchung sollte die rezidivprophylaktische Wirkung von Clozapin im Vergleich zu klassischen Neuroleptika untersucht werden. Im Januar 1994 wurden in der Leponex-Ambulanz in der Poliklinik der RLHK 118 Patienten betreut. 89 dieser Patienten wurden seit mindestens einem Jahr mit Clozapin behandelt. 11 dieser Patienten waren bereits anläßlich ihrer ersten Hospitalisierung auf Clozapin eingestellt worden. Von den übrigen 78 Patienten wurden nur diejenigen 42 in die Untersuchung eingeschlossen, die vor der Umstellung auf Clozapin über mindestens 2 Jahre eine Rezidivprophylaxe mit klassischen Neuroleptika erhielten.

Unter einem Rezidiv wurde eine Rehospitalisierung verstanden, die aufgrund des Wiederauftretens produktiv psychotischer Symptome bzw. bei chronisch schizophrenen Patienten aufgrund einer erheblichen Verschlechterung der psychotischen Symptome erfolgen mußte.

Neben der Ermittlung der jährlichen Rezidivquote unter Clozapin sollte bei den vorbehandelten Patienten ein Vergleich mit der Rezidivquote unter klassischen Neuroleptika erfolgen. Die statistische Bewertung erfolgte im Rahmen einer sog. Spiegel-Untersuchung (Abb. 1), d. h., die jährliche Rezidivquote unter klassischen Neuroleptika bzw. unter Clozapin wurde intraindividuell für einen gleichen Zeitraum vor und nach der Umstellung der Medikation verglichen (t-Test für verbundene Stichproben). Da bei Spiegelung des Behandlungsverlaufes zum Zeitpunkt der stationären Umstellung auf Clozapin bei allen Patienten mindestens ein Rezidiv unter klassischen Neuroleptika vorausgegangen sein muß, wurde, um ein Bias zu Ungunsten der Vorbehandlung zu vermeiden, diese Hospitalisierung nicht als Rezidiv berücksichtigt (Tegeler und Lehman 1981).

Ergebnisse

Die Indikation für die erste Behandlung mit Clozapin war bei 41,5% die Therapieresistenz allein trotz guter Verträglichkeit, ausreichender Dosierung und Behandlungsdauer unter klassischen Neuroleptika. Bei 28,3% waren es umgekehrt trotz guter Wirksamkeit der klassischen Neuroleptika unzumutbare Nebenwirkungen (bei 10 Patienten massiv ausgeprägte späte Hyperkinesen), während bei 30,2% Therapieresistenz bei aufgrund von Nebenwirkungen nicht voll ausdosierter klassischer Neurolepsie die Indikation darstellte. Nach der erstmaligen stationären Behandlung mit Clozapin (zu Beginn der Rezidivprophylaxe) wiesen 24 Patienten (45,3%) eine Vollremission, 16 Patienten (30,2%) eine reine Minussymptomatik und 13 Patienten (24,5%) eine chronischproduktive Restsymptomatik auf.

Rezidivprophylaktische Wirkung

Unter Clozapin zeigt sich bei den 42 Patienten mit früherer Rezidivprophylaxe eine deutlich geringere jährlichen Rezidivrate von 0,16 gegenüber

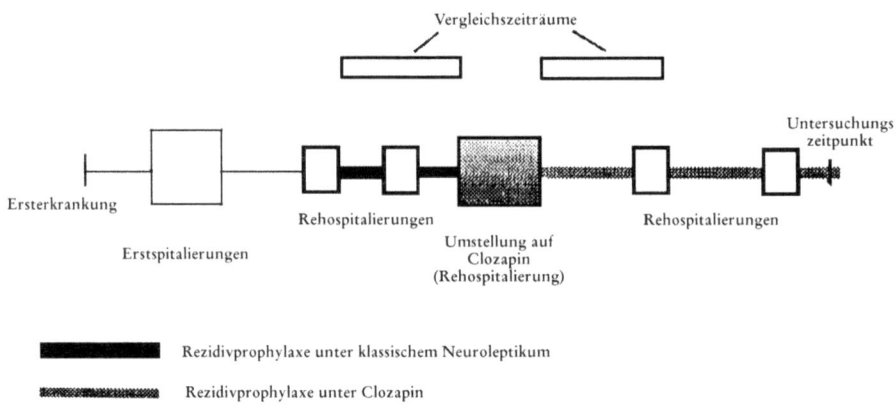

Abb. 1

0,56 unter klassischen Neuroleptika. Die gleiche niedrige Rückfallquote
(0,15) fand sich auch bei den 11 bei Ersthospitalisierung auf Clozapin ein-
gestellten Patienten. Die statistische Bewertung mittels Spiegel-Methode
(gleiche Beobachtungszeiträume sowie Weglassung des Rezidivs, das zur
Umstellung auf Clozapin führte) ergab eine signifikante Reduktion der jährlichen Rückfallraten (0,48 vs. 0,21 unter Clozapin, p < 0,01) und der jährlichen Hospitalisierungsdauer (31,9 vs. 12,9 Tage unter Clozapin, p < 0,05).

Obwohl Clozapin nur bei der Hälfte der Patienten eine Vollremission
bewirkte (n = 20), zeigten auch die Patienten mit persistierender Negativsymptomatik (n = 11) eine Reduktion der jährlichen Rückfallrate von 0,71
auf 0,27 und diejenigen mit produktiver Restsymptomatik (n = 11) eine Reduktion von 0,52 auf 0,21.

Tabelle 1. Patientencharakteristika

	m	(s.D.)	von–bis
Aktuelles Alter (Jahre)	38,8	(10,9)	23– 66
Ersterkrankungsalter (Jahre)	25,1	(7,2)	16– 45
Männer	24,4	(6,4)	
Frauen	30,6	(11,6)	
Anzahl Hospitalisierungen	4,4	(4,1)	1– 25
Krankheitsdauer bei Clozapin-Beginn (Jahre)	5,1	(7,6)	0– 35
Aktuelle Clozapin-Dosis (mg/d)	214	(135)	25–550
Clozapin-Behandlungsdauer (Monate)	60,3	(22,8)	13– 98

Dosis

In der Gesamtgruppe zeigt sich im Zeitverlauf eine deutliche Reduktion
der verordneten mittleren Clozapindosis (297 mg zum Zeitpunkt der ersten Entlassung, 214 mg nach fünf Jahren). Diese Tendenz war am ausgeprägtesten bei den unter Clozapin vollremittierten Patienten (178 mg vs.
161 mg nach fünf Jahren) bzw. solchen mit reiner Negativsymptomatik
(308 mg vs. 194 mg), fand sich jedoch nicht bei den Patienten mit weiter-
bestehenden chronisch-produktiven Restsymptomen auch unter Clozapin
(315 mg vs. 335 mg).

Begleitwirkungen

Bei den übrigen Patienten waren die drei häufigsten Begleitwirkungen mit
Therapiekonsequenz Klagen über Sedation und Müdigkeit (22,6%), Hy-
persalivation (15,1%) und Hypotension (13,2%). Sedation und Müdigkeit
führten häufig zu einer Dosisreduktion, die in einer Reihe von Fällen vom
Patienten ausdrücklich gewünscht wurde, bis hin zum eigenmächtigen Absetzen mit nachfolgendem Rezidiv. Ein Krampfanfall ereignete sich bei
einer älteren Patientin unter Kombination mit Lorazepam, wobei eine
hirnorganische Vorschädigung bekannt war. Bei einem Patienten mit
anamnestisch bekanntem phasenweisen Alkoholabusus trat eine passagere

Leberwerterhöhung auf. Leukopenien (< 4000/µl) oder Granulozytopenien (< 1500/µl) wurden nicht beobachtet. Bei drei Patienten wurde das Auftreten eines entzündlichen bakteriellen Prozesses registriert (generalisierte Follikulitiden mit Scrotalabzess, Akne conglobata mit Abzeßspaltung, Wundheilungsstörungen nach offener Unterschenkelfraktur). Weitere drei Patienten litten im Behandlungsverlauf an einer HNO-ärztlich behandlungsbedürftigen Nasennebenhöhlen-Infektion.

Diskussion

Tegeler und Lehmann (1981) fanden in einer Untersuchung zur Wirksamkeit von Depotneuroleptika gegenüber oralen Neuroleptika eine Reduktion der jährlichen Rezidivrate nach Umstellung auf Depot-Neuroleptika von 0,80 auf 0,20. Die vorliegende Untersuchung findet bei therapeutisch sehr schwierigen Patienten eine vergleichbare Reduktion der Rückfallraten nach Umstellung auf Clozapin (von 0,56 auf 0,16). Dieses Ergebnis wurde allerdings bei ausgewählten Patienten erzielt, nämlich bei solchen, die u. a. mindestens ein Jahr lang rezidivprophylaktisch mit Clozapin behandelt wurden, und ist nicht verallgemeinerbar etwa auf die Gesamtheit aller schizophrenen Patienten. In Ermangelung einer Kontrollgruppe können Faktoren als spezifische Medikamenteneffekte das Ergebnis beeinflußt haben. Allerdings hat eine intensivere oder speziellere Betreuung der überwiegend vom gleichen Arzt mit vergleichbarer Häufigkeit und Gesprächsdauer betreuten Patienten nach Umstellung auf Clozapin nicht stattgefunden. Auch ein mit längerer Krankheitsdauer günstigerer Spontanverlauf lag nicht vor; die Rückfallrate nach der vorausgehenden Entlassung unter klassischem Neuroleptikum betrug im ersten Jahr immerhin 52%, während sie nach Umstellung auf Clozapin im ersten Jahr auf 31% gesenkt werden konnte. Die Schwelle für die Rehospitalisierung nach Umstellung auf Leponex ist nicht gestiegen; Verschlechterung oder Wiederauftreten psychotischer Symptome führten praktisch immer zu einer Rehospitalisierung.

Weitere kontrollierte und prospektive Studien zur rezidivprophylaktischen Wirkung von Clozapin sind dringend notwendig. Wenn es zutrifft, daß die Rezidivrate bei prognostisch ungünstigen Patienten durch Clozapin wesentlich reduziert werden kann, hätte dieser Befund für den Krankheitsverlauf vieler schizophrener Patienten mindestens die gleiche Bedeutung wie der Nachweis der Wirkung des Clozapins bei therapieresistenter akuter Schizophrenie.

Literatur

Farde L, Nordström AL (1992) PET analyses indicates atypical dopamine receptor occupancy in clozapine treated patients. Br J Psychiatry 160 [Suppl 17]: 30–33
Gaebel W, Klimke A, Klieser E (1994) Kombination von Clozapin mit anderen Psychopharrnaka. In: Naber D, Müller-Spahn F (Hrsg) Clozapin – Pharmakologie und Klinik eines atypischen Neuroleptikums. Springer, Berlin Heidelberg New York Tokyo, S 43–58
Kane J, Honigfeld G, Singer J, Meltzer H (1988) Clozapin for the treatment-resistant schizophrenic. Arch Gen Psychiatry 45: 865–867

Kissling W (1991) The current unsatisfactory state of relapse prevention in schizophrenic psychoses. Suggestions for improvement. Clin Neuropharmacol 14 [Suppl 2]: S 33–44

Kuha S, Mittienen E (1986) Long-term effect of clozapine in schizophrenia: a retrospective study of 108 chronic schizophrenics treated with clozapine up to 7 years. Nord Psychiatr Tidskr 40: 225–230

Lindström LH (1988) The effect of long-term treatment with clozapine in schizophrenia: a retrospective study in 96 patients treated with clozapine for up to 13 years. Acta Psychiatr Scand 77: 524–29

Poylsen UJ, Noring U, Fog R, Gerlach J (1985) Tolerability and therapeutic effect of clozapine. Acta Psychiatr Scand 71: 176–85

Tegeler J, Lehmann E (1981) A follow-up study of schizophrenic outpatients treated with depot-neuroleptics. Prog Neuropsychopharmacol 5: 79–90

Korrespondenz: Dr. A. Klimke, Psychiatrische Universitätsklinik, Rheinische Landes- und Hochschulklinik Düsseldorf, Bergische Landstraße 2, D-40605 Düsseldorf, Bundesrepublik Deutschland

Nutzen und Risiken der Kombinationsbehandlung Clozapin plus Lithium in der Behandlung schizoaffektiver Psychosen

Th. Messer und **G. Kurtz**

Psychiatrische Universitätsklinik, München, Bundesrepublik Deutschland

Einleitung

In der ambulanten Behandlung von Patienten mit psychiatrischen Erkrankungen sollte neben einer guten Wirksamkeit vor allem auch eine gute Veträglichkeit der applizierten Substanz gefordert werden. Ebenso wie in der Therapie schizophrener oder affektiver Psychosen sollte auch in der Behandlung schizoaffektiver Erkrankungen zunächst von der Option einer Monotherapie Gebrauch gemacht werden. Es ist aber nicht selten der Fall, daß bei diesen Störungen, die definitionsgemäß eher phasisch verlaufen und eher nicht zu einem Residualzustand führen, die Maxime der Monotherapie relativiert und eine Kombinationsbehandlung erwogen werden muß. Damit wächst die Gefahr unerwünschter pharmakogener Nebeneffekte und das Risiko der Noncompliance. Während Lithium nach wie vor das Medikament der ersten Wahl in der Behandlung bipolarer affektiver Störungen ist, treten bei Patienten mit schizoaffektiven Psychosen vielfach mehr oder weniger intensive oder langandauernde psychotische Dekompensationen auf, die neben der Basismedikation mit Lithium den zeitlich limitierten, in Einzelfällen auch andauernden Einsatz von Neuroleptika erfordern.

Während einige Untersuchungen (Übersicht unter [1] ergaben, daß bei der Behandlung schizomanischer Syndrome eine reine Neuroleptikabehandlung der alleinigen Lithiumbehandlung überlegen ist, kann bislang noch keine sichere Aussage darüber gemacht werden, ob schizodepressive Störungen auf die zusätzliche Gabe von Antidepressiva remittieren. Vorzugsweise wurden klassische Substanzen wie Butyrophenone oder Phenothiazine verwandt, die zwar gut die psychotische Symptomatik supprimierten, in Einzelfällen jedoch eine Depression auslösten oder verstärkten. Gelegentlich traten sogar erhebliche extrapyramidale Störungen oder andere noch schwerwiegendere internistische Komplikationen auf.

Bereits vor mehr als 20 Jahren beschrieben Cohen und Cohen [2] 4 Fälle, in denen es unter einer Kombinationsbehandlung mit Lithium und Haloperidol zu teilweise irreversiblen Nebenwirkungen gekommen war. Allerdings lag bei diesen Patienten der Lithiumspiegel über 1 mmol/ltr. und die tägliche Haloperidoldosis zwischen 40 und 60 mg. Während andere Autoren [3, 4] ähnliche Beobachtungen machen konnten, wurden in Untersuchungen an größeren Patientenkollektiven [6, 7] keine wesentliche Neurotoxizität gefunden.

Bislang sind trotz intensiver Forschung die genauen biomolekularen Mechanismen der Interaktion zwischen Lithium und Neuroleptika noch nicht bekannt. Es gilt jedoch als erwiesen, daß einerseits Lithium die Serumproteinbindung von Neuroleptika erhöht, andererseits Neuroleptika, besonders Phenothiazine, den Einstrom von Lithium in die Zelle erleichtern [8]. Besonderes Interesse gilt daher solchen Substanzen, die in Kombination mit Lithium ein günstiges Nebenwirkungsprofil aufweisen.

Pope [12] beschrieb erstmals einen 27jährigen männlichen Patienten, der unter einer Kombinationsbehandlung mit Lithium und Clozapin ein malignes neuroleptisches Syndrom entwickelte. In anderen Kasuistiken wurde über Myoklonien [13], eine Pancytopenie mit Todesfolge [14], eine reversible Leukopenie [16] und in einem Fall über eine reversible Asterixis (flapping tremor) [17] berichtet.

Blake [15] untersuchte 10 Patienten mit schizophrenen oder schizoaffektiven Störungen, die mit einer maximalen mittleren Dosis von 900 mg Clozapin und 1400 mg Lithium täglich behandelt wurden. Ein Anstieg des Lithiumspiegels war nicht zu verzeichnen, allerdings wurden reversible neurotoxische Effekte beobachtet, für deren Entstehung interaktive serotonerge Mechanismen verantwortlich gemacht wurden. Bryois und Ferrero [18] dokumentierten 11 Patienten mit einer mittleren Dosis von 300 mg Clozapin und einem mittleren Lithiumspiegel von 0,5 bis 0,8 mval/ltr. Bei diesen Patienten traten eine Reduktion aggressiver Impulse und eine Verbesserung der affektiven Grundstimmung ein.

Eigene Untersuchungsergebnisse

In einer Querschnittsstudie untersuchten wir 13 Patienten, 7 Frauen und 6 Männer, im Alter von 2 bis 68 Jahren, die in der Poliklinik der Universitätsnervenklinik München seit mehr als 15 Jahren ambulant betreut werden. Das Alter lag bei Erstmanifestation der schizoaffektiven Psychose im Durchschnitt bei 27,6 Jahren, die durchschnittliche Erkrankungsdauer zum Zeitpunkt unserer Untersuchung lag bei 17,5 Jahren. Diagnostisch handelt es sich in neun Fällen um schizomanische, in zwei Fällen um schizodepressive und in zwei Fällen um gemischte schizoaffektive Störungen. Die Anzahl der stationär-psychiatrischen Aufenthalte betrug zwischen 3 und 11, die Dauer jeweils zwischen drei und sechs Monaten. Die Dauer der Kombinationsbehandlung betrug bis zum Zeitpunkt der Erhebung zwischen 18 und 130 Monaten. Bei allen Patienten überblicken wir 640 Behandlungsmonate. Während im Durchschnitt vor Beginn der Kombinationsbehandlung mit

Lithium und Leponex 5,76 stationäre Behandlungen notwendig wurden, sank die Hospitalisierungsquote nach Umstellung auf die Kombinationsbehandlung auf 0,3. Während eines Beobachtungszeitraumes von 18 Monaten erreichten die 13 Patienten mit der Kombinationsbehandlung einen BPRS Wert von 25,1. Es ergaben sich insbesonders Stabilisierungen bei den Items für Gespanntheit, Feinseligkeit und unkooperatives Verhalten.

Diskussion

Die Frage, ob die Kombinationsbehandlung Lithium plus Clozapin zum Standardrepertoire der Behandlung schizoaffektiver Psychosen gehören sollte, läßt sich trotz unserer guten Erfahrungen wegen der geringen Fallzahlen in früheren und laufenden Studien noch nicht abschließend beantworten. Das höchste Risiko dürfte in einer maskierten Blutbildungsstörung liegen, was auch schon von Valevski [16] vermutet wurde, nämlich, daß Lithium infolge seiner myelostimulierende Potenz einen möglichen myelosuppressiven Effekt von Clozapin coupiert. Es ist daher besonders wichtig, auf die Einhaltung der notwendigen monatlichen Blutbildkontrollen, wie sie ohnehin für eine Monotherapie mit Clozapin gefordert wird, zu achten. Dies setzt eine gute Krankheitseinsicht der Betroffenen, die vorschriftsmäßige Einnahme der Medikation und die zuverlässige Wahrnehmung der Ambulanztermine voraus. Obgleich die Kombinationsbehandlung Lithium plus Clozapin auf Grund der fehlenden größeren Fallzahlen noch nicht als Strategie der ersten Wahl bezeichnet werden kann, profitieren offensichtlich solche Patienten mit schizoaffektiven Psychosen, die bei

Tabelle 1. Unerwünschte Wirkungen während einer Kombinationsbehandlung Lithium plus Clozapin

Autor	Patient(en)	Clozapin-dosis	Lithiumdosis/spiegel	andere Medikation	Effekt
Pope (1986)	27 m.	250 mg			Malignes neuroleptisches Syndrom
Gerson et al. (1991)	45 m.	400 mg	bis 1200 mg	CBZ 600 mg Benzotropine 4 mg, Clonazepam 6 mg	Pancytopenie mit Todesfolge
Valevski (1993)	59 w.	100 mg	600 mg 0,75 mmol/ltr.		Leukopenie nach 40tägiger Behandlung
Rittmanns-berger (1994)	54 w.	250 mg	1350 mg		Asterixis (flapping tremor) nach Reduktion auf 50 mg Clozapin Ø Symptome

Tabelle 2. Studien zur Kombinationsbehandlung Lithium plus Clozapin

Autor	Anzahl d. Patienten	Diagnose DSM-III-R ICD 10	Clozapin Dosis max mean mg/day	Clozapin Spiegel ng/ml	Lithium Dosis max men mg/day	Lithium Spiegel mval/ltr.	pos. Wirkung	neg. Wirkung
Blake (1992)	10	295.14 295.70	900 mg		1400 mg	0,73	keine ↑ des Lithiumspiegels	reversible neurologische Symptome
Bryois und Ferrero (1993)	11	295.14 295.70 295.94	300 mg (50–600 mg)			0,5–0,8	↓ Aggressivität affektive Stabilisierung	
Messer und Kurtz (1995)	13 F 25.1	F 25.0 min 15,4– F 25.2	109 mg max 273,6 mg	74,5	1169 mg	0,60	↓ Rehospitalisierungsrate affektive Stabilisierung keine wesentlichen EEG-Veränderungen	Zu Beginn der Behandlung Müdigkeit möglich

Tabelle 3. Kombinationsbehandlung Lithium plus Clozapin bei schizoaffektiven Psychosen

– Anzahl der Patienten:		13 (7w/6m)	
– Alter der Patienten:	Ø	45,1	Jahre
min		27	Jahre
max		68	Jahre
– Alter bei Erstmanifestation der psych. Erkrankung:		27,6	Jahre
	w	26,0	
	m	29,5	
	min	14	Jahre
	max	44	Jahre
– Dauer der Erkrankung:	Ø	17,5	Jahre
	min	4	Jahre
	max	47	Jahre
– Diagnosen			
schizomanische Störung F 25.0		9	
schizodepressive Störung F 25.1		2	
gemischte schizoaffektive Störung F 25.2		2	
– Anzahl stationär-psychiatrischer Behandlungen:		5,76 (3–11)	
– Dauer stationärer Behandlungen		3–6 Monate	

Exacerbation eine manische Symptomatik aufweisen und solche, die unter einer Kombination mit Butyrophenonen oder Phenothiazinen keine Remission zeigen oder mit erheblichen unerwünschten Nebenwirkungen reagieren [9, 10]. Möglicherweise ist die Tatsache, daß keine extrapyramidalen Nebenwirkungen zu beobachten sind und somit einer der häufigsten compliancereduzierenden Faktoren eliminiert ist, eine Ursache für die geringere Rehospitalisierungsrate.

Literatur

1. Bandelon B (1992) Clozapin (Leponex) in der Behandlung von schizoaffektiven Psychosen, manischen Syndromen und Schlafstörungen. In: Naber D, Müller-Spahn F (Hrsg) Clozapin: Pharmakologie und Klinik eines atypischen Neuroleptikums. Schattauer, Stuttgart New York
2. Cohen WJ, Cohen NH (1974) Lithium carbonate, haloperidol, and irreversible brain damage. JAMA 230: 1283–1287
3. Spring GK (1979) Neurotoxicity with combined use of lithium and thioridacin. J Clin Psychiatry 40: 135–138
4. Strayhorn JM, Nash JL (1977) Severe neurotoxicity despite „therapeutic" serum lithium levels. Dis Nerv Syst 38: 107–111
5. Pandey GN, Goel I, Davis LM (1979) Effect of neuroleptic drugs on lithium uptake by the human erythrocyte. Clin Pharmacol Ther 26, 1: 96 –102
6. Baastrup PC, Hollnagel P, Sorensen R, Schou M (1976) Adverse reactions in treatment with lithium carbonate and haloperidol. JAMA 236: 2645–2646
7. Biederman J, Lerner Y, Belmaker RH (1979) Combination of lithium carbonate and haloperidol in schizo-affective disorder. A controlled study. Arch Gen Psychiatry 6: 327–333

 8. Von Knorring L (1990) Possible mechanisms for the presumed interaction between lithium and neuroleptics. Hum Psychopharmacol 5: 287–292
 9. McElroy SL, Dessain EC, Pope HG, Cole JO, Keck PE, Frankenberg FR, Aizley HG, O'Brien S (1991) Clozapine in the treatment of psychotic mood disorders schizoaffechtive disorder and schizophrenia. J Clin Psychiatry 52: 411–414
10. Carman JS, Bigelow LB, Wyatt RJ (1981) Lithium combined with neuroleptics in chronic schizophrenic and schizoaffective patients. J Clin Psychiatry 42: 124–128
11. Nemes ZS, Volavka J, Cooper TB, O'Donnell, Jaeger J (1986) Lithium and haloperidol. Biol Psychiatry 21: 568-569
12. Pope HG, Cole JO, Choras PT, Fulwiler CE (1986) Apparent neuroleptic malignant syndrome with clozapine and lithium. J Nerv Ment Dis 174, 8: 493–495
13. Lemus CZ, Lieberman JA, Johns CA (1990) Myoclonus during treatment with clozapine and lithium: the role of serotonin. Hillside J Clin Psychiatry 11: 127–130
14. Gerson SL, Lieberman JA, Friedenberg WR, Lee D, Marx JJ, Meltzer H (1991) Polypharmacy in fatal clozapine-associated agranulocytosis. Lancet 338
15. Blake LM, Marks RC, Luchins DJ (1992) Reversible neurologic symptoms with clozapine and lithium. J Clin Psychopharmacol 12, 4
16. Valevski A, Modai I, Lahav M, Weizman A (1993) Clozapine-lithium combined treatment and agranulocytosis. Int Clin Psychopharmacol 8: 63–65
17. Rittmannsberger H, Leblhuber F (1992) Asterixis induced by carbamazepine therapie. Biol Psychiatry 32(4): 364–8
18. Bryois C, Ferrero F (1993) Clinical observation of 11 patients under clozapine-lithium association. Eur Psychiatry 8: 213–218

Korrespondenz: Dr. Th. Messer, Psychiatrische Universitätsklinik, Nußbaumstraße 7, D-80336 München, Bundesrepublik Deutschland

Zur Aussagekraft offener Studien in der Prüfung von Neuroleptika

D. Naber, R. Holzbach und **F. Pajonk**

Psychiatrische Klinik, LMU München, Bundesrepublik Deutschland

Die Aussagekraft offener Prüfungen in der Entwicklung von Neuroleptika wird kontrovers beurteilt (Angst et al. 1991). Viele klinisch tätige Psychiater bevorzugen, erste Erfahrungen mit potentiellen Neuroleptika in offenen Prüfungen zu machen. Argumente dafür sind: 1. Die erhöhte Akzeptanz von Patienten, an späteren kontrollierten Studien teilzunehmen, wenn die Ärzte in offenen Studien Erfahrungen mit der Substanz gesammelt haben. 2. Die Motivation der Mitarbeiter, die bei kleineren offenen Prüfungen wissenschaftlichen Gewinn in Form von Co-Autorenschaft erlangen können, bei den in den letzten Jahren immer häufigeren Multi-Center-Untersuchungen hingegen oft nicht einmal in der Danksagung gewürdigt werden. 3. Offene Studien sind hypothesengenerierend und können hinsichtlich Indikation, Verträglichkeit und Dosierung Erkenntnisse erbringen, die für die folgenden kontrollierten Untersuchungen hilfreich sind (Klein 1991). Die Gegner von offenen Prüfungen, überwiegend Vertreter der pharmazeutischen Industrie, erkennen diese Argumente nur bedingt an und betonen, daß offene Prüfungen u. a. durch den Placebo-Effekt keine verläßlichen Daten erbringen und somit oft irreführend sind. Darüber hinaus seien die Bestimmungen der entsprechenden Behörden (BGA, FDA) so, daß die Durchführung offener Studien erschwert ist.

Diese Diskussion über die Aussagekraft offener Prüfungen wird zumeist ohne überprüfbare Daten geführt, da entsprechende Untersuchungen, in denen die Ergebnisse offener und kontrollierter Prüfungen miteinander verglichen wurden, völlig fehlen. Um diese Lücke zu schließen, wurde die vorliegende Untersuchung durchgeführt.

Methodik

Mittels u. a. MEDLINE wurde eine Literatursuche durchgeführt. Offene und kontrollierte Prüfungen von Neuroleptika wurden dann berücksichtigt, wenn mindestens 10 Patienten in die Studie aufgenommen wurden, wenn die Dauer der Untersuchung mindestens drei Wochen betrug, wenn die Patienten nicht sonderlich selektiert waren (z. B. Alter, Therapieresistenz, Negativsymptomatik) und wenn die Studie in Deutsch oder Englisch veröffentlicht wurde.

Aus den Studien, die o.a. Kriterien genügten, wurden folgende Variablen dokumentiert: Zahl der Patienten, Dauer der Studie, Dosierung, BPRS Daten, Anteil der „Responder", Häufigkeit der Patienten, die wegen Nebenwirkungen aus der Prüfung ausgeschlossen wurden.

Ausgewertet wurden Prüfungen für Substanzen, zu denen mindestens drei offene und drei kontrollierte Untersuchungen vorlagen. Das traf nur für folgende Substanzen zu: Bromperidol, Pimozid, Remoxiprid, Zotepin, Zuclopenthixol. Für diese Substanzen wurden 20 offene (Fallzahl 18 ± 11) und 34 kontrollierte (n = 34 ± 27) Studien ausgewertet.

Ergebnisse

Die Tabelle 1 zeigt für die fünf Substanzen, zu denen mindestens je drei offene und kontrollierte Studien gefunden wurden, die Häufigkeit einer ausreichenden Besserung („Responder") sowie den Rückgang des BPRS-Gesamtwertes. Ein Vergleich der Ergebnisse offener Prüfungen mit denen kontrollierter Untersuchungen zeigte für keine der fünf Substanzen einen signifikanten Unterschied. Auch die Zahl der Patienten, die wegen stärkerer unerwünschter Wirkungen aus den Studien ausgeschlossen wurden, unterschied sich zwischen offenen und kontrollierten Prüfungen nicht.

Diskussion und Konklusion

Ähnliche Untersuchungen wie diese konnten trotz intensiver Literatursuche nicht gefunden werden. Zumindest für die fünf o. a. Substanzen deuten die vorliegenden Daten an, daß sich offene und kontrollierte Untersuchungen hinsichtlich der antipsychotischen Wirksamkeit und Verträglichkeit von potentiellen Neuroleptika nicht unterscheiden. Dieses gilt zumindest für den Fall, daß die offenen Prüfungen ein positives Ergebnis hatten. Die Möglichkeit, daß die ersten offenen Prüfungen falsch-negative Ergebnisse erbringen und diese erst durch die folgende kontrollierte Prüfung richtiggestellt werden, wie es z. B. für Clozapin vor ca. 30 Jahren der Fall war, wird in der vorliegenden Untersuchung nicht berücksichtigt. Ange-

Tabelle 1. In der klinischen Prüfung von 5 Neuroleptika unterscheiden sich die Ergebnisse offener und kontrollierter Untersuchungen nicht (Mann-Whitney, Wilcoxon)

	Offene Studien (n)		Kontrollierte Studien (n)	
	„Responder" %	BPRS Reduktion	„Responder" %	BPRS Reduktion
Zotepin	71 ± 6 (3)	46 ± 11 (4)	53 (1)	46 ± 11 (4)
Zuclopenthixol	57 ± 33 (3)	50 ± 28 (2)	62 ± 18 (6)	54 ± 12 (3)
Bromperidol	74 ± 14 (3)	29 (1)	66 ± 16 (7)	23 ± 12 (4)
Remoxiprid	68 ± 15 (4)	52 ± 17 (5)	68 ± 11 (13)	46 ± 11 (13)
Pimozid	60 ± 23 (3)	53 (1)	65 ± 2 (2)	43 ± 11 (2)

sichts der Verbesserungen in der Diagnostik und Psychometrik innerhalb der letzten Jahrzehnte erscheint ein derartiger Ausgang heutzutage allerdings unwahrscheinlich.

In der Entwicklung von Neuroleptika sollten offene Prüfungen durchgeführt werden. Diese bringen mit hoher Wahrscheinlichkeit Erkenntnisse zu Dosis, Verträglichkeit und Indikation, die für die Planung und Durchführung der anschließenden doppelblind-kontrollierten Untersuchung relevant sind. Die kritische Größe bzw. Mindestpatientenzahl einer offenenen Prüfung ist mit den vorliegenden Daten nur begrenzt anzugeben. Es erscheint aber unwahrscheinlich, daß eine offene Studie mit einer Fallzahl von mindestens 50 Patienten, durchgeführt an 2–4 Kliniken von Psychiatern mit Erfahrungen in klinischen Prüfungen, nicht aussagekräftig ist.

Literatur

Angst A, Bech P, Bobon D, Engel R, Hippius H, Janzen GJ, Lecrubier Y, Lingjaerde O, Möller HJ, Montgomery St, Paes de Sousa M, Rossi A, Saletu B, Sedvall G, Stefanis C, Stoll KD, Woggon B (1991) Report on the third consensus conference on the methodology of clinical trials with antipsychotic drugs. Pharmacopsychiat 24: 149–152
Klein DF (1991) Improvement of phase III psychotropic drug trials by intensive phase II work. Neuropsychopharmacology 4: 251–271

Korrespondenz: Prof. Dr. D. Naber, Psychiatrische Klinik, Universitätskrankenhaus Eppendorf, Martinistraße 52, D-20246 Hamburg, Bundesrepublik Deutschland

Neue Ergebnisse zur Pathobiochemie und Rückfallprophylaxe der Alkoholabhängigkeit

L. G. Schmidt und **H. Rommelspacher**

Psychiatrische Klinik und Institut für Neuropsychopharmakologie, Freie Universität,
Berlin, Bundesrepublik Deutschland

Ziel der DFG-unterstützten Klinischen Forschergruppe „Gemeinsame neurobiologische Mechanismen der Abhängigkeit- ein Projekt zur Erforschung des Alkoholismus und der Opiatabhängigkeit und zur Entwicklung neuer Therapiekonzepte (DFG-Az: He 916/7-2)" ist es, Erkenntnisse aus der neurobiologischen Grundlagenforschung fiir die Beantwortung klinischer Fragestellungen im Suchtbereich nutzbar zu machen. Ausgangspunkt unserer Arbeiten ist die Dopamin-Hypothese der Abhängigkeit (psychomotor stimulant theory) und die Alkaloid-Hypothese des Alkoholismus. Die Dopamin-Hypothese beruht zum einen auf Beobachtungen, daß dopaminerge Neurone an der Generierung psychomotorischer Muster beteiligt sind, die den Organismus auf belohnende Reizkonstellationen hin aktivieren; zum anderen ist bekannt, daß abhängigkeitsinduzierende Substanzen ihre motivierenden Eigenschaften über die Interaktion mit dem dopaminergen mesolimbisch-mesocortikalen Belohnungssystem vermitteln. Unsere Fragestellung war entsprechend, ob zentrale dopaminerge Systeme bei Alkoholkranken im Sinne eines funktionellen Defizits verändert sind und ob eine etwaige Minderfunktion durch die Gabe eines Dopamin-Agonisten auszugleichen sei, was sich dann günstig auf die Remissionsstabilisierung auswirken müßte.

Die Alkaloid-Hypothese beruhte zunächst auf der Vorstellung, daß Acetaldehyd als Stoffwechselprodukt des Ethanols mit Neurotransmitter-Abbauprodukten zu Alkaloiden, wie den Beta-Carbolinen (BC's) und Tetrahydroisochinohnen (TIQ's) kondensieren, die morphinähnliche Wirkungen haben könnten. Solche Alkaloide (wie die BC's Harman und Norharman und die TIQ's R- und S-Salsolinol) fand man zunächst in Pflanzenextrakten; inzwischen weiß man, daß sie auch beim Säugetier und Menschen in Konzentrationen vorkommen, die jedoch 100 bis 1000mal geringer sind als die von klassischen Neurotransmittern. Hier lautete unsere Frage, ob im

Blutserum von Alkoholkranken erhöhte Konzentrationen von BC's und TIQ's vorkommen, die möglicherweise in Abhängigkeit vom Trinkstatus variieren.

Patienten und Methodik

365 Patienten wurden in unserer Sonderforschungsambulanz für Abhängigkeitskranke an der Psychiatrischen Klinik der Freien Universität Berlin für die nachfolgend beschriebene Longitudinalstudie gescreent. Zur Charakterisierung des Funktionszustandes zentraler dopaminerger Neurone wurden 49 Patienten mit Alkoholabhängigkeit nach ICD 10 mit einer durchschnittlichen täglichen Trinkmenge von 226,5 g (reiner) Ethanol (im Monat vor dem Erstkontakt zu unserer Ambulanz) während der chronischen Intoxikation und im Postintoxikationszustand (nach 7tägiger Abstinenz) sowie 10 altersentsprechende Kontrollpersonen unter Nüchternbedingungen neuroendokrinologisch untersucht. Dazu wurde bei diesen Patienten, die bis zur Aufnahme in die Klinik getrunken hatten, am 1. und 8. Behandlungstag die Sekretion des Wachstumshormons (GH) als Ausgangswert (baseline) und Peak-Wert (60 Minuten später) nach einer s.c. Gabe von Apomorphin (1 mg/kg Körpergewicht) bestimmt (Schmidt et al. 1995).
In unserer randomisierten und doppelblind durchgeführten Therapiestudie wurde die Wirksamkeit des Dopaminagonisten Lisurid (in einer Tagesdosis von 1 mg) zur Abstinenzstabilisierung in den ersten 6 Monaten nach der stationären Entgiftung gegen Placebo geprüft und der weitere Verlauf in den folgenden 6 Monaten beobachtet. In die Untersuchung wurden zunächst 98 Patienten einbezogen, 26 Patienten beendeten die Studie nicht aus den unterschiedlichsten Gründen, sodaß die Wirksamkeitsanalyse an 72 Patienten, deren Verlauf bis zum Ende des 6. Behandlungsmonats, bzw. an 66 Patienten, deren Verlauf bis zum Ende des 12. Monats bewertet werden konnte, durchgeführt wurde (Schmidt et al. 1994).
Schließlich konnten BC- und TIQ-Konzentrationsbestimmungen aus dem Serum der 49 intoxikierten Alkoholkranken, für die auch GH-Konzentrationsbestimmungen vorlagen, durchgeführt werden. Aus einer größeren Auswertung werden auch Daten von Patienten vorgestellt, die für 3 bzw. 6 Monate nach erfolgreicher Entzugsbehandlung abstinent geblieben waren (Rommelspacher et al. 1996).

Ergebnisse und Diskussion

1. Funktion zentraler dopaminerger Neurone

Die GH-Sekretion war bei Alkoholabhängigen unter den Bedingungen der chronischen Intoxikation signifikant vermindert im Vergleich zu gesunden nüchternen Kontrollen ($\triangle$ GH: 5.3 ng/ml vs. 19.2; p < .01), während dies nach 7tägiger Abstinenz nicht mehr der Fall war ($\triangle$ GH: 13.0 vs. 19.2; n.s.). Eine 2-faktorielle ANOVA mit wiederholten Messungen (Faktor 1: Zeit, Faktor 2: Gruppe) zeigte dann aber, daß Subgruppeneffekte von Bedeutung waren: so konnte nachgewiesen werden, daß sich die GH-Ansprechbarkeit (Peak-werte korrigiert um baseline-Werte) hochsignifikant über die Zeit veränderte (F = 12.44; df = 1,49; p < .001), wobei sich auch ein signifikanter Hauptgruppeneffekt im Sinne eines Unterschiedes zwischen abstinenten und im weiteren Verlauf rückfälligen Patienten ergab (F = 4. 88; df = 1,49; p = .032). Die diesen Berechnungen zugrundeliegenden Rohdaten sind in Tabelle 1 angegeben.
   Dieses Ergebnis bedeutet, daß eine (auch nach einer weiteren Woche nachweisbare) Hyporesponsivität zentraler dopaminerger Neurone prädiktive Bedeutung für ein späteres Rückfallgeschehen hat. Ob diese Hypores-

Tabelle 1. Serum-Konzentrationen von GH, Harman und Norharman

	Alkoholabhängige		Gesunde	
	abstinente[1]	rückfällige[1]	alle	Probanden (nüchern)
	n = 18	n = 31	n = 49	n = 10
GH-Sekretion[2]				19.1 ± 9.5
chronische Intoxikation	9.2 ± 10.8	3.1 ± 7.8	5.0 ± 6.0	
Postintoxikation	17.0 ± 16.8	10.5 ± 12.2	13.0 ± 12.1	
Harman[3]				13.1 ± 13.4
chronische Intoxikation	24.3 ± 20.2	17.4 ± 13.1	20.0 ± 17.5	
Postintoxikation	15.6 ± 16.4	15.9 ± 14.1	15.8 ± 14.8	
Norharman[3]				19.4 ± 20.0
chronische Intoxikation	46.2 ± 49.0	46.8 ± 41.1	46.6 ± 43.4	
Postintoxikation	46.0 ± 42.6	60.2 ± 57.2	55.3 ± 52.7	

[1]bezogen auf den 6-Monatszeitraum nach stationärer Entzugsbehandlung. [2]Peak-Werte (korrigiert um baseline-Werte) 60 Minuten nach Apomorphin-Stimulation (Mittelwerte ± St. Dev. in ng/ml). [3]Mittelwerte ± St. Dev. in pg/ml

ponsivität auf dispositionelle Faktoren im Sinne eines trait-markers (z. B. Mutation im Dopamin D1- oder D2-Rezeptorgen) zurückgeht, wird von unserer Arbeitsgruppe zur Zeit geprüft. Immerhin kam unter den rückfälligen Patienten signifikant häufiger ein paternaler Alkoholismus vor als unter den abstinenten Patienten (44.0% vs. 12.5%; p < .04). Denkbar ist auch, daß eine verzögerte Restitution dopaminerger Funktionen mit Rückfallneigung korrespondiert, wobei dieser Befund dann auf einen Residualmarker hindeuten würde. Dafür spricht ein häufigeres Vorkommen cerebellärer Atrophiezeichen bei rückfälligen Patienten im Vergleich zu Abstinenten (34.5% vs. 6.7%; p < .04). Wenn man alle Befunde zusammennimmt, könnte dies bedeuten, daß eine mögliche genetische Disposition die Entwicklung eines Alkoholismus befördert, während verzögert oder unzureichende Restitutionsvorgänge immer wieder Rückfälle im Sinne eines circulus vitiosus mitbedingen und so zu einer Chronifizierung führen.

2. Plasma-Konzentrationen von Harman, Norharman, R- und S-Salsolinol

Die Konzentration von Harman war bei intoxikierten Alkoholabhängigen mit 20.0 ±17.5 pg/ml erhöht im Vergleich zu gesunden nüchternen Kontrollen (13.07 pg/ml ± 13.4; Tabelle 1), wobei sich ein statistisch signifikanter Unterschied erst in einer größeren Stichprobe ergab, der dann aber auch nach 3monatiger Abstinenz noch nachweisbar war (Rommelspacher et al. 1995). Norharman war unter Intoxikations- wie Postintoxikationsbedingungen bei Alkoholabhängigen im Vergleich zu Gesunden (nüchternen) Kontrollen signifikant erhöht (p < .05; bzw. p < .01), wobei dieser Unterschied bei Abstinenten auch nach 3 Monaten noch gefunden wurde. Ein Unterschied zwischen später abstinenten und rückfälligen Patienten ergab sich zu keinem Untersuchungszeitpunkt. Damit eignen sich Harman und Norharman als Residualmarker des Alkoholismus. Ob erhöhte Konzentrationen bei noch nicht abhängigen Personen im Sinne einer prädisponierenden Eigenschaft („trait marker") vorkommen, ist nicht bekannt.

R-Salsolinol wurde in einer erweiterten Probandenreihe (n = 20) in allen Plasmaproben gefunden und war signifikant im Ethanolbelastungsexperiment bei Gesunden und bei Alkoholabhängigen bis zum 8.Tag nach Detoxikation erhöht (Rommelspacher et al. 1995). S-Salsolinol war bei Gesunden zwar nicht unter Nüchternbedingungen, allerdings nach einem Trinkversuch nachweisbar. Bei intoxikierten Alkoholabhängigen fand sich ebenfalls eine signifikante Erhöhung von S-Salsolinol im Vergleich zu nüchternen Probanden, die bei abstinenten Patienten bis zum Ende des 3. poststationären Monats und trendmäßig bis zum Ende des 6. Monats nachweisbar war. Dies bedeutet, daß R-Salsolinol als Intoxikationsmarker, S-Salsolinol möglicherweise als Residualmarker für Alkoholismus in Frage kommt.

3. Prüfung der Wirksamkeit von Lisurid (1 mg/Tag) zur Rückfallprophylaxe

Als Therapieziel der pharmakongestützten Entwöhnungsbehandlung war die Abstinenz nach einer erfolgreichen Entzugsbehandlung formuliert worden. Bis zum Ende des 6. Behandlungsmontes blieben von 72 Patienten unter Lisurid 42% und unter Placebo 49% der Patienten abstinent, wobei dieses Zielkriterium durch Selbstaussagen erhoben, aber auch durch

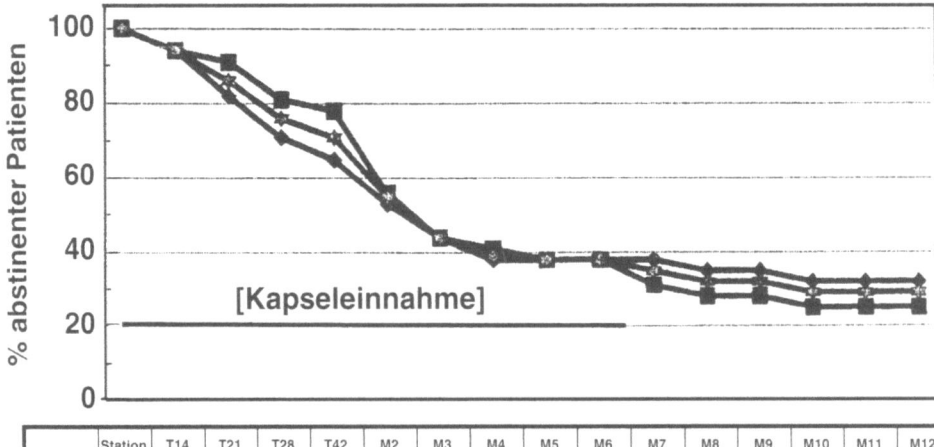

	Station	T14	T21	T28	T42	M2	M3	M4	M5	M6	M7	M8	M9	M10	M11	M12
Lisurid ■	100	94	91	81	78	56	44	41	38	38	31	28	28	25	25	25
Placebo ◆	100	94	82	71	65	53	44	38	38	38	38	35	35	32	32	32
Gesamt ✪	100	94	86	76	71	55	44	39	38	38	35	32	32	29	29	29

Abb. 1. Abstinenzraten in der Lisurid- und Placebogruppe und der Gesamtgruppe bis zum ersten rückfälligen Trinken

Fremdaussagen und objektivierenden Tests, wie Ethanol und CDT-(carbohydrate deficient transferrin) Bestimmungen im Blut bestätigt wurde.Damit zeigte sich kein differentieller Effekt von Lisurid auf die Abstinenzstabilisierung. Die Frage, wenn Lisurid schon keinen Einfluß auf die Anzahl abstinenter Patienten nimmt, dann aber möglicherweise in der Lage sein könnte, Rückfälle hinauszuschieben, wird in Abb. 1 beantwortet. Dabei zeigte sich ebenfalls keine statistisch signifikante Überlegenheit von Lisurid. Es ergab sich lediglich, daß in der LisuridGruppe die durchschnittliche Trinkmenge im ersten Rückfall mit 59,9 g Ethanol signifikant geringer war als in der Placebo-Gruppe mit 142,0 g Ethanol (p < .01). Da sich jedoch die beiden Gruppen bezüglich der Variable „Trinkmenge" bereits vor Aufnahme in die Studie signifikant unterschieden hatten, wurde in einer Kovarianzanalyse geprüft, inwieweit der Lisurideffekt mit dem vor Studienbeginn beobachteten Trinkmengenunterschied erklärt werden konnte. Danach ergab sich, daß der Lisurideffekt allenfalls als Trend gesichert werden konnte. Da Lisurid gut verträglich war, darüber hinaus aufgrund von Dopamin-D1-antagonistischen, Dopamin-D2-agonischen und 5HT-1a-agonistischen Wirkungen weiterhin als interessante Substanz in der Suchttherapie gelten kann, möglicherweise Lisurid aber unterdosiert war, haben wir uns entschlossen, Lisurid in einer Anschlußstudie in einer Tagesgesamtdosis von 1,8 mg/Tag in der gleichen Indikation auf Wirksamkeit und Verträglichkeit zu prüfen.

Danksagung

Mit Unterstützung durch die Deutsche Forschungsgemeinschaft (DFG-Az: He 916/7-2).

Literatur

Rommelspacher H, Sällström Baum S, Dufeu P, Lutz G, Schmidt LG (1995) Determination of total R- and S- salsolinol and dopamine in blood plasma from nonalcoholics and alcoholics. Alcohol 12: 309–315
Rommelspacher H, Dufeu P, Schmidt LG (1996) Harman and norharman in alcoholism: correlations with psychopathology and long-term changes. Alcoholism Clin Exp Res 20: 3–8
Schmidt LG, Dufeu P, Kuhn S, Rommelspacher H (1994) Relapse prevention in alcoholics with an anticraving drug treatment: first results of the Berlin study. Pharmacopsychiat 27 [Suppl 1]: 21–23
Schmidt LG, Dettling M, Graef KJ, Heinz A, Kuhn S, Podschus J, Rommelspacher H (1996) Reduced dopaminergic function in alcoholics is related to severe dependence. Biol Psychiat 39: 193–198

Korrespondenz: Priv.-Doz. Dr. L. G. Schmidt, Psychiatrische Klinik und Poliklinik, Freie Universität Berlin, Eschenallee 3, D-14059 Berlin, Bundesrepublik Deutschland

Apomorphin-induzierte HGH-Veränderungen bei alkoholabhängigen Patienten – Ausdruck einer gestörten dopaminergen Funktion?

M. Dettling, A. Heinz, H. Rommelspacher, K.-J. Graef und **L. G. Schmidt**

Psychiatrische Klinik, Freie Universität, Berlin, Bundesrepublik Deutschland

Einleitung

Sämtliche Interpretationen von HGH (Wachstumshormon)-Befunden nach pharmakologischer Stimulation, z. B. der Apomorphin-induzierten HGH Sekretion, bedürfen der Information über die Selektivität dieses Ansatzes, einer genauen Abklärung der möglichen Einflußvariablen auf die HGH Sekretion und Vorstellungen darüber welche anatomische Ebene durch die HGH Sekretion möglicherweise widergespiegelt wird.

Die HGH Sekretion wird unter anderem durch Neurotransmitter, z. B. Dopamin, Serotonin und Noradrenalin reguliert, Dopamin stimuliert auf die HGH Sekretion. Ebenso sind bestimmte Pharmaka, die spezifisch Neurotransmitterfunktionen beeinflußen, in der Lage auf die HGH Sekretion des Menschen stimulierend oder inhibierend zu wirken, der Dopamin Rezeptor-Agonist Apomorphin wirkt stimulierend. Im Sinne eines „drug challenge paradigm" bedeutet dies im Falle der Apomorphin-induzierten HGH Sekretion, daß man die HGH Sekretion nach Apomorphin benutzt, um Funktionszustände dopaminerger Neurotransmittersysteme beispielsweise schizophrener, depressiver oder alkoholabhängiger Patienten zu berechnen bzw. darzustellen.

Diesbezügliche Untersuchungen an alkoholabhängigen Patienten wurden in der Intention durchgeführt, die Hypothese einer gestörten zentralen dopaminergen Funktion bei Alkoholabhängigkeit zu stützen. Zugrundeliegende Annahme bei diesem Ansatz ist die Überlegung, daß (periphere) Neurotransmitterfunktionszustände der hypothalamisch-hypophysären Achse auch Funktionszustände extra- bzw. hypothalamischer (= zentraler) Gebiete, die relevant für die Pathophysiologie der Alkoholabhängigkeit sind, widerspiegeln.

Sowohl Hypophyse als auch Eminentia mediana liegen außerhalb der Blut-Hirn Schranke, es gibt aber Hinweise darauf, daß Feedbackmechanismen auch auf hypothalamischer Ebene die HGH Sekretion beeinflussen, z. B. inhibiert Apomorphin die HGH Sekretion in menschlichen hypophysären Zellkulturen, was vermuten läßt, daß sich die stimulierenden Effekte des Apomorphin nicht auf hypophysärer Ebene vollziehen.

Auch die Tatsache, daß die Apomorphin-induzierte HGH Sekretion durch eine Vielzahl von Neuroleptika, darunter auch Clozapin, blockierbar ist, spricht dafür daß relevante zentrale dopaminerge Strukturen dargestellt werden.

Vorbefunde

Die HGH-Antwort auf verschiedene Stimuli unterliegt ebenso wie die basale Sekretion einer großen Anzahl von Einflußfaktoren z. B. body-mass index, Geschlecht, Alter, erhöhte basale Konzentrationen, und viele andere mehr. Die HGH-Sekretion von Patienten mit einem erhöhten body-mass index, Frauen und Alten beispielsweise ist nach Stimulation reduziert. Beim Gesunden zeigen sich spontane HGH-„bursts" regelmäßig über 24 Stunden, wobei es zu einem maximalen HGH-„burst" 30–60 Minuten nach Einsetzen des Schlafes kommt. Die Halbwertszeit von zirkulierendem HGH liegt zwischen 17 und 45 Minuten.

Die „psychomotor stimulant theory of addiction" besagt, daß Alkohol sowohl das sogenannte dopaminerge Rewardsystem als auch die Feuerungsrate und präsynaptische Dopaminfreisetzung dopaminerger Neurone stimuliert, was das Interesse in der Alkoholismusforschung auf die dopaminerge Regulation der HGH Sekretion richtete. Es wurden hohe Dopaminkonzentrationen in der Eminentia mediana und Dopamin-Rezeptoren in *den* hypothalamischen Zellkörpern, die Fasern zur Eminantia mediana projizieren, gefunden, aber auch Dopamin-Rezeptoren in der Eminentia mediana und der Hypophyse.

Es gibt nur wenige klinische Studien, die über neuroendokrine Veränderungen im Verlauf bzw. in Abhängigkeit von klinischen Stadien berichten. Es wird hierbei über gesteigerte Rezeptorsensitivitäten in frühen Entzug, Normalisierung nach Wochen, und reduzierte Sensitivität nach längerer Abstinenz berichtet. Akute Alkoholeinnahme supprimiert die HGH Sekretion.

Unter der Fragestellung ob neuroendokrine Veränderungen (Dynamik oder Verlauf) Rückschlüße auf den klinischen Verlauf der Alkoholabhängigkeit erlauben, untersuchten wir bzgl. der HGH-Dynamik und des HGH-Verlaufes die Apomorphin-induzierte HGH Sekretion über 2 Stunden (30, 60, 90, 120 Minuten) bei 52 alkoholabhängigen Patienten (42 Männer, 10 Frauen) zu zwei unterschiedlichen Zeitpunkten, während des frühen Entzuges und acht Tage nach Entzug.

Wir bildeten zwei klinisch unterschiedliche Gruppen, 34 der Untersuchungsteilnehmer wurden innerhalb dreier Monate rückfällig (Rückfäller), 18 blieben sechs Monate abstinent (Abstinente).

Um abzuschätzen inwieweit die Alkoholintoxikation das Untersuchungsergebnis der ersten Testung beeinflußt, unterteilten wir Rückfäller und Abstinente in (bei der ersten Testung) „akut-intoxikierte" Patienten (N = 35) und „post-intoxikierte" Patienten (N = 17, letzte Alkoholeinnahme 24 Stunden vor Testung). Zehn geschlechts- und altersgematchte Probanden dienten als Kontrollen.

Ergebnisse

1. Bei alkoholabhängigen Patienten zeigten sich beständige Veränderungen der HGH-Antworten sowohl bei den Zeitintervallen innerhalb der jeweiligen Untersuchung, als auch im Vergleich beider Testungen, also im Vergleich der HGH-Befunde im frühen Entzug und nach 8 Tagen Abstinenz. Diese Veränderungen waren die folgenden:
   – reduzierte HGH-Antwort der Rückfälle bei beiden Testungen
   – unterschiedliche Dynamik der HGH-Antwort der Rückfälle und Abstinente bei beiden Testungen. Rückfäller zeigten die höchste HGH-Antwort 30 Minuten nach Apomorphingabe, Abstinente 60 Minuten nach Apomorphingabe.
2. Die Ergebnisse der Untersuchung im frühen Entzug waren unabhängig von dem aktuellen Intoxikationsgrad.
3. Bei den Kontrollpersonen verursachte Alkohol eine deutlich verminderte HGH-Antwort zu allen Zeitpunkten, d. h. nach 30, 60, 90 und 120 Minuten; die höchste HGH-Antwort zeigte sich jeweils 60 Minuten nach Apomorphingabe.

Diskussion

1. Rückfäller zeigten sowohl im 2-Stunden-Intervall als auch im Vergleich früher Entzug/8 Tage Abstinenz chronische Veränderungen im Vergleich zu abstinenten Patienten und Kontrollpersonen.
2. Diese Veränderungen könnten als Ausdruck einer schwerer gestörten dopaminergen Funktion bei alkoholabhängigen Patienten mit schlechter klinischer Prognose gewertet werden, also klinische Relevanz besitzen.
3. Die Bewertung dieser Veränderungen, beispielsweise im Sinne einer Markertypisierung, muß noch abgeklärt werden. Hierzu benötigen wir HGH-Testungen über mehrere Monate.

Literatur

Annunziato L, Amoroso S, Di Renzo G, Argenzio F, Aurilio C, Grella A, Quattrone A (1983) Increased GH-responsiveness to dopamine receptor stimulation in alcohol addicts during the late withdrawal syndrome. Life Sci 33: 2651–2655
Balldin J, Berggren UC, Linstedt G, Sundkler A (1983) Further neuroendocrine evidence for reduced D2 dopamine receptor function in alcoholism. Drug Alc Dep 32: 159–162
Balldin J, Alling G, Gottfries CG, Linstedt G, Langström G (1985) Changes in dopamine receptor sensitivity in humans after heavy ethanol intake. Psychopharmacology 86: 142–146

Balldin J, Berggren UC, Linstedt G (1992) Neuroendocrine evidence for reduced dopamine receptor sensitivity in alcoholism. Alcoholism Clin Exp Res 16: 71–74
Lal S (1987) Growth hormone and schizophrenia. Psychopharmacology: the third generation. Raven Press, New York, pp 809–818
Rossetti ZL, Melis F, Carboni S, Diana M, Gessa GL (1992) Alcohol withdrawal in rats is associated with marked decrease in extraneural dopamine. Alc Clin Exp Res 16: 529–532

Korrespondenz: Dr. M. Dettling, Psychiatrische Klinik, FU Berlin, Eschenallee 3, D-14050 Berlin, Bundesrepublik Deutschland

Suchtrelevante Persönlichkeitsmerkmale und dopaminerge Aktivität am Beispiel der primären Alkoholabhängigkeit

G. A. Wiesbeck, C. Mauerer, J. Thome, N. Wodarz und **J. Böning**

Psychiatrische Klinik und Poliklinik, Universität Würzburg, Bundesrepublik Deutschland

Einleitung und Problemstellung

Bei der biologischen Erforschung *suchtstoffunabhängiger* Manifestationsbedingungen süchtigen Verhaltens kommt man weiter, wenn nicht einfach mit dem heterogenen Syndrom „Abhängigkeit" korreliert wird, sondern auf einer substratnahen Ebene davor mit „suchtrelevanten" verhaltensbiologischen Persönlichkeitsdimensionen im Rahmen psychobiologischer Persönlichkeitsmodelle [1, 4]. Methodisch anspruchsvolle Untersuchungen sollten deshalb nur an klinisch *und* biologisch homogenen Untergruppen in der Weise vorgenommen werden, daß der Intermediärbereich zwischen genetisch determinierten Ursprüngen und pathologischen Verhaltensabweichungen mittels adäquater Funktionstests überprüft wird.

So bietet sich z. B. im „drug-challenge"-Paradigma mittels des gemischten Dopamin-Agonisten Apomorphin (APO), der seine Wirkung präferentiell über postsynaptische Dopamin-D2-Rezeptoren entfaltet, eine probate Möglichkeit, die individuelle dopaminerge Sensitivität einer Person zu ermitteln. Schließlich sind dopaminerge Neurone im mesolimbisch-mesokortikalen „Reward-System" nicht ausschließlich in belohnungsvermittelnde Prozesse abhängigkeitsinduzierender Substanzwirkungen (z. B. auch Alkohol) involviert. Sie scheinen auch für die neurobiologische Fundierung habitueller Persönlichkeitsdimensionen mitverantwortlich zu sein. Sowohl Cloninger als auch Zuckerman assoziieren die Persönlichkeitsdimension „novelty seeking" als auch den Ausprägungsgrad des Persönlichkeitsmerkmals „impulsive sensation seeking" zumindest teilweise mit einer gestörten dopaminergen Aktivität [1, 4].

Nachfolgend werden hypothesengeleitet basale Persönlichkeitsdimensionen einer homogen definierten Untersuchungspopulation entgifteter

Alkoholabhängiger und gesunder Kontrollen erfaßt und die zentralnervösen dopaminergen Aktivitätszustände im APO-Challenge-Test untersucht.

Patienten und Methode

Untersucht wurden 30 Männer zwischen 22–55 Jahren (41 ± 8,2) mit einer langjährigen (16 ± 8,8) und schwerer primären Alkoholabhängigkeit (mindestens 6 ICD-10 Kriterien, mittlerer MALT-Score 33 ± 6,9, tägliche Alkoholmenge 246 ± 92,5 g) ohne somatische oder psychiatrische Komorbidität sowie 15 altersgematchte gesunde Kontrollen. Zur Vermeidung intoxikationsbedingter Meßwertverfälschungen erfolgten standardisierter APO-Test (0,01 mg APO/kg Kg s.c.) und Testpsychologie [tridimensional personality questionary (TPQ) von Cloninger, „sensation-seeking"-Skala (SSS) von Zuckerman, Eigenschaftswörterliste (EWL 60-S) von Janke und Debus und visuelle Craving-Analogskala (VAS)] im parallelen Zeitfenster zwischen 8 Uhr und 10 Uhr nach 6-wöchiger, kontrollierter Abstinenz. Als Maß der Reaktionsstärke nach Dopaminrezeptor-Stimulation wurde die Menge des sezernierten Wachstumshormons in 2 Stunden (AUC = Area under the curve) gewählt.

Ergebnisse und Interpretation

Konform mit dem Konstrukt dopaminerg-endorphinerg vermittelter „Reinforcement"-Eigenschaften korrelierte lediglich die Persönlichkeitsdimension „novelty seeking" (NS) des TPQ signifikant mit dem biologischen Funktionsparameter (r = 0,4, p = 0,038). Allerdings wurde dieses Ergebnis ausschließlich durch den NS-Subscore 2 „impulsiveness/reflection" bestimmt (r = 0,57, p = 0,0019 s. Tabelle 1). In Verbindung mit einem auch von uns signifikant nachweisbarem Wachstumshormon-„blunting" (p < 0,005) als Ausdruck reduzierter Dopaminrezeptor-Sensitivität kann danach Cloningers ursprünglich postulierte Hypothese experimentell gestützt werden, daß ein funktionelles Defizit im dopaminergen System mit Impulsivität oder Unkontrolliertheit assoziiert sei [3]. Faktorenanalytisch ist jüngst die hohe Korrelation zwischen „Impulsivität" und „novelty seeking" bestätigt werden [1], wobei die Dysbalance im dopaminergen System wohl nur für den Subscore „impulsiveness/reflection" relevant ist. Die beiden anderen Persönlichkeitsdimensionen des TPQ „harm avoidance" und „reward dependence" zeigten konstruktgemäß keinerlei Zusammenhänge mit der dopaminergen Aktivität.

Tabelle 1. Produkt-Moment-Korrelation zwischen „Novelty Seeking"-Subscores und dopaminerger Aktivität (AUC)

„Novelty Seeking" (NS)		Dopaminerge Aktivität (AUC)	
		r	p
Gesamt-Score NS		0,40	0,038
NS-1	(„exploratory excitability/stoic rigidity")	0,07	0,7
NS-2	(„impulsiveness/reflection")	0,57	0,0019*
NS-3	(„extravagance/reserve")	0,09	0,62
NS 4	(„disorderliness/regimentation")	0,21	0,29

* Alpha-Adj. p = 0,01

Darüberhinaus konnte an einem kleineren Kollektiv mittels Wachstumshormon-Releasing-Faktor im einfachblinden Crossover-Design gezeigt werden, daß die reduzierte Hormonantwort bei Alkoholabhängigen keineswegs auf eine chronisch intoxikationsbedingte Hypofunktion des endokrinen Effektorsystems zurückzuführen ist. Auch war das gefundene „blunting" weder methodenimmanent noch von potentiellen Störvariablen wie Alter, Leberfunktionsstatus, konsumierter Alkoholmenge oder Schwere und Dauer der Alkoholabhängigkeit abhängig. Erwartungsgemäß zeigten auch weder aktuelle Befindlichkeitsmerkmale (EWL 60 S) noch die subjektive Selbsteinschätzung des Alkoholverlangens (VAS) irgendeine Korrelation zur dopaminergen Aktivität.

Während der Gesamtscore der SSS-Persönlichkeitsdimension ebenfalls keine Korrelation mit dem dopaminergen Funktionszustand erkennen ließ, traf dies zumindest tendenziell für die SSS-Subskala 4 „boredom-susceptibility" zu ($r = 0,38$, $p = 0,048$). Dies ist interessanterweise auch die SSS-Subdimension, die von Netter und Rammsayer in Untersuchungen der dopaminergen Aktivität zur Aggressivität gefunden wurde [2]. Die dort gesehene Unempfindlichkeit gegenüber Neuroleptika und das von uns nachgewiesene Wachstumshormon-„blunting" sprechen dafür, daß hyposensitive belohnungsvermittelnde dopaminerge Neurone des „Reward-Systems" wahrscheinlich für die Teilfundierung dieser partiellen psychobiologischen Persönlichkeitsdimensionen mitverantwortlich zeichnen.

Zusammenfassend stützen all unsere Ergebnisse die Hypothese einer gemeinsamen Schnittstelle zwischen postsynaptischem dopaminergen Aktivitätszustand des mesolimbisch-mesokortikalen Referenzsystems und Subkategorien valide erfaßbarer, verhaltensbiologischer Persönlichkeitsdimensionen, die zum Suchtverhalten inklinieren .

Literatur

1. Cloninger CR, Svrakic DM, Przybeck TR (1993) A psychobiological model of temperament and character. Arch Gen Psychiatry 50: 975–990
2. Netter P, Rammsayer T (1991) Reactivity to dopaminergic drugs and aggression related personality traits. Pers Ind Diff 12: 1009–1017
3. Wiesbeck GA, Mauerer C, Thome J, Jakob F, Böning J (1995) Neuroendocrine support for a relationship between „novelty seeking" and dopaminergic function in alcohol dependent men. Psychoneuroendocrinology 20: 755–761
4. Zuckerman M (1994) Behavioral expressions and biosocial bases of sensation seeking. University Press, Cambridge

Korrespondenz: Dr. G. A. Wiesbeck, Psychiatrische Universitätsklinik, Füchsleinstraße 15, D-97080 Würzburg, Bundesrepublik Deutschland

Reduzierte dopaminerge Sensitivität und psychopathologische Korrelate bei Alkoholabhängigen

A. Heinz, M. Dettling, K. J. Gräf, J. Podschus, P. Dufeu, F. Krüger und
L. G. Schmidt

Psychiatrische Klinik und Poliklinik, Freie Universität Berlin, Bundesrepublik
Deutschland

Einführung

Nach tierexperimentellen Befunden stimuliert Alkohol das dopaminerge
Verstärkungssystem [1, 2] und trägt so zur Aufrechterhaltung des Alkoholkonsums und zur Entstehung des Verlangens nach Alkohol bei [3, 4].
Während des Entzugs vermindert sich präsynaptisch die Dopaminausschüt-
tung [5], während postsynaptisch die Dichte dopaminerger D2-Rezeptoren
zumindest zu Beginn des Entzugs reduziert ist [6]. Wir fanden eine verminderte Dopaminrezeptor-Sensitivität zu Beginn des Entzugs bei Alko-
labhängigen, die kurz nach Detoxifikation rückfällig wurden, im Vergleich
zu abstinent bleibenden Patienten [7]. Diese verminderte Sensitivität dopaminerger Rezeptoren könnte zu Anhedonie und dem Verlangen nach
Alkohol führen [8]. Demgegenüber vertrat Cloninger die Auffassung, daß
eine gestörte dopaminerge Transmission zu erhöhtem „Novelty Seeking"
führt, was wiederum ein erhöhtes Rückfallrisiko bedingen soll [9].

Patienten und Methoden

In unserer Sonderforschungsambulanz für Abhängigkranke wurde bei 45 Patienten die
Diagnose einer Alkoholabhängigkeit nach ICD-10 gestellt [10]. Die Anamnese wurde mit
Hilfe des Composite International Diagnostic Interview (CIDI) erhoben [11]. Persön-
lichkeitsvariable wurden mit dem Tridimensional Personality Questionnaire (TPQ) [12],
das Verlangen nach Alkohol („Craving") vor und nach Entzug mittels einer visuellen Analogskala erfaßt [13]. Die Stimulierbarkeit dopaminerger Rezeptoren wurde am Aufnahmetag und 7 Tage später mittels der Apomorphin-induzierten (1mg/kg KG) Growth
Hormone Ausschüttung ermittelt (maximaler Wert 60 Minuten nach s. c. Applikation minus Baseline). Vor und nach der Detoxifikation wurden die Patienten engmaschig betreut, wie in Heinz et al. [7] angegeben. Innerhalb von 6 Monaten nach Detoxifikation
wurden 26 Patienten rückfällig und konsumierten wieder regelmäßig Alkohol, während
19 Patienten abstinent blieben. Während der 6-monatigen Beobachtungszeit wurden die

Patienten in zweiwöchentlichen Abständen untersucht. Die Abstinenz wurde klinisch und unter Zuhilfenahme der Bestimmung des Blutalkoholspiegels und des Carbohydrate-Deficient Transferrin (CDT) kontrolliert. Zehn gesunde, altersentsprechende Personen, dienten als Kontrollgruppe.

Ergebnisse

Abstinent bleibende (n = 19) und später rückfällig werdende (n = 26) Patienten unterschieden sich nicht in der Dauer der Alkoholabhängigkeit, im durchschnittlichen Alkoholkonsum, akuten Intoxikationsgrad oder in der Häufigkeit sekundärer Komplikationen, wie z. B. einer Leberfunktionsstörung. Später rückfällig werdende Patienten zeigten eine signifikant verminderte Growth Hormone Ausschüttung im Vergleich zu abstinent bleibenden Patienten und den gesunden Kontrollen am Aufnahmetag (MANOVA, Gruppeneffekt: F = 12,65, df = 3, p < .001), aber nicht nach einer Woche Abstinenz. Diese verminderte dopaminerge Stimulierbarkeit trat unabhängig davon auf, ob die später rückfällig werdenden Patienten am Aufnahmetag akut intoxiziert waren oder bereits am Vortag zuletzt Alkohol zu sich genommen hatten. Rückfällige und abstinent bleibende Patienten unterschieden sich nicht im Ausmaß ihres „Novelty Seekings" oder der „Harm Avoidance". Auch zeigte sich keine Korrelation der Dopaminrezeptoren-Sensitivität mit dem „Novelty Seeking" oder dem Verlangen nach Alkohol vor oder nach dem Entzug. Hingegen korrelierte das Ausmaß des chronischen Alkoholkonsums (durchschnittliche Trinkmenge im Monat vor der Aufnahme) signifikant mit der verminderten Dopaminrezeptor-Sensitivität bei später rückfällig werdenden Patienten (Pearson's r = .61, p = .001). Das Ausmaß des chronisch konsumierten Alkohols korrelierte seinerseits schwach mit dem Verlangen nach Alkohol (r = .39, p = .016) und stark mit der Persönlichkietsvariable „Novelty seeking" (r = .71, p = .001).

Diskussion

Später rückfällig werdende Patienten zeigten eine verminderte Sensitivität dopaminerger Rezeptoren zu Beginn des Entzugs, die unabhängig vom akuten Intoxikationsgrad auftrat und signifikant mit dem Ausmaß des chronischen Alkoholkonsums korreliert war. Entgegen unserer Annahme [8] und der Hypothese Cloningers [9] war diese verminderte dopaminerge Sensitivität weder mit dem Verlangen nach Alkohol noch mit dem Ausmaß des „Novelty Seekings" korreliert. Auch zeigte sich kein Unterschied in der Ausprägung der Persönlichkeitsvariablen „Novelty Seeking" und „Harm Avoidance" zwischen später rückfälligen Alkoholabhängigen mit verminderter dopaminerger Rezeptorensensitivität und abstinent bleibenden Patienten ohne diese neurobiologische Auffälligkeit. Demgegenüber scheinen Persönlichkeitsvariablen wie das „Novelty Seeking" und psychopathologische Symptome wie das Verlangen nach Alkohol das Ausmaß des chronischen Alkoholkonsums zu beeinflussen. Dieses Ausmaß des chronischen Alkoholkonsums beeinflußt offenbar seinerseits die Dopaminrezeptoren-Sensitivität bei später rückfälligen Patienten, was als neuroadaptive „Down-

Regulierung" bei chronischer, alkoholinduzierter Dopaminfreisetzung interpretiert werden könnte [1, 2].

Danksagung

Mit Unterstützung der Deutschen Forschungsgemeinschaft (Az: He 916/7-2)

Literatur

1. Mereau G, Fadda F, Gessa GL (1984) Ethanol stimulates the firing rate of nigral dopaminergic neurons in unanesthetized rats. Brain Res 292: 63–69
2. Imperato A, Di Chiara G (1986) Preferential stimulation of dopamine release in the Nucleus accumbens of freely moving rats by ethanol. J Pharmacol Exp Ther 239: 219–228
3. Wise RA (1988) The neurobiology of craving: implications for the understanding and treatment of addiction. J Abnorm Psychol 97: 118–132
4. Wise RA, Bozarth MA (1987) A psychomotor stimulant theory of addiction. Psychol Rev 94: 469–492
5. Rossetti ZL, Melis F, Carboni S, Diana M, Gessa GL (1992) Alcohol withdrawal in rats is associated with a marked decrease in extraneuronal dopamine. Alc Clin Exp Res 16: 529–532
6. Rommelspacher H, Raeder C, Kaulen P, Brüning G (1992) Adaptive changes of dopamine-D2 receptors in rat brain following ethanol withdrawal: a quantitative autoradiographic investigation. Alcohol 9: 355–362
7. Heinz A, Dettling M, Kuhn S, Dufeu P, Gräf KJ, Kürten I, Rommelspacher H, Schmidt LG (1995) Blunted growth hormone response is associated with early relapse in alcohol-dependent patients. Alc Exp Clin Res 19: 62–65
8. Heinz A, Schmidt LG, Reischies FM (1994) Anhedonia in schizophrenic, depressed, and alcohol-dependent patients – neurobiological correlates. Pharmacopsychiat 27 [Suppl]: 7–10
9. Cloninger CR (1987) Neurogenetic adaptive mechanisms in alcoholism. Science 236: 410–416
10. World Health Organisation (1991) Tenth revision of the international classification of diseases, chapter V (F). Mental and behavioral disorders. Huber, Göttingen
11. Robins LN, Wing J, Wittchen HU (1988) The composite international diagnostic interview: an epidemiological instrument suitable for use in conjugation with different diagnostic systems and in different cultures. Arch Gen Psychiatry 45: 1069–1077
12. Cloninger CR (1987) A systematic method for clinical description and classification of personality variants. A proposal. Arch Gen Psychiatry 44: 573–588
13. Powell J, Bradley B, Gray J (1992) Classical conditioning and cognitive determinants of subjective craving for opiates. An investigation of their relative contributions. Br J Psychiatry 87: 1133–1144
14. Stibler H, Borg S, Joustra M (1986) Micro anion exchange chromatography of carbohydrate-deficient transferrin in serum in relation to alcohol consumption. Alc Clin Exp Res 10: 535–544

Korrespondenz: Dr. A. Heinz, Psychiatrische Klinik und Poliklinik, Freie Universität Berlin, Eschenallee 3, D-14050 Berlin, Bundesrepublik Deutschland

Verminderte Schmerzempfindlichkeit bei Opiatsüchtigen in der Rehabilitation: ist die vegetative Regulation des endogenen Opiatsystems gestört?

P. M. Liebmann[1], **M. Lehofer**[2], **M. Schönauer-Cejpek**[2], **S. Tieze**[3], **T. Legl**[4], **G. Pernhaupt**[4], **H.-G. Zapotoczky**[2] und **K. Schauenstein**[1]

[1]Institut für allgemeine und experimentelle Pathologie,
[2]Universitätsklinik für Psychiatrie, [3]Institut für Sportwissenschaften, Universität Graz, und [4]Verein „Grüner Kreis", Aspang, Österreich

Einleitung

Nach der Entdeckung, daß der Körper nicht nur spezifische Rezeptoren für Opiate bildet, sondern auch Substanzen mit opiatartiger Wirkung selbst herstellt, war bald klar, daß es kein Zufall ist, daß die Opiate als beste Schmerzmittel auch das höchste Suchtpotential besitzen: Gesteuert durch die Aktivität im periaquäduktalen Grau (PAG) des Mittelhirns wird die Weiterleitung der Schmerzerregung in der Substantia gelatinosa des Rückenmarks über Aktivierung präsynaptischer Opioidrezeptoren gehemmt (Watkins und Mayer 1982). Dem PAG kommt darüberhinaus eine zentrale Rolle bei der physischen Opiatabhängigkeit zu (Bozarth und Wise 1984), woraus die enge physiologische Verflechtung von Schmerz und Sucht offenkundig wird.

Nach wie vor ungeklärt ist die Frage, weshalb Opiatabhängige nach akutem Entzug weiterhin so gefährdet sind, rückfällig zu werden. Das Postulat, wonach ein Defekt im endogenen Opioid System (EOS), angeboren oder als Folge des Opiatabusus, zu Sucht und Rückfall führt, ist zwar weitgehend anerkannt, konnte aber nie bewiesen werden. Da nun die Funktion des EOS nicht direkt in vivo meßbar ist, stellten wir in Anbetracht der zuvor erläuterten zentralen Rolle des EOS im körpereigenen Anti-Schmerzsystem folgende Arbeitshypothese auf: Bei Rehabilitationspatienten nach Opiatsucht, die Defekte im EOS aufweisen, sollte eine veränderte Schmerzempfindlichkeit nachzuweisen sein.

Methode

Diese Studie wurde von der Ethikkommission der Universität Graz akzeptiert; jeder Proband wurde vor der Untersuchung über die Hintergründe aufgeklärt und erklärte sich schriftlich mit der Untersuchung einverstanden. 40 klinisch gut charakterisierte ehemalige Opiat-Abhängige während der Langzeitrehabilitation (65% Männer; 19–56 Jahre alt; 2–25 Jahre opiatabhängig; 1–28 Monate Rehab) wurden untersucht, 40 gleichaltrige nicht-Opiatabhängige (30% Männer) dienten als Kontrollgruppe.

Die Schmerzempfindlichkeit wurde mit dem anerkannten cold-pressor test (CPT) gemessen (Abbot et al. 1992): Die Versuchspersonen sollten in der Stunde vor dem Beginn der Untersuchung weder essen, trinken oder rauchen; 20 Minuten vor der Untersuchung sollten sich die Probanden entspannen und ihre Nervosität mittels VAS kategorisieren. Nach Standardisierung der Hauttemperatur in einem mit 37° C temperierten Wasserbad wurde der Unterarm in ein Wasserbecken mit 4–6° C getaucht. Erste Schmerzen waren dem Versuchsleiter sofort anzuzeigen [Schmerzschwelle = pain threshold (PT)]. Der Unterarm wurde aus dem Wasser gezogen, sobald der Schmerz unerträglich wurde [Toleranzschwelle = tolerance threshold (TT)], längstens aber nach 7 Minuten. Die Schmerzschwelle und Toleranzschwelle wurde mit einer Stoppuhr gemessen.

Ergebnisse und Diskussion

Die vorliegenden Ergebnisse weisen tatsächlich auf eine Veränderung der Schmerzperzeption bei abstinenten Opiatabhängigen in der Rehabilitationsbehandlung hin: Entgegen unseren Erwartungen zeigte sich eine hochsignifikante Erhöhung der PT bei Rehab-Patienten (Abb. 1). Ein Rehab-Patient verspürte überhaupt keinen Schmerz. Die TT von Versuchs- und Kontrollgruppe waren nicht unterschiedlich.

Rehab-Patienten erwiesen sich als signifikant nervöser als gesunde Kontrollen (Abb. 1).

Es konnte keinerlei Abhängigkeit der Schmerzempfindlichkeit oder der Nervosität von der Dauer der Rehabilitation gefunden werden, was auf persistierende Veränderungen hindeutet.

Es ergab sich jedoch eine hoch signifikante positive Korrelation von Nervosität, als Ausdruck einer gesteigerten Aktivität des aszendierenden retikulären Arousal Systems (ARAS) (Ganong et al. 1991) und der PT in der Kontrollgruppe, nicht aber bei den Rehab-Patienten (Abb. 2). Dies weist auf die Entkopplung einer autonom gesteuerten Koordination bei ehemaligen Opiatsüchtigen hin.

Zusammenfassend sind folgende Schlußfolgerungen aus unseren Untersuchungen zu ziehen:

1. Vormals Opiatabhängige in der Langzeitrehabilitation zeigen eine verminderte Schmerzempfindlichkeit unabhängig von der Zeitdauer seit der letzten Opiatzufuhr.
2. Die Nervosität zeigt sich bei diesen Patienten persistierend erhöht.
3. Es gibt Hinweise, daß die verminderte Schmerzempfindlichkeit mit einer Funktionsänderung im autonomen Nervensystems zusammenhängt.

Weitere Untersuchungen werden die funktionellen Grundlagen und die klinische Bedeutung dieser Befunde klären.

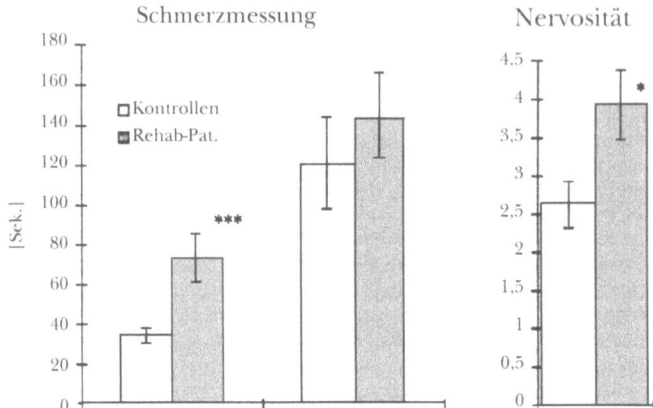

Abb. 1. Opiat-Rehab-Patienten weisen eine höhere Schmerzschwelle auf (p < 0,001) und sind nervöser (p < 0,05) als gesunde Kontrollen

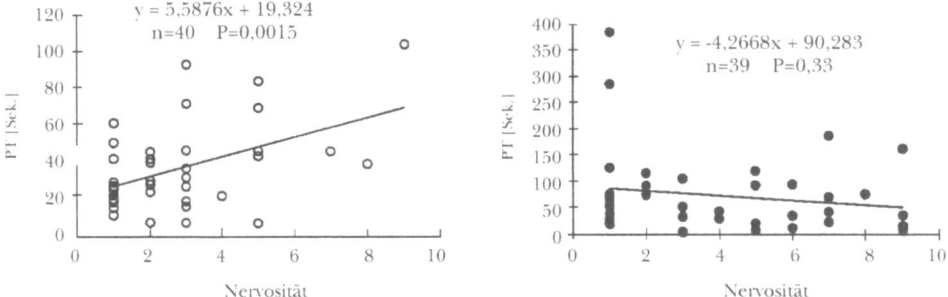

Abb. 2. Während die Nervosität bei gesunden Probanden mit der Schmerzschwelle korreliert (p < 0,01), gibt es keine Abhängigkeit bei Rehab-Patienten

Literatur

Abbott FV, Etienne P, Franklin KB, et al (1992) Acute tryptophan depletion blocks morphine analgesia in the cold-pressor test in humans. Psychopharmacology 108: 60–6

Bozarth M, Wise RA (1984) Anatomically distinct opiate receptor fields mediate reward and physical dependence. Science 224: 526–517

Ganong WF, Lange J, Lange D (1991) Arousal mechanisms and the electrical activity of the brain. In: Ganong WF, Lange J, Lange D (eds) Review of medical physiology, 15th edn. Prentice Hall, London, pp 178–87

Watkins LR, Mayer DJ (1982) Organization of endogenous opiate and nonopiate pain control systems. Science 216: 1185–1192

Korrespondenz: Dr. P. M. Liebmann, Institut für allgemeine und experimentelle Pathologie, Universität Graz, Mozartgasse 14/II, A-8010 Graz, Österreich

Methadon-Substitutionstherapie Opiatabhängiger

D. Naber, G. Völkl, J. Binder, P. Sand und **R. Buchberger**

Psychiatrische Klinik und Poliklinik, Ludwig-Maximilians-Universität München,
Bundesrepublik Deutschland

Einleitung

Die innerhalb der letzten 20–30 Jahre sehr kontrovers und emotional geführten Auseinandersetzungen, ob die Methadon-Substitutionstherapie (MST) sinnvoll ist, sind angesichts der Zunahme von Opiatabhängigen, der begrenzten Erfolge drogenfreier Therapien und insbesondere der HIV-Infektion einer sachlicheren Diskussion gewichen (Ball und Ross1991, Newman 1987, Scherbaum und Gastpar 1991). In der Psychiatrischen Klinik der Universität München wird seit 1989 eine prospektive, klinische Studie zur Wirksamkeit der MST durchgeführt.

Methode

(Einzelheiten der MST, Ein- und Ausschlußkriterien etc. siehe Niederecker et al. 1992): Zur Aufnahme in die Therapie gelten folgende Einschlußkriterien: Mindestalter 21 Jahre, mindestens drei Jahre i.v.-opiatabhängig. Nachweis von mindestens zwei konventionellen Langzeit-Entwöhnungstherapien (bei positivem HIV-Testergebnis mindestens eine Therapie). Ein Ausschluß aus der Substitutions-Therapie erfolgt bei fortgesetzter Polytoxikomanie nach Einschluß in die Therapie.
Die Struktur der MST gliedert sich in vier Phasen: Während der *Kontaktphase* stellt sich der Patient in der Ambulanz vor. Es erfolgt eine Drogenberatung mit Motivation zu einer drogenfreien Therapie. Lehnt der Patient diese ab, wird die Indikation der Methadon-Therapie überprüft. Die Kontaktphase dauert 4–5 Wochen. Die Einstellung auf die tägliche Methadon-Dosis erfolgt während der anschließenden *stationären Phase* mit medizinischer Untersuchung einschließlich eines (freiwilligen) HIV-Tests. Sie dauert 1–3 Wochen. Die folgende *Stabilisierungsphase* ist zeitlich nicht begrenzt, dauert zumeist 1–3 Jahre. Der Patient nimmt täglich ambulant unter Aufsicht L-Polamidon in Orangensaft verdünnt ein. 1–3 Mal pro Monat wird unangekündigt der Urin auf den zusätzlichen Komsum von Drogen kontrolliert. Wöchentlich findet eine psychotherapeutische Gruppe statt, weitere Unterstützung wird in Form von Einzel-Psychotherapie sowie sozialer Beratung angeboten. Ziel dieser Phase ist die physische, psychische und soziale Stabilisierung der Patienten. Nach erfolgreicher Stabilisierung und bei ausreichender Motivation beginnt die *Reduktionsphase,* die tägliche Dosis kann schrittweise über einen variablen Zeit-

raum (z. B. 0,5 mg L-Polamidon/Woche) verringert werden. Die Reduktionsphase dauert gewöhnlich 1–6 Monate. Im Anschluß an die Entgiftung werden die Patienten in Form einer Nachsorgegruppe weiterbetreut.

Patienten

Bisher nahmen 80 Patienten teil (25 weiblich, 55 männlich), sie waren 32 ± 7 Jahre alt, seit 15 ± 6 Jahren drogenabhängig. Sie hatten 3 ± 1 (1–7) Langzeitentwöhnungs-Therapien absolviert. Die Behandlungsdauer mit Methadon beträgt 15 ± 14 (21-62) Monate, die L-Polamidon-Dosis 8 ± 2 (2–10) ml bzw. 40 ± 10 mg. Alle Patienten waren mit einem HIV-Test einverstanden, 44 hatten ein negatives Ergebnis, 14 Patienten waren HIV-positiv ohne klinische Symptomatik, 15 im LAS- und 7 im AIDS-Stadium.

Ergebnisse

Von den 80 Patienten befanden sich 23 in der Stabilisierungs-, 5 Patienten in der Reduktionsphase. 7 Patienten hatten diese Phase abgeschlossen und wurden drogenfrei entlassen. 11 Patienten wechselten bei bis dahin komplikationsloser MST zu einem niedergelassenen Arzt (weitere fünf wegen Umzugs), sechs Patienten verstarben an AIDS.

Wegen nicht beherrschbarer Polytoxikomanie, überwiegend Alkohol und Heroin, mußten 23 aus der MST ausgeschlossen werden. 20 dieser 23 Patienten wurden dann von niedergelassenen Ärzten unter zumeist weniger strengen Bedingungen mit Methadon substituiert. Davon starb ein Patient, der wegen eines Alkoholmißbrauchs vier Monate zuvor ausgeschlossen wurde, an einer Intoxikation von Alkohol, Diazepam und Methadon. Eine Katamnese zwei Jahre nach Entlassung zeigte, daß von den 7 drogenfrei entlassenen Patienten zwar 5 erneut in MST waren, daß aber von den wegen Polytoxikomanie ausgeschlossenen 23 Patienten zumindest bei elf unter der MST niedergelassener Ärzte eine deutliche Besserung eintrat.

Die Anzahl der arbeitenden Patienten stieg von 20 (25%) vor der MST auf 42 (53%) an. Vor der MST hatten 32 Patienten (40%) Kontakt mit ihrer Herkunftsfamilie, unter MST 49 (60%). Bisher wurde bei keinem Patienten unter MST eine HIV-Serokonversion beobachtet, keiner wurde verhaftet oder verurteilt. Entsprechend den unterschiedlichen Kriterien kann bei 60-70% der Patienten die MST als erfolgreich bezeichnet werden.

Die häufigsten Nebenwirkungen waren Gewichtszunahme (10–15 kg), starke Schweißneigung sowie Apathie und Lustlosigkeit. Bei den meisten Patienten konnte durch eine Dosisreduktion die Verträglichkeit gesteigert werden, nur 25% der Patienten wurden langfristig mit der Maximaldosis von 10 ml Polamidon behandelt.

Diskussion

In der bisher größten deutschen wissenschaftlichen Untersuchung aus Nordrhein-Westfalen (Prognos 1993), werden weitgehend ähnliche Ergebnisse berichtet. Die Erfolgsquote, abhängig von den sehr unterschiedlichen Kriterien lag bei 50 bis 55%. Die Arbeitslosigkeit, die zu Beginn der MST 68% betrug, sank auf 44%; nur 18% der Patienten waren dauerhaft ohne Arbeit. Der Anteil der Patienten, die ihren Lebensunterhalt aus eigenem Erwerbseinkommen (inklusive Ausbildungsentgelt) bestreiten konnten, hat sich unter MST von 28% auf 48% fast verdoppelt. Auch die Entwicklung der sozialen Beziehungen sowie Rückgang von Prostitution und Kriminalität zeigten deutliche positive Veränderungen.

Aus diesen Studien und internationalen Untersuchungen läßt sich die klare Schlußfolgerung ziehen, daß Methadon bei einer Untergruppe der Opiatabhängigen erhebliche medizinisch-somatische und psychosoziale Besserungen erbringt, Abstinenz aber auch innerhalb von mehreren Jahren nur von einer kleinen Gruppe von Patienten erreicht wird. Ein- und Ausschlußkriterien, Methadondosis und Eignung psychosozialer Therapien sollten Gegenstand intensiver Forschung sein. Von großer klinischer und gesundheitspolitischer Bedeutung ist die Frage, wie niederschwellig die MST bei Beginn und im Verlauf sein darf, bevor die Nachteile überwiegen.

Literatur

Ball JC, Ross A (1991) The effectiveness of methadone maintenance treatment. Springer, Berlin Heidelberg New York Tokyo

Newman RG (1987) Methadone treatment. N Engl J Med 7: 447–450

Niederecker M, Naber D, Soyka M, Garwers C, Völkl G, Hippius H (1992) Methadonbehandlung opiatabhängiger Patienten. Nervenheilkunde 11: 178–182

Prognos (1993) Medikamentengestützte Rehabilitation bei i. v. Opiatabhängigen. Abschlußbericht

Scherbaum N, Gastpar M (1991) Die Substitution mit Methadon als Therapieansatz in der Behandlung Opiatabhängiger. Nervenarzt 62: 529–528

Korrespondenz: Prof. Dr. D. Naber, Psychiatrische Klinik, Universitätskrankenhaus Eppendorf, Martinistraße 52, D-20246 Hamburg, Bundesrepublik Deutschland

Der Einsatz von Morphinsulfatpentahydrat in der Detoxifikationsbehandlung Opiatabhängiger

E. Wagner, O. Presslich, G. Fischer, R. Frey, K. Diamant, C. Schneider
und **S. Kasper**

Universitätsklinik für Psychiatrie, Klinische Abteilung für Allgemeinpsychiatrie,
Wien, Österreich

Einleitung

Da eine ständig steigende Zahl substanzabhängiger Patienten einer begrenzten Zahl von Betten zur Detoxifikationsbehandlung gegenübersteht, sind Bemühungen um eine Optimierung der Entzugsbehandlung unerläßlich. Ziel dieser Optimierung ist die Steigerung der Akzcptanz durch den betroffenen Patienten durch Gewährleistung eines möglichst hohen Grades an Beschwerdefreiheit bei gleichzeitiger Beschränkung der Behandlungsdauer auf ein notwendiges Minimum [1] .

Da sich unserer Erfahrung nach das abrupte Absetzen des Opiats und die unspezifische Behandlung der Entzugsbeschwerden mit sedierenden Neuroleptika, Antidepressiva oder mit Clonidin bei vielen Patienten nicht bewährt hat, werden an der Intensivstation der Univ. Klinik für Psychiatrie in Wien seit 1987 Entzugsbehandlungen Opiatabhängiger durch schrittweise Reduktion des synthetischen Opioids Methadon (Razemat) durchgeführt. Trotz weiter Verbreitung dieser Entzugsmethode und dem häufigen Fehlen objektiver Entzugssymptome werden von Patienten oft erhebliche subjektive Entzugsbeschwerden beklagt [2, 3]. In dem Bemühen, diese Entzugsstrategie zu optimieren, setzen wir seit 1991 alternativ zu Methadon ein oral zu verabreichendes Morphinpräparat in Retardform (Morphinsulfatpentahydrat, in Folge Morphinsulfat genannt) ein. Je nach mißbrauchter Opiatmenge erhält der Patient dabei anfänglich jeweils die von ihm benötigte Dosis. Ab dem zweiten oder dritten Tag wird ein sedierendes Neuroleptikum (zumeist Clotiapin) verabreicht und in den darauffolgenden Tagen die Opioiddosis schrittweise, entsprechend den subjektiven Beschwerdeangaben des Patienten reduziert. Einem ersten klinischen Eindruck zufolge verliefen die Entzugsbehandlungen unter Einsatz von Morphinsulfat für die Patienten subjektiv beschwerdeärmer und dauerten dadurch kürzer als bei Verabreichung von Methadon.

Methodik

Um diesen klinischen Eindruck zu überprüfen, wurden in einer retrospektiven Untersuchung von allen Entzugsbehandlungen, die zwischen 1. 1. 1989 und 1. 4. 1994 an der Intensivstation der Univ. Klinik für Psychiatrie durchgeführt worden waren, folgende Daten erhoben:

– Gesamtdauer der Entzugsbehandlung
– Zahl der Tage, an denen im Rahmen der Entzugsbehandlung ein Opioid/Opiat zum Einsatz kam („Tage mit")
– Zahl der Tage bis zur Beendigung der stationären Entzugsbehandlung, an denen kein Opioid/Opiat mehr verabreicht wurde („Tage ohne")
– Summe des verabreichten Substitutionsmittels in mg
– Entlassungsmodus

Da es sich bei unserer Untersuchung um eine retrospektive Auswertung durchgeführter Entzugsbehandlungen und nicht um eine prospektive Studie mit experimentellem Design handelt, unterscheiden sich die beiden Patientengruppen (Methadon versus Morphinsulfat) nicht nur in der Größe der Kollektive, sondern auch in der Verteilung einiger anderer Basisdaten.
Es wurden sämtliche im Beobachtungszeitraum an der Intensivstation durchgeführten Entzugsbehandlungen in die Untersuchung aufgenommen. Ausgeschlossen wurden lediglich HIV-positive Patienten und Personen mit schweren körperlichen Begleiterkrankungen, da bei diesen ein schonender Entzug mit besonders langsamer Dosisreduktion durchgeführt werden muß.
243 Entzugsbehandlungen wurden in die Untersuchung augenommen: 133 Patienten (92 Männer und 41 Frauen) wurden mit Methadon, 110 Patienten (75 Männer und 35 Frauen) unter Einsatz von Morphinsulfat entzogen.

Ergebnisse

Obwohl wir versuchen, die Entzugsbehandlung so schonend wie möglich zu gestalten, bricht doch ein Teil der Patienten die Detoxifikation vorzeitig ab. Für einen Vergleich von Aufenthaltsdauer und Summe des verabreich-

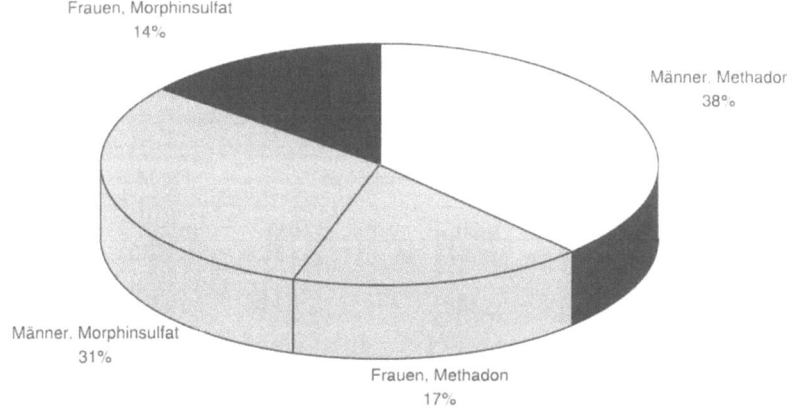

Abb. 1. Verteilung von Geschlecht und Entzugsmodus

ten Substitutionsmittels können sinnvollerweise nur abgeschlossene Entzugsbehandlungen herangezogen werden. Als abgeschlossene Entzugsbehandlung im engeren Sinn betrachten wir jene stationären Aufenthalte, bei denen der Patient mehr als zwei Tage nach der letzten minimalen Methadon- bzw. Morphinsulfatdosis an der Station verblieb und dann ohne nennenswerte Entzugsbeschwerden entlassen werden konnte. Neben jenen Patienten, die während der Opiatreduktionsbehandlung den stationären Aufenthalt abbrachen, wiesen wir gesondert jene Patienten aus, die am ersten oder zweiten opiatfreien Tag gegen ärztlichen Rat die Station verließen.

Diskussion

Wie aus Tabelle 1 ersichtlich, verteilen sich die verschiedenen Entlassungsmodi nicht gleichmäßig auf die beiden Patientengruppen; vielmehr brachen in der Morphinsulfatgruppe signifikant mehr Patienten am ersten oder zweiten opiatfreien Tag ab. Eine mögliche Erklärung dafür ist die von

Tabelle 1. Entlassungsmodus bei 243 Entzugsbehandlungen unter Einsatz von Methadon bzw. Morphinsulfat

Population	Methadon			Morphinsulfat		
Gesamtpopulation, n = 243	männl. n = 92	weibl. n = 41	insg. n = 133	männl. n = 75	weibl. n = 35	insg. n = 110
Entzug regulär beendet (mind. 3 d opiatfrei)	69 75%	34 83%	103 77,5%	54 72%	23 66%	77 70%
Entzug am 1. oder 2. opiatfreien Tag abgebrochen	9 10%	0 0%	9 7%	9 12%	5 14%	14 13%
Entzug unter Opiatmedikation abgebrochen oder aus disziplinären Gründen entlassen	14 15% 15%	7 17% 17%	21 15,5% 15,5%	12 16% 16%	7 20% 20%	19 17% 17%

Tabelle 2. Gesamtdauer der Entzugsbehandlung, Zahl der Tage, an denen Methadon bzw. Morphinsulfat zum Einsatz kam, Dauer der Entzugsbehandlung nach Absetzen des Opiats/Opioids und Gesamtsumme des verabreichten Opiats/Opioids im Vergleich

Population	Methadon			Morphinsulfat		
Entzug opiatfrei beendet n = 194	männl. n = 74	weibl. n = 34	insg. n = 108	männl. n = 60	weibl. n = 26	insg. n = 86
Aufenthaltsdauer in Tagen	14	15	14,3	13,3	12,7	13
Tage mit Opiat/Opioid	7,7	7,4	7,6	8,4	7,5	8,1
Tage ohne Opiat/Opioid	6,3	7,6	6,7	4,9	5,2	5
Summe Opiat/Opioid in mg	173	140	163	477	337	434

uns auch klinisch beobachtete geringere Entzugssymptomatik in den Tagen nach völligem Absetzen des Morphinsulfats im Vergleich zu Methadon. Da sich die Patienten nach Absetzen des Morphinsulfats relativ beschwerdefrei fühlen, neigen sie in der Endphase der Entzugsbehandlung dazu, gegen ärztlichen Rat die Station zu verlassen. Solchermaßen könnte die verhältnismäßig hohe Abbruchrate in den ersten beiden opiatfreien Tagen nach Einsatz von Morphinsulfat ein unerwünschter Begleiteffekt der von uns durchaus gewünschten, wahrscheinlich auf die kürzere Halbwertszeit des Morphinsulfats zurückzuführenden geringeren Entzugssymptomatik nach Absetzen desselben sein.

Da bei unserem Entzugsregime der Patient die von ihm subjektiv benötigte Opioid/Opiatdosis erhält. ist die Dauer der Entzugsbehandlung ein relativ verläßliches Maß für die Beschwerdefreiheit des Behandelten.

Durch den Einsatz von Morphinsulfat statt Methadon konnte die durchschnittliche Dauer der stationären Detoxifikationsbehandlung um 1,3 Tage reduziert werden. Das Ergebnis der statistischen Auswertung von 243 Entzugsbehandlungen bestätigt damit den klinischen Eindruck, daß vor allem die Tage nach völligem Absetzen des Substitutionsmittels vom Patienten beschwerdefreier erlebt werden und so eine frühere Entlassung möglich ist.

Literatur

1. Alling FA (1992) Detoxification and treatment of acute sequelae. In: Lowinson JH, Ruiz P, Millman RB (eds) Substance abuse. A comprehensive textbook. Williams Wilkins, Baltimore, pp 402–415
2. Drummond DC, Turkington D, Rahman MZ, Mullin PJ, Jackson P (1989) Chlordiazepoxide vs. methadone in opiate withdrawal: a preliminar double blind trial. Drug Alcohol Depend 23: 63–71
3. Lipton DS, Maranda MJ (1982) Detoxification from heroin dependency: an overwiew of method and effectiveness. Adv Alcohol Subst Abuse 1: 31–55

Korrespondenz: Dr. E. Wagner, Psychiatrische Universitätsklinik, Währinger Gürtel 18–20, A-1090 Wien, Österreich

Ethylglucuronid – Evaluation eines neuen Alkoholmarkers

F.-M. Wurst[1], **S. Seidl**[2], **H. Sachs**[3], **K. Besserer**[4], **G. Reinhardt**[2] und **R. Schüttler**[1]

[1]Abteilung Psychiatrie II und [2]Abteilung Rechtsmedizin, Universität Ulm, [3]Institut für Rechtsmedizin, Ludwig-Maximilians-Universität München und [4]Institut für Gerichtliche Medizin, Eberhard-Karls-Universität Tübingen, Bundesrepublik Deutschland

Einleitung

Die Schwierigkeit, Rückfälligkeit eines Patienten vom klinischen Eindruck her zu erkennen ist bekannt. Auch die laborchemischen Parameter sind nur begrenzt aussagefähig. So ist Ethylalkohol im Körper direkt nur relativ kurz nachweisbar. Die Gamma-GT wird neben Alkohol durch eine Vielzahl von Substanzen und Erkrankungen beeinflusst. CDT ist zwar spezifischer, erlaubt aber wie MCV nur eine Aussage über eine quasi kumulative konsumierte Alkoholmenge – sporadischer Alkoholkonsum bleibt nicht nachweisbar.

Ethylglucuronid ist ein nicht flüchtiger, wasserlöslicher Metabolit des Ethanol, der in Körperflüssigkeiten nachweisbar ist.

Die Alkoholelimination beginnt synchron mit der Alkoholzufuhr. Die Biotransformation von Ethylalkohol erfolgt neben den Wegen über die Alkohol- und Aldehyddehydrogenase, die Katalase sowie das alkoholoxidierende mikrosomale System (MEOS) zu etwa 0,5% über die Konjugation mit aktivierter Glucuronsäure (UDP-Glucuronsäure).

Bis dato fand gegenüber dem hepatischen und extrahepatischen oxidativen Abbau von Ethanol die Biotransformation zu Ethylglucuronid nur geringe Beachtung. Ethylglucuronid wurde 1952 erstmals von Kamil et al. aus dem Urin von Kaninchen isoliert. Im menschlichen Urin konnten Jaakonmaki et al. das Konjugat 1967 nachweisen. Die Befunde wurden von Besserer und Schmidt (1983) bestätigt.

Ziel der vorliegenden prospektiven klinischen Studie war es, Ethylglucuronid hinsichtlich der Eignung als Alkoholmarker zum einen im Klinikalltag, zum anderen bei der Beurteilung rechtlicher Fragestellungen – wie der Schuldfähigkeit oder der Fahreignung – zu evaluieren.

Methodik

Die gaschromatographisch-massenspektrometrische quantitative Bestimmung des Triacetyl- respektive des Tetra-Trimethylsilylderivates von Ethylglucuronid wurde nach Eintrocknung von 100 Mikroliter Probe und anschließender Acetylierung mit Essigsäureanhydrid respektive Silylierung mit BSTFA-TMS durchgeführt. Als innerer Standard wurde t-Butyl-Glucuronid eingesetzt. Die Identifikation erfolgt im Gaschromatograph mit massenselektivem Detektor (GC/MS) über die Retentionszeitverhältnisse und zusätzlich über das Massenspektrum.

Ergebnisse

Zunächst baten wir im Rahmen einer Pilotstudie 10 männliche Patienten, die alkoholisiert zur stationären Aufnahme auf die Suchtstation kamen, bei Aufnahme, nach 24, 48 und 72 h Urin abzugeben. Nach einem raschen Abfall der Ethylglucuronidkonzentration im Urin in den ersten 24 h blieb die Substanz in diesem ersten Design bis zu 50 h nachweisbar.

Als Kontrolle untersuchten wir die Verhältnisse bei einem abstinenten Probanden, der in der definierten Zeit von 2 Stunden 60 g Alkohol aufnahm. Erwartungsgemäß wurde das Urinalkohol-Konzentrationsmaximum von 0,3‰ deutlich vor dem EG-Konzentrationsmaximum erreicht. Während 8 Stunden nach Trinkende kein Urinalkohol mehr nachweisbar war, konnte EG bis zum Versuchsende 14 Stunden nach Trinkende nachgewiesen werden. Vor dem Trinkversuch war bei diesem Probanden kein EG nachweisbar.

In Abb. 1 ist der Kurvenverlauf bei 6-stündigem Zeitgitter bei einem Kollektiv von 10 männlichen Patienten dargestellt. Die Konzentration wurde logarithmisch aufgetragen. Damit kann veranschaulicht werden, daß die Konzentration von Ethylglucuronid nach einer höheren Blutalkoholkonzentration im Bereich von 10 bis 120 mg/l liegt und nachweisbare Konzentrationen bis zu 84 h gefunden werden. Der bei einem Patienten nach 48 Stunden gefundene Wiederanstieg der EG-Konzentration korreliert positiv mit der Urinalkoholkonzentration und ist als Hinweis auf Rückfälligkeit zu werten.

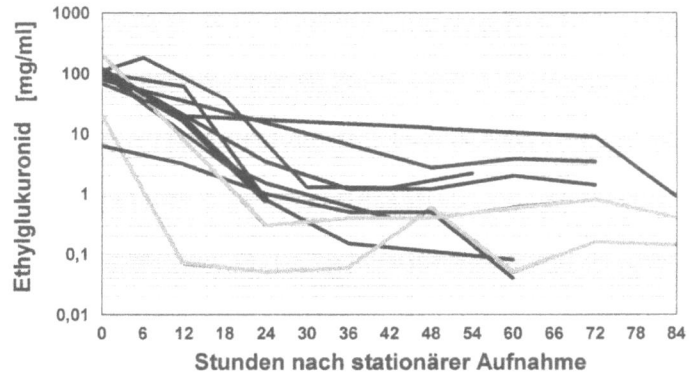

Abb. 1. Urin-Ethylglukuronid-Konzentrationen bei 10 Patienten bis 84 Stunden nach stationärer Aufnahme

Zusammenfassend ist zu konstatieren: Die Tatsache, daß Ethylglucuronid im Urin länger nachweisbar ist als Ethanol selbst, könnte es zu einem Alkoholismusmarker von klinischem wie forensischem Interesse werden lassen.

Literatur

Besserer K, Schmidt V (1983) Ein Beitrag zur renalen Ausscheidung von Äthylglucuronid nach oraler Alkoholaufnahme. Vortrag, 62. Jahrestagung der Deutschen Gesellschaft für Rechtsmedizin, 09. September 1983, Lübeck
Feuerlein W (1989) Alkoholismus-Mißbrauch und Abhängigkeit. Thieme, Stuttgart
Jaakonmaki PI, Knox KL, Horning EC, Horning MG (1976) The charakterization by gas-liquid chromatography of ethyl β-D-glucuronic acid as a metabolite of ethanol in rat and man. Eur J Pharmacol 1: 63–70
Kamil IA, Smith NJ, Williams RT (1952) A new aspect of ethanol metabolism: isolation of ethyl-glucuronide. Biochem J 51: 32–33
Schmitt G, Aderjan R, Keller T, Wu M (1994) Ethyl-Glucuronid – ein beachtenswerter Metabolit des Ethanols – Darstellung, analytische Daten und Nachweis aus Serum und Urin. T + K 61 (1): 1–7
Stibler H (1991) Carbohydrate-deficient transferrine in serum: a new marker of potentially harmful alcohol consumption reviewed. Clin Chem 37/12: 2029–2037

Korrespondenz: Dr. F.-M. Wurst, Abteilung Psychiatrie II, Universität Ulm, Bezirkskrankenhaus Günzburg, Postfach 1162, D-89301 Günzburg, Bundesrepublik Deutschland

Prädiktion von Rückfällen bei ambulanter Alkoholismusbehandlung

L. G. Schmidt, P. Dufeu, S. Kuhn und **H. Rommelspacher**

Psychiatrische Klinik und Institut für Neuropsychopharmakologie, Freie Universität, Berlin, Bundesrepublik Deutschland

Die Identifikation von Prädiktoren für abstinentes oder rückfälliges Verhalten ist von großer Bedeutung für die Alkoholismusbehandlung. Zum einen könnten mit ihrer Hilfe Patienten mit besonderem Rückfallrisiko prospektiv erfaßt und speziellen oder differentiellen Behandlungsmaßnahmen zugeführt werden. Zum anderen kann dadurch unser Verständnis für jene Prozesse vertieft werden, die mit Verlauf und Prognose des Alkoholismus zu tun haben. Deshalb haben wir Basis- und Verlaufsdaten derjenigen Patienten, die an der medikamentengestützten Forschungsbehandlung unserer Klinik teilnahmen, einer Prädiktorenanalyse unterzogen. Es handelt sich dabei um die Berliner Lisurid-Studie, in der die Wirksamkeit von Lisurid gegen Placebo zur Rückfallprophylaxe in einem Zeitraum von 6 Monaten nach einer vorangegangenen Entzugsbehandlung in einem randomisierten und doppelblinden Versuchsplan geprüft wurde (Schmidt et al. 1994, 1995).

Patienten und Methode

Von 365 Patienten der Berliner Sonderforschungsambulanz für Abhängigkeitskranke an der Psychiatrischen Klinik waren 98 Patienten, die die Kriterien des Abhängigkeitssyndroms nach ICD-10 erfüllten, geeignet und bereit, an der Studie teilzunehmen. Neben der Einnahme von täglich 2 Kapseln (je 1 Kapsel morgens und abends), die Lisurid oder Placebo enthalten konnten, waren die Patienten in ein Therapieprogramm eingebunden, das regelmäßige einzel- und gruppentherapeutische Gespräche umfaßte. Das Trinkverhalten wurde erfaßt nach den Angaben der Patienten, zusätzlich objektiviert anhand von Fremdaussagen nahestehender Personen, sowie Ethanol und CDT- (carbohydrate deficient transferrin) Bestimmungen im Blut. Die Patientengruppe bestand aus 72 primären Alkoholikern, die im Schnitt 45,9 ± 8,4 Jahre alt, zu 83% männlich waren, und im Monat vor Aufnahme in die Studie täglich 223,5 ±110,7 g (reinen) Ethanol getrunken hatten. Davon waren 33 (46%) nach 6 Monaten noch abstinent, 39 Patienten (54%) hatten mindestens einen Rückfall erlebt. In statistischer Hinsicht wurden 2-faktorielle Varianzanalysen gerechnet, wobei als 1. Faktor der Verlauf (Abstinenz oder Rückfall) und als

2. Faktor die Gruppe (Lisurid oder Placebo) berücksichtigt wurden. Diesem Prüfverfahren wurde alle klinischen Ausgangsvariablen unterzogen, von denen eine prognostische Relevanz angenommen werden konnte. Ferner wurden unter den biologischen Variablen jene berücksichtigt, die Indikatorfunktion im Rahmen der Dopamin-Hypothese der Sucht (d. h. die Apomorphin-stimulierten GH Sekretionswerte im Blut) und der Alkaloid-Hypothese des Alkoholismus (d.h. die Serum-Konzentrationen der Beta-Carbohne) hatten. Aus Standardisierungsgründen konnten diese Parameter nur bei 45 Patienten berücksichtigt werden, die bei Aufnahme alle den gleichen Intoxikationsgrad hatten.

Ergebnisse und Diskussion

Die 2-faktoriellen Varianzanalysen hatten folgende Ergebnisse (Tabelle 1):

Tabelle 1

Prädiktoren des Rückfalls	Gesamtgruppe	Lisurigruppe
1. Soziodemographische Variablen (Alter, Geschlecht, Zivilstand, Bildungsgrad, Beschäftigungsverhältnis)	n.s.	n.s.
2. Psychopathologische Parameter (BPRS-Gesamt; Werte der Angst-Depressions-, Anergie-, Denkstörungen-, Aktivierungs-Subskalen; GAS)	n.s.	n.s.
BPRS-Feindseligkeit/Mißtrauen	n.s.	.04 ($\uparrow$bei Abstinenten)
3. Persönlichkeits-Merkmale BL-Liste (nach von Zerssen), TPQ-Subskalen Novelty seeking, Reward dependence (nach Cloninger), Motivations-Subskala des EFB (nach Krampen und Perty), Angst-Skala (nach Zung), Depressions-Skala (nach Zung)	n.s.	n.s.
TPQ-Subskala Harm avoidance	(.07; $\uparrow$ bei Abstinenten)	n.s.
4. Merkmale des Alkoholismus (Anzahl der Abhängigkeitskriterien in ICD-10, durchschnittlicher Alkoholkonsum in g/Tag (im Monat vor Aufnahme) Alter erstmals Kontrollverlust, Blutalkohol und CDT-Konzentration; GGT; Leber-Sonographie; cortikale Atrophie im CT; morgendliche Entzugserscheinungen	n.s. .02 ($\uparrow$ bei Rückfällern)	n.s. n.s.
5. Paternaler Alkoholismus	.04 ($\uparrow$ bei Rückfällern)	n.s.
6. verminderte GH-Sekretion nach Apomorphin (während der Intoxikation)	.05 ($\uparrow$ bei Rückfällern)	n.s.
7. Norharman-Anstieg (zwischen Intoxikation und Postintoxikation)	.05 ($\uparrow$ bei Rückfällern)	n.s.
8. cerebelläre Atrophie (im CT)	.04 ($\uparrow$ bei Rückfällern)	n.s.

Damit ergeben sich Hinweise auf die Prädizierbarkeit von Rückfällen aus einer familiären Belastung, den Symptomen eines progredienten Alkoholismus (das Auftreten morgendlicher Entzugserscheinungen markiert den Eintritt in die chronische Phase), aus cerebralen Schädigungszeichen (CT und wahrscheinlich auch GH-Sekretion) und ansteigenden Norharman-Konzentrationen nach dem Entzug.

Danksagung

Mit Unterstützung durch die Deutsche Forschungsgemeinschaft (DFG-Az: He 916/7–2).

Literatur

Schmidt LG, Rommelspacher H (1996) Neue Ergebnisse zur Pathobiochemie und Rückfallprophylaxe des Alkoholismus (dieses Buch)

Schmidt LG, Dufeu P, Kuhn S, Rommelspacher H (1994) Relapse prevention in alcoholics with an anticraving drug treatment: first results of the Berlin study. Pharmacopsychiat 27 [Suppl 1]: 21–23

Korrespondenz: Priv.-Doz. Dr. L. G. Schmidt, Psychiatrische Klinik und Poliklinik, Freie Universität Berlin, Eschenallee 3, D-14050 Berlin, Bundesrepublik Deutschland

Geschlechtsspezifische Akzentuierung des akuten Alkoholentzugssyndroms

M. von Wilmsdorff und **M. Banger**

Rheinische Landes- und Hochschulklinik, Essen, Bundesrepublik Deutschland

Einleitung

Für die Diagnostik einer Alkoholabhängigkeit sind verschiedene Instrumente entwickelt worden [1], weniger Information gibt es bezüglich geschlechtsspezifischer Unterschiede in der Ausprägung des Alkoholentzugssyndroms [2]. Für dessen Quantifizierung wurde in der Klinik für Allgemeine Psychiatrie des Universitätsklinikums Essen ab Anfang 1993 die Mainzer-Alkohol-Entzugsskala (MAES), [3] eingesetzt. Bekannt ist, daß es bei alkoholabhängigen Männern und Frauen in der Prävalenz und im Verlauf deutliche Unterschiede gibt [4], unklar ist bisher, ob in der Ausprägung des Alkoholentzugssyndroms Unterschiede existieren und ob gegebenenfalls in der akuten Entgiftungsphase geschlechtsspezifische Behandlungsstrategien zum Einsatz kommen sollten.

Material und Methoden

Die MAES läßt in einen psychosensorischen (Item 1–4) und einen vegetativen Faktor (Item 5–8) teilen, die jeweils in Übereinstimmung zur gängigen klinischen Praxis stehen. Neben der regelmäßigen spirometrischen Erfassung der Alkoholkonzentration in der Ausatemluft werden folgende Werte vom Pflegepersonal stündlich erfaßt: Score A: Herzfrequenz, klassiert in 5 Stufen, Score B: Blutdruck, klassiert, alterskorrigiert in 7 Stufen und Score C: die vier vegetativen Items der MAES mit Agitiertheit, Tremor, Schweißneigung und Angst, jeweils kodiert auf einer vierstufigen Skala. Alle genannten Daten werden auf einen speziellen Beobachtungsbogen dokumentiert, die Scores A, B und C werden zu einem Summenscore aufaddiert, der die Score-gesteuerte Alkoholentzugsbehandlung mit Clomethiazol nach Rating durch das Pflegepersonal bestimmt. Vom 01. 02. 1993 bis zum 30. 04. 1994 wurde in der vorliegenden Studie bei 137 Patienten des Alkoholentzugssyndrom stündlich quantifiziert und die eben vorgestellte scoregesteuerte Alkoholentzugsbehandlung durchgeführt. Das Geschlechtsverhältnis betrug in der Grundgesamtheit 91 Männer und 46 Frauen, die erhobenen Daten wurden zwischen Männern und Frauen mittels Mann-Whitney-U-Test untersucht. P-Werte kleiner gleich 0,05 wurden als signifikant bezeichnet.

Ergebnisse

Die geschlechtsspezifische Altersverteilung zeigte ein durchschnittliches Alter von 47 Jahren (± 11,6) bei Frauen und eines von 43,1 Jahren (± 10,7) bei Männern. Dieser Unterschied war nicht signifikant. Bei der Erhebung der anamnestischen Daten wie tägliche Trinkmenge und Dauer der Abhängigkeit, steht unser Befund mit einem Überwiegen der täglichen Trinkmenge der Männer mit 283 ml reinen Alkohols pro Tag gegenüber 157 ml bei Frauen und eine signifikant längere Abhängigkeitsdauer von 149 zu 112 Monaten in Einklang mit der Literatur [5]. Zur Beurteilung der körperlichen Folgeschäden wurden insbesondere die Transaminasenwerte verglichen, hierbei zeigten sich nach alpha-Korrektur nach Bonferroni keine signifikanten Unterschiede. Die Ausprägung des Alkoholentzugssyndroms zeigte keine geschlechtsspezifischen Unterschiede im Vergleich der Summen der Einzelscores A, B und C innerhalb von 24 und 48 Stunden (s. Abb. 1).

Diskussion

Auf der Basis der in der vorliegenden Studie erhobenen Parameter konnte festgestellt werden, daß Frauen bei kürzerer Erkrankungsdauer und geringerer täglicher Trinkmenge die gleichen körperlichen Folgeschäden und ein den Männern vergleichbar ausgeprägtes Alkoholentzugssyndrom aufwiesen. Akzeptiert ist, daß die prolongierte exessive Einnahme von Alkohol neurotoxische Schäden setzt. Farmer et al. [6] konnten zeigen, daß diese neurophysiologischen Schäden noch Wochen nach der akuten Alkoholentgiftung nachweisbar waren. Interessant wäre es, in weiteren Studien zu untersuchen, inwieweit die neurophysiologische Erholungsphase geschlechtsspezifische Unterschiede aufweist.

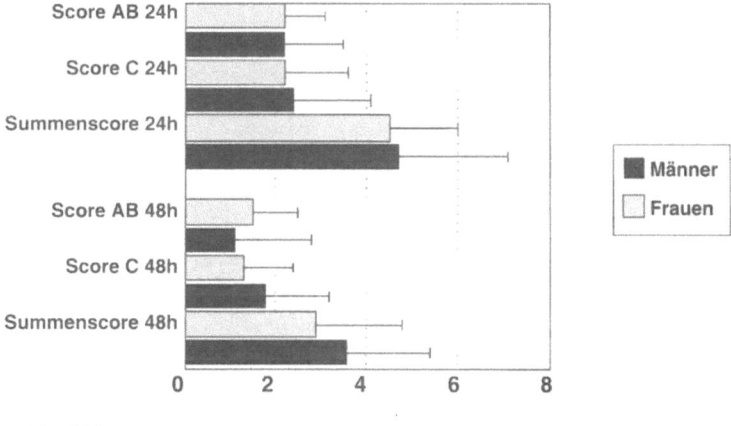

Abb. 1. Ausprägung des Alkoholentzugssyndroms. In der Abbildung sind die Scores AB (Herzfrequenz und Blutdruck) und C (vegetative Items der MAES) sowie der Summenscore ABC geschlechtsspezifisch aufgetragen bei einer Grundgesamtheit von 137 Patienten

Literatur

1. Feuerlein et al (1977) Diagnose Alkoholismus. Münch Med Wochenschr 119 (40)
2. O'Connor P, Horwitz R, Gottlieb L, Kraus M, Segal S (1993) The impact of gender on clinical characterisics and outcome in alcohol vithdrawal. J Subst Abuse Treatment 10: 59–61
3. Banger M, Philipp M, Aldenhoff J, Herth T, Hebenstreit M (1992) Development of a rating scale for quantitative measurement of the alcohol withdrawal syndrome. Eur Arch Psychiatr Clin Neurosci: 241–246
4. Jacobson GR (1987) Alcohol and drug dependency problems in special populations: women. In: Herrington RF, Jacobson GR, Benzer DD (eds) Alcohol and drug abuse handbook. pp 385–404
5. Blume S (1986) Women and alcohol. A review. JAMA 256: 1467–1470
6. Farmer H (1973) Functional changes during early weeks of abstinence, measured by the Bender-Gestalt. Quart J Stud Alc 34: 786–796

Korrespondenz: Dr. M. von Wilmsdorff, Rheinische Landes- und Hochschulklinik, Virchowstraße 171, D-45147 Essen, Bundesrepublik Deutschland

Veränderungen der Serotonergen Aktivität bei Zwangspatienten: Neuroendokrinologische Ergebnisse beim Clomipramin-Stimulationstest

B. Martinez[1], **G. Höflich**[1], **M. L. Rao**[1], **V. Eichert**[1], **H.-J. Assion**[1], **S. Kasper**[2] und **H.-J. Möller**[1]

[1]Psychiatrische Universitätsklinik, Bonn, Bundesrepublik Deutschland
[2]Psychiatrische Universitätsklinik, Wien, Österreich

Einleitung

Neuroendokrinologische Untersuchungen zeigen, daß Serotonin einen stimulierenden Einfluß auf die Prolaktinsekretion des Hypophysenvorderlappens hat, und daß anhand der Stimulierbarkeit von Prolaktin (PRL) mittels eines Serotonin-Agonisten Rückschlüsse auf die serotonerge Aktivität des ZNS gezogen werden können.

Die intravenöse Gabe von Clomipramin (CMI) führt bei gesunden Probanden zu einem initialen PRL-Anstieg, der über die serotonerge Rezeptor-Ansprechbarkeit verändert ist.

Material und Methodik

An der Studie haben zehn männlich und neun weibliche, ambulante, nicht medizierte Zwangspatienten, sowie 20 gesunde Kontrollpersonen teilgenommen. Das Alter lag im Durchschnitt bei 33 ± 10,2 (MW ± SA) Jahren bei den Patienten und bei 29,5 ± 5 (MW ± SA) bei den Probanden. Die Patienten erfüllten die Kriterien einer Zwangsstörung nach DSM-III-R und nach ICD-10. Die durchschnittliche Erkrankungsdauer betrug 20,5 ± 9 (MW ± SA) Jahre. Die Schwere der Zwangssymptomatik wurde psychometrisch mit der Yale-Brown-Obsessive-Compulsive-Scale (Y-BOCS) erfaßt, die durchschnittliche Gesamtsumme lag bei 25 ± 6,05 Punkte. Im HAMD zeigten die Patienten im Durchschnitt 21 ± 6,05 Punkte. Insgesamt waren die DSM-III-R Kriterien für die Diagnose einer Major Depression für keinen Patienten erfüllt.

Der Stimulationstest wurde vormittags durchgeführt. Eine Dosis von 25 mg CMI in 8 ml Kochsalzlösung wurde den nüchternen Patienten i.v. im Bolus um 10.00 Uhr appliziert. Für die Bestimmung der PRL-Konzentrationen im Serum wurden Blutproben zu den Zeitpunkten –30, 0, 5, 15, 30, 60, 90 und 120 Minuten gewonnen. Die Messung des PRL erfolgte durch Radioimmunoassay. Die statistische Auswertung wurde mittels MANOVA und t-Test durchgeführt, wobei signifikante Unterschiede bei $p < 0,05$ angenommen wurden. Anschließend wurden alle Patienten mit dem Serotonin-Wiederaufnahmehemmer Seroxat anbehandelt.

Ergebnisse

Wir konnten einen signifikanten Anstieg von PRL 30 Minuten nach Gabe von CMI in der Gesamtgruppe (Patienten + Kontrollen, n = 39) nachweisen (Abb. 1). Es ergab sich jedoch kein signifikanter Unterschied der δ-Werte zwischen den Patienten und den Probanden. Der PRL-Anstieg der weiblichen Gesamtgruppe war im Vergleich zu der der männlichen Gesamtgruppe signifikant. Wir fanden keine signifikanten Geschlechtsunterschiede in der Stimulierbarkeit bei den Patienten und den Probanden. Nach zehn Wochen standardisierter medikamentöser Therapie mit Seroxat bildete sich die Symptomatik, gemessen mit der Y-BOCS, bei acht Patienten um 40% zurück. Somit erfüllten diese Patienten die therapeutischen Responsekriterien. Die statistische Auswertung ließ keinen signifikanten Unterschied der PRL-Stimulierbarkeit zwischen Respondern und Non-Respondern erkennen.

Schlußfolgerungen

Der Anstieg der PRL-Sekretion nach i. v. Applikation von 25 mg CMI war sowohl bei den Patienten mit einer Zwangsstörung als auch bei den gesunden Probanden signifikant. Die Hypothese einer verminderten serotonergen Aktivität bei Zwangspatienten kann durch unsere Ergebnisse nicht gestützt werden. Den bei depressiven Patienten nachgewiesenen größeren PRL-Anstieg nach CMI-Stimulation im Vergleich zu gesunden Probanden können wir bei unseren untersuchten Zwangspatienten nicht bestätigen. Unser Be-

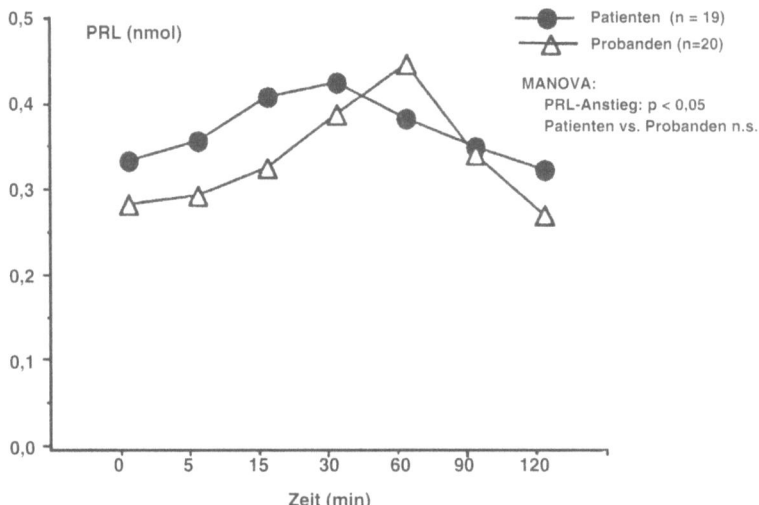

Abb. 1. Prolaktin Anstieg nach i.v. Gabe von 25 mg Clomipramin bei Zwangspatienten (n = 19) und gesunden Kontrollpersonen (n = 20)

fund ist vereinbar mit den Ergebnissen von Saiz et al. (1992), der ebenfalls eine vergleichbare PRL-Stimulierbarkeit von Zwangspatienten und Kontrollen fand. Rückschlüsse dieser Untersuchung auf eine denkbare Störung des serotonerges System bei Zwangspatienten sind jedoch nur bedingt möglich, da allenfalls die serotonerge Aktivität des hypophysären Systems beurteilt werden kann. Möglicherweise steht die erwiesene positive Wirkung der SSRI bei Patienten mit Zwangserkrankungen in Zusammenhang mit ihrem Einfluß auf andere Systeme, die auch Perfusionsstörungen im ZNS (Höflich et al. 1994) und Reduktion der visuo-manu-motorischen Regelleistung (Eichert et al. 1994) bei Zwangspatienten erklären könnten.

Literatur

Eichert V, Martinez B, Höflich G, Assion HJ, Möller HJ (1994) Visuo-manu-motorische Regelleistung bei Patienten mit Zwangsstörung und gesunden Kontrollen. Fortschr Neurol Psychiatr 62 [Sonderheft 2]: 97

Golden RN, Ruegg R, Brown TM, Haggerty J, Garbutt JC, Pedersen CA, Evans DL (1990) Abnormal neuroendocrine responsivity to clomipramine in depression. Psychopharmacol Bull 263: 317–320

Golden RN, Ekstrom D, Brown TM, Ruegg R, Evans DL, Haggerty JJ, Garbutt JC, Pedersen CA, Mason GA, Browne J, Carson SW (1992) Neuroendocrine effects of intravenous clomipramine in depressed patients and healthy subjects. Am J Psychiatry 149: 9

Höflich G, Martinez B, Klemm E, Kasper S, Biersack HJ, Möller HJ (1994) HMPAO-SPECT bei Patienten mit Zwangsstörung. Fortschr NeuroL Psychiatr 62 [Sonderheft 2]: 90

Saiz J, Lopez-Ibor JJ, Vinas R, Hernandez M (1992) The clomipramine challenge test in obsessive compulsive disorder. Int Clin Psychopharmacol 7 [Suppl 1]: 41–42

Korrespondenz: Dr. B. Martinez, Psychiatrische Universitätsklinik, Sigmund-Freud-Straße 25, D-53105 Bonn, Bundesrepublik Deutschland

HMPAO-SPECT bei Patienten mit Zwangserkrankungen

G. Höflich[1], **B. Martinez**[1], **E. Klemm**[2], **S. Kasper**[3], **H.-J. Biersack**[2] und **H.-J. Möller**[1]

[1]Psychiatrische Universitätsklinik und [2]Nuklearmedizinische Universitätsklinik, Bonn, Bundesrepublik Deutschland
[3]Psychiatrische Universitätsklinik, Wien, Österreich

Einleitung

Vor mehr als 100 Jahren wurde für die Zwangserkrankung sowohl ein analytisches (Freud 1884) als auch ein biologisch oientiertes Erklärungsmodell (Tuke 1884) erstellt. In den letzten Jahren gewannen neurobiologisch orientierte Erklärungsmodelle zunehmende Bedeutung. So fanden Baxter et al. (1987) mittels der Positronemissionstomographie (PET) bei Patienten mit Zwangserkrankungen erhöhte Glukoseutilisations-raten bilateral im N. caudatus und im Bereich des linken orbitofrontalen Kortex. Die gleiche Gruppe konnte mittels PET nachweisen, daß sich bei zwangskranken Patienten nach klinischer Besserung die vorgefundene frontal betonte Hyperaktivität normalisierte (Baxter et al. 1992). Auch mittels SPECT-Untersuchungen wurde bei Zwangskranken eine Hypermetabolisierung im frontalen, links posterofrontalen und parietalen Cortex beschrieben (Rubin et al. 1992). Wir wollten diesen Befunden mit nachfolgend beschriebener laufender Untersuchung nachgehen.

Material und Methodik

In unserer Studie haben wir 18 Patienten mit einer Zwangserkrankung, die nach ICD-10 und DSM-III-R diagnostiziert wurden, unter standardisierten kontrollierten Bedingungen mit einer hochauflösenden single-photon emission computed tomography (SPECT) (FWHM 5–6 mm) unter Verwendung von [99m]Technetium d,I-hexamethyl propyleneamine oxime ([99m]TCHMPAO) als Tracer untersucht. Von den mindestens vier Wochen medikationsfreien Patienten waren zehn männl;ch und acht weiblich. Das durchschnittliche Alter der Patienten lag bei 35 ± 10,5 (MW ± SD) Jahren, die Dauer der Erkrankung betrug im Mittel 15,9 ± 9,2 (MW ± SD) Jahre. Die Zwangssymptomatik wurde systematisch mit der Yale-Brown Obsessive Compulsive Scale (Y-BOCS) erfaßt und betrug im Gesamt-

score 25 ± 11 (MW ± SD) Punkte. Der Wert für Zwangshandlungen betrug 12,3 ± 3,5 (MW ± SD) Punkte, für Zwangsgedanken fand sich ein Wert von 14,1 ± 4,2 (MW ± SD) Punkten. Weiterhin wurde die Depressivität anhand der Hamilton-Depression-Rating-Scale 21-Items (HDRS) erfaßt. Der mittlere Wert lag bei 21,3 ± 6,8 (MW ± SD) Punkten.
Für die statistischen Berechnungen wurde der Student-t-Test (zweiseitig) verwendet.

Ergebnisse

Lediglich ein Patient zeigte einen unauffälligen SPECT-Befund. Insgesamt 12mal zeigte sich rechts- und frontalbetont eine Hyperperfusion. Hypoperfundierte Hirnareale ließen sich wesentlich häufiger (49 mal) rechts-, frontal- und temporalbetont nachweisen (Tabelle 1). Hinsichtlich der frontalen Perfusion und klinischen Variablen zeigte sich statistisch lediglich ein Zusammenhang zwischen einem höheren Erkrankungsalter und einer Hyperperfusion frontal rechts ($p < 0.05$) sowie ein Zusammenhang zwischen einer geringen Erkrankungsdauer und einer Hypoperfusion frontal links ($p < 0.05$). Signifikante Unterschiede bezüglich rechts- und linkshemisphärischen SPECT-Befunden sowie bezüglich der temporo-lateralen und temporo-mesialen SPECT-Befunden zu klinischen Variablen inclusive der Y-BOCS- und HDRS-Werte fanden sich nicht.

Tabelle 1

Hyperfusion	rechts: (n)	(%)	links: (n)	(%)
Frontal	4	22,2	3	16,7
Temporo-lateral	1	5,6	1	5,6
Temporo-mesial	–	–	–	–
Parietal	1	5,6	–	–
Occipital	1	5,6	1	5,6
Basalganglien	–	–	–	–
Summe:	7		5	

Hypoperfusion	rechts: (n)	(%)	links: (n)	(%)
Frontal	8	44,4	5	27,8
Temporo-lateral	11	61,1	6	33,3
Temporo-mesial	8	44,4	6	33,3
Parietal	2	11,1	1	5,6
Occipital	–	–	–	–
Basalganglien	–	–	2	11,1
Summe:	29		20	

Schlußfolgerungen

SPECT-Auffälligkeiten bei 17 von 18 Patienten stützen das Konzept einer neurobiologischen Störung der Zwangserkrankungen. Die frontale Hyperperfusion bei 7 von 18 Patienten ist in die u. a. aus PET-Untersuchungen abgeleitete Hypothese einer Überfunktion des orbitofrontalen Kortex bei zwangskranken Patienten integrierbar, andererseits kann o. g. Hypothese durch die häufiger vorgefundene frontale Hypoperfusion bei insgesamt 11 Patienten nicht gestützt werden. Zu diskutieren ist aufgrund unserer statistischen Berechnungen auch eine altersabhängige Beeinträchtigung frontaler Hirnstrukturen mit einer frontalen Hypoperfusion zu Beginn der Erkrankung und frontaler Hyperperfusion im höheren Alter.

Möglicherweise ist auch der rechts betonten Hypoperfusion temporal und frontal Bedeutung zuzumessen, wenngleich ähnliche/Befunde bei anderen psychiatrischen Erkrankungen z. B. Opiatabhängigkeit (Danos et al. 1993) für deren Unspezifität sprechen.

Literatur

Baxter LR, Phelps ME, Maziotto JC, et al (1987) Local cerebral glucose metabolitic rates in obsessive compulsive disorder. Arch Gen Psychiatry 44: 211–218

Baxter LR, Schwartz JM, Bergmann KS, Szuba MP, Guze H, Maziotta JC, Alazraki A, Selin CE, Ferng HK, Munford P, Phelps ME (1992) Caudate glucose metabolic change rates with both drug and behavior therapy for obsessive compulsive disorder. Arch Gen Psychiatry 49: 681–689

Danos P, Kasper S, Grünwald F, Broich K, Overbeck B, Höflich G, Krappel C, Biersack HJ, Möller HJ (1993) Pathologische CT- und SPECT-Befunde bei Heroinsucht. In: Baumann P (Hrsg) Biologische Psychiatrie der Gegenwart. Springer, Wien New York, S 51–554

Freud S (1894) Die Abwehr-Neuropsychosen. In: Gesammelte Werke, Bd 1. Fischer, Frankfurt/M (1960), S 57

Rubin RT, Villanueva-Meyer J, Ananth J, Trajmar PG, Mena I (1992) Regional Xenon 133 cerebral blood flow and cerebral technetium 99 m HMPAO uptake in unmedicated patients with obsessive compulsive disorder and matched control subjects. Arch Gen Psychiatry 49: 695–702

Swedo SE, Schapiro MB, Grady CL, et al (1989) Cerebral glucose metabolism in childhood-onset obsessive compulsive disorder. Arch Gen Psychiatry 46: 518–523

Tuke DH (1894) Imperative ideas. Brain 17: 179–197

Korrespondenz: Dr. G. Höflich, Psychiatrische Universitätsklinik, Sigmund-Freud-Straße 25, D-53105 Bonn, Bundesrepublik Deutschland

Schwächen im Kommunikationssystem „Sprache" bei Kindern: „Intermittierende links-parietale Alpha-Desynchronisation" (ILPAD) als spezifisches Korrelat im Standard – EEG?

G. H. Moll[1], **E. Sobanski**[1], **B. Musaeus**[1] und **A. Rothenberger**[2]

[1]Klinik für Psychiatrie und Psychotherapie des Kindes- und Jugendalters, Zentralinstitut für Seelische Gesundheit, Mannheim und [2]Klinik und Poliklinik für Kinder- und Jugendpsychiatrie, Universität Göttingen, Bundesrepublik Deutschland

Ausgangspunkt und Definition des EEG-Phänomens (ILPAD)

Bei der visuellen Auswertung der Standard-EEGs von Kindern mit Entwicklungsrückständen des Sprechens und der Sprache sowie mit Lese- und Rechtschreibschwäche fiel uns immer wieder eine spontane „intermittierende links-parietale Alpha-Desynchronisation" (ILPAD) auf (Abb. 1). Wir vermuteten daraufhin, daß – entgegen früheren Annahmen [1, 3] – sogar im Stan-

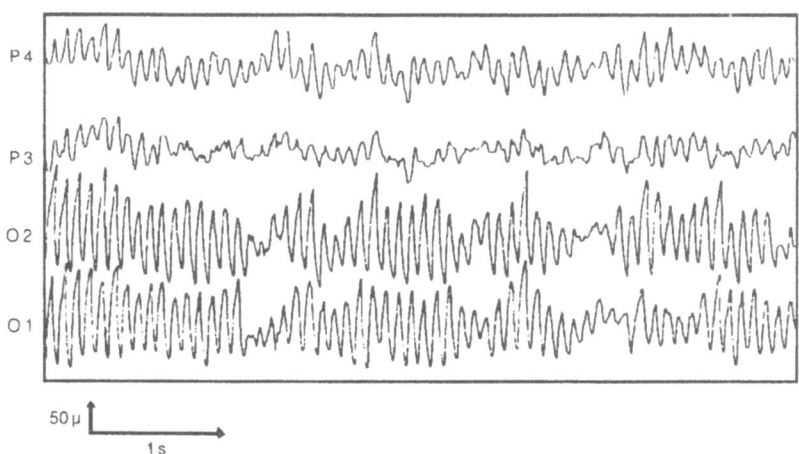

Abb. 1. Spontane intermittierende links-parietale Alpha-Desynchronisation (ILPAD) [Mädchen, 9;4 Jahre, Lese- und Rechtschreibstörung (ICD-10), Standard-EEG (Referenz zu den Ohren), Bedingung: Ruhe, Augen geschlossen]

dard-EEG spezifische Merkmale für derartige Auffälligkeiten bezüglich der Kommunikationsfunktionen Sprache, Lesen und Rechtschreiben nachgewiesen werden könnten. Zum Zwecke einer ersten kontrollierten Überprüfung definierten wir das beobachtete EEG-Phänomen folgendermaßen [9]:

- Standard EEG-Ableitung unter der Bedingung „Ruhe – Augen geschlossen", Referenz zu den Ohren.
- Grundsätzlich altersangemessene Ausprägung, Regelmäßigkeit und Synchronisation des Alpha-Rhythmus über den hinteren Ableitungspunkten.
- Intermittierende spontane Desynchronisation des Alpha-Rhythmus über dem linken parietalen Ableitungspunkt (P 3) für etwa 2 bis 10 Sekunden, welche nicht über dem rechten parietalen Ableitungspunkt (P 4) auftritt.
- Innerhalb einer drei-minütigen EEG-Ableitung sollten wenigstens drei Perioden von 2 Sekunden Dauer auftreten.

Untersuchungsgang

Untersucht wurden durch visuelle EEG-Beurteilungen sowie computergestützte Auswertungen drei mal zwei Gruppen von gesunden, d. h. kinderpsychiatrisch unauffälligen Kindern und Kindern mit hyperkinetischer Störung (ICD-10 [6]), jeweils mit homogenem Leistungsprofil versus „relativer Sprachschwäche", sowie von Kindern mit anderen kinderpsychiatrischen Störungen als der hyperkinetischen Störung, jeweils mit versus ohne nach ICD-10 definierter Lese- und Rechtschreibstörung. Die Fallzahl der nach Alter, Geschlecht und nichtverbalem IQ-Wert im Prüfsystem für Schul- und Bildungsberatung (PSB) nach Horn [5] parallelisierten Gruppen betrug in jeder der sechs Gruppen 12, die Altersmittelwerte lagen zwischen 10 und 11 Jahren. Kriterium für eine „relative Sprachschwäche" war das Vorliegen einer erheblichen Differenz (≥ 1.5 Standardabweichungen, d. h. ≥ 3 Punkten auf der C-Skala) zwischen den C-Werten der sprachlichen (Untertests 1 + 2 und 6) versus der sprachfreien Leistungen (Untertest 3, Symbol-Reasoning) im PSB. Eine weitere Gruppe bestand aus sieben achtjährigen Kindern, die keine kinderpsychiatrischen Auffälligkeiten, aber eine umschriebene Lese- und Rechtschreibstörung (ICD-10) aufwiesen. Die visuelle Auswertung des Standard-EEGs (internationales 10–20 Ableitesystem, „Ruhe, Augen geschlossen") im Hinblick auf eine spontane intermittierende links-parietale Desynchronisation des Alpha-Rhythmus (ILPAD) erfolgte bezüglich der parietalen Ableitepositionen P 3 (links) und P 4 (rechts), die topographische Analyse der Power-Spektren (Frequenzanalyse) im Hinblick auf eine linksposteriore Verlangsamung [Alpha-Theta-Quotient, B.E.S.T. medical system, Ableitebedingungen „Ruhe, Augen geschlossen" und „selektive auditorische Aufmerksamkeit" (SELA)].

Zusammenfassung der Ergebnisse

1. Das ILPAD-Phänomen war nicht zu sehen bei gesunden, d. h. kinderpsychiatrisch unauffälligen Kindern weder mit homogenem Leistungs-

profil noch mit „relativer Sprachschwäche", d. h. einem „niedrigen Niveau" sprachlicher Leistungen.

2. Das ILPAD-Phänomen war hingegen erkennbar bei kinderpsychiatrisch auffälligen Kindern mit einer (nach ICD-10) definierten Lese- und Rechtschreibstörung.

3. Das ILPAD-Phänomen konnte aufgrund seines intermittierenden Auftretens jedoch nicht durch übliche computergestützte Auswertungen von EEG-Power-Spektren nachgewiesen werden, da diesen Mittelungsverfahren über eine Vielzahl von EEG-Abschnitten zugrunde liegen.

4. Eine Abnahme der Alpha-Aktivität bei auditorischem „kognitiven Loading" (SELA-Bedingung) zeigte sich gleichermaßen bei gesunden bzw. hyperkinetischen Kindern mit „niedrigem" oder „hohem Niveau" ihrer sprachlichen Leistungen; ein sicherer Seitenunterschied war nicht nachzuweisen.

5. In der Gruppe von sonst kinderpsychiatrisch unauffälligen achtjährigen Kindern mit einer definierten Lese- und Rechtschreibstörung war das ILPAD-Phänomen vorhanden, sofern eine altersgemäße Reife des Hirnstrombildes vorlag.

Schlußfolgerungen

Das von uns beschriebene EEG-Phänomen einer „spontanen intermittierenden links-parietalen Alpha-Desynchronisation" (ILPAD) ist bei Kindern mit einer Lese- und Rechtschreibstörung nachweisbar. Bei diesen Kindern könnte ein Funktionsdefizit im Sinne einer Entwicklungsabweichung [8] in kortikalen Neuronensystemen der links-hemisphärischen Parietalregion vorliegen, die für die Erbringung von sprachgebundenen Kommunikationsleistungen erforderlich sind (neuroanatomische Auffälligkeiten fanden sich hauptsächlich im Bereich der Sylvischen Fissur und des Gyrus angularis, also in hirnanatomischen Regionen, die sprachentwicklungsrelevante Bereiche einschließen [4]). Die zu einer Desynchronisation führenden Prozesse – häufige intermittierende Zunahmen des Aktivitätsniveaus (im Sinne eines Arousal) ebenso wie intermittierende Reorganisationen neuronaler Aktivität, die zu einem erhöhten Verhältnis von evozierten zu spontanen Entladungen führen [2] – scheinen einer nur diffusen Erregung des Gehirns überlegen, um eine Optimierung der Funktionsfähigkeit neuronaler Systeme zu erreichen. Die im Standard-EEG nachweisbaren Desynchronisationen reflektieren dabei möglicherweise den Versuch, die Funktionsfähigkeit der für sprachgebundene Kommunikationsvorgänge [7] notwendigen Neuronensysteme in optimierter Bereitschaft zu halten.

Danksagung

Mit Unterstützung der Deutschen Forschungsgemeinschaft (SFB 258/E2), Universität Heidelberg.

Literatur

1. Conners CK (1987) Event-related potentials and quantitative EEG brain mapping in dyslexia. In: Bakker DJ, Wilsher C, Debruyne H, Bertin N (eds) Developmental dyslexia and learning disorders. Karger, Basel, pp 9–21
2. Creutzfeld O (ed) (1974) Handbook of electroencephalography and clinical neurophysiology, vol 2, part C. The neuronal generation of the EEG. Elsevier, Amsterdam, pp 2C-15 and 2C114-2C134
3. Duffy FH, Denckla MB, McAnulty GB, Holmes FA (1988) Neurophysiological studies in dyslexia. In: Plum F (ed) Language, communication, and the brain. Raven Press, New York, pp 149–170
4. Galaburda AM, Sherman GF, Rosen GD, Aboitiz F, Geschwind N (1985) Developmental dyslexia: four consecutive patients with cortical anomalies. Ann Neurol 18: 222–233
5. Horn W (1969) Prüfsystem für Schul- und Bildungsberatung. Verlag für Psychologie Hogrefe, Göttingen Toronto Zürich
6. ICD-10: Dilling H, Mombour W, Schmidt MH (eds) (1993) Internationale Klassifikation psychischer Störungen, Kapitel V (F). Klinisch-diagnostische Leitlinien. Weltgesundheitsorganisation. Huber, Bern Göttingen Toronto
7. Richardson SO (1989) Specific developmental dyslexia: retrospective and prospective views. Ann Dyslexia 39: 3–22
8. Rothenberger A (1987) EEG und Evozierte Potentiale im Kindes- und Jugendalter. Springer, Berlin Heidelberg New York Tokyo
9. Rothenberger A, Moll GH (1994) Standard EEG and dyslexia in children – new evidence for specific correlates? Acta Paedopsychiat 56: 209–218

Korrespondenz: Dr. G. H. Moll, Klinik für Psychiatrie und Psychotherapie des Kindes- und Jugendalters, Zentralinstitut für Seelische Gesundheit, Postfach 122 120, D-68072 Mannheim, Bundesrepublik Deutschland

Die Panik- und Agoraphobieskala: Validierung an 235 Patienten

B. Bandelow, G. Hajak und **E. Rüther**

Psychiatrische Universitätsklinik, Universität Göttingen,
Bundesrepublik Deutschland

Einleitung

Panikstörung und Agoraphobie (PDA) gehören zu den häufigsten psychiatrischen Störungen. Obwohl zahlreiche Angstskalen existieren, gibt es noch keine geeignete Skala zur Bestimmung des Schweregrades bei PDA. Eine alleinige Auszählung der Panikattackenfrequenz reicht nicht aus, da eine Verringerung der Frequenz mit einer gleichzeitigen Verschlechterung des agoraphoben Vermeidungsverhaltens einhergehen könnte. Um andere Faktoren wie z. B. Vermeidungsverhalten zu erfassen, wurde in bisherigen PDA-Studien eine verwirrende Vielfalt von Skalen angewendet, woraus sich z.B. Probleme der multiplen Testung ergaben (Erhöhung des Typ-I-Fehlers). Gebräuchliche Angstskalen messen außerdem eher generalisierte Angst (z. B. die Hamilton-Angstskala) und sind für die Panikstörung weniger geeignet.

Methode

Speziell für die wöchentliche Anwendung in klinischen Studien wurde eine Skala mit 13 Items entwickelt. Die Panik- und Agoraphobieskala [1] (P & A) ist mit DSM-III-R/IV bzw. ICD-10 kompatibel und als Fremd- und Selbstbeurteilung verfügbar. Für die Anwendung in Multicentre-Studien existieren bisher Versionen in dänisch, deutsch, englisch, französisch, hebräisch, italienisch, japanisch, niederländisch, portugiesisch, russisch, schwedisch und spanisch. Folgende Faktoren, die die Lebensqualität bei Panikstörung und Agoraphobie beeinträchtigen, wurden berücksichtigt: Panikattacken, phobische Vermeidung, antizipatorische Angst, Einschränkung im familiären, sozialen und partnerschaftlichen Bereich sowie Annahme einer organischen Störung. Die Skala wurde an 235 Patienten mit PDA (DSM-III-R/IV/ICD-10) einer Angstambulanz validiert.

Tabelle 1. Pearson-Korrelation der Panik- und Agoraphobieskala (Fremdbeurteilungs-version) mit anderen Fremdbeurteilungs-Angstskalen (** $p < 0.0001$; * $p < 0.0005$)

		Korrelation mit P& A
Clinical Global Impression (CGI);	n = 235	.79**
Panic-Associated Symptom Scale (PASS);	n = 91	.81**
Hamilton Anxiety Scale (HAMA);	n = 129	.59**
Covi Anxiety Scale (COAS);	n = 106	.58**
Clinical Anxiety Scale (CAS);	n = 70	.42*

Tabelle 2. Pearson-Korrelation zwischen einem globalen Maß für den Schweregrad der PDA (CGI) und den anderen untersuchten Angstskalen (*** $p < 0.0001$; ** $p < 0.001$; * $p < 0.05$

	P & A	PASS	HAMA	COAS	CAS
Clinical Global Impression (CGI)	0.79***	0.66***	0.45***	0.67***	0.24*
Panik- und Agoraphobieskala (P & A), Fremdbeurt.		0.81***	0.59***	0.58***	0.42**
Panic-Associated Symptom Scale (PASS)		0.49***	0.53***	0.50***	
Hamilton Anxiety Scale (HAMA)				0.65***	0.66***
Covi Anxiety Scale (COAS)					0.60***

Ergebnisse

Es ergaben sich gute und befriedigende Werte für Interrater-Reliabilität ($r = 0{,}78$; $p < 0{,}05$), Test-Retest-Reliabilität ($r = 0.73$; $p < 0{,}05$), innere Konsistenz (Fremdbeurteilung: $\alpha = 0{,}89$; Selbstbeurteilung: $\alpha = 0{,}88$), Spearman-Rang-Korrelation mit der Selbstbeurteilungsversion ($r = 0{,}78$; $p < 0{,}0001$), Itemkennwerte und Hauptkomponentenanalyse. Die gute externe Validität konnte durch eine hohe Korrelation mit der globalen Beurteilung des Schweregrades der PDA (CGI) sowie mit einer anderen Panik-skala belegt werden (Tabelle 1). Andere Angstskalen, z. B. die HAMA, korrelieren niedriger mit der CGI, da sie ein anderes Konstrukt, wahrscheinlich generalisierte Angst messen (Tabelle 2).

Schlußfolgerung

Die neue P & A-Skala kann methodische Probleme, die bisher bei der Beurteilung der Wirksamkeit von Medikamenten bei PDA auftraten, lösen helfen.

Literatur

1. Bandelow B (1995) The assessment of efficacy of treatments for panic disorder and agoraphobia. II. The Panic and Agoraphobia Scale. Int Clin Psychopharmacol 10: 83–94

Die Items der Panik- und Agoraphobieskala

13 Items, 5-Punkte-Likert-Skala (von 0 = „nicht vorhanden" bis 4 = „extrem schwer")

Panikattacken

A. 1. Häufigkeit
A. 2. Schweregrad
A. 3. durchschnittliche Dauer des Panikanfalls

Agoraphobie, Vermeidungsverhalten

B. 1. Vermeidungsverhalten
B. 2. Anzahl der angstauslösenden Situationen
B. 3. Relevanz der vermiedenen Situationen

Angst im Intervall

C. 1. Antizipatorische Angst, Häufigkeit
C. 2. Antizipatorische Angst, Intensität

Einschränkung

D. 1. Einschränkung im familiären Bereich (Partnerschaft, Kinder usw.)
D. 2. Einschränkung im sozialen und Freizeitbereich
        (gesellschaftliche Veranstaltungen usw.)
D. 3. Einschränkung im beruflichen Bereich (bzw. Hausarbeit)

Gesundheitssorgen

E. 1. Sorgen gesundheitliche Schäden durch Panikattacken
E. 2. Annahme einer organischen Störung

Der Gesamtschweregrad wird durch Addieren der Itemwerte errechnet
Zusätzliches Item: spontane vs. situationale Panikattacken (nicht bei der Berechnung des Gesamtschweregrades berücksichtigt)

Korrespondenz: Dr. B. Bandelow, Psychiatrische Universitätsklinik, Universität Göttingen, von-Siebold-Straße 5, D-37075 Göttingen, Bundesrepublik Deutschland

Gilles-de-la-Tourette Syndrom: Psychopathologische Differenzierung zu Zwangsstörungen und EEG-Mapping-Befunde

N. Müller[1], **A. Putz**[1], **N. Kathmann**[1], **W. Günther**[1] und **A. Straube**[2]

[1]Psychiatrische Klinik, Ludwig-Maximilians-Universität und [2]Neurologische Klinik, Klinikum Großhadern, München, Bundesrepublik Deutschland

Kennzeichen des Gilles-de-la-Tourette Syndroms (GTS) sind motorische Tics und Vokaltics, die während der Kindheit beginnen (Müller et al. 1988). Für kurze Zeit können die Tics willkürlich unterdrückt werden. Normalerweise verläuft die Erkrankung mit Exazerbationen und Remissionen, es werden aber auch chronische Verläufe beobachtet. Im Folgenden sind eine Vergleichsuntersuchung der Zwangssymptome bei GTS und Zwangsstörung, sowie EEG-Mapping Untersuchungen dargestellt.

1. Die hohe Prävalenz von psychiatrischen Symptomen beim Gilles-de-la-Tourette Syndrom (GTS) ist seit langem bekannt. In 40–90% (Shapiro et al. 1988) treten Zwangssymptome auf, darüber hinaus wurden Schlafstörungen, Substanzmißbrauch, depressive und ängstliche Syndrome, aber auch Schizophrenie-ähnliche Bilder beschrieben (Müller 1992).

Vergleichende Untersuchungen von 18 GTS-Patienten und 31 Patienten mit Zwangsstörungen mittels des Hamburger-Zwangs-Inventars (Kurzform; HZI-K) und des Maudsley Obsessive-Compulsive Inventars (MOCI) erbrachte signifikant erhöhte Werte sowohl bei Patienten mit Zwangsstörung, als auch bei GTS-Patienten auf den Skalen-Gesamtwerten und auf verschiedenen Subskalen des HZI-K im Vergleich mit einer Kontrollgruppe von 46 gesunden Probanden. Eine diskriminanzanalytische Untersuchung von GTS-Patienten und solchen mit einer Zwangsstörung anhand ausgewählter Einzelitems des HZI-K zeigte jedoch, daß die Zwangssymptome bei differenzierter Betrachtung durchaus unterschiedlich sind. 90% der Patienten konnten bezüglich ihrer Diagnose aufgrund von 14 HZI-K Items korrekt klassifiziert werden. Mit der Methode der step-wise Diskriminanzanalyse konnten 80% der Patienten mit Hilfe von nur drei Items korrekt klassifiziert werden. Echophänomene bei GTS und ängstlich getönte Gedanken,

Schuld an eigener oder jemand anderes Krankheit oder Tod zu haben bei Patienten mit Zwangsstörung waren die Items, die am besten zwischen beiden Gruppen diskriminierten. Dieses Ergebnis kann zu weiterer diagnostischer Sicherheit bei der Differentialdiagnose von Zwangsstörung und GTS, was weiterhin als unterdiagnostiziert gilt, beitragen. Darüber hinaus weist die unterschiedliche Symptomatik auch auf mögliche psychopathologische Unterschiede zwischen Zwangssyndromen organischer und neurotischer Genese hin.

Das Berühren von Dingen oder Personen wurde als GTS-typisches Verhalten beschrieben (Swedo und Rapaport 1989), es ist allerdings phänomenologisch Zwangssymptomen ähnlich und wird auch mit vielen Zwangsskalen erfaßt. Einige Autoren klassifizieren diese Berührungszwänge allerdings als motorische Tics (Robertson 1989) und betrachten es als Symptom mit einer gewissen Spezifität für GTS wie Echolalie und Echopraxie (Trimble 1989). Echophänomene, Mutilationen und Symmetrie-Verhalten – häufige Symptome bei GTS – fanden sich in einer anderen Vergleichsstudie nur bei einem kleinen Teil der Zwangspatienten, während Koprolalie bei keinem von ihnen auftrat (Pitman et al. 1987).

Shapiro et al. (1988) klassifizieren typische GTS Symptome wie Berühren oder Rückwärtsschritte als Tics, nicht als Zwangssymptome.

Auch aus therapeutischer Sicht ist die Differentialdiagnose zwischen GTS und Zwangsstörung von Bedeutung, denn die therapeutischen Strategien sind völlig unterschiedlich: Bei Zwangsstörungen sind vor allem serotonerg wirksame Pharmaka wie Clomipramin und selektive Serotonin-Wiederaufnahme-Hemmmer, vor allem aber auch Verhaltenstherapie wirksam, während bei GTS Dopamin-Antagonisten und der α_2 Agonist Clonidin als therapeutisch effizient gelten. Entspechend haben serotonerge Pharmaka nur einen begrenzten therapeutischen Effekt bei der Behandlung von Zwangssymptomen von erwachsenen GTS-Patienten und sie sind signifikant weniger wirksam bei Patienten, die Zwangsstörungen mit Tics aufweisen als bei Zwangsstörungen ohne motorische Auffälligkeiten. Zwangspatienten mit Tics oder einer Tic-Anamnese zeigen besseres therapeutisches Ansprechen bei der Behandlung mit Neuroleptika als bei Serotonin-Wiederaufnahme-Hemmern, während letztere, teils auch andere Antidepressiva, gelegentlich die Ticsymptomatik sogar verschlechtern (Müller 1992)

2. In der Literatur sind unterschiedliche Befunde des EEG-Mappings bei GTS Patienten beschrieben, die meisten Autoren fanden unter Ruhebedingungen keine wesentlichen Unterschiede zu Kontrollen. Da es sich bei GTS zweifellos um eine Störung der Motorik handelt, wurden die EEG-Mapping Ableitungen nicht nur unter Ruhebedingungen, sondern unter verschiedenen Paradigmen vorgenommen. Wir untersuchten 13 GTS Patienten und 26 gesunde Kontrollen mit einem 32-Kanal EEG-Mapping System unter Ruhebedingungen, unter manumotorischer Aktivität, sowie unter Musikperzeptionsbedingungen.

Unter Ruhebedingungen zeigten sich in Übereinstimmung mit der Literatur keine Unterschiede zwischen Patienten und Kontrollen. Unter den Bedingungen einfacher und komplexer Handbewegungen allerdings, sowie während Musikperzeption zeigten sich deutliche Unterschiede vor allem im alpha-Frequenz Band. Sie deuten auf eine verringerte ZNS-Aktivierung während der motorischen Aktivität in den frontalen und zentralen Bereichen und während der Musikperzeption in den temporalen und parietalen Bereichen bei den GTS-Patienten im Vergleich zu Kontrollen hin. Dieser Befund unterstreicht ein funktionelles Defizit bei GTS, das auch medio-frontale und bilateral temporoparietale ZNS-Bereiche umfaßt.

Die vermutete organische Genese des GTS wird sowohl durch die psychopathologischen, als auch durch die EEG-Mapping Befunde unterstützt.

Literatur

Müller N (1992) Exacerbation of tics following antidepressant therapy in a case of Gilles-de-la-Tourette-syndrome. Pharmacopsychiatry 25: 243–244
Müller N, Straube A, Horn B, Müller-Spahn F, Ortner M (1988) Zwänge als Leitsymptom des Gilles-de-la-Tourette-Syndroms. Ein Beitrag zur Differentialdiagnose des Zwangssyndroms. Nervenheilkunde 7: 226–232
Nee LE, Caine ED, Polinsky RJ, Eldridge R, Ebert MH (1980) Gilles-de-la-Tourette syndrome: clinical and family study of 50 cases. Ann Neurol 7: 41–49
Pitman RK, Green RC, Jenike MA, Mesulam MM (1987) Clinical comparison of Tourette's disorder and obsessive-compulsive disorder. Am J Psychiatry 144: 1166–1171
Robertson MM (1989) The Gilles de la Tourette's syndrome: the current status. Br J Psychiatry 154: 147–169
Shapiro AK, Shapiro ES, Young JG, Feinberg TE (1988) Gilles-de-la-Tourette Syndrome, 2nd edn. Raven Press, New York
Swedo SE, Rapoport JL (1989) Phenomenology and differential diagnosis of obsessive-compulsive disorders in children and adolescents. In: Rapaport JL (ed) Obsessive-compulsive disorder in children and adolescents. American Psychiatric Press, Washington, pp 13–32
Trimble MM (1989) Psychopathology and movement disorders: a new perspective on the Gilles-de-la-Tourette syndrome. J Neurol Neurosurg Psychiatry SS: 90–95

Korrespondenz: Priv.-Doz. Dr. N. Müller, Psychiatrische Universitätsklinik, Nußbaumstraße 7, D-80336 München, Bundesrepublik Deutschland

Carbamazepin-Retard bei Patienten mit einer Persönlichkeitsstörung

V. Pfersmann und **K. Meszaros**

Universitätsklinik für Psychiatrie, Wien, Österreich

Einleitung

Während für organische und endogene Psychosen ein einheitliches Vorgehen bei der Therapie vorliegt, bestehen *divergierende Therapieansätze* bei der Behandlung von Persönlichkeitsstörungen. So gibt es für diese Diagnosegruppe bis heute keinen psychophopharmakologischen Behandlungsansatz, der einer Lithiumeinstellung zur Phasenprophylaxe bei bipolaren Psychosen vergleichbar wäre.

Bisherige *psychopharmakologische* Therapieversuche (Soloff et al. 1986) waren zumeist symptomorientiert und wurden mit unterschiedlichem Erfolg angewandt.

Siever et al. (1993) konnte zeigen, daß bestimmte Symptome bei Persönlichkeitsstörungen wie *affektive Instabilität, Impulsivität* und *Aggressivität* mit Veränderungen im *serotoninergen System* einhergehen. Durch den Einsatz von Serotonin-Reuptake-Inhibitoren konnte eine symptomorientierte Regulierung erreicht werden (Benkelfat 1993).

Eine weitere Möglichkeit der Behandlung von Persönlichkeitsstörungen stellt Carbamazepin (CBZ) dar (Post et al. 1986, Cowdry et al. 1984). In der Literatur finden sich jedoch nur wenige Untersuchungen, die unter doppelblinden Bedingungen durchgeführt wurden (Gardner et al. 1986).

Hingegen gibt es ausführliche Konzepte zur *Psychotherapie* von Persönlichkeitsstörungen. Spezifische Behandlungsstrategien wurden von psychoanalytischer (Kernberg 1991, Gunderson et al. 1981) und von verhaltenstherapeutischer Seite (Lion 1981) entwickelt.

Ziele und Hypothesen

In dieser Studie soll die Wirkung von Carbamazepin retard in Vergleich zu Placebo in der Langzeitbehandlung auf die Psychopathologie und Lebensqualität von Patienten mit der Diagnose einer Persönlichkeitsstörung geprüft werden.

Methodik

Eine Veränderung der *Lebensqualität* mit den Skalen:
- zur Erfassung des Funktionsniveaus (GAF-Skala; Endicott et al. 1976)
- der Clinical Global Impression Skala (CGI; CIPS 1986)
- dem Self Report Symptom Inventory (SCL-9OR; CIPS 1986) dokumentiert werden.

Eine symptomorientierte Veränderung soll durch Erfassung der *Psychopathologie* unter besonderer Berücksichtigung der Zielsymptome: *Impulskontrolle, Selbstbeschädigung und affektive Instabilität* mittels der Skalen:
- FAF (Fragebogen zur Erfassung der Aggressivität)
- AMDP und Subitems der AMDP: „Störung der Affektivität; Suizidalität, Selbstschädigung"
- SCL-90R Subscore 6: „Aggressivität und Feindseligkeit"
- BPRS-Gesamtscore und Subscore 1: „Depression, Angst"
- HAMD total score
- AMDP-Subitems [Depressive Stimmung, Affektlabilität] erfaßt und die Veränderungen im Verlauf dokumentiert werden.

Einschlußkriterien sind Persönlichkeitsstörungen nach ICD-10: F60.2 dissoziale Persönlichkeitsstörung, F60.3 Impulsive und Borderline Persönlichkeitsstörung F60.4 Histrionische Persönlichkeitsstörung; oder nach DSM III-R, Cluster B: 301.50 Histrionische Persönlichkeitsstörung, 301.70 Antisoziale Persönlichkeitsstörung, 301.83 Borderline Persönlichkeitsstörung.

Eingeschlossen werden sowohl Männer als auch Frauen im Alter zwischen 18 und 60 Jahren.

Ausschlußkriterien: schwerwiegende organische Erkrankung, manifeste schizophrene oder affektive Psychose, akute Suizidalität, Polytoxikomanie und Schwangerschaft.

Ergebnisse

Bisher konnten 8 Patienten (siehe Tabelle 1) in die Studie eingeschlossen werden. Nach einem unterschiedlichen Beobachtungszeitraum von bis zu fünf Monaten konnte bei einigen Patienten eine deutliche Besserung in den Zielsymptomen affektive Instabilität und Impulskontrolle beobachtet werden. Da es sich um eine Verlaufsbeobachtung handelt, können bisher noch keine Aussagen zur Veränderung der Lebensqualität gemacht werden.

Auffallend ist, daß das gesamte Patientenkollekiv sowohl in der Selbst- und als auch in der Fremdbeurteilung eine depressive Symptomatik klinischer Wertigkeit aufweist, die jedoch interindividuell sehr unterschiedlich ausgeprägt ist. Anhand der erhobenen Daten lassen sich zwei Untergruppen diskrimieren, und zwar eine Gruppe, die in den Skalen HAMD, BPRS und SCL-90R besonders hohe Depressionsscores aufweist, das heißt das Stimmungsschwankungen und Affektlabilität im Vordergrund stehen, und eine Gruppe mit deutlich erhöhten Scores in den Skalen BPRS und SCL90R (Subscore 6) für Aggressivität und Feindseligkeit, bei welcher die Impulskontrollstörung dominierend ist. Es erscheint daher sinnvoll bei größerer Fallzahl zwei Patientengruppen zu bilden und die Wirkung von Carbamazepin für diese Untergruppen separat auszuwerten.

Tabelle 1

Pat n An.	Diagnose ICD-10	DSM-IIIR	age	sex	HAMD	SMV	SCL-90-R GSI-core 6	BPRS score 6-subs. 1	GAF	CGI	Fam.
1	F60.4	301.50	30	m	24	0	1,4-1,0	36-16	80	4	neg.-
2	F60.3	301.83	19	m	16	1	1,6-2,5	48-11	45	5	neg.
3	F60.3	301.83	31	w	50	2	1,9-1,0	49-17	50	6	neg.
4	F60.2	301.70	24	m	40	1	1,8-0,8	45-15	41	5	unbek.
5	F60.3	301.83	22	w	62	4	1,9-2,8	64-18	50	7	neg.
6	F60.3	301.83	33	w	25	0	1,4-1,0	55-17	40	5	unbek.
7	F60.3	301.83	31	w	24	1	1,1-1,5	40-23	60	5	pos.
8	F60.3	301.83	20	m	19	0	1,4-2,0	44-15	61	5	pos.

HAMD (Depression bei Werten zwischen 22 und 28). BPRS score 6 = Σ der items; subscore 1 = Angst / Depression. SCL-90-R GSI = General Symptom Index = Σ der Items (Norm = 0,31, psychiatrische Patienten = 1,26) subscore 6 = Aggressivität und Feindseligkeit (Norm = 0,30, psychiatrische Patienten =1,1. CGAF = Globalbeurteilung des Funktionsniveaus. SMV= Selbstmordversuche. Fam.An. = Familiäre Belastung für psychiatrische Krankheiten

Diskussion

Benkelfat (1993) und Siever (1993) konnten die Bedeutung des Serotoninstoffwechsels bei Impulskontrollstörungen und Suizidalität bei Depression und Persönlichkeitsstörungen aufzeigen. Gardner et al. (1986) und Barrat (1993) haben eine positive Wirkung von Carbamazepin bei Borderline Patienten und Patienten mit Aggressionsdurchbrüchen nachgewiesen. Da in der Literatur auch eine Interaktion von Carbamazepin mit dem Serotoninstoffwechsel beschrieben wird, scheint eine Auswertung dieser Studie in Hinblick auf die gebildeten zwei Untergruppen mit der jeweils vorherrschenden Symptomatik: Impulskontrollstörung versus Affektlabilität und Depression neue Aspekte für eine klarere Indikationsstellung bei der Therapie dieser Störung zu bringen.

Literatur

Benkelfat C (1993) Serotoninergic mechanisms in psychiatric disorders: new research tools, new ideas. Int Clin Pharmacol 8: 53–56

Barrat S (1993) The use of anticonvusant in aggression and volence. Psychopharmacol Bull 29 (1): 75–81

Cowdry RW, Gardner DL de Jong R (1984) Biology and pharmacology of borderline disorders. Proceedings, American Psychiatric Association, 137th Annual Meeting, Los Angeles, Ca, p 94

Gardner DL, Cowdry RW (1986) Positive effects of carbamazepine on behavioral dyscontrol in borderline personality disorder. Am J Psychiatry 143: 519–522

Gunderson JG, Kolb JE, Austin V (1981) The diagnostic interview for borderline patients. Am J Psychiatry 138/7: 896–903

Kernberg 0 (1991) Schwere Persönlichkeitsstörungen. Klett-Cotta, Stuttgart

Lion J (1981) Personality disorders. William and Wilkins, Baltimore London

Post RM, Rubinow DR, Uhde TW, Ballenger JC, Linnoila M (1986) Dopaminergic effects of carbamazepine. Arch Gen Psychiatry 43: 392–396

Soloff et al (1986) Progress in pharmacology of borderline disorders. Arch Gen Psychiatry 43: 691–697

Siever, et al (1993) The serotonin system and aggressive personality disorder. Int Clin Psychopharmocol 8 [Suppl 2] 33–39

Korrespondenz: Dr. V. Pfersmann, Universitätsklinik für Psychiatrie, Währinger Gürtel 18–20, A-1090 Wien, Österreich

Voraussagewert psychosozialer und neuropsychologischer Merkmale auf den Verlauf von Anorexia nervosa im Jugendalter

W. Woerner, N. Röhrkohl, G. H. Moll und **A. Rothenberger**

ZI Mannheim/SFB 258-E2, Mannheim, Bundesrepublik Deutschland

Die Regulation normalen und auffälligen Verhaltens wird sowohl von psychosozialen als auch von zentralnervösen Faktoren beeinflußt, wobei insbesondere Strukturen und Funktionen des Frontalhirns eine herausragende Rolle zu spielen scheinen (Rothenberger 1990). Eine der Zielsetzungen biologisch orientierter Ansätze in der kinder- und jugendpsychiatrischen Forschung betrifft die Beschreibung und Isolierung neuropsychologischer und psychophysiologischer Korrelate von Verhaltensstörungen. Besonderes Interesse gilt auch der Frage, welche Merkmale eine Vorhersage des weiteren Verlaufs einer bestehenden kinderpsychiatrischen Störung erlauben.

Im Rahmen einer umfassenderen prospektiven Längsschnittstudie wurden u. a. bei Jugendlichen mit Anorexia nervosa auf verschiedenen Datenebenen Indikatoren registriert. Gemäß der zentralen Hypothese dieser Studie wurde dabei erwartet, daß gut ausgeprägte Frontalhirnfunktionen einen günstigen Einfluß auf den weiteren psychopathologischen Verlauf ausüben. Mit den hier berichteten Befunden sollte überprüft werden, welchen prädiktiven Wert neuropsychologische – vor allem frontalhirnsensitive – Leistungen bzw. psychosoziale Faktoren für den weiteren Verlauf externalisierender und internalisierender Symptome bei Anorexia nervosa-PatientInnen besitzen.

Stichprobe

Untersucht wurden 26 Mädchen und 2 Jungen mit der Diagnose Anorexia nervosa, für die neben der Ersterhebung auch Daten einer 6–12 Monate später erfolgten ersten Nachuntersuchung vorlagen. Das Alter bei Erstuntersuchung lag zwischen 10;8 und 17;5 Jahren (Median: 15;8 Jahre).

Methode

Zielvariable bei den durchgeführten Regressionsanalysen war die Veränderung (Differenz 2.–1. Untersuchung) der T-Werte für externalisierende bzw. internalisierende Symptome, die von den Eltern in der Child Behavior Checklist (CBCL; Achenbach und Edelbrock 1983) angegeben wurden.
Neben dem Alter wurden als Prädiktoren 8 neuropsychologische sowie 8 psychosoziale bzw. Therapie-Merkmale herangezogen:

Prädiktorenblock NP

Reaktionszeiten in einer komplexen Wahlreaktionsaufgabe, Fehlerzahl im Continuous Performance Test; Antwortsumme bei vier Fragen zum „Divergenten Denken"; Matching Familiar Figures Test (Fehler/Zeit); Selektivitäts-T-Wert im Farbe-Wort-Interferenz-Test; Perseverationsfehler im Kognitiven Flexibilitäts-Test; Reaktionszeit auf einfache Tonreize; Genauigkeit von Zeitreproduktionen (Differenz mit vs. ohne Modalitätswechsel)

Prädiktorenblock PS/T

Family Adversity Index; Sozioökonomischer Status; Anzahl belastender Lebensereignisse; Sozialbeziehungen, Schulische Anpassung und Freizeitgestaltung (nach Kydd und Werry); Umfang medikamentöser und psychotherapeutischer Interventionen nach der Erstuntersuchung.

Zur Kontrolle von Reihenfolge-Effekten gingen die zwei Prädiktorenblocks auch in jeweils umgekehrter Reihenfolge in die Regressionsgleichung ein.

Ergebnisse

Bei *blockweiser* Aufnahme der beiden Prädiktorenblocks in die Regressionsgleichung (Tabelle 1) zeigten neuropsychologische Merkmale einen relativ stärkeren Einfluß auf den Verlauf externalisierender (im Vergleich zu internalisierender) Symptomatik. Der Verlauf internalisierender Symptomatik konnte dagegen besser durch den Prädiktorenblock mit psychosozialen und Therapie-Merkmalen vorhergesagt werden.

Bei *schrittweiser* Aufnahme der einzelnen Prädiktoren eines Blocks erwiesen sich schlechtere Zeitreproduktionsleistungen mit vs. ohne Modalitätswechsel, ein hoher Anteil an Perseverationsfehlern beim Kognitiven

Tabelle 1. Blockweise Aufnahme beider Prädiktorenblocks in die Regressionsgleichung und deren prozentualer Prognosebeitrag für den Verlauf psychopathologischer Zielvariablen

	Alter	Prädiktoren NP	PS/T	erklärte Varianz insgesamt
Externalisierende Symptomatik				
– erst NP, **dann** PS/T	5.9%	+ 57.6%	+ 28.4%	91.8%
– erst PS/T, **dann** NP	5.9%	+ 27.5%	+ 58.4%	91.8%
Internalisierende Symptomatik				
– erst NP, **dann** PS/T	1.1%	+ 49.6%	+ 32.4%	83.2%
– erst PS/T, **dann** NP	1.1%	+ 22.1%	+ 59.9%	83.2%

Flexibilitäts-Test, sowie eine geringe Anzahl von Antworten beim Divergenten Denken als beste Prädiktoren für die Vorhersage eher ungünstiger Verläufe externalisierender Symptomatik. Bei der Vorhersage des Verlaufs internalisierender Symptome zeigten sich prognostisch ungünstige Effekte besonders für erhöhte Werte im Family Adversity Index, häufigere belastende Lebensereignisse, sowie unzureichende Sozialbeziehungen und Freizeitgestaltung.

Fazit

Wie schon in ersten Ergebnissen an einer heterogenen Stichprobe kinderpsychiatrischer Patienten (Rothenberger et al. 1993) zeigten sich auch in der hier betrachteten homogeneren Gruppe von Anorexia nervosa-PatientInnen Hinweise auf ein differentielles prognostisches Potential der beiden Merkmalsbereiche Neuropsychologie und Psychosozial/Therapie bei der Vorhersage von externalisierenden und internalisierenden psychopathologischen Symptomen. Der erwartete prädiktive Wert frontalhirnsensitiver neuropsychologischer Leistungen konnte besonders für externalisierende Symptome dokumentiert werden, während die weitere Entwicklung internalisierender Symptomatik stärker von psychosozialen Faktoren und dem Umfang therapeutischer Maßnahmen abhing.

Literatur

Achenbach TM, Edelbrock C (1983) Manual for the child behavior checklist and revised child behavior profile. University of Vermont, Burlington VT

Rothenberger A (1990) The role of the frontal lobes in child psychiatric disorders. In: Rothenberger A (ed) Brain and behavior in child psychiatry. Springer, Berlin Heidelberg New York Tokyo, pp 34–58

Rothenberger A, Woerner W, Schmidt MH (1993) Voraussagewert psychosozialer und neuropsychologischer Merkmale auf den Verlauf kinderpsychiatrischer Störungen. XXIII. Wissenschaftliche Tagung der Deutschen Gesellschaft für Kinder- und Jugendpsychiatrie, Köln, 28. April – 1. Mai

Korrespondenz: Dr. W. Woerner, ZI Mannheim/SFB 258-E2, Postfach 122120, D-68072 Mannheim, Bundesrepublik Deutschland

Zusammenhang von therapeutischen und unerwünschten Wirkungen der Pharmakotherapie generalisierter Angststörungen

C. Wurthmann, E. Klieser und **E. Lehmann**

Psychiatrische Universitätsklinik, Magdeburg, Bundesrepublik Deutschland

In der Pharmakotherapie der Angst mit niedrig dosierten Neuroleptika kann es, auch zu gravierenden, Nebenwirkungen kommen. Nebenwirkungen sind insgesamt aber eher selten. Gleichwohl ist zu fragen, ob Nebenwirkungen, wenn sie in Erscheinung treten, die therapeutische Wirksamkeit des jeweiligen Neuroleptikums negativ beeinflussen. Belege für einen Zusammenhang zwischen therapeutischer Wirksamkeit und Nebenwirkungen finden sich bereits in der Pharmakotherapie von affektiven Störungen und Schizophrenien. Bei 205 ambulanten Patienten mit generalisierten Angststörungen nach ICD 10 wurden zum einen sowohl die therapeutischen Wirkungen als auch Art und Auftretenshäufigkeit von unerwünschten Wirkungen einer 6-wöchigen offenen Behandlung mit Fluspirilen in einer Standarddosis von 1.5 mg pro Woche erfaßt (Wurthmann et al. 1995). Bei Patienten mit sehr deutlicher und deutlicher Besserung der Angstsymptomatik war die globale Verträglichkeit der Prüfsubstanz signifikant besser als bei Patienten mit nur geringer oder ohne Besserung der Angstsymptomatik nach 6 Wochen ($p < .001$). Der Zusammenhang zwischen therapeutischen Wirkungen und unerwünschten Wirkungen konnte auch in einer Responderanalyse gezeigt werden. Response wurde definiert als Nicht-Vorhandensein oder schwache Ausprägung des Leitsymptoms Angst in Woche 6. Zunächst wurde die Gesamtstichprobe in zwei Zufallsstichproben geteilt. Basierend auf einer nicht-hierarchischen Diskriminanzanalyse wurden für beide Gruppen Prädiktoren des Behandlungserfolges ermittelt und diese kreuzvalidiert. Die Ergebnisse erbrachten u. a., daß das Fehlen von unerwünschten Wirkungen innerhalb der ersten Behandlungswoche einen guten Behandlungserfolg nach 6 Wochen prädiziert.

Aufgrund der Responderanalyse konnte für ca. 85% der Patienten der Therapieerfolg korrekt vorausgesagt werden. Zu fragen ist, wie dieses Phänomen erklärt werden kann. Patienten mit Angststörungen weisen charakteristische Denkmuster auf. Diese beinhalten im Falle der generalisierten Angststörungen u. a. die Sorge vor körperlichen Bedrohungen. Denkbar ist, daß das Wahrnehmen der Nebenwirkungen von Patienten mit generalisierten Angststörungen im Sinne einer dysfunktionalen Kognition als körperliche Bedrohung interpretiert wird, woraus erneut Angst resultiert. Für die therapeutische Praxis der Behandlung generalisierter Angststörungen mit Fluspirilen, möglicherweise mit Neuroleptika generell, ergibt sich aus den Ergebnissen der Studie, daß die Behandlung nebenwirkungsgeleitet sein sollte.

Literatur

Wurthmann C, Klieser E, Lehmann E (1995) Interaktion von therapeutischen Wirkungen und Nebenwirkungen in der Pharmakotherapie generalisierter Angststörungen mit niedrigdosiertem Fluspirilen. Fortschr Neurol Psychiat 63: 72–77

Korrespondenz: Priv.-Doz. Dr. C. Wurthmann, Psychiatrische Universitätsklinik, Leipziger Straße 44, D-39120 Magdeburg, Bundesrepublik Deutschland

Probetherapie in der Behandlung generalisierter Angststörungen mit niedrig dosiertem Fluspirilen

C. Wurthmann, E. Klieser und **E. Lehmann**

Psychiatrische Universitätsklinik, Magdeburg, Bundesrepublik Deutschland

Die Studie wurde durchgeführt vor dem Hintergrund der Tatsache, daß es der Psychopharmakotherapieforschung bisher nicht ausreichend gelungen ist, zeitlich vor Behandlungsbeginn gelegene Prädiktoren des Behandlungserfolges aufzufinden. Einen wichtigen Fortschritt in der Prädiktorforschung markiert jedoch die Entwicklung des Probetherapiemodells. Danach erlaubt das frühe Ansprechen auf ein Psychopharmakon innerhalb der ersten Behandlungstage eine Voraussage über den längerfristig zu erwartenden Behandlungserfolg. Die Gültigkeit des Probetherapie-Modells konnte bereits für die Neuroleptikatherapie schizophrener Psychosen und die Thymoleptikatherapie von Depressionen nachgewiesen werden. Ziel der vorliegenden Studie war, die prädiktive Bedeutung einer zweiwöchigen Probetherapie mit Fluspirilen für den Behandlungserfolg nach 6 Wochen zu untersuchen (Wurthmann et al. 1995). 106 ambulante Patienten mit generalisierten Angststörungen erhielten 6 Wochen lang nach randomisierter Zuteilung doppelblind entweder 0.5 mg, 1.0 mg oder 1.5 mg Fluspirilen pro Woche. In allen drei Gruppen kam es insgesamt zu einem deutlichen Rückgang der Angst ($p < .001$). Das Hauptergebnis der Studie ist, daß die initialen Veränderungen der HAMA-Variablen somatische Angst, psychische Angst und Gesamtangst innerhalb der ersten zwei Behandlungswochen mit den Veränderungen dieser Items nach 6 Wochen und dem Globalen Arzturteil nach 6 Wochen korrelieren ($p < .05$). Insgesamt erbrachte somit die Studie, daß das Probetherapiemodell auch in der Neuroleptikatherapie genenalisierter Angststörungen mit Fluspirilen gültig ist. Zu vermuten ist, daß dieses Ergebnis für die Neuroleptanxiolyse von allgemeiner Gültigkeit ist, da sich alle niedrig dosierten Neuroleptika durch einen raschen Wirkungseintritt auszeichnen. Allerdings wurde bisher für kein anderes Neuroleptikum der Zusammenhang zwischen dem frühen Ansprechen und dem späteren Behandlungserfolg aufgezeigt. Für die allgemeine

Behandlungspraxis bedeutet das Ergebnis, daß aufgrund der Probetherapie bei einem großen Teil der Patienten der spätere Behandlungserfolg schon zu einem frühen Zeitpunkt vorausgesagt werden kann. Dies ist vor allem für das therapeutische Prozedere bei TherapieNonrespondern bedeutsam, denen somit eine längerfristige ineffektive und eher nebenwirkungsträchtige Behandlung erspart werden kann.

Literatur

Wurthmann C, Klieser E, Lehmann E, Pester U (1995) Test therapy in the treatment of generalized anxiety disorders with low dose fluspirilene. Prog Neuropsychopharmacol Biol Psychiatry 19: 1049–1060

Korrespondenz: Priv.-Doz. Dr. C. Wurthmann, Psychiatrische Universitätsklinik, Leipziger Straße 44, D-39120 Magdeburg, Bundesrepublik Deutschland

Differentielle Pharmakotherapie generalisierter Angststörungen

C. Wurthmann, E. Klieser und **E. Lehmann**

Psychiatrische Universitätsklinik, Magdeburg, Bundesrepublik Deutschland

Die Studie wurde durchgeführt vor dem Hintergrund der Tatsache, daß einerseits eine Reihe von Substanzgruppen zur Verfügung stehen, deren angstlösende Wirkung bei generalisierten Angststörungen in Gruppenexperimenten gezeigt werden konnten. Insbesondere sind Benzo- und Thienodiazepine, aber auch Neuroleptika sowie Antidepressiva zu nennen. Andererseits aber mangelt es an Prädiktoren dafür, welche der Substanzgruppen im Einzelfall optimal wirksam ist. Infolgedessen erfolgt in der Pharmakotherapie generalisierter Angststörungen die Wahl eines bestimmten Anxiolytikums bisher ohne experimentell gestützte rationale Begründung. Überwiegend folgt der Therapeut seinen auf unsystematischen Erfahrungen gründenden Überzeugungen und unterschiedlichen allgemeinen Konventionen. Kritisch zu betrachten ist diese Vorgehensweise in erster Linie bei Patienten mit chronifizierten, scheinbar therapieresistenten Angstsyndromen, da in diesen Fällen evtl. doch vorhandene Wirksamkeitsunterschiede therapeutisch nicht genutzt werden. Eine Möglichkeit, das jeweils wirksamste Präparat zu finden, stellen Einzelfallexperimente dar. In die Studie wurden 30 Patienten (12 Männer, 18 Frauen) mit „therapieresistenten" generalisierten Angststörungen eingeschlossen (Wurthmann et al. 1995). Die Prüfsubstanzen (Amitriptylin 30 mg/Tag, Flupentixol 1.5 mg/Tag, Clothiazepam 15 mg/Tag und Plazebo) wurden doppelblind und in zufälliger Reihenfolge verabreicht. Jede Präparatebedingung kam 4-mal in Therapiephasen von 1 Woche Dauer zur Anwendung. Sämtliche Therapiephasen waren durch l-wöchige Wash-out-Phasen unterbrochen. Die Gesamtdauer jedes Einzelfallexperimentes betrug somit 31 Wochen. Kriterium des Behandlungserfolges war jeweils der Hamilton-Gesamt-Wert am Ende jeder Therapiephase. Mittels U-Test konnte gezeigt werden, daß sich bei 19 von 30 Patienten trotz scheinbarer Therapieresistenz ein Präparat ermitteln ließ, welches den übrigen Bedingungen signifikant überlegen war

(Clotiazepam 11 Patienten, Flupentixol 3 Patienten, Amitriptylin 5 Patienten). Plazebo war bei keinem Patienten am wirksamsten. Bei 11 Patienten fand sich kein signifikanter Unterschied. Gleichwohl müssen auch bei diesen Patienten systematische, wenn auch nicht signifikante, Gruppendifferenzen vorhanden gewesen sein, da mittels Metaanalyse die Grundannahme, wonach pro Patient ein Präparat wirksamer ist als die anderen Bedingungen, eindeutig bestätigt werden konnte ($p < .001$). Varianzanalytisch konnte gezeigt werden, daß die Position der Präparate in der Zeitreihe keinen Einfluß auf das Ergebnis des jeweiligen Einzelfallexperimentes hatte. Nach wie vor läßt sich nicht die Frage allgemeingültig beantworten, welche unter einer generalisierten Angststörung leidenden Patienten überhaupt einer Pharmakotherapie zugeführt werden sollten und, wenn eine Pharmakotherapie durchgeführt werden soll, wann niedrig dosierte Neuroleptika oder andere Anxiolytika indiziert sind. In der alltäglichen Behandlungspraxis ist dieses Problem nur durch eine pragmatische Vorgehensweise, d. h. durch individuelles Austesten unter Praxisbedingungen zu lösen. Bei den meisten Patienten wird ohnehin jeweils nach 1 bis 2 Behandlungswochen mit verschiedenen Anxiolytika eine merkliche Besserung eintreten. Im Falle einer vermuteten Therapieresistenz sollten jedoch Einzelfallexperimente zur Anwendung gelangen. Gezeigt wurde, daß es unter experimentellen Bedingungen schließlich doch gelingt, klinisch bedeutsame Unterschiede der Wirksamkeit zwischen verschiedenen Präparateklassen zugehörigen Substanzen aufzufinden. Insgesamt bezeugen die Ergebnisse der Studie, daß bei allem Streben nach Qualitätssicherung und allgemein verbindlichen Therapiestandards auch in der Pharmakotherapie generalisierter Angststörungen die Individualität jedes Patienten weiter im Mittelpunkt ärztlichen Handelns zu stehen hat.

Literatur

Wurthmann C, Klieser E, Lehmann E (1995) Psychopharmakologische Differentialtherapie generalisierter Angststörungen Ergebnisse einer Studie mit 30 Einzelfallexperimenten. Fortschr Neurol Psychiat 63: 303–309

Korrespondenz: Priv.-Doz. Dr. C. Wurthmann, Psychiatrische Universitätsklinik, Leipziger Straße 44, D-39120 Magdeburg, Bundesrepublik Deutschland

Die Behandlung von Panikstörung und Agoraphobie aus der Sicht der Patienten

B. Bandelow, K. Sievert, G. Hajak und **E. Rüther**

Psychiatrische Universitätsklinik, Universität Göttingen, Göttingen,
Bundesrepublik Deutschland

Einleitung

Zu den Medikamenten, die sich bei der Behandlung von Panikstörung und Agoraphobie nach DSM-III-R (PDA) laut Literatur in kontrollierten Studien als wirksam erwiesen haben, zählen Benzodiazepine (BZ), trizyklische Antidepressiva (TZA), MAO-Hemmer und selektive Serotoninwiederaufnahmehemmer (SSRI). Neuroleptika (NL) und Phytotherapeutika wurden nicht bei PDA-Patienten (DSM-Definition) untersucht. Von den psychotherapeutischen Methoden erwiesen sich verhaltenstherapeutische Maßnahmen (Expositionstherapie und kognitive Verhaltenstherapie) in kontrollierten Studien als wirksam. Für andere Psychotherapiemethoden (z. B. psychodynamische Therapie oder autogenes Training) existieren keine Wirksamkeitsnachweise mit PDA-Patienten [1].

Methode

In einer retrospektiven Studie wurde die Häufigkeit der Anwendung verschiedenster medikamentöser und psychotherapeutischer Verfahren durch Befragung von 100 PDA-Patienten untersucht. Die Patienten gaben außerdem auf einer 0–4-Skala (4 = hohe Wirksamkeit) ein globales Urteil über die durch die jeweilige Behandlungsmaßnahme aufgetretene Besserung ab.

Ergebnisse

Die folgenden Medikamente wurden angewendet: 48% Benzodiazepine, 42% TZA, 32% Phythotherapeutika, 29% NL, 7% SSRI und 6% Betablocker. Unter den psychotherapeutischen Maßnahmen wurden Autogenes Training (43%) und psychodynamische Therapie (33%) häufiger angewendet als Verhaltenstherapie. Die Patienten gaben die höchste Wirksamkeit bei einer Behandlung mit BZ, SSRI und TZA an (Zufriedenheitsindex 2,6, 2,6 und 2,4), verglichen mit NL (1,4), Betablockern (1,0) und Phytotherapeutika (0,9). Verhaltenstherapie (2,6) wurde als wirksamer empfunden als psychodynamisch orientierte Therapie (1,5) oder autogenes Training. Medikamente werden global wirksamer eingeschätzt als psychotherapeutische Verfahren: 48% der 54 Patienten, die sowohl medikamentös als auch psychotherapeutisch behandelt worden waren, gaben an, durch Medikamente gebessert worden zu sein, während nur 20% die Besserung auf eine Psychotherapie zurückführten.

Schlußfolgerungen

Die derzeitige Behandlung von Patienten mit PDA mit Medikamenten und Psychotherapie basiert nicht immer auf den durch kontrollierte Studien gewonnenen Erkenntnissen. Die Patienten bevorzugen Therapiemethoden, die auch in der Literatur als wirksam angegeben wurden.

Literatur

1. Bandelow B, Sievert K, Röthemeyer M, Hajak G, Rüther E (1995) What treatments do patients with panic disorder and agoraphobia get? Eur Arch Psychiat Clin Neurosci 245: 165–171

Korrespondenz: Dr. B. Bandelow, Psychiatrische Universitätsklinik, von-Siebold-Straße 5, D-37075 Göttingen, Bundesrepublik Deutschland

Dosis-Wirkungsbeziehung in der Pharmakotherapie generalisierter Angststörungen

C. Wurthmann, E. Klieser und **E. Lehmann**

Psychiatrische Universitätsklinik, Magdeburg, Bundesrepublik Deutschland

Untersuchungen mit emotional labilen Probanden sowie offene und plazebokontrollierte Studien mit Angstpatienten zeigen, daß Neuroleptika in Niedrigdosierung anxiolytisch wirken (Wurthmann und Klieser 1992). Allerdings wurden bisher für kein Neuroleptikum die oberen und unteren Grenzen des Niedrigdosisbereiches durch empirische Studien definiert. Ferner ist nicht bekannt, ob sich die verschiedenen Dosierungen eines Neuroleptikums innerhalb des Niedrigdosisbereiches hinsichtlich ihrer anxiolytischen Wirksamkeit unterscheiden. In der vorliegenden Studie wurde am Beispiel des Fluspirilen die Wirksamkeit unterschiedlicher Dosierungen im Niedrigdosisbereich bei Patienten mit generalisierten Angststörungen untersucht. 69 ambulante Patienten mit generalisierten Angststörungen nach ICD 10 wurden doppelblind und zufallszugeteilt über einen Zeitraum von 6 Wochen mit 0.5 mg, 1.0 mg oder 1.5 mg Fluspirilen pro Woche behandelt. Zur Abschätzung der internen Gültigkeit des Experimentes wurden die drei Dosierungsgruppen zum Zeitpunkt der Ausgangslage hinsichtlich zahlreicher Variablen untersucht. Es fanden sich keine signifikanten Differenzen, so daß eine Vergleichbarkeit der Gruppen gegeben war. Im Ergebnis (Hamilton-Angst-Skala und Globales Arzturteil) fand sich in allen drei Dosierungsgruppen eine signifikante Besserung der klinischen Symptomatik ($p < 001$). Dieser Effekt ist nicht eindeutig dosisabhängig. Gleichwohl sind deutliche Besserungen unter 1.5 mg Fluspirilen (20 von 23 Patienten) und unter 1.0 mg Fluspirilen (17 von 20 Patienten) signifikant häufiger als unter 0.5 mg Fluspirilen (15 von 25 Patienten). Es findet sich somit allenfalls ein Trend zu einer Dosis-Wirkungs-Beziehung. Auch nach der Hamilton-Angst-Skala fand sich nur ein Trend zu einer Dosis-Wirkungs-Beziehung. Die Schwierigkeit, zwischen den drei Dosierungen deutliche Differenzen im Sinne einer Dosis-Wirkungs-Beziehung zu finden, kann verschiedene Ursachen haben. Zum einen mag die Stichprobengröße zu gering gewesen sein, um signifikante Gruppendifferenzen aufzuspüren. Eine weitere Erklärungsmöglichkeit ist, daß eine annähernde Wirkungsgleichheit gruppenstatistisch dadurch vorgetäuscht wurde, daß eine Reihe von Patienten in den drei Dosierungsgruppen nicht mit der individuell wirksamsten Dosis behandelt wurden. Denkbar ist aber auch, daß tatsächlich keine Dosis-Wirkungs-Beziehung vorhanden ist. Unabhängig von dieser Frage ergibt sich aus den Ergebnissen, daß von starren Standardisierungen abgerückt und zunächst in jedem Einzelfall die optimale Behandlungsdosis individuell ausgetestet werden sollte, da alle drei Dosierungen anxiolytisch wirken. Vor allem bei Patienten mit erhöhtem Risiko für neuroleptikabedingte extrapyramidale Symptome sollte auf eine möglichst niedrige Dosierung zurückgegriffen werden, sofern bei diesen Patienten überhaupt der Einsatz eines Neuroleptikums indiziert ist. Zwar war die Verträglichkeit des Fluspirilen im Rahmen dieser 6-wöchigen Studie im allgemeinen sehr gut, was auch Untersuchungen anderer Arbeitsgruppen zeigen. Die Frage bleibt jedoch offen, ob sich Fluspirilen 0.5 mg, 1.0 mg und 1.5 mg pro Woche hinsichtlich ihrer Verträglichkeit im Rahmen einer längerfristigen Therapie unterscheiden. Inwieweit sich die Ergebnisse zur Wirksamkeit unterschiedlicher Dosierungen von Fluspirilen im Niedrigdosisbereich auf andere Neuroleptika übertragen lassen, muß ebenfalls unbeantwortet bleiben. Vergleichende Studien unter experimentellen Bedingungen wurden bisher nicht durchgeführt.

Literatur

Wurthmann C, Klieser E (1992) Möglichkeiten der Therapie von Angststörungen des DSM-III-R. Fortschr Neurol Psychiat 60: 91–103

Korrespondenz: Priv.-Doz. Dr. C. Wurthmann, Psychiatrische Universitätsklinik, Leipziger Straße 44, D-39120 Magdeburg, Bundesrepublik Deutschland

Die Effekte von Wachstumshormon freisetzendem Hormon (GHRH) auf hormonelle Sekretion und Schlaf-EEG bei depressiven Patienten

T. Schier, J. Guldner, M. Colla-Müller und **A. Steiger**

Max-Planck-Institut für Psychiatrie, Klinisches Institut, Psychiatrische Klinik,
München, Bundesrepublik Deutschland

Einleitung

Die Ergebnisse aus Untersuchungen mit gesunden Kontrollpersonen [1] bzw. aus Tierexperimenten mit Ratten [2, 3] und Kaninchen [3] weisen darauf hin, daß Wachstumshormon freisetzendes Hormon (GHRH) eine zentrale Rolle in der gemeinsamen Steuerung von hormoneller Sekretion und Schlaf spielt. So führen pulsatile, während der ersten Nachthälfte erfolgende, intravenöse GHRH-Injektionen bei gesunden jungen Männern zu einer Steigerung von Tiefschlaf und Wachstumshormonausschüttung, während die Cortisolausschüttung sinkt [1]. Möglicherweise trägt eine Hemmung der GHRH-Ausschüttung zu den für Patienten mit Depression charakteristischen schlafendokrinologischen Auffälligkeiten bei. Gestörte Schlafkontinuität, verminderter Tiefschlaf, verringerte Wachstumshormonsekretion und Hypercortisolismus sind häufige Symptome der Depression.

Methoden

Wir untersuchten bei insgesamt 10 unbehandelten Patienten (vier Frauen, sechs Männer, Alter 19–76 Jahre (Mittel 39.1 ± 5.5 SD) mit der Diagnose einer akuten Episode einer Major Depression (Hamilton Depressions Skala mindestens 16 Punkte), die Effekte von GHRH auf das Schlaf-EEG und die schlafassoziierte hormonelle Sekretion. Die Untersuchung umfaßte 3 konsekutive Nächte im Schlaflabor. Einer Adaptationsnacht folgten die beiden Untersuchungsnächte. Hierin erhielten die Versuchsteilnehmer randomisiert über ein Venenkatetersystem in der einen Nacht zwischen 22.00 und 1.00 Uhr 4×50 µg GHRH i.v., in der anderen Placebo. Aus über das Schleusensystem entnommenen Blutproben erfolgten Hormonbestimmungen (Wachstumshormon, ACTH, Cortisol) zwischen 22.00 und 7.00 Uhr; von 23.00 bis 7.00 Uhr war das Licht gelöscht und die Patienten konnten in dieser Zeit schlafen.

Ergebnisse

Im Gegensatz zu Placebo führte GHRH zu einer deutlichen Stimulation der Wachstumshormonausschüttung und einer signifikanten Abnahme der Dichte der schnellen Augenbewegungen (REM-Dichte) in der zweiten Nachthälfte. Sämtliche anderen schlafendokrinologischen Parameter inclusive Tiefschlaf, ACTH- und Cortisolsekretion unterschieden sich nicht signifikant zwischen Placebo- und Verumnächten (vgl. Abb. 1). Auch in einer sich aus den fünf jüngsten Studienpatienten (Alter 19–28 Jahre) zusammensetzenden Untergruppe fanden sich sowohl nach Placebo als auch nach GHRH, den Baselinekonzentrationen gesunder junger Kontrollpersonen entsprechende Cortisol- und ACTH Plasmaspiegel.

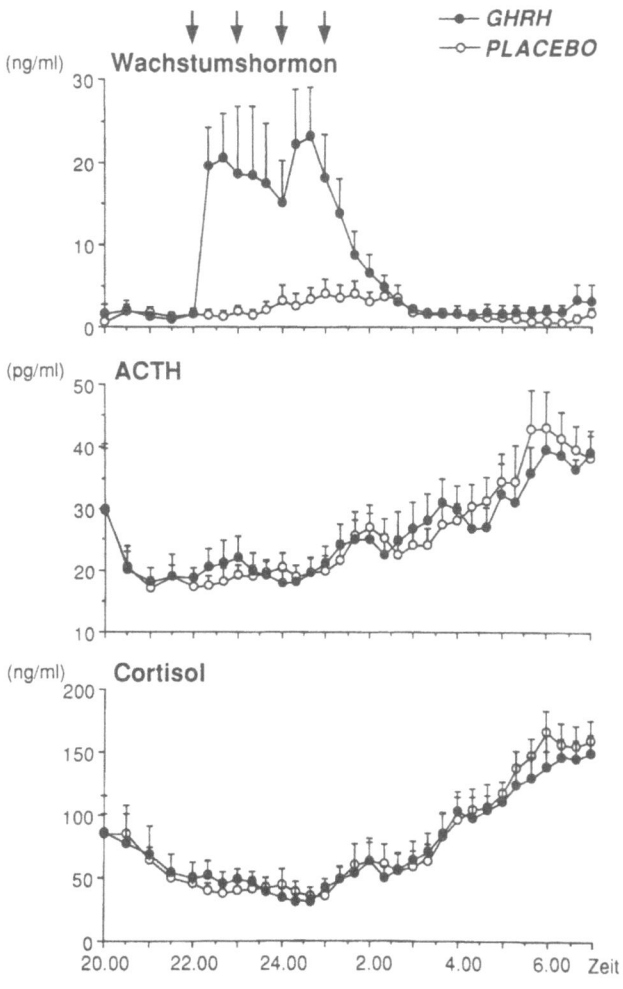

Abb. 1. Verläufe der mittleren Plasmakonzentrationen (± S.E.M.) von Wachstumshormon, Cortisol und ACTH bei 10 Patienten mit Depression unter repetitiver intravenöser Gabe von 4 x 50 µg GHRH oder Placebo. Die Pfeile markieren die Injektionszeitpunkte

Diskussion

GHRH führte bei Patienten mit Depression zu keiner veränderten Aktivität von Hypothalamus-Hypophysen-Nebennierenrinden System und Tief-schlaf. Auffällig ist, daß sich die ACTH- und Cortisolplasmaspiegel in der Untergruppe der jungen Patienten nach GHRHGabe nicht von den Hor-monspiegeln nach Placebo unterschieden. Damit reagierten die jungen de-pressiven Patienten auf GHRH anders als altersentsprechende gesunde Kontrollpersonen, bei denen wir in unserer früheren Untersuchung nach Applikation des Peptids einen Abfall der Cortisolsekretion beobachten konnten [1]. Wir interpretieren dieses Ergebnis der ausbleibenden Suppri-mierbarkeit der Cortisolsekretion durch GHRH bei depressiven Patienten als besonders subtilen Hinweis auf eine trotz normaler Cortisol- und ACTH-Plasmaspiegel bereits vorhandenen Überfunktion des HPA-Systems.

Literatur

1. Steiger A, Guldner J, Hemmeter U, Rothe B, Wiedemann K, Holsboer F (1992).
2. Ehlers CL, Reed Tk, Henriksen SJ (1986). Neuroendocrinology 42: 467–74
3. Obál F, Alföldi P, Cady AB,Johannsen L, Sary G, Krueger JM (1988). Am J Physiol 255: R 310–R313

Korrespondenz: Dr. T. Schier, Max-Planck-Institut für Psychiatrie, Klinisches Institut, Psy-chiatrische Klinik, Kraepelinstraße 10, D-80804 München, Bundesrepublik Deutsch-land

Einfluß der Releasing-Hormone GHRH und CRH auf die HVL-Hormone und das EEG bei männlichen Probanden

K. Kuhn, C. Haag, T. C. Baghai und **G. Laakmann**

Psychiatrische Klinik, Universität München, Bundesrepublik Deutschland

Einleitung

Psychopharmaka beeinflussen die HVL-Hormonsekretion und haben einen Einfluß auf die hirnelektrische Aktivität beim Menschen. So führen Antidepressiva z. T. zu einer Wachstumshormon-, Prolaktin- und Cortisol-Stimulation und bewirken im EEG eine Zunahme der langsamen (1–6 Hz) Wellen und der schnellen Beta-Wellen bei Abnahme der Alpha-Wellen durch Verschiebung in den langsamen Beta-Bereich. Auch nach Gabe von HVL-Hormonen zeigen sich, dosisabhängig, EEG-Veränderungen.

Daher liegt die Frage nahe, ob releasing-Hormone, die eine Stimulation der Hypophyse bewirken, auch Veränderungen im EEG zur Folge haben.

Unsere Hypothese war, daß sich nach systemischer Gabe von GHRH oder CRH unterschiedliche zentrale Effekte durch Veränderung des Spontan-EEGs erkennen lassen, und das bereits vor dem Anstieg des jeweils getriggerten peripheren Hormons im Blut.

Methode

An dieser Untersuchung nahmen 10 gesunde freiwillige männliche Probanden im Alter zwischen 23 und 47 Jahren teil. Jeder Proband wurde insgesamt dreimal mit mindestens viertägigem Abstand untersucht. Es wurden Hormonstimulationstests mit 100 μg GHRH und 50 μg CRH durchgeführt. Als Placebokontrolle dienten 2 ml 0,9% NaCI. Beginn der Untersuchungen war jeweils 08:00 Uhr. Zur Bestimmung von Wachstumshormon und Cortisol wurden in 15-minütigen Intervallen Blutentnahmen durchgeführt. Parallel dazu wurde jeweils drei Minuten lang das Ruhe-EEG aufgezeichnet. Die Elektrodenpositionen entsprachen dem 10–20-System mit zusätzlichen Elektroden bei Fpz und Oz. Zur Auswertung der EEG-Daten wurde die absolute Power über den 9 zentralen Elektroden gemittelt (für das Delta-, Theta- und Beta-Band). Für das Alpha-Band wurden die okzipitalen Elektroden gemittelt.

Ergebnisse

In den Hormonstimulationstests zeigte sich bei allen Probanden eine gute Stimulation des jeweiligen peripheren Hormons mit maximalen Werten bei 60 und 75 Minuten nach Stimulation (Abb. 1, 2). Nach Gabe von Placebo kam es zu keiner Hormonstimulation (Abb. 3).

Im GHRH-Test zeigte sich eine signifikante Erhöhung der gemittelten absoluten Power im Alpha- und im Beta-Frequenzbereich zum Zeitpunkt t 60 und t 75 (Abb. 1). Im Delta- und Theta- Band fand sich keine signifikante Änderung, allenfalls eine tendentielle Abnahme der Power im Delta-Band.

Nach Gabe von CRH zeigte sich, trotz deutlichen Anstiegs der Cortisolkonzentration im Plasma, in keinem Frequenzband eine signifikante Veränderung der gemittelten absoluten Power (Abb. 2).

Auch im Placebo-Test zeigte sich in keinem Frequenzband ein signifikanter Effekt (Abb. 3).

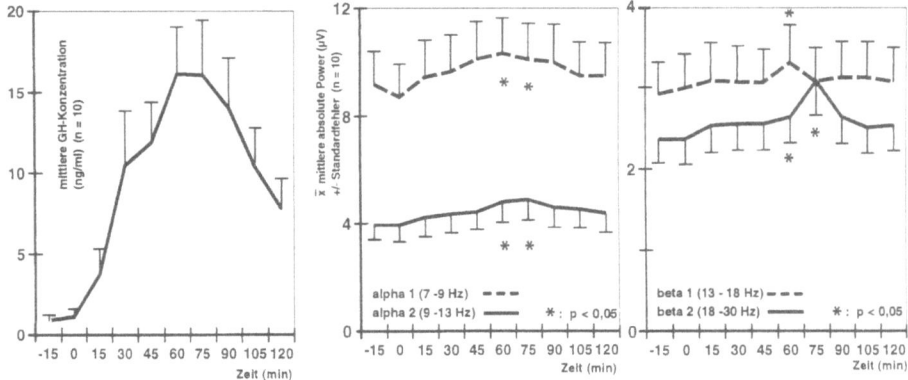

Abb. 1. GHRH-Test – Nach i. v. Gabe von GHRH zeigt sich eine deutliche Stimulation von GH und eine signifikante Erhöhung der gemittelten absoluten Power im Alpha- und Beta-Frequenzbereich

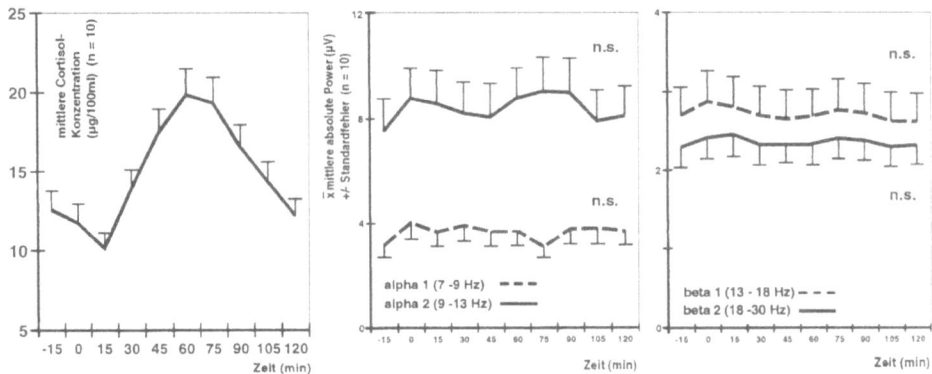

Abb. 2. CRH-Test – CRH bewirkt einen Anstieg der Plasmacortisol-Konzentration, jedoch keine signifikante Veränderung der absoluten Power

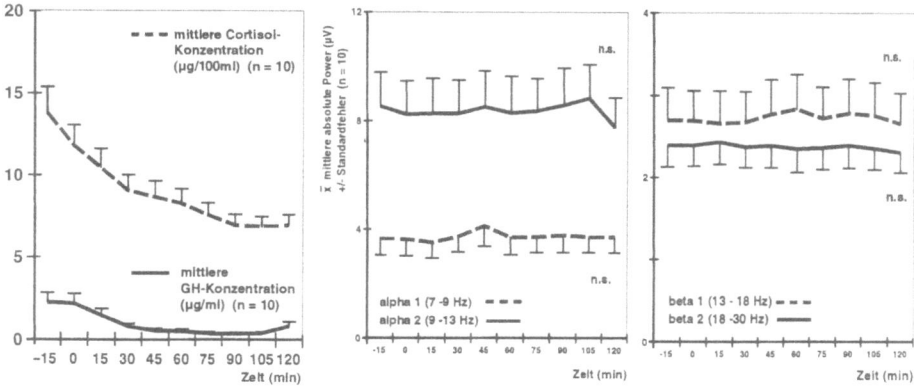

Abb. 3. Placebo-Test – Placebogabe hat keinen Einfluß auf die absolute Power oder die GH-
oder Cortisol-Plasmakonzentration

Diskussion

Unsere Ausgangsvorstellung, daß sich nach systemischer Gabe von Releasing Hormonen unterschiedliche zentrale Effekte bereits vor dem Anstieg
des jeweils getriggerten peripheren Hormons im Blut durch Veränderungen von EEG-Parametern erkennen lassen, wurde nicht bestätigt. Im
Wachstumshormonstimulationstest zeigte sich eine Änderung der EEG-Power nicht wie erwartet bereits vor Anstieg der peripheren Hormonaus-
schüttung, sondern zum Zeitpunkt der höchsten Wachtumshormonkon-
zentration im Serum. Man sieht eine signifikante Zunahme der Power im
Alpha- und Beta-Frequenzband, also der schnelleren Wellen, bei tendenti-
eller Abnahme der langsamen (Delta) Wellen, was sich als gewisse EEG-Ak-
tivierung interpretieren läßt. Wachtumshormon Releasing Hormon selbst
hat wohl keinen direkten Einfluß auf die hirnelektrische Aktivität, die beobachteten Veränderungen scheinen im Zusammenhang zu stehen mit der
peripheren Wachtumshormonausschüttung.

Literatur

Daffner-Bujia C, et al (1992) Die Stimulation von Hypophysenvorderlappen-Hormonen
    nach kombinierter und alleiniger Gabe von Releasing-Hormonen bei männlichen
    Probanden. In: Gaebel W, Laux G (Hrsg) Biologische Psychiatrie-Synopsis 1990/
    1991, S 440–442
Herrmann WM (1982) Electroencephalography in drug research. G Fischer, Stuttgart
Herrmann WM, Schärer E (1987) Das Pharmako-EEG. ecomed Verlagsgesellschaft,
    Landsberg/Lech
Laakmann G (1987) Psychopharmakoendokrinologie und Depressionsforschung. Sprin-
    ger, Berlin Heidelberg New York Tokyo
Laakmann G (1990) Neuroendocrinological tests with peptides in psychiatric research.
    Pharmacopsychiat 23, 5: 226–227
Laakmann G, et al (1990) The influence of psychotropic drugs and releasing hormones
    on the anterior pituitary hormone secretion in healthy subjects and in depressed pa-
    tients. Pharmacopsychiat 23: 18–26

Korrespondenz: Dr. K. Kuhn, Psychiatrische Klinik, Universität München, Nußbaumstraße 7, D-80336 München, Bundesrepublik Deutschland

Zur Bedeutung des Serumbilirubins bei Patienten mit psychiatrischen Erkrankungen

F. A. Mahnert, G. Herzog, I. Hadolt und **H. G. Zapotoczky**

Universitätsklinik für Psychiatrie, Graz, Österreich

Die Häufigkeit des Befundes einer gering- bis mittelgradigen Erhöhung des Serumbilirubins im Routinelabor unserer Patienten veranlaßten uns zu einer retrospektiven Erhebung der Daten aus den Krankengeschichten unter Berücksichtigung der Alters- und Geschlechtsverteilung, organischer Grund- und Vorerkrankungen, Medikation, der klinisch-diagnostischen Zuordnung sowie psychosozialer Belastungsfaktoren aus der Anamnese.

Die Rolle des Serumbilirubins bei psychiatrischen Erkrankungen ist bislang noch wenig berücksichtigt worden. Müller (1991) fand im Rahmen einer retrospektiven Studie an 892 Patienten einer psychiatrischen Klinik eine Häufung von Hyperbilirubinämie bei Patienten mit Schizophrenie gegenüber Patienten mit anderen psychischen Störungen. Weitere Prävalenz- und Inzidenzraten bei psychiatrischen Patienten sind bisher nicht dokumentiert, obwohl unter anderem durch Streß ausgelöste ikterische Schübe bei der unkonjugierten Hyperbilirubinämie (Gilbert-Meulengracht-Syndrom) beschrieben sind (Whitmer 1983). Prävalenzangaben des Gilbert-Syndroms liegen zwischen 3 bis 7% der männlichen und 0,6 bis 2 % der weiblichen Bevölkerung. Dabei schwankt der durch Anstieg der unkonjungierten Fraktion erhöhte Serumbilirubinwert zwischen 1,2 bis 3 mg/dl (Ostrow 1994).

Insgesamt wurden 563 Krankengeschichten von Patienten (280 männlich, 283 weiblich), die im Jahre 1993 stationär an der Psychiatrischen Universitätsklinik aufgenommen waren, durchgesehen. Das durchschnittliche Alter lag bei 41,7 Jahren, der Median bei 39,0 Jahren, die Spannweite reichte von 15 bis 87 Jahren. Aus der Krankengeschichte wurden folgende Daten erfaßt: organische Grund- und Vorerkrankungen, Medikation, psychiatrische Diagnose sowie vorangegangene psychosoziale Belastungsfaktoren. Bei der Diagnose verwendeten wir die im Krankenhausverrechnungssystem in Österreich übliche ICD-9 Klassifikation. Wir unterschieden zwischen Patienten mit isolierter Bilirubinerhöhung (N = 82; 51 männl. und 31 weibl.

Patienten) und Patienten, die zusätzlich eine Erhöhung der y-GT und/
oder eine positive Alkoholanamnese aufwiesen („Bili/-OH" Gruppe). Serumbilirubinwerte ≥ 1 mg/dl wurden als auffällig gewertet. Unter Ausschluß der „Bili/-OH" Gruppe ordneten wir die Diagnosen neun Kategori-
en zu (Tabelle l), psychosoziale Belastungsfaktoren wurden gleichfalls unter neun begrifflichen Zuordnungen zusammengefaßt (Tabelle 2). Von
den insgesammt 280 männlichen Patienten zeigten 18% eine isolierte Hyperbilirubinämie, 11% entfielen auf die Gruppe „Bili/-OH", die verbleibenden 71% wiesen keine erhöhten Bilirubinwerte auf. Von den 283 weiblichen Patienten lag bei 11% eine isolierte Erhöhung des Serumbilirubins
vor, der Anteil in der „Bili/-OH" Gruppe betrug 1%, die übrigen 88% zeigten normale Bilirubinwerte.

Tabelle 1. Prozentueller Vergleich der Diagnosen: Patienten mit Bilirubinerhöhung
(unter Ausschluß der „Bili/-OH" Gruppe) versus Patienten mit normalen Bilirubinwerten

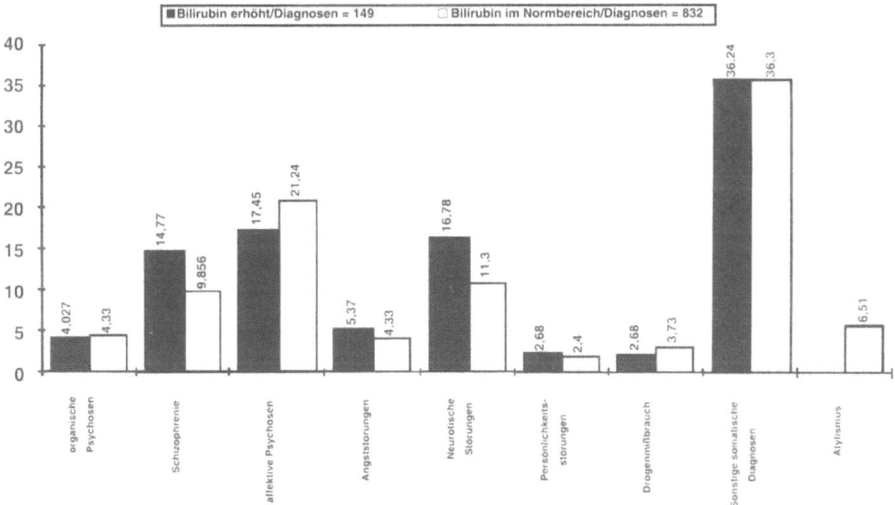

Zusammenfassend erscheint die klinische Beobachtung einer Häufung (15,6% der Patienten) erhöhter Serumbilirubinwerte (Mittelwert:
1,445 mg/dl, Median: 1,27 mg/dl, Standardabweichung: 0,467) bei stationären psychiatrischen Patienten selbst unter Ausschluß der alkoholkranken Patienten bestätigt. Die Geschlechtsverteilung zugunsten der
männlichen Patienten entspricht den für das Gilbert-Syndrom angegebenen Prävalenzraten an nicht-psychiatrischen Patienten. Die Patienten mit
erhöhtem Serumbilirubin sind jünger (37,89 < 42,6; t = 2,32; df = 525;
p = 0,02) als die anderen Patienten, leiden nicht häufiger an organischen
Grund- und Vorerkrankungen, zeigen aber bezüglich der Diagnose andere Gewichtungen zugunsten der Kategorien „Schizophrenie" und „Neurotische Störungen".

Tabelle 2. Psychosoziale Belastungsfaktoren aus der Anamnese bei Patienten mit erhöhten Bilirubinwerten

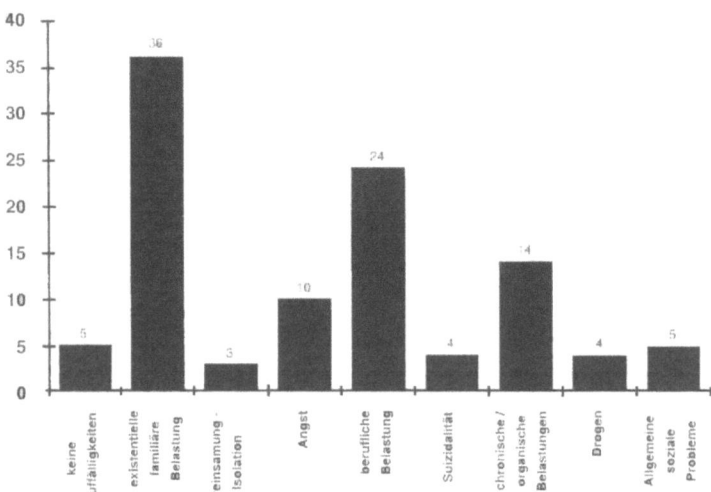

Die bisherigen Beobachtungen legen nahe, künftig der Frage nach dem Zusammenhang zwischen der benignen, milden, unkonjungierten Hyperbilirubinämie (Gilbert-Syndrom) und der erhöhten Vulnerabilität an einer psychischen Störung zu erkranken, gezielt nachzugehen.

Literatur

Müller N, Schiller P, Ackenheil M (1991) Coincidence of schizophrenia and hyperbilirubinemia. Pharmacopsychiat 24: 225-228

Ostrow JD (1994) Jaundice and disorders of bilirubin metabolisme. In: Stein JH (ed) Internal medicine, 4th edn. Mosby, St. Louis, pp 556–570

Whitmer DI, Gollan JL (1983) Mechanisms and significance of fasting and dietary hyperbilirubinemia. Semin Liver Dis 3: 42

Korrespondenz: Dr. F. A. Mahnert, Universitätsklinik für Psychiatrie, Auenbruggerplatz 22, A-8036 Graz, Österreich

Benzodiazepinrezeptorbindung im [123I]-IOMAZENIL-SPECT in Relation zu Cortisol-Plasmaspiegeln

R. Schlößer[1], **S. Schlegel**[1], **Ch. Hiemke**[1], **O. Nickel**[2] und **A. Bockisch**[2]

[1]Psychiatrische Klinik und [2]Nuklearmedizinische Klinik, Universität Mainz,
Bundesrepublik Deutschland

Einleitung

Mit Iomazenil, dem mit [123]Iod markierten Benzodiazepinantagonisten, und der Single Photonen Emissions Tomographie (SPECT) ist die in vivo-Darstellung von Benzodiazepinrezeptoren (BZR) möglich. Wir fanden in früheren Untersuchungen eine signifikante Verminderung der Iomazenil-Bindung bei Panikpatienten im Vergleich zu Patienten mit Depressionen (Schlegel et al. 1994). Zwischen dem GABA/BZR-System und Cortisol sind

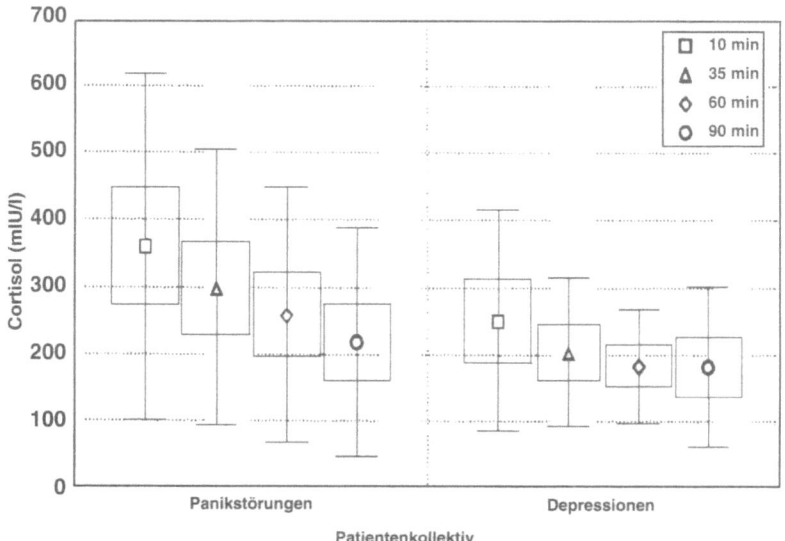

Abb. 1. Cortisol-Plasmaspiegel im Zeitverlauf

vielfältige und komplexe Wirkzusammenhänge beschrieben worden (De Souza et al. 1990). Nach Adrenalektomie wurde bei Ratten eine Zunahme der BZR-Dichte beschrieben (Miller et al. 1988, Acuna et al. 1990). Diese Effekte waren nach Corticosteroidgabe reversibel. Während sich der Effekt von Benzodiazepinen auf die basalen Cortisolspiegel in seiner Ausrichtung als dosisabhängig erweist (Bruni et al. 1980, Keim et al. 1977), führt die Applikation von Benzodiazepinen zu einer deutlichen Attenuierung der streß- und medikamenteninduzierten Cortisolausschüttung. LeFur et al. (1979) beschrieben eine Korrelation zwischen der relativen Potenz verschiedener Benzodiazepine zur Hemmung einer streßinduzierten Erhöhung von Cortisol-Plasmaspiegeln und ihrer Affinität am Benzodiazepinrezeptor in [^{3}H]-Diazepam-Bindungsstudien. Die vorliegende Untersuchung beschäftigt sich mit der Frage, ob ein Zusammenhang zwischen dem im SPECT gemessenen BZR-Bindungsverhalten von Iomazenil und parallel bestimmten Cortisol-Plasmaspiegeln besteht.

Patienten und Methoden

10 Patienten mit einer Panikstörung mit und ohne Agoraphobie (5 Männer, 5 Frauen, Durchschnittsalter 32.3 Jahre) und 9 Patienten mit der Episode einer Major Depression (5 Männer, 4 Frauen, Durchschnittsalter 44.5 Jahre) gemäß DSM-III- R wurden im Iomazenil-SPECT untersucht. In die Auswertung der Cortisol-Plasmaspiegel konnten aufgrund des vorliegenden Datenmaterials 7 depressive Patienten und 9 Panikpatienten einbezogen werden. Die SPECT-Scans erfolgten nach informiertem Einverständnis der Patienten gemäß unserem früher ausführlich beschriebenen Protokoll (Schlegel et al. 1994).

Ergebnisse und Konklusionen

Tabelle 1 zeigt die Unterschiede im Bindungsverhalten von Iomazenil im SPECT zwischen Patienten mit Panikstörungen und Depressionen. Es fanden sich keine signifikanten Gruppenunterschiede in den beiden diagnostischen Subsets hinsichtlich der zeitlichen Mittelwerte der Cortisol-Plasmaspiegel und der area under the curve (AUC). Es zeigten sich bei den einzelnen Patienten innerhalb des Gesamtkollektivs wie auch in den beiden diagnostischen Subgruppen keine signifikanten Korrelationen zwischen dem Mittelwert der Cortisolspiegel an jedem der 4 Meßzeitpunkte und dem

Tabelle 1. Iomazenil-uptake und Cortisol bei Panikstörung vs. Depression

Region	Panikstörung Mittelw.	SD	Depression Mittelw.	SD	p
Occipital	233	29	284	43	0.01
Frontal	199	25	250	30	0.0069
Temporal rechts	146	15	183	33	0.004
Temporal links	137	f17	181	24	0.0017
Cortisol (AUC)	224649	361354	89315	89788	0.35
Cortisol (Mean)	281	219	205	105	0.42

Iomazenil-uptake im SPECT. Die Mittelwerte der Cortisol-Plasmaspiegel in den beiden Gruppen bezogen auf die einzelnen Meßzeitpunkte fallen von einem initialen Maximum bei 10 min. kontiniuierlich ab. Die initialen Cortisol-Plasmaspiegel waren bei den Panikpatienten zu dem Messzeitpunkt 10 min. gegenüber den Depressiven – wenn auch nicht signifikant – erhöht, näherten sich dann aber im weiteren Zeitverlauf den Werten der Depressionspatienten an. Bei den Patienten, die initial erhöhte Cortisolplasmaspiegel aufwiesen, korrelierte das Ausmaß dieser Cortisolerhöhung negativ mit dem Iomazenil-uptake im SPECT. Hierbei zeigte aber lediglich die Differenz zwischen 10 min- und 35 min-Wert eine statistisch signifikante negative Korrelation mit der Iomazenil-Aufnahme im SPECT (Frontaler Cortex: R = −0.52, p = 0.04). Die gefundenen Resultate ermöglichen nicht, einen eindeutigen Zusammenhang zwischen Cortisolsekretion und Iomazenil-Bindungsverhalten im SPECT aufzuzeigen. Sie lassen jedoch folgende Überlegungen zu: Wird die SPECT-Prozedur an sich als streßinduzierendes Ereignis betrachtet, so zeigt sich bei beiden Patientengruppen zu Beginn der Untersuchung im Mittel eine Cortisolerhöhung im Vergleich zum Untersuchungsende. Der folgende Cortisol-Abfall kann als Ausdruck einer Adaptation an die SPECT-Prozedur und damit einhergehender Streßverminderung interpretiert werden. Nur das Ausmaß des Cortisolabfalls in den ersten 35Minuten der Untersuchung zeigt gruppenübergreifend eine signifikante negative Korrelation mit dem Iomazenil-Bindungsverhalten. Diese Beobachtung ist in Einklang zu bringen mit der These, daß eine verminderte BZR-Dichte bzw. Affinität mit einem stärkeren akuten Cortisol-Anstieg unter Streßbedingungen einhergeht.

Literatur

Acuna D, Fernandez B, Gomar MD, del Aguila CM, Castillo JL (1990) Influence of the pituitary-adrenal axis on benzodiazepine receptor binding to rat cerebral cortex. Neuroendocrinology 51: 97–103

Bruni G, Dal-Pray P, Dotti MT, Segri G (1980) Plasma ACTH and cortisol levels in benzodiazepine treated rats. Pharmacol Res Commun 12: 163–175

De Souza EB (1990) Neuroendocrine effects of benzodiazepines. J Psychiat Res 24: 111–119

Keim KL, Sigg EB (1977) Plasma corticosterone and brain catecholamines in stress: effect of psychotropic drugs. Pharmacol Biochem Behav 6: 79–85

LeFur G, Guilloux F, Mitrani N, Mizoule J, Uzan A (1979) Relationships beween plasma corticosteroids and benzodiazepines in stress. J Pharmacol Exp Ther 211: 305–308

Miller LG, Greenblatt DJ, Barnhill JG, Thompson ML, Shader Rl (1988) Modulation of benzodiazepine receptor binding in mouse brain by adrenalectomy and steroid replacement. Brain Res 446: 314–320

Schlegel S, Steinert H, Bockisch A, Hahn K, Schloesser R, Benkert O (1994) Decreased benzodiazepine receptor binding in panic disorder measured by IOMAZENIL-SPECT. Eur Arch Psychiat Clin Neurosci 244: 49–51

Korrespondenz: Dr. R. Schlößer, Psychiatrische Klinik und Poliklinik, Universität Mainz, Untere Zahlbacher Straße 8, D-55131 Mainz, Bundesrepublik Deutschland

Atriales natriuretisches Hormon hemmt die CRH-induzierte Hormonfreisetzung beim Menschen

M. Kellner und **K. Wiedemann**

Max-Planck-Institut für Psychiatrie, Klinisches Institut, München,
Bundesrepublik Deutschland

Einleitung

Atriales natriuretisches Hormon (ANH), ein Polypeptid aus 28 Aminosäuren, wurde zunächst in den Vorhöfen des Herzens identifiziert und besitzt diuretische und natriuretische Wirkungen. Auch im zentralen Nervensystem ist ANH weit verbreitet, wobei insbesondere im Hypothalamus hohe Konzentrationen nachweisbar sind. Weiterhin wurden Bindungsstellen in den zirkumventrikulären Organen des Gehirns und der Hypophyse identifiziert, außerdem im hypophysären Portalkreislauf gegenüber der peripheren Blutzirkulation 4fach erhöhte ANH-Konzentrationen gefunden. Präklinische Studien deuten auf einen hemmenden Einfluß von ANH auf die Hypothalamus-Hypophysen-Nebennierenrindenachse und die Prolaktinsekretion [1, 2]. Wir untersuchten die Wirkung des ANH auf die stimulierte Freisetzung von ACTH und Prolaktin beim Menschen nach Gabe von humanem Corticotropin Releasing Hormone (hCRH).

Methode

12 gesunde männliche Probanden im Alter von 25–30 Jahren wurden von 6.00h–11.00 h oder 17.00 h–22.00 h jeweils 2mal untersucht. 100 µg hCRH wurde als Bolusinjektion um 8.00 h oder 19.00 h während einer 30minütigen Infusion mit 150 µg ANH oder Placebo (randomisiert, einfach blind) verabreicht. ACTH undProlaktin wurden radioimmunometrisch gemessen, die statistische Auswertungerfolgte mittels MANOVA.

Ergebnisse

Nach der Gabe von ANH war der maximale Anstieg der ACTH-Konzentration nach h CRH am Abend signifikant geringer im Vergleich zur Placebo-Gabe (24.7 ± 12.6 vs. 32.1 ± 9.7 pg/ml, $\pm$ SD, $p < 0.01$; Abb. 1). Auch der entsprechende maximale Konzentrationsanstieg für Prolaktin war signifikant vermindert (1.12 ± 0.76 vs. 3.32 ± 1.23 ng/ml; $p < 0.05$; Abb. 2). Am Morgen war nur ein Trend für einen hemmenden Einfluß des ANH auf die ACTH-Sekretion zu zeigen (25.0 ± 6.5 vs. 36.7 ± 11.4; n.s.), jedoch der Prolaktinanstieg signifikant verringert (0.58 ± 0.95 vs. 2.47 ± 1.77; $p < 0.05$; Abb. 2).

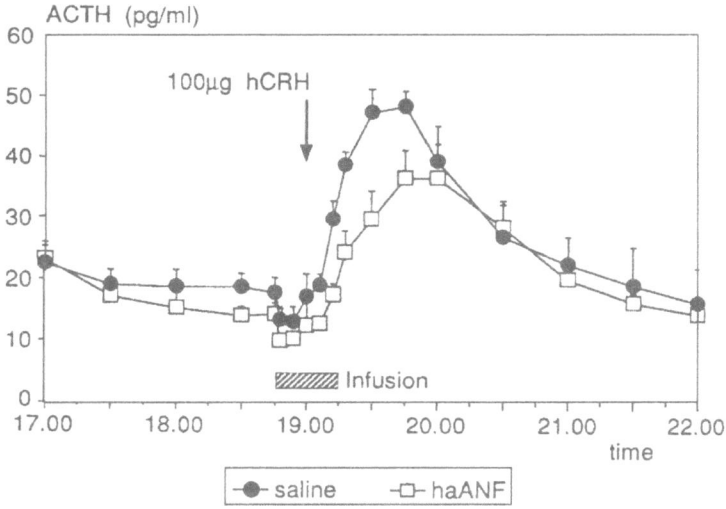

Abb. 1. Wirkung von ANH auf die CRH-vermittelte ACTH-Freisetzung am Abend

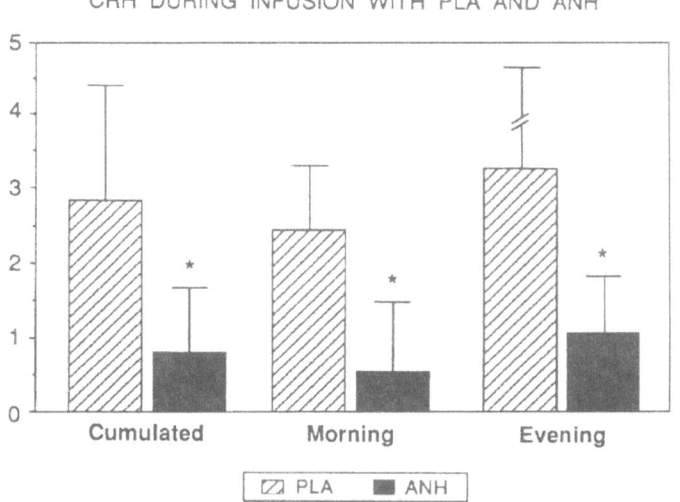

Abb. 2. Wirkung von ANH auf die CRH-vermittelte Prolaktin-Sekretion

Diskussion

Der hemmende Einfluß von ANH auf die ACTH-Sekretion könnte sowohl durch einen indirekten inhibierenden Effekt auf die Vasopressin-Sekretion als auch einen direkten hypophysären Effekt bedingt sein. Durch ANH konnte in vitro eine Aktivation der membrangebundenen Guanylylzyklase gezeigt werden, durch die eine allosterische Aktivation der Phosphodiesterase und eine konsekutiv erniedrigte ACTH-Sekretion erreicht wird. Der Regulationsmechanismus der zirkadianen Wirkunterschiede von ANH auf den Corticotrophen ist bislang ungeklärt. Bei der Wirkung von ANH auf die Prolaktinsekretion handelt es sich vermutlich um einen hypothalamisch vermittelten Effekt, da der Lactotroph in vitro unbeeinflußt bleibt. Eine Erhöhung der portalen Dopaminkonzentration über einen ANH-Effekt an hypothalamischen Opioid-Rezeptoren ist zu diskutieren. Die mögliche Rolle des ANH für die bei affektiven und psychotischen Erkrankungen beobachteten endokrinen Veränderungen verdient weitere Erforschung.

Literatur

1. Fink G, Dow RC, Casley D, Johnston CI, Liu AT, Copolov DL, Bennie J, Caroll S, Dich H (1991) Atrial natriuretic peptide is a physiological inhibitor of ACTH release: evidence from immunoneutralization in vivo. J Endocrinol 131: R9–R12
2. Samson WK, Bianchi R, Moff R (1988) Evidence for a dopaminergic mechanism for the prolactin inhibitory effect of atrial natriuretic factor. Neuroendocrinology 47: 268–271

Korrespondenz: Dr. M. Kellner, Max-Planck-Institut für Psychiatrie, Klinisches Institut, Kraepelinstraße 2–10, D-80804 München, Bundesrepublik Deutschland

Vasoaktives Intestinales Peptid (VIP) verlangsamt Non-REM/REM-Zyklen und moduliert die nächtliche Hormonsekretion des Menschen

H. Murck, J. Guldner, M. Colla, R.-M. Frieboes, T. Schier,
K. Wiedemann, F. Holsboer und A. Steiger

Max-Planck-Institut für Psychiatrie, Klinisches Institut, Psychiatrische Klinik, München,
Bundesrepublik Deutschland

Intracerebroventrikuläre Applikation von VIP führte zu einer signifikanten Steigerung von REM-Schlaf in Ratten [6, 9], Kaninchen [7] und Katzen [3]. VIP stimuliert daneben die Wachstumshormon-Sekretion bei der Ratte [2] sowie der Prolaktinsekretion sowohl bei der Ratte [4] als auch beim Menschen [5, 8]. Außerdem gibt es Hinweise, daß VIP eine Rolle bei der Regulation des circadianen Rhythmus über einen Einfluß auf den Nucleus suprachiasmaticus ausübt [1]. Wir untersuchten den Effekt von stündlichen pulsatilen peripheren Applikationen zwischen 22.00 und 1.00 Uhr von 4 x 10 µg VIP (n = 7) und 4 x 50 µg VIP (n = 10) auf den Schlaf und auf die nächtliche endokrine Aktivität bei männlichen Kontrollpersonen (20–30 Jahre alt) gegenüber Placebo. Nach Applikation von 4 x 10 µg VIP sank die Prolaktinkonzentration signifikant (Area under the curve AUC: 4651 ± 542 ng/ml x min nach VIP vs. 6293 + 856 ng/ml x min nach Placebo, im Zeitraum von 22.00 bis 7.00 Uhr, p < 0,05), wohingegen das Schlaf-EEG keine Veränderungen aufwies. Nach Gabe von 4 x 50 µg VIP wurde ein signifikanter Anstieg von Prolaktin beobachtet (22.00 bis 3.00 Uhr: 3526 ± 325 ng /ml x min vs. 2766 ± 313 ng/ml x min, p < 0, 01) . Nach 4 x 50 µg VIP war der Cortisolnadir signifikant vorverlagert (62 ± 27 min unter VIP vs. 146 ± 19 min unter Placebo, p < 0,01, Zeit nach „Licht aus"). Zwischen 0.20 und 4.40 Uhr fand sich in Folge davon eine signifikante Erhöhung der Cortisolkonzentration (11965 ± 1939 ng/ml x min vs. 7747 ± 1136 ng/ml x min, p < 0, 05) . Die ACTH-Konzentration war in gleicher Richtung, jedoch geringer ausgeprägt verändert. Die Wachstumshormon-Sekretion war zwischen 22.00 und 2.00 Uhr signifikant erniedrigt (560 ± 94 ng/ml x min vs. 987 ± 147 ng/ml x min, p < 0, 02) . Unter 4 x 10 µg VIP zeigte sich keine

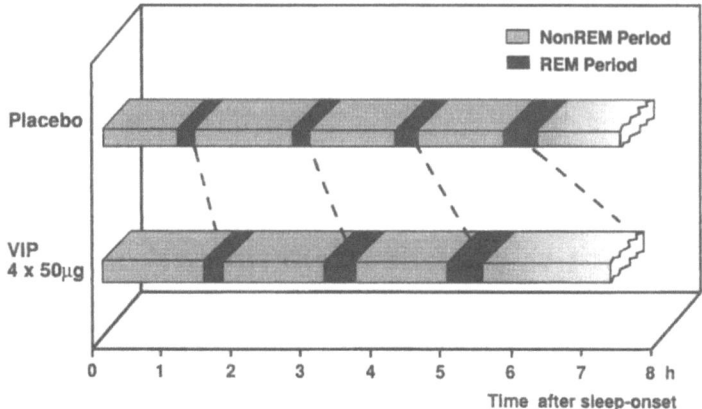

Abb. 1. Schlafzyklen unter 4 x 50 µg VIP gemittelt über 10 Probanden. Die Zeitachse stellt den Zeitpunkt nach Einschlafen dar

Veränderung von Schlafparametern. Nach 4 x 50 µg VIP waren die ersten drei Schlafzyklen signifikant verlängert (109,1 ± 25,7 min unter VIP vs. 89,4 ± 23,7 min unter Placebo, $p < 0,01$), bei Ausdehnung sowohl der REM- wie auch der Non-REM-Perioden (Abb. 1). Der Quotient aus der Dauer des REM-Schlafes und der Dauer des Non-REM-Schlafes zeigte eine Tendenz zur Vergrößerung (0,30 ± 0,03 unter VIP vs. 0,24 ± 0,03 unter Placebo, $p < 0,1$).

Unsere Daten legen nahe, daß VIP die Schlafregulation und die nächtliche Hormonsekretion substantiell beeinflußt. Es gibt drei Effekte von 4 x 50 µg VIP, die auf einen Einfluß auf die innere Uhr zurückgeführt werden können. Zunächst sind die Schlafzyklen signifikant verlängert. Zweitens ist der Non-REM/REM-Quotient unter VIP tendentiell erhöht. Dieser Befund könnte als Vorverlagerung der Schlafstruktur interpretiert werden. Drittens ist der Cortisolnadir nach VIP-Applikation vorverlagert. Die Hypothese, daß VIP efferente Einflüsse des Nucleus suprachiasmaticus auf die Schlafregulation im ZNS vermittelt, wird durch unsere Befunde unterstützt.

Literatur

1. Albers HE, Liou SZ, Stopa EG, Zoeller RT (1991) J Neurosci 11: 846–851
2. Bluet-Pajot M-T, Mounier , Leonard J-F, Kordon C, Durand D (1987) Peptides 8: 35–38
3. Drucker-Colin R, Bernal-Pedraza J, Fernandez-Cancino F, Oksenberg A (1984) Peptides 5: 837–840
4. Kato Y, Iwasaki Y, Iwasaki J, Abe H, Yanaihara N, Imura H (1978) Endocrinology 103: 554–558
5. Nicosia S, Spada A, Borghi C, Cortelazzi L, Giannattasio G (1980) FEBS Lett 112: 159–162
6. Obál JrF, Alföldi P, Cady AB, Johannsen L, Sary G, Krueger JM (1988) Am J Physiol 255: R310–R316
7. Obál JrF, Opp M, Cady AA, Johannsen L, Krueger JM (1989) Brain Res 490: 292–300

8. Ottesen B, Andersen AN, Gerstenberg T, Ulrichsen H, Manthorpe T, Fahrenkrug J (1981) Lancet II: 696
9. Riou F, Cespuglio R, Jouvet M (1982) Neuropeptides 2: 265–277

Korrespondenz: Dr. H. Murck, Max-Planck-Institut für Psychiatrie, Kraepelinstraße 2–10, D-80804 München, Bundesrepublik Deutschland

Langfristige Veränderungen der Serotonin-Wiederaufnahme im ZNS durch Nahrungsrestriktion

G. Huether, D. Zhou, S. Schmidt, J. Wiltfang und **L. Adler**

Neurobiologisches Labor, Psychiatrische Klinik, Universität Göttingen,
Bundesrepublik Deutschland

Serotonerge Mechanismen spielen nicht nur bei der Regulation der Nahrungsaufnahme eine besondere Rolle, sie sind auch besonders leicht durch nutritive Faktoren beeinflußbar (Übersicht in Leibowitz 1990). Während nahrungsbedingte Veränderungen von Serotoninsynthese, -ausschüttung und -metabolisierung sowie Veränderungen der Expression der verschiedenen Serotonin-Rezeptor-Subtypen intensiv untersucht wurden, haben mögliche Veränderungen der Effizienz des Serotonin-Reuptakes bisher keine Beachtung gefunden. Dies ist insbesondere deshalb erstaunlich, weil die Dauer, die Reichweite und damit die Wirkung von präsynaptisch ausgeschüttetem Serotonin entscheidend durch die Effizienz seiner Wiederaufnahme bestimmt wird. Wie rasch das ausgeschüttete Serotonin durch aktiven Rücktransport aus dem extrazellulären Raum entfernt wird, hängt von der Anzahl und der Affinität der präsynaptisch exprimierten Serotonin-Transporter ab. Pharmakologisch läßt sich die Effizienz der Serotonin-Wiederaufnahme durch Verabreichung selektiver Serotonin-Reuptake-Inhibitoren (Paroxetin, Fluoxetin, Citalopram) verringern. Zu einer besonders deutlichen Erhöhung des extrazellulären Serotoninspiegel kommt es nach Gabe von Substanzen, die gleichzeitig die Ausschüttung von Serotonin stimulieren und seine Wiederaufnahme hemmen (Fenfluramin, MDMA).

Es ist bislang unklar, ob und wenn ja, unter welchen Bedingungen und in welcher Weise der Serotonintransporter im ZNS unter physiologischen Bedingungen reguliert wird. Molekularbiologische Untersuchungen haben deutlich gemacht, daß die Primärstruktur des Serotonintransporters mehrere Angriffsorte für posttranslationale Modifikationen aufweist (zwei putative „glucosylation sites" und mehrere „consensus sites" für Proteinkinase A- und Proteinkinase C-mediierte Phosphorylierungsprozesse, Blakeley et al. 1991, Lesch et al. 1993a). In transfizierten Zellen und Thrombozyten konnte sowohl eine c-AMP-mediierte (King et al. 1992, Cool et al. 1991, Lesch et al. 1993b) als auch eine Proteinkinase C-mediierte (Anderson und Horne 1992, Myers et al. 1989) Regulation der Affinität (K_D) bzw. der Expression (B_{max}) des Serotonintransporters nachgewiesen werden. Auch die Beobachtung, daß es nach chronischer Verabreichung von Serotoninwiederaufnahmehemmern zu Veränderungen der Expression des Serotonintransporters im Rattenhirn kommt (Lesch et al. 1993b), stützt die Vermutung, daß die Effizienz der Serotoninwiederaufnahme unter bestimmten Bedingungen langfristig modulierbar ist. Wir zeigen hier modellhaft bei der Ratte, daß der Serotonintransporter auch durch länger anhaltende physiologische Veränderungen prinzipiell beeinflußbar ist und daß Nahrungsrestriktion ein effizienter Trigger für die „Downregulation" des Serotonintransporters in Terminalbereichen des serotonergen Systems im frontalen Cortex ist.

Erwachsene männliche Ratten (Wistar, ca. 300 g, 11 Wochen alt) wurden über einen Zeitraum von 2 Wochen nur mit der Hälfte der normalerweise von diesen Tieren täglich aufgenommenen Futtermenge gefüttert (Altromin Standard Futter, statt 24 nur 12 g/Ratte und Tag, jeweils am Abend um 18.00 Uhr). Während dieser Periode kam es zu einer Verringerung des Körpergewichts um 15–20%. Die Tiere wurden zusammen mit denen einer ad libidum versorgten Kontrollgruppe (jeweils N = 6) durch Dekapitation getötet und die Gehirne in flüssigem Stickstoff eingefroren. Die Bestimmung von K_D und B_{max} des Serotonintransporters im frontalen Cortex erfolgte mit Hilfe eines ^{3}H-Paroxetine-Bindungsassays (ausführliche Beschreibung in Huether et al. 1996). Dieses Verfahren ist hochspezifisch für den Serotonintransporter und ermöglicht die simultane Erfassung von Änderungen sowohl der Affinität (K_D) als auch der Dichte (B_{max}) der im Gewebe exprimierten Transporter. In Vorversuchen konnte gezeigt werden, daß die Vorbehandlung von Tieren mit einem substituierten Amphetamin (PCA, p-chloro-Amphetamin), welches bekanntermaßen chemische Läsionen serotonerger Synapsen und Axone erzeugt, zu einem ca. 90%igen Abfall der im frontalen Cortex mit dieser Methodik gemessenen B_{max}-Werte führt.

Eine hochsignifikante Verringerung der Dichte von Serotonintransportern um ca. 30% war auch im frontalen Cortex von Ratten nachweisbar, die über einen Zeitraum von 2 Wochen täglich nur die Hälfte der normalerweise aufgenommenen Futtermenge erhalten hatten (B_{max} nach normaler Ernährung: 417.1 ± 37.3 fmol/mg Protein, B_{max} nach Nahrungsrestriktion: 298, 1 ± 86.1 fmol/mg Protein).

Diese nach 2wöchiger Nahrungsrestriktion beobachtete Reduktion der Dichte von Serotonintransportern im Cortex kann entweder durch einen Verlust serotonerger Präsynapsen oder durch die Verringerung der pro Präsynapse exprimierten Transportermoleküle bedingt sein. Ein durch vermehrte proteolytische Aktivität hervorgerufener verstärkter Abbau von Transporter-Sites während der Gewebeaufarbeitung und -inkubation konnte experimentell ausgeschlossen werden. Es gibt auch keine Hinweise dafür, daß es im Zuge der restriktiven Ernährung zu einem verstärkten Abbau serotonerger Nervenendigungen in den Projektionsgebieten serotonerger Neurone der Raphe-Kerne kommt. Nahrungsrestriktion führt nach den Beobachtungen einer Reihe anderer Autoren vielmehr zu einer

Stimulation der Serotoninsynthese und des Serotoninmetabolismus und
offenbar auch zu einer verstärkten Serotoninausschüttung in allen bisher
untersuchten Hirnregionen (Kantak et al. 1978, Curzon et al. 1972, Schweiger et al. 1989, Fuenmayor und Garcia 1984).

Eine Reihe von Befunden deutet darauf hin, daß es im Zuge einer restriktiven Ernährung zu Änderungen der Ausschüttwng einer Vielzahl anderer Transmitter und Modulatoren im ZNS kommt. Die daraus resultie-
rende Aktivierung von Rezeptoren an serotonergen Neuronen könnte zu
einer Verminderung der c-AMP Bildung und der Aktivität von Proteinkinase A und damit zu einer verminderten Expression des Serotonintransporters in den serotonergen Präsynapsen führen. Zur Klärung dieser Mechanismen sind weiterführende Untersuchungen erforderlich.

Trotz der gegenwärtigen Unkenntnis der zugrundeliegenden molekularen Mechanismen, ist die durch restriktive Ernährung hervorgerufene
„Downregulation" von Serotonintransportern ein Befund, der eine Reihe
interessanter Spekulationen über die zentralnervösen Konsequenzen von
Nahrungsentzug (Fasten) und Nahrungsrestriktion (Reduktionsdiäten)
zuläßt. In beiden Fällen, so läßt sich vermuten, kommt es zu einer verstärkten Synthese und Ausschüttung von Serotonin bei gleichzeitig verminderter Effizienz seiner Wiederaufnahme. Vergleichbare Veränderungen werden durch Serotonin-Reuptake-Inhibitoren und, in noch stärkerem Maße,
durch Pharmaka hervorgerufen, die zusätzlich noch die Serotoninausschüttung stimulieren. Insbesondere letztere sind durch ihre anorektischen, z. T. auch psychostimulatorischen und halluzinogenen Wirkungen
bekannt. Interessanterweise führt auch Fasten nach etwa 3 Tagen zu einem
weitgehenden Verlust des Hungergefühls (sogar bei Ratten als „post-starva-
tionanorexia" nachweisbar, Hamilton 1969) und zu psychischen Veränderungen, die in vieler Hinsicht mit den durch Serotonin-Reuptake-Inhibitoren und insbesondere durch Serotonin-Releasern hervorgerufenen Effekten vergleichbar sind. Eben wegen dieser Wirkungen, so läßt sich vermuten, wird Nahrungsreduktion bzw. Nahrungskarenz traditionell in fast allen
Kulturen benutzt, um einen Zustand erhöhter innerer Sensibilität bei
gleichzeitig verringerter Ansprechbarkeit gegenüber Außenreizen und
Stressoren zu erreichen. Auf diese Weise wird offenbar der Zugang zu trans-
zendentalen, spirituellen und religiösen Erfahrungen erleichtert. Es ist in
diesem Zusammenhang interessant, daß immer mehr Jugendliche in unserem Kulturkreis einen derartigen Zustand durch die Einnahme von Substanzen herbeiführen, die als Serotonin-Releaser und Reuptake-Inhibitoren wirken (z. B. MDMA, „ecstasy").

Auch für Ernährungspsychologen bietet der hier vorgestellte Befund einen Ansatzpunkt für weitergehende Untersuchungen. Die durch Nahrungsrestriktion ausgelöste „Downregulation" von Serotonintransportern
könnte als „biologisches Substrat" für die Ausbildung von Eßstörungen von
besonderer Bedeutung sein. Es ist möglich, daß die „positiv" („anorectic,
mood-stabilizing, resilencing") empfundenen Konsequenzen des Fastens
bei bestimmten vulnerablen Personen als Trigger für die Initiation und Manifestation von Eßstörungen eine besondere Rolle spielen. Wichtig ist in

diesem Zusammenhang der Hinweis, daß die durch Nahrungskarenz ge-
triggerte verstärkte Aktivität des serotonergen Systems die psychischen Veränderungen nicht verursacht, sondern im Sinne eines „permissiven Systems" die in einer bestimmten Situation aktivierten kortikalen Verarbeitungsprozesse lediglich verstärkt und stabilisiert (Spoont 1992). Aus diesem
Grund sind Kontext, Motiv und Begleitumstände des Fastens (wie auch der
Einnahme von Serotonin-Releasern und Reuptake-Hemmern) ausschlaggebend für die Qualität der durch diese physiologischen bzw. pharmakologischen Manipulationen ausgelösten und assoziierten Erfahrungen.

Danksagung

Die hier vorgestellten Untersuchungen wurden unterstützt durch die Deutsche Forschungsgemeinschaft (HU 351/3–1, HU 351/9–1) und durch die Eli Lilly International
Foundation.

Literatur

Anderson GM, Horne WCl (1992) Activators of protein kinase C decrease serotonin
    transport in human platelets. Biochim Biophys Acta 1137: 331–337
Blakeley RD, Berson HE, Fremeau RT, et al (1991) Cloning and expression of a functio-
    nal serotonin transporter from rat brain. Nature 354: 66–70
Cool DR, Leibach FH, Bhalla VK, et al (1991) Expression and c-AMP-dependent regula-
    tion of high affinity serotonin transporter in the human placental choriocarcinoma
    cell line (JAR). J Biol Chem 22: 15750–15757
Curzon G, Joseph MH, Knoff P (1972) Effects of immobilization and food deprivation on
    rat brain tryptophan and serotonin metabolism. J Neurochem 19: 1967–1974
Fuenmayor LD, Garcia S (1984) The effect of fasting on 5-hydroxytryptamine metabolism
    in brain regions of the albino rat. Br J Pharmacol 83: 357–362
Hamilton CL (1969) Problems of refeeding after starvation in the rat. Ann NY Acad Sci
    157: 1004–1017
Huether G, Zhou D, Schmidt S, Wiltfang J, Adler L (1996) Effect of dietary restriction on
    the density of the serotonin transporter in different regions of the rat brain. Neuro-
    chem (in press)
Kantak KM, Wayner MT, Stein JM (1978) Effects of various periods of food deprivation on
    serotonin synthesis in the lateral hypothalamus. Pharmacol Biochem Behav 9: 534–541
King SC, Tiller AA, Chang ASS, Lam DMK (1992) Differential regulation of the impra-
    minesensitive serotonin transporter by c-AMP in human JAR choriocarcinoma cells,
    rat PC 12 pheochranocytoma cells and C33-14-B1 transgenic mouse fibroblast cells.
    Biochem Biophys Res Comm 183: 487–491
Leibowitz SF (1990) The role of serotonin in eating disorders. Drugs 39 [Suppl 3]: 33–48
Lesch KP, Aulakh ChS, Wolozin BL (1993a) Regional brain expression of serotonin
    transporter mRNA and its regulation by reuptake inhibiting antidepressants. Mol
    Brain Res 17: 31–35
Lesch KP, Wolozin B, Murphy DL, Riederer P (1993a) Primary structure of the human
    platelet serotonin uptake site: identitiy with the brain serotonin transporter. J Neuro-
    chem 60: 2319–2322
Myers CL, Lazo JS, Pitt B (1989) Translocation of proteinkinase C is associated with inhi-
    bition of 5-HT uptake by cultured endothelial cells. Am J Physiol 257: L 253–258
Schweiger U, Brooks A, Tuschl RJ, Pirke KM (1989) Serotonin turnover in rat brain du-
    ring semistarvation with high-protein and high-carbohydrate diets. J Neural Transm
    77: 131–139
Spoont MR (1992) Modulatory role of serotonin in neural information-processing. Im-
    plications for human psychopathology. Psychol Bull 112: 330–350

Korrespondenz: Prof. Dr. G. Huether, Psychiatrische Universitätsklinik, von Siebold-
    Straße 5, D-37075 Göttingen, Bundesrepublik Deutschland

Die Gabe von Dehydroepiandrosteron (DHEA) verlängert den Rapid-Eye-Movement (REM)-Schlaf und erhöht die EEG-Aktivität im Sigma-Frequenzbereich

E. Friess, L. Trachsel, J. Guldner, T. Schier, A. Steiger und **F. Holsboer**

Klinisches Institut, Psychiatrische Klinik, Max-Planck-Institut für Psychiatrie, München, Bundesrepublik Deutschland

DHEA wird als Präkursor zu Sexualhormonen im großen Umfang in der Nebennierenrinde synthetisiert und liegt in der Blutzirkulation hauptsächlich als sulfatiertes Ester (DHEAS) vor. Die Frage nach der biologischen Funktion von DHEA ist bisher nicht geklärt und gewinnt zusätzlich durch die Tatsache an Bedeutung, daß auch Gliazellen des zentralen Nervensystems in großer Menge DHEA und Pregnenolon als sog. „Neurosteroide" synthetisieren (Corpéchot et al. 1981, Mathur et al. 1993). In elektrophysiologischen Experimenten wurde gezeigt, daß Metaboliten von DHEA und Pregnenolon am GABA-Benzodiazepinrezeptorkomplex (GBR) binden und dabei 5α,3α-reduzierte Steroide stereoselektiv GABA-agonistisch, dagegen die sulfatierten Ester von Pregnenolon und DHEA (DHEAS) GABA-antagonistisch wirken (Gee et al. 1988, Demirgören et al. 1991). Im Tierexperiment wurde für 5α,3α-reduzierte Metaboliten von Pregnenolon eine anxiolytische und auch hypnotische Wirkung nachgewiesen (Crawley et al. 1986, Mendelson et al. 1987). Die systemische Gabe von Pregnenolon bewirkte im Tier- und Humanexperiment Schlaf-EEG-Veränderungen im Sinne eines invers GABA-agonistischen Effekts (Steiger et al., in diesem Band, Lancel et al. 1994). Die vorliegende Untersuchung sollte prüfen, ob sich die Schlafarchitektur beim Menschen, die durch Liganden des GBR beeinflußt wird, auch nach Gabe von DHEA verändert.

10 gesunde männliche junge Probanden erhielten eine Stunde vor Beginn des Nachtschlafs oral 500 mg DHEA bzw. Placebo. Neben der polysomnographischen Schlaferfassung (23:00–7:00 h) wurden über einen intravenösen Venenkatheter Blutproben gesammelt, in denen mittels konventioneller RIA's die Konzentrationen von Cortisol, Wachstumshormon und Testosteron gemessen wurde. Neben der konventionellen visuellen Schlafstadienbestimmung etablierten wir eine serielle Spektralanalyse der

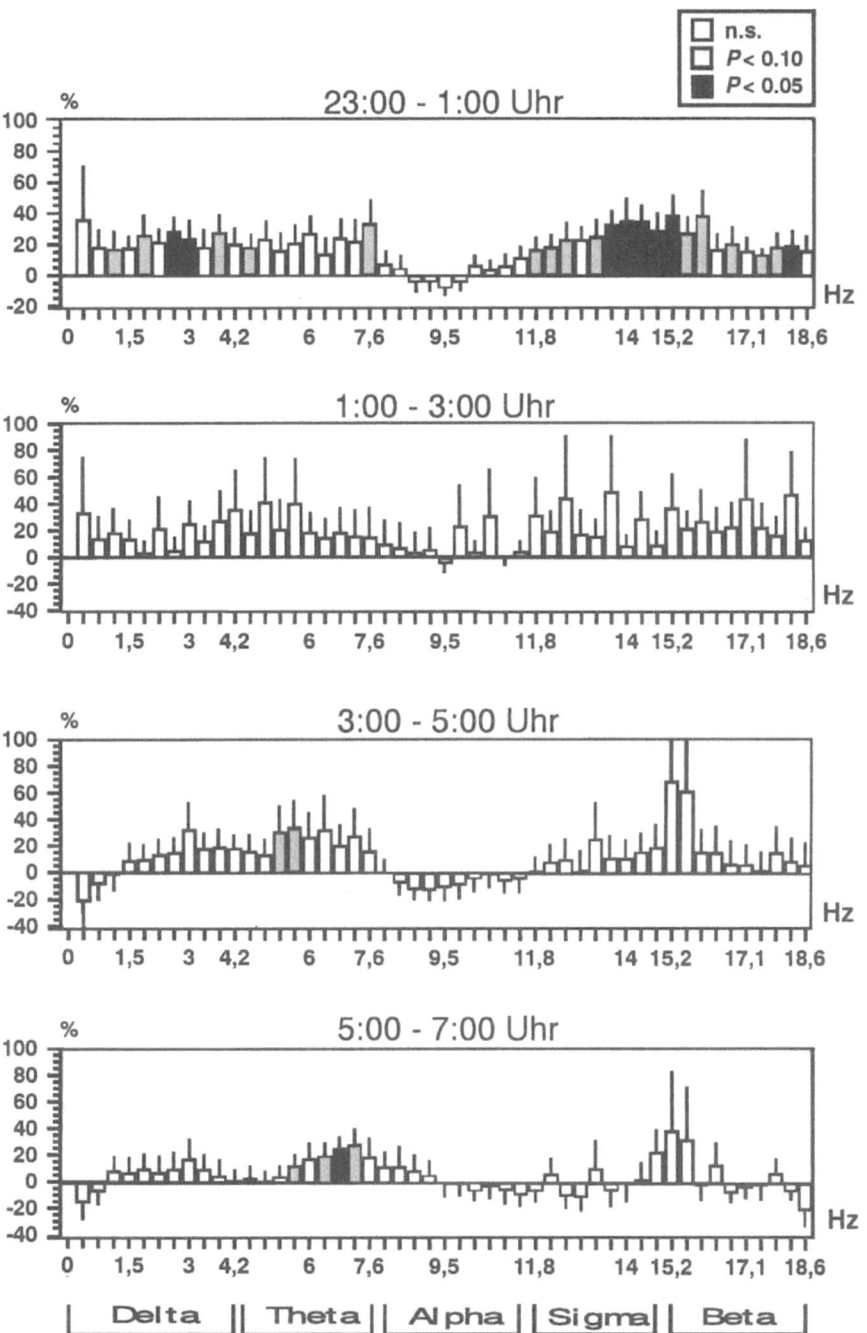

Abb. 1. Effekt von DHEA auf die EEG-Aktivität (Fast Hartley Transformation) von **a** REM-Schlaf und **b** non-REM-Schlaf jeweils während 2-Stunden-Abschnitte des Nachtschlafs; dargestellt sind die Unterschiede der EEG-Aktivität zwischen Verum- und Placebobedingung als Prozent von Placebo (= 100%) (Abb. 1b siehe S. 444)

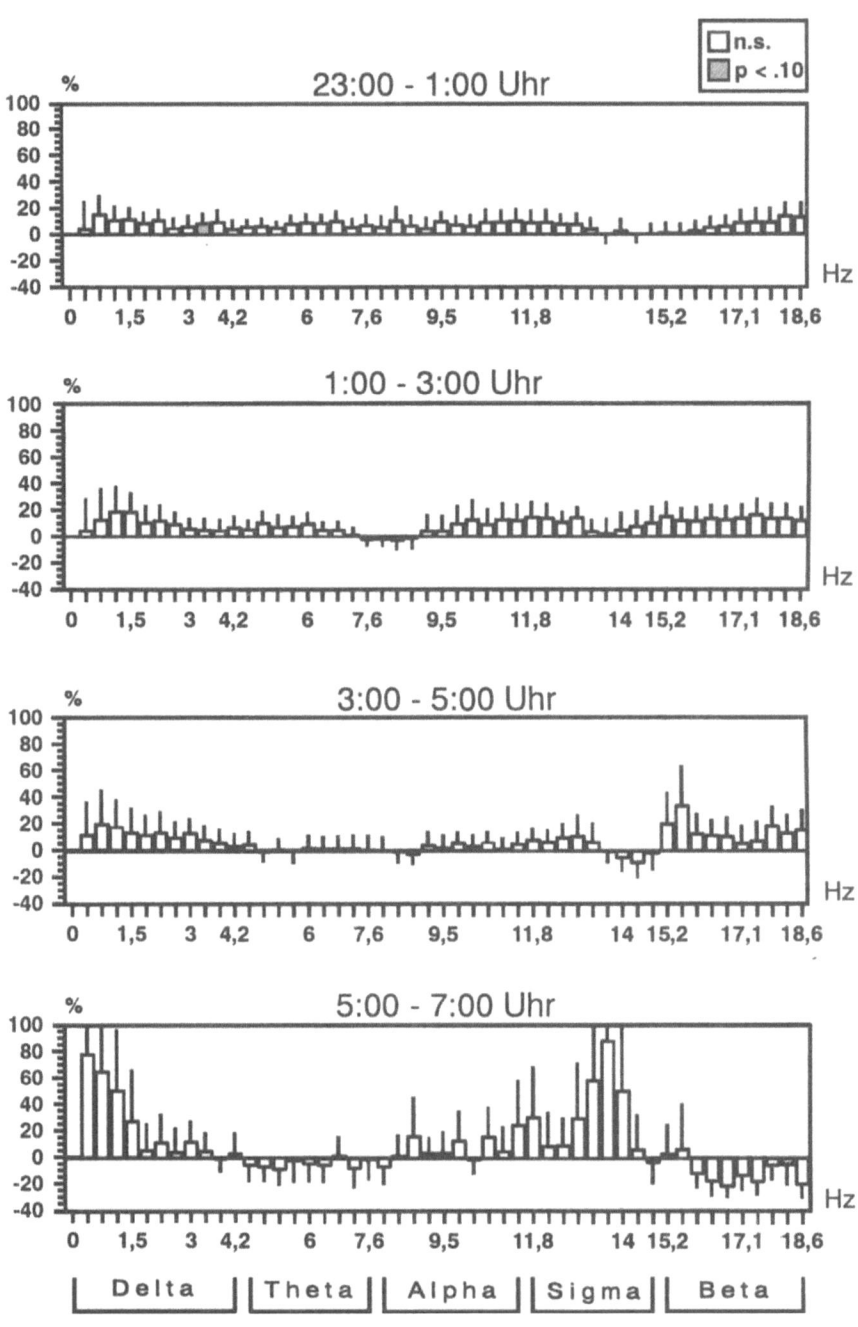

Abb. 1b

EEG-Signale und errechneten stadienspezifisch (REM- Schlaf vs. non-REM-Schlaf) die EEG-Aktivität zwischen etwa 0 und 19 Hz.

Entsprechend der konventionellen Schlafstadienbestimmung bewirkte die Gabe von DHEA eine signifikante Verlängerung der Gesamt-REM-Schlafdauer ($P < 0.05$); alle anderen Schlafvariablen, einschließlich Tiefschlafanteil, REM-Latenz, REM-Dichte etc. blieben unverändert. Zusätzlich fanden wir im REM-Schlaf der ersten beiden Stunden des Nachtschlafes nach DHEA-Gabe eine signifikant vermehrte EEG-Aktivität im Sigma-Frequenzbereich ($P < 0.05$) (Abb. 1). Aus früheren Untersuchungen ist gerade die Erhöhung des EEG-Power-Spektrums im Sigma- und Betabereich als charakteristisch für den Effekt von Benzodiazepinen (sog. „fingerprint") beschrieben, wobei diese Schlaf-EEG-Veränderungen bisher nur im non-REM-Schlaf beobachtet wurden (Trachsel et al. 1990). In der vorliegenden Studie erbrachte die Spektralanalyse des non-REM-Schlafs jedoch keine signifikanten Veränderungen der EEG-Aktivität nach Gabe von DHEA (Abb. 1). Ebensowenig wurden die nächtliche Sekretion von Cortisol, Wachstumshormon und Testosteron durch die DHEA-Gabe signifikant beeinflußt.

Nachdem die deutlichsten Veränderungen des REM-Schlaf-Power-Spektrums in den ersten beiden Stunden des Nachtschlafs registriert wurden, müßte ein Effekt der DHEA-Gabe am ehesten über eine membranäre Wirkung des Steroids vermittelt werden. DHEA wird in DHEAS und andere Metaboliten umgewandelt, die sowohl antagonistische als auch agonistische Effekte am GBR vermitteln können. Die beobachtete Verlängerung der REM-Schlafdauer könnte also einem GABA-antagonistischen Effekt entsprechen, nachdem agonistische Liganden des GBR den REM-Schlaf-Anteil typischerweise verringern. Die bereits erwähnte für GABA-agonistische Liganden charakteristische Erhöhung der EEG-Aktivität im Sigmafrequenzbereich läßt sich mit den vorliegenden Ergebnissen allerdings nur unter Vorsicht in Verbindung bringen, nachdem die Steigerung der EEG-Aktivität in diesem Frequenzbereich nach Gabe von DHEA nur im REM-Schlaf gefunden wurde.

Ein klinischer Aspekt der Untersuchungsergebnisse beruht auf der gedächtnisfördernden Wirkung von DHEA im Tierexperiment und der unter in vitro-Bedingungen beschriebenen „neuroprotektiven" Wirkung von DHEA (Bologa et al. 1987, Roberts et al. 1987, Flood et al. 1988). Nachdem auch bei Patienten mit Alzheimer'scher Erkrankung die Plasmakonzentrationen von DHEA erniedrigt sind, wurde bereits überlegt, ob bei einem pathologischen Abfall der DHEA-Konzentration eine Substitution des Steroids die Gedächtnisfunktionen verbessern oder zumindest neuronale Schädigungen lindern könnte (Bologa et al. 1987, Roberts und Fitten 1990). Im Rahmen der Bedeutung des REM-Schlafes für Gedächtnisvorgänge müßte überprüft werden, ob gedächtnisfördernde Effekte von DHEA mit der Verlängerung der REM-Schlafdauer zusammenhängen.

Danksagung

Mit Unterstützung der DFG (Ste 486/1–2).

Literatur

Bologa L, Sharma J, Roberts E (1987) Dehydroepiandrosterone and its sulfated derivate reduce neuronal death and enhance astrocytic differentiation in brain cell cultures. J Neurosci Res 17: 225–234

Corpéchot C, Robel P, Axelson M, Sjovall J, Baulieu EE (1981) Characterization and maesurement of dehydroepiandrosterone sulfate in the rat brain. Proc Natl Acad Sci USA 78: 4704–4707

Crawley JN, Glowa JR, Majewska MD, Paul SM (1986) Anxiolytic activity of an endogenous adrenal steroid. Brain Res 398: 382–385

Demirgören S, Majewska MD, Spivak CE, London ED (1991) Receptor binding and electrophysiological effects of dehydroepiandrosterone sulfate, an antagonist of the $GABA_A$ receptor. Neuroscience 45: 127–135

Flood JF, Smith GE, Roberts E (1988) Dehydroepiandrosterone and its sulfate enhance memory retention in mice. Brain Res 447: 269–278

Gee KW, Bolger MB, Brinton RE, Coirini H, McEwen BS (1988) Steroid modulation of the chloride ionophore in rat brain: structure activity requirements, regional dependence and mechanism of action. J Pharmacol Exp Ther 246: 803–812

Lancel M, Crönlein TAM, Müller-Preusz P, Holsboer F (1994) Pregnenolone enhances EEG delta activity during non-rapid eye movement sleep in the rat, in contrast to midazolam. Brain Res 646: 85–94

Mathur C, Prasad VVK, Raju VS, Welch M, Lieberman S (1993) Steroids and their conjugates in the mammalian brain. Biochemistry 90: 85–88

Mendelson WB, Martin JV, Perlis M, Wahner R, Majewska MD, Paul SM (1987) Sleep induction by an adrenal steroid in the rat. Psychopharmacology 93: 226–229

Roberts E, Fitten LJ (1990) Serum steroid levels in two old men with Alzheimer's Disease (AD) before, during, and after oral administration of dehydroepiandrosterone (DHEA). Pregnenolone synthesis may become rate-limiting in aging. In: Kalimi M, Regelson W (eds) The biological role of dehydroepiandrosterone (DHEA). De Gruyter, Berlin, pp 343–363

Roberts E, Bologa L, Flood JF, Smith GE (1987) Effects of dehydroepi androsterone and its sulfate on brain tissue in culture and on memory in mice. Brain Res 406: 357–362

Trachsel L, Dijk D-J, Brunner DP, Klene C, Borbély AA (1990) Effect of zopiclone and midazolam on sleep and EEG spectra in a phase-advanced sleep schedule. Neuropsychopharmacology 3: 11–18

Korrespondenz: Dr. E. Friess, Psychiatrische Klinik, Max-Planck-Institut für Psychiatrie, Kraepelinstraße 10, D-80804 München, Bundesrepublik Deutschland

Die psychopharmakologische Bedeutung von Neurosteroiden

R. Rupprecht und **F. Holsboer**

Max-Planck-Institut für Psychiatrie, Klinisches Institut, München,
Bundesrepublik Deutschland

Über einen längeren Zeitraum nahm man an, periphere endokrine Organe seien die ausschließliche Syntheseorte für Steroidhormone. Vor einigen Jahren gelang jedoch der Nachweis, daß bestimmte Steroide, die sich struktur-chemisch von den klassischen Hormonen unterscheiden, auch im Zentralnervensystem synthetisiert und akkumuliert werden können. Diese Steroide erhielten die Bezeichnung Neurosteroide (Baulieu 1991). Zu den wichtigsten Neurosteroiden gehören Tetrahydrodeoxycorticosteron (THDOC), Allopregnanolon (THP) sowie Pregnanolon. Im Gehirn der Ratte kommen diese endogenen Steroide im nanomolaren Konzentrationsbereich vor und steigen unter experimentellen Streßbedingungen an (Purdy et al. 1991).

Tierexperimentell findet man nach pharmakologische Gabe der 3α, 5α-reduzierten Neurosteroide bzw. von Pregnanolon potentielle anxiolytische (Crawley et al. 1986, Wieland et al. 1991) und schlafmodulierende (Mendelson et al. 1987, Lancel et al. unveröffentlicht) Wirkungen, entprechende Daten am Menschen existieren bislang jedoch nicht. Somit ergeben sich Hinweise, daß diese Neurosteroide ein erhebliches, therapeutisch bislang noch ungenutztes neuropsychopharmakologisches Potential besitzen könnten. Eine große Hürde auf dem Weg zur pharmakologischen Weiterentwicklung stellt dabei die schlechte Wasserlöslichkeit dieser Substanzen dar. So mußten diese Steroide im Tierexperiment entweder in extrem hohen Dosen intraperitoneal verabreicht oder direkt intracerebroventriculär injiziert werden. Dies war auch der Grund für die stagnierende Entwicklung von Steroid-Anaesthetica. Vereinzelte Berichte schrieben jedoch auch der Gabe von Progesteron bei Patientinnen mit prämenstruellem Syndrom eine angstlösende und stimmungsaufhellende Wirkung zu (Dennerstein et al. 1980). Vermutlich ist dieser Effekt einer Metabolisierung in 3α-reduzierte Neurosteroide zuzuschreiben, zumal *in vivo* gegebenes Progesteron im Gegensatz zu *in vitro* Befunden die GABAerge Neurotransmission modulieren kann (Smith 1991).

Die Aufklärung des molekularen Wirkungsmechanismus von Neurosteroiden ist derzeit Gegenstand intensiver Forschungsbemühungen. Das
klassische Modell der SteroidhormonWirkung basiert auf der Bindung des
Steroidmoleküls an einen cytosolischen oder nukleären Rezeptor. Dieser
ändert nach der Hormonbindung seine Konformation, transloziert in den
Zellkern und bindet dort als Homo- oder Heterodimer an entsprechende
„response-elements" in der Promotor-Region von steroid-regulierten Genen (Evans 1988, Trapp et al. 1994). Neuere Konzepte der Steroid-Wirkung
gehen davon aus, daß bestimmte Steroide, so z. B. die 3α, 5α-reduzierten
Neurosteroide, die neuronale Exzitabilität auch über Bindungsstellen an
Ionenkanälen, z. B. am GABA-Benzodiazepin Rezeptorkomplex, moduli-
ren können (Majewska et al. 1986, McEwen 1991). Andere Neurosteroide,
z. B. Pregnenolon, induzieren Schlaf-EEG Veränderungen, die ebenfalls
auf eine Wirkung am GABA-Benzodiazepin Rezeptorkomplex hindeuten
(Steiger et al. 1993, Lancel et al. 1994).

Ein Schwerpunkt molekularbiologischer Forschungsansätze ist die allosterische Modulation des $GABA_A$-Rezeptors, d. h. die Potenzierung oder
Inhibierung des GABA-iduzierten Chloridionenstroms in das Zellinnere,
durch Neurosteroide (Paul und Purdy 1992). Neuere Untersuchungen wei-
sen darauf hin, daß die Bindungsstellen für 3α, 5α-reduzierte Neurosteroide
am $GABA_A$-Rezeptor nicht identisch mit denen von Benzodiazepinen oder
Barbituraten sind, obwohl diese Neurosteroide ebenfalls als positive allosterische Modulatoren am GABA-Benzodiazepin Rezeptorkomplex wirken (Paul
und Purdy 1992). Neurosteroide modulieren nicht nur die GABAerge Neurotransmission, auch andere Neurotransmitter-Systeme, z. B. der NMDA-Rezeptor und der Glycin-Rezeptor, werden durch diese Steroide im Sinne einer
negativen allosterischen Modulation beeinflußt (Paul und Purdy 1992).

Als molekularer Angriffspunkt von Neurosteroiden wurden bisher ausschließlich membranäre Neurotransmitterrezeptoren angesehen, welche
von diesen Steroiden allosterisch moduliert werden (Majewska et al. 1986,
Paul und Purdy 1992). Eine pharmakologische Wirkung dieser Neurosteroide über intrazelluläre Steroidrezeptoren wurde bislang ausgeschlossen
(Paul und Purdy 1992). Ziel unserer Arbeit war es, zunächst die molekulare Pharmakologie dieser Neurosteroide weiter aufzuklären, um so die
Grundlage für deren Einsatz bzw. die Entwicklung von entsprechenden Derivaten für neuropsychopharmakologische Zwecke zu schaffen. Wir gingen
dabei der Frage nach, ob außer der Modulation von membranständigen
Rezeptoren noch andere pharmakologische Prinzipien der Neurosteroid-
wirkung zugrunde liegen (Rupprecht et al. 1993).

Mittels rekombinanter DNA-Technologie und der Expression verschiedener Steroid-Rezeptoren in einer menschlichen Neuroblastom-Zell-Linie
durch Transfektion gelang zunächst der Nachweis, daß Allopregnanolon
(THP) und Allotetrahydrodeoxycorticosteron (THDOC) die Gen-Expression über den Progesteron-Rezeptor (PR) regulieren. Nach Expression des
Rezeptors in COS-Zellen fand sich jedoch keine Bindung der Neurosteroide an den PR, welche die beobachtete Aktivierung des Rezeptors erklären
könnte. Eine komplette nukleäre Translokation des PR durch Neurostero-

ide wurde mittels Immunfluoreszenz nachgewiesen. Da der PR auch unabhängig von Liganden aktiviert werden kann, wurde einem möglichem Mediator der Transaktivierung in Form einer Proteinkinase nachgegangen. Diese Hypothese als Erklärung der durch Neurosteroide vermittelten Genexpression mußte jedoch verworfen werden. Der Einsatz von Expressionsvektoren für chimäre Rezeptoren und von Band-Shift Analyse erbrachte den Hinweis auf eine mögliche intrazelluläre Metabolisierung dieser Neurosteroide. Daraufhin konnten wir Dihydroprogesteron und Dihydrodeoxycorticosteron als Oxidationsprodukte mittels Dünnschichtchromatographie identifizieren und erstmals zeigen, daß diese 5α-Pregnansteroide ihrerseits an den PR binden und diesen aktivieren. Im Gegensatz zu den 3α, 5α-reduzierten Neurosteroiden weisen die 5α-Pregnansteroide im patch-clamp an hypothalamischen Primärkulturen der Ratte keinen modulatorischen Effekt am GABA_A-Rezeptor auf (Rupprecht et al. 1993)

Unsere Arbeit konnte zeigen, daß die Neurosteroide THP und THDOC gleichzeitig zwei molekulare Wirkprinzipien aufweisen. Einerseits modulieren sie Ionenkanäle, welche an Neurotransmitter-Rezeptoren gekoppelt sind, andererseits regulieren sie die Gen-Expression im ZNS im physiologischen Konzentrationsbereich. Es findet somit ein intrazellulärer „Cross-Talk" zwischen genomischen und non-genomischen Steroid-Effekten statt, bei welchem die Expression der beteiligten Rezeptoren und deren Untereinheiten sowie der entsprechenden metabolisierenden Enzyme eine wichtige Rolle spielt (Abb. 1).

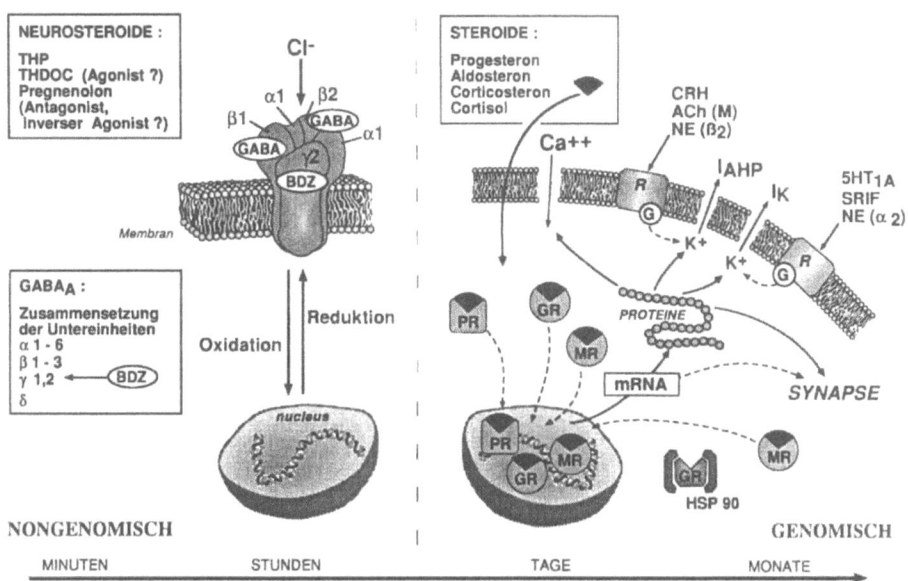

Abb. 1. Nongenomische und genomische Wirkungen von Neurosteroiden. *BDZ* Benzodiazepine, *PR* Progesteron-Rezeptor *GR* Glucocorticoid-Rezeptor, *MR* Mineralocorticoid-Rezeptor, *HSP 90* Heat shock protein 90 kDa (modifiziert nach Holsboer 1993)

Diese Befunde stellen ein neues Konzept einer „binären" Wirkung von Steroiden auf, dessen pharmakologische Weiterentwicklung die Generierung und molekulare Charakterisierung neuartiger psychopharmakologischer Substanzen, z. B. Anxiolytika, ermöglicht.

Literatur

Baulieu EE (1991) Neurosteroids: a new function in the brain. Biol Cell 71: 3–10

Crawley JN, Glowa JR, Majewska MD, Paul SM (1986) Anxiolytic activity of an endogenous adrenal steroid. Brain Res 398: 382–385

Dennerstein L, Spencer-Gardner C, Gotts G, Brown JB, Smith MA, Burrows GD (1980) Progesterone and the premenstrual syndrome: a double blind crossover trial. Br Med J 290: 1617–1621

Evans RM (1988) The steroid and thyroid hormone receptor superfamily. Science 240: 889–895

Holsboer F (1993) Hormones and brain function. In: Mendlewicz J, Brunello N, Langer SZ, Racagni G (eds) New pharmacological approaches to the therapy of depressive disorders. Karger, Basel, pp 164–176 (Int Acad Biomed Drug Res 5)

Lancel M, Crönlein TAM, Müller-Preuß P, Holsboer F (1994) Pregnenolone enhances EEG delta activity during non-rapid eye movement sleept in the rat in contrast to midazolam. Brain Res 646: 85–94

Majewska MD, Harrison NL, Schwartz RD, Barker JL, Paul SM (1986) Steroid hormone metabolites are barbiturate-like modulators of the GABA receptor. Science 232: 1004–1007

McEwen BS (1991) Non-genomic and genomic effects of steroids on neural activity. Trends Pharmacol Sci 12: 141–147

Mendelson WB, Martin JV, Perlis M, Wagner R, Majewska MD, Paul SM (1987) Sleep induction by an adrenal steroid in the rat. Psychopharmacol 93: 226–229

Paul SM, Purdy RH (1992) Neuroactive steroids. FASEB J 6: 2311–2322

Purdy RH, Morrow AL, Moore PH, Paul SM (1991) Stress-induced elevations of γ-aminobutyric acid type A receptor-active steroids in the rat brain. Proc Natl Acad Sci USA 8: 4553–4557

Rupprecht R, Reul JMHM, Trapp T, van Steensel B, Wetzel C, Damm K, Zieglgänsberger W, Holsboer F (1993a) Progesterone receptor-mediated effects of neuroactive steroids. Neuron 11: 523–530

Smith SS (1991) The effects of estrogen and progesterone on GABA and glutamate responses at extrahypothalamic sites. In: Costa E, Paul SM (eds) Neurosteroids and brain function. Thieme, Stuttgart New York, pp 87–94 (Fidia Research Foundation Syponsium Series)

Steiger A, Trachsel L, Guldner J, Hemmeter U, Rothe B, Rupprecht R, Vedder H, Holsboer F (1993) Neurosteroid pregnenolone induces sleep-EEG changes in man compatible with inverse agonistic GABAA-receptor modulation. Brain Res 615: 267–274

Trapp T, Rupprecht R, Castrén M, Reul JMHM, Holsboer F (1994) Heterodimerization between the mineralocorticoid and the glucocorticoid receptor: a new principle of glucocorticoid action in the CNS. Neuron 13: 1457–1462

Wieland S, Lan NC, Mirasedeghi S, Gee KW (1991) Anxiolytic activity of the progesterone metabolite 5a-pregnan-3a-ol-20-one. Brain Res 565: 263–268

Korrespondenz: Dr. R. Rupprecht, Max-Planck-Institut für Psychiatrie, Klinisches Institut, Kraepelinstraße 10, D-80804 München, Bundesrepublik Deutschland

Das Neurosteroid Pregnenolon beeinflußt das menschliche Schlaf-EEG wie ein inverser Agonist am GABA$_A$-Rezeptor

A. Steiger[1], **L. Trachsel**[2], **J. Guldner**[1], **U. Hemmeter**[1], **B. Rothe**[1],
R. Rupprecht[2], **H. Vedder**[2] und **F. Holsboer**[1, 2]

[1]Psychiatrische Klinik und [2]Abteilung Neuroendokrinologie, Max-Planck-lnstitut für
Psychiatrie, Klinisches Institut, München, Bundesrepublik Deutschland

Schon 1942 berichtete Selye die hypnotische Wirkung bestimmter Steroide. Erst in jüngster Zeit wurde gezeigt, daß Corticosteroide nicht nur über genomische Effekte wirken, sondern auch die neuronale Erregbarkeit kurzfristig modulieren können, indem die Leitfähigkeit von Ionenkanälen beeinflußt wird. Bestimmte, als Neurosteroide bezeichnete Hormone, konnten als Liganden des GABA$_A$-Rezeptors identifiziert werden (Paul und Purdy 1992). Darunter zählen Pregnenolon (P) und Pregnenolonsulfat (PS). Diese Substanzen existieren in beträchtlicher Konzentration im zentralen Nervensystem und werden wahrscheinlich in Gliazellen synthetisiert. Elektrophysiologische Studien belegen, daß P und PS Chlorid-Kanäle am GABA$_A$-Rezeptor antagonistisch beeinflußen. Nanomolare Konzentrationen von PS zeigen eine allosterische GABA$_A$-agonistische Aktivität wie Anstieg der Muscimol- und Benzodiazepinbindung in zentralen synaptosomalen Membranen, während andererseits PS in mikromolaren Konzentrationen z. B. die Muscimolbindung (Majewska und Schwartz 1987) und die Leitfähigkeit für Chlorid reduziert (Mienville und Vicini 1989). Diese Effekte entsprechen einer antagonistischen Wirkung am GABA$_A$-Rezeptor. Angesichts dieser komplexen Wirkungen in vitro läßt sich die systemphysiologische Rolle von P und PS kaum vorhersagen. Zu dieser Fragestellung gibt es nur wenige Daten. PS und insbesondere P wirkten bei Mäusen gedächtnisfördernd (Flood et al. 1992).

Steroide, insbesondere Glucocorticoide beeinflußen die Schlafregulation (Steiger 1995). Der GABA$_A$-Rezeptor, der, wie gezeigt von P und PS beeinflußt wird, vermittelt die schlaffördernde Wirkung von Hypnotika wie Benzodiazepinen (Borbély et al. 1983). Daher wählten wir das Schlaf-EEG als Instrument um die physiologischen Effekte von P beim Menschen zu untersuchen. Wir untersuchten zudem die schlafassoziierte Sekretion von Wachstumshormon und Cortisol, da die diese Hormone regulierenden Neuropeptide an der Schlafregulation beteiligt sind (Steiger 1995). Zusätzlich prüften wir die Effekte von P und PS in vitro auf die Expression corticosteroidregulierter Gene.

Methoden

Probandenuntersuchung

12 junge, männliche Probanden nahmen an zwei Studienabschnitten mit oraler Gabe von Placebo oder 1 mg P um 22 h teil. Jeder Abschnitt bestand aus 2 Nächten, einer Eingewöhnungs- und einer Untersuchungsnacht. In der Untersuchungsnacht wurde, wie andernorts ausführlich beschrieben (Steiger et al. 1992) von 22 h bis 7 h alle 20 Minuten Blut zur späteren Bestimmung der Plasmakonzentrationen von Cortisol und Wachstumshormon abgenommen. Nach dem Löschen des Lichts wurde von 23 h bis 7 h ein Schlaf-EEG registriert. Das Schlaf-EEG einer randomisiert ausgewählten Subgruppe (n = 6) wurde visuell und mit Hilfe der Spektralanalyse (Trachsel et al. 1992) ausgewertet.

In vitro-Studien

Um die hormonabhängige Transaktivation über den Glucocorticoid- und Mineralocorticoidrezeptor zu untersuchen, benutzten wir ein cis-trans Co-transfections-System mit der humanen Neuroblastom-Zellinie SK-N-MC und dem MTV Promoter fusioniert mit dem Luciferase-Gen als Reportersystem (Rupprecht et al. 1993). Außerdem wurde die Proopiomelanocortin (POMC)-Genexpression nach Inkubation mit P und PS, wie andernorts im Detail beschrieben (Vedder 1990) bestimmt.

Ergebnisse

Probandenuntersuchung

Nach Einnahme von P verbessert sich die Schlafqualität. Dies belegt die visuelle Auswertung des Schlaf-EEGs: der Schlafeffizienzindex (98,9% ± 1,6 Standardabweichung nach P gegenüber 59,5% ± 8,5 nach Placebo; $p < 0,05$) und die Menge an Tiefschlaf stiegen an (66,9 ± 25,5 min nach P gegenüber 56,1 ± 17,2; $p < 0,05$). Der intermittierende Wachzustand verringerte sich tendenziell (4,8 ± 7,5 min nach P gegenüber 18,6 ± 36,2; nicht signifikant). Die Spektralanalyse des Schlaf-EEGs zeigt eine Verringerung der EEG-Power im ersten Schlafzyklus im Bereich zwischen 8,5 und 19,5 Hz um mindestens 15% ($p < 0,05$). Die stärkste Verringerung findet sich zwischen 11 Hz und 13 Hz (ungefähr –40% gegenüber Placebo). Auch findet sich im zweiten Schlafzyklus hier noch eine Verringerung, im dritten Zyklus läßt sich noch bei 12 Hz eine Verringerung um 15% nachweisen ($p < 0,05$), im vierten nicht mehr (Abb. 1). Im Bereich zwischen 0 Hz und 8,5 Hz findet sich kein Effekt von P auf die EEG-Power. Die nächtliche Hormonsekretion unterscheidet sich zwischen Placebo und P nicht.

In vitro-Studien

P übte keinen Effekt auf die Genexpression über den Glucocorticoid- oder den Mineralocorticoidrezeptor aus. In ähnlichem Sinne ergab die Untersuchung der POMC-Genexpression, daß P keinen über den Glucocorticoid-rezeptor vermittelten Effekt ausübt.

Diskussion

Unsere Studie zeigt, daß das Neurosteroid P eine Reihe rasch vermittelter Effekte auf das Schlaf-EEG des Menschen ausübt. Es gibt keinen Anhalt dafür, daß diese Effekte über die schlafregulierenden Neuropeptide oder genomische Effekte an intrazellulären Corticosteroidrezeptoren vermittelt werden. Die konventionelle Schlaf-EEG-Analyse zeigte eine Zunahme von Tiefschlaf und eine höhere Schlafeffizienz. Die Spektralanalyse ergab zwar keine Veränderung im Bereich der Delta-Power, aber eine deutliche Verminderung der EEG-Power im Bereich höherer Frequenzen, besonders der langsamen Sigma-Frequenzen. Aufgrund der Zunahme von Tiefschlaf nach visueller Schlaf-EEG-Auswertung wäre eine Zunahme der Delta-Power zu erwarten gewesen. Diskrepanzen zwischen visueller und spektralanalyti-

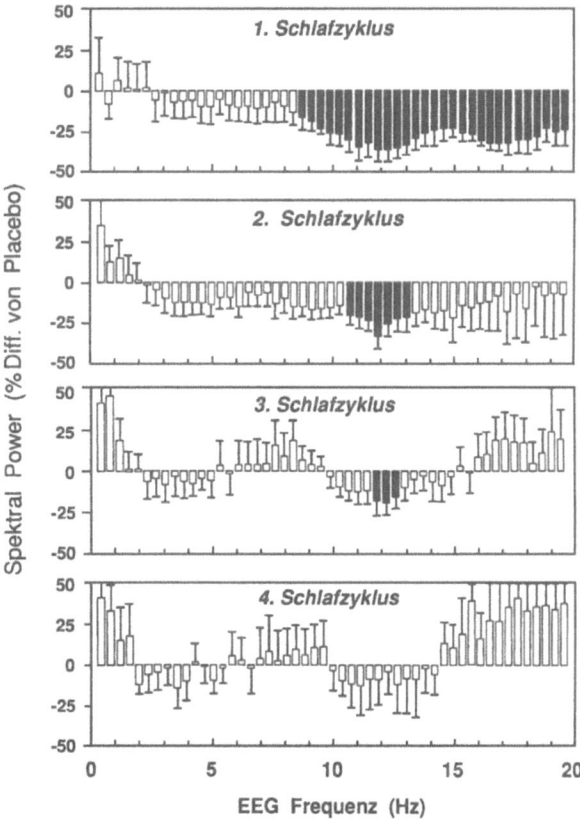

Abb. 1. EEG Power-Spektren (0–19,3 Hz) der Schlafzyklen 1–4. Die Balken zeigen die Abweichung von Placebo (= 100%) für bins von 0,39 Hz. Signifikante Unterschiede in schwarz (p < 0.05)

scher EEG-Auswertung werden häufig berichtet und zeigen die Notwendigkeit, beide Methoden kombiniert anzuwenden.

Angesichts der Daten aus elektrophysiologischen in vitro-Untersuchungen, die eine Wirkung von P am $GABA_A$-Rezeptor nahelegen, verglichen wir unsere Ergebnisse mit denen über Schlaf-EEG-Effekte von Benzodiazepin-Agonisten. Benzodiazepinhypnotika wie Flunitrazepam unterdrückten den visuell bestimmten Tiefschlaf (Gaillard et al. 1973) und auch die Delta-Power und führen zu einem Anstieg der Sigma-Power (Borbély et al. 1983). Im Gegensatz dazu verringert P die Sigma-Power und stimuliert den Tiefschlaf. Diese Ergebnisse legen den Schluß nahe, daß P invers agonistische Effekte am $GABA_A$-Rezeptor entfaltet.

Die Effekte von P auf das Schlaf-EEG unterscheiden sich von denen von Corticosteroiden, die an den Glucocorticoidrezeptor oder den Mineralocorticoidrezeptor im ZNS binden. So stimulieren Cortisol und Dexamethason zwar auch den Tiefschlaf, supprimieren aber zugleich den REM-Schlaf, der von P nicht beeinflußt wird. Mineralocorticoid-Rezeptorliganden beeinflußen in einigen, aber nicht in allen Studien das Schlaf-EEG (Übersicht: Steiger 1995). Unsere in vitro-Untersuchungen machen eine über Steroidrezeptoren vermittelte Wirkung von P unwahrscheinlich. Da die periphere Hormonsekretion unter P unbeeinflußt blieb, ist ebenfalls weitgehend ausgeschlossen, daß die schlafregulierenden Neuropeptide GHRH oder CRH an der Wirkung von P beteiligt sind.

Kürzlich untersuchten Lancel et al. (1994) die Wirkung von P auf das Schlaf-EEG der Ratte und konnten in Übereinstimmung mit unseren Daten eine Zunahme der Sigma-Power und zusätzlich eine Erhöhung der Delta-Power nachweisen. Der letztgenannte Befund war in unserer Studie nicht aufgetreten, unterstützt aber weiter, wie oben ausgeführt, eine invers agonistische Wirkung von P. Die pharmakologischen Eigenschaften von P regen dazu an, die Eignung dieser Substanz und anderer Neurosteroide sowie entsprechender Analoge für die Therapie von Schlafstörungen oder auch für andere psychiatrische Indikationsbereiche zu prüfen.

Danksagung

Mit Unterstützung der Deutschen Forschungsgemeinschaft (Ste 486/1–1).

Literatur

Borbély AA, Mattmann P, Loepfe M, Fellmann I, Gerne M, Strauch I, Lehmann D (1983) A single dose of benzodiazepine hypnotics alters the sleep EEG in the subsequent drug-free night. Eur J Pharmacol 89: 157–161

Flood JF, Morley JE, Roberts E (1992) Memory-enhancing effects in male mice of pregnenolone and steroids metabolically derived from it. Proc Natl Acad Sci USA 89: 1567–1571

Gaillard JM, Schulz P, Tissot R (1973) Effects of three benzodiazepines (nitrazepam, flunitrazepam and bromazepam) on sleep of normal subjects, studied with an automatic sleep scoring system. Pharmacopsychiatry 6: 207–217

Lancel M, Crönlein TAM, Müller-Preuß P, Holsboer F (1994) Pregnenolone enhances EEG delta activity during non-rapid eye movement sleep in the rat, in contrast to midazolam. Brain Res 646: 85–94

Majewska MD, Schwartz RD (1987) Pregnenolone-sulfate: an endogenous antagonist of the γ-aminobutyric acid receptor complex in brain? Brain Res 404: 355–360

Mienville J-M, Vicini S (1989) Pregnenolone sulfate antagonizes GABA$_A$ receptor mediated currents via reduction of channel opening frequency. Brain Res 489: 190–194

Paul MS, Purdy RH (1992) Neuroactive steroids. FASEB J 6: 2311–2322

Selye H (1942) Correlations between the chemical structure and the pharmacological actions of the steroids. Endocrinology 30: 437–452

Steiger A, Guldner J, Hemmeter U, Rothe B, Wiedemann K, Holsboer F (1992) Effects of growth hormone-releasing hormone and somatostatin on sleep EEG and nocturnal hormone secretion in male controls. Neuroendocrinology 56: 566–573

Steiger A (1995) Schlafendokrinologie. Nervenarzt 66: 15–27

Trachsel L, Edgar DM, Seidel WF, Heller HC, Dement WC (1992) Sleep homeostasis in suprachiasmatic nucleilesioned rats: effects of sleep deprivation and triazolam administration. Brain Res 589: 253–261

Vedder H (1990) Serum-free culture of AtT 20 pituitary cells: a system for neuroendocrine studies under defined conditions. In Vitro Cell Dev Biol 26: 1068–1072

Korrespondenz: Priv.-Doz. Dr. A. Steiger, Max-Planck-Institut für Psychiatrie, Klinisches Institut, Psychiatrische Klinik, Kraepelinstraße 2–10, D-80804 München, Bundesrepublik Deutschland

Effekte von Antiglucocorticoiden auf Hormonsekretion und Schlaf

K. Wiedemann, M. Hirschmann, C. Lauer und **F. Holsboer**

Max Planck Institut für Psychiatrie, Klinisches Institut, München,
Bundesrepublik Deutschland

Einleitung

Steroide der Nebenniere üben wichtige regulatorische Einflüsse sowohl über den Mineralocorticoid (MR)- wie den Glucocorticoid (GR)-Rezeptor auf das Zentralnervensystem aus [1]. Cortisol, das wichtigste Nebennierenrinden-Steroid des Menschen, bindet an beide Rezeptoren. Dabei ist nicht klar, über welchen Rezeptor das zirkadiane Sekretionsmuster des Hypothalamus-Hypophysen-Nebennierenrinden (HHN)-Systems des Menschen und die damit verbundenen physiologischen Einflüsse, die u. a. auch im Schlaf-EEG nachweisbar sind, geregelt werden. MR-Antagonisten haben keinen wesentlichen Einfluß auf die Hormonsekretion des HHN-Systems. Der GR-Antagonist Mifepriston erzeugt jedoch nach oraler Gabe am Menschen eine deutliche Verstärkung der morgendlichen ACTH- und Cortisolsekretion [2]. Bezüglich des Schlaf-EEGs zeigen nicht-selektive GR-Agonisten wie Cortisol eine Verminderung des REM-Schlafes, während die Einflüsse auf den Tiefschlaf (Slow-Wave-Sleep) uneinheitlich sind. Mineralocorticoid-Rezeptor-Agonisten wie -Antagonisten haben keinen wesentlichen Einfluß auf das Schlaf-EEG. Ziel der jetzigen Studie war, MR- und GR-Antagonisten in ihrer Wirkung auf die nächtliche Hormonsekretion und Schlafregulation zu untersuchen. Um Einflüsse der endogenen Nebennierensteroide zu reduzieren, waren die untersuchten Probanden mit Dexamethason vorbehandelt worden .

Methode

10 männliche Versuchspersonen im Alter zwischen 25 und 32 Jahren wurden nach ausführlicher medizinischer Untersuchung in die Studie aufgenommen und insgesamt 4mal jeweils zwei Nächte lang untersucht. Die erste Nacht jeder Untersuchung diente der Anpassung an die Untersuchungsbedingungen inkl. Gewöhnung an die EEG-Elektroden und die Blutabnahmen. In der ersten Untersuchung [„1"] wurde auf die Blutabnahme

verzichtet, um die Gesamtmenge zu beschränken, und nur das Schlaf-EEG unter Place-bobedingungen aufgezeichnet. In den weiteren Untersuchungen wurde randomisiert nach Vorbehandlung mit 1,5 mg Dexamethason (DEX) 24 h vor Untersuchungsbeginn um 14.00 h entweder Placebo [Untersuchung „2"] oder der MR-Antagonist Spironolacton in einer Dosierung von 200 mg [Untersuchung „3"] oder der GR-Antagonist Mifepriston in einer Dosierung von 400 mg [Untersuchung „4"] verabreicht. Alle 30 Minuten von 18.00 – 7.00 h wurde Blut abgenommen, das Schlaf-EEG von 23.00 – 7.00 h aufgezeichnet. Aus den Blutproben wurden mittels radioimmunologischer Methoden Cortisol, ACTH und Wachstumshormon (hGH) bestimmt. Das Schlaf-EEG wurde entsprechend den Standardkriterien von Rechtschaffen und Kales ausgewertet. Zum Vergleich der Flächen unter der Kurve und den Hormonkonzentrationen zwischen den verschiedenen Untersuchungsbedingungen und zum Vergleich der Schlaf-EEG-Variablen wurde eine multivariate Varianzanalyse angewendet.

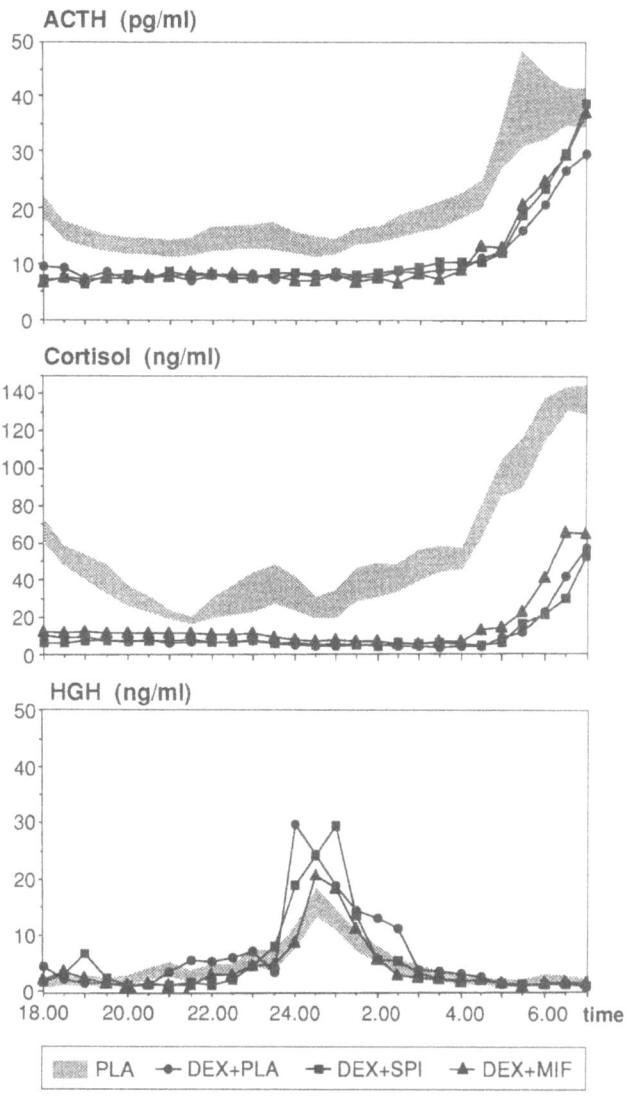

Abb. 1

Tabelle 1

Hormon Parameter	Untersuchung				T-Tests für unabhängige Stichproben			Kontraste in MANOVA für abhängige Stichproben		
	1+	2	3	4	1–2	1–3	1–4	2–3	2–4	3–4
Cortisol AUC										
18.00–07.00 h	1,346 ± 369	256 ± 78	250 ± 91	395 ± 152	**	**	**	NS	NS	*
4.00–07.00 h	624 ± 124	125 ± 99	113 ± 83	197 ± 140	**	**	**	NS	NS	NS
ACTH AUC										
18.00–07.00 h	495 ± 187	264 ± 51	280 ± 98	274 ± 39	**	**	**	NS	NS	NS
4.00–07.00 h	197 ± 82	104 ± 33	118 ± 58	122 ± 37	**	**	**	NS	NS	NS
hGH AUC										
18.00–07.00 h	118 ± 45	174 ± 62	149 ± 28	114 ± 22	NS	NS	NS	NS	NS	*
20.00–04.00 h	99 ± 41	155 ± 67	126 ± 32	95 ± 21	NS	NS	NS	NS	NS	NS
▲ Maximum, µg/l	14 ± 10	28 ± 5	29 ± 5	19 ± 12	*	*	NS	NS	NS	NS

+ Vergleichsgruppe, *NS* nicht signifikant, *p < 0,05, **p < 0.01, *AUC* Flächeneinheit, ▲ *Maximum* maximaler Hormonanstieg

Tabelle 2

Schlaf-Parameter	Untersuchung				Kontraste in MANOVA für abhängige Stichproben					
	1	2	3	4	1–2	1–3	1–4	2–3	2–4	3–4
Sleep period time, min	444.1 ± 10.1	440.8 ± 28.3	429.3 ± 25.2	433.7 ± 30.2	NS	NS	NS	NS	NS	NS
Sleep efficiency index, %	94.3 ± 2.0	86.2 ± 12.7	88.4 ± 7.7	86.2 ± 9.4	NS	NS	NS	NS	NS	NS
No. of awakenings	8.7 ± 3.8	8.6 ± 5.8	10.8 ± 6.0	14.9 ± 9.6	NS	NS	NS	NS	*	NS
Slow-wave-sleep, %SPT	12.9 ± 2.8	14.7 ± 3.3	11.7 ± 4.1	9.5 ± 3.4	NS	NS	*	NS	*	NS
REM sleep, %SPT	20.2 ± 3.9	15.6 ± 5.8	16.3 ± 3.5	12.5 ± 6.6	NS	*	*	NS	NS	NS
REM latency, min	79.7 ± 36.5	106.7 ± 46.5	104.6 ± 45.7	139.2 ± 78.7	NS	NS	NS	NS	NS	NS

NS nicht signifikant, *p < 0.05, *SPT* Sleep period time, *REM* rapid eye movement

Ergebnisse

Wie in Abb. 1 abgebildet, blieb die Sekretion von ACTH und Cortisol nach DEX-Vorbehandlung weitgehend supprimiert bis 4.00 h morgens und der morgendliche Hormonanstieg verzögert. Die zusätzliche Gabe von Mifepriston verkürzte den suppressiven Effekt von DEX auf die Cortisol-Sekretion und führte zu einem früheren morgendlichen Anstieg (DEX + Placebo: 5.43 h ± 52 min; DEX + Mifepriston: 5.04 h ± 61 min; p < 0.05). Bezüglich der Wachstumshormonsekretion führte die Gabe von DEX zu einer

Verstärkung der schlafassoziierten Wachstumshormonsekretion. Mifepriston konnte diese Verstärkung antagonisieren, Spironolacton hatte keinen Einfluß (s. Tabelle 1).

Die Analyse der Schlaf-EEG-Effekte zeigte, daß zwischen der reinen Placebo-Untersuchung und der DEX + Placebo-Untersuchung keine wesentlichen Unterschiede auftraten. Der Vergleich zwischen Placebo und DEX + Spironolacton zeigte eine Reduktion des REM-Schlafes, die Behandlung mittels DEX + Mifepriston reduzierte signifikant den Slow-Wave-Sleep und den REM-Schlaf. Auch die Aufwachfrequenz war unter DEX + Mifepriston im Vergleich zu DEX + Placebo signifikant erhöht (Tabelle 2).

Diskussion

Wie erwartet, führte die DEX-Verabreichung zu einer ausgeprägten Suppression der ACTH- und Cortisol-Sekretion bis 4.00 h morgens und zu einer Verzögerung des morgendlichen Anstiegs beider Hormone. Die zusätzliche Gabe von Spironolacton hatte keinen Effekt, die Gabe von Mifepriston führte zu einer Verkürzung der DEX-induzierten Suppression. Die Wachstumshormonsekretion war unter DEX-Behandlung in der ersten Hälfte der Nacht verstärkt, dieser Effekt wurde von Mifepriston aufgehoben.

Die Beobachtung, daß DEX keinen wesentlichen Einfluß auf das EEG-Schlafmuster hat, differiert von Untersuchungen, in denen DEX unmittelbar vor der Schlafableitung gegeben worden war. Hieraus läßt sich schließen, daß eine ausgeprägte Suppression der körpereigenen ACTH- und Cortisolsekretion für 24 Stunden keinen eigenen Einfluß auf das Schlaf-EEG hat. Die unter Mifepriston beobachtete Verkürzung des Tiefschlafs und des REM-Schlafes sind in Übereinstimmung mit früheren Untersuchungen aus unserer Gruppe, in denen Mifepriston ohne Vorbehandlung gegeben wurde [3]. Interessanterweise führte der MR-Antagonist Spironolacton nach Vorbehandlung mit DEX zu einer Verkürzung des REM-Schlafes, während ohne Vorbehandlung keine Effekte registriert wurden. Die Möglichkeit der Schlafbeeinflussung durch Steroide könnte daher möglicherweise in der Zukunft eventuell auch von therapeutischem Nutzen sein.

Literatur

1. de Kloet ER (1991) Brain corticosteroid receptor balance and homeostatic control. Front Neuroendocrinol 12: 95–164
2. Bertagna X, Bertagna C, Laudat M-H, Husson JM, Girard F, Luton J-P (1986) Pituitary-adrenal response to the antiglucocorticoid action of RU 486 in Cushing's syndrome. J Endocrinol Metab 63: 639–643
3. Wiedemann K, Lauer C, Loycke A. Pollmächer T, Durst P, Machér J-P, Holsboer F (1992) Antiglucocorticoid treatment disrupts endocrine cycle and nocturnal sleep pattern. Eur Arch Psychiatry Clin Neurosci 241: 372–375

Korrespondenz: Dr. K. Wiedemann, Max-Planck-Institut für Psychiatrie, Klinisches Institut, Kraepelinstraße 2–10, D-80804 München, Bundesrepublik Deutschland

Metabolismustheorie des therapeutischen Schlafentzugs

S. Kasper[1], **S. Ruhrmann**[2], **B. Heßelmann**[1], **M. L. Rao**[2] und **H.-J. Möller**[3]

[1]Klinische Abteilung für Allgemeine Psychiatrie, Universitätsklinik für Psychiatrie, Wien, Österreich
[2]Psychiatrische Klinik und Poliklinik, Universität Bonn und [3]Psychiatrische Klinik und Poliklinik, LMU München, Bundesrepublik Deutschland

Einleitung

Unter den verschiedenen Wirkmechanismen, die für den antidepressiven Effekt des therapeutischen Schlafentzugs (SE) verantwortlich gemacht werden, wird auch diskutiert, daß eine Veränderung von Neurotransmittern, bzw. die von diesen beeinflußten Hormone von pathophysiologischer Bedeutung sind. An hormonellen Parametern wurden zum einen die der Hypothalamus-Hypophysen-Schilddrüsenachse und zum anderen die der Hypothalamus-Hypophysen-Nebennierenrindenachse mit der Bestimmung der daraus ableitbaren Hormone (TSH, T3, T4, ACTH, Cortisol) untersucht. Weiterhin wurden Basalwertmessungen von Melatonin und Prolaktin, sowie Stimulations- bzw. Hemmtests mit dem TRH-Test, Dexamethason-Hemmtest und dem Fenfluramin-Stimulationstest durchgeführt. In Verbindung mit hormonellen Parametern wird auch die charakteristische Veränderung der Körperkerntemperatur diskutiert (zur Übersicht: Kasper et al. 1989).

Schildrüsenhormone

In einer Reihe von Untersuchungen wurde auf die Bedeutung von Thyreotropin (TSH) auf die Ansprechbarkeit des therapeutischen Schlafentzugs eingegangen (siehe Tabelle 1). Von den bisher durchgeführten Untersuchungen zu diesem Thema konnten 5 Untersuchungen eine signifikante Assoziation zwischen dem TSH-Wert gemessen vor SE und dem daraus folgenden Ansprechen auf SE finden. Die unterschiedlichen Ergebnisse dieser Arbeitsgruppen, die zum Teil auch von derselben Arbeitsgruppe mit unterschiedlichen Ergebnissen publiziert wurden, liegen wahrscheinlich daran, daß heterogene Patientenpopulationen untersucht bzw. daß unterschiedliche Blutentnahmezeitpunkte (8 Uhr morgens, 2 Uhr morgens bzw. in den Nachmittagsstunden) gewählt wurden (siehe Tabelle 1). In der sehr sorgfältigen Untersuchung von Sack et al. (1988) wurden in halbstündlichen Abständen Blutentnahmen zur Bestimmung von TSH und verschiedener weiterer hormoneller Parameter bei Patienten mit einer Major Depression und bei nach Alter und Geschlecht parallelisierten gesunden Kontrollen durchgeführt. Bei den Patienten und Kontrollen erfolgten die Blutentnahmen in der Nacht in der sie geschlafen haben, während des darauffolgenden Tages und vor allem während der Schlafentzugsnacht und dem darauffolgenden Morgen. Die deutlichsten Unterschiede waren dabei in den Nachtstunden festzustellen, wobei hervorgehoben werden muß, daß der Unterschied in den Nachtstunden in denen die Patienten bzw. Kontrollen geschlafen haben durch den therapeutischen Schlafentzug nochmals verstärkt wurden. Die Ergebnisse dieser Untersuchung weisen auch daraufhin, daß in den Morgenstunden, wenn meist Blutentnahmen durchgeführt werden (siehe auch Tabelle 1) nur die geringsten Unterschiede zwischen den depressiven Patienten und gesunden Kontrollen auftraten.

Körpertemperatur

Bei depressiven Patienten treten Veränderungen der Körperkerntemperatur auf, wobei die verschiedenen Untersuchungen meist erhöhte Werte in den Nachtstunden erkennen lassen (zur Übersicht: Kasper et al. 1989). Veränderungen der Körpertemperatur bei Depressionen sind unter anderem auch daher von Interesse, da sie in Verbindung mit den in der Pathogenese dieser Erkrankung diskutierten Hormonen und Neurotransmittern stehen. Durch den SE kann zwar die Amplitude der Körpertemperatur verändert werden (Verringerung), aber in den bis jetzt durchgeführten Untersuchungen wurde übereinstimmend gefunden, daß der zirkadiane Rhythmus

Tabelle 1. TSH und Ansprechen auf therapeutischen Schlafentzug

Autor	Zeitpunkt	Signifikanter Zusammenhang
Baumgartner und Meinhold (1986)	8 Uhr	+
Sack et al. (1988)	circadian	−
Kasper et al. (1988)	2 Uhr	−
Kaschka et al. (1989)	8 Uhr, 16 und 23 Uhr	−
Baumgartner et al. (1990)	circadian	−
Baumgartner und Sucher (1990)	8 Uhr	
Wehr et al. (1991)	circadian und Temperaturveränderung	+
Kasper et al. (1990)	8 Uhr TRH-Test	−
Ruhrmann et al. (1992)	8 Uhr	+

der Körpertemperatur während des Schlafentzugs erhalten bleibt. Koranyi und Lehmann (1960) beschrieben erstmals bei Patienten Veränderungen der Körperkerntemperatur unter Schlafentzug. Die Autoren fanden, daß sich unter einem 100 Stunden andauernden Schlafentzug ab dem zweiten Tag auch Erhöhungen der Körperkerntemperatur fanden. Aus den vergangenen Jahren liegen Untersuchungen zur Körperkerntemperatur bei depressiven Patienten unter Schlafentzug vor (z. B. Gerner et al. 1979), die zur Darstellung brachten, daß Patienten die auf Schlafentzug ansprachen im Vergleich zu denen, die nicht ansprachen, keinen nächtlichen Abfall der Körperkerntemperatur aufwiesen. Wie aus Tabelle 2 erkennbar ist, liegen jedoch auch Untersuchungen vor, in denen gezeigt werden konnte, daß das Absinken der nächtlichen Körperkerntemperatur mit einem günstigen Effekt für das Ansprechen auf den therapeutischen Schlafentzugs verbunden ist (Kasper et al. 1989).

Körpertemperatur und Schilddrüsenhormone

Wir haben in einem Untersuchungsansatz versucht einen Zusammenhang zwischen Schilddrüsenhormonen und Körperkerntemperatur herzustellen und dabei sowohl die orale Temperatur mit Hilfe eines digitalen Meßsystems als auch Schilddrüsenparameter (Blutentnahme 8 Uhr morgens) untersucht. An der Untersuchung nahmen 44 Patienten (Diagnose: Major Depression) teil und die Klassifizierung hinsichtlich des Ansprechens auf den therapeutischen Schlafentzug (Definition siehe: Kasper et al. 1988) er-

Tabelle 2. Studien zu Schlafentzug und Körpertemperatur

Autor	Design	Befunde bei Responder (versus Non-Responder)	
Gerner et al. (1979)	n = 11 rektal	Nacht: Tag: Amplitude:	höher höher geringer
Pflug et al. (1981)	n = 1 (16 SD) oral + Li	Nacht: 3 Tage: Amplitude:	n.e. niedriger n. e.
Beersma et al. (1983)	n = 15 rektal + CMI	keine eindeutigen Ergebnisse	
Elsenga und v. d. Hoofdaaker (1988)	n = 17 rektal + CMI	Nacht: Tag: Amplitude:	höher höher geringer
Wehr et al. (1991)	n = 8 rektal	Nacht: Tag: Amplitude	niedriger niedriger kein Unterschied
Kasper et al. (1992)	n = 44 oral + AD	Nacht: Tag: Amplitude:	niedriger niedriger größer

n.e. nicht erhoben, *CMI* Clamipramin, *AD* Antidepressiva, *Li* Lithium

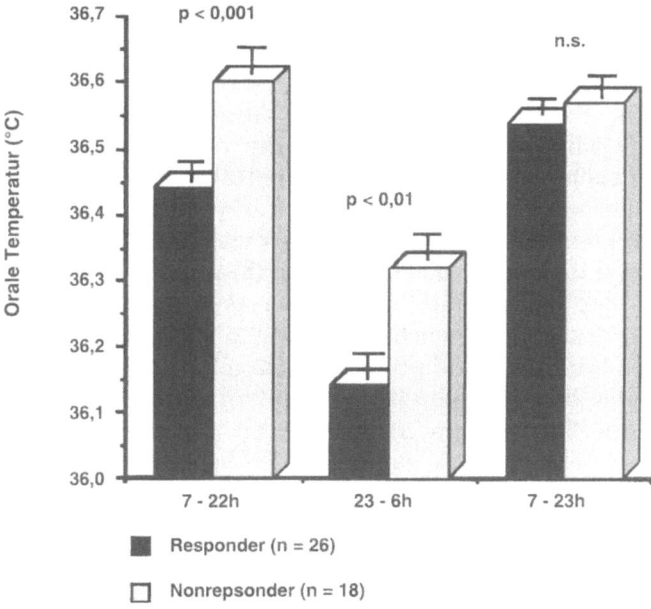

Abb. 1. Körpertemperatur und Ansprechen auf therapeutischen Schlafentzug bei Patienten mit einer Major Depression

gab 26 Responder und 18 Non-Responder. Aus Abb. 1 kann man entnehmen, daß die Patienten, die auf SE angesprochen hatten, durchwegs niedrigere Werte der Körpertemperatur aufwiesen, sowohl in der Zeit zwischen 7 Uhr morgens und 22 Uhr abends, als auch in den Nachtstunden (23 Uhr bis 6 Uhr morgens). Die Unterschiede zwischen den Tagstunden und den Nachtstunden waren signifikant ($p > 0.01$), während die Körpertemperatur am Tag nach Schlafentzug keine signifikante Differenz aufwies. Aus der Klinik ist bekannt, daß Patienten manchmal erst am 2. Tag nach Schlafentzug ansprechen. Eine diesbezüglich weitere klinische Differenzierung unserer Patientengruppe ergab, daß das Ansprechen auf den therapeutischen Schlafentzug, unabhängig ob dieses am ersten Tag, am zweiten Tag, oder am ersten und zweiten Tag auftrat, durchwegs mit einer niedrigeren Körpertemperatur verbunden war. Im Durchschnitt zeigten die Patienten signifikant ($p < 0,01$) höhere Werte von 0,2° C. Die Untersuchung der Schilddrüsenhormonwerte ergab, daß bei Patienten, die auf Schlafentzug angesprochen hatten, eine Erhöhung der TSH-, T3- und T4-Werte auftrat, während bei Schlafentzugs-Non-Respondern ein Abfall der TSH-Werte, sowie eine geringfügige bis keine Veränderung der T3- und T4-Werte zu verzeichnen war.

Zusammenfassung

Wie in der Literatur bereits vereinzelt dargestellt, konnten auch wir aufzeigen, daß Veränderungen der Körpertemperatur und Hormonen der

Schilddrüsenachse mit dem antidepressiven Wirkmechanismus des Schlafentzugs in Verbindung stehen. Ein Problem bei der Interpretation der Studien mag dabei sein, daß bei einem Großteil der bis jetzt vorliegenden Untersuchungen, einschließlich der selbst dargestellten Ergebnisse, Daten vorliegen, die von Patienten stammen, die neben dem therapeutischen Schlafentzug auch antidepressiv medikamentös behandelt wurden. Die von diesen Studien vorliegenden deutlichen Ergebnisse einer veränderten Temperaturregulation und der damit im Zusammenhang stehenden hormonellen Veränderungen lassen die Annahme zu, daß zumindest bei einem Teil der depressiven Patienten, in der akuten Phase der Erkrankung, eine Störung des Energiehaushalts vorliegen kann. Die Verbindung von bildgebenden Verfahren und physiologischen Parametern, wie der Körperkerntemperatur bzw. hormoneller Parameter, wird uns wahrscheinlich in Zukunft helfen, Hirnzentren zu lokalisieren, die im Zusammenhang mit dem antidepressiven Wirkmechanismus des Schlafentzugs stehen. Die genauere Kenntnis des Wirkmechanismus des therapeutischen Schlafentzugs könnte darüber hinaus auch dazu beitragen, antidepressive Behandlungsverfahren zu erforschen, die mit dem Schlafentzug den raschen Wirkungseintritt teilen.

Literatur

Baumgartner A, Meinhold H (1986) Sleep deprivation and thyroid hormone concentrations. Psychiatry Res 19: 241–242

Baumgartner A, Sucher N (1990) Physical activity and posture: influence on TSH and thyroid hormones during sleep deprivation. Psychiatry Res 34: 213–215

Baumgartner A, Riemann D, Berger M (1990) Neuroendocrinological investigations during sleep deprivation in depression. II. Longitudinal measurement of thyrotropin, TH, Cortisol, Polactin, GH, and LH during sleep and sleep deprivation. Biol Psychiatry 28: 569–587

Beersma DGM, van den Hoofdakker RH, Berkestijn HWBM (1983) Circadian rhythms in affective disorders. Body temperature and sleep physiology in endogenous depressives. Adv Biol Psychiat 11: 114–127

Elsenga S, van den Hoofdakker RH (1988) Body core temperature and depression during total sleep deprivation in depressives. Biol Psychiatry 24: 531–540

Gerner RO, Post RM, Gillin JC Bunney WE (1979) Biological and behavioral effects of one night's sleep deprivation in depressed patients and normals. J Psychiatr Res 15: 21–40

Kaschka W, Flügel D, Negele-Anetsberger J, Schlecht A, Marienhagen J, Bratenstein P (1989) Total sleep deprivation and thyroid function in depression. Psychiatry Res 29: 231–234

Kasper S, Sack DA, Wehr TA, Kick H, Voll G, Viera A (1988) Nocturnal TSH and prolactin secretion during sleep deprivation and its antidepressant effect in patients with major depression. Biol Psychiatry 24: 631–641

Kasper S, Sack DA, Wehr TA (1989) Therapeutischer Schlafentzug und Energiehaushalt. In: Pflug B, Lemmer B (Hrsg) Chronobiologie und Chronopharmakologie. Antidepressiva-Schlafentzug-Licht. Gustav Fischer, Stuttgart New York, S 53–79

Kasper S, Rao ML, Hennemann-Hohenfried U, Kachel C, Roth A (1990) Therapeutischer Schlafentzug und Hypophysen-Schilddrüsen-Achse bei Patienten mit einer Major Depression. Zentralbl Neurol Psychiatr 255: 182–183

Kasper S, Ruhrmann S, Hesselmann B, Rao ML, Möller HJ (1992) Body temperature, pituitary-thyroid axis, and the antidepressant response to sleep deprivation in major depression. Biol Psychiatry 31: 132A

Koranyi EK, Lehmann HE (1960) Experimental sleep deprivation in schizophrenic patients. Arch Gen Psychiatry 2: 534–544

Pflug B, Johnsson A, Ekse AT (1981) Manic-depressive states and daily temperature. Some circadian studies. Acta Psychiatr Scand 63: 277–289

Ruhrmann S, Kasper S, Hesselmann B, Rao ML, Danos P, Höflich G (1992) Thyroid hormones, cortisol and the antidepressant response to therapeutic sleep deprivation. Clin Neuropharmacol 15 [Suppl 1, Pt B]: 50B

Sack DA, James SP, Rosenthal NE, Wehr TA (1988) Deficient nocturnal surge of TSH secretion during sleep and sleep deprivation in rapid-cycling bipolar illness. Psychiatry Res 23: 179–191

Wehr TA, Kasper S, Moul D (1991) Sleep as heat: investigation of a thermoregulatory mechanism for the antidepressant effect of sleep deprivation. Biol Psychiatry 29 [Suppl]: 194S

Korrespondenz: o. Univ.-Prof. Dr. S. Kasper, Klinische Abteilung für Allgemeine Psychiatrie, Universitätsklinik für Psychiatrie, Währinger Gürtel 18–20, A-1090 Wien, Österreich

Rückfallverhütung nach Schlafentzug

A. Neumeister, R. Gössler, N. Rieder, M. Lucht und **S. Kasper**

Klinische Abteilung für Allgemeine Psychiatrie, Universitätsklinik für Psychiatrie, Wien, Österreich

Einleitung

Zur Behandlung depressiver Störungen hat sich der partielle Schlafentzug in der zweiten Nachthälfte (PSE), beginnend um 1:30, als ebenso effzient wie der totale Schlafentzug (TSE) erwiesen (Schilgen und Tölle 1980). Bei etwa 60% der mittels therapeutischen Schlafentzuges (SE) behandelten depressiven Patienten stellt sich innerhalb weniger Stunden eine ausgeprägte Besserung des depressiven Syndroms ein, die in der Regel aber nur bis zur nächstfolgenden geschlafenen Nacht anhält. Am folgenden Tag kommt es bei der Mehrzahl (83%) der nur mit SE behandelten Patienten zu einem Rückfall (Wu und Bunney 1990). Da auch wiederholter SE alleine häufig keine ausreichende Behandlung depressiver Störungen ermöglicht, war es sinnvoll den therapeutischen SE mit einer weiteren antidepressiv wirksamen Behandlungsmethode zu kombinieren.

Kombination von Schlafentzug und medikamentöser Therapie

Wu und Bunney (1990) berichteten in einer Übersichtsarbeit, daß 83% der nur mit SE behandelten, aber nur 59% der gleichzeitig medikamentös antidepressiv behandelten Patienten nach der nächstfolgenden geschlafenen Nacht nach SE einen Rückfall erlitten ($\chi^2 = 9.82$, df = 3, p < 0,001). Diese Arbeit schloß kontrollierte und nicht-kontrollierte Studien mit ein. Bei alleiniger Betrachtung der Doppel-Blind Untersuchungen ergibt sich ein differenzierteres Bild. Die Ergebnisse lassen erkennen, daß für den akuten Effekt des SE (Tag 1-Response) die gleichzeitige Gabe von Antidepressiva nicht von Bedeutung zu sein scheint, der Rückfall nach der nächstfolgenden geschlafenen Nacht läßt sich aber durch die gleichzeitige Verabreichung von Antidepressiva mildern, wobei besonders Medikamenten mit einem serotonergen Wirkprofil eine besondere Bedeutung zuzukommen scheint (Kasper 1991). Sowohl Clomipramin (Elsenga und van den Hoofdakker 1983, 1990) als auch Lithium (Baxter et al. 1990) konnten im Vergleich zur Placebogabe den Rückfall am Tag 2 nach SE signiflkant verhindern, wobei der Effekt bei ursprünglich leichteren, nichtpsychotischen, unipolaren Depressionen deutlich zu erkennen war, bei schweren depressiven Verstimmungen war der rückfallsverhütende Effekt nicht mehr klar faßbar. Kasper et al. (1990) untersuchten die rückfallsprophylaktische Effizienz zweier Antidepressiva mit unterschiedlichen Wirkprinzipien (Fluvoxamin, Maprotilin) und konnte zeigen, daß der Rückfall am Tag 2 nach SE durch Fluvoxamin, nicht aber durch Maprotilin, verhindert werden konnte. Am Tag 3 unterschieden sich die beiden Gruppen aber nicht mehr signifikant.

Zusammenfassend lassen die bisher vorliegenden Ergebnisse erkennen, daß durch eine gleichzeitige Verabreichung von Antidepressiva während des therapeutischen SE keine zufriedenstellende Stabilisierung des antidepressiven Effekts desselben erzielt werden kann, sodaß es sinnvoll erscheint, den SE mit einer weiteren, nichtmedikamentösen Behandlungsmethode zu kombinieren.

Kombinierte Anwendung von Schlafentzug und Lichttherapie
(Tabelle 1)

Ausgehend von der Hypothese von Kripke et al. (1983), daß das Licht der beleuchteten Räume, in denen sich die Patienten während des nächtlichen Wachseins aufhalten, das therapeutisch wirksame Agens während des SE sei, untersuchten Wehr et al. (1985), ob helles Licht für die antidepressive Wirksamkeit des TSE unerläßlich ist. Es konnte gezeigt werden, daß die antidepressive Wirksamkeit des SE durch eine Lichttherapie (LT) mit hel-

Tabelle 1. Untersuchungen über den Effekt der kombinierten Anwendung von therapeutischem Schlafentzug und Lichttherapie (Bright Light vs Dim Light)

Autoren	Design / Patienten	Ergebnis
Wehr et al. (1985)	Cross-Over / n = 5	Früherer Beginn der antidepressivenWirkung des SE unter BL.
van den Burg et al. (1990)	Cross-Over / n = 23	Antidepressiver Effekt des SE ist unabhängig von der angewandten Lichtintensität.
Bloching (1994)	Cross-Over / n = 57	Rückfall nach SE kann durch LT während SE nicht verhinderden.
Neumeister et al. (1996)	Parallel / n = 20	BL nach SE verhindert den Rückfall; der antidepressive Effekt wird bis zu einer Woche danach aufrecht erhalten.

SE therapeutischer Schlafentzug; *LT* Lichttherapie; *BL* Bright Light Lichttherapie (Lichtintensität ≥ 2500 Lux); *DL* Dim Light Lichttherapie (Lichtintensität < 100 Lux)

lem, weißem Licht (BL, Lichtintensität: 3000 Lux) während des SE im Vergleich zur Kontrollsituation mit gedämpften Licht (DL, Lichtintensität: < 1 Lux) nicht gesteigert werden konnte. Der antidepressive Effekt setzte unter BL zwar früher ein, der Rückfall nach der nächstfolgenden geschlafenen Nacht konnte aber nicht verhindert werden. Dieses Ergebnis wurde in zwei weiteren Untersuchungen (van den Burg et al. 1990, Bloching 1994) bestätigt.

In einer eigenen Untersuchung (Neumeister et al. 1996) wurde der Frage nachgegangen, ob der Rückfall nach SE durch eine LT, beginnend am Morgen nach einem PSE, verhindert werden kann. Es wurden Patienten (n = 20) eingeschlossen, die auf eine medikamentöse Therapie alleine kein ausreichendes Ansprechen gezeigt haben. Während der Untersuchungsphase wurde die Medikation unverändert weitergeführt. Sowohl die SE Responder (günstiges Ansprechen auf PSE wurde als Abnahme des Summenscores der Hamilton Depressionsskala um mindestens 40% am Morgen nach PSE im Vergleich zum Morgen vor PSE definiert) als auch Nonresponder erhielten prospektiv randomisiert für 6 Tage nach einem PSE eine LT (4 Stunden täglich) mit BL oder in der Kontrollsituation mit DL. In der Gruppe von Patienten, die ein günstiges Ansprechen auf den PSE zeigten (n = 14), konnte der Rückfall am Tag 2 durch eine LT mit hellem, weißen Licht verhindert werden, in der DL Gruppe kam es zu einem Rückfall. Nach einer Woche LT konnte der antidepressive Effekt des PSE nur mittels BL aufrecht erhaHen werden, die mit DL behandelten Patienten zeigten keine weitere Verbesserung des depressiven Syndroms.

Zusammenfassung

Die Versuche den Rückfall nach therapeutischem SE durch eine begleitende Verabreichung einer Psychopharmakatherapie zu verhindern, erbrachten unterschiedliche Ergebnisse, sodaß diese Form der Rückfallsprophylaxe alleine nicht ausreichend erscheint.

Im Gegensatz dazu konnte gezeigt werden, daß durch eine LT mit hellem, weißen, biologisch aktiven Licht, verabreicht im Anschluß an einen PSE der Rückfall am Tag 2 verhindert werden konnte und der antidepressive Effekt des therapeutischen SE konnte bis zu einer Woche danach aufrecht erhalten werden. Damit eröffnen sich neue antidepressive Therapiestrategien, die möglicherweise auch das Therapieangebot für therapierefraktäre depressive Patienten erweitern.

Literatur

Baxter LR, Liston EH, Schwartz JM, et al (1986) Prolongation of the antidepressant response to partial sleep deprivation by lithium. Psychiatr Res 19: 17–23
Bloching B (1994) Läßt sich die antidepressive Wirkung des Schlafentzuges in hellem Licht verbessem? Dissertation, Universität Tübingen. Hans Joachim Köhler, Tübingen
van den Burg W, Bouhuys AL, van den Hoofdakker RH, Beersma DGM (1990) Sleep deprivation in bright and dim light: antidepressant effects on major depressive disorder. J Affect Disord 19: 109–117

Elsenga S, van den Hoofdakker RH (1983) Clinical effects of sleep deprivation and clomipramine in endogenous depression. J Psychiatr Res 17: 361–374

Elsenga S, van den Hoofdakker RH (1990) Antidepressant medication and total sleep deprivation in depressives. In: Bunney WE, Hippius H, Laakmann G, Schmauss M (eds) Neuropsychopharmacology. Springer, Berlin Heidelberg New York Tokyo, pp 639–651

Kasper S, Voll G, Vieira A, Kick H (1990) Response to total sleep deprivation before and during treatment with fluvoxamine or maprotiline in patients with major depression – results of a double blind study. Pharmacopsychiatry 23: 135–142

Kasper S, Ruhrmann S, Höflich G, Möller H-J (1991) Therapeutic sleep deprivation and antidepressant medication. In: Racagni G (ed) Biol psychiatry, vol 1. Elsevier Science Publishers, Amsterdam, pp 800–803

Kripke DF, Risch SC, Janowsky D (1983) Lighting up depression. Psychopharmacol Bull 19: 526–530

Neumeister A, Goessler R, Lucht M, Kapitany T, Barnas C, Kasper S (1996) Bright light therapy stabilizes the antidepressant effect of partial sleep deprivation. Biol Psychiatry 39: 16–21

Schilgen B, Tölle R (1980) Partial sleep deprivation as therapy for depression. Arch Gen Psychiatry 37: 267–271

Wehr TA, Rosenthal NE, Sack DA, Gillin JC (1985) Antidepressant effects of sleep deprivatio in bright and dim light. Acta Psychiatr Scand 72: 161–165

Wu JC, Bunney WE (1990) The biological basis of an antidepressant response to sleep deprivation and relapse: review and hypothesis. Am J Psychiatry 147: 14–21

Korrespondenz: Dr. A. Neumeister, Klinische Abteilung für Allgemeine Psychiatrie, Universität Wien, Währinger Gürtel 18–20, A-1090 Wien, Österreich

Immunologische Funktionen des Schlafentzugs

J. Born[1,2] und **H. L. Fehm**[1]

[1]Klinische Neuroendokrinologie, Medizinische Universität, Lübeck und
[2]Abteilung Physiologische Psychologie, Universität Bamberg,
Bundesrepublik Deutschland

Die Mechanismen, die die positiven Wirkungen akuten Schlafentzugs bei depressiven Erkrankungen vermitteln, sind bisher weitgehend ungeklärt. Eine Beteiligung neuroimmunologischer Prozesse ist in diesem Zusammenhang nicht ausgeschlossen. Unter der Annahme, daß Schlaf als restaurativer Vorgang auch immunologische Funktionen fördert, könnte vermutet werden, daß Schlafentzugs durch einen immunsuppressiven Effekt Wirkungen auf pathopsychologische Prozesse entfaltet.

Der Nachweis immunologischer Wirkungen des Schlafentzugs gestaltete sich in bisherigen Studien allerdings schwerer als erwartet. Die vorliegenden Befunde lassen vermuten, daß die Effekte wesentlich von der untersuchten Species und dem getesteten immunologischen Parameter abhängen. Im Humanversuch wurden Wirkungen des Schlafentzugs sowohl auf die Zusammensetzung von Immunzellsubpopulationen als auch im Rahmen verschiedener funktionaler Tests (z. B. die Proliferation von Lymphozyten oder die Produktion von Zytokinen nach in-vitro Stimulation mit entsprechenden Mitogenen) mit sehr widersprüchlich erscheinenden Resultaten untersucht. So beobachteten z. B. Dinges et al. [4] über den Zeitraum einer 64-stündigen Schlafentzugsphase nicht eine Abnahme sondern eine Zunahme der Leukozytenzahl im Blut. Die Zahl sowohl der Granulozyten als auch der Monozyten nahm während der Entzugsphase allmählich zu, während die Zahl der Lymphozyten stabil blieb. Palmblad et al. [11] fanden demgegenüber eine Suppression der in-vitro stimulierten Proliferation von Lymphozyten nach 48-stündigem Schlafentzug. Diesem Befund einer abgeschwächten Immunkompetenz bei Schlafentzug stehen wiederum Beobachtungen derselben Arbeitsgruppe gegenüber, die zeigen, daß die Produktion von Interferon-gamma (IFN-gamma), einem hauptsächlich von T-Lymphozyten gebildeten Zytokin, während Schlafentzug erhöht ist [10]. Diese Produktionszunahme setzte sich überraschenderweise auch noch 5 Tage nach Beendigung der Entzugsphase fort. Auch Moldofsky et al. [9] beobachteten erhöhte Plasmakonzentrationen von Interleukin-l

(IL-l) und IL-2 während einer durchwachten Nacht im Vergleich zur vorausgehenden nacht normalen Schlafs. Allerdings beschränkte sich der Effekt auf einen sehr begrenzten Zeitraum zwischen 1.00 und 2.00 Uhr nachts.

Die Veränderungen der Zytokinproduktion nach Schlafentzug erschienen in den bisherigen Arbeiten insgesamt inkonsistent und zum Teil wenig ausgeprägt, was u. a. durch methodische Probleme bei der Zytokinmessung bedingt sein könnte. Aber gerade die Effekte auf Zytokine sind in diesem Zusammenhang von besonderem Interesse, da diese Substanzen einen direkten Einfluß des Immunsystems auf zentralnervöse Funktionen vermitteln können. Tierexperimente haben Hinweise erbracht, daß Zytokine wie IL-l und Tumor-Nekrose-Faktor (TNF) zentralnervös Schlaf induzieren [8]. Wir haben daher in zwei Humanstudien die Wirkungen von Schlafentzug auf die Produktion von Zytokinen durch Monozyten und Lymphozyten näher untersucht. Die untersuchten Entzugsintervalle waren relativ kurz (8 bzw. 3.5 Stunden) und in dieser Hinsicht mit dem therapeutisch eingesetzten Schlafentzug vergleichbar.

In der ersten Studie [12] wurden 9 gesunde, junge Männer in balancierter Abfolge einmal während des ungestörten Nachtschlafs und ein weiteresmal während einer durchwachten Nacht untersucht. Blutabnahmen wurden stündlich durchgeführt. Nach vorheriger Separation wurden die mononucleären Zellen für die Messung von TNF-α und IFN-gamma mit entsprechenden Mitogenen, Lipopolysaccharid von Escherichia coli (LPS) beziehungsweise Phytohämagglutinin (PHA), stimuliert. Sowohl die Produktion von TNF-α, das hauptsächlich durch Monozyten gebildet wird, als auch die Produktion von IFN-gamma, das hauptsächlich durch T-Lymphozyten gebildet wird, war während des Schlafentzugs durchschnittlich signifikant höher als während des normalen Nachtschlafs.

In der zweiten Studie [13] wurden Effekte einer 3.5-stündigen Schlafdeprivation bei 13 gesunden Männern evaluiert. In einer von zwei Bedingungen durfte die Versuchsperson zunächst ab 23.00 h für 3.5 Stunden schlafen. Danach wachte sie für weitere 3.5 Stunden. In der anderen Bedingung war die Folge von Schlaf- und Wachphase vertauscht. Blutabnahmen wurden halbstündlich durchgeführt. Die Freisetzung von TNF-α und IL-lβ durch Monozyten wurde nach Stimulation mit LPS, die Freisetzung von IL-2 und IFN-gamma durch T-Lymphozyten nach Stimulation mit PHA gemessen. Anders als in der ersten Studie wurde hier die Mitogenstimulation im Vollblut durchgeführt [7]. Selbst bei dieser kurzen Schlafentzugsdauer von nur 3.5 Stunden ließ sich ein stimulierender Effekt des Entzugs auf die Produktion von TNF-α und IL-lβ nachweisen. Allerdings entwickelte sich die Wirkung des Schlafentzugs allmählich und erreichte erst gegen Ende der Entzugsphase deutliche statistische Signifikanz (Abb. 1). Dagegen wurde die Produktion von IL-2 durch den Schlafentzug nicht stimuliert sondern temporär sogar signifikant unterdrückt. Die Produktion von IFN-gamma wurde durch Schlafentzug nicht beeinflußt.

Zusammen zeigten beide Studien, daß Schlafentzug die Produktion von Zytokinen durch Monozyten (TNF-α, IL-lβ) verstärkt, während die Wirkun-

gen auf Zytokine, die vornehmlich von T-Zellen gebildet werden, weniger
konsistent waren. Es ist daher möglich, daß Schlafentzug die verschiedenen
Immunzellpopulationen (Monozyten und T-Lymphozyten) unterschiedlich beeinflußt. Dieser Schluß wird durch zwei neuere Humanexperimente
unterstützt, die zeigten, daß Streß (Operationsstreß bzw. Examensstreß)
ähnlich wie Schlafentzug die Produktion von TNF durch Monozyten stimulierte aber die lymphozytäre Produktion von IFN-gamma verminderte
[1,5]. Alternativ könnten die differentiellen Effekte durch eine unterschiedliche zeitliche Dynamik der Schlafentzugswirkung auf Monozyten
und T-Zellen erklärbar sein. Die Effekte können aber nicht durch Einflüsse
circadianer Rhythmik erklärt werden, da die Wirkungen von Schlaf und
Schlafentzug für dieselben Tageszeiten verglichen wurden. Die Befunde
widersprechen daher auch nicht Beobachtungen im Rahmen von Untersuchungen zur circadianen Rhythmik, nach denen die Plasmakonzentrationen bzw. Produktion von Zytokinen wie TNF-α, IL-lβ und IL-6 während des
nächtlichen Schlafs ansteigen (z. B. [2,6]).

    Alte Menschen zeigen im Vergleich zu jungen Menschen deutliche
Störungen des Schlafs, d. h. ein chronisches Defizit an Delta- und REM-
Schlaf. Interessanterweise zeigte eine jüngere Studie [3], daß dieses chronische Schlafdefizit mit einer signifikanten Zunahme der Produktion von
TNF-α und IL-lβ während des nächtlichen Schlafs – insbesondere im zweiten Teil der Nacht – assoziiert ist (Tabelle 1). Die alten Menschen wiesen
zwar auch eine deutlich verminderte Zahl von Lymphozyten im Blut auf.

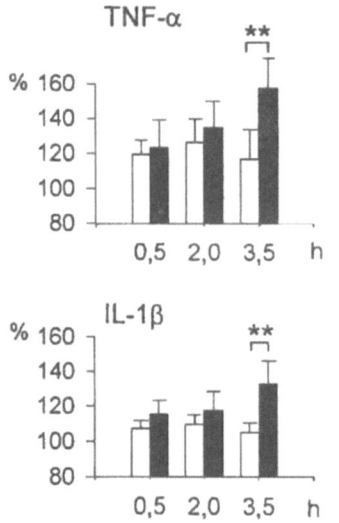
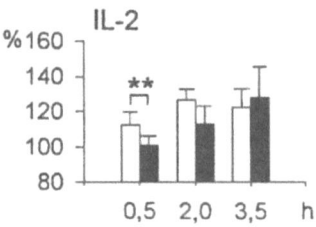
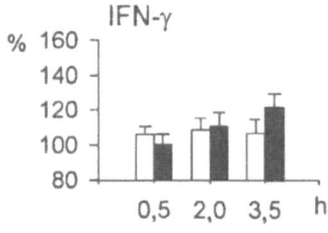

Abb. 1. Mittlere (+/–SEM) Produktion von TNF-α, IL-lβ, IL-2 und IFN-gamma während
3.5 Stunden dauernden nächtlichen Schlaf- (leer) und tageszeitlich korrespondierenden
Schlafentzugsphasen (schraffiert, n = 13, für TNF-α n = 12). Die Werte sind in % der
23.00 h (bei Wachheit des Probanden) gemessenen Produktion ausgedrückt und für die
Zeitpunkte nach 0.5, 2.0 und 3.5 Stunden Schlaf bzw. Schlafentzug dargestellt. * p < 0.05,
** p < 0.0l, für Unterschiede zwischen Schlaf und Schlafentzug

Tabelle 1. Die mittlere (+/–SEM) Zahl der Monozyten, Lymphozyten, T- und B-Lymphozyten (pro nl Blut) und die Produktion von IL-β und TNF-α (in pg/ml), und von IL-2 und IFN-gamma (in pg/10^6 CD3$^+$Zellen) bei gesunden alten (n = 16, 79.6 ± 7.5 Jahre) und jungen Probanden (n = 16, 24.6 ± 3.1 Jahre). Die Messungen sind Durchschnittswerte für die erste und zweite Hälfte der nächtlichen Schlafphase. p < 0.05, p < 0.01, für Unterschiede zwischen alten und jungen Probanden

	Junge		Alte	
	lte Hälfte	2te Hälfte	lte Hälfte	2te Hälfte
Monozyten	0.49 ± 0.03	0.47 ± 0.03	0.45 ± 0.03	0.42 ± 0.03
Lymphozyten	2.64 ± 0.14	2.41 ± 0.12	1.86 ± 0.15**	1.71 ± 0.12**
T-Zellen	2.01 ± 0.12	1.80 ± 0.10	1.39 ± 0.13**	1.27 ± 0.10**
B-Zellen	0.45 ± 0.04	0.39 ± 0.03	0.21 ± 0.04**	0.19 ± 0.03**
IL-lβ	3596 ± 278	2867 ± 24	4057 ± 457	3955 ± 478*
TNF-α	125.5 ± 7.4	109.4 ± 7.1	183.3 ± 24.2*	180.9 ± 26.2*
IL-2	25.6 ± 3.3	30.4 ± 3.8	20.6 ± 4.3	21.5 ± 4.1
IFN-γ	440 ± 108	338 ± 73.5	690 ± 184.5	668 ±164.1

Die Zahl der Monozyten als Hauptbildungsort von TNF-α und IL-lβ war aber mit der bei den jungen Kontrollprobanden vergleichbar. Es ist daher möglich, daß Zustände moderater, chronischer Schlafdeprivation, wie sie auch im Rahmen depressiver Erkrankungen vorkommen, ähnlich stimulierende Wirkungen auf die Zytokinproduktion entfalten wie der akute Schlafentzug.

Insgesamt unterstützen die vorliegen Daten, daß beim Menschen kurzzeitiger Schlafentzug eine stimulierende Wirkung hauptsächlich auf die durch Monozyten gebildeten Zytokine TNF-α und IL-lβ hat. Anhaltende Zustände moderaten Schlafentzugs im Rahmen pathologischer Schlafstörungen könnten von ähnlichen Effekten begleitet sein. Interessant ist in diesem Zusammenhang, daß in Tierexperimenten die Gabe sowohl von TNF als auch von IL-l Schlaf induzierte [8]. Diese Zytokine könnten daher endogene Schlaf-Faktoren sein, deren Produktion sich bei längeren Wachphasen allmählich steigert, um schließlich Schlaf herbeizuführen. Inwieweit darüberhinaus die Steigerung der monozytären Zytokinproduktion auch für die positiven Auswirkungen des Schlafentzugs bei der Depression relevant ist, kann gegenwärtig nicht beantwortet werden.

Literatur

1. Abe Y, Miyake M, Horiuchi A, Kumori K, Kimura S (1992) Surg Today 22: 15–18
2. Bauer J, Hohagen FT, Ebert J, Timmer U, Ganter, et al (1994) Clin Investig 72: 315
3. Born J, Uthgenannt D, Dodt C, Nünninghoff D, Ringvolt E, et al (1995) Mech Ageing Dev 84: 113–126
4. Dinges DF, Douglas SD, Zaugg L, Campbell DE, McMann JM, et al (1994) J Clin Invest 93: 1930-1939
5. Dobbin JP, Harth M, McCain GA, Martin RA, Cousin K (1991) Brain Behav Immun 5: 339-348

6. Gudewill S, Pollmächer T, Vedder H, Schreiber W, Fassbender K, Holsboer F (1992) Eur Arch Psychiatry Clin Neurosci 242: 53-56
7. Kirchner H, Kleinicke C, Digel W (1982) J Immunol Methods 48: 213–219
8. Krüger JM, Obal F Jr, Opp M, Toth L, Johannsen L, Cady AB (1990) Yale J Biol Med 63: 157-172
9. Moldofsky H, Lue FA, Davidson JR, Gorzynski R (1989) FASEB J 3: 1972-1977
10. Palmblad J, Cantell K, Strander H, Fröberg J, Karlsson C-G, et al (1976) Psychosom Res 20: 193-199
11. Palmblad J, Pertini B, Wasserman J, Akerstedt T (1979) Psychosom Med 41: 273–278
12. Späth-Schwalbe E, Porzsolt F, Born J, Fehm HL (1992) In: Freund M, Link H, Schmidt R, Welte K (eds) Cytokines in hemopoiesis, incology, and AIDS II. Springer, Berlin Heidelberg New York Tokyo, pp 457–463
13. Uthgenannt D, Schoolmann D, Pietrowsky R, Fehm HL, Born (1995) Psychosom Med 57: 97–104

Korrespondenz: Prof. Dr. J. Born, Klinische Neuroendokrinologie, Medizinische Universität zu Lübeck, Ratzeburger Allee 160, Haus 23a, D-23538 Lübeck, Bundesrepublik Deutschland

Dopaminerge Wirkmechanismen des Schlafentzugs

W. P. Kaschka[1], **D. Ebert**[2] und **H. Feistel**[3]

[1]Abteilung Psychiatrie I, Universität Ulm, [2]Psychiatrische Klinik mit Poliklinik und
[3]Nuklearmedizinische Klinik mit Poliklinik, Universität Erlangen-Nürnberg,
Bundesrepublik Deutschland

Einführung

Nachdem Randrup und Mitarbeiter (1975) die Dopaminhypothese der Depression formuliert hatten, gab es zahlreiche Bemühungen, dieses Konzept zu verifizieren oder zu falsifizieren. Im folgenden sollen einige wesentliche Befunde dargestellt werden, die geeignet sind, die besondere Rolle dopaminerger Systeme bei depressiven Erkrankungen und Suizidalität zu untermauern:

1. Dopaminverarmung im N. caudatus und N. accumbens bei Versuchstieren mit erlernter Hilflosigkeit (Anisman et al. 1979 a, b).
2. Das Dopamin-Analogon Alpha-Methyldopa, ein Antihypertensivum, kann – wie Reserpin – depressiogen wirken (Mc Kinney und Kane 1967, Randrup et al. 1975, Willner 1983 a, b).
3. Der Morbus Parkinson mit Degeneration des nigrostriatalen dopaminergen Systems und Verlust limbischer und corticaler Projektionen weist in ca. 40–50% der Fälle eine Komorbidität mit Depression auf (Cummings 1985, Mayeux 1990).
4. Psychopharmaka mit vorwiegend dopaminerger Wirkung, wie z. B. Amphetamin, Nomifensin, Bromocriptin, Bupropion und Selegilin, haben antidepressive Effekte (Muscat et al. 1992, Übersicht bei Kapur und Mann 1992).
5. Das therapeutische Ansprechen auf Selektive Serotonin-Reuptake-Inhibitoren (SSRI) korreliert mit einem Abfall der Homovanillinsäure (HVA) im Plasma (Salzman et al. 1993).
6. Verminderte Ausscheidung von Dopamin-Metaboliten bei depressiven Patienten mit Suizidversuchen (Roy et al. 1992).

Stimulation der Prolactin-Sekretion durch Sulpirid

Die Prolactin-Sekretion des Hypophysenvorderlappens steht unter inhibitorischer Kontrolle des tuberoinfundibulären dopaminergen Systems. Während der Nachtstunden wird bei gesunden Kontrollpersonen, aber auch bei Patienten mit affektiven Psychosen ein höherer Prolactin-Plasmaspiegel erreicht als tagsüber (Linkowski et al. 1989). Umgekehrt sinken unter den Bedingungen einer antidepressiven Behandlung mit totalem Schlafentzug die Plasma-Prolactinwerte während der Nacht leicht ab, so daß die Morgenwerte nach Schlafentzug durchschnittlich etwas niedriger liegen als vor Schlafentzug (Kasper et al. 1988, Ebert et al. 1993). Diese Beobachtungen veranlaßten uns, vor und nach Schlafentzug den Verlauf der Plasma-Prolactin-Konzentration nach Gabe eines selektiven Blockers der D_2-Rezeptoren (25 mg Sulpirid intramuskulär) zu untersuchen. Dabei ergab sich vor Schlafentzug (SE) kein signifikanter Unterschied zwischen SE-Respondern und SE-Nonrespondern, während nach Schlafentzug die SE-Responder einen signifikant höheren Prolactin-Anstieg zeigten als die Nonresponder (Ebert et al. 1993). Diese Befunde sind kompatibel mit der Annahme einer Herunterregulation der Dopamin-Freisetzung oder Veränderungen in der Rezeptordichte bzw. -sensitivität bei Schlafentzugsrespondern (Abb. 1).

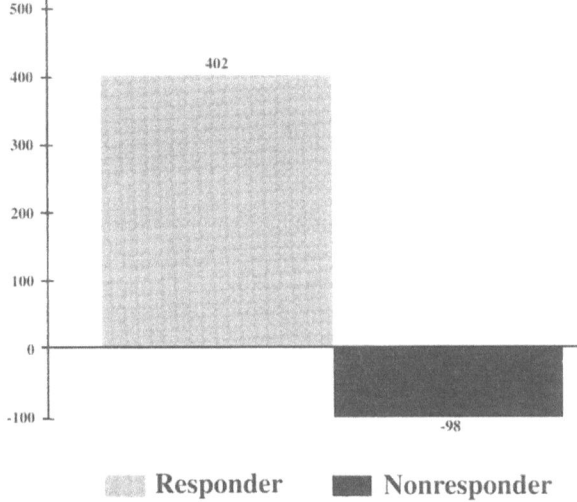

Abb. 1. Differenzen der Prolactin-Antworten nach i.m.-Injektion von 25 mg Sulpirid (area under the curve) vor und nach totalem Schlafentzug bei SE-Respondern und SE-Nonrespondern

Messungen der regionalen Hirndurchblutung und der Glucoseutilisation mittels SPECT bzw. PET

In Anbetracht der dargestellten neuroendokrinologischen Befunde, die im wesentlichen Aussagen über das tuberoinfundibuläre dopaminerge System erlauben, erscheint es von Interesse, auch andere dopaminerg innervierte Strukturen, vor allem das mesolimbische und das mesokortikale System, zu untersuchen. Als Beispiel sollen wiederum eigene Untersuchungen unter Verwendung des Schlafentzugs-Paradigmas herangezogen werden. Patienten mit Major-Depression (diagnostiziert nach DSM-III-R; American Psychiatric Association 1987) wurden vor und nach Schlafentzug einer SPECT-Untersuchung zur Darstellung der regionalen Hirndurchblutung unterzogen (Ebert et al. 1991, 1994a). Dabei wurde als Tracer Technetium-99m-dl-Hexamethyl-Propylenaminoxim (99 Tcm-HMPAO) eingesetzt. Es zeigten sich vor Schlafentzug signifikante Unterschiede zwischen den SE-Respondern und Nonrespondern in der Weise, daß die Responder in Teilen des limbischen Systems, vor allem dem Gyrus cinguli und dem fronto-orbitalen Cortex, eine Hyperperfusion aufwiesen. Nach Schlafentzug fand sich kein Unterschied zwischen SE-Respondern und Nonrespondern (Ebert et al. 1991). Interessanterweise wurden analoge Befunde von Wu und Mitarbeitern (1992) bei Untersuchungen der Glucoseutilisation mittels Positronen-Emissionstomographie (PET) vor und nach Schlafentzug erhoben. Diese Autoren verwendeten in ihrer Untersuchung ^{18}F-Deoxyglucose (FDG) als Tracer und fanden bei SE-Respondern vor Schlafentzug eine höhere Glucoseutilisation im Bereich des Gyrus cinguli und des frontoorbitalen Cor-

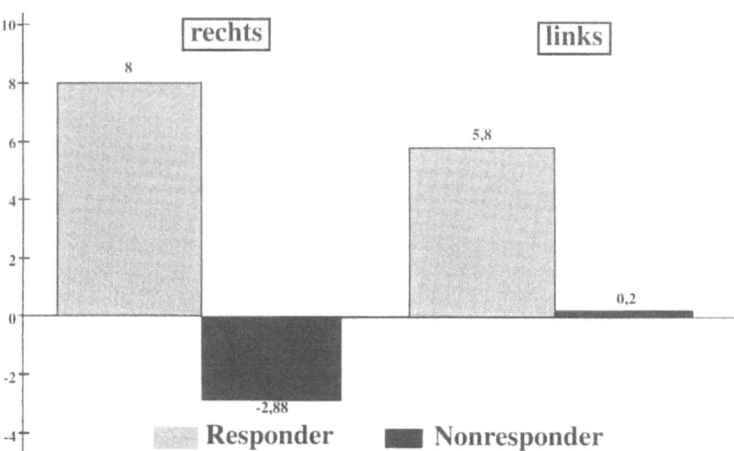

Abb. 2. D2-Rezeptoraktivität (Regionale Aktivitätsindizes, RAI, im Bereich der Basalganglien) vor und nach Schlafentzug bei SE-Respondern und SE-Nonrespondern

tex als bei Nonrespondern. Auch dieser Unterschied war nach Schlafentzug nicht mehr nachweisbar.

Diese Befunde lassen sich in dem Sinne interpretieren, daß bei Schlafentzugsrespondern vor dem Schlafentzug eine limbische Hyperaktivität bzw. ein Hyperarousal vorliegt, welche während des Schlafentzugs normalisiert werden (van den Burg und van den Hoofdacker 1975, Gillin et al. 1984, Bouhuys et al. 1991, Wu et al. 1992, Ebert et al. 1994a, Kaschka et al. 1994).

Rezeptordarstellung in vivo mit Hilfe der SPECT

Zur selektiven Markierung von D2-Rezeptoren für die SPECT-Methode eignet sich der Ligand Jodbenzamid (^{123}J-IBZM). Es handelt sich dabei um ein substituiertes Benzamid-Derivat mit lipophilen Eigenschaften und hoher Spezifität für den D2-Dopaminrezeptor (Kung et al. 1989, Logan et al. 1991, Verhoeff et al. 1992). Auch mit diesem Verfahren führten wir Untersuchungen unter Verwendung des Schlafentzugs-Paradigmas durch. Patienten mit Episoden einer Major-Depression, melancholischer Typ (nach DSM-III-R, American Psychiatric Association 1987), Verlauf bipolar II, wurden vor und nach Schlafentzug mit dem IBZM-SPECT untersucht (Ebert et al. 1994b). Bei den Schlafentzugs-Respondern sanken die Aktivitäts-Indizes während des Schlafentzugs ab, wohingegen sie bei den SE-Nonrespondern unverändert blieben oder sogar leicht anstiegen (Abb. 2). Wir interpretierten diesen Befund so, daß während des Schlafentzugs bei den SE-Respondern vermehrt endogenes Dopamin freigesetzt wird und den markierten Liganden (^{131}Jod-IBZM) aus der Rezeptorbindung verdrängt.

Danksagung

Gefördert durch die Deutsche Forschungsgemeinschaft.

Literatur

American Psychiatric Association. DSM-III-R (1987) Diagnostic and statistical manual of mental disorders, 3rd ed, revised. American Psychiatric Press, Washington DC

Anisman H, Irwin J, Sklar LS (1979a) Deficits of escape performance following catecholamine depletion: implications for behavioral deficits induced by uncontrollable stress. Psychopharmacology 64: 163–170

Anisman H, Remington G, Sklar LS (1979b) Effect of inescapable shock on subsequent escape performance: catecholamine and cholinergic mediation of response initiation and maintenance. Psychopharmacology 61: 107–124

Bouhuys A, Flentge F, van den Hoofdakker RH (1991) Effects of total sleep deprivation on urinary cortisol, self-rated arousal, and mood in depressed patients. Psychiatry Res 34: 149–162

Cummings JL (1985) Psychosomatic aspects of movement disorders. Adv Psychosom Med 13: 111–132

Ebert D, Feistel H, Barocka A (1991) Effects of sleep deprivation on the limbic system and the frontal lobes in affective disorders. Psychiatry Res Neuroimaging 40: 247–251

Ebert D, Kaschka W, Stegbauer P, Schrell U (1993) Prolactin response to sulpiride before and after sleep deprivation in depression. Biol Psychiatry 33: 666–669

Ebert D, Feistel H, Barocka A, Kaschka W (1994a) Increased limbic blood flow and total sleep deprivation in major depression with melancholia. Psychiatry Res Neuroimaging 55: 101–109

Ebert D, Feistel H, Kaschka W, Barocka A, Pirner A (1994b) Single photon emission computerized tomography assessment of cerebral dopamine D2 receptor blockade in depression before and after sleep deprivation-preliminary results. Biol Psychiatry 35: 880–885

Gillin JC, Sitaram N, Wehr T, Duncan W, Post R, Murphy DL, Mendelson WB, Wyatt RJ, Bunney WE (1984) Sleep and affective illness. In: Post RM, Ballenger JC (eds) Neurobiology of mood disorders. Williams & Wilkins, Baltimore, MD

Kapur S, Mann JJ (1992) Role of the dopaminergic system in depression. Biol Psychiatry 32: 1–17

Kaschka WP, Ebert D, Feistel H, Barocka A (1994) The dopamine hypothesis of sleep deprivation. Eur Psychiatry 9: 174s

Kasper S, Sack DA, Wehr TA, Kick H, Voll G, Viera A (1988) Nocturnal TSH and prolactin secretion during sleep deprivation and prediction of antidepressant response in patients with major depression. Biol Psychiatry 24: 631–641

Kung HF, Pan S, Kung MP (1989) In vitro and in vivo evaluation of J 123 IBZM. J Nucl Med 30: 88–92

Linkowski P, Cauter van E, L'Hermite-Baleriaux M (1989) The 24-hour profile of plasma prolactin in men with major endogenous depressive illness. Arch Gen Psychiatry 46: 813–819

Logan J, Dewey S, Wolf A (1991) Effects of endogenous dopamine on measures of 18FN-Methylspiroperidol binding in the basal ganglia. Synapse 9: 195–207

Mayeux R (1990) Parkinson's disease. J Clin Psychiatry 51 [Suppl] 7: 20–23

McKinney WT, Kane FJ (1967) Depression with the use of alpha-methyldopa. Am J Psychiatry 124: 118–119

Muscat R, Papp M, Willner P (1992) Antidepressant-like effects of dopamine agonists in an animal model of depression. Biol Psychiatry 31: 937–946

Randrup A, Munkvad I, Fog R, et al (1975) Mania, depression, and brain dopamine In: Essman WB, Valzelli L (eds) Current developments in psychopharmacology. Spectrum Publications, New York, pp 207–229

Roy A, Karoum F, Pollack S (1992) Marked reduction in indexes of dopamine metabolism among patients with depression who attempt suicide. Arch Gen Psychiatry 49: 447–450

Salzman C, Jimerson D, Vasile R, Watsky E, Gerber J (1993) Response to SSRI antidepressants correlates with reduction in plasma HVA: pilot study. Biol Psychiatry 34: 569–571

van den Burg W, van den Hoofdakker RH (1975) Total sleep deprivation in endogenous depression. Arch Gen Psychiatry 32: 1121–1125

Verhoeff NPLG, Buell U, Costa DC (1992) Basics and recommendations for brain SPECT. Nucl Med 31: 114–131

Willner P (1983a) Dopamine and depression: a review of recent evidence. ii. Theoretical approaches. Brain Res Rev 6: 225–236

Willner P (1983b) Dopamine and depression: a review of recent evidence. iii. The effects of antidepressant treatments. Brain Res Rev 6: 237–246

Wu JC, Gillin JC, Buchsbaum MS, Hershey T, Johnson JC, Bunney WE (1992) Effect of sleep deprivation on brain metabolism of depressed patients. Am J Psychiatry 149: 538–543

Korrespondenz: Prof. Dr. W. P. Kaschka, Abteilung Psychiatrie I, Universität Ulm, Postfach 2044, D-88190 Ravensburg, Bundesrepublik Deutschland

Schizophrenie und DNS-Polymorphismen am Dopamin-β-Hydroxylase Gen

A. Heiden, K. Meszaros, E. Lenzinger, K. Fuchs, N. Fathi, E. Gerhard,
E. Miller-Reiter, U. Willinger, E. Resinger, T. Stompe, V. Pfersmann,
W. Sieghart, H. N. Aschauer und S. Kasper

Klinische Abteilung für Allgemeine Psychiatrie, Universitätsklinik für Psychiatrie,
Wien, Österreich

Einleitung

Geht man von der Annahme aus, daß Veränderungen im Dopamin-b-Hydroxylase (DBH) Neurotransmitterstoffwechsel und eine gestörte noradrenerge Aktivität eine Rolle in der Pathogenese der Schizophrenie spielen, so stellt die Dopamin-b-Hydroxylase (DBH) Region einen möglichen Kanditatengenort dar. DBH ist das Enzym welches Dopamin zu Noradrenalin umwandelt. Neben der klassischen Dopaminhypothese basierend auf dem pharmakologischen Profil der meisten Neuroleptika werden auch erhöhte Noradrenalinspiegel in Plasma und CSF beschrieben [1]. Es gibt über DBH bei schizophrenen Patienten bis jetzt nur Befunde aus Enzymmessungen [2], wir haben die DBH nun auf DNA Genotypenebene untersucht.

Methodik

Wir untersuchten eine Kanditatenregion für Schizophrenie auf eine Assoziation des Genotyps mit der Erkrankung. Diese Kanditatenregion liegt am langen Arm von Chromosom 9. Von Porter [3] und Nahmias [4] wurden zwei polymorphe Systeme am DBH Locus bei einem gesunden Kollektiv beschrieben. Mit einem Primer Paar ist es möglich beide Polymorphismen gleichzeitig zu erfassen. Der erste Polymorphismus besteht in einer unterschiedlichen Anzahl von AC Repeats. Man findet 5 Allele. Diese 5 Allele haben wir in Abhängigkeit von der Anzahl der AC Repeats mit A-E bezeichnet. Der zweite Polymorphismus ist eine 19bp Deletion bzw Insertion, d.h. wir finden 2 Allele, die wir als Allel I und 2 bezeichnen. Wir haben diese beiden Polymorphismen am DBH Locus bei schizophrenen Patienten mit Hilfe von PCR (Polymerase Chain Reaction) Technik untersucht und möchten die Ergebnisse von einer Assoziationsuntersuchung mit zwei statistischen Methoden präsentieren. Der Assoziationsansatz hat den Vorteil, daß Unterschiede zwischen Patienten und Kontrollen unabhängig vom genetischen Modell nachgewiesen werden können. Diese Tatsache ist vor allem für die Analyse genetisch komplexer Erkrankungen wie Schizophrenie von Bedeutung. Bei unserer Stichprobe handelt es sich um eine Populationsstichprobe, d. h. daß wir eine Patientengruppe mit einer Kontrollgruppe vergleichen. Die

Patientengruppe umfaßt 63 schizophrene Patienten, die zwei Psychiater nach DSM III-R im Konsens diagnostizierten. Als standardisiertes Interview verwendeten wir das SADS-LA. Als Kontrollen verwendeten wir einerseits eine gesunde Kontrollgruppe, andererseits war es möglich bei einem Teil dieser Patienten eine „Haplotype Relative Risk" (HRR) [5] Kontrollgruppe zu bilden. Um Assoziationsuntersuchungen mit dieser Methode durchführen zu können, benötigt man DNA von beiden Eltern, wobei die nicht vererbten Allele der Eltern als interne Kontrollgruppe verwendet werden. Assoziationsbefunde sind sehr anfällig für Stratifikationseffekte, d. h. es kann ein Unterschied zwischen Patienten und Kontrollen vorgetäuscht werden, weil die beiden Kollektive nicht miteinander vergleichbar sind. z. B. aufgrund unterschiedlicher ethnischer und sozialer Herkunft. Diese von Falk und Rubinstein [5] entwickelte Methode bietet molekulargenetisch eine sehr elegante Möglichkeit eine Kontrollgruppe zu bilden und diese Stratifikationseffekte zu vermeiden.

Ergebnisse

Zuerst haben wir die Verteilung der Allele bei 63 schizophrenen Patienten und 34 gesunden Personen berechnet (Tabelle 1). Der AC Polymorphismus umfaßt die Allele A-E, abhängig von der Anzahl der AC Repeats. Es handelt sich um % Angaben. Es konnte mit chi2 Test kein signifikanter Unterschied zwischen den schizophrenen Patienten und einer gesunden Kontrollgruppe gefunden werden.

Ebenso konnte beim 19 bp Deletions Polymorphismus, der die Allele 1 und 2 umfaßt, abhängig davon ob es am DBH Locus eine Deletion gibt oder nicht kein signifikanter Unterschied zwischen den schizophrenen Patienten und der gesunden Kontrollgruppe gefunden werden.

Zweitens haben wir die Verteilung der Allele bei 22 schizophrenen Patienten und ihrer HRR Kontrollgruppe untersucht (Tabelle 2). Es wurden

Tabelle 1. Allel Frequenz (%) am DBH Gen bei Schizophrenen (N = 63) und einer gesunden Kontrollgruppe (N = 34)

| | AC Repeat Polymorphismus | | | | | 19bp Deletions Polymorphismus | |
	A	B	C	D	E	1	2
Patienten	9	12	44	34	1	51	49
Kontrollen	9	10	31	50	0	46	54
	chi^2 = 5.4 df = 4 p = 0.25					chi^2 = 0.48 df = 1 p = 0.49	

Tabelle 2. Allel Frequenz (%) bei schizophrenen HRR Trios (N = 22)

| | AC Repeat Polymorphismus | | | | | 19bp Deletions Polymorphismus | |
	A	B	C	D	E	1	2
HRR vererbt	9	9	48	34	0	43	50
HRR nicht vererbt	4	14	52	30	0	57	50
	Garts 2I = 1.06 df = 3 p = 0.52					chi^2 = 0.41 df = 1 p = 0.52	

Tabelle 3. Genotypenverteilung am DBH-Gen bei Schizophrenen (N = 63) und gesunden
Kontrollen (N = 34)

	AC Repeat Polymorphismus Homozygote Heterozygote		19bp Deletionspolymorphismus Homozygote Heterozygote	
Patienten	24(21)	39(42)	32(31)	31(32)
Kontrollen	13(11)	21(23)	17(17)	17(17)
	p = 0.58	p = 0.61	p = 0.86	p = 1

die vererbten mit den nicht vererbten Allelen verglichen und auch hier findet man keinen signifikanten Unterschied.

Wir haben auch Homo und Heterozygotie bei beiden Polymorphismen am DBH Locus untersucht (Tabelle 3). Man vergleicht die beobachteten Werte mit den erwarteten Werten (in Klammer angeführt). Diese erwarteten Werte berechnen sich aus aus dem Hardy Weinberg Gesetz entsprechend der binomischen Formel $(p + q)^2 = 1$ und stellen die Genotypenfrequenz dar.

Wir konnten weder beim AC Repeat Polymorphismus noch beim 19bp Deletions Polymorphismus eine Abweichung der beobachteten von den erwarteten Werte finden.

Diskussion und Zusammenfassung

Wir untersuchten die Dopamin-b-Hydroxylase (DBH) Gen Region am Chromosom 9 auf eine Assoziation des Genotyps mit Schizophrenie. Wir fanden im Rahmen dieser Assoziationsuntersuchung keinen signifikanten Zusammenhang zwischen bestimmten Genotypen und Schizophrenie. Daher konnte die Hypothese, daß der DBH Locus eine bedeutende Rolle in der Ätiologie der Schizophrenie spielt in unserer Stichprobe nicht bestätigt werden.

Literatur

1. Hornykiewicz O (1982) Brain catecholamines in schizophrenia – a good case for noradrenalin. Nature (1994) 299: 484–486
2. Van Kammern P, et al. CSF dopamine β-hydroxylase in schizophrenia: associations with premorbid functioning and brain computerized tomography scan measures. Am J Psychiatry 151: 372–378
3. Porter C, et al (1992) Dinucleotide repeat polymorphism at the human dopamine beta hydroxylase (DBH) locus. Nucl Acids Res 20 (6): 1429
4. Nahmias J, et al (1992) A 19 bp deletion polymorphism adjactant to a dinucleotide repeat polymorphism at the human dopamine β-hydroxylase locus. Human Mol Genet 1 (4): 286
5. Falk C, et al (1987) Haplotype relative risk: an easy reliable way to construct a proper control sample for risk calculations. Ann Hum Genet 51: 227–233

Korrespondenz: Dr. A. Heiden, Klinische Abteilung für Allgemeine Psychiatrie, Universitätsklinik für Psychiatrie, Währinger Gürtel 18–20, A-1090 Wien, Österreich

Genotypisierung des Cyp 2D6-Polymorphismus in einer Gruppe chronisch schizophrener Patienten mit therapeutisch ungünstigem Verlauf

T. Kapitany, K. Meszaros, H. N. Aschauer, S. D. Schindler, E. Lenzinger, C. Barnas, K. Fuchs, W. Sieghart und **S. Kasper**

Klinische Abteilung für Allgemeine Psychiatrie, Universitätsklinik für Psychiatrie, Wien, Österreich

Einleitung

Der genetisch bedingte Metabolisierungsdefekt des Cytochrom P450 Isozym Cyp 2D6 wird mit einer Häufigkeit von 3–10% in kaukasischen Populationen autosomal rezessiv vererbt. Phänotypisch wurde diese Störung durch Metabolisierungsbestimmungen mit den Substanzen Spartein bzw. Debrisoquin festgestellt. Ursache für den Defekt ist das gleichzeitige Vorkommen von Mutationen im verantwortlichen Gen Cyp 2D6 auf beiden homologen Chromosomen 22. Klinisch kommt es bei betroffenen Personen zu stark erhöhten Plasmaspiegeln und daraus folgenden Problemen in der Therapie mit entsprechenden Substanzen (z. B. verschiedene Phenothiazine oder Haloperidol).

In der durchgeführten Untersuchung wurde eine Gruppe schizophrener Patienten mit ungünstigem Therapieverlauf bei Behandlung mit Neuroleptika auf das Vorhandensein der für den Cyp 2D6-Defekt verantworlichen Mutationen mittels Allel-spezifischer PCR Amplifikation gescreent.

Ziel der Studie war, eine mögliche Bedeutung dieser Störung für den ungünstigen Therapieverlauf in dieser Patientengruppe darzustellen.

Methodik

Untersucht wurden 45 Patienten mit der Diagnose einer Schizophrenie mit chronischem Verlauf, 295.xa (a = 2 oder 4) nach DSM III-R. Im diagnostischen Prozeß kamen ein unstrukturiertes psychiatrisches Interview, das Schedule for Affective Disorders and Schizophrenia, Lifetime Version und klinische Daten aus den Krankenakten zur Anwendung. Aus diesen Daten wurden von zwei voneinander unabhängigen Fachärzten für Psychiatrie „Blinde Konsensus-Diagnosen" erstellt.

Mittels Allel-spezifischer PCR-Amplifikation wurde leukozytäre DNA der Patienten bezüglich des Vorhandenseins der Cyp 2D6 Mutationen Typ A und Typ B genotypisiert (beschrieben in Heim und Meyer 1990). Kombinationen aus diesen Mutationstypen (homozygot A/A, heterozygot A/B oder homozygot B/B) erwiesen sich verantwortlich für mehr
als 95% genetisch bedingter Poor Metaboliser von Debrisoquin/Spartein.

Ergebnisse

In der untersuchten Population wurde bei 90 Allelen kein mutiertes Allel
Typ-A gefunden (0%), die Mutation Typ-B hingegen fand sich auf 16 Allelen (17,8%), die „wilde type" Form des Gens („wt", normale Ausprägung)
wurde bei 74 Allelen (82,2%) nachgewiesen (s. Tabelle 1). Die genotypi-
sche Verteilung bei den einzelnen Patienten stellte sich wie folgt dar:
Homozygot wilde type (wt/wt) bei 30 Patienten (66,7%), heterozygot
wilde type/Typ-B (wt/B) bei 14 Patienten (31,1%), homozygot Typ-B
(B/B) bei 1 Patienten (2,2%), sämtliche Kombinationen mit Typ-A = 0
(0%) (s. Tabelle 2).
Diese Verteilung in homozygote und heterozygote Allelpaare bezüglich
der Mutation Typ-B entspricht der erwarteten Verteilung berechnet nach

Tabelle 1. Allelhäufigkeit (N = 90)

	n	%
wilde type	74	82,2
Typ-A	0	0,0
Typ B	16	17,8

Tabelle 2. Genotypen (N = 45)

	n	%
wt/wt	30	66,7
wt/A	0	0,0
wt/B	14	31,1
A/A*	**0**	**0,0**
A/B*	**0**	**0,0**
B/B*	**1**	**2,2**

* erwarteter Phänotyp: Poor Metaboliser

Tabelle 3. Phänotypen

	Maghoub 1977	Vinks 1982	Nakamura 1985	Kapitany 1994
PM*	3	4	16	1
EM+	91	44	167	44

* Poor Metaboliser, + Extensive Metaboliser

dem Hardy-Weinberg-Äquilibrium ($p^2+2pq+q^2$: bei 17,8% Typ-B und 82,2% wt: wt/wt-67,6%; wt/B-29,3%; B/B-3,2).

Aus der Häufigkeit der Genotyp-Muster kann mit einer > 95%igen Wahrscheinlichkeit abgeleitet werden, daß es in der untersuchten Patientengruppe nur einen Patienten mit dem Phänotypus „Poor Metaboliser" (langsamer Metabolisierungsstatus; homozygot Typ B) gibt, während bei allen anderen 44 Patienten aufgrund des Genotyps (wt/wt) oder des heterozygoten Genotyps (wt/B) eine normale Metabolisierungskapazität des Cyp 2D6-Enzyms angenommen werden kann („Extensive Metaboliser").

Zur Beurteilung dieser Häufigkeit von Poor Metaboliser (1/45; 2,2%) in unserer Patientengruppe wurde sie mit den Häufigkeiten des Auftretens von Poor Metabolisern in drei Kontrollgruppen gesunder Probanden aus der Literatur verglichen (s. Tabelle 3). Der Vergleich der Häufigkeit des Poor Metaboliser-Status in unserer Patientengruppe mit diesen Populationen ergab jeweils keinen signifikanten Unterschied (X^2-Test).

Diskussion

Poor Metaboliser (Metabolisierungsstörung bestimmter Substanzen über das Cytochrom P450 Isozym Cyp-2D6) in einer Gruppe schizophrener Patienten unterscheiden sich in ihrer Häufigkeit nicht von dem Auftreten in gesunden Vergleichspopulationen. Die Untersuchung kann daher keinen Einfluß dieses genetisch bedingten Metabolisierungsdefektes in dieser Patientengruppe mit einem ungünstigen Krankheits- und Therapieverlauf zeigen.

Zur weiteren Klärung bleibt offen, wieweit andere Mutationsformen im Bereich des Gens Cyp 2D6 (zB. Typ-D, vollkommene Deletion des Gens), die in Normalpopulationen jedoch nur sehr selten vorkommen, bei dieser Gruppe eine Rolle spielen.

Literatur

Heim M, Meyer UA (1990) Genotyping of poor metaboliser of debrisoquine by allele-specific PCR amplihcation. Lancet 336: 529–32

Maghoub A, Idle JR, Dring LG, Lancaster R, Smith RL (1977) Polymorphic hydroxylation of debrisoquine in man. Lancet 2: 584–86

Nakamura K, Goto F, Ray WA, McAllister CB, Jacqz E, Wilkinson GR, Branch RA (1985) Interethnic differences in genetic polymorphism of debrisoquine and mephenytoin hydroxylation between Japanese and Caucasian population. Clin Pharmacol Ther 38: 402–408

Vinks A, Inaba T, Otton SV, Kalow W (1982) Spartein metabolism in Canadian Caucasians. Clin Pharmacol Ther 31: 23–29

Korrespondenz: Dr. T. Kapitany, Universitätsklinik für Psychiatrie, Klinische Abteilung für Allgemeine Psychiatrie, Währinger Gürtel 18–20, A-1090 Wien, Österreich

Mutationsanalyse des 5-HT$_{1A}$-Rezeptor-Gens bei schizophrenen und affektiven Psychosen

M. Rietschel[1], J. Erdmann[2], D. Shimron-Abarbanell[2], S. Cichon[2], M. Albus[3],
W. Maier[4], D. Lichtermann[4], J. Minges[4], U. Reuner[5], E. Franzek[6],
M. A. Ertel[7], R. Fimmers[8], J. Körner[1], H.-J. Möller[7], P. Propping[2] und
M. M. Nöthen[2]

[1]Psychiatrische Klinik und [2]Institut für Humangenetik, Universität Bonn,
[3]Bezirkskrankenhaus Haar, [4]Psychiatrische Klinik, Universität Mainz,
[5]Medizinische Akademie, Dresden, [6]Universität Würzburg, [7]Universität München und
[8]Institut für Medizinische Statistik, Universität Bonn, Bundesrepublik Deutschland

Einleitung

Störungen im Serotoninstoffwechsel werden bei einer Vielzahl neuropsychiatrischer Erkrankungen (z. B. Angststörung, Depression, Schizophrenie, Alkoholismus, Migräne, Aggressives Verhalten, Suizidalität, Tourette-Syndrom) beobachtet. Die Serotonin (5-Hydroxytryptamin, 5-HT) Rezeptoren können in mindestens drei Hauptgruppen unterteilt werden und zwar in 5-HT$_1$-, 5-HT$_2$- und 5-HT$_3$-Rezeptoren. Beim Menschen konnten bislang fünf 5-HT$_1$-Rezeptorsubtypen kloniert werden: der 5-HT$_{1A}$, 5-HT$_{1D\alpha}$, 5-HT$_{1D\beta}$, 5-HT$_{1E}$ und der 5-HT$_{1F}$ Rezeptor (Übersicht bei Shih et al. 1995). Der 5-HT$_{1A}$ ist der pharmakologisch am besten charakterisierte 5-HT$_1$-Subtyp.

Das Ziel der vorliegenden Studie war es, genetische Varianten im 5-HT$_{1A}$-Rezeptorgen zu identifizieren. Solche Varianten können durch eine Veränderung der Proteinfunktion oder Proteinexpression zur Entstehung neuropsychiatrischer Störungen beitragen.

DNA Proben von 45 Patienten mit schizophrener Psychose, 46 Patienten mit bipolar affektiver Erkrankung und 25 gesunden Probanden wurden mit der Single-Strand-Conformation-Analysis (SSCA) (Orita et al. 1989) auf Mutationen im 5-HT$_{1A}$-Gen untersucht. Mit Hilfe der Polymerase-Chain-Reaction (PCR) wurde die gesamte kodierende Sequenz und die 5' gelegene Promotorregion des 5-HT$_{1A}$ Gens in überlappenden Fragmenten amplifiziert. Die intronlose kodierende Sequenz umfaßt 1,263 Basenpaare (bp) und kodiert für das aus 421 Aminosäuren bestehende 5-HT$_{1A}$-Rezeptor-Protein.

Untersuchungskollektive und Methoden

Die Patienten mit schizophrener (n = 45) und bipolar affektiver (n = 46) Erkrankung (DSM-III-R Kriterien) wurden mit dem standardisierten Interview Schedule für Affective Disorders and Schizophrenia-Lifetime Version (SADS-L) (Endicott und Spitzer 1978) untersucht. Zusätzlich wurden Informationen aus der Krankengeschichte einbezogen. 25 unverwandte gesunde Probanden dienten als Kontrollpersonen; Kontrollpersonen, die einen erstgradig Verwandten mit einer psychiatrischen Erkrankung hatten, wurden von der Untersuchung ausgeschlossen. Alle untersuchten Personen waren mitteleuropäischer Herkunft.

Mit Hilfe von spezifischen Primerpaaren wurden durch PCR-Amplifikation zehn überlappende Fragmente des 5-HT$_{1A}$-Gens hergestellt. Diese deckten sowohl die gesamte kodierende Region als auch die Promotoraktivität enthaltende 5' untranslatierte Region ab. Die PCR Produkte wurden denaturiert und auf 10%igen Polyacrylamidgelen elektrophoretisch aufgetrennt. Die Banden wurden anschließend durch Silberfärbung sichtbar gemacht. PCR-Produkte von Mutationsträgern wurden in einen pUC18 SmaI/BAP Vektor (Pharmacia) kloniert. Die Sequenzierung erfolgte nach Sanger et al. (1977).

Die 5HT$_{1A}$.1 Mutation erzeugt eine Schnittstelle für das Restriktionsenzym BsmAI und wurde mit einem entsprechendem Restriktionsverdau nachgewiesen. Der Nachweis der 5HT$_{1A}$.4 Mutation erfolgte mit einem Amplification Refractory Mutation System (ARMS) (Newton et al. 1989). Der statistische Vergleich der Allelefrequenzen erfolgte unter Anwendung des Fisher's Exact Test.

Ergebnisse

Die kodierende und die 5' gelegene Promotor-Region des 5HT$_{1A}$-Rezeptorgens wurden bei 45 schizophrenen, 46 bipolar affektiven und 25 gesunden Probanden mit SSCA auf Mutationen untersucht. In der Promotor-Region wurde keine Variation in der DNA-Sequenz gefunden. In der kodierenden Region fanden sich folgende zwei Mutationen: eine Substitution von A zu G in der ersten Position des Kodons 28 (5HT$_{1A}$.1 Mutation), die zu einem Austausch der Aminosäure Isoleuzin durch Valin fiihrt, und eine stumme Substitution von C zu T in Nukleotidposition 549 (Kodon 183, Prolin) (5HT$_{1A}$.4 Mutation).

Da die 5HT$_{1A}$.1 Mutation lediglich bei einem schizophrenen Patienten gefunden wurde, erweiterten wir das Kollektiv und untersuchten die DNA weiterer 74 schizophrener und 95 bipolar affektiver Patienten sowie 185 gesunder Probanden auf das Vorhandensein dieser Mutation. Insgesamt fand sich die Mutation bei 2 schizophrenen, 3 bipolar affektiven und 5 gesunden Probanden.

Die stumme 5HT$_{1A}$.4 Mutation fand sich bei einem bipolar affektiv erkrankten und zwei schizophrenen Patienten. Weil die 5HT$_{1A}$.4 Mutation keine Veränderung der Aminosäuresequenz bewirkt und damit von keiner funktionalen Bedeutung ist, wurde die Untersuchung dieser Mutation auf das ursprüngliche Kollektiv beschränkt.

Schlußfolgerung

Die Ile-28-Val Substitution (5HT$_{1A}$.1 Mutation) ist die erste natürlich vorkommende genetische Variante, die für einen Serotoninrezeptor berichtet wurde. Die Val-28 Variante ist allerdings selten und wurde von uns bei Patienten und Kontrollen in ähnlicher Häufigkeit gefunden. Folglich ist es un-

wahrscheinlich, daß sie eine maßgebliche Rolle in der genetischen Prädisposition der hier untersuchten Erkrankungen spielt. Zudem ist die Ile-28-
Val Substitution im N-Terminus des 5HT$_{1A}$-Rezeptors lokalisiert und liegt
damit nicht in einer der Rezeptorregionen, die für die Bindung von Agonisten oder Antagonisten oder für die Kopplung an Second-Messenger-Systeme verantwortlich gemacht werden. Um hier jedoch eine endgültige
Aussage zu treffen, bedarf es einer genauen pharmakologischen Charakterisierung der beiden Rezeptorvarianten.

Das Fehlen signifikanter Mutationen im 5HT$_{1A}$ Gen findet sich in Übereinstimmung mit Ergebnissen von Kopplungsuntersuchungen. In 5 isländischen Familien mit bipolar affektiver Erkrankung wurden für drei Marker, die im Bereich der chromosomalen Region des 5HT$_{1A}$ Gens (5q11.2-
q13) lokalisiert sind, negative Lod-Scores gefunden (Curtis et al. 1993). Für
die Schizophrenie war dieser Bereich ursprünglich von großem Interesse,
da in sieben isländischen und einem britischen Stammbaum Kopplung mit
der Erkrankung gefunden worden war (Sherrington et al. 1988). Dieser Befund konnte jedoch durch andere Arbeitsgruppen nicht repliziert werden.

An dieser Stelle sollte allerdings darauf hingewiesen werden, daß durch
Kopplungsstudien in der Regel nur Hauptgene gefunden werden, während
durch Assoziationsstudien auch Gene mit einem geringeren Beitrag zum
Krankheitsgeschehen identifiziert werden können. Hieraus ergibt sich, daß
ein negativer Kopplungsbefund die Beteiligung eines Genes nicht grundsätzlich ausschließt. Zusammenfassend schließt die hier vorliegende Untersuchung eine Beteiligung des 5-HT$_{1A}$-Gens in der genetischen Disposition
zur Entstehung schizophrener und bipolar affektiver Erkrankungen mit
großer Sicherheit aus.

Literatur

Curtis D, Brynjolfsson J, Petursson H, Holmes S, Sherrington R, Brett P, Rifkin L, Murphy
    P, Moloney E, Melmer G, Gurling HMD (1993) Segregation and linkage analysis in
    five manic depression pedigrees excludes the 5HT$_{1A}$ receptor gene (HTRlA). Ann
    Hum Genet 57: 2739
Endicott J, Spitzer RL (1978) A diagnostic interview: the schedule for affective disorders
    and schizophrenia. Arch Gen Psychiatry 35: 837-844
Newton CR, Graham A, Heptinstall LE, Powell SJ, Summers C, Dalsheker N, Smith J,
    Markham AF (1989) Analysis of any point mutation in DNA. The amplification re-
    fractory mutation system (ARMS). Nucl Acids Res 17: 2503–2516
Orita M, Suzuki Y, Sekiya T, Hayashi K (1989) Rapid and sensitive detection of point
    mutations and DNA polymorphisms using polymerase chain reaction. Genomics 5:
    874–879
Sanger F, Nicklen S, Coulson AR (1977) DNA sequencing with chain-terminating inhibi-
    tors. Proc Natl Acad Sci USA 74: 5463–5467
Sherrington R, Brynjolfsson HP, Petursson H, Potter M, Dudleston K, Barraclough B,
    Wasmuth J, Dobbs M, Gurling H (1988) Localisation of a susceptibility locus for schi-
    zophrenia on chromosome 5. Nature 336: 164–167
Shih JC, Chen KJ-S, Gallaher TK (1995) Molecularbiolgy of serotonin receptors. A basis
    for understanding and addressing brain function. In: Bloom FE, Kupfer DJ (eds) Psy-
    chopharmacology: the fourth generation of progress. Raven Press, New York

Korrespondenz: Dr. M. Rietschel, Psychiatrische Universitätsklinik, Sigmund-Freud-
    Straße 25, D-53127 Bonn-Venusberg, Bundesrepublik Deutschland

Genetische Faktoren bei postpartalen Psychosen

M. Lanczik und **J. Fritze**

Psychiatrische Universitätsklinik, Würzburg und Zentrum für Psychiatrie,
Universität Frankfurt am Main, Bundesrepublik Deutschland

Einleitung

Thuwe (1974) gibt in seiner Auswertung von zwischen 1911 bis 1973 erschienenen relevanten Arbeiten eine positive Familienanamnese (FA) von 22–65% bei postpartalen Psychosen an. Whalley et al. (1982) fanden bei Patientinnen mit Puerperalpschosen ein ebenso großes Morbiditätsrisiko wie bei Verwandten von – unabhängig von einer Niederkunft – manisch-depressiv erkrankten Frauen. Sie postulieren eine „genetische Beziehung" zwischen postpartalen Psychosen und der manisch-depressiven Erkrankung.

Methode

Im Rahmen einer Nachuntersuchung von 50 Patientinnen nach einem durchschnittlichen Katamnesezeitraum von 11,2 Jahren mit einer postpartalen Psychose wurde die FA hinsichtlich psychiatrischer Erkrankungen bei Verwandten 1. u. 2. Grades erhoben. Die diagnostische Einordnung erfolgte nach DSM-III-R mittels des *Schedule for affektive Disorders and Schizophrenia* von Spitzer und Endicott (1978).

Ergebnisse

In unserer Untersuchung haben insgesamt 48,8% der Patientinnen eine positive FA für psychische Erkrankungen bei Verwandten 1. Grades und 20,9% eine für Verwandte 2 Grades bei einer durchschnittlichen Katamnesedauer von 11,2 Jahren. Zusammengenommen haben 54,9% aller Patientinnen mit einer postpartalen Psychose in der Anamnese auch eine positive FA.

Gegenüber den bipolaren affektiven und den schizoaffektiven Psychosen ist die Familienanamnese bei den monopolar verlaufenden depressiven Psychosen in Bezug auf psychische Erkrankungen (Psychosen, Dysthymien) bei Verwandten 1. Grades, mit 67% nahezu doppelt so häufig positiv.

Bei Verwandten 2. Grades ist die Familienanamnese in Bezug auf psychische Erkrankungen bei den Patientinnen mit einer bipolaren Störung (MDE) insges. mit 31% am häufigsten positiv (vgl. Tabelle 1).

Tabelle 1. Familienanamnese über psychische Erkrankungen bei postpartalen Psychosen; n = 46

Längsschnittdiagnose	Verwandte 1. Frades n	%	Verwandte 2. Grades n	%
Major Depression	8	66,7	3	25,0
Bipolare Störung	5	38,5	4	30,8
Schizoaffektive Psychose	8	44,4	2	11,1
Gesamt	21	47,8	9	20,9
Schizophrenie	1	–	0	–
Schizophreniforme Psychose	0	–	0	–
Organisch bed. affekt. Syndr.	0	–	0	–

Die Patientinnen mit auschließlich postpartalen Manifestationen der Psychose haben wesentlich seltener eine positive FA als die Patientinnen, die vor der Indexepisode und/oder nach der postpartalen Periode psychotisch krank wurden (Tabelle 2)

Tabelle 2. Familienanamnese bei Pat. mit ausschließlicher Manifestation der Psychose post partum und bei Pat. mit Remanifetation unabhängig von der Niederkunft; n = 50

	gesamt n	positive Familienanmnese 1. Grades		2. Grades	
nur postpartale Manifestation	6	1	16,6%	0	0,0%
auch Manifestation außerhalb pp	44	22	50,0%	12	27,3%

Bei Patientinnen mit negativer FA wurde die Psychose zu 92% innerhalb der beiden ersten Wochen post partum manifest, bei Patientinnen mit positiver FA zu 76%. Somit ist eine Tendenz dahingehend erkennbar, daß Patientinnen mit genetischer Prädisposition für eine Psychose auch in postpartalen Zeiträumen häufiger erkranken, in denen die endokrinen Umstellungsvorgänge nach der Niederkunft weitgehend abgeschlossen sind (Tabelle 3). Während bei den Patientinnen mit Manifestation der Psychose innerhalb der ersten 14 Tage postpartum zu 49% die FA positiv war, war sie es bei Manifestation innerhalb der ersten 3 postpartalen Monate zu 52% und innerhalb des ersten Jahres post partum zu 55%.

5 (9,8%) Patientinnen hatten hinsichtlich postpartaler Psychosen eine positive Familienanamnese.

Tabelle 3. Familienanamnese bei Patientinnen mit früher und später Manifestation der Psychose post partum n = 56 (7 Pat. erkrankten 2 mal postpartal)

Familienanamnese	Manifestation Tage post partum			
	1–14	15–91	92–365	n
positiv	22 (48,9%)	4 (80,0%)	5 (83,3%)	31
negativ	23 (51,1%)	1 (20,0%)	1 (16,6%)	25

Diskussion

Vergleichbare Prozentsätze positiver FA bei Pat. mit postpartalen Psychosen wurden in dieser Größenordnung auch von Benvenuti et al. (1992) gefunden (1. u. 2. Grades 50,0%). Schöpf (1994) eruierte bei 34,4% eine positive FA alleine für endogene Psychosen. Winokur et al. (1978) fanden in einer Studie über die Heredität bei depressiven Erkrankungen, daß 21% der postpartal depressiven Patientinnen Familienmitglieder hatten, die ebenfalls an einer endogenen Depression erkrankt waren.

Es stellt sich die Frage, ob für Verwandte von Patientinnen mit Puerperalpsychosen eine niedrigeres – wie z. B. Protheroe (1969 mutmaßt –, gleich hohes oder höheres Morbiditätsrisiko besteht als für Verwandte von Patientinnen, deren Psychose in keinem zeitlichen Zusammenhang zu einer Niederkunft stand. Kadrmas (1979) und Platz und Kendell (1988) verglichen Patientinnen mit Psychosen im Puerperium mit Patientinnen mit psychotischen Erkrankungen ohne zeitlichen Zusammenhang zu einer Niederkunft und fanden für das erste Untersuchungskollektiv tendenziell eine geringere genetische Prädisposition. Dean et al. (1989) verglichen an einer MDE Erkrankte und fanden für die Patientinnen mit puerperal manifest werdenden manisch-depressiven Psychosen eine höhere genetisch Prädisposition gegenüber den Patientinnen ohne puerperaler Manifestation der MDE.

Für postpartal depressiv Erkrankte ist in der vorliegenden Untersuchung die genetische Prädisposition für psychotische Erkrankungen nahezu doppelt so hoch wie für postpartal manisch-depressiv oder schizoaffektiv Erkrankte. Die hier vorgelegten familiengenetischen Daten könnten entsprechend der von Brockington et al. (1988a) formulierten Hypothese dahingehend interpretiert werden, daß sich – wenn man bedenkt, daß die Katamnesedauer mit durchschnittlich 11,2 Jahren doch vergleichsweise kurz ist – ein großer Teil der bis zum Zeitpunkt der Nachuntersuchung noch als unipolar zu diagnostizierenden postpartalen Psychosen im weiteren Verlauf als bipolare Erkrankungen zu erkennen geben. Bekanntlich gestatten erst sehr lange Verlaufsstudien eine eindeutige Zuweisung affektiver Erkrankungen zum uni- bzw. bipolaren Typ.

Schöpf et al. (1985) fand bei den Patientinnen ohne spätere psychotische Rezidive außerhalb des Puerperiums lediglich ein Morbiditätsrisiko für Verwandte 1. Grades von 2% fand (vgl. auch Schöpf und Rust 1994b).

Ebenso haben Ifabamuyi und Akindele (1985) bei Verwandten von Index-Patientinnen mit ausschließlich puerperalen Manifestationen seltener eine positive FA erheben können. Diese Beobachtungen konnten in unserer Untersuchung repliziert werden. Frauen, die ausschließlich post partal psychotisch erkrankten, hatten zu 16,6% eine positive Familienanmnese. Frauen, die vor der postpartalen Indexepisode mindestens schon einmal psychotisch erkrankt waren oder aber Remanifestationen außerhalb des Puerperiums erlitten, hatten zu 50,0% psychotisch erkrankte Verwandte 1. Grades. Daraus könnte geschlossen werden, daß die postpartalen Psychosen offenbar aus zwei ätiologisch verschiedenen Krankheitsgruppen bestehen: einer Gruppe der sog. „reinen" Puerperalpsychosen mit geringer genetischer Prädisposition und einer Gruppe der „normalen" endogenen Psychosen mit Manifestationen auch im Puerperium bei höherer genetischer Prädisposition. Der Entstehungsmechanismus bei der Gruppe der „reinen" endogenen Psychosen könnte dann am ehesten noch durch eine besondere endokrine Konstellation erklärbar sein. Bei der zweiten Gruppe hätte dann das Wochenbett bzw. die anschließende Periode endokriner Umstellungsvorgänge eine Triggerfunktion und würde eine vorbestehende genetische Disposition lediglich demaskieren. Wenn Patientinnen mit nur puerperaler Krankheitsphase eine sehr geringe bzw. gar keine genetische Prädisposition hätten, so könnte dies ein Hinweis für die nosologische Unabhängigkeit dieser postpartalen Psychosen sein, wie Schöpf (1994) gemutmaßt hat.

Einen weiteren Hinweis in dieser Richtung erhalten wir durch die Unterscheidung von Früh- und Spätmanifestationen der Psychose post partum. Bei den Patientinnen mit negativer Familienanamnese manifestiert sich die Psychose häufiger früher post partum gegenüber denen mit positiver Familienanamnese. Damit kann ein weiterer Befund von Schöpf und Rust (1994b) bestätigt werden: die Autoren fand ebenfalls wie wir bei den sich früher manifestierenden Psychosen ein niedrigeres Morbiditätsrisiko für Verwandte als bei den sich später manifestierenden.

Literatur

Benvenuti P, Cabras PL, Servi P, Rossetti S, Marchetti G, Pazzagli (1992) Puerperal psychoses. A clinical case study with follow-up. J Affect Disord 26: 25–30

Brockington IF, Margison FR, Schofield E, Knight RJE (1988a) The clinical picture of the depressed form of puerperal psychosis. J Affect Disord 15: 29–37

Dean C, Williams RJ, Brockington IF (1989) Is puerperal psychosis the same as bipolar manic-depressive disorder? A family study. Psychol Med 19: 637–647

Ifabumuyi OI, Akindele MO (1985) Post-partum mental illness in northern nigeria. Acta Psychiatr Scand 72: 63–68

Kadrmas A, Winokur G, Crowe R (1979) Postpartum mania. Br J Psychiatry 135: 551–554

Platz C, Kendell RE (1988) A matched-control follow-up and family study of „puerperal psychoses". Br J Psychiatry 153: 90–94

Schöpf J (1994b) Post-partum Psychosen. Beitrag zur Nosologie anhand einer Verlaufs- und familiengenetischen Untersuchung. Springer, Berlin Heidelberg New York Tokyo, S 85–96

Schöpf J, Rust B (1994) Follow-up and family study of postpartum psychoses, part 2. Early versus late onset postpartum psychoses. Eur Arch Psychiatry Clin Neurosci 244: 135–137

Schöpf J, Bryois C, Jonquiere M, Scharfetter C (1985) A family hereditary study of post partum „psychoses". Eur Arch Psychiatr Neurol Sci 235: 164–170

Spitzer RL, Endicott J (1978a) Schedule for affective disorders and schizophrenia. Bio-
    metrics Research Department, New York State Psychiatric Institute, New York, NY
Thuwe I (1974) Genetic factors in puerperal psychosis. Br J Psychiatry 125: 378–385
Whalley LJ, Roberts DF, Wetzel J, Wright AF (1982) Genetic factors in puerperal affective
    psychoses. Acta Psychiatr Scand 65: 180–193
Winokur G, Behar D, Vanvalkenburg C, Lowry M (1978) Is a familial definition of de-
    pression bothfeasible and valid? J Nerv Ment Dis 166: 764–768

Korrespondenz: Dr. med. habil. M. Lanczik, Department of Psychiatry, University of Bir-
    mingham, Queen Elizabeth Hospital, Edgbaston, Mindelsohn Way, Birmingham B 15
    2 QZ, United Kingdom

Die Bedeutung des Phänotyps für genetische Kopplungsuntersuchungen

W. Maier

Psychiatrische Universitätsklinik, Bonn, Bundesrepublik Deutschland

Kopplungsuntersuchungen stellen fest, ob in Familien, in denen mehrere Erkrankungsfälle vorkommen, genetische Marker zusammen mit der Erkrankung übertragen werden. In den vergangenen Jahren konnten mit dieser Methode die kausalen Gene bzw. Genprodukte für eine Vielzahl von genetisch bedingten Erkrankungen mit monogenem Übertragungsmuster (d. h. dominant oder rezessiv übertragenen Störungen) identifiziert werden. Die Anwendung dieser Methode ist auch geeignet, die genetische Grundlage von Erkrankungen aufzudecken, in denen zwar genetische Faktoren eine ursächliche Rolle spielen, deren familiäres Häufungsmuster aber keiner monogenen Übertragungsform (Mendelsche Regeln) genügen. Psychiatrische Erkrankungen gehören ganz überwiegend in die letztgenannte Kategorie. Lediglich für kleinere Subgruppen von Erkrankungen kann die familiäre Übertragung durch ein einzelnes Gen vermittelt sein (z. B. früh beginnende familiäre Fälle des Morbus Alzheimer).

Die Effizienz der Kopplungsanalysen hängt entscheidend von der Definition des Phänotyps ab. Im Falle monogener Erkrankungen wird dabei in der Regel ein weitgehend distinkter Phänotyp in den Familien übertragen. Allerdings kommen auch unklare Grenzfälle vor. Die Fallidentifikation in den Familien muß dabei möglichst fehlerfrei erfolgen. D. h., die Fallidentifikation sollte reliabel (reproduzierbar) sein. Objektivierbare Methoden zur Beurteilung der Symptomatik erhöhen die Reliabilität der Fallidentifikation. Problematisch ist, ob Angehörige mit einer unklaren Diagnose oder einer subklinischen Variante der Erkrankung als Betroffene charakterisiert werden sollen. Die Beantwortung dieser Fragestellung hängt vom relativen Nutzen bzw. relativen Schaden für falsch-positive bzw. falsch-negative Fälle ab. In Kopplungsanalysen führen falsch-positive Fälle in der Regel zu ausgeprägteren Verlusten an statistischer Power als falsch-negative Fälle. Daher sollte die Definition des Phänotyps möglichst eng gehalten werden.

Familiäre Häufungsmuster der psychischen Störungen

Bei komplexen genetischen Störungen treten weitere Schwierigkeiten bei der Definition des Phänotyps hinzu. Im Falle psychiatrischer Erkrankungen kann dies an den folgenden, relativ gut replizierten Befunden aus Familien- und Zwillingsstudien exemplifiziert werden:

Die Grenzen des familiär übertragenen Phänotyps sind unscharf

So tritt in Familien von Patienten mit einer Schizophrenie nicht nur diese Erkrankung gehäuft auf. Vielmehr finden sich in den Familien Schizophrener auch gehäuft Störungen, die zwar nicht der Diagnose einer Schizophrenie genügen, die aber mit der Schizophrenie einen Teil der Symptomatik teilen. Dies gilt z. B. für die schizotypen Persönlichkeitsstörungen oder auch für psychotische Erkrankungen, die den Kriterien der Schizophrenie nicht genügen.

Heterogenität der familiär gehäuft auftretenden Phänotypen

In Familien Schizophrener treten neben schizophrenieähnlichen Störungen auch andere psychotische Störungen gehäuft auf. Auch andere psychische Störungen, wie unipolare Depressionen, kommen gehäuft in Familien Schizophrener vor (Tabelle 1).

Tabelle 1. Kosegrierende psychische Störungen

DX des Indexfalles: Schizophrenie	
Gehäuft*	Nicht gehäuft*
Schizophrenie	Bipolare Störung
Schizoaffektive Störung	(ohne psychotische Symptome)
Andere Psychosen	Abhängigkeitssyndrome
Schizotype Persönlichkeitsstörungen	(insbes. Alkoholismus)
Psychotische affektive Störungen	
Kontrovers:	
Unipolare Depression	
– nicht psychotisch –	
Angststörungen	

DX des Indexfalles: Bipolar-I-Störung	
Bipolar-I-Störung	Schizophrenie
Schizoaffektiv bipolar	Nicht-affektive Psychosen
Bipolar-II-Störung	Abhängigkeitssyndrome
Unipolare Depression	(insbes. Alkoholismus)
Schizoaffektiv (depressiv)	
Zyklothymie	
Dysthymie	

*Bei Angehörigen 1. Grades von Indexfällen; Indexfälle ohne Komorbidität

Gehäuftes Auftreten subklinischer Varianten

In Familien Schizophrener treten nicht nur solche Psychosyndrome gehäuft auf, die einer psychiatrischen Diagnosekategorie genügen. Vielmehr treten auch neurophysiologische, neuropsychologische wie auch persönlichkeitspsychologische Normvarianten überzufällig häufig auf, die keiner psychiatrischen Diagnosekategorie genügen und keine ausgeprägten psychischen Beeinträchtigungen induzieren.

Fehlende familiäre Homogenität von Subtypen

Die ausgeprägte Heterogenität des in Familien Schizophrener übertragenen Phänotyps könnte auf unterschiedliche Subtypen der Erkrankung zurückgeführt werden. Für die verschiedenen, klinisch definierten Subtypen der Schizophrenie waren aber keine spezifischeren und homogeneren familiären Häufungsmuster zu finden.

Übertragungsmodus kann durch Segregationsanalysen nicht hinreichend spezifiziert werden

Die Anwendung von Segregationsanalysen ohne Zuhilfenahme genetischer Marker mit dem Zweck der Identifikation des intrafamiliären Übertragungsmodus ist durch die geringe Power in der Diskrimination verschiedener alternativer hypothetischer Übertragungsmuster begrenzt. Folglich konnten die Segregationsanalysen bislang keinen spezifizierten Übertragungsmodus für schizophrene Erkrankungen bestätigen. Monogene Übertragungsformen müssen dabei als sehr unwahrscheinlich angesehen werden. Nicht auszuschließen ist, daß für seltene Subtypen der Erkrankung dominante Übertragungsformen existieren. Allerdings ist der Stellenwert der in der Literatur berichteten Großfamilien, in denen das Auftreten der Erkrankung einem dominanten Erbgang gehorcht, schwer einzuschätzen, es könne sich jeweils um Zufallsbefunde handeln.

Die am Beispiel der Schizophrenie exemplifizierten Charakteristika der familiären Häufungsmuster psychischer Erkrankungen gelten ebenso für andere psychische Störungen, insbesondere für bipolar-affektive Störungen.

Konsequenzen

Die Effektivität von Kopplungsanalysen hängt entscheidend von der Reliabilität und Validität der Fallidentifikation auf Phänotypebene ab (Greenberg und Hodge 1994). Es ist zwar bekannt, daß unter Zugrundelegung eines monogenen Übertragungsmodus die Fehlspezifikation des Phänotyps nicht zu falsch-positiven Kopplungsbefunden führen kann. Allerdings ist unbekannt, wie sich Fehlspezifikationen des Phänotyps bei fehlendem monogenem Erbgang auswirken. Somit müssen Empfehlungen zur adäquaten Definition des Phänotyps in Kopplungsanalysen bei komplexen genetischen Störungen unter Vorbehalt betrachtet werden.

Entscheidend für die Reliabilität der Phänotypcharakterisierung, insbesondere bei psychischen Erkrankungen, ist die Replizierbarkeit der Diagnose. Folglich müssen operationalisierte Kriterien für die Fallidentifikation angewandt werden; die Informationsgewinnung muß unter standardisierten Bedingungen erfolgen. Hierfür sind einerseits strukturierte Interviews vorgeschlagen worden. Andererseits müssen alle Informationsquellen umfassend berücksichtigt werden. Somit sollte sich die Diagnose niemals ausschließlich auf das Interview beziehen, sondern sollte ebenso andere Unterlagen wie Krankenakten einbeziehen und fremdanamnestische Informationen berücksichtigen, die in der halbstandardisierten Befragung anderer Angehöriger erhalten werden. Die drei Informationsquellen wären dann in einem supervidierten Prozeß zu einer Consensus-Diagnose (Best-estimate-Diagnose) zusammenzuführen. Es wird empfohlen, die Replizierbarkeit der Fallidentifikation durch systematische Follow-up-Untersuchungen abzusichern.

Aufgrund der Unschärfe des familiär übertragenen Phänotyps und aufgrund der Heterogenität des familiär übertragenen Phänotyps einzelner psychischer Störungen kann es bei der in Kopplungsanalysen erforderlichen Identifikation von Betroffenen keine eindeutige Definition geben. Vielmehr empfehlen sich unterschiedliche Varianten von Phänotypdefinitionen, die sich vorzugsweise bezüglich ihrer Restriktivität unterscheiden (Tabelle 2). In Tabelle 3 sind für die Schizophrenie und für bipolar-affektive Störungen eine enge, eine weite und eine intermediäre Definition des

Tabelle 2. Definition des positiven Erkrankungsstatus (KM) bei Angehörigen von Indexfällen mit einer spezifischen Störung („S")

1. Eng:	Nur Angehörige mit „S" (Lebenszeit) sind „erkrankt".
2. Intermediär:	Alle Angehörigen mit Störungen, die in Familien von Indexfällen mit „S" mit einem hohen relativen Risiko gehäuft vorkommen oder für die ein genetischer Zusammenhang mit „S" bewiesen ist.
3. Weit:	Alle Angehörigen mit Störungen, die bei Indexfällen mit „S" (familiär) gehäuft vorkommen, sind „erkrankt".

Zusätzliches Kriterium: Reliabilität der Diagnose.

Tabelle 3. Diagnostische Hierarchien für positiven Erkrankungsstatus

	Schizophrenie	Bipolar-I-Störung
Eng:	Schizophrenie Schizoaffektive Psychose (evtl. chronisch)	Bipolar-I-Störung Schizoaffektiv bipolar Bipolar-II-Störung (strittig, ob eng oder intermediär)
Intermediär:	Schizotype Persönlichkeits-störungen Andere Psychosen	Unipolare Major Depression (evtl. nur rezidivierend)
Weit:	1. Unipolare Major Depression 2. zusätzlich: 　　Bipolare Störung	1. Zyklothymie 2. Dysthymie 　　Andere affektive Störungen

Phänotyps angegeben. Die genannten Definitionen entsprechen weitgehend den in den publizierten Kopplungsanalysen gängigen Konventionen.

Es empfiehlt sich bei psychischen Erkrankungen, den Phänotyp möglichst eng zu definieren. Anderenfalls ist wegen einer größeren Anzahl falsch-positiver Fälle eine deutliche Reduktion des Lod-Scores und damit ein falscher Ausschluß einer Kandidatengenregion möglich. Es gibt noch ein anderes Argument für die enge Definition des Phänotyps: Je enger der Phänotyp bei psychischen Störungen definiert ist, desto höher ist in der Regel das relative Risiko der Erkrankung bei Angehörigen – relativ zu Kontrollkollektiven. Dieses Verhältnis wird durch den λ-Koeffizienten nach Risch (1990) ausgedrückt: Je höher dieser Koeffizient ist, um so geringer ist der Stichprobenumfang, der zum Aufdecken einer tatsächlich bestehenden Kopplung erforderlich ist.

Bei der zu bevorzugenden engen Phänotypkonvention muß eine wesentliche Anzahl von nicht als betroffen charakterisierten Fällen als möglicherweise betroffen angesehen werden. Dadurch erhöht sich die Rate der falsch-negativ charakterisierten Familienmitglieder. Um diesem Umstand Rechnung zu tragen, sind Methoden der Kopplungsanalyse entwickelt worden, bei denen die fraglichen Fälle gesondert charakterisiert werden; für fragliche Fälle wird der Phänotyp „unknown" verwandt und wird den eindeutig negativen und eindeutig positiven Fällen gegenübergestellt. Diese dreistufige Variante der Definition des Phänotyps ist insbesondere deshalb zu empfehlen, als bei falsch-negativer Charakterisierung des Phänotyps eine artifizielle Reduktion des Lod-Scores zu der Folge einer erhöhten Wahrscheinlichkeit für den fälschlichen Ausschluß von Kopplung führt.

Eine überzufällig große Anzahl von Familien zeigt sowohl eine Häufung von schizophrenen als auch eine Häufung von affektiven Fällen. Es ist unklar, ob diese Teilgruppe von multipel belasteten Familien eine (im Vergleich zu den intrafamiliär homogenen Familien) ätiologisch distinkte Teilgruppe enthält. Um diese Möglichkeit zu vermeiden, sollten Familien mit ausgeprägter intrafamiliärer Heterogenität des Phänotyps gesondert betrachtet werden. Kopplungsbefunde, die sich in den phänotypisch homogenen Familien finden, könnten anschließend in den intrafamiliär heterogenen Stammbäumen auf Replizierbarkeit getestet werden.

Die bisherige Analyse von familiären Häufungsmustern bei schizophrenen und affektiven Erkrankungen stellt keine klinischen Mittel bereit, ätiologisch bzw. genetisch homogene Teilgruppen zu definieren. Untersuchungen zur Identifikation von Risikogenen für schizophrene Erkrankungen müssen also mit einem in genetischer Hinsicht wahrscheinlich sehr heterogenem Material arbeiten. Welche Rekrutierungsstrategie für multipel belastete Familien kann diesem Mangel am besten gerecht werden? Grundsätzlich stehen zwei Alternativen zur Verfügung:

a) Untersuchungen an erkrankten Geschwisterpaaren,
b) Untersuchungen an großen, mit möglichst vielen Erkrankungsfällen belasteten Familien.

Es konnte gezeigt werden, daß unter den Bedingungen der genetischen Heterogenität (d. h., unterschiedliche Gene tragen zum Risiko der Erkrankung in unterschiedlichen Familien bei) die letztgenannte Strategie zu einer artifiziellen Erhöhung der intrafamiliären Heterogenität führt. Folglich sollte die erkrankte – Geschwister- – Paarmethode bei psychischen Störungen bevorzugt verfolgt werden. Diese Methode hat den Vorteil, daß Geschwisterpaare mit unklarer Zuordnung vermieden werden können.

Welche Rolle haben krankheitsassoziierte Parameter bei der Identifikation von Phänotypen in Kopplungsanalysen? Die Schizophrenie ist z. B. mit einer Vielzahl von neurophysiologischen, neuropsychologischen und persönlichkeitspsychologischen Normabweichungen assoziiert. Diese Normabweichungen kommen auch bei gesunden Angehörigen Schizophrener gehäuft vor. Der Nutzen solcher Parameter in Kopplungsanalysen sollte aber nicht darin liegen, gesunde Angehörige mit einer oder mehreren der genannten Normabweichungen in der Kopplungsanalyse als Betroffene zu betrachten. Ein solches Vorgehen würde nämlich mit den oben geschilderten Nachteilen einer weiten Phänotypdefinition behaftet sein. Die genannten Parameter sind aber sicherlich von großem Nutzen für die Absicherung und damit für die Steigerung der Validität der psychopathologischen Schizophreniediagnose. Indexfälle und Angehörige, die neben der psychopathologischen Definition der Erkrankung auch Normabweichungen in einem oder mehreren der bekannten krankheitsassoziierten Parameter aufweisen, können mit höherer Sicherheit als Erkrankte betrachtet werden.

Die begrenzte Validität psychiatrischer Diagnosen hat auch einen analogen Vorschlag motiviert: Rice et al. (1987) haben systematische Verlaufsuntersuchungen von Familien vorgeschlagen, in denen Kopplungsanalysen durchgeführt werden. Die Befunde der Verlaufsuntersuchungen stellen dabei die Grundlage für die Beurteilung des Maßes der Sicherheit einer diagnostischen Definition dar. Wenn sich im Verlaufszeitraum die zum Indexzeitpunkt beobachtete Diagnose erneut manifestiert, wird die diagnostische Charakterisierung des Erkrankungsfalles mit einem höheren Sicherheitsgrad versehen. Die biometrischen Modelle zur Kopplungsanalyse erlauben es, bezüglich des Sicherheitsgrades indizierte Phänotypcharakterisierungen zu berücksichtigen.

Trotz der Unsicherheit in der Definition des Phänotyps psychischer Erkrankungen in Kopplungsanalysen und der unklaren Folgen von falschen Phänotypcharakterisierungen für die Effizienz von Kopplungsanalysen bei komplexen genetischen Störungen ist eine Durchführung solcher Studien in hohem Maße sinnvoll. Dies zeigen die jüngsten Erfolge in der Identifikation von Genen, die das Risiko für das Auftreten des Diabetes-mellitus-Typ I modifizieren. Diese Erkrankung zeigt ähnliche formalgenetische Charakteristika wie die Schizophrenie; Probleme in der Definition des Phänotyps sind qualitativ gleichartig den analogen Problemen bei der Definition des Phänotyps psychiatrischer Erkrankungen. Daneben ist es aber auch dringend erforderlich, daß durch biometrische Simulationsuntersuchungen Nutzen-RisikoAnalysen für diagnostische Fehlcharakterisierungen in Kopplungsanalysen zu genetisch komplexen Erkrankungen zum Zwecke der Optimierung der Studiendesigns vorangetrieben werden.

Literatur

Greenberg DA, Hodge SE (1994) Sensitivity of linkage analysis to changes in diagnosis. What happens to lod scores when one person changes diagnostic status. In: Gershon ES, Cloninger CR (eds) Genetic approaches to mental disorders. American Psychiatric Press, Washington, pp 89–98

Rice JP, Endicott J, Knesvich MA, Rochberg N (1987) The estimation of diagnostic sensitivity using stability data: an application to major affective disorder. J Psychiatr Res 21: 337–345

Risch N (1990) Linkage strategies for genetically complex traits. I. Multilocus models. Am J Hum Genet 46: 222–228

Korrespondenz: Prof. Dr. W. Maier, Psychiatrische Klinik, Universität Bonn, Sigmund-Freud-Straße 25, D-53105 Bonn, Bundesrepublik Deutschland

Geburtensaisonalität und genetisches Risiko bei Psychosen des schizophrenen Formenkreises

E. Franzek und **H. Beckmann**

Psychiatrische Universitätsklinik, Bonn, Bundesrepublik Deutschland

Einleitung

In der Schizophrenieforschung gibt es bis heute nur wenig Befunde, die von verschiedenen Arbeitsgruppen gleichermaßen repliziert werden konnten und allgemein anerkannt sind. Einer dieser wenigen Befunde ist die Tatsache, daß Schizophrene im Vergleich zur Normalbevölkerung signifikant häufiger in Winter- und Frühjahrsmonaten geboren sind (Bradbury und Miller 1985, Häfner et al. 1987). Von einigen Autoren wird dies einfach als „statistischer Artefakt" abgetan. Da die Inzidenz für die Schizophrenie zwischen dem 15. und 35. Lebensjahr am höchsten sei, seien Menschen, die am Anfang eines Jahres geboren wurden, durchschnittlich älter und deshalb einem relativ höheren Risiko ausgesetzt, daß die Krankheit zu einem bestimmten Zeitpunkt bereits ausgebrochen sei. Außerdem würden am Jahresanfang geborene Menschen, die zwar bereits krank seien aber noch nicht in psychiatrischer Behandlung waren, zu einem gegebenen Zeitpunkt bereits relativ häufiger als krank (schizophren) diagnostiziert worden sein, als Menschen die in späteren Jahresabschnitten geboren wurden (Lewis und Griffin 1981, Lewis 1989, 1990). Aus diesen Überlegungen muß aber auch gefolgert werden, daß die Geburtenrate Schizophrener im Januar am höchsten und im Dezember am niedrigsten sein müßte, daß die Geburtensaisonalität in jüngeren Patientenkollektiven ausgeprägter sein müßte als in älteren Patientenkollektiven und daß Schizophrene in der Südlichen und Nördlichen Hemisphäre die gleiche Geburtenverteilung haben sollten. Diese Forderungen treffen alle nicht zu (Pulver et al. 1990, Torrey und Bowler 1990, Watson 1990). Die Geburtenmaxima verteilen sich unterschiedlich auf die Monate Dezember bis Mai, es findet sich kein Unterschied bei jüngeren versus älteren Patienten und auch in der Südlichen Halbkugel wurde über einen Geburtenüberschuß in der kälteren Jahreszeit (August bis November) berichtet (Franzek und Beckmann 1995). Die einfache Deutung des Phänomens als ein statistischer Artefakt ist deshalb nicht gerechtfertigt. Eine andere Erklärung wäre, daß es sich nur um eine Verstärkung des auch in der Normalbevölkerung vorherrschenden Fortpflanzungsverhalten handelt (Odegard 1974). Danach müßten aber die Geburtenraten Schizophrener und der Normalbevölkerung über das Jahr hinweg gleichsinnig sein und Geburtenpeaks müßten, auch wenn verstärkt ausgeprägt, in ganz identischen Zeiträumen auftreten. Eine große vergleichende Bevölkerungsstudie zur Geburtenverteilung der Normalbevölkerung in Europa und den USA widerlegt diese Hypothese eindeutig (Cowgill 1966). So findet sich in Europa ein Anstieg der allgemeinen Geburtenraten im Frühling und etwas geringerer ausgeprägt auch im Herbst. In den USA fehlt der Anstieg im Frühling, dagegen ist der Herbstpeak sehr deutlich ausgeprägt. Die Geburtenraten Schizophrener zeigen aber sowohl in Europa als auch in den USA einen signifikanten Geburtenüberschuß in Winter- und Frühjahrsmonaten. Ein Herbstpeak fehlt sowohl in Europa als auch in den USA. Einge Autoren behaupten, daß die Eltern Schizophrener ein gegenüber der Normalbevölkerung verändertes Fortpflanzungsverhalten haben (Hare 1976). Das Phänomen der Geburtensaisonalität müßte dann aber auch bei gesunden Geschwistern von Schizophrenen zu finden sein, was nicht bestätigt werden konnte (Larson und Nyman 1976, Buck und Simpson 1978, Machon et al. 1983, Pulver et al. 1992).

In der folgenden Studie überprüften wir zwei weitere sich ebenfalls widersprechende Hypothesen. Die eine besagt, daß der Geburtenüberschuß auf einer genetisch bedingten größeren Robustheit der Neugeborenen mit einem „schizophrenen Genotyp" gegenüber besonders in der kalten Jahreszeit vorherrschenden Noxen beruht, d. h. der angenommene „schizophrene Genotyp" würde eine größere Robustheit des Neugeborenen, z. B. eine größere Resistenz gegenüber Infektionen oder eine verminderte Anfälligkeit gegenüber kalten Temperaturen, bewirken. Dies habe eine erhöhte Überlebenschance (verminderte Sterblichkeitsrate) von Neugeborenen mit diesem Genotyp in den kalten Monaten zur Folge (Huxley et al. 1964). Wenn diese Hypothese zuträfe, sollte der Geburtenüberschuß bei Individuen mit deutlicher genetischer Belastung (z. B. positiver Familienanamnese) besonders ausgeprägt sein, viel deutlicher als bei sporadischen Erkrankungen. Demgegenüber steht die Behauptung, daß der Geburtenüberschuß auf die Einwirkung von saisonal gehäuft auftretenden exogenen Noxen auf das noch unreife Gehirn des Foeten und/oder Neugeborenen zurückzuführen ist, d. h., daß saisonal gehäuft auftretende Schädlichkeiten, z. B. Virusinfektionen in der kalten Jahreszeit, zu einer Störung der Gehirnreifung führen und zu „schizophrenen Psychosen" im Erwachsenenalter prädestinieren können (Torrey 1987, Hare 1990, Saccetti et al. 1992). Dann müßte der Geburtenüberschuß besonders bei Individuen mit geringem genetischen Risiko (z. B. sporadische Erkrankungen) besonders ausgeprägt sein.

Patienten und Methode

Wir untersuchten den Zusammenhang zwischen Geburtensaisonalität und genetischem Krankheitsrisiko bei 1299 Patienten, die Karl Leonhard nach seiner Nosologie als zykloide Psychosen (n = 213), unsystematische Schizophrenien (n = 507) und systematische

Schizophrenien (n = 579) diagnostiziert hatte. Nach ICD 9 und DSM-III-R Kriterien litten alle Patienten an Psychosen des schizophrenen Formenkreises oder „schizophrenen Spektrums". Die unsystematischen Schizophrenien wiesen eine sehr hohe familiäre Belastung (16–20%), die systematischen Schizophrenien und die phasisch verlaufenden, prognostisch günstigen zykloiden Psychosen dagegen nur eine geringe bis ganz fehlende familiäre Belastung mit gleichartigen Psychosen (2–4%) auf. Nach Leonhard sind die unsystematischen Schizophrenien überwiegend genetisch determiniert, während systematische Schizophrenien und zykloide Psychosen vor allem sporadische, umweltbedingte Krankheiten darstellen (Leonhard 1986).Die Patienten stammen alle aus Ost-Berlin oder dessen näherer Umgebung und waren zwischen 1897 und 1965 geboren. Von jedem Patienten liegt eine Krankenakte mit den persönlichen Daten, Diagnose und Krankheitsverlauf vor. Als Vergleichskollektiv wurde die West-Berliner Bevölkerung bis zum Geburtsjahr 1965 herangezogen (n = 1.601.100). Wir untersuchten die jahreszeitliche und monatliche Geburtenverteilung getrennt nach den diagnostischen Untergruppen jeweils im Vergleich zur Normalbevölkerung.

Ergebnisse

Die Abb. 1A, B zeigen die jahreszeitlichen (1A) und monatlichen (1B) Geburtenverteilungen der Patienten mit zykloiden Psychosen, 2A, B der Patienten mit systematischen Schizophrenien, 3A, B der Patienten mit unsystematischen Schizophrenien, jeweils im Vergleich zur Normalbevölkerung (durchgezogene Linie = Patienten, gestrichelte Linie = Normalbevölkerung). Die zykloiden Psychosen zeigen gegenüber der Normalbevölkerung einen signifikanten Geburtenüberschuß (p < .05) in der ersten Frühlingshälfte (Abb. 1A). Die monatliche Geburtenverteilung läßt erkennen, daß dieser Überschuß ausschließlich auf die hohe Geburtenrate von Patienten mit zykloider Psychose im Monat April zurückzuführen ist (Abb. 1B). Auch die systematischen Schizophrenien haben in der ersten Frühlingshälfte gegenüber den Kontrollen (Abb. 2A) einen signifikanten Geburtenüberschuß (p < .01). Hier zeigt die monatliche Geburtenverteilung ebenfalls ei-

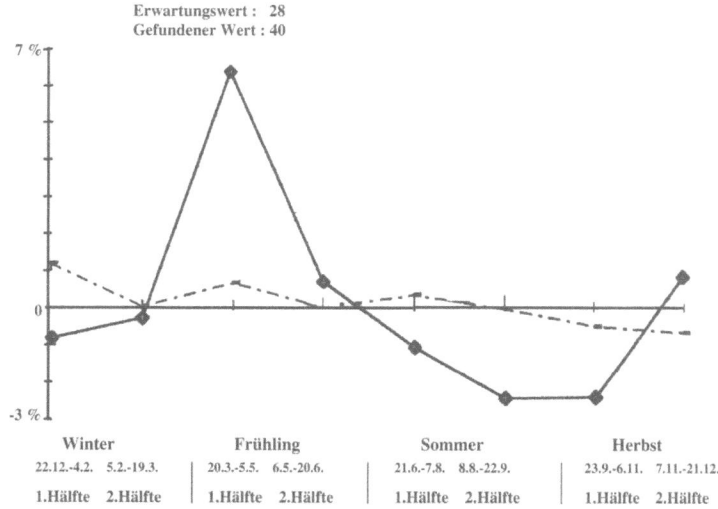

Abb. 1. Jahreszeitliche **(a)** und monatliche **(b)** Geburtenverteilung der zykloiden Psychosen (n = 213)

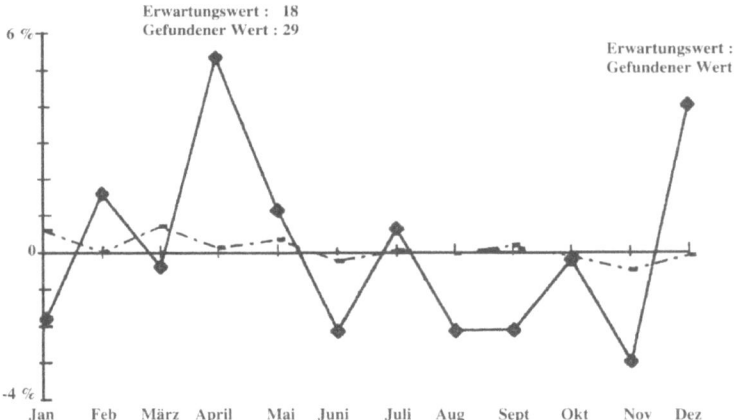

b

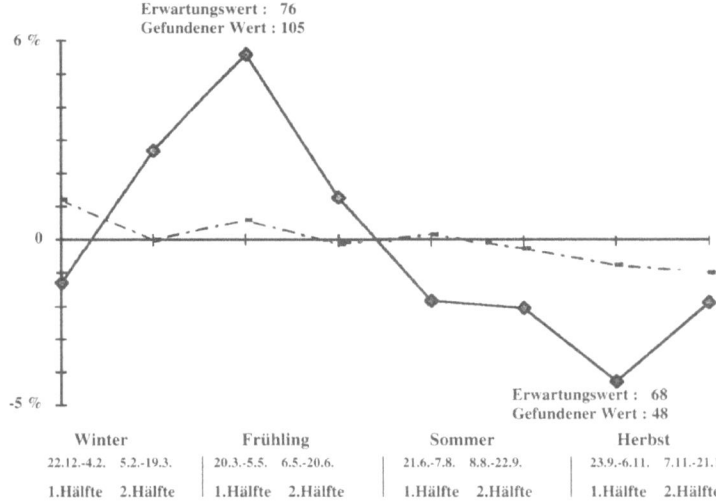

a

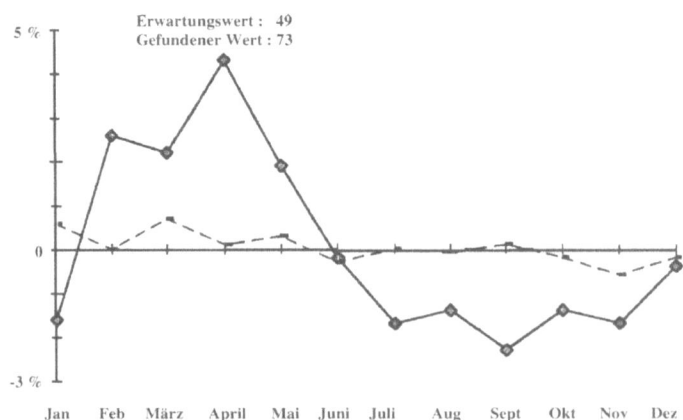

b

Abb. 2. Jahreszeitliche **(a)** und monatliche **(b)** Geburtenverteilung der systematischen
Schizophrenien (n = 579)

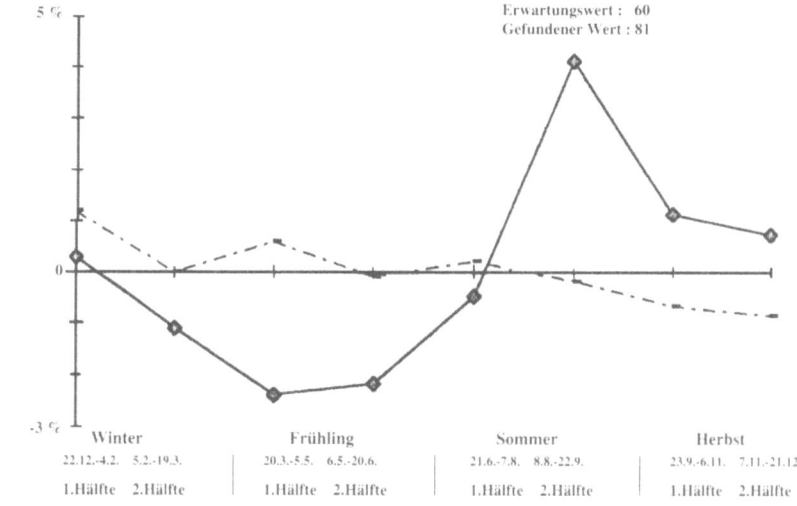

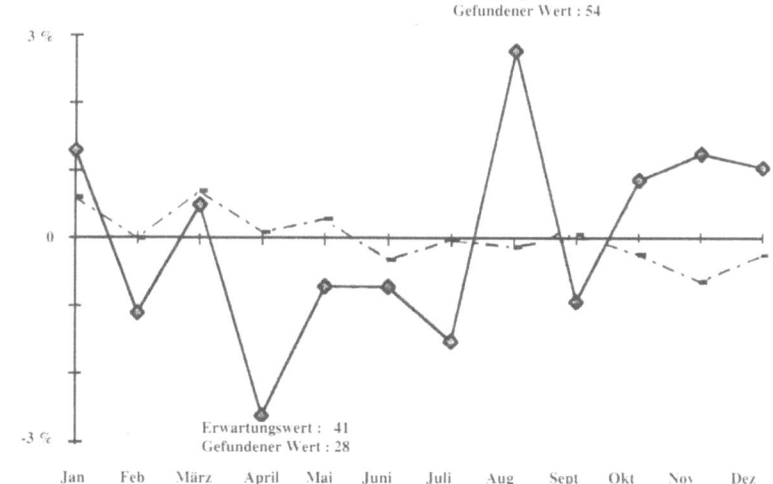

Abb. 3. Jahreszeitliche **(a)** und monatliche **(b)** Geburtenverteilung der unsystematischen Schizophrenien (n = 507)

nen ausgeprägten Geburtenüberschuß im April. Außerdem sind in den Monaten Februar, März und Mai die Geburtenraten deutlich höher als bei den Kontrollen (Abb. 2B).Bei den unsystematischen Schizophrenien findet sich gegenüber den Kontrollen ein deutliches Geburtendefizit in der ersten und zweiten Frühlingshälfte, sowie ein signifikanter Geburtenüberschuß (p < .05) in der zweiten Sommerhälfte (Abb. 3A). Die monatliche Geburtenverteilung zeigt, daß das Geburtendefizit im Frühling besonders durch die niedrige Geburtenrate im April, der Geburtenüberschuß in der zweiten Sommerhälfte besonders durch die hohe Geburtenrate im August zustande kommt (Abb. 3B).

Diskussion

Bei 1299 Patienten mit Psychosen des schizophrenen Formenkreises wurde der Zusammenhang zwischen Geburtensaisonalität und genetischem Krankheitsrisiko untersucht. In der Gesamtgruppe der Patienten hatten wir in Übereinstimmung mit der Literatur (Bradbury und Miller 1985) einen leichten aber dennoch signifikanten Geburtenüberschuß gegenüber den Kontrollen in der ersten Frühlingshälfte gefunden (Franzek und Beckmann 1993). Von Leonhard wurden die 1299 Patienten in 3 diagnostische Subgruppen aufgeteilt, zykloide Psychosen (n = 213), systematische Schizophrenien (n = 579) und unsystematische Schizophrenien (n = 507). Diese Untergruppen unterschieden sich nach Leonhards Untersuchungen erheblich in der familiären Belastung mit gleichartigen Psychosen. Eine sehr hohe familiäre Belastung (16 bis 20%) zeigten die unsystematischen Schizophrenien, während die systematischen Schizophrenien und die zykloiden Psychosen nur eine geringe familiäre Belastung (2 bis 4%) aufwiesen (Leonhard 1986). Innerhalb dieser diagnostischen Untergruppen fanden sich erhebliche Unterschiede in der jahreszeitlichen und monatlichen Geburtenverteilung. Nur bei den zykloiden Psychosen und den systematischen Schizophrenien, d. h. in beiden Untergruppen mit einer nur geringen genetischen Belastung, bestätigte sich der Geburtenüberschuß in der ersten Frühlingshälfte, dabei besonders ausgeprägt im Monat April. Die genetisch hoch belasteten unsystematischen Schizophrenien dagegen wiesen in dieser Zeit sogar ein deutliches Geburtendefizit auf und hatten überraschenderweise einen Geburtenüberschuß in der zweiten Sommerhälfte, ganz ausgeprägt im Monat August. In Übereinstimmung mit einigen Studien, die den Geburtenüberschuß in Winter-/Frühjahrsmonaten nur bei sporadischen Schizophrenien gefunden hatten (Kinney und Jakobsen 1978, Zipursky und Schulz 1987, D'Amato et al. 1991, O'Callaghan et al. 1991) widerlegen unsere Befunde eindeutig die Hypothese einer genetisch bedingten größeren Robustheit der Neugeborenen mit einem „schizophrenen Genotyp" gegenüber besonders in der kalten Jahreszeit auftretenden exogenen Noxen. Das Geburtendefizit der hochbelasteten unsystematischen Schizophrenien weist sogar in die Gegenrichtung. Möglicherweise sind viele Individuen mit der genetischen Disposition zur Schizophrenie häufig gar nicht lebensfähig, wenn zusätzlich exogene Noxen die Gehirnreifung beeinträchtigen. Diese Annahme erfährt eine Stütze durch Studien, die über eine erhöhte Rate an Aborten und Totgeburten, sowie über eine erhöhte Säuglings- und Kindersterblichkeit bei Nachkommen schizophrener Eltern berichten (Kallmann 1938, Sobel 1961, Rieder et al. 1975, McSweeney et al. 1978, Modrewsky 1980, Watson et al. 1987). Ähnlich zu bewerten sind auch die Befunde von einer positiven Korrelation zwischen Geburtensaisonalität Schizophrener und gleichzeitig erhöhten Totgeburtenraten (Videbach et al. 1974, Torrey 1993). Eine schlüssige Erklärung oder Hypothese für den Geburtenüberschuß unsystematisch Schizophrener im Monat August kann derzeit nicht gegeben werden. Für die Ursachenforschung bei „schizophrenen Psychosen" besonders interessant sind Studien, die einen Zusammenhang zwischen Infektionskrankheiten und gehäuftem Auftreten von schizophrenen Psychosen bei den Nachkommen von Müttern berichten, die sich zum Zeitpunkt einer endemischen oder epidemischen Infektion im zweiten Schwangerschaftstrimenon befanden (Mednick et al. 1988, Torrey et al. 1988, Barr et al. 1990, O'Callaghan et al. 1991, Sham et al. 1992, Beckmann und Franzek 1992, Adams et al. 1993). Kürzlich wurde auch berichtet, daß nur die Mütter der genetisch kaum belasteten systematischen Schizophrenien gehäuft an Infektionen während des zweiten Schwangerschaftstrimenon litten, nicht aber die Mütter von hochbelasteten unsystematischen Schizophrenien (Stöber et al. 1994). Das morphologische Substrat der Gehirnreifungsstörung im zweiten Schwangerschaftstrimenon könnten zytoarchitektonische Veränderungen sein, die bei Postmortem-Untersuchungen an Gehirnen Schizophrener gefunden wurden (Jakob und Beckmann 1986, Beckmann und Jakob 1991, 1994). Dabei ist wichtig zu erwähnen, daß aus Tierexperimenten bekannt ist, daß ähnliche neuropathologische Veränderungen im Prozeß der Gehirnreifung sowohl rein genetisch als auch rein exogen bedingt sein können (Rakic 1988).

Zusammenfassend läßt sich folgendes feststellen: Die plausibelste Hypothese zur Erklärung der Geburtensaisonalität ist, daß saisonal gehäuft auftretende exogene Noxen das heranreifende Gehirn in einer sensiblen Enwicklungsphase (zweites Schwangerschaftstrimenon?) derart schädigen können, daß sie ein Individuum prädestinieren im Erwachsenenalter an bestimmten Unterformen schizophrener Psychosen zu erkranken. Weiterhin scheint der schizophrene Formenkreis aus homogenen klinischen Unterformen zu bestehen, wobei zur Krankheitsentstehung der einzelnen Formen genetische Faktoren und Umwelteinflüsse in ganz unterschiedlicher Gewichtung beitragen.

Literatur

Adams W, Kendell RE, Hare EH, Munk-Jørgensen P (1993) Epidemiological evidence that maternal influenza contributes to the aetiology of schizophrenia. An analysis of Scottish, English, and Danish data. Br J Psychiatry 163: 522–534

Barr CE, Mednick SA, Munk-Jørgensen P (1990) Exposure to influenza epidemics during gestation and adult schizophrenia. A 40 year study. Arch Gen Psychiatry 47: 869–874

Beckmann H, Jakob H (1991) Prenatal disturbances of nerve cell migration in the entorhinal region: a common vulnerability factor in functional psychoses? J Neural Transm [GenSect] 84: 155–164

Beckmann H, Franzek E (1992) Deficit of birthrates in winter and spring months in distinct subgroups of mainly genetically determined schizophrenia. Psychopathology 25: 57–64

Beckmann H, Jakob H (1994) Pränatale Entwicklungsstörungen von Hirnstrukturen bei schizophrenen Psychosen. Nervenarzt 65: 454–463

Bradbury TN, Miller GA (1985) Season of birth in schizophrenia: a review of evidence, methodology and etiology. Psychol Bull 98: 569–594

Buck C, Simpson H (1966) Season of birth among the sibs of schizophrenics. Br J Psychiatry 133: 358–360

Cowgill UM (1966) Season of birth in man: contemporary situation with special reference to Europe and the southern hemisphere. Ecology 47: 614

D'Amato D, Dalery J, Rochet T, Terra JL, Marie-Cardine M (1991) Saisons de naissance et psychiatrie. Etude retrospective d'une population hospitiere. Season of birth and psychiatry. A retrospective inpatients study. Encephale 17: 67–71

Franzek E, Beckmann H (1993) Schizophrenie und jahreszeitliche Geburtenverteilung –
    Konträre Ergebnisse in Abhängigkeit von der genetischen Belastung. Fortschr Neu-
    rol Psychiat 61: 22–26
Franzek E, Beckmann H (1995) Gene-environment interaction in schizophrenia: season-
    of-birth effect reveals etiological different subgroups. Psychopathology (in press)
Häfner H, Haas S, Pfeifer-Kurda M, Eichhorn S, Michitsuji S (1987) Abnormal seasonality
    of schizophrenic births. A specific finding? Eur Arch Psychiat Neurol Sci 236: 333–342
Hare EH (1976) The season of birth of siblings of psychiatric patients. Br J Psychiatry 129:
    49–54
Hare EH (1990) Temporal factors and trends, including birth seasonality and the viral hy-
    pothesis. In: Tsuang MT, Simpson JC (eds) Nosology, epidemiology and genetics of
    schizophrenia. Elsevier, Amsterdam New York Oxford, pp 345–377
Huxley J, Mayr E, Osmond H, Hoffer A (1964) Schizophrenia as a genetic morphism. Na-
    ture 204: 220–221
Jakob H, Beckmann H (1986) Prenatal developmental disturbances in the limbic allo-
    cortex in schizophrenia. J Neural Transm 65: 303–326
Kallmann FJ (1938) The genetics of schizophrenia. Augustin, New York
Kinney DF, Jakobsen B (1978) Environmental factors in schizophrenia. New adop-
    tion study evidence. In: Wynne LW, Cromwell RL, Matthysse S (eds) The nature
    of schizophrenia: new approaches to research and treatment. Wiley, New York, pp
    38–51
Larson CA, Nyman GE (1976) Birth month of schizophrenics and their sibs. IRCS J Med
    Sci 4: 56
Leonhard K (1995) Aufteilung der endogenen Psychosen und ihre differenzierte Ätiolo-
    gie. Thieme, Stuttgart New York
Lewis MS (1989) Age incidence and schizophrenia, part 1. The season-of-birth contro-
    versy. Schizophr Bull 15: 59–73
Lewis MS (1990) Does age incidence explain all season-of-birth effects in the literature?
    Res ipsa loquitor: the author replies. Schizophr Bull 16: 17–28
Lewis MS, Griffin TA (1981) An explanation for the season of birth effect in schizophre-
    nia and certain other diseases. Psychol Bull 89: 589–596
Machon RA, Mednick SA, Schulsinger F (1983) The interaction of seasonality, place of
    birth, genetic risk and subsequent schizophrenia in a high risk sample. Br J Psychia-
    try 143: 383–388
McSweeney D, Timms P, Johnson A (1978) Thyro-endocrine pathology, obstetric morbi-
    dity and schizophrenia: a survey of a hundred families with a schizophrenic proband.
    Psychol Med 8: 151–155
Mednick SA, Machon RA, Huttunen MO, Bonett D (1988) Adult schizophrenia following
    prenatal exposure to an influenza epidemic. Arch Gen Psychiatry 45: 189–192
Modrewsky K (1980) The offspring of schizophrenic parents in a North Swedish isolate.
    Clin Genet 17: 191–201
O'Callaghan E, Gibson T, Colohan HA, Walshe D, Buckley P, Larkin C, Waddington JL
    (1991) Season of birth in schizophrenia. Evidence for confinement of an excess of
    winter births to patients without a family history of mental disorder. Br J Psychiatry
    158: 764–769
O'Callaghan E, Sham P, Takei N, Glover G, Murray RM (1991) Schizophrenia after pre-
    natal exposure to 1957 A2 influenza epidemic. Lancet 337: 118–119
Odegard O (1974) Season of birth in the general population and in patients with mental
    disorder in Norway. Br J Psychiatry 125: 397–405
Pulver AE, Moorman CC, Brown CH, McGrath A, Wolyniec PS (1990) Age-incidence ar-
    tifacts do not account for the season-of-birth effect in schizophrenia. Schizophr Bull
    16: 13–15
Pulver AE, Liang KY, Wolyniec PS, McGrath J, Melton BA, Adler L, Childs B (1992) Sea-
    son of birth of siblings of schizophrenic patients. Br J Psychiatry 160: 71–75
Rakic P (1988) Defects of neuronal migration and the pathogenesis of cortical malfor-
    mation. Prog Brain Res 73: 15–37
Rieder RO, Rosenthal D, Wender P, Blumenthal H (1975) The offspring of schizophre-
    nics. Arch Gen Psychiatry 32: 200–211
Saccetti E, Calzeroni A, Vita A, Terzi A, Pollastro F, Cazzullo CL (1992) The brain dama-

ge hypothesis of the seasonality of births in schizophrenia and major affective disorder: evidence from computerized tomography. Br J Psychiatry 160: 390–397

Sham P, O'Callaghan E, Takei N, Murray GK, Hare EH, Murray RM (1992) Schizophrenia following pre-natal exposure to influenza epidemics between 1939 and 1960. Br J Psychiatry 160: 451–466

Sobel DE (1961) Infant mortality and malformation in children of schizophrenic women. Psychiatr Q 35: 60–65

Stöber G, Franzek E, Beckmann H (1994) Schwangerschaftsinfektionen bei Müttern von chronisch Schizophrenen. Nervenarzt 65: 175–182

Torrey EF (1987) Hypotheses on the seasonality of schizophrenic births. In: Cazzullo L, Invernizzi G, Sacchetti E, et al (eds) Etiopathogenetic hypotheses of schizophrenia: the impact of epidemiological, biochemical and neuromorphological studies. MTP Press, Lancaster

Torrey EF, Bowler AE (1990) The seasonality of schizophrenic births: a reply to Marc S. Lewis. Schizophr Bull 16: 1–3

Torrey EF, Rawlings R, Waldman IN (1988) Schizophrenic births and viral diseases in two states. Schiz Res 1: 73–77

Torrey EF, Bowler AE, Rawlings R, Terrazas A (1993) Seasonality of schizophrenia and stillbirths. Schizophr Bull 19: 557–562

Videbach TH, Weeke A, Dupont A (1974) Endogenous psychoses and season of birth. Acta Psychiatr Scand 50: 202–218

Watson CG (1990) Schizophrenic birth seasonality and the age-incidence artefact (comment). Schizophr Bull 16: 5–10

Watson CG, Kucala T, Angulski G, Vassar P (1987) The relationships of anhedonia and the process-reactive dimension to season of birth and infectious disease incidence in schizophrenia. J Nerv Ment Dis 175: 34–40

Zipursky RB, Schulz SC (1987) Seasonality of birth and CT findings in schizophrenia. Biol Psychiatry 22: 1288–1292

Korrespondenz: PD Dr. E. Franzek, Psychiatrische Klinik und Poliklinik, Universität Würzburg, Füchsleinstraße 15, D-97080 Würzburg, Bundesrepublik Deutschland

Assoziation und Kopplung als komplementäre Methoden in der psychiatrischen Genetik

P. Propping und **M. M. Nöthen**

Institut für Humangenetik, Universität Bonn, Bundesrepublik Deutschland

Die bipolar affektiven und die schizophrenen Erkrankungen zählt man zu den genetisch komplexen Erkrankungen (zur Übersicht: Propping 1989, 1993, Nöthen 1993). Es ist bei diesen Erkrankungen seit langem eine familiäre Häufung bekannt, die genetisch interpretiert werden kann. Weder der Phänotyp noch die formalgenetische Analyse erlauben es jedoch, ein eindeutiges genetisches Modell zu formulieren (z. B. Ott 1990). Diese Einsicht gilt auch für viele andere Krankheiten, bei denen es in den letzten Jahren mit verschiedenen Methoden gelungen ist, chromosomale Regionen zu kartieren oder sogar Gene zu identifizieren (z. B. Morbus Alzheimer, Mamma-Karzinom, Atopie).

Komplementäre Strategien zur Auffindung von Genorten bei komplexen Erkrankungen sind Kopplungs- und Assoziationsuntersuchungen (zur Übersicht: Nöthen et al. 1993, Propping et al. 1994).

Das Konzept der Kopplungsuntersuchung

Bei einer Kopplungsanalyse wird ein Gen dadurch lokalisiert, daß man in geeigneten Stammbäumen nach gemeinsamer Vererbung (Kosegregation) eines genetischen Markers und eines Krankheitsphänotyps sucht. Der Marker ist ein genetischer Polymorphismus, eine variable DNA-Sequenz, dessen chromosomale Lokalisation bekannt ist. Liegt Kopplung vor, d. h. genetischer Marker und Krankheit werden in Familien überzufällig häufig gemeinsam vererbt, befinden sich Marker und Krankheitsgenort benachbart auf dem gleichen Chromosom. Ein positiver Kopplungsbefund bedeutet also eine Angabe über die chromosomale Lage eines Krankheitsgens, er sagt jedoch nichts über das Krankheitsgen selber. Kopplungsuntersuchungen waren im letzten Jahrzehnt vor allem bei Krankheiten mit Mendelschem Erbgang erfolgreich, weil die Tatsache eines Mendelschen Erbgangs innerhalb einer Familie auf die Existenz eines einzigen Gens als Ursache einer Krankheit hinweist. Wenn die chromosomale Lage des für eine Krankheit verantwortlichen Gens in die Nähe eines bekannten Markers kartiert worden ist, kann man mit anderen molekulargenetischen Methoden das dem Marker benachbarte Krankheitsgen aufdecken.

Bei der klassischen Kopplungsanalyse nach der Lod-Score-Methode (zur Übersicht: Ott 1992) dient als Maß für die Wahrscheinlichkeit einer bestehenden Kopplung der Lod-Score. Ein Lod-Score von mindestens 3 wird bei Krankheiten mit Mendelschem Erhgang als hinreichend für den Kopplungsnachweis angesehen. Die Berechnung des Lod-Score erfolgt unter der Annahme verschiedener Rekombinationsfrequenzen (0) und damit unterschiedlicher Abstände zwischen Genort und Marker. Bei der Lod-Score-Methode muß der Erbgang der Erkrankung bekannt sein, damit man die Erwartungswerte für zufällige Kosegregation zwischen Marker und Krankheit angeben kann. Mit diesen Erwartungswerten wird die tatsächliche Beobachtung verglichen. Bei komlexen Erkrankungen kennt man den Erbgang nicht, und es ist unklar, wie variabel die phänotypische Ausprägung des gleichen Genotyps sein kann. Man berechnet die Ergebnisse deshalb für eine Reihe verschiedener möglicher Krankheitsmodelle. Der Erfolg von Kopplungsuntersuchungen hängt wesentlich davon ab, ob in den untersuchten Familien ein Hauptgeneffekt vorhanden ist und ob dieser auch bei einem größeren Teil der in der Studie zusammengefaßten Familien eine Rolle spielt. Zur Abschätzung der Größe des Problems sind deshalb Simulationsstudien durchgeführt worden (Cavalli-Sforza und King 1986, Martinez und Goldin 1990, Durner und Greenberg 1992). Manche Untersucher versuchen, das Problem einer möglichen interfamiliären Heterogenität zu umgehen, indem sie sehr große Familien untersuchen, die schon alleine ein statistisch signifikantes Ergebnis liefern können. Allerdings gibt es bei diesem Vorgehen die Gefahr einer intrafamiliären Heterogenität: Es können verschiedene Krankheitsgene von unterschiedlichen Seiten in denselben Stammbaum hineingekommen sein und unabhängig voneinander zu Krankheitsfällen in der Familie geführt haben. Dies ist besonders dann ein Problem, wenn die verschiedenen Krankheitsgene häufig in der Bevölkerung vorkommen (Durner et al. 1992).

Ein alternativer Ansatz ist die Geschwister-(Affected-Sib-Pair-)Methode, die es erlaubt, Kopplungsanalysen ohne Annahmen über den Erbgang der Erkrankung durchzuführen. Für eine Kopplungsuntersuchung mit der Affected-Sib-Pair-Methode benötigt man eine größere Serie entsprechender Kernfamilien. Die Power der Affected-Sib-Pair-Methode, bei einem komplex erblichen Merkmal eine Kopplung nachzuweisen, hängt ab von der Zahl der Geschwisterschaften, dem Grad der Locus-Heterogenität und dem Quotienten aus dem Erkrankungsrisiko für Geschwister und der Populations-Prävalenz (Risch 1990). Dieser Autor hat berechnet, daß 60–300 Geschwisterpaare zum Nachweis von Kopplung benötigt werden, abhängig von der Informativität des Markers, der Rekombinationsrate und dem Grad der Locus-Heterogenität. Eine Verallgemeinerung der Affected-Sib-Pair-Methode auf beliebige Stammbaumkonstellationen stellt die Affected-Pedigree-Member-(APM-)Methode dar (Weeks und Lange 1988). Diese Methode ist allerdings anfällig für falsch geschätzte Marker-Allelfrequenzen. Die

APM-Methode hat jedoch bei verschiedenen komplexen Krankheiten ihre Brauchbarkeit bewiesen. Eine alternative Methode, Sib-Pair Informationen aus größeren Stammbäumen zu gewinnen, ist die Extended-Sib-Pair-Analysis-(ESPA-)Methode (Sandkuijl 1989).

Sowohl die klassische Kopplungsanalyse nach der Lod-Score-Methode als auch annahmefreie Alternativmethoden sind in der Vergangenheit bei einer Reihe von komplexen Erkrankungen erfolgreich zur Genlokalistaion eingesetzt worden.

Das Konzept der Assoziationsuntersuchung

Unter Assoziation versteht der Genetiker das überzufällig häufige Vorkommen eines Risikofaktors in einem Patientenkollektiv. Dieser Risikofaktor kann eine bestimmte DNA-Sequenzvariante (Allel), bzw. ein Genotyp sein. Der Grad der Assoziation wird als „relatives Risiko" (RR) ausgedrückt. Das relative Risiko sagt aus, wieviel mal wahrscheinlicher eine Krankheit bei Trägern des Risikofaktors auftritt als bei Personen, die diesen Risikofaktor nicht tragen. Üblicherweise erfolgt die Abschätzung des relativen Risikos durch Berechnung der „odds ratio" (OR), was unter bestimmten Voraussetzungen (geringe Frequenz der Erkrankung in der Allgemeinbevölkerung, systematisches Erfassen der Erkrankungsfälle) in Form eines 2x2 Schemas eine brauchbare Schätzung für das relative Risiko ermöglicht:

$$OR = \frac{a \times b}{c \times d}$$

Dabei sind
- a die Anzahl erkrankter Allelträger,
- b die Anzahl gesunder Allelnichtträger,
- c die Anzahl erkrankter Allelnichtträger,
- d die Anzahl gesunder Allelträger.

Im Vergleich zu den Kopplungsstudien liegt dem Assoziationsansatz ein einfaches Design zugrunde. In der Vergangenheit war es das hochgradig polymorphe HLA-System, für das bei einer Reihe von Erkrankungen Assoziationen, z. T. auch sehr hohe, nachgewiesen worden sind. Den meisten dieser Krankheiten liegen Autoimmunvorgänge zugrunde (zur Übersicht: Tiwari und Terasaki 1985). Eine erstaunlich hohe Assoziation wurde zwischen der Narkolepsie und dem HLA-Allel DR 2 gefunden. An japanischen Patienten ergab sich eine OR von 358 (Juji et al. 1985). Für Multiple Sklerose liegt die OR für die beiden HLA-Antigene DW2 und DR2 bei 2,5 bzw. 2,8. Assoziationsuntersuchungen mit HLA-Markern bei psychiatrischen Erkrankungen ergaben widersprüchliche Befunde (zur Übersicht: McGuffin und Stuart 1986).

Wie kann eine Assoziation zwischen einem bestimmten Allel und einer Krankheit erklärt werden? Im Prinzip sind 2 verschiedene Möglichkeiten zu unterscheiden:

– Das untersuchte Allel selbst trägt zum Krankheitsgeschehen bei, indem die genetische Variation zu einer veränderten Expression oder Aminosäurensequenz des an der Pathophysiologie beteiligten Genprodukts führt.

– Das assoziierte Allel trägt selbst nicht zur Krankheit bei, sondern liegt auf dem Chromosom in enger räumlicher Nähe zu einem direkt am Krankheitsgeschehen beteiligten Gen, und es besteht ein Kopplungsungleichgewicht zwischen den Varianten an den beiden benachbarten Genorten.

Von einem Kopplungsungleichgewicht spricht man, wenn Allele an zwei eng benachbarten (gekoppelten) Genorten überzufällig häufig gemeinsam auftreten. Ein Kopplungsungleichgewicht entsteht in der Evolution dann, wenn bei einer Person eine Mutation auftritt und sich zumindest ein großer Teil von Trägern der Mutation in späteren Generationen von dieser Person herleiten lassen (Gründereffekt). Da das Chromosom, auf dem die die Krankheit begünstigende Mutation zum ersten Mal aufgetreten ist, bestimmte, der Mutation benachbarte DNA-Sequenzen trug, werden sich diese in den nachfolgenden Generationen auch überzufällig häufig bei Trägern der Mutation finden. Ein Kopplungsungleichgewicht bleibt in der Evolution jedoch nur erhalten, wenn nicht wiederholt Mutationen bei unabhängigen Personen zu demselben Krankheits-Allel geführt haben, wenn der Abstand zwischen beiden Genorten nur gering ist und wenn den Trägern des Allels kein Selektionsnachteil entstand. Die Aufrechterhaltung eines Kopplungsungleichgewichts kann in der Evolution auch durch einen Selektionsvorteil begünstigt gewesen sein.

Mit Hilfe der Methoden der molekularen Genetik kann das Ausmaß der interindividuellen genetischen Variabilität direkt auf DNA-Ebene ermittelt werden. Bei Assoziationsuntersuchungen unter Anwendung molekulargenetischer Methoden wird verglichen, ob eine bestimmte DNA-Sequenzvariante (Allel) bei Patienten häufiger zu finden ist als bei Kontrollen. Ist dies der Fall, dann ist das Allel mit der Erkrankung assoziiert.

Während es bei der Auswahl eines genetischen Markers für Kopplungsuntersuchungen in erster Linie auf den Grad seiner genetischen Variabilität in der Bevölkerung, seiner genetischen Informativität, ankommt, sind für Assoziationsuntersuchungen funktionelle Überlegungen maßgeblich. Gene, die aufgrund pathophysiologischer Hypothesen eine Rolle bei der Entstehung einer Erkrankung spielen könnten, werden als Kandidatengene bezeichnet.

Bis vor kurzem standen für molekulargenetische Assoziationsuntersuchungen ausschließlich Varianten aus nicht-kodierenden DNA-Bereichen (Introns oder flankierende Sequenzen) von Kandidatengenen zur Verfügung. Zunehmend werden jetzt aber auch Varianten innerhalb der kodierenden Abschnitte von Kandidatengenen berichtet. Derartige Varianten können entweder über eine veränderte Aminosäurensequenz für ein modifiziertes Protein verantwortlich sein, oder über Variation in den regulatorischen DNA-Sequenzen den Grad der Expression des entsprechenden Proteins beeinflussen. Sobell und Mitarbeiter (1992) führten zur Bezeichnung derartiger Varianten das Akronym VAPSE ein („variations affecting protein structure or expression").

Als ein wesentlicher methodischer Nachteil von konventionellen Assoziationsuntersuchungen wird das Erstellen von Kontrollkollektiven angesehen. Da Allelfrequenzen in verschiedenen ethnischen Gruppen erheblich voneinander abweichen können, müssen Patienten und Kontrollpersonen aus derselben ethnischen Population stammen. Wählt man die beiden Gruppen aus unterschiedlichen ethnischen Populationen, so besteht die Gefahr, einen falsch-positiven Befund zu erhalten. Eine genial-einfache Lösung zur Vermeidung von Stratifikations-Artefakten besteht in der Berücksichtigung von sog. „internen Kontrollen" (Falk und Rubinstein 1987, Terwilliger und Ott 1992). Bei diesem Ansatz werden Patienten und deren Eltern untersucht, wobei die Allele des Kindes am Markerlokus die Patientenallele darstellen und die elterlichen Allele, die nicht an das Kind weitergegeben wurden, die Kontrollgruppe repräsentieren. Patienten- und Kontrollkollektive stammen so aus der gleichen ethnischen Population. Stratifikationseffekte sind damit ausgeschaltet.

Kopplung und Assoziation als komplementäre Strategien

Im Prinzip muß jede Assoziation auch in einer Kopplungsuntersuchung nachweisbar sein. Wenn der Phänotyp auf die Wirksamkeit vieler Einzelgeneffekte zurückgeht (polygenes Krankheitsmodell), kann die Kopplungsmethodik wegen der Anzahl der erforderlichen Familien jedoch Schwierigkeiten haben, eine Kopplung zu erfassen (Nöthen et al. 1993). Bei der Bewertung der Untersuchungsmethode stellt die „power" des jeweiligen Verfahrens ein entscheidendes Problem dar. Zweifellos ist die Kopplungsmethode die Methode der Wahl bei der Analyse monogener Krankheiten bzw. Merkmale. Der Kopplungsansatz besitzt zur Auffindung der verantwortlichen Gene bei nach Mendelschen Gesetzen vererbten Phänotypen eine große Power. Bei komplexen Erkrankungen ist die Situation nicht so einfach. Die Eignung der Untersuchungsmethode ist abhängig von dem der Ätiologie zugrundeliegenden genetischen Modell. Dieses ist allerdings bei den psychiatrischen Erkrankungen weitgehend unbekannt. Die Daten aus Familienuntersuchungen sind durchaus mit sehr unterschiedlichen genetischen Modellen vereinbar. Assoziations- und Kopplungsuntersuchungen werden deshalb einander ergänzend durchgeführt.

Literatur

Cavalli-Sforza LL, King MC (1986) Detecting linkage for genetically heterogeneous diseases and detecting heterogeneity in linkage data. Am J Hum Genet 38: 599–616

Durner M, Greenberg DA (1992) Effect of heterogeneity and assumed mode of inheritance on lod scores. Am J Med Genet 42: 271–275

Durner M, Greenberg DA, Hodge SE (1992) Inter- and intrafamilial heterogeneity: effective sampling strategies and comparison of analysis methods. Am J Hum Genet 51: 859–870

Falk CT, Rubinstein P (1987) Haplotype relative risks: an easy reliable way to construct a proper control sample for risk calculations. Ann Hum Genet 51: 227–233

Juji T, Matsuki K, Nohara T, Satake M, Honda Y (1985) HLA antigens in Japanese patients with narcolepsy. Lancet i: 227

Martinez MM, Goldin LR (1990) Power of the linkage test for a heterogeneous disorder due to two independent inherited causes: a simulation study. Genet Epidemiol 7: 219–230

McGuffin P, Stuart E (1986) Genetic markers in schizophrenia. Hum Hered 36: 65–88

Nöthen MM (1993) Genetik der bipolar affektiven Psychosen. Nervenheilkunde 12: 41–46

Nöthen MM, Fimmers R, Propping P (1993) Association versus linkage studies in psychosis genetics. J Med Genet 30: 634–637

Ott J (1990) Invited editorial: cutting a Gordian knot in the linkage analysis of complex human traits. Am J Hum Genet 46: 219–221

Ott J (1992) Analysis of human genetic linkage. The Johns Hopkins University Press, Baltimore

Propping P (1989) Psychiatrische Genetik. Befunde und Konzepte. Springer, Berlin Heidelberg New York Tokyo

Propping P (1993) Genetics of schizophrenia. Triangle 32: 7–13

Propping P, Nöthen MM, Körner J, Rietschel M, Maier W (1994) Assoziationsuntersuchungen bei psychiatrischen Erkrankungen. Konzepte und Befunde. Nervenarzt 65: 725–740

Risch N (1990) Linkage strategies for genetically complex traits. II. The power of affected relative pairs. Am J Hum Genet 46: 229–241

Sandkuijl JA (1989) Analysis of affected-sib-pairs using information from extended families. In: Elston RC, Spencer MA, Hodge SE, MacCluer JW (eds) Multipoint mapping and linkage based upon affected pedigree members: genetic analysis workshop 6. Alan R Liss, New York

Sobell JL, Heston LL, Sommer SS (1992) Delineation of genetic predisposition to multifactorial disease: a general approach on the threshold of feasibility. Genomics 12: 1–6

Terwilliger JD, Ott J (1992) A haplotype-based „haplotype relative risk" approach to detecting allelic associations. Hum Hered 42: 337–346

Tiwari JL, Terasaki PI (1985) HLA and disease associations. Springer, New York

Weeks DE, Lange K (1988) The affected-pedigree-member method of linkage analysis. Am J Hum Genet 42: 315–326

Korrespondenz: Prof. Dr. P. Propping, Institut für Humangenetik, Universität Bonn, Wilhelmstraße 31, D-53111 Bonn, Bundesrepublik Deutschland

Gegenwärtiger Stand der Kopplungsuntersuchungen bei Schizophrenie

D. B. Wildenauer[1], S. G. Schwab[1], G. N. Eckstein[1], P. J. Zill[1], K. Hruschka[1], M. A. Meier[1], M. Strauß[1], M. Ackenheil[1], M. Borrmann[2], M. Albus[2], J. Hallmayer[3], D. Lichtermann[4], J. Minges[4], R. P. Ebstein[5], B. Lerer[6] und W. Maier[4]

[1]Psychiatrische Klinik, Universität München und [2]Bezirkskrankenhaus, Haar, Bundesrepublik Deutschland
[3]Department of Genetics, Stanford University, USA
[4]Psychiatrische Klinik, Universität Mainz, Bundesrepublik Deutschland
[5]Sara Herzog Hospital, Jerusalem und
[6]Hadassah-Hebrew University Medical Center, Jerusalem, Israel

Für schizophrene Erkrankungen besteht ein deutlich erhöhtes genetisches Risiko, belegt durch Familien-, Zwillings- und Adoptionsstudien [1]. Die Konkordanzrate bei eineiigen Zwillingen beträgt etwa 50%, ein im Vergleich zu zweieiigen Zwillingen etwa 3fach erhöhtes Erkrankungsrisiko [1]. Ein einfacher Mendelscher Erbgang mit einem einzigen verantwortlichen Genort ist jedoch nicht nachweisbar. Schizophrene Erkrankungen gehören wie zum Beispiel auch Diabetes, Bluthochdruck, Krebserkrankungen, zu den komplexen genetischen Erkrankungen mit polygener, bzw. multifaktorieller Vererbung.

Auf Grund des mit dem Verwandtschaftsgrad stark abnehmenden Erkrankungsrisikos ist das wahrscheinlichste Modell der Vererbung eine kleinere Anzahl miteinander in Verbindung stehender Genorte [2].

Die großartigen Erfolge bei der Aufklärung von monogenen Erbkrankheiten durch genetische und molekularbiologische Arbeiten waren der Ausgangspunkt für Erwartungen, mit diesen Methoden auch einen Zugang zur Aufklärung der molekularen Ursachen von psychiatrischen Erkrankungen zu erhalten. Erste Ergebnisse, die durch Anwendung von klassischen Koppelungsanalysen erhalten wurden [3] waren allerdings nicht replizierbar [4]. In der Folgezeit wurde die Zahl und Qualität der für diese Studien verwendeten Familien mit schizophrenen Mitgliedern deutlich verbessert. Dadurch wurde es möglich neben den klassischen, auf mendelsche Vererbung abgestimmten Koppelungsanalysen, für den Nachweis von Genorten bei komplexen Erkrankungen besser geeignete parameterfreie statistische Methoden (zum Beispiel die „affected sib-pair" Methode) zu verwenden.

Die derzeitigen Bemühungen, mit Hilfe von Kopplungsuntersuchungen einen für schizophrene Erkrankungen verantwortlichen oder prädisponierenden Genort nachzuweisen, orientieren sich im Wesentlichen nach den im folgenden aufgeführten Anforderungen.

1. Die Rekrutierung der Familien soll systematisch erfolgen, um eine möglichst einheitliche, unselektierte Stichprobe zu erhalten.
2. Geeignete Familien sollen sich über mindestens 2 Generationen erstrecken. Ferner müssen mindestens zwei Geschwister an Schizophrenie erkrankt sein oder die Diagnose schizoaffektiv vom Typ schizophren nach RDC-Kriterien erhalten haben. Die Eltern müssen ebenfalls für die Untersuchung zur Verfügung stehen. Die Rekrutierung wird auf weiter entfernte Verwandte erweitert, wenn hier ebenfalls Erkrankungen bekannt sind. In der Familie darf keine Anhäufung von bipolaren Erkrankungen vorhanden sein, das heißt, maximal ein Familienmitglied darf die Diagnose bipolare Depression erhalten haben.
3. Von allen für die Koppelungsanalyse zur Verfügung stehenden Familienmitgliedern muß ein Interview nach SADS-LA und eine Consensus-Diagnose nach DSM-III-R bzw. RDC vorhanden sein.
4. Von allen Familienmitgliedern müssen DNA und, um die Konstanz der Familienstichprobe zu gewährleisten, immortalisierte Lymphoblastenkulturen vorhanden sein.
5. Neben der parametrischen Zweipunkt-Lodscoreanalyse [5] sollen nichtparametrische statistische Methoden verwendet werden, da die klassische Kopplungsanalyse die Annahme des Erbganges, der Genfrequenz und der Penetranz voraussetzt. Diese Parameter sind bei den komplexen Erkrankungen weitgehend unbekannt oder schwer zu bestimmen.
   Die am häufigsten verwendete parameterfreie Analyse ist die „affected sib-pair" Analyse [6, 7]. Diese setzt im Idealfall eine Familienstichprobe voraus, die aus mindestens zwei erkrankten Geschwistern und deren Eltern besteht. Untersucht wird auf eine überzufällig häufigere gemeinsame Vererbung von Marker und Genort in erkrankten Geschwisterpaaren. Für den Nachweis von Genorten mit geringerem Einfluß auf die Ausprägung der Erkrankung sollte die Stichprobe aus mindestens 100 solcher „sib-pair Kombinationen" bestehen.
6. Besonders wichtig für Koppelungsanalysen sind hochinformative DNA Marker. 1989 wurden erstmals von 2 Arbeitsgruppen [8, 9] kurze Sequenzwiederholungen mit Längenpolymorphismen, die sogenannten Mikrosatelliten oder CA-Repeats, beschrieben. Diese genotypischen Marker zeichnen sich gegenüber den bis dahin verwendeten phänotypischen aber auch den genotypischen Markern, den Restriktionsfragment-Längenpolymorphismen vor allem durch einen größeren Informationsgehalt sowie durch das häufige Vorkommen, bedingt durch eine relativ enge und gleichmäßige Verteilung über das gesamte Genom,

aus. Ein weiterer Vorteil dieser Marker besteht im relativ einfachen Nachweis durch Amplifizierung mittels PCR und durch Auftrennung der mit ^{32}P oder Fluoreszenzfarbstoffen markierten PCR-Produkte über ein denaturierendes Polyakrylamidgel. Durch Verwendung dieser Mikrosatelliten-Marker konnte die Aussagekraft der parametrischen und parameterfreien Koppelungsanalyse weiter erhöht werden.

Ergebnisse

Wir haben nach den unter 1–4 genannten Kriterien eine Familienstichprobe von 54 Familien aus Deutschland und Israel mit 358 Familienmitgliedern, darunter 145 an Schizophrenie oder schizoaffektiver Psychose erkrankte Personen, gesammelt. In dieser Familienstichprobe sind insgesamt 78 „Sib-pair" Kombinationen enthalten (Tabelle 1). Diese Familienstichprobe ist sowohl für die klassische Koppelungsanalyse als auch für die parameterfreie „affected sib-pair" Analyse geeignet und ist zur Zeit in Europa die größte Stichprobe in einer Arbeitsgruppe.

In unserer Arbeitsgruppe wurden bisher über 200 DNA Marker für Kandidatengene sowie für das systematische Absuchen des Genoms nach für Schizophrenie prädisponierenden Genorten verwendet. Folgende Kandidatengene wurden untersucht:

1. Gene von Bedeutung für die Entwicklung des Gehirns:
   BDNF (brain derived neutrophic factor),
   NCAM (neural cell adhesion molecule),
   NT3 (Neurotrophin 3),
   PAX6 (paired box DNA-binding protein 6),

2. Gene, die an der Signalübertragung beteiligt sind:
   die Dopaminrezeptoren D1, D2 (10), D3 und D4 (11),
   DAT (Dopamine-transporter),
   Tyrosinhydroxylase (11),
   GNAS1 (Gs-alpha subunit),
   GABRB1 (human beta-1 subunit des GABA receptor),
   69CA (human beta-3 subunit des GABA receptor),

Tabelle 1. Familien mit schizophrenen Erkrankungen, die für Kopplungsanalysen verwendet werden. (Anzahl der Sibpair Kombinationen in Klammern)

Familien	Anz. insges.	Mitgl. (insges.)	Kranke Familie	Kranke/	Duplets	Triplets	Quadrupl. (insges.)	Sib-pairs
Kernfamilien	30	120	65	2,2	30	–	–	30
Erweiterte Familien								
2 Generationen	19	168	56	2,9	13	3 (9)	3 (18)	40
3 Generationen	5	72	24	5,5	5	1 (3)	–	8
Insgesamt	54	358	145	2,7	48	4 (12)	3 (18)	78

3. Immunrelevante Gene:
    IFNA (Interferon alpha),
    IL2 (Interleukin 2),
    IL5RA (Interleukin 5 receptor),
    TCRD (T cell receptor delta Genort),
    IL1A (Interleukin 1 alpha),
    FGFA (fibroblast growth factor acidic).

Für keines dieser Gene konnte, nach Auswertung mit der parametrischen Zweipunkt-Lodscoremethode oder der nichtparametrischen „affected Sib pair"-Methode, Kopplung mit Schizophrenie nachgewiesen werden.

In einer systematischen Suche wurden die Chromosomen 1, 11 und 19 im Abstand von 10–20 cMorgan auf Kopplung mit Schizophrenie untersucht. Kopplung war nicht nachweisbar, bzw. konnte für weite Bereiche in diesen Chromosomen ausgeschlossen werden.

Ein erster Hinweis auf eine mögliche Kopplung eines Markers mit Schizophrenie wurde für den Marker IL9 auf dem langen Arm von Chromosom 5 durch Zweipunkt-Lodscore-Analyse in 15 Familien (12) erhalten (maximaler Lodscore = 1,9).

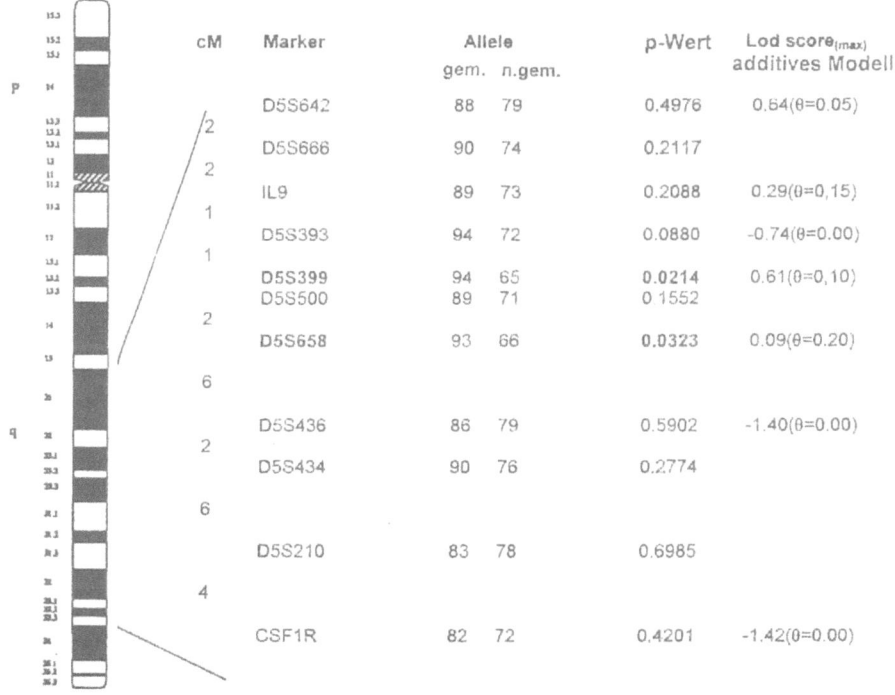

Abb. 1. Kopplungsergebnisse für Marker auf Chromosom 5. Aufgeführt ist für jeden Marker die Anzahl der gemeinsam, bzw. nicht gemeinsam geerbten Allele. Der p-Wert repräsentiert die Abweichung von der Nullhypothese (25% zwei Allele identisch, 50% eines, 25% kein Allel identisch). Lodscore repräsentiert den maximalen Wert bei der angegebenen Rekombinationsfraktion θ, erhalten durch Zweipunktanalyse. *cM* genetischer Abstand zwischen zwei Markern in centiMorgan

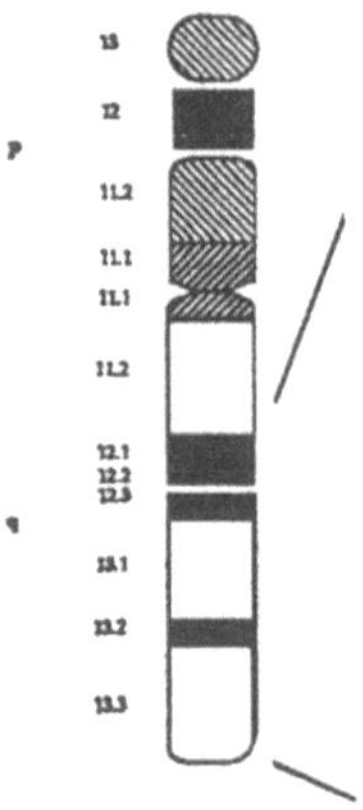

	Sib-pair Analyse Allele gem.	n.gem.	p-Wert	Lod score
D22S273	76	57	0.009	1.039 (θ=0.05)
D22S275	74	76	----	-1.203 (θ=0.0)
D22S280	90	51	0.001	1.063 (θ=0.05)
D22S281	65	61	0.729	0.531 (θ=0.10)
D22S422	95	60	0.005	1.066 (θ=0.05)
D22S304	66	52	0.689	1.036 (θ=0.05)
D22S278	58	54	0.708	0.925 (θ=0.0)
D22S283	77	70	0.504	0.268 (θ=0.20)
D22S299	72	73	0.791	0.451 (θ=0.10)

Abb. 2. Kopplungsergebnisse für Marker auf Chromosom 22. Zur Erklärung siehe Legende Abb. 1

In der in Tabelle 1 aufgeführten Stichprobe, in der nur noch 3 der ursprünglich 15 Familien enthalten sind, konnten durch Verwendung von weiteren Mikrosatelliten Markern, sowie durch Analyse mit Hilfe der Sibpair Methode, diese ersten Befunde erhärtet werden. Für den Marker D5S399, der 2 cMorgan von IL9 entfernt ist, wurde ein p-Wert von 0,02 erhalten, mit dem Marker D5S658 ein p-Wert von 0,1 (Abb. 1). Die durch Zweipunkt Lodscore-Analyse erhaltenen Werte sind zwar positiv, aber nur als Hinweise zu bewerten (Abb. 1). Aussagen über einen für schizophrene Erkrankungen prädisponierenden Genort in dieser Region können erst nach Replikation in weiteren unabhängigen Stichproben gemacht werden.

Ausgehend von Befunden einer amerikanischen Arbeitsgruppe [13] wurde die Region 22q12–13 mit insgesamt 9 Mikrosatelliten-Markern auf Kopplung mit einem für Schizophrenie prädisponierenden Genort untersucht. In unserer Stichprobe mit 54 Familien wurde für den Marker D22S280 ein maximaler Lod score von 1,06 und durch Sibpair-Analyse ein p-Wert von 0,001 erhalten (Abb. 2). Weitere Hinweise wurden durch Sibpair Analyse (296 Sibpairs) im Rahmen einer kollaborativen Studie mit 11 internationalen Arbeitsgruppen [14] für den Marker D22S278 erhalten ($p = 0{,}001$), der 2 cMorgan von D22S280 entfernt ist.

Zusammenfassung

Durch mehrjährige systematische Rekrutierung wurde eine Stichprobe von 54 mehrfach mit schizophrenen Erkrankungen belasteten Familien zusammengestellt. Diese Stichprobe ist sowohl zur Anwendung von parametrischen (z. B. Zweipunkt-Lodscore Analyse) als auch von parameterfreien (z. B. Sibpair Analyse) Verfahren bei Kopplungsuntersuchungen mit DNA Markern geeignet. Über 200 DNA Marker wurden bisher für Kopplungsstudien verwendet. Für zwei Regionen (Chromosom 5q22–23 und Chromosom 22q12–13) wurden Hinweise auf für schizophrene Erkrankungen prädisponierende Genorte erhalten. Endgültige Beweise sind jedoch weiteren Replikationen in unabhängigen Familienstichproben, sowie der Identifizierung der Gene vorbehalten.

Danksagung

Die Arbeit wurde gefördert von der Deutschen Forschungsgemeinschaft im Schwerpunktprogramm „Genetische Faktoren bei psychiatrischen Erkrankungen" und von der German-Israeli Foundation for Scientific Research.

Literatur

1. Gottesmann II, Shields J (1982) Schizophrenia: the epigenetic puzzle. Cambridge University Press, New York
2   Risch N (1990) Linkage strategies for genetically complex traits. I. Multilocus models. Am J Hum Genet 46: 229–241
3,. Sherrington R, Brynjolfsson J, Petursson H, Potter M, Dudleston K, Barraclough B, Wasmuth J, Dobbs M, Gurling H (1988) Localization of a susceptibility locus for schizophrenia on chromosome 5. Nature 336: 164–167
4. Hallmayer J, Maier W, Ackenheil M, Ertl, MA, Schmidt S, Minges J, Lichtermann D, Wildenauer D (1992) Evidence against linkage of schizophrenia in systematically ascertained families. Biol Psychiatry 31: 83–94
5. Lathrop GM, Lalouel JM (1984) Easy calculation of lod scores and genetic risk on small computers. Am J Hum Genet 36: 460–465
6. Penrose LS (1953) The general pupose sib-pair linkage test. Ann eugen 18: 120–124
7. Risch N (1990) Linkage strategies for genetically complex traits. II. The power of affected relative pairs. Am J Hum Genet 46: 229–241
8. Litt M, Luty JA (1989) A hypevariable microsatelite revealed by in vitro amplification of a dinucleotide repeat within the cardic muscle actin gene. Am J Hum Genet 44: 397–401
9. Weber J, May PE (1989) Abundant class of human DNA-polymorphisms which can be typed using the polymerase chain reaction. Am J Hum Genet 44: 388–396
10. Hallmayer J, Maier W, Schwab S, Ertl MA, Minges J, Ackenheil M, Lichtermann D, Wildenauer DB (1994) No evidence of linkage between the dopamine D2 receptor gene and schizophrenia. Psychiatr Res 53: 203–215
11. Maier W, Schwab S, Hallmayer J, Ertl MA, Minges J, Ackenheil M, Lichtermann D, Wildenauer D (1994) Absence of linkage between schizophrenia and the dopamine D4 receptor gene. Psychiatr Res 53: 77–86
12. Schwab SG (1994) Untersuchung zur Koppelung, Assoziation und Genexpression bei schizophrenen Erkrankungen. Dissertation, Universität München
13. Pulver AE, et al (1994) Sequential strategy to identify a susceptibility gene for schizophrenia: report of potential linkage on chromosome 22q12-q13.1, part 1. Am J Med Genet (Neuropsychiatr Genet) 54: 36–43
14. Schizophrenia collaborative linkage group (Chromosome 22) (1995) A combined analysis of D22S278 marker alleles in affected sib-pairs: support of a susceptibility locus for schizophrenia at 22q12. Am J Med Genet (Neuropsychiatr Genet) 60

Korrespondenz: Dr. D. B. Wildenauer, Psychiatrische Universitätsklinik, Nußbaumstraße 7, D-80336 München, Bundesrepublik Deutschland

Untersuchungen zur genetischen Variabilität von Dopamin- und Serotonin-Rezeptoren

M. M. Nöthen, J. Erdmann, S. Cichon, D. Shimron-Abarbanell und
P. Propping

Institut für Humangenetik, Universität Bonn, Bundesrepublik Deutschland

In einem systematischen Mutationsscreening untersuchten wir bei einer Reihe von Dopamin- und Serotonin-Rezeptorgenen die kompletten für das Rezeptorprotein kodierenden Sequenzen und in einzelnen Genen auch Sequenzen mit regulatorischer Aktivität. Als Verfahren zur Identifizierung von DNA-Sequenzvarianten wurde die Single-Strand-Conformation-Analysis (SSCA) eingesetzt (Orita et al. 1989). In das systematische Mutationsscreening wurden Samples von bipolaren und schizophrenen Patienten, sowie gesunde Kontrollen miteinbezogen.

Dopamin-Rezeptoren

Eine Störung der dopaminergen Neurotransmission im Zentralnervensystem wird bei einer Reihe von neuropsychiatrischen Erkrankungen seit langem vermutet. Dies gilt im besonderen für die Dopaminhypothese der Schizophrenie, aber auch für Entstehungsmodelle bei den bipolaren Psychosen.

Aufgrund von biochemischen, physiologischen und pharmakologischen Untersuchungen bestand seit Beginn der 80er Jahre ein allgemeiner Konsensus über die Existenz von zwei unterschiedlichen Dopaminrezeptoren, dem D_1- und dem D_2 Rezeptor. Die Möglichkeiten molekularbiologischer Methoden haben das Wissen über die Funktion und Struktur von Rezeptoren jedoch innerhalb der letzten Jahre entscheidend weitergebracht. So sind heute die Gene für 5 verschiedene Dopaminrezeptoren kloniert: der D_1-, der D_2-, der D_3-, der D_4- und der D_5-Rezeptor (zur Übersicht: Civelli 1995). Genomische Organisation sowie Vergleiche der Primärsequenz der Dopamin-Rezeptorgene deuten analog den pharmakologischen Befunden auf eine Divergenz der Dopaminrezeptoren aus zwei Gen-Subfamilien hin: den D_1-ähnlichen und D_2-ähnlichen Rezeptorgenen. Das D_1- und D_5-

Rezeptorgen bilden die Klasse der D_1-ähnlichen Rezeptoren. Sie besitzen keine Introns in der translatierten Region und zeigen in ihren putativen Transmembrandomänen eine Homologie von 79% zueinander. Zu den D_2-, D_3- und D_4-Rezeptorgenen besteht in diesen Bereichen nur eine 40–45%ige Homologie. Die Gene für den D_2-, D_3- und D_4-Rezeptor bilden die Klasse der D_2-ähnlichen Rezeptoren. Im Gegensatz zu den D_1-ähnlichen Rezeptoren haben sie Introns in der kodierenden Region, die zudem in ähnlichen Positionen gelegen sind. Sie sind in den Transmembrandomänen zu 51–75% identisch.

Von den fünf klonierten Dopamin-Rezeptorgenen untersuchten wir das D_1- und das D_4-Gen systematisch auf Mutationen.

Dopamin-D_1-Rezeptorgen

Wir untersuchten 38 bipolare und 36 schizophrene Patienten mit SSCA auf Variation im gesamten kodierenden und in 5' und 3' untranslatierten Bereichen des Gens (Cichon et al. 1994b). Dabei fanden sich 4 Einzelbasenpaarsubstitutionen: ein G→A Austausch (nt −94) und ein A→G Austausch (nt −48) im 5' untranslatierten Bereich, ein stummer G→A Austausch in der dritten Position von Kodon 421 (Nukleotid +1263) und ein T→C Austausch (Nukleotid +1403) im 3' untranslatierten Bereich. Die Sequenzvarianten traten in einer vergleichbaren Häufigkeit auf, wie sie vorher von unserer Gruppe in gesunden Kontrollen berichtet waren (Cichon et al. 1994a). Unabhängig von uns führten zwei amerikanische Arbeitsgruppen ein systematisches Mutationscreening im kodierenden Bereich des D_1-Gens durch. Shah und Mitarbeiter (1995) untersuchten 22 Patienten mit bipolar affektiver Erkrankung, entdeckten aber keine Varianten. Liu und Mitarbeiter (1995) untersuchten 131 schizophrene Patienten und identifizierten die −48 A/G und +1263 G/A Varianten. Zusätzlich entdeckten sie eine stumme Mutation in Kodon 66, die aber nur bei Asiaten gefunden wurde.

Der D_1-Rezeptor ist der bisher einzige Dopaminrezeptor, dessen Promotorbereich relativ gut charakterisiert ist (Minowa et al. 1992, 1993). Wir untersuchten diesen Sequenzbereich in einem Kollektiv von 45 schizophrenen Patienten, 46 bipolaren Patienten und 46 gesunden Kontrollpersonen auf genetische Variabilität. Wir konnten 6 Einzelbasenpaar-Substitutionen identifizieren (Cichon et al. im Druck). Allerdings lag keine der identifizierten Mutationen in einem der für die Promotoraktivität wichtigen Bereiche. Alle Mutationen fanden sich darüberhinaus in ähnlichen Frequenzen bei Patienten und Kontrollen.

Insgesamt stehen die Ergebnisse unseres Mutationsscreenings im D_1-Gen in Übereinstimmung mit den von uns früher erhobenen Ergebnissen unter Verwendung außerhalb funktionell relevanter Regionen gelegener RFLPs (Nöthen et al. 1992, 1993), wobei deren Aussagekraft naturgemäß begrenzt war.

Zusammenfassend läßt sich für den D_1-Rezeptor sagen, daß man aufgrund unserer Ergebnisse mit großer Wahrscheinlichkeit davon ausgehen kann, daß der Dopamin-D$_1$-Rezeptor keinen ursächlichen Beitrag zur genetischen Disposition bipolarer und schizophrener Psychosen leistet.

Dopamin-D$_4$-Rezeptorgen

Das Dopamin-D$_4$-Rezeptorgen ist wegen seiner hohen genetischen Variabilität einzigartig unter den bekannten Neurotransmitter-Rezeptorgenen. 1992 konnte von Van Tol und Mitarbeitern genetische Variabilität in Exon 3 des D$_4$-Gens gefunden werden. Hierbei handelt es sich um die 2–10 fache Wiederholung einer Einheit von 48 Basenpaaren, welche für einen Abschnitt in der 3. zytoplasmatischen Schleife des D$_4$-Proteins kodiert. Zusätzlich konnte von Lichter et al. (1993) gezeigt werden, daß die Sequenz der Repeateinheit selbst auch noch polymorph ist. Mit *in vitro* Experimenten konnte nachgewiesen werden, daß D$_4$-Proteinvarianten mit verschieden häufiger Wiederholung des Repeats unterschiedliche Bindungsaffinitäten zu dem atypischen Neuroleptikum Clozapin aufweisen (Van Tol et al. 1992, Asghari et al. 1994). Die Unterschiede in den Bindungsaffinitäten sind allerdings gering und nur im Beisein von NaCl sichtbar.

Weitere genetische Variabilität wurde 1993 von Catalano und Mitarbeitern für Exon 1 berichtet (Catalano et al. 1993). Dabei handelt es sich um die 1–3 fache Wiederholung einer Einheit von 12 Basenpaaren. Funktionelle Konsequenzen dieser Varianten sind bislang nicht untersucht. Von unserer eigenen Arbeitsgruppe konnten drei weitere genetische Varianten, die zu einem veränderten Rezeptorprotein führen, identifiziert werden. Zum einem fanden wir zwei Deletionsvarianten. Bei der ersteren kommt es durch Verlust von 13 Basenpaaren zu einer Verschiebung des Leserasters, und ein vorzeitiges Stop-Codon führt zur Trunkation des Rezeptorproteins. Diese Deletion kommt in ca. 2% der Bevölkerung vor und ist die erste identifizierte Nonsense-Mutation eines Dopaminrezeptors (Nöthen et al. 1994a). Interessanterweise konnten wir eine Person identifizieren, die homozygot für diese Deletion ist, also kein funktionierendes D$_4$-Protein bilden kann. Diese weist einige somatische bzw. psychische Auffälligkeiten auf, wobei der Zusammenhang mit dem Fehlen des D$_4$-Proteins vorläufig unklar ist (Nöthen et al. 1994a). Die zweite Deletionsvariante wurde nur bei einer Person beobachtet. Auf DNA-Ebene ist diese Variante durch eine Deletion von 21 Basenpaaren (Nukleotide +106 bis +126) charakterisiert, welche einen Verlust der Aminosäuren Ala-Ala-Leu-Val-Gly-Gly-Val (Kodon 36–42) in der ersten Transmembrandomäne bewirkt (Cichon et al. 1995). Die Patientin, bei der diese Deletion identifiziert wurde, leidet an einer Panikerkrankung. Da die Familienanamnese bis auf eine generalisierte Angsterkrankung bei einer Tante leer war und keine weiteren Familienmitglieder für molekulargenetische Untersuchungen zur Verfügung standen, bleibt der Zusammenhang zwischen Deletionsvariante und Panikerkrankung bei der Patientin zunächst ungeklärt.

Eine dritte von uns identifizierte Variante ist durch einen Austausch von Glycin durch Arginin in Position 11 des Proteins gekennzeichnet (Cichon et al. 1995).

Von einer kanadischen Arbeitsgruppe wurde kürzlich ein nur unter Personen afrikanischer Herkunft gefundener Austausch von Valin durch Glycin in Position 194 berichtet (Seeman et al. 1994).

Auf Assoziationsebene fanden wir weder mit dem 12 bp-Repeat, noch mit der 13 bp-Deletion, dem 48 bp-Repeat oder der Gly-11-Arg Substitution eine Assoziation mit bipolaren oder schizophrenen Psychosen (Cichon et al. 1993, 1995, Erdmann et al. 1993, Lim et al. 1994, Nöthen et al. 1994a).

Serotonin-Rezeptoren

Eine Störung serotoninerger Neurotransmission ist sowohl bei den affektiven Psychosen (zur Übersicht: Maes und Meltzer 1995) als auch bei den schizophrenen Psychosen (zur Übersicht: Roth und Meltzer 1995) postuliert worden.

Bezüglich der Vielfalt von Rezeptorsubtypen gilt für die Serotonin-Rezeptoren gleiches wie für die Dopamin-Rezeptoren (zur Übersicht: Göthert 1993). Mit molekularbiologischen Techniken konnte eine unerwartet große Zahl verschiedener Rezeptoren kloniert werden.

Bislang sind die Gene für die humanen Serotonin-Rezeptor-Subtypen 5-HT_{1A}, 5-$HT_{1D\alpha}$, 5-$HT_{1D\beta}$, 5-HT_{1E}, 5-HT_{1F}, 5-HT_{2A}, 5-HT_{2B}, 5-HT_{2C}, 5-HT_5, 5-HT_6 und 5-HT_7 kloniert (zur Übersicht: Shih et al. 1995). Die Identifizierung weiterer Serotonin-Rezeptorgene wird für die Zukunft erwartet.

Alle bislang beim Menschen klonierten 5-HT-Rezeptoren gehören zu den G-Protein-gekoppelten Rezeptoren. Von den 5-HT_3-Rezeptoren, welche zu der Gruppe der Liganden-gekoppelten Ionenkanal-Rezeptoren gehören, ist bislang keiner kloniert.

Die von uns systematisch auf Mutationen untersuchten Serotonin-Rezeptoren gehören zur Klasse der 5-HT_1- und 5-HT_2-Rezeptoren. Es sind dies im einzelnen der 5-HT_{1A}-, der 5-$HT_{1D\beta}$-, der 5-HT_{1E}-, der 5-HT_{1F}- und der 5-HT_{2A}-Rezeptor. Die genomische Struktur der 5-HT_1-Rezeptorgene ist durch das Fehlen von Introns charakterisiert, die translatierte Region der 5-HT_2-Rezeptorgene ist hingegen zweimal durch ein Intron unterbrochen. Die Rezeptoren vom 5-HT_1- bzw. 5-HT_2-Typ weisen untereinander eine hohe Sequenz-Homologie auf.

5-HT_{1A}-Rezeptorgen

Mit SSCA untersuchten wir die gesamte Promotor- und kodierende Region des Gens bei 46 bipolaren und 45 schizophrenen Patienten (Erdmann et al. 1995). Als einzige kodierende Variante fand sich bei einem schizophrenen Patienten ein Austausch von A zu G in NukleotidPosition 82, welcher zu einer Substitution von Isoleuzin durch Valin in Position 28 des Rezeptors führt. Um einen möglichen Zusammenhang mit der Erkrankung aufzudecken, untersuchten wir diese Variante in einem größeren Sample von unverwandten Patienten und Kontrollen. Die Val-28 Variante fand sich allerdings in allen drei Samples in ähnlicher Frequenz (Erdmann et al. 1995). Die pharmakolgische Charakterisierung der IIe-28-Val Variante im Pharmakologischen Institut der Universität Bonn (Prof. Göthert / Prof. Bönisch) ergab bei beiden Rezeptorvarianten gleiche Ligandenbindungsprofile (Brüss et al. 1995). Eine extrem seltene Variante ist von Bergen und Mitarbeitern (1994) berichtet worden. Es handelt sich um einen Austausch von Glycin zu Serin in Position 22 des Rezeptors. Beide Varianten sind im N-Terminus des Rezeptors lokalisiert.

5-HT$_{1D\beta}$-Rezeptorgen

Bei der systematischen Mutationssuche bei bipolaren und schizophrenen Patienten fand sich neben 3 Varianten im 5' untranslatierten Bereich eine kodierende Mutation in Nukleotidposition 271 (T→G), welche zu einer Substitution von Phenylalanin durch Cystein in Aminosäureposition 124 des Rezeptorproteins führt (Nöthen et al. 1994b). Die Frequenz in den Patientensamples unterschied sich nicht signifikant von der vorher bei gesunden Kontrollen beobachteten. Die Aminosäure 124 liegt in der dritten Transmembrandomäne nahe des Übergangs zur ersten extrazellulären Schleife. Phe-124 ist bei der Ratte konserviert, bei anderen humanen 5-HT-Rezeptoren nicht. Theoretisch könnte es durch den Austausch von Phenylalanin durch Cystein über eine Disulfidbrücken-Bildung zu einer Veränderung der Rezeptorstruktur und damit zu einer Funktionsänderung kommen. Eine pharmakologische Charakterisierung der Phe-124–Cys Variante wird gegenwärtig durch Mitarbeiter des Instituts für Pharmakologie der Universität Bonn vorgenommen. Lappalainen und Mitarbeiter (1995) führten ebenfalls ein systematisches Mutationsscreening beim 5-HT$_{1D\beta}$-Rezeptor durch. Bei der Analyse von 68 unverwandten Personen identifizielten sie eine stumme +861G/C Variante, allerdings fanden sie keine der von uns identifizierten Varianten.

5-HT$_{1E}$-Rezeptorgen

Der gesamte kodierende Bereich des 5-HT$_{1E}$-Rezeptorgens wurde bei 46 bipolaren und 45 schizophrenen Patienten auf Mutationen untersucht. Dabei fand sich nur eine stumme Mutation (C→T) in der dritten Position des Kodons 177 (Shimron-Abarbanell et al. 1995). Genetische Varianten des 5-HT$_{1E}$-Rezeptors konnten damit als häufige Ursache der Erkrankungen ausgeschlossen werden.

5-HT$_{1F}$-Rezeptorgen

Wie beim 5-HT$_{1F}$-Rezeptor fand sich auch beim Screenen des 5-HT$_{1F}$-Rezeptorgens bei bipolaren und schizophrenen Patienten keine kodierende Mutation. Als einzige Variante im kodierenden Bereich fand sich in der 3. Position von Kodon 261 (Isoleuzin) ein Austausch von T zu A (Shimron-Abarbanell et al. im Druck). Die Frequenz dieser Variante war gleich häufig bei Patienten und Kontrollen.

5-HT$_{2A}$-Rezeptorgen

Der 5-HT$_{2A}$-Rezeptor gilt als besonderer Kandidat unter den 5-HT-Rezeptoren, da viele Neuroleptika und Antidepressiva mit relativ hoher Alfinität an diesen Rezeptor binden (zur Übersicht: Sleight et al. 1991). Darüberhinaus berichtete eine japanische Arbeitsgruppe eine signifikante Assoziation einer stummen Mutation (+102T/C) im 5-HT$_{2A}$-Rezeptorgen (Warren et al. 1993) mit der Schizophrenie (Inayama et al. 1994). Da die untersuchte Mutation selbst keine Auswirkung auf die Rezeptorfunktion hat, ist – falls der Befund kein falsch positiver ist – von der Existenz mindestens einer funktionell wirksamen Variante auszugehen, die im Kopplungsungleichgewicht mit der stummen Mutation liegt. Wir untersuchten daraufhin die gesamte kodierende Sequenz des 5-HT$_{2A}$-Rezeptorgens bei 137 unverwandten Individuen (einschließlich 45 schizophrenen und 46 bipolaren Patienten) auf das Vorhandensein von Mutationen. Wir identifizierten 4 Einzelbasenpaarsubstitutionen, darunter zwei Mutationen, die im Rezeptorprotein zu Aminosäureaustauschen führen (Erdmann et al. 1996): ein Austausch von Threonin durch Aspartat in Position 25 und ein Austausch von Histidin durch Tyrosin in Position 425. Die Thr-25-Asp Variante liegt im Terminus des Rezeptors, die His-452-Tyr Variante im C-Terminus. Beide Varianten fanden sich nicht mit der Schizophrenie oder den bipolaren Psychosen assoziiert. Bei der Untersuchung der +102T/C Mutation konnten wir den Befund der japanischen Arbeitsgruppe replizieren. Damit ist möglicherweise eine im Kopplungsungleichgewicht mit der +102T/C Variante liegende Mutation in einem regulatorischen Abschnitt des Gens an der Entstehung der Schizophrenie beteiligt.

Ausblick

Die Resultate der direkten Mutationssuche in Dopamin- und Serotonin-Rezeptorgenen zeigen nicht nur eindrucksvoll das unterschiedliche Ausmaß genetischer Variahilität bei einzelnen Rezeptoren, sondern geben auch Hinweise auf evolutionäre Konservierung bzw. kritische Funktion einzelner Rezeptoren. So konnte z. B. beim Dopamin-D$_4$ Rezeptor mit der Identifizierung einer Nonsense Mutation und dem Nachweis eines Homozygotenstatus beim Menschen erstmalig der Beweis erbracht werden, daß das Nichtvorhandenseins eines spezifischen Dopamin-Rezeptors mit dem Leben vereinbar ist. Darüberhinaus konnten wir einen entscheidenden Beitrag zur Überprüfung der in der biologischen Psychiatrie zentralen Erklärungsmodelle zur Entstehung bipolarer und schizophrener Psychosen, bei denen eine Störung dopaminerger bzw. serotoninerger Neurotransmission als ursächlich vermutet wird, liefern. Zukünftige Studien werden zeigen, ob die von uns identifizierten Rezeptorvarianten an der Ätiologie anderer neuropsychiatrischer Erkrankungen beteiligt sind oder von pharmakogenetischer Relevanz (Propping und Nöthen 1995) sind.

Literatur

Asghari V, Schoots O, Van Kats S, Ohara K, Jovanovic V, Guan H-C, Bunzow JR, Petronis A, Van Tol HHM (1994) Dopamine D_4 receptor repeat: analysis of different native and mutant forms of the human and rat genes. Mol Pharmacol 46: 364–373

Bergen A, Wang CY, Nakhai B, Nielsen D, Goldman D (1994) Mass screening of rare 5-HT_{1A} variants using ECL detection. Am J Hum Genet 55 [Suppl]: A 180 (Abstract)

Brüss M, Bühlen M, Erdmann J, Göthert M, Bönisch H (1995) Binding properties of the naturally occurring human 5-HT_{1A} receptor variant with the I1e28Val substitution in the extracellular domain. Naunyn Schmiedebergs Arch Pharmacol 352: 455–458

Catalano M, Nobile M, Novelli E, Nöthen MM, Smeraldi E (1993) Distribution of a novel mutation in the first exon of the human dopamine D_4 receptor gene in psychotic patients. Biol Psychiatry 34: 459–464

Cichon S, Nöthen MM, Lanczik M, Rietschel M, Körner J, Erdmann J, Propping P (1993) Association study of the repeat polymorphism in exon 3 of the dopamine D_4 receptor gene in schizophrenia. Psychiatr Genet 3: 162–163 (Abstract)

Cichon S, Nöthen MM, Erdmann J, Propping P (1994a) Detection of four polymorphic sites in the human dopamine D_1 receptor gene (DRD1). Hum Mol Genet 3: 209

Cichon S, Nöthen MM, Rietschel M, Körner J, Propping P (1994b) Single strand conformation analysis reveals no significant mutation in the dopamine D_1 receptor gene (DRD1) in patients with schizophrenia and manic depression. Biol Psychiatry 36: 850–853

Cichon S, Nöthen MM, Catalano M, Di Bella D, Maier W, Lichtermann D, Minges J, Albus M, Borrmann M, Franzek E, Stöber G, Weigelt B, Körner J, Rietschel M, Propping P (1995) Identification of two novel polymorphisms and a rare deletion variant in the human dopamine D_4 receptor gene. Psychiatr Genet 5: 97–103

Civelli O (1995) Molecular biology of the dopamine receptor subtypes. In: Bloom FE, Kupfer DJ (eds) Psychopharmacology. The fourth generation of progress. Raven Press, New York, pp 155–162

Erdmann J, Nöthen MM, Cichon S, Körner J, Rietschel M, Lanczik M, Catalano M, Propping P (1993) Association study of a coding polymorphism in exon 1 of the dopamine D_4 receptor gene and major psychoses. Psychiatr Genet 3: 164 (Abstract)

Erdmann J, Shimron-Abarbanell D, Cichon S, Albus M, Maier W, Lichtermann D, Minges J, Franzek E, Ertl MA, Hebebrand J, Remschmidt H, Lehmkuhl G, Poustka F, Schmidt M, Fimmers R, Körner J, Rietschel M, Propping P, Nöthen MM (1995) Systematic screening for mutations in the promoter and the coding region of the 5-HT_{1A} gene. Am J Med Genet 60: 393–399

Erdmann J, Shimron-Abarbanell D, Rietschel M, Albus M, Maier W, Körner J, Bondy B, Chen K, Shih JC, Knapp M, Propping P, Nöthen MM (1996) Systematic screening for mutations in the human serotonin-2A (5-HT_{2A}) receptor gene: identification of two naturally occurring receptor variants and association analysis in schizophrenia. 97: 614–619

Göthert M (1992) 5-Hydroxytryptamine receptors. An example for the complexity of chemical transmission of information in the brain. Arzneimittelforschung/Drug Res 42: 238–246

Inayama Y, Yoneda H, Ishida T, Nonomura Y, Kono Y, Koh J, Kuroda K, Higashi H, Asaba H, Sakai T (1994) An association between schizophrenia and a serotonin receptor DNA marker (5HTR2). Neuropsychopharmacol 10 [Suppl]: 56 S (Abstract)

Lappalainen J, Dean M, Charbonneau L, Virkkunen M, Linnoila M, Goldman D (1995) Mapping of the serotonin 5-$HT_{1D\beta}$ autoreceptor gene on chromosome 6 and direct analysis for sequence variants. Am J Med Genet 60: 157–161

Lichter JB, Barr CL, Kennedy JL, Van Tol HHM, Kidd KK, Livak KJ (1993) A hypervariable segment in the human dopamine receptor D_4 (DRD4) gene. Hum Mol Genet 2: 767–773

Lim LCC, Nöthen MM, Körner J, Rietschel M, Castle D, Hunt N, Propping P, Murray R, Gill M (1994) No evidence of association between dopamine D_4 receptor variants and bipolar affective disorder. Am J Med Genet 54: 259–263

Liu Q, Sobell JL, Heston LL, Sommer SS (1995) Screening the dopamine D_1 receptor gene in 131 schizophrenics and eight alcoholics: identification of polymorphisms but lack of functionally significant sequence changes. Am J Med Genet 60: 165–171

Maes M, Meltzer HY (1995) The serotonin hypothesis of major depression. In: Bloom FE, Kupfer DJ (eds) Psychopharmacology. The fourth generation of progress. Raven Press, New York, pp 933–944

Minowa MT, Minowa T, Monsma FJ, Sibley DR, Mouradian MM (1992) Characterization of the 5' flanking region of the human D_{1A} dopamine receptor gene. Proc Natl Acad Sci USA 89: 3045–3049

Minowa MT, Minowa T, Mouradian MM (1993) Activator region analysis of the human D_{1A} dopamine receptor gene. J Biol Chem 268: 23544–23551

Nöthen MM, Erdmann J, Körner J, Lanczik M, Fritze J, Fimmers R, Grandy DK, O'Dowd B, Propping P (1992) Lack of association between dopamine D_1 and D_2 receptor genes and bipolar affective disorder. Am J Psychiatry 149: 199–201

Nöthen MM, Körner J, Lannfelt L, Sokoloff P, Schwartz J-C, Lanczik M, Rietschel M, Cichon S, Kramer R, Fimmers R, Möller H-J, Beckmann H, Propping P, Grandy DK, Civelli O, O'Dowd BF (1993) Lack of association between schizophrenia and alleles at the dopamine D_1, D_2, D_3 and D_4 receptor loci. Psychiatr Genet 3: 89–94

Nöthen MM, Cichon S, Hemmer S, Hebebrand J, Remschmidt H, Lehmkuhl G, Poustka F, Schmidt M, Catalano M, Fimmers R, Körner J, Rietschel M, Propping P (1994a) Dopamine D_4 receptor gene: frequent occurrence of a null allele and observation of homozygosity. Hum Mol Genet 3: 2207–2212

Nöthen MM, Erdmann J, Shimron-Abarbanell D, Propping P (1994b) Identification of genetic variation in the human serotonin 1Dβ receptor gene. Biochem Biophys Res Commun 205: 1194–1200

Orita M, Suzuki Y, Sekiya T, Hayashi K (1989) Rapid and sensitive detection of point mutations and DNA polymorphisms using polymerase chain reaction. Genomics 5: 874–879

Propping P, Nöthen MM (1995) Genetic variation of CNS receptors – a new perspective for pharmacogenetics. Pharmacogenet 5: 318–325

Roth BL, Meltzer HY (1995) The role of serotonin in schizophrenia. In: Bloom FE, Kupfer DJ (eds) Psychopharmacology. The fourth generation of progress. Raven Press, New York, pp 1215–1228

Seeman P, Ulpian C, Chouinard G, Van Tol HHM, Dwosh H, Lieberman JA, Siminovitch K, Liu ISC, Waye J, Voruganti P, Hudson C, Serjeant GR, Masibay AS, Seeman MV (1994) Dopamine D_4 receptor variant, D_4Glycine194, in Africans, but not in Caucasians: no association with schizophrenia. Am J Med Genet 54: 384–390

Shah M, Coon H, Holik J, Hoff M, Helmer V, Panos P, Byerley W (1995) Mutation scan of the D_1 dopamine receptor gene in 22 cases of bipolar I disorder. Am J Med Genet 60: 150–153

Shih JC, Chen KJ-S, Gallaher TK (1995) Molecular biology of serotonin receptors: a basis for understanding and addressing brain fuction. In: Bloom FE, Kupfer DJ (eds) Psychopharmacology. The fourth generation of progress. Raven Press, New York, pp 415–430

Shimron-Abarbanell D, Nöthen MM, Erdmann J, Propping P (1995) Lack of genetically determined structural variants of the human serotonin-lE (5-HT1E) receptor protein points to its evolutionary conservation. Mol Brain Res 29: 387–390

Shimron-Abarbanell D, Harms H, Erdmann J, Albus M, Maier W, Rietschel M, Körner J, Weigelt B, Franzek E, Sander T, Propping P, Nöthen MM (1996) Systematic screening for mutations in the human serotonin 1F receptor gene in patients with bipolar affective disorder and schizophrenia. Am J Med Genet (im Druck)

Sleight AJ, Pierce PA, Schmidt AW, Hekmatpanah CR, Peroutka SJ (1991) The clinical utility of serotonin receptor active agents in neuropsychiatric disease. In: Peroutka SJ (ed) Serotonin receptor subtypes. Wiley Liss, New York, pp 211–227

Van Tol HHM, Wu CM, Guan H-C, Ohara K, Bunzow JR, Civelli O, Kennedy J, Seeman P, Niznik HB, Jovanovic V (1992) Multiple dopamine D_4 receptor variants in the human population. Nature 358: 149–152

Warren JT, Peacock ML, Rodriguez LC, Fink JK (1993) An MspI polymorphism in the human serotonin receptor gene (HTR2): detection by DGGE and RFLP analysis. Hum Mol Genet 2: 338

Korrespondenz: PD Dr. M. M. Nöthen, Institut für Humangenetik, Universität Bonn, Wilhelmstraße 31, D-53111 Bonn, Bundesrepublik Deutschland

Molekulargenetische Ansätze zur Erforschung zentralnervöser Störungen: das Beispiel der benignen familiären neonatalen Epilepsie

O. K. Steinlein

Institut für Humangenetik, Universität Bonn, Bundesrepublik Deutschland

Epileptische Erkrankungen sind in der Regel durch eine Kombination von genetischen und externen Ursachen bedingt. Die kausalen Zusammenhänge entziehen sich zumeist einer direkten Analyse. Damit kann auch die Therapie dieser Erkrankungen in der Regel nur symptomatisch, nicht aber kausal ansetzen. Obwohl bei vielen primären Epilepsieformen eine familiäre Häufung beobachtet werden kann [1] ist über die dafür verantwortlichen genetischen Faktoren nichts bekannt.

Eine der wenigen Ausnahmen bildet die benigne familiäre neonatale Epilepsie (BFNC) mit autosomal dominantem Erbgang. Bei der BFNC ist die Veränderung eines einzelnen Gens verantwortlich für die erhöhte Krampfbereitschaft. Solche monogen bedingten Erkrankungen ermöglichen aufgrund des direkten Zusammenhangs von Genwirkung und Phänotyp einen Einstieg in die Erforschung multikausaler Störungen des Zentralnervensystems. Durch die Identifizierung eines zugrundeliegenden Gendefekts würden die pathogenetischen Entstehungsmechanismen einer epileptischen Erkrankung der direkten Analyse zugänglich. Die daraus gewonnenen Erkenntnisse wären auch für die Untersuchung anderer Erkrankungen des epileptischen Formenkreises von großer Bedeutung, da sich damit zum ersten Mal die Möglichkeit eröffnet, die kausale Wirkung eines Genprodukts auf die komplexen Vorgänge der normalen und pathologischen Erregungsbildung und -weiterleitung zu studieren. Außerdem ist zu vermuten, daß die monogen vererbten Krampfleiden zugrundeliegenden Gene auch bei multifaktoriell bedingten Epilepsien beteiligt sein könnten.

Die fokalen oder generalisierten klonischen Krampfanfälle beginnen bei den von BFNC betroffenen Kindern typischerweise in der ersten Lebenswoche und remittieren spontan bis zum 6. Lebensmonat. EEG- und Videoaufzeichnungen haben gezeigt, daß es vor der eigentlichen klonischen Phase des Anfalls zu einer bilateralen Abflachung des EEGs mit Apnoe und kurzer tonischer Phase kommt [3]. Die betroffenen Kinder zeigen in der Regel keine weiteren neurologischen Auffälligkeiten und entwickeln sich altersentsprechend. Allerdings treten bei etwa 11% der Kinder später in der Kindheit oder im Erwachsenenalter erneut epileptische Anfälle auf.

Kopplungsstudien haben gezeigt, daß bei dem überwiegenden Teil der bisher untersuchten BFNC- Familien das verantwortliche Gen auf Chromosom 20ql3.2 – 13.3 liegt [4, 5]. In zwei Familien gibt es Hinweise für einen weiteren Genort auf Chromosom 8 [6, 7]. Unbekannt ist bisher, ob mit dieser genetischen Heterogenität auch Unterschiede in der klinischen Ausprägung der Erkrankung verbunden sind. Zumindest für die Entwicklung einer Spätepilepsie scheint die Zuordnung zu unterschiedlichen Genorten keine prädiktive Aussagekraft zu haben, da diese inzwischen auch in einer nicht mit Chromosom 20 gekoppelten Familie beobachtet wurden [7].

Der BFNC-Genort auf Chromosom 20q konnte inzwischen mit Hilfe von dort lokalisierten anonymen DNA-Polymorphismen näher eingegrenzt werden. Die maximalen Lod Scores (Wahrscheinlichkeitsabschätzung für die Entfernung zwischen zwei DNA-Abschnitten oder Genorten) ergeben sich in den untersuchten BFNC-Familien mit den DNA-Polymorphismen D20S19 und D20S20. Da es sich hier um eine telomernahe (am Ende eines Chromosomenarms gelegene) Region handelt, in welcher Rekombinationen (Austausche in der Meiose) relativ häufiger vorkommen als in anderen Chromosomenabschnitten, führt die genetische Kartierung vermutlich zu einer Überschätzung der tatsächlichen Abstände. Dies bestätigte sich bei der physikalischen Kartierung der Kandidatenregion, welche mittels Pulsefield-Elektrophorese durchgeführt wurde [8].

Bei der Pulsefield-Elektrophorese wird hochmolekulare genomische DNA mit speziellen Enzymen (sogenannten Restriktionsendonukleasen) in verschieden große Fragmente geschnitten und im elektrischen Feld aufgetrennt. Auf diese DNA-Fragmente werden dann nacheinander DNA- Sonden hybridisiert, welche die DNA-Polymorphismen der Kandidatenregion erkennen. Dort, wo zwei DNA-Sonden auf das selbe Fragment hybridisieren, bestimmt die Größe dieses Fragments den maximal möglichen physikalischen Abstand zwischen beiden DNA-Polymorphismen. Unter Verwendung verschiedener Restriktionsendonukleasen erhält man somit eine genaue Aussage über die physikalischen Größenverhältnisse der Kandidatenregion. Gleichzeitig konnten durch die Verwendung methylierungssensitiver Restriktionsendonukleasen „genverdächtige" Bereiche in der physikalischen Karte lokalisiert werden. Bestimmte Genombereiche, welche reich an nicht-methylierten CG-Nukleotiden sind, bezeichnet man als „CpG-islands". Sie sind erfahrungsgemäß häufig mit Genen assoziiert. Mehrere solcher „CpG-islands" konnten in der Kandidatenregion für die BFNC identifiziert werden. Die Suche nach dem verursachenden Gen konzentrierte sich somit auf die Klonierung der unmittelbaren Umgebung dieser „CpG-islands".

Für die Klonierung der Kandidatenregion wurde eine sogenannte Cosmid-Bibliothek benutzt. Cosmide sind Vektoren (Träger-DNA), welche fremde DNA-Fragmente begrenzter Größe (bis ca. 40 Kilobasen Länge) aufnehmen und in Wirtszellen zur Vermehrung einschleusen können. Es wurden zusammenhängende, größere Abschnitte der Kandidatenregion kloniert, darunter auch die Umgebung der aus der physikalisch kartierten Region isolierten „CpG-islands".

Die klonierten DNA-Abschnitte wurden auf die Anwesenheit von exprimierten Sequenzen, d. h. das Vorhandensein von Genen untersucht. Zwei der isolierten Gene erfüllen die Basisbedingungen eines möglichen Kandidatengens, da sie beide eine gehirnspezifische Expression zeigen. Eines dieser Gene ist zudem auch aufgrund seiner Funktion besonders interessant. Es ist gelungen, die α4-Untereinheit des neuronalen Acetylcholinrezeptors in der BFNC-Kandidatenregion zu lokalisieren. Neurotransmitter und ihre Rezeptoren werden aufgrund ihrer direkten Beteiligung an der Entstehung und Weiterleitung neuronaler Erregungsmuster in theoretische Erklärungsmodelle zur Pathogenese epileptischer Erkrankungen einbezogen.

Ob die α4-Untereinheit des neuronalen Acetylcholinrezeptors tatsächlich in ursächlichem Zusammenhang mit der Entwicklung der Krampfaktivität in BFNC-Patienten steht, werden künftige Mutationsanalysen zeigen. Erstes Durchmustern auf Sequenzabweichungen haben bereits ermutigende Ergebnisse gezeigt. Die bisher erzielten Ergebnisse lassen hoffen, daß mit der baldigen Identifizierung eines ersten Gendefekts bei einem idiopathischen Krampfleiden mit der Aufklärung der pathophysiologischen Zusammenhänge begonnen werden kann. Zudem ist abzusehen, daß auch für weitere epileptische Erkrankungen, für welche bereits ein Genort im Genom lokalisiert werden konnte wie, z. B. für Unterformen der idiopathisch-generalisierten Epilepsie oder der progressiven Myoklonusepilepsie vom Typ Unverricht-Lundborg, in naher Zukunft die zugrundeliegenden Gene gefunden werden. Der rasche Erkenntniszuwachs in der molekularen Genetik wird zudem eine Analyse epileptischer Erkrankungen mit komplexerer Ätiologie ermöglichen.

Literatur

1. Anderson VE, Hauser WA, Penry JK, Sing CF (eds) (1982) Genetic basis of the epilepsies. Raven Press, New York
2. Zonana J, Silvey K, Strimling B (1984) Familial neonatal and infantile seizures: an autosomal dominant disorder. Am J Med Genet 18: 455–459
3. Hirsch E, Velez A, Sellal F, Maton B, Grinspan A, Malafosse A, Marescaux C (1993) Electroclinical signs of benign neonatal familial convulsions. Ann Neurol 34: 835–841
4. Leppert M, Anderson VE, Quattlebaum T, Stauffer D, O'Conell P, Nakamura Y, Lalouel JM, White R (1989) Benign familial neonatal convulsions linked to genetic markers on chromosome 20. Nature 337: 647–648
5. Malafosse A, Leboyer M, Dulac O, Navalet Y, Plouin P, Beck C, Laklou H, Mouchnino G, Grandscene P, Vallee L, Guilloud-Bataille M, Samolyk D, Baldy-Moulinier B, Feingold J, Mallet J (1992) Confirmation of linkage of benign familial neonatal convulsions to D29S19 and D20S20. Hum Genet 89: 54–58
6. Lewis TB, Leach RJ, Ward K, O'Connel P, Ryan SG (1993) Genetic heterogeneity in benign familial neonatal convulsions: identification of a new locus. Am J Hum Genet 53: 670–675

7. Steinlein O, Schuster V, Fischer C, Häussler M (1994) Benign familial neonatal con-
    vulsions: confirmation of genetic heterogeneity and durther evidence for a second lo-
    cus on chromosome 8q. Hum Genet 35: 411–415
8. Steinlein O, Fischer C, Keil R, Smigrodzki R, Vogel F (1992) D20S19, linked to low
    voltage EEG, benign neonatal convulsions, and Fanconi anaemia, maps to a region of
    enhanced recombination and is localized between CpG islands. Hum Mol Genet 1:
    325–329
9. Steinlein O, Smigrodzki R, Lindstrom J, Anand R, Köhler M, Tocharoentanaphol C,
    Vogel F (1994) Refinement of the localization of the gene for neuronal nicotinic
    acetylcholine receptor α4 subunit (CHRNA4) to human chromosome 20q13.2-q13.3.
    Genomics 22: 493–495

Korrespondenz: Dr. med. O. Steinlein, Institut für Humangenetik, Universität Bonn, Wilhelmstraße 31, D-53111 Bonn, Bundesrepublik Deutschland

Molekulargenetische Untersuchungen bei primären Torsionsdystonien

U. Müller

Institut für Humangenetik, Universität Giessen, Bundesrepublik Deutschland

Dystonia musculorum deformans

Unter Dystonie, Dystonia musculorum deformans, versteht man eine Gruppe von Bewegungsstörungen, die durch lange anhaltende Muskelkontraktionen charakterisiert ist, welche häufig zu drehenden, sich wiederholenden Bewegungen und zu Haltungsanomalien führen. Ätiologisch lassen sich die Dystonien in primäre (idiopathische) und sekundäre (symptomatische) Formen einteilen. Primäre Torsionsdystonien treten entweder hereditär oder sporadisch auf. Nach klinischen Kriterien lassen sich mindestens 5 autosomal dominant und eine X-chromosomal rezessiv vererbte Form unterscheiden (Kupke und Müller 1990). Die Genloci sind bei drei dieser Erkrankungen, der klassischen autosomal dominant vererbten Form, dem X-chromosomalen Dystonie-Parkinson-Syndrom (XDP) und der Dopa-responsiven Dystonie (DRD), chromosomal genau lokalisiert. Bei der DRD ist außerdem das mutierte Gen identifiziert worden.

Prinzip des Positionsklonierens

Zur Identifizierung des bei primären Dystonien mutierten Gens ist man auf Methoden der Positionsklonierung angewiesen, denn ein abnormes Genprodukt, das auf die Natur des Krankheitsgens hinweisen könnte, ist bei dieser Gruppe von Erkrankungen nicht bekannt. Das Vorgehen beim positionellen Klonieren ist schematisch in Abb. 1 angegeben. Zunächst wird das Krankheitsgen chromosomal genau lokalisiert. Anschließend wird die das Krankheitsgen enthaltende „kritische Region" nach transkribierten Sequenzen durchsucht. Die Gewebeverteilung der Transkripte wird analysiert und – im Falle der Dystonien – diejenigen Gene, die auch in den Basalganglien exprimiert sind, auf Mutationen bei Patienten untersucht.

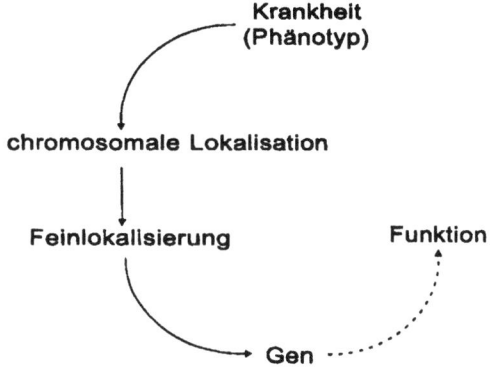

Abb. 1. Prinzip des Positionsklonierens

Lokalisierung von Krankheitsgenen

Zur Lokalisierung des Krankheitsgens bedient man sich der Kopplungs-analyse, da bei keiner der primären Dystonien ein chromosomales Rear-rangement gefunden worden ist, das die Lokalisierung des Genlocus er-leichtern würde. Unter Kopplung versteht man die überzufällig häufige, d. h. gekoppelte Vererbung von zwei oder mehr nichtallelen, genetisch festgelegten Merkmalen aufgrund ihrer topischen Nähe auf demselben Chromosom. Die Kopplungsanalyse wird mit Hilfe polymorpher DNA-Seg-mente durchgeführt. Der Befund eines DNA-Polymorphismus beruht dar-auf, daß innerhalb einer Population Variationen in der DNA bestehen, die sich entweder durch interindividuelle Unterschiede im Vorhandensein oder Fehlen von Schnittstellen für Restriktionsenzyme (RFLP, Restriktions-längenpolymorphismus) oder durch interindividuelle Längenunterschie-de kurzer in Tandem wiederholter Di-, Tri- oder Tetranukleotide (STRPs, „short tandem repeat polymorphisms") erklären. Funktionell sind sowohl RFLPs als auch STRPs bedeutungslos. Bei Kopplungsanalysen zur Lokali-sierung von Krankheitsgenen ist der eine Marker der durch den Phänotyp bestimmte, jedoch unbekannte Krankheitslocus, der andere ein polymor-phes DNA Segment, dessen chromosomale Lokalisation bekannt ist.

Dystonie Locus DYT1 (arabisch „eins") auf Chromosom 9

Die klassische primäre Torsionsdystonie, die erstmals 1908 von Schwalbe beschrieben worden ist, wird autosomal dominant mit verminderter Pene-tranz (ca. 30%) vererbt. Sie kommt gehäuft bei Ashkenazi – Juden aber auch in der nichtjüdischen Bevölkerung vor. Durch Kopplungsanalysen konnte der Genlocus, DYT1 (arabisch „eins"), dem langen Arm des Chro-mosoms 9 zugeordnet werden (Ozelius et al. 1989). Eine schematische Kar-te ist in Abb. 2a gezeigt. Bei der jüdischen Bevölkerung läßt sich die Muta-tion auf einen genetischen „founder effect" zurückführen. Die bei dieser Gruppe vorliegende Mutation ist also bei allen Betroffenen identisch, da alle dieselbe Veränderung des Krankheitsgens tragen. Diese wiederum hat sich, ausgehend von einem „founder", in dieser lange Zeit genetisch isolierten Bevölkerung ausgebreitet. Man vermutet, daß der „founder" in Osteuropa, wahrscheinlich in Littauen oder Weißrußland vor etwa 350 Jahren gelebt hat (Risch et al. 1995). Die genetische Homogenität der Mutation ermöglicht eine weitere Einengung des Krankheitslocus durch Untersuchungen der allelischen Assoziation („linkage disequilibrium"). Unter allelischer Assoziation versteht man die nicht zufallsmäßige Assoziation zwischen den Allelen zweier benachbarter Genloci. Je enger diese Nachbarschaft zwischen DYT1 und einem polymophen DNA-Locus ist, um so wahrscheinlicher hat diese Sequenz seit Auftreten der Mutation nicht mit dem Locus rekombiniert. Mit Hilfe der Analyse der allelischen Assoziation konnte DYT1 innerhalb einer Region von wenigen centi Morgan (die genetische Distanz 1cM entspricht im Genom der durchschnittlichen physikalischen Länge von 1 Mb) in der Bande q34 des langen Arms von Chromosom 9 eingeengt werden (Kramer et al. 1994, Abb. 2b). Man kann davon ausgehen, daß das Gen in den nächsten Jahren identifiziert werden wird.

X-chromosomale Dystonie-Parkinson Syndrom

Beim X-chromosomalen Dystonie-Parkinson (XDP) Syndrom handelt es sich um eine X-chromosomal rezessiv vererbte primäre Dystonie, die in ca. 50% der Fälle mit Parkinson-Symptomatik (Rigor, Tremor, Bradykinesie, Verlust von Haltungsreflexen) assoziiert ist (Graeber und Müller 1992). Das XDP Syndrom hat einen durchschnittlichen Krankheitsbeginn von 35 Jahren, tritt endemisch auf der Philippineninsel Panay auf und ist, wie die bei Ashkenazi Juden gehäuft auftretende autsomal dominante Dystonie,

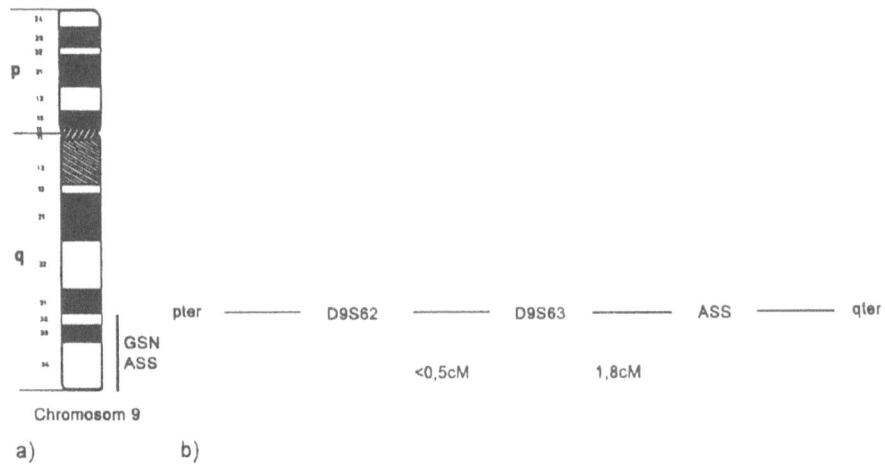

Abb. 2. Lokalisierung von DYT-1 im distalen langen Arm von Chromosome 9 (**a**) und weitere Einengung des Genlocus innerhalb der Bande q34 (**b**), GSN Gelsolin (9q33), ASS Argininosuccinat Synthetase (9q34)

auf einen „founder effect" zurückzuführen. Ähnlich wie bei DYT1 wurde der beim XDP Syndrom mutierte Genlocus, DYT3, durch Kopplungsanalysen auf dem X-Chromosom eingeengt und dem proximalen langen Arm dieses Chromosoms zugeordnet (Kupke et al. 1990, 1992) (Abb. 3a). Durch Analysen der allelischen Assoziation und von Haplotypen (Allele an mehreren Loci, die in der Nähe von DYT3 in Phase auftreten) wurde DYT3 einer kleinen Region im langen Arm des X-Chromosom zugeordnet (Graeber et al. 1992, Müller et al. 1994, Haberhausen et al. 1995) (Abb. 3b). Wir haben die gesamte Region in künstlichen Hefechromosomen kloniert und damit begonnen, transkribierte Sequenzen aus dieser Region zu isolieren. Diese werden als Kandidatengene auf Mutationen bei XDP Patienten untersucht.

Dopa responsive Dystonie (DRD)

Die autosomal dominant vererbte Dopa-responsive Dystonie zeichnet sich durch das gleichzeitige Auftreten von Dystonie und Parkinsonsymptomatik aus. Die Erkrankung unterliegt starken circadianen Schwankungen. Während die Symptomatik morgens oft relativ leicht ist, verschlechtert sie sich im Laufe des Tages (Segawa et al. 1971). DRD setzt in der Regel während der Kindheit ein, der Schweregrad des Leidens variiert zwischen Genträgern jedoch erheblich. Während sich bei manchen Patienten nur bei gezieltem Suchen leichte Symptome (z. B. angedeutete Supinations-

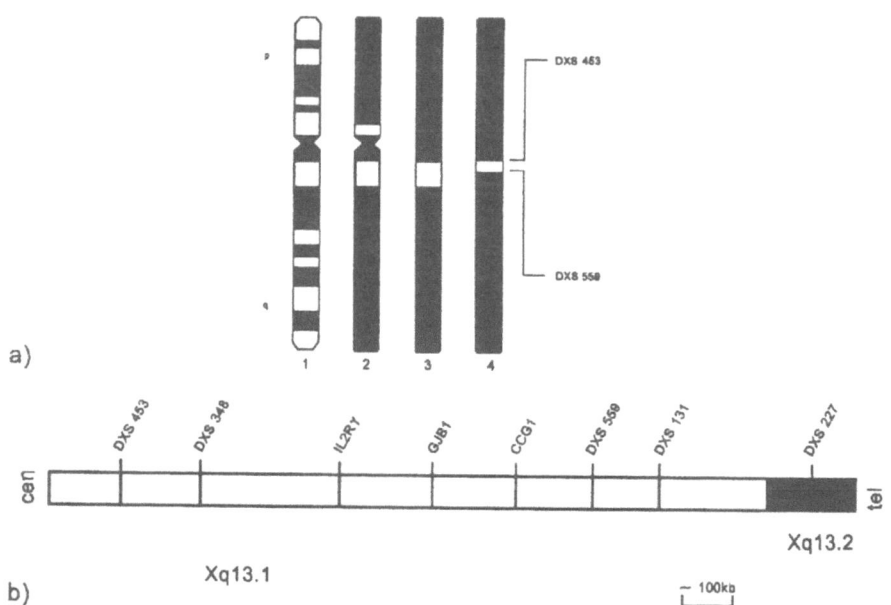

Abb. 3. Eingrenzung des DYT3 Locus im proximalen langen Arm des X-Chromosoms (**a**) und Konstruktion einer physikalischen Karte der DYT3 enthaltenen Region (**b**). DYT3 liegt in der Region zwischen DXS559 und DXS348

stellung der Füße beim Laufen) feststellen lassen, ist die Erkrankung bei anderen Individuen debilitierend und fesselt die Patienten an den Rollstuhl. Durch Gabe von L-Dopa wird jedoch selbst bei fortgeschrittenen, schweren Fällen oft eine vollkommene Remission der Symptomatik erreicht. Behandelte Individuen können ein normales Leben führen. Außer der stark variierenden Expressivität des DRD Gens wird die Erkrankung auch mit verminderter Penetranz vererbt, d. h. manche Genträger sind vollkommen asymptomatisch.

Durch Kopplungsanalysen wurde der DRD Locus dem langen Arm von Chromosom 14 (14q22.1–q22.2) zugeordnet (Nygaard et al. 1993). Die Identifizierung des Krankheitsgens wurde dadurch erleichtert, daß man aufgrund der Symptomatik von DRD gezielt nach Kandidatengenen suchen konnte. Als Kandidatengene bei DRD sind solche anzusehen, die am Dopaminstoffwechsel beteiligt sind. Tatsächlich fand sich auf Chromosom 14 ein Gen, dessen Produkt, die GTP Cyclohydrolase I, an der Konversion von GTP in Biopterin beteiligt ist und damit eine wesentliche Rolle beim Dopaminstoffwechsel spielt. Die Funktion dieses Enzyms bei der Dopaminsynthese ist in Abb. 4 gezeigt. Bei Patienten findet sich eine Mutation des Gens, was zu einem Dopaminmangel führt, da Biopterin als Kofaktor der Tyrosin Hydroxylase in ungenügender Menge vorhanden ist (Ichinose et al. 1994). Je niedriger die Enzymaktivität bei Patienten ist, desto schwerer scheint die Symptomatik zu sein. Nachdem das DRD Gen identifiziert worden ist, kann man sich jetzt experimentell der Aufklärung der molekularen Ursachen der offenbar reduzierten Penetranz und stark variierenden Expressivität bei DRD zuwenden.

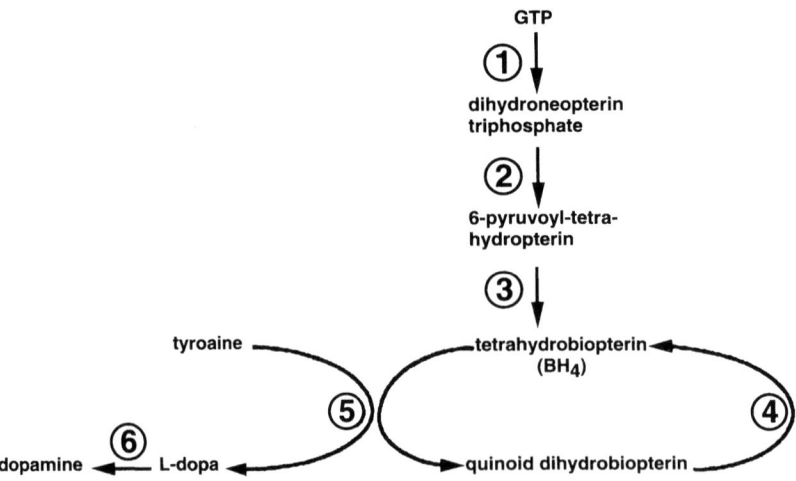

Abb. 4. Biopterin-Synthesewegund seine Rolle bei der Dopaminsynthese. ① GTP Cyclohydrolase; ② 2,6-Pyruvoyl-Tetrahydropterin Synthase; ③ Sepiapterin Reduktase; ④ Dihydropteridin Reduktase; ⑤ Tyrosin Hydroxylase; ⑥ Dopamin Decarboxylase (nach Ozelius und Breakefiel 1994)

Zusammenfassung

Mit Hilfe molekulargenetischer Methoden konnten die Genloci, die der klassischen, autosomal dominant vererbten Dystonie und dem X-chromosomal rezessiven Dystonie-Parkinson Syndrom zugrundeliegen, einer kleinen Region auf Chromosom 9, bzw. auf dem X-Chromosom zugeordnet werden. Durch chromosomale Kartierung und die gezielte Untersuchung von Kandidatengenen wurde eine GTP Cyclohydrolase als das bei der autosomal dominanten Dopa-responsiven Dystonie mutierte Gen identifiziert. Die Ergebnisse ermöglichen nicht nur die differentielle, pränatale und präsymptomatische Diagnostik dieser drei primären Dystonie-Formen, sondern eröffnen auch Möglichkeiten zur Entwicklung kausaler Therapien.

Literatur

Graeber MB, Müller U (1992) The X-linked dystonia-parkinsonism syndrome (XDP): clinical and molecular genetic analysis. Brain Pathol 2: 287–295

Graeber MB, Kupke KG, Müller U (1992) Delineation of the dystonia-parkinsonism syndrome locus in Xql3. Proc Natl Acad Sci USA 89: 8245–8248

Haberhausen G, Schmitt I, Köhler A, Peters U, Rider S, Chelly J, Monaco AP, Müller U (1995) Assignment of the dystonia-parkinsonism locus, DYT3, to a small region within a 1.8 Mb YAC contig of Xql3.1. Am J Hum Genet 57: 644–650

Ichinose H, Ohye T, Takahashi EI, Seki N, Hori T, Segawa M, Nomura Y, Endo K, Tanaka H, Tsuji S, Fujita K, Nagatsu T (1994) Hereditary progressive dystonia with marked diurnal fluctuation caused by mutations in the GTP cyclohydrolase I gene. Nature Gen 8: 236–242

Kramer PL, Heiman GA, Gasser T, Ozelius LJ, de Leon D, Brin MF, Burke RE, Hewett J, Hunt AL, Moskowitz C, Nygaard TG, Wilhelmsen KC, Fahn S, Breakefield XO, Risch NJ, Bressman SB (1994) The DYTI (arabisch „eins") gene on 9q34 is responsible for most cases of early limb-onset idiopathic torsion dystonia in non-Jews. Am J Hum Genet 55: 468–475

Kupke KG, Lee LV, Müller U (1990) Assignment of the X-linked torsion dystonia gene to Xq21 by linkage analysis. Neurol 40: 1438–1442

Kupke KG, Graeber MB, Müller U (1992) Dystonia-Parkinsonism Syndrome (XDP) locus: flanking markers in Xql2-q21.1. Am J Hum Genet 50: 808–815

Müller U, Kupke KG (1990) The genetics of primary torsion dystonia. Hum Genet 84: 107–115

Müller U, Haberhausen G, Wagner T, Fairweather N, Chelly J, Monaco A (1994) DXS106 and DXS559 flank the X-linked dystonia-parkinsonism syndrome locus (DYT3). Genomics 23: 114–117

Nygaard TG, Wilhelmsen KC, Risch NJ, Brown DL, Trugman JM, Gilliam TC, Fahn S, Weeks DE (1993) Linkage mapping of dopa-responsive dystonia (DRD) to chromosome 14q. Nature Genet 5: 386–391

Ozelius LJ, Breakefield XO (1994) Co-factor insufficiency in Dystonia-Parkinsonian syndrome. Nature Genet 8: 207–209

Ozelius L, Kramer PL, Moskowitz CB, Kwiatkowski DJ, Brin MF, Bressman SB, Schuback DE, Falk CT, Risch N, de Leon D, Burke RE, Haines J, Gusella JF, Fahn S, Breakefield XO (1989) Human gene for torsion dystonia located on chromosome 9q32-q34. Neuron 2: 1427–1434

Risch N, de Leon D, Ozelius L, Kramer P, Almasy L, Singer B, Fahn S, Breakefield X, Bressman S (1995) Genetic analysis of idiopathic torsion dystonia in Ashkenazi Jews and their recent descent from a small founder population. Nature Genet 9: 152–159

Segawa M, Ohmi K, Itoh S, Aoyama M, Hayakawa H (1971) Childhood basal ganglia disease with remarkable response to L-Dopa, hereditary basal ganglia disease with marked diurnal fluctuation. Shinryo (Tokyo) 24: 667–672

Schwalbe W (1908) Eine eigentümliche tonische Krampfform mit hysterischen Sympto-
    men. Dissertation. Schade, Berlin

Korrespondenz: Prof. Dr. U. Müller, Institut für Humangenetik, Justus-Liebig-Universität
    Giessen, Schlangenzahl 14, D-35392 Giessen, Bundesrepublik Deutschland

Untersuchungen zum Apolipoprotein E-Genotyp an histologisch gesicherten Fällen von Morbus Alzheimer

R. Egensperger, S. Kösel, C. B. Lücking, P. Mehraein und **M. B. Graeber**

Labor für Molekulare Neuropathologie, Institut für Neuropathologie,
Ludwig-Maximilians-Universität, München, Bundesrepublik Deutschland

Die Alzheimersche Krankheit ist die häufigste Ursache der senilen Demenz. Sie betrifft etwa 5% bis 20% der 65–80jährigen und ist derzeit nach Herzerkrankungen, Malignomen und Apoplexie die vierthäufigste Todesursache in den Industrieländern [22]. Die demographische Entwicklung mit einer Verschiebung der Alterspyramide zugunsten der älteren Bevölkerungsgruppe wird zu einer weiteren Zunahme der Häufigkeit dieser Krankheit führen. Als wichtigste Risikofaktoren für den Morbus Alzheimer gelten derzeit hohes Alter, das Vorkommen der Krankheit bei Verwandten ersten Grades sowie Schädel-Hirn-Traumen [7]. In den letzten Jahren wurde darüber hinaus auch die zentrale Bedeutung genetischer Faktoren deutlich. Derzeit sind drei Genloci bekannt (AD1-3) [10], die in der Ätiologie der Demenz vom Alzheimer-Typ eine Rolle spielen. Im einzelnen handelt es sich um das Amyloid Precursor Protein (APP)-Gen auf Chromsom 21 (AD 1), das Apolipoprotein E-Gen auf Chromosom 19 (AD 2) sowie ein noch nicht bekanntes Gen auf Chromosom 14 (AD 3) (siehe „note added in proof"). Im Fall der genetisch heterogenen familiären Frühformen konnte bei etwa 5% der Familien eine Mutation des APP-Gens als Krankheitsursache wahrscheinlich gemacht werden [6]. Der überwiegende Anteil der Familien mit frühem Krankheitsbeginn (70%) zeigt dagegen genetische Koppelung mit dem Genlocus auf Chromosom 14, während bei 25% der Familien noch keine chromosomale Lokalisation gefunden werden konnte.

Im Jahr 1993 wurde von der Arbeitsgruppe um A. Roses sowohl für die sporadischen als auch für die familiären Spätformen des Morbus Alzheimer eine Assoziation des Krankheitsphänotyps mit dem auf Chromosom 19 lokalisierten Apolipoprotein E ε4-Allel beschrieben [17, 21]. Damit konnte

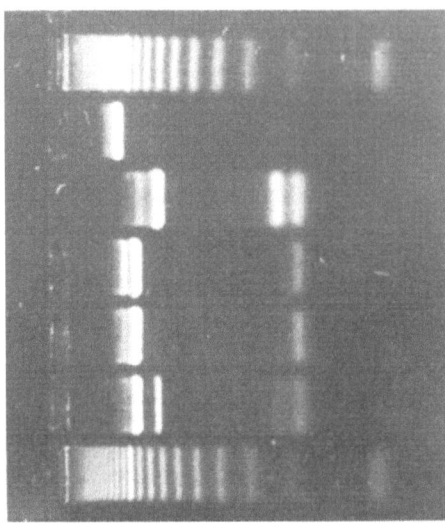

Abb. 1. Apolipoprotein E-Genotypisierung von vier histologisch gesicherten Alzheimer-Fällen. Genomische DNS wurde aus neuropathologischem Archivmaterial extrahiert und anschließend in der Polymerase-Ketten-Reaktion (PCR) eingesetzt. Für die PCR wurden die Primerpaare Rup 1/2 und Rup 3/4 („upstream" 5'-CTGGGCGCGeGACATGGAG-3'; „downstream" 5'-GCAGGTGGGAGGCGAGGC-3' und „upstream" 5'-GGCCAGAGCACC-GAGGAG-3'; „downstream" 5'GCCCCGGCCTGGTACACT-3' [4] verwendet. Reaktionsbedingungen für die PCR: initiale Denaturierung bei 94°C für 5 min, gefolgt von 43 Zyklen mit Denaturierung bei 94°C für 30 sec, Annealing bei 68°C für 30 sec, Extension bei 72°C für 1 min und abschließender Extension bei 72°C für 10 min. Nach Verdau der PCR-Produkte mit dem Restriktionsenzym HhaI und nachfolgender Gelelektrophorese lassen sich die drei Allele ε2, ε3 und ε4 unterscheiden. Bahnen 1 und 7 zeigen einen Größenstandard (10 bp-Leiter), Bahn 2: ε4/ε²/₃-heterozygoter Fall (91, 72, 19, 17 bp), Bahnen 3 und 4: ε²/₃/ε²/₃-heterozygote Fälle (91, 17 bp), Bahn 5: ε4/ε4-homozygoter Fall (72, 19, 17 bp), 6: unverdautes Amplifikationsprodukt (115 bp)

erstmals auch für sporadische Fälle der Alzheimerschen Krankheit, d. h. die überwiegende Mehrzahl aller Patienten, ein genetischer Risikofaktor gefunden werden. Wie mittlerweile von zahlreichen Autoren bestätigt werden konnte, ist die Häufigkeit des Apolipoprotein E ε4-Allels bei Alzheimer Patienten im Vergleich zu altersentsprechenden Kontrollen deutlich erhöht, und die Zahl der ε4-Allele beeinflußt den Krankheitsbeginn [2]. Das Apolipoprotein E ε4-Allel kann daher als Suszeptibilitätsfaktor für Morbus Alzheimer angesehen werden. Inzwischen wurde auch gezeigt, daß Träger des Apolipoprotein E ε2-Allels ein geringeres Risiko haben, an Morbus Alzheimer zu erkranken, und daß bei diesen Menschen die Krankheit später auftritt. Diese Beobachtungen machen es wahrscheinlich, daß das Produkt des Apolipoprotein E-Gens in den Pathomechanismus der Alzheimerschen Krankheit involviert ist.

Wir haben Methoden etabliert, die es erlauben, Formalin-fixiertes und in Paraffin-eingebettetes menschliches Hirngewebe für molekulargenetische Untersuchungen einzusetzen. Mit Hilfe dieser Methoden führen wir

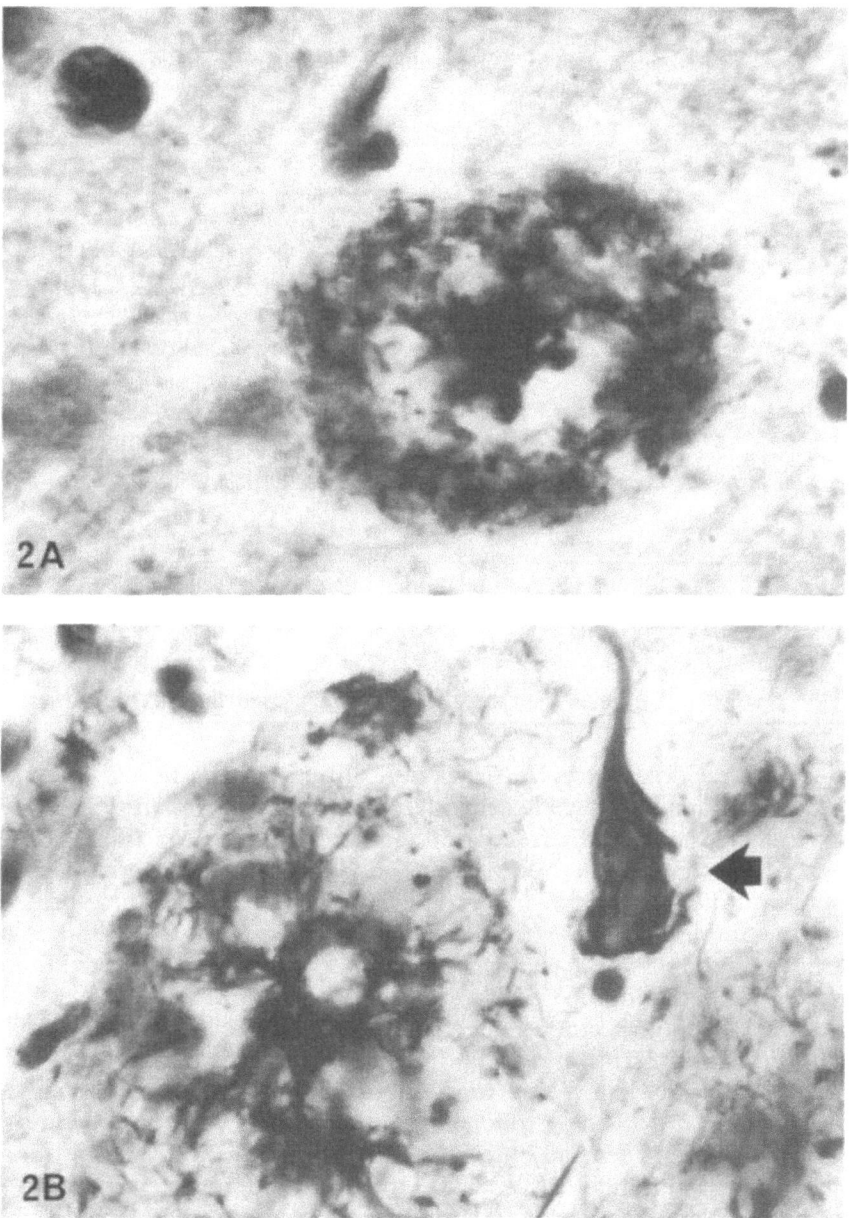

Abb. 2. Pathologische Veränderungen im frontalen Cortex eines Apo E ε4-homozygoten Falles von Morbus Alzheimer. **A** klassischer seniler Plaque, **B** Alzheimersche Neurofibrillen in einer Nervenzelle (Pfeil) in der Nachbarschaft eines senilen Plaques (Versilberung nach Reusche, x 700)

eine systematische Analyse von Genotyp und morphologischem Phänotyp bei klinisch und neuropathologisch diagnostizierten Fällen von Morbus Alzheimer durch. Als „Krankheits-spezifische" Kontrollen dienen Parkin-

Tabelle 1. Vergleich von Apolipoprotein E-Allelfrequenzen aus der Literatur bei Patienten mit autoptisch gesichertem, spät beginnendem Morbus Alzheimer (Erkrankungsbeginn nach dem 65. Lebensjahr) sowie Kontrollpersonen

Morbus Alzheimer

ε4	ε3	ε2	Fallzahl	Quelle
0,40	–	–	176	Saunders et al. 1993 [17]
0,41	–	–	134	Schmechel et al. 1993 [18]
0,38	–	–	39	Rebeck et al. 1993 [16]
0,40	0,55	0,05	57	Peacock et al. 1994 [15]
0,41	0,57	0,02	58	Smith et al. 1994 [19]
0,43	0,54	0,03	35	Benjamin et al. 1994 [1]
0,40	0,58	0,02	74	Galasko et al. 1994 [5]
0,41	0,57	0,02	91	Zubenko et al. 1994 [23]
0,38	0,60	0,01	68	St Clair et al. 1994 [20]

Kontrollen

ε4	ε3	ε2	Fallzahl	Quelle
0,14	0,78	0,08	1000	Menzel et al. 1983 [11]
0,12	0,80	0,08	498	Lucotte et al. 1993 [8]
0,09	0,86	0,05	584	Noguchi et al. 1993 [14]

son-Gehirne. Gehirne von Verstorbenen ohne neuropathologische Veränderungen finden als Normalkontrollen Verwendung. Neben dem Apolipoprotein E-Gen werden die folgenden Genloci typisiert: APP, CYP2D6 sowie mehrere mitochondriale Sequenzen. Zunächst wird aus neuropathologischem Routine- und Archivmaterial genomische DNS extrahiert und diese dann zur Amplifikation der Zielsequenz in der Polymerase-Ketten-Reaktion (PCR) eingesetzt. Für die weitere Analyse werden entweder Restriktionsenzyme verwendet, oder die PCR-Produkte werden direkt sequenziert. Zu diesem Zweck haben wir einen neuen PCR-Assay entwickelt, mit dessen Hilfe auch Formalin-fixiertes und in Paraffin eingebettetes Hirngewebe für die Apolipoprotein E-Genotypisierung eingesetzt werden kann [4]. Zur Charakterisierung des histologischen Phänotyps haben wir mittels computergestützter Bildverarbeitung eine Quantifizierung kortikaler ßA4-immunreaktiver Plaques durchgeführt. Darüber hinaus wurden in der Hirnrinde die Anzahl der Nervenzellen mit Alzheimerschen Neurofibrillenveränderungen bestimmt und die Expression von tau, Apolipoprotein E, des sauren Gliafaserproteins (GFAP) sowie von MHC (Major Histocompatibility Complex)-Molekülen der Klasse II untersucht.

Die Häufigkeit des Apolipoprotein E ε4-Allels betrug in der von uns untersuchten Alzheimer-Gruppe mit 19 klinisch und neuropathologisch charakterisierten Fällen 39% (9 ε3/ε4-heterozygot, 3 ε4/ε4-homozygot) [3]. Diese Allelfrequenz stimmt mit den in der Literatur angegebenen Daten für autoptisch gesicherte Fälle von sporadischem Morbus Alzheimer überein (Tabelle 1). Weitere, vorläufige Ergebnisse deuten darauf hin, daß die Ausprägung des neuropathologischen Phänotyps sowohl mit dem Apolipoprotein E-Genotyp als auch mit der Dauer des klinischen Verlaufs korreliert ist. Darüber hinaus scheint die Expression von MHC-Molekülen der Klasse II als Ausdruck einer Aktivierung von Mikrogliazellen in Beziehung zum Apolipoprotein E-Genotyp zu stehen.

Die klinische Diagnose der Alzheimerschen Krankheit beruht letztlich auf Ausschlußkriterien [13], während die definitive Diagnose Morbus Alzheimer erst durch die neuropathologische Postmortem-Untersuchung gestellt werden kann. Bei Zugrundelegung der NlNCDS-ADRDA-Kriterien wird für die Richtigkeit der klinischen Diagnose eines Morbus Alzheimer eine Wahrscheinlichkeit von 80% angenommen [9]. Die mit Hilfe der Polymerase-Ketten-Reaktion (PCR) heute einfach mögliche Genotypisierung von Alzheimer Patienten könnte sich für die klinische Diagnostik als von Bedeutung erweisen. Geht man z.B. von den gemittelten, in Tabelle 1 aufgeführten Allelfrequenzen ε2 = 0,04, ε3 = 0,56 und ε4 = 0,40 für autoptisch gesicherte Fälle von sporadischem Morbus Alzheimer aus, und nimmt man ferner eine klinische Diagnosewahrscheinlichkeit von 80% an, so sinkt bei Anwendung des Satzes von Bayes [12] die Wahrscheinlichkeit für das tatsächliche Vorliegen der Erkrankung auf 66%, wenn kein ε4-Allel vorliegt. Die Wahrscheinlichkeit für die richtige Diagnose steigt dagegen auf 89%, falls das Risikoallel in einfacher Dosis vorliegt und sogar auf 97%, wenn der Patient homozygot für das Allel ε4 ist. Diese Zahlen machen deutlich, daß sich der Apolipoprotein E-Genotyp zwar nicht als prädiktiver Marker, wohl aber als ein wichtiger Baustein in der klinischen Differentialdiagnose der Demenz vom Alzheimer-Typ einsetzen läßt. Der neuropathologischen Diagnostik kommt in diesem Zusammenhang eine neue und wichtige Rolle in der Validierung neurogenetischer Tests zu.

Zusammenfassend zeigen unsere Untersuchungen, daß sich neuropathologisch asserviertes Gewebe auch nach jahrzehntelanger Lagerung für molekulargenetische Analysen eignet und daß Genotyp-Phänotyp-Korrelationen sowohl prospektiv als auch retrospektiv möglich sind. Die Kenntnis der molekularen Ursachen neurodegenerativer Erkrankungen erlaubt es, diese häufigen Krankheiten über klinische und neuropathologische Kriterien hinaus auf genetischer Ebene zu definieren. Dies wird zur Entwicklung neuer molekulargenetischer Tests beitragen und unser Verständnis der Beziehung zwischen klinischen, neurobiologischen und genetischen Aspekten psychiatrischer Krankheiten erweitern.

Danksagung

Gefördert von der Deutschen Forschungsgemeinschaft (Eg 95/1–1; Gr 981/6–1, Gerhard Hess Programm) und der Friedrich-Baur-Stiftung.

Literatur

1. Benjamin R, Leake A, Edwardson JA, McKeith IG, Ince PG, Perry RH, Morris CM (1994) Apolipoprotein E genes in Lewy body and Parkinson's disease. Lancet 343: 1565

2. Corder EH, Saunders AM, Strittmatter WJ, Schmechel DE, Gaskell PC, Small GW, Roses AD, Haines JL, Pericak-Vance MA (1993) Gene dose of apolipoprotein E type 4 allele and the risk of Alzheimer's disease in late onset families. Science 261: 921–923
3. Egensperger R, Kösel S, Mehraein P, Graeber MB (1995) Correlation of APOE genotype and neuropathological phenotype in sporadic Alzheimer's disease. Proceedings of the World Federation of Neurology Research Group on Dementia Meeting 1995 (1994) (Abstract)(im Druck)
4. Egensperger R, Kösel S, Schnabel R, Mehraein P, Graeber MB (1995) Apolipoprotein E genotype and neuropathological phenotype in two members of a german family with chromosome 14-linked early onset Alzheimer's disease. Acta Neuropathol 90: 257–265
5. Galasko D, Saitoh T, Xia Y, Thal LJ, Katzman R, Hill LR, Hansen L (1994) The apolipoprotein E allele epsilon 4 is overrepresented in patients with the Lewy body variant of Alzheimer's disease. Neurology 44: 1950–1951
6. Goate A, Chartier-Harlin MC, Mullan M, Brown J, Crawford F, Fidani L, Giuffra L, Haynes A, Irving N, James L, Mant R, Newton P, Rooke K, Roques P, Talbot C, Pericak-Vance M, Roses A, Williamson R, Rossor M, Owen M, Hardy J (1992) Segregation of a missense mutation in the amyloid precursor protein gene with familial Alzheimer's disease. Nature 349: 704–706
7. Khachaturian ZS (1994) Scientific opportunities for developing treatments for Alzheimer's disease. Proceedings of Research Planning Workshop 1. Neurobiol Aging 15: S 11 – S 15
8. Lucotte G, David F, Visvikis S, Leininger-Müller B, Siest G, Babron MC, Couderc R (1993) Apolipoprotein E-epsilon 4 allele and Alzheimer's disease. Lancet 342: 1309
9. McKhann G, Drachman D, Folstein M, Katzman R, Price D, Stadlan (1984) Clinical diagnosis of Alzheimer's disease: report of the NINCDS-ADRDA Work Group under the auspices of Department of Health and Human Services Task Force on Alzheimer's disease. Neurology 34: 939–944
10. McKusick VA (1995) Online Mendelian Inheritance in Man. Ständig aktualisierte, über Internet erreichbare Datenbank-Version der Mendelian Inheritance in Man. John Hopkins University Press, Baltimore (E-mail. help@gdb.org)
11. Menzel H-J, Kladetzky R-G, Assmann G (1983) Apolipoprotein E polymorphism and coronary artery disease. Atherosclerosis 3: 310–315
12. Müller U, Kurz A, Lauter H, Altland K (1995) Aktuelle Gesichtspunkte zur Genetik neurodegenerativer dementieller Erkrankungen. Proceedings, 2. Jahrestagung der Gesellschaft für Gerontopsychiatrie. Euromed-Verlag
13. Müller-Spahn F, Hock C (1994) Demenz bei Alzheimerscher Erkrankung: Diagnostik, Pathogenese und Therapie. ZNS 6: 17–25
14. Noguchi S, Murakami K, Yamada N (1993) Apolipoprotein E genotype and Alzheimer's disease. Lancet 342: 737
15. Peacock ML, Fink JK (1994) ApoE epsilon 4 allelic association with Alzheimers disease: Independent confirmation using denaturing gradient gel electrophoresis. Neurology 44: 339–341
16. Rebeck GW, Reiter JS, Strickland DK, Hyman BT (1993) Apolipoprotein E in sporadic Alzheimer's disease: allelic variation and receptor interactions. Neuron 11: 575–580
17. Saunders AM, Strittmatter WJ, Schmechel D, St.George-Hyslop PH, Pericak-Vance MA, Joo SH, Rosi BL, Gusella JF, Crapper-MacLachlan DR, Alberts MJ, Hulette C, Crain B, Goldgaber D, Roses AD (1993) Association of apolipoprotein E allele epsilon-4 with late-onset familial and sporadic Alzheimer's disease. Neurology 43: 1467–1472
18. Schmechel DE, Saunders AM, Strittmatter WJ, Crain BJ, Hulette CM, Joo SH, Pericak-Vance MA, Goldgaber D, Roses AD (1993) Increased amyloid β-peptide deposition in L (cerebral cortex as a consequence of apolipoprotein E genotype in late-onset Alzheimer disease. Proc Natl Acad Sci USA 90: 9649–9653
19. Smith AD, Johnston C, Sim E, Nagy Z, Jobst KA, Hindley N, King E (1994) Protective effect of apoE epsilon 2 in Alzheimer's disease. Lancet 344: 473–474
20. St Clair D, Norrman J, Perry R, Yates C, Wilcock G, Brookes A (1994) Apolipoprotein

E epsilon 4 allele frequency in patients with Lewy body dementia, Alzheimer's disease and age-matched controls. Neurosci Lett 176: 45–46

21. Strittmatter WJ, Saunders AM, Schmechel D, Pericak-Vance M, Enghild J, Salvesen GS, Roses AD (1993) Apolipoprotein E: high-avidity binding to β-amyloid and increased frequency of type 4 allele in late-onset familial Alzheimer disease. Proc Natl Acad Sci USA 90: 1977–1981

22. Van Broeckhoven C (1994) Genes in early onset Alzheimer's disease: implications for AD research. Neurobiol Aging 15: S 149 – S 153

23. Zubenko GS, Stiffler S, Stabler S, Kopp U, Hughes HB, Cohen BM, Moossy J (1994) Association of the apolipoprotein E epsilon 4 allele with clinical subtypes of autopsy-confirmed Alzheimer's disease. Am J Med Genet 54: 199–205

Note added in proof: Das Gen auf Chromosom **14** wurde mittlerweile identifiziert (Presenilin 1) [24]. Ein weiteres Gen wurde auf Chromosom **1** gefunden (Presenilin 2) [25].

24. Sherrington R, Rogaev EI, Liang Y, Roaeva EA, Levesque G, Ikeda M, Chi H, Lin C, Li G, Holman K, Tsuda T, Mar L, Foncin JF, Bruni AC, Montesi MP, Sorbi S, Rainero I, Pinessi L, Nee L, Chumakov I, Pollen D, Brookes A, Sanseau P, Polinsky RJ, Wasco W, Dasilva HAR, Haines JL, Pericak-Vance MA, Tanzi RE, Roses AD, Fraser PE, Rommens JM, St. George-Hyslop PH (1995) Cloning of a gene bearing missense mutations in early-onset familial Alzheimer's disease. Nature 375: 754–760

25. Levy-Lahad E, Wasco W, Poorkaj P, Romani DM, Oshima K, Pettingell WH, Yu CE, Jondro PD, Schmidt SD, Wang K, Crowley AC, Fu YH, Guenette SY, Galas D, Nemens E, Wijsman EM, Bird TD, Schellenberg GD, Tanzi RE (1995) Candidate gene for the chromosome 1 familial Alzheimer's disease. Science 269: 973–977

Korrespondenz: Dr. med. habil. M. B. Graeber, Institut für Neuropathologie, Ludwig-Maximilians-Universität München, Thalkirchner Straße 36, D-80337 München, Bundesrepublik Deutschland

Die Psychosen des „schizophrenen Spektrums" sind kein Krankheitskontinuum: Ergebnisse einer polydiagnostischen systematischen Zwillingsstudie

E. Franzek und **H. Beckmann**

Psychiatrische Universitätsklinik, Würzburg, Bundesrepublik Deutschland

Einleitung

Bis heute nicht geklärt ist die Frage, ob das Spektrum schizophrener und schizophrenieähnlicher Psychosen ein Krankheitskontinuum mit fließenden Grenzen und gemeinsamen Ursachen ist oder ob es verschiedene Krankheitsentitäten mit ganz unterschiedlichen Ursachen umfaßt. Dieser Frage suchten wir mit einer systematischen Zwillingsstudie mit polydiagnostischem Ansatz zu begegnen. Zur Diagnostik wurde das DSM-III-R (APA 1987) und die Leonhard Klassifikation (Leonhard 1986) verwendet. Ausgewertet wurden verschiedene Variablen, u. a. Konkordanz/Diskordanz im Vergleich eineiiger und zweieiiger Zwillinge, die familiäre Belastung und die Zahl und Schwere von Geburtskomplikationen.

Probanden und Methode

Es wurden alle Zwillinge erfaßt, die in Unterfranken wegen einer psychiatrisch relevanten Störung bis einschließlich 1989 hospitalisiert worden waren. Um möglichst zu gewährleisten, daß die meisten Probanden noch lebten, wurden nur Zwillinge ab dem Geburtsjahr 1930 berücksichtigt. Für die Untersuchung wurden ausschließlich gleichgeschlechtliche Paare herangezogen, da aus methodischen Gründen den Diagnostikern die Eiigkeit nicht bekannt sein durfte. Die Eiigkeitsdiagnose erfolgte molekulargenetisch unter Anwendung von hochpolymorphen Mikrosatelitten (Erdmann et al. 1993). Die psychiatrischen Diagnosen wurden von zwei erfahrenen Fachärzten für Psychiatrie erarbeitet. Dies erfolgte unabhängig voneinander. Die DSM-III-R Diagnosen wurden mit Hilfe des strukturierten Interviewleitfadens SADS-LA gestellt, die Diagnosen nach Leonhard basierten auf den hoch differenzierten Krankheitsbeschreibungen Leonhards. Zum Zeitpunkt der Diagnosestellung waren beide Diagnostiker immer „blind" für die Eiigkeit des Zwillingspaares. Die Konkordanzbestimmung erfolgte dann, wenn bei beiden Partnern eines Paares die Diagnosen eindeutig feststanden. Die Erhebung der Familienanamnese basierte auf der Family History Methode (Andreasen et al. 1986). Neben den beiden Zwillingsprobanden wurden alle lebenden Mütter (30 von 39 Müttern) und Väter (14 von 39 Vätern) und soweit es möglich war, auch noch andere Geschwister befragt. Alle lebenden psychisch kranken Familienangehörigen wurden persönlich untersucht. Von allen Angehörigen, die stationär behandelt worden waren, konnten die Krankenunterlagen eingesehen werden. Zur Geburtsanamnese wurden zunächst die Krankenblattaufzeichnungen durchgesehen. Mit allen lebenden Müttern (77%) wurde dann eine ausführliche retrospektive Schwangerschafts- und Geburtsanamnese erhoben. Dies wird in der Literatur als gut reliabel und valide angesehen (Gayle et al. 1988). Die Angaben zu den Geburts- und Schwangerschaftskomplikationen wurden mit der international anerkannten Skala „Severity weight allocation scale for specific complications" (Parnas et al. 1982) nach Zahl und Schwere geratet.

Ergebnisse

63 Index-Zwillinge aus 52 Paaren hatten nach den Krankenblättern Diagnosen, die dem schizophrenen Spektrum zuzuordnen sind. Von den 52 Paaren war in 2 Fällen ein Partner zum Zeitpunkt der Untersuchung bereits verstorben. Von den verbleibenden 50 Paaren verweigerten von 6 Paaren (12%) einer oder beide Partner die Mitarbeit. Bei 5 Paaren konnte durch die persönliche Untersuchung die Diagnose einer Psychose des schizophrenen Spektrums nicht bestätigt werden. Es verblieben 39 Zwillingspaare (19 weibliche und 20 männliche Paare), in denen jeweils beide Partner persönlich untersucht werden konnten. Die Eiigkeitsbestimmung ergab 21 eineiige und 18 zweieiige Zwillingspaare. Die 78 Probanden aus den 39 Paaren waren zum Zeitpunkt der Untersuchung 40 Jahre alt (± 13 Standardabweichung, Spannweite: 22 bis 65 Jahre). Das Durchschnittsalter der 42 eineiigen Zwillinge war 42 Jahre (± 12 Standardabweichung, Spannweite: 22 bis 63 Jahre), das der 36 zweieiigen Zwillinge betrug 38 Jahre (± 13 Standardabweichung, Spannweite: 22 bis 65 Jahre). Das durchschnittliche Erkrankungsalter der kranken Index- und Ko-Zwillinge (n = 52) lag bei 21 Jahren (± 9 SD). Vom Erkrankungsbeginn bis zur Nachuntersuchung der kranken Zwillinge waren durchschnittlich 20 Jahre vergangen (± 13 SD, Spannweite: 2 Jahre bis 45 Jahre). Der Erkrankungsbeginn war überwiegend identisch mit dem Zeitpunkt der Ersthospitalisierung.

52 Probanden litten an Psychosen des schizophrenen Spektrums. Diese 52 Probanden verteilten sich bei Anwendung der Leonhard Klassifikation auf 21 Probanden mit zykloider Psychose, 25 Probanden mit unsystematischer Schizophrenie und 6 Probanden mit systematischer Schizophrenie. Der zeitliche Abstand zwischen Erkrankungsbeginn und Nachuntersuchung kranker Probanden war in 94% der Fälle länger als 4 Jahre und in 60% der Fälle länger als 14 Jahre. Das zeitliche Intervall bis zum Eintreten der Konkordanz betrug bei den 13 konkordanten Paaren im Mittel 3,9 Jahre (Spannweite 0 bis 16 Jahre). In 77% der Fälle wurden die 13 Paare innerhalb von 4 Jahren konkordant. 2 Paare wurden nach 8 Jahren und 1 Paar erst nach 16 Jahren konkordant.

Die Tabelle 1 zeigt die probandenweise errechneten Konkordanzraten. Bei dieser Berechnungsmethode geht man von der Zahl der primär erfaßten Index-Zwillinge aus. Die probandenweisen Konkordanzraten sind meistens höher als die paarweisen, da Paare mit zwei Index-Zwillingen doppelt gezählt werden müssen. Die so ermittelten Konkordanzraten können unmittelbar mit den empirischen Wiederholungsziffern aus Familienuntersuchungen verglichen werden (McGue 1992). Die Tabelle 1 zeigt, daß bei den unsystematischen Schizophrenien der Unterschied in den Konkor-

Tabelle 1. Probandenweise Konkordanzraten mit den alterskorrigierten Werten in Klammern

Diagnosen	Eineiige Probanden	Zweieiige Probanden
Schizophrenes Spektrum:	62% (64%)	16% (18%)
Unsystematische Schizophrenien:	88% (88%)	17% (18%)
Systematische Schizophrenien:	–	0%
Zykloide Psychosen:	38% (45%)	29% (33%)

danzraten zwischen eineiigen und zweieiigen Paaren sehr groß war (88% versus 17%). Bei den zykloiden Psychosen unterschieden sich dagegen die Konkordanzraten eineiiger und zweieiiger Paare nur minimal (38% versus 29%). Überraschenderweise fanden sich keine eineiigen Probanden mit systematischer Schizophrenie, während 6 (ein Drittel) der zweieiigen Index-Zwillinge an systematischen Schizophrenien litten. Alle 6 zweieiigen Paare mit systematisch schizophrenen Probanden waren diskordant.

Der Index für Heritabilität (Allen 1979) betrug im gesamten Kollektiv des schizophrenen Spektrums 0,75. Bei den unsystematischen Schizophrenien lag der Wert bei 0,81, bei den zykloiden Psychosen betrug der Heritabilitätsindex dagegen nur 0,23.

In 12 der 39 Familien (31%) kamen weitere Psychosen bei Angehörigen 1. und 2. Grades vor. In 6 Familien (15%) traten Suicide ohne psychiatrische Diagnose auf. Bei den Paaren mit zykloid psychotischen Index-Zwillingen kamen in 29% der Familien rein affektive Psychosen vor, dagegen fand sich in keinem Fall eine schizophrene Psychose. In den Familien mit unsystematisch schizophrenen Index-Zwillingen kam nur in einem Fall eine rein affektive Psychose vor, dagegen waren 38% dieser Familien mit schizophrenen Psychosen und weitere 31% mit Suiciden belastet. Bei den systematischen Schizophrenien verstarb eine Verwandte 2. Grades in einer Anstalt. Genauere Informationen konnten nicht erhalten werden. In einer weiteren Familie kam ein Suicid ohne vorhergehende psychiatrische Diagnose vor.

Bei den eineiigen Probanden hatten in der Gruppe der zykloiden Psychosen die kranken oder schwerer erkrankten Probanden signifikant häufigere und schwerere Geburtskomplikationen als ihre Partner (p < .01, Wilcoxon matched pairs signed rank test). Bei den zweieiigen Probanden hatten die Index-Zwillinge mit systematischer Schizophrenie dreifach schwerere und häufigere Geburts- und Schwangerschaftskomplikationen als ihre gesunden Partner (nicht signifikant, da zu geringe Fallzahl).

Diskussion

In einer systematischen Zwillingsstudie im Bezirk Unterfranken wurde die Frage untersucht, ob das Spektrum schizophrener und schizophrenieähnlicher Psychosen ein Krankheitskontinuum darstellt oder ob es verschiedene nosologische Entitäten umfaßt. In die Untersuchung gingen 21 eineiige und 18 zweieiige Zwillingspaare ein, wovon jeweils mindestens ein Proband (Index-Zwilling) wegen einer Psychose des schizophrenen Spektrums (nach DSM-III-R) hospitalisiert worden war. Ohne weitere diagnostische Differenzierung unterschieden sich die ermittelten probandenweisen Konkordanzraten (eineiige Paare 62%, zweieiige Paare 16%) nur unwesentlich von den Werten, die sich aus der Metaanalyse aller bisher durchgeführten Zwillingsstudien errechnen ließen (eineiige Paare 59%, zweieiige Paare 17%). Bei Anwendung der Leonhard Klassifikation verteilten sich die Patienten auf 3 Diagnosen: zykloide Psychosen, unsystematische und systematische Schizophrenien. Bei den unsystematischen Schizophrenien fand sich eine sehr hohe Konkordanzrate bei den eineiigen Paaren (88%) im Vergleich zu den zweieiigen Paaren (17%). Der Heritabilitätsindex war mit 0.81 sehr hoch. Nach der auch heute noch gültigen Galtonschen Regel sind diese Psychosen damit ganz überwiegend genetisch determiniert. Bei den zykloiden Psychosen war die Konkordanzrate der eineiigen Paare wesentlich kleiner (38%) als die der unsystematischen Schizophrenien und inbesondere war sie kaum höher als die Konkordanzrate der zweieiigen Paare (29%). Der Heritabilitätsindex war mit 0.23 auch dementsprechend niedrig. Nach der Galtonschen Regel spielen somit genetische Faktoren bei den zykloiden Psychosen nur eine ganz untergeordnete Rolle. Bei den systematischen Schizophrenien ist ein Vergleich der Konkordanzraten zwischen eineiigen und zweieiigen Paaren nicht möglich, da sich keine eineiigen Index-Zwillinge mit dieser Diagnose fanden. Alle 6 zweieiigen Paare waren diskordant. Das Fehlen eineiiger Probanden mit systematischer Schizophrenie ist nur schwer zu erklären und bedarf dringend weiterer Abklärung.

In 5 von 17 Familien mit einem zykloid psychotischen Index-Zwilling kamen rein affektive Psychosen vor (29%). Diese Erkrankungen scheinen den affektiven Psychosen weit näher zu stehen als den schizophrenen Psychosen. Der genauere Zusammenhang muß Gegenstand weiterer Forschungen sein.

Die Belastung der Familien mit unsystematisch schizophrenen Index-Zwillingen war qualitativ anders und erheblich höher. In 5 von 16 Familien (31%) waren Suicide ohne bekannte psychiatrische Diagnose vorgekommen. In 6 weiteren Familien (38%) litten Verwandte 1. und 2. Grades an Psychosen. Nur in einem Fall war eine Familie mit einer rein affektiven Psychose belastet (6%), die anderen 5 Familien (31%) waren mit schizophrenen Psychosen belastet.

Nur bei den eineiigen Paaren mit zykloid psychotischen Index-Zwillingen hatten die kranken oder schwerer kranken Probanden signifikant mehr und schwerere Geburtskomplikationen als ihre gesunden oder leichter kranken Partner. Bei den unsystematischen Schizophrenien fand sich dagegen kein Unterschied im Intrapaar-Vergleich. Schwangerschafts-/Geburtskomplikationen scheinen ätiologisch bei den zykloiden Psychosen eine wichtige Rolle zu spielen, nicht aber bei den unsystematischen Schizophrenien. Kürzlich wurde von Stöber et al. (1993) berichtet, daß bei den unsystematischen Schizophrenien Schwangerschafts-/Geburtskomplikationen zu einer früheren Krankheitsmanifestation führen, den weiteren Krankheitsverlauf aber sonst nicht wesentlich beeinflussen.

Bei den systematischen Schizophrenien hatten die 6 systematisch schizophrenen zweieiigen Index-Zwillinge durchschnittlich dreimal mehr und dreifach schwerere Komplikationen als ihre gesunden Partner. Damit konnten wir die Befunde von Stöber et al. (1993), daß bei den systematischen Schizophrenien nach Leonhard Schwangerschafts-/Geburtskomplikationen eine wichtige ätiologische Rolle zukommt, bekräftigen.

Zusammengefaßt lassen sich aus den Befunden der vorliegenden Zwillingsstudie folgende Schlußfolgerungen ziehen: Die Psychosen des schizophrenen Spektrums sind kein Krankheitskontinuum. Es besteht im wesentlichen aus 3 ätiologisch verschiedenen Krankheitsgruppen, den zykloiden Psychosen, den unsystematischen und systematischen Schizophrenien. Die zykloiden Psychosen haben eine nur geringe erbliche Belastung und somatischen Faktoren kommt eine wichtige ursächliche Rolle zu. Sie stehen den affektiven Psychosen weit näher als den Schizophrenien, wobei die genaueren Zusammenhänge noch unklar bleiben. Die unsystematischen Schizophrenien haben eine hohe erbliche Belastung und somatische Faktoren sind nur marginal. Bei den systematischen Schizophrenien scheinen dagegen, wie schon bei den zykloiden Psychosen, ebenfalls somatische Faktoren eine wichtige ätiologische Rolle zu spielen.

Literatur

Andreasen NC, Rice J, Endicott J, Reich T, Coryell W (1986) The family history approach to diagnosis. Arch Gen Psychiatry 43: 421–429

American Psychiatric Association (1987) Diagnostic and statistic manual of mental disorders, 3rd ed, revised. APA, Washington DC

Allen G (1979) Holzinger's Hc revised. Acta Genet Med Gemellol 28: 161–164

Erdmann J, Nöthen M, Stratmann M, Fimmers R, Franzek E, Propping P (1993) The use of microsatellites in zygosity diagnosis of twins. Acta Genet Med Gemellol 42: 45–51

Gayle HD, Yip R, Frank MJ, Nieburg P, Binkin NJ (1988) Validation of maternally reported birth weights among 46637 Tennessee WIC program participants. Public Health Reports 103: 143–146

Leonhard K (1995) Aufteilung der endogenen Psychosen und ihre differenzierte Ätiologie. Thieme, Stuttgart New York

McGue M (1992) When assessing twin concordance, use the probandwise not the pairwise rate. Schizophr Bull 18: 171–176

Parnas J, Schulsinger F, Teasdale TW, Schulsinger H, Feldman PM, Mednick SA (1982) Perinatal complications and clinical outcome within the schizophrenic spectrum. Br J Psychiatry 140: 416–420

Stöber G, Franzek E, Beckmann H (1993) Schwangerschafts- und Geburtskomplikationen – ihr Stellenwert in der Entstehung schizophrener Psychosen. Fortschr Neurol Psychiat 61: 329–337

Korrespondenz: PD Dr. E. Franzek, Psychiatrische Klinik und Poliklinik, Universität Würzburg, Füchsleinstraße 15, D-97080 Würzburg, Bundesrepublik Deutschland

CCT-Morphologie zykloider Psychosen bei Erstmanifestation und im Verlauf: Unterschiede zu Befunden bei Schizophrenien

J. Höffler, P. Bräunig und **M. Ludvik**

Zentrum für Psychiatrie, Ruhr-Universität Bochum, Bundesrepublik Deutschland

Einleitung

Von den Schizophrenien in Symptomatologie, Verlauf und Ausgang abweichende psychotische Erkrankungen sind die zykloiden Psychosen [2]. Das Krankheitskonzept geht auf die differenzierte Klassifikation funktionaler Psychosen von Karl Leonhard zurück [3] und umfaßt akute, stark affektiv unterlegte, rasch wechselnde („polymorphe") psychotische Episoden mit kompletter Remission im Verlauf der Erkrankung. Basierend auf den Unterschieden im klinischen Bild, Verlauf und Ausgang im Vergleich zu eng gefaßten Schizophrenie-Konzepten wie dem der ICD 10 ist es Gegenstand dieser Arbeit, ob sich diese Unterschiede auch morphologisch widerspiegeln.

Patienten und Diagnostik

Wir untersuchten 3 Patientengruppen. Die erste Gruppe umfaßte 15 Patienten mit Erstmanifestation einer zykloiden Psychose (9 w., 6 m., Altersmittel $30,7 \pm 5,7$ a). Die zweite Gruppe bestand aus 22 Patienten mit langjährigem Verlauf einer zykloiden Psychose (18 w.; 4 m.; Altersmittel $47,6 \pm 10,2$ a). Diese Gruppe war im Schnitt 16,6 a erkrankt (Erstmanifestationsalter 31,4 a). Die mittlere Episodenzahl betrug im Median 5. Das Alter und die Erkrankungsdauer korrelierten positiv ($r = 0,44$; $p < 0,05$). Als dritte Gruppe untersuchten wir 19 Patienten mit Erstmanifestation einer Schizophrenie (4 w., 15 m. , $29,2 \pm 7,5$ a;). Der Altersunterschied zwischen Patienten mit einer zykloiden Psychose (30,7 a) bzw. einer Schizophrenie (29,2 a) war nicht signifikant.
Die Diagnosen basieren auf dem ursprünglichen Konzept der zykloiden Psychosen von Leonhard. Sie wurden von einem mit dieser Klassifikation vertrauten Psychiater (P.B.) gestellt anhand definierter Ein- und Ausschlußkriterien. Die Schizophrenien wurden gemäß der ICD 10 diagnostiziert. Die Diagnostik erfolgte in Unkenntnis der neuroradiologischen Befunde.

Methodik

Die CCT-Untersuchungen wurden unter standardisierten Bedingungen erhoben. Die Auswertung erfolgte in Unkenntnis von Identität, Diagnose oder Zugehörigkeit zur Kontrollgruppe. Computerassistiert wurde die Ventricle-Brain-Ratio (VBR), die größte Flächenausdehnung des 3. Ventrikels sowie das Verhältnis dieser Fläche zum Hirngewebe der korrespondierenden Schicht gemessen. An linearen Parametern wurden der Cella-Media-Index, der maximale Durchmesser des 3. Ventrikels, die bifrontale und bicaudate CVI und der Huckman-Index bestimmt. Als Kontrollfälle dienten exakt in Alters- und Geschlechtsstruktur angeglichene neuropsychiatrisch unauffällige Patienten aus einer benachbarten somatischen Klinik.

Ergebnisse

Die Tabellen 1–4 zeigen die Ergebnisse im Detail.

Tabelle 1. Befunde bei Erstmanifestation zykloider Psychosen / Kontrollen

| | Zykloide | | Kontrollen | | |
	Mittel	SD	Mittel	SD	$p <$
VBR (%)	4.57	2.13	4.83	2.17	n.s.
3. Vtr. rel. (%)	0.42	0.13	0.43	0.12	n.s.
3. Vtr. area (cm²)	2.03	0.69	2.20	0.66	n.s.
3. Ventrikel (mm)	4.19	1.35	4.13	1.13	n.s.
Evans	0.24	0.04	0.25	0.05	n.s.
Bifront. CVI (%)	28.2	5.11	29.4	5.42	n.s.
Bicaud. CVI (%)	11.3	1.29	11.9	1.66	n.s.
Cella-media	4.70	0.47	4.99	0.72	n.s.
Huckman (mm)	43.4	5.95	47.0	7.29	n.s.

Tabelle 2. Befunde im Verlauf zykloider Psychosen / Kontrollen

| | Zykloide | | Kontrollen | | |
	Mittel	SD	Mittel	SD	$p <$
VBR (%)	5.57	0.28	5.36	2.37	n.s.
3. Vtr. rel. (%)	0.59	0.28	0.57	0.23	n.s.
3. Vtr. area (cm²)	2.75	1.32	2.82	1.18	n.s.
3. Ventrikel (mm)	5.26	1.71	4.96	1.68	n.s.
Evans	0.27	0.04	0.26	0.02	n.s.
Bifront. CVI (%)	31.1	4.83	30.7	2.55	n.s.
Bicaud. CVI (%)	12.6	2.28	12.1	2.06	n.s.
Cella-media	4.74	0.63	4.85	0.66	n.s.
Huckman (mm)	48.6	8.07	48.5	4.67	n.s.

Zusammenfassend fanden wir zwischen zykloiden Psychosen und Kontrollen weder bei Erstmanifestation noch im Verlauf signifikante Unterschiede, wohl aber bei den schizophrenen Patienten. Auch bei direktem Vergleich der beiden Patientengruppen (zykloide Psychosen versus Schizophrenien) zeigten sich signifikante Hirnsubstanzdefizite in der Gruppe der

Tabelle 3. Befunde bei Schizophrenien / Kontrollen

| | Zykloide | | Kontrollen | | |
	Mittel	SD	Mittel	SD	p <
VBR (%)	5.25	2.03	7.74	2.61	0.01
3. Ventrikel (mm)	3.88	1.17	5.56	1.46	0.01
Evans	0.25	0.04	0.26	0.04	n.s.
Bifront. CVI (%)	29.5	5.14	30.6	5.16	n.s.
Cella-media	4.83	0.73	4.38	0.50	0.05
Huckman (mm)	46.5	6.34	50.0	7.93	n.s.
Bicaud. CVI (%)	11.1	1.46	12.9	2.15	0.01

Tabelle 4. Befunde bei zykloiden Psychosen / Schizophrenien

| | Zykloide | | Kontrollen | | |
	Mittel	SD	Mittel	SD	p <
VBR (%)	4.57	2.13	7.74	2.61	0.01
3. Ventrikel (mm)	4.19	1.35	5.56	1.46	0.01
Evans	0.24	0.04	0.26	0.04	n.s.
Bifront. CVI (%)	28.2	5.11	30.6	5.16	n.s.
Cella-media	4.70	0.47	4.38	0.50	0.05
Huckman (mm)	43.4	5.95	50.0	7.93	0.01
Bicaud. CVI (%)	11.3	1.29	12.9	2.15	0.01

Schizophrenien. Die bei Patienten mit langjährigem Verlauf einer zykloiden Psychose gesehenen Hirnsubstanzveränderungen sind nicht signifikant im Vergleich zu einer altersangeglichenen Kontrollgruppe. Eine Korrelation zwischen Krankheitsdauer und VBR fand sich bei einem Korrelationskoeffizienten von 0,038 nicht.

Zusammenfassung und Diskussion

Wir erhoben mittels cranialer Computertomographie morphologische Befunde bei Erstmanifestation und im Verlauf zykloider Psychosen. Diese wurden verglichen mit einer Gruppe von erstmanifestierten Schizophrenien sowie medizinischen Kontrollen. Als wesentliches Ergebnis fanden wir, daß bei Erstmanifestation keine signifikanten Unterschiede zwischen zykloiden Psychosen und den Kontrollen vorlagen. Auch nach langjährigem Krankheitsverlauf fanden wir bei zykloiden Psychosen keine signifikanten Ventrikelerweiterungen. Die gesehenen Veränderungen sind als normaler Alterseffekt zu deuten.

Anders hingegen waren die Ergebnisse bei einer Gruppe von Patienten mit Erstmanifestation einer Schizophrenie gemäß ICD 10: Hier fanden sich in Übereinstimmung zu bisherigen Untersuchungen [1] bereits bei Erstmanifestation signifikante Ventrikelerweiterungen im Vergleich zu Kontrollen. Auch im direkten Gruppenvergleich von zykloiden Psychosen und Schizophrenien ließen sich diese Differenzen finden.

Die Reliabilität der Diagnostik verdeutlicht sich an dem gleichen Ersterkrankungsalter der beiden Patientengruppen mit zykloiden Psychosen, nämlich 30,7 Jahre in der Gruppe der Patienten mit Erstmanifestation und 31,4 Jahre in der Gruppe der Patienten mit langjährigem Verlauf. In methodischer Hinsicht ist von Bedeutung, daß aufgrund eines möglichen Fehlers der 2. Art sich natürlich der Schluß verbietet, zykloide Psychosen hätten eine unauffällige Morphologie.

Die vorliegenden Ergebnisse rechtfertigen aber die nosologischen Schlußfolgerungen: Die Patientengruppen sind eindeutig inhomogen anhand mehrerer sicher erhebbarer morphologischer Parameter. Die festgestellten Unterschiede im Sinne geringerer Hirnsubstanzdefizite bei zykloiden Psychosen lassen sich als morphologisches Korrelat des gutartigeren klinischen Verlaufes der zykloiden Psychosen gegenüber Schizophrenien deuten.

Literatur

1. Andreasen NC, Erhardt JC, Swayze VW, Alliger RJ, Yuh WTC, Cohen G, Ziebell S (1990) Magnetic resonance imaging of the brain in schizophrenia. Arch Gen Psychiatry 47: 35–44
2. Brockington IF, Perris C, Kendell RE, Hillier VF, Wainwright S (1982) The course and outcome of cycloid psychosis. Psychol Med: 97–105
3. Leonhard K (1979) The classification of endogenous psychoses. Irvington Publications, New York

Korrespondenz: Dr. J. Höffler, Hans-Prinzhorn-Klinik, Frönsbergerstraße, D-58657 Hemer, Bundesrepublik Deutschland

Periodische Katatonien und systematische Katatonien: genetische Heterogenität und Antizipation

G. Stöber[1], **I. Haubitz**[2], **E. Franzek**[1] und **H. Beckmann**[1]

[1]Psychiatrische Klinik und Poliklinik und [2]Rechenzentrum, Universität Würzburg,
Bundesrepublik Deutschland

Einleitung

Obwohl die Katatonie als ein Subtyp der Schizophrenie in allen derzeitigen
Diagnosesystemen aufgeführt ist, wird diese Diagnose nur selten gestellt
(Saß 1981). Dies ist größtenteils verursacht durch den Wechsel der Schizo-
phreniekonzepte und der einseitigen Betonung des paranoid-halluzinatorischen Syndroms bei diagnostischen Einteilungen. Bereits in frühen Familienuntersuchungen wurde bei katatonen Schizophrenien von familiärer
Häufung und von hohem Erkrankungsrisiko in der Elterngeneration berichtet (Propping 1989). Scharfetter und Nüsperli (1980) fanden bei Verwandten ersten Grades von Katatonen ein erhöhtes Morbiditätsrisiko von
12.8% verglichen mit paranoid Schizophrenen (6.5%) und Hebephrenen
(8.4%) und eine deutliche Homotypie der Symptomatik bei Verwandten
von Katatonen.

Leonhard (1995) grenzte in subtilen Quer- und Längsschnittuntersuchungen bei den qualitativen Störungen der Ausdrucks- und Reaktivbewe-
gungen die periodische Katatonie mit schubförmigem, bipolarem Verlauf,
polymorpher Symptomatik und adynamen, katatonen Residualzuständen
ab von den schleichend progredient verlaufenden systematischen Katatonien mit im Langzeitverlauf unveränderlichen, exakt umschriebenen
Krankheitsbildern (parakinetische, manierierte, proskinetische, negativisti-
sche, sprechbereite und sprachträge Katatonie). Bei systematisch Katatonen fand sich eine positive Familienanamnese nur in 3–4% der Fälle,
während über 20% der periodisch Katatonen eine familiäre Belastung mit
homotypischen Psychosen aufwiesen.

Ziel unserer Familienuntersuchung (Stöber et al. 1995, Beckmann et al.
1996) war es, das Erkrankungsrisiko für Verwandte ersten Grades bei periodischer und systematischer Katatonie zu erfassen und zu untersuchen, ob

bei periodischer Katatonie analog zu einigen neuropsychiatrischen Erkrankungen (z. B. Chorea Huntington, myotone Dystrophie) eine genetische Antizipation vorliegt (früheres Erkrankungsalter und schwererer Krankheitsverlauf in der Indexgeneration verglichen mit der Elterngeneration).

Patienten und Methodik

Über einen Zweijahreszeitraum wurden auf einer Allgemeinstation sowie der Poliklinik der Psychiatrischen Universitätsklinik Würzburg konsekutiv aufgenommene Patienten und auf soziotherapeutischen Stationen des Bezirkskrankenhauses in Lohr a. M. schizophrene Patienten mit chronischem Krankheitsverlauf differenziert untersucht. Zunächst wurden die Krankengeschichten von 749 Patienten daraufhin durchgesehen, ob im Krankheitsverlauf und/oder im Querschnittsbild katatone Symptome nach DSM III-R aufgetreten waren. Patienten, die katatone Symptome gezeigt hatten, wurden persönlich von H.B. und E.F. nach Leonhards differenzierter Nosologie untersucht. Daten zur Familienanamnese standen den Untersuchern nicht zur Verfügung. Von den 183 Patienten erfüllten 44 nicht die diagnostischen Kriterien periodischer oder systematischer Katatonien, sondern waren anderen Diagnosegruppen innerhalb der Leonhard Klassifikation zuzuordnen. In die Familienstudie einbezogen wurden somit 139 unverwandte Patienten mit periodischer oder systematischer Katatonie.
Bei 56 systematisch Katatonen (42 Männer, 14 Frauen) bestand ein durchschnittliches Alter von 40.7 (SD ± 14.1) Jahren zum Untersuchungszeitpunkt. Das durchschnittliche Alter bei der Ersthospitalisierung betrug 20.8 (± 7.0) Jahre. Die durchschnittliche Krankheitsdauer lag bei 21.0 (± 13.7) Jahren. Bei den periodisch Katatonen (42 Männer, 41 Frauen) lag das durchschnittliche Alter zum Untersuchungszeitpunkt bei 46.5 (± 16.8) Jahren. Die durchschnittliche Dauer der Erkrankung betrug 22.7 (± 14.0) Jahre, das Alter bei der Ersthospitalisierung betrug 24.8 (± 9.6) Jahre.
Informationen über das Vorkommen von Psychosen bei Verwandten ersten Grades wurde zum einen den Krankengeschichten der Patienten entnommen, zum anderen wurden Verwandte (zumeist Eltern) persönlich interviewt. Um zuverlässige Daten über Morbiditätsrisiko, Alter bei der Ersthospitalisierung und Psychopathologie zu erhalten, wurden jedoch nur Verwandte mit dokumentierter psychiatrischer Hospitalisierung berücksichtigt. Die Krankengeschichten aller hospitalisierten Verwandten waren einsehbar.
Statistische Methoden: Zur Analyse der Reliabilität der Diagnosen und der diagnostischen Stabilität wurde Cohens Kappa (1960) verwandt. Das alterskorrigierte Morbiditätsrisiko für periodisch und systematisch Katatone wurde nach der Methode von Kaplan-Meier („life table analysis") berechnet mit paarweisem Gruppenvergleich nach Cox (Christiansen 1987). Ein schwieriges statistisches Problem in Familienstudien stellt die Tatsache dar, daß Verwandte und insbesondere Geschwisterschaften a priori keine voneinander unabhängigen Datenpunkte sind. In unserer Analyse wurden die Familien in voneinader unabhängige Kategorien (Mütter, Väter und Geschwister) aufgeteilt. Bei Geschwistern wurde das Morbiditätsrisiko für ein zufällig ausgewähltes Geschwister pro Familie berechnet. Väter unehelicher Indexfälle, über die keine biographischen Daten zu erhalten waren, wurden nicht berücksichtigt (3 Väter systematisch Katatoner und 5 Väter periodisch Katatoner). Den Zeitpunkt der Ersthospitalisierung definierten wir als Zeitpunkt des Krankheitsbeginns. Zur Analyse der genetischen Antizipation wurde der paarweise, nichtparametrische Wilcoxon-Test verwandt.

Resultate

Die diagnostische Reliabilität beider Untersucher (H.B., E.F.) wurde in einer Untergruppe von 32 zufällig ausgewählten Probanden berechnet und erreichte ein Kappa von 0.93 nach Cohen. Bei den katamnestischen Untersuchungen aller 139 Patienten (zwischen 0.5 und 2 Jahren) lag die diagnostische Stabilität (d. h. identische Diagnosen in beiden Untersuchungen) bei 97%, der Kappa-Wert war 0.93. Eine Mißklassifikation zwischen katatonen Schizophrenien und anderen Subformen schizophrener Psychosen nach Leonhard kam nicht vor.

Unsere Familienuntersuchung basiert auf den Daten von 543 Verwandten ersten Grades aus 139 unverwandten Familien. Das kumulative, alterskorrigierte Morbiditätsrisiko für schizophrene Psychosen ist hochsignifikant unterschiedlich bei den Verwandten von periodisch Katatonen und systematisch Katatonen (Tabelle 1). Bei systematisch Katatonen lag das prozentuale Morbiditätsrisiko bei 6.8% für Mütter, 2% für Väter und 3% für Geschwister. Bei der periodischen Katatonie ergaben sich völlig andere Verhältnisse. Bei Verwandten periodisch Katatoner war nach Evaluierung der Krankengeschichten bei vier Eltern keine schizophrene Psychose anzunehmen. Die meisten erkrankten Verwandten (76%) konnten inzwischen persönlich nachuntersucht werden und zeigten sämtlich ein für die periodische Katatonie typisches Residualsyndrom. Das alterskorrigierte Morbiditätsrisiko betrug für Mütter 33.7%, für Väter 15.4% und für Geschwister 24.6%. Das Erkrankungsrisiko war für Väter und Mütter nicht statistisch unterschiedlich ($p = 0.09$). Bis zum 50. Lebensjahr war das Erkrankungsrisiko in beiden Gruppen mit 15% nahezu identisch. Während die Manifestationsrate bei Müttern danach weiter anstieg, stagnierte sie bei Vätern. Auch das Morbiditätsrisiko für die männlichen und weiblichen Geschwister periodisch Katatoner differierte nicht ($p = 0.92$).

Tabelle 1. Anzahl Verwandter ersten Grades mit Schizophrenie und kumulatives Morbiditatsrisiko in den Familien von Patienten mit periodischer Katatonie und systematischer Katatonie

	Systematische Katatonien (n = 56)	Periodische Katatonien (n = 83)	Signifikanz-niveau
Mütter			
Anzahl	56	83	
erkrankt	3	22	
Morbiditäts-risiko*	6.8	33.7	p < 0.005
Väter			
Anzahl	53	78	
erkrankt	1	11	
Morbiditäts-risiko	2.0	15.4	p < 0.02
Geschwister			
Anzahl	111	162	
erkrankt	3	26	
Morbiditäts-risiko	3.0	24.6	p < 0.01

* Kumulatives Morbiditätsrisiko mit „life-table analysis" nach Kaplan-Meier und paarweisem Gruppenvergleich nach Cox mit log-rank Test (1 Freiheitsgrad)

Bei periodischer Katatonie wurden Untersuchungen zur genetischen Antizipation in 29 Fällen mit unilinealer elterlicher Transmission vorgenommen. Zwei Patienten mit bilinealer Transmission (beide Eltern hospitalisiert) wurden nicht berücksichtigt. Das Alter bei der Ersthospitalisierung nahm von der Elterngeneration auf die Indexgeneration durchschnittlich um 18.6 (± 14.3) Jahre ab (p < 0.001) und war sowohl bei mütterlicher wie bei väterlicher Transmission nachweisbar (Tabelle 2). Die Häufigkeit der Krankheitsschübe war bei den Eltern (3.5 ±3.7 Schüben) deutlich niedriger als in der Indexgeneration (5.8 ±4.3 Schüben; p < 0.05). Im paarweisen Vergleich von Eltern und Indexfall bestand Antizipation in 27 von 29 Fällen (Abb. 1). In einem Fall waren Eltern und Kind im 16. Lebensjahr erkrankt, in einem Fall hatte die Mutter mit 37 Jahren eine frühere Krankheitsmanifestation als der Indexfall mit 41 Jahren. Genetische Antizipation zeigte sich auch in Fällen (n = 6), in denen Eltern selbst einen frühen Krankheitsbeginn hatten (< 30 Jahre). Auch hier fand sich eine frühere Krankheitsmanifestation bei den Kindern. Nur in einem (oben erwähnten) Fall war das Manifestationsalter mit 16 Jahren identisch.

Diskussion

Die familiäre Häufung von schizophrenen Psychosen war signifikant unterschiedlich in den spezifischen Untergruppen chronisch katatoner Schizophrenien. Betont sei, daß bei der Analyse des Erkrankungsrisikos nur dokumentierte Hospitalisierungen wegen einer schizophrenen Psychose berücksichtigt wurden. Subjektive Wertungen von Familienangehörigen wurden nicht miteinbezogen. Das Morbiditätsrisiko war niedrig bei den Verwandten ersten Grades systematisch Katatoner (3% bei Geschwistern, 2% bei Vätern, 6.8% bei Müttern). Dies stützt die Hypothese, daß systematische Katatonien vornehmlich sporadische Formen von Schizophrenie sind. In einer früheren Studie ließ sich zeigen, daß bei systematisch Schizophrenen Schwangerschaftsinfektionen der Mütter während des zweiten Schwangerschaftsdrittels signifikant gehäuft vorkamen (Stöber et al. 1994). Dies weist darauf hin, daß zwischen exogen induzierten Störungen der pränatalen

Tabelle 2. Genetische Antizipation bei periodischer Katatonie (früherer Erkrankungsbeginn gegenüber der Elterngeneration bei Indexpatienten mit periodischer Katatonie)

	Alter bei der Ersthospitalisierung		
	unilaterale paternale Transmission	mütterliche Transmission	väterliche Transmission
Anzahl	29	20	9
Elternteil	43.6 ± 15.1	45.6 ± 16.5	39.2 ± 10.9
Indexfall	25.1 ± 10.6	27.3 ± 11.9	20.1 ± 4.0
Wilcoxon-Test	p < 0.001	p < 0.001	p < 0.01

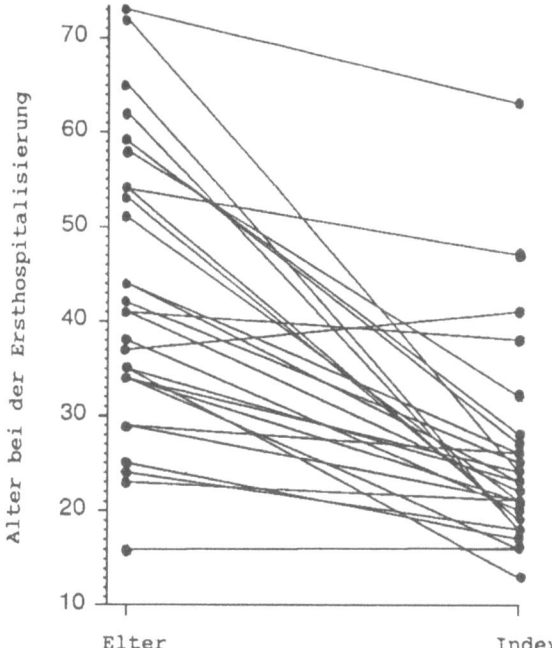

Abb. 1. Periodische Katatonie und genetische Antizipation: Bei unilinealer elterlicher Transmission (n = 29) hatten im paarweisen Vergleich Patienten einen signifikant früheren Krankheitsbeginn (durchschnittliches Alter 25.1 ± 10.6 Jahre) verglichen mit ihren Eltern (durchschnittliches Alter 43.6 ± 15.1 Jahre). Eltern, die früh erkrankten (<30. Lebensjahr), hatten Nachkommen mit einem noch früheren Erkrankungsbeginn

Hirnreifung und der Entstehung von Schizophrenien enge Beziehungen bestehen könnten (Jakob und Beckmann 1986).

Frühere Familienuntersuchungen bei Schizophrenen (Propping 1989) berichteten bei katatonen Schizophrenien von einem gehäuften familiären Auftreten. Unsere Studie zeigt, daß diese familiäre Aggregation sich beschränkt auf die periodische Katatonie. Übereinstimmend mit Leonhards Befunden (Leonhard 1995) fanden wir bei der periodischen Katatonie eine hohe familiäre Morbidität: 33.7% bei Müttern, 15.4% bei Vätern und 24.6% bei Geschwistern.

Die hohe Morbiditätsrate mit homogenen Psychosen, die vorwiegend unilineale und vertikale Transmission sprechen für das Vorliegen eines Hauptgen-Effektes bei periodischer Katatonie (Stöber et al. 1995).

Bekanntlich überwiegen unter den Eltern Schizophrener erkrankte Mütter gegenüber erkrankten Vätern im Verhältnis 2 : 1 (Propping 1989). Dieser Überschuß schizophrener Mütter scheint bedingt durch den früheren Krankheitsbeginn bei Männern (und daraus resultierender geringerer Reproduktion) und durch das frühere Heiratsalter bei Frauen (Psychosemanifestation erst nach der Reproduktion). Unsere Studie bestätigt, daß es keine tatsächlichen Unterschiede in den Morbiditätsraten zwischen Müttern und Vätern gibt. Das geringere Risiko der Väter resultiert vornehmlich aus der geringeren Rate an Erkrankungen nach dem 50. Lebensjahr. Dieses

Fehlen von Spätmanifestationen bei Vätern ist möglicherweise auf die allgemein geringere Lebenserwartung von Männern zurückzuführen (Beckmann et al. 1996). Männliche und weibliche Geschwister periodisch Katatoner haben ebenfalls kein differierendes Morbiditätsrisiko.

Antizipation bezieht sich auf das frühere Manifestationsalter und den zunehmenden Schweregrad bei genetisch determinierten Erkrankungen in einander folgenden Generationen. Dem Phänomen der Antizipation zugrunde liegen Veränderungen bestimmter Gene: Basentripletts, die für spezielle Aminosäuren kodieren, liegen abnorm oft wiederholt -repetitiv- vor und sind so instabil, daß keine korrekten Genprodukte hergestellt werden. Die Zunahme dieser repetitiven Veränderungen korreliert direkt mit einer fortschreitend früheren Krankheitsmanifestation (Mandel 1993). In unserem Kollektiv periodisch Katatoner fand sich Antizipation in fast allen Familien mit unilinealer Transmission, unabhängig davon, ob die Erkrankung von mütterlicher oder väterlicher Seite transmittiert wurde. Mögliche Fehlerquellen bei der Beurteilung einer Antizipation (z. B. Patientenselektion, Bilinealität der Transmission, Mehrfacheinschlüsse, reduzierte Fertilität) wurden weitestgehend ausgeschlossen (Stöber et al. 1995). Unsere Untersuchung schloß eine ausreichende Zahl von Eltern mit frühem Krankheitsbeginn ein. Auch hier und in Stammbäumen, die sich über drei Generationen erstreckten, zeigte sich regelhaft eine weitere Zunahme des Schweregrades der Erkrankung und früherer Erkrankungsbeginn bei den Nachkommen (Stöber et al. 1995).

Zusammengefaßt, periodische Katatonie und systematische Katatonie erwiesen sich als klar definierte klinische Entitäten. Sie zeigen einen signifikant verschiedenen genetischen Hintergrund. Systematische Katatonien scheinen größtenteils sporadisch aufzutreten, während die periodische Katatonie eine familiäre Erkrankung mit homogenem psychopathologischem Bild ist. Das hohe hereditäre Morbiditätsrisiko bei Verwandten ersten Grades und die ausgesprochen vertikale Transmission sprechen für einen Hauptgen-Effekt. Die beobachtbare Antizipation könnte mitverursacht sein durch Gene mit Trinukleotidexpansionen oder anderen repetitiven Elementen, die die Genexpression beeinträchtigen (Lesch et al. 1994). Die periodische Katatonie stellt somit einen vielversprechenden Kandidat für molekulargenetische Untersuchungen dar.

Literatur

Beckmann H, Franzek E, Stöber G (1996) Genetic heterogeneity in catatonic schizophrenias: a family study. Am J Med Gen (im Druck)

Christensen E (1987) Multivariate survival analysis using Cox's regression model. Hepatology 7: 1346–1358

Cohen JA (1960) A coefficient of agreement of nominal scales. Educ Psychol Measurements 20: 37–46

Jakob H, Beckmann H (1986) Prenatal development disturbances in the limbic allocortex in schizophrenia. J Neural Transm 65: 303–326

Leonhard K (1995) Aufteilung der endogenen Psychosen und ihre differenzierte Ätiologie, 7. Aufl. Thieme, Stuttgart New York

Lesch KP, Stöber G, Balling U, Franzek E, Li SH, Ross CA, Newman M, Beckmann H, Riederer P (1994) Triplet repeats in clinical subtypes of schizophrenia: variation at the

DRPLA (B37CAG repeat) locus is not associated with periodic catatonia. J Neural Transm [Gen Sect] 98: 153–157

Mandel JL (1993) Questions of expansion. Nature Genet 4: 8–9

Propping P (1989) Psychiatrische Genetik. Springer, Berlin Heidelberg New York Tokyo

Saß H (1981) Probleme der Katatonieforschung. Nervenarzt 52: 373–382

Scharfetter C, Nuesperli M (1980) The group of schizophrenias, schizoaffective psychoses, and affective disorders. Schizophr Bull 6: 586–591

Stöber G, Franzek E, Beckmann H (1994) Schwangerschaftsinfektionen bei Müttern von chronisch Schizophrenen – Die Bedeutung einer differenzierten Nosologie. Nervenarzt 65: 175–182

Stöber G, Franzek E, Lesch KP, Beckmann H (1995) Periodic catatonia: a schizophrenic subtype with major gene effect and anticipation. Eur Arch Psychiatry Clin Neurosci 245: 135–141

Korrespondenz: Dr. G. Stöber, Psychiatrische Klinik und Poliklinik, Universität Würzburg, Füchsleinstraße 15, D-97080 Würzburg, Bundesrepublik Deutschland

Unterschiedliche Diagnosesysteme bei psychiatrisch genetischen Kopplungsanalysen

E. Lenzinger[1], K. Meszaros[1], E. Resinger[1], E. Miller-Reiter[1], U. Willinger[1], T. Stompe[1], A. M. Heiden[1], V. Pfersmann[1], K. Fuchs[3], J. Hummer[2], K. Hornik[2], W. Sieghart[3] und H. N. Aschauer[1]

[1]Klinische Abteilung für Allgemeine Psychiatrie, Universitätsklinik für Psychiatrie, Wien,
[2]Institut für Statistik und Wahrscheinlichkeitstheorie, Technische Universität, Wien und
[3]Abteilung für Biochemische Psychiatrie, Universitätsklinik für Psychiatrie, Wien,
Österreich

Einleitung

Familien-, Adoptions-und Zwillingsstudien legen nahe, daß genetische Faktoren bei der Entstehung der Schizophrenie eine Rolle spielen. Der Vererbungsmodus konnte noch nicht eindeutig geklärt werden und auch die bisher untersuchten Kandidatengene brachten noch keine positiven Ergebnisse. In Kopplungsanalysen wird ein bestimmter Genlocus (Genotyp) im Hinblick auf seine Kopplung mit einer bestimmten Krankheit, bzw. einem Krankheitsmodell (Phänotyp) untersucht. Inwieweit unterschiedliche Diagnosekriterien die Ergebnisse von Kopplungs-(Linkage-)Analysen bei Schizophrenie beeinflußen, wollten wir in der vorliegenden Arbeit untersuchen.

Methode

OPCRIT (McGuffin et al. 1991), ein Computerprogramm, das Diagnosen nach verschiedenen Klassifikationssystemen und Untergruppen (DSM-III-R, ICD-10, RDC, Feighner, Crow, Tsuang & Winocur, Taylor & Abrams, …) erstellt, verwendeten wir, um eigene frühere Linkage-Analysen (DSM-III-R, Konsensusdiagnosen) mit Diagnosen nach DSM-III-R, RDC und ICD-10 laut OPCRIT neu zu berechnen.

Bei dieser früheren Analyse untersuchten wir die Region Chromosom 2q21 und verwendeten 3 verschiedene Krankheitsmodelle der Schizophrenie (Aschauer et al. 1993). Damals wurde ein Lodscore von 1.71 bei theta = 0.20 für den Marker YNH24 und das weiteste Krankheitsmodell errechnet.

Die ursprünglichen DSM-III-R Konsensus-Diagnosen wurden von 2 unabhängigen, blinden Psychiatern nach einem Fallbericht (Zusammenfassung von unstrukturiertem und strukturiertem (SADS-LA) Interview, Krankengeschichten oder Familiy History-Fragebogen) erstellt. Anhand der gleichen Unterlagen wurden die 90 Fragen des OPCRIT-Programms von einem Psychiater beantwortet.

Bei der vorangegangenen wie auch bei der vorliegenden Studie wurden 3 Schizophrenie Krankheitsmodelle verwendet. Folgende Diagnosen wurden jeweils zum Krankheitsbegriff gezählt: Modell 1(narrow): Schizophrenie; Modell 2(intermediate): Schizophrenie, nicht-affektive und nicht-organische Psychosen, schizotypische Persönlichkeitsstörung; Modell 3(broad): Schizophrenie, nicht-affektive und nicht-organische Psychosen, schizotypische Persönlichkeitsstörung, bipolare Störungen, Major Depression.

Die untersuchte Stichprobe bestand aus 14 Familien mit 143 Individuen. Davon wurden 72 Personen als gesund diagnostiziert, in 25 Fällen mußte die Diagnose als unbekannt angenommen werden und 46 Personen erhielten eine psychiatrische (Konsensus)-Diagnose dem weitesten Krankheitsmodell entsprechend. Für diese 46 Individuen wurde nun auch mit OPCRIT eine Diagnose erstellt, wobei für 4 Personen nicht genug Information zur Beantwortung der 90 Fragen vorhanden war und deren Diagnose als unbekannt angenommen werden mußte.

In der Linkage-Analyse wurde ein autosomal-dominanter Vererbungsmodus, eine Genfrequenz von 0.05 und unterschiedliche Penetranzen für die Heterozygoten in den verschiedenen Krankheitsmodellen angenommen (Modell 1: 0.65, Modell 2: 0.80, Modell 3: 0.95).

Ergebnisse

Alle 42 mit OPCRIT neu diagnostizierten Patienten erhielten sowohl nach DSM-III-R, als auch ICD-10 und RDC, Diagnosen, die Modell 3 entsprachen. In der Anzahl der Personen, deren Diagnose Modell 2 entsprach, zeigten sich Unterschiede. Nach DSM-III-R und ICD-10 fielen 37 Personen in dieses Krankheitsmodell, nach RDC waren es 39. Für Modell 1 fanden sich die größten Unterschiede; so waren es nach DSM-III-R und ICD-10 27, bzw. 28 Personen die diesem Modell entsprachen, nach RDC allerdings nur 18 Personen (siehe Abb. 1).

Dementsprechend ähnlich, bzw. unterschiedlich fielen die Linkage-Er-

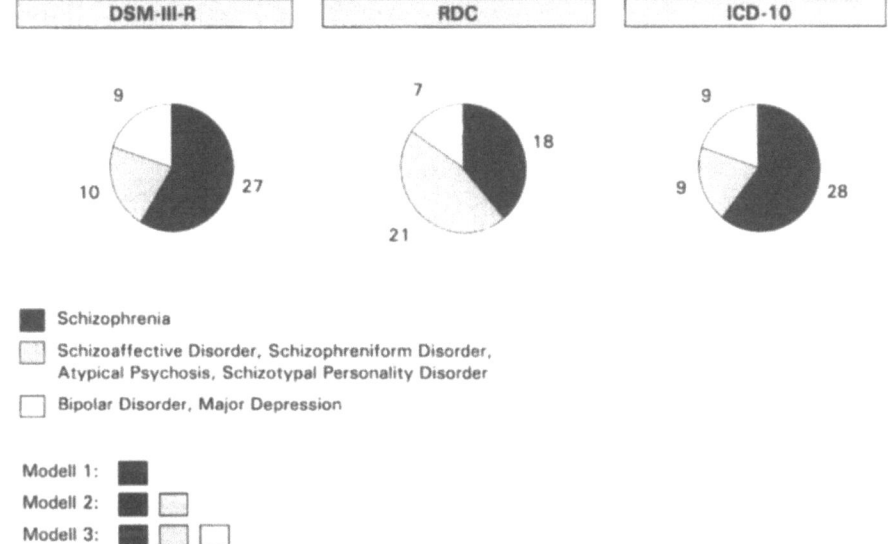

Abb. 1. Aufteilung der Diagnosen erstellt mit OPCRIT nach DSM-III-R, RDC und ICD-10 in Krankheitsmodell 1(narrow), Modell 2 (intermediate) und Modell 3 (broad)

gebnisse aus. Die Lodscores für das weiteste Krankheitsmodell 3 waren identisch (keine Abbildung). Die Lodscores für das mittlere (intermediate) Modell 2 waren ähnlich; die Lodscores für das engste (narrow) Modell 1 zeigten unterschiedliche Kurvenverläufe (siehe Abb. 2, 3).

Diskussion

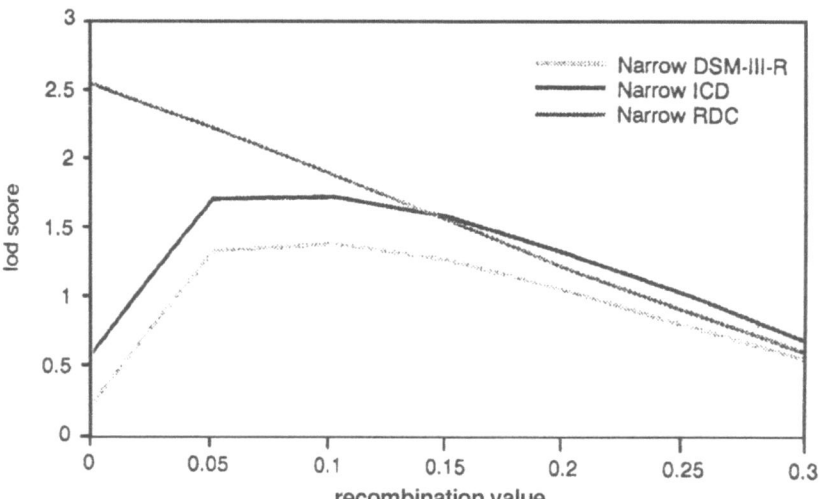

Abb. 2. Lodscore-Kurven für den Marker YNH24 und für Schizophrenie-Krankheitsmodell 1 (narrow) und 3 verschiedene Klassifikationssysteme (DSM-III-R, RDC, ICD-10) von theta(recombination value) = 0.0 bis theta = 0.3

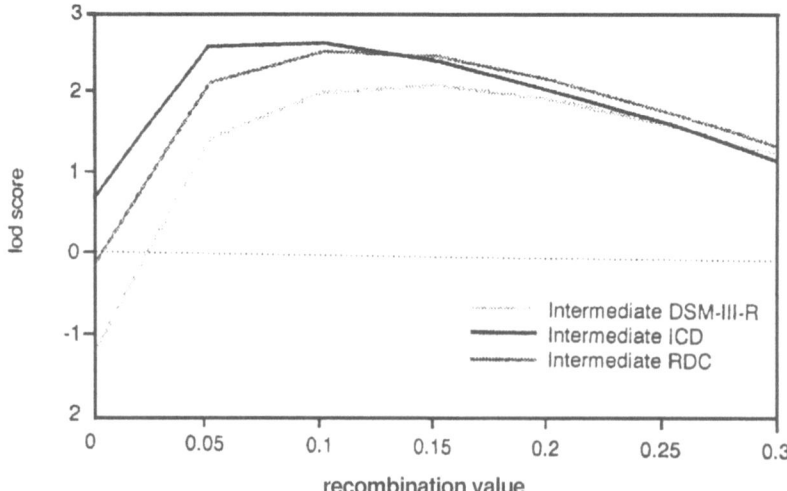

Abb. 3. Lodscore-Kurven für den Marker YNH24 und für Schizophrenie-Krankheitsmoden 2 (intermediate) und 3 verschiedene Klassifikationssysteme (DSM-III-R, RDC, ICD-10) von theta(recombination value) = 0.0 bis theta = 0.3

Die unterschiedliche Anzahl der als schizophren diagnostizierten Personen nach DSM-III-R, ICD-10 und nach RDC ist unserer Meinung nach darauf zurückzuführen, daß nach RDC eine länger als 2 Wochen dauernde depressive Phase ein Ausschlußkriterium für die Diagnose Schizophrenie bedeutet. Die Anwendung von RDC anstatt DSM-III-R oder ICD-10 kann bei Berechnungen, die nur Schizophrene einschließen, Ergebnisse beeinflussen. Betrachtet man allerdings Schizophrenie und Schizoaffektive Psychose als ein Krankheitsmodell bleibt die Zahl der Erkrankten pro Familie ungefähr ident.

Die Ergebnisse dieser Untersuchung bestätigten unsere früheren Untersuchungen mit dem Marker YNH24; es konnte kein Nachweis für eine Kopplung erbracht werden. Die unterschiedlichen, wenn auch nicht signifikanten Lodscores nach DSM-III-R, ICD-10 oder nach RDC zeigen allerdings deutlich den Einfluß, den das verwendete Klassifikationssystem nehmen kann.

Danksagung

Unterstützung durch FWF 7639 und ESF-Programm MNMI.

Literatur

Aschauer et al. (1993) Eur Arch Psychiat Clin Neurosci 243: 193–198
McGuffin et al. (1991) Arch Gen Psychiatry 48: 764–770

Korrespondenz: Dr. E. Lenzinger, Klinische Abteilung für Allgemeine Psychiatrie, Universitätsklinik für Psychiatrie, Währinger Gürtel 18–20, A-1090 Wien, Österreich

EEG Veränderungen depressiver Patienten unter antidepressiver Therapie – Ergebnisse einer Doppelblindstudie

R. Gößler und **S. Kasper**

Klinische Abteilung für Allgemeine Psychiatrie, Universitätsklinik für Psychiatrie, Wien, Österreich

Einleitung

Die Veränderungen des Hirnstrombilds unter Therapie mit tri- und tetrazyklische Antidepressiva (AD), sind hinlänglich bekannt und beschrieben: diese bestehen in einer Verlangsamung des Kurvenverlaufs mit Auftreten von Theta- und Deltawellen, paroxysmalen Dysrhythmien, Spike and wave Komplexen, bis hin zu klinisch manifesten GM-Anfällen (Niedermayer et al. 1987). Im Gegensatz dazu scheinen die selektiven Serotonin Wiederaufnahmehemmer (SSRI) zu stehen. Schon im Tierversuch wird die konvulsive Potenz der SSRI als äußerst gering beschrieben (Krijzer et al. 1984). Studien an depressiven Epileptikern unter Therapie mit SSRI brachten keine Zunahme der Anfallsfrequenz (Harmant et al. 1990)

Im Rahmen einer Doppelblindstudie (Kasper et al. 1990) wurden auch EEG Veränderungen depressiver Patienten unter antidepressiver Therapie mit Maprotilin versus Fluvoxamin erhoben. Maprotilin ist eine tetrazyklische Verbindung und ein hochselektiver Noradrenalin Wiederaufnahmehemmer. Eine gute antidepressive Wirksamkeit ist bekannt. Im Vergleich zu den Trizyklika besteht eine verminderte anticholinerge Wirkung, d. h. die kardiovaskulären Begleiterscheinungen sind geringer. Allerdings sollen EEG Veränderungen bis hin zu epileptischen Anfällen unter Maprotilintherapie häufiger auftreten. Überraschenderweise kann diese epileptogene Wirkung in Tierversuchen nicht bestätigt werden. Maprotilin gehört nicht zu den AD mit der höchsten konvulsiven Potenz (Hughes et al. 1978). Fluvoxamin ist ein hochselektiver Serotinin Wiederaufnahmehemmer. Diese Substanz wurde in Österreich vor etwa zehn Jahren am Markt eingeführt und gehört somit zu den gut untersuchten SSRI (Wagner et al. 1992). Die antidepressive Wirkung von Fluvoxamin kann durch zahlreiche Studien gut belegt werden (Kasper el al. 1992). In Tierversuchen kann eine nur schwache konvulsive Wirkung nachgewiesen werden (Hughes et al. 1978).

Patienten

42 stationär aufgenommene, depressive Patienten nahmen an der Studie teil (30 Frauen/12 Männer; Altersmittel: 49,9 Jahre ± 10,8); Jeder Patient wurde internistisch und neurologisch abgeklärt. Ein unauffälliges EEG war Grundvoraussetzung für die Teilnahme an der Studie. Alle Patienten erfüllten die Kriterien einer endogenen Depression nach ICD-9, 41 erfüllten die Kriterien einer „major depressive disorder" nach DSM-III und RDC (39 Patienten hatten eine unipolare, 2 eine bipolare Störung). Für 18 Patienten war es die erste depressive Episode, für 24 eine wiederholte.

Methode

Die ersten 7 Tage des stat. Aufenthalts stellten eine „wash-out"-Phase dar. Bei Unruhe und Schlaflosigkeit wurde Chloralhydrat verabreicht. Die erste EEG-Untersuchung erfolgte anläßlich der Aufnahme. Weitere EEG-Untersuchungen folgten an den Studientagen 0 (= 7. Tag nach Aufnahme), 8 und 28. Die erste Medikation erhielten die Patienten am Abend des Studientags 1. Diese wurde doppelblind verabreicht. Jeweils 21 Patienten wurden entweder in die Fluvoxamingruppe oder in die Maprotilingruppe eingeschlossen. Die verordnete Dosis richtete sich nach dem klinischen Erscheinungsbild und der Verträglichkeit. Die tägliche Durchschnittsmenge von Fluvoxamin betrug 229mg (± 47), jene von Maprotilin 236mg (± 32).

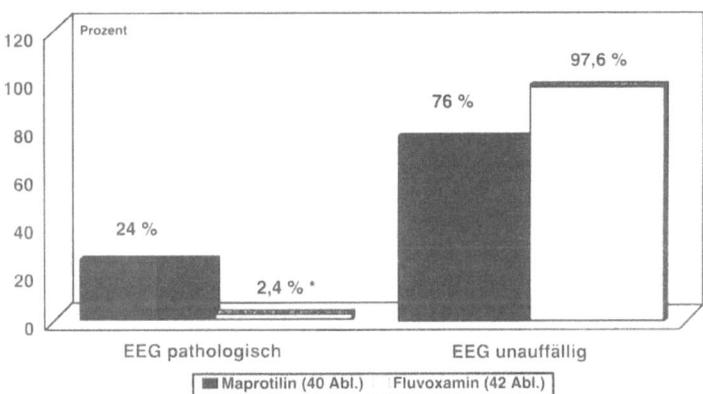

Abb. 1. Ergebnis: Fluvoxamin verursachte signifikant weniger EEG Veränderungen als Maprotilin. n = 42, 42 EEG Ableitungen unter Fluvoxamin, 40 EEG Ableitungen unter Maprotilin, p < 0,05, Chi-Quadrattest

Statistik

Angewandt wurde der Chi-Quadrattest. Signifikant wurde das Ergebnis bei p < 0,05. Verglichen wurden pathologische EEG Befunde der Fluvoxamingruppe mit jenen der Maprotilin Gruppe.

Ergebnisse

Es kam zu einer statistisch signifikant geringeren Anzahl pathologischer EEG-Veränderungen unter der Therapie mit Fluvoxamin. Nur in einem

Fall (2,4%) kam es zum Auftreten von bleibenden EEG Veränderungen in Form von paroxysmal dysrhythmischen Gruppen. In zwei Fällen kam es zu vorübergehenden leichten Allgemeinveränderungen, die jedoch am Ende de Studie nicht mehr vorhanden waren. Unter Therapie mit Maprotilin kam es in 10 Fällen (24%) zu bleibenden pathologischen EEG-Veränderungen: 1 (2,4%) Patient erlitt am Tag 11 der Studie einen GM-Anfall und mußte aus der weiteren Untersuchung ausgeschlossen werden. 1 (2,4%) Patient zeigte einen eindeutigen Seitenhinweis, 8 (19,2%) Patienten zeigten leichte Allgemeinveränderungen. Bei insgesamt 31 Patienten (74,4%) blieb das EEG unverändert.

Diskussion

Es konnte gezeigt werden, daß unter Therapie mit Fluvoxamin signifikant weniger pathologische EEG Veränderungen zu erwarten sind, als unter Therapie mit Maprotilin. Die im geringeren Maße aufgetretenen EEG-Veränderungen können auf die, im Gegensatz zu den klassischen AD, weitgehend fehlenden anticholinergen und antihistaminergen Eigenschaften zurückgeführt werden. Der eine Fall einer paroxysmalen Dysrhythmie könnte als eine basale Dysrhythmie interpretiert werden, ausgehend von einem pathologischem Hirnstammprozeß (Neudörfer 1990). Fast die Hälfte (47,6%) der Patienten der Maprotilingruppe zeigten pathologische EEG-Befunde. Ein Patient zeigte einen Herdbefund bei einem allerdings bereits vor Studienbeginn bestehenden Seitenhinweis. Ein Patient erlitt am Tag 11 der Studie einen GM Anfall. Sein EEG vom Studientag 8 zeigte bereits mittelschwere Allgemeinveränderungen, jedoch keinen Hinweis auf erhöhte Krampfbereitschaft. Die Allgemeinveränderungen dürfen jedoch auf die Maprotilintherapie zurückgeführt werden.

Literatur

Harmant J, van Rijckevorsel-Harman K, Hendrix B (1990) Fluvoxamine, an antidepressant with low (or no) epileptogenic effect. Lancet II: 386
Hughes IE, Radmann S (1978) Relative toxicity of amitryptilin, imipramin, maprotilin and mianserin after intravenous infusion in conscious rabbits. Br J Clin Pharmacol [Suppl] 5: 19–20
Kasper S, Voll G, Vieira A, Kickl H (1990) Response to total sleep deprivation before and during treatment with Fluvoxamine or Maprotiline in patients with major depression-results of a double blind study. Pharmacopsychiatrie 23: 135–142
Kasper S, Fuger J, Möller H J (1992) Comperative efficacy of antidepressants. Drugs 43 [Suppl]: 11–23
Krijzer F, Snelder M, Bradfo D (1984) Comparison of the (pro)convulsive properties of Fluvoxamine and Clomipramine with eight other antidepressants in an animal model. Neuropsychobiologie 12: 249–254
Neudörfer B (1990) EEG-Fibel. Fischer, S 566
Niedermayer E, Lopez da Silva F (1987) Electroencephalography. Urban und Schwarzenberg, pp 570–571
Wagner W B, Plekkenpol T E, Gray H, Vlaskamp H, Essers (1992) Review of fluvoxamine safety database. Drugs 43 [Suppl 2]: 48–54

Korrespondenz: Dr. R. Gößler, Psychiatrische Universitätsklinik, Währinger Gürtel 18–20, A-1090 Wien, Österreich

Multivariate EEG-Analyse bei Morbus Alzheimer

V. Eichert, R. Horn, H.-P. Scholl und **H.-J. Möller**

Psychiatrische Universitätsklinik, Bonn, Bundesrepublik Deutschland

Einleitung

Das gesunde Erwachsenen-EEG ist durch eine topische Differenzierung der corticalen Aktivität gekennzeichet. So wurden faktoren- und clusteranalytisch 3–4 voneinander abgrenzbare Hirnregionen beschrieben: anterior, central und posterior [4] bzw. frontopolar, fronto-zentral, temporal und parieto-okzipital [3]. Psychiatrische Erkrankungen lassen sich aber auch als Regressionsvorgänge verstehen, im Rahmen derer erreichte funktionelle Differenzierungsniveaus wieder verlorengehen [8]. Unter diesem Blickwinkel prüften wir an einem Kollektiv von 55 gemäß den DSM-III-R-Kriterien diagnostizierten Alzheimer-Patienten die Hypothese einer vereinfachten Struktur von Parametern der corticalen Aktivität.

Stichprobe und Methode

Die Patientenrekrutierung (27 ♂, 34 ♀, Alter 68.4 ± 8.7 J.) erfolgte in der an der Bonner Klinik bestehenden Gedächtnisambulanz, im Rahmen derer alle Patienten standardisiert durchuntersucht werden, u. a. mit Ableitung eines quantitativen EEG. Zum Zeitpunkt der Ableitung waren die Patienten frei von zentral wirksamen Substanzen.

Mit 21 Kanälen (19 EEG-, 2 EOG-Kanäle) wurde ein Ruhe-Wach-EEG unter stabilen Vigilanzbedingungen abgeleitet (Augen zu, Dauer 3 min, Bandpaß 0.5–30 Hz, Abtastrate 128 Hz). Nach visueller und digitaler EOG-Korrektur wurden die Zielvariablen des EEG off-line per FFT mit anschließender Mittelung der Einzelsegmente gebildet. Es wurden durchschnittlich 27 ± 9 4s Segmente berücksichtigt. Bei der Auswertung wurden folgende Bandeinteilungen zugrundegelegt : Delta (1.3–3.5 Hz), Theta (3.5–7.5 Hz), Alpha 1 (7.5–10.5 Hz), Alpha 2 (10.5–13 Hz), Beta (13–35 Hz), Gesamtband (1.3–35 Hz). Neben den Peakfrequenzen wurden die absoluten und relativen Powerwerte bestimmt.

Pro Band wurde zunächst eine deskriptive Grundstatistik angefertigt. Nach Verteilungsprüfung wurden die relativen Powerwerte der 19 Kanäle durch eine explorative Faktorenanalyse weiter verrechnet (19 Variablen pro Band, PCA, Eigenwerte > 1, Ladungswerte > 0.5) (SPSS/PC+, Version 4.01). Nach Ausschluß von Patienten mit partiellen missing values infolge artefaktgestörter Kanäle verblieb eine Stichprobe von n = 55, die in die Analyse einging.

Tabelle 1. Übersicht über die auf der Basis der relativen Powerwerte gefundene Faktorenlösung mit Angabe der durch den jeweiligen Faktor aufklärbaren Varianz (%)

Band	Delta	Theta	Alpha 1	Alpha 2	Beta
Zahl der Faktoren	1	2	2	2	1
Erklärte Varianz (%)	89.9	85.9	87.6	85.2	84.3
		5.7	5.6	8.3	

Ergebnisse

Die Peakfrequenz des Gesamtbandes beträgt posterior für die Ableiteposition O1 durchschnittlich 6.6 ± 4.4 Hz, für die Elektrode O2 5.7 ± 4.1 Hz, zentral liegt sie bei 4.7 ± 3.5 Hz (Cz), frontal bei 4.5 ± 3.4 Hz (Fz). Betrachtet man das Peakfrequenz-Profil über den Cortex, so erkennt man, daß die höchsten Peakfrequenzen temporo-parieto-okzipital vorliegen und nach frontal ein Frequenzabfall erfolgt. Erwähnenswert sind die relativ großen Standardabweichungen, die zwischen 59 und 89% der Mittelwerte betragen und Hinweis für eine Stichprobenheterogenität mit Existenz von Subgruppen sein dürften. Die Peakfrequenzen des Alphabandes liegen frontocentral zwischen 8.4 und 8.6 Hz, temporo-parieto-okzipital bei 8.9 bis 9.15 Hz. Faktorenanalytisch findet sich auf der Basis der relativen Powerwerte eine einfaktorielle Lösung für das Delta- und Beta-Band. Für das Theta-, Alpha 1- und Alpha 2-Band ergibt sich eine Lösung mit 2 Faktoren, wobei der Hauptfaktor jeweils anterior-central und der 2. Faktor auf temporoposterioren Ableitepositionen (T5, T6, P3, Pz, P4, O1, O2) lädt (Tabelle 1).

Diskussion

Die hier auf der Basis der relativen Powerwerte erzielten Ergebnisse sind vereinbar mit der Annahme einer vereinfachten Faktorenstruktur des Oberflächen-EEG bei Morbus Alzheimer. Ein ähnliches Ergebnis wurde von Dierks et al. [1] mitgeteilt, wobei diese Autoren auf der Basis logarithmisch transformierter Peakfrequenzen für das Delta-, Theta-, Alpha- und Beta-Band eine zweifaktorielle Lösung fanden. Nicht berücksichtigt in der vorliegenden Auswertung ist die mögliche Beziehung zwischen dem Schweregrad der Erkrankung und dem Ausmaß einer veränderten Faktorenstruktur. So wurden ein frontales Beta-Überwiegen infolge temporoparietaler Beta-Reduktion sowie eine Verlagerung des physiologischen posterioren Alpha-Schwerpunktes nach frontal v. a. bei schweren Stadien der Erkrankung beschrieben [2]. Dementsprechend können partiell unterschiedliche Ergebnisse verschiedener Arbeitsgruppen durch aus unterschiedlichen Schweregraden zusammengesetzte Patientenkollektive mitbedingt sein. Die faktorenanalytische Auswertung verschiedener Subgruppen mit ausreichender Fallzahl ist Aufgabe weiterer Untersuchungen.

Literatur

1. Dierks T, Perisic I, Frölich L, Ihl R, Maurer K (1991) Topography of the quantitative electroencephalogram in the dementia of the alzheimer type: relation to the severity of dementia. Psychiatry Res Neuroimaging 40: 181–194
2. Dierks T, Maurer M, Froelich L, Ihl R, Perisic I (1993) Brain mapping in Alzheimer's disease (DAT): relation to severity of disease. In: Rother M, Zwiener U (eds) Quantitative EEG analysis – clinical utility and new methods. Universitätsverlag, Jena, pp 31–34
3. Herrmann W (1991) EEG-mapping and methodological problems in drug evaluation. Biol Psychiatry 29: 195
4. Kahn EM, Weiner RD, Coppola R, Kudler HS, Schultz K (1993) Spectral and topographic analysis of EEG in schizophrenic patients. Biol Psychiatry 33: 284–290
5. Remmschmidt H (1971) Redundanz und Regression – informationstheoretische Gesichtspunkte zum Verständnis psychopathologischer Phänomene. Psychiat Clin 4: 65–81

Korrespondenz: Dr. V. Eichert, Psychiatrische Universitätsklinik, Sigmund-Freud-Straße 25, D-53105 Bonn, Bundesrepublik Deutschland

Lichtevozierte Pupillenreaktion bei Patienten mit einer Alkoholdemenz

B. Voß[1], **R. Beier**[1], **M. Böttcher**[2] und **W. Lüdtke**[2]

[1]Westfälische Klinik für Psychiatrie, Warstein und [2]Abteilung für Klinische Pharmakologie, Troponwerke, Köln, Bundesrepublik Deutschland

Die Pupillenreaktionen von Patienten mit einem chronischen Alkoholismus unterscheiden sich deutlich, wie verschiedentlich auch experimentell nachgewiesen wurde, von denen der Gesunden [2, 4, 5]. Inwieweit auch klinisch voneinander abgrenzbare Alkoholikergruppen in ihren Pupillenreaktionen voneinander abweichen ist bisher noch nicht untersucht worden und könnte von Bedeutung sein, wenn man insbesondere berücksichtigt, daß die mit der dynamischen Pupillometrie faßbaren Parameter ein sensibler Indikator für die sympathische und parasympathische Aktivität sind. Unsere Untersuchung geht den Zusammenhängen zwischen 2 Parametern der lichtevozierten Pupillenreaktion und dem Ausprägungsgrad der Alkoholdemenz nach.

Methoden

1. *Patienten:* Untersucht wurden 52 chronische Alkoholiker, 40 von ihnen waren männlichen und 12 weiblichen Geschlechts, im Alter von 29 bis 71 Jahren (Abb. 1). Die Dauer ihres Alkoholismusses betrug 10 bis über 30 Jahre. 36 Patienten zeigten ein mehr oder weniger ausgeprägtes hirnorganisches Psychosyndrom (HOPS) (Tabelle 1). 14 der Patienten hatten darüberhinaus weitere cerebrale Alkoholfolgeschäden wie epileptische Anfälle, Delire, Wernicke-Encephalopathien und Korsakow-Syndrome. 21 der Patienten hatten Symptome einer Polyneuropathie.
2. *Gesunde Probanden:* die Befunde von 3 weiblichen und 7 männlichen gesunden Probanden wurden zum Vergleich herangezogen (Abb.2)
3. *BENTON-Test:* Der BENTON-Test diente uns zur Klassifizierung der Schweregrade der Demenz. Er ist ein Test des unmittelbaren Behaltens für visuell-räumliche Stimuli und hat sich zur Unterscheidung von Gruppen mit hirnorganischen Psychosyndromen bewährt.
4. *Pupillometrische Methode:* Die Untersuchungen wurden mit dem monokularen Pupillometer Pupilscan durchgeführt.
5. *Methodisches Vorgehen:* Die Untersuchungen wurden immer zur gleichen Tageszeit bei konstanter Raumbeleuchtung an mehreren aufeinanderfolgenden Tagen durchgeführt. Beim Normalkollektiv wurden 5 Meßreihen á 10 Einzelmessungen entspre-

chend den Empfehlungen von Boettcher et al. an 5 aufeinanderfolgenden Tagen und beim Patientenkollektiv 3 Meßreihen á 10 Einzelmessungen an 3 aufeinanderfolgenden Tagen vorgenommen. Pro Meßreihe wurden mindestens 3 artefaktfreie Kurven in die Endauswertung einbezogen.

Ergebnisse

Die Ergebnisse der Untersuchungen, zusammengestellt in den Abb. 3 und 4 zeigten, daß die Pupillenreaktionen der Untersuchten in den einzelnen Gruppen in bezug auf die Ausgangspupillendurchmesser und Reflexamplituden unterschiedlich ausfielen. Die Reflexamplitude ist die Differenz zwischen dem Ausgangsdurchmesser der Pupille unmittelbar vor der Lichtstimulation und der max. Konstriktion (minimaler Pupillendurchmesser) nach Stimulation durch einen Lichtreiz.

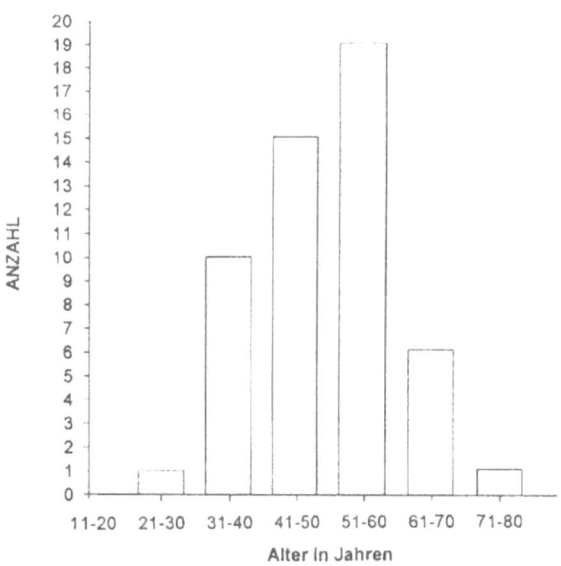

Abb. 1. Altersstruktur der Patienten

Tabelle 1. Altersverteilung der Patienten unter Berücksichtigung der Ausprägung des HOPS

Para- meter	kein	HOPS leichtes	mittleres	schweres
n	16	10	14	12
Alter				
Mittelwert	47,1	45,1	52,5	51,8
SEM	3,0	2,2	2,8	2,2

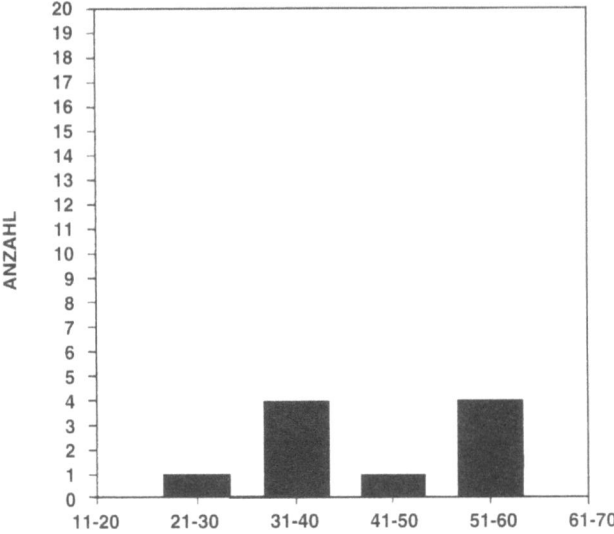

Abb. 2. Altersstruktur der gesunden Probanden

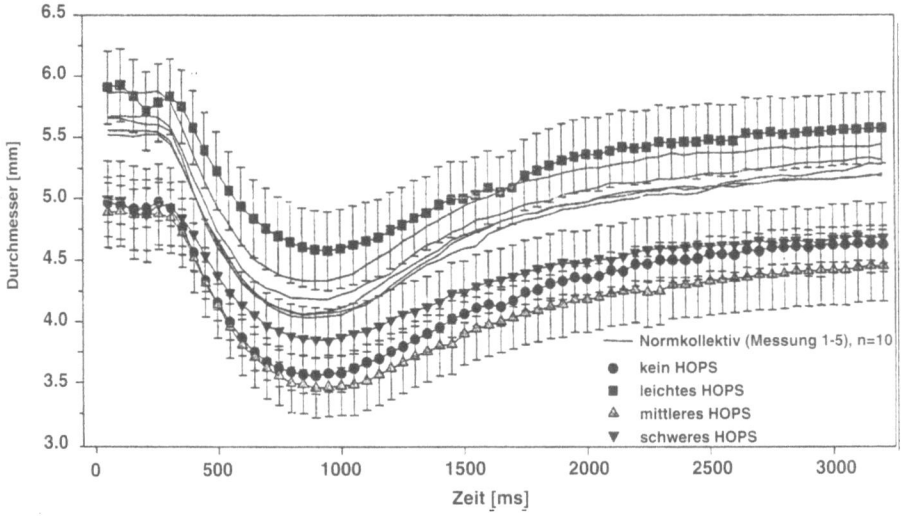

Abb. 3. Mittelwerte der Pupillenreaktion bei chronischen Alkoholikern und gesunden Probanden

Diskussion

Auch neuere Untersuchungen scheinen zu bestätigen, daß die Pupillenreaktion auf Lichtreiz vom Parasympathikus über den Edinger-Westphal-Kern gesteuert wird und eine Veränderung der Pupillenreaktion durch sympathische Hemmungen dieser Kerngebiete zustande kommt [3]. Anderer-

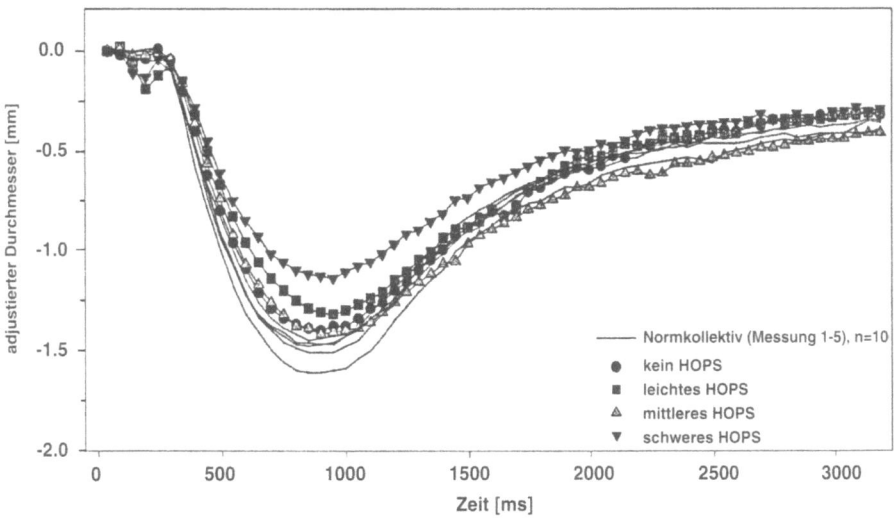

Abb. 4. Adjustierte Mittelwerte der Pupillenreaktion bei chronischen Alkoholikern und gesunden Probanden

seits gibt es Untersuchungen, die darauf hinweisen, daß die autonome Kontrolle des Lichtreflexes wesentlich komplizierter ist. Dessen ungeachtet ist die computergesteuerte Messung der Pupillenreaktion ein sehr genauer Indikator des autonomen Nervensystems, der sehr empfindlich auf Störungen reagiert. Die bei unseren Patienten erhobenen pupillometrischen Befunde lassen die Schlußfolgerung zu, daß sie Ausdruck einer Schädigung sein können, die graduell durch einzelne Pupillenparameter bestimmt werden und möglicherweise für Verlaufsbeobachtungen, insbesondere in bezug auf die Compliance der Patienten, den Schweregrad der Erkrankung und die Wirksamkeit therapeutischer Maßnahmen von Bedeutung sein können.

Zusammenfassung

Chronischer Alkoholismus führt zu einem veränderten Reflexverhalten der Pupillen nach Lichteinfall. Mit der jetzt zur Verfügung stehenden computergestützten Bestimmung der Pupillenreaktion ist es möglich, sehr genaue, gut reproduzierbare und den Patienten nicht belastende Messungen der verschiedenen Parameter vorzunehmen. Das Ausmaß der hirnorganischen Beeinträchtigung der chronischen Alkoholiker wurde nach den klinischen Befunden und den Ergebnissen des BENTON-Testes bestimmt. Die in die Untersuchung einbezogenen 52 Patienten waren an einem mindestens 10 Jahre andauernden chronischen Alkoholismus erkrankt. Als Vergleich dienten Befunde einer Gruppe von 3 weiblichen und 7 männlichen gesunden Probanden.

Die Patienten mit einem schweren hirnorganischen Psychosyndrom unterschieden sich von allen anderen Untersuchungsgruppen durch eine verringerte Reflexamplitude. Bemerkenswert war, daß die Patienten mit einem leichten hirnorganischen Psychosyndrom einen erweiterten Pupillendurchmesser aufwiesen. Alle Alkoholiker, insbesondere die mit einem leichten hirnorganischen Psychosyndrom, zeigten einen typischen Blinzeleffekt während der Latenzphase.

Literatur

1. Boettcher M, Hoeflich G, Luedtke W, Barlage U, Orb-Schaefenacker K, Langer M, Kasper S, Moeller H-J, Fritze J (1992) The influence of 4 different applications of chlorprothixen on the pupil diameter. Naunyn Schmiedebergs Arch Pharmacol, R11 (Deutsche Gesellschaft für Pharmakologie und Toxikologie, Autum Meeting September 6–9)
2. Grünberber J, et al (1987) Faktorenanalytische Untersuchungen und Rehabilitätsbestimmung der statischen und dynamischen Pupillometrie bei Normalpersonen und psychopathologischen Gruppen. Wien Med Wochenschr 5: 135
3. Heller PH, et al (1990) Autonomic components of the human pupillary light reflex. Invest Ophthalmol Vis Sci 31: 156
4. Rubin LS (1980) Pupillometrie studies of alcoholism. Int J Neurosci 11: 301
5. Rubin LS, et al (1980) Effects of alcohol on autonomic reactivity in alcoholics. J Stud Alcohol 41: 623

Korrespondenz: PD Dr. R. Beier, Westfälische Klinik für Psychiatrie, Franz-Hegemann-Straße 23, D-59581 Warstein, Bundesrepublik Deutschland

Zur Bedeutung präzentraler, hochamplitudiger Beta-Aktivität im EEG kinderpsychiatrischer Patienten

D. Mackert und **I. Spitczok von Brisinski**

Abteilung für Psychiatrie und Neurologie des Kindes- und Jugendalters, Universitätsklinikum Rudolf Virchow, Freie Universität Berlin, Bundesrepublik Deutschland

Bei der Befundung von EEG's kinderpsychiatrischer Patienten sahen die Autoren häufiger eine höheramplitudige, rhythmische, präzentral betonte Beta-Aktivität bei wachen, unmedizierten Kindern, die diagnostisch nicht sicher einzuordnen war.

Der Unterschied zwischen physiologischer und pathologischer Beta-Aktivität wird bisher in der Literatur hinsichtlich Frequenz, Topographie und Amplitude uneinheitlich definiert. Allgemein spricht man von hochamplitudiger Beta-Aktivität bei Amplituden > 40–50 μV. Nach Petersén und Eeg-Olofsson (1971) findet sich hochamplitudige Beta-Aktivität bei normalen Kindern in einer Häufigkeit von etwa 1%. Erklärungsmodelle sind z. B. die Einnahme von Sedativa, eine genetische Veranlagung (Vogel 1966) oder hirnorganische Läsionen einschließlich Epilepsie und Oligophrenie (Hirt 1968).

Mehrere Autoren beschrieben die Blockierung präzentraler Beta-Aktivität durch Willkürbewegungen und somatosensorische Stimulation (Jasper und Penfield 1949, Jasper und Andrews 1938, Pfurtscheller 1981). Auf der Grundlage dieser Untersuchungen wurde die Hypothese gebildet, daß hochamplitudige, präzentrale Beta-Aktivität bei Kindern Ausdruck einer Desaktivierung motorischer Neurone sein könnte. In der vorliegenden Studie wurde überprüft, ob ein Zusammenhang zwischen hochamplitudiger, präzentraler Beta-Aktivität und dem Vorliegen einer sensomotorischen Entwicklungsstörung besteht.

Methodik

Zwischen 1989 und 1992 wurden alle Routine-EEG's der kinderpsychiatrischen Klinikpatienten gesammelt, die mittels visueller Analyse eine auffallend hochamplitudige, präzentrale Beta-Aktivität (14–30/s) aufwiesen. Als Einschlußkriterium legten wir für die Beta-Aktivität eine mittlere Amplitude von > 50μV sowie eine mindestens 50%ige Ausprägungshäufigkeit während der gesamten Ableitung fest (Abb. 1).

Bei den so ermittelten 40 Patienten der Beta-Gruppe handelte es sich um 32 Jungen und 8 Mädchen im Alter von 4–15 Jahren. Alle Patienten waren in einem Zeitraum von mind. 4 Wochen vor der EEG-Ableitung medikamentenfrei.

Um den sensomotorischen Entwicklungsstand der Patienten genauer erfassen zu können, bildeten wir eine alters- und geschlechtsparallelisierte Kontrollgruppe (n = 17) zu denjenigen Patienten der Beta-Gruppe, die wie die Kontrollgruppe eine durchschnittliche Intelligenz (IQ 85–115) und eine sensomotorische Entwicklungsstörung hatten (Zielgruppe, n = 17). Die Kontrollgruppe rekrutierte sich aus kinderpsychiatrischen Patienten, deren Routine-EEG keine hochamplitudige Beta-Aktivität zeigte.

Der sensomotorische Entwicklungsstand der Patienten wurde anhand des Southern California Sensory Integration Test (SCSIT) und des Frostig-Entwicklungstests zur visuellen Wahrnehmung (FEW) überprüft.

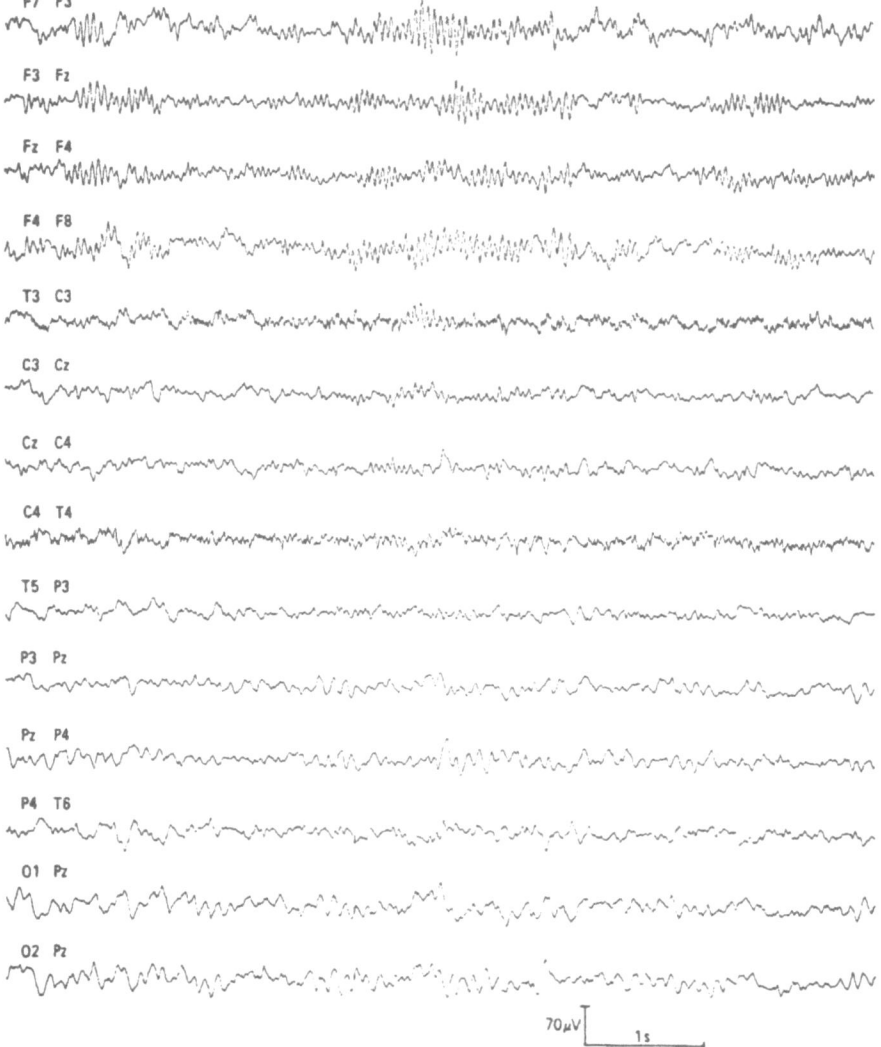

Abb. 1. Präzentrale, hochamplitudige Beta-Aktivität im EEG eines 9 Jahre alten Jungen mit sensomotorischer Entwicklungsverzögerung

Die Gruppenvergleiche wurden anhand der Daten aus der klinischen Dokumentation nach den Richtlinien der WHO und mittels retrospektiver Durchsicht der Krankenakten vorgenommen.

Die EEG-Ableitungen erfolgten unter den üblichen Ruhebedingungen mit einem 24-Kanal-Gerät, die Plazierung der 21 Elektroden nach dem 10–20-System.

Bei den Gruppenvergleichen wurde das statistische Signifikanzniveau mit Hilfe des chi-Sqare-Tests ermittelt.

Ergebnisse

Beta-Gesamtgruppe

Unter den 913 Patienten, bei denen im Zeitraum 1989–92 mindestens ein EEG abgeleitet wurde, fanden sich 40 mit hochamplitudiger, präzentraler Beta-Aktivität, entsprechend einer Häufigkeit von 4,4%.

Elektrophysiologische Daten: Es fanden sich folgende Charakteristika der präzentralen Beta-Aktivität: 1. Frequenz 20–25 Hz, 2. mittlere Amplitude 50–100 µV, 3. Ausprägungsmaximum präzentral bilateral symmetrisch, 4. spindelförmige Beta-Aktivität bei 57,5% der Patienten, 5. keine Reagibilität auf visuelle oder akustische Reize, Hyperventilation oder Photostimulation, 6. bei Mehrfachableitungen (18 Patienten) war das EEG-Merkmal in 88% der Fälle stabil nachweisbar, 7. 70% der Patienten hatten keine weiteren Auffälligkeiten im EEG.

Klinische Daten: Die Altersverteilung der Patienten zeigte einen Gipfel zwischen 7 und 12 Jahren (n = 29). Die Geschlechtsverteilung (80% männlich, 20% weiblich) entspricht der unserer Klinikpopulation 4–15jähriger.

Es fand sich keine Assoziation des EEG-Merkmals mit der psychiatrischen Diagnose, dem Intelligenzniveau oder einer körperlichen/neurologischen Erkrankung der Kinder (bei 3 Kindern wurden durch bildgebende Verfahren hirnatrophische Prozesse nachgewiesen).

Zum Zeitpunkt der EEG-Untersuchung wiesen 25 Patienten (= 62,5%) eine klinisch und testdiagnostisch gesicherte sensomotorische Entwicklungsverzögerung (SMEV) auf. Weitere 13 Patienten hatten eine anamnestisch bekannte SMEV und/oder feinneurologische Befundauffälligkeiten („soft signs"), die auf eine Störung der sensomotorischen Entwicklung hinweisen. Faßt man beide Gruppen zusammen, so findet man bei 95% der Patienten Hinweise auf eine sensomotorische Entwicklungsstörung.

Gruppenvergleich zwischen den Patienten der Zielgruppe und der Kontrollgruppe

Zwischen den Patienten der Zielgruppe (n = 17) und der Kontrollgruppe (n = 17) zeigten sich keine Unterschiede bei der groben klinischen Einschätzung hinsichtlich des Ausprägungsgrades der SMEV. Zur differenzierten Beurteilung der motorischen Leistungen wurden die Ergebnisse in 6 Untertests aus dem SCSIT verglichen. Beim Untertest „Imitation von Stellungen" zeigte sich ein Trend zur häufigeren Störung dieser Funktion – der

Umsetzung einer Wahrnehmung in eine komplexe Handlung am eigenen Körper – in der Zielgruppe (p < 0,06). Zur Beurteilung der sensorischen Entwicklung wurden die Ergebnisse in 4 Untertests des FEW verglichen. Ein Trend zur häufigeren Störung in der Zielgruppe zeigte sich in den Bereichen „Wahrnehmungskonstanz", „Raumlage" und „Räumliche Beziehung". Die Gesamtzahl pathologischer Untertests in beiden Testverfahren betrug in der Zielgruppe n = 81, in der Kontrollgruppe n = 74.

Beim Vergleich zwischen Ziel- und Kontrollgruppe zeigte sich ein Trend zu häufigerem Auftreten von Geburtskomplikationen in der Zielgruppe.

Diskussion

Bisher wurde in der Literatur das EEG-Merkmal der hochamplitudigen, präzentralen Beta-Aktivität bei Kindern nicht gesondert untersucht. Zusammengefaßt fanden sich in der vorliegenden Studie folgende Ergebnisse:

1. Das EEG-Merkmal findet sich in einer Häufigkeit von 4,4%.
2. Merkmalsträger sind hauptsächlich Jungen zwischen 4-15 Jahren.
3. Bis zur Adoleszenz scheint es sich um ein stabiles Merkmal zu handeln.
4. Das Merkmal zeigt eine hohe Korrelation zu sensomotorischen Entwicklungsstörungen.
5. Es finden sich keine Hinweise auf einen ätiologischen Zusammenhang mit nachweisbaren hirnorganischen Läsionen.

Da nur ein kleiner Teil der Kinder mit sensomotorischer Entwicklungsverzögerung das EEG-Merkmal zeigt, wurde versucht, Unterscheidungsmerkmale der Beta-Gruppe gegenüber der Kontrollgruppe herauszufinden. Überraschend zeigte sich, daß die Kinder der Beta-Gruppe sowohl mehr Wahrnehmungsstörungen als rein motorische Störungen hatten und auch mehr Wahrnehmungsstörungen als die Patienten der Kontrollgruppe. Obwohl die Unterschiede nicht statistisch signifikant waren, könnte es sich bei der Beta-Gruppe um eine Untergruppe derjenigen Kinder mit SMEV handeln, die überwiegend Störungen der somatosensorischen Perzeption haben.

Sowohl Jasper u. Andrews als auch Pfurtscheller beschrieben eine bilaterale Blockierung zentraler Beta-Aktivität durch unilaterale, taktile somatosensorische Stimulation. Möglicherweise wäre somit eine Inhibition motorischer Neurone über eine Störung der somatosensorischen Perzeption (und konsekutiv über eine fehlerhafte Verarbeitung in den thalamo-kortikalen Generatorsystemen der Beta-Aktivität) erklärbar, die sich im EEG als hochamplitudige, präzentrale Beta-Aktivität ableiten läßt.

Die Ergebnisse dieser Studie weisen darauf hin, daß es sich bei der hochamplitudigen, präzentralen Beta-Aktivität im EEG eines Kindes möglicherweise um einen Indikator für das Vorliegen einer SMEV handelt. Das Fehlen dieses EEG-Merkmals jenseits des 15. Lebensjahres könnte dadurch erklärt werden, daß in diesem Alter SMEV von den meisten Patienten aufgeholt werden.

Literatur

Ayres J (1980) Southern California Sensory Integration Test (SCSIT). Western Psychological Services, Los Angeles

Hirt, H R (1968) Zur diagnostischen Bedeutung der pathologischen Beta-Aktivität im EEG des Kindes und des Jugendlichen. Fortschr Neurol Psychiat 36: 412–33

Jasper HH, Andrews HL (1938) Electoencephalography. III. Normal differentiations of occipital and precentral regions in man. Arch Neurol Psychiat (Chic) 39: 96–115

Jasper HH, Penfield W (1949) Electrocorticograms in man: effect of voluntary movement upon the electrical activity of the precentral gyrus. Arch Psychiat Nervenkr 183: 163–74

Lockowandt O (1979) Frostigs Entwicklungstext der visuellen Wahrnehmung (FEW). Beltz, Weinheim

Petersén I, Eeg-Olofsson O (1971) The development of the electroencephalogram in normal children from the age of 1 through 15 years. Neuropädiatrie 2: 263–65,291

Pfurtscheller G (1981) Central beta rhythm during senorimotor activities in man. Electroencephalogr Clin Neurophysiol 51: 253–64

Vogel F (1966) Zur genetischen Grundlage frontopräzentraler Beta-Wellengruppen im EEG des Menschen. Humangenetik 2: 227

Korrespondenz: Dr. D. Mackert, Psychiatrische Klinik und Poliklinik, Freie Universität Berlin, Eschenallee 3, D-14050 Berlin, Bundesrepublik Deutschland

Alters- und Geschlechtseffekte auf langsame Augenfolgebewegungen, einen möglichen Vulnerabilitätsindikator für Schizophrenie

K.-M. Flechtner[1], A. Mackert[2], R. Sauer[2], B. Steinacher[2] und **S. Traversi[2]**

[1]Universitätsklinikum Benjamin Franklin, Abteilung für Sozialpsychiatrie und
[2]Psychiatrische Klinik und Poliklinik, Freie Universität Berlin,
Bundesrepublik Deutschland

Störungen von langsamen Augenfolgebewegungen werden seit den 70er Jahren als genetisch determinierter Marker und möglicher Vulnerabilitätsindikator der Schizophrenie diskutiert (Holzman 1987, Clementz und Sweeney 1990). Voraussetzung für einen solchen Indikator ist eine möglichst große Spezifität für schizophrene Erkrankungen, wie vergleichende Studien zwischen verschiedenen Patientengruppen nahelegen. Allerdings sind auch bei depressiven Patienten Augenfolgebewegungsstörungen in ähnlichem Ausmaß beschrieben worden (Abel et al. 1991, Friedman et al. 1992). Mögliche unabhängige Einflußgrößen, wie Alter und Geschlecht, wurden in bisherigen Untersuchungen zur Krankheitsspezifität dieses Merkmals nur wenig berücksichtigt.

Methode

Mittels eines Infrarotokulometers untersuchten und verglichen wir die Augenfolgebewegungsleistungen von 43 schizophrenen, 33 depressiven Patienten und 42 gesunden Probanden. Die depressiven Patienten waren mit einem mittleren Alter von 46,8 Jahren deutlich älter als die Schizophrenen mit 31,5 Jahren und die Probanden mit 34,4 Jahren. Die Gruppen unterschieden sich auch hinsichtlich der Geschlechtsverteilung: Probanden (w/m: 22/20), Schizophrene (w/m: 16/27), Depressive (w/m: 25/8). Zur Auslösung von horizontalen Folgebewegungen benutzten wir einen computergesteuerten roten Laserlichtpunkt, der sich sinusförmig mit einer Amplitude von ±10° und einer Frequenz von 0,4 Hz hin und her bewegte. Probanden wurden aufgefordert, diesem Punkt kontinuierlich mit den Augen zu folgen. Als Maß für die Güte der Augenfolge bestimmten wir das Geschwindigkeitsgain (Verhältnis Geschwindigkeit Auge/Stimulus) und die Anzahl der in die Folge eingelagerten Sakkaden (schnelle Blicksprünge).

Ergebnisse

Entgegen unserer Erwartung zeigten die depressiven Patienten zunächst die schlechtesten Leistungen: Gain: Probanden: 0,97 ± 0,04; Schizophrene: 0,92 ± 0,07; Depressive: 0,90 ± 0,08. Sakkadenanzahl/min: Probanden: 96 ± 29; Schizophrene: 125 ± 37; Depressive: 132 ± 36. Die schizophrenen Patienten lagen also in ihren Ergebnissen jeweils zwischen Depressiven und gesunden Probanden. Bei einem Vergleich zwischen Frauen und Männern (n je Gruppe = 19; Altersdurchschnitt jeweils 31 Jahre) wiesen Frauen tendenziell (p = 0,07) ein niedrigeres Gain und eine höhere Sakkadenanzahl/min auf. Das Alter der Gesamtgruppe korrelierte hochsignifikant mit den Augenfolgebewegungsleistungen: Gain: r = –0,36; Sakkadenanzahl/min: r 0,41; (p jeweils < 0,01). Ein Vergleich alters- und geschlechtsparallelisierter Gruppen (jeweils 8 Frauen, 3 Männer; Altersdurchschnitt 35,6) ergab nun die signifikant schlechtesten Werte für die Schizophrenen: Gain: Probanden: 0,96 ± 0,04; Depressive: 0,92 ± 0,05; Schizophrene: 0,90 ± 0,07. Sakkadenanzahl/min: Probanden: 92 ± 35; Depressive: 123 ± 30; Schizophrene: 146 ± 40.

Diskussion

Um eine Spezifität eines Merkmals für eine Erkrankung nachweisen zu können, muß der mögliche Einfluß anderer Faktoren berücksichtigt werden. Solche Einflußgrößen könnten hier z. B. psychopathologischer Zustand, Medikation oder andere klinische Parameter sein. Wenn auch hier aus Platzgründen nicht dargestellt, haben wir doch ausführlich diese und andere Einflußgrößen mituntersucht und keinen bedeutsamen Einfluß finden können. Unsere Befunde belegen aber, daß Alterseinflüsse und möglicherweise auch Geschlechtseffekte auf die Augenfolgebewegungsleistung vorhanden sind. Dies ist insbesondere deshalb interessant, da die Alters- und Geschlechtsverteilung zwischen den diagnostischen Gruppen unterschiedlich ist. So treten Depressionen häufiger bei Frauen und im mittleren Lebensalter auf, während schizophrene Erkrankungen gehäuft bei jüngeren Männern vorkommen.

Literatur

Abel LA, Friedman L, Jesberger J, Malki A, Meltzer HY (1991) Quantitative assessment of smooth pursuit gain and catch-up saccades in schizophrenia and affective disorders. Biol Psychiatry 29: 1063–1072

Clementz BA, Sweeney JA (1990) Is eye movement dysfunction a biological marker for schizophrenia? A methodological review. Psychol Bull 108: 77–92

Friedman L, Abel LA, Jesberger JA, Malki A, Meltzer HY (1992) Saccadic intrusions into smooth pursuit in patients with schizophrenia or affective disorder and normal controls. Biol Psychiatry 31: 1110–1118

Holzman PS (1987) Recent studies of psychophysiology in schizophrenia. Schizophr Bull 13: 49–75

Korrespondenz: Dr. K. M. Flechtner, Universitätsklinikum Benjamin Franklin, Abteilung für Sozialpsychiatrie, Freie Universität Berlin, Platanenallee 19, D-14050 Berlin, Bundesrepublik Deutschland

Späte Komponenten cortical evozierter Potentiale bei schizophrener Minussymptomatik

V. Eichert, J. Klosterkötter und **H.-J. Möller**

Psychiatrische Universitätsklinik, Bonn, Bundesrepublik Deutschland

Einleitung

Zur objektivierenden Diagnostik zentraler Funktionsabweichungen bei Schizophrenie werden u. a. späte Komponenten cortical evozierter Potentiale eingesetzt. Die Ergebnisse verschiedener Untersuchungen stimmen dahingehend überein, daß schizophrene Patienten meist niedrigere EP-Amplituden zeigen, insbesondere im Bereich der P3-Komponente [7]. Zur Frage der state-Abhängigkeit liegen unterschiedliche Befunde vor, wobei ein Teil der Arbeiten zur Annahme einer state-Unabhängigkeit kommt [5, 8]. In der vorliegenden Untersuchung an einer Gruppe von Minussymptomatik-Patienten wurden folgende Aspekte geprüft: Größe des Diskriminationseffektes gegenüber einer in Alter und Geschlecht adaptierten Kontrollgruppe, Abhängigkeit der EP-Parameter von Psychopathologie und Medikation.

Stichprobe und Methode

20 postakut Schizophrene (30.6 ± 6.5 J, ♂) mit im Vordergrund stehender Minussymptomatik (ICD 9: Z. n. 295.3, 295.6) sowie 21 gesunde Probanden (27.3 ± 3.5 J., ♀) wurden in einem akustischen oddball-Paradigma untersucht. Die Patientengruppe wies folgende klinische Merkmale auf: BPRS-Gesamtscore 38.5 ± 9.4, SANS-Composite-Score 41.9 ± 17.0, NL-Einstellung im steady-state mit 397 ± 303 (0–1050) CPZ-Äquivalenten /die.
Die P300-Untersuchung dauerte 6 min, bei geschlossenen Augen wurden 180 Sinustöne über einen Kopfhörer binaural eingespielt (ISI 2s, 150 Töne 1000 Hz, 30 Töne 2000 Hz, 75 dB, Dauer 50 ms mit je 10 ms rise- und fall-time). Die Instruktion lautete, bei Einfall des randomisiert auftretenden höheren Tones so schnell wie möglich eine Reaktionstaste niederzudrücken. Initial erfolgte ein Testlauf mit 20 Probereaktionen auf den Zielreiz. Das Oberflächen-EEG wurde mit Ag/AgCl Elektroden von Fz, Cz, Pz, C3-1, C4-1, O1, O2 gegen die verbundenen Mastoide abgeleitet (Übergangswiderstände < 5 kOhm), zur Artefaktkontrolle wurden ein horizontales und vertikales EOG mitregisiert. Nach visueller und digitaler EOG-Korrektur wurden Ziel- und Nichtzielreize getrennt gemittelt. (Baseline: −100 ms, Poststimulus-Abschnitt: 800 ms). Bei der automatisierten Bestim-

mung der EP-Latenzen und -Amplituden wurden folgende Zeitfenster zugrundegelegt N1: 80–130 ms, P2: 150–210 ms: N2: 205–310 ms, P3: 270–450 ms. Statistische Verfahren: nach Verteilungsprüfung T-Test f. unabhängige Stichproben, Pearson-Korrelationen, Varianz- und Diskriminanzanaylse (SPSS/PC+, Version 4.01, deskriptive Analyse).

Ergebnisse

In der Minussymptomatikgruppe findet sich für die Ableiteposition Cz eine signifikant kleinere N1-, N2- und P3-Amplitude (p < 0.01), die N1-Latenz ist kürzer (p < 0.05), die P3-Latenz länger als in der Kontrollgruppe (p < 0.05). Die Patientengruppe zeigt lediglich eine signifikant größere P2-Amplitude (p < 0.01). Für die P2- und N2-Latenz ergibt sich kein signifikanter Gruppenunterschied. Varianzanalytisch ergeben sich für die EP-Amplituden jeweils hochsignifikante Effekte (p = 0.000) der Faktoren Gruppe (2 Stufen) und Elektrodenposition (7 Stufen), eine signifikante Interaktion zeigt sich für die P2- sowie angedeutet auch für die N2-Amplitude (p = 0.000; p = 0.063). Diskriminanzanalytisch werden auf der Basis der 8, vom Ableiteort Cz abgegriffenen EP-Variablen 100% der Patienten und 95.2% der Probanden richtig in die jeweilige Gruppe klassifiziert. Den höchsten Beitrag zur Gruppentrennung leistet die P3-Latenz. Der BPRS-Summenscore korreliert signifikant positiv mit der N1-Latenz (Cz: r = 0.40, p < 0.05). Für die Ableiteposition Ol findet sich außerdem eine signifikant positive Korrelation zwischen N2-Latenz und SANS- (r = 0.41, p < 0.05) sowie zwischen N2- und P3-Latenz und BPRS-Score (r = 0.37, p = 0.052; r = 0.47, p < 0.02). Die Korrelation zwischen aktueller Neuroleptikadosis (CPZ-Äquivalente) und N1-Amplitude beträgt r = 0.41 (Cz: p = 0.037), die zur P3-Amplitude r = 0.55 (Cz: p < 0.01). Varianzanalytisch bleibt der Gruppeneffekt für die N1- und P3-Amplitude signifikant, wenn der NL-Einfluß durch Aufnahme als Kovariate herausgerechnet wird (Cz: p = 0.031; p = 0.001).

Diskussion

In Übereinstimmung mit Literaturbefunden ist die N1-, N2- und P3-Amplitude in der schizophrenen Gruppe signifikant kleiner [2, 5]. Überraschend zeigt die Patientengruppe eine größere P2-Amplitude, was bisher nur vereinzelt beschrieben wurde [8, 9]. Aufgrund der eigenen Daten sowie in Übereinstimmung mit der Literatur ergeben sich Hinweise, daß NL die N1-Amplitude eher erniedrigen [1, 8] und die P3-Amplitude eher stabilisieren [3]. Bis auf die 4 signifikant positiven Korrelationen der N1-, N2- und P3-Latenz zum BPRS-Score (Cz bzw. Ol) sowie die ebenfalls positive Korrelation zwischen N2-Latenz und SANS-Score (Ol) findet sich für die restlichen EP-Parameter und Ableiteorte keine signifikante Beziehung zu den Summenscores, was mit der Annahme einer weitgehenden Unabhängigkeit vom globalen aktuellen Psychopathologie-Status vereinbar ist (von 112 möglichen Korrelationen waren nur die 4 vorgenannten signifikant). Allerdings gibt es auch Mitteilungen über signifikant negative Korrelationen zwischen P3-Amplitude und dem SAPS-Subscore Distraktibilität (P3, Pz, P4) [4] sowie zum SANS-Subscore Alogie (Pz) [11] und zur BPRS-Negativsymptomatik (Pz) [8]. Die Frage der state-Abhängigkeit ist demnach unterschiedlich zu beantworten, je nachdem ob psychopathologische Parameter auf Summen- oder Subscore-Ebene herangezogen und welche Ableiteorte berücksichtigt werden (s. a. Temporalregionen). Die Tatsache, daß nicht nur die P3-, sondern auch die N1- und N2- Amplitude erniedrigt war, wirft im übrigen die Frage auf, ob es sich hierbei tatsächlich um eine Dysfunktion mehrerer unabhängiger kognitiver Teilfunktionen (selektive Aufmerksamkeit, Stimulusevaluation, abschließende Stimulusbewertung i. S. der context-updating Hypothese) handelt, oder ob dies nicht Ausdruck einer generellen corticalen Hyporeagibilität Schizophrener sein könnte, wie sie auch für das ereignisbezogene EEG nach sensorischer und motorischer Aktivation beschrieben wurde [6, 10].

Literatur

1. Adler G, Gattaz WF (1992) Akustisch evozierte Potentiale bei schizophrenen Patienten: Effekte von Neuroleptika und Prädiktion der therapeutischen Ansprechbarkeit. In: Baumann P (Hrsg) Biologische Psychiatrie der Gegenwart. Springer, Wien New York, S 78–81
2. Barret K, McCallum WC, Pocock PV (1986) Brain indicators of altered attention and information processing in schizophrenic patients . Br J Psychiatry 148: 414–420
3. Duncan CC, Morisia JM, Fawcett RW, Kirch DG (1987) P300 in schizophrenia: state or trait marker? Psychopharmacol Bull 23,3: 497–501
4. Ebmeier KP, Potter DD, Cochrane RHB, Mackenzie AR, Mc Allister H, Besson JAO, Salzen EA (1990) P300 and smooth eye pursuit: concordance of abnormalities and relation to clinical features in DSM-III schizophrenia. Acta Psychiatr Scand 82: 283–288
5. Eikmeier G, Lodemann E, Zerbin D, Gastpar M (1991) Ereigniskorrelierte Potentiale bei schizophrenen Patienten im akuten Krankheitsschub und in Remission. Z EEG-EMG 22: 15–20
6. Guenter W, Brodie JD, Bartlett EJ, Dewey SL, Henn FA, Volkow ND, Alper K, Wolkin A, Cancro R, Wolf AP (1994) Diminished cerebral metabolic response to motor stimulation in schizophrenics: a PET study. Eur Arch Psychiatry Clin Neurosci 244: 115–125
7. Olbrich HM (1987) Ereigniskorrelierte Potentiale und Psychopathologie. Nervenarzt 58: 471–480
8. Pfefferbaum A, Ford JM, White PM, Roth WT (1989) P3 in schizophrenia is affectd by stimulus modality, response requirements, medication status and negative symptoms. Arch Gen Psychiatry 46: 1035–1044
9. Schwartz A, Neuhof S, Bölsche F, Brosz M, Ulrich S, Bogerts B (1994) Topographie und Zeitverlauf von EEG/AEP-Parametern in Korrelation zur Klinik und Psychometrie während der Therapie endogener Psychosen. Fortschr Neurol Psychiat 62 (Sonderheft 2): 75
10. Wada Y, Takizawa Y, Kitazawa S, Zheng-Yan J, Yamaguchi N (1994) Quantitative EEG analysis at rest and during photic stimulation in drug-naive patients with first-episode schizophrenia. Eur Arch Psychiatry Clin Neurosci 244: 247–251
11. Ward PB, Catts SV, Fox AM, Michie PT, McConaghy N (1991) Auditory selective attention and event-related potentials in schizophrenia. Br J Psychiatry 158: 534–539

Korrespondenz: Dr. V. Eichert, Psychiatrische Universitätsklinik, Sigmund-Freud-Straße 25, D-53105 Bonn, Bundesrepulik Deutschland

Topographie der „Dimensionalen Komplexität" im EEG medikamentenfreier schizophrener Patienten

B. Weber[1], **T. Dierks**[1], **W. K. Strik**[2] und **K. Maurer**[1]

[1]Zentrum der Psychiatrie, Universitätsklinik, Frankfurt/Main und [2]Psychiatrische Universitätsklinik, Würzburg, Bundesrepublik Deutschland

Einleitung

In den letzten Jahren ergaben Untersuchungen des EEGs schizophrener Patienten Veränderungen von Parametern, die – in Anlehnung an die Chaos-Theorie – unter der Annahme einer wesentlichen Bedeutung nonlinearer Abläufe für die Funktion des dynamischen Systems ZNS ermittelt wurden. So fanden sich bei der Berechnung der „correlation dimension" nach dem Algorithmus von Grassberger und Procaccia [3, 2, 4] in den EEG-Ableitungen schizophrener Patienten höhere Werte als bei gesunden Kontrollpersonen [5]. Dies wird als Hinweis auf eine mit der Psychose einhergehende dynamische Dysfunktion gewertet, die als „Steigerung der Freiheitsgrade" neurophysiologischer Abläufe auf psychopathologischer Ebene in der assoziativen Lockerung der Denkabläufe eine Entsprechung haben könnte [5, 6, 9].

In einer kürzlich publizierten Untersuchung von Koukkou et al. [5] wurden 15 erstmals akut erkrankte und bis dahin unbehandelte schizophrene Patienten sowohl mit nach Erstmanifestation der Erkrankung remittierten schizophrenen Patienten, als auch mit neurotischen Patienten und gesunden Kontrollpersonen verglichen. Bei Analyse artefaktfreier 20 sec.-Epochen links temporo-parietal und parieto-occipital wurden unter verschiedenen Bedingungen (Ruhe, nach einer Anweisung, vor und nach optischer Präsentation von Sätzen) bei den schizophrenen Patienten temporo-parietal höhere Werte als bei den gesunden Kontrollpersonen gefunden.

Elbert et al. [1] fanden bei schizophrenen Patienten frontal höhere Werte als zentral und bei Kontrollpersonen einen inversen Gradienten (abgeleitet wurde über Fz, Cz und Pz). Sie wiesen darauf hin, daß sich aufgrund der Referenzproblematik nicht mit Sicherheit entscheiden lasse, ob die erhöhte Komplexität aus Veränderungen im frontalen Bereich resultiere. Röschke und Aldenhoff [8] stellten bei 11 schizophrenen Patienten eine verminderte Dimensionalität des EEGs während der Schlafphase II und des REM-Schlafs über Cz und Pz fest.

Methodik

Um Aufschluß über die topographische Verteilung der dimensionalen Komplexität bei schizophrenen Patienten zu erhalten, nahmen wir in unsere hier dargestellte evaluative Untersuchung 10 akut kranke, stationär-psychiatrisch behandelte Patienten auf, die die DSM-III-Kriterien für eine Schizophrenie erfüllten und zum Zeitpunkt der EEG-Ableitung medikamentenfrei waren (Auswaschphase). Die Kontrollgruppe bestand aus 10 gleichgeschlechtlichen und gleichaltrigen gesunden Probanden.

Die EEG-Ableitung wurde unter Ruhebedingungen bei geschlossenen Augen mit 20 Elektroden gemäß dem 10/20-System mit den verbundenen Mastoiden als Referenz durchgeführt. Zur Berechnung der „correlation dimension" (D2) wurden jeweils 2 artefaktfreie Sequenzen mit einer Länge von 2 Sekunden herangezogen, die mit einer Abtastrate von 128 Hz und einem Filter von 1–30 Hz über einen 8-Bit-AD-Wandler aufgezeichnet worden waren.

Der „Korrelations-Exponent" D2 (correlation exponent) wurde gemäß dem Algorithmus von Grassberger und Pro caccia berechnet. Die Zeitverschiebung (t) wurde anhand des ersten Null-Durchgangs der Autokorrelations-Kurve bestimmt und die Zahl der einbettenden Dimensionen auf maximal 10 festgelegt. Der Korrelations-Exponent wird als Maß für die dimensionale Komplexität bzw. fraktale Dimensionalität der EEG-Kurve angesehen. Die statistische Auswertung zum Gruppenvergleich erfolgte mit dem t-Test für unverbundene Stichproben.

Ergebnisse

In unserer Patientengruppe ergaben sich unter Ruhebedingungen insgesamt fast durchgehend höhere D2-Werte der untersuchten EEG-Epochen als bei den gesunden Kontrollen. Abbildung 1 zeigt die Mittelwerte der beiden Gruppen im Vergleich. Die topographische Verteilung der D2-Werte zeigte bei den schizophrenen Patienten eine deutliche Betonung über den frontalen Hirnabschnitten. Die Kontrollpersonen wiesen – bei insgesamt niedrigerem Niveau der Dimensionalitäts-Werte – höhere Werte beidseits temporal auf. Die Verteilung der Differenzen zwischen beiden Gruppen zeigte hohe Werte linksbetont frontal. Statistisch signifikante Differenzen $(p < 0.01)$ in der dimensionalen Komplexität bestanden über den Elektroden F_1, C_z und auch T_6.

Diskussion

Es gibt bisher nur wenige Arbeiten zur Frage der dimensionalen Komplexität des EEG bei schizophrenen Patienten. Die vorliegenden Arbeiten beschränkten sich in der Regel auf die Untersuchung weniger Kanäle, so daß ein Überblick über die Topographie der Veränderungen nicht möglich war. Die vorliegende Untersuchung hatte evaluativen Charakter und ihre – immerhin statistisch signifikanten – Ergebnisse müssen sehr vorsichtig interpretiert werden, auch weil das allgemeine Wissen über die funktionelle Bedeutung der dimensionalen Komplexität des EEG noch sehr beschränkt ist.

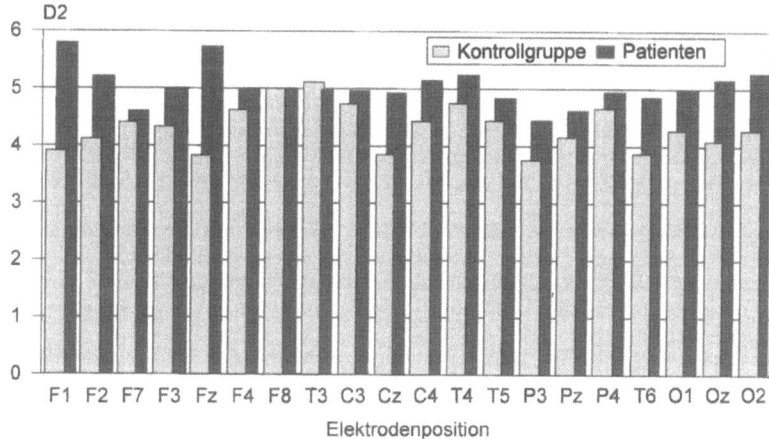

Abb. 1. Dimensionale Komplexität (D2)-Mittelwerte der Untersuchungsgruppen im Vergleich

Die vorliegenden Daten könnten jedoch als Hinweis auf die frontale Lokalisation einer möglicherweise schizophrenie-spezifischen zerebralen Dysfunktion aufgefaßt werden. Sie stehen zu denen der Untersuchung von Elbert [1] wegen der frontalen Lokalisation der Auffälligkeiten nicht in Widerspruch, zumal sich auch ein Gradient in der Mittellinie zwischen Fz, Cz und Pz andeutet; ein inverser Gradient bei gesunden Personen ließ sich jedoch nicht nachweisen. Im Bereich links temporo-parieto-occipital, der von Koukkou et al. [5] mit bipolaren Ableitungen untersucht wurde, fanden wir nur eine auf dem 5%-Niveau signifikante Erhöhung der dimensionalen Komplexität bei den schizophrenen Patienten.

Weitere Untersuchungen mit Variation der Ableite- und Auswertungsbedingungen und dem Ziel einer Standardisierung der Vorgehensweise sind erforderlich. Auch Differenzierungen innerhalb der Diagnosegruppe der Schizophrenien und der Psychopathologie sowohl im Querschnitts- wie auch im Längsschnittbild wären wichtig. Als Problem erweist sich dabei die Medikation mit Psychopharmaka, auf die man bei den zu untersuchenden Patienten häufig nicht verzichten kann. Es wäre daher ebenfalls wünschenswert, die Auswirkungen von Medikamenten auf die dimensionale Komplexität des EEG zu überprüfen und gegebenenfalls zu quantifizieren. Darüber hinaus ist zu vermuten, daß auch die Art und Intensität der geistigen Aktivität unter der EEG-Ableitung einen Einfluß auf die Größe der dimensionalen Komplexität hat [7]. Es muß daher auch versucht werden, die kognitiven Abläufe unter der EEG-Ableitung weitgehend zu vereinheitlichen, um wirklich diagnosebedingte Unterschiede und nicht nur Zustands-Variabilität zu erfassen.

Literatur

1. Elbert T, Lutzenberger W, Rockstroh B, Berg P, Cohen R (1992) Physical aspects of the EEG in schizophrenics. Biol Psychiatry 32: 595–606

2. Grassberger P, Procaccia I (1983) Measuring the strangeness of strange attractors. Physica 9D: 189–208
3. Grassberger P, Procaccia I (1983) On the characterization of strange attractors. Phys Rev Lett 50: 346–349
4. Grassberger P, Schreiber T, Schaffrath C (1991) Non-linear time sequence analysis. Manuskript, Bergische Universität – Gesamthochschule Wuppertal
5. Koukkou M, Lehmann D, Wackermann J, Dvorak I, Henggeler B (1993) Dimensional complexity of EEG brain mechanism in untreated schizophrenia. Biol Psychiatry 33: 397–407
6. Koukkou M, Tremel E, Manske W (1991) A psychobiological model of the phathogenesis of schizophrenic symptoms. Int J Psychophysiol 10: 203–212
7. Lutzenberger W, Elbert T, Birbaumer N, Ray WJ, Schupp H (1992) The scalp distribution of the fractal dimension of the EGG and its variation with mental tasks. Brain Topogr 5: 27–34
8. Röschke J, Aldenhoff JB (1993) Estimation of the dimensionality of sleep-EEG data in schizophrenics. Eur Arch Psychiatry Clin Neurosci 242: 191–196
9. Schmid GB (1991) Chaos theory and schizophrenia: elementary aspects. Psychopathology 24: 185–198

Korrespondenz: Dr. B. Weber, Zentrum der Psychiatrie, Klinikum der Universität, Heinrich-Hoffmann-Straße 10, D-60528 Frankfurt/M., Bundesrepublik Deutschland

P300 und schizophrene Negativsymptomatik: eine Replikationsstudie

G. Eikmeier[1, 2], E. Lodemann[1], J. Pach[1, 3], M. von Wilmsdorff[1], A. Hartl[1] und M. Gastpar[1]

[1]Rheinische Landes- und Hochschulklinik, Essen, [2]Psychiatrische Klinik, ZKH Reinkenheide, Bremerhaven und [3]Psychiatrische Abteilung, Evangelisches Krankenhaus, Huyssens-Stiftung, Essen, Bundesrepublik Deutschland

Einleitung

Die Amplitudenminderung der P300-Welle gilt bei schizophrenen Patienten als stabiles biologisches Phänomen. Die Ergebnisse zu der Frage, ob und ggf. welche Beziehungen es zwischen P300-Amplitude und psychopathologischen bzw. testpsychologischen Variablen gibt, sind aber widersprüchlich [2].

In der vorliegenden Untersuchung sollte die aus einer Pilotstudie [1] hergeleitete Hypothese geprüft werden, ob es negative Korrelationen zwischen P300-Amplitude und Anhedonie sowie anderen primären schizophrenen Negativsymptomen gibt.

Methodik

Patienten und Kontrollprobanden

In die Untersuchung einbezogen wurden 25 chronisch schizophrene Patienten außerhalb einer akuten Episode (DSM-III-R-Kriterien, 13 Frauen, 12 Männer, Alter: 38,4 ± 8,8 Jahre, Erkrankungsdauer: 12,3 ± 7,1 Jahre, kumulative Dauer der Medikation: 9,0 ± 6,3 Jahre, BPRS-Gesamtpunktwert: 36 ± 8, SANS-Gesamtpunktwert: 36 ± 19, Schulbildung ≥ 9 Jahre), die mindestens 4 Wochen auf eine stabile Erhaltungsmedikation eingestellt waren (14 auf typisch Neuroleptika, 10 auf Clozapin, durchschnittliche Chlorpromazinäquivalente: 226 ± 305, ein Patient neuroleptikafrei).

Die Kontrollgruppe bestand aus 25 psychisch gesunden Probanden (15 Frauen, 10 Männer, Alter 39,7 ± 8,2 Jahre, Schulbildung ≥9 Jahre), die in gleicher Weise wie die Patienten untersucht wurden.

Untersuchung

Die EKP-Ableitung (Zwei-Ton-Diskriminationsparadigma, Hintergrundreiz: 800 Hz, 20 ms, 65dB über Hörschwelle, Auftretenswahrscheinlichkeit: 85%, Signalreiz: 1400 Hz,

20 ms, 65 dB über Hörschwelle, Auftretenswahrscheinlichkeit: 15%, ISI: quasi random
1,1s bis 4,1s, Aufgabe: Knopfdruck mit dem rechten Zeigefinger auf den Signalreiz; Ableitung von 19 Elektroden des 10:20-Systems mittels „Electrocup", Referenz: verbundene
Mastoidelektroden, Übergangswiderstand < 2 k Ohm, Grenzfrequenzen: 0,5–70 Hz, Aufzeichnung: 2 x 30 artefaktfreie Reaktionen, Aufzeichnungsepoche: 50 ms vor bis 984 ms
nach Stimulation) wurde jeweils am Morgen zwischen 8.00 und 10.00 Uhr durchgeführt.
Die testpsychologische Untersuchung (Benton-Test, Zahlen-Symboltest, Untertest 3 aus
dem Lern- und Gedächtnistest, Untertest 6 aus dem Leistungsprüfsystem) wurde ab 16.00
Uhr durchgeführt. Die klinische Untersuchung (BPRS, SANS) erfolgte entweder nach
der elektrophysiologischen oder nach der testpsychologischen Untersuchung. Die Patienten und Kontrollprobanden wurden gebeten, am Abend des Untersuchungstages oder
am Vormittag des folgenden Tages die Selbstbeurteilungsfragebögen (FBF3, Skala „Physische Anhedonie" des Chapman-Fragebogens, Tübinger Anhedonie-Fragebogen) auszu-
füllen.

Statistische Verrechnung

Der Gruppenvergleich für die P300-Parameter (Elektroden Cz und Pz) erfolgte mittels
t-Test, für die testpsychologischen Daten mittels Wilcoxon-Mann-Whitney-Test. Die Korrelationen zwischen P300-Amplitude (Elektrode Cz) und psychopathologischen bzw. testpsychologischen Variablen wurden mittels Spearman's rho berechnet.

Ergebnisse

In der Patientengruppe fanden sich keine Zusammenhänge zwischen der
Dauer der Erkrankung, der kumulativen Dauer der Medikation oder der
Höhe der Medikation und der P300-Amplitude oder -Latenz. Auch die Clo-
zapin-behandelten Patienten unterschieden sich von den mit typischen
Neuroleptika behandelten Patienten nicht bezüglich dieser P300-Varia-
blen.

Überraschenderweise fanden sich keine signifikanten Gruppenunterschiede für die P300-Amplitude, die P300-Latenz war in der Patientengruppe aber signifikant verlängert (Tabelle 1).

Erwartungsgemäß schnitten die Patienten in allen testpsychologischen
Untersuchungen signifikant schlechter ab als die Kontrollprobanden ab.

In der Patientengruppe fanden sich keine signifikanten Korrelationen
zwischen der P300-Amplitude und Anhedonie oder anderen primären
Negativsymptomen bzw. den Ergebnissen der testpsychologischen Untersuchungen.

Tabelle 1. Mittelwerte und Standardabweichungen für P300-Amplitude (in µV) und
-Latenz (in ms) über Cz und Pz

	Patienten (n = 25)	Kontrollen (n = 25)	Patienten vs. Kontrollen	
P300-Amplitude (Cz)	27,7 ± 18,2	23,7 ± 14,7	t = 0,85	n.s.
P300-Amplitude (Yz)	29,3 ± 14,8	27,3 ± 13,6	t = 0,49	n.s.
P300-Latenz (Cz)	366 ± 38	327 ± 15	t = 4,83	p << 0.05
P300-Latenz (Pz)	370 ± 35	329 ± 19	t = 5,09	p << 0.05

Zusammenfassung und Diskussion

Die Hauptbefunde der vorliegenden Studie sind:

1. Überraschenderweise unterschieden sich die schizophrenen Patienten von den Kontrollprobanden nicht bezüglich der P300-Amplitude. Dieser Befund steht im Widerspruch zu den meisten Befunden in der Literatur [2, 3, 5] und zu unserer eigenen Pilotstudie [1]. Unseres Erachtens ist er am ehesten durch Selektionseffekte (alle Patienten längere Zeit ohne produktive Symptome, stabile neuroleptische Erhaltungsmedikation) erklärbar. Die gefundene P300-Latenzverlängerung deckt sich mit den Ergebnissen einer Reihe anderer Untersucher und unserer Pilotstudie [1], ungeklärt – und aufgrund des Designs der vorliegenden Studie nicht klärbar – bleibt aber die Frage, ob diese Latenzverlängerung krankheitsbedingt oder Neuroleptika-bedingt ist [2, 4].

2. Die Vermutung, daß es Beziehungen zwischen P300-Amplitude und primären schizophrenen Negativsymptomen, insbesondere der Anhedonie, gibt [1, 2, 4], ließ sich durch die vorliegende Untersuchung nicht bestätigen.

Literatur

1. Eikmeier G, Lodemann E, Zerbin D, Gastpar M (1992) P300, clinical symptoms, and neuropsychological parameters in acute and remitted schizophrenia: a preliminary report. Biol Psychiatry 31: 1065–1069
2. Eikmeier G, Lodemann E (1993) Ereigniskorrelierte Hirnpotentiale und primäre Negativsymptomatik bei schizophrenen Patienten. Z EEG-EMG 24: 234–241
3. Louza MR, Maurer K (1989) Differences between paranoid and nonparanoid schizophrenic patients on the somatosensory P300 event-related potential. Neuropsychobiology 21: 59–66
4. Pfefferbaum A, Ford JM, White PM, Roth WT (1989) P 3 in schizophrenia is affected by stimulus modality, response requirements, medication status, and negative symptoms. Arch Gen Psychiatry 46: 1035–1044
5. Roth WT, Goodale J, Pfefferbaum A (1991) Auditory event-related potentials and electrodermal activity in medicated and unmedicated schizophrenics. Biol Psychiatry 29: 585–599

Korrespondenz: Dr. med. G. Eikmeier, Psychiatrische Klinik, Zentralkrankenhaus Reinkenheide, Postbrookstraße 103, D-27574 Bremerhaven, Bundesrepublik Deutschland

Serielle Reaktionszeitenanalyse bei schizophrener Minussymptomatik

V. Eichert

Psychiatrische Universitätsklinik Bonn, Bundesrepublik Deutschland

Einleitung

Schlechtere Reaktionszeitleistungen wurden bei Schizophrenie wiederholt beschrieben [8] und finden sich in verdünnter Form auch bei nichterkrankten Angehörigen, v. a. wenn komplexere Reaktionszeit-Paradigmen eingesetzt werden [4]. Die Reaktionszeitanalyse stützt sich dabei meist auf Mittelwerte. Weitergehende Aufschlüsse lassen sich gewinnen, wenn man über die Maße der zentralen Tendenz hinaus Variabilitätsparameter und den Zeitverlauf der Reaktionszeitleistung im Längsschnitt der Untersuchung mitberücksichtigt. Im folgenden werden hierzu erste Ergebnisse mitgeteilt.

Stichprobe und Methode

Die im Rahmen eines P300-Paradigmas erhobenen selektiven Reaktionszeitleistungen (je 30 Zielreize) von 21 Patienten mit im Vordergrund stehender Minussymptomatik (30.5 ± 6.4 J, ♂, ICD 9: Z. n. 295.3, 295.6) sowie von 24 gesunden Kontrollpersonen (27.8 ± 3.7 J, ♀) wurden zusätzlichen statistischen Analysen unterzogen. Klinische Merkmale der Patienten: CGI 4.4 ± 1.2, SANS-Composite-Score 41.1 ± 16.2, NL-Einstellung im steady state mit 384 ± 301 CPZ-Äquivalenten/die. Einzelheiten bezüglich der experimentellen Anordnung, der Datenerfassung und -analyse sind an anderer Stelle dargestellt [3].
Zunächst wurden einzelfallstatistisch Mittelwert, Median und Streuungsmaße errechnet [2, S. 68]) und Gruppenunterschiede mit dem T-Test f. unabhängige Stichproben auf Signifikanz geprüft. Sodann wurden für jeden Stimulus die Rz-Mittelwerte berechnet und als Funktion der Zeit, d.h. der Stimulusnummer (1–30) sowie des Zielreiz-Interstimulusintervalls (ISI = 4–24 s) dargestellt. Innerhalb jeder Gruppe wurden Korrelationen zwischen Rz und Stimulusnummer sowie ISI gerechnet und regressionsanalytisch (method stepwise) der über beide Faktoren erklärbare Anteil der Rz-Streuung ermittelt (adjusted R square, SPSS/PC+, Version 4.01).

Ergebnisse

Die schizophrenen Patienten sind nicht nur durch einen schlechteren Reaktionszeit-Mittelwert (361 ± 81 vs. 270 ± 17.4 ms, p = 0.000), sondern ins-

besondere auch durch eine erhöhte Variabiliät der Reaktionslatenz gekennzeichnet (SD: 76.26 ± 38.5 vs. 44.29 ± 12.17 ms; p = 0.001; C.V.: 0.21 ±
0.08 vs. 0.16 ± 0.04, p = 0.04; Spannweite: 327.37 ± 185.2 vs. 192.06 ± 70.56
ms, p = 0.004; Interquartilabstand: 89.37 ± 46.24 vs. 55.61 ± 11.12 ms, p =
0.04). Dabei zeigen die 4 Variabilitätsmaße eine durchweg negative, jedoch
insignifikante Beziehung zur aktuellen Neuroleptikadosis. Die Korrelation
zwischen Reaktionszeit und Stimulusnummer beträgt in der Patientengruppe r = 0.53 (p = 0.001), die zum Interstimulusintervall r = −.39 (p <
0.02); die Vergleichswerte für die Kontrollgruppe sind r = 0.12 (n. s.) bzw. r
= −.46 (p < 0.01). Regressionsanalytisch können in der Patientengruppe
47.9% der Reaktionszeitstreuung über die Faktoren Stimulus-Nr. und Interstimulusintervall aufgeklärt werden (Signif F = 0.0001), wobei die Stimulusnummer, d. h. die Belastungsdauer, den größeren Beitrag zur Vari-
anzaufklärung leistet. In der Kontrollgruppe bleibt die Stimulusnummer
ohne signifikanten Einfluß, über den Faktor Interstimulusintervall lassen
sich 18.6% der Rz-Streuung erklären (Signif F = 0.01).

Diskussion

Ein wesentlicher Aspekt der zentralen Informationsverarbeitung und der
damit einhergehenden neuronalen Aktivierungsprozesse ist die Fähigkeit,
diese bei wechselnden Umweltbedingungen über einen längeren Zeitraum
stabil aufrechterhalten zu können. Dabei zeigt die Reaktionszeit bereits
physiologischerweise eine gewisse intraindividuelle Variabilität [10]. Unter
diesem Blickwinkel sprechen die Ergebnisse der vorliegenden Untersuchung für eine erhöhte Labilität der Informationsverarbeitung bei Schizophrenie, sowohl i. S. einer Reduktion der Fähigkeit, das Leistungsverhalten
relativ stabil in der Nähe eines mittleren Bereiches halten zu können
(größere Variabilitätsmaße), als auch für eine Abnahme der Reaktionszeitleistung mit zunehmender Belastungsdauer. Interessanterweise zeigte sich
in der Kontrollgruppe kein signifikanter Einfluß der Stimulusnummer, was
dafür spricht, daß die gesunden Versuchspersonen die Leistungsfähigkeit
der involvierten cerebralen Subsysteme über die Versuchsdauer, d. h. einen
Zeitraum von insgesamt 6 min, relativ konstant halten konnten. Das Interstimulusintervall korrelierte in beiden Gruppen signifikant negativ mit der
Reaktionslatenz, die Höhe der Korrelation war ähnlich. Die Ergebnisse von
Anderson et al. (1991), die in einem vergleichbaren Rz-Paradigma eine erhöhte EP-Variabilität v. a. im Bereich des N2-Peak fanden, machen wahrscheinlich, daß beim Zustandekommen der labileren Reaktionszeitleistungen Schizophrener eine labilere Organisation neuronaler Prozesse eine
Rolle spielt. Auf einen bei Schizophrenie gegenüber Gesunden um das 2fa-
che größeren Variationskoeffizienten psychologischer und physiologischer
Parameter hatte bereits Garmezy (1970) hingewiesen, eine erhöhte intra-
subjektive Rz-Variabilität wurde von Schwartz et al. (1989) beschrieben,
und eine bei Schizophrenen erhöhte trial-to-trial Variabilität der CNV von
McCallum und Abraham schon 1973 erwähnt. Unter Bezug auf die neuere
Diskussion über Verhaltenskorrelate biochemischer Transmittersysteme

stellt sich die Frage, inwieweit die stärkere Variabilität der Reaktionszeitparameter bei Schizophrenie nicht Ausdruck einer erhöhten „chaotischen Dynamik" des dopaminergen Systems (King et al. 1984) sein könnte.

Literatur

1. Anderson J, Rennie C, Gordon E, Howson A, Meares R (1991) Measurement of maximum variability within event related potentials in schizophrenia. Psychiatry Res 39: 33–44
2. Claus Ebner (1985) Statistik, Bd 1, 5. Aufl. Deutsch Verlag Thun, Frankfurt/Main
3. Eichert V, Klosterkötter J, Möller HJ (1993) P300 und Reaktionszeit bei postakut Schizophrenen. In: Baumann P (Hrsg) Biologische Psychiatrie der Gegenwart. Springer, Wien New York, S 92–95
4. Franke P, Maier W (1993) Neuropsychologische Charakterisierung des Phänotyps Schizophrenie. In: Baumann P (Hrsg) Biologische Psychiatrie der Gegenwart. Springer, Wien New York, S 151–154
5. Garmezy N (1970) Process and reactive schizophrenia: some conceptions and issues. Schizophr Bull 1: 30–74
6. King R, Barchas JD, Hubermann BA (1984) Chaotic behavior in dopamine neurodynamics. Proc Natl Acad Sci USA 81: 1244–1247
7. Schwartz F, Carr AC, Munich RL, Glauber S, Lesser B, Murray J (1989) Reaction time impairment in schizophrenia and affective illness: the role of attention. Biol Psychiatry 25: 540–548
8. Schwartz F, Munich RL, Carr A, Bartuch E, Lesser B, Rescigno D, Viegener B (1991) Negative symptoms and reaction time in schizophrenia. J Psychiat Res 25,3: 131–140
9. McCallum WC, Abraham P (1973) The contingent negative variation in psychosis. In: McCallum WC, Knott JR (eds) Event-related slow potentials of the brain: their relations to behavior. Electroencephalogr Clin Neurophysiol [Suppl] 33: 329–335
10. Carron A, Bailey DA (1969) Evidence for reliable individual differences in intra-individual variability. Percept MotSkills 28: 843–846

Korrespondenz: Dr. V. Eichert, Psychiatrische Universitätsklinik, Sigmund-Freud-Straße 25, D-53105 Bonn, Bundesrepublik Deutschland

Die nosologische Spezifität und zeitliche Stabilität von Augenfolgebewegungsstörungen bei schizophrenen Patienten

A. Mackert, K.-M. Flechtner, R. Sauer, B. Steinacher und **S. Traversi**

Psychiatrische Klinik und Poliklinik, Freie Universität Berlin,
Bundesrepublik Deutschland

Störungen der Augenfolgebewegungen (smooth pursuit eye movements, SPEM) gelten als vielversprechender Marker für schizophrene Erkrankungen (Holzman 1987, Clementz und Sweeney 1990). Die Tauglichkeit einer Variablen als genetisch determinierter Trait-Marker ist an folgende Voraussetzungen geknüpft: nosologische Spezifität und zeitliche Stabilität, gehäuftes Vorkommen auch bei Familienangehörigen von Schizophrenen, einfache und reliable Messung. Trotz der Vielzahl publizierter Arbeiten zu SPEM-Störungen bei Schizophrenen existieren widersprüchliche Befunde hinsichtlich der nosologischen Spezifität, daneben fehlen Untersuchungen zur zeitlichen Stabilität des Merkmals. Zudem wurde in den meisten Arbeiten nur global von SPEM-Störungen ausgegangen, auf eine exakte Beschreibung anhand neurophysiologischer Kriterien jedoch verzichtet. Insbesondere in den frühen Publikationen wurde die Güte von SPEM qualitativ meist über eine fünffach gestufte Skala (Shagass et al. 1974) bestimmt, wobei die Häufigkeit der in die Folgebewegungen eingelagerten schnellen Komponenten (Sakkaden) als Beurteilungskriterium diente.

Der nachfolgenden Studie lagen 2 Fragestellungen zugrunde:
1. Sind SPEM-Störungen für Schizophrene spezifisch?
2. Ist diese Variable über die Zeit stabil?

Methoden

An der Erstuntersuchung (T0) nahmen 43 nach DSM-III-R diagnostizierte akut erkrankte Schizophrene mit einem durchschnittlichen Alter von 31,5 ± 7,3 Jahren teil. Als Kontrollgruppen dienten 33 Patienten mit einer Major Depression (nach DSM-III-R diagnostiziert, Durchschnittsalter 46,8 ± 11,4 Jahre) sowie 42 gesunde Probanden (Durchschnittsalter 34,4 ± 11 Jahre). 13 Schizophrene hatten bislang noch keine Neuroleptika erhalten, 17 Patienten waren über mindestens 3 Monate behandlungsfrei. 13 Patienten hatten Neuroleptika innerhalb der letzten 3 Monate vor der stationären Aufnahme eingenommen, wobei dann ein Wash-out über 7 Tage vor Ableitung der Augenbewegungen eingehalten wurde. An psychopathologischen Meßinstrumenten wurden bei Schizophrenen die Brief Psychiatric Rating Scale (BPRS) sowie die Prognose-Skala nach Strauss und Carpenter (1977), bei Depressiven die Hamilton-Depressions-Skala (HDS) angewandt.

Um eine Aussage über die zeitliche Stabilität der okulomotorischen Parameter treffen zu können, wurden die 3 Gruppen nach vier Wochen (T1) nachuntersucht. An der Zweituntersuchung nahmen 26 Schizophrene, 30 Depressive sowie 41 gesunde Probanden teil. Über eine Laser-Projektion wurde ein roter Lichtpunkt generiert, welcher sich sinusförmig mit einer Frequenz von 0.4 Hz und 10° Amplitude bewegte. Die Registrierung der Augenbewegungen erfolgte durch ein Infrarot-Okulometer. Dabei werden beide Augen diffus mit Infrarotlicht beleuchtet. Über einen Spiegel, der nur Infrarotlicht reflektiert, wird das an beiden Augen gestreute Licht nach unten abgelenkt und von 2 Objektiven auf 4 Diodenzeilen abgebildet. Die Helligkeitsverteilung über das gesamte Auge wird über den Spannungsverlauf wiedergegeben, wobei das Minimum der Pupille und das Maximum der Iris entspricht. Das Auflösungsvermögen liegt bei 0.2°, eine Linearität ist bis zu einer Blickwinkelamplitude von 20° gegeben.

Patienten und Probanden wurden aufgefordert, dem Stimulus möglichst kontinuierlich mit den Augen zu folgen. Jede Aufzeichnung wurde visuell auf Artefakte hin geprüft und diese von der weiteren Auswertung ausgeschlossen. Da Lidschläge eine wesentliche Artefaktquelle darstellen und bei Schizophrenen etwa doppelt so häufig wie bei Gesunden auftreten (Mackert et al. 1990), wurden diese erfaßt und die Segmente 100ms vor und 200ms nach deren Auftreten verworfen. Zur Beurteilung der Güte dieser artefaktbereinigten Folgebewegungen wurde sowohl eine Kategorisierung der schnellen Komponenten nach antizipatorischen und „Catch-up"-Sakkaden sowie Gegenrucken, als auch eine Berechnung des „gain" (d. h. Verhältnis der Augengeschwindigkeit zur Stimulusgeschwindigkeit) durchgeführt.

Klassifizierung der Sakkadentypen

Antizipatorische Sakkaden: Die Sakkade muß dem Stimulus in gleicher Richtung vorauslaufen und eine Amplitude von mindestens 1° aufweisen. Nach Beendigung der Sakkade muß das „gain" der Folgebewegung mindestens um die Hälfte der vor Beginn der Sakkade erreichten „gains" abfallen, da unmittelbar nach Sakkadenende das Auge entsprechend der erreichten Position entweder stationär bleibt oder sich zurückbewegt, bis Augen- und Stimulusposition wieder übereinstimmen.

„Catch-up"-Sakkaden: Bei einer Verminderung des „gain", d. h. einem Zurückbleiben des Auges hinter dem Stimulus, wird der dadurch entstandene Positionsfehler über sogenannte Aufhol- oder „Catch-up"-Sakkaden korrigiert. Der Stimulus muß somit dem Auge bei Beginn der Sakkade vorauslaufen. Die maximale Amplitude beträgt 5°.

Gegenrucke: Diese bestehen aus einem Paar kleiner Sakkaden (Amplituden von 0.5° bis max. 5°) in gegenläufiger Richtung, unterbrochen durch ein intersakkadisches Intervall von 200 bis 400 ms. Während des intersakkadischen Intervalls läuft die Folgebewegung weiter, d. h. es kommt zu keinem Abfall des „gain" im intersakkadischen Intervall.

Berechnung des „gain"

Als „gain" wird das Verhältnis von Augengeschwindigkeit zur Stimulusgeschwindigkeit bezeichnet. Nach Herausnahme aller in die Folgebewegungen eingestreuten Sakkaden wurden die verbliebenen Abschnitte in Segmente von 400 ms unterteilt und das „gain" berechnet.

Ergebnisse

Vergleich von SPEM-Störungen bei Schizophrenen und Kontrollen

Die Gruppe der Schizophrenen wies ein mittleres „gain" von 0.92 ± 0.07 auf und erreichte somit signifikant ($p < 0.001$) schlechtere Werte als die Gruppe der gesunden Kontrollpersonen (0.97 ± 0.04). Es überraschte zunächst, daß die Gruppe der 33 depressiven Patienten noch schlechtere „gain"-Werte (0.90 ± 0.08) als die Schizophrenen erzielte. Das „gain" ist jedoch stark altersabhängig – mit zunehmendem Alter kommt es zu einem Abfall. Da die Depressiven im Mittel über 15 Jahre älter waren als Schizophrene und Gesunde, wurden 3 altersparallelisierte Gruppen mit je 11 Personen gebildet (Schizophrene: 36.8 ± 9.1 Jahre; Depressive: 35.3 ± 8.8 Jahre; gesunde Probanden: 35.7 ± 8.7 Jahre). Danach erreichten die Schizophrenen das niedrigste „gain" mit einem Wert von 0.86 ± 0.07, gefolgt von den Depressiven mit 0.92 ± 0.05, die besten Werte erreichte die Gruppe der gesunden Probanden mit 0.96 ± 0.04 (s. Abb. 1). Die Anzahl der in die Folgebewegungen eingelagerten Sakkaden war bei den Schizophrenen mit 125.3 ± 39.6 Sakkaden/Min im Vergleich zu den gesunden Kontrollen ($95,8 \pm 28.8$) signifikant ($p < 0.001$) erhöht. Nach der oben dargestellten Alterskorrektur (3 Gruppen mit je 11 Personen) traten bei den Schizophrenen die meisten

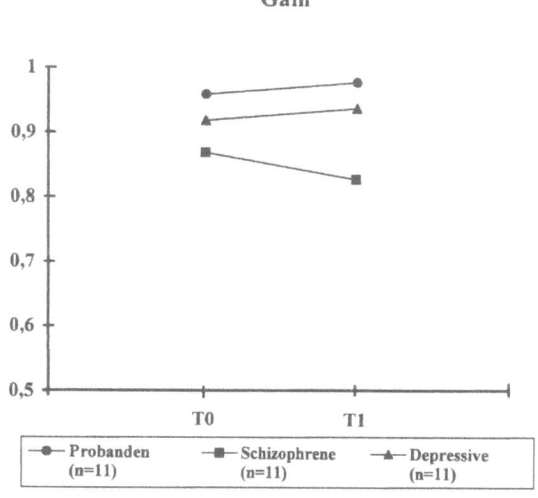

Vergleiche	Signifikanzniveau
Interaktion: Gruppe*Verlauf	p<0,05
Schizophrene/Probanden	p<0,001
Depressive/Probanden	p<0,05
Schizophrene/Depressive	p<0,05

Abb. 1. „Gain" als Maß der Güte von SPEM bei den 3 alterskorrigierten Gruppen zu den Zeitpunkten T0 (Erstuntersuchung) und T1 (Zweituntersuchung nach 4 Wochen)

Sakkaden auf (146.1 ± 42 Sakk./min), gefolgt von den Depressiven mit
125.1 ± 30.5 Sakk./min, die niedrigste Anzahl fand sich bei den gesunden
Probanden mit 94.8 ± 33.1 Sakk./min (s. Abb. 2). Hinsichtlich der Zuordnung nach Sakkadentypen (s. Tabelle 1) wird deutlich, daß die meisten
Sakkaden nicht einem definierten Typ angehören, sondern im Sinne von
„Störsakkaden" auftraten. „Catch-up"-Sakkaden, die eine gestörte Folgebewegung kompensieren, waren nicht nachweisbar. Signifikante Zusammenhänge zwischen okulomotorischen Parametern und psychopathologischen
Merkmalen, erfaßt anhand der BPRS, sowie der prognostischen Einschätzung durch die Skala von Strauss u. Carpenter, fanden sich bei Schizophrenen nicht. Ebenso waren bei Depressiven keine signifikanten Korrelationen zwischen okulomotorischen Parametern und Items der HDS vorhanden.

Zeitliche Stabilität von SPEM-Kennwerten

Zum Zeitpunkt T1 war es bei den Patienten zu einer Teilremission gekommen. Bei den Schizophrenen fiel der mittlere BPRS-Score von 43.7 ± 8.8
auf 31.9 ± 8.2, bei den Depressiven nahm der mittlere HDS-Summenscore
von 21.6 ± 6.1 auf 13.8 ± 9.1 ab. Die Test-Retest-Korrelationen der SPEM-
Kennwerte sind in Tabelle 2 dargestellt. Generell findet sich sowohl hin-

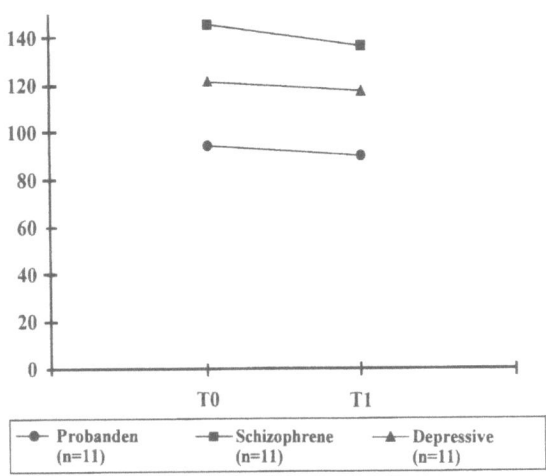

Vergleiche	Signifikanzniveau
Schizophrene/Probanden	p<0,01
Depressive/Probanden	p<0,05
Schizophrene/Depressive	n.s.

Abb. 2. Gesamtzahl der Sakkaden/min bei den 3 alterskorrigierten Gruppen zu den
Zeitpunkten T0 (Erstuntersuchung) und T1 (Zweituntersuchung nach 4 Wochen)

Tabelle 1. Typisierung der in die Folgebewegungen eingelagerten Sakkaden

betr.	Probanden n = 42		Schizophrene n = 43		Depressive n = 33	
Gesamtzahl der Sakkaden/min.	95,8	100,0%	125,7	100,0%	133,3	100,0%
antizipatorische Sakkaden/min.	3,4	3,6%	7,8	6,2%	10,8	8,1%
Gegenruck-sakkaden/min.	8,7	9,1%	8,3	6,6%	17,2	12,9%
nicht klassifiz. Sakkaden/min.	83,8	87,3%	109,6	87,2%	105,3	79,0%

Tabelle 2. Test – Retest – Stabilitäten der okulomotorischen Kennwerte zu den Zeitpunkten T0 (Erstuntersuchung) und T1 (Zweituntersuchung nach 4 Wochen)

SPEM-Kennwerte	Probanden n = 41	Schizophrene n = 26	Depressive n = 30	Gesamt n = 97
Gain	0,66**	0,50**	0,81**	0,74**
Gesamtzahl Sakkaden/min.	0,77**	0,65**	0,77**	0,78**
antizipatorische Sakkaden/min.	0,90**	0,17 (n.s.)	0,60**	0,59**
Gegenruck-sakkaden/min.	0,59**	0,52**	0,54**	0,58**
nicht klassifiz. Sakkaden/min.	0,66**	0,62**	0,69**	0,69**

$**p < 0{,}01$; *n.s.* nicht signifikant

sichtlich des „gains" als auch der Anzahl eingelagerter Sakkaden eine für biologische Maße hohe Test-Retest-Stabilität in allen 3 Gruppen. Die höchste Korrelation hinsichtlich des „gains" wiesen Depressive mit 0.81 auf. Auffällig ist die bei Schizophrenen für antizipatorische Sakkaden niedrige und nicht signifikante Korrelation zwischen T0 und T1.

In Abb. 1 und 2 sind für die altersparallelisierten 3 Gruppen die Werte für das „gain" sowie die Anzahl der Sakkaden bei Erst-und Zweituntersuchung dargestellt. Es zeigt sich eine im Mittel hohe zeitliche Stabilität zu beiden Meßzeitpunkten.

Diskussion

Es konnte gezeigt werden, daß Schizophrene im Vergleich zu gesunden Probanden schlechtere langsame Augenfolgebewegungen, gemessen anhand des „gains" ausführen, während Depressive zwar besser als Schizophrene, jedoch schlechter als Gesunde folgen. Auffällig waren bei Schizophrenen weiterhin eine im Vergleich zu Depressiven und Gesunden erhöhte Anzahl von in die Folgebewegungen eingelagerten Sakkaden. Die zeitliche Stabilität des „gains" und auch der Sakkadenhäufigkeit war zum zweiten Meßzeitpunkt nach 4 Wochen recht hoch. Zusammenhänge zwischen psychopathologischen Merkmalen und okulomotorischen Parametern fanden sich nicht.

Das „gain" gilt in der neurophysiologischen Literatur als das am besten geeignete Maß zur Beurteilung der Güte von Augenfolgebewegungen. Es beinhaltet das Verhältnis der Augengeschwindigkeit zur vorgegebenen Stimulusgeschwindigkeit. Demnach wäre einer idealen Folgebewegung ein Wert von 1.0 zuzuordnen. Die Gruppe der 43 Schizophrenen erreichte einen mittleren „gain"-Wert von 0.92, die gesunde Probandengruppe von 0.97. Wenngleich sich beide Gruppen hinsichtlich des „gains" statistisch signifikant unterschieden, kann man nicht davon ausgehen, daß Schizophrene erhebliche Störungen der Augenfolgebewegungen aufweisen. Man muß vielmehr festellen, daß die gesunden Probanden dieser Untersuchung dem Stimulus hervorragend folgen konnten und Schizophrene diesbezüglich lediglich etwas schlechter waren. Bei neurologischen Patienten hätte ein „gain" von 0.92 keine klinische Bedeutung, da z. B. bei zerebellären und Hirnstammläsionen mit Beteiligung des Folgesystems „gain"-Werte um 0.2–0.6 üblich sind. Somit weisen Schizophrene keine ausgeprägten SPEM-Störungen auf. In früheren Arbeiten wurde kontrovers diskutiert, ob auch endogen Depressive beeinträchtigt folgen. Während die Gruppe um Holzman (1973, 1984) SPEM-Störungen als spezifisch für Schizophrene wertete, berichten die meisten Arbeiten über eine etwas höhere Prävalenz bei manisch-depressiven Patienten im Vergleich zu Gesunden (Cegalis und Sweeney 1981, Matthysse et al. 1986, Amador et al. 1991). Die eigenen Befunde legten zunächst nahe, daß Depressive schlechtere Folgebewegungen als Schizophrene aufweisen. Nach der Alterskorrektur wurde jedoch deutlich, daß Depressive zwar schlechter als Gesunde, jedoch besser als Schizophrene folgen.

Überraschend war insbesondere bei Schizophrenen die hohe Anzahl der in die Folgebewegungen einschießenden Sakkaden. Es war notwendig, diese schnellen Komponenten nach „Catch-up"-Sakkaden und antizipatorischen Sakkaden sowie Gegenrucken zu klassifizieren, und diese von reinen „Störsakkaden" abzugrenzen. Gelingt es dem Folgesystem nicht, eine der Stimulusbewegung entsprechende Augengeschwindigkeit aufrechtzuerhalten, so bleibt das Auge hinter dem Stimulus zurück, wobei diese Minderleistung durch „Catch-up"-Sakkaden kompensiert wird. „Catch-up"-Sakkaden konnten nach der obigen Definition bei allen 3 Gruppen nicht nachgewiesen werden. Dies verwundert jedoch nicht, da keine ausgeprägten SPEM-Störungen auffielen und deshalb „Catch-up"-Sakkaden zur Korrektur nicht notwendig waren. Ein Großteil der eingelagerten Sakkaden war nach den üblichen Kriterien nicht zu klassifizieren. Somit finden sich insbesondere bei Schizophrenen Sakkaden, welche keinen physiologischen Zweck erfüllen und somit als „Störsakkaden" auftreten. Reflexartig auftretende Sakka-

den werden über die Colliculi superiores generiert. Während der Durchführung von Folgebewegungen hemmen Neurone im Bereich der frontalen Augenfelder das Auftreten dieser Sakkaden (Hikosaka und Wurtz
1983). Bei einer Beeinträchtigung der frontalen Augenfelder kommt es zu
einer Enthemmung (Disinhibition) von Sakkaden, welche dann als „Störsakkaden" während Folgebewegungen imponieren. Beeinträchtigungen
frontaler Funktion sind bei Schizophrenen bekannt (Weinberger et al.
1986, 1988). Somit liegt keine primäre Störung des Folgesystems, sondern
des sakkadischen Systems im Sinne einer mangelnden Inhibierung vor.

Bei allen 3 untersuchten Gruppen fanden sich hinsichtlich der okulomotorischen Parameter recht hohe Test-Retest-Stabilitäten, wie sie bei biologischen Maßen in diesem Außmaß sonst nicht üblich sind. Die Nachuntersuchung zu einem 2. Meßzeitpunkt nach vier Wochen war deshalb wichtig, da SPEM-Störungen zwar als Trait-Marker für schizophrene Erkrankungen gelten (Salzman et al. 1978, Iacono et al. 1981, Levy et al. 1983), die
zeitliche Stabilität bislang aber nicht hinreichend überprüft wurde. Lediglich Rea et al. (1989) untersuchten SPEM bei 9 medizierterten Schizophrenen erstmals in akutem Zustand und nach vier Wochen. Bei einer globalen
qualitativen Beurteilung ergab sich eine Test-Restest-Stabilität von 0.57, also vergleichbar mit unseren Werten. Neben den „gain"-Werten war in dieser Studie auch die Anzahl eingelagerter Sakkaden zu beiden Meßzeitpunkten stabil, so daß diese Variablen als Trait-Marker für endogene Psychosen tauglich sind.

Literatur

Amador XF, Sackheim HA, Mukherjee S, Halperin R, Neeley P, Maclin E, Schnur D
    (1991) Specificity of smooth pursuit eye movement and visual fixation abnormalities
    in schizophrenia. Schizophr Res 5: 135–144
Cegalis JA, Sweeney JA (1981) The effect of attention on smooth pursuit eye movements
    of schizophrenics. J Psychiatr Res 16: 145–161
Clementz BA, Sweeney JA (1990) Is eye movement dysfunction a biological marker for
    schizophrenia? A methodological review. Psychol Bull 108: 77–92
Hikosaka O, Wurtz RH (1983) Visual and oculomotor functions of monkey substantia ni-
    gra pars reticulata. IV. Relation of substantia nigra to superior colliculus. J Neuro-
    physiol 49: 1285–1301
Holzman PS (1987) Recent studies of psychophysiology in schizophrenia. Schizophr Bull
    13: 49–75
Holzman PS, Proctor LR, Hughes DW (1973) Eye tracking patterns in schizophrenia.
    Science 181: 179–181
Holzman PS, Solomon CM, Levin S, Waternaux CS (1984) Pursuit eye movement dysfunc-
    tions in schizophrenia: family evidence for specificity. Arch Gen Psychiatry 41: 136–139
Levy DL, Lipton RB, Holzman PS, Davis JM (1983) Eye tracking dysfunction unrelated to
    clinical state and treatment with haloperidol. Biol Psychiatry 18: 813–819
Mackert A, Woyth C, Flechtner K-M, Volz H-P (1990) Increased blink rate in drug-naive
    acute schizophrenic patients. Biol Psychiatry 27: 1197–1202
Matthysse S, Holzman PS, Lange K (1986) The genetic transmission of schizophrenia: ap-
    plication of Mendelian latent structure analysis to eye tracking dysfunctions in schi-
    zophrenia and affective disorder. J Psychiatr Res 20: 57–76
Rea MM, Sweeney JA, Solomon CM, Walsh V, Frances A (1989) Changes in eye tracking
    during clinical stabilization in schizophrenia. Psychiatr Res 28: 31–39
Salzman LF, Klein RH, Strauss JS (1978) Pendulum eye tracking in remitted psychiatric
    patients. J Psychiatr Res 14: 121–126

Shagass C, Amadeo M, Overton DA (1974) Eye-tracking performance in psychiatric patients. Biol Psychiatry 9: 245–260

Strauss JS, Carpenter WT (1977) Prediction of outcome in schizophrenia. III. Five-year outcome and its predictors. Arch Gen Psychiatry 34: 159–163

Weinberger DR, Berman KF, Zec RF (1986) Physiological dysfunction of dorsolateral prefrontal cortex in schizophrenia. I. Regional cerebral blood flow (rCBF) evidence. Arch Gen Psychiatry 43: 114–125

Weinberger DR, Berman KF, Illowsky BP (1988) Physiological dysfunction of dorsolateral prefrontal cortex in schizophrenia. III. A new cohort and evidence for a monoaminergic mechanism. Arch Gen Psychiatry 45: 609–615

Korrespondenz: Priv.-Doz. Dr. A. Mackert, Psychiatrische Klinik und Poliklinik, Freie Universität Berlin, Eschenallee 3, D-14050 Berlin, Bundesrepublik Deutschland

Okulomotorik und dopaminerges System – Ein Funktionsmodell zur Analyse schizophrener Verhaltensstörungen

W. Gaebel und **W. Wölwer**

Psychiatrische Klinik, Rheinische Landes- und Hochschulklinik,
Universität Düsseldorf, Bundesrepublik Deutschland

„Molekulares" und „molares" Verhalten stellen ein Fenster dar, durch das Funktionsstörungen des ZNS genauer analysiert werden können. Die Analyse der bei Schizophrenen mit erhöhter Prävalenz vorkommenden visuomotorischen Störungen bietet dementsprechend eine Möglichkeit, Aufschluß über krankheitsassoziierte Hirnfunktionsstörungen zu gewinnen. Dabei spielt das dopaminerge System bekanntermaßen eine besondere Rolle (Meltzer und Stahl 1976).

Okulomotorik

Arten von Augenbewegungen

Verschiedene Formen von Augenbewegungen lassen sich am besten anhand ihrer Funktionen klassifizieren.

Vestibulo-okulärer Reflex (VOR) und optokinetischer Nystagmus (OKN) dienen dazu, bei kurzen (VOR) bzw. länger andauernden (OKN) Kopfbewegungen Objekte auf der Retina festzuhalten. Mit der Evolution von Fovea und frontaler Augenanordnung wurden sakkadische Augenbewegungen, langsame Augenfolgebewegungen (SPEM) und Vergenzen erforderlich. Diese – teilweise unter Willkürkontrolle stehenden synergistischen Augenbewegungen dienen dazu, (bewegte) Objekte auf der Fovea abzubilden (Leigh und Zee 1983).

Sakkaden, d. h. bezüglich Richtung, Amplitude und Geschwindigkeit weitgehend präprogrammierte konjugierte Augenbewegungen, bilden zusammen mit Fixationen – den der eigentlichen Informationsaufnahme dienenden Ruhepausen des Auges – einen der aktiven Exploration der Umwelt dienenden „Blickpfad". „Visuomotorisches" Verhalten i.e.S. stellt die Integration der Okulomotorik im Dienste der visuellen Informationsaufnahme dar; i.w.S. handelt es sich um die visuell gesteuerte Integration der Körpermotorik, vor allem der Manumotorik. Hierzu gehört auch sozial relevantes Blickverhalten, das z. B. unter dem Einfluß signal- und arousal-regulierender Systeme steht.

Funktionelle Anatomie

Hinter den verschiedenen genannten Funktionen steht ein komplexes neuronales Netzwerk (Abb. 1). Sakkadische Augenbewegungen werden über parallele Verbindungen der frontalen Augenfelder (FEF, Brodmann

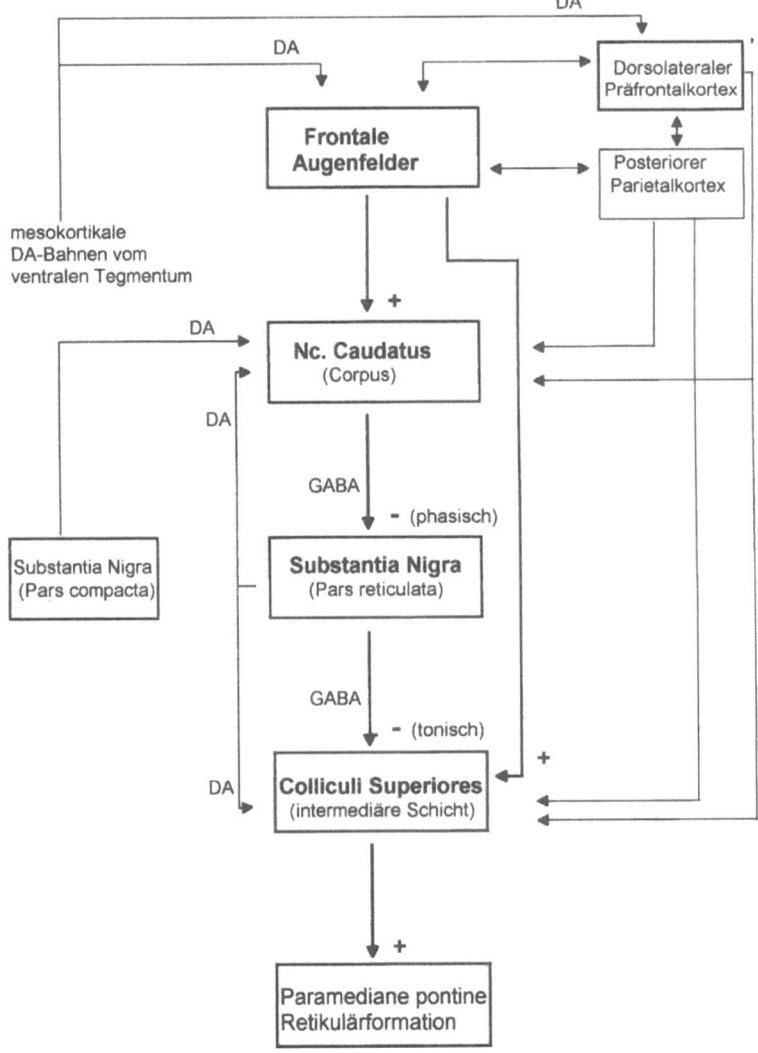

Abb. 1. In die Kontrolle sakkadischer Augenbewegungen involvierte Hirnstrukturen (*DA* Dopamin, *GABA* γ-Amino-Buttersäure)

Area 8) und der Colliculi superiores mit dem Hirnstamm (paramediane pontine Retikulärformation, PPRF) vermittelt. Während die FEF im wesentlichen willkürliche, intern organisierte (systematische) Blickwechsel mediieren, sind die Colliculi superiores vor allem für unwillkürliche, reflexive Sakkaden verantwortlich (Zee 1984). Die FEF üben einen direkten sowie – via Nucleus caudatus und Substantia nigra – indirekten Einfluß auf die Colliculi superiores aus; allerdings legen Läsionsstudien nahe, daß FEF und Colliculi superiores auch unabhängig voneinander sakkadische Augenbewegungen kontrollieren können (Schiller et al. 1979). Die sakkadengenerierenden Zellen in der intermediären Schicht der Colliculi superiores stehen unter tonischer Hemmung durch GABAerge nigrotectale Projektionen aus der Pars reticulata der Substantia nigra (Levin 1984). Diese tonische Hemmung kann zur Initiierung von Augenbewegungen phasisch wiederum GABAerg vermittelt, über striatale Projektionen vom Corpus nuclei caudati zur Substantia nigra aufgehoben werden. Entsprechend führt auch eine Injektion von GABA-Antagonisten in die Colliculi superiores sowie von GABA-Agonisten in die Substantia nigra (Pars reticulata) zu einer Sakkadenenthemmung (Hikosaka und Wurtz 1985 a, b).

Die frontalen Augenfelder sind reziprok mit dem posterioren Parietalkortex (PPC, Area 7) verbunden, der limbisch moduliert wird (Mesulam und Geschwind 1978) und funktionell eine besondere Rolle für selektive Aufmerksamkeitsprozesse spielt (Lynch et al. 1977, Bushnell et al. 1981, Mountcastle et al. 1984). Eine wichtige Bedeutung wird darüber hinaus dem dorsalen Präfrontalkortex (DLPFC, Area 9 und 10) beigemessen, der – ebenso wie der PPC – insbesondere zu den FEF, aber auch zu striatalen und colliculären Strukturen innerhalb des sogenannten „oculomotor loop" Verbindungen hat (Alexander et al. 1986) und zusammen mit den FEF wesentlich für die Planung und das Monitoring von sakkadischen Augenbewegungen sein dürfte. Schließlich kommt dem Cerebellum eine besondere Funktion bei der metrischen Kontrolle der Sakkaden zu.

Langsame Augenfolgebewegungen und OKN werden vor allem über den temporo-okzipitalen Assoziationskortex und den Kleinhirnflokkulus kontrolliert, die Rolle der frontalen Augenfelder ist hierbei noch unklar. Für den VOR ist ein intaktes Labyrinth Voraussetzung, Vergenzbewegungen werden im Mittelhirn, in der Region des okulomotorischen Kerngebiets organisiert.

Okulomotorik und dopaminerges System

Dopaminerg innervierte Systeme sind in die Generierung von Sakkaden und langsamen Augenfolgebewegungen eng involviert. Wie bereits erwähnt, sind disinhibitorische Prozesse im Bereich GABAerger Verbindungen der Substantia nigra (Pars reticulata) zu den Colliculi superiores wesentlich an der Generierung von Sakkaden auf visuelle Stimuli beteiligt. Diese vom Caudatum ausgehende Disinhibition wird indirekt über dopaminerge Verbindungen der Substantia nigra (Pars compacta) zum Striatum moduliert, wobei die dopaminergen Fasern im Striatum unmittelbar auf GABAerge Output-Neurone (u. a. zur Substantia nigra) aufgeschaltet sind (Wooten und Trugman 1989). Tierexperimentell konnten aber auch direkte nigrotectale dopaminerge Projektionsfasern aus der Pars reticulata der Substantia nigra nachgewiesen werden (Campbell und Takada 1989). Darüber hinaus wird eine – wiederum indirekte – dopaminerge Kontrolle über die mesokortikalen Dopaminbahnen zum Präfrontalkortex inclusive dem DLPFC und den FEF diskutiert.

Die selektive toxische Zerstörung nigrostriataler Dopaminneurone induziert im Tierversuch eine erhöhte Reaktionslatenz reaktiver Sakkaden sowie eine Reduktion spontaner Sakkaden hinsichtlich Frequenz und Amplitude. Die temporäre Depletion von Katecholaminen nach Gabe von α-Methyl-Para-Tyrosin (AMPT) erhöht beim Menschen Amplitude und Frequenz sakkadischer Intrusionen während kontinuierlicher Punktfixationen und langsamer Augenfolgebewegungen (Tychsen und Sitaram 1989). Nach selektiver Zerstörung dopaminerger Neurone in der Substantia nigra (Pars compacta) mittels des Neurotoxins Methyl-Phenyl-Tetrahydro-Pyridin (MPTP) kommt es neben einem klinischen Parkinsonsyndrom zu latenzverlängerten und hypometrischen Sakkaden, tierexperimentell zur erheblichen Reduktion spontaner Sakkaden, was durch Dopaminagonisten aufgehoben werden kann (Hotson et al. 1986, Schultz et al. 1989).

Störungen der Okulomotorik bei Patienten mit idiopathischem Parkinsonsyndrom sowie deren Ansprechen auf Dopaminagonisten belegen auch klinisch die dopaminerge Kontrolle okulomotorischer Funktionen (Gibson et al. 1987). Dabei wird der SPEM „gain" als sensibler Indikator des funktionellen Status angesehen.

Post mortem wurde im Bereich der FEF ein Zusammenhang zwischen erhöhten Kainatrezeptorbindungsraten und gleichzeitig reduzierten subkortikalen Glutamatkonzentrationen gefunden (Toru et al. 1988) – Befunde, die vor dem Hintergrund der Glutamat-Dopamin-Gleichgewichtshypothese der Schizophrenie (Riederer et al. 1992) von besonderer Bedeutung sind.

Visuomotorisches Verhalten und Schizophrenie

Bei Schizophrenen sind bereits vor der Neuroleptikaära visuomotorische Verhaltensauffälligkeiten, wie starrer Blick, Konvergenzstörungen oder spontane Lateralsakkaden beschrieben worden (Stevens 1978). Am häufigsten wurden Störungen der langsamen Augenfolgebewegungen berichtet, es werden aber auch z. B. Sakkadendysmetrie und Fixationsinstabilität beobachtet. Wiederholt beschrieben wurden Blickpfadanomalien im Rahmen von visuellen Explorations- und Problemlöseparadigmen, die durch verlängerte Fixationsdauern (Starren) und räumlich eingeschränktes Explorationsverhalten gekennzeichnet sind (z. B. Gaebel und Ulrich 1987, Kojima et al. 1990, vgl. auch Streit et al. 1996). Für weitere Einzelheiten muß auf entsprechende Übersichten verwiesen werden (Gaebel 1989, Holzman 1991). Ein direkter Zusammenhang mit neuroleptischer Medikation ist dabei eher unwahrscheinlich, ein indirekter Zusammenhang mit tardiven Dyskinesien jedoch nicht ausgeschlossen (Spohn et al. 1988).

Ausblick

Visuomotorische Funktionsstörungen stellen ein Modellsystem zur Analyse schizophrenen Verhaltens und dessen hirnfunktionaler Korrelate dar. Künftig sollte bei derartigen Analysen hinsichtlich pharmakogener und/ oder morbogener Bedingungsfaktoren theoretisch und empirisch genauer differenziert werden. Hier kommen Methoden der experimentellen Psychopathologie (Gaebel 1995) einschließlich funktioneller bildgebender Verfahren zum Zuge, mit denen – neben der Erfassung von Spontanverhalten – Verhaltensvariationen und Hirnfunktionen unter kontrollierten Bedingungen am Gesunden wie am Kranken untersucht werden können. Dabei sind allgemeine Forschungsstrategien zu berücksichtigen, die eine Differenzierung beispielsweise nach Trait- und Statecharakteristika erlauben (Gaebel und Maier 1993).

Literatur

Alexander GE, DeLong MR, Strick PL (1986) Parallel organization of functionally segregated circuits linking basal ganglia and cortex. Ann Rev Neurosci 9: 357–381

Bushnell MC, Goldberg ME, Robinson DL (1981) Behavioral enhancement of visual responses in monkey cerebral cortex. I. Modulation in posterior parietal cortex related to selective visual attention. J Neurophysiol 46: 755–772

Campbell KJ, Takada M (1989) Bilateral tectal projection of single nigrostriatal dopamine cells in the lat. Neuroscience 33: 311–321

Gaebel W (1989) Visuomotor behavior in schizophrenia. Pharmacopsychiat [Suppl] 22: 29–34

Gaebel W (1995) Die Bedeutung verhaltensobjektivierender Methoden für die Konzeptbildung in der Psychopathologie. Überlegungen zu einer verhaltensorientierten psychiatrischen Funktionsdiagnostik. In: Rösler M (Hrsg) Psychopathologie. Konzepte – Klinik und Praxis – Beurteilungsfragen. Beltz, Weinheim, S 86–99

Gaebel W, Ulrich G (1987) Visuomotor performance of schizophrenic patients and normal controls in a picture viewing task. Biol Psychiatry 22: 1227–1237

Gaebel W, Maier W (1993) Neurobiologische Determinanten schizophrener Erkrankungen. Konzept, Strategie und Methodik eines Forschungsprogramms. Nervenarzt 64: 415–426

Gibson JM, Pimlott R, Kennard C (1987) Ocular motor and manual tracking in Parkinson's disease and the effect of treatment. J Neurol Neurosurg Psychiatry 50: 853–860

Hikosaka O, Wurtz RH (1985a) Modification of saccadic eye movements by GABA-related substances. I. Effects of muscimol and bicuculline in monkey superior colliculus. J Neurophysiol 53: 266–291

Hikosaka O, Wurtz RH (1985b) Modification of saccadic eye movements by GABA-related substances. II. Effects of muscimol in monkey substantia nigra pars reticulata. J Neurophysiol 53: 292–308

Holzman PS (1991) Eye movement dysfunctions in schizophrenia. In: Steinhauer SR, Gruzelier JH, Zubin J (eds) Handbook of schizophrenia, vol 5. Neuropsychology, psychophysiology and information processing. Elsevier Science Publishers, Amsterdam New York Oxford, pp 129–145

Hotson JR, Langston EB, Langston JW (1986) Saccade responses to dopamine in human MPTP-induced parkinsonism. Ann Neurol 20: 456–463

Kojima T, Matsushima E, Nakajima K, Shiraishi H, Ando K, Ando H, Shimazono Y (1990) Eye movements in acute, chronic, and remitted schizophrenics. Biol Psychiatry 27: 975–989.

Leigh RJ, Zee DS (1983) The neurology of eye movements. FA Davis, Philadelphia

Levin S (1984) Frontal lobe dysfunctions in schizophrenia. I. Eye movement impairments. J Psychiat Res 18: 27–55

Lynch JC, Mountcastle VB, Talbot WH, Yin TCT (1977) Parietal lobe mechanisms for directed visual attention. J Neurophysiol 40: 362–389

Meltzer HY, Stahl SM (1976) The dopamine hypothesis of schizophrenia: a review. Schizophr Bull 2: 19–76

Mesulam MM, Geschwind N (1978) On the possible role of neocortex and its limbic connections in the process of attention and schizophrenia: clinical cases of inattention in man and experimental anatomy in monkey. J Psychiat Res 14: 249–259

Mountcastle VB, Motter, BC, Steinmetz MA, Duffy CJ (1984) Looking and seeing: the visual functions of the parietal lobe. In: Edelman GM, Gall WE, Cowan MW (eds) Dynamic aspects of neocortical function. Wiley, New York Chichester Brisbane Toronto Singapore, pp 159–193

Riederer P, Lange, KW, Kornhuber J, Danielczyk W (1992) Glutamatergic-dopaminergic balance in the brain. Its importance in motor disorders and schizophrenia. Arzneimittelforschung/Drug Res 42(I): 265–268

Schiller PH, True SD, Conway JL (1979) Effects of frontal eye field and superior colliculus ablation on eye movements. Science 206: 590

Schultz W, Romo R, Scarnati E, Sundström E, Jonsson G, Studer A (1989) Saccadic reaction times, eye-arm coordination and spontaneous eye movements in normal and MPTP-treated monkeys. Exp Brain Res 78: 253–267

Spohn HE, Coyne L, Spray J (1988) The effect of neuroleptics and tardive dyskinesia on smooth-pursuit eye movement in chronic schizophrenics. Arch Gen Psychiatry 45: 833–840

Stevens JR (1978) Eye blink and schizophrenia: psychosis or tardive dyskinesia? Am J Psychiatry 135: 223–226

Streit M, Wölwer W, Gaebel W (1996) Erkennen emotionalen Gesichtsausdrucks und explorative Augenbewegungen im Verlauf schizophrener Erkrankungen. In: Möller HJ, Müller-Spahn F, Kurtz G (Hrsg) Biologische Psychiatrie. Springer, Wien New York

Toru M, Watanabe S, Shibuya H, Nishikawa T, Noda K, Mitsushio H, Ichikawa H, Kurumaji A, Takashima M, Mataga N, Ogawa A (1988) Neurotransmitters, receptors and neuropeptides in post-mortem brains of chronic schizophrenic patients. Acta Psychiatr Scand 78: 121–137

Tychsen L, Sitaram N (1989) Catecholamine depletion produces irrepressible saccadic eye movements in normal humans. Ann Neurol 25: 444–449

Wooten GF, Trugman JM (1989) The dopamine system. Mov Disord 4 [Suppl 1]: S 38–S 47

Zee DS (1984) Ocular motor control: the cerebral control of saccadic eye movements. In: Lessel S, van Oalan JTW (eds) Neuroophtalmology, vol 3. Excerpta Medica, Amsterdam, pp 141–156

Korrespondenz: Prof. Dr. W. Gaebel, Psychiatrische Klinik, Heinrich-Heine-Universität, Rheinische Landes- und Hochschulklinik, Bergische Landstraße 2, D-40629 Düsseldorf, Bundesrepublik Deutschland

Ereigniskorrelierte Hirnpotentiale bei kontinuierlichem Wiedererkennen von Wörtern mit unterschiedlichem emotionalen Gehalt: Befunde bei gesunden Probanden und Depressiven

D. E. Dietrich[1], H. M. Emrich[1] und **T. F. Münte[2]**

[1]Abteilung Klinische Psychiatrie und Psychotherapie, Zentrum Psychologische Medizin und [2]Neurologische Klinik mit Klinischer Neurophysiologie, Medizinische Hochschule Hannover, Bundesrepublik Deutschland

Werden Wörter im Rahmen eines Wortwiedererkennungsparadigmas hintereinander präsentiert und wird parallel das EEG abgeleitet, so sind die Ereigniskorrelierten Potentiale (EKP) durch eine größere Positivität für die wiedererkannten Items gekennzeichnet. Dieser Effekt wird als „alt/neu-Effekt" bezeichnet (Rugg et al. 1994). Die diesem Effekt zugrundeliegenden kognitiven Prozesse werden kontrovers diskutiert. In der vorliegenden Studie werden die diesen alt/neu-Effekt modulierenden Faktoren untersucht, und es werden Unterschiede deutlich, die sich beim Vergleich der Wortverarbeitung von Menschen mit einer affektiven Störung (z. B. Depressiven) im Vergleich zum Normalkollektiv zeigen.

Hierzu wurden EKP bei gesunden jungen Versuchspersonen und bei Depressiven während eines Versuches zum kontinuierlichen Wiedererkennen von visuell präsentierten Wörtern (Verben und Substantive) bestimmt. Die Wörter unterschieden sich bezüglich ihres emotionalen Gehaltes: als „positiv" wurden beispielsweise „Kuß", als „neutral" z. B. „Weg" und als „negativ" z. B. „Tod" von einer unabhängigen Probandengruppe eingestuft. Die Versuchspersonen mußten entscheiden, ob ein präsentiertes Item ein erstes („neues" Wort) oder bereits ein zweites Mal („altes" Wort) auf einem Videomonitor präsentiert wurde. Die richtig als „alt" wiedererkannten Wörter waren bei allen drei Wortkategorien mit einer größeren Positivität der EKP ca. 250 ms post stimulus (alt/neu-Effekt) verbunden. Der alt/neu-Effekt war bei den gesunden Probanden am deutlichsten bei den als „negativ" eingestuften Items und hierbei mit einer frontalen Betonung ausgeprägt.

Abbildung 1 verdeutlicht diesen Unterschied, der den Einfluß des emotionalen Gehaltes von Wörtern auf den alt/neu-Effekt belegt. Näheres zu diesen Ergebnissen siehe bei Dietrich et al. (1996).

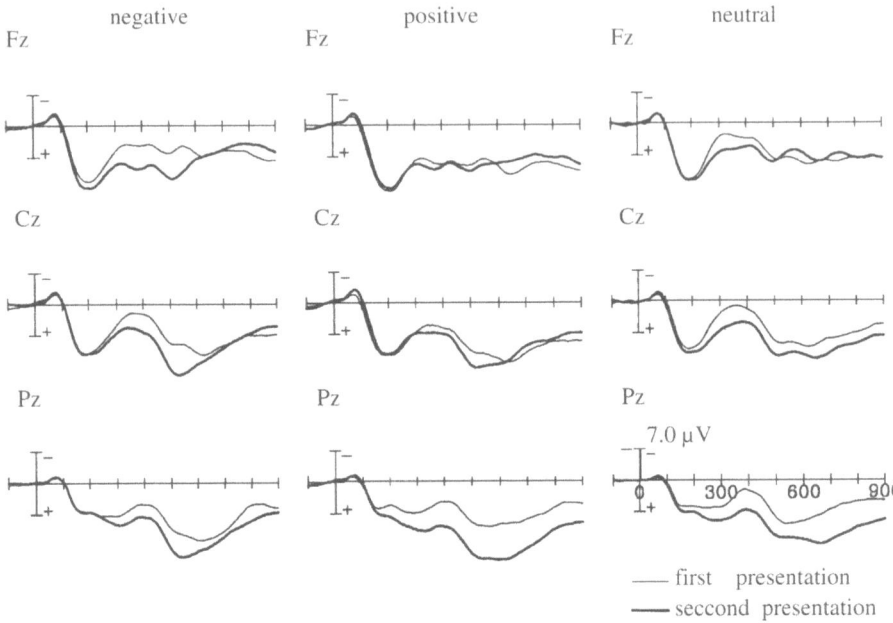

Abb. 1. Gesamtmittel-Darstellung der EKP der gesunden Versuchspersonen (n = 22) für die richtig wiedererkannten Verben mit unterschiedlichem emotionalem Gehalt für die Mittellinien-Elektrodenpositionen

Bei Depressiven (n = 9, zum Untersuchungszeitpunkt ohne Medikation und einer der folgenden diagnostischen Kategorien zuzuordnen: ICD10: F32.1, F33.1, F31.3 und DSM-III-R: 296.22, 23, 32 und 33) wies der alt/neu-Effekt eine insgesamt geringere und für die „negativen" Items die kleinste Ausprägung auf. Die geringere Ausprägung des alt/neu-Effektes bei Depressiven ist dabei im wesentlichen verursacht durch eine größere Positivität der EKP schon bei der Erstpräsentation besonders der negativen Begriffe (Abb. 2). Die erwähnten Unterschiede ließen sich statistisch sichern.

Die größere Positivität (oder geringere Negativität im Sinne einer Reduzierung der N400-Komponente, die in wesentlichem Maße den frühen Anteil des alt/neu-Effekts moduliert) zwischen etwa 250-500 ms insbesondere für die negativen Begriffe erscheint wie ein EKP-Potential vorher bereits präsentierter, d. h. gebahnter Begriffe. Solch ein „Bahnungseffekt" könnte dabei Ausdruck größerer semantischer oder kontextueller Übereinstimmung der präsentierten Begriffe mit den vorbestehenden Gedanken und Gefühlen der Depressiven sein. Diese sind wesentlich geprägt durch negativ gefärbte Erinnerungen/Assoziationen, d. h. die grüblerischen negativen Gedanken bahnen quasi die elektrophysiologischen Korrelate besonders für die negativen Wörter schon vor der Erstpräsentation.

Diese EKP-Befunde lassen sich im Sinne vorgetragener Theorien über die Rolle der Zeit deuten, bei der von depressiven Erkrankungen angenommen wird, daß Depression mit einem Dominieren der negativen Wer-

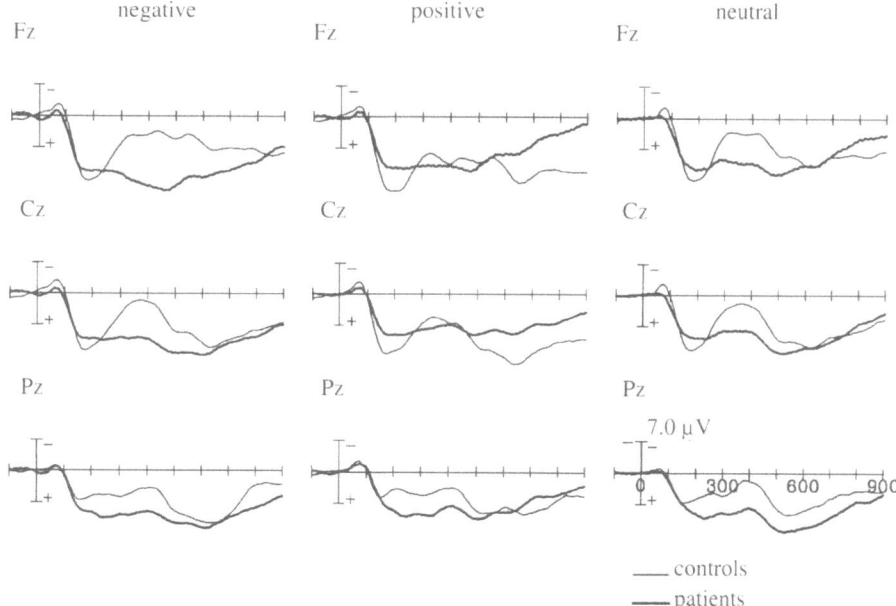

Abb. 2. Gesamtmittel-Darstellung der EKP für die Erstpräsentation der Verben mit unterschiedlichem emotionalem Gehalt für die Mittellinien-Elektrodenpositionen. Verglichen werden die EKP der gesunden Probanden (n = 22) mit den EKP der Depressiven (n = 9)

teerfahrungen der Vergangenheit zu tun hat (siehe z. B. Theunissen 1992). Diese „Dominanz" des negativen Vergangenen könnte die geringere Differenz der EKP zwischen der Erst- und der Zweitpräsentation der Wörter bei den Depressiven erklären.

Literatur

Dietrich DE, Waller C, Emrich HM, Münte TF (1996) Event-related potentials and word recognition memory: differential effect of emotional content. In: Heinze HJ, Mangun GR, Münte TF, Elger CE, Scheich H (eds) Mapping cognition in time and space (in press)
Rugg MD, Doyle MC (1994) Event-related potentials and stimulus repetition in direct and indirect tests of memory. In: Heinze HJ, Münte TF, Mangun GR (eds) Cognitive electrophysiology. Birkhäuser, Boston, pp 124–148
Theunissen M (1992) Negative Theologie der Zeit. Suhrkamp, Frankfurt/M

Korrespondenz: Dr. D. E. Dietrich, Abteilung Klinische Psychiatrie und Psychotherapie, Zentrum Psychologische Medizin, Medizinische Hochschule Hannover, D-30623 Hannover, Bundesrepublik Deutschland

Topographie des Bereitschaftspotentials bei depressiven und schizophrenen Patienten

C. Haag, N. Kathmann, T. Baghai, K. Kuhn und **G. Laakmann**

Psychiatrische Klinik, Universität München, Bundesrepublik Deutschland

Einleitung

In einer Pilotstudie (Haag et al.1994) konnten wir zeigen, daß sich bei depressiven Patienten bei der Initiierung einer willkürmotorischen Aufgabe eine asymmetrische Hemisphärenaktivierung bei der Generierung des Bereitschaftspotentials (BP) zeigt. Bei der Vorbereitung einer einfachen Handbewegung (Faustschluß) zeigte sich bei dem gesunden Kontrollkollektiv ein Bereitschaftspotential mit weitgehender Links-Rechts-Symmetrie. Bei den depressiven Patienten jedoch fand sich eine klare Asymmetrie zu Ungunsten der rechten Hemisphäre. Wir diskutierten diesen Befund als Hinweis für eine Funktionsstörung der rechten Hemisphäre bei einer Depression, der ja emotionale neuropsychologische Funktionen zugeschrieben werden. In der hier vorgestellten Studie sollte versucht werden diesen Befund zu replizieren und zu vergleichen mit einem anderen Patientenkollektiv.

Methodik

Folgende Kollektive mit jeweils 30 Personen wurden in dieser Studie untersucht: 30 gesunde Kontrollpersonen, 30 Patienten mit einer endogenen Depression nach ICD9 Nr. 296.1 und 30 Patienten mit einer paranoiden Schizophrenie nach ICD9 Nr. 295.3. Sowohl die Geschlechtsverteilung als auch die Altersmittelwerte unterschieden sich nicht signifikant. Es wurde das EEG von 21 Elektrodenpositionen nach dem 10-20-System (zusätzlich Fpz und Oz) abgeleitet. Filterung mit 70Hz, Zeitkonstante 10 Sekunden. Als Aufgabe zur Generierung eines Bereitschaftspotentials wurde gefordert, in selbstgewählten Abständen von ca 10 bis 15 Sekunden einen raschen Faustschluß durchzuführen. Zum Averaging kamen 4 Sekunden lange EEG-Epochen von −3000 ms vor Bewegungsbegin (Oberflächen-EMG-Registrierung) bis +1000 ms nach Bewegungsbeginn. Epochen mit EOG-Artefakten wurden ausgeschlossen. Zum Vergleich der 21-Kanalig registrierten BPs wurde für jede Elektrode ein Punkt für Punkt T-Test der Patientenkollektive im Vergleich zum Kontrollkollektiv gerechnet (Abb. 1).

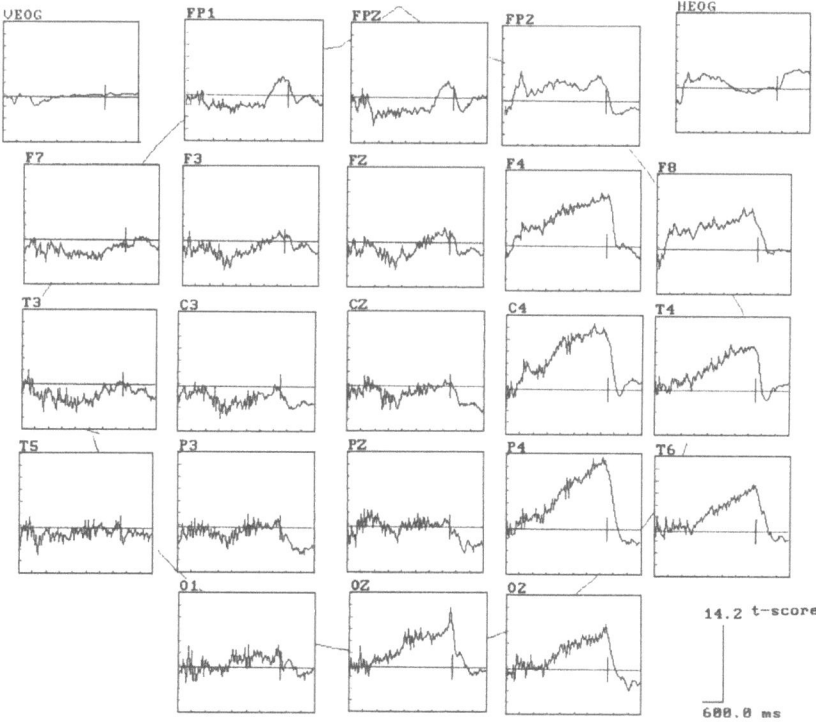

Abb. 1. T-Werte des Vergleichs der Grand Averages der Kollektive. 30 gesunde Kontrollen versus 30 depressive Patienten. Für jede Elektrodenposition eine 4 Sekunden lange Epoche, Strichmarke gleich Bewegungsbegin. Über der gesamten rechten Hemisphäre hohe T-Werte (bis 14) über den gesamten Zeitverlauf des Bereitschaftspotentials. Positive T-Werte zeigen kleinere Amplitude bei den depressiven Patienten

Ergebnisse

Der Vergleich der depressiven Patienten mit den gesunden Kontrollen zeigte über der gesamten rechten Hemisphäre im gesamtem Zeitverlauf des BP hohe T-Werte als Hinweis für ein verringertes BP bei den depressiven Patienten rechthemisphärisch (Abb. 1). Somit konnten wir das Ergebnis unserer Pilotstudie (Haag et al. 1994) replizieren. Die Ergebnisse der Gruppe der schizophrenen Patienten waren nicht so eindeutig zu interpretieren. Hier fand sich von allen drei Kollektiven die größte Varianz des BPs. Auf Grund dieser großen Varianz waren die als Trend verminderten BP-Amplituden nicht singifikant nachweisbar verringert zu verzeichnen.

Diskussion

Uns scheint die Untersuchung des Bereitschaftspotentials bei psychiatrischen Patienten ein vielversprechender Ansatz. Bei der Untersuchung kognitiv evozierter Potentiale wurde bisher hauptsächliches Augenmerk auf aufmerksamkeitskorrelierte Aufgabenstellungen gelegt, wie in der Vielzahl von Untersuchungen über die P300. Das BP jedoch erlaubt einen Zugang zu Prozessen der Planung und Initiierung von Willkürmotorik und somit Möglichkeiten der Beurteilung von Störungen bis hin zu den psychopathologischen Begriffen wie Antriebsstörung und gehemmte Psychomotorik. Bei beiden Studien, der erwähnten Pilotstudie, wie auch in der hier beschriebenen Studie, zeigte sich bei einer Aufgabestellung, die die Präparation und Durchführung einer Willkürmotorischen Aufgabe erfordert eine neurophysiologisch nachweisbare Funktionsstörung der rechten Hemisphäre bei Patienten mit einer depressiven Störung. Unsere bisherige Interpretation, daß die im Zusammenhang mit der depressiven Antriebshemmung zu diskutieren sei, muß im Hinblick auf die Ergebnisse der schizophrenen Patienten überdacht werden. Denn auch bei den schizophrenen Patienten zeigte sich als Trend ein kleineres BP rechtshemisphärisch. Diese Studie zeigte aber auch, daß bei dem Kollektiv der schizophrenen Patienten die größte Varianz der EEG-Daten gefunden wurde. Offensichtlich zeigen die schizophrenen Erkrankungen eine deutlich größere Variabilität, nicht nur der klinisch ausgeprägten Psychopathologie, sonder eventuell auch der zu Grunde liegenden gestörten neuropsychologischen Funktionen. In einer größeren Fallzahl muß versucht werden, die Asymmetrie des BP mit den Untergruppen der verwendeten klinischen Ratingskalen zu korrelieren, um so eventuell die neurophysiologischen Befunde den klinischen psychopathologischen Subgruppen zuordnen zu können.

Literatur

Haag C, Kathmann N, Hock C, Günther W, Voderholzer U, Laakmann G (1994) Lateralization of the Bereitschaftspotential to the left hemisphere in patients with major depression. Biol Psychiatry 36: 453–457

Korrespondenz: Dr. C. Haag, Psychiatrische Universitätsklinik, Nußbaumstraße 7, D-80336 München, Bundesrepublik Deutschland

Ereigniskorrelierte kortikale Aktivität als Indikator serotonerger Dysfunktion bei psychiatrischen Patienten

U. Hegerl[1] und **G. Juckel**[2]

[1]Psychiatrische Klinik, Ludwig-Maximilians-Universität München und
[2]Labor für Klinische Psychophysiologie, Psychiatrische Klinik, Freie Universität Berlin,
Bundesrepublik Deutschland

Ereigniskorrelierte Potentiale (EKP) ergeben sich aus der Summation kortikaler exzitatorischer und inhibitorischer postsynaptischer Potentiale. Sie reflektieren damit unmittelbar postsynaptische Effekte kortikal freigesetzter Neurotransmitter (z. B. GABA, Glutamat) und indirekt modulierende Effekte von Neuromodulatoren (z. B. Serotonin, Acetylcholin) auf die kortikale neuronale Verarbeitung. EKP sind deshalb als Indikatoren neurochemischer Funktionszustände geeignet. Theoretische Argumente und empirische Daten aus präklinischen und klinischen Studien stützen die Hypothese, daß die Abhängigkeit der Reizantwort des primären akustischen Kortex von der Stimulusintensität (Lautstärke) durch das zentrale serotonerge System reguliert wird und als nichtinvasiver Indikator dieses Systems von klinischer Bedeutung ist.

Lautstärkeabhängigkeit (LA) des tangentialen Dipols und zentrale serotonerge Funktion

Durch die Dipolquellenanalyse ist es möglich, die Verteilung der akustisch evozierten N1/P2-Potentiale an der Kopfhaut durch zwei Stromdipole pro Hemisphäre zu erklären: Ein tangential orientierter Dipol, der überwiegend Aktivität des primären akustischen Kortex abbildet, und ein radialer Dipol, der Aktivität sekundärer akustischer Areale im lateralen Temporalbereich abbildet. Die Aktivität dieser Dipole kann nun hinsichtlich ihrer LA getrennt untersucht werden [1]. Dies ist bedeutsam, da nur für die LA des tangentialen Dipols eln Zusammenhang zur serotonergen Funktion angenommen wird, da die serotonerge Aktivität sehr hoch ist im Bereich des primären, dagegen jedoch niedrig im Bereich des sekundären akustischen Kortex. Es gibt zahlreiche Argumente dafür, daß die LA sensorisch evozierter Potentiale und insbesondere die des tangentialen Dipols der akustisch evozierten N1/P2-Komponente in einer inversen Beziehung zur serotonergen Aktivität steht. Diese Argumente sind anderweitig im Einzelnen dargelegt [2] und werden hier nur kurz dargestellt:

– Bei Patienten mit endogenen Depressionen sind intraindividuelle Änderungen der Serotoninkonzentration im Vollblut negativ mit entsprechenden Änderungen der LA der akustisch evozierten Potentiale (AEP, N1/P2-Komponente) korreliert.
– Die Intensitätsabhängigkeit von visuell evozierten Potentialen ist negativ mit der Konzentration des Serotoninmetaboliten 5-Hydroxyindolessigsäure (5-HIAA) im Liquor korreliert und wird durch den Serotonin-Agonisten Zimelidin reduziert.
– Sowohl bei Probanden als auch bei alkoholabhängigen Patienten führt *Alkohol* der neben anderen Effekten Serotonin-agonistische Effekte aufweist, zu einer Abnahme der LA des tangentialen Dipols. Ebenso wurde nach 14-tägiger Gabe von *Lithium*, das Serotonin-agonistische Effekte besitzt, eine Abnahme der Intensitätsabhängigkeit sensorisch evozierter Potentiale beobachtet.
– Persönlichkeitsmerkmale wie Sensation Seeking, Impulsivität sowie antisoziale Tendenzen, die mit einer niedrigen 5-HIAA-Konzentrationen im Liquor in Verbindung gebracht werden, weisen eine robuste positive Korrelation mit der LA der AEP (tangentialer Dipol) auf [3, 4]. Ein derartiger Zusammenhang ließ sich in einer weiteren Studie auch für das mit Sensation Seeking hoch korrelierte Novelty Seeking (TPQ, nach Cloninger) nachweisen [5].
– Eigene tierexperimentelle Untersuchungen ergaben, daß bei sich frei bewegenden Katzen die systemische Applikation des $5\text{-}HT_2$-Antagonisten Ketanserin zu einer Zunahme der LA der AEP, gemessen epidural über dem primären akustischen Kortex, führt, während nach 8-H0-DPAT eine Abnahme zu beobachten war, vermutlich in Folge von Effekten auf postsynaptische $5\text{-}HT_{1a}$-Rezeptoren [6].

Da die verschiedenen neurochemischen Systeme sich wechselseitig beeinflussen und in sich heterogen sind, stellt sich die Frage nach der Spezifität des Zusammenhangs zwischen AEP und Serotonin, eine Frage, die anderweitig genauer diskutiert wird [2, 6].

Klinisch prädiktive Bedeutung

– In einer retrospektiven Studien an Lithium-behandelten Patienten mit rezidivierenden affektiven Psychosen fanden wir eine stärkere LA der AEP bei Respondern als bei Nonrespondern, ein Befund, der in einer späteren Studie repliziert werden konnte [7]. Die prospektive Untersuchung einer lediglich kleinen Gruppe von Patienten ergab, daß in der Untergruppe mit starker LA der AEP (N = 8) im ersten Jahr kein Rezidiv, in der Gruppe mit geringer LA (N = 6) dagegen 3 Rezidive auftra-

ten. Dieser Zusammenhang zwischen starker LA der AEP und guter Lithiumresponse steht mit Ergebnissen anderer Arbeitsgruppen zur Prädiktion der akuten antimanischen oder antidepressiven Lithiumeffekte im Einklang (Review bei [8]).
- Paige et al. [9] fanden, daß depressive Patienten, die auf Serotonin-Wiederaufnahmehemmer respondierten, vor Medikationsbeginn durch eine starke LA der AEP charakterisiert waren.
- Bruneau et al. [10] fanden, daß Kinder mit autistischen Störungen, die von Eltern und medizinischem Personal als Responder auf eine 3-monatige Medikation mit dem Serotonin-Agonisten Fenfluramin klassifiziert worden waren, vor Medikationsbeginn durch eine starke LA der AEP und geringe Serotonin-Spiegel gekennzeichnet waren.

Ausblick

Die Bestimmung der EKP ist ein nichtinvasives Verfahren, das Informationen über neurochemische Aspekte bei psychiatrischen Patienten liefern und damit zu einem gezielteren Einsatz von Psychopharmaka sowie zur Klärung pathogenetischer Fragen führen kann. Dieser Forschungsansatz wird weiter an Dynamik gewinnen, da sich die Erklärungslücke zwischen EKP und zugrundeliegenden neurochemischen Prozessen zu schließen beginnt.

Literatur

1. Hegerl U, Gallinat J, Mrowinski D (1994) Intensity dependence of auditory evoked dipole source activity. Int J Psychophysiol 17: 1–13
2. Hegerl U, Juckel G (1993) Intensity dependence of auditory evoked potentials as indicator of central serotonergic neurotransmission – a new hypothesis. Biol Psychiatry 33: 173–187
3. Hegerl U, Gallinat J, Mrowinski D (1995a) Sensory cortical processing and the biological basis of personality. Biol Psychiatry 37: 467–472
4. Hegerl U, Lipperheide K, Juckel G, Schmidt LG, Rommelspacher H (1995b) Antisocial tendencies and cortical sensory evoked responses in alcoholism. Alcohol Clin Exp Res 19: 31–36
5. Juckel G, Schmidt LG, Rommelspacher H, Hegerl U (1994) The tridimensional personality questionnaire and the intensity dependence of auditory evoked dipole source activity. Biol Psychiatry 37: 311–317
6. Juckel G, Molnar M, Hegerl U, Csepe V, Karmos G (1993) Intensity dependence of auditory evoked portentials as indicator of central serotonergic neurotransmission – first evidence in the behaving cat. Pharmacopsychiat 26: 166
7. Hegerl U, Wulff H, Müller-Oerlinghausen B (1992) Intensity dependence of auditory evoked potentials and clinical response to prophylactic lithium medication: a replication study. Psychiatry Res 44: 181–191
8. Hegerl U, Herrmann WM (1990) Event-related potentials and the prediction of differential drug response in psychiatry. Neuropsychobiology 23: 99–108
9. Paige SR, Fitzpatrick DF, Kline JP, Balogh SE, Hendricks SE (1994) Event-related potential amplitude/intensity slopes predict response to antidepressants. Neuropsychobiology 30: 197–201
10. Bruneau N, Barthelemy C, Roux S, Jouve J, Lelord G (1989) Auditory evoked potential modifications according to clinical and biochemical responsiveness to fenfluramine treatment in children with autistic behavior. Neuropsychobiology 21: 48–52

Korrespondenz: PD Dr. U. Hegerl, Psychiatrische Klinik, Ludwig-Maximilians-Universität München, Nußbaumstraße 7, D-80336 München, Bundesrepublik Deutschland

Vergleich psychophysiologischer Variablen bei Depression mit und ohne Angststörungen und bei ambulanten Angstpatienten

R. Straub[1], **M. Kopp**[2] und **M. Wolfersdorf**[1]

[1]Zentrum für Psychiatrie Weißenau/Abteilung Psychiatrie I,
Universität Ulm, Bundesrepublik Deutschland
[2]Institute of Behavioural Sciences, Semmelweis University of Medicine, Budapest,
Ungarn

Einführung

Die revidierten Klassifikationssysteme (DSM III-R und ICD-10) ermöglichen erstmals eine differenzierte Diagnostik von Angst, und diese auch in deutlicher Abgrenzung zur Depression. Angstanfälle bei Panikstörungen und generalisierten Ängsten werden nun wesentlich durch psychophysiologische Symptome beschrieben. Bei gründlicher Anamnese finden diese sich relativ häufig in der Vorgeschichte depressiver Störungen, wobei oft die Schwelle zeitlicher und symptomatischer Intensität einer Primärdiagnose nicht erreicht wird, und aktuell allenfalls eine „verdeckte" Angstsymptomatik zu erfragen ist. In der Behandlung depressiver Störungen findet dies dann kaum Beachtung. Aus epidemiologischen Studien ist andererseits bekannt, daß bei komorbider Angstsymptomatik ein höheres Risiko sekundärer Komplikationen zu erwarten ist, verbunden mit einem hohen Anteil chronischer Verläufe (Wittchen 1991). „Verdeckte", autonom-physiologische Dysregulationen einer erhöhten „Angstbereitschaft", die unzuverlässig erfragbar, jedoch meßbar sind, könnten wesentlich an der Entwicklung solcher chronischen Verläufe beteiligt sein.

Ziel der Untersuchung

In dieser retrospektiven Datenanalyse wurde überprüft, ob eine solche, der Depression vorangehende oder damit einhergehende, „latente Angstsymptomatik" sich bei direkter psychophysiologischer Messung auch unter Ruhebedingungen aufzeigen läßt. Wir erwarten bei depressiven Patienten mit Angstanfällen ähnliche Charakteristika wie bei Panikpatienten. Während eine psychophysiologische Differenzierung der Angst bei Depression in der Vergangenheit aufgrund nosologischer Zuordnungsprobleme und starker Konfundierung der Symptomatik selten gelang (Giedke 1988), sollte dies mit den revidierten Systemen wegen des nun psychophysiologischen Schwerpunktes bei Angstanfällen besser gelingen. Neuere psychophysiologische Vergleichsmessungen bei komorbider Angst bei Depression sind uns nicht bekannt.

Untersuchungsgruppen und Methodik

Im Rahmen einer Kooperation[1] konnten wir aufgrund vergleichbarer Experimente Daten folgender drei Gruppen zusammenführen, die zu Beginn einer Behandlung in den psychophysiologischen Labors der Kliniken untersucht wurden: Ambulanten Panikpatienten (BA; n = 45) der Psychiatrie der Semmelweis Universität Budapest, zu Beginn einer kognitiven Therapie (Kopp et al. 1987), wurden depressive Patienten der Weissenauer Depressionsstation (ICD-9: 296.1, 300.4; DSM III-R: MDE) gegenübergestellt (Straub et al. 1992). Diese wurden anhand einer Nachbefragung zu Angstfällen (SKID) aufgeteilt in eine Gruppe mit Angstanfällen (DA; n = 32) und eine ohne diese Erfahrung (D; n = 27). Wesentliche gemeinsame psychophysiologische Untersuchungselemente waren, neben Fragebögen (BDI, STAIG), eine Ruheableitung (3 Minuten) und ein Habituationsexperiment (10 Töne, Dauer 1 sec, 1000 Hz, ISI 15 20 25, 80 dB). Von den 20 Tönen der Budapester Untersuchung wurden nur die ersten 10 Töne berücksichtigt. Die Lautstärke betrug dort 65 dB. Diese Abweichungen halten wir für vertretbar. Neben der Herz(HR)- und Atemfrequenz (ATM) wurden der Hautleitwert (SCL) und die spontanen Fluktuationen (SFL) während der Ruheableitung ausgewertet, sowie der Habituationsindex (HS): 0,5 Kohm, Habituation bei 3 aufeinanderfolgenden Stimuli, Response 0,8–5 sec nach dem Stimulus.

Ergebnisse und Schlußfolgerungen

In Tabelle 1 wird deutlich, daß sich Panikpatienten (BA) und depressive Patienten ohne Angstanfälle (D) in ihrer Ängstlichkeit (STAI-G) und Depressivität (BDI) zu Beginn der Behandlung kaum unterschiedlich einschätzen. Im Vergleich dazu beurteilen sich depressive Patienten mit Angstanfällen (DA) ängstlicher und depressiver, zeigen erhöhte elektrodermale Werte, ähnlich den BA, und unterscheiden sich hierin deutlich von D. Im Sinne einer erhöhten Angstbereitschaft könnte auch die, bei DA im Vergleich zu D, erhöhte Atemfrequenz (p = .046) interpretiert werden.

Eine Differenzierung der depressiven Gruppen gelingt somit in angstrelevanten Variablen der elektrodermalen Aktivität (SFL, SCL) und der Atemfrequenz (ATM). Bemerkenswert sind die damit einhergehenden negativeren Selbsteinschätzungen bei komorbider Problematik. Darin stimmen unsere Befunde mit denen epidemiologischer Untersuchungen bei Komorbidität überein (Wittchen 1991). Die Ergebnisse belegen, daß auch wenn Angstanfälle zurückliegen, weiterhin eine erhöhte psychophysische Angstbereitschaft gegeben sein kann. Deren Charakteristika haben Ähnlichkeit mit denen bei Panikpatienten und unterscheiden sich deutlich zu

---

[1]   Diese Arbeit wurde unterstützt durch ein Sonderprogramm des Deutschen Akademischen Austauschdienstes (DAAD) zur Förderung von Partnerschaften mit ost- und südosteuropäischen Hochschulen

Tabelle 1. Vergleich der, bei Panikpatienten (BA) sowie depressiven Patienten mit und ohne Angststörungen (D/DA), gemeinsamen Variablen. Dargestellt sind Mittelwerte und Streuungen, sowie Mediane (Md). Signifikante Unterschiede (p < .05*, t-Test, U-Test) bei DA und D beziehen sich auf den Vergleich zu den Panikpatienten (BA). Der Vergleich von DA-D ist in der letzten Spalte verdeutlicht

	Angstpatienten BA		Depressive Patienten DA		D		DA-D
n (m/w)	45	(17/28)	32	(12/20)	27	(10/17)	
Alter	36,4	(9,1)	37,8	(8,8)	38,9	(10,1)	
BDI	16,2	(9,6)	24,6	(8,8)***	18,3	(11,1)	*
STAI-X2	54,1	(12,2)	59,6	(9,1)*	54,9	(12,1)	(*)
SCL	4,5	(3,6)	3	(2,2) (*)	2,0	(2,1)***	*
SFL (Md)	4		2		0	***	*
HS (Md)	5		15		0	***	
HR	79,7	(11,4)	84,8	(15,3)	87,8	(15,3)*	
ATM	12,5	(5,5)	17	(3,1)**	15,5	(2,9)***	(*)

den generell niedrigen elektrodermalen Maßen depressiver Patienten, die solche Angstanfälle nicht kennen. Diese erhöhte Angstbereitschaft könnte, bei Belastung und sozialen Krisen, zusammen mit der dadurch vermutlich stärker auf körperliche und seelische Gesundheit gerichteten Aufmerksamkeit und den damit verbundenen negativen Kognitionen, Chronifizierungsprozesse begünstigen. Sie bedarf deshalb stärkerer Beachtung, dies auch bei der Entwicklung differentieller Behandlungsstrategien bei komorbider Problematik.

Literatur

Giedke H (1988) Physiologische Korrelate affektiver Störungen. In: v Zerssen DV, Möller H-J (Hrsg) Affektive Störungen: diagnostische, epidemiologische, biologische und therapeutische Aspekte. Springer, Berlin Heidelberg New York Tokyo, S 131–148

Kopp M, Mihály K, Linda E, Bitter I (1987) Electrodermally differentiated subgroups of anxiety patients. I. Autonomic vigilance characteristics. Int J Psychophysiol 5: 43–51

Straub R, Hole G, Wolfersdorf M (1992) Elektrodermale Hypoaktivität bei Depression: psychobiologischer Marker oder differentiell-psychophysiologische Disposition. Schweiz Arch Neurol Psychiatrie 143 (1): 42–59

Wittchen H-U (1991) Der Langzeitverlauf unbehandelter Angststörungen: Wie häufig sind Spontanremissionen. Verhaltenstherapie 1: 273–282

Korrespondenz: Dr. R. Straub, Abteilung Psychiatrie I, Universität Ulm, ZfP Weißenau, Weingartshofener Straße 2, D-88214 Ravensburg-Weißenau, Bundesrepublik Deutschland

EEG-Quellen im Frequenzbereich bei psychiatrischen Erkrankungen, der Demenz vom Alzheimer Typ und beim gesunden Altern, geschätzt mittels Frequenz-Quellen-Analysen des EEGs

T. Dierks und **K. Maurer**

Klinik für Psychiatrie und Psychotherapie, Johann Wolfgang Goethe-Universität, Frankfurt, Bundesrepublik Deutschland

Einleitung

Die in der letzten Zeit erworbenen Kenntnisse auf dem Gebiet der Neurowissenschaften führen zunehmend zu einem besseren Verständnis der Beziehung zwischen Hirnfunktion und Hirnstruktur. Heute, im Zeitalter der Computer- und Magnetresonanztomographie, die uns die Struktur des Gehirns in vivo bildlich darstellt, ist die Erforschung der Funktion des Gehirns bei Gesunden und bei Kranken und auch die Beziehung der Funktion zur Struktur von besonderer Bedeutung. Zur Untersuchung der Funktion des Gehirns sind uns in der letzten Zeit neue Methoden zur Verfügung gestellt worden, wie z. B. die Positronen-Emissions-Tomograhie (PET), die Single-Photonen-Emissions-Tomographie (SPECT), die regionale Hirndurchblutung (regional Cerebral Blood Flow; rCBF) und die funktionelle Magnetresonanztomographie, die den Gehirnstoffwechsel, die Rezeptorendichte und die Durchblutung des Gehirns messen. Neuere neuroanatomische Methoden brachten uns bisher unbekannte neuronale Verbindungen zwischen scheinbar voneinander getrennten Gehirnstrukturen zur Kenntnis. Zusammmen eröffnen uns diese neuen Methoden, wie nie zuvor, Möglichkeiten, Theorien über die Gehirnfunktion und deren Beziehung zur Struktur zu entwickeln.

Das Elektroenzephalogramm, welches von dem Psychiater H. Berger entwickelt wurde, ist eine Methode, die unmittelbar die Funktion von Neuronen mißt. Keine andere Methode ist in der klinischen Praxis so verbreitet, keine Methode hat eine so große Zeitauflösung wie das EEG; es hat jedoch einen Nachteil: man kann in der Praxis nur die intrazerebrale elektrische Aktivität der Neuronen von der Oberfläche des Schädels ableiten,

und somit ist keine echte dreidimensionale Darstellung der Hirnfunktion
möglich. Durch die Entwicklung von neuen mathematischen Konzepten
und durch den Fortschritt in der Computer-Technologie konnten jetzt
neue Methoden zur Schätzung der intrazerebralen Generatoren der elek-
tromagnetischen Hirntätigkeit entwickelt werden, die sogenannten äquivalenten Modell-Dipol- Generatoren. Bei den vorliegenden Untersuchungen
wurde diese neue Methodik der intrazerebralen Generatorenschätzung im
Frequenzbereich benutzt, um die Funktion des Gehirns bei Gesunden und
bei psychiatrisch Kranken zu untersuchen.

Die derzeit meist angewandte Methode zur Quantifizierung von EEG-
Daten ist die Spektralanalyse mittels der FFT. Die Verwendung der Spek-
tral-Leistungsdaten aus dieser Analysemethode hat jedoch schwerwiegende
Nachteile: FFT-Leistungsdaten sind in hohem Maße abhängig von der
Referenz (Lehmann 1989). Demzufolge variiert die topographische Verteilung der hirnelektrischen Aktivität über dem Schädel im Frequenzbereich
(FFT-Leistung) beachtlich, wenn verschiedene Referenzen für die EEG-Ableitungen gewählt werden. Dies ist jedoch ohne Bedeutung, falls die Daten
nur zur stochastischen Klassifikation bei gesunden und kranken Personen
herangezogen werden sollen. Eine funktionelle pathophysiologische Interpretation der Ergebnisse ist jedoch schwer möglich, wenn diese sich je nach
verwendeter Referenz signifikant ändern. Da die topographische Verteilung der FFT-Leistungsdaten so willkürlichen Gegebenheiten unterliegt, ist
es nicht überraschend, daß in Studien über psychiatrische Krankheiten
über verschiedene Ergebnisse berichtet wurde. Zur Lösung des Problems
wurde kürzlich eine neue Vorgehensweise vorgestellt: die FFT-Approximation (Lehmann und Michel 1989, 1990). Sie beinhaltet die Umwandlung
der im Zeitbereich vorhandenen EEG-Daten in den Frequenzbereich mittels FFT sowie die Umwandlung der FFT-Daten in Frequenzpotentialkar-
ten, die eine Berechnung der äquivalenten intrazerebralen Generatoren
der verschiedenen Frequenzen des EEGs erlaubt. Durch dieses Vorgehen
entstehen Resultate, die von der benutzten Referenz unabhängig und un-
zweideutig sind.

Methoden

Die EEG-Ableitung erfolgte mittels Silber-Silberchlorid-Elektroden. Diese wurden entsprechend dem Internationalen 10-20-System plaziert. Als Referenz für alle Elektroden
dienten die verbundenen Mastoidelektroden. Die Probanden lagen während der Ableitung entspannt auf einer Untersuchungsliege, wobei die EEG-Assistentin auf ein kon-
stantes Vigilanzniveau der Probanden achtete. Die Daten wurden mittels eines 20-känäli-
gen Brain Atlas III Plus (Fa. Toennies) erhoben. Das EEG wurde mit einer Abtastrate von
128 Hz pro Kanal aufgenommen und als Roh-EEG auf Wechselplatten gespeichert, um eine spätere „off-line"-Analyse zu erlauben. Vor der AD-Wandlung jedoch wurde das EEG
durch einen Hochpaßfilter von 1.0 Hz und einen Tiefpaßfilter von 30.0 Hz
gefiltert. Die Verstärkung des Signals betrug das 20.000-fache. Insgesamt wurden fünf
Minuten EEG aufgenommen. Zur Analyse gelangten die ersten fünf artefaktfreien Zwei-
Sekunden-Epochen 20 Sekunden nach Augenschluß. Von den sechs herausgefundenen
Parametern wurden die folgenden vier zur Analyse weiterverwendet: (a) Lokalisation in
drei Dimensionen: 1. in der Links-Rechts-Richtung (mm), 2. in der Anterior-Posterior-
Richtung (mm) und 3. in der Tiefe (mm) und (b) Stärke des Dipols (µV). Für die ermit-
telten Resultate der einzelnen Epochen wurde bei jedem Proband ein Mittelwert berech-

net. Dieser Mittelwert ging dann in die statistische Analyse ein. Für den statistischen Vergleich wurde eine zweifaktorielle Varianzanalyse mit Meßwiederholung (ANOVA) für jeden der vier unabhängigen Dipolparameter durchgeführt. Die zwei Faktoren lauteten: Gruppenzugehörigkeit und Frequenzband. Um die Möglichkeit einer Fehlentscheidung durch eine Verletzung der Voraussetzung der Homogenität der Varianz-Kovarianz-Matrix bei der ANOVA mit Meßwiederholung zu vermeiden, wurde der konservative F-Test für die Korrektur der Freiheitsgrade nach Geisser und Greenhouse für den Faktor Frequenzband und die Interaktion Gruppe x Frequenzband durchgeführt, auch Split-Plot-Design genannt. In der a posteriori Vergleichstestung zwischen den Gruppen oder Messungen wurde der t-Test, abhängig von der Fragestellung, entweder für abhängige oder für unabhängige Stichproben durchgeführt.

Es wurden 22 schizophrene Patienten nach DSM-III-R (durchschnittliches Alter: 27 ± 7 Jahre; 5 Frauen, 17 Männer) untersucht. Vier Patienten waren vor der Untersuchung für drei Wochen oder länger ohne Medikation, 18 Patienten wurden zum Untersuchungszeitpunkt mit Neuroleptika behandelt (Haloperidol oder Clozapin). Es wurden keine unterstützenden Medikamente, wie z. B. Benzodiazepine oder Anticholinergika verabreicht. Der psychopathologische Status der Patienten wurde mittels der Brief Psychiatric Rating Scale (BPRS; Overall und Gorham 1962), sowie der Scale for Assessment of Negative Symptoms (SANS; Andreasen 1983) geschätzt. 22 Patienten mit einer Major Depression entsprechend DSM-III-R wurden untersucht (durchschnittliches Alter: 44 ± 5 Jahre). Weiterhin wurden 35 Patienten mit einer Demenz vom Alzheimer Typ (durchschnittliches Alter: 67 ± 11 Jahre) untersucht. Die Auswahl der Patienten erfüllte die Kriterien einer wahrscheinlichen DAT (McKhann et al. 1984). Sie wurden für einen Zeitraum von zwei bis drei Wochen stationär aufgenommen, um eine diagnostische Evaluierung durchzuführen. Alle Patienten wurden mit einer neuropsychologischen Testbatterie zur Beurteilung der kognitiven Funktionen, der Sprache, Apraxie, Agnosie, der visuospatialen Fähigkeiten und Verhaltensänderungen untersucht. Das Stadium der kognitiven Verschlechterung wurde mit Hilfe vier veF~chiedener psychometrischer Testverfahren festgestellt: Brief Cognitive Rating Scale (BCRS; Reisberg et al. 1983), Syndrom-Kurz-Test (SKT; Erzigkeit 1989), Mini-Mental-Status-Untersuchung (MMSE; Folstein et al. 1975), Alzheimer-Disease-Assessement-Scale (ADAS; Mohs et al. 1983).

Zum Vergleich wurden 79 gesunde Probanden untersucht (Altersspannweite: 20 bis 87 Jahre). Die kognitive Leistung der älteren Probanden wurde mittels der Mini-Mental-Status-Untersuchung (MMSE; Folstein et al. 1975) beurteilt. Keiner der untersuchten Probanden hatte eine kognitive Leistungseinbuße (MMSE Durchschnittswert: 28,3 ± 2,0).

Ergebnisse

Die Stärke der Schwerpunkt-Dipole im Beta1-Band erhöhte sich mit steigendem Alter (r = 0,28; p < 0,05). Auch die Schwerpunkt-Dipole im Delta-Band waren mit zunehmendem Alter mehr nach anterior lokalisiert (r = 0,33; p < 0,05). Zwischen Schwerpunkt-Dipolen im Beta-Bereich war eine eindeutige Korrelation bezüglich der Tiefe und des Alters vorhanden. Mit ansteigendem Alter waren die Schwerpunkt-Dipole oberflächlicher gelegen (z. B. im Beta2-Band: r = 0,46; p < 0,01).

Bei der Untersuchung von schizophrenen Patienten und alters- und geschlechtsangeglichenen gesunden Kontrollprobanden konnten folgende Unterschiede festgestellt werden: In den Beta-Frequenzbändern waren die Schwerpunkt-Dipole bei den schizophrenen Patienten signifikant mehr anterior lokalisiert (p < 0.05). Zudem waren in den Beta-Frequenzbereichen die Schwerpunkt-Dipole bei schizophrenen Patienten oberflächlicher gelegen (p < 0.01). Es bestand bei der schizophrenen Gruppe eine leichte Tendenz zu einer erhöhten Dipolstärke im Beta-Bereich. Eine Korrelation zwischen BPRS und Lokalisation der Schwerpunkt-Dipole im Theta-Band war

in folgendem Sinne vorhanden: je stärker die Ausprägung der schizophrenen Symptomatik war, um so tiefer war der Dipol bei der schizophrenen
Gruppe lokalisiert (r = 0.62, p < 0.01). Weiterhin korrelierte die Lokalisation des Beta-Band-Schwerpunkt-Dipols mit der BPRS folgendermaßen: je
stärker die schizophrene Symptomatik auseprägt war, desto weiter war der
Schwerpunkt-Dipol bei der schizophrenen Gruppe in anteriorer Richtung
lokalisiert (r = 0.56, p < 0.01).

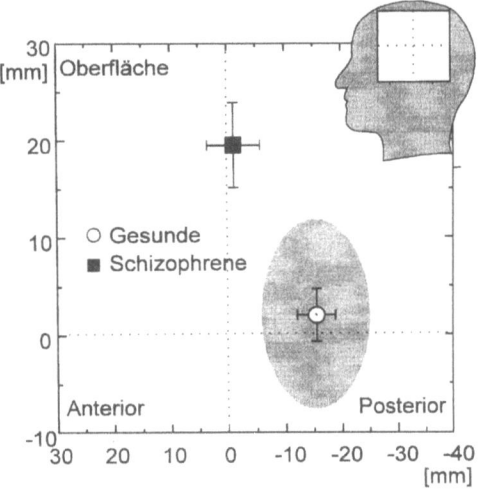

Abb. 1. Lokalisation des Schwerpunkt-Dipols bei der gesunden Kontrollgruppe und der
schizophrenen Gruppe im Beta2-Band. Dargestellt wird die mittlere Lokalisation mit
Standardfehlern in zwei Dimensionen bei beiden Gruppen. Befinden sich beide Gruppen innerhalb der grauen Fläche, liegt kein Unterschied vor (p > 0,05; t-Test)

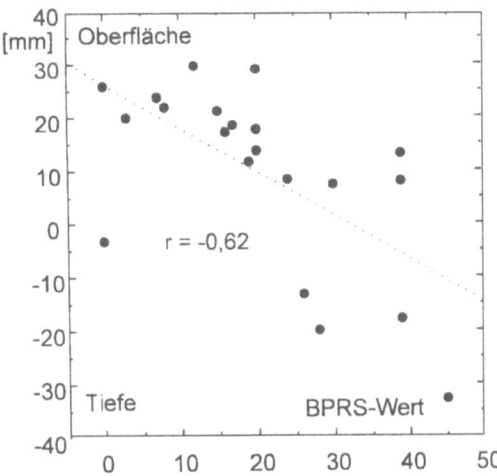

Abb. 2. Punktediagramm für die Korrelation zwischen BPRS-Wert und Tiefe des Schwerpunkt-Dipols im Theta-Band

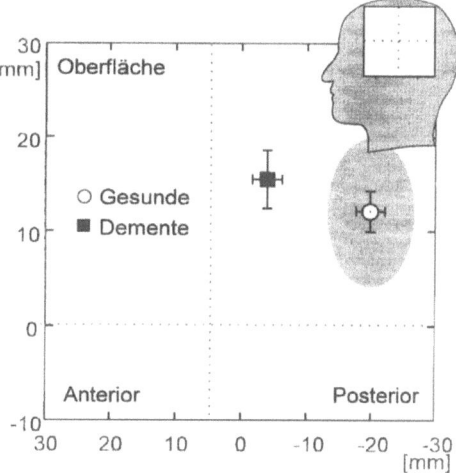

Abb. 3. Lokalisation des Schwerpunkt-Dipols bei der gesunden Kontrollgruppe und der dementen Gruppe im Beta1-Band. Dargestellt wird die mittlere Lokalisation mit Standardfehlern in zwei Dimensionen bei beiden Gruppen. Befinden sich beide Gruppen innerhalb der grauen Fläche, liegt kein Unterschied vor (p > 0,05; t-Test)

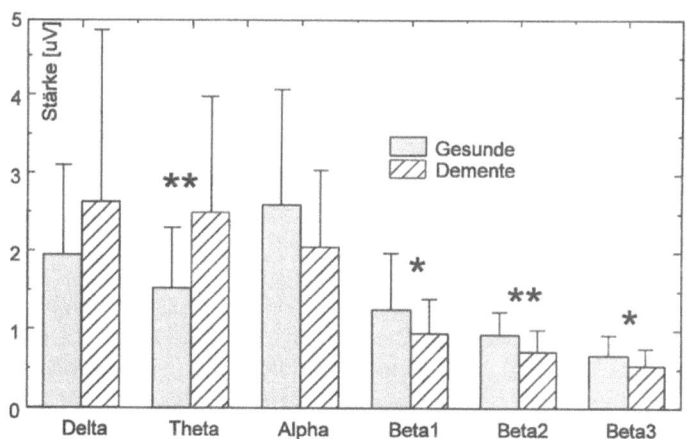

Abb. 4. Mittelwerte [± Standardabweichung] der Stärke der Schwerpunkt-Dipole bei der gesunden Kontrollgruppe und der dementen Gruppe in den sechs analysierten Frequenzbändern (*p < 0,05; **p < 0,01)

Bei der Untersuchung von depressiven Patienten und alters- und geschlechtsangeglichenen gesunden Kontrollprobanden konnten hauptsächlich folgende Unterschiede festgestellt werden: In den Frequenzbändern wurden differente Muster der Dipollokalisationen bezüglich Anterior-Posterior-Richtung beobachtet. Die depressive Gruppe zeigte in den langsamen Frequenzen eine mehr posteriore und in den schnellen Frequenzen eine mehr anteriore Lokalisation, verglichen mit der Kontrollgruppe (ANOVA: Gruppe x Frequenzband: p = 0.03).

Bei der Untersuchung des Einflusses eines dementiellen Prozesses auf die elektrische Hirntätigkeit bei Patienten mit einer Demenz vom Alzheimer Typ (DAT) konnten folgende Befunde erhoben werden: Es lag eine erhöhte Stärke des Schwerpunkt-Dipols in den langsamen Delta- und Theta-Frequenzbereichen bei den DAT Patienten im Vergleich zu gesunden Kontrollprobanden vor (p < 0.01). Bei der DAT-Gruppe war im Vergleich zu gesunden Kontrollprobanden eine Verlagerung der Lokalisation der Alpha- und Beta-Schwerpunkt-Dipole nach anterior zu beobachten (p < 0.01). Das Ausmaß der anterioren Verlagerung der Schwerpunkt-Dipole im Alpha- und langsamen Beta-Bereich korrelierte eindeutig mit dem Schweregrad der Demenz bei der DAT-Gruppe (p < 0.01). DAT-Patienten zeigten eine höhere Aktivität bezüglich der Schwerpunkt-Dipole in den langsamen und eine niedrigere Aktivität in den schnellen Frequenzbereichen, verglichen mit der Kontrollgruppe (ANOVA: Gruppe x Frequenzband: p < 0.01).

Diskussion

Bis vor kurzem wurde das EEG im fortgeschrittenen Alter als verlangsamt beschrieben (Obrist 1979). Diese Tatsache wurde durch einen zunehmenden Verlust von Neuronen und Dendriten im Alter erklärt (Brody 1955), was sich klinisch als ein Hervortreten der kortikalen Furchen mit steigendem Alter im CT zeigt (Freedman et al. 1984). Andererseits konnten Hubbard und Mitarbeiter (1976) keine lineare Regression zwischen Alter und EEG finden. Katz und Horowitz (1981) und auch Giaquinto und Nolfe (1986) beschrieben eher normale Alpha-EEGs bei sorgfältig untersuchten gesunden alten Probanden. Eine verminderte zerebrale Durchblutung ist erst nach dem 70-sten Lebensjahr vorhanden (Hoyer 1986). Untersuchungsberichte, die funktionelle bildgebende Verfahren wie PET beinhalteten, zeigten keine Korrelation zwischen dem Glukose-Metabolismus des Gehirns und dem Alter. Untersuchungen von Kugler (1983), Giaquinto und Nolfe (1986) demonstrierten, daß mit steigendem Alter auch mit einer erhöhten Beta-Aktivität gerechnet werden kann. Am deutlichsten zeigte sich in der untersuchten Population der gesunden geriatrischen Kontrollgruppe, daß mit zunehmendem Alter der Beta-Dipol mehr oberflächlich gelagert war. Dieser Befund deutet darauf hin, daß andere neuronale Populationen die Beta-Aktivität während des Alterns generieren. Im konventionellen Sinne läßt sich jedoch sagen, daß das EEG im fortgeschrittenen Alter nahezu unverändert ist, soweit man sorgfältig untersucht, ob die kognitiven Funktionen bei den Probanden noch gut erhalten sind.

Bei schizophrenen Patienten wurde in der Literatur häufig über eine erhöhte Aktivität in den langsamen (Delta-, Theta-Bereich) sowie in den schnellen (Beta-Bereich) Frequenzbereichen im Vergleich zu gesunden Kontrollprobanden berichtet (Itil et al. 1972, Morihisa et al. 1983, Saletu und Anderer 1989, Galderisi et al. 1992). Diese Befunde lagen bei den hier vorgestellten Daten nicht vor, jedoch war die Beta-Aktivität (Dipolstärke) bei den schizophrenen Patienten tendenziell erhöht. Die Berichte über eine frontale Erhöhung der Delta-Tätigkeit wurden oft mit einer Hypofunktion des Frontallappens in Zusammenhang gebracht (z. B. bei Morihisa et al. 1983). Einige Autoren haben durch den strengen Ausschluß jeglicher Augenartefakte diese Ergebnisse nicht nachvollziehen können. Nach ihrer Auffassung ist die beschriebene Hypofunktion des Frontallappens eher auf Augenartefakte zurückzuführen (Karson et al. 1987, Dierks et al. 1989). Berücksichtigt werden muß in diesem Zusammenhang auch die Tatsache, daß schizophrene Patienten eine höhere Blinkfrequenz als gesunde Kontrollprobanden aufweisen (Stevens 1978, Strik et al. 1992). Abgesehen von dem strengen Ausschluß der Augenartefakte kann auch eine neuroleptische Therapie die Ursache für den nicht vorhandenen Unterschied bezüglich der Dipolstärke in den langsamen Frequenzbereichen sein. Unter anderem berichteten Günther und Mitarbeiter (1986) und Galderisi und Mitarbeiter (1992), daß eine neuroleptische Therapie die Aktivität im langsamen Frequenzbereich reduziert. Bei den vorliegenden Daten war das einzige Zeichen für eine erhöhte frontale Aktivität der langsamen Frequenzen eine mehr anterior lokalisierte Delta-Tätigkeit. Andererseits ist es möglich, daß eine Hypofrontalität erst zum Ausdruck kommt, wenn dem Frontallappen eine kognitive Belastung auferlegt wird (Franke et al. 1992). Koukkou untersuchte das Informationsverarbeitungssystem bei schizophrenen Patienten im Vergleich zu gesunden Probanden mit Hilfe des EEGs. Sie berichtete über eine verminderte Reaktivität während der Stimulusverarbeitung im Alpha-qEEG bei akut schizophrenen Patienten im Vergleich zu gesunden Probanden (Koukkou 1982).

Somit würden Studien, die nur den Ruhezustand untersuchen, demzufolge keine Hypofrontalität aufweisen können. Die Dipolstärke im Alpha-Band war bei der schizophrenen Gruppe nicht signifikant reduziert, verglichen mit der gesunden Kontrollgruppe. Wie beim Delta-Band bereits erwähnt, spielte auch hier die neuroleptische Therapie eine nicht unwesentliche Rolle. Galderisi und Mitarbeiter (1992) beschrieben, daß die Alpha-Tätigkeit während der neuroleptischen Therapie erhöht war. Das Ergebnis von einem oberflächlicher und mehr anterior lokalisierten Schwerpunkt-Dipol im Beta-Bereich bei schizophrenen Patienten deutet darauf hin, daß verschiedene neuronale Populationen die Beta-Aktivität bei schizophrenen Patienten im Vergleich zu gesunden Kontrollprobanden generieren. Eine große Anzahl von Untersuchungen bezüglich der FFT-Leistung im Beta-Bereich weisen auf eine erhöhte Aktivität bei schizophrenen Erkrankungen hin (Shagass 1991). Es ist möglich, daß die Aktivität, gemessen an einer bestimmten Elektrode, stärker ist, je näher die generierenden neuronalen Einheiten der Elektrode sind. Somit könnte die konventionelle Beta-Aktivität, gemessen an der Oberfläche, bei einer Gruppe mit sehr oberflächlichen Generatoren höher sein, als bei einer anderen Gruppe mit entsprechend niedriger Aktivität in Verbindung mit tiefer liegenden Generatoren von gleicher Stärke. Die Aktivität scheint nur höher zu sein, weil die Stärke der Generatoren aufgrund einer kürzeren Distanz zur Schädeldecke weniger abgeschwächt wird. Die beschriebene Korrelation zwischen mehr ante-

rior gelegenen Beta1-Schwerpunkt-Dipolen und Ausprägung der schizophrenen Symptomatik ist vergleichbar mit Ergebnissen von Koukkou und
Mitarbeiter (1991). Bei dem Vergleich von endogen depressiven Patienten
mit gesunden Kontrollprobanden zeigten viele Untersuchungen des Wach-
EEGs im Gegensatz zu Schlaf-EEG-Studien widersprüchliche Ergebnisse.
Bisher wurde sowohl von einer Abnahme der Delta-Aktivität (Brenner et al.
1986, John et al. 1988), wie auch von einer Zunahme der Delta-Aktivität bei
depressiven Patienten berichtet. Andere Autoren beschrieben, ähnlich wie
in der vorliegenden Studie, kaum merkliche Unterschiede bezüglich der
Delta-Aktivität bei depressiven Patienten im Vergleich zu gesunden Kontrollprobanden (Kemali et al. 1981). Bezüglich des Theta-Bandes fanden
sich in der Literatur meistens Befunde über nicht vorhandene Unterschiede der Aktivität (z. B. Brenner et al. 1986). Das Alpha-Band betreffend
schilderten Flor-Henry und Mitarbeiter (1979) eine Abnahme der Aktivität
über parietalen Elektroden, während Schaffer und Mitarbeiter (1983) von
einer Zunahme über frontalen Elektroden und John und Mitarbeiter
(1988) über eine allgemeine Zunahme der Alpha-Aktivität im Vergleich zu
gesunden Probanden berichteten. Sowohl die parietale Abnahme (Flor-
Henry et al. 1979), wie die frontale Zunahme der Alpha-Aktivität (Schaffer
et al. 1983) bei depressiven Patienten könnten durch die in dieser Studie
ermittelten anterior lokalisierten Schwerpunkt-Dipole ohne Veränderung
der Stärke erklärt werden. Analog könnte der vorliegende Befund eines
mehr nach anterior lokalisierten Beta-Dipols bei Depressiven den Befund
von einer erhöhten Beta-Aktivität über frontalen Elektroden von John und
Mitarbeitern (1988) bestätigen. Das Resultat vom unterschiedlichen Loka-
lisationsmuster zwischen den Frequenzbändern bei gesunden Probanden
und depressiven Patienten mit mehr posteriorer langsamer Aktivität und
mehr anterior lokalisierter schneller Aktivität bei den depressiven Patienten im Vergleich zu der Kontrollgruppe steht ebenfalls im Einklang mit
den Ergebnissen von John und Mitarbeitern (1988), die über eine erhöhte
langsame Aktivität über temporo-parietalen und eine erhöhte schnelle Aktivität über frontalen Elektroden bei depressiven Patienten berichteten.
Auf einige Schwachpunkte der hier vorgestellten Studie sollte näher eingegangen werden. Diese beziehen sich vorrangig auf mögliche Effekte der
medikamentösen Therapie, die sich auf die Ergebnisse auswirkt. Hier sind
vor allem die Begleitmedikation mit Benzodiazepinen und das relativ kurze medikationsfreie Intervall vor Ableitung des EEGs zu nennen. Benzodiazepine führen allgemein zu einer mehr anterioren und oberflächlichen
Lokalisation der Schwerpunkt-Dipole. In der hier vorgestellten Untersuchung konnte als einzige Korrelation im Theta-Band und Beta-Bereich nur
diejenige zwischen Benzodiazepindosis und Dipolparametern im Beta2-
Band festgestellt werden, ein Befund, der einem größeren Einfluß der Be-
gleittherapie mit Benzodiazepinen auf die Ergebnisse widerspricht. Weiterhin deutet die nicht vorhandene Korrelation zwischen medikamentenfrei-
em Intervall und Dipolparametern darauf hin, daß jedoch keine enge Beziehung zwischen medikamentöser Therapie und räumlicher Verteilung
der elektrischen Aktivität besteht. Auf der anderen Seite wurden aber die

meisten Patienten mit trizyklischen Antidepressiva vor dem medikamentenfreien Intervall behandelt. Diese könnten aufgrund ihrer recht lange anhaltenden Rezeptoreffekte und dem relativ kurzen medikamentenfreien Intervall eine anticholinerge Wirkung auf die elektrische Hirnaktivität ausüben. Die anticholinergen Effekte, die sich meistens als eine Verminderung der Alpha-Aktivität äußern (Herrmann 1982), könnten den fehlenden Alpha-Anstieg in der vorliegenden Studie, der oft bei Depressiven im Vergleich zu Gesunden beschrieben worden ist, erklären (Pollock und Schneider 1990).

Bei der Untersuchung von Patienten mit einer Demenz vom Alzheimer Typ ist zu bemerken, daß zahlreiche Untersuchungen, wie auch diese Studie, zeigten, daß eine Erhöhung der Delta- und Theta-Aktivität mit zunehmenden kognitiven Einschränkungen der untersuchten DAT-Patienten korreliert (Penttilä et al. 1985, Soininen et al. 1991). Im Vergleich zur Kontrollgruppe war bei der DAT-Gruppe nur die Theta-Aktivität signifikant erhöht, was die Vermutung nahelegt, daß dieses Frequenzband zwischen gesunden Kontrollprobanden und DAT-Patienten wahrnehmbarer trennt, als andere Frequenzbänder. Vergleichbare Ergebnisse wurden von Giaquinto und Nolfe (1986), Brenner und Mitarbeitern (1986), Coben und Mitarbeitern (1983) und Dierks und Mitarbeitern (1991) beschrieben. Die Hauptquelle der cholinergen Innervation des zerebralen Kortex stellt der Nucleus basalis Meynert (NbM) dar. Er zeigt bei DAT-Patienten einen beachtlichen Verlust von Neuronen (Whitehouse et al. 1982). Dieser Verlust führt wiederum zu einer reduzierten Synthese des Neurotransmitters Acetylcholin und somit zu einem verminderten cholinergen Input in den zerebralen Kortex. Stewart und Mitarbeiter (1984) demonstrierten, daß bei Ratten eine Läsion der Substantia Inominata sowie die Gabe von anticholinergen Substanzen zu einer Verlangsamung des EEGs führten. Weiterhin bewiesen Riekkinen und Mitarbeiter (1990) in einer Untersuchung, daß der NbM zum Teil die Delta-Aktivität reguliert, wobei das Ausmaß einer NbM-Degeneration mit der Ausprägung der Delta-Aktivität korreliert. Übereinstimmend mit dem Befund der hier vorgestellten Studie ist das Ergebnis von einer erhöhten Stärke der langsamen Schwerpunkt-Dipole ohne dabei eine veränderte Lokalisation bei den DAT-Patienten zu bewirken. Das Resultat einer verminderten Beta-Aktivität bei DAT-Patienten wurde meistens ebenso bei Untersuchungen gefunden, bei denen diese Aktivität mituntersucht wurde (Duffy et al. 1984, Ihl et al. 1989, Dierks et al. 1991). Der parietale und temporale Kortex erwiesen sich bisher als die von der Demenz, am schwersten betroffenen kortikalen Areale bei morphologischen Untersuchungen (Brun und Gustafson 1976) und physiologischen Untersuchungen des Glukose-Metabolismus (Friedland et al. 1983, Duara et al. 1986), der regionalen Hirndurchblutung (rCBF; Risberg et al. 1990) und dem regionalen zerebralen Sauerstoff-Metabolismus (Frackowiack et al. 1981). Risberg und Mitarbeitern (1990) gelang es, eine klare Korrelation zwischen regionaler Hirndurchblutung und Neuropathologie herauszufinden und somit zu demonstrieren, daß Gehirnphysiologie und -morphologie eng miteinander verbunden sind. Weiterhin beschrieben Rapoport und Mitarbeiter (1991) eine Abhängigkeit des zerebralen Glukose-Metabolismus des Parietallappens vom Schweregrad der DAT. Diese morphologischen und physiologischen Veränderungen sind eine sehr plausible Erklärung für die dargestellten Befunde, daß Alpha- und Beta-Schwerpunkt-Dipole bei der DAT mehr anterior lokalisiert sind. Der Verlust der zerebralen Neuronen sowie ein reduzierter Glukose-Metabolismus bei der DAT führen zu einer verminderten Stärke der Schwerpunkt-Dipole. Die eher posteriore zerebrale Degeneration bei der Demenz führt hingegen zum Resultat einer eher anterioren Lokalisation der Schwerpunkt-Dipole, da die frontalen kortikalen Areale ihre Funktion noch für eine längere Zeit aufrechterhalten können.

Zusammenfassend zeigt sich, daß die FFT-Approximation mit der nachfolgenden Schätzung der intrazerebralen Schwerpunkt-Dipole gegenüber der konventionellen Quantifizierung des EEGs mit Hilfe von FFT-Leistungsdaten erhebliche Vorteile bringt. Als erstes ist die deutliche Datenreduktion zu nennen, die zu einer beachtlichen Vereinfachung der statistischen Handhabung der Datenflut bei Multikanal-EEG-Ableitungen führt. Zweitens wurde diese Datenreduktion nicht willkürlich vorgenommen, sondern als sinnvoll aus physiologischer und funktioneller Sicht bewiesen. Diese Methode erlaubt also eine physiologische und funktionelle Interpretation von EEG-Daten in höherem Maße als FFT-Leistungsdaten und bietet Ergebnisse, die mit denjenigen anderer funktioneller bildgebender Verfahren vergleichbar sind. Wenn man desweiteren die weite Verbreitung des EEGs, die vergleichbar niedrigen Kosten und die Nicht-Invasivität der Methode bedenkt, wäre es möglich, diese nicht nur in der Forschung, sondern auch als geeignetes diagnostisches Instrument der Klinik einzusetzen.

Literatur

Andreasen NC (1983) The Scale for Assessment of Negative Symptoms (SANS). University of Iowa, Iowa City

Brenner RP, Ulrich RF, Spiker DG, Sclabassi RJ, Reynolds CF, Marin RS, Boller F (1986) Computerized EEG spectral analysis in elderly normal, demented and depressed subjects. Electroencephalogr Clin Neurophysiol 64: 483–492

Brody H (1955) Organization of the cerebral cortex III. A study of aging in the human cerebral cortex. J Comp Neurol 102: 511–556

Brun A, Gustafson L (1976) Distribution of cerebral degeneration in Alzheimer's disease. Arch Psychiatr Nervenkr 223: 15–33

Coben LA, Danziger WL, Berg L (1983) Frequency analysis of the resting awake EEG in mild senile dementia of Alzheimer type. Electroencephalogr Clin Neurophysiol 55: 372–380

Dierks T, Maurer K, Ihl R, Schmidtke A (1989) Evaluation and interpretation of topographic EEG data in schizophrenic patients. In: Maurer K (ed) Topographic mapping of EEG and evoked potentials. Springer, Berlin Heidelberg New York Tokyo, pp 507–517

Dierks T, Perisic I, Froelich L, Ihl R, Maurer K (1991) Topography of quantitative EEG in dementia of Alzheimer type: relation to severity of dementia. Psychiatry Res Neuroimaging 40 (3): 181–194

Duara R, Grady C, Haxby J, Sundaram M, Cutler NR, Heston L, Moore A, Schlageter N, Larson S, Rapoport SI (1986) Positron emission tomography in Alzheimer's disease. Neurology 36: 879–887

Duffy FH, Albert MS, McAnulty G (1984) Brain electrical activity in patients with presenile and senile dementia of the Alzheimer type. Ann Neurol 16 (4): 439–448

Erzigkeit H (1989) The SKT – a short cognitive performance test as an instrument for the assessment of clinical efficacy of cognitive enhancers. In: Bergener M, Reisberg B (eds) Diagnosis and treatment of senile dementia. Springer, Berlin Heidelberg New York Tokyo, pp 164–174

Flor-Henry P, Koles ZJ, Howarth BG, Burton L (1979) Neurophysiological studies of schizophrenia, mania and depression. In: Gruzelier J, Flor-Henry P (eds) Hemisphere asymmetries of function in psychopathology. Elsevier, Amsterdam, pp 189–222

Folstein MF, Folstein SE, McHugh PR (1975) „Mini-mental state" a practical method for grading the cognitive state of patients for the clinician. J Psychiatr Res 12: 189–198

Frackowiack RSJ, Pozzilli C, Legg NJ, DuBoulay GH, Marshall J, Lenzi GL, Jones T (1981) Regional cerebral oxygen supply and utilization in dementia: a clinical and physiological study with oxygen-15 and positron tomography. Brain 104: 753–778

Franke P, Maier W, Hain C, Klingler T (1992) Wisconsin card sorting test: an indicator of vulnerability to schizophrenia? Schizophr Res 6: 243–249

Freedman M, Knoefel J, Naeser M, Levine H (1984) Computerized axial tomography in aging. In: Albert ML (ed) Clinical neurology of aging. Oxford University Press, New York Oxford, pp 139–148

Friedland RP, Budinger TF, Ganz E, Yano Y, Mathis CA, Koss B, Ober BA, Huesman RH, Derenzo SE (1983) Regional cerebral metabolic alterations in dementia of the Alzheimer type: positron emission tomography with [18F]fluorodeoxyglucose. J Comput Assist Tomogr 7(4): 590–598

Galderisi S, Mucci A, Mignone ML, Maj M, Kemali D (1992) CEEG mapping in drug-free schizophrenics: differences from healthy subjects and changes induced by haloperidol treatment. Schizophr Res 6: 15–24

Giaquinto S, Nolfe G (1986) The EEG in the normal elderly: a contribution to the interpretation of aging and dementia. Electroencephalogr Clin Neurophysiol 63: 540–546

Günther W, Breitling D, Banquet JP, Marcie P, Rondot P (1986) EEG mapping of left hemisphere dysfunction during motor performance in schizophrenia. Biol Psychiatry 21: 249–262

Herrmann WM (1982) Development and critical evaluation of an objective procedure for the electroencephalographic classification of psychotropic drugs. In: Herrmann WM (ed) Electroencephalography in drug research. Fischer, Stuttgart, pp 249–351

Hoyer S (1986) Senile dementia and Alzheimer's disease. Brain blood flow and metabolism. Prog Neuropsychopharmacol Biol Psychiatry 10: 447–478

Hubbard O, Sunde D, Goldensohn EJ (1976) The EEG in centenarians. Electroencephalogr Neurophysiol 40: 404–417

Ihl R, Dierks T, Maurer K, Frölich L, Perisic I (1989) Demenz vom Alzheimer Typ – Schweregrad und Hirnaktivität. In: Saletu B (Hrsg) Biologische Psychiatrie. Thieme, Stuttgart New York, S 235–237

Itil TM, Saletu B, Davis S (1972) EEG findings in chronic schizophrenics based on digital computer period analysis and analog power spectra. Biol Psychiatry 5: 1–13

John ER, Prichep LS, Fridman J, Easton P (1988) Neurometrics: computer-assisted differential diagnosis of brain dysfunctions. Science 239: 162–169

Karson CN, Coppola R, Morihisa JM, Weinberger DR (1987) Computed electroencephalographic activity mapping in schizophrenia. Arch Gen Psychiatry 44: 514–517

Katz RI, Horowitz GR (1981) The septuagenarian EEG: normative studies in a selected normal geriatric population. Electroencephalogr Clin Neurophysiol 51: 55

Kemali D, Vacca L, Marciano F, Nolfe G, Iorio G (1981) CEEG fndings in schizophrenics, depressives, obsessives heroin addicts and normals. Adv Biol Psychiat 6: 17–28

Koukkou M (1982) EEG states of the brain, information processing, and schizophrenic primary symptoms. Psychiatry Res 6: 235–244

Koukkou M, Michel CM, Tremel E (1991) FFT dipole sources and schizophrenic symptomatology. Brain Topogr 3: 466–467

Kugler J (1983) Fast EEG activity in normal people of advanced age. Electroencephalogr Clin Neurophysiol 56: 67P

Lehmann D (1989) From mapping to the analysis and interpretation of EEG/EP maps. In: Maurer K (ed) Topographic brain mapping of EEG and evoked potentials. Springer, Berlin Heidelberg New York Tokyo, pp 53–75

Lehmann D, Michel CM (1989) Intracerebral dipole sources of EEG FFT power maps. Brain Topogr 2(1/2): 155–164

Lehmann D, Michel CM (1990) Intracerebral dipole source localization for FFT power maps. Electroencephalogr Clin Neurophysiol 76: 271–276

Maurer K, Ihl R, Dierks T (1988) Topographie der P300 in der Psychiatrie – II. Kognitive P300 Felder bei der Demenz. EEG-EMG 18: 26–29

McKhann G, Drachman D, Folstein M, Kakman R, Price D, Stadlan EM (1984) Clinical diagnosis of Alzheimer's disease: report of NINCDS ADRDA work group under the auspices of department of health and human services task force on Alzheimer's disease. Neurology 34: 939–944

Mohs RC, Rosen WG, Davis KL (1983) The Alzheimer's disease assessment scale: an instrument for assessing treatment efficacy. Psychopharmacol Bull 19: 448–450

Morihisa JM, Duffy FH, Wyatt RJ (1983) Brain electrical activity mapping (BEAM) in schizophrenic patients. Arch Gen Psychiatry 40: 719–728

Obrist WD (1979) Electroencephalographic changes in normal aging and dementia. In: Anonymous (ed) Brain function in old age. Springer, Berlin Heidelberg New York, pp 102–111

Overall J, Gorham D (1962) Brief Psychiatric Rating Scale. Psychol Rep 10: 799–812

Penttilä M, Partanen JV, Soininen H, Riekkinen PJ (1985) Quantitative analysis of occipital EEG in different stages of Alzheimer's disease. Electroencephalogr Clin Neurophysiol 60: 1–6

Pollock VE, Schneider LS (1990) Quantitative, waking EEG research on depression. Biol Psychiatry 27: 757–780

Rapoport SI, Horwitz B, Grady CL, Haxby JV, Decarli C, Schapiro MB (1991) Positron emission tomography and Alzheimer's disease. In: Iqbal K, McLachlan DRC, Winblad B, Wisniewski HM (eds) Alzheimer's disease: basic mechanism diagnosis and therapeutic strategies. Wiley, Chichester New York, pp 43–51

Reisberg B, London E, Ferris SH, Borenstein BA, Scheler L, de Leon MJ (1983) The brief cognitive rating scale: language, motoric, and mood concomitans in primary degenerative dementia. Psychopharmacol Bull 19(4): 702–708

Riekkinen PJ, Riekkinen PJJ, Soininen H, Reinikainen K, Laulumaa V, Partanen J, Halonen T, Paljärvi L (1990) Regulation of EEG delta activity by the cholinergic nucleus basalis. In: Maurer K, Riederer P, Beckmann H (eds) Alzheimer's disease. Epidemiology, neuropathology, neurochemistry, and clinics. Springer, Wien New York, pp 437–445

Risberg J, Gustafson L, Brun A (1990) High resolution regional cerebral blood flow measurements in Alzheimer's disease and other dementia disorders. In: Maurer K, Riederer P, Beckmann H (eds) Alzheimer's disease. Epidemiology, neuropathology, neurochemistry, and clinics. Springer, Wien New York, pp 509–516

Saletu B, Anderer P (1989) EEG-Mapping in der psychiatrischen Diagnose- und Therapieforschung. In: Saletu B (Hrsg) Biologische Psychiatrie. Thieme, Stuttgart New York, S 31–51

Schaffer CE, Davidson RJ, Saron C (1983) Frontal and parietal electroencephalogram asymmetry in depressed and nondepressed subjects. Biol Psychiatry 18(7): 753–762

Shagass C (1991) EEG studies of schizophrenia. In: Steinhauer SR, Gruzelier J, Zubin J (eds) Handbook of schizophrenia, vol 5. Neuropsychology, psychophysiology and information processing. Elsevier, Amsterdam, pp 39–69

Soininen H, Partanen J, Paakonen A, Koivisto E, Riekkinen PJ (1991) Changes in absolute power values of EEG spectra in the follow-up of Alzheimer's disease. Acta Neurol Scand 83: 133–136

Stevens JR (1978) Eye blink and schizophrenia: psychosis or tardive dyskinesia? Am J Psychiatry 135: 223–226

Stewart DJ, MacFabe DF, Vandenwolf CH (1984) Cholinergic activation of the electrocorticogram: role of the substantia innomiata and effects of atropine and quinuclidinyl benzilate. Brain Res 322: 219–232

Strik WK, Böning J, Caspari A, Körber J, Dierks T (1992) Störungen der Augenfolgebewegungen bei schizophrenen Patienten: Zusammenhänge mit klinischer Querschnittssymptomatik und der akustischen N100. In: Gaebel W, Laux G (Hrsg) Biologische Psychiatrie, Synopsis 1990/1991. Springer, Berlin Heidelberg New York Tokyo, S 274–277

Whitehouse PJ, Price DL, Struble RG, Clark AW, Coyle JT, DeLong MR (1982) Alzheimer's disease and senile dementia: loss of neurons in the basal forebrain. Science 215: 1237–1239

Korrespondenz: Dr. T. Dierks, Psychiatrische Universitätsklinik, H.-Hoffmann-Straße 10, D-60528 Frankfurt/M, Bundesrepublik Deutschland

Elektrodermale Aktivität bei depressiven Männern unter antidepressiver Behandlung mit Paroxetin bzw. Maprotilin. Beeinflusst die antidepressive Medikation die EDA in einem Habituationsexperiment?

T. Barg[1] und **M. Wolfersdorf**[2]

[1]Bereich Akutpsychiatrie II / Depression, Abteilung Psychiatrie I, Universität Ulm und
[2]Psychiatrisches Landeskrankenhaus Weißenau, Ravensburg-Weißenau,
Bundesrepublik Deutschland

Einleitung und Fragestellung

Die elektrodermale Reaktivität gilt als traditioneller peripherer Marker psychischer Befindlichkeit, was seine Ursachen nicht nur in der relativ einfachen technischen Realisierung der Meßmethodik und in der geringen Belastung für psychisch Kranke, sondern auch darin hat, daß die EDA bekannterweise in Zusammenhang mit vielen psychologischen Variablen wie Habituation, Emotion, Orientierung und Aktivierung steht [1, 2]. In der klinischen Psychiatrie und bei den dort untersuchten Patientengruppen ergibt sich nun jeweils das Problem der Medikation. Aus dem Bereich der Schizophrenie gibt es Studien, welche den Einfluß von Psychopharmaka als vernachlässigbar bezeichnen und keinen Unterschied zwischen behandelten und unbehandelten schizophrenen Patienten unter Neuroleptika fanden. Andersseits zeigten vor kurzem Rechlin et al. [4] durchaus einen Einfluß von Antidepressiva auf die Herzratenvariabilität, was früher auch von Giedke [1] unterstrichen wurde.

Eine verminderte elektrodermale Aktivität (EDA) bei antidepressiv behandelten Patienten wird häufig als anticholinerger Effekt klassischer Antidepressiva interpretiert.

Beim Vergleich von Gruppen, die mit tri- oder tetrazyklischen Antidepressiva behandelt wurden, machte man bisher keinen großen methodischen Fehler, wenn man in psychophysiologischen Untersuchungen depressive Subgruppen miteinander verglich, die nicht nach den Antidepressiva-Stoffgruppen parallelisiert waren, da alle tri- und tetrazyklischen Antidepressiva anticholinerge Wirkungen zeigen [5]. Bei Verwendung von selektiven Serotonin-Wiederaufnahmehemmern, die keine anticholinergen Nebenwirkungen zeigen, wäre, analog der Untersuchung von Rechlin et al. [4] ein geringerer Einfluß auf die EDA zu erwarten. Dieser Fragestellung wurde bei einer Gruppe von Männern, die mit Paroxetin (SSRI) bzw. Maprotilin (TeZA) behandelt worden waren, nachgegangen. Um den Geschlechtsunterschied zu elemenieren, entschieden wir uns für eine monogeschlechtliche Untersuchungsgruppe.

Untersuchung und Ergebnisse

Verglichen wurden die EDA-Kennwerte bei je 17 männlichen depressiven Patienten, die mit 150 mg Maprotilin pro die bzw. mit 20 mg Paroxetin pro die behandelt worden waren. Die Gruppen unterscheiden sich nicht bezüglich anderer Faktoren, die die EDA beeinflussen, wie Lebensalter, Ausmaß von Depressivität (gemessen mit dem Beck Depressionsinventar), Ausmaß von Ängstlichkeit zum Zeitpunkt der Untersuchung (gemessen mit dem STAIG Angstfragebogen) und hinsichtlich vegetativer Beschwerden (gemessen mit der Beschwerdeliste von von Zerssen). Erwartungsgemäß zeigen jedoch die mit Maprotilin behandelten 17 männlichen depressiven Patienten eine signifikant geringere Reaktivität in der EDA (Spontanfluktuationen, Reize bis zur Habituation) als die Gruppe der mit Paroxetin behandelten depressiven Männer (Abb. 1).

Das Ergebnis bestätigt den geringeren Einfluß von Paroxetin auf die EDA, hier gezeigt an einer Gruppe von männlichen Patienten. Für verglei-

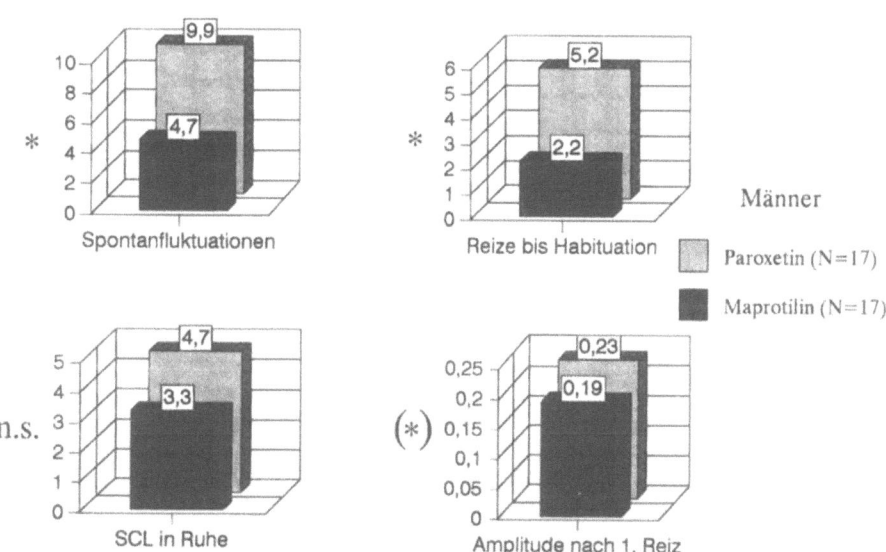

Abb. 1. Gruppenmittelwerte der EDA-Parameter; * p < 0,05, (*) p < 0,1, *n. s.* nicht signifikant (U-Test)

chende psychophysiologische Untersuchungen wird es somit zukünftig notwendig, die Stoffgruppen der Antidepressiva als Einflußfaktor zu kontrollieren.

Literatur

1. Giedke R (1988) Physiologische Korrelate affektiver Störungen. In: Zerssen v D, Möller HJ (Hrsg) Affektive Störungen. Springer, Berlin Heidelberg New York Tokyo, S 131–148
2. Boucsein W (1988) Elektrodermale Aktivität. Springer, Berlin Heidelberg New York Tokyo
3. Schnur DB (1990) Effects of neuroleptics on electrodermal activity in schizophrenic patients: a review. Psychopharmacology 102: 429–432
4. Rechlin T, Weis M, Claus D (1994) Heart rate variability in depressed patients and differential effects of paroxetine and amitriptyline on cardiovascular autonomicfunctions. Pharmacopsychiatry 27: 124-128
5. Woggon B (1993) Psychopharmakotherapie. In: Pöldinger W, Reimer Ch (Hrsg) Depressionen. Springer, Berlin Heidelberg New York Tokyo

Korrespondenz: Dr. T. Barg, Psychiatrisches Landeskrankenhaus Weißenau, D-88214 Ravensburg-Weissenau, Bundesrepublik Deutschland

Zum Einfluß von Promethazin auf die visuo-manu-motorische Regelleistung

V. Eichert, G. Höflich, M. Böttcher und **H.-J. Möller**

Psychiatrische Universitätsklinik, Bonn, Bundesrepublik Deutschland

Einleitung

Ein wesentlicher Nebenaspekt der Verordnung von Psychopharmaka ist die Frage, inwieweit dadurch die menschliche Reaktionsfähigkeit so eingeschränkt wird, daß mit Schwierigkeiten im Steuern von Fahrzeugen zu rechnen ist. Abstrakt betrachtet handelt es sich hierbei um den Spezialfall eines komplexen senso-motorischen Regelverhaltens, zu dessen Überprüfung verschiedene operationelle Meßverfahren entwickelt wurden [3, 7, 9]. In diesem Zusammenhang gingen wir bei Normalpersonen der Frage nach, inwieweit die Einmalgabe von 25 und 100 mg Promethazin zu einer Einschränkung der visuo-manu-motorischen Regelleistung führt.

Stichprobe und Methode

12 männliche Probanden (Alter: 27.2 ± 3.8 J.) wurden vor, 4, 8 und 24 h nach oraler Gabe von 25 mg sowie 8, 24 und 48h nach oraler Gabe von 100 mg Promethazin (Atosil-Tabletten) untersucht. Voraussetzung für den Probandeneinschluß waren eine unauffällige Anamnese (SKID), ein unauffälliger neurologischer und internistischer Status sowie die schriftliche Einständniserklärung nach zuvoriger Aufklärung über Inhalt und Ziel der Studie. Händigkeit: 12 reine Rechtshänder (Annett 1970).

Untersuchungsbeginn war jeweils um 9 Uhr, die Substanzgabe erfolgte um 10 Uhr. Die Substanzwirkung wurde mit verschiedenen Verfahren erfaßt, u. a. mit Hilfe einer visuo-manu-motorischen Regelaufgabe.

Diese bestand darin, über einen leichtgängigen Hebel mit der rechten Hand ein Nachführsignal so dicht wie möglich an einem sich stochastisch bewegenden Vorgabesignal zu halten. Beide Signale wurden auf einem 14'' PC-Monitor dargeboten, der Blickwinkel bei maximaler Signalauslenkung betrug ± 6.5°. Nach Erklärung der Aufgabe absolvierte jeder Versuchsteilnehmer zunächst einen Probelauf (110 s), anschließend den eigentlichen Versuchsdurchgang mit 4 Abschnitten von je 82.5 s Dauer. Der Visus der Probanden war normal bzw. korrigiert. Vorgabe- und Nachführsignal wurden on-line digitalisiert (100.8 Hz) und auf Festplatte gespeichert. Als Maß für die Güte der Regelleistung wurde daraus mittels der RMS-Methode [8] der auf einen Nulldurchgang normierte RMS-Fehler (%) pro Abschnitt errechnet. Zwecks Datenreduktion wird hier nur der über alle 4 Abschnitte gemittelte Fehlerwert berücksichtigt. Statistische Verfahren: einfaktorielle Varianzanalyse, T-Test f. abhängige Stichproben, Pearson-Korrelation (deskriptive Analyse, SPSS/PC+, Version 4.01).

Ergebnisse

4 h nach oraler Gabe von 25 mg Atosil kommt es zu einer leichten Abnahme der Regelleistung, ohne daß ein konventionelles Signifikanzniveau erreicht wird (p = 0.237). 8 und 24 h post ist die Regelleistung signifikant besser als im Ausgangszustand (p = 0.002; p = 0.000), was in erster Linie Ausdruck eines Lerneffektes bei Meßwiederholung sein dürfte. Varianzanalytisch ist der Effekt des Faktors Meßzeitpunkt auf dem 10% Niveau signifikant (p = 0.08). 8 h nach Gabe von 100 mg Atosil findet sich – bezogen auf den Ausgangszustand – eine Zunahme des Regelfehlers um den Faktor 1.28 (p = 0.014); außerdem nimmt die Standardabweichung um den Faktor 4 zu. 24 und 48 h post wird das Ausgangsniveau wieder erreicht und ist von diesem nicht mehr signifikant verschieden. Varianzanalytisch findet sich ein hochsignifikanter Effekt des Meßzeitpunktes (p = 0.0031). Die Test-Retest-Reliabilität der Regelleistung zum Zeitpunkt T0 (Abstand 2–3 Monate) beträgt r = 0.70 (p = 0.006).

Diskussion

Die Ergebnisse sprechen dafür, daß die orale Einmalgabe von 25 mg Promethazin bei gesunden Versuchspersonen 4h post zu keiner wesentlichen Verschlechterung der visuo-manu-motorischen Regelleistung führt. 8 h nach Gabe von 100 mg war hingegen eine Zunahme des Regelfehlers um den Faktor 1.3 und eine Zunahme der Standardabweichung um den Faktor 4 festzustellen; letzteres läßt sich als Hinweis dafür werten, daß die Probandengruppe unter pharmakologischer Belastung neurobiologisch heterogener wurde. Die Abnahme der Regelleistung dürfte dabei in erster Linie Ausdruck eines sedierenden Effektes sein, wie er auch für andere Substanzen mit sedierender Wirkkomponente beschrieben wurde [4, 5]. Bei Un-

Tabelle 1. Mittlerer RMS-Fehler (%) vor und nach oraler Gabe von 25 und 100 mg Promethazin (Atosil-Tabletten) (n = 12)

Zeitpunkt/ Dosis		0h	4h	8h	24h
25 mg oral	X	24.6	25.2	23.5	22.7
	SD	2.3	3.0	2.3	2.0
		0h	8h	24h	48h
100 mg oral	X	23.8	30.5	24.5	23.5
	SD	1.9	8.2	4.8	2.2
ONEWAY Zeitpkt.		25 mg: p = .081		100 mg: p = .0031	

tersuchung zu einem früheren Zeitpunkt wäre die Zunahme des Regelfehlers möglicherweise stärker ausgefallen (Vergleichswert 4 h nach 100 mg Levomepromazin Dragee: $52 \pm 11.6\%$). 24 h post war nach 100 mg Atosil keine signifikante Funktionsbeeinträchtigung mehr festzustellen, was auch nach oraler Gabe von 100 mg Chlorprothixen gefunden wurde [1]. Im Unterschied dazu war die Regelleistung 24 h nach Einnahme von 100 mg Levomepromazin Dragee noch signifikant reduziert [2]. Insofern erscheint der 24 h Effekt nach oraler Gabe von 100 mg Promethazin dem von 100 mg Chlorprothixen vergleichbar, während der von 100 mg Levomepromazin als stärker einzustufen ist. Im Hinblick auf die klinische Relevanz der Befunde ist zu berücksichtigen, daß es sich um eine Einmalgabe bei pharmakologisch nicht vorbehandelten Probanden handelte, so daß eine Adaptation an das Pharmakon, wie sie bei Untersuchungen im steady state unterstellt werden kann, nicht möglich war. Außerdem liegt bei Applikation an Patienten in der Regel eine andere cerebrale Ausgangssituation (z. B. höheres Erregungsniveau) bzw. eine Konfundierung mit klinischen Variablen vor [6]. Die Berücksichtigung pharmakokinetischer Parameter wird Aufgabe weiterer Analysen sein.

Literatur

1. Eichert V, Höflich G, Böttcher M, Möller HJ (1993) The effect of chlorprothixene on visuo-manu-motor tracking performance. Pharmacopsychiatry 26: 149
2. Eichert V, Höflich G, Böttcher M, Möller HJ (1993) The effect of levomepromazine on visuo-manu-motor tracking performance. Pharmacopsychiatry 26: 149
3. Hindmarch I (1980) Psychomotor function and psychoactive drugs. Br J Clin Pharmacol 10: 189–209
4. Hindmarch I, Suban Z, Stoker MJ (1983) The effects of zimelidine and amitriptylin on car driving and psychomotor performance. Acta Psychiatr Scand [Suppl 308] 68: 141–146
5. Hindmarch I (1988) Lofepramine and psychomotor function. Int Clin Psychopharmacol 3: 71–77
6. King DJ, Henry G (1992) The effect of neuroleptics on cognitive and psychomotor function. A preliminary study in healthy volunteers . Br J Psychiatry 160: 647–653
7. Kriebitzsch R, Bente D, Scheuler W (1978) Ein verhaltensphysiologischer Meßplatz zur Untersuchung des optomotorischen Regelverhaltens. Biomed Technik (Ergänzungsband) 23: 147–148
8. Ross DE, Ochs AL, Hill MR, Goldberg SC, Pandurangi AK, Winfried CJ (1988) Erratic eye tracking in schizophrenic patients as revealed by high-resolution techniques. Biol Psychiatry 24: 675–678
9. Strasser H, Platzer H (1972) Ein Meßplatz zur Bewertung psycho- bzw. sensumotorischer Fähigkeiten des Menschen. Biomed Technik 17,4: 130–137

Korrespondenz: Dr. V. Eichert, Psychiatrische Universitätsklinik, Sigmund-Freud-Straße 25, D-53105 Bonn, Bundesrepublik Deutschland

Visuo-manu-motorische Regelleistung bei Patienten mit Zwangsstörung und gesunden Kontrollen

V. Eichert, B. Martinez, G. Höflich, H.-J. Assion und H.-J. Möller

Psychiatrische Universitätsklinik, Bonn, Bundesrepublik Deutschland

Einleitung

Nachdem in den letzten 10 Jahren die neurobiologischen Korrelate der endogenen Psychosen relativ intensiv erforscht wurden, ist nun das Interesse erwacht, auch die Persönlichkeitstörungen und Neurosen hinsichtlich evtl. cerebraler Funktionsabweichungen näher zu charakterisieren. So wurden bei einem Teil der Patienten mit Zwangsstörung vermehrt neurologische soft signs, EEG-, PET- und SPECT- Veränderungen mit Schwerpunkt im Bereich des frontalen Cortex und der Basalganglien, eine Verkürzung der P3-Latenz sowie visuo-spatiale Defizite beschrieben [2, 3, 4, 6]. Im folgenden wird berichtet über die Ergebnisse einer Untersuchung zum visuo-manu-motorischen Regelverhalten, die in Zusammenarbeit mit der seit 1991 an der Bonner Klinik bestehenden Zwangsambulanz durchgeführt werden konnte.

Stichprobe und Methode

19 seit mindestens 3 Wochen unmedizierte Patienten mit der Diagnose einer Zwangs-störung gemäß ICD 10 und DSM III R) sowie 19 gesunde Kontrollpersonen (Tabelle 1) wurden vor sowie 30, 90 und 150 min nach intravenöser Gabe von 25 mg Clomipramin untersucht.
Untersuchungsbeginn war jeweils um 10 Uhr, die Substanzgabe erfolgte um 10.30 Uhr. Die Substanzwirkung wurde mit verschiedenen Verfahren erfaßt, u. a. mit Hilfe einer visuo-manu-motorischen Regelaufgabe. Diese bestand darin, über einen leichtgängigen Hebel mit der rechten Hand ein Nachführsignal so dicht wie möglich an einem sich stochastisch bewegenden Vorgabesignal zu halten. Beide Signale wurden auf einem 14'' PC-Monitor dargeboten, der Blickwinkel bei maximaler Signalauslenkung betrug ± 6.5°. Nach Erklärung der Aufgabe absolvierte jeder Versuchsteilnehmer zunächst einen Probelauf (110 s), danach den eigentlichen Versuchsdurchgang mit 4 Abschnitten von je 82.5 s Dauer. Der Visus der Versuchsteilnehmer war normal bzw. korrigiert. Vorgabe- und Nachführsignal wurden on-line digitalisiert (100.8 Hz) und auf Festplatte gespeichert. Als Maß für die Güte der Regelleistung wurde mittels der RMS-Methode der auf einen Null-

Tabelle 1. Stichprobenmerkmale (Mean ± SD)

	Patientengruppe (n = 19)	Kontrollgruppe (n = 19)
Alter (J.)	33.4 ± 10.2	27.5 ± 3.2
Geschlecht	8 Fr., 11 Männer	10 Fr., 9 Männer
Händigkeit	16 Rechtshänder 1 inkons. R. 1 Ambidexter 1 Linkshänder	14 Rechtshänder 5 inkons. R.
Y-BOCS-Score	25.9 ± 6.0	
Erkrankungs- dauer (J.)	20.5 ± 9.3	

durchgang normierte RMS-Fehler (%) pro Abschnitt errechnet. Zwecks Datenreduktion wird hier nur der über alle 4 Abschnitte gemittelte Fehlerwert berücksichtigt. Statistische Verfahren: MANOVA mit Meßwiederholung, T-Test f. abhängige und unabhängige Stichproben, Clusteranalyse (SPSS/PC+, Version 4.01)

Ergebnisse

Zum Zeitpunkt T0 zeigt die Gruppe der Zwangspatienten eine signifikant schlechtere Regelleistung als die Kontrollgruppe ($30.0 ± 4.6$ vs. $25.4 ± 2.4\%$, $p = 0.001$), außerdem ist sie heterogener (F-Test: $p = 0.008$). Mittels Clusteranalyse lassen sich in der Patientengruppe 2 Subgruppen mit n = 11 und n = 8 identifizieren (RMS-Fehler: $26.7 ± 2.8$ vs. $34.5 ± 2.2\%$, $p = 0.000$). Varianzanalytisch findet sich ein hochsignifikanter Effekt für den Faktor Meßzeitpunkt ($p = 0.002$), außerdem ein signifikanter Gruppeneffekt ($p = 0.035$), jedoch keine signifikante Interaktion Gruppe x Meßzeitpunkt. Die nähere Analyse des Längsschnittverlaufes ergibt in der Patientengruppe 30

Tabelle 2. Mittlerer RMS-Fehler (%) vor und nach intravenöser Gabe von 25 mg Clomipramin (Anafranil) (n = 19)

Zeitpunkt/ Gruppe		0h	30	90	150
Kontroll- gruppe	X SD	25.42 2.42	27.70 5.13	26.84 5.48	25.45 4.80
Zwangs- gruppe	X SD	29.99 4.63	31.07 4.29	29.18 4.32	28.90 3.89
MANOVA p	Gruppe	.035	Zeitpkt.	.002	G x Z .447

min post eine leichte Zunahme des Regelfehlers gegenüber dem Ausgangsbefund (31.1 ± 4.3 vs. 29.8 ± 4.7%, n = 18, p = 0.05), 90 und 150 min
wird das Ausgangsniveau leicht unterschritten, ohne daß der Unterschied
signifikant wäre. Auch die Kontrollgruppe zeigt 30 min post eine leichte
Verschlechterung (27.7 ± 5.1 vs. 25.4 ± 2.4%, p = 0.011), außerdem nimmt
die Standardabweichung um den Faktor 2 zu.

Diskussion

Den Ergebnissen ist zu entnehmen, daß die Gruppe der Zwangspatienten
zum Zeitpunkt T0 eine signifikant schlechtere Regelleistung zeigt als die
gesunden Kontrollen. Außerdem ist sie dbzgl. heterogener (s. F-Test), mittels Clusteranalyse konnten 2 Subgruppen herausgearbeitet werden. Dieser
Befund ist vereinbar mit der Annahme, daß Zwangspatienten neurobiologisch heterogen sind, etwa in dem Sinne, daß es eine Gruppe mit besonders
schlechter Regelleistung gibt und eine andere mit einer Regelleistung, die
nur diskret oder gar nicht von der einer Kontrollgruppe abweicht. Eine vergleichbare Heterogenität wurde auch bei Untersuchung der glatten Augenfolgebewegungen [1] sowie neurologischer soft signs [5] beschrieben.
Nach Gabe von 25 mg Clomipramin kam es bei Patienten wie auch Probanden zu einer leichten Zunahme des Regelfehlers, 90' und 150' post wurde das Ausgangsnisniveau wieder erreicht bzw. leicht unterschritten. Bzgl.
dieser zeitlichen Verlaufsdynamik verhielten sich beide Gruppen gleichartig, ein signifikanter Interaktionseffekt Gruppe x Meßzeitpunkt war nicht
festzustellen. Die zum Zeitpunkt T0 gefundene schlechtere Regelleistung
in der Subgruppe 2 könnte Hinweis für eine leichte Organizität bei Zwangserkrankung sein. Diese Annahme läßt sich stützen durch den Nachweis ver-
mehrter neurologischer soft signs [4, 5] sowie insbesondere durch neuere
rCBF-Befunde, die für gesteigerte Durchblutungsraten in orbito-frontalem
Cortex, Neostriatum, Globus pallidus und Thalamus sprechen. Es wird angenommen, daß diese Kerngebiete funktionell i. S. eines neuronalen Net-
zes verbunden sind, welches in die Umschaltung zwischen verschiedenen
Verhaltensmodi involviert ist [7]. Eine von Moment zu Moment neu vorzu-
nehmende adaptive Verhaltensregulation wird aber gerade bei der Durchführung von Regelaufgaben gefordert.

Literatur

1. Gambini O, Abruzzese M, Scarone S (1993) Smooth pursuit saccadic eye movements
   and wisconsin card sorting test performance in obsessive-compulsive disorder. Psychiatr Res 49: 191–200
2. Höflich G, Martinez B, Klemm E, Kasper S, Biersack HJ, Möller HJ (1994) HMPAO-
   SPECT bei Patienten mit Zwangsstörung. Fortschr Neurol Psychiat 62 (Sonderheft
   2): 90
3. Hohagen F (1992) Neurobiologische Grundlagen der Zwangsstörung. In: Hand I,
   Goodman WK, Evers U (Hrsg) Zwangsstörungen. Neue Forschungsergebnisse. Springer, Berlin Heidelberg New York Tokyo, S 57–71
4. Hollander E, Schiffman E, Cohen B , Rivera-Stein MA, Rosen W, Gorman JM, Fyer AJ,
   Papp L, Liebowitz MR (1990) Signs of central nervous dysfunction in obsessive-compulsive disorder. Arch Gen Psychiatry 47: 327–332

5. Hymas N, Lees A, Bolton D, Epps K, Head D (1991) The neurology of obsessional slowness. Brain 114: 2203-2233
6. Kuskowski MA, Malone SM, Kim SW, Dysken MW, Okaya AJ, Christensen KJ (1993) Quantitative EEG in obsessive-compulsive disorder. Biol Psychiatry 33: 423–430
7. Mc Guire PK, Bench CJ, Frith CD, Marks IM, Frachowiak RSJ, Dolan RJ (1994) Functional neuroanatomy of obsessive-compulsive phenomena. Br J Psychiatry 164: 459–468

Korrespondenz: Dr. V. Eichert, Psychiatrische Universitätsklinik, Sigmund-Freud-Straße 23, D-53105 Bonn, Bundesrepublik Deutschland

Weitere Untersuchungen zum visuo-manu-motorischen Regelverhalten bei schizophrener Minussymptomatik

V. Eichert

Psychiatrische Universitätsklinik, Bonn, Bundesrepublik Deutschland

Einleitung

Defizite der Informationsverarbeitung wurden bei schizophrenen Psychosen in verschiedenen Funktionsbereichen beschrieben. Im Rahmen der Bemühungen um eine objektivierende Diagnostik spielt auch die Quantifizierung psycho- und sensomotorischer Defizite eine wichtige Rolle [5]. In diesem Zusammenhang wurden an der Bonner Klinik seit 1990 schizophrene Patienten mit Hilfe einer visuo-manu-motorischen Regelaufgabe untersucht. In einer ersten Mitteilung hatten wir über einen bei postakut Schizophrenen um den Faktor 1.3–1.4 größeren RMS-Fehler berichtet [2]. In der vorliegenden Untersuchung werden Teilergebnisse einer laufenden Studie dargestellt und verschiedene Formen der Parametrisierung des Antwortverhaltens miteinander in Bezug gesetzt.

Stichprobe und Methode

30 postakut Schizophrene (30.3 ± 6.8 J, 29 ♂, 1 ♀) mit im Vordergrund stehender Minussymptomatik (ICD 9: Z. n. 295.3, 295.6; SANS-Composite-Score: 39.4 ± 17.6, NL-Einstellung im steady state mit 286 ± 308 CPZ-Einheiten/die) sowie 30 gesunde Kontrollpersonen (28.3 ± 5.0 J, ♂) absolvierten eine visuo-manu-motorische Regellaufgabe. Diese bestand darin, über einen leichtgängigen Hebel mit der rechten Hand ein Nachführsignal so dicht wie möglich an einem sich stochastisch bewegenden Vorgabesignal zu halten. Beide Signale wurden auf einem 14'' PC-Monitor dargeboten, der Blickwinkel bei maximaler Signalauslenkung betrug $\pm 6.5°$. Nach Erklärung der Aufgabe absolvierte jeder Proband zunächst einen Probelauf (110 s), danach den eigentlichen Versuchsdurchgang mit 4 Abschnitten von je 82.5 s Dauer. Der Visus der Untersuchten war normal bzw. korrigiert. Vorgabe- und Nachführsignal wurden on-line digitalisiert und auf Festplatte gespeichert. Als Maß für die Güte der Regelleistung wurde daraus mittels der RMS-Methode [8] der auf einen Nulldurchgang normierte RMS-Fehler (%) pro Abschnitt errechnet, außerdem via FFT aus dem Signal-Rausch-Verhältnis im Nachführsignal die Transinformationsrate (bit/sec) [3, 6, 9] . Zusätzlich wurde per Kreuzkorrelation [11] die mittlere

Zeitverschiebung zwischen Vorgabe- und Nachführsignal bestimmt (zeitliche Auflösung bei einer Abtastrate von 100.8 Hz 10 ms) . Zwecks Datenreduktion werden hier nur die über alle 4 Abschnitte gemittelten Werte berücksichtigt. Statistische Verfahren: nach Verteilungsprüfung T-Test für unabhängige Stichproben, Pearson-Korrelationen, Diskriminanzanalyse (SPSS/PC+, Version 4.01) .

Ergebnisse

In der Minussymptomatikgruppe ist der mittlere RMS-Fehler signifikant größer (35.0 ± 7.6 vs. 27.2 ± 3.98%, p = 0.000), die Transinformationsrate signifikant niedriger als in der Kontrollgruppe (2.77 ± 0.64 vs. 3.54 ± 0.38 bit/sec, p = 0.000). Die mittlere Zeitverschiebung zwischen Vorgabe- und Nachführsignal beträgt in der Patientengruppe Tau max = 106.8 ± 34.6 ms, verglichen mit Tau max = 80.7 ± 22.5 ms bei den Kontrollpersonen (p = 0.001). Diskriminanzanalytisch ist eine richtige Gruppenzuordnung auf der Basis der 3 Parameter in 83.3% der Fälle möglich (größter Diskriminationskoeffizient: TIF).

In der Patientengruppe korrelieren Tau max und RMS-Fehler zu r = 0.56 (p = 0.001), die Korrelation zur Transinformationsrate ist r = – 0.31 (p = 0.046). Die Interkorrelation zwischen TIF und RMS-Fehler beträgt r = –.93 (p = 0.00). Die Beziehung zur aktuellen Neuroleptikadosis ist insignifikant.

In der Kontrollgruppe korrelieren Tau max und RMS-Fehler zu r = 0.80 (p = 0.000), die Korrelation zur Transinformationsrate liegt bei r = – 0.64 (p = 0.000), die Interkorrelation zwischen TIF und RMS-Fehler beträgt r = –.85 (p = 0.000).

Diskussion

Die Ergebnisse bestätigen zunächst die Befunde anderer Autoren, wonach Schizophrene eine schlechtere okulo- und manumotorische Nachführleistung zeigen als gesunde Kontrollen [1, 7]. Dies wurde für medizierte wie auch nichtmedizierte Patienten beschrieben, wobei ein signifikanter Zusammenhang mit der aktuellen Neuroleptikadosis sowie ein Effekt einer

Tabelle 1. Parameter der Regelleistung im Gruppenvergleich

Parameter/ Gruppe		Tau max (ms)	TIF (bit/sec)	RMS-Fehler (%)
Kontroll- gruppe (n = 30)	X	80.7	3.54	27.2
	SD	22.5	0.38	4.0
Minussymp- tomatikgruppe (n = 30)	X	106.8	2.77	35.0
	SD	34.6	0.64	7.6
T-Test	p	.001	.000	.000

anticholinergen Zusatzmedikation verneint wurden [4, 10, 12]. Die Tatsache, daß in beiden Gruppen Tau max kleiner ist als die optische Reaktionszeit, könnte Hinweis auf während der Durchführung der Regelaufgabe wirksame Vorhersage- und Bahnungseffekte sein, die eine in der Patientengruppe offensichtlich weniger effektive Verkürzung der optomotorischen Latenz ermöglichen. Interessant sind die Interkorrelationen zwischen den verschiedenen Parametern der Regelleistung. In beiden Gruppen war die Korrelation zwischen Tau max und TIF jeweils niedriger als zwischen Tau max und RMS-Fehler. Dies dürfte damit zusammenhängen, daß Tau max und TIF unterschiedliche Aspekte der Regelleistung abbilden (Zeit- bzw. Frequenzaspekt), während der RMS-Fehler eine intermediäre Stellung einnimmt, in den auch der Faktor Latenzzeit mit eingeht. Insgesamt sind die Ergebnisse vereinbar mit der Annahme, daß die schlechtere Regelleistung Schizophrener bedingt ist durch eine größere Zeitverschiebung zwischen Vorgabe- und Antwortsignal als auch durch eine reduzierte Präzison der Nachführbewegung.

Literatur

1. Allen SJ, Matsunaga K, Hacisalihzade S, Stark L (1990) Smooth pursuit eye movements of normal and schizophrenic subjects tracking an unpredictable target. Biol Psychiatry 28: 705–720
2. Eichert V, Klosterkötter J, Möller HJ (1990) Untersuchung zur Informationsverarbeitung Schizophrener mit Hilfe einer visuo-manu-motorischen Regelaufgabe. In: Gaebel W, Laux G (Hrsg) Biologische Psychiatrie – Synopsis 1990/1991. Springer, Berlin Heidelberg New York Tokyo, S 301–304
3. Fano RM (1963) Transmission of information. MIT Press, Cambridge/MA
4. Gaebel W, Ulrich G (1987) Visuomotor tracking performance in schizophrenia: relationship with psychopathological subtyping. Neuropsychobiology 17: 66–71
5. King HE (1991) Psychomotor dysfunction in schizophrenia. In: Nasrallah HA (ed) Handbook of schizophrenia, vol 5. Neuropsychology, psychophysiology, information processing. Elsevier, Amsterdam London New York Tokio, pp 273–301
6. Kriebitzsch R, Bente D, Scheuler W (1978) Ein verhaltensphysiologischer Meßplatz des optomotorischen Folge- und Regelverhaltens. Biomed Technik (Ergänzungsband) 23: 147–148
7. Mather JA, Putchat C (1984) Motor control of schizophrenics. II. Manual control and tracking: sensory and motor deficits. J Psychiat Res 18 (3): 287–296
8. Ross DE, Ochs AL, Hill MR, Goldberg SC, Pandurangi AK, Winfrey CJ (1988) Erratic eye movements in schizophrenic patients as revealed by high-resolution techniques. Biol Psychiatry 24: 675–678
9. Schweizer G (1970) Probleme und Methoden zur Untersuchung des Regelverhaltens des Menschen. In: Oppelt E, Vossius G (Hrsg) Der Mensch als Regler. VEB Verlag Technik, Berlin, S 159–238
10. Schlencker R, Cohen R, Berg P, Hubmann W, Mohr F, Watzl H, Werther P (1994) Smooth-pursuit eye movement dysfunction in schizophrenia: the role of attention and general psychomotor dysfunctions. Eur Arch Psychiatry Clin Neurosci 244: 153–160
11. Schrüfer E (1992) Signalverarbeitung. Numerische Verarbeitung digitaler Signale, 2. Aufl. Hanser, München Wien
12. Sweeney JA, Haas GL, Li S, Weiden PJ (1994) Selective effects of antipsychotic medication on eye-tracking performance in schizophrenia. Psychiatry Res 54: 185–198

Korrespondenz: Dr. V. Eichert, Psychiatrische Universitätsklinik, Sigmund-Freud-Straße 25, D-53105 Bonn-Venusberg, Bundesrepublik Deutschland

Neurologische Soft Signs (NSS) und mnestische Defizite bei schizophrenen Erkrankten

M. Karr, A. Tittel, R. Niethammer und **J. Schröder**

Psychiatrische Universitätsklinik, Heidelberg, Bundesrepublik Deutschland

Einleitung

Neurologische Soft Signs, also diskrete motorische und sensorische Störungen, wurden bei schizophren Erkrankten schon lange vor Einführung der neuroleptischen Therapie beschrieben (Kraepelin 1913, Meehl 1989). Sie bilden ein regelmäßig vorkommendes, jedoch heterogenes Charakteristikum schizophrener Psychosen. Neben allgemeinen kognitiven Einbußen bei schizophren Erkrankten fanden neue Studien zusätzliche Einschränkungen der Gedächtnisleistungen. Die Auffälligkeiten betreffen v. a. das Arbeits- und das deklarative Gedächtnis (Saykin et al. 1991, McKenna et al. 1992, Goldberger et al. 1993). Unsere Studie soll nun die Frage beantworten, inwieweit sich zwischen Neurologischen Soft Signs (NSS/Schröder et al. 1992) und einzelnen Gedächtnisleistungen gesondert Beziehungen aufzeigen lassen.

Methoden

In der vorliegenden Studie wurde der Zusammenhang zwischen NSS und mnestischen Leistungen bei 50 schizophren Erkrankten (DSM-III-R Kriterien) nach Remission der Akutsymptomatik untersucht. Die NSS wurden auf der Heidelberger NSS-Skala (Schröder et al. 1993) erhoben, die neuropsychologische Testbatterie umfaßte den Wisconsin Card Sorting Test (WCST/Milner 1963), den Tower of Toronto Test (Saint Cyr et al. 1988), den Benton-Test (Benton 1981), den Syndrom-Kurztest (Erzigkeit 1986) und den d2-Test (Brickenkamp 1981).

Ergebnisse

Im Vergleich der Untersuchungsgruppen waren die schizophren Erkrankten auch nach Remission der Akutsymptomatik durch signifikant höhere NSS-Scores (11.8 ± 5.5) gegenüber den gesunden Probanden (4.3 ± 1.0) ausgewiesen. Darüberhinaus zeigten die schizophren Erkrankten signifikante Defizite im Syndrom-Kurztest / mittelbares Reproduzieren, im Benton-Test/richtig erkannt und / Fehler, im Tower of Toronto Test, im Wisconsin Card Sorting Test/perseverative Fehler und / erkannte Kategorien sowie im d2-Test. Signifikante Korrelationen ($p < 0,05$) bestanden zwischen NSS und Leistungen im Wisconsin Card Sorting Test, der Leistung im Tower of Toronto Test, im Benton Test sowie der Gesamtzahl im d2-Test. Nachdem sowohl NSS als auch die unterschiedlichen mnestischen Leistungen mit der Aufmerksamkeitsleistung variierten, war es sinnvoll letztere auszupartialisieren. Die signifikanten Korrelationen zwischen NSS und den Leistungen im WCST und im Benton-Test blieben auch noch nach Auspartialisierung der Aufmerksamkeitsleistung bestehen (Tabelle 1).

Tabelle 1. Produktmoment-Korrelationen zwischen NSS und neuropsychologischen Leistungen vor und nach (in Klammern) Auspartialisierung der Aufmerksamkeitsleistung

	SKT: unmittelbares reproduzieren	SKT: mittelbares reproduzieren	SKT: mittelbares wiedererkennen	Tower of Toronto Test	
NSS Score	−0,14 (−0,28)	−0,05 (−0,15)	0,20 (0,15)	−0,40** (−0,30)	

	WCST: persev. Fehler	WCST: erkannte Kategorien	Benton-Test: Fehlerzahl	Benton-Test: richtig erkannt	d2-Test
NSS Score	0,43** (0,29)	−0,46** (−0,39*)	0,64** (0,56**)	−0,60** (−0,47**)	−0,44**

* $p < 0,05$; ** $p < 0,05$, *SKT* Syndsrom-Kurztest; *WCST* Wisconsin Card Sorting Test; *d2-Test* Aufmerksamkeitsbelastungstest

Schlußfolgerungen

Unsere Befunde bestätigen das Auftreten von NSS bei schizophrenen Psychosen. Die Korrelationen zwischen NSS und neuropsychologischen Leistungen verweisen auf Zusammenhänge mit Störungen des Arbeits-, des prozeduralen Gedächtnisses und der Aufmerksamkeit. NSS entsprechen demnach nicht nur rein motorisch-sensorischen Störungen, sondern korrespondieren mit Defiziten höherer kognitiver Funktionen bei schizophrenen Psychosen.

Literatur

Benton B (1981) Der Benton-Test. Handbuch. Huber, Bern
Brickenkamp A (1981) Aufmerksamkeits-Belastungs-Test. Hogrefe, Göttingen
Erzigkeit H (1986) Manual zum SKT, Formen A-E, 2. neu bearbeitete Aufl. Vless Verlagsgesellschaft, Darmstadt

Goldberg TE, Torrey ES, Gold JM, Ragland JE, Bigelow LC, Weinberger DR (1993) Learning and memory in monozygotic discordant for schizophrenia. Psychol Med 23: 71–85

Kraepelin E (1913) Psychiatrie. Ein Lehrbuch für Studierende und Ärzte, Bd III, Teil 2, 8. Aufl. Johann Ambrosius Barth, Leipzig

McKenna PJ, Tamlyn D, Lund CE, Mortimer AM, Hammond S, Badddely AD (1992) Amnesic syndrom in schizophrenia. Psychol Med 20: 967–972

Meehl PE (1989) Schizotaxia revisited. Arch Gen Psychiatry 46: 935–944

Milner B (1963) Effects of diff,erent brain lesions on card sorting. Arch Neurol 9: 100–110

Saint-Cyr JA, Taylor AE, Lang AE (1988) Procedural learning and neostriatal dysfunction in man. Brain 109: 845–883

Saykin AJ, Gur RC, Gur RE, Mozley PD, Mozley LH, Resnick SM, Kester DB, Stafiniak P (1991) Neuropsychological function in schizophrenia. Selective impairment in memory and learning. Arch Gen Psychiatry 48: 618–624

Schröder J, Niethammer R, Geider F-J, Reitz Ch, Binkert M, Jauß M, Sauer H (1992) Neurological soft signs in schizophrenia. Schizophr Res 6: 25–30

Schröder J, Richter P, Geider F-J, Niethammer R, Binkert M, Reitz M, Sauer H (1993) Diskrete neurologische und sensorische Störungen (neurologische soft signs) im Akutverlauf endogener Psychosen. Z Klin Psychol Psychopathol Psychother 41: 190–206

Korrespondenz: Dr. M. Karr, Psychiatrische Universitätsklinik, Voßstraße 4, D-69115 Heidelberg, Bundesrepublik Deutschland

Augenbewegungen während Problemlöseprozessen bei Schizophrenen und depressiven Patienten

S. Kiesow, A. Gothe, W. Wölwer und **W. Gaebel**

Psychiatrische Klinik, Heinrich-Heine-Universität, Rheinische Landes- und Hochschulklinik, Düsseldorf, Bundesrepublik Deutschland

Veränderungen kognitiver Funktionen gehören zu den grundlegenden psychopathologischen Phänomenen schizophrener Patienten. Der Rückbezug solcher Veränderungen auf deren neurobiologische Grundlagen wird durch eine verhaltensbezogene Objektivierung wesentlich erleichtert (Gaebel und Wölwer 1992). Zur Analyse von Problemlöseprozessen, die die Aufnahme und Verarbeitung visueller Information erfordern, wird dementsprechend seit Jahren die Registrierung von Augenbewegungen während des Lösungsprozesses bei der Untersuchung Gesunder eingesetzt (Just und Carpenter 1976). Anhand des Trail-Making Tests waren in der eigenen Arbeitsgruppe auch an Schizophrenen bereits erfolgreich leistungsrelevante Verhaltensabweichungen am Lösungsprozeß objektivierbar (Gaebel und Wölwer 1996, Gaebel et al. 1996). In der vorliegenden Untersuchung wird die Lösungsstrategie im Untertest „Bilderordnen" des Hamburg-Wechsler Intelligenztests für Erwachsene (HAWIE), für den Leistungsdefizite schizophrener Patienten bekannt sind (Feinberg 1991, Boone 1992), mittels Infrarotokulometrie analysiert.

Methodik

Untersucht wurden 16 nach RDC diagnostizierte schizophrene Patienten (S; 4 weiblich, 12 männlich; mittleres Alter 29.4 Jahre) und 10 Patienten mit Major Depression (D; 6 w, 4 m; 48.8 Jahre) im Vergleich zu 16 gesunden Kontrollpersonen (N; 7 w, 9 m; 38.8 Jahre), je zweimal in vierwöchigem Abstand. Für die Patienten fand die erste Messung (T0) im Akutzustand direkt nach Klinikaufnahme – unmediziert bzw. nach mindestens dreitägigem Washout – statt, die Wiederholungsmessung (T1) erfolgte nach vierwöchiger neuroleptischer (S) bzw. antidepressiver (D) Behandlung. – Im Rahmen einer umfangreicheren Untersuchung bearbeiteten die Probanden jeweils die Bilderordnenaufgabe „Überfall" (Bilder A–D) aus dem HAWIE in einer computeradaptierten Form, wobei zeitgleich die Augenbewegungen mittels Infrarotokulometrie (System Debic 80) aufgezeichnet wurden. Neben den üblichen Leistungsvariablen (Lösungszeit und Richtigkeit der

Aufgabenlösung) wurden als Basisgrößen der Augenbewegungen die Anzahl aller Fixationen, deren mittlere Dauer sowie der mittlere räumliche Abstand zwischen zwei aufeinanderfolgenden Fixationen erhoben. Aus topographisch-zeitlichen Aspekten der Fixationssequenz wurden darüberhinaus den Lösungsprozeß beschreibende Variablen gebildet, wie (a) die Häufigkeit von Fixationswechseln innerhalb eines Bildes, (b) die Häufigkeit direkter, repetitiver Vergleiche zweier Bilder (z. B. Bild A – Bild B – Bild A), (c) die Häufigkeit von Fixationswechseln zwischen zwei Bildern, die einem Teilabschnitt der korrekten Lösungssequenz („CBDA") entsprechen („CB", „BD", „DA": „richtig") bzw. nicht entsprechen (z. B. „CD", „CA", „BA" ...: „falsch"), (d) die Dauer der erstmaligen Exploration aller Bilder sowie (e) die Gleichförmigkeit der Fixationsverteilung auf die vier Bilder der Aufgabe (individuelles Chi² über die absoluten Fixationshäufigkeiten je Bild). – Die statistische Auswertung der erhobenen Daten erfolgte mittels MANOVA Gruppe × Zeit (G × Z).

Ergebnisse

Psychopathologisch zeigten sich beide Patientengruppen anhand entsprechender klinischer Fremdbeurteilungsskalen nach vier Wochen signifikant gebessert (BPRS für S: t = 3.74, p = .002; BRMS für D: t = 5.58, p < .001).

Bezüglich der Leistung ergaben sich zwar zu keinem Zeitpunkt Gruppenunterschiede in der Richtigkeit der Aufgabenlösung, jedoch war die Lösungszeit von S im Mittel beider Zeitpunkte länger als die von N und D (G: F = 7.87, p < .001). Trotz einer stärkeren Leistungsbesserung von S gegenüber N und D im T0-T1 Intervall blieb der Unterschied zu N auch zu T1 noch bestehen (G × Z: F = 5.23, p = .01).

Entsprechend der längeren Lösungszeit zeigten S im Blickverhalten auch eine höhere Gesamtanzahl von Fixationen (G: F = 4.58, p = .016). Zugleich war auch die mittlere Fixationsdauer meßzeitunabhängig gegenüber N verlängert (G: F = 3.49, p = .04). Einhergehend mit einem zeitunabhängig kleineren mittleren Fixationsabstand (G: F = 9.78, p < .001) wiesen S gegenüber N tendenziell häufiger Blickwechsel innerhalb eines Bildes auf (G: F = 3.07, p = .058). Bei den Blickwechseln zwischen verschiedenen Bildern fanden sich bei S insbesondere vermehrt direkte, repetitive Bildvergleiche (G: F = 7.53, p = .002). Darüber hinaus wurden bei S nicht zur Lösungssequenz gehörende, „falsche" Bildwechsel signifikant häufiger (G: F = 3.99, p = .026), „richtige" dagegen lediglich tendenziell häufiger (G: F = 2.89, p = .067) beobachtet als bei N. Über diese vermehrten Blickwechsel innerhalb und zwischen Bildern hinaus wiesen S zudem eine verlängerte Phase bis zur erstmaligen Exploration aller Bilder auf (G: F = 5.56, p = .008).

Für D ergaben sich im Blickverhalten – wie schon auf der Leistungsebene – keine bedeutsamen Abweichungen gegenüber N.

Konsistente Korrelationen von Leistungs- oder Augenbewegungsparametern mit demographischen, psychopathologischen oder Medikationsmerkmalen konnten – mit Ausnahme einer Alterskorrelation der Augenbewegungsparameter, die eine entsprechende regressionsstatistische Korrektur bedingte – nicht nachgewiesen werden. Dagegen deuteten sich für das Blickverhalten von S im Bilderordnen (zu T0: Anzahl der Fixationen auf einem Bild sowie Zeit bis zum Ende der Erstexploration; zu T1: Häufigkeit direkter Bildvergleiche) jeweils Korrelationen zu einem leistungskorrelierten Blickbewegungsindex bei der Bearbeitung des Trail-Making Test-

B an, der Wechsel zwischen sogenannten „Planungs-" und „Handlungspha-sen" abbildet und im Sinne einer gestörten Parallelverarbeitung interpre-tierbar ist (Gaebel et al. 1996).

Schlußfolgerung

S wiesen im Vergleich mit N sowohl akut, wie auch nach vierwöchiger Be-handlung ein Leistungsdefizit bei der Bearbeitung der Bilderordnen-Auf-gabe auf. Die längere Lösungszeit ging auf vermehrte und längere (vgl. Kojima et al. 1992) Fixationen und vermehrte Fixationswechsel sowohl in-nerhalb einzelner Bilder als auch zwischen zwei Bildern zurück, wobei nicht zur Lösungssequenz gehörende („falsche") Fixationswechsel zwi-schen zwei Bildern deutlicher vermehrt waren als „richtige" Wechsel. Zum Lösungszeitdefizit trug zudem – ähnlich wie von Kurachi et al. (1994) für die Bearbeitung des WAlS-Untertests „Bilderergänzen" berichtet – eine verlängerte Phase der erstmaligen Exploration des Stimulusmaterials bei. Insgesamt scheinen damit aufgabenrelevante Prozesse zunächst lediglich in ihrer Dauer verlängert, ohne daß sich spezielle Leistungsdefizite ab-zeichnen.

Die längere Fixationsdauer und häufigeren direkten Bildvergleiche könnten jedoch im Einklang mit entsprechenden theoretischen Annah-men (z. B. Braff 1993) auf eine gestörte Encodierung und/oder Parallel-verarbeitung hinweisen. Diese Annahme wird auch durch die berichteten Korrelationen zu ebenfalls im Sinne gestörter Parallelverarbeitung inter-pretierbarer, leistungsrelevanter Besonderheiten in der Lösungsstrategie im Trail-Making Test-B, unterstützt.

Die außerdem beobachtete geringere Gleichverteilung der Fixationen auf alle Bildern bei gleichzeitig verlängerter mittlerer Fixationsdauer und geringeren Fixationsabständen erinnern an das Phänomen des „minimal-scanning" (Silverman 1964).

Insofern als sich vergleichbare Auffälligkeiten für D nicht finden lie-ßen, könnte es sich um nosologiespezifische Verarbeitungsmerkmale von S handeln. Generell bleibt anzumerken, daß weitergehende Aussagen über kognitive Defizite Schizophrener vor allem mit Testmaterialien möglich ist, bei denen die kognitiven Verarbeitungsprozesse, die über Blickbewegungs-daten objektiviert werden sollen, enger an extern dargebotene Informatio-nen gebunden sind, als beim hier verwendeten HAWIE-Bilderordnen. Hier sollten künftig entsprechende Testverfahren theoriegeleitet modifiziert oder entwickelt werden (Gaebel 1989).

Literatur

Boone DE (1992) WAIS-R scatter with psychiatric inpatients. I. Intrasubtest scatter. Psy-chol Rep 71: 483–387

Braff DL (1993) Information processing and attention dysfunctions in schizophrenia. Schizophr Bull 19: 233–259

Feinberg JR (1991) WAIS-R intersubtest scatter in a chronic schizophrenic population: is it an attentional problem? J Clin Psychol 47: 327–335

Gaebel W (1989) Visuomotor behavior in schizophrenia. Pharmacopsychiatry 22 [Suppl]: 29–34

Gaebel W, Wölwer W (1996) Störungen der visuomotorischen Integration im Verlauf schizophrener Erkrankungen. In: Peters UH, Schifferdecker M, Krahl A (Hrsg) 150 Jahre Psychiatrie – Eine vielgestaltige Psychiatrie für die Welt von morgen. Martini, Köln

Gaebel W, Helmchen H, Wölwer W (1996) Blickmotorische Strategien und visuelle Suchleistungen schizophrener Patienten. In: Peters UH, Schifferdecker M, Krahl A (Hrsg) 150 Jahre Psychiatrie – Eine vielgestaltige Psychiatrie für die Welt von morgen. Martini, Köln

Just MA, Carpenter PA (1976) The role of eye fixation research in cognitive psychology. Behav Res Met Instrumentation 81: 139–143

Kojima T, Matsushima E, Ando K, Ando H, Sakurada M, Ohta K, Moriya H, Shimazono Y (1992) Exploratory eye movements and neuropsychological tests in schizophrenic patients. Schizophr Bull 18: 85–94

Kurachi M, Matsui M, Kiba K, Suzuki M, Tsunoda M, Yamaguchi N (1994) Limited visual search on the WAIS picture completion test in patients with schizophrenia. Schizophr Res 12: 75–80

Silverman J (1964) The problem of attention in research and theory in schizophrenia. Psychol Rev 71: 352–379

Korrespondenz: Dr. W. Wölwer, Psychiatrische Universitätsklinik, Rheinische Landes- und Hochschulklinik, Bergische Landstraße 2, D-40629 Düsseldorf, Bundesrepublik Deutschland

Dopaminerge Einflüsse auf die subjektive Zeitschätzung

K. W. Lange[1], G. M. Paul[1] und W. Gsell[2]

[1]Forschungsschwerpunkt Neuropsychologie/Neurolinguistik, Psychologisches Institut, Universität Freiburg und [2]Psychiatrische Klinik, Universität Würzburg, Bundesrepublik Deutschland

Die Bedeutung dopaminerger Einflüsse auf die hypothetische interne Uhr (Treisman 1963) wird durch human- und tierexperimentelle Befunde belegt. Bei Ratten beschleunigen Dopamin-Agonisten wie Methaphetamin die innere Uhr, während deren Geschwindigkeit durch Dopamin-Antagonisten wie Haloperidol verlangsamt wird (Maricq und Church 1983). Eine verzerrte Zeitwahrnehmung scheint bei Schizophrenen vorzuliegen; sie neigen dazu, vorgegebene Zeitintervalle zu überschätzen, d. h. sie schätzen die tatsächlich vergangene Zeit als länger ein (Rabin 1957, Normington 1967, Wahl und Sieg 1980). Diese Zeitüberschätzung kann durch Neuroleptikagabe aufgehoben werden (Tysk 1983). Da beim idiopathischen Parkinsonsyndrom ein zentraler Dopaminmangel vorliegt, wurden in der vorliegenden Studie Parkinsonpatienten unter ihrer normalen L-Dopa-Medikation und nach Entzug des Medikaments im Vergleich mit gesunden Probanden untersucht.

Probanden und Methoden

Elf Patienten mit idiopathischem Parkinsonsyndrom (eine Frau und 10 Männer; mittleres Alter 59,4 Jahre) und 11 nach Alter und Intelligenzquotient parallelisierte Kontrollprobanden (4 Frauen und 7 Männer; mittleres Alter 60,8 Jahre) ohne neuropsychiatrische Erkrankungen in der Anamnese wurden untersucht. Bei der Einschätzung der klinischen Symptomatik nach Hoehn und Yahr (1967) wurden jeweils fünf Patienten mit III und IV und ein Patient mit V eingestuft. Die Parkinsonpatienten standen unter L-Dopa-Behandlung und waren klinisch weder depressiv noch psychotisch oder dement. Sie wurden zweimal im Abstand von zwei oder drei Tagen getestet, zunächst unter ihrer üblichen L-Dopa-Therapie und dann nach einem mindestens 12 Stunden dauernden Entzug des Medikaments.
Alle Probanden wurden zunächst in einer Übungsphase aufgefordert, mit Hilfe einer Uhr mit Sekundenzeiger im Sekundentakt zu zählen. Darauf folgte die Testphase mit ver-

baler und operativer Schätzung (Clausen 1950) kurzer Zeitintervalle. Beim verbalen Zeitschätzen wurden die Probanden aufgefordert, durch internes Zählen die Länge von 10-, 30- und 60-Sekunden-Intervallen, deren Anfang und Ende vom Versuchsleiter signalisiert wurde, zu schätzen. Jedes der drei Zeitintervalle wurde dreimal vorgegeben, die insgesamt neun Intervalle wurden in zufälliger Reihenfolge vorgegeben. Jede Schätzung der vergangenen Zeit wurde protokolliert.
Bei den Aufgaben der operativen Zeitschätzung sollten die Probanden nach internem Zählen signalisieren, wann Intervalle von 10, 30 oder 60 Sekunden Dauer abgelaufen waren. Für jede Zeitdauer gab es drei Durchgänge, bei denen die geschätzte Zeit gemessen wurde.

Ergebnisse und Diskussion

Die Ergebnisse beim verbalen und operativen Zeitschätzen für die Kontrollprobanden und die Parkinsonpatienten mit und ohne L-Dopa-Medikation sind in den Abb. 1 und 2 dargestellt. Unter der Medikation mit L-Dopa unterschieden sich die Parkinsonkranken nicht von den Kontrollpersonen. Nach Entzug von L-Dopa war die Genauigkeit der Zeitschätzung deutlich vermindert; die Patienten unterschätzten alle drei Zeitintervalle bei der verbalen Bedingung, während sie im operativen Test für die drei Bedingungen zu lange Zeiten produzierten. Das entspricht den Befunden anderer Autoren (Pastor et al. 1992) und legt nahe, daß Parkinsonpatienten Zeitintervalle kürzer wahrnehmen und daß die innere Uhr beim Parkinsonsyndrom verlangsamt ist.
  Die Befunde, daß L-Dopa-Gabe zur Normalisierung der Zeitwahrnehmung bei Parkinsonkranken führt und Neuroleptika die Zeitüberschätzung bei Schizophrenen aufheben (Wahl und Sieg 1980, Tysk 1983), lassen darauf schließen, daß zentrale Dopaminspiegel die innere Uhr modulieren. Aufmerksamkeits- oder Vigilanzänderungen könnten die vorliegenden Ergebnisse beeinflußt haben. Allerdings zeigte eine andere Studie, daß eine Vigilanzabnahme nicht in der Lage war, Veränderungen in der Zeitwahrnehmungsleistung nach Neuroleptikagabe zu erklären (Rammsayer 1989). Es läßt sich nicht auschließen, daß die veränderte Zeitschätzungsleistung bei Parkinsonpatienten motorischen Ursprungs war und internes Zählen durch die minimale motorische Aktivität der Subvokalisation verlangsamt war.
  Die Defizite in der Zeitschätzung beim Parkinsonsyndrom können mit der langsamen Initiierung und Ausführung von Bewegungen in Beziehung stehen, da Reaktions- und Bewegungszeiten bei Parkinsonkranken mit der Genauigkeit der Zeitschätzung und -reproduktion korreliert sind (Pastor et al. 1992). Viele motorische Auffälligkeiten beim idiopathischen Parkinsonsyndrom sind durch Defizite im Zeitablauf charakterisiert; u. a. weisen Parkinsonpatienten verlängerte Reaktions- und Bewegungszeiten auf (Bloxham et al. 1984). Sowohl die Wahrnehmung als auch die Reproduktion der Zeitkomponente von Bewegungen könnte beim Parkinsonsyndrom gestört sein (Nakamura et al. 1978). Auf der Grundlage von Befunden an Patienten mit zerebellären Läsionen wurde postuliert, daß dasselbe Zeitkontrollsystem bei motorischen und perzeptiven Aufgaben verwendet wird (Keele et al. 1985).

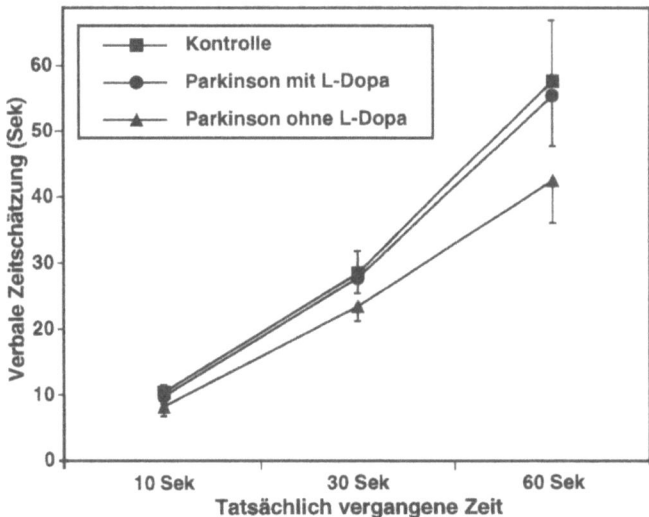

Abb. 1. Verbale Zeitschätzung von 10-, 30- und 60-Sekunden-Intervallen bei Kontroll-probanden und Parkinsonpatienten mit oder ohne L-Dopa. Mittelwerte und Standardab-weichungen sind dargestellt

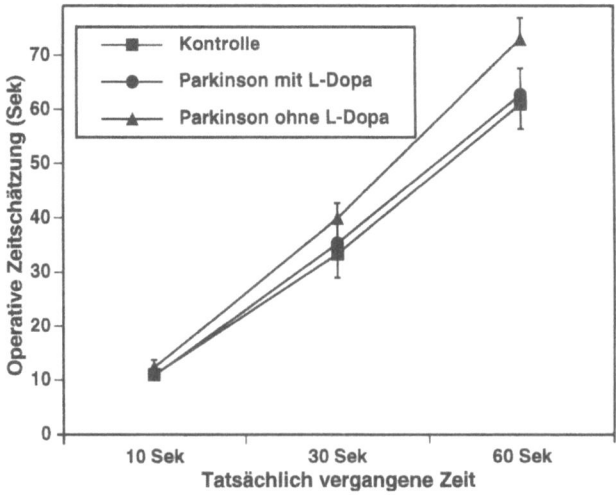

Abb. 2. Operative Zeitschätzung von 10, 30 und 60 Sekunden bei Kontrollprobanden und Parkinsonpatienten mit oder ohne L-Dopa. Mittelwerte und Standardabweichungen sind dargestellt

Literatur

Bloxham CA, Mindel TA, Frith CD (1984) Initiation and execution of predictable and un-predictable movements in Parkinson's disease. Brain 107: 371–384

Clausen J (1950) An evaluation of experimental methods of time judgement. J Exp Psy-chol 40: 756–761

Hoehn MM, Yahr M (1967) Parkinsonism: onset, progression and mortality. Neurology 17: 427–442

Keele SW, Pokorny RA, Corcos DM, Ivry R (1985) Do perception and motor production share common timing mechanims: a correlational analysis. Acta Pychol 60: 173–191

Maricq AV, Church RM (1983) The differential effects of haloperidol and methamphetamine on time estimation in the rat. Psychopharmacology 79: 10–15

Nakamura R, Nagasaki H, Narabayashi H (1978) Disturbances of rhythm formation in patients with Parkinson s disease, part 1. Characteristics of tapping response to the periodic signals. Percept Mot Skills 46: 63–75

Normington CJ (1967) Time estimation in process-reactive schizophrenia. J Consult Psychol 31: 222

Pastor MA, Artieda J, Jahanshahi M, Obeso JA (1992) Time estimation and reproduction is abnormal in Parkinson's disease. Brain 115: 211–225

Rabin AI (1957) Time estimation of schizophrenics and non-psychotics. J Clin Psychol 13: 88–90

Rammsayer T (1989) Dopaminergic and serotoninergic influence on duration discrimination and vigilance. Pharmacopsychiatry 22 [Suppl]: 39–43

Treisman M (1963) Temporal discrimination and the indifference interval: implications for a model of the „internal clock". Psychol Monogr 77: 1–31

Tysk L (1983) Time estimation by healthy subjects and schizophrenics. Percept Mot Skills 50: 535–541

Wahl OF, Sieg D (1980) Time estimation among schizophrenics. Percept Mot Skills 50: 535–541

Korrespondenz: Prof. Dr. K. W. Lange, Psychologisches Institut, Universität Freiburg, D-79085 Freiburg, Bundesrepublik Deutschland

Psychometrische Verfahren zur Klassifizierung und Beurteilung des Verlaufs bei endogenen Psychosen

U. Pester[1], T. Freitag[1], S. Neuhof[2], M. Brosz[1] und B. Bogerts[1]

[1]Universitätsklinikum, Magdeburg und [2]Kreiskrankenhaus, Bernburg,
Bundesrepublik Deutschland

Einleitung

Die aktuelle psychopathologische Symptomatik kann oftmals nicht ausreichend den aktuellen Zustand psychotischer Krankheitsprozesse charakterisieren; Verlaufskriterien bringen zwar zusätzliche Informationen, eine qualitative Erweiterung verspricht jedoch nur ein mehrmethodaler Untersuchungsansatz. Im Universitätsklinikum Magdeburg wurde ein computergestütztes Gerätesystem COMBITEST II entwickelt, mit dem psychische Leistungsparameter wie:
– Reaktionsgeschwindigkeit und -sicherheit
– Konzentration und Aufmerksamkeit
– Lern- und Gedächtnisfähigkeit
– visomotorische Koordination unter Berücksichtigung der Hemispherität erfaßt werden können.

Die Testbatterie umfaßte folgende Aufgaben:
– Abstraktionsaufgabe
– räumliches Orientierungsvermögen
– Bildgedächtnis / Wortgedächtnis
– Konzentrationsprüfung analog d_2-Test
– Zeitschätztest
– Distributionsaufgaben mit unterschiedlichen Reizmodalitäten
– Mehrfachwahlreaktion auf Farben mit und ohne Interferenz
– Tapping-Design
– selektive Aufmerksamkeit

Patienten und Methodik

60 ausgewählte Patienten mit einer endogenen Psychose entsprechend den Kriterien der DSM-III-R (Schizophrene n = 31, Schizoaffektive n = 14, Depressive n = 15), wurden 3mal

in jeweils 3wöchigem Abstand psychometrisch getestet. Parallel dazu wurden neben neurophysiologischen Untersuchungen (EEG-Mapping, Evozierte Potentiale) und psychopathologischen Ratings (AMDP, HAMD, BPRS, CGI und EPS) die Plasmaspiegel ausgewählter Medikamente bestimmt. Die Kontrollgruppe bestand aus 24 Personen.

Ergebnisse

Es gelang bei fast allen Untersuchungsaufgaben eine Differenzierung von Patienten und Probanden. Mit Hilfe von Diskriminanzanalysen ist eine Reklassifizierung beider Gruppen mit 80%er Sicherheit möglich.

Die Tabelle 1 zeigt fünf ausgewählte Tests im Gruppenvergleich, bei denen einige Parameter signifikante Unterschiede der einzelnen Patientengruppen untereinander erkennen lassen.

Während der Bildgedächtnistest einen Einblick in amnestische Funktionen geben soll, lassen die Determinationstests durch Berechnung der mittleren Reaktionszeit Aussagen zu Ermüdung, Aufmerksamkeit und motorischer Reaktionsfertigkeit zu. Die Abstraktionsaufgabe als ein Test zur Erfassung der intellektuellen Befähigung und Denkart stellt sich in Tabelle 2 dar.

Schizophrene: Zeigen anfänglich höhere Leistungen als Schizoaffektive und Depressive, haben aber ab Zeitpunkt 3 keine Verbesserung mehr.

Schizoaffektive: Sind über den gesamten Verlauf besser als die Depressiven; gegenüber den Schizophrenen haben sie bei niedrigerem Ausgangsniveau höhere Endwerte. Auffallend ist der enorme Leistungszuwachs zum Zeitpunkt 3, der auch bei anderen Tests erkennbar ist.

Tabelle 1. Signifikante Unterschiede ausgewählter Tests (p < 0.05)

Test	S – SA	S – A	SA – A
Bildgedächtnis		Parameter 3	Parameter 1 Parameter 2
Determinat.1	Parameter 2		(Parameter 2)
Determinat.2	Parameter 2		
Zeitschätzetest	möglich	möglich	möglich
Abstraktion	Parameter 1 Parameter 2 Parameter 3 Parameter 4	(Parameter 1) Parameter 2	Parameter 1 Parameter 2 Parameter 3 Parameter 4

S Schizophrene, *SA* Schizoaffektive, *A* Affektive

Schlüssel:
Bildgedächtnistest: Parameter 1: nicht erkannte Bilder/Dauer; Parameter 2: erkannte Bilder/Dauer; Parameter 3: falsch erkannte Bilder/Dauer. *Determinationstest 1:* Parameter 1: Initiation time; Parameter 2: Movement-time; Parameter 3: Fehlersumme. *Determinationstest 2:* Parameter 1: Mittlere Gesamtzeit/Fehlersumme. *Zeitschätztest:* Parameter: geschätzte Zeit (60 sec). *Abstraktionsaufgabe:* Parameter 1: Anzahl richtiger Lösungen; Parameter 2: Anzahl bearbeiteter Zeilen; Parameter 3: Anzahl richtiger Lösungen/Zeit; Parameter 4: Anzahl bearbeiteter Zeilen/Zeit

Tabelle 2. Abstraktionsaufgabe: Mittelwert und Standardabweichungen

Zeitp.	Schizophrene	Schizoaffektive	Affektive
Parameter 1 (Anzahl richtiger Lösungen)			
0	21.7 ± 6.5	16.0 ± 6.7	17.4 ± 4.0
3	21.9 ± 6.1	22.2 ± 6.9	16.8 ± 4.1
6	22.9 ± 5.4	23.8 ± 6.6	20.6 ± 3.4
Parameter 2 (Anzahl richtiger Lösungen)			
0	28.3 ± 9.2	25.5 ± 6.2	20.8 ± 4.8
3	29.6 ± 7.6	32.3 ± 7.1	24.2 ± 4.0
6	30.6 ± 7.5	32.1 ± 6.0	29.0 ± 4.2
Parameter 3 (Anzahl richtiger Lösungen/Zeit)			
0	0.075 ± 0.03	0.053 ± 0.02	0.058 ± 0.01
3	0.075 ± 0.02	0.076 ± 0.02	0.056 ± 0.01
6	0.083 ± 0.02	0.081 ± 0.02	0.069 ± 0.01
Parameter 4 (Anzahl bearbeiteter Zeilen/Zeit)			
0	0.099 ± 0.04	0.085 ± 0.02	0.069 ± 0.02
3	0.101 ± 0.03	0.113 ± 0.03	0.081 ± 0.01
6	0.113 ± 0.05	0.109 ± 0.02	0.097 ± 0.01

Depressive: Haben niedrigere Leistungen als Schizophrene und Schizo-affektive; sie holen aber zum Zeitpunkt 6 hin gegenüber den Schizophrenen auf und erreichen fast deren Endniveau.

Das Leistungsvermögen der Abstraktionsfähigkeit ändert sich im Verlauf von 6 Wochen:
– Zeitpunkt 0 zu 3: Schizophrene > Schizoaffektive > Depressive
– Zeitpunkt 3 zu 6: Schizoaffektive > Schizophrene > Depressive

Diskussion

Die Überlegenheit der Schizophrenen gegenüber den Depressiven bei der Abstraktionsaufgabe könnte dadurch erklärt werden, daß einerseits bei schizophrenen Patienten keine generelle Störung der Sprache, der Sprachverarbeitung oder des Denkens vorliegt, sondern vielmehr Defizite z. B. bei komplexeren, Entscheidungen fordernden Aufgaben vorliegen, andererseits die verminderte Leistung der Affektiven im Kontext mit kognitiven Störungen dieser Patientengruppe in Abhängigkeit zur Schwere der Erkrankung zu sehen ist. Medikamenteneinflüsse blieben hierbei vorerst unberücksichtigt.

Auf der psychopathologischen Betrachtungsebene ist bei allen drei Gruppen im Verlauf ein deutliches Fallen der Gesamt-Scores für die Hamilton-Depressionsskala (HAMD) und für die Brief Psychiatric Rating Scale (BPRS) zu verzeichnen. Es haben die Depressiven im HAMD zu allen Zeiten die höchsten Gesamt-Scores, so wie es im BPRS für die Schizophrenen zutrifft. Der erhebliche Leistungszuwachs von Zeitpunkt 0 zu Zeitpunkt 3 bei den Schizoaffektiven spiegelt sich in stärker fallenden Gesamt-Scores bei HAMD und BPRS im gleichen Zeitraum wider und könnte für eine schnellere Respons auf die medikamentöse Therapie hindeuten.

Depressive Patienten verbessern ihre Leistungen entsprechend des allmählichen Rückgangs der depressiven Symptomatik, ablesbar am HAMD, nur langsam, aber stetig, was den klinischen Erfahrungen des Verlaufs depressiver Erkrankungen entspräche.

Literatur

Gerber WD, Basler H-D, Tewes (1994) Medizinische Psychologie. Urban & Schwarzenberg, München Wien Baltimore, S 11–17, 251–261

Haase O (1991) Psychometrie und objektive Leistungsbewertungen in der Sportpsychologie mit apparativen Diagnostiksystemen COMBITEST 2/MS-DOS. Europäischer Kongreß der Sportpsychologie, Köln

Knorr W, Schellenberg R (1989) EEG-Analysen und kognitive Leistungstests bei psychiatrischen Patienten. Habilitation, Medizinische Akademie Magdeburg

Weber P, Regel H, Leo H (1987) Computergestütztes Testen mit dem System COMBITEST 2 in der Psychodiagnostik. PdZ-Information (Psychodiagnostisches Zentrum der Humboldt-Universität Berlin) 6: 5–20

Weber P, Hömberg V, Fincke U (1992) Stand und Perspektiven zur computergestützten Diagnose und Rehabilitation psychischer Leistungen. In: Mauritz K-H, Hömberg V (Hrsg) Neurologische Rehabilitation 2. Huber, Berlin Göttingen Toronto Seattle, S 199–206

Korrespondenz: Dr. U. Pester, Psychiatrische Universitätsklinik, Leipziger Straße 44, D-39120 Magdeburg, Bundesrepublik Deutschland

Entwicklung autonom-vegetativer Parameter im Schulalter und Korrelate kinderpsychiatrischer Störungen

N. Röhrkohl, W. Woerner, G. H. Moll und **A. Rothenberger**

Zentralinstitut für Seelische Gesundheit, Mannheim, Bundesrepublik Deutschland

Kinder- und jugendpsychiatrische Störungen gehen oft nicht nur mit kognitiven oder emotionalen Veränderungen, sondern auch mit abweichenden autonom-vegetativen Funktionen einher (Moll und Rothenberger 1993, Schmeck und Poustka 1993). Über den normalen Entwicklungsverlauf autonom-vegetativer Parameter (AVP) liegen nur relativ wenig systematische Daten vor, obwohl gerade bei Indikatoren wie Herzschlagrate, spontanen Augenbewegungen und elektrodermaler Aktivität die Altersvariable bei Gruppenvergleichen einen erheblichen Störfaktor darstellen kann (Venables 1980). Die üblicherweise vorgenommene Parallelisierung nach Durchschnittsalter ist mit gravierenden Nachteilen (u. a. Ignorieren der ausgeschiedenen Datensätze) behaftet und zudem bei Längsschnittstudien wenig hilfreich. Im Rahmen einer longitudinalen Mehrebenen-Studie wurde daher eine regressionsanalytische Methode zur Schätzung von allgemeinen Entwicklungseffekten angewendet.

Die statistische Kontrolle von Alterseffekten (Partialkorrelationen, Kovarianzanalyse) unterstellt in der Regel eine *lineare* Beziehung zwischen Alter und Merkmal. Um bei biologischen Reifungsprozessen der tatsächlich erfolgenden allmählichen Abflachung von Entwicklungsfunktionen bis hin zum Erreichen eines Erwachsenenplateaus Rechnung zu tragen, wurde die Altersvariable vor ihrer Aufnahme in die Regressionsanalyse transformiert (*Prädiktor = 1 / Alter in Monaten*). Die individuellen Abweichungen von der in Abb. 1 gezeigten regressionsanalytisch ermittelten Erwartungswert*kurve* müssen – z. B. im Vergleich zu einer Regressions*geraden* – als *angemessener* alterskorrigierte Residuen beurteilt werden.

Als AVP wurden *Herzschlagrate*, Anzahl unwillkürlicher *Augenbewegungen* und Häufigkeit *elektrodermaler Reaktionen* unter den Versuchsbedingungen Ruhe, Hyperventilation, sowie während einer Reaktionsaufgabe mit z. T. nichtkontrollierbaren akustischen Reizen (70 dB weißes Rauschen) registriert.

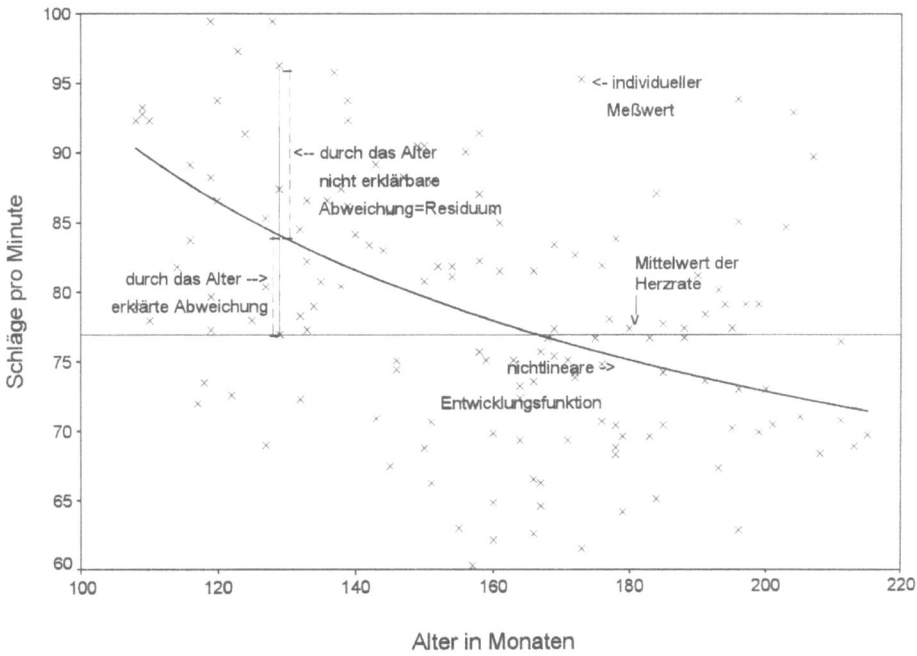

Abb. 1. In der Normgruppe beobachtete Herzraten (Ruhebedingung) und nicht-lineare Entwicklungsfunktion

Die Bestimmung altersspezifischer Erwartungswerte erfolgte anhand der Daten einer unauffälligen Probandengruppe von 156 Kindern und Jugendlichen zwischen 9 und 17 Jahren. Vergleiche zwischen kinder- und jugendpsychiatrischen Patientengruppen mit den Diagnosen *Hyperkinetisches Syndrom, Tic-Störungen* sowie *Anorexia nervosa* und jeweils nach Geschlecht und Durchschnittsalter parallelisierten unauffälligen Kontrollgruppen wurden für Rohwerte und für alterskorrigierte Abweichungswerte (Residuen) durchgeführt; die mit beiden Methoden erhaltenen Ergebnismuster wurden anschließend verglichen.

Allgemeine Entwicklungseffekte

In der *Normgruppe* ergab sich mit zunehmendem Alter eine kontinuierliche Verringerung der Herzrate. Weniger ausgeprägt war die altersbegleitende Abnahme der vertikalen Augenbewegungen (besonders bei Ruhe und Hyperventilation) sowie der Anzahl elektrodermaler Reaktionen, die bei älteren Jugendlichen vor allem nach aversiven Reizen seltener waren.

Vergleiche mit kinderpsychiatrischen Patienten

– *Hyperkinetische Patienten* hatten gegenüber der Vergleichsgruppe deutlich geringere Herzraten, aber keine Unterschiede in vertikalen Augenbewegungen oder elektrodermaler Aktivität.

- Herzraten und Anzahl der Augenbewegungen von *Tic-Kindern* unterschieden sich kaum von den Werten der Vergleichsgruppe; unter Ruhebedingungen und bei Hyperventilation zeigten Tic-Patienten jedoch häufiger elektrodermale Reaktionen.
- Bei *anorektischen Jugendlichen* wurden besonders bei Darbietung nichtkontrollierbarer aversiver Reize erniedrigte Herzraten sowie deutlich weniger Hautreaktionen registriert.

Fazit

Die beobachteten Gruppenunterschiede für Rohwerte und alterskorrigierte Residuen wichen kaum voneinander ab. Bei den hier jeweils verglichenen Gruppen mit gleichem Durchschnittsalter zeigten sich somit wenig Verzerrungen durch die Linearitätsannahme des Parallelisierungsansatzes. Der praktische Nutzen der vorgestellten nicht-linearen Alterskorrektur bleibt davon unberührt: Eine zwangsläufig mit Datenverlusten einhergehende Bildung von Parallelgruppen wird dadurch umgangen; auch wenn keine umfangreichen Altersnormen verfügbar sind, können Vergleiche zwischen Stichproben unterschiedlichen Alters erfolgen. Besonders bei Längsschnittstudien ermöglicht die feinere Auflösung der für jedes Alter berechneten Erwartungswerte zudem eine entwicklungstheoretisch angemessene Bezugsnorm.

Literatur

Moll GH, Rothenberger A (1993) Magersucht im Jugendalter – Mangelnde Modulation autonomer vegetativer Systeme? In: Baumann P, et al (Hrsg) Biologische Psychiatrie der Gegenwart. Springer, Wien New York, S 380–384
Schmeck K, Poustka F (1993) Psychophysiologische Reaktionsmuster und psychische Auffälligkeiten im Kindesalter. In: Baumann P, et al (Hrsg) Biologische Psychiatrie der Gegenwart. Springer, Wien New York, S 359–364
Venables PH (1980) Autonomic reactivity. In: Rutter M (ed) Developmental psychiatry. Heinemann, London, pp 165–175

Korrespondenz: N. Röhrkohl, Klinik für Psychiatrie und Psychotherapie des Kindes- und Jugendalters, Zentralinstitut für Seelische Gesundheit, Postfach 122120, D-68072 Mannheim, Bundesrepublik Deutschland

Hochdimensionale statistische Analysen zur Charakterisierung klinischer Zustände

S. Kropf, M. Brosz und **J. Läuter**

Institut für Biometrie und Medizinische Informatik, Otto-von-Guericke-Universität, Magdeburg, Bundesrepublik Deutschland

Problemstellung

Im Rahmen eines Forschungsprojektes zur „Analyse hirnfunktioneller und kognitiver Störungen und ihrer Veränderungen unter Psychopharmakotherapie", an der verschiedene medizinische Disziplinen beteiligt sind, werden psychiatrisch Kranke und gesunde Probanden mit einem umfangreichen Methodenspektrum untersucht, um die pathophysiologischen Mechanismen dieser Krankheiten aufzudecken und Möglichkeiten der Diagnoseunterstützung und der Verlaufskontrolle unter Therapie zu erkunden.

Das Untersuchungsspektrum umfaßt die Komplexe:
- „Kombitest": 11 computergestützte psychometrische Tests (Reaktionstests, Gedächtnistests, Konzentrationstests u. a.) mit insgesamt 52 Einzelmerkmalen
- „EEG": 112 Einzelmerkmale, gewonnen nach Spektralanalyse – absolute Leistungen in verschiedenen Frequenzbereichen, Kanälen und Untersuchungszuständen
- „Schwerpunktfrequenzen": 4 Parameter, die gesondert aus dem EEG extrahiert wurden
- „evozierte Potentiale": 98 Einzelwerte; Amplituden und Latenzen verschiedener Wellen und Kanäle
- „Flimmerfrequenzen": 3 Einzelwerte.

Diese Testbatterie von insgesamt 269 Einzelmerkmalen wird (bei den Patienten) zu verschiedenen Zeitpunkten im Therapieverlauf erhoben.

Die hier dargestellten Ergebnisse entstammen der ersten Zwischenauswertung. In die Analyse gingen die Daten von 30 gesunden Probanden und

40 Patienten ein (Patienten: 25 schizophrene und 15 schizoaffektive Patienten bzw. 21 Responder und 19 Nonresponder). Von den medizinischen Fragestellungen wird hier nur die Diskrimination zwischen Gesunden und Patienten zum Aufnahmezeitpunkt betrachtet.

Das statistische Problem besteht darin, bei kleinen Stichprobenumfängen multivariate Analysen, speziell Diskriminanzanalysen, mit einer sehr hohen Merkmalszahl durchzuführen. Dies ist eine Situation, die für medizinische Probleme recht typisch ist und die durch den Einsatz moderner Medizintechnik (bildgebende Verfahren, Mapping-Techniken, Langzeit-Verlaufskontrolle usw.) immer weiter gefördert wird.

Statistische Methodik

Die klassische lineare Diskriminanzanalyse verliert bei hoher Dimension der Merkmalsvektoren (im Vergleich zum Stichprobenumfang) ihre Stabilität, was sich in hohen Fehlerraten ausdrückt [1]. Das übliche Vorgehen besteht in solchen Situationen im Einbeziehen einer Merkmalsselektionsprozedur in die Diskriminanzanalyse. Hierdurch kann man einerseits Hinweise auf redundante Variable erhalten, was in späteren Untersuchungen ggf. zu Einsparungen führen kann. Andererseits erscheint es als unbefriedigend, die nun einmal vorhandenen Daten nur zum geringen Teil zu verwerten.

Wir haben verschiedene Selektionsprozeduren getestet, aber zusätzlich zwei weitere Techniken einbezogen – die Anwendung stabiler Diskriminanzregeln und die Blockbildung bei Variablen.

Stabile Diskriminanzregeln: Da die klassische Diskriminanzanalyse nicht generell, d. h. für alle denkbaren Verteilungsmuster verbesserbar ist, wird mit der Annahme von Faktorstrukturen gearbeitet. Die verschiedenen Variablen sollen also auf (wenige) gemeinsame Quellen zurückgeführt werden. Das ist für viele medizinische Anwendungen eine durchaus sinnvolle Annahme. Für solche Strukturen wurden von Läuter [1] spezielle Diskriminanzregeln abgeleitet. Sie verzichten darauf, jeder Variablen ihre spezielle Rolle zuzuweisen und versuchen vielmehr, ähnliche Variablen zusammenzufassen und ihre summarische Wirkung zu klären, was im gewissen allgemeinen Sinne zu einer Glättung zwischen ähnlichen Variablen führt. Wir verwenden hier von den vorgeschlagenen Regeln die sogenannte Ridge-Regel, die sich in vielen Anwendungen bewährt hat.

Blockbildung: Die Ridge-Regel erhöht die Stabilität der multivariaten Analyse. Andere Faktoren (wie z. B. die Speicherkapazität des verwendeten Computers) begrenzen die realisierbare Variablenzahl aber letztendlich doch. In solchen Fällen bietet es sich an, die Analysen zunächst getrennt in sachlich begründeten Merkmalsblöcken durchzuführen, die auf diese Weise – erstmal jeder für sich – eingeschätzt werden können. Anschließend wird für jeden Merkmalsblock und jedes Individuum ein standardisierter Diskriminanzscore bestimmt und für alle Individuen die Summe über die Scores aus den verschiedenen Merkmalsblöcken gebildet. Die Zuordnung der Individuen erfolgt anhand des Summenscores.

Um eine realistische, d. h. unverzerrte Einschätzung der zu erwartenden Fehlerraten bei der Anwendung der vorgeschlagenen Methoden auf
neue, von den Lernstichproben unabhängige Stichprobenelemente zu erhalten, wird eine strikte Kreuzvalidierung durchgeführt, die ggf. die Merk-
malsselektionsverfahren mit einschließt und die auch der parallelen Betrachtung der Merkmalsblöcke übergeordnet bleibt.

Ergebnisse und Diskussion der Verfahren

Im vorliegenden Datenmaterial wurden die eingangs genannten fünf
Merkmalsblöcke benutzt. Die Kreuzvalidierung erfolgte mit einer zufälligen Einteilung in zehn Teilstichproben. Tabelle 1 zeigt die Analyseergeb-
nisse der Diskrimination zwischen Gesunden und psychiatrisch Kranken
anhand der Ausgangsuntersuchung. Angegeben sind die Fehlerraten bei
Kreuzvalidierung unter Verwendung der Ridge-Regel sowie der klassischen
Diskrimination mit Merkmalsauswahl nach zwei Varianten, die den Standards der Programmpakete SAS (F-Test-Kriterium mit $P_{in} = P_{out} = 0.15$) bzw.
SPSS (F-Test-Kriterium mit $F_{in} = 3.84$, $F_{out} = 2.71$) entsprechen. Zusätzlich ist
bei den Verfahren mit Merkmalsauswahl die mittlere Anzahl ausgewählter
Variablen angegeben.

Die Rechnungen erfolgten z. T. mit selbstentwickelten Programmen,
z. T. mit SPSS für Windows.

Die Tabelle enthält die getrennten Ergebnisse für jeden Merkmalsblock sowie die durch Summierung der Scores gewonnenen Ergebnisse
nach Kombination der 5 Blöcke bzw. als weitere Variante die entsprechenden Ergebnisse unter Vernachlässigung des zweiten Blocks (EEG), der
zur Diskrimination nicht wesentlich beitrug. Folgende Tendenzen fallen
auf:

– Von den beiden traditionellen Varianten mit Merkmalsselektion
  liefert diejenige mit der sparsameren Auswahl (SPSS-Standard) die
  besseren Ergebnisse, d. h. es bestätigt sich auch hier, daß die klassische Diskriminanzanalyse bei größerer Variablenzahl instabil wird.

Tabelle 1. Fehlerraten nach der Ridge-Regel und Fehlerraten sowie mittlere Merkmals-
anzahlen im Kreuzvalidierungsprozeß bei Verwendung der traditionellen Regel mit
Merkmalsselektion nach SAS- bzw. SPSS-Standard (siehe Text)

Untersuchungsmethode	Ridge-Regel	SAS		SPSS	
Kombitest	27%	26%	4.9	29%	3.3
EEG	36%	49%	4.6	37%	2.1
Schwerpunktfrequenzen	34%	41%	1.2	40%	1.0
evozierte Potentiale	34%	46%	11.8	27%	3.2
Flimmerfrequenzen	29%	29%	1.0	27%	1.0
Kombination	19%	27%	23.5	21%	10.6
Kombination ohne EEG	14%	26%	18.9	19%	8.5

– Die Ridge-Regel hat im Mittel bei den Merkmalsblöcken sowie in
  der Kombination bessere Ergebnisse als die traditionellen Verfahren, obwohl kein Merkmal ausgeschlossen wird.
– Der Gewinn der verschiedenen Diskriminanzverfahren durch die
  Zusammenfassung über die 5 Blöcke ist bei der Ridge-Regel am
  größten. Die Addition der Scores als kombinierendes Verfahren pro-
  fitiert von dem ausgleichenden Vorgehen bei den Einzelanalysen.
– Trotz der relativ niedrigen Stichprobenumfänge konnte eine Diskrimination mit sehr hoher Variablenzahl durchgeführt werden.
  Die kreuzvalidierten (und damit unverzerrten) Fehlerratenschät-
  zungen sind für den konkreten medizinischen Hintergrund recht
  akzeptabel.

Literatur

Läuter J (1992) Stabile multivariate Verfahren. Diskriminanzanalyse – Regressionsanalyse
  – Faktoranalyse. Akademie-Verlag, Berlin

Korrespondenz: Dr. S. Kropf, Institut für Biometrie und Medizinische Informatik, Universität Magdeburg, Leipziger Straße 44, D-39120 Magdeburg, Bundesrepublik
  Deutschland

Hirnmorphologie bei Altersdepression im Vergleich zu primär degenerativer Demenz und Normalpersonen – eine planimetrische CT-Studie

C. Wurthmann, B. Bogerts und **P. Falkai**

Psychiatrische Universitätsklinik, Magdeburg, Bundesrepublik Deutschland

In dieser Studie wurde untersucht, ob sich mit planimetrischen Verfahren in den kranialen Computertomogrammen von altersdepressiven Patienten im Vergleich mit psychiatrisch unauffälligen, altersgleichen Kontrollen sowie ebenfalls altersgleichen Patienten mit primär degenerativer Demenz eine pathologische Erweiterung der inneren und/oder der äußeren Liquorräume als Hinweis auf krankheitsspezifische Veränderungen der Hirnmorphologie finden läßt (Wurthmann et al. 1995). In die Studie wurden 34 Patienten (6 Männer, 28 Frauen; Durchschnittsalter 70.7 Jahre) mit major depression (DSM-III-R), 29 Patienten (8 Männer, 21 Frauen; Durchschnittsalter 71.2 Jahre) mit primär degenerativer Demenz (DSM-III-R) und 43 Kontrollpersonen (10 Männer, 33 Frauen; Durchschnittsalter 70.8 Jahre) eingeschlossen. Blind ausgewertet wurden mittels Planimetrie VBR, die Maximalfläche des 3. Ventrikels, die relativen Flächen aller frontalen und parieto-okzipitalen Sulci sowie die relativen Flächen des temporalen Subarachoidalraumes auf drei standardisierten Ebenen (1. Anschnitt des Thalamus, Corpus pineale, obere Mittelhirnregion). Verglichen mit den Normalpersonen war die linke seitliche Hirnfurche der Altersdepressionen in Ebene 1 um 125% (p < .05) und in Ebene 2 um 84.9% (p < .00l) erweitert. In Ebene 3 fand sich eine rechtsseitige signifikante Erweiterung um 43% (p < .05). Ebenfalls erweitert waren bei den Altersdepressiven die linke seitliche Hirnfurche in Ebene 3 (42.2%, p < .05), die VBR (19.3%, p < .05) und die relative Gesamtfläche der parieto-okzipitalen Sulci (linke Hemisphäre 38.9%, p < .05; rechte Hemisphäre 35.3%, p = .05). Keine Unterschiede fanden sich bezüglich der frontalen Sulci, der rechten seitlichen Hirnfurche auf den Ebenen 1 und 2 und bezüglich der Maximalfläche des 3. Ventrikels. In der Demenzgruppe fand sich im Vergleich zu den Normalpersonen eine Erweiterung des gesamten inneren und äußeren Liquorraumes

(60–165%). Links temporal in Ebene 2 waren diese Veränderungen bei den Dementen (+ 77.4%) jedoch geringer als bei den Altersdepressiven (+ 84.9%). Signifikante Differenzen zwischen depressiven und Dementen fanden sich allein bezüglich der VBR und der Weite des 3. Ventrikels. Die VBR war bei den Altersdepressiven der einzige Parameter, der signifikant mit dem Alter korrelierte (r = .40; p < 0.5). Die Krankheitsdauer korrelierte signifikant nur mit der linken (r = .48, p<05) und rechten (r = .47, p < .05) seitlichen Hirnfurche auf Ebenen 3 und der maximalen Fläche des 3. Ventrikels. Bei den anderen Parametern fand sich keine signifikante Korrelation mit der Krankheitsdauer. Die Ergebnisse der Studie weisen darauf hin, daß Patienten mit Altersdepressionen hirnmorphologische Auffälligkeiten aufweisen, die sich von primär degenerativen Veränderungen unterscheiden. Der Schwerpunkt der hirnstrukturellen Veränderungen liegt eindeutig temporal und links. Es ist anzunehmen, daß die genannten, von der Krankheitsdauer unabhängigen hirnmorphologischen Veränderungen bei einem Teil der Patienten eine wichtige biologische Grundlage der Altersdepression darstellen.

Literatur

Wurthmann C, Bogerts B, Falkai P (1995) Brain morphology in geriatric depression as compared to normal controls and degenerative dementia – a planimetric CT-scan study. Psychiatry Res Neuroimaging 61: 103–111

Korrespondenz: Priv.-Doz. Dr. C. Wurthmann, Psychiatrische Universitätsklinik, Leipziger Straße 44, D-39120 Magdeburg, Bundesrepublik Deutschland

IBZM-SPECT zur Darstellung der D$_2$-Rezeptorokkupanz unter Risperidon

A. Topitz-Schratzberger[1], **B. Küfferle**[1], **R. Gössler**[1], **C. Vesely**[1], **J. Tauscher**[1], **C. Barnas**[1], **A. Heiden**[1], **T. Brücke**[2], **S. Asenbaum**[2] und **S. Kasper**[1]

[1]Klinische Abteilung für Allgemeine Psychiatrie, Universitätsklinik für Psychiatrie und
[2]Klinische Abteilung für Klinische Neurologie, Universitätsklinik für Neurologie,
Wien, Österreich

Einleitung

Seit 1983 von Wagner et al. erstmals Dopaminrezeptoren am lebenden Patienten dargestellt werden konnten, wurde dieses Thema von immer größerem Interesse für die Hirnforschung. Brücke et al. sowie Kung et al. konnten 1988 in tierexperimentellen Studien die hohe Affinität und Selektivität der Substanz Jodobenzamid (S(–)IBZM) für Dopamin D$_2$-Rezeptoren nachweisen. Diese und in vivo autoradiographische Untersuchungen bilden die Grundlage für die klinische Verwendung von [^{123}J] markiertem IBZM zur Darstellung von Dopamin D$_2$-Rezeptoren mit der Single Photon Emission Computerized Tomographie – kurz SPECT Methode. Im Normalfall zeigen die Aufnahmen eine gute Aktivitätsanreicherung von IBZM im Striatum. Seither konnte in einer Reihe von PET und SPECT Studien (Farde et al. 1989, 1992, Brücke et al. 1991, Broich et al. 1993, Grünwald et al. 1993) die D$_2$-Rezeptorblockade durch Neuroleptika (NL) nachgewiesen werden.

Für das atypische Neuroleptikum (AN) Clozapin wurde im Vergleich zum typischen Neuroleptikum (TN) eine wesentlich geringere striatale D$_2$-Rezeptorblockade beobachtet (Farde et al. 1992, Brücke et al. 1992). Gleichzeitig scheint das Auftreten von extrapyramidal motorischen Nebenwirkungen (EPMS) während der Behandlung mit NL in Zusammenhang mit der Höhe der D$_2$-Rezeptorokkupanz zu stehen. Die geringere Inzidenz von EPMS bei der Behandlung mit AN wurde mit dieser geringen Affinität zu Dopamin D$_2$-Rezeptoren im Striatum interpretiert.

Das AN Risperidon weist, bei guter Wirksamkeit sowohl auf Positiv- als auch Negativsymptomatik, eine nur geringe Inzidenz von EPMS im Vergleich zu TN auf.

Das Ziel unserer Studie war die Darstellung der D2-Rezeptorokkupanz mittels SPECT bei mit Risperidon behandelten psychotischen Patienten zu untersuchen und die Frage zu klären, ob ein Zusammenhang zwischen Dosis und D_2-Rezeptorblockade im Striatum besteht.

Methode

Es wurden 10 Patienten (7 Männer und 3 Frauen) im Alter zwischen 17 und 43a (mittleres Alter 30a) untersucht. Nach den diagnostischen Kriterien von DSM-III-R (APA, 1987) wurden 7 Patienten als Schizophrenie, einer als Schizoaffektive Psychose, einer als Paranoia und einer als atypische Psychose diagnostiziert.

Risperidon wurde bei 6 Patienten in der Höhe von 8 mg, bei 4 Patienten in der Höhe von 3 mg unter Vermeidung zusätzlicher NL veabreicht. Als Zusatzmedikation konnten Anticholinergika sowie Benzodiazepine gegeben werden.

Der klinische Befund, sowie die Nebenwirkungen wurden mittels AMDP, PANSS, Simpson-Angus scale, Barnes Akathisie sowie AIMS Skala untersucht. Als Kontrollgruppe diente ein Kollektiv von 6 gesunden Personen im Alter von 36 bis 87 Jahren (mittleres Alter a).

Für die SPECT-Untersuchung wurde eine rotierende Dreikopfkamera (Siemens Multispect 3) mit Medium-Energie-Kollimatoren verwendet.

Ausgewertet wurden rekonstruierte und summierte transversale Schichten. Aus diesen überlappenden und jeweils um 3,5 mm in axialer Richtung verschobenen Schichten wurden jene ausgewählt, in der das Striatum am besten zu sehen war. Im linken und rechten Striatum und im linken und rechten frontalen Cortex wurden Regionen eingezeichnet und die Counts/Pixel berechnet. Dieser Vorgang wurde in den angrenzenden Schichten wiederholt und die Maximalwerte zur weiteren Berechnung herangezogen, um Verkippungseffekte auszuschalten. Die Werte im Striatum (totale Bindung) und im frontalen Cortex (unspezifische Bindung) wurden jeweils zwischen links und rechts gemittelt und schließlich eine Ratio zwischen striärer und frontaler Count-rate gebildet. Diese Ratio vermindert um 1 ist das Verhältnis spezifische/unspezifische Bindung. Dies entspricht unter Äquilibriumbedingungen und unter der Voraussetzung gleich hoher unspezifischer Bindung in der frontalen Referenzregion und im Striatum dem sogenannten Bindungspotential striärer D_2-Rezeptoren und ist der Rezeptordichte B_{max} direkt proportional.

Um die Ratio BC/FC der zwei Dosisgruppen und der Kontrollgruppe, die Rezeptorokkupanz in den beiden Dosisgruppen und den Grad der Psychopathologie und EPS in den verschiedenen Gruppen zu vergleichen, wurde der Mann-Whitney U Test angewandt.

Ergebnisse

Die Patienten in den zwei Dosisgruppen zeigten keine Unterschiede hinsichtlich ihrer Psychopathologie (PANSS-Score) oder des Ausmasses ihrer EPMS am Tag der SPECTStudie.

Statistisch signifikant waren die Unterschiede zwischen der Kontrollgruppe und den beiden Patientengruppen die mit entweder 3 mg (p = 0.007) oder 8 mg Risperidon (p = 0.0025) behandelt wurden. Beide Dosisgruppen zeigten eine deutliche D_2-Rezeptorblockade. Ledighch eine trendmäßig höhere Okkupanz bei der mit 8 mg behandelten Gruppe konnte festgestellt werden, welche jedoch nicht statistisch signifikant war. (p = 0.0797)

Die Intensität der EPMS zeigte keine direkte Relation zur Rezeptorokkupanz im Striatum. Auffallend war jedoch das etwas höhere Ausmaß von EPMS in der höheren Dosisgruppe im Vergleich zur niedrigeren, was allerdings nicht statistisch signifikant war.

Diskussion

Die vorliegende Studie zeigte uns eine deutliche D_2-Rezeptorokkupanz von Risperidon sowohl in der hohen als auch in der niedrigeren Dosisgruppe. Zu ähnlichen Ergebnissen kamen auch Busatto et al. (1995) mit niedrigeren Ratios für Risperidon, Remoxiprid und TN im Vergleich zu höheren Ratios beim AN Clozapin. Im Unterschied zu Busatto et al. konnten wir die Tendenz zu geringerer Rezeptorokkupanz unter einer niedrigeren Risperidondosis wenngleich statistisch nicht signifikant, was eventuell durch die geringe Fallzahl erklärbar wäre – feststellen.

Abschließend kann man sagen, daß sich das AN Risperidon im Bezug auf sein Rezeptorbindungsverhalten ähnlich den TN und nicht wie zu erwarten, wie das AN Clozapin verhält. Weiters konnte kein Zusammenhang zwischen der Risperidon-Dosis und dem Ausmaß von EPMS festgestellt werden.

Literatur

American Psychiatric Association (1987) DSM-III-R: diagnostic and statistical manual of mental disorders, 3rd ed revised. American Psychiatric Press, Washington DC

Barnes TRE (1989) A rating scale for drug-induced akathisia. Br J Psychiatry 154: 672–676

Brücke T, Podreka I, Angelberger P, Wenger S, Topitz A, Küfferle B, Mueller Ch, Deecke L (1991) Dopamine D2 receptor imaging with SPECT: studies in different neuropsychiatric disorders. J Cereb Blood Flow Metab 11 (2): 220–228

Brücke T, Roth J, Podreka L, Strobl R, Wenger S, Asenbaum S (1992) Striatal dopamine D2-receptor blockade by typical and atypical neuroleptics. Lancet 339: 497

Broich K, Kasper S, Grünwald F, Danos P, Klemm E, Biersack HJ, Möller J (1993) Darstellung von Dopamin D2-Rezeptoren mittels J-IBZM-SPECT bei schizophrenen Patienten. In: Baumann P (Hrsg) Biologische Psychiatrie der Gegenwart. Springer, Wien New York, S 511–513

Busatto GF, Pilowsky LS, Costa CD, Ell PJ, Verhoeff NPLG, Kerwin RW (1995) Dopamine D2 receptor blockade in vivo mith the novel antipsychotics risperidone and remoxipride – an 123 I-IBZM single photon emission tomography (SPET) study. Psychopharmacology 117: 55–61

Farde L, Wiesel FA, Nordström AL, Sedvall G (1989) D1- and D2 dopamine receptor occupancy during treatment with conventional and atypical neuroleptics. Psychopharmacology 99: 28–31

Farde L, Nordström AL, Wiesel Fa, Pauli S, Halldin C, Sedvall G (1992) Positron emission tomographic analysis of central D1 and D2 dopamine receptor occupancy in patients treated with classical neuroleptics and clozapine. Arch Gen Psychiatry 49: 538–544

Grünwald F, Danos P, Kasper S, Reichmann K, Briele B, Klemm E, Rieker O, Shih WJ, Möller HJ, Biersack HJ (1993) IBZM SPECT in psychiatric diseases. In: Radioactive isotopes in clinical medicine and research. Schattauer, Stuttgart New York

Nyberg S, Farde L, Erikson L, Halldin Ch, Erikson B (1993) 5-HT2 and D2 dopamine receptor occupancy in the living human brain. Psychopharmacology 110: 265–272

Wagner HN Jr, Burns HD, Dannals RF, Wong DF, Langström B, Duelfer T, Frost JJ, Ravert HT, Links JM, Rosenbloom SB (1983) Imaging dopamine receptors in the human brain by positron tomography. Science 221: 1264–1266

Korrespondenz: Dr. A. Topitz-Schratzberger, Klinische Abteilung für Allgemeine Psychiatrie, Universitätsklinik für Psychiatrie, Währinger Gürtel 18–20, A-1090 Wien, Österreich

Phosphormagnetresonanzspektroskopische Befunde des dorsolateralen präfrontalen Kortex bei Schizophrenen

H.-P. Volz[1], **R. Rzanny**[2], **S. May**[1], **M. Hajek**[1], **W. A. Kaiser**[2] und **H. Sauer**[1]

[1]Psychiatrische Klinik und [2]Institut für diagnostische und interventionelle Radiologie, Friedrich-Schiller-Universität, Jena, Bundesrepublik Deutschland

Die „Hypofrontalitätshypothese" der Schizophrenie ist durch zahlreiche SPECT (single photon emission computer tomography)-, PET (positron-emission-tomography) sowie neuropsychologische Studien untermauert worden (für einen Überblick siehe z. B. Andreasen et al. 1992, Corcoran und Frith 1993). Seit kurzem ist es mittels der ^{31}P-Magnetresonanzspektroskopie (MRS) möglich die relative Konzentration phosphorhaltiger Verbindungen im Gehirn zu bestimmen. Pettegrew et al. (1991) publizierten erste Befunde an unbehandelten Schizophrenen, die im präfrontalen Kortex erhöhte Konzentrationen an Phosphordiestern (PDE) und verminderte Konzentrationen an Phosphomonoestern (PME) zeigten. Erstere gelten als Membranabbau-, letztere als Membranaufbaubestandteile. Diese Befunde werden von den Autoren im Sinne eines gesteigerten Membrankatabolismus bei Schizophrenen interpretiert.

Methode

Wir untersuchten 13 (nach DSM-III-R diagnostizierte) Schizophrene (Durchschnittalter $32{,}9 \pm 8{,}1$ Jahre, durchschnittliche Erkrankungsdauer $7{,}4 \pm 7{,}0$ Jahre, BPRS-Score $31{,}1 \pm 9{,}3$) und 14 altersgematchte Kontrollen. Die Untersuchung wurde an einem Philips Gyroscan ACS 11 (1.5 Tesla) mit – im Gegensatz zu Pettegrew et al. (1991) – einer gradientengesteuerten Volumenselektions-Technik (image selected in-vivo spectroscopy, ISIS) mit Doppelvolumembestimmung vorgenommen (TR 3000 msec, FID-sampling rate 2000 Hz, sample points 1024, average 768). Das Volumen, das nach Übersichtsaufnahmem dem präfrontalen Kortex angepaßt wurde, betrug ca. $28 \times 28 \times 50$ mm.

Ergebnisse

Die Hauptergebnisse faßt Tabelle 1 zusammen. Zwei typische Spektren zeigt Abb. 1. PDE war signifikant bei der schizophrenen Gruppe erniedrigt.

Tabelle 1. Hauptergebnisse (relative Konzentrationen bezogen auf den Gesamtphosphorgehalt) (PME Phosphomonester, PDE Phosphodiester, PCr Phosphocreation, ATP Adenosintriphosphat

	Kontrollen	Schizophrene
PME%	8.31(2.59)	9.23(1.47)
PDE%	33.94(306)	* 30.35(2.36)
PME/PDE	0.25(0.08)	** 0.30(0.05)
PCr%	11.11(1.12)	11.78(1.47)
g-ATP%	12.69(1.12)	11.80(1.47)
a-ATP	15.44(2.44)	16.59(1.47)
b-ATP	13.19(1.94)	14.03(2.29)
ATP total	41.30(3.15)	42.42(2.74)
pH	7.07(0.27)	7.04(0.05)

* p = 0.0015 (Mann-Whitney-U-Test). **p = 0.0332 (Mann-Whitney-U-Test)

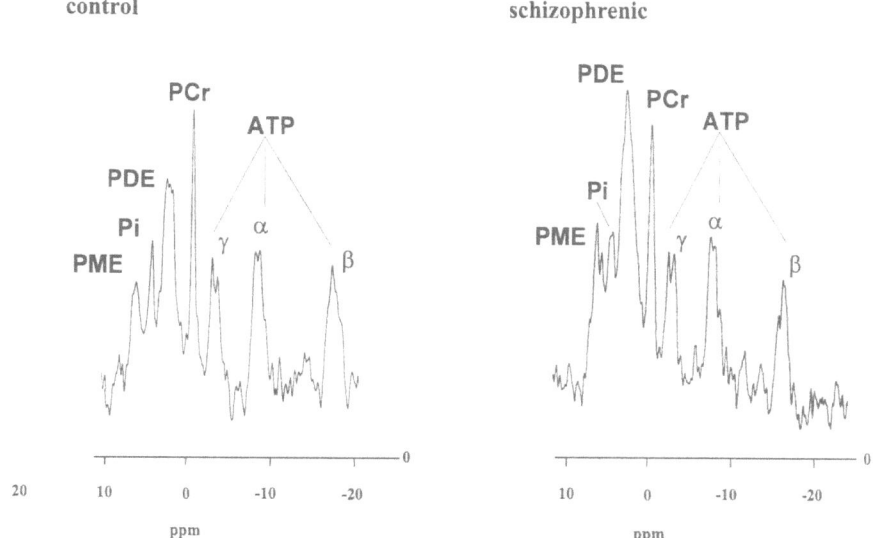

Abb. 1. Typische Spektren einer Kontrollperson und eines schizophren Erkrankten

Korrelationen der MRS-Paramete, mit der neuroleptischen Dosis, der Krankheitsdauer, dem BPRS-, CGI-, SANS- oder SAPS-Score waren nicht signifikant.

Diskussion

Wir fanden im Gegensatz zu Pettegrew et al. (1991) erniedrigte PDE-Werte im präfrontalen Kortex schizophren Erkrankter. Dies kann verschiedene Gründe haben: 1. Unsere Lokalisationsmethode erlaubt sicher Muskelgewebe, Schädelknochen und Liquor als Artefaktquellen auszuschließen. Auf der anderen Seite ist bei der Anwendung von ISIS der relative Anteil der weißen Substanz im Vergleich zu der von Pettegrew et al. verwandten Oberflächenspulentechnik erhöht. 2. Die von uns untersuchten Patienten waren Neuroleptika mediziert (mittlere Chlorpromazinäquivalentdosis: 414 ± 400 mg). Neuroleptika vermindern die bei unbehandelten Schizophrenen erhöhte Aktivität der Phospholipase A2, ein Enzym das den Membranabbau katalysiert (Gattaz et al. 1987, 1990). 3. Pettegrew et al. untersuchten Ersterkrankte, unsere Patienten waren im Durchschnitt bereits mehr als sieben Jahre erkrankt, so daß die Chronizität der Erkrankung Einfluß auf die relative Konzentration der Membranbestandteile genommen haben könnte.

Literatur

Andreasen NC, Rezai K, Alliger R, Swayze II VW, Flaum M, Kirchner P, Cohen G, O'Leary DS (1992) Hypofrontality in neuroleptic-naive patients with chronic schizophrenia. Assessment with xenon 133 single photon emission computed tomography and the tower of London. Arch Gen Psychiatry 49: 943–958

Corcoran R, Frith CD (1993) Neuropsychology and neurophysiology in schizophrenia. Curr Opin Psychiatry 6: 74–79

Gattaz WF, Köllisch M, Thuren T, Virtanen JA, Kinnunen PKJ (1987) Increased plasma phospholipase-A2 acitivity in schizophrenic patients: reduction after neuroleptic therapy. Biol Psychiatry 22: 421–426

Gattaz WF, Hübner CvK, Nevalainen TT, Kinnunen PKJ (1990) Increased serum phospholipase A2 activity in schizophrenia: a replication study. Biol Psychiatry 28: 495–501

Pettegrew JW, Keshavan MS, Panchalingam K, Strychor S, Kaplan DB, Tretta MG, Allen M (1991) Alterations in brain high-energy phosphate and membrane metabolism in first-episode, drug-naive schizophrenics. A pilot study of the dorsal prefrontal cortex by in vivo phosphorus 31 nuclear magnetic resonance spectroscopy. Arch Gen Psychiatry 48: 563–568

Korrespondenz: Dr. H.-P. Volz, Psychiatrische Universitätsklinik, Philosophenweg 3, D-07740 Jena, Bundesrepublik Deutschland

Neurologische Soft Signs und Störungen im sensomotorischen Kortex bei schizophrenen Psychosen: Eine Studie mit der funktionellen Magnetresonanztomographie

R. Niethammer[1], J. Schröder[1], M. V. Knopp[2], F. Wenz[2], K. Baudendistel[2], A. Stockert[1], M. Karr[1], L. R. Schad[2] und H. Sauer[3]

[1]Psychiatrische Universitätsklinik und [2]Deutsches Krebsforschungszentrum, Heidelberg, [3]Psychiatrische Universitätsklinik, Jena, Bundesrepublik Deutschland

Einleitung

Bereits Kraepelin beschrieb diskrete motorische und sensorische Störungen bei schizophrenen Psychosen, die heute als neurologische soft-signs (NSS) bezeichnet werden. Hierzu gehören Störungen der Feinmotorik und der koordinativen Motorik wie der FingerDaumen Opposition. Klinische Studien (Schröder et al. 1992, Karr et al. zur Veröffentlichung eingereicht) zeigen, daß die NSS regelmäßig bei schizophrenen Psychosen auftreten und mit der Schwere der psychopathologischen Symptomatik variieren. Demgegenüber konnte ein Zusammenhang zwischen NSS und extrapyramidalen Nebenwirkungen der neuroleptischen Medikation nicht nachgewiesen werden (Jahn et al. im Druck, Schröder et al. 1992).

Eine erste quantitative Untersuchung von Bewegung und funktioneller Magnetresonanztomographie (fMRT) bei gesunden Probanden wurde von Kim et al. (1993) veröffentlicht. Kim untersuchte 15 gesunde Probanden in Ruhe und unter Finger-DaumenOpposition. Wie zu erwarten kam es während der Bewegung zu einer Aktivierung des contralateralen sensomotorischen Kortex. Darüber hinaus fand sich auch eine Koaktivierung des ipsilateralen sensomotorischen Kortex. Diese Koaktivierung des ipsilateralen sensomotorischen Kortex war linkshemisphärisch signifikant deutlicher ausgeprägt als rechtshemisphärisch.

Die fMRT beruht auf der mit kortikaler Aktivierung einhergehenden Überkompensation der erhöhten Sauerstoffausschöpfung durch die lokale Perfusionserhöhung. Die Abnahme der Konzentration an paramagnetischem Desoxyhämoglobin führt über die Erniedrigung des Gefäß-Gewebe Suszeptibilitätsunterschiedes zu einem Signalanstieg des T2*-gewichteten MR-Bildes. Da sozusagen ein körpereigenes Kontrastmittel verwendet wird, entfallen die Anflutungs- und Auswaschzeiten wie bei der PET- und SPECT-Untersuchung, eine zeitliche Auflösung im Sekundenbereich ist möglich. Im Rahmen der fMRT-Untersuchung ist auch eine exakte Abbildung der Hirnmorphologie möglich. Die fMRT ist eine nicht-invasive Untersuchungstechnik, bei der keine Strahlenbelastung entsteht.

Patienten und Methode

In unserer Studie wurden zehn schizophrene Patienten (entsprechend DSM-III) und sieben gesunden Probanden untersucht. Alle Untersuchten waren Rechtshänder. Die Patienten waren auf Clozapin (mittlere Dosis 287.5 ± 177.6 mg/d) eingestellt und wurden in remittiertem Zustand kurz vor der Entlassung untersucht. Mit einem 1.5 Tesla Siemens scanner wurden die Patienten zunächst in Ruhe und anschließend unter motorischer Aktivität (Finger-Daumen-Opposition) mit Hilfe von T2*-gewichteten MR-Meßtechniken (Schad et al. 1993, 1994) untersucht und die Aktivität im linken und rechten sensomotorischen Kortex aufgezeichnet. Abbildung 1 zeigt den Signal-Zeit-Verlauf einer ausgewählten „region of interest" (ROI). Pro Hand wurden insgesamt 60 Aufnahmen in drei Gruppen zu je 10 Aufnahmen in Ruhe und unter Stimulation durchgeführt. Weitere methodische Details sind bei Schröder et al. (im Druck) angegeben.
Zur Lokalisation der aktivierten kortikalen Areale wurden aus den fMRT-Daten gemäß Ruhebzw. Stimulationsbedingung zwei Gruppen gebildet und für jedes Bildelement (Pixel) der entsprechende Wert von Student's t berechnet. Die so entstandenen Parameterbilder wurden mit Hilfe von definierten Signifikanzniveaus beobachterunabhängig segmentiert und den T1-gewichteten MR-Aufnahmen farbig überlagert.
Zur Bestimmung der Aktivierungsstärke wurde das Student's t-Parameter-Bild einem Signifikanzniveau von 5% entsprechend segmentiert. Mit einem 30 Felder-Gitter wurden anschließend Regions of interest unterteilt und jeweils der mittlere Wert der aktivierten Pixel (Aktivierungsstärke) bestimmt. Dies ermöglichte einen interindividuellen Vergleich zwischen den Patienten (Baudendistel et al. im Druck, Wenz et al. 1994).

Ergebnisse

Alle Patienten und Probanden zeigten eine Aktivierung des contralateralen, sowie eine Koaktivierung des ipsilateralen sensomotorischen Kortex.

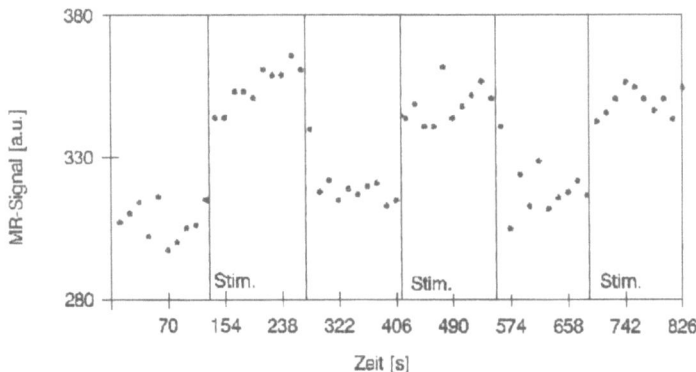

Abb. 1. Signal-Zeit-Verlauf einer ausgewählten Region im motorischen Kortex

die Hirnaktivierung bei den schizophren Erkrankten unterschritt in allen Messungen die bei den gesunden Probanden gemessenen Werte. Diese Verminderung erreichte für die contralaterale Aktivierung beidseits sowie für die ipsilaterale Koaktivierung links Signifikanzniveau (Abb. 2). Zwischen der Hirnaktivierung und der klinisch beurteilten Bewegungsleistung konnte kein korrelativer Zusammenhang nachgewiesen werden.

Während bei den gesunden Probanden die ipsilaterale Koaktivierung linkshemisphärisch ausgeprägter war als rechtshemisphärisch, bestanden bei den schizophren Erkrankten umgekehrte Verhältnisse: hier überstieg die ipsilaterale Koaktivierung des rechtshemisphärischen sensomotorischen Kortex die entsprechenden linkshemisphärischen Werte.

Diese Ergebnisse konnten mit einer multifaktoriellen Varianzanalyse bestätigt werden (Haupteffekt „Diagnose": F = 53,14; df = 1; p < 0,0001; Haupteffekt „Hemisphäre": F = 1,06; df = 1; p < 0,32 n.sig.; Wechselwirkung „Diagnose/Hemisphäre": F = 7,65; df = 1, p < 0,01). Unter contralateraler Oppositionsbewegung blieb ein entsprechender Lateralisationseffekt aus (Haupteffekt „Diagnose": F = 19,77; df = 1; p < 0,005; Haupteffekt „Hemisphäre": F = 0,09; df = 1; p < 0,76 n.sig.; Wechselwirkung „Diagnose/Hemisphäre": F = 0,30; df = 1; p < 0,59 n. sig.). Weitere signifikante Unterschiede zwischen schizophren Erkrankten und gesunden Probanden fanden sich für die Aktivierung in der supplementary motor area (SMA).

Diskussion

Unsere Studie zeigt, daß Störungen im sensomotorischen Kortex und der SMA mit einer veränderten Interhemisphärenbalance an den NSS beteiligt sind. Damit werden frühere PET-Studien von Günther et al. (1994) und Schröder et al. (1994) bei schizophrenen Psychosen, bzw. die Kim et al.

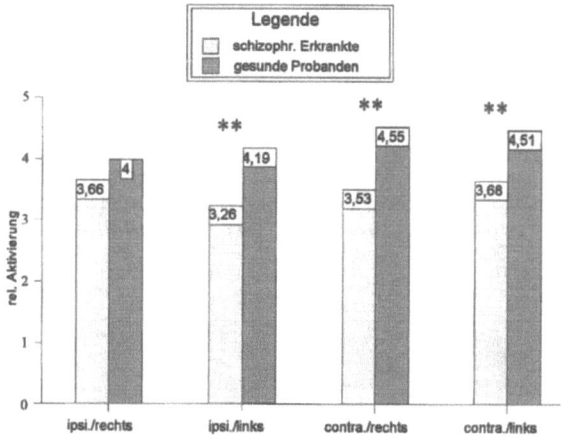

Abb. 2. Hirnaktivierung im sensomotorischen Kortex unter Daumen-Finger Opposition bei schizophrenen Erkrankungen und gesunden Probanden *ipsi.* ipsilateral; *contra* contralateral; **p < 0,005 (Ergebnis einer univariaten Varianzanalyse)

(1993) mit der fMRT bei gesunden Probanden beschriebenen Befunde bestätigt. Alle in der Studie untersuchten Patienten erhielten eine neuroleptische Medikation mit Clozapin (mittlere Dosierung: 287.5 + 177.6 mg/d). Auch wenn extrapyramidale Nebenwirkungen unter Clozapin nur selten auftreten (Naber et al. 1989), kann ein Einfluß der neuroleptischen Medikation auf die Ergebnisse nicht völlig ausgeschlossen werden. Demgegenüber ist jedoch festzuhalten, daß Schröder et al. (1994) in der oben genannten Arbeit Störungen des sensomotorischen Kortex und eine veränderte Interhemisphärenbalance auch bei neuroleptikafreien schizophren Erkrankten fanden.

Literatur

Baudendistel K, Schad LR, Friedlinger M, Wenz F, Schröder J, Lorenz WJ (1995) Post processing of functional MRT data of motor cortex stimulation messured with a standars 1.5 T imager, Mag Res Imag 13 (4) (in press)

Günther W, Brodie JD, Bartlett, EJ, Dewey SL, Henn FA, Volkow ND, Alper K, Wolkin A, Cancro R, Wolf AP (1994) Diminished cerebral metabolic response to motor stimulation in schizophrenics: a PET study. Eur Arch Psychiatry Clin Neurosci 244: 115–125

Jahn T, Cohen R, Mai N, Ehrensperger M, Marquardt C, Nitsche N, Schrader S (1996) Untersuchung der fein- und grobmotorischen Diadachokinese schizophrener Patienten: Methodenentwicklung und erste Ergebnisse einer computergestützten Mikroanalyse. Z Klin Psychol (im Druck)

Karr M, Schröder J, Tittel A, Niethammer R (1996) Neurological soft signs (NSS) und neuropsychologische Störungen bei schizophrenen Psychosen. Nervenheilkunde (zur Veröffentlichung eingereicht)

Kim S-G, Ashe J, Hendrich K, Ellermann JM, Merkle H, Ugurbill K, Georgopoulos AP (1993) Functional magnetic resonance imaging of motor cortex: hemispheric asymmetry and handedness. Science 261: 615–117

Naber D, Leppig M, Grohmann R, Hippius H (1989) Efficacy and adverse effects of Clozapine in the treatment of schizophrenia and tardive dyskinesia – a retrospective study of 387 patients. Psychopharmacology 99: 73–76

Overall JE, Gorham DR (1962) The Brief Psychiatric Rating Scale. Psychol Rep 10: 799–812

Schad LR, Trost U, Knopp MV, Müller E, Lorenz WJ (1993) Motor cortex stimulation measured by magnetic resonance imaging on a standard 1.5T clinical scanner. Magn Res Imag 11 (4): 461–464

Schad LR, Wenz F, Knopp MV, Baudendistel K, Müller E, Lorenz WJ (1994) Functional 2D and 3D magnetic resonance imaging of motor cortex stimulation at high spatial resolution using standard 1.5T imager. Magn Res Imag 12 (1): 9–15

Schröder J, Niethammer R, Geider FJ, Reitz Ch, Binkert, M, Jauß M, Sauer H (1992) Neurological „soft signs" in schizophrenia. Schizophr Res 6: 25–30

Schröder J, Buchsbaum MS, Siegel BV, Geider FJ, Haier RJ, Lohr J, Wu J, Potkin SG (1994) Patterns of cortical activity in schizophrenia. Psychol Med 24: 947–955

Schröder J, Wenz F, Schad LR, Baudendistel K, Knopp MV (1996) Sensorimotor cortex and supplementary motor area changes in schizophrenia: a study with functional magnetic resonance imaging. Br J Psychiatry (im Druck)

Wenz F, Schad LR, Knopp MV, Baudendistel K, Flömer F, Schröder J, van Kaick G (1994) Functional magnetic resonance imaging at 1.5T: activation pattern in schizophrenic patients receiving neuroleptic medication. Magn Res Imag 12 (7): 975–982

Korrespondenz: Dr. R. Niethammer, Psychiatrische Universitätsklinik, Voß-Straße 4, D-69115 Heidelberg, Bundesrepublik Deutschland

Hirnstamm-Raphe-Echogenität bei psychiatrischen Erkrankungen: Die transkranielle farbkodierte Duplex-Sonographie in der psychiatrischen Forschung

T. Becker[1], **G. Becker**[2], **E. Hofmann**[3], **M. Struck**[1], **W. Retz**[1] und
H. Beckmann[1]

[1]Psychiatrische Klinik, [2]Neurologische Klinik und [3]Abteilung für Neuroradiologie,
Universität Würzburg, Würzburg, Bundesrepublik Deutschland

Einleitung

Veränderungen aminerger Transmittersysteme sind für die Pathogenese affektiver Psychosen wichtig. Entsprechend sind im Hirnstamm bei uni- und bipolaren affektiven Psychosen auch strukturelle Veränderungen vorstellbar. Die pathologisch-anatomische und neuroradiologische Forschung hat im Hirnstamm allerdings keine wegweisenden Befunde erbracht. Allerdings gibt es Berichte über einen Zellverlust in Raphe dorsalis-Kernen bei Parkinson- bzw. Alzheimer-Patienten mit einem begleitenden depressiven Syndrom (Übersicht: Becker et al. 1994). Die transkranielle farbkodierte (Duplex-) Sonographie (TFDS) ist eine neue Methode des „Neuroimaging", die bei verschiedenen neurologischen Erkrankungen erfolgreich eingesetzt worden ist (Becker und Bogdahn 1993). Sie erlaubt u. a. die Darstellung der Mittellinienstrukturen des Hirnstamms auf dem Niveau von Mesencephalon und Pons. Zwei Studien galten Veränderungen dieser Strukturen bei affektiven Psychosen.

Patienten und Methode

In einer *Pilotstudie* wurden 20 stationäre Patienten mit depressiven Erkrankungen (17 w, 3 m; 46 ± 16 Jahre) und 20 alters- und geschlechtsangeglichene gesunde Probanden untersucht. Bei drei Patienten handelte es sich um eine erste Krankheitsepisode (DSM-III-R 296.2×), bei 17 Patienten um eine wiederholte Phase (DSM-III-R 296.3×). Alle Patienten wurden durch ein temporales Schallfenster mit einem Siemens CF-Ultraschallsystem (Siemens AG, Erlangen) untersucht, das mit einem 2,25 MHz phased-array-Schallkopf ausgestattet ist; 5 Patienten wurden im Abstand mehrerer Wochen zweimal untersucht.
In einer *Replikationsstudie* wurden mit der gleichen TFDS-Methode untersucht: 40 Patienten mit unipolaren Depressionen (52 Jahre, Range 23–80 J.), 40 Patienten mit bipolaren

affektiven Störungen (40 Jahre, Range 20–64 J.), 40 Patienten mit schizophrenen Psychosen (36 Jahre, 24–62 J.) sowie 40 gesunde Probanden (49 Jahre, 23–72 Jahre). 10 Patienten und 10 Probanden wurden nach 1 Woche bis 8 Monaten mittels TFDS nachuntersucht.
Die Beurteilung der Raphe-Echodichte erfolgte in beiden Studien in Höhe von Mesencephalon und Pons, jeweils im Vergleich mit dem Nucleus ruber. Auf einer Vier-Punkte-Skala standen zur Auswahl: Raphe nicht erkennbar (1), Raphe weniger deutlich, d. h. schwächer als Nc. ruber erkennbar (2), identische Dichte der Raphe im Vergleich zum Nc. ruber (3), Raphe dichter als Nc. ruber (4). Bei 20 Untersuchungen durch zwei getrennte TFDS-Untersucher gab es 16x Konsens, bei 2 × 20 Beurteilungen der standardisierten Photodokumentation gab es 18x Konsens. Untersuchungswiederholungen ergaben identische Scores.

Ergebnisse

In der *Pilotstudie* fand sich ein signifikanter Unterschied der Raphe-Echodichte zwischen unipolar Depressiven und gesunden Probanden: Unter den depressiven Patienten fand sich 14x der Score 1, 6x der Wert 2; die Scores 3 und 4 kamen nicht vor. Bei den Probanden hingegen fand sich 11x Score 3, 7x Score 2 sowie 2x der Score 4. Der Überlappungsbereich betraf den Score 2: Hier fanden sich 13 (von 40) Patienten bzw. Probanden; die Gruppenmittelwerte der Ratings unterschieden sich signifikant ($1,3 \pm 0,47$ vs. $2,8 \pm 0,64$; $p < 0,001$: Wilcoxon-Test). Signifikante Korrelationen mit klinischen Parametern fehlten.

In der *Replikationsstudie* bestätigte sich dieser Befund; der mittlere Raphe-Echogenitätsscore unipolar depressiver Patienten war $1,4 \pm 0,6$, bei gesunden Probanden $2,8 \pm 0,5$ (U-Test; $p < 0,0001$). Bei bipolaren Patienten war der mittlere Score $3,1 \pm 0,6$ (es fand sich in dieser Gruppe kein Unterschied zwischen aktuell manischen und aktuell depressiven Patienten), bei den schizophren Erkrankten betrug der mittlere Echodichte-Score $2,5 \pm 0,6$. Der Befund war also in der vorliegenden Untersuchung spezifisch für die unipolar depressive Patientengruppe; signifikante Korrelationen mit Psychopathologie-Ratings (HAM-D, Manie-Skala, BPRS, Bf-S) fehlten.

Diskussion

Veränderungen der Echodichte in TFDS-Untersuchungen reflektieren Veränderungen der Gewebeimpedanz, z. B. aufgrund von Gliazellreaktionen, Veränderungen der Neuronendichte oder Zytoarchitektur. Die Hirnstamm-Raphe stellt sich sonographisch zwar homogen dar, ist histologisch aber ein Konglomerat aus serotonergen Kerngebieten, kreuzenden Tegmentumfasern und dem medialen Vorderhirnbündel, einer Akkumulation noradrenerger, cholinerger und serotonerger Bahnen, die bidirektional diencephale und telencephale Regionen mit Hirnstammkernen, z. B. Raphekernen, Locus coeruleus und periaquäduktalem Grau verbinden. Der vorstehend referierte Befund einer Verminderung der Raphe-Echodichte bei unipolar depressiven Patienten, welcher für diese Erkrankungsgruppe spezifisch erscheint, könnte einerseits Veränderungen in Hirnstamm-Kernregionen widerspiegeln. Den Autoren erscheint wahrscheinlicher, daß der Befund eine strukturelle Alteration in den aszendierenden und/oder deszendierenden Bahnsystemen des Hirnstamms reflektiert. Veränderungen der weißen Substanz sind im Zusammenhang der Pathogenese affektiver Psychosen diskutiert worden (Becker et al. 1995). Die subtile Untersuchung von Hirnstammstrukturen mittels der Magnetresonanztomographie stellt einen wichtigen nächsten Untersuchungsschritt dar.

Literatur

Becker G, Bogdahn U (1993) Transcranial color-coded real-time sonography. In: Babikian VL, Wechsler LR (eds) Transcranial Doppler Ultrasonography. Mosby Yearbook, St. Louis, pp 51–66

Becker G, Struck M, Bogdahn U, Becker T (1994) Echogenicity of the brainstem raphe in patients with major depression. Psychiatry Res Neuroimaging 55: 75-84

Becker T, Retz W, Hofmann E, Becker G, Teichmann E, Gsell W (1995) Some methodological issues in neuroradiological research in psychiatry. J Neural Transm [GenSect]: 99: 7–54

Korrespondenz: PD Dr. T. Becker, PRISM, Institute of Psychiatry, De Crespigny Park, Denmark Hill, London 5E5 8AF, United Kingdom

MR Befunde beim alkoholbedingten chronischen organischen Psychosyndrom

A. A. Nimmerrichter[1], **L. W. Welch**[2], **A. P. Zijdenbos**[2], **B. M. Dawant**[2],
J. H. Park[2], **Ra. A. Margolin**[2], **O. M. Lesch**[1] und **P. R. Martin**[2]

[1]Anton Proksch-Institut, Wien, Österreich
[2]Vanderbilt University, U.S.A.

Einleitung

Jeder zehnte alkoholkranke Patient leidet an einer chronischen hirnorganischen Beeinträchtigung im Sinne eines irreversiblen organischen Psychosyndroms [11]. Nach der Demenz vom Alzheimertyp und der Multiinfarktdemenz ist damit die alkoholbedingte Demenz die häufigste dementielle Erkrankung überhaupt. Die unterschiedlichen Hypothesen hirnorganischer Beeinträchtigungen rechtfertigen es, die neuropathologischer Grundlagen der chronischen alkoholbedingten organischen Psychosyndrome zu untersuchen. Wir haben daher erste orientierende Studien durchgeführt, um zu prüfen, ob sich diese Diagnosen auch in der pathoanatomischen Ebene widerspiegeln.

Neuropathologie chronischer alkoholischer Psychosyndrome

Hypothetischerweise werden zwei unterschiedliche Formen alkoholbedingter Abbausyndrome – dies vor allem in der amerikanischen Psychiatrie – unterschieden. Es ist das einerseits das amnestische Syndrom (oder auch Korsakow Syndrom) und andererseits die alkoholbedingte Demenz [1].

Als neuropathologisches Korrelat des KS werden zumeist Schädigungen im Bereich des Hirnstammes und Diencephalons genannt [6, 15]. Das Schädigungsmuster umfaßt die Corpora mamillare, die paraventrikulären und entromedialen Kerne des Hypothalamus, die mittleren Kerne und das Pulvinar des Thalamus sowie Veränderungen um den Aquädukt nahe der Vierhügelplatte, im Bereich des Tegmentum bis hin zur Medulla oblongata. Die oftmals beschriebene Ausweitung des dritten Ventrikels ist als Hinweis auf einen Gewebsverlust dieser dienzephalen Strukturen aufzufassen. Auf neuroanatomischer Ebene ist noch unklar, wie weitreichend einzelne

Schäden sein müssen, um zu einer klinischen Symptomatik zu führen und ob nur „kombinierte" Schädigungen im Zwischenhirn und Temporallappen zu Beschwerden führen oder eventuell auch singuläre Substratschäden ein amnestisches Syndrom auslösen können [8].

Das pathologisch-anatomische Substrat der alkoholischen Demenz ist vermu ich entweder eine frontale Schädigung oder eine diffuse kortikale Läsion. So haben Harper und Kril [5] diese Hypothese vertreten, da sie einen signifikanten Verlust von Neuronen bevorzugterweise im frontalen Pol gefunden haben. Aber auch andere Parameter deuten auf eine diffuse Beteiligung des gesamten Gehirnes hin. Jernigan [10] konnte eine Beteiligung subcorticaler Kerngebiete nachweisen [9].

Methodik

Zu Beginn haben wir sieben Patienten mit einer Demenz vom Alzheimer Typ (DAT) und fünf chronisch alkoholkranke Patienten mit einer chronischen organischen Beeinträchtigung untersucht. Alle alkoholabhängigen Patienten haben die Diagnose chronischer Alkoholismus nach DSM III-R erfüllt und konnten klinisch und aufgrund von neuropsychologischen Testresultaten als entweder Korsakow-Syndrom (n = 4) oder alkoholische Demenz (n = 1) charakterisiert werden. Die Patienten der DAT Gruppe wurden ebenso aufgrund klinischer Daten und neuropsychologischer Tests entsprechend der Kriterien des DSM III-R diagnostiziert. Die beiden Gruppen waren in Alter und kognitiver Funktionen vergleichbar (Alter KS + DAA 61.4 ± 11.5, DAT 70.14 ± 8.09, MMSE KS + DAA 22 ± 1.63, DAT 16 ± 9.01).

Anschließend an die neuropsychologische Testung, wurden die Patienten einer MR-Tomographie unterzogen. Zuerst wurden die T1, T2 und protongewichtete Sequenzen in horizontaler Ausrichtung durchgeführt und als zweite Sequeny ein spezielles T1 gewichtetes Gradientenechoverfahren, das uns ein dreidimensionales Datenset (MP-RAGE) lieferte. Die Gruppe der DAT Patienten wurde mit dem MPRAGE in sagittaler Ausrichtung gescant, wobei die Schichtdicke im zeitlichen Verlauf von zuerst 4 mm auf 2.5 mm reduziert werden konnte. Alle alkoholabhängigen Patienten konnten bereits mit einer Schichtdicke von 1.25 mm untersucht werden.

Die erste Sequenz wurde zur Bestimmung von absolutem und relativem Volumen von grauer und weißer Substanz sowie cerebrospinaler Flüssigkeit und Leukenzephalopathien verwendet. Dies wurde von einem in Vanderbilt entwickelten künstlichen neuronalen Netzwerk bewerkstelligt. Dabei setzt der Rater 3–5 Trainingspunkte, um das System auf die Grauwerte der Pixel zu trainieren. Danach wird jeder Pixel vom Netzwerk einer bestimmten Gewebsklasse zugeordnet. Der Output zeigt das klassifizierte Bild und gibt an, wieviele Pixel jedes Gewebe zählt und welchem prozentuellen Anteil jede dieser Gewebsklassen an der Gesamtheit aller Pixel dieser Schicht entspricht. Schließlich wurden die erhaltenen Werte in Proportion gesetzt zu der Gesamtanzahl aller Pixel pro Patient und als Verhältniszahl in Prozent ausgedrückt. Die zweite Sequenz wurde verwendet, um das Volumen spezifischer anatomischer Strukturen im Hirn Alkoholkranker und DAT Patienten zu bestimmen.

Resultate der Segmentation mit dem künstlichen Netzwerk

Es zeigten sich zwischen den Gruppen keine signifikanten Unterschiede bezüglich des Liquorgehaltes.

Beide, sowohl die Gruppe der KS Patienten als auch die DAT Patienten hatten 18–20% CSF Anteil am Gesamtgehirn (siehe Tabelle 1). Aus der Literatur ist bekannt, daß sich der Anteil CSF bei Jungen (35–45jährige) Gesunden um die 10–12% bewegt [9]. Die graue und weiße Substanz war nicht unterschiedlich zwischen den beiden Gruppen. Im Vergleich dazu

Tabelle 1. Resultate der Segmentation (in %) bei Alzheimerpatienten (DAT, n = 6) und chronisch alkoholkranken Patienten mit Korsakoff Syndrom (KS, n = 3)

	CSF	WM	GM
DAT	20 ± 5	31 ± 4	47 ± 3
KS	18 ± 2	32 ± 4	47 ± 4

werden in der Literatur für die Normalpopulation Werte von ung. 52% graue Substanz, und um die 35% für weiße Substanz angegeben fgl. Es fällt auf, daß in unserer Studie beide Gewebe verglichen mit der Zusammensetzung normaler Gehirngewebe in Mitleidenschaft gezogen sind.

Eine Hypothese, die einige Zeit diskutiert wurde, besagte, daß die Liquorräume aufgrund einer Reduktion der grauen Substanz vergrößert seien. Es konnte in unserer Studie keine Reduktion vorzüglich der grauen oder weißen Substanz bei Alkoholabhängigen Patienten im Vergleich mit DAT Patienten bestätigt werden. Stellt man nun diese Befunde nun in Zusammenhang mit der in der Alkohollliteratur geführten Diskussion, ob Alkohol als Neurotoxin nun vorzüglich die Nervenzellen selbst angreift – also die graue Substanz – oder eher die umgebenden Myelinscheiden und Neuroglia – und damit die weiße Substanz – so kann man aufgrund unserer Befunde sagen, daß die weiße Substanz mindestens so stark betroffen ist wie die graue. Aus anderen, spektroskopischen Befunden [17] fanden wir gute Hinweise auf die Schädigung der weißen Substanz durch Alkohol sowie auch darauf, daß es im wesentlichen die Wiederentfaltung der weißen Substanz zu der Normalisierung während der Abstinenz führt.

Resultate der volumetrischen Befunde

Das *Corpus Callosum* ist das größte zusammenhängende Gebilde aus weißer Substanz im menschlichen Gehirn. Harper [4] schlug daher vor, es als Annäherung für vermutete Änderungen in der weißen Substanz zu verwenden. Es zeigten sich keine Unterschiede im Volumen des Corpus callosum zwischen diesen beiden Gruppen (siehe Tabelle 2).

Victor und Adams [15] zeigten, daß beim amnestischen Syndrom die Läsionen hauptsächlich um die Strukturen des Diencephalons rund um den dritten und vierten Ventrikel bestehen. Aus diesem Grund haben wir das Volumen der *Corpora mamillare* bestimmt. Dabei umrandete der Rater

Tabelle 2. Volumen des Corpus callosum (CC) in cm^3 und der Corpora mamillare (CM) in mm^3 bei Alzheimerpatienten (DAT, n = 6) und chronisch alkoholkranken Patienten mit Korsakoff Syndrom (KS, n = 4)

	CC	CM
DAT	10.70 ± 1.73	107.43 ± 34.94
KS	10.64 ± 1.53	50.43 ± 26.15

die Struktur auf dem sagittalen Schnittbild, das am Terminal aufgerufen wurde. Die Ergebnisse wurden durch die von Charness und DeLaPaz [2] beschriebene Methode kontrolliert. Das Volumen der Corpora mamillare war in DAT Gruppe mit 157.43 cmm hoch, wohingegen es in der Gruppe der chronisch alkoholkranken Patienten eine Spanne von 23.19 cmm bis 108.64 cmm erreichte. Der durchschnittliche Wert war bei 50.43 cmm und damit deutlich kleiner als in der Vergleichsgruppe DAT (siehe Tabelle 2). Die vier Korsakoff Patienten zeigten entweder kleine Volumina mit 23.19 bis 30.64 cmm oder solche wie sie in der Literatur in der Normalpopulation angegeben werden (um die 50 cmm). Damit konnten Befunde wie sie bisher in der Literatur bestehen, bestätigt werden. Harper [3] hat zum Beispiel in über einem Drittel der Korsakow Patienten ebenfalls macroskopisch intakte Corpora mamillare gefunden. Charness und DeLaPaz [2] berichteten über 2 normal große Corpora mamillare, die restlichen 7 Patienten zeigten Volumina zwischen 21.3 ± 5.8 mm. Wir konnten zeigen, daß kleine Corpora mamillare nicht obligatorisch sind.

Darüberhinaus konnten wir auch eine andere wichtige Erkenntnis erzielen. Für die älteren Protokolle mit Schichtdicken über 2.5 mm zeigte sich eine Korrelation des Volumens mit der Schichtdicke. Die Messung der anderen Strukturen war allerdings von diesem technischen Effekt nicht beeinflußt.

Neben der Hypothese der Beteiligung des Zwischenhirnes an mnestischen Funktionsstörungen sind auch immer wieder mediane anatomische Gebilde des Temporallappens in die Ätiopathogenese von Gedächtnisstörungen impliziert worden. Die wichtigste Rolle scheint hier der *Hippocampusformation* inklusive dem Hippocampus selbst und den Corpora amygdale zuzukommen [12, 13, 7]. Das Volumen der Hippocampusformation war in den beiden Gruppen unterschiedlich (siehe Tabelle 3). Für alle Alzheimer Patienten konnten wir ein deutlich kleineres Volumen der linken Formation verzeichnen als in der alkoholischen Gruppe. Die rechte Hippocampusformation war hingegen für beide Gruppen gleich groß. Ein diskreter Recht-Links Unterschied zeigte sich für beide Gruppen und ist auch mehrfach in der Literatur bestätigt [16]. Unseres Wissens nach sind kleinere Volumina von linke Hippocampusformationen für Alzheimerpatienten bisher noch nicht berichtet worden. Methodisch läßt sich unsere Studie am ehesten mit der von Watson [16] vergleichen. Aus anterioren Temporallappenresektionen is bekannt, daß durch Läsionen der linken Hippocampusformation das Lernen verbaler Information erschwert ist.

Das *Kleinhirn* ist eines der am meisten geschädigten Gebiete im Gehirn alkoholkranker Patienten und hier insbesondere die Vermis [5]. Daher haben wir auch diese Strukturen untersucht. Es bestand kein wesentlicher Unterschied in der Größe des Cerebellums zwischen DAT Patienten und KS Patienten. Es hatten jedoch die KS Gruppe die größeren Kleinhirnvolumen. Hingegen zeigten die festgestellten Volumina des Kleinhirnwurmes bei den alkoholkranken Patienten eine Schädigung in Form von Atrophien mit verringertem Volumen (siehe Tabelle 3). Ein einziger Patient der DAT Gruppe hatte ein Vermisvolumen von weniger als 7 cm^3.

Tabelle 3. Volumen der Hippocampusformation links (HCF li) und rechts (HCF re) in cm^3 bei Alzheimerpatienten (DAT n = 6) und chronisch alkoholkranken Patienten mit Korsakoff Syndrom (KS n = 4) sowie des Cerebellum und der Vermis in cm^3 (DAT n = 4, KS n = 4)

	HCF li	HCF re	Cerebellum	Vermis
DAT	3.53 ± 0.32	4.27 ± 0.54	112.03 ± 12.42	9.91 ± 2.19
KS	4.44 ± 0.71	4.57 ± 1.00	123.20 ± 8.54	9.38 ± 0.77

Zusammenfassung und Ausblick

MR Imaging ist eine Technik, die es erlaubt, in vivo spezifische makroskopiss le Läsionen bei verschiedenen Formen hirnorganischer Beeinträchtigung darzustellen. Victor et al. [15] konnte zeigen, daß charakteristische Läsionen rund um dem dritten Ventrikel, das Aquädukt und den vierten Ventrikel bei alkoholischem Korsakoffsyndrom bestehen. In unserer Studie zeigten sich auch im Volumen deutlich reduzierte Corpora mamillare in zwei von vier Korsakoff Patienten.

Eine andere Schlußfolgerung aus dieser ersten orientierenen Imagingstudie betrifft die Aufnahmetechnik. Unsere ersten dreidimensionalen Sequenzen wurden mit einer Schichtdicke von 4 mm hergestellt bis es im Laufe der Zeit möglich wurde, die Schichtdicke bis auf 1.25 mm zu senken. Die Volumsbestimmung der Corpora mamillare führten wir auf zwei verschiedene Arten durch, wobei sich keine wesentlichen Unterschiede ergaben. Die Aufnahmen mit größeren Schichtdicken ergaben systematisch größere Volumina, wobei wir zeigen konnten, daß diese beiden Effekte miteinander positiv korrelierten. Das bedeutet, daß es bei sehr kleinen Strukturen unbedingt notwendig ist, spezielle Sequenzen mit kleinen Schichtdicken zu verwenden. Größere Strukturen werden davon nicht beeinflußt. Wir führen dies darauf zurück, daß dort der partielle Volumseffekt (partial volume effect) keine so wesentliche Rolle spielt.

Medial temporale Strukturen sind in die Ätiopathogenese von Gedächtnisstörungen involviert [14]. Intakte Strukturen des Temporallappens wie die Hippocampusformation, Amygdala und parahippocampaler Gyrus werden als wesentlich zur Bildung neuer Gedächtnisspuren betrachtet. Gleichzeitig wurde bei KS Patienten ein Konzept des Schadens dienzephaler Strukturen entwickelt.Wir haben in Patienten mit DAT deutlich kleinere Volumina links gefunden als in Korsakoff Patienten. Wir sind aber bisher noch vorsichtig diese Befunde zu deuten, da diese auf einer kleinen Fallzahl beruhen. Es mag auf den ersten Blick überraschend scheinen, daß die Gruppe der DAT Patienten ein kleineres Kleinhirnvolumen aufwies als die Gruppe chronisch alkoholkranker Patienten. Umso mehr ist die Atrophie der Vermis erwartbar. Unserer Meinung nach sind die Ergebnisse dieser ersten orientierenden Imagingstudie insgesamt so interessant, daß weiterführende Untersuchungen, insbesondere mit Einschluß einer größeren Patientenanzahl, gerechtfertigt sind.

Literatur

1. American Psychiatric Association C (1987) Diagnostic and statistical manual of mental disorders, DSM-III-R. American Psychiatric Association, Washington DC
2. Charness ME, Delapaz RL (1987) Mammillary body atrophy in Wernickes encephalopathy. Ann Neurol 22 (5): 595–600
3. Harper CG, Giles M, Finlay-Jones R (1986) Clinical signs in the Wernicke-Korsakoff complex: a retrospective analysis of 131 cases diagnosed at necroscopy. J Neurol Neurosurg Psychiatry 49: 341–345
4. Harper CG, Kril JJ (1988) Corpus callosal thickness in alcoholics. Br J Addict 83: 577–580
5. Harper CG, Kril JJ (1990) Neuropathology of alcoholism. Alcohol Alcohol 25 (2/3): 207–216
6. Harper CG, Kril JJ (1991) If you drink your brain will shrink. Neuropathological considerations. Alcohol Alcohol [Suppl] 1: 375–380
7. Hooper MW, Vogel FS (1976) The limbic system in Alzheimer's disease. Am J Pathol 85: 1–20
8. Jernigan TL, Butters N, Cermak LS (1992) Studies of brain structure in chronic alcoholism using magnetic resonance imaging. In: Zakhari S, Witt E (eds) (1990) Imaging in alcohol research. Res Monogr 21: 121–133
9. Jernigan TL, Press GA, Hesselink JR (1990) Methods for measuring brain morphologic features on magnetic resonance images – validation and normal aging. Arch Neurol 47: 27–32
10. Jernigan TL, Schafer K, Butters N, et al (1991) Magnetic resonance imaging of alcoholic Korsa-koff patients. Neuropsychopharmacology 4: 175–186
11. Martin PR, Nimmerrichter AA (1993) Pharmacological treatment of alcohol-induced brain damage. In: Hunt WA, Nixon SJ (eds) Alcohol-induced brain damage. NIAAA Res Monogr 22: 461–477
12. Press GA, Amaral DG, Squire LR (1989) Hippocampal abnormalities in amnesic patients revealed by high-resolution magnetic resonance imaging. Nature 341: 45–57
13. Squire LR, Amaral DG, Press GA (1990) Magnetic resonance imaging of hippocampal formation and mammillary nuclei distinguish medial temporal lobe and diencephalic amnesia. J Neurosci 10 (9): 3106–31177
14. Squire LR, Zola-Morgan S (1991) The medial temporal lobe memory system. Science 253: 1380–1385
15. Victor M, Adams RD, Collins GH (1989) The Wernicke-Korsakoff syndrome and related neurological disorders due to alcoholism and malnutrition. Davis, Philadelphia
16. Watson C, Andermann F, Gloor P, et al (1992) Anatomic basis of amygdaloid and hippocampal volume measurement by magnetic resonance imaging. Neurology 42: 1743–1750
17. Martin PR, Gibbs SJ, Nimmerrichter AA, Riddle WR, Welch LW, Willcott MR (1996) Brain proton magnetic resonance spectroscopy studies in recently abstinent alcoholics. Alcoholism Clin Exp Res 19: 1078–1082

Korrespondenz: Dr. A. A. Nimmerrichter, Anton Proksch-Institut, Mackgasse 7, A-1237 Wien, Österreich

Hirn-SPECT Untersuchung bei opiatabhängigen Patienten

**G. Fischer[1], K. Diamant[1], C. Schneider[1], L. Pezawas[1], O. Presslich[1],
I. Podreka[2,3], T. Brücke[2], M. Thurnher[4] und S. Kasper[1]**

[1]Universitätsklinik für Psychiatrie, Klinische Abteilung für Allgemeine Psychiatrie,
[2]Universitätsklinik für Neurologie, Klinische Abteilung für Klinische Neurologie,
[3]Rudolfsstiftung, Abteilung für Neurologie und [4]Universitätsklinik für Radiodiagnostik,
Klinische Abteilung für Neuroradiologie, Wien, Österreich

Einleitung

Durch die Entwicklung des SPECT (Single-Photonen-Emissions-Computerized Tomographie) und neuer Radioliganden wurde der Neurologie und Psychiatrie die Möglichkeit eröffnet, die Hirndurchblutung und Hirnrezeptoren routinemäßig dreidimensional darzustellen. Mit der SPECT Methode ist es gelungen funktionelle Veränderungen des Gehirns von psychiatrischen Erkrankungen darzustellen, wie z. B. Schizophrenie, Depression, Angsterkrankungen und Substanzmißbrauch. Bei Substanzabhängigkeit liegen im Gegensatz zu anderen psychiatrischen Krankheitsbildern nur wenige SPECT-Untersuchungen vor. Volkow's Konklusion einer MRI Untersuchung bei Patienten mit multiplen Substanzmißbrauch war, daß der toxische Effekt von Drogen zu pathologischen morphologischen Befunden, wie einer Demyelinisierung der weißen Substanz führe (Volkow 1988). Die metabolische Auswirkung einer einzelnen Gabe von Morphium auf den cerebralen Blufluß wurde bei einer PET-Studie von London beschrieben, wobei ein signifikant reduzierter Blufluß im gesamten Gehirn gefunden werden konnte (London 1990). Interessanterweise erwies sich in dieser Untersuchung, daß der cerebrale Blutfluß im rechten temporalen Cortex signifikant geringer ist als im linken. Eine Untersuchung von Danos an 40 Patienten, die an einer polytoxikomanen Drogenabhängigkeit (incl. Heroin) erkrankt waren, ließen signifikant häufigere Hypoperfusionen rechts-temporal erkennen, die bei einigen Patienten auch nach einer etwa 3 Monate bestehenden Abstinenz noch nachzuweisen waren (Danos 1994). Die Untersuchung der Messung des cerebralen Blutflusses chronisch Opiatabhängiger, die keine zusätzlichen Substanzen nehmen, wurde bislang mit einer entsprechenden Fallzahl nicht untersucht.

Methoden

Patienten

Es wurden 21 Patienten mit einer Opiatabhängigkeit (DSM-IV 304.0) über die Drogen-ambulanz der Klinischen Abteilung für Allgemeine Psychiatrie, Universitätsklinik für Psychiatrie, in die Untersuchung aufgenommen. Das Alter der Patienten betrug zwischen 18 und 37 Jahren (Mittelwert: 26 Jahre), es handelte sich um 18 Männer und 3 Frauen. Die Patienten applizierten sich bis zum Zeitpunkt der Untersuchung entweder Heroin intravenös oder befanden sich im Methadonsubstitutionsprogramm. Die Patienten waren zum Zeitpunkt der Untersuchung somatisch gesund und wiesen einen negativen HIV Test auf. Ausschlußkriterien waren polytoxikomanes Drogenverhalten, somatische, insbesondere neurologische Erkrankungen und andere psychiatrische Erkrankungen. Die unter kontrollierten Bedingungen abgegebenen Harntest wurden toxikologisch auf das Beinhalten von Opiaten, Methadon, Cocain, Cannabis und Benzodiazepine untersucht.

HMPAO-SPECT

Transversale Hirnschnitte wurden auf 4 angrenzende Schichten kondensiert, wo 17 Regions of intrest (ROIS) in einer Hemisphäre eingezeichnet und spiegelbildlich auf die andere Seite übertragen wurden. Die relative regionale HMPAO Verteilung wurde semiquantitativ durch einen Quotienten (= RI) ermittelt. Die Normalisierung wurde wie folgt berechnet: Rl= durchschnittliche cts in spezifischer ROI / durchschnittliche cts aller ROIS. Die Rl- Werte wurden für die statistische Berechnung herangezogen.

Ergebnisse

Es konnte bei 16 Patienten ein positives Ergebnis für Opiate und bei 5 Patienten ein positives Ergebnis für Methadon in den Urinproben, die vor der SPECT-Untersuchung durchgeführt wurden, nachgewiesen werden. Alle anderen Parameter waren negativ. Die mittlere Dauer der Opiatabhängigkeit lag bei unserem Untersuchungskollektiv bei 65 Monaten (Bereich: 1–240 Monate). Bei der Berechnung des cerbralen Bluffluß (rCBF) in den von uns gewählten 34 Regionen ergab sich im Vergleich der beiden Hemisphären folgendes Ergebnis: Es ließ sich in speziellen Regionen der rechten Hemisphäre eine signifikant niedrigere Durchblutung verglichen mit der kontralateralen Seite erheben. Am deutlichsten zeigt sich der Unterschied in zentralen und temporalen Regionen. So liegt die rCBF in der rechten centralen Region signifikant unter dem der linken $p = 0.001$ ($t = 3.7$, $df = 20$). In den rechten temporalen Regionen ließen sich im Vergleich zu jenen der linken Hemisphäre folgende signifikante Unterschiede erzielen, im mesotemporalen Bereich auf einem Niveau von $p = 0.003$ ($t = 3.37$, $df = 20$), im superior temporalen Areal eine Hypoperfusion rechts im Vergleich zur kontralateralen Seite mit $p = 0.003$ ($t = 3.43$, $df = 20$). Die bei 13 Patienten durchgeführten CCT ergaben keinen Hinweis auf Atrophien.

Diskussion

Das Ergebnis eines pathologisch cerebralen Blufflußes in der rechten Hemisphäre erlaubt einen Rückschluß auf den direkten Einfluß von Opiaten, wobei bislang SPECT-Untersuchungesergebnisse in einer rein opiatabhängigen Population mit dieser Fallzahl nicht bekannt sind. Allerdings finden auch Danos et al. in einem polytoxikomanen Untersuchungskollektiv eine signifikante Reduktion der Perfusion vorallem im rechten Temporallappen im Vergleich zur kontralateralen Seite. Bei dieser untersuchten Population lag jedoch auch mehrheitlich ein pathologisches CT zugrunde. Die Interpretation dieser Ergebnisse konnte sich also nicht ausschließlich auf den Opiateinfluß beziehen, zumal die von der Untersuchungsgruppe konsumierten Benzodiazepine, doch einen wesentlichen Einfluß auf Zellatrophien haben, und auch bei dieser Arbeit mehr als die Hälfte pathologische CT Befunde aufweisen. Dennoch findet sich bei dieser Studie, wie auch in den PET Arbeiten von London darauf hingewiesen wird, eine Hypoperfusion im rechten Temporallappen. Es bedarf einer umfassenderen Untersuchungsmethodik, etwa einer entsprechenden Persönlichkeitsdiagnostik, die diese Ergebnisse neben biologischen Hinweisen, daß der rechte Temporallappen eine hohe Dichte an Opiatrezeptoren aufweist, besser erklären können (Blackburn et al. 1988)

(Literatur beim Verfasser)

Korrespondenz: Dr. G. Fischer, Universitätsklinik für Psychiatrie, Währinger Gürtel 18–20, A-1090 Wien, Österreich

Mit der Magnetresonanzspektroskopie bestimmte In-vivo-Hirnlithiumsignale korrelieren mit Serumlithiumspiegel von Patienten unter Langzeitlithiumtherapie

U. Riedl, A. Barocka, W. Kaschka, H. Kolem, J. Demling, R. Schelp und
D. Ebert

Psychiatrische Universitätsklinik, Erlangen, Bundesrepublik Deutschland

In der folgenden Studie werden mittels der magnetresonanzspektroskopischen Methode in vivo Hirnlithiumsignalen bzw. -konzentrationen bestimmt. Es wurde ein Kollektiv von Patienten, die Lithium über sechs bis acht Wochen einnahmen, mit einer Gruppe, der Lithium sechs Monate oder länger verabreicht wurde, verglichen.

Einleitung

Die 1946 entdeckte magnetische Kernspinresonanz (Bloch/Purcell, 1952 Nobelpreis) führte erst 1973 zu der Möglichkeit der Bildgebung anatomischer Strukturen, wie sie heute mit der Magnet-Resonanz-Tomographie klinische Routine wurden.

Insbesondere im Bereich der Magnetresonanzspektroskopie traten jedoch neben dem Wasserstoff auch andere Elemente mit ungerader Protonenzahl in den Vordergrund.

Beispielsweise erlaubt die Spektroskopie von Phosphor (31P) in energiereichen Phosphaten (ADP, ATP, Fruktose-1-P, Kreatin-Phosphat) Einblicke in den regionalen Energiestoffwechsel. Auch scheint die Messung von Gehirnkonzentrationen flourhaltiger Substanzen wie Fluphenazin mit der 19-Fluorspektroskopie möglich, also sicher eine Chance cerabrale Neuroleptikaspiegel zu generieren. Da 7-Lithium ebenfalls eine ungerade Protonenzahl besitzt, und Lithium im menschlichen Körper natürlich kaum vorhanden ist, erscheint Lithium als ideales Element für die Magnetresonanzspektroskopie.

Tatsächlich gelang Renshaw und Wicklund 1988 erstmals die In-Vivo-Messung cerebraler Lithium-Konzentrationen mittels der 7-Lithium-NMR-Spektroskopie.

Komorowski et al. (1990) konnten bei einem Patienten mit einer schizoaffektiven Psychose im Längsschnitt eine starke intra-individuelle Schwankung des Verhältnisses Lithium-Konzentration im Gehirn zu Serum feststellen.

Kato und seine Arbeitsgruppe (1992) berichteten von einem Anstieg des Hirnlithiumspiegels während einer manischen Episode, wobei der Anstieg des Hirnlithiumspiegels unabhängig vom Serumspiegel war und sich nicht veränderte.

Gyulai et al. (1991) zeigten bei einer Studie mit zyklothymen Patienten unter einer Erhaltungstherapie mit Lithium, daß das Minimum eines effektiven Hirnlithiumspiegels im Bereich von 0,2–0,3 m Molar liegt.

Kushnir und Mitarbeiter (1993) untersuchten acht phasenfreie zyklothyme Patienten, von denen drei Non-Responder waren. Es zeigten sich keine Unterschiede der Hirnlithiumkonzentration oder des Quotienten Hirn zu Serum zwischen Respondern und Non-Respondern.

Kato (1993) untersuchte die Hirnlithiumspiegel von 12 behandelten manischen Patienten. Nach einem Monat Lithiumtherapie korrelierte die Reduktion des Punktwertes der Petterson Mania Ratingscale mit der Hirnlithiumkonzentration und mit dem Hirn-Serumquotienten, nicht jedoch mit der Serumkonzentration.

Es besteht allgemeiner Konsens darüber, daß mit einer phasenprophylaktischen Wirkung des Lithiums erst nach Ablauf von sechs Monaten gerechnet werden darf.

Um den Zusammenhang zwischen verzögerter phasenprophylaktischer Wirkung einer Lithiumtherapie und Veränderungen der Hirnlithiumkonzentrationen besser zu verstehen, wurden mit Hilfe der 7-Lithium-mrs-Methode Patienten, die sechs Monate oder länger Lithium einnahmen, mit einer Gruppe von Patienten, denen Lithium über einen Zeitraum von 4–8 Wochen verabreicht wurde, verglichen.

Methode

Für die Untersuchung wurden zwei gemischtgeschlechtliche Kollektive von je zehn Patienten gebildet, die Lithiumcarbonat entweder über einen Zeitraum von 6–8 Wochen oder sechs Monate und länger einnahmen. Zusatzmedikation wurde bis auf Carbamazepin zugelassen. Weitere Ausschlußkriterien entsprechen den Kontraindikationen einer kernspintomographischen Untersuchung. Diagnostisch wurden Patienten mit Major depression, phasisch unipolarem Verlauf, sowie schizoaffektive Patienten vom depressiven Typ aufgenommen. Während des Untersuchungszeitraums bestand bei den Patienten keine depressive oder schizophrene Symptomatik.

Nach Renshaw und Wicklund (1988) erreicht der Hirnlithiumspiegel erst acht Stunden nach oraler Lithiumapplikation sein Maximum, so daß die Magnetresonanzspektroskopie sieben bis acht Stunden nach der Morgendosis erfolgte.

Für die eigentliche cerebrale in vivo 7-Lithium- magnetresonanzspektroskopische Messung wurde ein 1,5 Tesla Ganzkörper MR Tomograph mit Zusatzausstattung für Spektroskopie der Firma Siemens verwendet.

Bei jedem Patienten wurde ein externer Standard mitgeführt.

Tabelle 1

Age	DSM-III-R Diagnosis	Sex	HDRS	Li-Serum (Mm/L)	Li dose	Brain concentration Mm/L
29	295.70	f	3	0,56	900	0,57
41	296.30	f	3	0,51	900	0,45
46	295.70	m	6	0,58	900	0,69
32	296.30	m	7	0,31	1125	0,24
34	296.30	m	4	0,57	675	0,37
24	296.30	f	3	0,38	675	0,29
49	296.30	f	4	0,84	900	0,33
31	295.70	f	2	0,81	900	0,20
64	296.30	m	3	0,40	675	0,40
37	295.70	f	13	0,59	900	0,24

Tabelle 2

Age	DSM-III-R Diagnosis	Sex	HDRS	Li-Serum (Mm/L)	Li dose	Brain concentration Mm/L
26	295.70	m	5	0,66	900	0,41
52	296.30	f	0	0,54	900	0,49
50	295.70	m	8	0,58	900	0,60
25	296.30	m	7	0,69	1800	0,70
34	295.70	m	0	1,02	1575	1,00
62	296.30	m	5	0,45	675	0,33
49	296.30	f	0	0,60	1125	0,45
46	296.30	f	4	0,78	1125	0,24
57	295.70	f	0	0,66	1125	0,65
65	296.30	m	0	0,52	675	0,33

Technische Erläuterungen

Ein 1,5 Tesla Magnetom mit Spektroskopieausrüstung wurde verwendet.
Die Spule ist für zwei Frequenzen einsetzbar und zwar für 63,6 MHz
(1H Resonazfrequenz) und für 27,7 MHz, die Lithium-Frequenz.
Der Durchmesser der Helmholtzspule beträgt 17 cm.
Vor der Studie wurde das System mit 0,4 und 4 m Molar Lithiumchloridlösung (200 ml) getestet und kalibriert.
Die Reproduzierbarkeit der Daten des MR-Systems wurde mit den beiden Lösungen kontrolliert. Der Unterschied der Signale, die an verschiedenen Tagen gemessen wurden, war geringer als 3%.
Während der Patientenuntersuchung bestand das Standardprotokoll aus folgenden Abläufen:
–   Fast scoot imaging mit eingestellter Protonenfrequenz unter Nutzung gradierter Echosequenzen (echo time TE = 10 ms/repetition time, TR = 115 ms, 5 Schichten transversal, 5 Schichten sagittal / total acquisiton time 645 s)

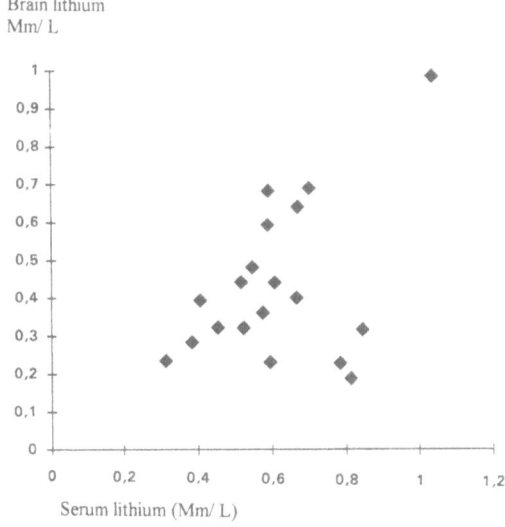

Abb. 1

- Das Magnetfeld wird dann auf den Patientenkopf geschimt.
- Die Basislinie nach dem Schimen war typischerweise 0,4 ppm.
- Die Spule wird dann auf die Lithiumfrequenz umgestellt.
- Bei allen Patienten wurden zwei nicht lokalisierte induction decays (FID) gemessen.
- 1. TR = 10 s   20 acquisition   TAT (3 : 20 min)
- 2. TR = 1 s   100 acquisition   TAT (1 : 40 min)
- Jede FID wurde mit 1024 complex data points durchgeführt (256 ms Meßzeit).
- Bei jeder Messung wurde ein externer Standard mitgeführt (20 ml, 2,5 m Molar, [DY(TTHAA)]) dysprosium triethylene tetramine hexa acetic acid
- Die Spektren wurden nach Applikation eines Gaussian filters (5 Hz line broadening) mit numerischer peak-Integration angewendet.

Für zwei Patienten wurden zusätzlich Messungen mit Repetitionszeiten von 2, 4, 8 und 20 s erhoben, um die logitudinale Relaxationszeit T1 zu evaluieren. Es zeigten sich Werte von 3,2 s (± 0,5 s) und 3,5 s (± 0,5 s).

Bei den Ergebnissen stellt die Angabe von absoluten Hirnlithiumkonzentrationen in sofern ein Problem dar, als daß hier ein Korrekturfaktor einfließt, der bis zu 20% ausmachen kann.

Bei Einsatz eines „comparative lithium value" läßt sich dieser Faktor auf 10% minimieren. In Übereinstimmung mit anderen Arbeitsgruppen wurde die Ergebnisrechnung ebenfalls mit einem absoluten Konzentrationswert durchgeführt.

In den „comparative lithium value" fließen folgende Faktoren ein:

Zum einen die Abgleichung aller Patientensignale mit dem Signal der Referenzprobe, um die Spulenspannung zu kompensieren; andererseits die Korrektur der Messung der Signalintensität nach 10 Sekunden für T1 Relaxation, in Abhängigkeit von der zweiten Messung für eine time repetition von 1 s. Hier tritt typischerweise ein Korrekturfaktor von 10% ein.

Auch ging grob das abgeschätzte Hirnvolumen in die Korrektur ein, wobei hier die Lithiumsignale von Muskel, Liquor und Serum des Kopfes noch nicht eliminiert wurden, was die Schwierigkeit der Angabe von absoluten Hirnkonzentrationen verdeutlicht.

Des weiteren lassen methodische Unterschiede zu anderen Arbeitsgruppen eine Vergleichbarkeit der aboluten Hirnkonzentrationen schwierig erscheinen [Interner vs. externer Standard, Technik (Tesla), unterschiedliche Repetitionszeiten bei Berechnung].

Ergebnisse

Bei den Ergebnissen zeigte sich in der Gesamtgruppe (n = 20 / r = 0, 4122, p = 0, 035) sowie in der Gruppe der Langzeiteinnehmer (n = 10 / r = 0, 6543, p = 0, 020) eine positive Korrelation zwischen der Lithium-Serum-Konzentration und der Hirnkonzentration. Bei den Kurzzeiteinnehmern (n = 10/ r = −0, 0526, p = n.s.) zeigte sich diese Korrelation jedoch nicht.

Zusammenfassung

Insgesamt konnte eine hohe Korrelation zwischen Dosis, Serum und Hirnlithium in der Gruppe der langzeitbehandelten Patienten im Gegensatz zur Gruppe der kurzzeitbehandelten Patienten, bei der diese Korrelation nicht nachweisbar war, festgestellt werden.

Aus den gewonnen Ergebnissen kann der Schluß gezogen werden, daß die mangelnde phasenprophylaktische Wirksamkeit des Lithiums in den ersten sechs Monaten aus einer Instabilität zwischen Blut- und Hirnkompartiment resultiert.

Inwieweit ein Rezidiv bei einer affektiven Psychose bei stabiler Lithiumtherapie mit einem Absinken der Hirnlithiumkonzentration korreliert, sollte zum Untersuchungsgegenstand weiterführender Forschung werden.

Literatur

Gonzales G, Guimaraes AR, Sachs GS, Rosenbaum JF, Garwood M, Renshaw PF (1993) Measurement of human brain lithium in vivo by MR-spectroscopy. Am J Neuroradiol 14: 1027–1037

Gyulai L, Wicklund SW, Greenstein R, Bauer MS, Ciccione P, Whybrow PC, Zimmermann J, Kovachich G, Alves W (1991) Measurement of tissue lithium concentration by lithium magnetic resonance spectroscopy in patient with bipolar disorder. Biol Psychiatry 29: 1161–1170

Kato T, Takahashi S, Inubushi T (1991) Brain lithium concentration by Li- and H-magnetic resonance spectroscopy in bipolar disorder. Psychiatry Res Neuroim 45: 53–63

Kato T, Takahashi S, Shioini T, Inubushi T (1993) Alterations in brain phosphorns metabolism in bipolar disorder detected by in vivo P and Li magnetic resonance spectroscopy. J Affect Disord 27: 53–60

Komorowski RA, Newton JEO, Walker E, Cardwell D, Jagannathan NR, Ramaprasad S, Sprigg J (1990) In vivo NMR spectroscopy of lithium-7 in humans. Mag Res Med 15: 347–356

Komoroski RA, Newton JEO, Sprigg JR, Cardwell D, Mohanakrishnan P, Karson LN (1993) In vivo Li nuclear magnetic resonance study of lithium pharma cohinetics and chemical shift imaging in psychiatric patients. Psychiatry Res Neuroim 50: 67–76

Kushnir T, Itzshak Y, Valavski A, et al (1991) T1 relaxation times and concentrations of lithium-7 in the brain of patients receiving lithium therapy. Abstracts, 10th Annual Scientific Meeting of Society of Magnetic Resonance in Medicine, p 1063

Renshaw PF, Wicklund S (1988) I vivo measurement of lithium in humans by nuclear magnetic resonance spectroscopy. Biol Psychiatry 23: 465–475

Korrespondenz: Dr. U. Riedl, Psychiatrische Universitätsklinik, Schwabachanlage 6, D-91054 Erlangen, Bundesrepublik Deutschland

Reduzierte Basalganglienvolumina bei Affektiven Psychosen. Eine planimetrische Post-mortem-Studie

B. Baumann[1], **P. Falkai**[2] und **B. Bogerts**[1]

[1]Psychiatrische Klinik, Universität Magdeburg und
[2]Rheinische Landes- und Hochschulklinik, Düsseldorf, Bundesrepublik Deutschland

Einleitung

Seitdem umfangreiche morphologische Untersuchungen an Gehirnen Schizophrener auf hirnstrukturelle Veränderungen bei dieser Krankheitsgruppe hinweisen, gibt es eine Renaissance neuropathologischer Forschung in der Psychiatrie [1]. Bisher liegen jedoch nur wenige und unzulängliche hirnmorphologische Studien bei affektiven Psychosen vor [2]. Höher ist demgegenüber die Zahl der Befunde bildgebender Verfahren bei affektiven Syndromen [3]. Hier ergaben sich vorzugsweise Veränderungen der Volumina des Frontal- bzw. Temporallappens [4], Erweiterungen der Seitenventrikel [5] und des 3. Ventrikels [6], aber auch strukturelle oder metabolische Alterationen im Bereich der Basalganglien [7,8].

Während Befunde der funktionell bildgebenden Verfahren eine hohe Variabilität in Abhängigkeit vom Untersuchungszeitpunkt aufweisen, sind Post-mortem-Analysen eher geeignet, längerfristige strukturelle Veränderungen bei psychischen Erkrankungen aufzudecken, zumal die Auflösung der histologischen Post-mortem-Schnitte die der Tomographien bei weitem übertrifft. Insbesondere sind es hier Volumenveränderungen, die summarisch auf eine Fehlfunktion bestimmter Hirnstrukturen oder -systeme hinweisen können.

Ziel dieser Studie war es, volumetrisch Hypo-/Hypertrophien bzw. Hypo-/Hyperplasien in Hirnen depressiv Erkrankter offenzulegen. Aufgrund theoretischer Überlegungen sowie auch von den bereits erwähnten Befunden kranialer Bildgebung her erwarteten wir in erster Linie Größenveränderungen limbischer, darüberhinaus im Zwischenhirn und möglicherweise auch in den Basalganglien gelegener Strukturen. Daß Basalganglien bei Depressionen von Bedeutung sein könnten, schien uns insbesondere durch das nicht seltene Auftreten depressiver Symptome bei neurologischen Erkrankungen mit Affektion dieses subkortikalen Strukturkomplexes naheliegend. Beispiele hierfür sind Morbus Parkinson [9], hepatische Enzephalopathie [10] sowie vaskuläre [11] und sklerosierende [12] Basalganglienprozesse.

Material und Methoden

Untersucht wurden Ganzhirnschnittserien von 10 Verstorbenen mit depressiven Syndromen unter der Diagnose einer Affektiven Psychose nach ICD 10. Darunter waren 5 Fälle mit einer unipolaren Depression, 3 Fälle mit einer bipolaren Depression und 2 Fälle mit einer schizoaffektiven Psychose. In 4 Fällen war eine Psychopharmaapplikation bekannt. 8 Probanden waren Suizidopfer. Einschlußkriterien waren neben den genannten Diagnosen ein Lebensalter unter 65 Jahren sowie eine Autolysedauer unter 72 Stunden. Ausschlußkriterien waren organische Hirnerkrankungen, Hirntraumen, Alkoholabusus und auszehrende chronische internistische Erkrankungen. Im Vergleich zu 10 neuropsychiatrisch unauffälligen Kontrollfällen ermittelten wir die Volumina aller großen Basalganglienareale, der Zwischenhirnstrukturen und temporolimbischer Regionen über ein computergestütztes planimetrisches Verfahren. Probanden und Kontrollen wiesen eine gute Verleichbarkeit hinsichtlich Lebensalter (Jahre) (x 47.7/47,2; p = .92), Hirngewicht (Gramm) (x 1417/1324; p = .48), Autolysedauer (Std.) (x 35.1/35.2; p = .99), Schnittdicke (µm) (16.2/15.7; p = .50) und Volumenschrumpfungsfaktor (2.4/2.3; p = .40) auf.

Resultate

Die Volumina der vermessenen Basalganglienstrukturen sind in Tabelle 1 aufgeführt. Depressive (d) zeigten gegenüber Kontrollpersonen (k) eine signifikante Volumenminderung im Pallidum externum links sowie im Nucleus accumbens links. Trends zu kleineren Volumina ergaben sich beidseits auch für den Ncl. caudatus und das Putamen. Knapp unter dem Signifikanzniveau lag ein Volumendefizit im Bereich des linken Ncl. amygdaloideus (p = .072). Keine Volumenveränderungen fanden sich in anderen limbischen Arealen (Hippocampus, Unterhorn, Stria terminalis) sowie in Zwischenhirnstrukturen (Thalamus, Hypothalamus).

Tabelle 1. Volumina Basalganglien in mm^3

	Depressive n = 10 x	Kontrollen n = 10 x	Diff. % d vs. k	p-Wert Diagnose
Caudatum, li.	3529	4171	− 15	.11
Caudatum re.	3521	4078	− 14	.19
Putamen, li.	4541	5130	− 11	.15
Putamen, re.	4329	5020	− 14	.16
Accumbens, li.	514	749	− 31	.036*
Accumbens, re.	620	758	− 18	.32
Pallidum ext., li.	1009	1210	− 17	.020*
Pallidum ext., re.	1063	1206	− 12	.21
Pallidum int., li.	409	465	− 12	.37
Pallidum int., re.	417	475	− 12	.34

Diskussion

Die Befunde stützen die Hypothese einer Bedeutung der Basalganglien in der Pathogenese affektiver Psychosen. Untersuchungen von Zusammenhängen dieser Krankheitsgruppe mit physiologischen und chemischen Merkmalen dieses Strukturkomplexes erhalten damit besondere Relevanz.

Nicht bestätigt werden konnte die von den Befunden erweiterter Seiten- und 3. Ventrikel abgeleitete Annahme eines Substanzdefizits von Zwischenhirnstrukturen. Dies mag in der zu geringen Fallzahl begründet sein. Ferner ist zu berücksichtigen, daß uni- und bipolare Krankheitsverläufe möglicherweise mit gegenläufigen biologischen Veränderungen einhergehen, die somit in einer zusammenfassenden Auswertung nicht ersichtlich sein können. Das gleiche gilt für limbische Strukturen, deren Beteiligung an der Entstehung affektiver Syndrome zu vermuten ist.

Untersuchungen an größeren Kollektiven mit der Möglichkeit der Bildung von Subgruppen könnten hier weiteren Aufschluß geben. Desweiteren bleibt auch die Klärung der Frage, welche ultrastrukturellen Veränderungen letztlich zu den hier gefundenen Volumenminderungen führen, weiteren Studien vorbehalten.

Literatur

1. Bogerts B, Lieberman J (1993) Neuropathology in the study of psychiatric disease. In: Andreasen NA, Sato M (eds) International review of psychiatry, vol 1. American Psychiatric Press, Washington DC, pp 515–555
2. Jeste D, Lohr JB, Goodwin FK (1988) Neuroanatomical studies of major affective disorders. Br J Psychiatry 153: 444–459
3. Cummings JL (1993) The neuroanatomy of depression. J Clin Psychiatry 54 [Suppl]: 14–20
4. Coffey CE, Wilkinson WE, Weiner RD, Parashos IA, Djang WT, Webb MC, Figiel GS, Spritzer CE (1993) Quantitative cerebral anatomy in depression. A controlled magnetic resonance imaging study. Arch Gen Psychiatry 50(1): 7–16
5. Übersicht bei Hamad H (1994) Utilidad de la tomografia computerizada en psiquiatria. Actas Luso Esp Neurol Psiquiatr Cienc Afines 22(1): 13–21
6. Bornschlegel C (1992) Morphometrische Untersuchungen der inneren und äußeren Liquorräume im Computertomogramm von depressiven Patienten. Dissertation, Düsseldorf
7. Aylward EH, Roberts Twillie JV, Barta PE, Kumar AJ, Harris GJ, Geer M, Peyser CE, Pearlson GD (1994) Basal ganglia volumes and white matter hyperintensities in patients with bipolar disorder. Am J Psychiatry 151(5): 687–93
8. Hagman JO, Buchsbaum MS, Wu JC, Rao SJ, Reynolds CA, Blinder BJ (1990) Comparison of regional brain metabolism in bulimia nervosa and affective disorder assessed with positron emission tomography. J Affect Disord 19(3): 153–62
9. Ludin HP (1988) Das Parkinson-Syndrom. Kohlhammer, Stuttgart, S 51–52
10. Takeda M, Tachibana H, Okuda B, Sugita M (1993) Two cases of hepatic encephalopathy associated with a high-intensity area in the basal ganglia on T1-weighted MR images. Nippon Ronen Igakkai Zasshi 30(8): 709–13
11. Starkstein SE, Fedoroff JP, Price TR, Leiguarda R, Robinson RG (1992) Anosognosia in patients with cerebrovascular lesions. A study of causative factors. Stroke 23(10): 1446–53
12. Konig P (1989) Psychopathological alterations in cases of symmetrical basal ganglia sclerosis. Biol Psychiatry 25(4): 459–68

Korrespondenz: Dr. B. Baumann, Psychiatrische Universitätsklinik, Leipziger Straße 44, D-34120 Magdeburg, Bundesrepublik Deutschland

Neuroradiologische Befunde bei postpartalen Psychosen

M. Lanczik[1], **J. Fritze**[3], **E. Hofmann**[2], **M. Knoche**[1], **C. Schulz**[1] und **T. Becker**[1]

[1]Psychiatrische Klinik und Abteilung für Neuroradiologie, Universität Würzburg, und
[3]Zentrum für Psychiatrie, Universität Frankfurt am Main,
Bundesrepublik Deutschland

Einleitung

Bisher liegen weder kontrollierte Studien noch kasuistische Mitteilungen über morphologische ZNS-Veränderungen bei Patientinnen mit postpartalen Psychosen vor. Lediglich eine Arbeit galt bisher cranialen CT- und MRT-Auffälligkeiten in einer Gruppe von Patientinnen mit aktuellen oder anamnestischen postpartalen Psychosen (PPP; Becker et al. 1993). Gegenüber einer altersangeglichenen Kontrollgruppe fand sich eine höhere Prävalenz unspezifischer pathologischer Befunde bei Patientinnen mit postpartalen Psychosen.

Fragestellung

Ziel der vorliegenden CT/MRT-Untersuchung war es, bei Patientinnen, die akut oder anamnestisch an einer PPP erkrankt waren, hirnstrukturelle Veränderungen als mögliche Vulnerabilitäts-„Marker" zu erfassen.

Methode

Bei 12 Patientinnen, die wegen einer postpartalen zykloiden Psychose [PPZP; Diagnosekriterien nach Leonhard (1986) und Perris und Brockington (1981)] bzw. einer postpartal aufgetretenen depressiven Psychose (PPDEP; n = 2) oder wegen einer Remanifestation nach früherer PPP stationär behandelt wurden, war im Rahmen der klinischen Diagnostik eine craniale CT- oder MRT-Untersuchung durchgeführt worden. Als Vergleichsgruppe wurde ein Kollektiv altersangeglichener Patientinnen mit nicht postpartal manifest gewordenen zykloiden Psychosen (ZP; n = 8), mit nicht postpartalen manisch-depressiven Erkrankungen (MDE; n = 16) und ein Kollektiv mit neurologischer, aber ohne psychopathologische Symptomatik (NL; n = 12) in die Untersuchung eingeschlossen. Die in Becker et al. (1993) referierten Befunde stammen aus der qualitativen Beurteilung der CT/MRT eines Teilkollektivs.

Die Digitalisierung der CT-Bilder erfolgte mittels einer Video-Kamera mit Makro-Objektiv über ein Frame Grabber Board in einem Macintosh Centris 650 Computer, die Bildauswertung erfolgte mit dem Programm Image (V.1.48b; NIH). Die Reliabilitätsprüfung erfolgte durch Berechnung der mittleren Variationskoeffizienten, die $\ll 10\%$ und damit akzeptabel waren. Im einzelnen wurden folgende Parameter erhoben: Seitenventrikel-(SV-)Fläche rechts/links planimetrisch (auf der Schicht maximaler Ausdehnung der Seitenventrikel); Hemisphärenfläche rechts/links (gleiche Schicht); Ventricle-to-Brain Ratio (VBR) planimetrisch (beide Hemisphären); Volumen 3. Ventrikel; Volumina basaler Zisternen (Cisterna ambiens, Cisterna supravermis); Weite der Sylvischen Fissur; Lateralitätsindices (Quotient SV-Volumen rechts minus SV-Volumen links dividiert durch SV-Volumen rechts plus SV-Volumen links); Cella media-Index (CMI); Frontalhornindex (FHI).
Es erfolgte eine varianzanalytische statistische Auswertung (ANOVA).

Ergebnisse

Die planimetrisch ermittelten VBR, der Quotient aus Weite der Sylvischen Fissur und Inselzisterne ($1,00 \pm 0,36$) und der Cella-media-Index ($4,49 \pm 0,67$) entsprachen im Gesamtkollektiv Normalwerten der CT-Literatur (Lange et al. 1988, Meese et al. 1980). Der Frontalhornindex ($2,46 \pm 0,80$) war gegenüber Referenzdaten der Literatur ($\gg 3,7$) vermindert, was einer relativen Frontalhornerweiterung im untersuchten Kollektiv entspricht (Lange et al. 1988). Im Vergleich der diagnostischen Gruppen war die VBR in der PPPZP-Gruppe am größten (Abb. 1). Bei Betrachtung der Seitenventikelflächen imponierte eine Erweiterung des linken Seitenventrikels in der PPPZP-Gruppe (Abb. 2), der rechte Seitenventrikel war nicht signifikant erweitert. Tabelle 1 enthält die CT-Parameter, die signifikant zwischen den Diagnosegruppen trennten.

Diskussion

Auf ein gehäuftes Auftreten von perinatalen Hirnschäden bei Patienten mit zykloider Psychose hat erstmals Maj (1990) hingewiesen. Becker et al. (1995) berichteten über gehäuftes Vorkommen einer äußeren Liquorraumerweiterung bei zykloiden Pschosen und manisch-depressiven Psycho-

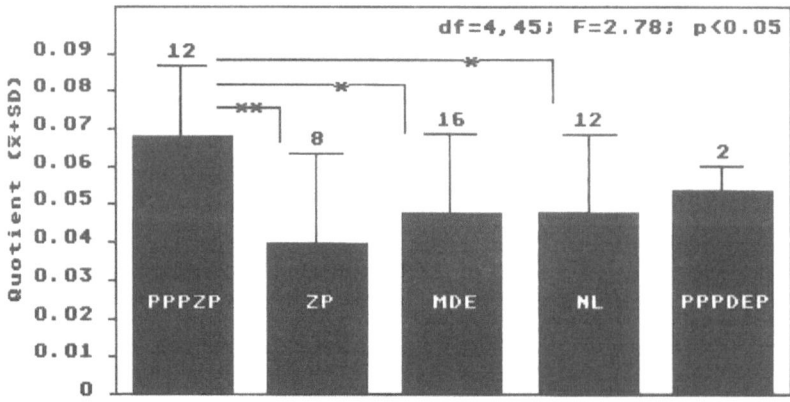

Abb. 1. Ventricle-to-Brain-Ratio (Flächen) des Gesamthirnes (*p $\ll$ 0,05, **p $\ll$ 0,01)

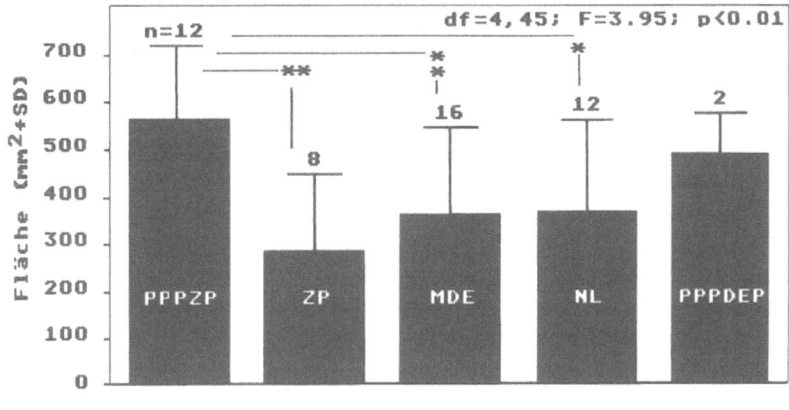

Abb. 2

Tabelle 1. Planimetrische und volumetrische Parameter mit signifikantem Effekt für Diagnose in ANOVA

	n	VBRplan*		SVplanlinks + (mm2)		Cistspraverm§ (ml)	
		Mittel	SD	Mittel	SD	Mittel	SD
ges.	50	0,05	0,02	403	194	0,40	0,24
PPPZP	12	0,07	0,02	563	155	0,54	0,23
ZP	8	0,04	0,02	272	165	0,38	0,24
MDE	16	0,05	0,02	363	179	0,33	0,19
NL	12	0,05	0,02	365	196	0,32	0,20
PPDEP	2	0,05	0,01	489	84,2	0,81	0,29

* ANOVA F = 2,78, df = 4,45; p < 0,05. + ANOVA F = 3,95, df = 4,45; p < 0,05. § ANOVA F = 3,96, df = 4,45; p < 0,05.

sen – frontal betont – gegenüber schizophrenen Psychosen. CT-Auffällig-keiten implizieren also nicht unbedingt eine schlechte Prognose bzw. Chronizität einer Psychose.

Die vorliegende Untersuchung spricht – abgesehen von einer Erweiterung der Kleinhirn-Oberwurm-Zisterne – für eine linksbetonte Seitenventrikelerweiterung bei Patientinnen, bei denen eine postpartale zykloide Psychose aktuell oder anamnestisch bekannt war. Sollte dieser Befund repliziert werden, so könnte er einen zusätzlichen Vulnerabilitätsmarker für PPP darstellen.

Literatur

Becker T, Hofmann E, Knoche M, Lanczik M (1993) Neuroradiological findings in post partum psychiatric disorder. Eur Psychiatry 8: 105–107

Becker T, Stöber G, Lanczik M, Hofmann E, Franzek E (1996) Cranial computed tomography and differentiated psychopathology – are there panerns of abnormal CT findings? In: Beckmann H, Neumärker H-J (eds) Endogenous psychoses. Leonhard's
impact on modern psychiatry. Ullstein-Mosby, Berlin Wiesbaden, pp 230–234
Lange S, Grumme Th, Kluge W, Riegel K, Meese W (1988) Zerebrale und spinale Computertomographie. Schering, Berlin
Leonhard KL (1986) Aufteilung der endogenen Psychosen und ihre differenzierte Ätiologie. Akademie, Berlin
Maj M (1990) Cycloid psychotic disorder: validation of the concept by means of a follow-
up and a family study. Psychopathology 23: 196–204
Meese W, Kluge W, Grumme T, Hopfenmüller W (1980) CT evaluation of CSF spaces of
healthy persons. Neuroradiology 19: 131–136
Perris C, Brockington IF (1981) Cycloid psychoses and their relationship to the major
psychoses. In: Perris C, Struwe G, Jansson B (eds) Biological psychiatry. Elsevier, Amsterdam, pp 447–450

Korrespondenz: Dr. med. habil. M. Lanczik, Department of Psychiatry, University of
Birmingham, Queen Elizabeth Hospital, Mindelsohn Way, Birmingham B 15 2QZ,
United Kingdom

32 Kanal EEG Mapping bei Schizophrenen, Dementen, Tourette- und Alkoholpatienten: Befunde zu Spezifität und Sensitivität

W. Günther[1,2], **U. Klages**[1], **N. Müller**[1], **C. Haag**[1], **T. Mager**[1] und **W. Trapp**[2]

[1]Psychiatrische Universitäts-Klinik, München und [2]Psychiatrische Klinik, Nervenklinik Bamberg, Bundesrepublik Deutschland

Zusammenfassung

Bei ersten 16 Kanal EEG Mapping Untersuchungen waren Manumotorik und Musikhören funktionale „Fenster" und brachten bei psychiatrischen Patienten, besonders bei schizophrenen Kranken, deutliche Hinweise auf „pathologische EEG-Aktivierungsmuster" gegenüber Gesunden. Eine Fortsetzung dieser Untersuchungen mit 32 Kanal EEG Mapping bezog morphologische (NMR, CT) und weitere funktionale (SPECT, PET) Neuroimaging Methoden mit ein, sowie einen Verlaufsaspekt. Die hier nur zu berichtenden vorläufigen EEG Ergebnisse zu Sensitivität und Spezifität lassen das 32 Kanal EEG Mapping erneut geeignet erscheinen, Zeichen pathologischer Hirnfunktion bei Subgruppen schizophrener Kranker mit hoher Diskrimination gegenüber Kontrollpersonen zu erfassen (Sensitivität). Auch bei weiteren bisher untersuchten psychiatrischen Patientengruppen (Demente, entgiftete Alkoholiker und Tourette-Kranke) finden sich Zeichen von Hirnfunktionsstörungen, welche unterschiedlich sind zu denen Schizophrener (Spezifität).

Einführung

EEG Mapping in der klinischen Psychiatrie, besonders bei der Untersuchung schizophrener Patienten, ist ein junges und expandierendes Arbeitsfeld (Übersicht z. B. Maurer 1993). Besondere Hoffnungen hatten sich darauf gerichtet, die wenig konsistenten Befunde der visuellen EEG Auswertung (Zusammenfassung z. B. Peter et al. 1994) zu erweitern. Da jedoch auch die quantitativen EEG Studien bei diesen Kranken während Ruhebedingungen keine allgemein anerkannten Befunde ergaben (Übersicht z. B. Neuwirth et al. 1995), richteten sich die Schwerpunkte unserer Arbeit auf folgende Überlegungen: 1. Wir versuchten, mehrere bildgebende Verfahren an denselben Personen zugleich mit EEG Mapping anzuwenden, um Informationen darüber zu erhalten, wie die gemessenen Parameter bei verschiedenen Krankheitsgruppen untereinander zusammenhängen. Dieser multimodale Ansatz wird von uns weiter verfolgt unter Einbeziehung differenzierter multifaktorieller Analysen schizophrener Psychopathologie in „Mehrebenenuntersuchungen". 2. In Anbetracht der oben skizzierten noch widersprüchlichen Befunde von qualitativem und quantitativem EEG bei psychiatrischen Krankheiten während *Ruhe*bedingungen versuchten wir, Sensitivität und Spezifität der Methodik zu erhöhen durch Einbeziehung von Untersuchungsabschnitten während gestörter *Hirnfunktion.*

Die Hypothesen der Untersuchungen sind wie folgt zusammengefaßt:
- sowohl in Ruhe- als auch in Aktivierungsbedingungen lassen sich im 32-Kanal EEG für (unbehandelte) Schizophrene Abweichungen von gesunden Kontrollpersonen nachweisen, die unsere 16-Kanal Vorbefunde stützen (z. B. erhöhte Delta- und erniedrigte Alpha-Amplituden in Ruhe und „pathologische EEG Reaktivität" auf kortikale Aktivation bei schizophrenen Patienten).
- diese Zeichen „pathologischer EEG Reaktivität" treten im Verlauf „sequentieller" Hirnaktivierung bei schizophrenen Kranken besonders deutlich hervor und erhalten dadurch hohe Diskriminationskraft gegenüber Gesunden
- die Funktionsabweichungen bei schizophrenen Patienten sind unterschiedlich zu denen, welche bei anderen psychiatrisch klinischen Kontrollgruppen gefunden werden
- Zeichen gestörter Hirnfunktion werden durch bereits besser gesicherte Methoden wie SPECT und PET weiter gestützt und können mit morphologischen Variablen (CT/NMR) sinnvoll in Beziehung gesetzt werden.

Über Teilaspekte der (vorläufigen) Auswertungen hinsichtlich Spezifität und Sensitivität pathologischer EEG Aktivierungsmuster bei schizophrenen Kranken soll hier berichtet werden.

Patienten und Methodik

Untersuchte Personengruppen

Gesunde Kontrollpersonen: Allgemeine Einschlußkriterien: Alter mindestens 18 Jahre, normale oder korrigierte Sehfähigkeit, Rechtshänder (Kriterium: mindestens 9 von 10 Antworten positiv in der Edinburgh-Skala). Allgemeine Ausschlußkriterien: Anamnese von relevanten neurologischen und/oder internistischen Vorerkrankungen, Sucht.
Untersucht wurden N = 56 Personen:
Gesamtgruppe: Alter: Durchschnitt 32.16, SD 11.33, davon Männer N = 29; Alter: Durchschnitt 30.83, SD 11.18, und Frauen N = 27; Alter: Durchschnitt 33.59, SD 11.54.
Untersuchung der Kontrollpersonen:
Fragebogen zur Erhebung von Vorerkrankungen (einschließlich evtl. Geburtskomplikationen – soweit erhebbar –, Ausbildungsniveau, Alkohol-, Nikotin-, Medikamentenab-

hängigkeit (eigener Fragebogen). 32 Kanal EEG Mapping wie unten beschrieben Video-aufzeichnung der komplexen Motorik zur Performanzbeurteilung.

Schizophrene Patienten: Voruntersucht wurden *alle* konsekutiv aufgenommenen Patienten mit der „klinischen ICD-9 Diagnose 295.1–.3, 295.6", welche die bei den Gesunden ge-forderten Ein- und Ausschlußkriterien erfüllten *und* mindestens 2 Wochen nicht medi-kamentös vorbehandelt waren (*vorzugsweise „drug-naiv"*, soweit feststellbar). *Aufnahme* in die Untersuchung erfolgte dann, wenn die Studiendiagnose aufgrund SKID für DSM-III-R ebenfalls eine Diagnose 295.1-.3, 295.6 und 295.9 ergab, und der Patient nach ausführ-licher Aufklärung zustimmte.

Untersuchte Anzahl von Kranken N = 42.

Diese Patienten können wie folgt beschrieben werden:

Gesamtgruppe (Durchschnitt/SD): ALTER 31.76/11.49, ANDP 13.38/ 3.78, ANER 12.93/4.66, THOT 12.95/4.83, ACT 7.79/3.83, HOST 9.81/ 4.28, BPRS 56.86/12.39, SANS 65.83/28.63, SAPS 52.14/ 21.49, SEPS 0.02/0.15, GAS 34.52/9.55; Männer: N = 21/Frauen: N = 21.

Untersuchung der schizophrenen Kranken:
- Strukturiertes Klinisches Interview (SKID für DSM-III-R) und Zusatzfragen für ICD 10 und RDC (Studiendiagnose)
- Brief Psychiatric Rating Scale (BPRS)
- Skala für extrapyramidale Syndrome (SEPS)
- Skala zur Abbildung negativer Symptome modifiziert (SANS-M)
- Skala zur Abbildung positiver Symptome modifiziert (SAPS-M)
- MWTB zur Abschätzung sprachlicher Kompetenz.
- 32 Kanal EEG Mapping wie unten beschrieben
- Videoaufzeichnung der komplexen Motorik zur Performanzbeurteilung.

Gilles de la Tourette Patienten: N = 13 (11 Männer/2 Frauen), Alter: Durchschnitt 36.38, SD 14.34. Tourettes Syndrome Global Scale: Durchschnitt 31.3, SD 14.4 Yale Global Tic Severity Scale : Durchschnitt 50.2, SD 19.8.

Entgiftete Alkoholiker: N = 18 (16 Männer/2 Frauen), Alter: Durchschnitt 39.78, SD 9.37

Demenzpatienten: N = 16 (8 Männer/8 Frauen) Alter: Durchschnitt 70.56, SD 10.33

MMS: Durchschnitt 20.75, SD 4.77

Untersuchungssituation und 32 Kanal EEG Mapping System

Untersuchungssituation: Die Situation entspricht der unserer 16 Kanal Studien (Details z. B. in Günther et al. 1993a, b). Der Patient sitzt in einem EEG- Untersuchungsstuhl, Augen geschlossen, mit Kopfhörern zur binauralen Darbietung der Musikaufgaben.

Gesamtdauer der Untersuchung einschließlich Kleben der 30 Kopf-, 2 Augen- und 2 Ohr-elektroden ca. 60 Minuten.

Während der komplexen Motorik wird die ausführende rechte Hand mit einem Videosy-stem gefilmt, um eine Performanzabschätzung nach den Kriterien unserer PET-Studie (1994) durchführen zu können.

Untersuchungsbedingungen:
1. Ruhe 1
2. Hand simple (repetitiver Faustschluß mit rechter Hand 1/sec.)
3. Ruhe 2
4. Hand complex (Tippen mit Daumen auf

Zeigefinger	2 x
Mittelfinger	1 x
Ringfinger	3 x
kl. Finger	2 x jeweils vor und zurück)

5. Ruhe 3
6. Musik 1 (Rumba-Rhythmus als Arpeggio in Kadenzform)
7. Ruhe 4
8. Musik 2 (Mozart: Quartet K.458 „Jagdquartett", Beginn 1. Satz)
– je Bedingung eine Minute EEG-Aufzeichnung

32 Kanal EEG Mapping System (Firma Schwind, Erlangen, Brain Star): Das EEG wird mit ei-nem EEG-Tiefpass-Filter von 30 Hz und einer Zeitkonstante von 0,3 sec. gefiltert, mit 128

Hz digitalisiert (12 Bit Auflösung pro Datenpunkt) und kontinuierlich aufgezeichnet. Der dynamische Bereich liegt bei ± 364 µV. Abgeleitet wird mit der Referenz zu verbundenen Ohren, da dies die Rückrechnung zu allen anderen Ableitebedingungen erlaubt (einschließlich der Durchschnittsreferenz, welche in unseren früheren Untersuchungen verwendet wurde).

Die Artefaktkontrolle erfolgt durch 2 EEG-Experten, die nicht ärztliche Mitarbeiter der Studie sind, unter besonderer Beachtung der 2 Kanäle mit horizontalem und vertikalem EOG. Anzahl und Gesamtlänge der Teilstücke werden festgehalten und dürfen ein Minimum von 20 Sekunden pro Bedingung nicht unterschreiten.

Das so ausgewählte artefakt„freie" EEG wird dann einer Fast Fourier Analyse unterzogen, welche (u. a.) in der Berechnung von (absoluten) Powerspektren in 1/2 Hertzschritten im Frequenzbereich von 0.5–30 Hz resultiert. Für die Zwischenauswertung werden folgende Frequenzen a priori zu herkömmlichen Frequenzbändern zusammengefaßt (während für die Endauswertung multivariate Verfahren – z. B. Hauptkomponentenanalysen – solche Frequenzbänder empirisch eigens ermittelt werden): Delta (0.5–4.5 Hz), Theta (5.1–7.5 Hz), Alpha (8–13.5 Hz), Beta 1 (14–20.5 Hz) Beta 2 (21–30 Hz) (Plazierung der 30 Kopfelektroden wie in Abb. 1 dargestellt).

Ergebnisse

Deskriptiv univariate Evaluationsebene

Ergebnisse der Mittelwertsprüfungen *Ruhe-Bedingungen,* schizophrene Patienten vs. Kontrollen, erbrachten (wie in der Literatur bereits beschrieben, z. B. Gattaz et al. 1992) Powerwerterhöhungen im Delta-Frequenzband, vorwiegend in zentralen Elektroden. Weitere Ruhebefunde waren geringgradige Theta-Erhöhungen (vorwiegend in frontalen Bereichen), diffuse Alphaverminderungen, und keine wesentlichen Unterschiede in den beiden Beta-Frequenzbändern (kann hier nicht weiter diskutiert werden).

Im folgenden werden – als Beispiel – Mittelwertsprüfungen während Aktivierungsbedingungen dargestellt: Kontrollen gegenüber Schizophrenen, Veränderungen Musik 1 gegenüber vorausgehender Ruhe-Bedingung, Delta- und Alpha-Frequenzband. Dargestellt sind signifikante Mittelwertsdifferenzen der Amplituden (Rohwerte; t-Test mit zweiseitiger Prüfung, (*) bedeutet p kleiner 10% (Tendenz), * bedeutet p kleiner 5%, ** kleiner 1%).

Wie aus der vorausgehenden Darstellung zu entnehmen ist, treten erhebliche Unterschiede von EEG-Veränderungen während einfachem Musikhören bei Schizophrenen und gesunden Personen auf, die vorwiegend die Frequenzbänder Delta und Alpha betreffen (in geringerem Umfang auch Theta und Beta 2).

Während Gesunde in den meisten Elektroden während Aktivierung in Delta ihre Amplituden/Power verringern, ist dies bei den untersuchten Schizophrenen nicht der Fall (sie bleiben gleich, oder steigen sogar an, was die bereits in Ruhe bestehenden Erhöhungen bei Patienten gegenüber noch verstärkt).

Dagegen zeigen die Patienten in Alpha, im Gegensatz zu Gesunden, keine „Blockaden", sodaß die Amplituden während Aktivierung gerade in den Elektroden höher sind, in welchen Gesunde während Musikhören „ak-

DELTA

+6.48**   +6.58***
FP1   FP2

+2.86***   +2.71***   +2.41***   +3.28***   +3.43**
F7   F3   FZ   F4   F8

+1.13*   +1.65**   +2.18***   +2.15***   +2.52***   +1.14*
T1   FC5   FC1   FC2   FC6   T2

+1.06**   +1.77***   +1.95***   +1.92***   +1.65***
T3   C3   CZ   C4   T4

+1.44***   +1.77***   +1.87***   +1.54***
CP5   CP1   CP2   CP6

+1.24**   +1.59***   +1.83***   +1.49***   +1.01*
T5   P3   PZ   P4   T6

+1.76***   +1.52**   +1.59*
O1   OZ   O2

ALPHA

+0.46**   +0.48**
FP1   FP2

-0.11(*)   -0.03*   -0.12(*)   +0.02*   +0.13*
F7   F3   FZ   F4   F8

-0.06(*)   +0.14(*)
T1   FC5   FC1   FC2   FC6   T2

T3   C3   CZ   C4   T4

CP5   CP1   CP2   CP6

-0.47*
T5   P3   PZ   P4   T6

+0.79*   +0.49(*)   +0.95*
O1   OZ   O2

Abb. 1. 32 Kanal EEG Mapping Befunde zu kortikaler Aktivierung (einfache Musikhör-aufgabe)/Schizophrene versus Gesunde

tivieren" (d. h. Alpha verringern): prefrontal beidseits, rechts temporal, bilateral occipital (= arousal?). Beide Funktionsabweichungen, Deltaer-höhungen und fehlende Alphablockaden werden als Zeichen kortikaler „Nichtreaktivität" bei „negativen" Schizophrenen interpretiert (s. Diskussion).

Vorläufige Angaben zur Sensitivität und Spezifität

Wie aus der Abb. 2 hervorgeht, zeigen unsere noch nicht abgeschlossenen Untersuchungen eine extrem hohe Sensitivität (korrekt positiv Klassifizierte) für Tourette- und Alzheimerpatienten (100% für diese Gruppen), bei etwas niedrigerer Sensitivität für Schizophrene (83.3%) und „klinisch-phänomenologisch" Gesunde (76.8); im Durchschnitt lag die Sensitivität über alle 5 Gruppen bei (erstaunlichen) 84.14%.

Hierbei fanden wir bislang auch eine gute bis sehr gute Spezifität (falsch positiv/korrekt negativ Klassifizierte zwischen 0% und 12.5%), d. h. Spezifität zwischen 87.5% und 100% (!).

Die EEG Veränderungen während Ruhe und Aktivierung, welche zu den o. g. Klassifikationen in den Diskriminanzanalysen führten, können hier nur angedeutet werden und müssen im Detail den genannten Originalarbeiten entnommen werden (Übersichtsarbeit i. V.).

Während schizophrene Kranke vor allem in den Frequenzbändern Delta und Alpha, wie oben beschriebenen, „pathologische" Ruhebefunde *und* Aktivierungsveränderungen (vor allem bei *Musikhören*) aufwiesen (Günther et al. 1993a), zeigten Tourette-Patienten in *allen* untersuchten Frequenzbändern (nur) während kortikaler Stimulation eine nahezu komplette Nichtreaktivität – bei normalen Ruhebefunden (Müller et al. 1992 und in diesem Band). Demgegenüber zeigten erste Auswertungen bei entgifteten Alkoholkranken (Riedel et al. 1990 und in Vorbereitung) Erhöhungen der Delta-, Theta- und Beta-Powerwerte *während Ruhe*, während bei *motorischer* Aktivierung „uniforme" Abfälle beobachtet wurden, was bislang nur bei Alzheimer Patienten (Günther et al. 1993b) und ausgeprägt negativsymptomatischen Schizophrenen (Klages 1991) mittels 16 Kanal EEG Mapping gefunden worden war.

		|	vorhergesagte Gruppe			
		|	KNT I	ALK II	ALZ III	GTS IV	SCH V
	I	|	43 76.8%	7 12.5%	0 0%	4 7.1%	2 3.6%
	II	|	0 0%	15 83.3%	1 5.6%	1 5.6%	1 5.6%
tatsächliche	III	|	0 0%	0 0%	16 100%	0 0%	0 0%
Gruppe	IV	|	0 0%	0 0%	0 0%	13 100%	0 0%
	V	|	5 11.9%	1 2.4%	0 0%	1 2.4%	35 83.3%

Abb. 2. 32 Kanal EEG Mapping Befunde zu Sensitivität und Spezifität (*KNT* Kontrollpersonen N = 56, *ALK* entgiftete Alkoholiker N = 18, *ALZ* Demenzkranke vom Alzheimer Typ N = 16, *GTS* Gilles de la Tourettekranke N = 13, *SCH* Schizophrene N = 42

Diskussion

Es kann nicht Aufgabe eines Übersichtsartikels sein, die vielfältigen Probleme hinsichtlich Reliabilität und Validität von EEG-Untersuchungen bei klinisch psychiatrischen Patienten zu diskutieren, sondern es muß hierzu auf die entsprechenden, oben angegebenen Originalarbeiten verwiesen werden. Hier kann nur angedeutet werden, daß die oben dargestellten Resultate zur Sensitivität und Spezifität von EEG-Veränderungen während kortikaler Aktivierungsaufgaben zu weiteren Untersuchungen ermutigen. Insbesondere sollte die Einbeziehung multimodaler Neuroimaging-Befunde in Kombination mit differenzierter faktorenanalytischer Auswertung der erhobenen Psychopathologie zur Entwicklung von Hypothesen zu Pathophysiologie und -morphologie bei schizophrenen Patientensubgruppen beitragen können. Unabhängig von unserem Ansatz und mit weiteren Untersuchungsmethoden haben andere Arbeitsgruppen hinsichtlich der oben beschriebenen „Nonreaktivität" bei „negativ" Schizophrenen bereits ähnliche Schlußfolgerungen zu Hirnfunktionsstörungen bei diesen Kranken gezogen. „Failure at task-specific regional brain activation" folgerte Wexler (1991) aufgrund von Befunden während „frontaler" (Wisconsin Card Sorting und PET), motorischer (SPECT/PET) und dichotomischer Höraufgaben, sowie solchen der räumlichen Vorstellung (SPECT). Schröder und Mitarbeiter (1994, 1995) haben besonders interessante Mehrebenenbefunde vorgelegt. Motorische Störungen (neurologische „soft signs") konnten von ihnen mit Zeichen kortikaler sensomotorischer Hypoaktivität (und Hypofrontalität) in PET Untersuchungen korreliert werden, und zwar besonders bei schizophrenen Kranken vom „disorganisierten" Typ mit ausgeprägter „Negativsymptomatik". Diese Befunde haben die Autoren mittels neuester Technologie (funktionaler Kernspintomographie) erneut sichern können. Auch mit dieser Methodik zeigten sie pathologische Hyporeaktivität und mangelnde funktionale Lateralisierung der primär- und supplematär motorischen Areale während einer Fingerfolgeaufgabe bei „disorganisiert-negativen Schizophrenen" (Schröder et al. 1995). Von direkter klinischer Relevanz könnten solche (konvergierenden) Neuroimaging-Befunde dann werden, wenn ein Verlaufsaspekt (durch „sichere" Methoden (wie EEG/evozierte Potentiale und wohl auch funktionale MRT) untersucht werden kann. Insbesondere der Übergang von positiver zu primärer und sekundärer negativer Symptomatik bei schizophrenen Kranken, der Zeitpunkt einer hypostasierten Normalisierung von EEG-Veränderungen bei Depressiven sowie bei Alkoholkranken nach Abstinenz wären nach unserer Ansicht erste Ziele solcher Längsschnittuntersuchungen.

Literatur

Gattaz WF, Mayer S, Ziegler P, Platz M, Gasser T (1992) Hypofrontality on topographic EEG in schizophrenia. Correlations with neuropsychological and psychopathological parameters. Eur Arch Psychiatry Clin Neurosci 241: 328–332
Günther W, Klages U, Mayr M, Haag C, Müller N, Hantschk I, Streck P, Steinberg R, Baghai T, Banquet JP, Rondot P (1993a) EEG mapping investigations of psychomotor

and music perception brain dysfunction in untreated schizophrenic patients. Neuro-physiol Clin 23: 516–528

Günther W, Giunta R, Engel R, Riedel R, Satzger W, Bescheid I, Klages U, Haag C (1993b) EEG mapping alterations in mild to moderate dementia of Alzheimer type during resting condition, manumotor and music perception tasks. Psychiatr Res Neuroimaging 50: 163–176

Günther W, Brodie JD, Bartlett EJ, Dewey SL, Henn FA, Volkow ND, Alper K, Wolkin A, Cancro R, Wolf AP (1994) Diminished cerebral metabolic response to motor stimulation in schizophrenics: a PET study. Eur Arch Psychiatry Clin Neurosci 244: 115–125.

Klages U (1991) Hirnfunktionsstörungen bei unbehandelten schizophrenen Kranken während Manumotorik gemessen mit einem EEG-Mapping System. Dissertation, Universität München

Maurer K (ed) (1993) Imaging of the brain in psychiatry and related fields. Springer, Berlin Heidelberg New York Tokyo

Müller N, Günther W, Bscheid I, Haag C, Klages U, Baghai T, Straube A (1992) Quantitative EEG-Analyse bei Gilles-de-la-Tourette-Syndrom. Erste Ergebnisse einer 32-Kanal-EEg-Mapping-Studie. Aktuelles Forum „Bildgebende Verfahren zur Untersuchung von Hirnfunktionen", 108. Wanderversammlung Südwestdeutscher Neurologen und Psychiater. Sonderheft Nervenheilkunde: 48–51

Neuwirth J, Andresen B, Seifert R, Stark FM, Spehr W, Thomasius R, Rosenkranz T (1995) Quantitatives EEG, Basisstörungen und Rauchen bei ätiopathogenetisch differenten Gruppen paranoid halluzinatorischer Psychosen – eine explorative Studie. Fortschr Neurol Psychiat 63: 78–89

Peter K, Both R, Nätzold S (1994) Zum visuellen EEG in der Psychiatrie. Z EEG-EMG 25: 226–234

Riedel RR, Günther W, Naber D, Kolb K (1990) Motorische Aktivierung bei chronisch intoxizierten/entgifteten Alkoholikern im EEG-Mapping. 35. Jahrestag Dt EEG Ges Münster (Abstract)

Schröder J, Buchsbaum MS, Siegel BV, Geider FJ, Haier RJ, Lohr J, Wu J, Potkin SG (1994) Patterns of cortical activity in schizophrenia. Pychol Med 24: 947–955

Schröder J, Wenz F, Schad LR, Baudendistel K, Knopp MV (1995) Sensorimotor cortex and supplementary motor area changes in schizophrenia: a study with functional magnetic resonance imaging. Br J Psychiatry 167: 197–201

Wexler BE (1991) Failure at task-specific regional brain activation: new conceptualization of a disease entity. J Neuropsychiat Clin Neurosci 3: 94–98

Korrespondenz: Dr. W. Günther, Psychiatrische Universitätsklinik, Nußbaumstraße 7, D-80336 München, Bundesrepublik Deutschland

Bedeutung der MR-gestützten Volumetrie für die Psychiatrie

T. Mager[1], **H. Hampel**[1], **B. Edelhuber**[1], **T. Pfluger**[2] und **H.-J. Möller**[1]

[1]Psychiatrische Klinik und [2]Institut für Radiologische Diagnostik, Klinikum Innenstadt, Universität München, Bundesrepublik Deutschland

Die Entwicklung der modernen bildgebenden Verfahren innerhalb der letzten Jahre hat neue Möglichkeiten eröffnet, psychiatrische Krankheitsbilder zu untersuchen. Seit der Einführung der Computertomographie (CT) Mitte der 70er Jahre hat es eine Vielzahl an Untersuchungen gegeben, mit dem Ziel innerhalb des Spektrums psychiatrischer und neuropsychiatrischer Erkrankungen strukturelle oder funktionelle Auffälligkeiten nachzuweisen. Wahlund [1] konnte zeigen, daß sich bei psychiatrischen Patienten, die sich einer Magnetresonanztomographie (MRT) unterzogen, weitaus häufiger pathologische Auffälligkeiten des Gehirns nachweisen ließen im Vergleich zur Normalbevölkerung (17% gegenüber 2%). Bei einer psychiatrischen Erkrankung sollte daher bereits zu einem frühen Zeitpunkt eine MRT als zusätzliches und ergänzendes diagnostisches Instrument Anwendung finden. Hieraus können sich bei einer meist chronisch verlaufenden Erkrankung unmittelbar therapeutische und prognostische Konsequenzen ergeben. Erstmalig konnten mit der CT, dann mit der MRT, strukturelle Untersuchungen am lebenden Patienten der verschiedenen Altersstufen durchgeführt werden. Bis dahin waren differenzierte strukturelle Gehirnuntersuchungen weitgehend auf post-mortem Untersuchungen mit geringer Fallzahl und starker Artefaktanfälligkeit beschränkt gewesen. Mit der CT und der MRT wurde zudem die in-vivo Untersuchung größerer Gruppen möglich. Hiermit eröffnete sich für die Psychiatrie ein neues Forschungsfeld und in diesem Zusammenhang werden jetzt auch zunehmend wieder neuropathologische Fragestellungen formuliert.

Generell wird zwischen den strukturellen und funktionellen bildgebenden Verfahren unterschieden. Zu ersteren zählen die Computertomographie (CT) und die Magnetresonanztomographie (MRT), zu letzteren die Positronen-Emissions-Tomographie (PET), die Single-Photonen-Emissi-

ons-Computertomographie (SPECT) und die funktionelle Magnetresonanztomographie (fMRT).

Die MRT, mit einem Auflösungsvermögen von mittlerweile bis zu
0,5 mm und einem sehr hohen Weichteilkontrast, stellt heute zur Untersuchung struktureller Veränderungen, insbesondere unter dem Aspekt wis-
senschaftlicher Fragestellungen in der Psychiatrie, das Standardverfahren
dar. Die CT dient im Rahmen der klinischen Diagnostik lediglich dem Ausschluß gröberer organischer Prozeße (Tumoren, Hirninfarkte etc.). Ein
weiterer Vorteil der MRT ist die fehlende Strahlenexposition, wodurch
auch Verlaufsuntersuchungen in einem größeren Ausmaß möglich werden. Die dreidimensionale Bilderfassung erlaubt ferner eine exakte Orientierung im Raum und damit eine sehr gute Rekonstruierbarkeit. Die Überlegenheit der MRT zeigt sich auch in der besseren Abgrenzung von grauer
und weißer Substanz (Weichteilkontrast), so daß neben der Hirnrinde
auch tiefer gelegene Strukturen wie der Thalamus, Hippocampus, Amygdala und Basalganglien exakt erfaßt und volumetrisch berechnet werden
können. Schließlich sei auch auf die bessere Differenzierung zwischen neu-
ronalem Gewebe und Knochen verwiesen, so daß erst mit der MRT verläß-
liche Aussagen zur Hirnrindenatrophie möglich sind. Obwohl in den letzten 10 Jahren bereits eine Vielzahl von MR-Untersuchungen mit neuropsychiatrischen Fragestellungen durchgeführt wurde, hat sich die Überlegenheit der MRT gegenüber dem CT erst mit der Einführung der dreidimensionalen Bilderfassung vor ca. 2 Jahren deutlich manifestiert. Durch diese
Weiterentwicklung konnte insbesondere das Problem der räumlichen Orientierung gelöst werden, eine wesentliche Voraussetzung zur exakten Volumenbestimmung und einer verläßlichen Verlaufskontrolle.

Mit Hilfe spezieller MR-Sequenzen, die eine reliable Abgrenzung grauer und weißer Substanz ermöglichen, lassen sich auf makroskopischer Ebene reproduzierbar quantitative Daten zur Volumenbestimmung (MR-Volumetrie) von ausgewählten Hirnregionen gewinnen. Wir führen unsere MR-
Untersuchungen mit zwei Sequenzen durch: 1. Messung in T2-Gewichtung
mit transversaler Schnittführung (TR: 3500 ms; TE: 19–93 ms; Schnittdicke:
5 mm; Matrix: 192 x 256; Meßdauer: 4 min), 2. dreidimensionale „spoiled
flash" GradientenechoMessung mit starker T1-Gewichtung und einer Orts-
auflösung von ca. 1,5 mm (TR: 15 ms; TE: 6 ms; Flipwinkel 20 deg.; Matrix:
256 × 256; Meßdauer: 8 min) .

Die Volumenbestimmung wird z. B. nach dem Cavalieri-Prinzip (1635)
durchgeführt, welches von Thompson 1932 erneut beschrieben und von
Gundersen und Jensen [2] für die heutige Stereologie praktikabel gemacht
wurde. Auf diese Weise lassen sich heute insgesamt je nach Einteilungsver-
fahren 20 corticale und 20 subcorticale Strukturen pro Hemisphäre volumetrisch erfassen, wobei der Arbeitsaufwand durch die interaktive Befundung mit manuellem Umfahren der ausgewählten Regionen auf der
Grundlage zweidimensionaler, coronarer MRTSchnitte für die meisten Regionen noch sehr hoch ist. Zur Bestimmung der äußeren und inneren Liquorräume lassen sich bereits automatische Verfahren auf der Basis von
Grau-Schwellenwerten anwenden.

Die Ergebnisse der bisherigen strukturellen Untersuchungen mit CT und MRT bei den klassischen psychiatrischen Erkrankungen, wie den endogenen Psychosen, sind bislang unspezifisch gewesen. Es besteht nun die berechtigte Hoffnung, diese unspezifischen Befunde, wie Erweiterung äußerer und innerer Liquorräume, um symptomspezifische Befunde zu ergänzen. Bei der Schizophrenie konnten in verschiedenen Hirnregionen Auffälligkeiten nachgewiesen werden, so daß sich die Annahme einer organischen Grundlage weiter erhärten ließ [3, 4]. Veränderungen gegenüber einem Normalkollektiv zeigten sich u. a. im Frontal- und Temporallappen, dem Thalamus, den Basalganglien, den Mittellinienstrukturen wie Septum pellucidum oder Corpus callosum, in der Hippocampusregion und im Gyrus temporalis superior. Ferner bestehen Hinweise für Beziehungen zwischen den folgenden funktionellen Auffälligkeiten und strukturellen Läsionen, zwischen formalen Denkstörungen und der dorsalen Fläche des Temporallappens (Planum temporale), zwischen akustischen Halluzinationen und dem Gyrus temporalis superior, zwischen der Minussymptomatik und eher indirekten Zeichen der morphologischen Veränderung wie Erweiterung der Ventrikelräume oder einem geringeren Hirnvolumen [5, 6, 7].

Die MR-Volumetrie von Hirnregionen, die für das jeweilige Krankheitsbild oder Untergruppen davon relevant zu sein scheinen, ermöglicht die Erfassung quantitativer Volumenveränderungen im Vergleich zu Normalkollektiven oder intraindividuell bei Verlaufsuntersuchungen. Herkömmliche Untersuchungen beschränkten sich auf die Berechnung zweidimensionaler Strukturen. Die Wertigkeit der MR-Befunde wird jedoch durch eine dreidimensionale Berechnung von ausgewählten Hirnregionen gesteigert. Insbesondere bei den z. T. geringgradigen morphologischen Veränderungen psychiatrischer Krankheitsbilder in verschiedenen Krankheitsphasen ist mit der systematischen Anwendung dieser Technik ein Erkenntnisgewinn bezüglich zugrundeliegender pathophysiologischer Mechanismen zu erwarten. Durch die Kombination einer dreiminsionalen strukturellen Darstellung mit funktionellen Untersuchungstechniken (SPECT, PET oder fMR) ist in Zukunft mit einer weiteren Erhöhung der Sensitivität der bildgebenden Verfahren in der Psychiatrie zu rechnen.

Im Rahmen der Mehrebenenuntersuchung in der Psychiatrie ist zu berücksichtigen, daß die Resultate der strukturellen oder funktionellen Bildgebung der pathogenetisch relevanten neurobiologischen Ebene zuzurechnen sind. Auffälligkeiten der neurobiologischen Ebene werden sich voraussichtlich nur bei einer oder mehreren Untergruppen der klinisch-phänomenologischen Beschreibungsebenen (DSM IV oder ICD 10 etc.) finden lassen, ohne daß damit derartige Befunde an Bedeutung verlieren würden. Die harten, objektivierbaren Befunde bildgebender Verfahren sind wie andere neurobiologische Befunde symptomorientiert zu werten und erfordern eine exakte klinische Beobachtung. Eine Beschränkung auf deskriptiv-phänomenologisch erfaßte Krankheitsgruppen (DSM IV etc.) ist unzureichend und kann zu einer falschen Wertung bildgebender Befunde führen. Es ist daher notwendig, die erhobenen Befunde Krankheitsgruppen übergreifend zu werten. In diesem Zusammenhang bietet sich die gezielte Untersuchung von Krankheitsbildern mit psychopathologischen Auffälligkeiten und nachgewiesenen organischen Befunden an (M. Parkinson, M. Alzheimer, Alkoholkrankheit, Multiple Sklerose, Schlaganfall, Anfallsleiden etc.). Die gegebenen technischen Voraussetzungen ermöglichen durch die Zusammenfassung von MR-Daten vieler Probanden oder Patienten zu einem sog. „Modell-Hirn", ein „Normal-Hirn" mit einem „Patienten-Hirn" zu vergleichen. Mit diesem Ansatz konnte z. B. die Arbeitsgruppe um Andreasen [8] bei schizophrenen Patienten im Thalamus und der anschließenden weißen Substanz Auffälligkeiten nachweisen, die Hypothesen für weitere Fragestellungen bilden. Wertvolle Ergebnisse und Anregungen kann jedoch auch die Einzelfalluntersuchung bei nachgewiesenen strukturellen oder funktionellen organischen Auffälligkeiten und gleichzeitiger Psychopathologie liefern.

Letzteres zeigen die folgenden Beispiele. Bei Abb. 1 handelt es sich um einen 43jährigen Patienten mit einer chronisch verlaufenden, katatonen Psychose (ICD 10 F20.22), der über 20 Jahre keine medikamentöse Therapie erhielt. Der dargestellte Befund geht weit über die in der Literatur berichteten MR-Befunde bei schizophrenen Patienten hinaus. Ebenso zeigt Abb. 2 den für eine Patientin mit einem Wernicke-Korsakow-Syndrom (ICD 10 F10.6) unerwarteten Befund einer occipital betonten Rindenatrophie, während sich die Kleinhirnregion mit Wurmfortsatz und die Hippocampusregion unauffällig darstellen lassen [9].

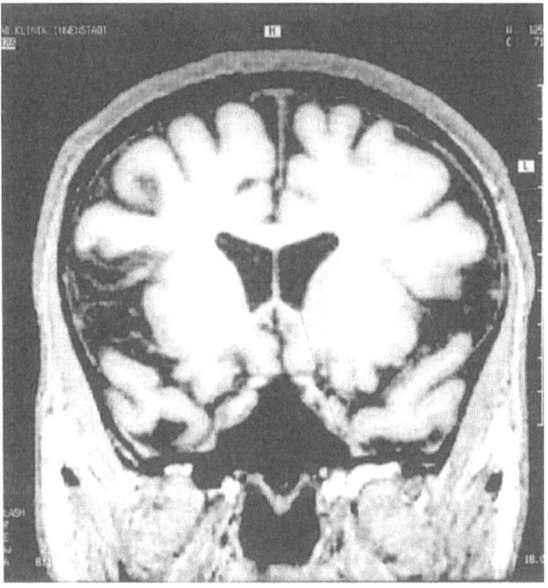

Abb. 1. Cerebrale MRT in coronarer Schnittführung: Flash-3D-Sequenz, T1-gewichtet. Deutliche Erweiterung der Sylvischen Fissur, gering rechtsbetont; deutliche Zeichen der Rindenatrophie, geringgradige Erweiterung der Vorderhörner als Zeichen einer leichten Markatrophie

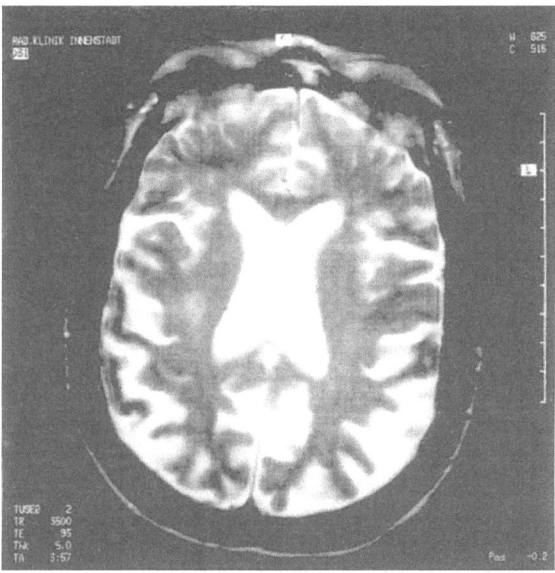

Abb. 2. Cerebrale MRT in transversaler Schnittführung: T2-gewichtete Turbo-Spinecho-Sequenz. Occipital betonte Erweiterung der äußeren Liquorräume als Zeichen der Rindenatrophie, mittelgradige Erweiterung der Seitenventrikel als Hinweis auf eine mäßige Markatrophie

Literatur

1. Wahlund LO, Agartz I, SaafJ, Wetterberg L, Marions O (1989) Magnetic resonance tomography in psychiatry – clear benefits for health care services. Lakartidningen 86 (46): 3991–3994
2. Gundersen HJG, Jensen EB (1987) The efficiency of systematic sampling in stereology and ist prediction. J Microsc 147: 229–263
3. Gur RE, Mozley PD, Shtasel DL, Cannon TD, Gallacher F, Turetsy B, Grossman R, Gur RC (1994) Clinical subtypes of schizophrenia: differences in brain and CSF volume. Am J Psychiatry 151: 343–350
4. Schlaepfer TE, Harris G, Tien AY, Peng LW, Lee S, Federman EB, Chase GA, Barta PE, Pearlson GD (1994) Decreased regional cortical gray matter volume in schizophrenia. Am J Psychiatry 151: 842–848
5. Barta PE, Pearlson GD, Powers RE, Richards SS, Tune LE (1990) Auditory hallucinations and smaller superior temporal gyrus volume in schizophrenia. Am J Psychiatry 147: 1457–1462
6. Shenton ME, Kikinis R, Jolesz FA, Pollak SD, LeMay M, Wible CG, Hokama H, Martin J, Metcalf D, Coleman M, et al (1992) Abnormalities of the left temporal lobe and thought disorder in schizophrenia. A quantitative imaging study . N Engl J Med 327(9): 604–612
7. Williamson P, Pelz D, Merskey H, Morrison S, Conlon P (1991) Correlation of negative symptoms in schizophrenia with frontal lobe parameters on magnetic resonance imaging. Br J Psychiatry 159: 130–134
8. Andreasen NC, Arndt S, Swayze I, Cizadlo T, Flaum M, O'Leary D, Ehrhardt JC, Yuh WTC (1994) Thalamic abnormalities in schizophrenia visualized through magnetic resonance image averaging. Science 266: 294–298
9. Jernigan TL, Schafer K, Butters N, Cermak LS (1991) Magnetic resonance imaging of alcoholic Korsakoff patients. Neuropsychopharmacology 4: 175–186

Korrespondenz: Dr. T. Mager, Psychiatrische Universitätsklinik, Nußbaumstraße 7, D-80336 München, Bundesrepublik Deutschland

Nicht-invasive Messung der zerebralen Hämoglobin-Oxygenierung mit Hilfe der Nah-Infrarot-Spectroskopie beim normalen Altern und bei der Alzheimer-Demenz

C. Hock[1], F. Müller-Spahn[2], G. Kurtz[1], S. Schuh-Hofer[1], A. Ghidau[1], E. Börner[1], M. Hofmann[1], H. Hampel[1], U. Dirnagl[3] und A. Villringer[3]

[1]Psychiatrische Klinik, Universität München, Bundesrepublik Deutschland
[2]Psychiatrische Universitätsklinik, Basel, Schweiz
[3]Neurologische Klinik, Humboldt Universität, Berlin, Bundesrepublik Deutschland

Einleitung

Funktionelle Neuroimaging-Methoden, wie z. B. die Positronen-Emissions-Tomographie, haben das Verständnis für den cerebralen Stoffwechsel bei physiologischen Alterungsvorgängen und bei der Demenz wesentlich erweitert. Darüberhinaus besteht ein wachsendes Interesse an optischen Methoden, die in der Lage sind, mit neuronaler Aktivität verbundene Signale zu messen. Die sogenannte Nahinfrarot-Spectroskopie (near infrared spectroscopy, NIRS) basiert auf der relativen Transparenz von Gewebe für Licht im nahen Infrarotbereich (700–900 nm). Dieses „optische Fenster" (near IR „optical window") ermöglicht die nichtinvasive Messung endogener Chromophore, wie z. B. Hämoglobin oder Cytochromoxidase [1]. Die zum jetzigen Zeitpunkt valide erfaßbaren NIRS Variablen sind oxygeniertes Hämoglobin [HbO$_2$], deoxygeniertes (reduziertes) Hämoglobin [HbR] und Gesamthämoglobin (total hemoglobin [HbT] (= [HbO$_2$] + [HbR]) (zur Übersicht siehe [2]. Unter der Annahme eines konstanten Hämatokrit während der Untersuchung, werden Veränderungen des [HbT] als Indikator für Veränderungen des cerebralen Blutvolumens angesehen [3]. Die Quantifizierung einer weiteren NIRS-Variable, der Cytochromoxidase (Cytochrom aa3) ist derzeit Gegenstand intensiver Forschung. Kürzlich konnten unsere und andere Arbeitsgruppen zeigen, daß die NIRS, angewandt in einer Reflektionstechnik, sensitiv genug ist, um Veränderungen der cerebralen Hämoglobin-Oxygenierung während cerebraler Aktivierung durch verschiedene Paradigmen zu erfassen [4–7]. Dies war der Ausgangspunkt, um den Einfluß von Alterungsvorgängen und Neurodegeneration auf die cerebrale Hämoglobinoxygenierung während kognitiver Aktivierung zu untersuchen.

Methodik

Wir verwendeten das NIR0 500 System (Hamamatsu Photonics K. K.), das auf unterschiedlichen Absorptionsspektren von HbO$_2$ and HbR im nahen Infrarotbereich basiert. Die Messungen wurden in einer Reflektionstechnik durchgeführt. Das Licht aus den Laser-Dioden (Wellenlängen 775, 825, 850, 904 nm) wurde durch ein Fiberglasbündel geleitet, dessen Ende (die Optode) auf einer genau definierten Stelle auf dem Kopf des Probanden (z. B. linke oder rechte Stim über der linken oder rechten präfrontalen Region) in Fp2 oder Fp1 Position nach dem internationalen EEG 10–20 System oder über der parietalen Region (superiore parietale Region) 2 cm rostral zu P3 bzw. P4 plaziert. Eine weitere Optode, die zu einem Photomultiplier-System führt, wurde in einer Entfernung von 4 cm auf einer horizontalen Linie lateral zu der ersten Optode plaziert. Das durchstrahlte Gehirnvolumen entspricht einer bananenförmigen Figur unterhalb der auf dem Schädel plazierten Optoden [7]. Lichtquelle: die Laser-Dioden werden mit 1.9 kHz gepulst, Puls-Breite: ca. 100 nsec. Lichtdetektor: das reflektierte Licht wurde durch einen Lichtwellenleiter zu einem Photomultiplier Tube geführt, der mit einem Multikanal-Photonen-Zähler verbunden ist. Die Anzahl der gemessenen Photonen bei jeder Wellenlänge wurde mit dem Output der Laser verglichen [9]. Die Datenanalyse konvertiert die erhaltenen optischen Dichten (OD) in Konzentrationen von oxygeniertem und reduziertem Hämoglobin, ausgedrückt in Millimol pro Liter multipliziert mit der optischen Pfadlänge (mmol x l^{-1} x cm), unter Anwendung des Beer-Lambert'schen Gesetzes und eines von Wray et al. [10] entwickelten Algorithmus. Die Sampling Time für jede Photonenzählung war 2 Sekunden. Die optische Pfadlänge wurde geschätzt auf den Interoptodenabstand (4 cm) multipliziert mit dem Differential Pathlength Factor (DPF) für den Kopf eines Erwachsenen (5.93) [11]. Alle Werte wurden gemittelt und als Mittelwert ± Standardabweichung (SD) angegeben. Unter der Annahme einer korrekten Pfadlängenschätzung entsprechen die verwendeten „arbitrary concentration units" der Einheit µM.

Altersabhängigkeit von Veränderungen der cerebralen Hämoglobin-Oxygenierung während kognitiver Aktivierung

Altersabhängige Veränderungen des cerebralen Sauerstoff-Metabolismus wurden in PET-Studien beschrieben [12, 13]. Unsere Frage war zunächst, ob die NIRS sensitiv genug ist, um altersabhängige Veränderungen der cerebralen Hämoglobin-Oxygenierung zu erfassen. Die Hypothese war, daß der aktivierungsbedingte Anstieg an [HbT] und [HbO$_2$] altersabhängig ist (siehe auch: [14]). Wir untersuchten 29 Probanden, davon 12 gesunde junge Probanden (Alter 28 ± 4 Jahre, 8 Männer, 4 Frauen) und 17 gesunde ältere Probanden (Alter 52 ± 10 Jahre, 10 Frauen, 7 Männer). Die älteren Probanden wurden sorgfältig untersucht, einschl. Routine-Labor (inkl. Hämatokrit), EKG, EEG sowie internistischer und neurologischer Untersuchung. Alle Probanden waren ohne Medikation. Während der Untersuchung lagen die Probanden auf einer Liege mit geschlossenen Augen. Die Untersuchung beinhaltete eine Ruheperiode (2 min.), eine Periode mit kognitiver Stimulation (Kopfrechenaufgabe oder Wortflüssigkeitstest, 2 min.) und eine folgende Ruheperiode (2 min.). Die kognitiven Aufgaben wurden laut durchgeführt, es gab eine Testserie pro Proband. Die Subtraktion des mittleren Wertes für [HbR] und für [HbOJ während der Ruheperiode vor der Aktivierungsperiode (baseline value) von dem mittleren Wert für [HbR] und [HbO$_2$] während der Aktivierungsperiode, ergab die *Veränderung* an [HbR] bzw. [HbOJ. Addition von [HbR] und [HbO$_2$] ergab [HbT]. Wir verglichen die untersuchten Gruppen in diesen drei Variablen mit zweiseitigen t-Tests.

Der typische Zeitverlauf der NIRS Variablen ([HbO$_2$], [HbR] und [HbT]) während kognitiver Stimulation bei jungen und älteren Probanden zeigte zunächst einen deutlichen Anstieg an [HbO$_2$] und [HbT] meist innerhalb von 10–20 Sekunden sowie ein leicher Abfall and [HbR] kurz nach Beginn der Kopfrechenaufgabe. Die NIRS Variablen kehrten meist bereits während der Aktivierungsphase wieder zur Baseline zurück. Der mittlere Anstieg (angegeben in arbitrary units ± SD) bei den jungen Probanden war: [HbO$_2$] 2.36 ± 1.07, [HbR] –0.11 ± 0.48 and [HbT] 2.24 ± 1.13. Der Vergleich der jungen mit den älteren Probanden zeigte, daß der mittlere Anstieg an [HbO$_2$] and [HbT] während kognitiver Aktivierung bei den älteren Probanden signifikant vermindert war ($p < 0.05$): [HbO$_2$] 1.21 ± 1.38, [HbR] –0.50 ± 0.72 und [HbT] 0.72 ± 1.42. Die Regressionsanalyse der [HbO$_2$]-Anstiege und der [HbT]-Anstiege mit dem Alter (Jahre), zeigte eine signifikante Korrelation von sowohl Alter und [HbO$_2$] ($y = -0.241$ x + 20.062; $r = -0.431$, $p < 0.05$) als auch Alter und [HbT] ($y = -0.346$ x + 22.496; $r = -0.568$, $p < 0.05$) (Pearson Korrelation). Zusammenfassend zeigte sich, daß die aktivierungsbedingten Anstiege von [HbT] und [HbO$_2$] mit zunehmendem Alter abnehmen. Diese altersabhängige Verminderung könnte zum einen durch die Aktiverung andere Hirnregionen im Alter im Rahmen einer Veränderung der funktionellen Hirnorganisation bedingt sein, zum anderen durch eine Verminderung der Kopplung zwischen neuronaler Aktivität und cerebralem Blutfluß. Diese Verminderung der Kopplung könnte das temporäre (physiologische) Mismatch zwischen Sauerstoff-Freisetzung und Sauerstoff-Verbrauch, das wahrscheinlich für den Anstieg an [HbO$_2$] während der cerebralen Aktiverung verantwortlich ist, abschwächen [15].

Abfall der regionalen cerebralen Hämoglobin-Oxygenierung während kognitiver Aktivierung bei Patienten mit einer Alzheimer Demenz

Zahlreiche PET-Studien konnten eine Verminderung des cerebralen Blutflusses, der cerebralen metabolischen Rate von Sauerstoff und des Glukose-Metabolismus bei Patienten mit einer Alzheimer Demenz (AD) unter Ruhebedingungen belegen (siehe auch: [16]. Wir untersuchten die aktivierungsbedingte Veränderung der cerebralen Hämoglobin-Oxygenierung mit Hilfe der NIRS bei Patienten mit einer AD im Vergleich zu altersgleichen gesunden Kontrollen [17]: 19 ältere gesunde Probanden (Alter 67 ± 10 Jahre, 14 Frauen, 5 Männer) und 19 Patienten mit einer wahrscheinlichen AD mittleren Schweregrads nach den international üblichen NINCDS-ADRDA-Kriterien [18] (Alter 71 ± 10 Jahre, 11 Frauen, 8 Männer, Mini Mental State: 20 ± 4). Alle Probanden und Patienten wurden vor der

Untersuchung aufgeklärt und das Einverständnis in schriftlicher Form niedergelegt. Bei den Patienten mit AD wurde die Aufklärung in Gegenwart der engsten Bezugsperson durchgeführt. Voraussetzung für die Aufnahme in die Studie war das informiertes Einverständnis des Patienten entsprechend den „Richtlinien zur Aufklärung der Krankenhauspatienten über vorgesehene Maßnahmen" (vom 1. 12. 86) und der revidierten Fassung der Helsinki Deklaration von Hongkong 1989. Patienten, die unter Betreuung standen oder bei denen der Schweregrad der Erkrankung die Einrichtung einer Betreuung erforderte, wurden nicht in die Studie eingeschlossen. Wir beobachteten bei den älteren gesunden Probanden wieder den erwarteten Zeitverlauf der NIRS Variablen während kognitiver Stimulation sowohl bei Messungen über der frontalen als auch der parietalen Region. Kurz nach Beginn der Aktivierungsperiode (2 min.) zeigten die älteren gesunden Probanden einen Anstieg an [HbO$_2$] and [HbT] und einen leichten Abfall an [HbR]. Der mittlere Anstieg bei den älteren Probanden (n = l9, parietaler Cortex, Wortflüssigkeitsaufgabe) war: [HbO$_2$] (mean (arbitrary units) + SEM, 0.42 ± 0.17), [HbT] (0.27 ± 0.24). Im Gegensatz hierzu zeigte sich bei den meisten der Patienten mit einer AD einen Abfall an [HbO$_2$] und [HbT] kurz nach Beginn der Wortflüssigkeitsaufgabe, wobei der Abfall stärker im parietalen Cortex als im frontalen Cortex ausgeprägt war. Der mittlere Abfall bei den Patienten mit AD (n = l9, parietaler Cortex, Wortflüssigkeitsaufgabe) war: [HbO$_2$] (-0.95 ± 0.38, $p < 0.0l$) und [HbT] (-1.30 ± 0.46, $p < 0.01$). Interessanterweise zeigten bei den bisherigen Untersuchen weder Patienten mit sog. „Age-associated memory impairments", noch Patienten mit vaskulärer Demenz, Major Depression oder schizophrenen Erkrankungen derart betonte Verminderungen an [HbO$_2$] und [HbT] während kognitiver Aktivierung. Als Ursache für diese Veränderungen der NIRS Variablen bei Patienten mit einer AD kommen sowohl anatomische als auch pathophysiologische Veränderungen in Betracht: 1. Die Reduktion an [HbO$_2$] und [HbT] während kognitiver Stimulation könnte aufgrund einer veränderten funktionellen Hirnorganisation zuungunsten degenerierter und zugunsten noch gesünderer Hirnregionen erfolgen. In diesem Zusammenhang ist auf eine Untersuchung von Grady et al. [18] hinzuweisen, die eine zusätzliche frontale Aktivierung während einer Objekt-Wiedererkennungsaufgabe bei AD Patienten irn Gegensatz zu gesunden Kontrollen beschrieb. 2. Die Kopplung zwischen neuronaler Aktivität und Blutfluß könnte in degnerierten Hirnarealen verändert sein. Interessanterweise wurde im Gehirn von Alzheimer-Patienten ein vermehrtes Einsprossen von perivaskulären sympathischen Nervenfasern beschrieben [19], die möglicherweise durch neurotrophe kompensatorische Mechanismen getriggert werden. Dies könnte zu einer abnormen Regulation kleiner Gefäße führen mit einer abnormen Vasokonstriktion während neuronaler Aktivierung. 3. Das gemessene Hirnvolumen in der AD Gruppe könnte durch eine erhebliche Atrophie signifikant geringer sein („field of view error"). Dies könnte zu einer Verminderung des Anstieges der NIRS Variablen führen, was jedoch den beschriebenem Abfall nicht erklären kann. Jedoch könnten Veränderungen der optischen Eigenschaften in degenerativ veränderten Hirnarealen (Vergrößerung des subarachnoidalen Raums, neuronale Atrophie, Veränderung des Verhältnisses von weisser und grauer Substanz) zu einer signifikanten Veränderung der Streuungs- und Absorptionskoeffizienten führen sowie zu einer Veränderung der optischen Pfadlänge.

Methodische Limitationen

Die gegenwärtig verfügbaren Implementationen der NIRS Methode zeigen noch wesentliche Einschränkungen. 1. Die absoluten Baseline-Werte von [HbR] und [HbO$_2$] können nicht bestimmt werden. Dies würde die exakte Messung der optischen Pfadlänge des NIR Lichts im Hirngewebe in jedem Experiment, d. h. bei jedem Laser-Puls und für jede Wellenlänge erfordern. Ein Ansatz, der zur Überwindung dieses Problems beitragen könnten, wäre die gleichzeitige Photonen-Flugzeit-Messung. Solange die absoluten Baseline-Konzentrationen nicht bekannt sind, können nur Änderungen der Konzentrationen der NIRS Variablen erfaßt werden. 2. Die räumliche Auflösung der NIRS ist sehr gering und begrenzt das Signal auf ein nicht näher bestimmbares Volumen unterhalb der auf den Schädel plazierten Optoden [8]. Deswegen kann mit der gegenwärtigen Technik nur eine der aktivierten corticalen Hirnregionen erfaßt werden. Zur gleichzeitigen Messung mehrerer corticaler Areale müßten Multikanal-Systeme konstruiert werden [21].

Schlußfolgerungen

Bei der AD wurde mit Hilfe der NIRS ein Abfall der cerebralen Hämoglobinoxygenierung und des Gesamthämoglobins während kognitiver Aktivierung im parietalen Cortex gezeigt. Zur weiteren Klärung der pathophysiologischen Grundlagen der beschriebenen Veränderungen der cerebralen Hämoglobinoxygenierung beim Altern und bei der AD erscheint es zunächst sinnvoll, die NIRS mit anderen funktionellen Methoden zur Erfassung der Hirnfunktion zu kombinieren, zum einen mit elektrophysiologischen Techniken (MEG, EEG-Brain mapping) oder Methoden, die Aufschluß über die Konzentration intracerebraler Metaboliten geben (MR-Spectroskopie). Ferner könnten gleichzeitige Untersuchungen mit der PET (Erfassung des regionalen cerebralen Blutflusses) oder dem funktionellen MR (Veränderungen der Konzentration an reduziertem Hämoglobin) zur Klärung der pathophysiologischen Vorgänge hilfreich sein.

Literatur

1. Wyatt JS, Cope M, Delpy DT, Wray S, Reynolds EO (1986) Quantification of cerebral oxygenation and haemodynamics in sick newborn infants by near infrared spectrophotometry. Lancet 2 (8515): 1063–1066
2. Chance B (1991) Optical method. Annu Rev Biophys Chem 20: 1–28
3. Wyatt JS, Cope M, Delpy DT, Richardson CE, Edwards AD, Wray S, Reynolds EO (1990) Quantification of cerebral blood volume in human infants by near infrared spectroscopy. J Appl Physiol 68: 1086–1091

4. Chance B, Zhuang Z, Unah C, Alter C, Lipton L (1993) Cognition-activated low frequency modulation of light absorption in human brain. Proc Natl Acad Sci USA 90(8): 3770–4
5. Hoshi Y, Tamura M (1993) Detection of dynamic changes in cerebral oxygenation coupled to neuronal function during mental work in man.Neurosci Lett 150: 5–8
6. Kato T, Kamei A, Takshima S, Ozaki T (1993) Human visual cortical function during photic stimulation monitoring by means of near-infrared spectroscopy. J Cereb Blood Flow Metabol 13: 516–520
7. Villringer A, Planck J, Hock C, Schleinkofer L, Dirnagl U (1993) Near infrared spectroscopy (NIRS): a new tool to study hemodynamic changes during activation of brain function in human adults. Neurosci Lett 154(1–2): 101–4
8. Gratton G, Maier JS, Fabiani M, Mantulin WM, Gratton E (1994) Feasibility of intracranial near-infrared optical scanning. Psychophysiol 31: 211–215
9. Cope M, Delpy DT (1988) System for long term measurement of cerebral blood and tissue oxygenation on newborn infants by near infrared transillumination. Med Biol Engl Comp 26: 289–294
10. Wray S, Cope M, Delpy DT, Wyatt JS, Reynolds EO (1988) Characterization of the near infrared absorption spectra of cytochrome aa3 and hemoglobin for the noninvasive monitoring of cerebral oxygenation. Biochem Biophys Acta 933: 184–192
11. Van der Zee P, Cope M, Arridge SR, Essenpreis M, Potter LA, Edwards AD, Wyatt JS, McCormick DC, Roth SC, Reynolds EOR, Delpy DT (1992) Experimentally measured optical pathlengths for the adult head, calf and forearm and head of the newborn infants as a function of inter optode spacing. Adv Exp Med Biol 316: 143–153
12. Leenders KL, Perani D, Lammertsma AA, et al (1990) Cerebral blood flow, blood volume and oxygen utilization. Brain 113: 27–47
13. Marchal G, Rioux P, Petit-Taboué MC, Sette G, Travere JM, Le Poec C, Courtheoux P, Derlon JM, Baron JC (1992) Regional cerebral oxygen consumption, blood flow and blood volume in healthy human aging. Arch Neurol 49: 1013–1020
14. Hock C, Müller-Spahn F, Schuh-Hofer S, Hofmann M, Dirnagl U, Villringer A (1995) Age-dependency of changes in cerebral hemoglobin oxygenation during brain activation: a near infrared spectroscopy study. J Cereb Blood Flow Metabol 15: 1103–1108
15. Fox PT, Raichle ME (1986) Focal physiological uncoupling of cerebral blood flow and oxidative metabolism during somatosensory stimulation in human subjects. Proc Natl Acad Sci USA 83: 1140–1144
16. Rapoport SI (1991) Positron emission tomography in Alzheimer's disease in relation to disease pathogenesis: a critical review. Cerebrovasc Brain Metab Rev 3: 297–35
17. Hock C, Villringer K, Müller-Spahn F, Hofmann M, Schuh-Hofer S, Heekeren H, Wenzel R, Dirnagl U, Villringer A (1996) Near infrared spectroscopy in the diagnosis of Alzheimer's disease. Ann NY Acad Sci 777: 22–30
18. McKhann G, Drachman D, Folstein M, Katzman R, Price D, Stadlan EM (1984) Clinical diagnosis of Alzheimer's disease: report of the NINCDS-ADRDA Work Group under the auspices of Department of Health and Human Services Task Force on Alzheimer's Disease. Neurology 34(7): 939–944
19. Probst A, Basler V, Bron B, Ulrich J (1983) Neuritic plaques in senile dementia of Alzheimer type: a Golgi analysis in the hippocampal region. Brain Res 268(2): 249–254
20. Grady CL, Haxby JV, Horwitz B, Gillette J, Salerno JA, Gonzalez-Aviles A, Carson RE, Herscovitch P, Schapiro MB, Rapoport SI (1993) Activation of cerebral blood flow during a visuoperceptual task in patients with Alzheimer-type dementia. Neurobiol Aging 14(1): 35–44
21. Hoshi Y, Tamura M (1993) Dynamic multichannel near-infrared optical imaging of human brain activity. J Appl Physiol 75(4): 1842–1846

Korrespondenz: Dr. C. Hock, Psychiatrische Klinik, Universität Basel, Wilhelm Klein-Straße 27, CH-4025 Basel, Schweiz

HMPAO-SPECT bei Störungen durch Opioide und multiplen Substanzgebrauch

S. Kasper[1], G. Fischer[1], P. Danos[2], F. Grünwald[3], E. Klemm[3], H.-J. Biersack[3],
O. Presslich[1], I. Podreka[4], T. Brücke[5] und H.-J. Möller[6]

[1]Klinische Abteilung für Allgemeine Psychiatrie, Universitätsklinik für Psychiatrie, Wien,
Österreich
[2]Psychiatrische Universitätsklinik und [3]Nuklearmedizinische Universitätsklinik Bonn,
Bundesrepublik Deutschland
[4]Neurologische Abteilung, Krankenanstalt der Stadt Wien Rudolfsstifung und
[5]Universitätsklinik für Neurologie, Wien, Österreich
[6]Psychiatrische Klinik und Poliklinik, LMU München, Bundesrepublik Deutschland

Einleitung

Während für Depressionen und schizophrene Erkrankungen in den vergangenen Jahren detaillierte Untersuchungen hinsichtlich deren biologischen Ursachen durchgeführt wurden, liegen nur wenige derartige Forschungsergebnisse für Patienten mit Drogenerkrankungen vor. Bei Patienten mit der Diagnose einer Schizophrenie, Depression und bei Angsterkrankungen wurden zum Teil eindrucksvolle, jedoch im großen und
ganzen gesehen eher uncharakteristische Befunde erhoben (zur Übersicht: Kasper et al. 1994, 1995). Die wenigen bildgebenden Verfahren, die
bei Drogenerkrankten durchgeführt wurden, haben zwar Veränderungen
erkennen lassen, die jedoch noch keine abschließende Beurteilung hinsichtlich der topischen Zuordnung erlauben. Von den strukturellen bildgebenden Verfahren liegen z. B. für Patienten mit Störungen durch Opioide
Berichte über atrophische ZNS-Veränderungen, gemessen durch das kra-
nielle Computertomogramm, vor (z. B. Hill und Mikhael 1979). Weiterhin
fanden sich auch Demyelinisierungsherde der weißen Hirnsubstanz in einer MRI-Studie von Volkow et al. (1988). Von London et al. (1990) wurden
mit Hilfe der Positron-Emissions-Tomographie (PET) verminderte Perfusi-
onswerte im Temporallappen (rechts stärker ausgeprägt als links), im Gyrus precentralis und in weiteren kortikalen Regionen gefunden. Die in dieser PET-Untersuchung dargestellten Befunde könnten gut durch Tierstudien Erklärung finden, die nach Heroinaufnahme einen verminderten ze-

rebralen Blutfluß in limbischen und kortikalen Regionen erkennen ließen. In diesem Zusammenhang mag von Bedeutung sein, daß verschiedene Substanzen, wie Cannabis, Kokain, Amphetamin, Barbiturate und auch Tranquilizer bereits untersucht wurden und durch diese eine direkte Veränderung der zerebralen Aktivität, wie sie durch das PET bzw. durch die Single-Photonen-Emissions-Tomographie (SPECT) gemessen werden, gefunden wurden.

Methode

Wir sind in einer Reihe von Untersuchungen der Frage nachgegangen, inwiefern Veränderungen, die durch die SPECT-Technik zur Darstellung gebracht werden können, bei Patienten mit Störungen durch Opioide bzw. multiplen Substanzgebrauch auftreten. Durch die SPECT-Methode kann die Funktion tiefer gelegener Hirnstrukturen und nicht nur die der kortikalen, wie sie das EEG erfaßt, beurteilt werden. Wir haben 37 Patienten die mit der Diagnose einer Störung durch multiplen Substanzgebrauch klassifiziert wurden (mit Schwerpunkt Störung durch Opioide) in den ersten Tagen der Detoxifikation mit Hilfe der SPECT-Methode untersucht (Danos et al. 1995) und weitere 21 Patienten, die sich entweder zum Zeitpunkt der SPECT-Untersuchung selbst ausschließlich Heroin intravenös verabreichten, bzw. sich in einem Methadon-Substitutionsprogramm befanden (Fischer et al. zur Publikation eingereicht). In der Zusammenschau dieser drei Untersuchungen, die im Sinne eines explorativen Untersuchungsansatzes erhoben wurden, kann man versuchen die Frage zu beantworten, inwiefern durch funktionelle bildgebende Verfahren ein Unterschied hinsichtlich eines multiplen Substanzgebrauches, einer ausschließlichen Störung durch Opioide, bzw. einer Methadon-Substitution zur Darstellung gebracht werden können. Die SPECT-Untersuchung zur Beurteilung der Hirnstoffwechselaktivität erfolgte mittels der HMPAO-Technik an den Universitätskliniken für Nuklearmedizin in Bonn bzw. in Wien. In beiden Zentren wurden standardisierte Techniken angewandt (Kasper et al. 1994, Podreka et al. 1993).

Ergebnisse bei Störungen durch multiplen Substanzgebrauch

Die Untersuchung der 37 Patienten die als Störungen durch multiplen Substanzgebrauch diagnostiziert wurden ergab als die häufigste pathologische Veränderung eine Hypoperfusion im rechten Temporallappen (siehe Abb. 1). Die Verteilung der übrigen pathologischen Ergebnisse betrifft sowohl die linke Temporalregion als auch frontale, parietale und okzipitale Gehirnareale. Am besten war die Hypoperfusion temporal durch eine entlang der Longitudionalachse des Temporallappens gelegene Schnittführung zu erkennen. In dieser Untersuchung wurde auch darauf eingegangen, inwiefern der Zeitpunkt der Detoxifikation eine Rolle für das SPECT-Ergebnis spielt. Während für den rechten Temporallappen kein Unterschied zu erkennen war, konnte gefunden werden, daß signifikant häufiger pathologische Befunde im linken Temporallappen auftraten, wenn die Untersuchung zu einem früheren Zeitpunkt (5. versus 8. Tag der Detoxifikation) durchgeführt wurde.

Ergebnisse bei ausschließlicher Störung durch Opioide bzw. Methadonsubstitution

Bei den 21 Patienten, die sich ausschließlich Heroin intravenös verabreicht hatten, bzw. in einem Methadon-Substitutionsprogramm standen, ergab

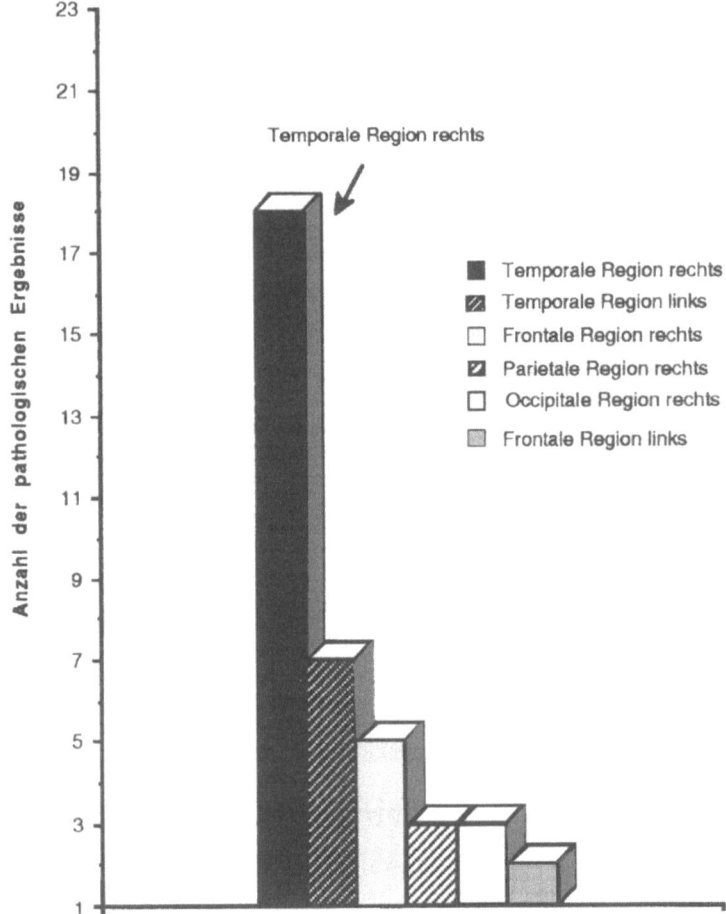

Abb. 1. Pathologische Ergebnisse der HMPAO-SPECT Untersuchung bei 37 Patienten mit multiplen Substanzgebrauch (Schwerpunkt Opioide)

die Berechnung des zerebralen Blutflusses in speziellen Regionen der rechten Hemisphäre eine signifikant niedrigere Durchblutung, verglichen mit der kontralateralen. Signifikanzen von $p < 0.01$ konnten sowohl für Unterschiede in der temporalen, zentralen und parietalen Region gefunden wurden. Eventuell aufgrund der kleinen Fallzahl konnte kein Unterschied zwischen den Patienten gefunden werden, die sich Heroin selbst applizierten (1,5 g/Tag) und denen, die eine durchschnittliche Menge von 50 mg Methadon eingenommen hatten.

Zusammenfassung

Die vorgelegten Untersuchungen zeigen, daß bei Patienten mit einer Störung durch Opioide bzw. bei einer Störung durch multiplen Substanzgebrauch Veränderungen des zerebralen Blutflusses, gemessen durch HMPAO-SPECT, gefunden werden können. Diese Veränderungen sind deutlich beschreibbar und statistisch signifikant. Zum jetzigen Zeitpunkt kann jedoch noch nicht eindeutig festgestellt werden, ob die Veränderungen durch die mißbrauchte Substanz selbst, durch Begleitinfektionen, oder die mit dem Mißbrauch einhergehenden interkurrenten Erkrankungen im Zusammenhang stehen. Es kann auch nicht ausgeschlossen werden, ob nicht eventuell Methadon selbst zu den beschriebenen Veränderungen des zerebralen Blutflusses führt. Weiterhin gilt es zu klären, ob ähnlich wie z. B. beim Alkoholismus die dabei gefundenen funktionellen zentralnervösen Veränderungen wieder reversibel sind. Die vorliegenden Befunde weisen darauf hin, daß die Suchtproblematik mit funktionellen ZNS-Veränderungen einhergeht und daß unter einem therapeutischen Gesichtspunkt neben psychosozialen Maßnahmen wahrscheinlich auch, vergleichsweise wie bei der Depression bzw. bei schizophrenen Erkrankungen, biologische indiziert sind. Letztere könnten z. B. dem Patienten helfen die Zeit der Abstinenz zu verlängern und auftretende Begleitdepressionen bzw. weitere psychopathologisch relevante Symptome zu beheben.

Literatur

Danos P, Kasper S, Klemm E, Grünwald F, Krappel C, Broich K, Höflich G, Overbeck B, Biersack H-J, Möller H-J (1995) HMPAO-SPECT findings in opiod polydrug users preliminary results. In: Grünwald F, Kasper S, Biersack H-J, Möller H-J (eds) Brain SPECT imaging in psychiatry. de Gruyter, Berlin New York, pp 59–71

Fischer G, Diamant K, Schneider C, Pezawas L, Podreka I, Brücke T, Thurnherr M, Presslich O, Kasper S (1996) Pathological regional cerebral blood flow in opiate dependent patients. Psychiatr Res Neuroimaging (eingereicht)

Hill SY, Mikhael MA (1979) Computarized transaxial tomographic and neuropsychological evaluations in chronic alcoholics and heroin abusers. Am J Psychiatry 136: 598–602

Kasper S, Grünwald I, Danos P, Walter H, Klemm E, Brücke T, Podreka I, Biersack HJ (1994) Die Bedeutung der Hirn-SPECT in der Psychiatrie. Der Nuklearmediziner 17: 309–326

Kasper S, Grünwald F, Danos P, Walter H, Klemm E, Brücke T, Podreka I, Biersack HJ (1995) Anwendung der Hirn-SPECT in der Psychiatrie. Medizin im Bild 2: 33–41

London ED, Broussolle EPM, Links JM, et al (1990) Morphine-induced metabolic changes in human brain. Studies with positron emission tomography and [Fluorine 18] Fluorodeoxyglucose. Arch Gen Psychiatry 47: 73–81

Podreka I, Brücke T, Asenbaum S, Wenger S, Aull S, Van der Meer C, Baumgartner C (1993) Clinical decision making and brain SPECT. In: Costa DC, Morgan GF, Lassen NA (eds) New tends in nuclear neurology and psychiatry. Libbey, pp 103–117

Volkow ND, Valentine A, Kulkarni M (1988) Radiological and neurological changes in the drug abuse patient: a study with MRI. J Neuroradiol 15: 288–293

Korrespondenz: o. Univ.-Prof. Dr. S. Kasper, Klinische Abteilung für Allgemeine Psychiatrie, Universitätsklinik für Psychiatrie, Währinger Gürtel 18–20, A-1090 Wien, Österreich

Rezeptordarstellung mit der Single Photonen Emissions Computertomographie (SPECT): Stand der Forschung und Perspektiven

S. Schlegel[1], **R. Schlößer**[1], **O. Nickel**[2] und **A. Bockisch**[2]

[1]Psychiatrische Klinik und [2]Nuklearmedizinische Klinik, Universität Mainz,
Bundesrepublik Deutschland

123-Jod markierte Liganden ermöglichen die Darstellung und semiquantitative Messung cerebraler Rezeptoren mit der Single Photonen Emissions Computertomographie (SPECT).

Der Beitrag faßt die wichtigsten Ergebnisse eigener Studien zusammen und soll einen Ausblick auf die Entwicklung neuer Liganden geben.

Dopaminerges System

Die meisten SPECT-Untersuchungen wurden mit IBZM, einem selektiven D2-Dopaminrezeptorliganden aus der Reihe der Benzamide, durchgeführt (Kung et al. 1989, 1990). Mit IBZM lassen sich D2-Rezeptoren (D2) im Striatum darstellen. Als Referenzregion für die unspezifische Bindung wurde in den meisten Studien der frontale Cortex, seltener das Cerebellum gewählt. Der Quotient aus Striatum/Frontalhirn (S/F) wird als semiquantitatives Maß für die D2-Rezeptordichte angesehen.

Der Schwerpunkt der IBZM-Studien, die wir im Detail in einer Übersichtsarbeit dargestellt haben (Schlößer und Schlegel 1995), lag in der Messung der Rezeptorbesetzung unter Behandlung mit typischen (TN) und atypischen Neuroleptika (AN). Ein Zusammenhang mit dem Therapieerfolg unter TN und IBZM-Quotienten ließ sich nicht feststellen (Geaney et al. 1992). Alle Studien ergaben aber eindeutige Unterschiede für die Quotienten zwischen TN und AN behandelten Patienten.

In einer eigenen Studie untersuchten wir die Rezeptorbesetzung unter TN und AN in Relation zu Äquivalenzdosierungen, Nebenwirkungen und Prolaktinspiegeln. In Abhängigkeit von dem ausgewählten Äquivalensdosisumrechnungsmodell fanden sich Korrelationen zwischen der Rezeptorbesetzung und der Dosis. Extrapyramidale Nebenwirkungen und Pro-laktinspiegel korrelierten ebenfalls mit der Rezeptorbesetzung.

Trotz dieser Befunde müssen methodenkritische Aspekte diskutiert werden. Der S/F Quotient bei Kontrollpopulationen lag z. B. bei 1.94 (Pi-lowsky et al. 1992), 1,69 (Pilowsky et al. 1993) oder 1.53 (Tatsch et al. 1993). Vergleicht man diese Werte jedoch mit den 11C-Racloprid-Studien, die mit der Positronen Emissions Tomographie (PET) erhoben wurden (Farde et al. 1988), zeigen sich deutliche Unterschiede. Farde et al. (1988) beschrie-ben einen Striatum/Cerebellum Quotienten von 3.5 bei unbehandelten Patienten. Geht man bei einem Quotienten von 1.0 von einer maximalen Rezeptorbesetzung aus, so ermöglicht der PET-Wert von 3.5 bei medikati-onsfreien Kontrollen eine wesentlich genauere Berechnung für die pro-zentuale Rezeptorbesetzung unter TN und AN im Vergleich zu den IBZM-Quotienten. Es ist daher zu hoffen, daß der neue Ligand Jodobenzofuran (IBF), für den ein Basalganglien/Occipitalhirn-Quotient von 3.5 beschrie-ben wurde (Laruelle et al. 1994), möglichst bald zur Verfügung steht.

Erste Versuche auch einen selektiven D1-Dopamin-Liganden zu synthe-tisieren (Kung 1993) erwiesen sich als nicht erfolgreich (Beer, persönliche Mitteilung).

Mit dem Kokainderivat ß-CIT (2-Beta-Carbomethyoxy-3 Beta-(4-Jodo-phenyl)-Tropan) können jetzt auch Dopamintransporter im Striatum mar-kiert werden (Brücke et al. 1993, Laruelle et al. 1993), die u. U. für Unter-suchungen bei Kokainmißbrauch von Interesse sein könnten (Madras 1994).

Benzodiazepinrezeptoren

Mit Einführung von Jomazenil, dem mit Jod-123 markierten Benzodia-zepinantagonisten Flumazenil, wurde die Darstellung zentraler Benzodia-zepinrezeptoren (BZR) ermöglicht. Verdrängungsexperimente konnten zeigen, daß 90–110 min. p. i. 80–90% der Aktivtät der spezifischen Bindung (Beer 1990, Innis 1991) entspricht. Jomazenil ist damit ein geeigneter Li-gand die BZR bei Angsterkrankungen, Depression und unter BZ-Medikati-on zu untersuchen. In eigenen Untersuchungen fanden wir übereinstim-mend mit post-mortem (Müller 1987) und PET-Studien (Persson et al. 1989) die höchste BZR-Dichte occipital und frontal. Patienten mit einer Pa-nikstörung wiesen geringere Werte auf als eine Referenzgruppe mit Epi-lepsie (Schlegel et al. 1994). Damit konnte erstmals die klinisch, neurophy-siologisch und tierexperimentell postulierte Beteiligung des BZR für Angst-erkrankungen im Gehirn in vivo nachgewiesen werden. Bei depressiven Pa-tienten ergab sich eine positive Korrelation zwischen dem Schweregrad der Depression und dem frontalen Jomazenil-uptake. Dieser Befund weist in die gleiche Richtung wie die postmortem gefundene erhöhte BZR-Dichte bei Depressiven nach Suizid (Cheetham et al. 1988). Jomazenil-SPECT er-laubt auch die Messung der BZR-Besetzung unter BZ. Bei Patienten, die im Rahmen einer Depression vorübergehend mit BZ behandelt wurden, fan-den wir BZR-Besetzungen zwischen 12–40%.

Der Nachteil des Jomazenil-SPECT besteht im Fehlen einer geeigneten Referenzregion für die Messung der unspezifischen Bindung. Zwar besitzen Pons und die weiße Substanz kaum BZR. In beiden Regionen ist aber mit einem „partial volume" Effekt zu rechnen durch die hohe Rezeptordichte im Cerebellum bzw. Cortex. Quantitative Analysen mit kompetitiven Verdrängungstudien durch kaltes Flumazenil sind ebenfalls nicht geeignet für Patienten unter BZ-Therapie, da mit akuten Absetzeffekten bis hin zu Krampfanfällen zu rechnen wäre. Wir hatten daher einen semiquantitativen Ansatz entwickelt, der die gemessenen Aktivität für die injizierten counts/cm^2 normalisiert und in den oben genannten Studien zur Anwendung gekommen ist.

Serotonerges System

Die Beteiligung des serotonergen Systems wurde in den letzten Jahren u. a. für Depression, Angststörungen, Zwangserkrankungen, Schizophrenien, Eßstörungen und Impulskontrollstörungen postuliert bzw. nachgewiesen. Es ergäben sich daher eine Vielzahl von Fragestellungen für Rezeptor-SPECT, die auch den Einsatz selektiver Serotonin-Wiederaufnahmehemmer einbeziehen könnten. Die erste klinische Studie des Serotonin$_2$-Rezeptors mit Jod-123-Ketanserin zeigte eine erhöhte parietale Bindung bei depressiven Patienten (D'Haenen et al. 1992), die im Sinne einer kompensatorischen Rezeptorvermehrung bei Serotoninverminderung interpretiert wurde.

Weitere geeignete Liganden könnten von Interesse sein: β-CIT markiert neben dem Dopamin- auch den Serotonintransporter (Brücke et al. 1993) im Hypothalamus und Mittelhirn (Laruelle et al. 1993). Ein neuer – bisher tierexperimentell vielversprechender – Ligand zur Darstellung der Serotonin-Wiederaufnahmestellen im Hirnstamm ist Nitroquizapin (Jagust et al. 1993).

Leider steht in Deutschland noch keiner der genannten Liganden kommerziell zur Verfügung.

Cholinerges System

Schon Mitte der 80er Jahre wurde 123-Jod QNB (3-Quinuclindiyl-4-iodobenzilat) zur Darstellung muscarinerger Acethycholinrezeptoren (Holman et al. 1985) synthetisiert. In dieser ersten Einzelfallbeschreibung bei einem Patienten mit Alzheimer Demenz (AD) wurde zwar eine Reduktion der QNB-Bindung beschrieben, die aber wesentlich geringer ausfiel als die gleichzeitig bestehende Perfusionsminderung. In späteren Untersuchungen fanden Weinberger et al. (1991) dann jedoch bei acht von 12 AD-Patienten typische Veränderungen im frontalen oder parietalen Kortex. Diese Veränderungen waren in einer weiteren Untersuchung sogar sensitiver als Glucose-PET-Scans (Weinberger 1993). Da jedoch auch post-mortem Untersuchungen bei AD bezüglich der muscarinergen Rezeptoren divergente Befunde ergaben, sind weitere Studien erforderlich.

Psychopharmakologisch wäre die Messung der Rezeptorbesetzung unter verschiedenen anticholinerg wirkenden Antidepressiva und Neuroleptika von Interesse. Leider steht QNB bisher in Deutschland nicht zur Verfügung, wobei auch die schwierige Synthese eine Rolle spielen dürfte (Eckelmann, persönliche Mitteilung).

Es bleibt daher abzuwarten, ob die Entwicklung des neuen muskarinergen Liganden 123-Jod-Dexetimide (Müller-Gaertner et al. 1992) eher Eingang in die klinische Forschung findet.

Sigma-Rezeptoren

Kürzlich wurde über die Entwicklungen potentiell geeigneter Sigma-Liganden berichtet (He et al. 1993, Garner et al. 1994). Sigma-Rezeptoren wurden vor allem in motorischen Hirnregionen gefunden. Auch wenn ihre Bedeutung noch im Stadium der experimentellen Erforschung ist, ließ sich zeigen, daß bestimmte Neurolepika an Sigma-Rezeptoren binden und damit an der Entwicklung akuter dystoner Reaktionen oder sogar tardiver Dyskinesien beteiligt sein könnten (Bowen 1994). Erste post-mortem Untersuchungen fanden allerdings bei Schizophrenen keine Veränderungen (Shibuya et al. 1994).

Konklusion

Rezeptor-SPECT bietet die Möglichkeit unabhängig von einem PET-Zentrum Rezeptoren in vivo darzustellen und zumindestens semiquantitativ zu messen.

Vergleicht man allerdings die Fülle der potentiell geeigneten Liganden (Verhoeff 1991, Kung 1993) mit den tatsächlich bisher zur klinischen Anwendung gekommenen, so ergibt sich eine erhebliche Diskrepanz. Für die Psychiatrie wäre daher die raschere klinische Nutzung neuer Liganden vorrangig, wobei allerdings ausreichende toxikologische und dosimetrische Daten zur Verfügung stehen müßten, um den strengen Auflagen für eine Anwendung bei psychiatrischen Patienten und gesunden Probanden gerecht zu werden.

Literatur

Beer HF, Blaeuenstein PA, Hasler PH, Delaloye B, Riccabona G, Bangerl I, Hunkeler W, Bonetti EP, Pieri L, Richards JG, Schubiger PA (1990) In vitro and in vivo evaluation of iodine-123-RO 16-0154: a new imaging agent for SPECT investigations of benzodiazepine receptors. J Nucl Med 31: 1007–1014

Bowen WD (1994) Sigma receptor-mediated cytotoxicity: sigma ligands produce changes in cell morphology and viabllity. Neuropsychopharmacol 10: 836 S

Brücke T, Podreka I, Angelberger P, et al (1991) Dopamin D2 receptor imaging with SPECT: studies in different neuropsychiatric disorders. J Cereb Blood Flow Metab 11: 220–228

Brücke T, Kornhuber J, Angelberger P, Asenbaum S, Frassine H, Podreka I (1993) SPECT imaging of dopamine and serotonin transporters with [123] beta-CIT. Binding kinetics in the human brain. J Neural Transm [Gen Sect] 94: 137–146

Cheetham SC, Crompton MR, Katona CLE, Parker SJ, Horton RW (1988) Brain GABAA/benzodiazepine binding sites and glutamatic acid decarboxylase activity in depressed suicide victims. Brain Res 460: 114–123

D'haenen H, Bossuyt A, Mertens J, Bossuyt-Piron C, Gijsemans M, Kaufman L (1992)
     SPECT imaging ol serotonin2 receptors in depression. Psychiatry Res 45: 227–237
Farde L, Wiesel FA, Halldin C, Sedvall G (1988) Central D2-dopamine receptor occu-
     pancy in schizophrenic patients treated with antipsychotic drugs. Arch Gen Psychia-
     try 45: 171–76
Garner SE, Kung MP, Foulon C, Chumpradit S, Kung HF (1994) [125] (S)trans-7-0H-
     PIPAT: a potential SPECT imaging agent for sigma binding sites. Life Sci 54:
     593–603
Geaney DP, Ellis PM, Soper N, Shepstone BJ, Cowen P (1992) Single photon emission to-
     mography assessment of cerebral dopamine D2 receptor blockade in schizophrenia.
     Biol Psychiatry 32: 293–295
He XS, Bowen WD, Lee KS, Williams W, Weinberger DR, de Cost BR (1993) Synthesis
     and binding characteristics of potential SPECT imaging agents for sigma-l and sigma-
     2 binding sites. J Med Chem 36: 566–571
Holman LB, Gibson RE, Hill TC, Eckelman WC, Albert MA, Reba RC (1985) Muscarincic
     acethycholine receptors in Alzheimer's disease. In vivo imaging with iodine 123-
     1abeled 3-quinuclidinyl-4-iodobezilate and emission tomography. JAMA 2254:
     3063–3066
Innis RB, Al-Tikriti MS, Zoghbi SS, Baldwin RM, Sybirska EH, Laruelle MA, Malison RT,
     Seibyl JP, Zimmermann RC, Johnson EW, Smith EO, Charney DS, Heninger GR,
     Woods SW, Hoffer PB (1991) SPECT imgaging of the benzodiazepine receptor: fea-
     sibility of in vivo potency measurements from stepwise displacement curves. J Nucl
     Med 32: 1754–1761
Jagust WJ, Eberlin JL, Roberts JA, Brennan KM, Hanrahan SM, VanBrocklin H, Enas JD,
     Biegon A, Mathis CA (1993) In vivo imaging of the 5-hydroxytryptamine reuptake si-
     te in primate brain using single photon emission computed tomography and [123]5-
     iodo-6-nitroquipazine. Eur J Pharmacol 242: 189–193
Kung H, Pan S, Kung M-P, et al (1989) In vitro and in vivo evaluation of [123I]IBZM: a
     potential CNS D2-dopamine receptor imaging agent. J Nucl Med 30: 88–92
Kung HF (1993) SPECT and PET ligands for CNS imaging. Neurotransmissions IX: 1–8
Kung HF, Alavi A, Chang W, Kung MP, et al (1990) In vivo SPECT imaging of CNS D2 do-
     pamine receptors: Initial studies with iodine-123-IBZM in humans. J Nucl Med 31:
     573–579
Laruelle M, Baldwin RM, Malison RT, Zea-Ponce Y, Zoghbi SS, al-Trikriti MS, Sybirska
     EH, Zimmermann RC, Wisniewski G, Neumeyer JL, et al (1993) SPECT imaging of
     dopamine and serotonin transporters with [123]beta-CIT: pharmacological characte-
     rization of brain uptake in nonhuman primates. Synapse 13: 295–309
Laruelle M, van Dyck C, Abi-Dargham A, Zea-Ponce Y, Zoghbi SS, Charney DS, Baldwin
     RM, Hoffer PB, Kung HF, Innis RB (1994) Compartmental modeling of iodine-123-
     iodobenzofuran blnding to dopamine D2 receptors in healthy subjects. J Nucl Med
     35: 743–754
Madras BK (1994) Novel probes for imaging the dopamine transporter. Neuropsycho-
     pharmacology 10: 80 S
Mueller WE (1987) The benzodiazepine receptor. Cambridge University Press, New York
Mueller-Gartner HW, Wilson AA, Dannals RF, Wagner HN jr, Frost JJ (1992) Imaging mu-
     scarinic cholinergic receptors in human brain in vivo with SPECT [123]4-iododexe-
     timide, and [123]4-iodolevetimide. J Cereb Blood Flow Metab 12: 562–570
Persson A, Pauli S, Halldin C, Stone-Elander S, Farde L, Sjögren I, Sedvall G (1989) Satu-
     ration analysis of specific 11C Ro 15–1788 binding to the human cortex using po-
     sitron emission tomography. Hum Psychopharmacol 4: 21–31
Pilowsky LS, Costa DC, Ell PJ, Murray RM, Verhoeff NPLG, Kerwin RW (1992) Clozapine,
     single photon emission tomography and the D2 dopamine receptor blockade hypo-
     thesis of schizophrenia. Lancet 340: 199–202
Pilowsky LS, Costa DC, Ell PJ, Murray RM, Verhoeff NPLG, Kerwin RW (1993) Antipsy-
     chotic medication, D2 dopamine receptor blockade and clinical response: a 123I
     IBZM SPET (single photon emission tomography) study. Psychol Med 23: 791–797
Schlegel S, Steinert H, Bockisch A, Hahn K, Schlösser R, Benkert O (1994) Decreased
     benzodiazepine receptor binding in panic disorder measured by IOMAZENIL-
     SPECT: a preliminary report. Eur Arch Psychiatry Clin Neurosci 244: 49–51

Schlößer R, Schlegel S (1995) D2-receptor imaging with 123I-IBZM and single photon emission tomography in psychiatry: a survey of current status. J Neural Transm [Gen Sect] 99: 173–185

Shibuya H, Mori H, Toru M (1994) Sigma receptors in the postmortem schizophrenic brains. Neuropsychopharmacol 10: 839 S

Tatsch K, Schwarz J, Kerner M, Oertel WH, Kirsch CM (1993) Idiopathisches Parkinson Syndrom: 123-J-IBZM SPECT vor und unter Therapie. Nucl Med 32: A 13

Verhoeff NPLG (1991) Pharmacological implications for neuroreceptor imaging. Eur J Nucl Med 18: 482–502

Weinberger DR (1993) SPECT imaging in psychiatry: introduction and overview. J Clin Psychiatry 54 [Suppl]: 3–5

Weinberger DR, Gibson R, Coppola R, Jones DW, Molchan S, Sunderland T, Ferman KF, Reba RC (1991) The distribution of cerebral muscarinic acetycholine receptors in vivo in patients with dementia. Arch Neurol 48: 169–176

Korrespondenz: PD Dr. med. S. Schlegel, Psychiatrische Klinik, Universität Mainz, Untere Zahlbacher Straße 8, D-55131 Mainz, Bundesrepublik Deutschland

Sensitivität und Spezifität von PET und SPECT bei degenerativen Hirnerkrankungen

R. Mielke, A. Jacobs, J. Kessler, K. Herholz und **W.-D. Heiss**

Max-Planck-Institut für neurologische Forschung und Klinik für Neurologie, Universität Köln, Bundesrepublik Deutschland

Einleitung

Die Positronen-Emissions-Tomographie (PET) mit 18-Fluoro-Deoxy-Glukose (FDG) und die Single-Photonen-Emissions-Tomographie (SPECT) mit TC-99M-Hexamethylpropylen-amin-oxim (HMPAO) sind fest etabliert in der bildgebenden Diagnostik von dementiellen Syndromen. FDG-PET gestattet eine dreidimensionale Quantifizierung des zerebralen Stoffwechsels, während SPECT lediglich semiquantitative Daten zur Hirnperfusion liefert. Mittels FDG-PET kann schon bei der beginnenden Alzheimer Demenz (AD) mit leichtgradigen kognitiven Störungen ein typisches Stoffwechselmuster mit Hypometabolismus der frontalen und temporo-parietalen Assoziationsfelder nachgewiesen werden, während primäre Rindenfelder (sensomotorischer und primär-visueller Kortex), Stammganglien, Zerebellum und Hirnstamm nicht betroffen sind [1]. Der Betrieb der PET ist außerhalb von Forschungseinrichtungen durch den technischen Aufwand und die laufenden Kosten nur eingeschränkt durchführbar. HMPAO-SPECT ist durch die kostengünstigere Durchführung wesentlich weiter verbreitet. Zwar wurden bei der AD und auch bei vaskulären Demenzen (VD) mittels HMPAO-SPECT ähnliche fokale Defizite wie beim FDG-PET beschrieben [2–5], bei leichtgradigen dementiellen Syndromen [6–10] und frontalen Perfusionsdefiziten [11] scheint es jedoch diskrepante Befunde zu geben. Wir verglichen daher Sensitivität und Spezifität von FDG-PET und HMPAO-SPECT bezüglich der Diagnostik der AD und der Differentialdiagnose zur VD bei unterschiedlichem Schweregrad des dementiellen Syndromes.

Methodik

20 Patienten mit der klinischen Diagnose der wahrscheinlichen AD [12], 12 Patienten mit VD gemäß NINDS-AIREN Kriterien [13] und 13 Kontrollpersonen wurden jeweils in-

nerhalb von 3 Stunden zunächst mit HMPAO-SPECT (Siemens Orbiter 37 ZLC Digitrac mit Neurofocal-Kollimator) und anschließend mit FDG-PET (Siemens-CTI ECAT Exact) unter identischen Ruhebedingungen untersucht. Bezüglich technischer Einzelheiten sei auf weiterführende Literatur verwiesen [14–16]. Die Abschätzung des Schweregrades des dementiellen Syndromes erfolgte mit der Global Deteriotation Scale (GDS) nach Reisberg et al. [17]. Tabelle 1 zeigt die klinischen Daten des untersuchten Kollektives.

Um eine standardisierte Auswertung der Daten vornehmen zu können, wurden zunächst die PET-Bilder mit einem interaktiven Matching-Programm (MPM [18]) auf die Koordinaten des Referenz-Bildes einer Normalperson eingestellt. Anschließend erfolgte die intraindividuelle Reorientierung der SPECT-Bilder auf das korrespondierende PET-Bild. Zwecks Quantifizierung wurden danach durch ein halbautomatisches Verfahren 476 intraindividuell identische Regionen auf das einzelne PET- bzw. SPECT-Bild projiziert. Das funktionelle Muster beider Untersuchungen wurde in einem numerischen Quotient formalisiert, indem regionale Werte der Assoziationsfelder durch regionale Werte von typischerweise bei der AD nicht betroffenen Regionen (primäre kortikale Felder, Stammganglien und Zerebellum) dividiert wurden. Sensitivität und Spezifizität dieses regionalen Quotienten wurden mit ROC-(receiver-operating-characteristic) Analyse bestimmt. Die Trennschärfe, d. h. die diagnostische Sicherheit des Quotienten, wurde als Integral dieser Funktion berechnet und auf Signifikanz überprüft [19, 20].

Ergebnisse

Das als regionaler Quotient berechnete Stoffwechsel- und Perfusionsmuster unterschied sich für AD-Patienten signifikant von dem der VD-Patienten und Kontrollpersonen (Tabelle 2).

Die ROC-Analyse zeigte, daß mittels FDG-PET die AD von Kontrollpersonen geringfügig besser als mit HMPAO-SPECT differenziert werden kann, während für die Differentialdiagnose AD vs. VD (Abb. 1) PET we-

Tabelle 1. Klinische Daten der Patienten und Kontrollpersonen

	AD (n = 20)	VD (n = 12)	Kontrollpersonen (n = 13)
m / f	14 / 6	6 / 6	5 / 8
Alter (Jahre)	68.8 ± 5.6	69.0 ± 9.4	59.5 ± 11.1
GDS	3.45 ± 0.5	3.41 ± 0.5	2.0 ± 0.0

Tabelle 2. Als regionaler Quotient formalisiertes funktionelles Muster der PET- und SPECT-Untersuchung bei AD, VD und Kontrollpersonen

	AD (n = 20)	VD (n = 12)	Kontrollpersonen (n = 13)	signifikante Gruppenunterschiede
regionaler Quotient PET	0.89 ± 0.06 (0.80 – 0.99)	1.0 ± 0.06 (0.92 – 1.1)	0.97 ± 0.02 (0.94 – 1.02)	AD – VD*** AD-Kontrollpersonen***
regionaler Quotient SPECT	0.87 ± 0.05 (0.76 – 0.96)	0.92 ± 0.08 (0.81 – 1.1)	0.94 ± 0.06 (0.85 – 1.0)	AD – VD* AD-Kontrollpersonen***

sentlich bessere Ergebnisse lieferte (Tabelle 3) und in der Gruppe der Patienten mit mittelgradigen kognitiven Störungen (GDS = 4) eine diagnostische Sicherheit von 100% erreichte (Tabelle 4).

Mit der vorliegenden Untersuchung wurde die regionale Hirnperfusion mittels HMPAO-SPECT gemessen und mit dem regionalen Hirngluko-
sestoffwechsel, der mittels PET von FDG analysiert wurde, verglichen. Auf-

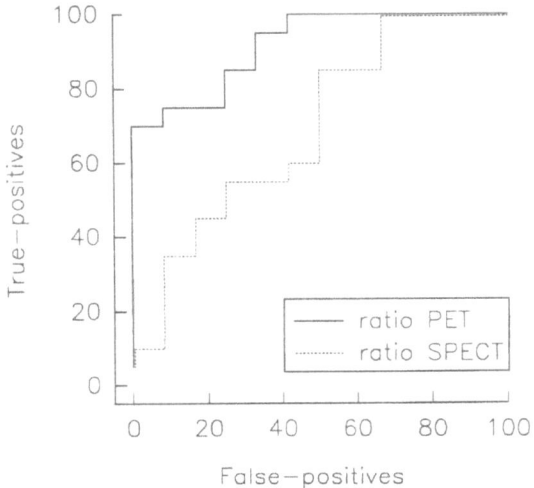

Abb. 1. ROC-Kurve zur Differenzierung zwischen AD und VD mittels HMPAO-SPECT
und FDG-PET

Tabelle 3. Diagnostische Sicherheit von PET und SPECT

	diagnostische Sicherheit PET	SPECT	Signifikanz
AD-Kontrollpersonen	86.5%	80.8%	n.s.
AD – VD	89.6%	67.1%	***

*** = p < 0.001

Tabelle 4. Diagnostische Sicherheit von PET und SPECT bei der Differenzierung der AD
und VD in Abhängigkeit vom Schweregrad der kognitiven Störungen

	diagnostische Sicherheit PET	SPECT	Signifikanz
AD – VD, gesamt	89.6%	67.1%	***
AD – VD, GDS = 3	87.2%	62.9%	***
AD – VD, GDS = 4	100%	80.1%	***

*** = p < 0.001

grund der Koppelung von zerebralem Blutfluß und Stoffwechsel ist dieser Vergleich sinnvoll. Da die Strahlungsenergie von 99 mTc unterhalb der Diskriminationsschwelle des PET-Scanners liegt, konnten beide Studien in unmittelbarer zeitlicher Folge durchgeführt werden, so daß intraindividuell gleiche Untersuchungsbedingungen angenommen werden konnten. Das Stoffwechsel- und Perfusionsmuster wurde in einer numerischen Variablen formalisiert und erlaubte, wie bereits früher nachgewiesen [21], eine Unterscheidung zwischen AD, Kontrollpersonen und VD. Die diagnostische Wertigkeit von PET und SPECT in Bezug auf degenerative Hirnerkrankungen wurde bisher nur in wenigen Studien untersucht. Messa et al. [21] verglichen HMPAO-SPECT und FDG-PET bei 21 AD-Patienten und 10 Kontrollpersonen. Obwohl es sich um eine hochauflösende SPECT-Kamera handelte, war deren Sensitivität niedriger als die des PET. Zusammenfassend legen die Ergebnisse somit den Schluß nahe, daß für die Diagnose der AD PET und SPECT ähnlich gut geeignet sind, während für die Differentialdiagnose AD vs VD SPECT nur eine unzureichende diagnostische Sicherheit bietet.

Literatur

1. Benson DF, Kuhl DE, Hawkins RA, Phelps ME, Cummings JL, Tsai SY (1983) The fluorodeoxyglucose 18F scan in Alzheimer's disease and multiinfarct dementia. Arch Neurol 40: 711–714
2. Perani D, DiPiero V, Vallar G, Cappa S, Messa C, Bottini G, Berti A, Passafiume D, Scarlato C, Gerundini P, Lenzi GL, Fazio F (1988) Technetium-99m HM-PAO-SPECT study of regional cerebral perfusion in early Alzheimer's disease. J Nucl Med 29: 1507–1514
3. Podreka I, Suess E, Goldenberg G, Steiner M, Brücke T, Müller CH, Lang W, Neirinckx RD, Deecke L (1987) Initial experience with Technetium-99m HM-PAO brain SPECT. J Nucl Med 28: 1657–1666
4. Gemmell HG, Sharp PF, Besson JAO, Ebmeier KP, Smith FW (1988) A comparison of TC99m HM-PAO and I-123 IMP cerebral SPECT images in Alzheimer's disease and multiinfarct dementia. Eur J Nucl Med 14: 463–466
5. Sacquegna T, DeCarolis P, Daidone R, Dondi M (1988) Single-photon emission tomography with technetium Tc 99m hexamethylpropylene amine oxime in Binswanger's disease. Arch Neurol 45: 603–604
6. Claus JJ, Hasan D, Harskamp FH, Breteler MMB, Krerming EP, Koning I, Cammen TJM, Hofmann A (1993) SPECT with 99mTc HMPAO is of limited diagnostic value in mild Alzheimer's disease: a population-based study. Neurology 43: A406
7. Weinstein HC, Haan J, van Royen EO, Derix MMA, Lanser JBK, van der Zant F, Dunnewold RJW, van Kroonenburgh MJPG, Pauwels EKJ, van de Velde EA, Hijdra A, Buruma OJS (1991) SPECT in the diagnosis of Alzheimer's disease and multi-infarct dementia. Clin Neurol Neurosurg 93: 39–43
8. Gemmel HG, Sharp PF, Besson JAO, Crawford JR, Ebmeier KP, Davidson J, Smith FW (1987) Differential diagnosis in dementia using cerebral blood flow agent TC-99m-HM-PAO: a SPECT study. J Comput Assist Tomogr 11: 398–402
9. Neary D, Snowdon JS, Shields RA, Burjan AWI, Northen B, Macdermott N, Prescott MC, Testa HJ (1987) Single photon emission tomography using 99mTc-HM-PAO in the investigation of dementia. J Neurol Neurosurg Psychiatry 50: 1101–1109
10. Reed BR, Jagust WJ, Seab JP, Ober BA (1989) Memory and regional cerebral blood flow in mildly symptomatic Alzheimer's disease. Neurology 39: 1537–1539
11. Mielke R, Herholz K, Pietrzyk U, Jacobs A, Wienhard K, Heiss WD (1994) Metabolic correlates of impaired frontal HMPAO uptake – a PET-SPECT-study. Eur J Nucl Med 21: 721
12. McKhann G, Drachman D, Folstein M, Katzman R, Price D, Stadlan EM (1984) Clinical diagnosis of Alzheimer's disease: report of the NINCDS-ADRDA work group un-

der the auspices of Department of Health and Human Services Task Force on Alzheimer's disease. Neurology 19: 939–944

13. Roman GC, Tatemichi TK, Erkinjuntti T, Cummings JL, Masdeu JC, Garcia JH, Amaducci L, Orgogozzo JM, Brun A, Hofman A, Moody DM, O'Brien MD, Yarnaguchi T, Grafman J, Drayer BP, Bennett DA, Fisher M, Ogata J, Kokmen E, Bermejo F, Wolf PA, Gorelick PB, Bick KL, Pajeau AK, Bell MA, DeCarli C, Culebras A, Korczyn AD, Bogousslavsky J, Hartmann A, Scheinberg P (1993) Vascular dementia: diagnostic criteria for research studies. Neurology 43: 250–260

14. Wienhard K, Eriksson L, Grootonk S, Casey M, Pietrzyk U, Heiss WD (1992) Performance evaluation of the positron scanner ECAT EXACT. J Comput Assist Tomogr 16: 804–813

15. Wienhard K, Pawlik G, Herholz K, Wagner R, Heiss WD (1985) Estimation of local cerebral glucose utilization by positron emission tomography of (18F)-2-fluoro-2-deoxy-D-glucose: a critical appraisal of optimization procedures. J Cereb Blood Flow Metab 5: 115–125

16. Mielke R, Pietrzyk U, Jacobs A, Fink GR, Ichimiya A, Kessler J, Herholz K, Heiss WD (1994) HMPAO SPECT and FDG PET in Alzheimer's disease and vascular dementia: comparison of perfusion and metabolic pattern. Eur J Nucl Med 21: 1052–1060

17. Reisberg B, Ferris SH, De Leon MJ, Crook T (1982) The global deterioration scale for assessment of primary degenerative dementia. Am J Psychiatry 139: 1136–1139

18. Pietrzyk U, Herholz K, Fink G, Jacobs A, Mielke R, Slansky I, Würker M, Heiss WD (1994) An interactive technique for three-dimensional image registration: validation for PET, SPECT, MRI and CT brain studies. J Nucl Med 35: 2011–2018.

19. Hanley JA, McNeil BJ (1983) A method of comparing the areas under receiver operating characteristic curves derived from the same cases. Radiology 148: 839–843

20. Hanley JA, McNeill BJ (1982) The meaning and use of the area under a receiver operating characteristic (ROC) curve. Radiology 143: 29–36

21. Mielke R, Herholz K, Grond M, Kessler J, Heiss WD (1992) Severity of vascular dementia is related to volume of metabolically impaired tissue. Arch Neurol 49: 909–913

22. Messa C, Perani D, Lucignani G, Zenorini A, Zito F, Rizzo G, Grassi F, Del Sole A, Franceschi M, Gilardi MC, Fazio F (1994) High-resolution technetium-99m-HMPAO SPECT in patients with probable Alzheimer's disease: comparison with fluorine-18-FDG PET. J Nucl Med 35:210–216

Korrespondenz: Priv.-Doz. Dr. R. Mielke, Max-Planck-Institut für neurologische Forschung, Gleueler Straße 50, D-50931 Köln (Lindenthal), Bundesrepublik Deutschland

Funktionelle Aktivierungsstudien mit der Kernspintomographie

F. Schneider[1], **W. Grodd**[2] und **U. Klose**[2]

[1]Psychiatrische Universitätsklinik, Düsseldorf und [2]Abteilung für Neuroradiologie, Radiologische Universitätsklinik, Tübingen, Bundesrepublik Deutschland

Die Kenntnis der Zusammenhänge zwischen Erleben und Verhalten und ihren neuronalen Substraten ist durch die bildgebenden Darstellungen von Gehirnaktivitäten entscheidend gefördert worden. Bei solchen Untersuchungen wird eine durch psychologische oder pharmakologische Aktivierung hervorgerufene zerebrale Aktivität in Abhängigkeit von ihrer regionalen Verteilung registriert. Hierbei kann die Bildgebung prinzipiell durch elektrophysiologische (Elektroenzephalographie, EEG), elektromagnetische (Magnetenzephalographie, MEG), nuklearmedizinische (^{133}Xe-Clearance Blutflußmessungen; Single-Photon-Emission-Computer-Tomography, SPECT; Positronen-Emissions-Tomographie, PET) oder neuroradiologische Verfahren wie die Kernspintomographie (Magnetic Resonance Imaging, MRI) erfolgen.

Funktionelle Kernspintomographie (fMRI)

Die funktionelle Bildgebung mittels MRI ist ein nicht-invasives Verfahren, welche schnelle Bilderstellungstechniken wie Gradientenechosequenzen oder Echo-Planar-Verfahren verwendet. Auf diese Weise werden die durch experimentelle Aktivierungen induzierten physiologischen Veränderungen der regionalen Hirndurchblutung mit guter räumlicher und zeitlicher Auflösung erfaßt. Mit der fMRI können regionale Änderungen der Signalintensitäten nicht nur im Bereich des visuellen und sensomotorischen Kortex, sondern auch anderer kortikaler und subkortikaler Regionen dargestellt werden (Bandettini et al. 1992, Belliveau et al. 1991, Connelly et al. 1993, Frahm et al. 1993, Kim et al. 1993, Kwong et al. 1992, Lai et al. 1993, Menon et al. 1993, Schad et al. 1994). Damit ist diese Methode auch für psychiatrische Fragestellungen außerordentlich interessant.

Zur Erfassung der neuronalen zerebralen Aktivierung sind verschiedene fMRI-Techniken möglich, die u. a. auch den Einsatz von paramagnetischen Kontrastmitteln vorsehen (Belliveau et al. 1991). Die derzeit wichtigste Methode stellt jedoch die *BOLD*-Technik dar (*blood oxygenation level dependent* Kontrast; Ogawa et al. 1990), die im Folgenden genauer dargestellt werden soll. Der BOLD-Kontrast beruht darauf, daß eine regionale neuronale Aktivierung über einen erhöhten regionalen zerebralen Blutfluß (rCBF) zu einer Zunahme der Oxygenierung bzw. Abnahme der Desoxygenierung des Hämoglobins im kapillären und venösen Blut des aktivierten Areals führt. Da Desoxyhämoglobin aufgrund der fehlenden Sauerstoffbeladung des Fe^{2+} eine paramagnetische Substanz ist, wirkt es als körpereigenes Kontrastmittel. Es verändert mit seiner positiven magnetischen Suszeptibilität das lokale Magnetfeld in der Umgebung der Blutgefässe. Vergleichsmessungen in Ruhe und im Verlauf einer zerebralen Aktivierung führen daher zu einer fMRI-Signalintensitätserhöhung im aktivierten Areal. Darüberhinaus kommt es auch aufgrund der Steigerung der regionalen Durchblutung durch den erhöhten Wassergehalt bzw. das vermehrt einströmende Blut zu einem Signalanstieg, der durch verschiedene MRI-Meßtechniken zu unterscheiden ist.

Die fMRI-Methode ist somit ein einfaches und nicht invasives Verfahren, bei dem vor allem im Unterschied zur PET-Methode keine Einschränkung aufgrund einer Belastung mit ionisierenden Strahlen besteht. Allerdings sind die Kontraindikationen der MRI bei Probanden- und Patientenuntersuchungen zu beachten (Grodd et al. 1994): Zu den absoluten Kontraindikationen gehören alle inkorporierten ferromagnetischen Objekte wie Herzschrittmacher, Aneurysma-Clips und andere Fremdkörper wie Metallsplitter und dergleichen, da diese durch Dislozierung und Torquierung die Probanden lebensbedrohlich gefährden können (Shellock und Kanal 1994). Wesentlich ist auch eine gute Kooperation der Probanden.

Darüberhinaus ist die Sensitivität des fMRI-Verfahrens gering und seine Anfälligkeit für Störungen dadurch außergewöhnlich hoch. Es sind zur Erreichung eines befriedigenden Signal-Rausch-Verhältnisses viele repetierende Messungen notwendig. Dabei führt jede willkürliche oder unwillkürliche Bewegung während der Bildakquisition zu Artefakten. Ferner ist eine erheblicher Aufwand an separater Datenverarbeitung am Versuchsende notwendig, da eine große Anzahl von Bildern anfallen, die gemittelt, korrigiert und verrechnet werden müssen. Darüberhinaus ist eine Quantifizierung der induzierten Signalveränderungen schwierig und anders als mit der PET-Methode (durch direkte Messung der arteriellen Aktivität) eine Berechnung der absoluten Werte für das regionale Blutvolumen und den Blutfluß bisher nicht möglich, da eine Reihe von nichtlinearen Prozessen und Vorgängen zur Signalentstehung beitragen. Schließlich existiert auch noch ein Problem bei der mathematisch bzw. statistisch korrekten Durchführung der Differenzbildung aus den einzelnen nacheinander durchgeführten Messungen. Daher wird die weitere Zukunft der fMRI maßgeblich von der Überwindung dieser physikalischen und technischen Probleme bestimmt sein.

Zerebraler Metabolismus und Blutfluß

Bei zerebraler Aktivität kommt es zum Anstieg des rCBF, der in weiten Bereichen eine monotone Beziehung zur Zunahme der Aktionspotentialfrequenz und der exzitatorischen postsynaptischen Potentiale (EPSP) hat. Dies wurde für motorische Aufgaben, somatosensorische, auditorische und visuelle Stimulationen mittels PET-Untersuchungen gezeigt. Daher kann geschlossen werden, daß der rCBF eine direkte qualitative Messung der neuronalen Aktivität erlaubt (Roland 1993). Allerdings ist die Kopplung zwischen den biochemischen Ereignissen in den aktiven Neuronen und der regionalen Vasodilatation noch unklar und bedarf weiterer Untersuchungen. Bisher werden die Freisetzung von K^+, Adenosin, CO_2 und NO als mögliche Mediatoren diskutiert, wobei insbesondere NO ein idealer Kandidat für die Regulation des rCBF zu sein scheint (Bredt et al. 1990). Es wird von den Endothelzellen durch eine Reihe von Substanzen wie Acetylcholin, Serotonin und Purinderivaten freigesetzt, wirkt stark dilatorisch auf Arteriolen und Präkapillaren, entsteht aus Arginin durch Aktivierung einer NO-Synthese, hat eine biologische Halbwertszeit von 7 sec und verschwindet aufgrund seiner hohen Diffusibilität schnell aus dem Gewebe. Zwischen rCBF und rCBV (regionalem zerebralem Blutvolumen) besteht bei zerebraler Aktivierung durch die Rekrutierung neuer Kapillaren ebenfalls eine enge Beziehung, die bis zu hohen Flußwerten linear ist. Auch für die Beziehung zwischen dem rCBF und dem Glukoseverbrauch rCMRgl (regionale metabolische Rate des Glucoseverbrauchs) besteht bis zu etwa 85 ml/100g/min eine lineare Beziehung

Funktionelle Bildgebung von emotionalen Prozessen

Im Folgenden soll ein Beispiel für den Einsatz der fMRI im Rahmen der experimentell orientierten psychiatrischen Grundlagenforschung gegeben werden: Unser Interesse gilt dem emotionalen Erleben und Verhalten und ihren neuronalen Korrelaten. Bekannt ist, daß am affektiven Verhalten unterschiedliche kortikale und subkortikale Zentren und Netzwerke beteiligt sind. Diese – vor allem aus Läsionsstudien bekannten Zentren – sind die Amygdala, der Hypothalamus, mesokortiko-limbische dopaminerge Bahnen, sowie Areale des orbito-frontalen Kortex, des dorsolateral-frontalen Kortex und Teile des Temporallappens. Der differentielle Einfluß und Anteil der verschiedenen zerebralen Strukturen bzw. neuronalen Netzwerke auf die verschiedenen Emotionen ist dabei weitgehend ungeklärt.

Um während der Durchführung der funktionellen Bildgebung negative Affekte adäquat untersuchen zu können, wurde eine standardisierte Methode zur Induktion von Trauer und Freude entwickelt (Schneider et al. 1994a). Dabei zeigen wir unter standardisierten Bedingungen aufgenommene emotionale Gesichtsausdrücke. Normdaten über Qualität und Intensität der dargestellten emotionalen Ausdrücke liegen für Gesunde und psychiatrische Patienten vor (Schneider et al. 1994a, 1995a). Die standardisierte Methode zur Emotionsinduktion wurde in eigenen Studien mit funktioneller Bildgebung mit der ^{133}Xe-Clearance-Messung und mit H_2^{15}O-PET bei Gesunden eingesetzt (Schneider et al. 1994b, 1995b). Hierbei ließ sich in einer PET-Studie durch Trauerinduktion ein Anstieg des rCBF in der linken Amygdala und eine Reduktion rechts nachweisen. Diese lateralisierten rCBF-Veränderungen waren mit ausgeprägterem negativem Affekt (Selbstbeurteilung) in der Trauerbedingung korreliert, während sich für die Freudeinduktion keine entsprechenden Effekte ergaben.

fMRI-Untersuchung während emotionalem Erleben

Eine erste fMRI Untersuchung mit prinzipiell gleichem Untersuchungsdesign erfolgte an einem konventionellen 1,5 T Ganzkörpertomographen (Magnetom^R, Siemens) mit einer zirkular polarisierten Kopfspule. Probanden waren 12 gesunde Rechtshänder, die in typischer Weise mit fixiertem Kopf in dem Tomographen lagen (Hajnal et al. 1994). Vor der eigentlichen Funktionsuntersuchung wurde eine orientierende anatomische Durchschichtung durchgeführt. Hierzu wurden zwei Serien T1-gewichteter Bilder (17 Schichten, TR 600 ms, TE 15 ms, Schichtdicke 4 mm, Schichtabstand 2 mm, Matrix 256 × 256, FOV 21,4 cm, Meßdauer 2,5 min) in sagittaler und koronarer Schnittführung angefertigt. Sie dienten der anatomischen Orientierung und zur genauen Lokalisation der Amygdala und anderer Strukturen, vor allem des Temporallappens. Anhand dieser Bilder wurden die koronaren Schnitte durch den Temporallappen und die Amygdala für die funktionelle Untersuchung festgelegt. Anschließend erfolgte die funktionelle Untersuchung nach festgelegtem Protokoll mittels einer T2*-gewichteten FLASH Sequenz (Connelly et al. 1993), bei der die Repetitionszeit zur Akquisition von 3 Schichten auf 240 ms verlängert wurde (TE 60 ms, Schichtdicke 4 mm, α = 40°, Schichtabstand 2 mm, Matrix 64 × 128, FOV 21,4 cm). Die Akquisitionszeit betrug 16 sec, das Interscan-Intervall 4 sec. Es wurden jeweils 10 Akquisitionen in koronarer Schnittführung in Ruhe und bei drei verschiedenen Aktivierungsbedingungen (Trauerinduktion; Freudeinduktion; kognitive, nicht-emotionale Kontrollaufgabe) durchgeführt. Jede Bedingung dauerte etwa 3,5 min, so daß die Gesamtmeßzeit pro Bedingung einschließlich der Bildberechnungszeit etwa 5 min betrug. Zwischen den emotional aktivierenden Bedingungen wurden Pausen für Bildrekonstruktionen sowie für die Erhebungen der affektiven Selbstbeurteilungen von jeweils etwa 3 min eingefügt.

Während der drei Aktivierungsbedingungen wurden Gesichtsportraits auf einen transparenten Schirm projiziert, der an der Einstiegsöffnung des Tomographen befestigt war. Auf die Kopfspule war ein Spiegel montiert, der ein Sichtfenster in Fußrichtung auf den Schirm freigab. Die Projektion der einzelnen Gesichtsportraits erfolgte mit Diapositiven im leicht verdunkelten, geräuscharmen Untersuchungsraum auf den Schirm. Die Stimmungsinduktion wurde wie in den erwähnten ^{133}Xe- und PET-Studien in standardisierter Form vorgenommen, wobei pro Bedingung eine Serie von Dias mit jeweils traurigen, fröhlichen oder neutralen Gesichter präsentiert wurde (Schneider et al. 1994a). Die Instruktion lautete dabei „*alles zu versuchen, um selbst fröhlich [traurig] zu sein*". Die Gesichtsporträts waren streng standardisiert: Es handelte sich um schwarz-weiße Aufnahmen mit schwarzem Hintergrund von weiblichen und männlichen Schauspielern aller Altersgruppen. Eine abhängige Variable war die von den Probanden selbst eingeschätzte Emotionalität *(Positive and Negative Affects Schedule, PANAS;* Watson et al. 1988), die in den Meßpausen auf einer Likert-ähnlichen Skala eingestuft wurde.

Die Auswertung der funktionellen Bilder erfolgte nach Versuchsende. Dabei wurden eventuell vorhandene willkürliche und unwillkürliche Bewegungen der Probanden während der Versuche mittels einer planaren Bildverschiebung korrigiert. Anschließend wurden zur Bestimmung der Mittelwerte der verschiedenen Bedingungen die beiden Kontrollbedingungen (Ruhe und Kognition) als eine zusammengefaßt und eine systematische Veränderung des Ruhesignals während der Untersuchung durch eine Driftkorrektur ausgeglichen. Die Berechnung der funktionellen Bilder erfolgte abschließend durch eine Summation aller Einzelschichten mit anschließender Differenzbildung zwischen den Mittelwertsbildern bei Trauer- bzw. Freudeinduktion und denjenigen beider Kontrollbedingungen nach dem von Bandettini et al. (1993) vorgeschlagenem Verfahren. Danach wurden die so ermittelten fMRI-Bilder den anatomischen (T1-gewichteten) Bildern überlagert (Abb. 1). Darüberhinaus wurde eine Analyse der Signalintensität für ausgewählte Regionen bei verschiedenen Bedingungen vorgenommen (Abb. 2).

In den koronaren Schichten durch den Temporallappen und die Amygdala fand sich bei zehn der zwölf Probanden eine umschriebene Signalzunahme in der linken Amygdala während der traurigen Stimmungsinduktion (Beispiel in Abb. 1). Über alle Probanden erreichte dieser Effekt in einer 2-faktoriellen ANOVA mit Meßwiederholung [Emotion: Trauer, Freude – jeweils um die beiden Kontrollaufgaben korrigiert; Hemisphäre: links, rechts]) statistische Signifikanz ($p = .008$). Im Unterschied zu diesen Befunden zeigten sich bei den Probanden während freudiger Stimmungsinduktion keine Signalveränderungen im Bereich der Mandelkerne. In anderen abgebildeten Regionen waren keine konstanten Signalanhebungen nachweisbar. Der Anstieg der Signalveränderungen für die linke Amygdala bei Trauer lag zwischen 3 und 20% in Bezug auf die Ruhewerte (Abb. 2), während zum Vergleich im parasagittalen Marklager frontal die Änderungen weniger als 2% betrugen. Auf den korrespondierenden anatomischen Bildern erschien der Effekt umschrieben auf den baso-lateralen Anteil der Amygdala begrenzt zu sein, welcher vorwiegend Afferenzen aus dem Großhirn, dem Hippocampus und dem Thalamus aufnimmt. Damit konnte durch die fMRI-Studie der Effekt des Stimmungsinduktionstests aus der korrespondierenden PET-Studie bestätigt werden, bei der eine Erhöhung des rCBF in der linken Amygdala während der experimentellen Trauerinduktion, aber kein signifikanter Effekt auf die rechte und keine Änderungen in beiden Mandelkernen bei Freudeinduktion nachgewiesen werden konnte. Korrelationen der Signalerhöhungen im Bereich der Amygdala und dem affektiven Selbsterleben in der jeweiligen Situation *(PANAS)* ergaben für die Trauerbedingung einen Zusammenhang zwischen Signaler-

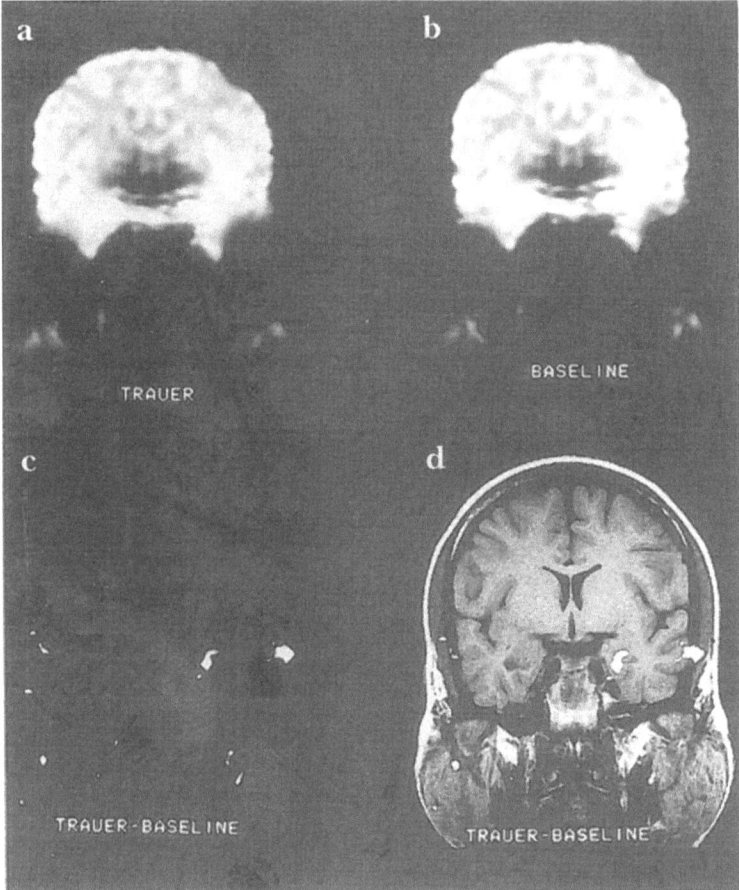

Abb. 1. Auswertungsschritte und Ergebnisse der fMRI-Untersuchung zur Stimmungsinduktion bei einem Probanden. *(a)* und *(b)* Summation der Einzelbilder für die Trauerinduktion *(a)* und die Ruhebedingung *(b)*; *(c)* Differenzbildung zwischen aktivierender und
Kontrollbedingung zur Signalextraktion; *(d)* Überlagerung des Differenzbildes auf das
anatomische T1-gewichtete Bild. Beachte die Signalerhöhung in der linken Amygdala und
lateral des Gyrus temporalis medius links durch eine kortikal drainierende Vene in *(d)*

höhung links und negativem Affekt ($r = .58$, $p = .048$), d.h. daß negativere
Ratings mit links geringerem (im Vergleich zu rechts) rCBF assoziiert waren. Auch dieses Ergebnis stellt eine Bestätigung der erwähnten PET-Studie
dar. Für die Freudeinduktion ergab sich eine entsprechende Kovariation
für Signalerhöhung rechts und positivem Affekt ($r = .-73$, $p = .006$).

Schluß

Der Nachweis einer differentiellen und lateralisierten Aktivität in der
Amygdala bei experimentell induzierter trauriger Stimmungslage ist konsistent mit anderen Untersuchungen, die der Amygdala eine wesentliche Be-

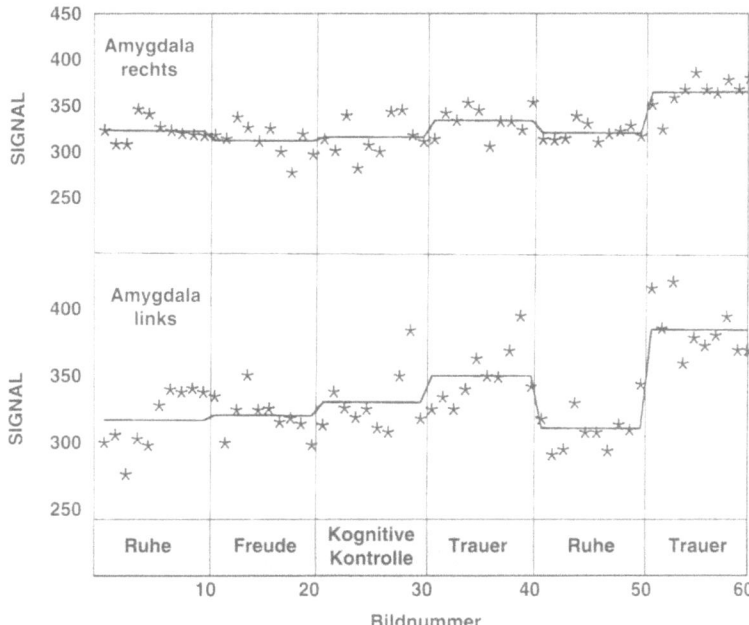

Abb. 2. Meßpunkte und gemittelte Signalwerte für die verschiedenen Versuchsbedingungen (Ruhe, Freude, kognitive Kontrolle, Trauer, Ruhe, Trauer) von einem Probanden für die Regionen der rechten und linken Amygdala

deutung in der affektiven Steuerung von Emotionen und Stimmungen zuschreiben (LeDoux 1995). Die Korrelationen zwischen hemisphärenspezifischer zerebraler Aktivität und dem affektiven, valenzabhängigen Selbsterleben trägt darüberhinaus zur Aufklärung der neurobiologischen Grundlagen von Emotionen oder – allgemeiner formuliert – zum Verhältnis von Gehirn und Verhalten bei. Zugleich kann durch den Vergleich mit einer PET-Untersuchung zur Validität der fMRI beigetragen werden. Dies läßt uns hoffen, daß die Methode auch geeignet ist, emotionale Störungen bei psychiatrischen Erkrankungen zu untersuchen.

Der Einsatz der fMRI bedeutet nicht nur das Hinzufügen einer neuen Methode zum bereits bestehenden und z. T. hochtechnisierten Untersuchungsinventar von Gehirnfunktionen. Es stellt derzeit neben der noch in Entwicklung befindlichen MEG die einzige Möglichkeit dar, ohne Verwendung ionisierender Strahlen Gehirnaktivitäten in allen drei Dimensionen nachzuweisen. Damit kann die fMRI im Rahmen einer neurobiologisch orientierten Grundlagenforschung für die Psychiatrie und Psychologie einen wesentlichen Beitrag leisten. Im Gegensatz zur PET steht dabei mit der fMRI ein Verfahren zur Verfügung, welches über eine bessere anatomische Auflösung verfügt, und daß aufgrund der hohen Anzahl verwendbarer Tomographen auch eine weitere Verbreitung entsprechender klinischer Forschung erwarten läßt.

Literatur

Bandettini PA, Wong EC, Hinks RS, Tikofsky RS, Hyde JS (1992) Time course EPI of human brain function during task activation. Magn Reson Med 25: 390–397

Bandettini PA, Jesmanowicz A, Wong EC, Hyde JS (1993) Processing strategies for time-course data sets in functional MRI of the human brain. Magn Reson Med 30:161–173

Belliveau JW, Kennedy DN, McKinstry RC, Buchbinder BR, Weisskopf RM, Cohen MS, Vevea JM, Brady TJ, Rosen BR (1991) Functional mapping of the human visual cortex by magnetic resonance imaging. Science 254: 716–719

Bredt DS, Hwang PH, Synder SH (1990) Localization of nitric oxide synthase indicating a neural role for nitric oxide. Nature 347: 768–770

Connelly A, Jackson GD, Frackowiak RSJ, Belliveau JW, Vargha-Khadem F, Gadian DG (1993) Functional mapping of activated human primary cortex with a clinical MR imaging system. Radiology 188: 125–130

Frahm J, Merboldt K-D, Hänicke W (1993) Functional MRI of human brain activity at high spatial resolution. Magn Reson Med 29: 139–144

Grodd W, Skalej M, Nägele T, Voigt K (1994) Kernspintomographie: Grundlagen und klinische Anwendung in der Neuroradiologie, Teil II. Klinische Anwendung. Akt Neurol 21: 111–119

Hajnal JV, Myers R, Oatridge A, Schwieso JE, Young IR, Bydder GM (1994) Artifacts due to stimulus correlated motion in functional imaging of the brain. Magn Res Med 31: 283–291

Kim SG, Ashe J, Hendrich K, Ellermann JM, Merkle H, Ugurbil K, Georgopopulos AP (1993) Functional magnetic resonance imaging of motor cortex: hemispheric asymmetry and handedness. Science 261: 615–617

Kwong KK, Belliveau JW, Chesler DA, Goldberg IE, Weisskoff RM, Poncelet BP, Kennedy DN, Hoppel BE, Cohen MS, Turner R, Cheng H-M, Brady TJ, Rosen BR (1992) Dynamic magnetic resonance imaging of human brain activity during primary sensory stimulation. Proc Natl Acad Sci USA 89: 5675–5679

Lai S, Hopkins AL, Haacke EM, Li D, Wasserman BA, Buckley P, Friedman L, Meltzer H, Hedera P, Friedland R (1993) Identification of vascular structures as a major source of signal contrast in high resolution 2D and 3D functional activation imaging of the motor cortex at 1.5T: preliminary results. Magn Reson Med 30: 387–392

LeDoux JE (1995) Emotion: clues from the brain. Ann Rev Psychol 46: 209–235

Menon RS, Ogawa S, Tank DW, Ugurbil K (1993) Tesla gradient recalled echo characteristics of photic stimulation-induced signal changes in the human primary visual cortex. Magn Res Med 30: 380–386

Ogawa S, Lee TM, Ray AR, Tank DW (1990) Brain magnetic resonance imaging with contrast dependent on blood oxygenation. Proc Natl Acad Sci USA 87: 9868–9872

Roland PE (1993) Brain activation. Wiley-Liss, New York

Schad LR, Wenz F, Knopp MV, Baudendistel K, Müller E, Lorenz WJ (1994) Functional 2D and 3D magnetic resonance imaging of motor cortex stimulation at high spatial resolution using standard 1.5 T imager. Magn Res Imag 12: 9–15

Schneider F, Gur RC, Gur RE, Muenz LR (1994a) Standardized mood induction with happy and sad facial expressions. Psychiatry Res 51: 19–31

Schneider F, Gur RC, Jaggi JL, Gur RE (1994b) Differential effects of mood on cortical cerebral blood flow: a [133]Xenon clearance study. Psychiatry Res 52: 19–31

Schneider F, Gur RC, Gur RE, Shtasel DL (1995a) Emotional processing in schizophrenia: neurobehavioral probes in relation to psychopathology. Schizophr Res 17: 67–75

Schneider F, Gur RE, Harper Mozley L, Smith RJ, Mozley PD, Censits DM, Alavi A, Gur RC (1995b) Mood effects on limbic blood flow correlate with emotional self-rating. A PET study with oxygen-15 labeled water. Res Neuroimaging 61: 265–283

Shellock FG, Kanal E (1994) Magnetic resonance: bioeffects, safety, and patient management. Raven Press, New York

Watson D, Clark LA, Tellegen A (1988) Development and validation of brief measures of positive and negative affect: the PANAS scales. J Person Soc Psychol 54: 1063–1070

Korrespondenz: Prof. Dr. Dr. Frank Schneider, Psychiatrische Universitätsklinik, Bergische Landstraße 2, D-40629 Düsseldorf, Bundesrepublik Deutschland

Der Einfluß experimenteller Stimulation der primären Wirtsantwort auf den Schlaf des Menschen

T. Pollmächer, J. Mullington, D. Hinze-Selch, A. Orth, D. Hermann und
F. Holsboer

Max Planck Institut für Psychiatrie, Klinisches Institut, München,
Bundesrepublik Deutschland

Einleitung

Schon Aristoteles erwähnt in seinem Buch „Über Schlafen und Wachen"
Schläfrigkeit als Symptom fieberhafter Erkankungen. Erst Mitte der 70er
Jahre unseres Jahrhunderts allerdings, begann die systematische Untersuchung der Wechselwirkung zwischen Infektionskrankheiten und Schlaf.
Die Ergebnisse einer großen Zahl von Tierstudien vor allem an Nagern
führten zu der Annahme, daß eine Aktivierung der primären Wirtsantwort
im Rahmen einer Infektion über primäre Mediatoren (wie zum Beispiel
bakterielle Endotoxine und Muramylpeptide) vor allem zu einer Vermehrung und Vertiefung von non-REM Schlaf führt (Übersicht bei Krueger
und Majd 1990). Hierbei wirken die primären Mediatoren nicht direkt auf
das Zentralnervensystem, sondern sie veranlassen immunkompetente Zellen [im Falle der Endotoxine, die Zellwandbestandteile gram-negativer
Bakterien sind, vor allem Makrophagen (Rietschel et al. 1994)] zur Freisetzung sekundärer Mediatoren. Die wichtigsten sind Zytokine, wie Interleukin-l (IL-l) und Tumor Nekrose Faktor-α (TNF-α), die entweder im ZNS
direkt, oder über die Aktivierung der hormonellen somatotrophen und/
oder hypopthalomo-hypophysär-adrenalen Systeme die beschriebenen Veränderungen der Schlafstruktur bewirken.

Humanexperimentelle Studien bezüglich des Einflusses einer Aktivierung des Immunsystems auf den Schlaf sind bis heute nur in geringem Umfang durchgeführt worden. Während eine Studie eine subjektiv verlängerte Gesamtschlafzeit im Rahmen experimenteller Infektionen mit Rhino-
und Influenza-A Viren berichtet (Smith 1992), beschreiben Karacan et al.
(1968) den Nachtschlaf gesunder Probanden nach Injektion von Salmonella abortus equi Endotoxin als gestört und verflacht im Sinne einer Zunahme der Anzahl von Aufwachereignissen sowie der nächtlichen Wachzeit

und einer Abnahme von non-REM und speziell Tiefschlaf. In der letztge-
nannten Studie wurden allerdings Endotoxinmengen als Bolusinjektion
verabreicht, die zu stark ausgeprägten Symptomen eines akuten Infektes
wie über einige Stunden anhaltende Muskelschmerzen und Schüttelfrost
führten, sowie zu einem sehr prononcierten Anstieg der Körpertemperatur
auf im Mittel 39° C. Unsere Arbeitsgruppe hat vor einiger Zeit dieses Modell aufgegriffen, allerdings wurden zur Vermeidung starker subjektiver
Symptome wesentlich geringere Endotoxinmengen verwendet. Die Experimente erfaßten neben dem Einfluß von Endotoxin auf den polygraphisch
objektivierten Schlaf den Verlauf der rektalen Körpertemperatur, sowie die
Plasmaspiegel einer Reihe von Hormonen und Zytokinen.

Methodik

Die Experimente wurden nach sorgfältigem Ausschluß akuter und chronischer Erkrankungen an gesunden männlichen Versuchspersonen durchgeführt. Salmonella abortus
equi Endotoxin wurde in steriler und proteinfreier Lösung in einem einfach-blinden pla-
cebokontrollierten Untersuchungsprotokoll intravenös appliziert. Die Objektivierung des
Schlaf-Wach-Verhaltens erfolgte nach Standardkriterien (Pollmächer und Lauer 1992).
Die spektralanalytische Bearbeitung des EEG wurde mittels einer Fast-Hartley-Transfor-
mation durchgeführt (Trachsel 1992). Serielle Blutabnahmen erfolgten über einen Ve-
nenverweilkatheter. Zur späteren Messung von Hormonen und Zytokinen erfolgte sofort
nach Entnahme die Gewinnung von Plasma, das unverzüglich aliquotiert und eingefroren
wurde. Die Messung von Hormonen (Cortisol, Wachstumshormon) erfolgte mit Radioimmunoassays; die von Zytokinen (IL-6 und TNF-α) mit Enzymimmunoassays. Weitere methodische Details sind andernorts ausführlich beschrieben (Pollmächer et al. 1993).

Ergebnisse

Wie aus Abb. 1 ersichtlich, führte die abendliche Gabe von 0.4 bzw.
0.8 ng/kg Salmonella abortus equi Endotoxin innerhalb einer Stunde zu
einem deutlichen Anstieg von TNF-α, gefolgt von Anstiegen der Plasma IL-
6 und Cortisolspiegel, sowie der rektalen Temperatur. Auch der Wachs-
tumshormonspiegel stieg kurzfristig an, zeigte sich aber im weiteren Verlauf transient supprimiert. Der Nachtschlaf, vier Stunden nach Endotoxin-
Applikation, also bereits nach dem Maximum der primären Wirtsantwort
beginnend, zeichnete sich durch eine transiente REM-Suppression, sowie
eine Zunahme des non-REM Schlafes aus (Pollmächer et al. 1993; zum zeitlichen Verlauf siehe Abb. 1). Der Tiefschlaf (Stadien 3 und 4) wurde nicht
beeinflußt, und auch die spektralanalytisch erfaßte DeltaPower als Maß der
Schlaftiefe zeigte keine Veränderungen. Die spektrale Power langsamer Al-
pha- und schneller Betafrequenzen war allerdings erhöht (Trachsel et al.
1994).
    Die morgendliche Gabe von 0.8 ng/kg Endotoxin hatte bei 10 Proban-
den nur geringen Einfluß auf Kurzschlafepisoden, die zu festen Zeitpunkten (1, 3, 5, 7, 9 Stunden nach Injektion) stattfanden, obwohl das Ausmaß
der erreichten Stimulation der Wirtsantwort dem durch abendliche Injektion erreichten vergleichbar war. Einzig in der ersten Kurzschlafepisode, eine Stunde nach Verabreichung des Endotoxins, zeigte sich eine REM
Schlaf Suppression. Alle anderen Aspekte des Tagschlafes (Einschlaflatenz,

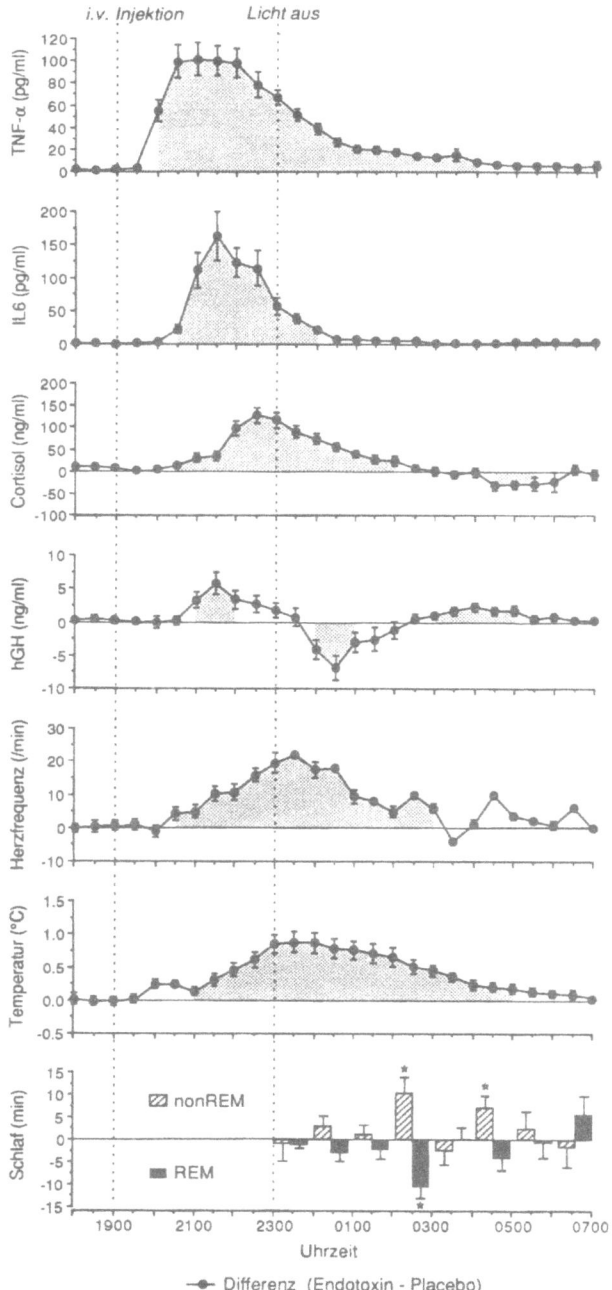

Abb. 1. Der Einfluß von Salmonella abortus equi Endotoxin bei 25 gesunden Probanden (0.4 ng/kg, N = 15; 0.8 ng/kg, N = 10) auf die Plasmaspiegel von Zytokinen und Hormonen, sowie Herzfrequenz, rektale Temperatur, non-REM und REM Schlaf. Signifikante Effekte sind durch Schraffierung beziehungsweise durch Sterne hervorgehoben

Gesamtschlaf und non-REM-Schlafmenge) waren unverändert (Korth et al. 1994).

Diskussion

Die von unserer Arbeitsgruppe erhobenen Befunde (Pollmächer et al. 1993, Trachsel et al. 1994, Korth et al. 1994) und die anderen bisher publizierten Daten (Karacan et al. 1968, Bauer et al. 1994) deuten daraufhin, daß Endotoxin beim Menschen, unabhängig von der applizierten Dosis und der Tageszeit der Verabreichung zumindest transient zu einer REM Schlaf Suppression führt. Die im Tierexperiment vielfach beschriebene non-REM Schlaf fördernde Wirkung von Endotoxin und seiner Mediatoren (siehe Krueger und Majde 1990), zeigt sich beim Menschen nur in geringem Ausmaß und nur nach abendlicher Gabe kleiner Endotoxin-Mengen. Eine schlafvertiefende Wirkung im Sinne einer Zunahme von Tiefschlaf oder der spektralanalytisch bestimmten Delta-Power hat Endotoxin beim Menschen nicht.

Somit sind anhand tierexperimenteller Befunde generierte Hypothesen bezüglich der Interaktion von Schlaf und Wirtsantwort, die meist auf die non-REM Schlaf vermehrende und intensivierende Wirkung einer Immun-Stimulation und eine potentielle immunsupportive Funktion des tiefen non-REM Schlafs abheben, nur sehr bedingt auf den Menschen übertragbar und bedürfen deshalb weiterer humanexperimenteller Überprüfung.

Literatur

Bauer J, Hohagen F, Bruns F, Lis S, Krieger S, Riemann D, Berger M (1994) Induction of cytokine synthesis and fever suppresses REM sleep and improves mood in patients with major depression. J Sleep Res 3: S17

Karacan I, Wolff SM, Williams RL, Hursch CJ, Webb WB (1968) The effects of fever on sleep and dream patterns. Psychosom 9: 331–339

Korth C, Pollmächer T, Mullington J, Schreiber W, Holsboer F (1994) Influence of endotoxin on daytime sleep. J Sleep Res 3: S129

Krueger JM, Majde JA (1990) Sleep as host defense: its regulation by microbial products and cytokines. Clin Immunol Immunopathol 57: 188–199

Pollmächer T, Lauer C (1992) Physiologie von Schlaf und Schlafregulation. In: Berger M (Hrsg) Handbuch des normalen und gestörten Schlafs. Springer, Berlin Heidelberg New York Tokyo

Pollmächer T, Schreiber W, Gudewill S, Vedder H, Fassbender K, Wiedemann K, Trachsel L, Galanos C, Holsboer F (1993) Influence of endotoxin on nocturnal sleep in humans. Am J Physiol 264: R1077–R1083

Rietschel ET, Kirikae T, Schade FU, Mamat U, Schmidt G, Loppnow H, Ulmer AJ, Zähringer U, Seydel U, Di Padova F, Schreier M, Brade H (1994) Bacterial endotoxin: molecular relationships of structure to activity and function. FASEB J 8: 217–225

Smith A (1992) Sleep, colds, and performance. In: Broughton R, Ogilvie RD (eds) Sleep, arousal, and performance. Birkhäuser, Boston, pp 233–242

Trachsel L (1993) Hartley transforms and narrow bessel bandpass filters produce similar power spectra of multiple frequency oscillators and all-night EEG. Sleep 16(6): 586–594

Trachsel L, Schreiber W, Holsboer F, Pollmächer T (1994) Endotoxin enhances EEG alpha and beta power in human sleep. Sleep 17(2): 132–139

Korrespondenz: Dr. T. Pollmächer, Max-Planck-Institut für Psychiatrie, Klinisches Institut, Kraepelinstraße 10, D-80804 München, Bundesrepublik Deutschland

Psychische Einflüsse auf die Endotoxinwirkung beim Menschen

W. Schreiber[1,2], **T. Pollmächer**[1], **S. Lautenbacher**[1,2], **M. Kainz**[1],
C. J. Lauer[1], **J.-C. Krieg**[1,2] und **F. Holsboer**[1]

[1]Max-Planck-Institut für Psychiatrie, Klinisches Institut, Abteilung für Psychiatrie, München und [2]Klinik für Psychiatrie, Philipps-Universität, Marburg, Bundesrepublik Deutschland

Einleitung

Mentaler Streß, z. B. bei depressiven Störungen, ist durch eine Aktivierung verschiedener Streßhormonsysteme, insbesondere durch eine zentrale Enthemmung des Hypothalamus-Hypophysenvorderlappen-Nebennierenrinden (HHN)-Systems gekennzeichnet (Holsboer 1995). Diese Dysregulation resultiert in einem peripheren Hypercortisolismus sowie der Beeinträchtigung verschiedener Immunfunktionen wie der Lymphozytenantwort auf Mitogenstimulation oder der Aktivität natürlicher Killerzellen (Irwin 1995). Die erhöhte Anfälligkeit für verschiedene Infektionen unter Streßbedingungen findet hierin eine mögliche Erklärung (Cohen und Williamson 1991).

Unsere Arbeitsgruppe hat in den letzten Jahren einen Endotoxin-Stimulationstest etabliert, mit dem die Auswirkungen einer Kurzzeitstimulation des Immunsystems durch Endotoxingabe auf zentralnervöse Prozesse, z. B. die Schlafregulation (Pollmächer et al. 1993) sowie die Wechselwirkungen von Streßhormon- und Immunsystem (Schreiber et al. 1993) untersucht wurden . Hierbei zeigte sich eine enge, positive Korrelation der individuellen Streßhormon- (ACTH, Cortisol) und Immunantwort (Interleukin 6, IL-6; Tumor-Nekrose-Faktor-alpha, TNF-α). Anliegen der hier vorgelegten Studie bildete die Untersuchung möglicher Einflüsse von Persönlichkeitseigenschaften und Befindlichkeitsmaßen auf dieses Endotoxin-vermittelte Hormon- und Immunantwortmuster.

Methodik

Eine ausführliche Darstellung zu Methodik und Untersuchungsablauf findet sich bei Schreiber et al. (1993). Zusammengefaßt nahmen an der Studie 16 psychiatrisch und körperlich gesunde Männer im Alter von 21–51 Jahren (Median: 28 Jahre) teil. Alle Probanden erhielten um 19°° einmalig i. v. ein hochgereinigtes Endotoxin (Salmonella abortus equi; Dosis: 0,4 ng/kg KG). Über einen Verweilkatheter wurden in der Folge über 12 Stunden hinweg halbstündlich Blutproben zur Bestimmung von ACTH und Cortisol (mittels Radioimmunoassays) sowie IL-6 und TNF-α (mittels Enzymimmunoassays) jeweils im Plasma entnommen. Als Maß der Hormon- und Immunantwort wurde der maximale Anstieg (Delta$_{max}$) des jeweiligen Meßparameters nach Endotoxinstimulation berechnet.

Am Morgen des Untersuchungstages wurden den Probanden ein Persönlichkeitstest (Münchner Persönlichkeitstest MPT, von Zerssen et al. 1988) und eine Skala zur Erfassung des psychophysiologischen Symptomprofils (Self-Report Symptom Inventory SCL-90-R; Derogatis 1977) vorgelegt . Der MPT erfaßt die 6 Dimensionen „Extraversion" (EXT), „Neurotizismus" (NEU), „Frustrationstoleranz" (FRU), „Rigidität" (RIG), „Isolationstendenz" (ISO) und „Esoterische Tendenzen" (ESO); mit der SCL-90-R werden – jeweils für die letzte Woche vor Untersuchung – 9 Variablen, nämlich „Somatisierung" (SOM), „Zwanghaftigkeit" (ZWA), „Unsicherheit im Sozialkontakt" (UNS), „Depressivität" (DEP), „Ängstlichkeit" (ANG), „Aggressivität und Feindseligkeit" (AGG), „Phobische Angst" (PHO), „Paranoides Denken" (PAR) und „Psychotizismus" (PSY) beurteilt.

Zur statistischen Auswertung wurden regressionsanalytisch die multiplen Korrelationen (R) und adjustierten Determinationskoeffizienten (R^2_{adj}) bestimmt. Die einzelnen Dimensionen von MPT und SCL-90-R dienten hierbei jeweils als Prädiktorset für die individuellen Delta$_{max}$-Werte der Hormon- bzw. Immunantwort. Aufgrund der niedrigen Probandenzahl (n = 16) beschränkten wir uns hierbei auf die Berechnung eines Regressionsmodelles mit 3 Variablen (V$_{1–3}$) und dem höchsten Erklärungswert („best model") für die beobachtete Varianz der Delta$_{max}$-Werte.

Tabelle 1a. Regressionsmodelle mit 3 Prädiktorvariablen aus dem Set der Persönlichkeitsmaße zur Vorhersage der Endotoxin-vermittelten Hormon- und Immunantwort (Abkürzungen s. Text); *ns* nicht signifikant

	R/R²adj	F	p	V$_1$/p	V$_2$/p	V$_3$/p
Delta$_{max}$ ACTH	0.55/0.13	1.77	0.21	ESO/ns	NEU/ns	RIG/ns
Delta$_{max}$ Cortisol	0.79/0.53	6.72	0.007	ESO/0.004	EXT/ns	ISO/ns
Delta$_{max}$ IL-6	0.73/0.42	4.55	0.02	EXT/0.006	NEU/0.04	ISO/ns
Delta$_{max}$ TNF-α	0.47/0.03	1.16	0.37	EXT/ns	RIG/ns	ESO/ns

Tabelle 1b. Regressionsmodelle mit 3 Prädiktorvariablen aus dem Set der Befindlichkeitsmaße (SCL-90-R) zur Vorhersage der Endotoxin-vermittelten Hormon- und Immunantwort (Abkürzungen s. Text); *ns* nicht signifikant

	R/R²$_{adj}$	F	p	V$_1$/p	V$_2$/p	V$_3$/p
Delta$_{max}$ ACTH	0.94/0.85	28.90	< 0.0001	PHO/< 0.0001	ANG/0.02	PSY/ns
Delta$_{max}$ Cortisol	0.77/0.50	5.90	0.01	AGO/0.05	PAR/ns	SOM/ns
Delta$_{max}$ IL-6	0.76/0.47	5.45	0.01	AGG/0.008	ANG/ns	PSY/ns
Delta$_{max}$ TNF-α	0.68/0.33	3.47	0.05	AGG/0.03	SOM/0.04	UNS/ns

Ergebnisse

Eine detaillierte Ergebnisdarstellung findet sich in den Tabellen 1a und 1b.

Zusammengefaßt konnten mit Hilfe von Regressionsmodellen mit 3 Prädiktorvariablen im Falle der Persönlichkeitsmaße (MPT) die Cortisol- und IL-6-Antworten, im Falle der Befindlichkeitsmaße (SCL-90-R) die ACTH-, Cortisol-, IL-6- und TNF-α-Antworten signifikant vorhergesagt werden (F- bzw. p-Werte der multiplen Korrelation siehe Spalten 2 und 3 bei der Tabellen). Auffällig war insbesondere der hohe Vorhersagewert der Variablen „phobische Angst" (V_1) und „Ängstlichkeit" (V_2) für die hypophysäre Streßhormonantwort (p-Werte für den Erklärungswert der einzelnen Variablen siehe Spalten 4 und 5 von Tabelle 1b).

Schlußfolgerungen

Bei Anwendung von Regressionsmodellen mit 3 Variablen zur Prädiktion der Streßhormon- und Immunantwort nach Endotoxinstimulation mit Hilfe verschiedener Persönlichkeitsmaße und eines aktuellen psychophysiologischen Symptomprofils gelang in der Mehrzahl der Fälle eine signifikante Vorhersage. Zur Erklärung der Varianz von Hormon- und Immunantwort waren jedoch jeweils unterschiedliche Variablensätze notwendig, so daß einheitlich wirksame, psychische Einflußfaktoren nicht gesichert werden konnten.

Besonders bemerkenswert war der extrem hohe Prädiktorwert der Variable „Phobische Angst" für die ACTH-Antwort auf Endotoxinstimulation. Sollte sich dieser Befund experimentell in Replikationsstudien bestätigen, so ergibt sich hieraus die klinische Notwendigkeit einer weitergehenden Untersuchung und Abklärung des Einflusses von phobischer Angst und Ängstlichkeit allgemein auf Streßhormon- und Immunsystem. Praktische Relevanz besitzt dies z. B. im Hinblick auf eine eventuell vermehrte Inzidenz von Infektionen bei Angsterkrankungen, zumal diese – in Analogie zu depressiven Erkrankungen, bei denen eine solche, erhöhte Auftretenswahrscheinlichkeit von Infektionen bereits beschrieben wurde (Irwin 1995) – ebenfalls durch eine Dysregulation des HHN-Systems gekennzeichnet sind (Holsboer 1995).

Literatur

Cohen S, Williamson G (1991) Stress and infectious disease in humans. Psychol Bull 109: 5–24

Derogatis LR (1977) SCL-90. Administration, scoring and procedures. Manual-I for the r (evised) version and other instruments of the psychopathology rating scale series. Johns Hopkins University School of Medicine

Holsboer F (1995) Neuroendocrinology of mood disorders. In: Bloom FE, Kupfer DJ (eds) Psychopharmacology. The fourth generation of progress. Raven Press, New York, pp 957–969

Irwin M (1995) Psychoneuroimmunology of depression. In: Bloom FE, Kupfer DJ (eds) Psychopharmacology. The fourth generation of progress. Raven Press, New York, pp 983–998

Pollmächer T, Schreiber W, Gudewill S, Vedder H, Fassbender K, Wiedemann K, Trachsel L, Galanos C, Holsboer F (1993) Influence of endotoxin on nocturnal sleep in humans. Am J Physiol 264: R1077–R1083

Schreiber W, Pollmächer T, Fassbender K, Gudewill S, Vedder H, Wiedemann K, Galanos C, Holsboer F (1993) Endotoxin- and corticotropin-releasing hormone-induced release of ACTH and cortisol. Neuroendocrinology 58: 123–128

Zerssen D von, Pfister H, Koeller DM (1988) The Munich personality test (MPT) – a short questionnaire for self-rating and relatives' rating of personality traits: formal properties and clinical potential. Eur Arch Psychiatr Neurol Sci 238: 73–93

Korrespondenz: Dr. W. Schreiber, Klinik für Psychiatrie, Philipps-Universität, Rudolf-Bultmann-Straße 8, D-35033 Marburg, Bundesrepublik Deutschland

Gamma-Interferon in Familien mit multiplem Vorkommen von schizophrenen Psychosen

V. Arolt[1], **C. Weitzsch**[1,2], **I. Wilke**[1,2], **A. Nolte**[1,3], **M. Pinnow**[1,3] und
H. Kirchner[2]

[1]Klinik für Psychiatrie, [2]Institut für Immunologie und Transfusionsmedizin und
[3]Institut für Humangenetik, Medizinische Universität zu Lübeck,
Bundesrepublik Deutschland

Einleitung

Die Möglichkeit einer gestörten Immunfunktion bei Schizophrenen wird seit Jahren diskutiert (Kirch 1993, Kaschka 1985, Henneberg et al. 1993). Die Befundlage konnte insbesondere in jüngerer Zeit durch die Untersuchung des Zytokinsystems wesentlich erweitert werden. Die Produktion von Interleukin-2 (Il–2) durch Lymphozyten nach Stimulation ist bei Schizophrenen gegenüber gesunden Kontrollen signifikant erniedrigt (Ganguli et al. 1989, Hornberg et al. 1995, Villmain et al. 1989). Die Serumkonzentration des löslichen Interleukin-2 Rezeptors (sIL-2R) ist bei Schizophrenen erhöht (Ganguli und Rabin 1989, Hornberg et al. 1995, Rapaport 1993, 1994). Nur wenige Befunde liegen zu Interferon-gamma (IFN-γ) vor. Während die Serumkonzentration von IFN-γ bei Schizophrenen gegenüber Gesunden keine Auffälligkeiten zeigt (Becker et al. 1990, Gattaz et al. 1992), ist jedoch die Produktion von IFN-γ nach Stimulation von Leukozyten in vitro tendenziell vermindert (Moises et al. 1985, Katila et al. 1989, Hornberg et al. 1995). Eine erniedrigte Produktion von IFN-γ scheint dabei lediglich in der Gruppe der akut erkrankten Schizophrenen vorzuliegt, jedoch nicht bei Patienten im Residualstadium (Wilke et al. eingereicht).

Es kann überlegt werden, ob die verminderte Fähigkeit der T-Helferzellen zur Produktion von IFN-γ einer genetischen Kontrolle unterliegt und möglicherweise mit genetischen Faktoren assoziiert ist, die wesentlich zur Ätiologie schizophrener Psychosen beitragen. Wäre eine genetische Prädisposition für Schizophrenie mit einer verminderten Produktion von IFN-γ assoziiert, so wäre zu erwarten, daß in den betreffen Familien nicht nur die akut kranken Schizophrenen, sondern auch die residual schizo-

phrenen Familienmitglieder sowie einige der nicht erkrankten Angehörigen 1. Grades von der Störung betroffen wären. Zur Prüfung dieser Hypothese wurde die Produktion von IFN-y bei Mitgliedern von Familien untersucht, in denen 2 oder mehr Personen an Schizophrenie erkrankt sind und
in denen daher eine genetische Belastung als wahrscheinlich angesehen
werden kann.

Methode

27 Mitglieder aus 6 Familien mit mindestens 2 Fällen von Schizophrenie (DSM-III-R) wurden mit Hilfe des SADS-L (Endicott und Spitzer 1978) untersucht. Bei 10 Personen lag eine akute Schizophrenie bzw. schizoaffektive Psychose vor (8 schizophren, 2 schizoaffektiv). 5 Familienmitglieder litten an einer Schizophrenie im Residualstadium. 12 Verwandte 1. Grades (der Indexpatienten) waren aktuell nicht an einer psychischen Störung
erkrankt (bei 4 Familienmitgliedern bestanden desaktualisierte affektive Störungen). Als
Kontrollen wurden 28 gesunde Blutspender gewählt.
Bei allen Familienmitgliedern erfolgte eine Blutentnahme zur Inkulturation peripherer
mononukleärer Zellen nach der Vollbluttechnik (Kirchner et al. 1982). 50 µl heparini-
siertes Blut wurden in einem Kulturmedium in einer Verdünnung von 1:10 eingebracht
und mit 5 µg PHA/ml stimuliert. Alle Tests wurden 4fach ausgeführt, wobei jeweils 2 un-
stimulierte Assays als Kontrollen verwendet wurden. Die Konzentrationen von IFN-y wurde mit ELIZA-Technik bestimmt. Die Bestimmung der T- Zell-Subpopulationen erfolgte
unter Verwendung von monoklonalen Antikörpern mit Hilfe von Flow-Zytometrie.
Als Statistisches Verfahren wurde der Whitney-Mann-Test (U-Test) angewendet.

Ergebnisse

Hinsichtlich der Verteilung der Zellsubpopulationen (Pan B, CD5+, Pan T,
CD4+, CD8+, CD4+CD45RO+) fanden sich keine Unterschiede zwischen
akut Schizophrenen, residual Schizophrenen, nicht akut erkrankten Angehörigen 1. Grades und Kontrollen. Die Produktion von IFN-y nach Stimulation mit PHA war lediglich bei den akut erkrankten Schizophrenen erniedrigt (Abb. 1). Eine signifikante Verminderung fand sich im Vergleich
zu Kontrollen (p < 0.01) sowie zu den aktuell gesunden Angehörigen
1. Grades (p < 0.05) sowie, aufgrund der geringen Fallzahl eher tendentiell
zu den Angehörigen mit desaktualisierter Schizophrenie (vgl. Abb. 1;
p < 0.22). Weder zwischen den Gruppen von nicht akut erkrankten Familienmitgliedern noch zwischen diesen und den Kontrollprobanden ergaben
sich Unterschiede hinsichtlich der IFN-y Produktion.

Diskussion

Die Beobachtung einer verminderten Produktion von IFN-y nach Stimulation mit PHA ausschließlich in der Gruppe der akut schizophrenen Familienmitgliedern widerspricht der Hypothese einer Assoziation dieses Phänotypus mit genetischen Faktoren, die bei der Schizophreniegenese eine Rolle spielen („phänotypischer Traitmarker"). Der Befund entspricht jedoch
Studien, in deren Rahmen eine verminderte Tendenz zur Produktion von
IFN-y bei Schizophrenen (Katila et al. 1989, Moises et al. 1985, Hornberg et
al. 1995), insbesondere jedoch bei akut Schizophrenen (Wilke et al. eingereicht) beobachtet wurden. Es kann vermutet werden, daß ein reversibler

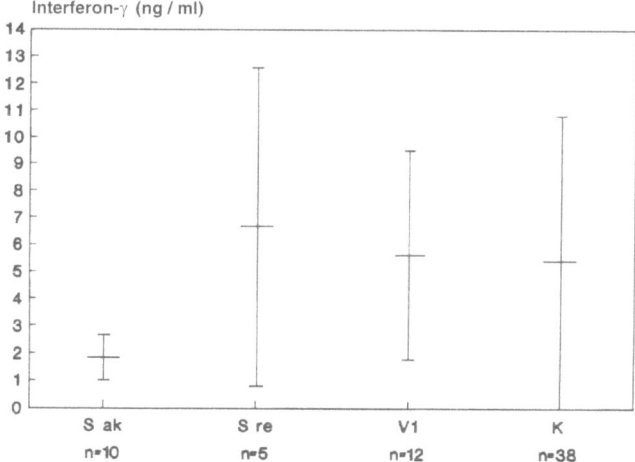

Abb. 1. Produktion von Interferon-gamma bei akut und residual erkrankten Schizo-phrenen sowie ihren Verwandten 1. Grades (arithmetisches Mittel ± 150, *Sac* Schizo-phrene, akuter Schub; *Sre* Schizophrene, Residualzustand; *Vl* Verwandte 1. Grades; *K* gesunde Kontrollpersonen)

intrinsischer Defekt der CD4+CD45RO+T-Gedächtniszellen zu einer ver-minderten Produktion von IFN-y bei den betroffenen Individuen führt. Für diese Annahme spricht der Befund, daß die Anzahl dieses Zelltyps bei den akut Schizophrenen gegenüber den anderen Gruppen nicht vermindert war. Von Interesse ist die Parallelität dieser Beobachtungen zu Befunden Studien zur Produktion von I1–2 (Villmain et al. 1989, Ganguli et al. 1989, Hornberg et al. 1995). Als mögliche Ursache für eine verminderte IFN-y Produktion ist eine Aktivierung von Autoimmungmechanismen zu disku-tieren. In diesem Zusammenhang ist von Interesse, daß die Befunde zur er-höhten Konzentration des sI1–2R (z. B. Hornberg et al. 1995, Rapaport et al. 1994) auf eine Stimulation zellulärer Immunmechanismen hinweisen, die vermutlich ebenfalls nur bei Schizophrenen, nicht aber bei ihren mo-nozygoten, nicht betroffenen Zwillingen (Rapaport et al. 1993) auftritt. In diesem Kontext erscheint es möglich, daß die verminderte Produktion von IFN-y bei Schizophrenen als Zustandsmarker der Erkrankung aufgefaßt werden kann. Kritisch bleibt anzumerken, daß die Möglichkeiten longitu-dinaler Studienansätze in diesem Bereich bisher kaum ausgeschöpft wur-den (Ausnahmen: Müller et al. 1991, Sasaki et al. 1994). Auch sollten die hier dargestellten Befunde an einer größeren Anzahl von Familien repro-duziert werden.

Danksagung

Die Untersuchung wurde durch die Stiftung Volkswagenwerk gefördert (AZ I/ 68 165).

Literatur

Becker D, Kritschmann E, Floru S, Shlomop-David Y, Golieb-Stematsky T (1990) Serum interferon in first psychotic attack. Br J Psychiatry 157: 136–138

Endicott J, Spitzer RL (1978) A diagnostic interview: the schedule for affective disorders and schizophrenia. Arch Gen Psychiatry 35: 837–844

Ganguli R, Rabin BS (1989) Increased serum interleukin-2 receptor in schizophrenic and brain damaged subjects (letter). Arch Gen Psychiatry 46: 291–292

Ganguli R, Rabin BS, Belle SH (1989) Decreased interleukin-2 production in schizophrenic patients. Biol Psychiatry 26: 427–430

Gattaz WF, Dalgalarrondo P, Schröder HC (1992) Abnormalities in serum concentrations of interleukin-2, interferon-a and interferon-y in schizophrenia not detected. Schizophr Res 6: 237–241

Henneberg AE, Ruffert S, Henneberg HJ, Kornhuber, HH (1993) Antibodies to brain tissue in sera of schizophrenic patients – preliminary findings. Eur Arch Psychiatry Clin Neurosci 242: 314–317

Hornberg M, Arolt V, Kruse A, Kirchner H (1995) Lymphokine production in leukocyte cultures of patients with schizophrenia. Schizophr Res 15: 237–242

Kaschka WP (1985) Klinisch-immunologische Untersuchungen bei neuropsychiatrischen Erkrankungen. Ein Beitrag zur Immunpathologie der multiplen Sklerose, der Myasthenia gravis und der endogenen Psychosen. Thieme, Stuttgart

Katila H, Cantell K, Hirvonen S, Rimon R (1989) Production of interferon alpha and gamma by lymphocytes from patients with schizophrenia. Schizophr Res 2: 361–365

Kirch DG (1993) Infection and autoimmunity as etiologic factors in schizophrenia: a review and reappraisal. Schizophr Bull 19: 355–370

Kirchner H, Kleincke C, Diegel W (1984) A whole blood technique for testing production of human interferon by leukocytes. Immunol Method 48: 213–219

Moises HW, Schindler L, Leroux M, Kirchner H (1985) Decreased production of interferon gamma in leucocyte cultures of schizophrenic patients. Acta Psychiatr Scand 72: 45–50

Müller N, Ackenheil M, Hofschuster E, Mempel W, Eckstein R (1991) Cellular immunity in schizophrenic patients before and during neuroleptic treatment. Psychiatr Res 37: 147–160

Rapaport, MH, Lohr JB (1994) Serum soluble interleukin-2 receptors in neuroleptic naive schizophrenic subjects and in medicated subjects with and without tardive dyskinesia. Acta Psychiatr Scand 90: 311–315

Rapaport MH, Torrey EF, McAllister CG, Nelson DL, Pickar D, Paul SM (1993) Increased serum interleukin-2 receptors in schizophrenic monocygotic twins. Eur Arch Psychiatr Clin Neurosci 242: 7–10

Sasaki T, Nanko S, Fukuda R, Kawate T, Kunugi H, Kazamatsuri H (1994) Changes of immunological functions after acute exacerbation in schizophrenia. Biol Psychiatry 35: 173–178

Villemain F, Chatenoud L, Galinowski A, Homo-Delarche F, Ginestet D, Loo H, Zarifan E, Bach JF (1989) Aberrant T-cell mediated immunity in untreated schizophrenic patients: deficient interleukin-2 production. Am J Psychiatry 146: 609–616

Wilke I, Arolt V, Hornberg M, Kirchner H (1996) Investigations of cytokine production in whole blood cultures of paranoid and residual schizophrenic patients (eingereicht)

Korrespondenz: Priv.-Doz. Dr. V. Arolt, Klinik für Psychiatrie, Medizinische Universität zu Lübeck, Ratzeburger Allee 160, D-23538 Lübeck, Bundesrepublik Deutschland

Hirnantikörper in den Seren von eineiigen Zwillingen mit Diskordanz für eine Schizophrenie

A. E. Henneberg[1,2], S. Heidegger[1] und E. F. Torrey[3]

[1]Abteilung Neurologie, Universität Ulm und [2]Parkinson-Klinik Bad Nauheim, Bundesrepublik Deutschland
[3]National Institute of Mental Health, Neuroscience Center, Washington D.C., U.S.A.

Einleitung

Die Pathogenese der Schizophrenie ist noch immer ungeklärt. Unter anderen Hypothesen wurde die einer Autoimmunerkrankung diskutiert – eine Hypothese, die durch viele Voruntersuchungen gestützt wird (Lehmann-Facius 1937, Heath and Krupp 1967, Baron et al. 1977, Pandey et al. 1981, DeLisi et al. 1985, Müller et al. 1989, 1993, Henneberg et al. 1990), weswegen wir die Seren von Patienten mit gesicherter Schizophrenie vs. Kontrollpersonen im indirekten Immunfluoreszenztest auf normalem humanen Hirngewebe untersucht haben (Henneberg et al. 1993). Hierbei fanden sich Antikörper in den Seren der Patienten, aber nicht der Kontrollen, die gegen perinukleäre Strukturen neuronaler Zellen gerichtet waren. Die Bindung trat gehäuft gegen bestimmte Hirnareale auf, entsprach nicht einer unspezifischen antinukleären Bindung (Henneberg et al. 1994a, b) und war weder medikamenteninduziert noch krankheitsunspezifisch (Henneberg et al. 1994c). Als nächste Fragestellung war zu untersuchen, ob es sich bei dieser Bindung um ein genetisch induziertes Phänomen handelt.

In einer Kooperation mit einem der größten Zentren für Zwillingsstudien bei Schizophrenie (Torrey et al. l994) sollte geklärt werden, ob es sich bei den nachgewiesenen Hirnantikörpern um ein genetisch bedingtes Phänomen handelte oder nicht. Deshalb wurden die Seren von 25 monozygoten Zwillingspaaren untersucht, die diskordant für eine Schizophrenie waren.

Patienten und Methoden

Wir untersuchten die Seren von 25 Patienten, die an einer nach DSM III-R-Kriterien gesicherten Schizophrenie litten. Die Krankheitsdauer betrug zwischen 4 und 28 Jahren, die meisten der Patienten standen zum Zeitpunkt der Untersuchung unter neuroleptischer Therapie. Sie befanden sich zum Zeitpunkt der Serumentnahme nicht in einem akuten Schub ihrer Erkrankung. Ihre Zwillingsgeschwister waren zu keinem Zeitpunkt ihres Lebens psychiatrisch auffällig gewesen. Die Seren von Patienten und ihren Geschwistern wurden in einem indirekten Immunfluoreszenztest (Technik ausführlich in: Henneberg et al. 1991) auf folgenden Hirngeweben getestet: Amygdala, Frontalcortex, Gyrus cinguli und Cerebellum. Diese Gewebe waren früher als bevorzugt von der Antikörperbindung erkannt beschrieben worden (Henneberg et al. 1994a, b) oder es war in letzter Zeit auf neuropathologische Veränderungen darin hingewiesen worden (Volkow et al. 1992, Sandyk 1993). Die Tests wurden ohne Kenntnis der Zuordnung der Seren ausgewertet – die Decodierung erfolgte erst nach Abschluß der Versuchsreihe.

Ergebnisse

Wir fanden nur eine schwache Antikörperbindung, die ansonsten früheren Ergebnissen entsprach und somit gegen perinukleäre Strukturen von Neuronenzellkernen gerichtet war. Diese Bindung trat bei Patienten und gesunden Geschwistern mit statistisch gleicher Häufigkeit auf (Abb. 1). Patienten und Kontrollen mit schwach positiver Bindung entstammten mit einer Ausnahme nicht den gleichen Familien. Die Bindung betraf am häufigsten die Amygdala und das Cerebellum, Gyrus cinguli und Frontalcortex wurden ebenfalls von einem Großteil der schwach positiven Seren erkannt (Abb. 2). Die Bindung war sowohl IgG- als auch IgM-vermittelt (Abb. 3). Vorbehandlung mit Neuroleptika hatten wie schon in einer früheren Studie keinen Einfluß auf das Auftreten von Autoantikörpern. Die Erkrankungsdauer hatte keinen signifikanten Einfluß auf das Auftreten von Hirnantikörpern (durchschnittlich 9,4 Jahre bei Antikörper-positiven und 12,6 Jahre bei Antikörper-negativen Patienten).

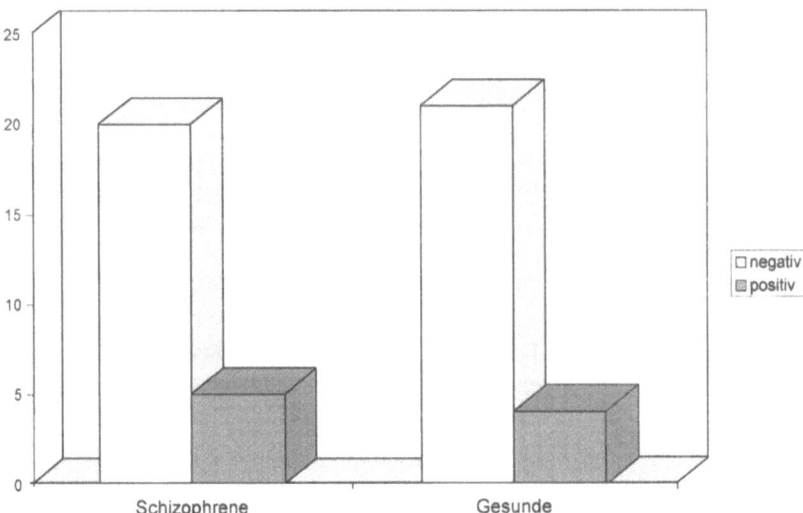

Abb. 1. Antikörperbindung in den Seren schizophrener und gesunder Zwillingsgeschwister

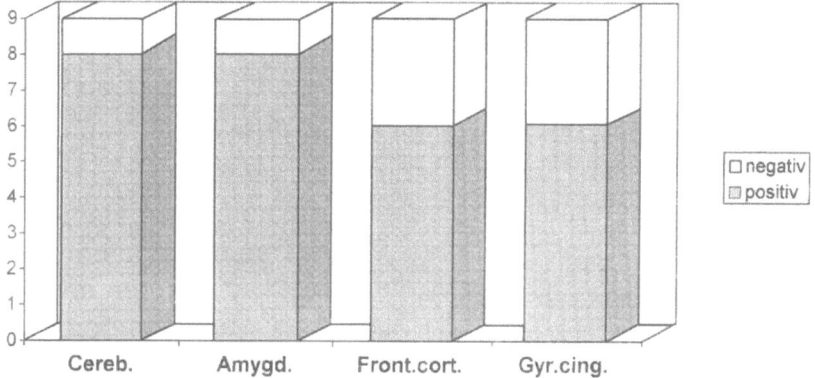

Abb. 2. Anteil der Gewebe an der Antikörperbindung

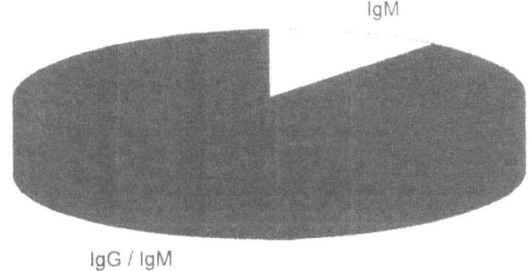

Abb. 3. Beteiligung der Antikörperklassen an der Bindung

Diskussion

Die vorliegenden Untersuchungen sollten zur Klärung beitragen, ob es sich bei vorbeschriebenen Hirnantikörpern in den Seren schizophrener Patienten (Henneberg et al. 1993, 1994a) um ein genetisches Phänomen im Sinne eines Trait-Parameters handelte oder ob wir einen Aktivitätsparameter der Krankheit untersuchen müssen.

Deshalb wurden die Seren von 25 monozygoten Zwillingen untersucht, die diskordant für eine Schizophrenie sind. Die Patienten sind seit mehreren Jahren erkrankt, befanden sich aber zum Zeitpunkt der Untersuchung nicht in einem akuten Schub.

Wir fanden in nur einem geringen Anteil der Patienten und Kontrollen eine (schwache) Antikörperbindung gegen Hirngewebe, die sich ansonsten nicht von derjenigen früherer Studien unterschied. Systemische Fehlerquellen scheiden als Ursache für das seltene Auftreten einer Bindung aus, da wir mit dem Transport der Seren äußerst vorsichtig waren und die Testreihe wie früher an jedem Versuchstag durch mehrfache positive und negative Kontrollen überwacht wurde. Somit ist zu schließen, daß es sich bei den gefundenen Antikörpern nicht (oder zumindest nicht ausschließlich) um ein genetisches Phänomen handelt. Nachdem wir schon in früheren Studien gezeigt hatten, daß die Antikörper eine Krankheitsspezifität aufweisen und nicht ein durch Neuroleptika induziertes Epiphänomen darstellen, bleibt nur noch eine Aufgabe übrig, um die Autoantikörper als spezifisch pathogen bezeichnen zu können (entsprechend den für Autoantikörper modifizierten Koch'schen Kriterien): es muß der Nachweis eines symptomkorrelierten Anstiegs bzw. Abfalls der Antikörpertiter erbracht werden. Aus diesem Grunde ist eine Multicenterstudie mit sorgfältiger Mehrfacherhebung der Psychopathologie während des Verlaufes und gleichzeitiger Blutentnahme zur Bestimmung der Hirnantikörpertiter begonnen worden.

Literatur

Baron M, Stern M, Anavi R, Witz IP (1977) Tissue-binding factor in schizophrenic sera: a clinical and genetic study. Biol Psychiatry 12: 199–219

DeLisi LE, Weber RJ, Pert CB (1985) Are there antibodies against brain in sera from schizophrenic patients? Biol Psychiatry 20: 110–115

Heath RG, Krupp IM (1967) Schizophrenia as an immunologic disorder. I. Demonstration of antibrain globulins by fluorescent antibody techniques. Arch Gen Psychiatry 16: 1–9

Henneberg A, Riedl B, Dumke HO, Kornhuber HH (1990) T lymphocyte subpopulations in schizophrenic patients. Eur Arch Psychiatr Neurol Sci 239: 283–284

Henneberg A, Mayle DM, Kornhuber HH (1991) Antibodies to brain tissue in sera of patients with chronic progressive multiple sclerosis. J Neuroimmunol 34: 223–227

Henneberg A, Ruffert S, Henneberg H-J, Kornhuber HH (1993) Antibodies to brain tissue in sera of schizophrenic patients – preliminary findings. Eur Arch Psychiatry Clin Neurosci 242: 314–317

Henneberg A, Ruffert S, Horter S (1994a) Increased prevalence of antibrain antibodies in the sera from schizophrenic patients. Schizophr Res 14: 15–22

Henneberg AE, Ruffert S, Horter S, Kornhuber HH (1994b) Hirnantikörper bei Schizophrenie. Z ärztl Fortbild 88: 583–586

Henneberg AE, Yüksektepeli B, Bauer M, Lemke M (1994c) Hirnantikörper bei Schizophrenie und anderen psychiatrischen Erkrankungen. Nervenheilkunde 13: S 34–35

Lehmann-Facius H (1937) Über die Liquordiagnose der Schizophrenien. Klin Wochenschr 16: 1646–1648

Müller N, Hofschuster E, Ackenheil M (1989) Quantifizierung zellulärer Immunfunktionen als State- bzw. Trait-Marker. In: Saletu B (Hrsg) Biologische Psychiatrie. 2. Drei-Länder-Symposium für Biologische Psychiatrie, Innsbruck, 1988. Thieme, Stuttgart New York, S 113–118

Müller N, Ackenheil M, Hofschuster E, Mempel W, Eckstein R (1993) Cellular immunity, HLA class I antigens, and family history of psychiatric disorder in endogenous psychoses. Psychiatry Res 48: 201–217

Pandey RS, Gupta AK, Chaturvedi UC (1981) Autoimmune model of schizophrenia with special reference to antibrain antibodies. Biol Psychiatry 16: 1123–1136

Sandyk R (1993) Psychotic behavior associated with cerebellar pathology. Int J Neurosci 71: 1–7

Torrey EF, Bowler AE, Taylor EH, Gottesman II (1994) Schizophrenia and manic-depressive disorder. Basic Books, New York

Volkow ND, Levy A, Brodie JD, Wolf AP, Cancro R, Van Gelder P, Henn F (1992) Low cerebellar metabolism in medicated patients with chronic schizophrenia. Am J Psychiatry 149: 686–688

Korrespondenz: Priv.-Doz. Dr. A. E. Henneberg, Parkinson-Klinik, Franz Groedel-Straße 6, D-61231 Bad Nauheim, Bundesrepublik Deutschland

Lösliche Interleukin-6 Rezeptoren bei schizophrenen Patienten – erste Ergebnisse*

N. Müller, M. Empl, A. Putz, M. Schwarz und **M. Ackenheil**

Psychiatrische Klinik, Ludwigs-Maximilians-Universität, München,
Bundesrepublik Deutschland

Einleitung

Befunde aus der Literatur weisen darauf hin, daß bei etwa einem Drittel der schizophrenen Patienten immunologische Auffälligkeiten bestehen. Bei der Untersuchung des zellulären Immunsystems wurden von den meisten Untersuchern Erhöhungen der T-Helfer-Zellen (CD4+-T-Lymphozyten) beschrieben (DeLisi et al. 1982, Henneberg et al. 1990, Müller et al. 1991, 1993, Rabin and Ganguli 1988). Die CD4+-T-Lymphozyten werden bei einer Immunantwort aktiviert und sezernieren Interleukin-2 (IL-2). Diese Befunde wurden als Hinweis auf eine Aktivierung des Immunsystems gewertet. Untersuchungen der löslichen IL-2 Rezeptoren (sIL-2R) zeigten übereinstimmend eine Erhöhung der sIL-2R bei Schizophrenen (Ganguli und Rabin 1989, Rapaport et al. 1989). Erhöhte sIL-2R-Spiegel werden ebenfalls als Zeichen einer Immunaktivierung angesehen. Dafür spricht auch, daß bei einer Reihe von mit einer Immunaktivierung verbundenen Erkrankungen erhöhte Werte von sIL-2R gefunden wurden (Rubin und Nelson 1990).

Auch IL-6 ist ein aktivierendes Zytokin, das synergistisch mit IL-1 wirkt, akute Phase Proteine, die B-Zell-Bildung und die Antikörper-Bildung stimuliert. Im ZNS wird IL-6 von aktivierten Astrozyten und Mikrogliazellen ausgeschüttet. Die IL-6 Produktion im ZNS spielt vor allem im Zusammenhang mit Autoimmunprozessen im ZNS, bei autochthoner IgG-Produktion und bei der Streßverarbeitung eine Rolle (Frei et al. 1989), wobei die Induktion der IL-6 Produktion durchaus differentiell ist. So induzieren z. B. TNF-α und IL-1, aber auch Noradrenalin die IL-6 Produktion in

* Diese Untersuchung wurde aus Mitteln der Volkswagenstiftung unterstützt

Astrozyten, aber nicht in Mikroglia (Sawada et al. 1992). Erhöhte IL-6-
Spiegel bei Schizophrenen wurden bereits beschrieben (Ganguli et al.
1994).

Den löslichen IL-6 Rezeptoren (sIL-6R), die mit IL-6 einen die zelluläre Immunität aktivierenden Komplex bilden, kommt wahrscheinlich eine
eigene immunregulative Aktivität zu. Eine Erhöhung der sIL-6R im Serum
wurde bei entzündlichen Erkrankungen und Autoimmunerkrankungen
beschrieben, auch bei entzündlichen ZNS-Erkrankungen (Jakobsen et al.
1994).

MAES (1995) vertritt aufgrund seiner Befunde die Ansicht, eine IL-6
Hypersekretion spiele besonders bei depressiven Störungen eine Rolle. Er
fand bei depressiven Patienten sowohl erhöhte Serum-Spiegel von IL-6, als
auch von sIL-6R, aber auch andere Zeichen einer Immunaktivierung, insbesondere der Akute-Phase Proteine, die durch IL-6 stimuliert werden
(Maes et al. 1992, 1993). Bei schizophrenen Patienten untersuchte ebenfalls die Gruppe um MAES sIL-6R-Spiegel im Zusammenhang mit Clozapin-
Behandlung (Maes et al. 1994).

Patienten und Methoden

Im Rahmen einer Vorstudie untersuchten wir zunächst 14 (10 m, 4 w) nicht mit Neuroleptika behandelte schizophrene Patienten im Alter von 19 – 44 Jahren. Das Durchschnittsalter betrug 29 ± 8 Jahre. Acht Patienten (5 m, 3 w) im Alter von 19–44 Jahren
(x = 32 ± 8 J.) wurden nach klinischer Besserung unter Behandlung mit Neuroleptika
nachuntersucht.
Die Diagnose einer Schizophrenie wurde mittels eines standardisierten Interviews (SADS-
LA) nach DSM III-R gestellt.
Die Werte wurden mit denen von 16 gesunden Probanden (7 m, 9 w) verglichen, die keine akuten bzw. chronischen entzündlichen oder (Auto-)Immunerkrankungen aufwiesen. Das Alter der Probanden betrug 19–50 Jahre (x = 28 ± 9 J.), die Behandlungsdauer
mit Neuroleptika im Durchschnitt 9,5 ± 5,9 Wochen. Nikotin- und Alkoholkonsum wurden bei Patienten und Probanden erfaßt, Personen mit übermäßigem Alkoholkonsum
ausgeschlossen.
Die Serumproben wurden morgens um ca 9 Uhr entnommen, das Serum wurde unmittelbar nach der Abnahme zentrifugiert und bei –80° Celsius portioniert tiefgefroren. Die
Bestimmungen von sIL-6R erfolgte mittels eines kommerziell erhältlichen Sandwich-ELI-
SA (Quantikine ®, Research and Diagnostic Systems, Minneapolis, USA).

Ergebnisse

Der Mittelwert der sIL-6R bei den akut schizophrenen Patienten lag bei
59,8 ± 19,0 ng/ml, bei den Probanden bei 42,8 ± 13,0 ng/ml. Die Patienten
unter Neuroleptikabehandlung nach klinischer Besserung wiesen einen
mittleren Serumspiegel von 44,6 ± 10,9 ng/ml auf (vergleiche Abb. 1). Die
Berechnungen im students t-Test für unabhängige Stichproben zeigen, daß
die Mittelwertsunterschiede sowohl zwischen akuten, unbehandelten Schizophrenen und gesunden Probanden signifikant sind (t = 2,45; p ≤ 0,01),
als auch im t-Test für verbundene Stichproben zwischen schizophrenen Patienten vor Behandlung und vor Entlassung (t = 3,43; p ≤ 0,01).

Durch die Behandlung mit Neuroleptika sanken die sIL-6R-Werte bei
sieben von acht Patienten deutlich ab. Zwischen behandelten Patienten

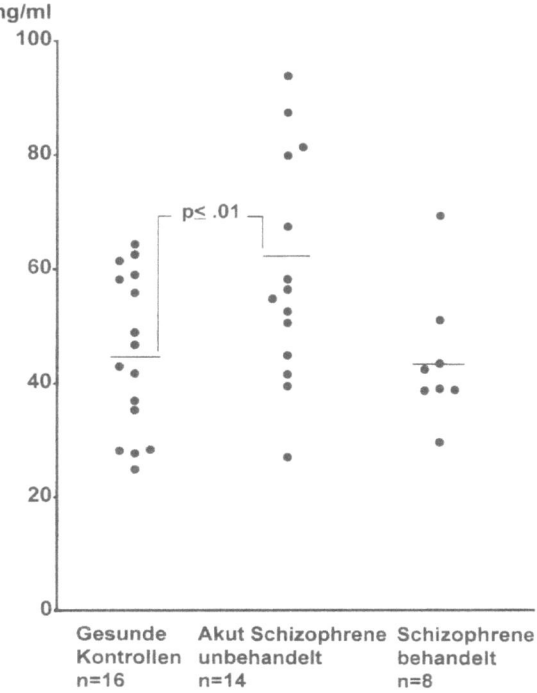

Abb. 1. Lösliche Interleukin-6 Rezeptoren bei gesunden Kontrollen, akut schizophrenen Patienten vor Behandlung und bei der Nachuntersuchung nach klinischer Besserung

und den gesunden Probanden fand sich kein signifikanter Unterschied. Das Alter war in den verglichenen Gruppen etwa gleich. Alkohol- und Nikotinkonsum unterschieden sich zwischen den Gruppen nicht.

Bei Betrachtung der Einzelwerte fällt auch auf, daß fünf der 14 Schizophrenen sIL-6R Werte über dem höchsten Wert der gesunden Probanden haben.

Diskussion

Die signifikanten Unterschiede der sIL-6R Werte zwischen unbehandelten schizophrenen Patienten und gesunden Kontrollen einerseits und zwischen unbehandelten und behandelten Patienten andererseits legt die Interpretation nahe, daß sich der sIL-6R Wert, der zunächst erhöht ist, im Verlauf der Behandlung „normalisiert". Dies weist auf Parallelen zwischen dem klinischen Verlauf und den sIL-6R Werten hin, in diesem Sinne könnte sIL-6R als state-Marker bei Schizophrenen angesehen werden. Allerdings stimmt dieser Befund nur zum Teil mit dem Vorbefund von Maes (1994) überein, der weder vor, noch unter Clozapin-Behandlung einen Unterschied der sIL-6R Spiegel bei den Schizophrenen im Vergleich zu Kontrollen fand. Im Vergleich der Untersuchungen fällt allerdings auf, daß in der Studie von Maes nur eine Auswaschzeit von acht Tagen eingehalten wurde, während unsere Patienten mindestens zwei Wochen von Neuroleptika ausgewaschen wurden, teilweise waren es „drug-naive" Patienten. Möglicherweise ist eine Auswaschzeit von acht Tagen zu kurz, um die supprimierende Wirkung der Neuroleptika auf die sIL-6R-Spiegel aufzuheben. Unsere Ergebnisse stimmen insofern mit den Befunden anderer Studien überein, als bei einer Immunaktivation, die bei Schizophrenen beschrieben ist, ein Ansteigen der sIL-6R-Spiegel zu erwarten wäre. Auffällig ist auch, daß etwa ein Drittel der Patienten höhere sIL-6R-Spiegel als Kontrollen haben, was ebenfalls in Übereinstimmung mit Beschreibungen aus der Literatur ist. Insgesamt ist allerdings die Gruppengröße der bisher von uns untersuchten Patienten noch zu klein, um die state-Marker Qualität von sIL-6R bei Schizophrenie hinreichend zu sichern. Hier ist die Untersuchung einer größeren Patientengruppe erforderlich, wenn auch diese kleine Gruppe bereits deutliche, signifikante Veränderungen der sIL-6R Spiegel aufweist.

Literatur

DeLisi LE, Goodman S, Neckers LM, Wyatt RJ (1982) An analysis of lymphocyte subpopulations in schizophrenic patients. Biol Psychiatry 17: 1003-1009

Frei K, Malipiero UV, Leist TP, Zinkernagel RM, Schwab ME, Fontana A (1989) On the cellular source and function of interleukin 6 produced in the central nervous system in viral diseases. Eur J Immunol 19: 689–694

Ganguli R, Rabin BS (1989) Increased serum Interleukin 2 receptor levels of soluble Interleukin-2 receptors in schizophrenia. Arch Gen Psychiatry 46: 291–292

Ganguli R, Yang Z, Shurin G, Chengappa R, Brar JS, Gubbi AV, Rabin BS (1994) Serum Interleukin-6 concentration in schizophrenia: elevation associated with duration of illness. Psychiatry Res 51: 1–10

Henneberg A, Riedl B, Dumke HO, Kornhuber HH (1990) T-lymphocyte subpopulations in schizophrenic patients. Eur Arch Psychiatr Neurol Sci 239: 283–284

Jakobsen PH, McKay V, Morris-Jones SD, McGuire W, van Hensbroek MB, Meisner S, Bendtzen K, Schousboe I, Bygbjerg I, Greenwood BM (1994) Increased concentrations of interleukin-6 and interleukin-1 receptor antagonist and decreased concentrations of beta-2-glycoprotein I in Gambian children with cerebral malaria. Infect Immun 62: 4374–4379

Maes M, Scharpe S, Bosmans E, Vandewoude M, Suy E, Uyttenbroeck W, Cooreman W, Vandervorst C, Raus J (1992) Disturbances in acute phase plasma proteins during melancholia: additional evidence for the presence of an inflammatory process during that illness. Prog Neuropsychopharmacol Biol Psychiatry 16: 501–515

Maes M, Scharpé S, Meltzer HY, Bosmans E, Suy E, Calabrese J, Cosyns P (1993) Relationships of Interleukin-6 activity, acute phase proteins and HPA-axis function in severe depression. Psychiatry Res 49: 11–27

Maes M, Meltzer HY, Bosmans E (1994) Immune-inflammatory markers in schizophrenia: comparison to normal controls and effects of clozapine. Acta Psychiatr Scand 89: 346–351

Maes M, Smith R, Scharpe S (1995) The monocyte-T-lymphocyte hypothesis of major depression. Psychoneuroendocrinol 20: 111–116

Müller N, Ackenheil M, Hofschuster E, Mempel W, Eckstein R (1991) Cellular immunity in schizophrenic patients before and during neuroleptic therapy. Psychiatry Res 37: 147–160

Müller N, Ackenheil M, Hofschuster E, Mempel W, Eckstein R (1993) Cellular immunity, HLA-class I antigens, and family history of psychiatric disorder in endogenous psychoses. Psychiatry Res 48: 201–217

Rabin BS, Ganguli R, Cunnick JE, Lysle DT (1988) The central nervous system – immune system relationship. Clin Lab Med 8: 253–268

Rapaport MH, McAllister CG, Pickar D, Nelson DM, Paul SM (1989) Elevated concentration in schizophrenic and brain damaged subjects. Arch Gen Psychiatry 46: 292
Rubin LA, Nelson DL (1990) The soluble interleukin-2 receptor: biology, function and clinical. Ann Intern Med 113: 619–627
Sawada M, Suzumura A, Marunouchi T (1992) TNF-alpha induces IL-6 production by astrocytes, but not by microglia. Brain Res 583: 296–299

Korrespondenz: Priv.-Doz. Dr. N. Müller, Psychiatrische Universitätsklinik, Nußbaumstraße 7, D-80336 München, Bundesrepublik Deutschland

Einzelzellen als Untersuchungsmodell für biologisch-psychiatrische Fragen Mitogen-induzierter Kalziumanstieg in einzelnen T-Lymphozyten bei Patienten mit Depression, bei Patienten mit Alzheimer'scher Erkrankung sowie bei jungen und älteren Gesunden

C. Dumais-Huber, J. Sulger, C. D. Cohen, B. Vollmayr und **J. B. Aldenhoff**

Zentralinstitut für Seelische Gesundheit, Zellphysiologisches Labor, J5, Mannheim, Bundesrepublik Deutschland

Einleitung

Die einzelne Zelle (z. B. Nervenzelle, Immunzelle) stellt eine Funktionseinheit dar. Eine eukaryote Zelle trägt das gesamte Genom und kann unter gegebenen Umständen wesentliche Teile davon exprimieren. Sie ist in der Lage, die von der Umgebung kommenden Informationen mit internen Prozessen zu verarbeiten. So laufen z. B. Adaptationsprozesse bereits auf Einzelzellebene ab.

Eine Funktion, an welcher der integrale Charakter einer Zelle besonders deutlich wird, ist die zelluläre Kalziumhomöostase. Ohne eine Zellmembran, die nur unter bestimmten Stimulationsbedingungen für Kalziumionen durchlässig ist, wären alle kalziumabhängigen Funktionen einer Zelle unmöglich. Im Ruhezustand liegt die intrazelluläre Kalziumkonzentration ($[Ca^{2+}]_i$) bei 10^{-11} M. Beim Erregungsvorgang kommt es zu einem Anstieg auf Werte von 10^{-5} M. Die Zellmembran muß somit einen Konzentrationsgradienten größer als 10^6 aufrechterhalten. Diese Unterschiede sind der Grund dafür, daß Kalziumionen in Zellen als Signale oder „second messengers" wirken (Kretsinger 1979, Berridge und Galione 1988).

Forschung im Bereich der biologischen Psychiatrie ist mit dem Problem konfrontiert, daß sie sich letztlich auf zelluläre Prozesse bezieht, die an Nervenzellen von psychisch auffälligen Menschen aber nicht untersucht werden können. Daher sind verschiedene Arbeitsgruppen auf periphere Zellmodelle wie Thrombozyten, Granulozyten, Fibroblasten oder Lymphozyten ausgewichen. Um die Hypothese einer Störung der zellulären Kalziumhomöostase bei psychischen Erkrankungen (Aldenhoff 1989) zu testen, haben wir T-Lymphozyten als Untersuchungsmodell gewählt. Sie sind peripher leicht zugänglich und besitzen ähnliche Membranrezeptoren und -kanäle (insbesondere Kaliumkanäle) wie Neuronen (Lewis und Cahalan 1990).

Methoden

Die T-Lymphozyten werden aus 10 ml heparinisiertem Vollblut durch Ficoll-Dichtezentrifugation gewonnen. Sie werden von den Monozyten durch Adhärenz abgetrennt und mit einem α-T11-Antikörper (von Prof. Meuer, DKFZ Heidelberg) selektiert. Anschließend werden die T11-positiven Zellen mit Kaninchen-Anti-Maus-Antikörper an den Glasboden einer Meßkammer fixiert (s. Abb. 1A). Nach Beladung mit dem Fluoreszenzindikator Fura-2-AM werden die einzelnen T-Lymphozyten unter einem Fluoreszenzmikroskop abwechselnd Licht der Wellenlänge 340 nm und 380 nm ausgesetzt (s. Abb. 1B). Die Intensität des emittierten Lichts wird von einer Fotodiode gemessen und die $[Ca^{2+}]_i$ aus dem Verhältnis der zwei Signale berechnet (nach Grynkiewicz et al. 1985). Zur Zellaktivierung wird Phytohämagglutinin (PHA-L, 30 µg/ml) benutzt, welches die beobachtete Kalziumantwort einerseits durch eine IP_3-vermittelte Kalzium-Ausschüttung aus intrazellulären Speichern und andererseits einen Kalzium-Einstrom aus dem extrazellulären Medium hervorruft.

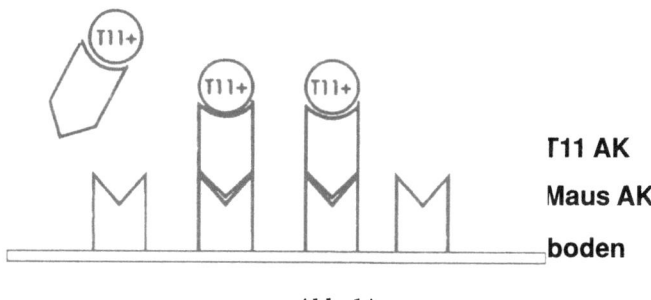

Abb. 1A

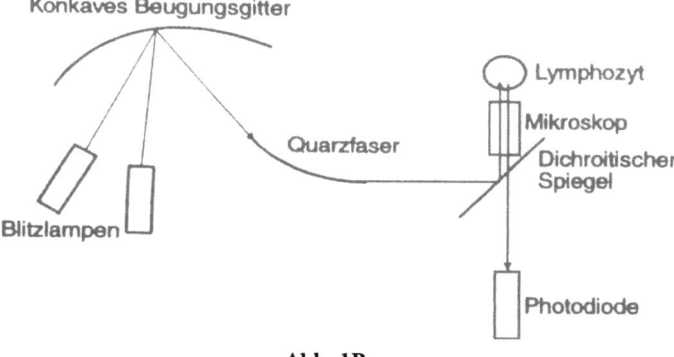

Abb. 1B

Ergebnisse

Diese Methode der Einzelzelluntersuchung wurde bisher hauptsächlich an zwei Kollektiven angewandt, nämlich bei Patienten mit unipolarer Depression (DSM-III-R, ICD-10) und bei Patienten mit einer Alzheimer'schen Demenz (nach NINCDS-ADRDA Kriterien diagnostiziert, McKhann et al. 1984). 10 depressive Patienten (Alter: $\bar{x}$ = 44 Jahre, Geschlecht: 2M/8W) wurden mit 10 alters- und geschlechtsgleichen Kontrollpersonen ($\bar{x}$ = 42 Jahre alt, Geschlecht: 2M/8W) verglichen. Die T-Lymphozyten der Patienten wurden vor (HAMD scores = 21,5) und nach Behandlung (HAMD scores = 7,4) mit interpersoneller Psychotherapie untersucht. Bei dieser ersten Gruppe stellte sich heraus, daß im Zustand der Depression der Anteil der auf PHA reagierenden Zellen reduziert ist (13% gegenüber 42% bei den gesunden Kontrollen). Außerdem weist die Kalziumantwort dieser respondierenden Zellen längere Latenzen sowie einen niedrigeren $[Ca^{2+}]_i$-Anstieg und eine kleinere Anzahl von Oszillationen auf (s. Abb. 2). Die Menge des insgesamt freigesetzten Kalziums, welche mit der unter der Kurve

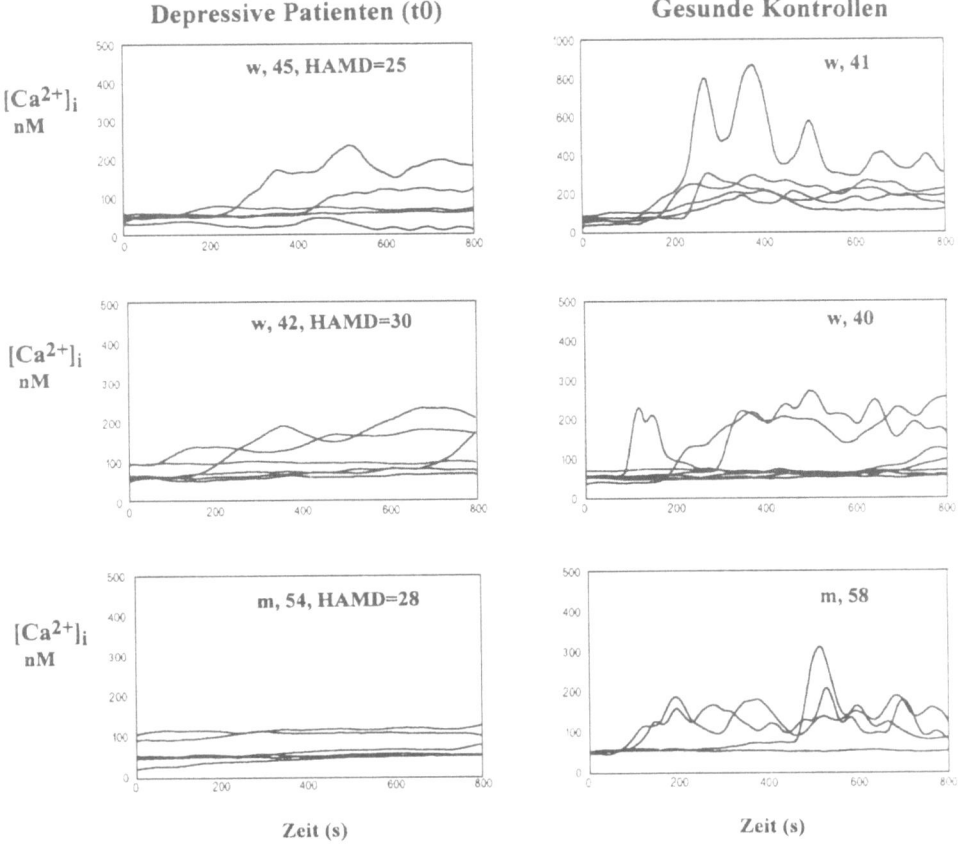

Abb. 2

gemessenen Fläche korreliert, ist ebenfalls erniedrigt. Nach Behandlung mit interpersoneller Psychotherapie (siehe Aldenhoff und Müller, dieser Band) normalisieren sich die Kalziumsignale.

Bei der Untersuchung von Zellen alter Menschen gingen wir davon aus, daß im Alter ein allmählicher Anstieg der intrazellulären Kalziumkonzentration stattfindet, der schließlich nicht mehr kontrolliert werden kann und somit den Zelltod vorbereitet (Landfield 1987, Khachaturian 1984). 10 Patienten mit einer Alzheimer'schen Demenz (Alter: $\bar{x}$ = 63, Geschlecht: 3M/7W) wurden mit gesunden Kontrollpersonen gleichen Alters und Geschlechts ($\bar{x}$ = 62 Jahre alt, 3M/7W) verglichen. Ferner wurden 10 junge Gesunde ($\bar{x}$ = 40 Jahre alt, 3M/7W) untersucht. Bei der Bestimmung der $[Ca^{2+}]_i$ einzelner T-Lymphozyten zeigte sich, daß die postulierte Hypothese nicht haltbar ist: Die basalen Werte und die Kalziumsignale von Alzheimer-Patienten entsprachen denen der jüngeren Kontrollen. Im Gegensatz zu jungen gesunden Kontrollen zeigten die älteren gesunden Kontrollen jedoch häufig ein abgeflachtes Muster ihrer Kalziumsignale, während bei Alzheimer-Patienten oft ein „hypernormaler" Kurvenverlauf beobachtet wurde (s. Abb. 3). Diese Befunde deuten darauf hin, daß die Stimulierbarkeit der T-Lymphozyten alter Kontrollen geringer ist als bei jungen Kontrollen und Alzheimer Patienten (Sulger und Aldenhoff 1995).

Ein weiterer Ansatzpunkt für Einzelzellmessungen ist die Möglichkeit, Lymphozyten mit Hilfe der patch-clamp Methode zu untersuchen und so die Membranströme zu erfassen. Da das Membranpotential, welches insbesondere durch Kaliumkanäle aufrechterhalten wird, das Kalziumsignal bei

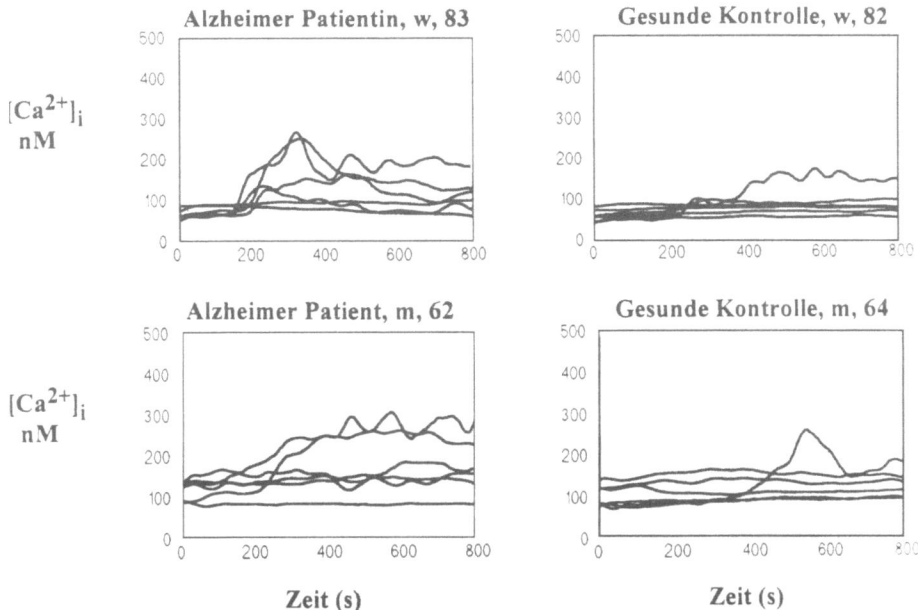

Abb. 3

T-Lymphozyten erheblich beeinflußt, und der Verlust einer bestimmten Art von Kaliumkanälen bei Fibroblasten von Alzheimer-Patienten sowie unter Einfluß von β-Amyloid beschrieben wurde (Etcheberrigaray et al. 1993, 1994), wenden wir diese Methode zur Zeit an, um lymphozytäre Kalium-kanaleigenschaften und -ausprägung bei Alzheimer-Demenz und unter Einfluß von β-Amyloid zu überprüfen (Cohen et al. in Druck). Unsere bis-herigen Ergebnisse deuten nicht auf eine Beeinträchtigung der Funktion oder Anzahl von spannungs- und kalziumabhängigen Kaliumkanälen hin. Somit ist eine Veränderung des Kalziumsignals bei T-Lymphozyten von Alz-heimer-Patienten wohl nicht durch Kaliumkanäle zu erklären.

Zusammenfassung

Gewöhnlich untersucht man in der biologischen Psychiatrie Phänomene, die durch größere Zellverbände hervorgerufen werden. Auch wenn diese über die Summe der Einzelzelleffekte hinausreichen, ist die Kenntnis der Einzelzellfunktionen unabdingbare Voraussetzung für ihr Verständnis. Be-sonders im Bereich der zellulären Kalziumhomöostase oder der Kalium-ströme sind Rückschlüsse auf biologische Wirkungsmechanismen ohne Einzelzellmessungen nur schwer möglich.

Danksagung

Für die Patientenbetreuung danken wir P. Gabriel, J. Sachs, M. Fritzsche, H. Förstl, R. Zerfaß. Für die Biosignalanalyse der Daten bedanken wir uns bei E. Fritzer, I. Rein-hard, B. Krumm. Diese Arbeit wurde von der Deutschen Forschungsgemeinschaft (SFB 258, Projekt A3) und von der VW-Stiftung (Schwerpunkt Psychoneuroimmunologie und Verhalten) unterstützt.

Literatur

Aldenhoff JB (1989) Imbalance of neuronal excitability as a cause of psychic disorder. Pharmacopsychiatry 22: 227–240
American Psychiatric Association (1987) Diagnostic and statistical manual of mental dis-orders, revised 3rd ed, DSM-III-R. APA, Washington DC
Berridge MJ, Galione A (1988) Cytosolic calcium oscillators. FASEB 2: 3074–3082
Cohen CD, Vollmayr B, Aldenhoff JB (1996) K^+ currents of human T-lymphocytes are un-affected by Alzheimer's disease and amyloid β protein. Neurosci Lett (in press)
Etcheberrigaray R, Ito E, Oka K, Tofel-Grehl B, Gibson GE, Alkon DL (1993) Potassium channel dysfunction in fibroblasts identifies patients with Alzheimer disease. Proc Natl Acad Sci 90: 8209–8213
Etcheberrigaray R, Ito E, Kim CS, Alkon DL (1994) Soluble b-amyloid induction of Alz-heimer's phenotype for human fibroblast K+ channels. Science 264: 276–279
Grynkiewicz G, Poenie M, Tsien RY (1985) A new generation of Ca2+ indicators with greatly improved fluorescence properties. J Biol Chem 260[6]: 3440–3450
International Classification of Disease, ICD-10 (1988) Tenth revised edition. World Health Organization
Khachaturian ZS (1984) Towards theories of brain aging. In: Kay D, Burrows G (eds) Handbook of studies on psychiatry and old age. Elsevier, Amsterdam, pp 7–30
Kretsinger RH (1979) The informational role of calcium in the cytosol. Adv Cycl Nucl Res 11: 1–26
Landfield PW (1987) „Increased calcium current" hypothesis of brain aging. Neurobiol Aging 8: 346–347

Lewis RS, Cahalan MD (1990) Ion channels and signal transduction in lymphocytes. Ann Rev Physiol, 52: 415–430

McKhann G, Drachman D, Folstein M, Katzman R, Price D, Stadlan E (1984) Clinical diagnosis of Alzheimer's disease: report of the NINCDS-ADRDA Work Group under the Auspices of the Department of Health and Human Services Task Force on Alzheimer's Disease. Neurology 34: 939–944

Sulger J, Aldenhoff JB (1995) The PHA-induced calcium response of T-cells is increased in Alzheimer's dementia and decreased in ageing. Pharmacopsychiatr 28: 221

Korrespondenz: Dr. C. Dumais-Huber, Zellphysiologisches Labor, Zentralinstitut für Seelische Gesundheit, J5, D-68159 Mannheim, Bundesrepublik Deutschland

Sensitivität des Inositolphosphat/Ca^{2+}-second messenger Systems bei affektiven Störungen: Pathogenetischer Faktor und Angriffspunkt prophylaktischer Lithiumtherapie?

D. van Calker, M. Bohus, P. Gebicke-Härter, H. Hecht, H. J. Wark
und M. Berger

Psychiatrische Universitätsklinik, Freiburg, Bundesrepublik Deutschland

Signaltransduktionsmechanismen, also die biochemischen Prozesse, die das von einem Hormon oder Neurotransmitter an die Zelloberfläche übermittelte Signal in das Innere der Zelle weiterleiten, sind in den letzten Jahren ins Zentrum des Interesses biologisch-psychiatrischer Forschung gerückt (Übersicht: Lachman et al. 1989, Baraban et al. 1989, Snyder 1992). Ausschlaggebend für diese Entwicklung waren neuere Befunde der präklinischen Forschung, die nahelegten, daß die therapeutischen und rezidivprophylaktischen Wirkungen von Lithiumsalzen bei affektiven Störungen wahrscheinlich auf einer lithiuminduzierten Hemmung eines biologisch besonders wichtigen Signaltransduktionssystems, des Inositolphosphat (IP)-Ca^{2+}-Systems beruhen. Dieses System vermittelt die Signaltransduktion von Rezeptoren für Noradrenalin, Acetylcholin und Serotonin (Übersicht: Baraban et al. 1989), Neurotransmitter, deren Dysregulation für das Auftreten depressiver und manischer Symptome verantwortlich zu sein scheint (Übersicht: Bohus und Berger 1992).

Die Signalübermittlung über das IP-System erfolgt in einem kaskadenartigen Prozess (Übersicht: Berridge 1993), der zur intrazellulären Freisetzung von Diazylglyzerin (DAG) und Inositol (1, 4, 5)-triphosphat (IP$_3$) führt. DAG und IP$_3$ induzieren als sogenannte „second messenger" die Antwort der Zelle auf die hormonelle Stimulierung. IP$_3$ erzielt seine Wirkung, indem es aus intrazellulären Speichern Ca^{2+}-Ionen freisetzt, die wiederum verschiedene Ca-abhängige Enzyme (z. B. Proteinkinasen) regulieren. Da das IP-System nicht nur in Hirnzellen, sondern ubiquitär im Körper die Wirkung bestimmter Hormone vermittelt, kann seine Aktivität auch in leicht zugänglichen peripheren Zellen des Menschen gemessen werden.

Durch Messung der agonist-stimulierten IP-Freisetzung in neutrophilen Granulozyten konnten wir erstmals zeigen, daß die aus in vitro- und Tierversuchen bekannte hemmende Wirkung von Lithiumionen auch beim Menschen unter chronischer Lithiumtherapie auftritt (Greil et al. 1991). Falls, wie diese Ergebnisse nahelegten, die Hemmung des IP-Systems tatsächlich das wirksame Prinzip der phasenprophylaktischen Effektivität einer Lithiumtherapie darstellt, dann könnte umgekehrt eine *erhöhte* Sensitivität des IP-Systems die Vulnerabilität für affektive Störungen erhöhen. In der vorliegenden Arbeit sind wir daher der Frage nachgegangen, ob Patienten, die an einer affektiven Störung erkrankt sind, Veränderungen in der Sensitivität des IP-Systems aufweisen.

Methodik

Patienten und Kontrollprobanden

Folgende Gruppen von Patienten und Kontrollprobanden wurden nach Aufklärung und Einverständnis untersucht:

Gruppe 1: 17 stationär behandelte Patienten, die DSM-III-R-Kriterien für eine rezidivierende monopolar oder bipolar verlaufende affektive Störung erfüllten (13 Frauen, 24–64 Jahre, mittleres Lebensalter 39 Jahre, sowie 4 Männer, 25–60 Jahre, mittleres Lebensalter 37 Jahre). Bei allen Patienten lag das Alter bei Ersterkrankung < 45 J. 12 Patienten litten unter einer akuten depressiven Episode, melancholischer Subtyp (Hamilton Depression Scale (HDRS) > 18), 5 Patienten hatten eine akute manische Episode (> 30 auf der Beck Mania Rating Scale). Alle Patienten waren für wenigstens 21 Tage frei von psychiatrischer Medikation.

Gruppe 2: 25 gesunde Kontrollpersonen – 19 Frauen, 23–69 Jahre, mittleres Lebensalter 43 J., sowie 6 Männer, 23–47 Jahre, mittleres Lebensalter 35 J. – ohne psychiatrische Erkrankungen in der Eigen- oder Familienanamnese.

Gruppe 3: 15 euthyme, remittierte (HDRS < 5) Patienten mit einer bipolaren Störung (diagnostiziert nach SKID), die seit mindestens 2 Jahren unter chronischer Lithiumtherapie standen, ohne Zusatzmedikation und ohne zwischenzeitliche Krankheitsepisoden (10 Frauen, 27–74 Jahre, mittleres Lebensalter 50 Jahre, 5 Männer, 21–59 Jahre, mittleres Lebensalter 39 Jahre).

Zellisolierung und Ca^{2+}-Messung

Neutrophile Granulozyten wurden aus 40 ml heparinisiertem Venenblut durch Dextransedimentation (0,6% w/v), Zentrifugation über Ficoll-Hypaque und hypotone Lyse von kontaminierenden Erythrozyten gewonnen, wie beschrieben (Greil et al. 1991). Die Bestimmung der intrazellulären freien Ca^{2+}-Konzentration nach Stimulierung mit Formylmethionylleucylphenylalanin (fMLP) erfolgte mit Hilfe des fluoreszierenden Ca^{2+}-Indikators Fura-2, wie beschrieben (Förstner et al. 1994, van Calker et al. 1993).
Zur Gewinnung der Dosis-Wirkungskurven wurden die Zellen mit wenigsten 5 Konzentrationen von fMLP stimuliert (0,4, 1,0, 2,0, 4,0 und 400 nM)

Statistische Analysen

Für alle drei Gruppen ergab sich keine signifikante Abweichung der EC$_{50}$-Werte von einer Gauss-Verteilung (Kolmogorov-Smirnov-Test, Signifikanz-Niveau 0,05). Die Gruppen unterschieden sich nicht signifikant nach Alter und Geschlecht (Levene's Test). Die statistische Analyse von Gruppenunterschieden erfolgte durch Varianzanalyse mit anschließendem a posteriori Gruppenvergleich nach Tukey-Kramer. Als Signifikanzniveau wurde $p < 0,05$ festgelegt.

Ergebnisse

Zur Bestimmung der Sensitivität des IP-Systems in neutrophilen Granulozyten wurde die agonist-stimulierte intrazelluläre Freisetzung von Ca^{2+}-Ionen („Ca-Antwort") gemessen. Als Agonist diente das chemotaktische Peptid fMLP, dessen Rezeptoren auf diesen Zellen mit dem IP-System gekoppelt sind (vgl. Greil et al. 1991). Die EC_{50}-Werte der erhaltenen Dosis-Wirkungskurven (Konzentration des Agonisten, die 50% der Ca^{2+}-Antwort hervorruft) charakterisieren die Sensitivität der Zellantwort. Die Varianzanalyse ergab signifikante Unterschiede in den EC_{50}-Werten zwischen den Untersuchungsgruppen (F = 19.12, $F_{0.05, 2, 55}$ = 3,15). Der a posteriori Gruppenvergleich nach Tukey-Kramer zeigte, daß sich alle 3 Gruppene voneinander signifikant unterschieden (Gruppe 1/2: kritische Differenz 0,37, empirische Differenz 0,65; Gruppe 1/3: kritische Differenz 0,41, empirische Differenz 1,05; Gruppe 2/3: kritische Differenz 0,39, empirische Differenz 0,43). Es fanden sich keine signifikanten Korrelationen zwischen Alter, Geschlecht und diagnostischem Subtyp (mono- bzw. bipolare Störung) und den EC_{50}-Werten. Die Ergebnisse (Abb. 1) zeigen, daß die Sensitivität des IP-Systems in neutrophilen Granulozyten bei chronisch lithium-behandelten remittierten Patienten im Vergleich zu gesunden, unbehandelten Kontrollen signifikant vermindert ist (höhere EC_{50}-Werte). Granulozyten akut manisch oder depressiv erkrankter Patienten zeigen dagegen eine deutlich erhöhte Sensitivität des IP-Systems (niedrigere EC_{50}-Werte).

Diskussion

Die in dieser Arbeit erhaltenen Ergebnisse bestätigen und erweitern unsere früheren, mit Hilfe von IP-Messungen erhaltenen Resultate (Greil et al. 1991): Eine Hemmung des IP-Systems unter chronischer Lithiumtherapie konnte jetzt auch anhand einer verminderten agonist-stimulierten Ca^{2+}-Antwort neutrophiler Granulozyten bei lithium-behandelten Patienten nachgewiesen werden. Diese verminderte Sensitivität der Ca^{2+}-Antwort ist ein Effekt der Lithiumbehandlung und nicht ein Resultat der Erkrankung, da unbehandelte manisch-depressive Patienten den gegenteiligen Effekt zeigen: Eine deutliche Erhöhung der Sensitivität des IP-Systems (niedrigere EC_{50}-Werte, Abb. 1) im Vergleich zu Kontrollen. Eine lithiuminduzierte deutliche Zunahme der EC_{50}-Werte zeigt sich darüber hinaus auch im intraindividuellen Vergleich der Ca^{2+}-Antwort von Granulozyten von Patienten vor und unter neu begonnener Lithiumprophylaxe (unveröffentlichte Ergebnisse).

Der Befund, daß im Zustand der akuten manischen oder depressiven Störung die EC_{50}-Werte der Ca^{2+}-Antwort deutlich erniedrigt sind (Abb. 1), ist im Einklang mit unserer Hypothese (vgl. Einleitung), daß eine erhöhte Sensitivität des IP-Systems die Vulnerabilität für die Entwicklung einer affektiven Störung steigern könnte. Ähnliche Erhöhungen der Ca^{2+}-Antwort wurden auch bei serotonin-stimulierten Thrombozyten depressiver Patienten gefunden (Kusumi et al. 1991, Dubovsky et al. 1994, Eckert et al. 1994) und ursprünglich als Hinweis auf eine 5HT-Rezeptor-Supersensitivität in-

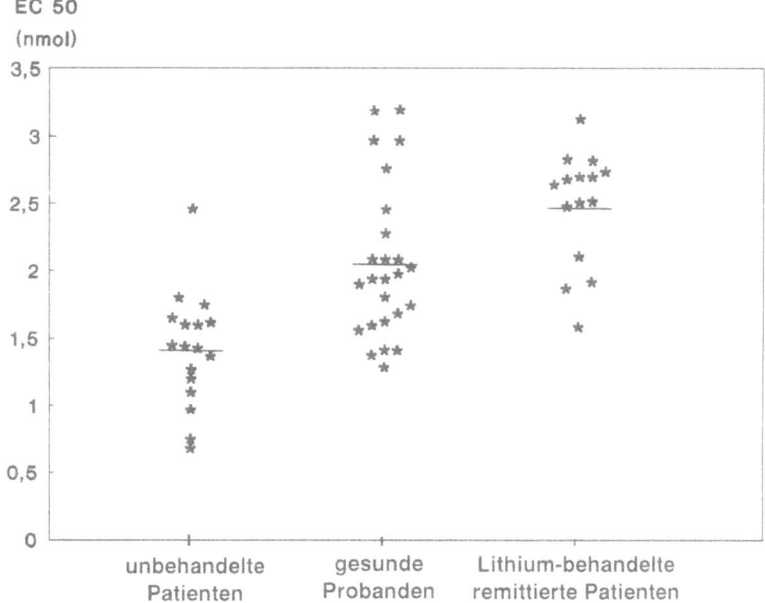

Abb. 1. EC_{50}-Werte der Dosis-Wirkungskurven der fMLP-stimulierten Ca²⁺-Antwort in neutrophilen Granulozyten von Patienten mit einer akuten manischen oder depressiven Störung (Gruppe 1, n = 17), gesunden Kontrollprobanden ohne eigen- oder familienanamnestische psychiatrische Störungen (Gruppe 2, n = 25) und von Patienten unter chronischer (> 2 J.) Lithiumtherapie (Gruppe 3, n= 15). Mittelwerte und Standardabweichung: Gruppe 1: 1,42 ± 0,42; Gruppe 2: 2,07 ± 0,57; Gruppe 3: 2,47 ± 0,43. Korrelationskoeffizienten (r_{bis}): Gruppe 1/2: 0,53 (n = 42); Gruppe 1/3: 0,80 (n = 32); Gruppe 2/3: 0,38 (n = 40). Alle Gruppen unterschieden sich signifikant (post hoc Vergleich durch Tukey-Kramer Test, $p < 0,05$). Neutrophile Granulozyten wurden isoliert und die Ca-Antwort nach Stimulierung mit FMLP bestimmt, wie im Teil „Methodik" beschrieben

terpretiert. Unsere Ergebnisse legen dagegen nahe, daß eine generelle Supersensitivität des IP-Systems für diese Befunde verantwortlich ist. Die gesteigerte Sensitivität des IP-Systems normalisiert sich mit symptomatischer Remission bei den meisten Patienten auch ohne Lithiumtherapie auf das Niveau von gesunden Kontrollpersonen (eigene unveröffentlichte Ergebnisse). Lithium, das die Sensitivität des IP-Systems noch über den bei Kontrollen gefundenen Wert hinaus dämpft (Abb. 1), die bei der akuten Erkrankung auftretende Anomalität der Signaltransduktion also überkompensiert, könnte seine prophylaktische Wirkung dadurch entfalten, daß es (z. B. streßinduzierten) Sensitisierungen des IP-Systems vorbeugt .

Literatur

Baraban JM, Worley PF, Snyder SH (1989) Second messenger systems and psychoactive drug action: focus on the phosphoinositide system and lithium. Am J Psychiatry 146: 1251–1260

Berridge MJ (1993) Inositol triphosphate and calcium signalling. Nature 361: 315–325

Bohus M, Berger M (1992) Der Beitrag biologisch-psychiatrischer Befunde zum Verständnis depressiver Erkrankungen. Z Klin Psychol 21:156–171 van Calker D, Förstner U, Bohus M, Gebicke-Härter P, Hecht H, Wark HJ, Berger M (1993) Increased sensitivity to agonist stimulation of the Ca^{2+} response in neutrophils of manic-depressive patients: effect of lithium therapy. Neuropsychobiology 27: 180–183

Dubovsky SL, Thomas M, Hijazi A, Murphy J (1994) Intracellular calcium signalling in peripheral cells of patients with bipolar affective disorder. Eur Arch Psychiatry Clin Neurosci 243: 229–234

Eckert A, Gann H, Riemann D, Aldenhoff J, Müller WE (1994) Platelet and lymphocyte free intracellular calcium in affective disorders. Eur Arch Psychiatry Clin Neurosci 243: 235–239

Förstner U, Bohus M, Gebicke-Härter PJ, Baumer B, Berger M, van Calker D (1994) Decreased agonist-stimulated Ca^{2+} response in neutrophils from patients under chronic lithium therapy. Eur Arch Psychiatry Clin Neurosci 243: 240–243

Greil W, Steber R, van Calker D (1991) The agonist-stimulated accumulation of inositol phosphates is attenuated in neutrophils from male patients under chronic lithium therapy. Biol Psychiatry 30: 443–451

Kusumi I, Koyama T, Yamashita I (1991) Serotonin-stimulated Ca^{2+} response is increased in the blood platelets of depressed patients. Biol Psychiatry 30: 310–312

Lachman HM, Papolos DF (1989) Abnormal signal transduction: a hypothetical model for bipolar affective disorder. Life Sci 45: 1413–1426

Snyder SH (1992) Second messengers and affective illness. Pharmacopsychiat 25: 25–28

Korrespondenz: Priv.-Doz. Dr. Dr. D. van Calker, Psychiatrische Klinik, Universität Freiburg, Hauptstraße 5, D-79104 Freiburg, Bundesrepublik Deutschland

Vergleichbare altersabhängige Veränderungen der intrazellulären Ca^{2+}-Regulation in Maus, Ratte und Mensch

H. Hartmann[1], **A. Eckert**[1], **K. Velbinger**[1], **H. Förstl**[2] und **W. E. Müller**[1]

[1]Abteilung Psychopharmakologie und [2]Psychiatrische Klinik, Zentralinstitut für Seelische Gesundheit, Mannheim, Bundesrepublik Deutschland

Einleitung

Veränderungen der freien intrazellulären Calcium Konzentration ($[Ca^{2+}]_i$) spielen eine zentrale Rolle für die neuronale Signaltransduktion als auch für die Erhaltung der neuronalen Integrität. Eine Störung der Ca^{2+}-Regulation kann die Funktion der Zelle auf unterschiedlichen Ebenen beeinflussen und damit letztendlich auch zum neuronalen Zelluntergang beitragen. Aufgrund dieser bedeutenden Rolle des Calciums für die Zellfunktion geht man davon aus, daß eine Beeinträchtigung spezifischer Ca^{2+}-regulierender Mechanismen für Prozesse der Hirnalterung im allgemeinen aber auch für die Entwicklung der Alzheimerschen Demenz von großer Bedeutung sind [1, 2, 3, 4, 5, 6]. Um altersabhängige Veränderungen der Ca^{2+}-Homöostase möglichst umfassend zu charakterisieren, wurden parallele Untersuchungen an mechanisch dissoziierten Hirnzellen der Maus, an Hirnzellen verschiedener Hirnregionen der Ratte, als auch an T-Lymphozyten der Maus, der Ratte und an humanen T-Lymphoyzten durchgeführt. Diese Untersuchungen können Hinweise auf mögliche generelle altersabhängige Störungen der Ca^{2+}-Regulation in zentralen und peripheren Zellsystemen geben. Darüberhinaus kann anhand dieser Befunde des weiteren überprüft werden, inwieweit Humanlymphozyten ein geeignetes peripheres Modell darstellen, um Veränderungen der Ca^{2+}-Regulation in humanen Zellen durchführen zu können.

Methode

Mechanisch dissoziierte Hirnzellen wurden nach der von Stoll et al. [7] beschriebenen Methode präpariert. Für Untersuchungen an der Maus wurde das Gesamthirn ohne Cerebellum verwendet, für die Untersuchungen an der Ratte wurden cerebraler Cortex,

Hippokampus, Striatum und Cerebellum getrennt untersucht. Die Lymphozyten wurden aus der Milz isoliert und die T-Lymphozyten, wie bereits beschrieben [5], angereichert. Humanlymphozyten junger (20–30 Jahre, Durchschnittsalter 27) und alter (42–88, Median 68) Probanden wurden aus Frischblut isoliert.
Die Bestimmung der $[Ca^{2+}]_i$ erfolgte unter Verwendung des Calcium-selektiven Fluoreszenzfarbstoffs Fura-2, wobei die Experimente unter für das jeweilige Zellsystem optimierten Bedingungen durchgeführt wurden [3, 8, 9]. Die Quantifizierung der $[Ca^{2+}]_i$ erfolgte nach Grynkiewicz et al. [10].

Ergebnisse

Die Bestimmung der $[Ca^{2+}]_i$ in mechanisch dissoziierten Hirnzellen junger (3 Mon.) und alter Tiere (21–23 Mon.) ergab sowohl im Gesamthirn der Maus als auch im Hippokampus (H) und Cortex (Co) der Ratte einen signifikant erniedrigten Basalwert (Maus: jung 350 ± 41 nmol/l, alt 265 ± 44 nmol/l, n = 13 p < 0.001, Ratte H: jung 443.6 ± 11.4 nmol/l, alt 401.6 ± 14.27 nmol/l, n = 11–14, p < 0.05, Co: jung 470.7 ± 16.6 nmol/l, alt 422.5 ± 14.9 nmol/l, n = 11–14, p < 0.05). Im Cerebellum und im Striatum der Ratte zeigt sich dieser Alt-Jung Unterschied nur tendenziell. Eine Depolarisation der Hirnzellen mit KCl (20 mmol/l) induziert einen raschen maximalen Anstieg der $[Ca^{2+}]_i$ innerhalb weniger Sekunden, der nach ca. 15–20 sec auf einen niedrigen Plateauwert abfällt. Die Erhöhung der $[Ca^{2+}]_i$ nach Depolarisation ist nahezu ausschließlich auf einen Influx des Ca^{2+} aus dem Extrazellulärraum zurückzuführen, da in Gegenwart von EGTA kein Anstieg der $[Ca^{2+}]_i$ erfaßt werden kann [2]. Dieser KCl-induzierte Anstieg ist in Hirnzellen alter Mäuse signifikant erniedrigt (Abb. 1), wobei hierbei sowohl der initiale Peakanstieg als auch die Plateauphase betroffen sind. Die-

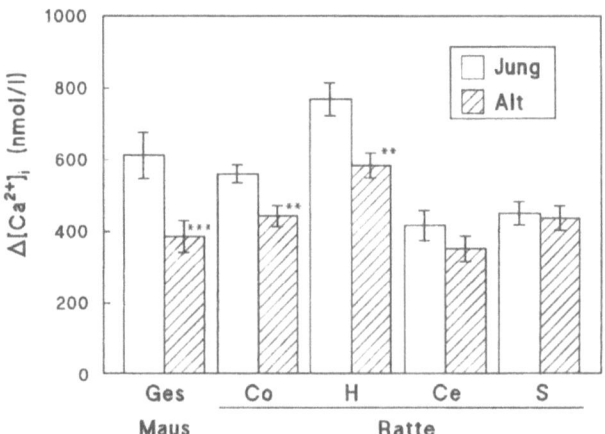

Abb. 1. Depolarisations (KCl 20 mmol/l)-induzierter Anstieg der $[Ca^{2+}]_i$ in mechanisch dissoziierten Hirnzellen junger (3 Mon.) und alter (21–23 Mon.) weiblicher NMRI-Mäuse bzw. männlicher Wistar Ratten. Dargestellt ist der maximale Anstieg der $[Ca^{2+}]_i$ über dem Basalwert. Im Gesamthirn der Maus (ohne Cerebellum) ist der Anstieg in alten Tieren signifikant erniedrigt (*** p < 0 001, n = 6–8, ± S.E.M.). Im Cortex (Co) und Hippokampus (H) alter Ratten zeigt sich ebenfalls eine signifikant verminderte Ca^{2+}-Response (** p < 0.01, n = 7–8, ± S.E.M.)

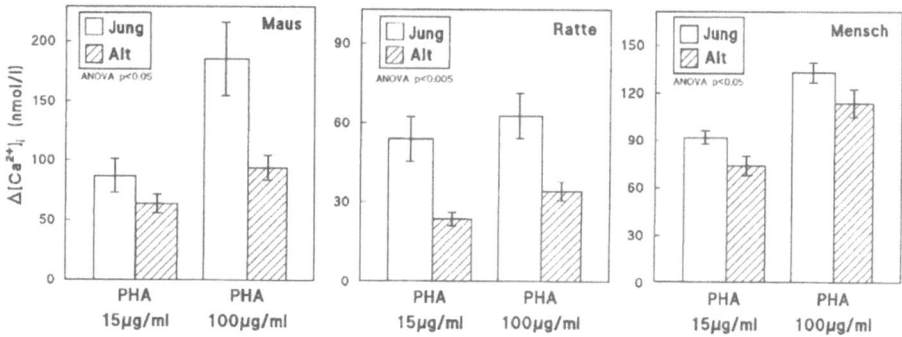

Abb. 2. T-Lymphozyten der Maus, der Ratte und des Menschen wurden mit Phytohämagglutin (15 und 100 µg/ml) stimuliert. Dargestellt ist der maximale Anstieg der $[Ca^{2+}]_i$ über Basal. Die Response ist in allen drei Gruppen altersabhängig signifikant erniedrigt. Maus: ANOVA p < 0.05, n = 6–7, Ratte ANOVA p < 0.005, n = 8, Mensch ANOVA p < 0.05, n = 14

ser signifikant geringere Anstieg zeigt sich ebenfalls im Hippokampus und Cortex alter Ratten, wohingegen im Striatum und Cerebellum wiederum nur schwach ausgeprägte Unterschiede erfaßt werden konnten (Abb. l). In weiteren Untersuchungen wurde nun überprüft, inwieweit diese verminderte Response auch in peripheren Zellen zu finden ist. Sowohl die aus der Milz isolierten T-Lymphozyten der Maus und der Ratte als auch die Humanlymphozyten wurden mit dem Mitogen Phytohämagglutinin (PHA) in zwei verschiedenen Konzentrationen (15 und 100 µg/ml) stimuliert. Hierbei wird die initiale Phase der $[Ca^{2+}]$ Erhöhung durch eine Freisetzung von Ca^{2+} aus intrazellulären Speichern dominiert, die langanhaltenden Plateauphase ist jedoch hauptsächlich auf Ca^{2+}-Influx aus dem Extrazellulärraum zurückzuführen [5]. Sowohl in den T-Lymphozyten der Maus als auch der Ratte zeigte sich wiederum ein signifikant geringerer Anstieg der $[Ca^{2+}]_i$ in den Zellen alter Tiere (Abb. 2).

Darüberhinaus ergaben unsere Untersuchungen, daß die Ca^{2+}-Response in Lymphozyten alter Probanden ebenfalls signifikant erniedrigt war. Ein Vergleich des Zeitverlaufs der PHA-induzierten $[Ca^{2+}]_i$-Erhöhung ergab, daß die altersabhängig verminderte Ca^{2+}-Antwort in allen drei Zellsystemen auf die Plateauphase begrenzt ist, wohingegen die Phase der Ca^{2+}-Freisetzung aus den intrazellulären Organellen nicht betroffen zu sein scheint [5, 6].

Diskussion

Unsere Untersuchungen zeigen vergleichbare altersabhängige Veränderungen der Ca^{2+}-Regulation in akut dissoziierten Hirnzellen der Maus, im Cortex und Hippokampus der Ratte, als auch in T-Lymphozyten der Maus, der Ratte und des Menschen. In allen Zellsystemen scheint hauptsächlich der transmembranäre Ca^{2+}-Influx betroffen zu sein, wohingegen auf der Ebene der Ca^{2+}-Freisetzung aus intrazellulären Speichern keine altersabhängige Störung erfaßt werden konnte [5, 6]. Dies deutet einerseits darauf hin, daß Veränderungen der Ca^{2+}-Regulation in Lymphozyten des Menschen und der Maus bzw. der Ratte durchaus miteinander vergleichbar sind. Andererseits zeigen diese Befunde aber auch, daß altersabhängige Veränderungen der Ca^{2+}-Homöostase in zentralen Neuronen und peripheren Zellen ähnliche Charakteristika aufweisen. Auf der Basis dieser korrespondierenden Befunde scheint es daher gerechtfertigt, Humanlymphozyten als periphere Modellsysteme zur verwenden, um altersabhängige Veränderungen der Ca^{2+}-Homöostase im humanen Zellsystem zu untersuchen.

Unsere Befunde einer erniedrigten Ca^{2+}-Response können als Zeichen einer altersabhängigen Downregulation der Ca^{2+}-Homöostase interpretiert werden. Die Fähigkeit der gealterten Zelle, die $[Ca^{2+}]_i$ insgesamt auf einem niedrigeren Niveau zu halten, könnte auf eine erhöhte Ca^{2+}-Sensitivität Ca^{2+}-regulierender Mechanismen in den verschiedenen Zellsystemen hindeuten. Diese Hypothese wird durch Befunde einer altersabhängig erhöhten Sensitivität der Ca^{2+}-abhängigen Phospholipase C in Hirnzellen der Maus unterstützt [3].

Solch eine Sensitivitätserhöhung mag unter Normalbedingungen kompensierbar sein, jedoch muß davon ausgegangen werden, daß in neuronalen Zellen unter zusätzlichem Streß wie Hypoxie oder Hypoglykämie die Adaptationsfähigkeit vermindert ist und damit neurodegenerative Erkrankungen wie die Alzheimersche Demenz im Laufe der Hirnalterung gefördert werden.

Danksagung

Diese Arbeit wurde unterstützt durch Mittel der Deutschen Forschungsgemeinschaft (SFB 258, Projekte A3, K2 und K5).

Literatur

1. Hartmann H, Eckert A, Müller WE (1994) Life Sci 55: 2011–2018
2. Eckert A, Hartmann H, Förstl H, Müller WE (1994) Life Sci 55: 2019–2030
3. Hartmann H, Eckert A, Müller WE (1993) Neurosci Lett 152: 181–184
4. Hartmann H, Eckert A, Förstl H, Müller WE (1994) Eur Arch Psychiat Clin Neurosci 243: 218–223
5. Müller WE, Eckert A, Hartmann H, Velbinger K, Förstl H (1996) Nervenarzt 67: 15–24
6. Hartmann H, Velbinger K, Eckert A, Müller WE (1996) Neurobiol Aging (in press)
7. Stoll L, Schubert T, Müller WE (1991) Neurobiol Aging 13: 39–44
8. Eckert A, Hartmann H, Müller WE (1993) FEBS Lett 330: 49–52
9. Hartmann H, Müller WE (1993) Brain Res 622: 86–92
10. Grynkiwiecz G, Poenie M, Tsien RY (1985) Biol Chem 260: 3440–3450

Korrespondenz: Dr. H. Hartmann, Children's Hospital, Harvard Medical School, Enders 270, 300 Longwood Avenue, Boston, MA 02115, USA

Reduktion des Ca^{2+}-amplifizierenden Effektes von β-Amyloid an Lymphozyten von Alzheimer-Patienten – Möglicher Bezug zum Apolipoprotein E Polymorphismus

A. Eckert[1], H. Förstl[2], H. Hartmann[1], C. Czech[3], U. Mönning[3],
K. Beyreuther[3] und W. E. Müller[1]

[1]Abteilung Psychopharmakologie und
[2]Psychiatrische Klinik, Zentralinstitut für Seelische Gesundheit, J5, Mannheim und
[3]Zentrum für Molekularbiologie, Heidelberg,
Bundesrepublik Deutschland

Einleitung

Die Rolle des β-Amyloid Moleküls (βA4) für die Pathogenese der Demenz vom Alzheimer Typ (AD) blieb für viele Jahre unklar. Neuere Befunde über neurotoxische Eigenschaften des βA4 [1] könnten eine mögliche Beziehung zwischen der extrazellulären Ablagerung der unlöslichen βA4-Aggregate im Gehirn und dem Auftreten der massiven Neurodegeneration bei der AD erklären. Nachfolgende Studien an unterschiedlichen neuronalen Zellinien konnten die neurotoxischen Effekte des βA4 und seines Fragmentes βA25–35 bestätigen [1, 2], die möglicherweise auf einer Amplifikation des zellulären Ca^{2+}-Signals beruhen [2]. Dieser Ca^{2+}-amplifizierende Effekt von βA25–35 erwies sich als nicht spezifisch für embryonale Nervenzellen [2] und für akut dissoziierte Neurone der Maus [3], sondern konnte ebenso für den Ca^{2+}-Anstieg nach Mitogenstimulation in zirkulierenden Humanlymphozyten nachgewiesen werden [4]. In der vorliegenden Studie konnte unter Verwendung dieses peripheren Modells eine hochsignifikante Reduktion des Ca^{2+}-amplifizierenden Effektes von βA25–35 in der AD gezeigt werden. Darüberhinaus deuten vorläufige Befunde auf eine signifikante Beziehung zwischen reduzierter βA25–35-Empfindlichkeit und einem der wichtigsten genetischen Risikofaktoren der sporadischen und familiären Form der „late onset" AD hin, der Apolipoprotein E ε4 Allel Gendosis [5, 6, 7].

Methode

An der Studie nahmen 24 Patienten (10 Männer, 14 Frauen) einer laufenden Longitudi-
nalstudie teil, 16 mit „wahrscheinlicher" und 8 mit „möglicher" Demenz vom Alzheimer
Typ nach NINCDS-ADRDA-Kriterien diagnostiziert [8]. Das Durchschnittsalter betrug
67.0 ± 8.8 Jahre (Bereich: 51–84 Jahre). Die Krankheitsdauer differierte zwischen 1 bis 11
Jahren (Durchschnitt 4.5 ± 2.7 Jahre). Der Schweregrad der Erkrankung wurde mit „Clinical Dementia Ratings" (CDR: 1.8 ± 0.9) erhoben [9]. Der Minimental State Scores
(MMS) betrug 16 ± 10. Unter den 24 Patienten befanden sich 8 „early-onset" AD Patienten mit Krankheitsbeginn vor dem sechzigsten Lebensjahr (Durchschnittssalter bei Einsetzen der Erkrankung (onset): 53.8 ± 4.9 Jahre) und 16 „late-onset" Fälle (onset: $67.9 \pm
6.1$ Jahre). Die an den Patienten erhobenen Daten wurden mit denen von 20 altersparal-
lelisierten nicht-dementen Kontrollpersonen (Durchschnittsalter $67.6 \pm 61.$ Jahre, Bereich 57–80 Jahre; 11 Männer, 9 Frauen; MMS 28 ± 1) und mit denen von 16 jungen gesunden Kontrollpersonen (9 Männer, 7 Frauen; Durchschnittsalter 26.7 ± 2.2 Jahre) verglichen.
Die Isolation der Lymphozyten und die anschließende Beladung mit dem Fluoreszenzindikator Fura2-AM wurden in Anlehnung an eine frühere Arbeit durchgeführt [4]. Zur
Bestimmung des Effektes von $\beta A25\text{-}35$ (1 µmol/l) auf die Phytohämagglutinin (PHA)-
induzierte Erhöhung der freien intrazellulären Ca^{2+}-Konzentration ($[Ca^{2+}]_i$) wurden
frisch isolierte Lymphozyten mit $\beta A25\text{-}35$ für 60 sec vorinkubiert. Die Ca^{2+}-Anstiege nach
PHA-Stimulation (15 µg/ml) in Ab- bzw. in Anwesenheit von $\beta A25\text{-}35$ sind als delta ($\triangle$)
Ca^{2+}-Werte dargestellt (maximaler Ca^{2+}-Anstieg über Basalwert bzw. über maximaler
PHA-Stimulation).
Die ApoE Genotypisierung wurde unter Benutzung von 4% Metaphor (FMC) Agarose
Gel zum Lösen der durch die Polymerase-Ketten-Reaktion erhaltenen Restriktionsfrag-
mente durchgeführt [7].

Ergebnisse

Frisch isolierte Lymphozyten von alten nicht-dementen Kontrollpersonen,
die mit $\beta A25\text{-}35$ (1 µmol/l) vorinkubiert wurden, zeigten eine Amplifikation des PHA-induzierten Ca^{2+}-Anstieges von ca. 15 nmol/l (Tabelle 1,
Abb. 1). Alte und junge Kontrollpersonen unterschieden sich nicht signifikant hinsichtlich des Ca^{2+}-amplifizierenden Effektes von $\beta A25\text{-}35$ (Tabelle 1). In Übereinstimmung mit einem früheren Befund [10] wurde kein
signifikanter Unterschied zwischen den basalen Ca^{2+}-Spiegeln und den
PHA-induzierten Ca^{2+}-Anstiegen in Abwesenheit von $\beta A25\text{-}35$ zwischen
den drei Gruppen gefunden, obgleich auch hier die Erhöhung in $[Ca^{2+}]_i$
nach Aktivierung der Zellen mit PHA in der Gruppe der älteren Kontrollpersonen zu niedrigeren Werten tendierte als in der jungen Gruppe [10]
(Tabelle 1). Im Gegensatz dazu war die $\beta A25\text{-}35$-induzierte Ca^{2+}-Amplifika-
tion in der AD-Gruppe hochsignifikant reduziert (Tabelle 1, Abb. 1).
   In den $\beta A25\text{-}35$-induzierten Ca^{2+}-Anstiegen wurden keine signifikanten
Unterschiede zwischen der „early-" und der „late-onset" AD-Gruppe beobachtet (early-onset: 1.14 ± 5.5 nmol/l versus late-onset: 6.53 ± 6.6 nmol/l).
Sowohl über die Hälfte der Patienten als auch der älteren Kontrollpersonen nahmen Medikamente hauptsächlich für kardiovaskuläre Erkrankungen ein (Ausschlußkriterium für Teilnahme an der Studie war die Medikation mit Calciumantagonisten). Für jede Gruppe wurden die durch
$\beta A25\text{-}35$ ausgelösten Ca^{2+}-Anstiege der Personen, die eine Medikation erhielten, mit den Ca^{2+}-Responsen der medikamentenfreien Personen verglichen. Es wurde kein signifikanter Unterschied festgestellt (alte Kontrollen:

Tabelle 1. Effekte von βA25-35 auf [Ca^{2+}]$_i$ in AD Patienten und Kontrollpersonen

Kollektiv	Basal [Ca^{2+}]$_i$ (nmol/l)	△ Ca^{2+} PHA (nmol/l)	△ Ca^{2+} PHA + βA25-35 (nmol/l)	△ Ca^{2+} βA25-35 (nmol/l)
junge Kontrollen (n = 16)	92.4 ± 22.7	93.3 ± 21.4	108.5 ± 24.6 ***	15.2 ± 8.8
alte Kontrollen (n = 20)	104.0 ± 19.7	88.9 ± 20.1	104.9 ± 17.7 ***	16.0 ± 10.0
AD Patienten (n = 24)	93.2 ± 16.4	89.1 ± 15.9	93.8 ± 16.8 **	5.6 ± 6.8 [+++]

Die Daten stellen Mittelwerte ± SD dar. △ Ca^{2+} PHA ist der maximale Ca^{2+}-Anstieg über Basalwert nach PHA-Stimulation und △ Ca^{2+} PHA+βA25-35 ist entsprechend der maximale Ca^{2+}-Anstieg nach PHA-Stimulation und vorangegangener Inkubation mit βA25-35 (1 μmol/l) (**p < 0.01, ***p < 0.001, gepaarter t-Test, im Vergleich zu der PHA-Ca^{2+}-Response allein). △ Ca^{2+} βA25-35 stellt die Differenz zwischen dem Ca^{2+}-Anstieg nach PHA-Zugabe und dem Ca^{2+}-Anstieg nach PHA-Stimulation in der Anwesenheit von βA25-35 (1 μmol/l) dar ([+++]p < 0.001, student's t-test, im Vergleich zu den △ Ca^{2+} βA25-35 Werten der alten Kontrollen

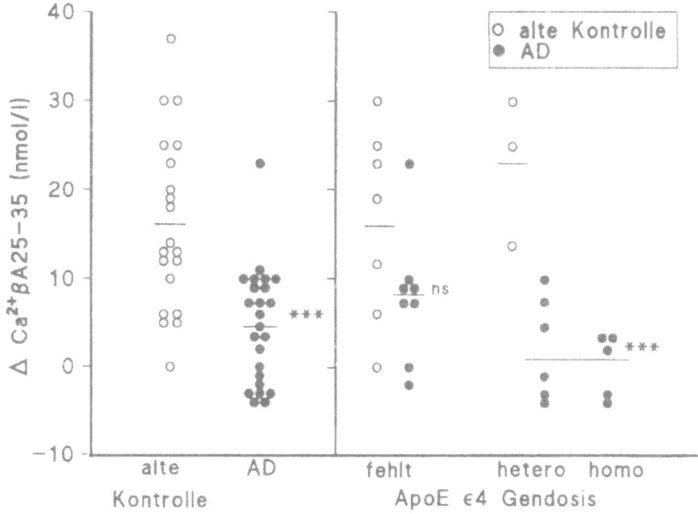

Abb. 1. Verstärkung des PHA-induzierten Ca^{2+}-Anstieges zirkulierender Lymphozyten durch Vorinkubation mit βA25–35 für AD Patienten (n = 24) und altersparallelisierte nicht-demente Kontrollen (n = 20) (links) oder für Patienten und Kontrollen in Beziehung zum Apolipoprotein E ε4 Genotyp (rechts). Der Ca^{2+}-amplifizierende Effekt von βA25–35 war signifikant reduziert in Lymphozyten von AD Patienten im Vergleich zu alten Kontrollen (***p < 0.001, linke Seite). Die Daten der rechten Seite (homo- und heterozygote Patienten als eine Gruppe betrachtet) zeigen einen signifikanten AD Effekt der βA25-35-induzierten Ca^{2+}-Anstiege im Vergleich zu heterozygoten Kontrollen (ANOVA, ***p = 0.0002, F = 18.66) und eine signifikante Interaktion zwischen AD und ApoE ε4-Gendosis auf die βA25–35-induzierten Ca^{2+}-Anstiege (p = 0.04, F = 4.66). Kontrollen und Patienten ohne ApoE ε4 Allel unterscheiden sich nicht im Hinblick auf △ βA25–35

16.75 ± 10 nmol/l versus 15.53 ± 10.2 nmol/l; AD: 4.61 ± 7.38 versus 5.13 ± 5.7 nmol/l). Darüberhinaus unterschieden sich auch die Plasmacholesterinspiegel der älteren Probanden (231 ± 33 mg/100 ml) und der AD Patienten (225 ± 44 mg/100 ml) nicht signifikant voneinander (Daten nicht gezeigt).

Sowohl Patienten als auch Kontrollen wurden aus einer laufenden Longitudinalstudie für die biochemischen Untersuchungen rekrutiert, noch bevor die ersten Daten über die Zusammenhänge von Apo E Polymorphismus und AD publiziert waren [5]. Aus diesem Grunde wurde nicht bei allen Kontrollen bzw. Patienten die Apo E Genotypisierung vorgenommen. Trotz dieser Einschränkung deuten die verfügbaren Daten auf eine signifikante Beziehung zwischen reduzierter βA25–35-Empfindlichkeit und Apo E ε4 Gendosis hin (Abb. 1). Alle hetero- oder homozygoten Personen (Patienten und Kontrollen) mit niedrigen βA25–35-Werten befinden sich in der Patientengruppe, während die wenigen nicht-dementen Kontrollen signifikant erhöhte durch βA25–35 ausgelöste Ca^{2+}-Anstiege aufweisen (Abb. 1). Die Erhöhung der $[Ca^{2+}]_i$ durch βA25–35 in Lymphozyten der Patienten, bei denen die ε4 Gendosis fehlt, unterscheiden sich nicht signifikant von denen der entsprechenden Kontrollpersonen (Abb. 1).

Diskussion

Die vorliegende Studie bestätigt an einer sehr großen Patientenzahl vorläufige Befunde [11] über eine reduzierte Empfindlichkeit des Lymphozyten gegenüber der Ca^{2+}-amplifizierenden Wirkung von β-Amyloid in der AD. Dieser Befund beruht nicht auf einem Alterseffekt, da kein Unterschied in der βA25–35-Wirkung zwischen jungen und alten Kontrollpersonen gefunden wurde. Allerdings gilt es zu beachten, daß eine geringfügige Überlappung zwischen den Gruppen existiert: während einige Patienten βA25–35-Werte im Normalbereich aufweisen, zeigen verschiedene nicht-demente Kontrollen eine sehr niedrige Ca^{2+}-Amplifikation durch βA25–35. Akzeptiert man den βA25–35-Effekt in eher niedriger Konzentration auf die $[Ca^{2+}]_i$ des Lymphozyten als Modellsystem für seine biologischen Wirkungen auf zentrale Neurone, so ist die Beobachtung einer Reduktion dieses Effektes in der AD eher unerwartet. Von daher scheint die direkte Beziehung zwischen βA4-Formation, Neurotoxizität und Ca^{2+}-Amplifikation – insbesondere in niedriger βA-Konzentration – eine zu vereinfachte hypothetische Vorstellung zu sein. Auf der anderen Seite ist die Reduktion des βA25–35-Effektes in der AD hochsignifikant ausgeprägt und scheint deshalb eine wichtige Rolle im besseren Verständnis der Neuropathologie dieser Erkrankung zu spielen. Verschiedene Studien zeigten, daß βA4 kontinuierlich von neuronalen als auch von nicht-neuronalen Zellen ausgeschieden wird und im humanen CSF und im Blut zirkuliert [12]. Darüberhinaus existieren keine zusätzliche Hinweise, daß die βA4-Spiegel in der großen Mehrheit der Patienten mit spätem Krankheitsbeginn („late-onset") gegenüber gesunden Kontrollpersonen erhöht sind [13]. Wenn auch die physiologische Signifikanz und die biologische Konsequenz einer reduzierten βA4-Empfindlichkeit in der AD noch nicht bekannt sind, so stellt diese Beobachtung dennoch einen wichtigen peripheren Marker für die Erkrankung dar. An dieser Stelle ist der Befund einer anderen Arbeitsgruppe erwähnenswert, die ebenfalls eine deutliche Reduktion des βA4 Effektes in eher niedrigen Konzentrationen, in diesem Falle auf die Ionenkanaleigenschaften von Hautfibroblasten, in der AD nachwiesen [14].

Der ApoE Polymorphismus scheint einer der wichtigsten genetischen Risikofaktoren für die AD zu sein [5, 6, 7]. Unsere vorläufigen Befunde deuten auf die Möglichkeit hin, daß das Vorhandensein eines ApoE ε4 Allels bzw. anderer bisher noch nicht identifizierte Risikofaktoren zu niedrigen βA25-35 Responsen führen könnte. Wie schon oben erwähnt, ist die reduzierte βA4-Empfindlichkeit signifikant mit der AD assoziiert. Sie ist jedoch deutlich stärker in Patienten homo- oder heterozygot für das ApoE ε4 Allel ausgeprägt. Die kausale Beziehung zwischen diesen beiden Phänomenen ist jedoch letztendlich noch nicht bekannt.

Weiterhin scheint die ApoE ε4 Allel-Frequenz in der Peripherie einerseits mit erhöhten Plasmacholesterinspiegeln und andererseits mit erniedrigten ApoE Plasmaspiegeln zu korrelieren [15]. Die vorliegende Studie konnte jedoch weder einen signifikanten Unterschied im Plasmacholesterin zwischen Patienten und Kontrollen noch eine Korrelation zwischen Plasmacholesterin und βA25–35-induzierten Ca²⁺-Anstiegen nachweisen. ApoE und spezifisch die Isoform ApoE4 können βA4 binden [16] und sind außerdem in den neuritischen Plaques mit βA4 kolokalisiert [6]. ApoE selbst besitzt nicht die Fähigkeit, den Ca²⁺-amplifizierenden Effekt von βA25–35 zu modifizieren [17], es ist jedoch in der Lage, das neuronale Ca²⁺-Signal in ähnlicher Weise wie βA4 [3] zu amplifizieren [17]. Weiterhin stellt ApoE das Hauptlipoprotein im Gehirn dar [15], wo es in die Mobilisierung und die Umverteilung von Cholesterin in der neuronalen Membran involviert ist [18]. Cholesterin kann sowohl den Ca²⁺-amplifizierenden Effekt von βA25–35 in zentralen Neuronen als auch in peripheren Humanlymphozyten signifikant modulieren [17]. Alle drei Mechanismen könnten eine Erklärung für die Beziehung ApoE ε4 Gendosis und Prädisposition gegenüber AD und besonders gegenüber der biologischen Aktivität von βA4 liefern und benötigen weiterführende Untersuchungen.

Danksagung

Diese Arbeit wurde unterstützt durch Mittel der Deutschen Forschungsgemeinschaft (SFB 258, Projekte K2 und A3), durch den Forschungsfond der Fakultät Mannheim und durch eine H.G.F. Schilling Habilitationsförderung für H. Förstl.

Literatur

1. Yankner BA, Duffy LK, Kirschner DA (1990) Science 250: 279–282
2. Mattson MP, Cheng B, Davis D, et al (1992) J Neurosci 12: 276–389
3. Hartmann H, Eckert A, Müller WE (1993) Biochem Biophys Res Comm 194: 1216–1220
4. Eckert A, Hartmann H, Müller WE (1993) FEBS Lett 330: 49–52
5. Corder EH, Saunders AM, Strittmatter WJ, et al (1993) Science 261: 921–923

6. Rebeck GW, Reiter JS, Strickland DK, Hyman BT (1993) Neuron 11: 575–580
7. Czech C, Mönning U, Tienari PJ, et al (1993) Lancet 342:1308–1310
8. Förstl H, Besthorn C, Geiger-Kabisch C, et al (1993) Acta Psychiatr Scand 87: 395–399
9. Berg L (1994) Br J Psychiatry 145: 339
10. Hartmann H, Eckert A, Förstl H, Müller WE (1994) Eur Arch Psychiatry Clin Neurosci 243: 218–223
11. Eckert A, Förstl H, Hartmann H, Müller WE (1993) Lancet 324: 805–806
12. Shoji M, Golde TE, Ghiso J, et al (1992) Science 258: 126–129
13. Nakamura T, Shoji M, Harigaya Y, et al (1994) Ann Neurol 36: 903–911
14. Etcheberrigaray R, Ito E, Kim CS, Alkon DL (1994) Science 264: 276–279
15. Mahley RW (1988) Science 240: 622–630
16. Strittmatter WJ, Weisgraber KH, Huang DY, et al (1993) Proc Natl Acad Sci 90: 8098–8102
17. Hartmann H, Eckert A, Müller WE (1994) Biochem Biophys Res Comm 200: 1185–1192
18. Ingnatius MJ, Gebicke-Härter PJ, Skene JHP, et al (1986) Proc Natl Acad Sci 83: 1125–1129

Korrespondenz: Dr. A. Eckert, Abteilung Psychopharmakologie, Zentralinstitut für Seelische Gesundheit, J5, D-68159 Mannheim, Bundesrepublik Deutschland

Störungen der intrazellulären Calcium Regulation und Dysfunktion der Kaliumkanäle in Lymphozyten: Ein Marker für die Alzheimer'sche Erkrankung?

B. Bondy[1], **M. Hofmann**[2], **F. Müller-Spahn**[2], **M. Witzko**[1] und **C. Hock**[2]

[1]Psychiatrische Klinik, Universität München, Bundesrepublik Deutschland
[2]Psychiatrische Klinik, Universität Basel, Schweiz

Einleitung

Störungen der Calcium-Homöostase mit Veränderungen der freien zytoplasmatischen Calcium Konzentration ($[Ca^{2+}]i$) wird eine essentielle Rolle bei der Demenz vom Alzheimer Typ (AD) zugeschrieben (Khachaturian 1944). Einmal kann eine Destabilisierung der neuronalen Calcium-Homöostase die altersbedingte neuronale Degeneration beschleunigen (Mattson 1994), zum anderen scheint eine andauernde, wenn auch geringfügige Erhöhung der intrazellulären $[Ca^{2+}]_i$ für den Zelltod von Bedeutung zu sein. Damit spielt Calcium nicht nur bei normalem Altern sondern auch in der Pathophysiologie der Alzheimer'schen Erkrankung (AD) eine wichtige Rolle (Peterson et al. 1992).

Trotz der Bedeutung dieses Parameters waren die bisherigen Autopsie-Befunde keineswegs einheitlich (Peterson 1992). Auch die Untersuchungen mit peripheren Zellen, die unter der Annahme durchgeführt wurden, daß grundsätzliche zelluläre Veränderungen auch in anderen Zellen stattfinden, kamen zu keinen einheitlichen Ergebnissen, da sowohl unveränderte als auch erhöhte oder verminderte Konzentrationen beobachtet wurden (Adunsky et al. 1992, Bondy et al. 1994, Gibson und Toral Barza 1992).

Kürzliche Untersuchungen weisen darauf hin, daß Untersuchungen über regulatorische Mechanismen der Calcium Homöostase möglicherweise vielversprechender sind (Eckert et al. 1993). In diesem Kontext sind auch Befunde zu sehen, die an Fibroblastenkulturen von AD Patienten erhoben wurden. Nach Blockade der K$^+$-Kanäle mit Tetraaethylammonium (TEA) ließ sich kein Calcium Anstieg induzieren, was auf erhebliche Störungen in diesem Bereich schließen läßt (Etcheberrigaray et al. 1993). Da auch an zirkulierenden Lymphozyten der durch das Mitogen PHA induzierte Calcium Anstieg nach Blockade der K^+-Kanäle deutlich reduziert wird (Cahalan et al. 1988), haben wir untersucht, ob sich der an Fibroblastenkulturen beobachtete Defekt der K^+-Kanäle auch an zirkulierenden Zellen beobachten läßt.

Material und Methoden

Die Untersuchungen der $[Ca^{2+}]_i$ und ihre Beeinflussung durch Hemmung der K^+-Kanäle wurde an 20 Patienten mit der Diagnose „wahrscheinlich" AD (nach NINCDS-ADRDA und DSM-III Kriterien) und 23 gesunden Kontrollpersonen untersucht. Das Alter der AD Patienten lag zwischen 39 bis 83 Jahren (MW ± S_D 63 ± 13; 9 Frauen, 11 Männer), das der Kontrollen zwischen 37 bis 89 Jahren (MW ± S_D 58 ± 11; 9 Frauen, 14 Männer). Die Schwere der Erkrankung wurde mit der Mini Mental State Examination (MMS) erfaßt und lag zwischen 7 und 26 Punkten (MW ± S_D 19,3 ± 5,8).
Die Bestimmung der $[Ca^{2+}]_i$ in Lymphozyten wurde nach etablierten Methoden durchgeführt (Bondy et al. 1994, 1995). Dazu wurden die Lymphozyten nach der Trennung mit dem Fluoreszenz-Indikator Fura-2AM (3 µmol/l) 40 Minuten bei 37°C inkubiert. Nach zwei Waschgängen zur Entfernung des restlichen freien Fura-2AM wurde die basale und PHA-stimulierte (25 µg/ml) $[Ca^{2+}]_i$ in einem Perkin Elmer LS-50 Fluoreszenz-Spektrophotometer gemessen. Zur Untersuchung des Einflusses einer Blockade der K^+-Kanäle auf die $[Ca^{2+}]_i$ wurden die Zellen 2 Minuten mit dem K^+-Kanalblocker TEA (100 mmol/l) vorinkubiert und anschließend die basale und PHA-stimulierte $[Ca^{2+}]_i$ gemessen.

Ergebnisse

Sowohl die basalen als auch die stimulierten $[Ca^{2+}]_i$ Werte waren bei den Patienten mit AD im Vergleich zu gesunden Kontrollpersonen geringfügig, aber signifikant erhöht (Tabelle 1). Im Gegensatz dazu war die absolute Höhe (= Delta) des durch das Mitogen PHA (25 µg/ml) induzierten Signals bei beiden Gruppen etwa identisch. Die Vorinkubation der Zellen mit dem K^+-Kanal-Blocker TEA (100 mmol/l) führte bei beiden Gruppen nicht zur Veränderung der basalen $[Ca^{2+}]_i$. Das nach Stimulation mit PHA erzielte Calcium-Signal war jedoch bei gesunden Kontrollen deutlich verringert (im Mittel 44 ± 8%), bei Lymphozyten von AD Patienten war die Hemmung weniger deutlich ausgeprägt bis kaum vorhanden (im Mittel 23,9 ± 9%).
Abbildung 1 zeigt die individuellen Daten der prozentualen Hemmung des PHA-induzierten Calcium-Signals. Nur bei wenigen Individuen kam es zur Überlappung zwischen Patienten und Kontrollpersonen: insgesamt reagierten nur drei der AD Patienten auf TEA mit einer mehr als 30 prozentigen Hemmung des Signals und nur eine der 23 Kontrollpersonen zeigte eine Hemmung die deutlich unter 30 Prozent lag.

Diskussion

In Übereinstimmung mit anderen Untersuchungen (Gibson and Toral Barza 1992, Eckert et al. 1993) zeigte unsere Studie, daß das PHA-induzierte Calcium-Signal in Lymphozyten von AD Patienten sich nicht von dem gesunder Kontrollen unterscheidet, auch wenn die basale $[Ca^{2+}]_i$ in dieser Studie leicht erhöht war. Eindeutig war jedoch die verminderte Reaktion der AD Lymphozyten auf die Vorbehandlung mit TEA, da die mehr als vier-

Tabelle 1. Basale und stimulierte $[Ca^{2+}]_i$ (nmol/l) in Lymphozyten von AD Patienten und gesunden Kontrollen. Blockade der K^+-Kanäle mit 100 mmol/l TEA

	ohne K^+-Kanal Blockade			mit K^+-Kanal Blockade		
	basal	stimuliert	Delta	basal	stimuliert	Delta
AD (n = 20)	59,9 ± 12	161,8 ± 3	102,6 ± 3	58,2 ± 14	135,7 ± 3	79,7 ± 27
Kontrollen (n = 23)	42,9 ± 15 p < 0.01	136,7 241 3 p = 0.02	94,3 ± 2 n. s.	41,3 ± 9 p >0.01	93,7 ± 23 **p < 0.001**	52,3 ± 16 **p < 0.001**

zig prozentige Hemmung, der Lymphozyten gesunder Kontrollen hier nicht erreicht werden konnte.

Ein „Alterseffekt" scheint für die verminderte Ansprechbarkeit der K^+-Kanäle nicht verantwortlich zu sein, da bei gesunden Kontrollen die prozentuale Hemmung und das Alter keine Beziehung zeigten (r = 0,02). Darüberhinaus waren beide untersuchten Gruppen in einem ähnlichen Altersbereich.

Eine weitere Beobachtung unserer Studie war, daß bei den Lymphozyten der AD Patienten die Kinetik der intrazellulären Calcium-Freisetzung und des sekundären Einstromes verändert waren, mit einer deutlichen Verzögerung des maximalen Effektes. Das könnte ein Hinweis darauf sein, daß die funktionelle Plastizität der Zellen deutlich reduziert ist, ohne zu einer eindeutigen Veränderung im maximalen Effekt zu führen.

Die Ergebnisse unserer Studie weisen darauf hin, daß die bereits bei Fibroblasten beobachtete verminderte Ansprechbarkeit oder Verfügbarkeit von K^+-Kanälen (Etcheberrigaray et al. 1993) auch an zirkulierenden Lymphozyten nachzuweisen ist. Die relativ klare Trennung zwischen AD Patienten und gesunden Kontrollpersonen könnte ein Hinweis darauf sein, daß es sich abgesehen von der erwünschten Aufklärung zugrunde liegender pathophysiologischer Mechanismen eventuell um einen Befund mit Markerqualitäten handelt. Gerade in diesem Hinblick sind weitere Untersuchun-

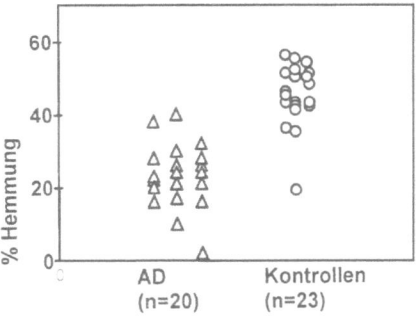

Abb. 1. Hemmung des PHA induzierten Calcium-Signals in Lymphozyten von AD Patienten und gesunden Kontrollen (in % des Ausgangswertes)

gen mit anderen neurodegenerativen oder psychiatrischen Erkrankungen dringend erforderlich.

Literatur

Adunsky A, Baram D, Hershkowitz M, Mekori Y A (1991) Increased cytosolic free calcium in lymphocyte of Alzheimer patients. Neuroimmunol 33: 167–172

Bondy B, Klages U, Müller-Spahn F, Hock C (1994) Cytosolic free in mononuclear blood cells from demeted patients and healthy controls. Eur Arch Psychiatry Clin Neurosci 243: 224–228

Bondy B, Hosmann M, Müller-Spahn F, Witzlo M, Hock C (1995) Reduced β-amyloid response in lymphocytes of patients with Alzheimer's disease. Pharmacopsychiatry 28: 143–146

Cahalan M D, Chandy K K, DeCoursey T E, Gupta S, Lewis R S, Sutro J B (1988) Ion channels in T-lymphocytes. In: Gupta S, Paul W E (eds) Mechanisms of lymphocyte activation and immune regulation. Plenum Press, New York London, pp 85–101

Eckert A, Forstl H, Hartmann H, Muller W E (1993b) Decreased beta-amyloid sensitivity in Alzheimer's disease [letter]. Lancet 342: 805–806

Etcheberrigaray R, Ito E, Oka K, Tofel Grehl B, Gibson G E, Alkon D L (1993) Potassium channel dysfunction in fibroblasts identifies patients with Alzheimer disease. Proc Natl Acad Sci USA 90: 8209–8213

Gibson G E, Toral-Barza L (1992) Cytosolic free calcium in lymphocytes from young aged and Alzheimer subjects. Mech Ageing 63: 1–9

Khachaturian Z S (1994) Calcium hypothesis of Alzheimer's disease and brain aging. Ann Acad Sci 747: 1–11

Mattson M P (1994) Calcium and neuronal injury in Alzheimer's disease. Contributions of beta-amyloid precursor protein mismetabolism, free radicals, and metabolic compromise. Ann Acad Sci 747: 50–76

Peterson C (1992) Changes in calcium's role as a messenger during Aging in neuronal and nonneuronal cells. Ann NY Acad Sci 663: 279–293

Korrespondenz: Dr. B. Bondy, Psychiatrische Universitätsklinik, Nußbaumstraße 7, D-80336 München, Bundesrepublik Deutschland

Bedeutung des Calciumantagonismus in der Therapie der Epilepsien und affektiver Störungen

J. Walden, D. van Calker, J. von Wegerer und **H. Grunze**

Psychiatrische Universitätsklinik, Freiburg, Bundesrepublik Deutschland

Umfangreiche Untersuchungen der letzten Jahre haben gezeigt, daß an der Generierung epileptischer Aktivität ein pathologischer exzessiver Calciumionenstrom entscheidend beteiligt ist (vgl. Speckmann et al. 1986). Dieser Calciumionenstrom ist durch Substanzen, die Calciumkanäle blockieren können, zu unterdrücken, so daß in der Folge auch epileptische Aktivität durch diese Calciumkanalblocker vermindert werden kann (cf. Walden et al. 1992). Darüberhinaus konnte gezeigt werden, daß das Antiepileptikum Carbamazepin ebenfalls calciumantagonistische Eigenschaften aufweist (Walden et al. 1992, 1993). Diese Substanz wird in der Psychiatrie seit vielen Jahren zur Behandlung des manischen Syndroms und zur Prophylaxe affektiver Störungen eingesetzt. An der Wirkung dieser Substanz bei den genannten psychischen Erkrankungen kann der calciumantagonistische Effekt von großer Bedeutung sein, da in der Pathophysiologie affektiver Psychosen eine gestörte intrazelluläre Calciumionenhomöostase diskutiert wird (vgl. Dubovsky 1993). Dementsprechend ergibt sich die Frage, ob reine Calciumantagonisten auch in der Behandlung affektiver Störungen eingesetzt werden können.

Seit Beginn der 80er Jahre sind sowohl in einigen Einzelfallbeschreibungen als auch in nichtkontrollierten und kontrollierten Studien die günstigen Effekte vor allem des Calciumantagonisten Verapamil bei Patienten mit einem manischen Syndrom beschrieben worden. Ein Nachteil dieser Untersuchungen besteht darin, daß Verapamil die Blut-Hirn-Schranke nur zu einem geringen Teil durchdringen kann (vgl. Speckmann et al. 1986), so daß genügende Substanzspiegel im Hirngewebe möglicherweise nicht erreicht werden. Dementsprechend kann der Einsatz des Dihydropyridin-Calciumantagonisten Nimodipin, der spezifisch die L-Typ-Calciumkanäle blockiert und die Blut-Hirnschranke penetriert, nützlich sein. Eine neuere

Untersuchung von Post et al. (1993) beschreibt die positive Wirkung des Calciumantagonisten Nimodipin bei Patienten mit einem sog. ultra-rapid-cycling-Phänomen, bei denen sich innerhalb ganz kurzer Zeit (24 Stunden) manische und depressive Phasen abwechseln. Dieser Calciumantagonist wurde auch in einer offenen Studie an 6 Patienten mit einem manischem Syndrom erfolgreich eingesetzt (Brunet et al. 1990)

In die vorliegende nicht-blinde Einzelfallbeschreibung wurden 10 Patienten mit den Diagnosen einer depressiven Episode (ICD 10: F32) oder einer rezidivierenden depressiven Störung (ICD 10: F33) eingeschlossen. Die Patienten befanden sich in ambulanter psychiatrischer Behandlung. Von den 10 Patienten hatten 2 eine mittelgradige depressive Episode und 3 eine schwere depressive Episode ohne psychotische Symptome. 4 Patienten litten im Rahmen einer rezidivierenden depressiven Störung gegenwärtig unter einer mittelgradigen Episode ohne somatische Symptome und einer mit somatischen Symptomen. Als Einschlußkriterium mußten die Patienten auf der Hamilton Depressionsskala (HAMD 17 item-Skala) einen Punktwert von mindestens 18 aufweisen. Die Patienten waren alle über 18 Jahre alt und wurden über Wesen, Tragweite und Bedeutung der Behandlung aufgeklärt.

Die Patienten erhielten individuelle Dosierungen von 180 bis 360 mg/Tag Nimodipin, wobei teilweise eine Dosistitration stattfand. Die Dauer der Behandlung betrug individuell zwischen 18 und 36 Tagen mit einer mittleren Behandlungsdauer von 31,4 Tagen. In die vorliegende Einzelfallstudie wurden Patienten mit mittelgradigen und schweren depressiven Episoden (ICD 10: F32. 1 und F32.2) sowie mit gegenwärtig mittelgradigen Episoden einer rezidivierenden depressiven Störung (ICD 10: F33. 1) einbezogen. Patienten mit der Diagnose einer schweren depressiven Episode (ICD 10: F32.2.) erfüllen die Kriterien einer „major depression". Patienten mit den Diagnosen einer gegenwärtig schweren Episode einer rezidivierenden depressiven Störung (ICD 10: F32.2 und F32.3.) konnten in die vorliegende Studie nicht aufgenommen werden, da diese Patienten dann eher stationär hätten betreut werden müssen.

Eine Übersicht über alle HAMD-Werte der Patienten vor der und am Ende der Nimodipin-Behandlung ist in Abb. 1 dargestellt. Wie daraus hervorgeht, lag der HAMD Score über alle Patienten vor der Nimodipin Behandlung bei 26,5 ± 3,89 und nach der Behandlung bei 9,9 ± 6,72. Insgesamt konnte bei 9 der 10 mit Nimodipin behandelten Patienten eine deutliche und klinisch sichtbare Besserung der depressiven Symptomatik beobachtet werden.

Die vorliegende Einzelfallbeschreibung hat gezeigt, daß 9 von 10 Patienten mit einem depressiven Syndrom von einer Behandlung mit dem organischen Calciumantagonisten Nimodipin profitierten. Bei dieser Therapiestudie handelt es sich nicht um eine kontrollierte Studie, so daß keine Kontrollgruppe vorhanden ist und Placebo-Kontrollen fehlen. Dementsprechend geben diese Untersuchungen zur Initiierung von kontrollierten Studien Anlaß. In kontrollierten Studien müßte insbesondere auch die Abhängigkeit von der Dosis, der Behandlungsdauer und eine Korrelation mit

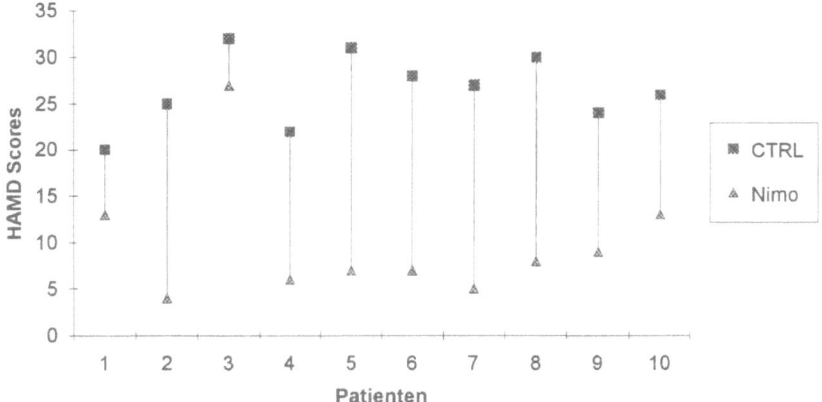

Abb. 1. Veränderung der Werte auf der Hamilton-Depressionsskala (HAMD-Scores) bei 10 depressiven Patienten vor (CTRL) und nach individueller Behandlung mit dem Calciumantagonisten Nimodipin (NIMO)

dem Plasmaspiegel eruiert werden. Außerdem sollten auch Patienten mit schweren Episoden einer rezidivierenden depressiven Störung Berücksichtigung finden. Die Bedeutung einer gestörten intrazellulären Calciumhomöstase stammt aus Untersuchungen von peripheren Zellen. Veränderungen des intrazellulären Calciums wurden in Blutplättchen und Lymphozyten von Patienten mit affektiven Störungen gemessen (cf. Eckert et al. und von Calker et al. in diesem Band, van Calker et al. 1993). Dementsprechend könnte durch den Einsatz von Calciumantagonisten das pathologisch erhöhte intrazelluläre Calcium wieder gesenkt werden.

Insgesamt kann die Hypothese generiert werden, daß bei einem manischen Syndrom der intrazelluläre Calciumionengehalt leicht und zumindest bei einer Untergruppe von depressiven Patienten der intrazelluläre Calciumionengehalt stark erhöht ist. Die Anwendung von Calciumantagonisten könnte den Calciumionenspiegel entweder sofort auf den Normalwert oder aber zunächst auf leicht erhöhte Werte senken, die ein manisches Syndrom auslösen würden. Dies wäre mit der klinischen Erfahrung vereinbar, daß in der Behandlung der Depressionen hypomane Nachschwankungen auftreten können. In diesem Zusammenhang ist von Bedeutung, daß umfangreiche Untersuchungen darauf hinweisen, daß eine Gabe des hemmenden Transmitters GABA positive Wirkungen bei Depressionen aufweisen (Lloyd et al. 1989). Dies wurde mit einer verminderten GABA-Effektivität bei Depressionen in Zusammenhang gebracht. Da jedoch GABA selbst calciumantagonistische Wirkungen besitzt (cf. Deisz und Lux 1985, Straub et al. 1990) könnte auch hier eine gemeinsame Wirkendstrecke der Calciumantagonismus sein.

Literatur

Brunet G, Cerlich B, Robert P, Dumas S, Souetr E, Darcourt G (1990) Open trial of a calcium antagonist, nimodipine, in acute mania. Clin Neuropharmacol 13: 224–228

Deisz RA, Lux HD (1985) Gamma-aminobutyric acid induced depression of calcium cur-
    rents in chick sensory neurons. Neurosci Lett 56: 205–210
Dubovsky SL (1993) Calcium antagonists in manic depressive illness. Neuropsychobiol
    27: 184–192
Lloyd KG, Zivkovic B, Scatton B, Morselli PL, Bartholini G (1989) The GABAergic hypo-
    thesis of depression. Prog Neuropsychopharmacol Biol Psychiatry 13: 341–351
Post RM, Ketter TA, Pazzaglia PJ, George MS, Marangell L, Denicoff K (1933) New deve-
    lopments in the unse of anticonvulsants as mood stabilizers. Neuropsychobiol 27:
    131–137
Speckmann E-J, Schulze H, Walden J (eds) Epilepsy and calcium. Urban and Schwarzen-
    berg, München
Straub H, Speckmann E-J, Bingmann D, Walden J (1990) Paroxysmal depolarization
    shifts induced by bicuculline in CA3 neurons of hippocampal slices: suppression by th
    organic calcium antagonist verapamil. Neurosci Lett 111: 99–101
van Calker D, Förstner U, Bohus M, Gebicke-Härter P, Hecht H, Wark HJ, Berger M
    (1993) Increased sensitivity to agonist stimulation of the Ca^{2+} response in neutrophils
    of manic depressive patients: effect of lithium therapy. Neuropsychobiol 27: 180–183
Walden J, Grunze H, Bingmann D, Liu Z, Düsing R (1992) Calciumantagonistic effects of
    carbamazepine as a mechanism of action in neuropsychiatric disorders: studies in cal-
    cium dependent model epilepsies. Eur Neuropsychopharmacol 2: 455–462
Walden J, Grunze H, Mayer A, Düsing R, Schirrmacher K, Liu Z, Bingmann D (1993) Cal-
    ciumantagonistic effects of carbamazepine in epilepsies and affective psychoses. Neu-
    ropsychobiol 27: 171–175

Korrespondenz: Prof. Dr. Dr. J. Walden, Psychiatrische Universitätsklinik, Hauptstraße 5,
    D-79104 Freiburg, Bundesrepublik Deutschland

Physiologische Grundlagen und klinische Wirksamkeit hypnosuggestiver Therapieverfahren

F. Stetter

Psychiatrische Universitätsklinik, Tübingen, Bundesrepublik Deutschland

Die Begründer des autogenen Trainings (Schultz 1932) und der gestuften Aktivhypnose (Kretschmer 1959) legten bei der Entwicklung ihrer psychotherapeutischen Verfahren Wert auf eine empirische Fundierung. Beide Verfahren leiten sich von der klassischen Hypnose ab, stellen jedoch Autosuggestionen und die Eigenaktivität der Patienten in den Vordergrund. Beim autogenen Training konzentrieren sich die Übenden passiv auf die autonom einsetzenden mit Entspannung einhergehenden physiologischen Vorgänge, ohne ein bestimmtes Ziel erreichen zu wollen. Die ersten beiden Grundübungen des autogenen Trainings beinhalten die Wahrnehmung von Schwere und Wärme in den Armen und im Verlauf des Trainings auch in den Beinen. Das physiologische Korrelat der Schwere ist die Hypotonie der Extremitätenmuskulatur, das Korrelat der Wärme der durch Umverteilung der Blufflusses, Öffnung von AV-Anastomosen und Dilatation der peripheren Gefäße bedingte Anstieg der Hautdurchblutung und damit der Hauttemperatur. In eigenen Untersuchungen gelang es zunächst bei Gesunden (Mann und Stetter 1982) und später in einer kontrollierten Untersuchung bei stationär behandelten „vegetativ dystonen" Patienten (Stetter 1985) nachzuweisen, daß die während einer 5-minütigen Übung im autogenen Training meßbaren Anstiege der Wärmestrahlung der Haut des Mittelfingers signifikant über den Temperaturanstiegen lagen, die von in Entspannungsverfahren ungeübten Patienten erreicht wurden, die als Kontrollen während ruhigem Sitzen untersucht wurden. Zudem konnten circadiane Schwankungen dieser physiologischen Veränderungen gezeigt werden, aus denen Hinweise für die Übungspraxis abgeleitet wurden. Durch die Einengung der Aufmerksamkeit auf diese mit Entspannung grundsätzlich einhergehenden Empfindungen findet eine Abwendung von Außenreizen statt und die Vigilanz wird herabgesetzt. Dadurch verstärkt sich einerseits peripher die Hypotonie der Muskulatur und die Durchblutung der Haut, zentral tritt andererseits eine zunehmende Dämpfung ein, die als Ruheerlebnis imponiert. Durch regelmäßige Übung wird ein Rückkopplungsmechanismus in Gang gebracht, der schließlich zu immer rascher einsetzenden im ganzen Körper generalisierten Empfindungen von Schwere, Wärme und Ruhe führt.

Kretschmer wollte den hypnotischen Prozeß in nachvollziehbare, physiologisch begründete Einzelschritte auflösen und von vorneherein die Autonomie und Mitwirkebereitschaft der Patienten bei der Psychotherapie fördern. Er ging davon aus, daß mit der Schwere- und Wärmeübung und der einsetzenden Ruhetönung, eventuell unter Hinzunahme der passiven Konzentration auf die regelmäßig und rhythmisch laufende Atmung, bereits eine psychovegetative Umschaltung, ein leichter hypnoider Zustand, einsetzt, der dann, ohne die längere Übungszeiten beanspruchenden Organübungen des autogenen Trainings einzuführen, vertieft und mittels spezifischer konfliktfokussierter Suggestionen („wandspruchartige Leitsätze") therapeutisch genutzt werden kann. Diese Überlegungen führten zur Entwicklung der gestuften Aktivhypnose und zur „zweigleisigen Psychotherapie" (Kretschmer 1959), einem ressourcenorientierten Kurzpsychotherapieverfahren (Stetter 1994).

Die physiologischen Abläufe bei der Wärmeübung des autogenen Trainings oder der gestuften Aktivhypnose können als einer der biologisch fundierten Wirkmechanismen dieser psychotherapeutischen Verfahren angesehen werden. Es ist lohnend, diesen biologischen Wirkmechanismus mit dem Konzept von Bartl (1983) in Verbindung zu bringen, der „Wärme, Rhythmus und Konstanz" als „Urmatrix" der psychotherapeutischen Begegnung beschrieb. Nach Sedlak (1990) ist in diesem Konzept mit Wärme die präsente Zuwendung primärer Bezugspersonen bzw. der primären Umwelt zum Kind gemeint, wobei diese Zuwendung weder „kalt-distanziert noch bedrängend-heiß" sein sollte, um in der weiteren Entwicklung dem Kind die Zuwendung zum Du zu ermöglichen. Patienten, die diese basale Beziehungserfahrung nicht machen konnten, weisen später Probleme in personalen Beziehungen auf und neigen zu narzißtisch geprägten Interaktionsmustern. Hier setzt der psychotherapeutische Prozeß ein, wobei vielfach ein Bewußtmachen dieser grundlegenden Störungen zunächst nicht möglich ist oder zu keiner Lösung führt.

Beziehungen des so verwendeten Begriffs der Wärme können zu Grunddimensionen anderer psychotherapeutischer Verfahren hergestellt werden, denkt man z. B. an den Begriff der Wärme und Wertschätzung in den humanistischen Therapien oder der sozialen Verstärkung in der Verhaltenstherapie (Sedlak 1990). Durch die Fokussierung der Aufmerksamkeit auf die physiologisch bedingte Wärmeempfindung in den Extremitäten tritt nicht nur der oben beschriebene neurophysiologisch nachvollziehbare Rückkopplungsmechanismus mit weiterer Verstärkung und Generalisierung der Empfindungen auf, es wird vielmehr auch die primäre Beziehungserfahrung belebt (Roßmanith 1990). Dies geschieht zunächst im konkreten Erleben des Übenden auf einer vorsprachlichen Ebene. Bei mangelnden Grunderfahrungen von emotionaler Wärme bietet schon das regelmäßige Durchführen der Grundübungen des autogenen Trainings die Möglichkeit zum „emotionalen Auftanken" und zum Einüben in Urvertrauen (Roßmanith 1990). Durch den kommunikativen Prozeß bei den Besprechungen des Erlebten in den therapeutischen Sitzungen wird das Erlebte darüberhinaus nach und nach sprachlicher Kommunikation und einer Bearbeitung zugänglich.

Auch andere Aspekte der Grundübungen des autogenen Trainings oder der gestuften Aktivhypnose, die ihren Ausgangspunkt und ihre Begründung in biologischen Abläufen haben, die übend wahrgenommen werden und sich autonom verändern, können mit diesem Konzept in Verbindung gebracht werden. Hingewiesen sei auf die Verminderung der Vigilanz, die abgesenkte Bewußtseinslage, die bei beiden Verfahren auftritt und mit Veränderungen der Informationsverarbeitung, mit Prozessen der selektiven Aufmerksamkeit in Zusammenhang zu bringen ist (Stetter 1991, 1994). Bei beiden Verfahren tritt unter Ausschaltung von Störreizen eine ausgeprägte Aufmerksamkeitszuwendung zu relevanten Reizen auf, vor allen Dingen zu kognitiven, intrinsischen Aspekten der Reizverarbeitung (Heimann 1989). Empirische Hinweise für die Gültigkeit dieser Annahme konnten u. a. anhand von CNV-Untersuchungen gewonnen werden (Ikemi et al. 1988, „relaxed alertness"). Hierin könnte der Ansatz eines Erklärungsmodells für die während der Übungen sich verstärkende Ruhetönung und die Wirksamkeit „persönlicher Leitsätze" gesehen werden. In den Begriffen der Tiefenpsychologie kann der angenehme Entspannungszustand mit abgesenkter Bewußtseinslage als „Regression im Dienste des Ichs" bezeichnet werden, wobei der Patient die Tiefe der Regression selbst bestimmen lernt (Roßmanith 1990). Auch der Aspekt des Rhythmus spielt bei den Übungen eine Rolle, z. B. bei der passiven Konzentration auf die regelmäßig laufende Atmung oder den Herzschlag. Aber auch in dem Wechsel zwischen erlebter Entspannung während der Übung und nachfolgender Dynamisierung kann Rhythmus erlebt werden.

Die Wirksamkeit psychotherapeutischer Interventionen mit diesen hypnosuggestiven Verfahren, insbesondere dem autogenen Training, konnte bei zahlreichen Krankheitsbildern in kontrollierten klinischen Studien gezeigt werden (Stetter und Mann 1992), kürzlich z. B. wieder bei Neurodermitis-, Hypertonie- und Angstpatienten [Stetter 1996, vgl. auch Wirksamkeitsanalyse von Holle 1992 (Hypertonie)]. Eine besondere Bedeutung liegt in der breiten Anwendbarkeit der Psychotherapie mit autogenem Training. Durch dieses „niederschwellige" Angebot kann vielen Patienten der Zugang zu weiterführender Psychotherapie – sofern diese erforderlich ist – erleichtert werden.

Literatur

Bartl G (1983) Der Umgang mit der Grundstörung in der Allgemeinpraxis. Ärztl Prax Psychother 3: 3–18

Heimann H (1989) Ernst Kretschmer und die Psychophysiologie der Hypnose. Fundam Psychiatr 3: 65–68

Holle R (1992) Gutachten zum Stand des Nachweises der Wirksamkeit von autogenem Training bei essentieller Hypertonie. In: Bühring M, Kemper FH (Hrsg) Naturheilverfahren und unkonventionelle medizinische Richtungen. Springer, Berlin Heidelberg New York Tokyo, S 1–4

Ikemi A (1988) Psychophysiological effects of self-regulation method: EEG frequency analysis and contingent negative variations. Psychother Psychosom 49: 230–239

Kretschmer E (1959) Gestufte Aktivhypnose. Zweigleisige Standardmethode. In: Frankl VE, von Gebsattel VE, Schulz IH (Hrsg) Handbuch der Neurosenlehre und Psychotherapie, Bd 4. Urban und Schwarzenberg, München Berlin, S 130–141

Mann K, Stetter F (1982) Thermographische Befunde beim autogenen Training in Abhängigkeit von der Tagesperiodik. Therapiewoche 32: 2232–2238

Roßmanith S (1990) Die tiefenpsychologische Konzeption des Autogenen Trainings in Vermittlung und Ausbildung. In: Gerber G, Sedlak F (Hrsg) Autogenes Training – mehr als Entspannung. Ernst Reinhard, München, S 84–99

Schultz IH (1987) Das autogene Training, 18. Aufl. Thieme, Stuttgart

Sedlak F (1990) Wärme, Rhythmus und Konstanz. Das Konzept von Günther Bartl als Urmatrix therapeutischer Begegnung. In: Gerber G, Sedlak F (Hrsg) Autogenes Training – mehr als Entspannung. Ernst Reinhard, München, S 144–165

Stetter F (1985) Chronobiologische Aspekte beim Autogenen Training. Thermometrische Befunde beim autogenen Training in Abhängigkeit von der Tagesperiodik bei vegetativ dystonen Patienten. Z Psychosom Med 31: 172–186

Stetter F (1991) Die Bedeutung der Hypnosuggestiv-Verfahren in der Psychiatrie – ein empirisch fundierter, pragmatischer Behandlungsansatz. In: Schneider F, Bartels M, Foerster K, Gaertner H-J (Hrsg) Perspektiven der Psychiatrie: Forschung, Diagnostik – Therapie. Fischer, Stuttgart New York, S153–159

Stetter F (1994) Gestufte Aktivhypnose, autogenes Training und zweigleisige Psychotherapie. Historische Sicht und aktuelle Bedeutung der Therapieansätze von Ernst Kretschmer. Fundam Psychiatr 8: 14–20

Stetter F (1996) Autogenes Training. Münch Med Wochenschr 138: 42–45

Stetter F, Mann K (1992) Das autogene Training. Empirisch begründetes psychotherapeutisches Verfahren in der Primärversorgung. Dtsch Ärztebl 39: 1427–1428

Stetter F, Walter G, Zimmermann A, Zähres S, Straube ER (1994) Ambulante Kurztherapie von Angstpatienten mit autogenem Training und Hypnose. Behandlungsergebnisse und 3-Monats-Katamnese. Psychother Psychosom Med Psychol 44: 226–234

Korrespondenz: Dr. med. F. Stetter, Oberberg-Klinik, Brede 29, D-32699 Entertal-Laßbruch, Bundesrepublik Deutschland

Positronenemissionstomographische Befunde der Psychotherapie von Angststörungen, Zwangsstörungen und Depressionen

C. Wurthmann

Psychiatrische Universitätsklinik, Magdeburg, Bundesrepublik Deutschland

Die Erforschung der biologischen Grundlagen von Angst- und Zwangsstörungen sowie von Depressionen hat in den letzten Jahren deutlich an
Bedeutung gewonnen. Wichtige Ergebnisse konnten vor allem durch PET-,
SPECT-, MRT- und CT-Studien gewonnen werden. Der Einfluß, den Psychotherapie auf funktionelle Systeme innerhalb des Gehirns hat, ist bisher
kaum Gegenstand intensiver Forschung gewesen. Eine Literaturrecherche
brachte nur eine Arbeit hervor, in der positronenemissionstomographische
Befunde in der Psychotherapie bei Zwangsstörungen erhoben wurden. Die
von Baxter et al. (1992) durchgeführte Studie erfolgte vor dem theoretischen Hintergrund, daß Zwangsstörungen durch eine Diskonnektion des
präfrontalen Kortex, Basalganglien und Thalamus verbindenden Schlei-
fensystems verursacht werden. Nach Baxter et al. (1992) kommt vor allem
dem Caudatum-Kopf eine zentrale Bedeutung in der Entstehung von
Zwangssymptomen zu. Die Autoren vermuten ferner, daß Pharmakotherapie und Verhaltenstherapie mit Veränderungen in dieser Hirnstruktur einhergehen. Im Rahmen ihrer Studie wurden daher 9 Patienten mit Zwangsstörungen mit 60 bis 80 mg Fluoxetin und die gleiche Anzahl von Patienten
mit verhaltenstherapeutischen Techniken behandelt. Bei den Fluoxetin-
und bei den Verhaltenstherapie-Respondern konnte eine signifikante Abnahme des Glucosemetabolismus im Nucleus caudatus rechts ermittelt werden. Dagegen zeigten sich bei den Therapie-Nonrespondern keine signifikanten Unterschiede in diesen Hirnregionen. Zusätzlich wiesen die Fluo-
xetin-Responder eine Abnahme des Glucosemetabolismus im recht anterioren Teil des Gyrus cinguli und im linken Thalamus auf. In bezug auf die
Pharmakaeffekte stehen die Ergebnisse im Gegensatz zu früher publizierten Ergebnissen der Arbeitsgruppe. Eine Interpretation der vorgelegten
Ergebnisse ist aber vor allem deshalb schwierig, weil 7 Patienten zum Zeit-

punkt der PET-Untersuchung zusätzlich die diagnostischen Kriterien einer anderen psychischen Störung erfüllten (Zyklothymie, Panikstörung, soziale Phobie, Akrophobie, Gilles de la TouretteSyndrom). Aber bereits die Grundannahme der Studie, wonach dem Caudatum eine zentrale Bedeutung in der Entstehung von Zwangssymptomen zukommt, erscheint unter Würdigung aller neuroradiologischen Untersuchungen nicht ausreichend belegt. Zum einen sind die bisher vorliegenden neuroradiologischen Untersuchungen bei Zwangsstörungen schwer vergleichbar, weil unterschiedliche Ein- und Ausschlußkriterien und unterschiedliche Meßinstrumente verwandt wurden. Ferner erfolgten die Untersuchungen vor allem mit PET unter unterschiedlichen Bedingungen. An methodischen Mängeln sind zu erwähnen kleine Stichprobenumfänge, ungleiche Gruppengrößen, oft fehlende Kontrollgruppen, mangelnde Ausgewogenheit von Händigkeit und Geschlechtsverhältnis, keine angemessene Würdigung des Faktors Komorbidität und unterschiedliche Handhabung bei der Bewertung des Einflusses der Pharmakotherapie. Hieraus ergibt sich, daß die Basalgallientheorie der Zwangsstörungen weiterhin nicht ausreichend belegt ist. Offen bleibt auch, ob sich Psychotherapie-Effekte bei Zwangsstörungen mit Hilfe PET nachweisen lassen und welcher Art diese Effekte sind.

Literatur

Baxter LR, Schwartz JM, Bergmann KS, Szuba MP, Guze BH, Mazziotta JC, Alazraki A, Selin CE, Ferng HK, Munford P, Phelps ME (1992) Caudate glucose metabolic rate changes with both drug and behavior therapy for obsessivecompulsive disorder. Arch Gen Psychiatry 49: 681–689

Korrespondenz: Priv.-Doz. Dr. C. Wurthmann, Psychiatrische Universitätsklinik, Leipziger Straße 44, D-39120 Magdeburg, Bundesrepublik Deutschland

Wirkungen von Psychotherapie auf psychophysiologische Parameter – Aktueller Stand der empirischen Forschung

B. Weber, T. Dierks und **J. Fritze**

Zentrum der Psychiatrie, Klinikum der Universität, Frankfurt/M,
Bundesrepublik Deutschland

Einleitung

Physiologische Parameter erscheinen grundsätzlich geeignet, Wirkungen einer Psychotherapie auf den Organismus widerzuspiegeln, weil sie von ihrer Ablaufgeschwindigkeit her in der Lage sind, den sich rasch verändernden psychischen Gegebenheiten zu „folgen", und methodisch eine entsprechende zeitliche Auflösung erlauben. An dieser Stelle wird bereits deutlich, daß entgegen den gewöhnlichen Zielsetzungen biologisch-psychiatrischer Forschung bei der hier behandelten Fragestellung „State-Parameter" in den Vordergrund der Betrachtung rücken müssen. Denn wenn man die Möglichkeit eines Erfolgs von Psychotherapie in Erwägung zieht, unterstellt man, der menschliche Organismus als psycho-physische Einheit könne durch eine bloße Modifizierung seiner kontinuierlichen Veränderungsprozesse (also der Grundlage biologischer „State-Parameter") zu einer „Heilung" kommen. In diesem Zusammenhang ist interessant, daß offenbar nicht nur kognitive, sondern auch leibnähere komplexere und weniger leicht faßbare emotionale Abläufe in physiologischen Parametern der ZNS-Funktion ein Korrelat finden [1, 2].

Allgemeiner Überblick

In den bisher durchgeführten Studien zur Frage der Wirkung von Psychotherapie auf psychophysiologische Parameter wurden verschiedene Therapieformen (Hypnose, Autogenes Training (AT), Selbstregulations-Methode (SRM), Biofeedback von EEG und EMG, Kognitive Verhaltenstherapie (CBT), Interpersonale Therapie (IPT), vereinzelt auch tiefenpsychologisch orientierte Verfahren und Meditation) bei wechselnden Personengruppen (gesunde Versuchspersonen, Delinquenten, psychosomatische

Patienten, Patienten mit Schlafstörungen, Depressionen oder schizophrenen Psychosen Suchtkranke oder Angstkranke) mittels intraindividueller
Vergleiche oder Kontrollgruppen untersucht.

Bei den Psychotherapiemethoden, die explizit eine Veränderung physiologischer Parameter anstreben (z. B. Autogenes Training oder Biofeed-
back-Techniken), sind ausgesprochene Zielparameter ein Absenken von
Herzfrequenz und Blutdruck, eine Erhöhung von Hauttemperatur und
Hautwiderstand, teilweise auch eine Verminderung der Orientierungsreaktion, der EMG- und der EEG-Grundaktivität sowie eine EEG-Rechtslaterali-
sierung und Steigerung der Schlaf-EEG-Effizienz. Von besonderer klinischer Bedeutung ist der Einsatz solcher Verfahren bei Erkrankungen, die
mit pathologischen Veränderungen physiologischer Abläufe einhergehen
oder auf ihnen beruhen. Es liegen beispielsweise Untersuchungen zur Behandlung des Raynaud-Syndroms durch Autogenes Training und Tempe-
ratur-Biofeedback vor, wobei das AT im Gegensatz zum Feedback nicht zu
einer Zunahme der lokalen Durchblutung führte [3].

Ansonsten waren die klinischen und wissenschaftlichen Fragestellungen der vorliegenden Studien sehr unterschiedlich. Neben der direkten Erfassung von Auswirkungen einer Psychotherapie auf physiologische Parameter worauf im weiteren Text ausführlich eingegangen werden soll, ging
es um Therapeutenwirkungen [4] oder die Suche nach Prädiktoren für
Therapieerfolg, meist bei depressiven Störungen [5]. In mehreren Arbeiten wurden psychophysiologische Parameter benutzt, um den Erfolg einer
Therapie zu dokumentieren: Herz-Kreislauf-Parameter sind bei Angststörungen [6] oder Zwangserkrankungen [7] und Schlaf-EEG-Parameter
bei Depressionen [8] geeignet. Auch die Interaktion zwischen Therapeut
und Patient wurde mittels psychophysiologischer Parameter untersucht. So
ließen sich beispielsweise bei Herzneurotikern die Therapeuten-Einschät-
zungen zur Befindlichkeit der Patienten überprüfen [9] und Gruppenpro-
zesse einer tiefenpsychologischen Behandlung in physiologischen Parametern wie Puls- und Atemfrequenz widerspiegeln [10]. Von grundlegende-
rem wissenschaftlichem Interesse sind Ansätze, in den durch Psychotherapie modifizierten physiologischen Abläufen Gesetzmäßigkeiten eines „de-
terministischen Chaos" aufzuzeigen [11], oder die zahlreicheren Untersuchungen zur Frage der zerebralen Lateralität in Verbindung mit Psycho-
therapieeffekten.

Hypnose

Bei den experimentellen Studien von Gruzelier et al. [12] zur Wirkung der
Hypnose auf physiologische Parameter spielte die erwähnte Frage der
zerebralen Lateralität eine wichtige Rolle. Die Probanden wurden in für
Hypnose empfänglichere und unempfänglichere eingeteilt, so daß als Effekt der Hypnose diejenigen Veränderungen aufgefaßt werden konnten,
die nur bei ersteren auftraten. Sie zeigten unter Hypnose bei Messung der
elektrodermalen Reaktion auf akustische Reize eine Steigerung der fokalen Aufmerksamkeit (raschere Habituation), eine Verringerung des Arou-

sal (hier gemessen als erniedrigte Hautleitfähigkeit und geringere unspezifische Reaktionen) und einen Hemisphären-Shift mit Betonung der rechten Hirnhälfte. Bei einem haptischen Sortiertest mit Messung der Zeiten
für links- und rechtshändige Durchführung zeigten die empfänglicheren
Probanden unter Hypnose im Vergleich zum Wachzustand eine Verlängerung der „linkshemisphärischen" Arbeitszeit. Das „rechtshemisphärische"
Processing blieb hingegen gleich oder wurde sogar schneller; die gleichen
Probanden zeigten im Wachzustand ein schnelleres linkshemisphärisches
Processing als die Vergleichsgruppe. Bei Ableitung der Akustisch-evozier-
ten Potentiale (AEP) während der Durchführung einer verbalen Aufgabe
unter Hypnose zeigten die für Hypnose empfänglicheren Probanden eine
Aktivierung der rechten bzw. Dämpfung der linken Hemisphäre. – Gruzelier et al. konnten anhand dieser Befunde ein vierstufiges neuropsychologisches Modell der Hypnose-Induktion entwickeln.

Nach LaBriola et al. [13] ist unter der Annahme, daß für einen hypnotischen Zustand im Vergleich zum Wachzustand weniger logische Funktionen benötigt werden (da es sich um eine „holistische Verfassung" mit einer
„Trance-Logik" handele), unter Hypnose eine relative oder absolute Akti-
vitätszunahme über der rechten Hemisphäre zu erwarten. 22 Probanden
wurden auch von diesen Autoren in solche mit besserer und schlechterer
Eignung zur Hypnose unterteilt und führten kognitive Aufgaben im normalen und im hypnotisierten Zustand durch. Es zeigte sich eine positive
Korrelation zwischen guter Hypnotisierbarkeit und Aktivierung der rechten Hemisphäre. Saletu [14] untersuchte EEG-Veränderungen bei Hypno-
se- und Akupunktur-Behandlung von Schmerzen sowie bei Transzendentaler Meditation. Unter Hypnose sah er eine Zunahme langsamer und Abnahme schneller Wellen und unter Akupunktur eine umgekehrte Entwicklung.

Selbstregulations-Methode (SRM) und Meditation

Die Selbstregulations-Methode (self-regulation-method, SRM) wurde von
Ikemi als Assimilation von Autogenem Training und Zen-Meditation entwickelt und in bezug auf psychophysiologische Parameter untersucht [15].
Die Frequenzanalyse des EEG zeigte, daß unter SRM ein signifikanter und
nicht allein auf Vigilanzschwankungen zurückzuführender Anstieg des
Theta- und Abfall des Beta-Anteils zu verzeichnen war. Ebenso fand sich ein
signifikanter Abfall der Amplitude des Erwartungspotentials CNV (contingent negative variation). Es soll einem kortikalen Arousal entsprechen bzw.
der Antizipation eines angekündigten imperativen Stimulus. Die Fehlerzahl bei Durchführung der Untersuchung war reduziert und die Reaktionszeit unverändert, was als weiterer Hinweis auf eine normale Vigilanzla-
ge gewertet wurde. Bei einer anderen Studie wurde eine deutliche, inten-
dierte Erhöhung der Hauttemperatur an den Händen nachgewiesen [16].

In Transzendentaler Meditation geübte Versuchspersonen wiesen bei
der bereits erwähnten Untersuchung von Saletu im EEG einen Anstieg
schnellerer Theta-Wellen und eine Reduzierung der Amplitudenvariabi-

lität auf. Taneli et al. [17] beschrieben einen stadienförmigen Ablauf der EEG-Veränderungen während Transzendentaler Meditation: Nach einer frontalen Zunahme von Alpha-Aktivität traten rhythmische Theta-Wellen oder verstärkt Alpha-Wellen, die durch Augenöffnen nicht blockiert wurden, auf. Schließlich ging das EEG intermittierend in ein „desynchronisiertes Stadium" mit niedriggespannter unregelmäßiger Aktivität und gelegentlich eingestreuten gruppierten Beta-Wellen über.

Autogenes Training (AT)

Untersuchungen zur Veränderung der kortikalen Durchblutung mit 133-Xenon [18] ergaben als Langzeiteffekt ein Ausbleiben der Hyperfrontalität bei in AT geübten ruhenden Versuchspersonen, und bei Durchführung des Trainings in der Untersuchungssituation zeigte sich eine verstärkte Durchblutung im Bereich des Sulcus centralis (Repräsentation des Körperschemas), eine Abnahme der Durchblutung in Hirnregionen, die akustische Aufmerksamkeit und autonome Funktionen repräsentieren, und eine Zunahme der linkshemisphärischen Perfusion. Eine Untersuchung zu Auswirkungen des Autogenen Trainings auf das EEG ergab eine deutlichere Zunahme von Theta- und Abnahme von Alpha-Wellen als in einer Kontrollgruppe [19]. In einer eigenen kleinen Untersuchung [20] an gesunden Versuchspersonen zeigte sich nach der Durchführung des Autogenen Trainings im Vergleich zu vorher eine über der rechten Hemisphäre betonte Abnahme der Beta-Aktivität. Messungen der Hauttemperatur im Bereich der Stirn während des Autogenen Trainings ergaben eine Temperaturerhöhung [21]. Da der Temperaturanstieg im Bereich des Hinterkopfes jedoch deutlicher ausgeprägt war, ließ sich so dennoch das subjektive Erleben der Stirnkühle erklären. In einer weiteren Studie ließ sich im Gegensatz zu den bereits erwähnten negativen Befunden bei Raynaud-Patienten bei gesunden Versuchspersonen die Hauttemperatur durch die Wärmeübung des Autogenen Trainings steigern; ein zusätzliches Feedback-Training hatte keinen wesentlichen steigernden Effekt [22]. In einem Experiment von Sczesni et al. [23] veränderte das Autogene Training entgegen früheren Untersuchungen den Hautwiderstand und die Achillessehnen-Reflexzeit nicht. Narita et al. [24] versuchten, unterschiedliche Erlebens- und Lerntypen des Autogenen Trainings mittels psychophysiologischer Parameter darzustellen.

Biofeedback-Verfahren

Hinsichtlich unserer Fragestellung nehmen die Biofeedback-Verfahren eine Sonderstellung ein, da ihre Durchführung eine Vielzahl von Wechselwirkungszyklen zwischen psychischen Abläufen und physiologischen Parametern – vermittelt durch ihre Messung und Rückmeldung – beinhaltet. Einige der empirischen Untersuchungen befassen sich mit den Auswirkungen eines solchen funktionierenden Regelkreises auf andere Bereiche: Peniston et al. [25] behandelten Alkoholkranke mit einem EEG-Training (Steigerung von Alpha- und Theta-Aktivität sowie der Alpha-Amplituden);

die Patienten zeigten im Vergleich mit herkömmlich behandelten Alkoholikern niedrigere Beta-Endorphin-Spiegel sowie eine geringere Depressivität und Rückfallrate. Im Rahmen einer Untersuchung von Rockstroh et al. [26] lernten Probanden, mit Biofeedback Hemisphärendifferenzen in den langsamen kortikalen Potentialen (slow cortical potentials) zwischen C3 und C4 von mindestens 2 Mikrovolt herzustellen. Anschließend ließen sich bei Testaufgaben Auswirkungen auf die Funktion der trainierten Hirnregion nachweisen.

Interpersonale Therapie (IPT)

Von der Hypothese ausgehend, daß Psychotherapie-Responder weniger schwere Depressions-Stigmata im Schlaf-EEG zeigen als Nonresponder, untersuchten Buysse et al. [27] rezidivierend phasisch-depressive Patienten, die sich ohne medikamentöse Begleitbehandlung einer Interpersonalen Therapie (IPT) unterzogen, auf Unterschiede zwischen Respondern und Nonrespondern in Baseline-Schlaf-EEG-Parametern. Die Psychotherapie-Nonresponder hatten längere Schlaflatenzen, eine niedrigere Schlafeffizienz und eine gesteigerte REM-Aktivität, darüber hinaus bestanden Unterschiede in der Adaption der Schlaf-EEG-Parameter an die Laborsituation (REM-Latenz und phasische REM-Dichte). Die 19 Therapie-Responder wurden nach Remission der depressiven Symptomatik erneut untersucht [28]. Die wesentlichen Parameter des Schlaf-EEG blieben über die Zeit weitgehend gleich; automatisierte Analysen zeigten jedoch einen leichten Anstieg der Delta- und eine Reduzierung der REM-Aktivität von Baseline zu Remission. Ob es sich dabei um „autonome" Veränderungen depressiver State-Parameter oder Psychotherapie-Effekte handelte, muß offen bleiben, da keine Kontrollgruppe untersucht wurde.

Andere und nicht näher beschriebene Psychotherapieverfahren

Kessler et al. [29] zeigten bei neurotisch-depressiven Patienten, daß sich im Verlauf einer stationären Psychotherapie eine reduzierte Hautleitfähigkeit und erhöhte Postimperative-negative-variation-(PINV-)Amplitude nicht normalisierten, wohingegen die erhöhte Contingent-negative-variation-(CNV-)Amplitude auf ein normales Niveau zurückkehrte. Simons und Thase [30] fanden, daß die REM-Latenz keine Differenzen zwischen depressiven Respondern und Nonrespondern auf Kognitive Verhaltenstherapie (CBT) aufwies, allerdings fand sich bei Respondern ein geringeres Auftreten von slow-wave-sleep (SWS) in der Baseline. Bei einer eigenen kleinen Untersuchung an medikamentös behandelten Depressiven und Schizophrenen führte zusätzliches hemisphärenspezifisches kognitives Training nicht zu sicheren Änderungen im topographischen EEG [31].

Grünberger et al. [32] untersuchten bei 182 Patienten mit psychosomatischen Erkrankungen und 30 gesunden Kontrollpersonen die Länge des Spiralnacheffekts (Scheinbewegung nach Ende der physikalischen Drehung einer Scheibe mit aufgezeichneter Spirale – „Archimedes-Spirale"). –

Tabelle 1. Empirische Untersuchungen zur Wirkung von Psychotherapie auf psychophysiologische Parameter im Überblick

Psychotherapieform	Autoren	Jahr	N	Untersuchungsgruppe	untersuchte Parameter	Ergebnisse
Hypnose	Gruzelier et al.	1987	30	ges. Vpn./kardiol. Pat.	elektrodermale Reaktion AEP	schnellere Habituierung, Orientierungsreaktion rechts ↑ Aktivierung der rechten Hemisphäre
	LaBriola et al.	1987	12	gesunde Probanden	quantitatives EEG	Aktivierung re. Hemisphäre bei Hypnoseempfänglichen
			22	gesunde Probanden		
Selbstregulations-Methode	Ikemi	1988	12	gesunde Probanden	quantitatives EEG	Theta-Aktivität ↑, Beta-Aktivität ↓, Vigilanz ± intendiert ↑
	Ikemi et al.	1988	10	gesunde Probanden	Hauttemperatur	
Hypnose, Akupunktur, Meditation	Saletu	1987	24	gesunde und z. T. meditationserfahrene Probanden	quantitatives EEG	Hypnose: Frequenz ↓; Akupunktur: Frequenz ↑; Meditation: schnelle Theta-Wellen ↑, Amplitudenvariabilität ↓
Autogenes Training	Sczessni et al.	1985	60	AT-erfahrene und „naive" Probanden	ASR-Reflexzeit elektrodermale Reaktion	beide Parameter durch Entspannung bzw. Arousal modifiziert, aber keine AT-spezifischen Gruppenunterschiede
	Narita et al.	1987	20	„naive" Probanden	quantitatives EEG	Aktivierung der rechten Hemisphäre
	Meyer et al.	1987	12	AT-erfahrene Probanden	kortikale Durchblutung	Ausbleiben der Hyperfrontalität in Ruhe, im Bereich des Sulcus centralis ↑, Aktivierung der linken Hemisphäre?
	Mann et al.	1989	35	AT-erfahrene Probanden	Hauttemperatur	Hauttemperatur an der Stirn (↑), am Hinterkopf ↑ Beta-Aktivität ↓, über der rechten Hemisphäre betont
	Dierks et al.	1989	8	gesunde Probanden	quantitatives EEG	Alpha- und Theta-Wellen ↑, Alpha-Amplituden ↑
EEG-Feedback	Peniston et al.	1989		Alkoholkranke	quantitatives EEG Beta-Endorphin	Serumspiegel ↓
slow-cortical-potentials-(SP-)Feedback	Rockstroh et al.	1990	93	gesunde Probanden	lokale SP-Aktivität und kognitive Funktionen	der kortikalen Lokalisation entsprechende Leistungsveränderungen
Interpersonale Therapie	Buysse et al.	1992	19	rezidivierend Depressive	Schlaf-EEG	Therapie-Response → Delta-Aktivität (↑), REM-Aktivität ↓
	Buysse et al.	1992	37	rezidivierend Depressive	Schlaf-EEG vor Therapie	Responder: SchlafLatenz ↓, -Effizienz ↑, REM-Akt. ↓
6-wöchige Psychotherapie	Grünberger et al.	1984	212	psychosomat. Patienten	Spiralnacheffektdauer	je nach Diagnose ↓ oder ±
	Grünberger et al.	1985	230	psychosomat. Patienten	Pupillometrie	je nach Diagnose u. bei Männern Pupillendurchmesser ↓
Gruppenth. (C. G. Jung)	Tschuschke	1986	?	?	Puls- und Atemfrequenz	„Widerspiegelung" von Gruppenprozessen
Kognitives Training	Dierks et al.	1988	6	Schizophrene, Depressive	Brain-Mapping	keine signifikanten Seitendifferenzen
Kognitive VT, Muskelrelaxation, EMG-Feedback	Sanavio et al.	1990	40	Patienten mit Schlafstörungen (DIMS)	Schlaf-EEG	SchlafLatenz ↓, Schlafqualität ↑
stationäre Psychotherapie	Reidbord et al.	1992			Herzaktivität	Nachweis von „deterministischem Chaos"
	Kessler et al.	1992	60	neurotisch Depressive	Elektrodermale Reaktion CNV, PINV	Hautleitfähigkeit ± CNV-Amplitude ↓, PINV-Amplitude ±
Kognitive VT	Simons et al.	1992	53	endogen Depressive	Schlaf-EEG	Responder: slow wave sleep (SWS) in Baseline ↓

Eysenck hatte 1967 [33] einen kurzdauernden Spiralnacheffekt als Hinweis auf Extraversion und eine lange Nacheffektdauer als Introversions-Indikator interpretiert. – Eine signifikante Verkürzung der Nacheffektdauer fand sich nach sechswöchiger psycho- und physiotherapeutischer Behandlung bei Ulcus-Patienten, Herzneurotikern und Anorexie-Patienten. Keine Veränderungen fanden sich bei Asthma, Kolitis und gesunden Probanden. Die beschriebenen Veränderungen wurden als Hinweis auf eine geringere Aktivierung (weniger erregt, gelöster und offener für die Umwelt) interpretiert. Der fehlende Effekt bei Asthma und Kolitis wurde mit der Neigung dieser Erkrankungen zur Chronifizierung in Zusammenhang gebracht. In einer zweiten Studie untersuchten Grünberger et al. [34] die Auswirkungen einer sechswöchigen Psychotherapie auf den Pupillendurchmesser und die Ergebnisse einer lichtevozierten „dynamischen" Pupillometrie. Die im Vergleich mit einer Kontrollgruppe vergrößerten Pupillendurchmesser (als Hinweis auf ein erhöhtes autonomes Arousal gewertet) normalisierten sich bei Männern im Laufe der Behandlung, nicht jedoch bei Frauen. Verschiedene psychosomatische Erkrankungen wiesen ebenfalls eine unterschiedliche Entwicklung des Pupillendurchmessers auf und psychosomatische Patienten boten eine deutlich verkürzte Latenzzeit bei der dynamischen Pupillometrie. Andere Untersuchungen zeigten, daß ein 20-minütiges körperliches Training Angst sowie kardiovaskuläres und EEG-Arousal mindert [35], daß EMG-Biofeedback, kognitive Verhaltenstherapie und Relaxationsübungen bei Schlafstörungen (DIMS) gleichermaßen geeignet sind, die Einschlafzeit deutlich zu reduzieren und die Schlafqualität zu verbessern [36]. Tarrier et al. [37] fanden schließlich, daß eine Minderung von „expressed emotions" der Angehörigen mit einer geringeren Orientierungsreaktion bei schizophrenen Patienten korrelierte.

Schlußfolgerung

Insbesondere aus dem Bereich der Entspannungsverfahren liegen mehrere Untersuchungen vor, die Auswirkungen von Psychotherapie auf psychophysiologische Parameter belegen. Ihre Gesamtzahl ist aber zu gering und sie sind methodisch zu unterschiedlich, um ein einheitliches Bild und verbindliche Hinweise auf erfolgversprechende weitere Forschungsstrategien zu geben. Weitere systematische Untersuchungen sind daher nach unserer Auffassung erforderlich. Es erschiene auf diesem Wege – allerdings unter Berücksichtigung möglicher Rückwirkungen physiologischer Messungen auf den therapeutischen Prozeß – möglich, quasi-objektive Kriterien zur Effizienzkontrolle von Psychotherapie zu entwickeln.

Literatur

1. Becker D (1972) Hirnstromanalysen affektiver Verläufe. Ein experimenteller Beitrag zur neuropsychologischen Affektforschung. Hogrefe, Göttingen
2. Machleidt W, Debus S, Wolf K (1993) Die Identifikation von fünf Grundgefühlen durch spektrale EEG-Muster. In: Wunderlich HP (Hrsg) Angst – Anfall – Aggression. Zuckschwerdt, München Bern Wien New York

3. Freedmann RR (1989) Quantitative measurements of finger blood flow during behavioral treatments for Raynaud's disease. Psychophysiology 26: 437–441
4. Borgeat F, Hade B, Larouche LM, Gauthier B (1984) Psychophysiological effects of therapist's active presence during biofeedback as a simple psychotherpeutic situation. Psychiatr J Univ Ottawa 9: 132–137
5. Thase, ME, Simons AD, Reynolds CF (1993) Psychobiological correlates of poor response to cognitive behavior therapy: potential indications for antidepressant pharmacotherapy. Psychopharmacol Bull 29: 293–301
6. Hecker JE (1990) Emotional processing in the treatment of simple phobia: a comparison of imaginal and in vivo exposure. Behav Psychother 18: 21–34
7. Eves F, Tata P (1989) Phasic cardiac and electrodermal reactions to idiographic stimuli in obsessional subjects. Behav Psychother 17: 71–82
8. Frank E, Jarret DB, Kupfer DJ, Grochocinski VJ (1984) Biological and clinical predictors of response in recurrent depression: a preliminary report. Psychiatr Res 13: 315–324
9. Freyberger HJ, Schwedler J, Richter R, Buhrig M, Dahme B (1990) Psychophysiological microperspective in the process of psychotherapy – a sequential approach. Psychother Psychosom Med Psychol 40: 278–284
10. Tschuschke V (1986) Relationships between psychological and psychophysiological variables in the group therapeutic setting. Int J Group Psychother 36: 305–311
11. Reidbord SP, Redington DJ (1992) Psychophysiological processes during insight-oriented therapy. Further investigations into nonlinear psychodynamics. J Nerv Ment Dis 180: 649–657
12. Gruzelier J, Thomas M, Brow T, Conway A, Golds J, Jutai J, Liddiard D, McCormack K, Perry A, Rhonder J (1987) Involvement of the left hemispere in hypnotic induction. Adv Biol Psychiat 16: 6–17
13. LaBriola F, Karlin R, Goldstein L (1987) EEG laterality changes from prehypnotic to hypnotic periods Adv Biol Psychiat 16: 1–5
14. Saletu B (1987) Brain function during hypnosis, acupuncture and transcendental meditation. Quantitative EEG-studies. Adv Biol Psychiat 16: 18–40
15. Ikemi A (1988) Psychophysiological effects of selfregulation method: EEG frequency analysis and contingent negative variatons. Psychother Psychosom 49: 230–239
16. Ikemi A, Tomita S, Hayashida Y (1988) Thermographical analysis of the warmth of the hands during the practice of self-regulation method. Psychother Psychosom 50: 22–28
17. Taneli B, Krahne W (1987) EEG-changes of transcendental meditation practioners. Adv Biol Psychiat 16: 41–77
18. Meyer HK, Diehl BJ, Ulrich P, Meinig G (1987) Short and long-term changes in cortical circulation caused by autogenic training. Z Psychosom Med Psychoanal 33: 52–62
19. Jacobs GD, Lubar JF (1989) Spectral analysis of the central nervous system. Effects of the relaxation response elicited by autogenic training. [published erratum appears in Behav Med (1989) 15 (4), following 190] Behav Med 15: 125–132
20. Dierks T, Maurer K, Zacher A (1989) Brain mapping of EEG in autogenic training (AT). Psychiatry Res 29: 433–434
21. Mann K, Piepenhagen G, Sikorski D, Taubert S, Bartels M (1989) Experimental study of forehead temperature in autogenic training. Psychother Psychosom Med Psychol 39: 266–267
22. Okouchi H (1991) Effects of feedback and changing criterion on the control of skin temperature. Shinrigaku Kenkyu 62: 301–307
23. Sezesni B, Kroner B (1985) Monosynaptic reflex activity and electrodermal processes in persons practising autogenic training and in „naive" control subjects. Z Klin Psychol Psychopathol Psychother 33: 208–223
24. Narita T, Morozumi S, Yagi T (1987) Psychophysiological analysis during autogenic training. Adv Biol Psychiat 16: 72–89
25. Peniston EG, Kulkosky PJ (1989) Alpha–Theta brainwave training and beta-endorphin levels in alcoholics. Alcohol Clin Exp Res 13: 271–279
26. Rockstroh B, Elbert T, Birbaumer N, Lutzenberger W (1990) Biofeedback-produced hemispheric asymmetry of slow cortical potentials and its behavioural effects. Int J Psychophysiol 9: 151–165

27. Buysse DJ, Kupfer DJ, Frank E, Monk T, Ritenour A, Ehlers CL (1992) Electroencephalographic sleep studies in depressed outpatients treated with interpersonal psychotherapy. I. Baseline studies in responders and nonresponders. Psychiatry Res 42: 13–26
28. Buysse DJ, Kupfer DJ, Frank E, Monk T, Ritenour A (1992) Electroencephalographic sleep studies in depressed outpatients treated with interpersonal psychotherapy. II. Longitudinal studies at baseline and recovery. Psychiatry Res 42: 27–40
29. Kessler M, Munz D, Traue HC (1992) Psychophysiological responses in neurotic depression. J Psychophysiol 6: 333–344
30. Simons AD, Thase ME (1992) Biological markers, treatment outcome, and 1-year follow-up in endogenous depression: electroencephalographic sleep studies and response to cognitive therapy. J Consult Clin Psychol 60: 392–401
31. Dierks T, Foerthner B, Schmitt B, Fritze J, Maurer K (1988) Brain mapping during cognitive processing. Mapping of EEG and EP in psychiatry. Symposium and Workshop: Neurological and Psychiatric Applications of Topographic Brain Mapping of EEG and Evoked Potentials. Fort Myers, Florida, January 21–27, 1988
32. Grünberger J, Linzmayer L, Gathmann P, Saletu B (1984) Spiral after-effect in psychosomatic patients – a psychophysiological investigation and multivariate data analysis. Wien Klin Wochenschr 96: 592–597
33. Eysenck SBG, Eysenck HJ (1967) Physiological reactivity to sensory stimulation as a measure of personality. Psychol Rep 20: 45–46
34. Grünberger J, Linzmayer L, Gathmann P, Saletu B (1985) Static and dynamic pupillometry in psychosomatic patients. Wien Klin Wochenschr 97: 775–781
35. Petruzzello SJ, Landers DM, Hatfield BD, Kubitz KA, Salazar W (1991) A meta-analysis on the anxiety-reducing effects of acute and chonic exercise. Outcomes and mechanisms. Sports Med 11: 143–182
36. Sanavio E, Vidotto G, Bettinardi O, Rolletto T, Zorzi M (1990) Behaviour therapy for DIMS (disorders of initiaing and maintaining sleep): comparison of three treatment procedures with follow-up. Behav Psychother 18: 151–167
37. Tarrier N, Barrowclough C (1987) A longitudinal psychophysiological assessment of a schizophrenic patient in relation to the expressed emotion of his relatives. Behav Psychother 15: 45–57

Korrespondenz: Dr. B. Weber, Zentrum der Psychiatrie, Klinikum der Universität, Heinrich-Hoffmann-Straße 10, D-60528 Frankfurt/M, Bundesrepublik Deutschland

SpringerNewsPsychiatrie

S. Kasper, H.-J. Möller (Hrsg.)

Therapeutischer Schlafentzug

Klinik und Wirkmechanismen

1996. 34 Abbildungen. VIII, 269 Seiten.
Broschiert DM 128,–, öS 896,–
ISBN 3-211-82746-3

Der Zusammenhang zwischen Schlaf und Stimmung sowie Antrieb ist bereits seit langem bekannt und seit etwa 30 Jahren auch Gegenstand von wissenschaftlichen Untersuchungen. Es zeigte sich, daß der therapeutische Schlafentzug, der von einigen Autoren auch als Wachtherapie bezeichnet wird, mit günstigen antidepressiven Effekten einhergeht, insbesondere wenn er wiederholte Anwendung findet. Obwohl der therapeutische Schlafentzug bereits breite klinische Anwendung findet, ist der Wirkmechanismus noch nicht eindeutig geklärt. Verschiedene Überlegungen, das zirkadiane System, die Neurotransmitter und die mit diesen verbundenen hormonellen Parameter betreffend, wurden als Erklärungshypothese herangezogen. Das Phänomen des therapeutischen Schlafentzugs wird sowohl von klinischer Seite her dargestellt, als auch von derzeit diskutierten Erklärungsansätzen aus behandelt. Es stellt das erste Buch zu diesem Thema dar und alle auf diesem Gebiet arbeitenden namhaften Autoren konnten zur Mitarbeit gewonnen werden.

 SpringerWienNewYork

P.O.Box 89, A-1201 Wien • New York, NY 10010, 175 Fifth Avenue
Heidelberger Platz 3, D-14197 Berlin • Tokyo 113, 3-13, Hongo 3-chome, Bunkyo-ku

SpringerNewsPsychiatrie

H.-J. Möller, R. R. Engel,
P. Hoff (Hrsg.)

Befunderhebung in der Psychiatrie: Lebensqualität, Negativsymptomatik und andere aktuelle Entwicklungen

1996. 64 z. T. farb. Abbildungen. XII, 356 Seiten.
Broschiert DM 70,–, öS 490,–
ISBN 3-211-82780-3

Das Buch enthält die Beiträge eines von der Arbeitsgemeinschaft für Methodik und Dokumentation in der Psychiatrie (AMDP) veranstalteten wissenschaftlichen Symposiums an der Psychiatrischen Klinik der LMU-München im Herbst 1994. Es werden neuere konzeptuelle und empirische Forschungsergebnisse auf dem Gebiet der Psychopathologie und der psychiatrischen sowie psychologischen Diagnostik dargestellt. Über diese Forschungsaspekte hinaus stellt das Buch jedoch stets eine enge Verbindung zur klinischen Praxis her.

 SpringerWienNewYork

P.O.Box 89, A-1201 Wien • New York, NY 10010, 175 Fifth Avenue
Heidelberger Platz 3, D-14197 Berlin • Tokyo 113, 3-13, Hongo 3-chome, Bunkyo-ku

SpringerPsychiatrie

P. Baumann (Hrsg.)

Biologische Psychiatrie
der Gegenwart

In Zusammenarbeit mit W. W. Fleischhacker, W. Gaebel,
G. Laux, H.-J. Möller, B. Saletu, B. Woggon
1993. 270 z. T. farb. Abbildungen. XXII, 804 Seiten.
Gebunden DM 228,–, öS 1596,–
ISBN 3-211-82419-7

Dieser Band vereint die wissenschaftlichen Beiträge zum
3. Dreiländersymposium für Biologische Psychiatrie. Damit
spiegelt er den gegenwärtigen Stand der Forschung auf dem
Gebiet im deutschsprachigen Raum dar. Auffallend ist der
stark interdisziplinäre Charakter dieser Veranstaltung, die
Psychiater, klinische Pharmakologen, Psychologen, Stati-
stiker, Genetiker, Immunologen und Vertreter der „Neurosciences" vereinigt und Themen der Erwachsenen-, aber
auch der Kinder- und Gerontopsychiatrie behandelt. Das
Buch ist nach den Hauptthemen gegliedert: Biochemie
der Schizophrenie, Chronobiologie und Schlaf, bildgebende
Verfahren und Elektrophysiologie, Verlaufsparameter,
Opiatabhängigkeit, Kinder-, Jugend- und Gerontopsychiatrie,
klinische Psychopharmakologie, neurologische Softsigns,
Behandlung und Prophylaxe von affektiven Psychosen,
Genetik und Immunologie der Geisteskrankheiten, Psycho-
neuroendokrinologie. Die 200 Beiträge illustrieren den Auf-
schwung der biologischen Psychiatrie und sind ein Zeugnis
für die intensive Forschung auf diesem Gebiet.

 SpringerWienNewYork

P.O.Box 89, A-1201 Wien • New York, NY 10010, 175 Fifth Avenue
Heidelberger Platz 3, D-14197 Berlin • Tokyo 113, 3-13, Hongo 3-chome, Bunkyo-ku